U0232319

国家科学技术学术著作出版基金资助出版
国家自然科学基金重大研究计划资助

西南河流源区
径流变化和适应性利用

胡春宏 等 著

科学出版社
北 京

内 容 简 介

本书着重介绍西南河流源区水文监测体系、径流水源解析、地表关键要素变化及其径流效应、径流变化规律及其未来趋势、泥沙输移与灾害、全物质通量、生源物质循环及其对梯级水电开发的响应、径流适应性利用方法、径流适应性利用技术、空中水资源利用技术。

本书适合水利科学、地球科学、环境科学、生态科学、气候科学、管理科学等多个学科的研究人员，以及高等院校相关专业的教师、研究生和高年级本科生阅读和参考。

审图号：GS京（2024）1749 号

图书在版编目（CIP）数据

西南河流源区径流变化和适应性利用/胡春宏等著. —北京：科学出版社，2024.10

ISBN 978-7-03-077649-5

Ⅰ. ①西… Ⅱ. ①胡… Ⅲ. ①河流-地面径流-研究-西南地区 Ⅳ. ①P331.3

中国国家版本馆 CIP 数据核字（2024）第 007665 号

责任编辑：杨帅英　程雷星／责任校对：郝甜甜
责任印制：徐晓晨／封面设计：图阅社

科学出版社 出版

北京东黄城根北街 16 号
邮政编码：100717
http://www.sciencep.com

北京建宏印刷有限公司印刷
科学出版社发行　各地新华书店经销

*

2024 年 10 月第　一　版　开本：787×1092　1/16
2024 年 10 月第 一 次印刷　印张：55
字数：1380 000

定价：610.00 元
（如有印装质量问题，我社负责调换）

指导委员会

编写委员会

作者列表

第 1 章： 胡春宏　田富强　王雨春　张　弛　吴永祥

第 2 章： 吴永祥　刘九夫　刘宏伟　龙　笛　吴　巍　刘艳丽　廖爱民　
雍　斌　陈求稳　王思远　黄　琦　王　婷　古鹏飞　姜　曦

第 3 章： 田富强　南　熠　匡星星　孔彦龙　李宗省　贺志华

第 4 章： 王根绪　王　磊　盛　煜　刘艳丽　袁　星　许月萍　杨　威

第 5 章： 徐宗学　周祖昊　田富强　龙　笛　缪驰远　桑燕芳　袁　星

第 6 章： 方红卫　傅旭东　何国建　徐梦珍　李志威　孙　健　胡凯衡

第 7 章： 倪晋仁　王雨春　胡明明　王　婷　王佳文　刘　唐　许旭明

第 8 章： 夏星辉　陈求稳　王沛芳　吴晓东　徐志方　李　嘉　李向应　
陈宇琛　林育青　余居华　施文卿

第 9 章： 郑　一　张　弛　周惠成　李　昱　陈晓贤　徐　博　邓嘉辉

第 10 章： 张　弛　赵建世　杨洪明　唐加福　张冰瑶　李　昱　尹邦哲

第 11 章： 钟德钰　裘　钧　陈　骥　张　宇　孟长青　蔡蓉蓉　解宏伟

前　　言

　　"西南河流源区径流变化和适应性利用"是 2015 年启动的国家自然科学基金重大研究计划（以下简称西南径流计划），是我国在青藏高原区域组织实施的首批水科学领域的国家级基础研究计划。西南径流计划遵循国家自然科学基金委员会（简称自然科学基金委）确定的"有限目标、稳定支持、集成升华、跨越发展"的总体思路，围绕三个关键科学问题，共批准各类项目 89 项，资助金额总计 2.4 亿元，组织了国内 50 余家优势单位开展联合攻关研究，已获得一批高水平创新性成果。

　　西南河流源区指我国西南地区发源于青藏高原的黄河、长江、澜沧江、怒江和雅鲁藏布江等的源流区域，总面积约 80.7 万 km^2。这里平均海拔 4000 余米，冰川雪山林立，冻土分布广泛，蕴藏着丰富的水资源和水能资源，是国家水网的重要组成部分，承担着水源涵养、水量调节和生态保护的关键职能，对于保障国家水安全和能源安全、促进经济社会高质量发展具有重大意义。其中，澜沧江、怒江和雅鲁藏布江干支流每年的出境水量约为我国年均用水量的 80%，是我国水资源战略储备区，对保障国家水安全有重要意义。西南水电可开发量占全国的 68%，不但是我国重要的接续能源基地，关系到国家能源安全，而且其优质清洁能源特性对我国实现碳达峰和碳减排目标具有不可替代的重大作用。《中华人民共和国国民经济和社会发展第十四个五年规划和 2035 年远景目标纲要》（简称《"十四五"规划纲要》）明确将雅鲁藏布江下游水电开发作为服务国家重大战略的重大工程进行部署实施。同时，独特的地理环境和高原山地气候既造就了独特的生物多样性，又导致该区域生态环境的脆弱性，需要我们在开发利用水资源和水能资源的同时特别注意生态环境的保护。

　　在气候变化和人类活动的双重作用下，西南河流源区的水文情势和生态环境状况正在发生着深刻变化，揭示并从机制上解释其径流变化规律和河流环境质量演变规律对于水资源可持续利用和生态环境可持续发展具有重要的理论意义。同时，在西南河流源区开展径流变化和适应性利用研究本身也具有十分重要的科学价值。西南河流源区位于地球第三极，具有海拔高和气候寒冷两大特点，是全球范围内气候变化的敏感区和显著区，其径流变化和适应性利用是国际学术研究的热点与难点问题。该区域气候严寒，水的多态相变导致水文过程复杂、对气候变化响应复杂。同时，青藏高原的快速隆升导致生物地球化学物质的循环变异十分强烈，这对全球物质循环的影响非常显著。另外，该区域包含较多国际河流，径流开发利用涉及亚洲区域合作与发展问题。因此，该区域水文水资源和水环境问题受到国际学术界广泛关注。据统计，近些年来 *Nature* 和 *Science* 等国际学术期刊发表的水文水资源类文章有较高比例聚焦该区域，但受基础数据和理论方法的限制,研究结果相互间矛盾较多。我国在该区域开展相关研究具有得天独厚的优势,但我国学者在国际学术界的声音仍不多不强,通过凝聚优势力量集中开展研究,有望确立我国在该领域的引领地位。

聚焦有限明确的科学目标开展研究是重大研究计划实施的关键。针对西南河流源区的特殊条件和国家重大需求,瞄准寒区水文水资源和水环境的难点,西南径流计划提出了以下三个关键科学问题:第一,不同水源的径流对气候变化的响应机理,重点开展耦合多元示踪和水文模型的径流水源解析方法,揭示气候和下垫面协同变化的径流效应,探究流域水文系统演化的速率及其遵循的原理。第二,径流变化下生源物质循环的变异规律,重点开展河流水-沙及其负载非生物和生物的全谱系通量过程研究,定量表征径流变化对河流泥沙通量和生源物质循环变异的影响机理,揭示梯级开发下河流环境质量变化的累积效应。第三,基于多目标互馈的径流适应性利用,重点开展供水-发电-环境协同竞争机制研究,揭示复杂水资源系统动态演进规律,识别复杂系统风险及径流适应性利用安全阈值,提出径流适应性利用综合调控方法。

有效的组织管理是重大研究计划实施的重要保障,西南径流计划的指导专家组和管理工作组针对西南河流源区特殊的地理气候条件和国家需求采取了独具特色的组织管理方式。第一,开展野外考察和当地调研,增进研究人员对区域的深入认知与了解,致力于服务国家重大需求。第二,引导项目与当地实践部门合作研究,促进基础资料收集、合作建设实验站点等工作,解决研究区资料缺乏问题。第三,"走出去"与"引进来"相结合,多渠道加强国际交流与合作,多次赴北美、北欧等地区开展调研,并多次在国际会议上组织西南径流计划专场,确保研究成果的前沿性。第四,及早启动集成布局的战略研究,做好顶层设计,确保集中资源解决关键科学问题,实现西南径流计划的研究目标。

本书是西南径流重大计划中期研究主要进展的总结。全书共 11 章。第 1 章为绪论,概要介绍西南径流计划的立项背景、科学问题和主要研究进展。第 2 章为西南河流源区水文监测体系,介绍西南径流计划研发的水文水环境监测设备和技术方法,以及由此形成的天空地一体化监测体系和数据集。第 3～5 章为径流变化方面的研究进展,其中,第 3 章介绍西南河流源区径流水源解析方法,为径流变化研究提供模型方法基础;第 4 章介绍冻土、冰川、积雪、植被等西南河流源区地表关键要素变化及其径流效应,为径流变化研究提供水文过程机理的认识基础;第 5 章介绍西南河流源区径流变化规律及其未来趋势。第 6～8 章介绍生源物质循环变异的研究进展,其中,第 6 章为西南河流源区泥沙输移与灾害;第 7 章为西南河流源区全物质通量;第 8 章为西南河流源区生源物质循环及其对梯级水电开发的响应。第 9～11 章为径流适应性利用方面的研究进展,其中,第 9 章介绍西南河流源区径流适应性利用方法;第 10 章介绍西南河流源区径流适应性利用技术;第 11 章介绍西南河流源区空中水资源利用技术。

作为水科学领域中第一个青藏高原区域的国家自然科学基金重大研究计划,西南径流计划取得了丰富的高水平创新性成果,也培育了一支具有国际先进水平的研究队伍,这要感谢自然科学基金委、指导专家组和管理工作组的领导，西藏自治区水利厅、西藏自治区水文水资源勘测局、云南省水文水资源局、华能澜沧江水电股份有限公司等单位的支持，以及刘丛强、康绍忠、张勇传、杨志峰、李华军、王浩、杜修力、王复明等多位院士专家的指导。在此，谨向他们表示诚挚的谢意！

由于作者水平所限，书中不足之处在所难免，恳请读者批评指正。

作　者

2023 年 6 月

目　　录

第 1 章

绪　　论

重大研究计划是自然科学基金委设立的重要项目类型之一，其组织实施的总体思路为"有限目标、稳定支持、集成升华、跨越发展"。西南径流计划准确把握研究定位，以跨越发展为驱动，以我国西南河流源区为研究靶区，以径流变化机理、生源物质循环变异规律和径流适应性利用三个科学问题作为有限目标，开展野外观测、理论分析、模型模拟等系统研究，对水利科学与地学、管理学开展实质性交叉研究，形成目标一致、思路共通、技术整合、资源共享、平台共用、成果分享的协作氛围，实现水文水资源和水环境及相关学科的跨越发展。经过上千名研究人员的努力，取得了具有较强创新性的研究成果。本章对西南径流计划的国家需求和科学价值、研究目标和科学问题、研究内容和研究区域，以及主要研究进展进行概要介绍。

1.1 国家需求和科学价值

西南河流源区水资源和水能资源非常丰富，具有独特的生态多样性，但生态环境脆弱，是我国重要的水资源战略储备区、水电能源基地和生态安全屏障，全面掌握源区径流变化规律和河流环境质量演变规律对于水资源可持续利用和生态环境可持续发展具有重要意义。同时，西南河流源区地处"第三极"区域，水体相态转换频繁，生源物质变异规律复杂，是水文学和生物地球化学研究的热点和难点区域。西南径流计划针对该区域水文水资源和水环境研究中的关键问题开展系统深入的研究，旨在为区域水资源管理和国家重大战略的实施提供坚实的科技支撑。

1.1.1 国家需求

西南河流源区对我国的水资源安全保障具有重要意义。水资源安全是决定我国经济社会高质量发展和生态文明建设等重大战略成败的关键，而我国水资源空间分布与人口、生产力布局及其他资源要素不匹配，导致我国水资源安全保障具有复杂性、严峻性和紧迫性。西南河流源区是中华水塔和亚洲水塔，是我国的水资源战略储备区，其中，黄河源的径流量占流域总水量的38%，而怒江、澜沧江和雅鲁藏布江（简称雅江）干支流每年的出境水量约为5000亿m^3，接近我国6000亿m^3的年总用水量（水利部水资源管理司，2021）。因此，合理开发利用和保护西南河流源区的水资源，对于保障区域和国家水资源安全至关重要。但是，西南河流源区作为高原寒区，对气候变化响应尤为敏感，其水资源量未来演变趋势不明（Lutz et al.，2014）。系统研究气候变化下源区径流及其极值的变化规律是战略储备区水资源合理开发利用的基础，是《"十四五"规划纲要》确定的雅江下游水电工程规划设计的重要科学依据，对我国长期的水安全保障具有战略意义。

西南河流源区水电开发对我国节能减排、实现双碳目标具有重要意义。我国高度重视温室气体治理，习近平总书记在2021年主持召开中央财经委员会第九次会议时强调，要把碳达峰、碳中和纳入生态文明建设整体布局；2021年通过的《"十四五"规划纲要》

中要求，制定碳排放达峰行动方案，努力实现碳中和。我国是水电大国，水能资源蕴藏量居各国之首，水电能源是替代化石能源、减少碳排放的主要清洁能源，但目前我国水电年发电量仅占全国总发电量的 16%，在国家能源体系中占比较小。因此，加强水电开发是实现生态保护、能源结构调整，以及碳达峰、碳中和的有效途径。西南河流源区是我国的水电能源基地，其技术可开发量占全国的 68%，主要集中在金沙江、雅砻江、大渡河、澜沧江、怒江、雅江等河流上，根据《水电发展"十三五"规划（2016～2020 年）》，后续水电开发主要集中在四川、云南和西藏。此外，随着"西电东送"能力的逐步提升，水电开发也将使国家能源安全更有保障。因此，西南河流源区水电的开发利用对国家能源安全和节能减排均有重要意义，是我国实现"碳达峰、碳中和"双碳战略目标的重要途径。

科学评估西南河流源区水电开发的环境影响对于筑牢生态安全屏障至关重要。党的十九届五中全会指出，"十四五"时期要实现生态安全屏障更加牢固的目标。西南河流源区是我国重要的生态安全屏障，其多样的河流生境涵养了多样的生物物种，其中包括众多珍稀濒危物种和区域特有物种，其是我国乃至世界生物多样性分布中心和物种分化中心，在我国物种多样性保护与维持方面具有重要的保障作用。西南河流源区生态功能的变化，除了影响当地经济社会发展外，也会对华南、华东和华中地区产生重大的影响。然而，西南河流源区也是我国典型的生态脆弱地区，生态保护与资源开发的矛盾尖锐，特别是伴随水电能源基地建设的大规模水电梯级开发，对区域环境的影响及生态风险日益突出。"十二五"以来，我国水电行业已从大规模开发进入适度有序开发阶段，在经历了以技术约束、资金约束和市场约束为主的发展期后，已进入以生态环境约束为主的时期。因此，科学评估径流变化下河流环境质量的演变，对于水电站的科学规划和合理调度以及维护西南地区的生态安全屏障功能具有重大意义。

西南河流源区对我国周边外交和"一带一路"倡议意义重大。西南河流源区包含雅江、澜沧江、怒江等多条跨越国境的国际河流，是我国与相关流域国开展航运、灌溉、防洪和水能利用等双边或多边合作的基础，是"澜湄合作机制"等以水为媒的重要区域合作机制的实施场所。气候变化和开发利用导致径流变化，其跨境影响及相关合作关系到我国周边外交大局，在进行水电规划设计和运行调度时需考虑涉外因素。同时，西南河流源区发源的国际河流的流域国都是"一带一路"倡议的重要共建国，促进西南源区跨境河流的上下游合作和利益共享，对推进"一带一路"倡议实施和构建人类命运共同体具有重要的示范意义。开展西南河流源区的水文水环境变化和径流适应性利用研究，可为我国"澜湄合作机制"等周边外交和"一带一路"倡议的实施提供科技支撑。

1.1.2　科学意义

在气候变化和流域下垫面变化的条件下，径流适应性利用和风险规避的关键是对未来径流规律的掌握。通过识别和解析径流成分的组成，重构历史径流系列，辨析变化环境下不同径流成分的响应机理，以此为基础预测未来百年的径流变化，从而正确评估径流变化和径流利用的生态风险和工程风险，并采取适应性措施规避和降低风险。

径流多源成分解析是掌握高原寒区径流规律的基础。高原寒区存在水的多种相态，径流来源包括降水、冰川和积雪等，导致径流机制和规律复杂（Li et al.，2019）。一些学者针对西南源区主要河流的水源组成开展了研究，但所用方法和基础数据都有待改进和完善，不确定性较大（Chen et al.，2017）。尽管第二次青藏高原综合科学考察的最新研究成果表明，冰川消融使得亚洲水塔的总水量出现失衡现象（Yao et al.，2022），但其融水对径流的贡献仍有待确定。发掘利用遥感监测大数据，建立宽谱系生物地球化学物质水源示踪能力的定量表征，寻找示踪能力强的物质及其有效组合，可显著提高水源解析能力。径流对气候变化的响应规律是未来百年径流预测的关键。不同径流水源对气候变化的响应特点不同，气候变化引起的下垫面协同变化下的径流响应机制复杂。识别气候和下垫面变化共同引起的径流变化规律，是提高未来百年径流演变预测可靠性的关键，也是发展水文学基础理论的重要机遇。

径流驱动的生源物质（如碳、氮、磷、硫、硅等）循环是河流及流域生态系统演替的基本动力要素，气候变化和人类活动影响下河流生源物质通量对径流改变的响应及其河流环境质量演变一直是地球科学和生态全球变化的重点研究领域。全球超过20%的河流水量已被筑坝拦截，蓄水河流已经成为全球和我国河流水系的普遍现象和重要特征（Duan et al.，2007；Neal et al.，2005），但目前对水能开发导致的河流水环境内在演变过程及其影响的认识非常有限，缺乏系统的基础性数据，无法对水能开发的长期潜在影响和环境风险进行准确评估。目前对进入河流-水库系统的生源要素的环境行为、具有生物累积和放大效应的持久污染物的水环境影响、水生生态系统演化及食物链物质传递的生态动力学等问题的研究不够深入，尚未建立梯级开发下河流水环境预测的有效模型，对多级水库间生源物质通量变化呈现的非线性叠加效应缺乏量化研究。研究径流变化下生源物质循环过程及通量变异规律，建立梯级开发下的累积效应理论和方法，识别径流变化对环境质量的影响，是径流适应性应用的关键，也是发展水文学和环境地质学基础理论的重要机遇。

径流的利用涉及供水（量）、发电（能）与环境（质）等多个方面，它们之间相互影响、相互关联，具有复杂的竞争协同关系，准确、定量描述量-能-质不同子系统之间的互馈关系是径流适应性利用的关键（Liu et al.，2015）。同时，在气候变化和人类活动的驱动下，量-能-质互馈关系是一个动态演进过程，与河道内外、左右岸、流域内外、区域内外、国境内外的不同利益主体密切相关。因此，从系统弹性的角度揭示量-能-质耦合的复杂水系统动态演变机理，进而对系统多重风险进行识别评估，是确定径流利用安全阈值的关键，也是发展径流适应性综合利用方法的基础。

综上，通过多学科交叉手段创新相关理论和方法，对西南河流源区径流变化问题进行探索，深入理解环境变化下径流演变和生源物质循环变异的机制规律，阐明量-能-质互馈关系及其动态演进机理，建立径流预测和适应性利用技术方法，不仅对我国河流源区径流科学合理开发利用具有重大意义，还是水文水资源学科发展的重要机遇。我国在研究西南河流源区径流问题方面具有得天独厚的优势，但目前我国学者在国际学术界的声音仍不多不强，通过西南径流计划凝聚优势力量集中开展研究，有望确立我国在该领域的引领地位。

1.1.3 进展与挑战

针对径流变化及其适应性利用的基础科学问题，欧美发达国家基础研究部门和专业协会纷纷提出专门的研究计划。例如，联合国成立政府间气候变化专门委员会（Intergovernmental Panel on Climate Change，IPCC）对气候变化及其影响进行评估，在其影响评估报告中，将气候变化对淡水资源的影响列为首要评估内容；2013 年起，国际水文科学协会设立新的十年研究计划，其主题即"变化的水文和社会"，强调自然变异和人类影响下径流的变化以及适应性利用的策略；2012 年，美国国家研究理事会出版的《水文科学的挑战与机遇》（*Challenges and Opportunities in the Hydrologic Sciences*）认为，变化的水文循环是水文科学研究面临的重大挑战和机遇；2016 年，美国国家自然科学基金会实施的为期 4 年、总经费 7600 万美元的"水-能源-粮食互馈关系创新研究"（Innovations at the Nexus of Food，Energy and Water Systems）重大计划，将认识、发现、模拟和管理的关系视为应对粮食、能源、水适应性管理的战略需求和重大挑战；2016 年，加拿大政府启动了为期 7 年、总经费 7780 万美元的"全球水未来"（Global Water Future）研究计划，旨在服务加拿大经济在适应未来水文变化不确定性和极端事件方面的战略需求。从这些国际研究计划的核心内容可知，径流变化及其适应性利用是国际科学研究的前沿和热点。以下从径流多源解析与协同演变、径流变化下河流生源物质循环变异、变化环境下径流适应性利用三个方面阐述相关研究的国内外进展。

1. 径流多源解析与协同演变

绘图手段是划分径流成分的初期方法。根据经验判断和地下水退水原理，对径流过程进行滤波处理，分割出径流中的地下径流部分和地表径流部分。随着计算机技术的进步，基于线性和非线性图形分解的自动分割程序在很多工作中得到应用。随着研究进一步深入，野外观测成为解析径流水源的新手段，当前主要是对环境稳定同位素进行观测。2002～2006 年，国际原子能机构（International Atomic Energy Agency，IAEA）组织了"大河径流同位素监测网络标准"的项目，在 20 多条不同类型的大江大河开展从上游到下游的河水稳定同位素监测，以期从中理解河水与周边水环境的相互作用过程、气候变化与人类活动对水文循环的影响。河水中氢氧稳定同位素的研究工作在我国也越来越得到重视，如在黄河流域、长江流域、雅江流域都开展了相应研究（Li et al.，2020）。识别三种以上的水源径流成分，需要通过野外观测收集额外的水化学（如电导率、氯离子含量等）数据来辅助分析，通过水量平衡方程和水化学平衡方程求解各水源比例。然而，水化学和同位素手段受到一定的时间和空间尺度制约，难以分析得到短时间尺度的径流水源信息，而对于大流域尺度，野外观测往往存在数据代表性不足的缺陷。近年来，随着观测技术的进步，多源数据观测的集成分析成为径流水源解析的新手段，对多源数据所蕴含的信息进行深入挖掘，综合正向和反向方法解析径流成分具有重要意义（Nan et al.，2021）。

径流演变是气候变化和流域下垫面变化综合作用的结果。不同水源的径流对于气候变化的响应特点不同，导致气候变化下的径流演变极为复杂，成为国内外研究的热点和难点，且不同研究的结果差异较大，亟待进一步深入。例如，对于西南河流源区水储量的问题，姚檀栋等根据典型冰川数据的观测结果，发现源区水储量呈下降趋势（Yao et al.，2012），这些结果纠正了先前 Jacob（2012）根据 GRACE 卫星观测数据所得到的水储量增加的结论。类似的研究结果的差异还有 Immerzeel 等（2013）关于西南河流源区径流演变趋势的判断等。要获得更准确的结果，可能的突破途径是通过历史径流系列识别未来百年径流的周期和随机性，通过气候变化和下垫面的协同演化提高气候变化影响下的预测精度。

早期径流变化研究主要通过古洪水观测、河流阶地测量等方法获得过去事件性的径流变化特征，但仅能获得径流变化的若干极值，无法获得径流变化序列。目前全球径流数据中心搜集的全球径流数据大多不超过 200 年，并且在西南河流源区的数据很少。对于更长时间序列的径流研究主要利用气候变化介质来估计，因为河流的长期径流变化主要受气候和下垫面协同变化的影响，如果建立径流与气候参数之间的定量关系，则可以利用气候变化介质的信息来估算径流变化（Blanchet et al.，2014）。其中，树轮水文学是于 20 世纪 90 年代发展起来的研究径流变化的方法，已经在一些地区建立了干热河谷径流系列，可以定量重建过去数百年的季节性径流变化。但树轮年龄一般在数百年之内，无法提供更长时间的径流变化。更长时期内的径流变化可以通过冰心、河流、湖泊或海洋沉积物来重建。河流沉积物只能提供事件性径流变化过程，海洋沉积物可以反映大陆尺度的径流变化，其时间分辨率也较低，湖泊沉积物具有不可替代的优势，可以提供时间分辨率较高的连续沉积序列，并用来重建历史径流变化（Blanchet et al.，2013）。在河流源区，可以综合树轮、冰心和湖泊沉积物来重建不同历史时期的降水、温度、粒度变化，进而耦合古气候学、古水文学、河床演变学和河流动力学等学科，重建径流变化历史。

径流预测的基本手段是水文模型。水文模型研究经历了由"黑箱子"模型向过程机理模型发展的过程：人们最早建立的是系统模拟模型，将流域视为一个"黑箱子"，不考虑内部的水文过程；随着对水文过程机理的逐步认识，过程机理模型代替了系统模拟模型，包括概念性模型和物理性模型两种。近些年来，随着物理性水文模型的"异参同效"问题被逐步揭示（Beven and Freer，2001），人们开始尝试直接在宏观上建立描述流域水文过程的物理方程，并寻求建立宏观尺度的"流域水文本构关系"（胡和平和田富强，2007）。目前的分布式模型对水文过程有很好的数学物理描述，但缺乏径流不同水源信息，模型参数的不确定性大；缺乏对下垫面动态演变的描述，未来预测的不确定性大。水文模型研究的另一个趋势是从单一过程模拟向多过程耦合模拟发展。流域水文循环不仅仅是水的运动，水、泥沙、碳、氮等多种物质循环是紧密耦合的，存在复杂的非线性作用和反馈机制，仅从水出发难以对流域水文过程的全程及全貌有深入了解。目前，已经发展了多个综合考虑水、泥沙、营养物和碳等物质循环过程的水文模型，如 SWAT 模型和基于地貌特征的流域水-沙-污染物耦合水文模型（Geomorphology-Based Hydrological Model-Coupling Water, Sediment and Pollutant, GBHM-CWSP）等。但目前尚处于单向耦合阶段，模拟的中心仍然是水，不同物质循环之间的反馈机制并没有真正体现。当前的研究趋势是通过多源径流解析获取更多的径流信息，将水文模型与示踪过程耦合，从而更真实地刻画水分在流域中的流动状态，并以 GBHM-CWSP 模型为突破点，构建水文、生态和土壤等多系统耦合模型，创新高寒区复杂水文过程的模拟方法，以适应变化环境下的预测需求（Nan et al.，2021）。

2. 径流变化下河流生源物质循环变异

大坝建设是人类活动中影响河流生态系统最为直接的外界驱动。河流被大坝拦截蓄水形成水库后，水生生态系统由以底栖附着生物为主的"河流型"异养体系逐渐向以浮游生物为主的"湖沼型"自养体系演化，由此引起的生源物质循环过程变化成为世界河流的共同趋势（Li et al.，2007）。欧洲的研究表明，河流的拦截调蓄极大地改变了河流-海洋物质输入的数量和特征，并且重塑了河流的自然环境，对河流的生物地球化学循环产生了深远影响（Maavara et al.，2014）。筑坝拦截对我国长江入海物质通量也产生了影响，长序列观测数据发现，长江数十年来溶解 Si 及 CO_2 含量显著下降（Wang et al.，2010）。研究表明，在全球 292 条建设大坝的大河中，有 36%的河流受到强烈影响，23%受到中等程度影响。欧美发达国家近期实施的若干重大科研计划都将此问题作为重要研究内容，如国际地圈生物圈计划（IGBP）和全球环境变化人文因素计划（IHDP）共同发起的"海岸带陆海交互作用"（LOICZ）计划、英国 C2C（cloud to coast）重大研究计划以及美国国家科学基金会（NSF）地球科学咨询委员会发布"动态地球、地球科学领域优先事项与前沿（2015～2020 年）"都设置了相关研究内容。

大中型水库既具有水体温度、营养盐分层等湖沼学特点，又具有底层泄水和反季节蓄水等人为调控的特点（刘丛强等，2009），水库的梯级建设则更增加了问题的复杂性，显著改变了相关物质在河流水环境中的迁移特征。生源物质在水库群的多级利用以及再生循环表现出高度非线性累积变化（Friedl and Wüest，2002）。我国水电环境保护管理始于 20 世纪 80 年代初，大型水库在流域水文过程和生态过程中的重要作用和地位已得到广泛认同，但是目前关于水库"新生"生态系统的湖沼学理论研究依然十分有限，尤其缺乏对梯级水库群累积效应方面的研究。目前相关研究的理论基础还主要基于传统的"河流连续体概念"和"洪水脉动概念"（Vannote et al.，1980），亟须进行突破，建立适用于新生人工湖泊体系的新概念和新方法。

3. 变化环境下径流适应性利用

水是可持续发展的核心，与粮食、能源并列为人类面临的三大安全问题。水又直接关系粮食安全、能源安全，与人类和环境健康密切相关，水资源需求在很大程度上受到人口增长、经济发展、城市化、粮食和能源安全政策等经济社会因素的影响。目前，全球面临严重水资源短缺问题，如何应对水资源危机已经成为全人类共同的挑战。

不同领域用水的相互竞争使有限水资源的合理分配变得困难，并直接制约和影响相关领域的可持续发展，特别是粮食和能源生产领域。这种用水的竞争性需求，"水的使用"和"用水者"之间的竞争，使得径流利用不再是简单的、传统局部水资源分配问题，而是时空尺度更大的、全局的水-能源-粮食耦合问题，这也就是为什么美国、德国、英国等发达国家为应对水资源危机与挑战，不约而同地制定了"水-能源""水-能源-粮食安全耦合"等基础研究计划（Hussey and Pittock，2012）。在西南河流源区，径流适应性利用所需要揭示的供水-发电-环境关系非常复杂，具有非线性、强约束、自适应性、突发性及不确定性等特点，需要研究其基础理论问题，结合我国实际情况，提出切实可行的科学应对措施。

人类的发展一直伴随着径流利用，最初是凭生活经验进行简单灌溉、防洪和生活供水；工业革命以后，发电成为径流利用新的增长点。径流适应性利用经历了从单库到流域、从单目标到多目标、从单一自然到自然-社会耦合的过程。早期研究多为单一水库的单目标调度问题，通常线性简化甚至忽略了人类活动及环境因素的影响。动态规划方法在水资源问题的成功应用使得研究延伸至多库、多目标调度问题，方法上主要是改进动态规划以降维（Yeh，1985）。计算机技术和智能算法的发展使得系统仿真模拟与快速优化计算成为可能，同时不确定性分析的研究增多，流域管理研究应运而生。流域管理不仅关注径流利用的自然物理过程，还涉及经济博弈和政策制定。然而，随着系统规模发生数量级的增加、人与自然相互作用的增强、径流不确定性和极端气象水文事件频率增加，用水模式和资源分配方法极大地不同于过去，需要新的系统模型、系统方法以实现智能化、适应性的径流利用。目前多智能体、自适应方法是研究热点，各种耦合关系是国际前沿的活跃方向（Giacomoni and Berglund，2015），研究目标在于更好地模拟、处理自然-社会耦合系统，以优化配置有限资源，适应不断变化的气候条件和日益复杂的多利益主体用水需求。同时，智能监测、大数据处理、云计算平台及移动通信设备等技术为水文预测和水资源管理提供了新的研究思路和手段（Maestre et al.，2015）。当前的研究趋势是从系统多维时空尺度揭示供水-发电-环境间的互馈关系，研究自然、社会对多利益主体的交互影响，提高变化环境下径流利用的科学认知以支撑径流规模利用，为水资源适应性利用提供新的理论和方法基础。

1.2 研究目标和科学问题

1.2.1 科学研究目标

西南径流计划聚焦西南河流源区的径流变化及其适应性利用研究，对象流域包括长江、黄河、澜沧江、怒江和雅江的源区,并着重对澜沧江和雅江两条国际河流进行集成研究。研究径流对气候变化的响应规律以及径流变化下生源物质循环的变异规律,揭示供水、发电、环境等多目标间互馈关系的多尺度时空演变机制,提出变化条件下径流适应性利用的理论方法,为西南水利水电工程的规划设计和调度、西南生态屏障的保护以及国际河流的涉外管理等重大国家需求提供科学支撑。通过相对稳定和较高强度的支持,吸引和培育一支具有国际先进水平的研究队伍,其研究目标包括以下几个方面。

(1)在多要素多水源解析、气候变化驱动下流域下垫面协同变化的径流演变,梯级开发下河流环境质量变异及累积效应,径流变化下适应性利用等取得创新性理论和方法研究成果。

(2)构建西南河流源区径流研究观测系统和数据共享平台,建立气候变化下径流预测模型,建立梯级水库影响下河流生源物质循环变异的生态动力学模型,建立量-能-质互馈关系演进模型,提出西南源区径流适应性利用模式。

(3)培养出一批具有创新意识、思维活跃的水文水资源和水环境研究的中青年领军人才,形成高水平交叉研究团队,推动我国地学、管理学、水利科学等相关学科的发展。

1.2.2 关键科学问题

为了实现上述目标,针对西南河流源区的特殊条件,瞄准寒区水文水环境和水资源的难点问题,西南径流计划提出了以下三个关键科学问题。

(1)不同水源的径流对气候变化的响应机理:不同径流成分对气候变化的响应特性不同,为更好地预测气候变化下西南河流源区的径流演变,需要对径流的成分进行解析,并揭示不同水源的径流对气候变化的响应机理。重点开展以下关键问题的研究:建立多种示踪物质的径流成分解析能谱,识别解析能力强的示踪物质,建立基于多示踪元素组合的径流成分解析理论,揭示气候和下垫面协同变化的径流效应,探究流域水文系统演化的速率及其遵循的原理。

(2)径流变化下生源物质循环的变异规律:径流变化下河流泥沙通量和生源物质迁移转化表现出多要素、多过程、高度不确定性的复杂特征,需要突破经典连续河流理论或单一水库模拟分析方法,以揭示梯级水库强烈扰动下的河流生源物质迁移转化过程。重点开展以下关键问题的研究:揭示河流-水库复合系统生源物质"源/汇"及通量变异的动力学机制,构建梯级开发河流多要素、多过程、多尺度耦合的非线性生态动力学模型,提出梯级河流环境质量变化累积效应及风险阈值的定量表征方法。

(3)基于多目标互馈的径流适应性利用:气候变化和社会经济发展加剧了用水矛盾,凸显了更广泛的竞争性用水需求,需要建立径流适应性利用的理论和方法。重点开展以下问题的研究:揭示供水-发电-环境协同竞争机制,揭示复杂水资源系统的动态演进机理，识别复杂系统风险及径流适应性利用安全阈值，提出基于多利益主体协同的径流适应性利用对策。

1.3 研究内容和研究区域

1.3.1 主要研究内容

西南径流计划设置了四大类，共计 18 项研究内容。

（1）气候变化下的径流演变规律及预测。具体包括：高原寒区水源解析理论和方法、西南源区径流演变规律和驱动机制、西南源区历史径流序列重构、气候和下垫面协同变化的径流效应、变化环境下百年径流预测及工程水文指标 5 项研究内容。

（2）径流变化下环境质量演变。具体包括：径流变化和梯级开发下的泥沙过程演变规律、源区河流生源物质的物源解析、径流变化下河流生源物质表生循环过程及通量变化规律、大型水库生源物质迁移循环的生态动力学机制、梯级开发河流环境质量变化的累积效应 5 项研究内容。

（3）变化环境下的径流适应性利用。具体包括：供水–发电–环境互馈关系、量能质耦合的复杂适应系统多重风险识别和评估、径流适应性利用的多利益主体博弈机制与模型、径流适应性利用的综合调控方法、云水资源利用探索 5 项研究内容。

（4）典型河流径流变化和适应性利用集成。具体包括：西南源区多源异构数据集成与云服务平台、雅江径流演变和预测仿真计算系统、澜沧江梯级开发河流适应性利用仿真计算系统 3 项研究内容。

1.3.2 研究区域

西南径流计划的研究区域是我国西南主要外流河的源区，即黄河、长江、澜沧江、怒江和雅江五条河流的源区流域（图 1-1），其中，澜沧江和雅江为重点研究对象。研究区域位于青藏高原东部和南部，可称为西南河流源区或简称为西南源区。

西南河流源区位于 22°54′N～36°10′N，80°51′E～103°11′E，总面积约 80.7 万 km^2，地势西高东低，主要包括青藏高原东部、东南部和南部及其毗邻地区，具体包括黄河源区（唐乃亥水文站以上）、长江源区（直门达水文站以上）、澜沧江源区（旧州水文站以上）、怒江源区（道街坝水文站以上）、雅江源区（奴下水文站以上）。本书各章节的研究区域因研究问题的不同存在差异，如与本节定义的河流源区区域不一致，将在相应章节进行说明。西南河流源区位于西风和印度季风两大环流系统的交汇区，二者具有明显的季节交替现象。夏季，青藏高原北部主要受西风控制，南部受印度季风控制；冬季，基本受西风控制。西南河流源区降水季节分配不均匀，且存在明显的区域差异性，大部分地区降水集中在夏季。西南河流源区也是青藏高原重要的陆地冰冻圈分布区，分布有大

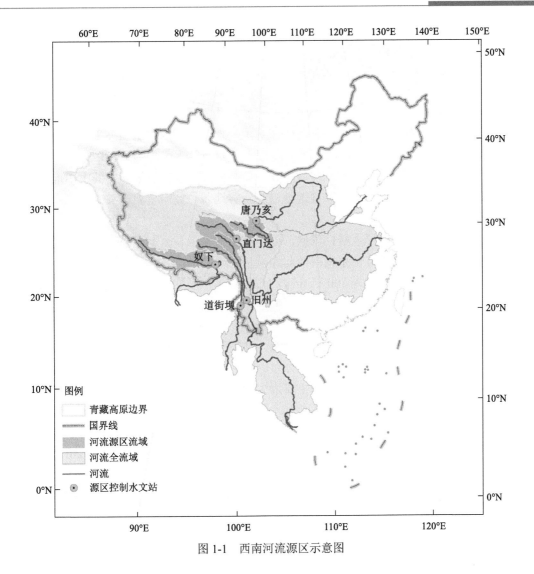

图 1-1　西南河流源区示意图

量冰川，根据 Randolph Glacier Inventory 6.0（RGI 6.0，2017 年 7 月发布了 6.0 版本冰川目录）的数据统计分析，西南诸河源区的冰川面积为 17871.54 km², 冰川数目为 17247条。由于源区多年冻土、岛状冻土、季节冻土和融区交错分布，几乎涵盖了所有冻土赋存类型，是我国冻土赋存最复杂的典型地区。西南河流源区主要涉及西藏、云南、青海等地，自然环境严酷，生态环境十分脆弱，土地资源有限，是我国最为地广人稀的地区，主要产业为畜牧业和河谷农业。

　　西南河流源区具有 5 个突出特点：①是世界屋脊、地球第三极，平均海拔超过 4000m，具有高海拔、高寒、高边坡等特征；②是中华水塔和亚洲水塔，水量极其丰富，惠及流域内 14 亿人口；③是国际热点区域，雅江、澜沧江和怒江均为国际河流，开发利用涉及多个国家的利益，受到广泛关注；④源区大面积为无人区，资料极其匮乏，研究难度极大；⑤水的多相态转换频繁，对气候变化敏感，径流变化和机理极其复杂。

1. 黄河源区

黄河源区指的是唐乃亥水文站以上的流域，地理范围在 95°50′E～103°26′E，32°20′N～36°10′N，面积约 12.2 万 km²，处于西南诸河源区最东端，总体地势西南高、东北低，自西向东倾斜，海拔在 2548～6153m 范围内，最高海拔在玛卿岗日，最低海拔在唐乃亥处。在青海省达日以上，黄河流域基本为地质构造所控制的高平原地貌单元，河床比降小，平均为 1.38‰～2.3‰，多石峡以上的黄河源头区，流域平均坡度小于 2.2°。出多石峡后，平均坡度忽然增大。区域主要地貌是以强烈侵蚀剥蚀为主的中山地貌、弱侵蚀剥蚀的高原低山丘陵地貌、湖盆地貌以及河谷地貌。黄河主要源头有三支：约古宗列曲、扎曲、卡日曲。

黄河源区是典型的高原大陆性气候，处于高原亚寒带和高原亚温带的交界区，年降水量在287.49～754.36 mm，由东南向西北递减，整个区域的多年平均降水量为484.2mm。唐乃亥站多年平均年径流量为 200 亿 m³，约占黄河多年平均径流量（533 亿 m³）的 38%。黄河径流年内分布极不均匀，汛期（5～10 月）径流量为 157.6 亿 m³，占全年径流量的79.5%。

流域中部阿尼玛卿雪山是流域的最高峰，海拔超过 6200m，常年有积雪覆盖，其南北两侧有总面积约 125km² 的零星冰川分布。黄河源区处于高原多年冻土核心区的东部边缘，多年冻土分布面积占比较高，主要为大片连续多年冻土向季节冻土过渡的江河源多年冻土亚区，属中纬度高海拔多年冻土。黄河源头区多年冻土厚度基本在 100m 以内，1/5 的多年冻土厚度在 30m 以内，50%的多年冻土厚度在 50m 以内，80%的多年冻土厚度在 65m 以内。黄河源区年均雪深在 2.1～4.5cm，多年平均积雪深度为 2.7cm。积雪期集中在 11 月～次年 4 月，黄河源头以及西北高山区积雪开始得早，结束得晚，积雪季节长，消退过程缓慢，同时也是年均雪深高值区（4cm 以上），积雪天数较其他区域长。

黄河源区总人口为 61.11 万，而且多集中在县、乡城镇，人口密度为 4.65 人/km²。该区产业结构单一，生产力不发达，以畜牧业为主。

2. 长江源区

长江源区指的是直门达水文站以上的长江流域所有区域，位于 90°43′E～96°45′E，32°30′N～35°35′N，南起唐古拉山，北至昆仑山和可可西里山，西至乌兰乌拉山，东至巴颜喀拉山脉，总面积约 13.8 万 km²。长江源区海拔在 4200～6621 m，受东南走向的构造控制，形成宽广谷地、盆地与低缓丘陵、低山相间分布的高平原地形，地势相对平坦，由西向东呈下降趋势。江源地区的水系呈扇形分布，有河流 40 余条。其中，较大者有沱沱河、当曲、楚玛尔河、布曲和尕尔曲 5 条。

长江源区属内陆高山半干旱半湿润气候过渡带，是典型的寒冷高原气候，具有低温、强辐射，包括干季和湿季两个季节，雨热同期。从东南到西北，气温和降水梯度差异很大，年平均气温在 3～5.5℃。长江源区年降水量为 221.5～515 mm，其中，夏季降水量占全年总量的 80%。长江源区径流补给以降水和冰川融水为主。直门达水文站点多年

（1956～2016 年）平均径流量为 128 亿 m^3。

长江源区的多年冻土是青藏高原多年冻土最集中的地区，约占青藏高原多年冻土总面积的 1/5。冻土主要为岛状不连续多年冻土和大片连续多年冻土。多年冻土层厚度为 10～120m，活动层厚度在 1～4 m。长江源区积雪主要分布在河谷两侧的山坡、山顶、冰川前沿和冰川上，宽广平坦的河谷积雪很少。其中，唐古拉地区的地表积雪深度具有在夜间相对稳定、日间迅速降低的特点。

依据长江源区生态环境地质调查的结果，源区内总人口为 26.1 万，居民以藏族为主，区域经济以畜牧业为主，农业为辅，主要农作物是青稞、小油菜、冬小麦。

3. 澜沧江源区

澜沧江源区指的是旧州水文站以上的澜沧江流域所有区域。澜沧江发源于青海省唐古拉山北麓玉树藏族自治州杂多县西北的查加日玛西侧，流经青海、西藏、云南 3 省（自治区），于云南省西双版纳傣族自治州勐腊县出境，出境后称为湄公河，流经东南亚的缅甸、老挝、泰国、柬埔寨和越南。我国境内澜沧江流域地处 93°48′E～101°51′E，21°06′N～33°48′N，干流全长 2161 km，天然落差为 4583m，河道平均比降为 2.12‰，流域面积约 16.4 万 km^2，年径流量为 640 亿 m^3。澜沧江流域地势西北高，东南低，地形以山地、丘陵为主，呈西北—东南走向的狭长形，南北稍宽，中部狭窄，地处青藏、滇缅、印尼 "歹" 字形构造体系的上、中段与川滇经向构造体系的复合部位，地质构造复杂，构造运动强烈，岩浆活动频繁。澜沧江水系主干明显，支流众多但大多较短小，落差大。主要支流左岸有子曲、麦曲、沘江、黑惠江、威远江、南班河、南腊河等，右岸有吉曲、金河、罗闸河、小黑江等。

由于纬度和地形的差异，流域上、中、下游的气候迥然不同。上游属温带半湿润气候区，气候寒冷，年温差小，日温差大；中游属北亚热带至中亚热带季风气候区，河谷深切，立体气候显著，高山寒冷，山腰温凉，河谷暖热；下游地势较低，属南亚热带至北热带季风气候区，气候炎热，降水较丰，干湿两季分明。流域多年平均气温自北向南递增。流域多年平均年降水量为 996mm。上游地区雨量较小，年降水量为 500mm 左右，多为夏季型降水；中游地区降水量多为 650～1100mm，一般随着高度的增加而增加，局部地区（如与怒江的分水岭碧罗雪山一带）可达 2500mm 以上；下游地区雨量丰沛，多年平均年降水量为 900～1700mm，主要集中在雨季。流域水量丰沛，径流由降水、融水和地下水混合补给。径流量的年内分配较为集中，汛期 5～10 月的径流量占年径流量的 80%左右，7～9 月的径流量占年径流量的 51%左右。

澜沧江源区由于海拔较高，多年冻土延伸到谷地、盆地底部，连续性较好。河流向南经杂多县以后，流域海拔持续降低，地形切割加深，进入高山峡谷地带，受纬度地带性影响，多年冻土下界海拔抬升，多年冻土从谷地中退出，而且超过了流域内大部分山峰顶部的海拔，多年冻土仅零星分布于个别极高山顶部，其下界海拔从高山区空冰斗中发育的石冰川末端来推测，大致在 4900～5100m。随着河流继续向南，多年冻土退出澜沧江流域。

澜沧江流域人口约631.4万,平均人口密度38.4人/km²,流域水资源丰富,但时空分布不均,开发利用率不到4%。澜沧江是我国十三大水电基地之一,水能蕴藏量约36560MW,占全国的5.4%。迄今为止,澜沧江干流已建成13座大型水电站,另有5座水电站处于规划设计阶段。在已投入运行的水电站中,小湾和糯扎渡水电站的规模最大,二者库容共计386亿m³,具备多年调节能力,是澜沧江干流梯级水库群的控制型水库。

澜沧江是西南河流源区建成水电站最多的河流,梯级水电开发对河流生源物质循环具有重要影响;同时澜沧江-湄公河作为国际河流,其水电开发关系到我国与下游湄公河国家的合作与利益共享。因此,西南径流计划选择澜沧江作为梯级水库累积效应和径流适应性利用方向的重点研究对象。

4. 怒江源区

怒江源区指的是道街坝水文站以上的怒江流域所有区域。怒江发源于西藏自治区北部唐古拉山脉南麓安多县境内,在缅甸毛淡棉附近注入印度洋的安达曼海,出中国国境后称为萨尔温江,主要位于缅甸境内。国境内干流河长2013km,天然落差约4840m,流域面积约13.6万km²,年径流量为710亿m³,位于22°10′N~32°48′N,91°13′E~100°15′E,流域呈西北向东南逐渐变窄又展宽的带状。怒江流域内地貌类型多样,高原、高山、深谷、盆地交错。流域大部分处于青藏、滇缅"歹"字形构造体系及其与滇西南北向(经向)构造体系复合部位,另有北东向构造体系和近东西向(纬向)构造体系。怒江支流众多,上游流域主要支流有卡曲、索曲、姐曲;中游的主要支流有德曲、八宿曲和伟曲;下游支流以左岸为主,主要有勐波罗河、南汀河等。

怒江流域受地形和大气环流影响,气候复杂多样。上游地处青藏高原,属高原温带半湿润气候区,气候高寒,冰雪期长,山地气候特征明显,山上湿润,河谷干燥,年温差小,日温差大,日照时间长。中游属中亚热带季风气候区,呈垂直气候变化,高山积雪寒冷,山腰温凉,河谷炎热。下游地势较低,进入南亚热带和北热带季风气候区,气候炎热,冬干夏雨,干湿季分明。流域多年平均气温从上游向下游递增。西藏那曲站多年平均气温为-11.9℃,泸水为14~15℃,潞西以下为21~25℃。流域多年平均年降水量为903mm,亦从上游向下游递增:西藏那曲年降水量仅400mm左右;云南的泸水、保山一带年降水量增至1000mm左右;下游受西南季风影响较深,龙陵一带最高年降水量达1500~2000mm,是著名的多雨区,但西南迎风坡山区的降水量明显大于背风坡及河谷地带,降水低值区潞江坝的年降水量仅600~700mm,是著名的干热河谷区。上游径流主要由冰雪融水、降水和地下水组成;中游径流补给以降水为主,融雪次之;下游径流主要由降水补给。

源区多年冻土基本上沿唐古拉山南坡一线分布,虽然地形起伏较缓,植被也较好,但是纬度较低,大部分区域已经低于多年冻土分布的下界海拔,处于季节冻土区。1961~2010年,怒江源区最大冻结深度有显著变浅的趋势,其中,上游那曲站的减幅为21.3 cm/10 a,高于其他观测站点。

流域涉及西藏自治区和云南省9个地(市、州)的32个县(市、区)。流域内有多民族聚居，人口约 333 万，平均不到 25 人/km²。两岸山高坡陡，可耕地面积少，特别是怒江傈僳族自治州约 98%的面积为高山峡谷，约 75%的耕地坡度在 25°以上。怒江干流落差达 4840 m，水能资源丰富，全流域水能资源理论蕴藏量达 4474 万 kW，技术可开发量为 3200 万 kW，其中，干流约 3000 万 kW，约占 94%，干流水能资源尚未开发。

怒江是尚未开发的自然河流，其径流变化和生源物质输移过程反映了西南河流源区气候条件下的自然过程。因此，西南径流计划选择怒江为生源物质迁移转化规律的对比参照系，作为梯级水电开发河流的对比基准。

5. 雅江源区

雅江源区指的是奴下水文站以上的流域所有区域。雅江发源于西藏自治区普兰县喜马拉雅山北麓的杰马央宗冰川，我国境内河流总体上呈西东流向，经过巴昔卡出境后称为布拉马普特拉河，流经印度和孟加拉国两国，其部分支流位于不丹境内。我国境内河长约 2057km，总落差 5435m，出境口巴昔卡以上流域面积约 24.2 万 km²，奴下水文站年径流量为 600 亿 m³。流域介于 82°00′E～97°07′E 和 28°00′N～31°16′N，东西最大长度约 1500km，南北最大宽度约 290km，平均宽度约 166km。左右岸流域面积不对称，左岸流域面积占全流域面积的 70%。集水面积大于 10000 km² 的支流有多雄藏布、年楚河、拉萨河、尼洋河和帕隆藏布。雅江流域大地构造上属喜马拉雅槽向斜的一部分，为东西向的地槽型褶皱带。雅江深裂带是流域内控制性构造，是印度板块与亚欧板块之间的缝合线带。流域内山脉、河流的走向以及岩带的展布均明显受区域主构造线控制。

雅江地形地貌多样，形成了复杂多样的独特气候，流域内包含西藏所有的气候分带，自下游至上游可分为热带、亚热带、高原温带、高原亚寒带和高原寒带。流域内也几乎包含西藏所有的降水分带，自下游至上游可分为极湿润带（多雨带）、湿润带、半湿润带、半干旱带和干旱带。降水主要来源于印度洋孟加拉湾的暖湿气流，沿雅江河谷上溯形成降水，峡谷地区降水量梯度变化明显。雅江流域在我国境内的年降水量为 949.4 mm，年际变化较小，降水量自下游至上游呈递减趋势，自东南向西北迅速递减，年降水量的 60%～90%主要集中在 6～9 月。流域内径流由降水、地下水和冰雪融水组成。流域上游区域多年平均年径流深在 50～200mm，中游区域在 200～1200mm，下游区域在 1200～5000mm。干流水力资源理论蕴藏量约 7912 万 kW。

雅江位于青藏高原南缘，远离高原多年冻土核心分布区，发育在高山顶部的多年冻土主要集中流域西部和东部，中部地区多年冻土分布面积较小。高山多年冻土和主要连续多年冻土分布在流域南部和北部山脊地区，季节性冻土出现在流域山脊之间的河谷沿线。雅江流域积雪平均面积占流域面积的 15%（3.56×10⁴km²），流域每年 10 月开始有积雪覆盖，到第二年的 2 月或者 3 月积雪覆盖率达到最大值，流域上游喜马拉雅山脉和中东部念青唐古拉山脉冰川区及高海拔区域积雪覆盖率较大，流域下游海拔较高的区域为常年积雪覆盖率较大的区域。海拔 4000m 以上为稳定积雪和常年积雪分布区，积雪持续天数在 180d 以上，海拔 4000m 以下以季节性积雪为主。

雅江流域内总人口为 139.94 万，中游地区是西藏自治区经济、文化、交通和民族工业最为发达的地区，人口、耕地多分布在这一区域。耕地面积约 22.29 万 hm^2，主要分布在干流的宽谷以及拉萨河、尼洋河、年楚河的中下游地区和支流汇口一带，拉萨、山南、日喀则是西藏的主要粮食产地。

雅江是西南河流源区冰川最多的流域，其中奴下和巴昔卡以上流域内的冰川覆盖面积分别占流域面积的 2%和 5%，是典型的高寒流域；同时是我国"十四五"规划确定的水电工程规划区，其径流变化趋势与机制是水电规划设计的重要科学依据。因此，西南径流计划选择雅江为径流变化方向的重点研究对象。

1.4 主要研究进展

西南径流计划实施以来，围绕三个关键科学问题形成了一系列高水平创新性成果，按照监测和数据、径流变化机理和未来趋势、生源物质迁移转化规律和累积效应、径流适应性利用方法和应用、空-地水资源联合调度理论与技术分为 5 个主题（胡春宏等，2022）。

1.4.1 构建西南河流源区天空地一体化监测体系与基础数据集

1. 构建西南河流源区水文要素天空地一体化协同监测体系

西南河流源区海拔高、辐射强，气温气压低、气象水文环境变量复杂，但水文站点稀疏、空间分布不均、运行保障率低、以点观测为主。本书构建了以地面水文站监测为精度控制基础，利用卫星遥感大范围点-面结合水文监测数据获取能力，提升地面站点监测覆盖范围，以无人机平台机动监测为补充，采用遥感定量反演、数据融合同化，形成满足不同时效性、时空分辨率、反演监测精度的高原寒区水文要素天空地一体化协同监测体系：①天基方面，开发了卫星雷达波形重定算法，将高山区河道水位卫星监测精度从过去 1 m 以上提升到 0.2～0.5 m，适用范围从千米级河宽扩展到百米级河道；建立了联合雷达测高卫星和光学/红外遥感的径流量定量反演模型，实现了无历史径流资料条件下日连续流量反演（Huang et al.，2018）。②空基方面，构建了无人机河道流量机动监测成套技术，搭载光学、声学、雷达等轻型传感器，提出了三类流量计算模型，提升了中小河流径流遥测精度，并作为天基水域观测精度检验的基准。③地基方面，研发了基于物联网、机器视觉、先进图像处理算法的图像测流成套设备，集成了水位计、融雪型雨量计、图像测流成套设备，以及风光电多源供电、低温保护、通用分组无线业务（general packet radio service，GPRS）移动数据业务与北斗卫星数据传输监测保障技术，突破了水文测站运行维护困难的限制，实现了水位、流量等水文要素在线监测和综合立体协同监测（Liao et al.，2021；廖爱民等，2019），监测站点数量相比重大研究计划实施前增加约 45.5%。

2. 研制西南河流源区水文-环境要素基础数据集

卫星、地面、再分析等不同数据源在时空分辨率、时空连续性和监测精度等方面各有优势。西南径流计划建立了包括特征融合、成分替换、偏差校正的"时间-空间-光谱"一体化和天空地多尺度数据融合方法，提出了一套点面结合、多要素关联的数据质量评估与加工技术方案，研发了时空重建、深度学习等方法，系统建立了西南河流源区水文-环境基础数据集，全面提升了该区水科学研究的数据质量（Sheng et al.，2020；Meng et al.，2019；Chen et al.，2018）。已发布了 6 大类 46 套数据集，包括：基于深度学习的青藏高原长序列高精度降水及其雨雪相态数据集、满足水量平衡的西南河流源区高精度水文通量和水储量数据集、雅江流域多要素年际变化专题数据集等。相比其他现有数据集，本数据集时空连续性、一致性强，时空分辨率高，质量控制严格，精度稳定可靠，在科学研究和工程应用方面具有特殊、重要的价值，为揭示青藏高原、西南河流源区、雅江流域水文-环境要素时空演变规律奠定了坚实基础，为雅江下游水电开发等国家重大战略、湖泊溢流风险快速评估等工程应用提供支撑；西南河流源区数据中心的建立，显著改善了该区数据匮乏的现状，为重大研究计划科学目标的实现提供了支撑。

1.4.2　揭示西南河流源区径流变化机理和未来趋势

1. 建立西南河流源区径流水源组成的新基准

西南河流源区径流水源组成复杂，准确解析水源组成对于预估未来径流变化趋势至关重要，现有水源解析研究众多，但结果不确定性大、差异显著。本书构建了耦合水文过程和同位素示踪过程的高原寒区分布式同位素水文模型，构建了同位素大气环流模式数据和实测数据的融合方法，以解决大流域降水同位素输入数据难以通过实验获取的难题（Nan et al.，2021）。水源解析方法的不确定性从 20% 降低到 1% 以下，利用模型同化了干支流径流、冰雪面积和冰雪水当量、不同水体同位素等大量多源高质量数据集，建立了西南 5 河源区径流水源组成的新基准。

2. 揭示西南河流源区地表关键要素变化特征及其径流效应

西南河流源区的关键下垫面要素（冻土、冰雪、植被等）对气候变化响应敏感，其时空分布和变化规律及对径流过程的影响是当前研究的热点，但西南河流源区自然条件恶劣，相关研究相对薄弱。本书基于冻土低温长期定位观测、大气-植被-积雪-冻土系统水循环多尺度观测试验，结合多种数值模型和多源遥感数据反演融合，系统揭示了源区地表关键要素变化及其径流效应（Li et al.，2019）。源区多年冻土自 20 世纪 80 年代以来持续退化，使得陆面实际蒸散发递增，河流基流量普遍增加；冰川自 20 世纪 60 年代以来，以 0.27 m w.e./a 的速率持续消退，面积减少了 29%，同时总体积雪覆盖率和积雪深度均呈减少态势，伴随气候持续变暖，河源区融雪径流提前，表现为 3 月径流上升，而 4 月、5 月径流下降的特征；源区植被覆盖自 1984 年以来持续向好，表现为归一化植被指数（normalized difference vegetation index，NDVI）持续递增，其中，海拔大于 4500m 地区的 NDVI 增长趋势最为显著，植被增加总体上导致径流减小，同时与冻土退化形成负反馈循环，并显著影响了陆地水储量的变化。

3. 揭示西南河流源区径流变化规律、驱动机制和未来趋势

西南河流源区径流受寒区水文过程影响显著，对全球升温的响应敏感，其变化规律和未来趋势是国内外学术界的关注热点，但结果的不确定性强，不同研究结论差别显著，亟须在更加翔实的基础数据、更加深入的水文过程认识基础上开展创新性的研究。本书采用重力卫星信息反演与融合、长序列径流资料分析、地质载体历史径流洪水反演和陆面水文模型等多种手段，揭示了西南河流源区水储量、径流量及洪旱特征的历史变化规律和未来趋势。青藏高原 2002～2017 年总水储量以 -10.2Gt/a（$1Gt=10^9t$）的速度减小，并呈现出外流区减小、内流区上升的空间差异特征，在冰川广泛分布的印度河-恒河-雅江流域，冰川消融对水储量下降的贡献率达到 80%（Li et al.，2022）；三江源区径流量整体呈增加趋势，气候变化是导致径流量增加的最主要因素，而雅江径流量呈不显著下降趋势，同时存在 3～4 年和 12～15 年的周期变化特征，雨季降水是径流变化的主要驱动要素；在未来持续增温的情境下，三江源区和雅江-布拉马普特拉河的径流将增加 6%～14%。其中，降水增加是径流增加的主要因素，而植被覆盖变化对未来极端径流变化的贡献可达到 35%～37%。

1.4.3 阐明西南河流源区全物质通量规律和梯级水库累积效应

1. 建立西南源区河流全物质通量框架及生物谱图

本书提出了全物质通量研究框架，解决了传统研究多针对单一物质与水化学的关系开展研究难以反映复杂的物质时空分布、相互作用及生物响应关系的问题。采用高通量测序方法建立了硅藻分子生物分析检测方法，解决了传统形态学鉴定方法对超微藻、纳藻、微藻的鉴定难度大、受主观因素影响大的问题，找回了漏计的 97.5% Chao1 丰富度，为精确分析大河硅藻群落结构及生源物质响应关系奠定了基础（Wang et al.，2019）。绘制了大河细菌群落图谱，揭示了高原、山地、丘陵、盆地和平原地区的优势种群，阐明了细菌作为关键分解者的贡献；绘制了大河浮游与底栖硅藻群落时空分布图谱，发现不同光合有效辐射（photosynthetically active radiation，PAR）条件下硅藻生物标志物在空间上经历了从优势运动型硅藻物种向浮游型硅藻物种群落的显著演替，阐明了藻类作为初级生产者的贡献。发现高原河流细菌具有耐寒、耐辐射、耐贫营养的特征，阐明了亚洲水塔作为青藏高原河流淡水微生物储存库的特殊地位，对河流整体微生物物种多样性的贡献达到 60% 以上，进一步揭示了高寒条件下细菌强化互作的机制。发现高原河流底栖动物采用 r-选择进化策略，在寡营养条件下通过性状调整，缩短种群恢复时间以适应

恶劣环境。揭示了生源物质迁移转化与生物群落的"共性"及它们在"第三极"环境下的多样性问题，实现了生源物质生物响应研究的理论和技术突破，为高原河流能源开发及健康评估提供了科技支撑。

2. 揭示西南源区河流生源物质的来源

针对西南源区河流生源物质来源研究的短缺，本书以多元同位素和元素地球化学为基础，建立了高时空分辨率、高精度的源区河流碳来源示踪方法体系，首次获取了雅江日-月-年尺度的成序列河流同位素数据，定量解析了雅江溶解无机碳（DIC）、溶解有机碳（DOC）、颗粒态有机碳（POC）等形态碳的来源，证实了西南源区河流"古老地质碳"的贡献；获得了活动层和冻土层古老碳对长江源 DOC 和 DIC 的贡献，发现青藏高原冻土流域老碳的输出通量远高于北极冻土流域，揭示了碳来源与季风气候的关系（Song et al.，2020）；通过对西南河流源区河水-苔原湿地-冻土的系统定位观测，揭示了高原水系统中碳及其他营养盐的时空分布特征和迁移转化规律，在高原冻融变化对河水（不同级别河流）碳循环影响方面形成了新知识积累的突破；首次获得高海拔地区降水的 $\delta^{17}O$，提出了 ^{15}N、^{17}O 和 ^{18}O 三种同位素相结合的方法解析河水氮的来源，弥补了以往方法不能定量确定大气沉降贡献的缺陷，揭示了动物粪便是西南源区河水硝酸盐的主要来源，与非高原河流存在显著差异，为深化西南河流源区生源物质来源及气候变化影响提供了新科学认知（Xia et al.，2019）。

3. 揭示西南源区江河碳氮转化规律及温室气体排放特征

目前对河流碳氮转化及温室气体排放的研究大多只关注低海拔河流，而针对高海拔河流的研究基本为空白，这极大限制了对西南源区河流碳氮转化特征和温室气体排放以及相关微生物分布格局及其驱动机制的认识。本书基于生源物质和温室气体（CH_4、CO_2、N_2O）的时空分布、生物功能基因分析等技术，揭示了西南源区河流 C、N 转化的特殊机制及温室气体的排放特征（Zhang S B et al.，2019，2020）。发现源区氮循环微生物[氨氧化古菌（ammonia-oxidizing archaea，AOA）与氨氧化细菌（ammonia-oxidizing bacteria，AOB）]的群落结构具有明显的高海拔河流特征，冷适应物种在 AOB 群落中比重较大（34%～50%）；上覆水体中厌氧氨氧化细菌几乎全部以泥沙结合态的形式存在，且细菌丰度与悬浮泥沙含量呈显著正相关；悬浮泥沙促进了耦合硝化反硝化和厌氧氨氧化作用，且反应速率随泥沙含量增加呈幂函数增加，耦合硝化反硝化速率与泥沙粒径呈负相关，揭示了悬浮泥沙对氮循环的影响机制。发现源区高山冻土江河是 N_2O 的弱源，冻土区江河 N_2O 排放速率较一般河流小一个数量级，与该区域人为输入氮素少、冻土融化释放的氮主要被陆地植被吸收有关；N_2O 溶存浓度与 NO_3^- 和溶解氧（dissolved oxygen，DO）相关，功能基因分析说明该区域氮转化过程具有低 N_2O 产率的特征。发现源区河流中 CH_4 主要以冒泡形式排放，其排放速率远高于一般河流，揭示了源区河流 CH_4 高冒泡通量的产生机制，即冻土融化导致水陆界面大量的有机碳输入，沉积物中具有丰富的耐寒产甲烷菌，源区存在有利于气泡产生并排放的物理条件；以增温贡献计，源区河流 CH_4 的排

放远大于 CO_2 的排放，颠覆了河流温室气体排放以 CO_2 占绝对优势的传统认识。澜沧江梯级水库建设虽然提高了水体温室气体的排放通量，但整体水平显著低于世界主要水库排放通量的平均值；首级水库是 CH_4 和 CO_2 的排放热点（为下游水库的 13.1/1.7 倍），且 CH_4/CO_2 最高，具有相对较高的增温潜能；N_2O 排放通量沿水流方向呈现递增趋势，主要是沿程人类活动加剧导致氮素输入增加以及沿程水温上升的共同作用所致，而梯级水库的影响可以忽略不计。水库运行增强了潜流带与水库之间侧向潜流交换，形成厌氧-好氧环境循环交替，洲滩边缘在抑制甲烷产生的同时促进了甲烷氧化，降低了甲烷温室气体释放通量；硝化-反硝化作用加剧，增强了脱氮效率。该结果揭示了以发电为首要目标的水库同时具备脱碳、脱氮和温室气体自削减等正面环境效应。

4. 阐明西南源区梯级开发河流生源物质循环变异及累积效应

河流建坝导致的径流情势变化对水生态环境的影响是水资源开发利用争议的焦点，阐明梯级水库对关键环境因子的累积效应，确定其调控阈值是减缓梯级开发生态环境影响的关键。本书围绕澜沧江梯级和金沙江梯级水库，确定了高坝深库磷沉积-活化-输送的临界水力停留时间阈值约为 0.26 年，当水库水力停留时间低于该值时，磷表现为库内沉积；当水力停留时间大于该阈值时，磷表现为库内活化以及随之输送；由于梯级水库水力停留时间的沿程累积显著大于阈值，导致生物可利用磷沿程增加（Chen et al., 2020; Yan et al., 2018）。发现多年调节水库导致坝下河道冬季水温较自然情况升高 2.6℃，夏季水温较自然情况降低 3.1℃（Shi et al., 2017）；在梯级水库沿程叠加作用下，冬季水温较自然情况累积升高 4.7℃，夏季水温较自然情况累积降低 4.8℃。确定了圆口铜鱼冬季性腺发育积温约为 1324.9℃，春季产卵临界水温为 18.4℃，梯级水库对自然水温过程的改变，导致积温阈值的到达时间提前，而临界水温阈值到达时间推迟，这是产卵量急剧下降的关键机制。这些新发现改变了传统上有关河流建坝对氮磷营养盐输送通量及水生态效应的常规认知，相关技术可支撑解决梯级水电工程影响下鱼类生境和种质资源保护问题。

1.4.4 应用于国家能源、环境、水外交重大需求

1. 建立西南重要国际河流供水-发电-环境的互馈关系与适应性利用方法

西南河流源区是亚洲水塔、中华能源基地，在供水、发电中受到生态环境保护的制约；河流多为跨境河流，径流利用中的多利益主体博弈问题凸显；该区域位于世界第三极，是气候变化的敏感区与脆弱区，还受流域自然条件、国家政策调整、区域地缘政治格局变化等多方扰动。西南国际河流径流利用呈现出典型的供水-发电-环境-外交等多利益主体互馈的特点，径流适应性利用面临诸多挑战。本书提出了基于"扰动-演化"模拟定量分析新方法，构建了流域供水-发电-环境-外交耦合的机理模型，揭示了不同"扰动"类型作用下系统的竞争协同与反馈制约关系，提出了合作补水阈值与跨境水能双重常态

化合作的国际河流管理策略（Chen et al., 2019）。

2. 研发面向电力市场清洁能源消纳的梯级水电绿色生态调度技术

西南地区是我国的水电能源基地，也是风光电力消纳的调节"电池"，其开发利用是实现双碳目标的关键；但梯级电站建设将自然河流变为蓄水河流，河流的生源要素等环境条件发生显著变化，生态环境保护对水电调度提出新要求。梯级水电调度本身就是一个高维非凸非线性非连续优化问题，而西南梯级电站特有的高水头、大容量机组、复杂出力限制区进一步增加了调度难度，再叠加来水、风光、市场等不确定性因素，以及生态环境约束与跨境补水要求后，梯级水电调度成为核心难题。本书提出了面向电力市场清洁能源消纳的梯级水电绿色生态调度技术（Liu et al., 2019；程春田等，2019；Zhang et al., 2018）。首先在技术上创新了复杂系统主域知识降维技术，极大地降低了计算复杂度，研发了梯级电站关键水库、关键时间和关键水位控制技术，应对了多元不确定性冲击，解决了水风光电力系统的弃风弃光难题，平衡了生源要素循环与发电效益的矛盾。其次，考虑电力市场多利益主体竞争博弈对水风光联合调度的影响，创新了高比例水风光清洁能源电力市场体系中可再生能源保障性消纳的电力现货市场出清机制，以及水电参与电力市场的竞价决策技术。

3. 提出澜沧江-湄公河常态化跨境水能双重合作机制

澜湄流域是"一带一路"建设的核心区域，其水资源的开发利用不仅关系着我国能源安全，还关系到边疆稳定和国家安全。澜湄跨境水资源合作已经成为流域各国的共识，但由于各国自然资源禀赋、社会经济发展程度以及政治背景等多重差异，水资源合作中总是存在占优策略、搭顺风车等行为，各国的参与意愿也高低不等。同时，各方对合作效益的评估、利益分配也存在分歧；叠加水文年际随机性的干扰后，区域一直欠缺稳定的、常态化的合作机制。本书基于区域的供水-发电-环境多系统互馈关系，考虑各方在水资源和能源互联互通领域的合作诉求，将电力贸易纳入水资源合作，扩大了合作空间，最大限度协调满足了各方诉求，充分发挥了合作的参与相容与激励相容作用，为流域各方提供了共赢的合作方案，为解决跨境水资源合作意愿与分配难题提供了有益参考（Yu et al., 2019；He et al., 2018）。

1.4.5 研发空-地水资源联合调度技术

1. 建立空中水资源开发与利用理论

水资源短缺正在成为全球可持续发展的瓶颈，空-地水资源联合开发与利用成为解决这一问题的重要途径之一。然而，对空中水资源进行资源性开发、对空-地水资源开展联合调控利用依然处于研究初期，是国际学术前沿问题。本书基于水汽时空分布特征、输送路径以及转化能力，完善了空中水资源定义及"空中流域"概念，创新了空中水资源特征的量化描述方法，建立了地表水资源的生态补偿调配模型，划分了青藏高原空中水资源的不同开发利用模式及相应的高效开发利用区域，建立了空-地水资源联合调控理论体系（Zhang Y et al.，2019；Wang et al.，2018）。具体包括：①以通量形式完善空中水资源定义，基于水汽水平输送通量重构降水转化理论，揭示青藏高原为全球气候变化下降水响应敏感区的原因；②基于水汽输送及本地蒸发创新"空中流域"概念，解决青藏高原空中水汽来源追溯问题；③基于水汽通量空间熵和分配熵，提出了空中水资源常规开发、生态补偿型开发及应急性开发等不同开发模式，划分了青藏高原各模式下的高效开发区域，为青藏高原空地-水资源联合调控提供时空优选参考。

2. 研发声波增雨新型空中水资源开发技术、装备及作业体系

与陆面水资源的极限开发状态相比，全球空中水汽资源的开发利用尚处于初期阶段，催化播云等现有人工影响天气方法成本高、对环境影响大。声波增雨被认为是最具有规模化应用前景的技术，但目前国内仍然存在核心技术瓶颈，导致缺少先进的强声增雨平台。本书完成了显微级别和云室级别的声致凝聚实验验证，发现了低频声波对云滴沉降的促进现象和云滴粒径声致调控现象（Qiu et al.，2021）；揭示了声致凝聚现象的机理机制，确定了影响液滴碰撞的临界声压级和敏感频率，修正了气象领域传统液滴重力碰并模型，解释了声波引起液滴碰撞效率提升的机理，构建了声波增雨的理论体系（Wei et al.，2021）。同时，突破了双金属无油轴承、高压比气体高速流场优化、低频强声集束发射等一系列关键技术，成功研发了脉冲式低频强声发射平台，其出口 1m 处低频声压级达到 160dB，超过美国陆军研究实验室移动声源装置（mobile acoustic source，MOAS）（152dB）和大型欧洲声学设备（large European acoustic facility，LEAF）（155dB）的低频声压级上限水平，低频强声发射能力世界领先。利用该设备，本书在西南河流源区雅江干流奴下附近区域开展声波增雨雪空中水资源开发技术示范 100 余场次，取得了显著的水资源效益和生态效益。

参 考 文 献

程春田，武新宇，申建建，等. 2019. 亿千瓦级时代中国水电调度问题及其进展. 水利学报，50(1): 112-123.

胡春宏，郑春苗，王光谦，等. 2022. "西南河流源区径流变化和适应性利用"重大研究计划进展综述. 水科学进展，33(3): 337-359.

胡和平，田富强. 2007. 物理性流域水文模型研究新进展. 水利学报，(5): 511-517.

廖爱民，刘九夫，张建云，等. 2019. 实验小流域尺度下高精度水位计的比测分析. 水科学进展，30(3): 337-347.

刘丛强，汪福顺，王雨春，等. 2009. 河流筑坝拦截的水环境响应——来自地球化学的视角. 长江流域资源与环境，18(4): 384-396.

水利部水资源管理司. 2021. 2020 年度中国水资源公报. 水资源开发与管理，(8): 2.

Beven K, Freer J. 2001. Equifinality, data assimilation, and uncertainty estimation in mechanistic modelling of complex environmental systems using the GLUE methodology. Journal of Hydrology, 249(1-4): 11-29.

Blanchet C L, Frank M, Schouten S. 2014. Asynchronous changes in vegetation, runoff and erosion in the Nile River watershed during the Holocene. PLoS One, 9(12): e115958.

Blanchet C L, Tjallingii T, Frank M, et al. 2013. High-and low-latitude forcing of the Nile River regime during the Holocene inferred from laminated sediments of the Nile deep-sea fan. Earth and Planetary Science Letters, 364: 98-110.

Chen F, Yuan Y J, Fan Z X, et al. 2018. A winter precipitation reconstruction (CE 1810–2012) in the southeastern Tibetan Plateau and its relationship to Salween River streamflow variations. Pure and Applied Geophysics, 175(6): 2279-2291.

Chen Q W, Shi W Q, Huisman J, et al. 2020. Hydropower reservoirs on the upper Mekong River modify nutrient bioavailability downstream. National Science Review, 7(9): 1449-1457.

Chen X, Long D, Hong Y, et al. 2017. Improved modeling of snow and glacier melting by a progressive two-stage calibration strategy with GRACE and multisource data: How snow and glacier meltwater contributes to the runoff of the Upper Brahmaputra River basin?. Water Resources Research, 53: 2431-2466.

Chen X X, Xu B, Zheng Y, et al. 2019. Nexus of water, energy and ecosystems in the upper Mekong River: A system analysis of phosphorus transport through cascade reservoirs. Science of the Total Environment, 671: 1179-1191.

Cosgrove W J, Loucks D P. 2015. Water management: Current and future challenges and research directions. Water Resources Research, 51: 4823-4839.

Duan S, Xu F, Wang L J. 2007. Long-term changes in nutrient concentrations of the Changjiang River and principal tributaries. Biogeochemistry, 85: 215-234.

Friedl G, Wüest A. 2002. Disrupting biogeochemical cycles—Consequences of damming. Aquatic Sciences, 64: 55-65.

Giacomoni M H, Berglund E Z. 2015. Complex adaptive modeling framework for evaluating adaptive demand management for urban water resources sustainability. Journal of Water Resources Planning and Management, 141(11): 04015024.

He Y, Lin K, Zhang F, et al. 2018. Coordination degree of the exploitation of water resources and its spatial differences in China. Science of the Total Environment, 644: 1117-1127.

Huang Q, Long D, Du M D, et al. 2018. An improved approach to monitoring Brahmaputra River water levels using retracked altimetry data. Remote Sensing of Environment, 211: 112-128.

Hussey K, Pittock J. 2012. The energy-water nexus: Managing the links between energy and water for a sustainable future. Ecology and Society, 17(1): 31-39.

Immerzeel W W, Pellicciotti F, Bierkens M F P. 2013. Rising river flows throughout the twenty-first century in two Himalayan glacierized watersheds. Nature Geoscience, 6: 742-745.

Immerzeel W W, van Beek L P H, Bierkens M F P. 2010. Climate change will affect the Asian water towers. Science, 328: 1382-1385.

Jacob T. 2012. Recent contributions of glaciers and ice caps to sea level rise . Nature, 482(7386): 514-518.

Li M, Xu K, Watanabe M, et al. 2007. Long-term variations in dissolved silicate, nitrogen, and phosphorus flux from the Yangtze River into the East China Sea and impacts on estuarine ecosystem. Estuarine, Coastal and Shelf Science, 71: 3-12.

Li X, Long D, Scanlon B R, et al. 2022. Climate change threatens terrestrial water storage over the Tibetan Plateau. Nature Climate Change, 12(9): 801-807.

Li Z J, Li Z X, Song L L, et al. 2020. Hydrological and runoff formation processes based on isotope tracing during ablation period in the source regions of Yangtze River. Hydrology and Earth System Sciences, 24: 4169-4187.

Li Z X, Feng Q, Li Z J, et al. 2019. Climate background, fact and hydrological effect of multiphase water transformation in cold regions of the Western China: A review. Earth-Science Reviews, 190: 33-57.

Liao M H, Liao A M, Liu J F, et al. 2021. A novel method and system for the fast calibration of tipping bucket rain gauges. Journal of Hydrology, 597: 125782.

Liu J G, Mooney H, Davis S J, et al. 2015. Systems integration for global sustainability. Science, 347: 1258832.

Liu Y Q, Qin H, Zhang Z D, et al. 2019. A region search evolutionary algorithm for many-objective optimization. Information Sciences, 488: 19-40.

Liu Y Q, Qin H, Zhang Z D, et al. 2019. Deriving reservoir operation rule based on Bayesian deep learning method considering multiple uncertainties. Journal of Hydrology, 579: 124207.

Lutz A F, Immerzeel W W, Shrestha A B, et al. 2014. Consistent increase in High Asia's runoff due to increasing glacier melt and precipitation. Nature Climate Change, 4: 587-592.

Maavara T, Durr H H, Cappellen P V. 2014. Worldwide retention of nutrient silicon by river damming: From sparse data set to global estimate. Global Biogeochemical Cycles, (8): 841-855.

Maestre J M, Ridao M A, Kozma A, et al. 2015. A comparison of distributed MPC schemes on a hydro-power plant benchmark. Optimal Control Applications and Methods, 36(3): 306-332.

McKinney D C, Cai X, Rosegrant M W, et al. 1999. Modeling water resources management at the basin level: Review and future directions. SWIM Paper No. 6, International.

Meng F C, Su F G, Li Y, et al. 2019. Changes in terrestrial water storage during 2003—2014 and possible causes in Tibetan Plateau. Journal of Geophysical Research: Atmospheres, 124(6): 2909-2931.

Nan Y, He Z, Tian F, et al. 2021. Can we use precipitation isotope outputs of isotopic general circulation models to improve hydrological modeling in large mountainous catchments on the Tibetan Plateau?. Hydrology and Earth System Sciences, 25(12): 6151-6172.

Neal C, Neal M, Reynolds B, et al. 2005. Silicon concentrations in UK surface waters. Journal of Hydrology, 304: 75-93.

Qiu J, Tang L J, Cheng L, et al. 2021. Interaction between strong sound waves and cloud droplets: Cloud chamber experiment. Applied Acoustics, 176: 107891.

Sheng Y, Ma S, Cao W, et al. 2020. Spatiotemporal changes of permafrost in the Headwater Area of the Yellow River under a changing climate. Land Degradation & Development, 31(1): 133-152.

Shi W Q, Chen Q W, Yi Q T, et al. 2017. Carbon emission from cascade reservoirs: Spatial heterogeneity and mechanisms. Environmental Science & Technology, 51(21): 12175-12181.

Song C, Wang G, Haghipour N, et al. 2020. Warming and monsoonal climate lead to large export of millennial-aged carbon from permafrost catchments of the Qinghai-Tibet Plateau. Environmental Research Letters, 15(7): 074012.

Vannote R L, Minshall G W, Cumminus K W, et al. 1980. The river continuum concept. Canadian Journal of Fisheries and Aquatic Science, 37: 130-137.

Wang F S, Yu Y X, Liu C Q, et al. 2010. Dissolved silicate retention and transport in cascade reservoirs in Karst area, Southwest China. Science of the Total Environment, 408: 1667-1675.

Wang G Q, Zhong D Y, Li T J, et al. 2018. Study on sky rivers: Concept, theory, and implications. Journal of Hydro-environment Research, 21: 109-117.

Wang J, Liu Q, Zhao X, et al. 2019. Molecular biogeography of planktonic and benthic diatoms in the Yangtze River. Microbiome, 7(1): 1-15.

Wei J H, Qiu J, Li T J, et al. 2021. Cloud and precipitation interference by strong low-frequency sound wave. Science China Technological Sciences, 64(2): 261-272.

Xia X H, Li S L, Wang F, et al. 2019. Triple oxygen isotopic evidence for atmospheric nitrate and its application in source identification for river systems in the Qinghai-Tibetan Plateau. Science of the Total Environment, 688: 270-280.

Yan H L, Chen Q W, Liu J H, et al. 2018. Phosphorus recovery through adsorption by layered double hydroxide nano-composites and transfer into a struvite-like fertilizer. Water Research, 145: 721-730.

Yao T, Bolch T, Chen D, et al. 2022. The imbalance of the Asian water tower. Nature Reviews Earth & Environment, 3(10): 618-632.

Yao T, Thompson L, Yang W, et al. 2012. Different glacier status with atmospheric circulations in Tibetan Plateau and surroundings. Nature Climate Change, 2(9): 663-667.

Yeh W W G. 1985. Reservoir management and operations models: A state-of-the-art review. Water Resources Research, 21(12): 1797-1818.

Yu Y, Tang P Z, Zhao J S, et al. 2019. Evolutionary cooperation in transboundary river basins. Water Resources Research, 55(11): 9977-9994.

Zhang L W, Xia X H, Liu S D, et al. 2020. Significant methane ebullition from alpine permafrost rivers on the East Qinghai-Tibet Plateau. Nature Geoscience, 13(5): 349-354.

Zhang S B, Qin W, Xia X H, et al. 2020. Ammonia oxidizers in river sediments of the Qinghai-Tibet Plateau and their adaptations to high-elevation conditions. Water Research, 173: 115589.

Zhang S B, Xia X H, Li S L, et al. 2019. Ammonia oxidizers in high-elevation rivers of the Qinghai-Tibet plateau display distinctive distribution patterns. Applied and Environmental Microbiology, 85(22): e01701-19.

Zhang X H, Yang H M, Yu Q, et al. 2018. Analysis of carbon-abatement investment for thermal power market in carbon-dispatching mode and policy recommendations. Energy, 149: 954-966.

Zhang Y, Huang W, Zhong D Y. 2019. Major moisture pathways and their importance to rainy season precipitation over the Sanjiangyuan region of the Tibetan Plateau. Journal of Climate, 32(20): 6837-6857.

第 2 章

西南河流源区水文监测体系

系统和准确的数据是水文科学研究的基础。西南河流源区的水文气象观测站点分布稀疏，空间代表性不足，监测数据连续性差，部分类型的遥感数据产品的精度偏低，严重制约了相关研究和业务工作的开展。究其原因，西南河流源区地貌复杂、山高谷深、交通不便，大气条件具有低气温、低氧气含量、低气压和强紫外线"三低一强"的特点，导致常规监测设备在高原寒区适用性差，测站建设和运维保障难度大，难以大规模布设。因此，亟须在地面监测技术和遥感监测算法两个方面进行创新，并对空白区和关键要素开展专项观测，形成西南河流源区监测体系，构建西南径流计划研究所需的基础数据集。西南径流计划自 2015 年启动以来，设置了多个监测类项目，研发了多种监测技术装备和遥感监测算法，开展了一系列水文要素的观测研究，形成了西南河流源区"天-空-地"一体化水文监测体系，构建了西南河流源区关键水文气象要素和下垫面参数的数据集，为重大研究计划的顺利执行提供了良好的数据基础。本章介绍上述监测技术方法和数据集方面的研究进展。

2.1 西南河流源区天空地一体化水文监测体系

由于气候条件恶劣和建设维护成本大，常规的水文要素观测站网在西南河流源区布设难度高，已有站网远不能满足相关研究的需要。为此，西南径流计划开展了地面监测设备适应性改造、源区采样、站点布设，提高了地面监测数据的质量和空间分辨率；提出了河流全要素监测-检测体系，丰富和完善了河流生源、非生源物质的地面监测体系；开展了不同目的、不同下垫面、不同尺度的水源解析嵌套实验。在此基础上，形成了天空地一体化水文监测体系，有效提升了关键水文要素、水沙及其负载的各类生物参数与非生物参数的监测能力。

2.1.1 水文监测体系的构建

西南河流源区地势高亢、山高谷深、交通不便，大气条件具有低气温、低氧气含量、低气压和强紫外线"三低一强"的特点，导致常规监测设备在高原寒区不适用，地面监测站建设和运维保障难度大。源区流域面积约 80.7 万 km^2，流域内仅有水文站 62 个，水位站 9 个，气象站 74 个。站网规模远没有达到世界气象组织（World Meteorological Organization，WMO）对气象站网（高山地区 100~250 km^2/个）和水文站网（山区 1000~5000 km^2/个）的最稀密度要求，详见表 2-1。

表 2-1 西南河流源区水文监测站点数量现状汇总表（资料整编站）

流域	面积/万 km^2	水文站/个	水位站/个	气象站/个	水文站+水位站面积占比/（km^2/个）	气象站面积占比/（km^2/个）
黄河源流域	12.2	7	1	11	15250	11090
长江源流域	13.8	2	0	4	69000	34500

流域	面积/万km²	水文站/个	水位站/个	气象站/个	水文站+水位站面积占比/(km²/个)	气象站面积占比/(km²/个)
澜沧江流域	16.5	31	1	27	5156	6111
怒江流域	13.7	13	0	16	10538	8562
雅江流域	24.5	9	7	16	15312	15312
总计	80.7	62	9	74	11366	10905

　　为此，西南径流计划支持了传统地面监测技术升级和设备增量，在原有观测站网的基础上，深入河流源区腹地，通过人工采样、布设在线监测设备等，新增水位流量监测断面10余个，新增降水测站25个，新增气象站10余个，监测、采样点共计1300余个（其中，连续定期观测1年以上，且观测次数不少于12次的记为监测，其余记为采样）。根据图2-1和图2-2，监测点共66个，较原有监测站网（雨量站、气象站、水位站和水文站）增加约45.5%，多数分布在雅江流域；采样点1183处，采集样品近万个，涉及河水、大气降水、冰雪融水、地下水、土壤水、树轮、地热气体、河流沉积物和浮游细菌群落等样品，有效地提升了西南河流源区的监测覆盖面。据不完全统计，自西南径流计划实施以来，共计7160余人次进入河流源区进行采样、监测（连续），累计获取2000余万条监测数据，为揭示西南河流源区的径流演变规律、生源物质迁移转化规律，以及支撑雅江下游水电开发提供了大量宝贵的水文水环境数据（表2-2）。

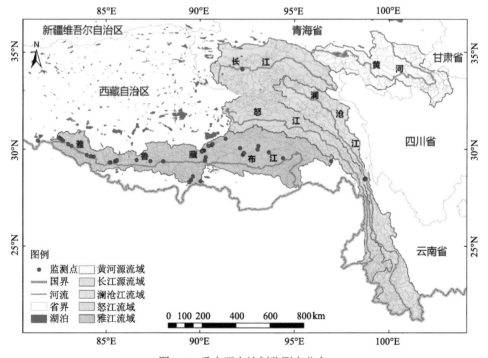

图2-1　重大研究计划监测点分布

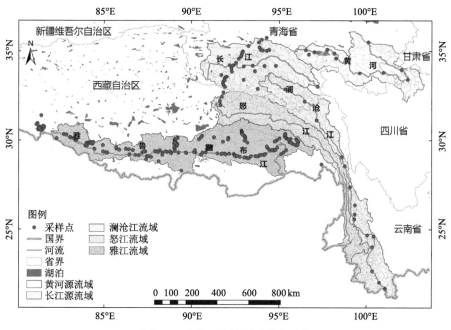

图 2-2　重大研究计划采样点分布

表 2-2　西南径流计划实测数据梳理

项目编号	观测要素	流域	详细信息
91547102	氢氧同位素	长江源区	采集了 489 个大气降水样品,定点采集了 201 个河水样品,区域尺度上采集了 594 个河水样品,定点采集了 110 个冻土层上水样品,区域尺度上采集了 562 个冻土层上水样品,且在冰川末端采集了 111 个冰雪融水样品
91547115	树轮	怒江流域	流域及周边地区(西藏、四川、云南)采集了 25 个采样点的树轮样本
91547119	微生物群落	长江源区	设置了 10 个典型河段,每个河段设 9 个平行采样点位,2017~2018 年分别于春季枯水期、夏季丰水期采集河底泥和上覆水体样品
91547207	溶解性 N_2 和 N_2O	黄河源区、长江源区、澜沧江流域和怒江流域	溶解性 N_2 和 N_2O 含量及其排放通量进行了为期 3 年(2016~2018 年)共计 7 次采样分析
91547209	常规水质参数、水化学离子、同位素	怒江流域	采集样品 2043 个;新增 10 处自动气象监测平台,每 10 min 采集一次数据,监测数据量约 1800 万条
91547211	磷	雅江流域	2016~2017 年进行了 5 次原型观测及样品采样,共布置 32 个水样采集断面
91647101	降水、河水、冰川融水、地下水和土壤水稳定同位素	澜沧江流域	支流——梅里雪山明永河,2017 年采集 439 个样品,2018 年采集 780 个样品
91647111	常规水质参数、水化学离子和氢氧同位素	雅江流域	2017 年以来,6 次集中采集,采集包括流域面上的降水、地表水、泉水、冰川水、土壤和植物茎等样品;2017 年 9 月~2019 年 12 月逐月采进弄曲出口断面、楚曲出口断面、不如朗曲出口断面、衣门朗曲出口断面和古觉村断面的水质样本

续表

项目编号	观测要素	流域	详细信息
91647115	硫	怒江流域	小湾水库，连续三年（2017～2019 年）采集了 175 个不同深度水样、81 个沉积物样品、256 个微生物样品
91647117	河流沉积物	澜沧江流域	采集了 6 个断面、35 个钻孔，共计 223 组河床沉积物样品；15 处，共计 32 个洪水沉积物样品
91647203	降水、水位、流量、水面蒸发、常规水质参数和水化学离子	雅江流域	在奴下水文站安装标准雨量计 1 个、坑式雨量计 1 个、杆式雨量计 1 个；在雅江马攸藏布汇入处干流上游新建监测站点 1 个，监测要素包括降水、水位、流量和水面蒸发；2016～2020 年野外采样 7 次，收集 400 多组样本，并委托西藏自治区水文水资源勘测局林芝水文水资源分局水质监测中心每月进行一次常规采样检测
91647205	氢氧同位素、锶同位素、常规水化学、微量元素	雅江流域	设置河水采样断面 7 个，共 17 个采样点，于 2017 年 10 月～2018 年 9 月开展月度采样
91647206	常规水化学离子、生源物质和浮游细菌群落	雅江流域和澜沧江流域	雅江，2016～2019 年进行了 4 次采样，共 35 个断面；澜沧江，2017 年采样，共 35 个断面
91647208	常规水化学离子和生源物质	澜沧江流域和怒江流域	澜沧江（云南段），2019 年 1～12 月监测数据：45 个基本参数，16 个断面；怒江（云南段）2019 年 1～12 月监测数据：45 个基本参数，4 个断面；澜沧江、怒江 2019 年度全流域监测数据：93 断面 3 次/全年；澜沧江水库调查监测数据：2 个水期，6 个水库
91647211	水样、沉积物全要素	雅江流域和澜沧江流域	雅江、澜沧江，2017～2018 年四季 8 次 25 个监测断面，监测要素覆盖水样、沉积物全要素（788 项指标），数据量 16 万条（＞100TB 容量）
91747104	生源要素硅	澜沧江流域	开展了 3 次大规模野外调研，共 46 个监测断面
91747201	降水、气温、土壤-植被参数、地温、冻土水热和流量	雅江流域	新增了 12 个降水和气温观测；开展了 9 处典型下垫面的土壤-植被参数观测，包括植被物种组成、生物量、土壤温湿度、土壤质地、孔隙度、饱和导水率、土壤热容量和导热率；设置了 34 个地温监测点和 2 个浅表层冻土水热监测点；新增了 5 处流量观测断面
91747202	常规水化学离子和生源物质	长江源区、黄河源区和澜沧江源区	选择了三江源地区 45 条河流，逐月测定了河流的流量和水温、pH、电导率、浊度，在室内测定了水体的溶解性有机碳、无机碳、总碳、氨氮、硝态氮、溶解总氮、磷酸根磷、总磷、总悬浮物及部分水体的生物可利用性碳的浓度和分解特征
91747203	地热气体	雅江流域	采集了 32 组地热气体样品，涵盖 27 个温泉，覆盖 4 条主要南北地堑系（错那—沃卡、亚东—谷露、申扎—谢通门及当惹雍错—定日）和 2 条走滑断裂（喀喇昆仑断裂和嘉黎断裂）
91747204	氡-222 同位素、镭-224 同位素、甲烷和二氧化碳气体及其碳同位素	雅江流域	采集了 670 余个河水、地下水、热泉水等水样数据，其中，包含约 600 个氡-222 同位素数据和约 500 个镭-224 同位素数据，以及超过 500 个包含甲烷和二氧化碳气体及其碳同位素比值数据的水样

　　西南径流计划也支持了适用性新设备和新技术的研发，使得各类水文及相关要素的天基、空基和地基监测技术方法（表 2-3）集成成为现实，形成了西南河流源区天空地一体化监测体系。监测要素包括：降雨、降雪、水位、流速、流量、蒸散发、冻土温湿度和面积、冰川雪盖面积和储量变化、水中阴阳离子浓度、水同位素、树轮年代、下垫面要素和其他辅助要素等近 140 项。研发的高原寒区地面监测系列新设备，解决了高原寒区水文相关监测原理方法不适用的多项关键问题，包括：全天候高精度自动降水观测装置；适用于高原寒区的

流量、水质在线监测新型成套设备；300m 级深大水库的采样监测设备；以蓄电池、风能、太阳能、市电多源互补的供电保障和以超短波信道、卫星通信、GPRS 信道、混合信道多源互补的通信保障进行全天候降水、水位和流量等水文要素在线监测；以水文站浮子式水位计、新增的雷达水位计和改进压力式水位计为基准，结合卫星雷达测高技术，实现了较大范围河道断面水位高精度反演；以水文站缆道法测流为基准，基于遥感影像河宽提取技术和流量计算公式，实现了雅江奴下等水文站的流量测验；以地面雨量站网为基准，利用多卫星遥感联合反演降水的地形雨监测及误差溯源方法，实现了青藏高原全区面雨量测量；结合常规取样监测和利用新建立的河流水质分组分水体光谱库实现了遥感定量反演的水质监测技术。

表 2-3　监测要素及其天空地监测方法梳理

监测要素	监测平台	监测方法
降水	地基	雨量计、融雪雨量计、雪枕、双偏振测雨雷达
	天基	卫星遥感（GPM、TRMM）
水位、流速、流量	地基	水位计、流速计、堰槽测流、缆道测流、桥涵测流、水位-流量关系曲线
	空基	无人机遥感（雷达、超声波、视频）
	天基	卫星遥感（雷达测高水位）
蒸散发	地基	蒸发器、蒸渗仪、能量平衡系统、涡度相关系统、大孔径闪烁仪
	天基	卫星遥感（SEBS、ETWatch）
冻土温度、面积、深度	地基	测绘、温度计、冻土器
	空基	无人机遥感（热红外）
	天基	卫星遥感（热红外、被动微波）
湖库水域面积和水储量	地基	水位计（结合水位-库容关系曲线）
	空基	无人机遥感（光学影像）
	天基	卫星遥感[光学和合成孔径雷达影像、重力卫星、激光和雷达测高、数字高程模型（digital elevation model，DEM）]
雪冰川面积、体积	地基	测绘、钻孔、物探
	空基	无人机遥感（光学影像）
	天基	卫星遥感（光学和合成孔径雷达影像、激光和雷达测高、重力卫星、DEM）
积雪面积、雪水当量	地基	雪水当量测量仪
	空基	无人机遥感（光学影像）
	天基	卫星遥感（光学、红外、被动微波）
土壤含水量	地基	烘箱、TDR/FDR 土壤水分测定仪、中子水分测定仪、土壤水分张力计
	空基	无人机遥感（热红外、多光谱）
	天基	卫星遥感（主被动微波、热红外地表温度）
总水储量变化	天基	卫星遥感（重力卫星监测地球重力异常）

注：GPM 表示全球降水观测计划（global precipitation measurement）；TRMM 表示热带降水测量计划（tropical rainfall measuring mission）；SEBS 表示地表面能量平衡系统（Surface Energy Balance System）；ETWatch 表示蒸散发遥感监测系统；TDR 表示时域反射仪（time domain reflectometry）；FDR 表示频域反射仪（frequency domain reflectometry）。

2.1.2　水源解析嵌套实验观测系统

围绕西南河流计划科学问题以及满足径流变化研究的监测需求，在雅江流域已有常规水文监测站点的基础上，构建了不同区域不同目标的嵌套实验观测系统：实验流域为娘曲干流上的古觉村流域（1547km²）和娘曲的四个一级支流（不如朗曲 182km²、衣门朗曲 216km²、楚曲 243km²、进弄曲 213km²），验证流域为工布江达流域（6400km²）。实验流域、验证流域和应用流域的嵌套关系见图 2-3，流域的主要土地类型情况统计见表 2-4。由图 2-3 可知，实验流域受人类活动干扰小，可以作为基础研究流域；应用流域和验证流域均以草地为主要土地利用类型；5 个实验流域中 2 个以草地为主要土地利用类型，2 个以林地为主要土地利用类型，1 个以冰雪为主要土地利用类型。实验流域不如朗曲的下垫面以冰雪为主，衣门朗曲以林地和冰雪为主，楚曲以林地和草地为主，进弄曲以草地为主（表 2-4）。4 个实验流域具有较好的代表性，嵌套在面积更大的古觉村实验流域内。

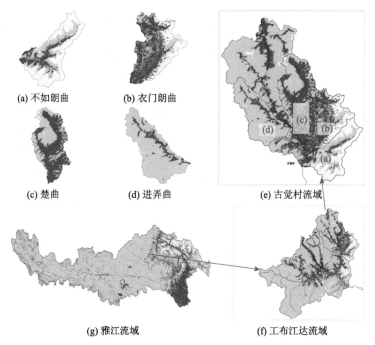

(a) 不如朗曲　　(b) 衣门朗曲　　(c) 楚曲　　(d) 进弄曲　　(e) 古觉村流域

(g) 雅江流域　　(f) 工布江达流域

图 2-3　实验流域、验证流域和应用流域的嵌套关系

其中，图（a）～（e）为实验流域，（f）为验证流域，（g）为应用流域

表 2-4　实验流域、验证流域、应用流域主要土地类型情况统计表

流域名称	面积/km²	主要土地类型及比例/%			
		林地	草地	冰川和积雪	其他
不如朗曲	182	22.42	26.18	51.40	0.00
衣门朗曲	216	57.35	18.25	24.34	0.06

续表

流域名称	面积/km²	主要土地类型及比例/%			
		林地	草地	冰川和积雪	其他
楚曲	243	61.54	36.46	1.95	0.05
进弄曲	213	11.54	85.17	1.02	2.27
古觉村流域	1547	37.11	51.65	11.18	0.06
工布江达流域	6400	24.48	69.35	5.95	0.22
雅江流域	253000	13.21	61.98	9.81	15.00

以雅江为中心，覆盖多条西南大河，完成了大量高原寒区水源解析现场观测实验，包括干支流水文站点的连续观测、重点区域的大范围踏勘采样以及实验流域的强化观测，见图 2-3。通过实验观测积累了大量的第一手资料，共采集水样上千个，对包含同位素、水化学、有机碳等在内的多种示踪元素含量进行检测，获取数据上万条，扩充了已有示踪数据集的水体和示踪元素种类，形成了高原寒区水源解析数据集，为水源解析研究提供了关键数据支撑。

为了研究不同尺度流域上的径流成分，在雅江支流尼洋河流域上游的古觉村流域构建了水文过程、氢氧同位素特征以及地球化学元素实验监测系统。实验流域古觉村控制断面以上面积为 1547 km²。水源解析嵌套观测系统由水文监测、地形监测、气象监测和水质监测组成。

水文监测。在古觉村流域出口控制断面及其 4 个子流域控制断面新设置了 5 个自动监测站，用于水位连续观测（图 2-4）。水位由雷达水位计测量，其由太阳能电池板和电池供电（图 2-5）。每 5 分钟记录一次数据，监测到的数据在本地存储后，再利用北斗卫星回传。研究区域的整体地形可以依靠 DEM 数据集获得，但是仍需要在 5 个断面附近获取详细的地形数据，以进行流量估算和监测站点周围的水文过程分析。

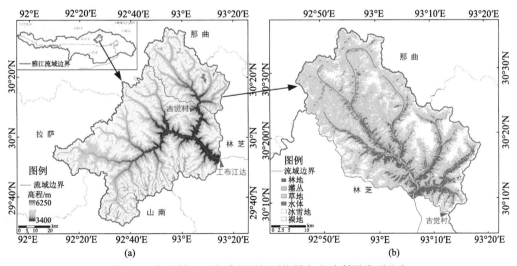

图 2-4　古觉村及子流域监测断面位置和土地利用类型分布

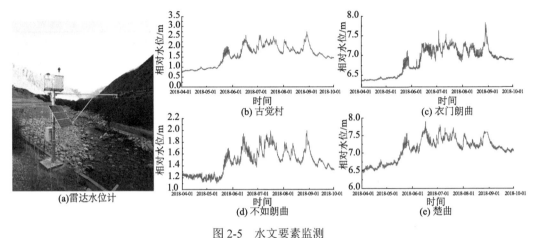

图 2-5　水文要素监测

地形监测。为了获得重要监测区域高精度的地形数据，利用激光雷达扫描仪和便携测深装置，对每个监测断面及其周围地形进行了地面和河流水下地形测量。通过将地面和水下测量结果结合起来，建立关键区域的地形模型并绘制出相应的水文断面。

气象监测。流域面上雨量观测依托西南径流计划重点监测项目雨量站建设，目前仅在实验流域下游的奴下水文站建设完成了较为完备的气象要素和雨量观测实验设施，主要包括标准雨量计 3 个（0.2mm 融雪型雨量计，0.1mm 雨量计，1.0mm 雨量计）、坑式雨量计 1 个、六要素自动气象站 1 套、雨滴谱仪 1 套（图 2-6）。改装电源和数据传输保障设备：在奴下水文站监测设备的电源采用市电、太阳能和 12h 不间断电源（uninterruptible power supply，UPS）联合保障；数据传输站内观测场用网线连接，站外监测点采用北斗加 GPRS 的方式。

图 2-6　气象要素监测

　　水质监测。在研究区域的河流和子流域进行了实地调查和采样（图 2-7）。采样类型包括流域面上的降雨、降雪、地表水、泉水、冰川冰、土壤和植物茎等样本。采样原则上以 5km×5km 的网格采集。2016～2020 年，项目组共完成集中野外采样 7 次，主要集中在冬季（融雪前）、夏季（湿季）、秋季（积雪前）三个时段，采样 400 多组。采样的同时，现场测量水温、pH、电导率等参数（哈希 HQ40d 多参数水质仪），并记录采样点坐标。

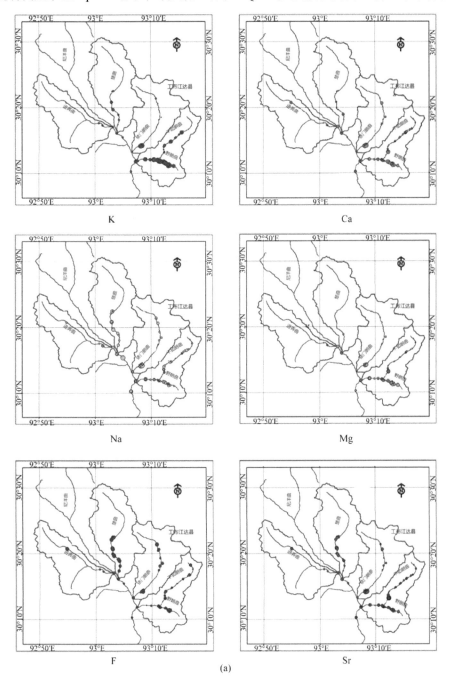

(a)

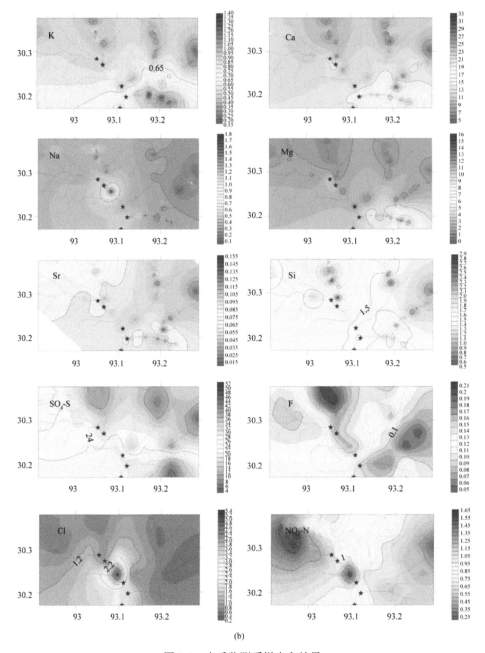

(b)

图2-7 水质监测采样点和结果

2.1.3 河流全要素监测-检测体系

为了满足河流全物质通量研究，揭示物质迁移转化的普遍联系，建立了集现场监测、样品采集、分析测试和数据处理于一体的河流全要素监测-检测体系。监测对象要素涵盖了水沙及其负载的各类生物参数与非生物参数，监测技术融合了高通量测序、稳定同位素技术、仪器联用、在线监测、遥感影像、环境大数据等先进技术，并且监测站网及监测-检测的技术方法随着测试分析技术的快速进步不断完善。

河流全物质通量监测对象可分为非生物物质及生物两大类，非生物物质包括生源物质（碳、氮、磷、硫、硅等）、无机元素、天然有机物、痕量有机物等，生物包括微生物、藻类、底栖动物、鱼类等。西南径流计划构建的河流全物质通量监测体系主要由 48 个全物质通量监测站点构成，其中，黄河源流域 11 个、长江源流域 12 个、澜沧江流域 15 个、雅江流域 10 个，详见图 2-8。

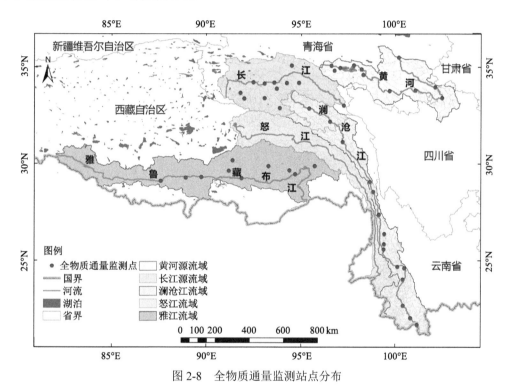

图 2-8　全物质通量监测站点分布

河流全要素非生物监测-检测体系基于已有的国家及行业标准构建，并扩充了新的采样技术和监测指标。在采样技术扩充方面，包括河流系统中水-气界面温室气体（如 CO_2、CH_4、N_2O）排放通量的监测，主要使用扩散模型法、浮箱法等，还采用了倒置漏斗法、涡度相关法、可调谐二极管激光吸收光谱技术（TDLAS 法）等方法测定河流温室气体排放通量。在监测指标扩充方面，针对生源物质，Xia 等（2019）基于高海拔地区降水 $\delta^{17}O$ 的系统观测数据，提出了 ^{15}N、^{17}O 和 ^{18}O 三种同位素相结合的方法解析河水氮的来源，弥补了以往方法不能定量确定大气沉降贡献的缺陷。此外，增加了无机元素监测的种类，以系统探究元素的地球化学特征，包括钾、钠、钙、镁、铁、铝等常量组分，以及砷、铜、锌、铝、汞、硒、镉、铬、铅、铍、镍、钼、硼、锂、锶、钡、铀、镭、钍等微量/痕量组分元素。针对新兴有机物指标，增加了抗生素、全氟化合物、多环芳烃（PAHs）、多溴二苯醚（PBDEs）、有机氯农药等物质监测检测。

河流生物监测-检测体系主要基于传统方法及高通量测序技术对所采集的样品进行检测分析,是全要素生物监测-检测方法体系的技术创新及重要组成部分,包括河流微生物监测、河流藻类监测、河流底栖动物监测三大子体系。①河流微生物的监测,根据测序对象的不同,微生物高通量测序可以分为基于标签序列测序和全基因组序列测序。目前大部分微生物多样性研究都基于核糖体 RNA(rRNA)基因序列,特别是 16S rRNA 和 18S rRNA,即标签序列;基于全基因组序列测序是指直接从环境样品中提取全部微生物脱氧核糖核酸(deoxyribonucleic acid,DNA),对全部 DNA 构建基因组文库,然后通过高通量测序技术对全基因组测序,利用基因组学的研究策略研究环境样品所包含的全部微生物的遗传组成及群落功能。②河流藻类的监测,主要包括传统形态学方法和分子生物学方法。传统形态学方法主要针对藻类物种的多样性,参照《中国淡水藻类——系统分类及生态》鉴定分类;分子生物学方法依据生物体内的 DNA 序列,通过序列间的比对分析,对藻类物种归属做出判断。③河流底栖动物的监测,包括传统形态学方法和分子生物学方法。传统形态学鉴定步骤包括样品采集、挑拣与固定、样品鉴定与计数等方法;分子生物学方法则对环境样品中的 DNA 进行高通量测序和比对,快速大规模地得到生物多样性鉴定信息和群落组成。

2.1.4 天空地一体化协同监测技术体系

地面监测站网建设需投入巨大的人力、财力和物力,在气候和下垫面都极其复杂的西南河流源区,地面监测站点稀缺,且由于高原寒区水文气象要素的时空变异性往往更大,"一天有四季,十里不同天",仅依靠地面监测远不能认识高山冰冻圈水文过程及其演变规律,需要发展面向复杂气候和下垫面的天空地一体化监测手段和体系,综合利用多卫星传感器监测覆盖面广、无人机监测机动性强、地面监测精度高的优势,满足缺资料区对水文监测的覆盖度、有效性和可靠度要求。这既是认识西南河流源区水文过程和径流演变规律的迫切需求,又是我国《水文现代化建设规划》和《全国水文基础设施建设"十四五"规划》的重要发展方向。

高原寒区水文要素天空地一体化协同监测体系是以地面水文站网作为监测精度控制基础,以卫星遥感提升监测覆盖面,以无人机平台机动补充监测,采用数据融合和同化算法,形成满足不同时效性、时空分辨率、精度条件以及和区域适应的监测体系(图2-9)。在地基方面,集成了适合高原寒区的水位计、融雪型雨量计和图像测流成套设备等监测新设备,蓄电池、风能、太阳能、市电多源互补供电和超短波信道、卫星通信、GPRS 信道、混合信道多源互补通信等监测保障技术,突破了水文测站运行维护困难的限制,实现了降水、水位和流量等水文要素的全天候在线监测。在天基方面,开发了卫星雷达波形重定算法,将高山区窄河道水位的卫星监测精度从米级提升到分米级,适用范围从千米级河宽扩展到百米级;建立了基于雷达测高卫星和遥感影像的流量估算模型,实现了无历史径流资料条件下日连续流量反演。在空基方面,构建了无人机河道流量机动监测成套技术,采用无人机搭载光学、声学和雷达等轻型传感器,提出了三类流量计算模型,弥补了天基监测时效性不足、精度不高、中小河流适用性不强及地基监测覆盖度低的不足。

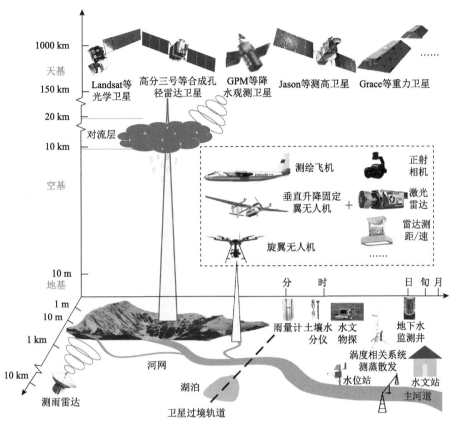

图 2-9　高原寒区天空地一体化水文监测体系示意图

卫星遥感可以在高原寒区水文监测中发挥独特优势，且可能是在极端气候和下垫面条件下实现水文观测的唯一可行途径。由于各卫星服务领域、监测范围和搭载传感器等特性存在差异，其在水文监测中具有的潜力和发挥的作用也不尽相同，仅利用单一卫星平台、单信息源对水循环要素进行监测，难以满足对监测要素在时空分辨率和连续性及精度等方面的指标要求。例如，西南河流源区所覆盖的藏东南地区，由于地势高耸、地形复杂，云层较厚，虽然光学卫星传感器众多，但可用的光学影像较少，难以满足水文监测中对较高时间分辨率要素的监测需求。联合雷达影像和测高等受云雨天气影响较小的遥感信息源，才有可能满足一定时间分辨率的水文监测需求（Huang et al.，2020，2019，2018）。但不同遥感信息源，尤其是复杂地形对雷达影像和测高信息影响较大，信噪比低，精度往往达不到要求。因此，联合多种卫星观测方式和多源遥感信息，是高原寒区复杂气候下垫面条件下水文监测的必然要求。同时，需特别考虑和处理不同传感器间及信息源间的系统误差，从而有效提升监测要素在时空分辨率、时空连续性、物理一致性和准确性等方面的指标。例如，在高山区复杂气候地形条件下的水文监测体系中，可采用卫星雷达测高对江河湖库水位进行监测。而单一测高卫星覆盖范围有限，故需联合多源卫星雷达测高,同时借助部分高质量光学遥感影像信息移除观测变量的系统误差(Li et al.,2019)。

与卫星遥感相比,无人机遥感具有机动性好、观测精度高和响应快等优点,是低空遥感的主要平台之一。近年来,无人机飞控系统和云台技术的长足发展为其搭载传感器提供了稳定的观测平台,是弥补卫星遥感和地面观测不足的有效手段(Alvarez-Vanhard et al.,2020)。无人机搭载轻型非接触式传感器,如正射相机、激光雷达、热红外、雷达/声学水位计和雷达/声学流速仪等,可获取高精度的积雪面积、河流水位和表面流速等信息(Bandini et al.,2020,2017)。此外,测绘级无人机(如大疆精灵 Phantom 4 RTK、大疆经纬 M600、科比特入云龙 M6 和纵横大鹏 CW-15)通常自带高精度的全球导航卫星系统(global navigation satellite system,GNSS),可为观测数据提供精确的地理信息,即基于无人机可获取高空间分辨率的观测数据(Bandini et al.,2020),这是地面测站不能实现的。需要说明的是,无人机遥感也有局限性:①时间序列构建难,需要飞手操控;②无人机飞行受天气影响,如强风、降水和光照条件等。因此,可将无人机遥感作为地面监测和卫星遥感的纽带,通过数据融合方法降低卫星遥感数据精度低和地面观测数据空间覆盖度低的局限。

多源数据融合是实现复杂气候下垫面水文监测的重要途径。多源数据融合方法不断发展,提高了遥感数据的时空分辨率、连续性,提高了影像质量,尤其从数据底层提高了对水资源要素的监测能力,使遥感数据的潜在价值得到充分利用。例如,在传统的水文模拟中,气温、降水等输入场信息多来自有限地面站点数据进行时空插值生成。但是,地面站点多位于低海拔或相对平坦开阔的位置,难以完整准确地反映温度场和降水场信息。通过融合卫星、再分析和地面站点数据,可获得无法单独通过地面站点或卫星遥感直接观测的时空连续、高分辨率背景场信息(Long et al.,2020),这对模拟高山区特殊的水文过程,如降雪-积雪-融雪径流过程(Han et al.,2020;Chen et al.,2017b)和冰川物质平衡(积累和消融)等十分重要。

数据融合作为协同监测的支撑手段主要包括单一卫星平台数据融合和多卫星平台数据融合两种方式。协同监测方式主要包括卫星遥感-地面站点协同监测、再分析-地面站点协同监测、卫星遥感-再分析协同监测、卫星遥感-再分析-地面站点协同监测、多要素协同监测五种方式。以下阐述基于多源信息融合的江河湖库水位流量,湖泊、冰川和陆地总水储量变化以及水质等要素构成的立体监测体系。

1)江河湖库水位流量监测

径流监测的遥感信息源主要分为三类:一是卫星光学和雷达影像,可以获取河宽信息;二是卫星测高(微波和激光两类),可以获取河流水位信息;三是无人机搭载轻型水文传感器(如雷达水位计、流速仪),可以获取河流水位、表面流速和坡度等信息。在晴空条件下,基于光学影像信息的水体提取精度较高,但受云影响较大。雷达影像可获得全天候信息,但受地形影响较大,在高山区窄河道复杂气候地形条件下,遥感影像和卫星测高的信噪比低、河宽和水位反演算法不确定性较大。基于无人机搭载水文传感器获取水位流量信息具有无须建站、观测精度高和不受地形影响等优点,可作为应急监测手段和卫星遥测的验证数据，但需要飞手操控无人机。因此，需联合光学、测高等多源卫星遥感和无人机遥测、地面监测信息，突破复杂气候地形条件下缺乏水文监测的限制。

例如，在雅江及其支流拉萨河等河流的径流监测中，首先通过实地考察河流与卫星轨道交点（即虚拟水文站）附近的河道形态、周围地形、地表覆盖等，论证在相关断面利用卫星测高等进行水位和河宽信息提取的可行性。在此基础上，开发针对高山区窄河道新的卫星雷达波形重定算法，反演雅江多个断面的水位和河宽，其显著降低了高山区窄河道（平均河宽在百米级，非汛期 50m）水位反演的不确定性（Huang et al.，2019，2018）。最后，利用遥感反演的河宽和水位等信息与水文模型进行参数率定或数据同化，生成缺资料流域逐日连续的径流量时间序列（Huang et al.，2020）。综合运用卫星测高技术（如 Jason 系列、ICESat 系列和 CryoSat-2）、光学遥感岸线监测，可将青藏高原湖泊水库的水位、水量变化时间分辨率由年、季尺度提升到月、旬尺度，为大范围湖泊溢流风险评估等提供解决方案，并有效服务于水资源管理、岸区淹没损失预估等（Li et al.，2019）。

2）湖泊、冰川和陆地总水储量变化监测

由于遥感观测方式和信息源有限，反演算法不确定性较大，现有湖泊、冰川和陆地水储量变化反演结果时空分辨率、连续性和精度往往不能满足水文监测的需求，且不能对青藏高原湖泊群的水量变化、藏东南冰川质量变化等水储量变化给出科学的成因解析。与传统方法主要依靠光学影像和 DEM 信息进行湖库水储量变化、冰川质量变化估算不同，针对青藏高原极其复杂的气候和地形条件，充分挖掘不同遥感信息源的观测优势和潜力，主要基于多源（激光和微波）卫星测高反演湖泊和冰川水储量变化。为移除不同来源遥感观测信息的系统误差，湖泊和冰川水储量研究采取构建数据重叠期的策略。其中，湖泊研究利用光学遥感影像构建"光学水位"（Li et al.，2019）；冰川研究利用光学立体像对构建高分辨率高精度 DEM，挖掘测高卫星（CryoSat-2）的有效观测信息，并校正其系统误差。总水储量变化主要依托重力卫星观测，通过多源信息水储量变化的交叉检验，量化了青藏高原总水储量变化及各组分水储量变化的贡献。借助更加准确的遥感观测资料，包括气象驱动场、湖泊水量变化、冰川质量变化和总水储量变化等信息，可对青藏高原湖泊群、冰川和陆地水储量变化的时空分布规律和驱动因素有更准确深入的认识。

3）江河湖库水质监测

江河湖库水质监测方法包括地面人工监测、在线自动监测和卫星遥感监测。其中，地面人工监测能够测量的水质参数种类较多且测量精度较高，但测量数据仅代表局部样本点的信息，难以满足对水质进行实时、快速、大范围监测的要求。在线自动监测的优点是可以较短的时间间隔测量水质参数数据，但硬件投入较大，且点位分布有限，不适宜开展大范围监测。遥感技术应用于水质监测具有低成本、快速、大范围和周期性监测的特点，可以弥补地面人工监测定时、定点监测的不足，是地表水质监测的重要补充。

在江河湖库环境监测中，根据管理工作需求可分为日常和应急两种不同状态下的水质监测。在日常状态下，引入卫星遥感技术可以弥补地面监测体系的不足，形成天空地一体化江河湖库水质监测体系，实现对水质全面、快速、自动的监测。在当前卫星资源不断丰富、观测性能不断提高的条件下,利用多星传感器进行水质观测,可有效弥补单一卫星观测在时间分辨率、空间分辨率和光谱分辨率等性能方面的不足。在应急状态下,根据水质监测特殊要求,建设低空、水面一体化应急监测网,采用无人机、无人船、移动监测设备对突发河湖污染物边界和扩散情况进行精准快速监测。

4)多要素协同监测

现有大多数水文水资源要素的反演和监测针对单要素进行,较少考虑各要素在水循环过程中的内在关联和相互作用机制。将水循环要素的反演和监测纳入水文过程完整的链条中,对水资源管理至关重要。例如,实际蒸散发等水资源要素在监测精度上仍面临较大挑战,而土壤水分地面监测相对于地表实际蒸散监测更容易、成本更低、监测精度更高。因此,协同较容易获取的水文水资源要素、监测较难获取或监测精度不高的水资源要素是一种经济可行的监测方式。此外,利用多源遥感信息(如卫星降水、热红外地表温度、光学积雪面积和被动微波雪深、总水储量变化、卫星测高河流水位等)驱动、率定和验证的高原寒区分布式水文模型,可以获得水文监测体系难以监测的变量,如无资料断面逐日连续的总径流量和降雨、融雪、融冰径流成分等(Huang et al.,2020;Chen et al.,2017b)。

总之,针对高山区复杂气候下垫面的天空地监测体系,充分利用"天-空-地"多监测平台、多监测方式、多类传感器、多种信息源对水文水资源要素开展优势互补的监测,才能解决缺资料区水文监测和预测难题,并满足水资源管理中对监测要素在时空分辨率、时空连续性和精度等方面的需求。随着对地观测、大数据、云计算等技术快速发展,多源监测数据时间分辨率、空间分辨率、光谱分辨率的不断提高,传统单一、低效、粗放的监测方式正在向多源、集约、精细化方向发展。在上述高山区复杂气候下垫面水文监测体系中,相关遥感反演和数据融合算法需进一步优化,卫星和地面协同监测机制需进一步构建,多种数据源价值有待进一步挖潜。

2.2 高原寒区水文监测技术方法与设备

西南河流源区是高寒、高海拔、缺资料区域,降水、水位、径流量等水文要素研究十分重要且颇具挑战性,可靠的水文要素获取是河流源区径流变化研究迫切需要解决的关键难题之一。西南河流源区气候地形极其复杂、水文站点稀少,亟待发展新的观测手段和技术方法,以支撑缺地面测站条件下水文监测的覆盖度、有效性和可靠度。卫星反演具有不受下垫面限制、快速获取大范围降水信息、空间分布相对精度较高等优点,卫星反演与地面站点的融合是河流源区获取降水信息的一种有效手段。随着卫星测高技术的发展,越来越多的微波或激光测高卫星被用于内陆水体的监测,是缺测站条件下水位、径流量估算的重要途径。然而,卫星反演受传感器、反演算法和云雨天气等因素的影响,精度较地基观测低(岩腊等,2020),仍需以地基监测结果为参照进行降尺度处理和验证(朱青等,2019;Vereecken et al.,2015)。研发适合于高原寒区的地面监测设备,包括深大水库采样设备研发、高精度翻斗式雨量计研发和基于高性能视频的表面流速监测设备研发。

2.2.1　高原寒区降水遥感反演融合方法

1. 降水遥感反演融合现状与难点

降水是径流变化模拟和预测的关键（张建云，2010）。目前，降水数据获取方式主要包括四种：雨量计、地基雷达、模式模拟和卫星反演（Takido et al.，2016）。雨量计是最可靠、最直接的点降水观测手段。然而，河源区站点分布稀疏，且大多位于流域中的低海拔平缓区域，无法提供大范围高海拔的面降水信息。地基雷达由于受到严重的地形阻挡，在高山起伏的河源区难以发挥作用。模式模拟的降水空间分辨率相对较粗，与水文模拟难以匹配，主要包括高分辨率的模式降水及再分析资料。其中，再分析资料降水由模式输出，经各类地面观测与卫星资料的数据同化获得，具有空间覆盖全面、时间尺度长、有动力和物理意义等特点，得到学术界的广泛使用（Gelaro et al.，2017）。但许多研究也指出再分析资料在部分地区具有较显著的系统偏差，降水数据存在误差聚集度较高、空间分布过于平滑、对降水的小尺度变异特性刻画不足等缺陷（Fukutomi et al.，2012；Dee and Uppala，2009）。

卫星反演与地面站点的融合是河源区获取降水的一种有效手段，但在数据的适用性与方法的可靠性方面仍有待进一步深入研究。目前在高寒高海拔区已经开展了很多关于卫星反演降水的研究，主要结论包括：站点校正的卫星降水精度要高于未校正的纯卫星反演降水（Tang et al.，2020；Chen et al.，2019；Hou et al.，2014），目前的卫星反演降水大多存在高雨强低估、低雨强高估的缺陷（Yong et al.，2013）。另外，冰雪地表和大气中的微小冰颗粒会对星载被动微波高频通道产生信号干扰，这是卫星反演降水冬季反演误差高的主要原因（Yong et al.，2015）。

由于数据的种类和来源日趋丰富，作为一种新的降水数据集，多源融合降水数据产品得到快速发展。其中，值得关注的是 Beck 等（2019）研发的一种多源权重集合降水产品 MSWEP（1979 年至今），该产品融合了卫星反演、模式模拟和站点观测，在全球尺度具有较高的数据精度。但研究也表明，用于融合的数据源质量较差，会直接影响最终融合降水产品的质量（Lakew，2020）。

在已有降水数据集方面，各类全球和区域降水数据集达几百种之多，其中，可用于西南河流源区水文水资源研究的主流降水产品有 30 多种。首先从 100 多种降水数据集中，筛选出 32 种降水产品（GPCP、GPCP 1dd、CMAP、MSWEP、SM2RIAN、TMAP、TRMM、GSMaP、PERSIANN、CMORPH、IMERG、CHIRPS、ERA5、ERA-Interim、ERA40、NCEP1、NCEP2、JRA-55、MERRA、MERRA-2、APHRODITE、CFSR、CMIP、SCCMCPHG、SCCPDG、GLDAS、CRU、GHCN、GPCC-Full data、PRECL、UDEL、CPC-Global）进行数据分析。通过数据质量检测并参考大量文献资料，再筛选出 12 套综合表现最好的主

流降水产品（GSMaP-Gauge、IMERG-Final、ERA5、MSWEP、TMPA、CMORPH-BLD、PERSIANN-CDR、CHIRPS、MERRA-2、JRA-55、GLDAS、NCEP2）进行详细的数据解析（12套产品详细信息见表2-5，所有产品均处理到d/0.1°），研究目标是给出一个具有广泛参考价值的河源区最佳降水数据集的推荐标准，并为可靠的高寒高海拔区降水反演融合方法与产品研制奠定数据解析基础。

表2-5　当前广泛应用的12种主流降水数据产品的特性统计表

名称	全名	时间覆盖	空间覆盖	时/空分辨率	参考文献	分类
GSMaP-Gauge	global satellite mapping of precipitation gauge	2014年至今	60°	d/0.1°	Kubota等（2020）	卫星反演
IMERG-Final	integrated multi-satellite retrievals for GPM final	2000年至今	全球	d/0.1°	Huffman等（2020）	卫星反演
ERA5	European centre for medium-range weather forecast re-analysis 5	1950年至今	60°	12 h/0.25°	Hans等（2020）	再分析
MSWEP	multi-source weighted ensemble precipitation	1979年至今	全球	3h/0.1°	Beck等（2019）	多源融合
CMORPH-BLD	CMORPH satellite-gauge merged	1998年至今	60°	d/0.25°	Joyce等（2004）	卫星反演
TMPA	TRMM multi-satellite precipitation analysis	1998年至今	60°	d/0.1°	Huffman等（2010）	卫星反演
PERSIANN-CDR	precipitation estimates from remotely sensed information using artificial neural network and climate data record	1983年至今	60°	d/0.25°	Ashouri等（2015）	卫星反演
CHIRPS	CHIRP with station	1981年至今	50°	d/0.05°	Peterson等（2015）	卫星反演
MERRA-2	modern-era retrospective analysis for research and applications 2	1980年至今	全球	d/0.5°	Reichle等（2017）	再分析
JRA-55	Japanese 55-year re-analysis	1959年至今	全球	3h/0.6°	Kobayashi和Iwasaki（2016）	再分析
GLDAS	global land data assimilation systems noah land surface model	2000年至今	全球	3h/0.25°	Rodell等（2004）	多源融合
NCEP2	NCEP-DOE re-analysis 2	1979年至今	全球	d/1.875°	Kanamitsu等（2002）	再分析

2. 高原寒区多源降水数据评估

研究区为整个青藏高原，整体地形特征是西高东低[图2-10（a）]。地面站点主要分布在研究区东部，中西部水文气象资料相对匮乏，因此设置了独立站点进行验证[图2-10（b）]。主要使用了中国气象局全国3万多个自动观测站（包括国家级自动站和区域自动站）中的731个覆盖青藏高原地区的逐时降雨量观测数据（CMPA，有站点的455个0.1°格网，起止时间：2015～2019年）和23个青藏高原西北部的独立雨量计观测数据（点雨量，起止时间：2017年至今）作为真值参考。

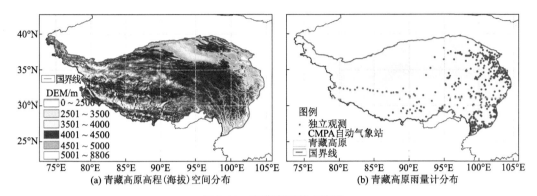

(a) 青藏高原高程(海拔)空间分布　　　　(b) 青藏高原雨量计分布

图 2-10　青藏高原基本情况

其中，蓝色为气象观测站点，红色为独立观测站点

其中，降水产品的降尺度使用双线性内插法（Mastylo，2013），如下式所示：

$$f(x,y) = \alpha\left[\beta f(i+1, j+1) + (1-\beta)f(i+1)\right] + (1-\alpha)\left[\beta f(i, j+1) + (1-\beta)f(i, j)\right] \quad (2\text{-}1)$$

式中，$f(x,y)$ 为双线性内插后的结果；i 为以左上角为原点起的行数；j 为相应列数；$\alpha = x - i$；$\beta = y - j$。

针对 12 套降水产品，研究 2015～2019 年青藏高原的降水空间分布及多年降水均值（图 2-11），可以发现：青藏高原平均年降水量在 400～450 mm，高原东南部受印度洋暖湿气流影响可达 1000 mm 以上，而中西部内陆区仅为 100 mm。同时，青藏高原的降水量由东南向西北递减，不同降水产品的空间分布差异大。表现最好的四套产品是 GSMaP-Gauge、IMERG-Final、ERA5 和 MSWEP；综合表现差的包括 CMORPH-BLD、PERSIANN-CDR 和 NCEP2。

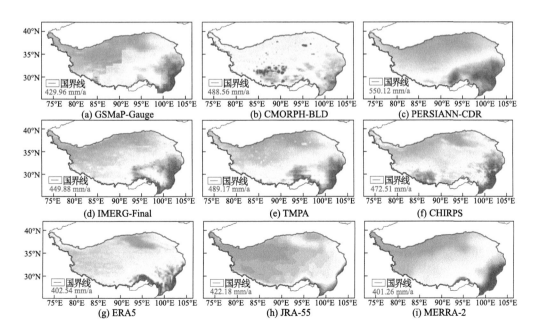

(a) GSMaP-Gauge　　　(b) CMORPH-BLD　　　(c) PERSIANN-CDR

(d) IMERG-Final　　　(e) TMPA　　　(f) CHIRPS

(g) ERA5　　　(h) JRA-55　　　(i) MERRA-2

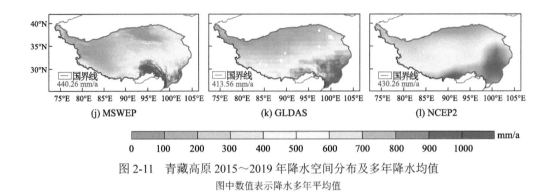

图 2-11 青藏高原 2015～2019 年降水空间分布及多年降水均值

图中数值表示降水多年平均值

　　将研究的 12 套降水产品初步分为三大类，分别是卫星遥感反演、再分析资料和多源融合（图 2-12），其中，卫星遥感反演的降水产品又可以分为全球降水观测计划（global precipitation measurement mission，GPM）时代（2015 年以后）和热带降雨测量任务（tropical rainfall measuring mission，TRMM）时代（2015 年以前）。发现卫星遥感反演降水整体偏高，而再分析资料的降水整体偏低。值得注意的是，再分析资料的降水在中西部偏高，东南部偏低，故总体表现出微量偏低。多源融合降水由于更多地考虑了卫星遥感反演降水，整体也偏高。总体上，卫星遥感反演降水在相关性方面明显优于再分析资料，GPM 时代的降水产品全面超越了 TRMM 时代的资料。GSMaP-Gauge、IMERG-Final、ERA5 和 MSWEP 是综合表现最好的四套降水产品。图 2-12 中各评估参数列于表 2-6 中。

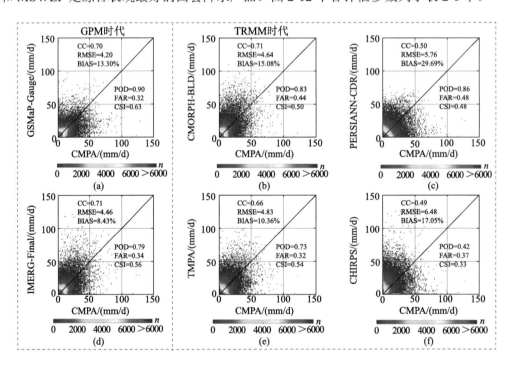

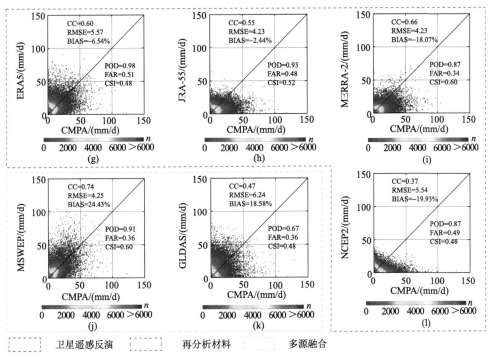

图 2-12　各套降水资料与站点资料散点密度图

表 2-6　统计评估参数列表

参数名称	方程	最优值
探测率（POD）	$POD = \dfrac{H}{H+M}$	1
误报率（FAR）	$FAR = \dfrac{F}{H+F}$	0
临界成功指数（CSI）	$CSI = \dfrac{H}{H+F+M}$	1
相关系数 （CC）	$CC = \dfrac{\sum\limits_{i=1}^{n}(G_i-\overline{G})(S_i-\overline{S})}{\sqrt{\sum\limits_{i=1}^{n}(G_i-\overline{G})^2}\sqrt{\sum\limits_{i=1}^{n}(S_i-\overline{S})^2}}$	1
均方根误差（RMSE）	$RMSE = \sqrt{\dfrac{1}{n}\sum\limits_{i=1}^{n}(S_i-G_i)^2}$	0
偏差 （BIAS）	$BIAS = \dfrac{\sum\limits_{i=1}^{n}|S_i-G_i|}{\sum\limits_{i=1}^{n}G_i}\times 100\%$	0
绝对偏差 （ABIAS）	—	0

注：H 为降水数据产品命中的降水事件数；M 为降水数据产品漏报的降水事件数；F 为降水数据产品误报的降水事件数；n 为样本总量；G 为地面降水观测值；S 为降水数据产品估计值；$\overline{S}$ 为降水数据产品均值；$\overline{G}$ 为地面降水观测均值。

青藏高原上 12 套降水产品的四个季节误差泰勒图进一步反映了 12 套降水产品的误差分异规律。其中，占据主导地位的夏季部分表明卫星反演降水与再分析资料形成了明显的组群（图 2-13，橘红色和淡蓝色标注），两组群与观测距离相当，说明两类降水产品各有优缺点。标准偏差解析表明再分析资料的降水分布更加聚集，而卫星反演降水更容易反映出不同雨强的差异性。具体表现为再分析资料在低雨强表现最好，但在高雨强表现最差。卫星遥感反演在中高雨强表现较好。研究中所有产品都呈现出高雨强低估、低雨强高估的特点。

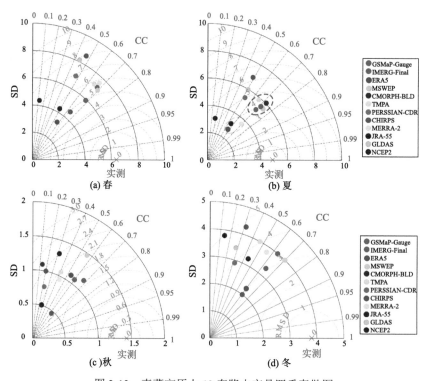

图 2-13　青藏高原上 12 套降水产品四季泰勒图

多变的复杂高海拔地势是青藏高原产生特殊气候条件的重要原因。然而，许多学者研究表明，卫星遥感反演降水产品的性能受海拔影响并不大（Li et al.，2020；Liu et al.，2019）。此结论主要是受卫星遥感反演降水产品的空间分辨率有限的影响。因此，数据的用户很难揭示海拔变化对降水产品的影响。为此，引入局部地形起伏度的概念，通过刻画空间上各个地方的高程差值，反映高寒地区地形变化的复杂程度。解析局部地形起伏度和 RMSE 的关系（图 2-14）发现，所研究的降水产品分成了两个明显的组群，随着局部地形起伏加剧，卫星反演降水的误差持续增加，这与复杂地形条件对卫星回波的干扰有密切联系。值得注意的是，ERA5 的降水在复杂地形条件下，RMSE 的表现更加平稳。这意味着，ERA5 在解析局部复杂地形（尤其是局部地形起伏度>150 m）时有明显优势。

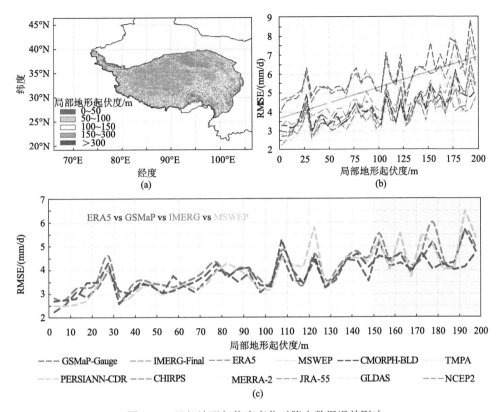

图 2-14　局部地形起伏度变化对降水数据误差影响

在缺资料的高寒高海拔地区，降水监测仍然具有极大的不确定性。利用独立观测站点重点研究 12 套降水产品在青藏高原中部的精度，各套产品的评估性能并未与气象站点的评估趋于一致（图 2-15）。综合而言，ERA5 表现出明显的优势，而 GPM 的两套产品展现出一定的不足。有意思的是，MSWEP 的表现处于 GPM 的两套产品和 ERA5 之间。实际上，MSWEP 对于 ERA5 和 IMERG 系列产品都有比较大的融合权重，使得它能够保持足够的性能，但同样也限制了它的表现，如 MSWEP 的 BIAS，虽然经过 ERA5 等其他产品的调整，比起 IMEREG-Final 高估的 44.31%，已经有所改善，但是仍高估明显。IMERG-Final 和 GSMaP-Gauge 仍然在不同的评估指标下展现出各自优势：IMERG-Final 的相关系数更高，而 GSMaP-Gauge 的均方根误差和相对误差（relative error，RE）表现更好，这和利用气象站点进行评估的结果也是一致的。经过进一步的分析不难发现，在缺少地面站点、以小雨强为主的中西部地区，再分析资料降水整体要优于卫星反演降水。

气象站点和独立观测站点的结果差异说明，地面站点校正对提高卫星反演降水在青藏高原的精度至关重要。另外，此项结论也说明了不同气候区域情况下，各套降水产品的精度分异规律明显。因此，在使用降水产品时需要进行气候分区，并且在不同区域使用不同的降水产品来进行融合订正。

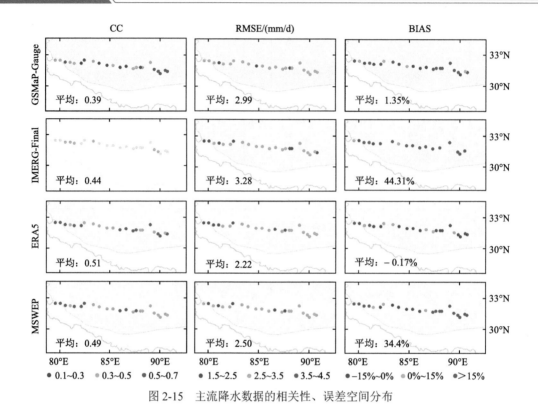

图 2-15 主流降水数据的相关性、误差空间分布

综合相关性、均方根误差、偏差、命中率、误报率等多种指标，得到青藏高原不同气候区的最佳降水数据集：中西部地区推荐使用 GSMaP-Gauge、ERA5；东部地区推荐使用 IMERG-Final、MSWEP。具体最优选取如图 2-16 所示，高原中西部推荐使用 ERA5；高原南部推荐使用 GSMaP-Gauge；高原东部周边推荐使用 IMERG-Final；柴达木盆地推荐使用 MSWEP。

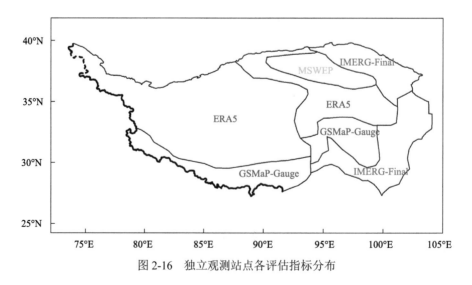

图 2-16 独立观测站点各评估指标分布

3. 考虑四要素的校正融合算法

针对青藏高原区域的降水研发出一种考虑四要素的病态最小二乘法（ill-posed least squares for four factors，ILSF），并通过实验评估了适合 ILSF 算法的降水产品数据源，为进一步校正融合青藏高原高精度降水数据集提供了有效的技术手段，该方法也可为获取全球其他江河源区的高精度降水资料提供参考。

集成卫星反演（或模式模拟）和地面观测的多源数据融合方法应是目前获取高精度河流源区降水的有效手段，而在地面订正和融合算法中综合考虑地形梯度（Takido et al.，2016；Andermann et al.，2011）、季节特性（Guo et al.，2017；Kubota et al.，2009）、气候分区（Moazami et al.，2016；Zhu et al.，2018）和雨强分布（Maggioni et al.，2016a，b）等多个关键影响因子，可进一步提高降水的融合精度。

目前已开发出一套适用于高寒高海拔区降水的考虑四要素的卫星反演降水 ILSF（Chen et al.，2022），算法流程如图 2-17 所示：第一步，将研究期以外的地面观测数据和卫星反演降水数据（再分析资料）作为训练样本，计算出卫星反演降水数据（再分析资料）反演误差，并依据四个关键因素（气候、地形、季节和雨强）建立误差订正模型。

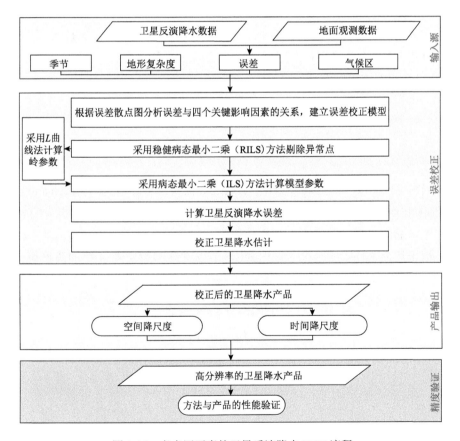

图 2-17　考虑四要素的卫星反演降水 ILSF 流程

第二步，采用稳健病态最小二乘（robust ill-posed least squares，RILS）方法剔除训练样本中的异常值。第三步，对剔除异常值后的训练样本进行误差订正模型训练，采用病态最小二乘（ill-posed least squares，ILS）方法计算出所有误差订正模型的参数估计值。第四步，依据计算得到的误差参数估计值，校正卫星降水产品，生产出研究期以内的降水产品 ILSF-P。第五步，采用空间滑动窗口算法，将 ILSF-P 数据重采样至所需空间分辨率。第六步，采用比例因子时间降尺度算法，将 ILSF-P 数据重采样至所需时间分辨率。

卫星反演降水误差（E）可以通过卫星降水估计降水率（SRR）与地面观测资料（G）的差值得到，表达式为

$$E = \text{SRR} - G \tag{2-2}$$

在全球范围对卫星反演降水误差与四个关键要素（气候、地形、季节和雨强）的空间平面函数关系进行研究。限于篇幅，在此不再展示。以此为基础，在全球建立了 112 种误差校正模型，其表达式如下：

$$E = a_{m,n} \times \text{SRR} + b_{m,n} \times T + c_{m,n} \tag{2-3}$$

式中，$\boldsymbol{x} = [a, b, c]^{\text{T}}$ 为误差校正模型的参数；参数的下标 m（m=1，2，3，4）为四个季节（春季，夏季，秋季，冬季）；n（n=1，2，$\cdots$，7）为划分气候区的数值；T 代表地形复杂度，是用 DEM 一个格网计算附近 10×10 的标准差得到的。

LS 和 ILS 的表达式如下：

$$\hat{x}_{\text{LS}} = \left(A^{\text{T}} A\right)^{-1} A^{\text{T}} E \tag{2-4}$$

$$\hat{x}_{\text{ILS}} = \left(A^{\text{T}} A + \alpha I\right)^{-1} A^{\text{T}} E \tag{2-5}$$

式中，$A = [\text{SRR}，T，1]$；α 为岭参数，本书通过 L 曲线法计算得到（Hansen and O'Leary，1993）。选择 ILS 解决方案来求解参数 x，以解决最小二乘方法中参数矩阵 $A^{\text{T}} A$ 出现病态导致结果不可靠的问题。此外，为防止由卫星反演降水估计或地面观测值的不确定性引起的异常值干扰训练样本的结果，采用 RILS 方法去除参数矩阵 A 中的离群值。具体公式如下：

$$d = \frac{\left|\text{SRR} \times \hat{a} + T \times \hat{b} + \hat{c}\right|}{\sqrt{a^2 + b^2 + 1}} \tag{2-6}$$

$$\sigma = \sqrt{\frac{\sum_{i=1}^{n}(d_i - \bar{d})^2}{n-1}} \tag{2-7}$$

式中，$\hat{x} = [\hat{a}，\hat{b}，\hat{c}]^{\text{T}}$ 为通过 ILS 计算出的最初的参数估计值；d 为计算样本点到空间平

面的距离；σ 为计算样本点距离的标准差；$\bar{d}$ 为点距离的平均值，用 $\bar{d} = \dfrac{1}{n}\sum\limits_{i=1}^{n} d_i$ 表示。

RILS 方法的基本原理是：首先，计算最初的参数估计值，$\hat{x} = [\hat{a}, \hat{b}, \hat{c}]^{\mathrm{T}}$。其次，计算每个样本点到空间平面的距离 d_i 和标准差 σ。最后，将 $d_i > 3\sigma$ 的样本点删除，不参与训练。

通过上述得到误差校正参数估计（$\hat{E}$）的表达式为

$$\hat{E} = \mathrm{SRR} \times \hat{a} + T \times \hat{b} + \hat{c} \tag{2-8}$$

可以通过下式得到校正的卫星反演降水估计：

$$\widehat{\mathrm{SRR}} = \mathrm{SRR} - \hat{E} \tag{2-9}$$

针对雅江下游区域夏季降水，采用考虑四要素的卫星反演降水 ILSF 对卫星降水 GSMaP 与地面雨量站观测降水进行日尺度校正融合，并对比订正前后误差散点图（图 2-18）。研究发现，校正后的降水更聚集在 1∶1 对角线附近，ILSF 算法能有效提高卫星反演与地面观测的相关性，减少卫星反演降水的误差与偏差，能够综合考虑地形梯度、季节特性、气候分区和雨强分布四个关键因素对青藏高原降水精度的影响。

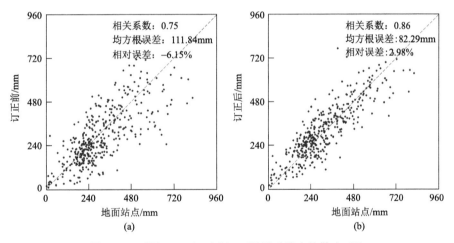

图 2-18　采用 ILSF 订正雅江下游夏季降水的散点对比

2.2.2　高山区河道水位遥感反演方法

1. 水位遥感反演现状与难点

河流水位是指河流自由水面距离某一基准面（如大地水准面）的高程，是反映径流量变化的重要指标。水位观测可为洪水预报、供水补给、大坝设计等提供数据支撑。卫星测高技术发展的初衷是观测海平面和南北极冰盖的高程及变化。随着技术的发展，越来越多的微波或激光测高卫星被用于内陆水体的监测（Biancamaria et al.，2016；Tourian et al.，2016；Tarpanelli et al.，2015，2013a；Papa et al.，2012；Zhang et al.，2011；Birkinshaw et al.，2010；Alsdorf et al.，2007；Bjerklie et al.，2003）。卫星测高的原理是高度计发射装置主动向地表（如海洋、河流、湖泊、水库和陆地等）发射一定频率的压缩脉冲信号，经由地面反射，通过接收装置接收返回脉冲，并记录脉冲传播的双程时间和返回波形信息，进而获取卫星至星下点的平均距离。卫星轨道高度（由精密的卫星轨道测量获取）减去卫星观测的距离即可得到水面相对于参考椭球面的高度（即水面高程）。

虽然高度计在内陆水体的应用取得了一定的进展，但是由于雷达脉冲信号容易受到陆地反射信号的干扰，从内陆水体上返回的波形信号掺杂了水体和陆地反射信号，需要采用特殊的后处理技术克服陆地影响带来的波形污染，从而反演高精度的河流水位。因此，窄河道水位反演仍然是一大难题。为了进一步提升卫星测高的水位观测精度（主要针对内陆水体），提出了新的波形重定算法：50%阈值及ice-1联合算法（50% threshold and ice-1 combined，TIC）。TIC方法通过对河道内和河道附近所有足迹的水体信息进行波形重定，提升卫星测高水位反演的精度。与现有方法相比，TIC可以提供更准确的水位信息，并且增加了水位的数据量（时间分辨率）。

2. 研究区域和数据

研究区域为雅江流域，主要是从喜马拉雅北麓到西藏林芝米林市奴下水文站（以下简称奴下站）以上的部分。研究使用的数据主要有遥感影像数据、测高卫星数据和地面观测数据。①遥感影像数据是2008年末或2009年初的Landsat 5（thematic mapper，TM）影像，用于勾绘水体边界并定义虚拟水文站。地表反射率产品（land surface reflectance products，SR）可以从地球资源观测与科学中心（Earth Resources Observation and Science，EROS）获取。②使用多源测高卫星[包括Jason-2/3（2008年7月～2017年8月）、Envisat（2002～2010年）和Sentinel-3A（2016年3月～2018年12月）]的传感器地球物理数据进行水位反演。③地面实测水位可以用于检验卫星测高观测的水位精度。为此，收集了奴各沙（2008～2016年）、羊村（2008～2016年）、奴下（2008～2018年）三个水文站的日尺度水位资料。其中，奴各沙2013～2016年和羊村2011～2016年非汛期实测水位数据缺失。此外，于2016年8月10日在雅江奴下站及其下游20km两个关键断面分别安装了一台雷达水位计，除了可以和水文站的实测水位进行交叉检验外（Huang et al.，2018a），还可以提供额外的地面观测数据（如2018年5月10日～12月31日）。

3. 新型波形重定算法

研究团队基于雷达测高卫星研发了新型波形重定算法（TIC），反演了高山区窄河道精确的水位信息；研究技术路线包括足迹选择、波形选择和距离改正三个部分（图2-19）。

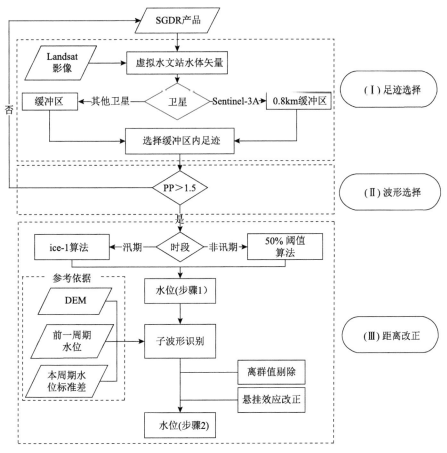

图 2-19 波形重定算法（TIC）流程图

SGDR 表示传感器地球物理数据记录（sensor and geophysical data record）

卫星测高的原理是利用搭载在卫星上的微波（激光）雷达测高仪、辐射计等仪器，测量卫星到水面的距离及其他变量，如有效波高、后向散射系数等。在开阔水域（如海洋、沿海区域及大型河流），测高卫星观测距离对应波形前缘中点，通过预设门（nominal tracking gate）进行计算，星载测高仪通过自动增益控制（automatic gain control，AGC）确保波形前缘中点与预设门一致。发源于高山区的内陆河流（如雅江）河道比较狭窄（绝大部分区域不超过 400m），卫星信号容易受到陆地干扰，导致雷达回波波形受到污染而扭曲，表现为波形不再服从海洋模式（Brown 模型）（Brown，1977），而是单波峰或者带有多个子波形的波形（即波形中具有多个前缘）。因此，需要对雷达回波波形进行重定，找出正确的波形前缘位置（即观测距离），校正实际波形前缘中点与预设门之间的偏差，此过程称为波形重定。目前波形重定方法主要有两种：①基于统计关系的方法，即不考虑波形的物理机制，单纯考虑如何找到正确的波形前缘，计算出相应的振幅、宽度等，从而计算距离改正，如重心偏移法（offset center of gravity，OCOG）。②基于物理机制的方法，主要考虑影响波形形状的因素对波形进行模拟，找到其前缘中点，从而进行距离改正，如美国国家航空航天局（National Aeronautics and Space Administration，NASA）

Martin 等于 1983 年提出的 β 参数法（Martin et al.，1983）。该方法主要采用适当的函数及参数对测高回波波形进行拟合，从而求取波形前缘。基于物理机制的波形重定方法的特点是物理机制明确，但是对参数初始值较为敏感，可能存在不收敛的情况，因而不适用于某些复杂波形。

为了进一步提升卫星测高的水位观测精度（主要针对内陆水体），提出了新的波形重定算法（TIC）。该算法包括足迹选择、波形选择、距离改正三个步骤。足迹选择考虑河道内和河道附近的所有足迹，可以涵盖所有带有水体信息的回波，与现有方法相比，可提供更准确的水位信息，并增加水位的数据量，提高时间分辨率。距离改正包括：①ice-1 算法（湿季，5～10 月）和 50%阈值算法（干季，11 月至次年 4 月）的交替使用（变换阈值）；②用于纠正双峰甚至多峰引起的水位异常值的子波形分析；③悬挂效应改正。变换阈值法进行距离改正的关键公式为

$$R = R' + \Delta R \tag{2-10}$$

$$\Delta R = \left(G_r - G_0\right)\Delta R_0 \tag{2-11}$$

$$G_r = G_k - 1 + \frac{T_l - P_{k-1}}{P_k - P_{k-1}} \tag{2-12}$$

$$T_l = c \times \left(A + P_n\right) \tag{2-13}$$

$$A = \sqrt{\frac{\sum P(i)^4}{\sum P(i)^2}} \tag{2-14}$$

$$P_n = \frac{\sum_{i=1}^{5} P(i)}{5} \tag{2-15}$$

式中，R 为最终的距离；R' 为未进行波形重定的距离；ΔR 为波形重定的距离改正量；G_r 为对应于前缘中点的门；G_0 为预设门；ΔR_0 为采样时间间隔对应的距离常数；G_k 为第一个功率大于 T_l 的门；T_l 为阈值水平；$P(k)$ 为第 k 个门的功率；c 反映波形前缘的阈值，汛期取 0.3，非汛期取 0.5；A 为波形的幅值；P_n 为热噪声；$P(i)$ 为第 i 个门的功率。

在雷达脉冲信号传输的过程中，陆地干扰（如高山区复杂下垫面）往往导致波形污染（波形呈现多个波峰）。距离改正的第二步是针对含有子波形的波形进行分析，提取子波形，再根据数据的日期（汛期或非汛期），再次重复第一步的算法确定前缘。子波形的提取可以通过下式来实现：

$$S_1 = \sqrt{\frac{(n-1)\sum_{i=1}^{n-1}\left(d_1^i\right)^2 - \left(\sum_{i=1}^{n-1} d_1^i\right)^2}{(n-1)(n-2)}} \tag{2-16}$$

$$d_1 = P_{k+1} - P_k \qquad (2\text{-}17)$$

式中，S_1 为整个波形回波间隔功率差的标准差；d_1 为相邻门的功率差；P_k 为第 k 个门的功率。如果有连续两个 d_1 大于 S_1，则可以认为存在子波形。将前缘结束后的连续 5 个采样门作为后缘，然后联合前缘和后缘得到一个子波形。依此类推可以得到采样窗口中的所有子波形。

完成子波形筛选后需要进一步确定来自星下点水体的反射，即识别最佳的子波形（多个子波形中只有 1 个是正确的）。子波形的选择主要参考三个标准：①虚拟水文站的 DEM。提取的水位应该与该地的 DEM 数值接近，如奴下站附近的虚拟水文站的 DEM 数值约为 2917m。最佳子波形反演的水位应该在（2917±20）m 的范围。②参考邻近周期的水位。如果测高数据在时间上连续，则用前一周期经过波形重定的水位中位数作为当前周期的水位参考；最优的子波形应该使反演的水位与前一个周期水位的差值最小。③如果数据不连续（复杂地形导致测高仪丢失跟踪，因而某些周期没有观测数据），尤其是在水位波动明显的汛期，子波形判断标准是尽可能地降低当前周期水位的标准差。在这种情况下，与前一周期相比，可能存在数十天甚至数月的数据缺失，因此前后周期的水位无法直接比较。在子波形分析之后，计算每个周期的水位中位数即可构建水位时间序列。综上，所开发的 TIC 算法高度自动化，极大地减少了人为筛选子波形的主观影响和时间开销。

因为测高卫星回波信息中往往含有多种下垫面（如水体和陆地）的反射信号，在窄河道的卫星观测中，测高仪信号容易锁定在后向散射能量较强的非星下点反射面（如河流两岸）（Stammer and Cazenave，2017）。因此，当测高卫星移动到水体之前已经开始接收到水体信号，并且在其远离水体之后仍然持续收到水体反射的能量，从而导致卫星观测到的距离偏大（星下点观测距离最小），即所谓的悬挂效应。这种效应存在于多种水体反射中，对于窄河道尤其明显。由悬挂效应引起的沿轨水位分布往往呈现抛物线状，因此需要进行相应的距离改正修正水位观测的偏差。

悬挂效应改正的关键公式如下：

$$H_0 = H(s_i) + \frac{1}{2R_0}\left[1 + \left(\frac{\partial a}{\partial s}\right)^2\right]d_{s_i}^2 \qquad (2\text{-}18)$$

式中，H_0 为卫星在星下点的轨道高度；s_i 为测高卫星观测点的坐标；$H(s_i)$ 为卫星在观测点 s_i 的轨道高度；R_0 为星下点的观测距离；$\partial a/\partial s$ 为卫星沿轨运行时轨道高度的变化速率；d_{s_i} 为卫星沿轨方向两个相邻观测点的距离。抛物线状水位剖面可以用最小二乘方法拟合：

$$H(s_i) = u^2 s_i + v s_i + w \qquad (2\text{-}19)$$

$$H_0 = w - \frac{v^2}{4u} \qquad (2\text{-}20)$$

$$S_0 = \frac{-v}{2u} \tag{2-21}$$

式中，H_0 为抛物线的顶点（抛物线顶点是星下点距离）；w、v 和 u 为最小二乘拟合系数；S_0 为星下点观测的位置。通过对现有测高卫星（如 Envisat、Jason 2/3、Sentinel-3）数据进行挖掘和分析，TIC 算法有效解决了高山区百米级河道水位反演的难题，显著提升了国际上主要针对千米级宽河流的水位监测水平。

4. 河道水位遥感反演实例研究

奴下站河宽约 400m，在该站采用 Jason 测高卫星反演的结果（图 2-20）表明，采用 TIC 重定后的水位与实测水位具有较高一致性，官方产品和其他算法反演的结果都有不同数量的离群值。经过波形重定，改进的足迹选择方法使水位标准差从 ice-1 算法的 0.6m 下降到 TIC 算法的 0.3m；而以往研究多直接采用 ice-1 算法，水位不确定性在 1m 以上。在高山区窄河道条件下，本方法相比于已有研究有较大改进。此外，新的波形重定算法还可应用于卫星轨道与河道相近但不相交的情景，这在以往研究中是无法进行水位反演的。TIC 算法通过对缓冲区内所有足迹进行波形重定，可以得到较精准的河流水位。

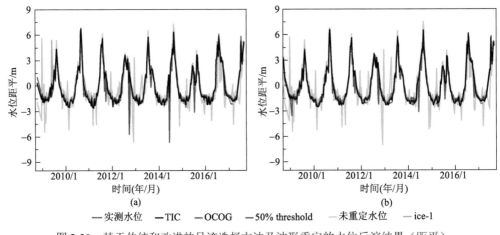

图 2-20 基于传统和改进的足迹选择方法及波形重定的水位反演结果（距平）

在雅江基于实测站点的水位数据验证了卫星测高反演水位的精度，并探讨了 Sentinel-3A 卫星在山区河流的适用性。研究结果表明，TIC 算法反演的水位标准差最小，改善百分比最大，其次是 ice-1 算法。官方产品 Ocean 算法仅略优于 OCOG 算法。

相比于现有算法，TIC 算法有两大优势：第一个优势是水位反演精度更高，可以应用于高山区窄河道。TIC 算法在距离改正上采用两步波形重定的方法。第一步，根据不同季节水体对雷达脉冲的反射特性，采用变换阈值减少季节性误差（汛期用 ice-1 算法，非汛期用 50% 阈值算法）；第二步，筛选多波峰的波形并进行子波形分析（河岸附近的足迹更有可能含有子波形），克服陆地干扰导致的波形污染。子波形选择可以参考虚拟水文站的 DEM，前后周期的水位差值和一个周期内的水位标准差。ice-1 算法和 OCOG 算法都无法进行子波形分析，因此，水位时间序列容易出现离群值。第二个优势是水位采样频率更高。TIC 算法基于虚拟水文站建立缓冲区，提取缓冲区内的所有足迹进行波形重定。对于窄河道而言，河道内部的足迹可能由于陆地干扰剧烈无法使用。只考虑河道内部足迹的传统方法会直接剔除数据，从而导致数据缺失。改进的足迹选择方法通过考虑非星下点反射（即悬挂效应），增加足迹和对应的水位观测数量，对于窄河道更为适用。结果表明，经过波形重定后，河岸附近的信号同样可以作为有效观测反演河流水位。不同足迹选择方法对比如图 2-21 所示。Sentinel-3A 4 个虚拟水文站采用 TIC 算法反演的水位距平和实测站点（Gauge）水位距平对比如图 2-22 所示。

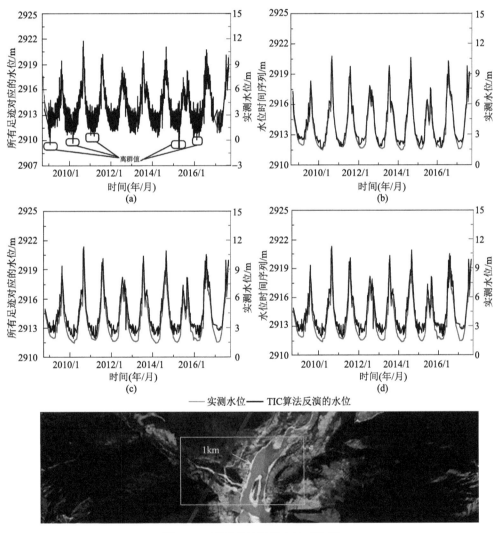

图 2-21　不同足迹选择方法对比图

（a）研究时段（2008 年 7 月～2017 年 8 月），基于改进的足迹选择方法（数千个足迹）和 TIC 算法提取的水位数据（同一天的数据有多个水位数值）；（b）基于（a）得到的时间序列，即对同一周期所有水位数据取中位数作为该周期的水位；（c）基于未改进的足迹选择方法和 TIC 算法反演的水位数据；（d）基于（c）得到的时间序列。卫星影像显示卫星轨道和河道相近但不相交的情景

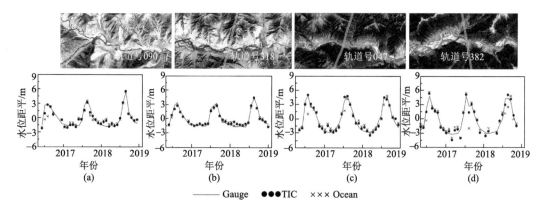

图 2-22　Sentinel-3A 4 个虚拟水文站采用 TIC 算法反演的水位距平和实测站点（Gauge）水位距平对比
第一行是 4 个虚拟水文站的地形和轨道，（a）和（b）分别是羊村水文站附近的虚拟水文站，（c）和（d）分别是奴下水文站附近的虚拟水文站

　　TIC 算法反演水位需要两方面人为干预：①基于虚拟水文站水体构建缓冲区；②基于谷歌地球的 DEM 剔除误差较大的水位观测数据。如果把 TIC 作为官方产品中的算法发布需要准备两套基础数据：①一套全球非汛期的水体矢量，用于构建缓冲区；②一套用于初步筛选无效观测数据的 DEM。

　　基于实测水位的精度验证结果表明，TIC 算法改善了雅江 Jason-2/3 的水位精度。雅江冰川和积雪持续融化，加剧了径流的年际变化（Chen et al.，2017a，2017b），高精度的水位反演对径流估算有较大的价值。在雅江（平均河宽从 100m 到数百米不等）进行了多个断面的水位反演，其中，雅江上游地形复杂，Envisat 由于信号锁定在山顶，缺乏有效的水位观测，而 Jason-2/3 效果更好。同时，Jason-2/3 在雅江下游精度较高。全球范围内卫星测高观测的最小河宽较难量化，因为地形、海拔、地表覆盖、高度计仪器设计等因素都会对测高精度产生影响（Biancamaria et al.，2017）。

　　TIC 算法也可以应用于 Envisat、TOPEX/Poseidon、ERS-1/2 等早期高度计及后续的测高卫星，为青藏高原和全球其他缺资料地区的水文监测提供重要信息源，并可以联合其他多源遥感观测和先验信息应用于高山区河道径流量反演。

　　地表水和海洋地形（surface water and ocean topography，SWOT）观测卫星于 2022年发射，其可以通过先进的干涉测量方式观测 100m 宽的河流（Oubanas et al.，2018；Biancamaria et al.，2016；Durand et al.，2010），获取全球水体（包括内陆河流、湖泊和水库）精确的水位等信息：①SWOT 可以提供前所未有的水位观测精度，与现有的高度计共同观测海洋和内陆水体的水位变化；②SWOT 的任务之一是以 21d 为周期观测水位和河道径流量变化（Biancamaria et al.，2016），可作为缺资料地区径流观测的重要补充；③与传统的高度计不同，SWOT 采用干涉测量技术进行水体观测，不易受波形污染的影响。因此，在高山区复杂地形的干扰下，SWOT 的水位反演精度仍然较高。

　　除以上优点外，SWOT 反演水位过程中可能会受到地形叠掩（topographic overlay）的影响，即复杂地形顶部反射的信号先于地形底部被卫星接收，导致合成孔径雷达（SAR）

影像中地形顶部和底部发生错位（张同同等，2019）。当地形坡度超过 SWOT 观测的入射角度时会产生畸变，造成水位观测误差（Fjørtoft et al.，2013）。受地形叠掩影响，低径流期还可能出现水位高估的现象（Frasson et al.，2017）。此外，地形可能干扰 SWOT 的干涉信号，导致信噪比降低（Solander et al.，2016）。和传统的高度计（如 Envisat 和 Jason-2/3）不同，SWOT 使用的是 Ka 波段（Oubanas et al.，2018），对降水比较敏感（Biancamaria et al.，2016）。地形、植被和降水可能是 SWOT 观测误差的主要来源。目前地形对水位反演精度的影响程度暂未明确（Pavelsky et al.，2013），需进一步通过野外观测实验予以评估。

2.2.3　缺资料流域河道径流量遥感反演方法

1. 河道径流量遥感反演现状与发展

用于径流监测的遥感源主要分为两类：其一是光学和雷达影像，可以获取河宽信息。光学影像受云影响较大，但晴空条件下水体提取精度较高。雷达影像可获得全天候信息，但受地形影响较大。其二是卫星测高（微波和激光两类）技术，可以获取河流水位信息。卫星雷达测高主要运用于海平面监测。但在高山区窄河道复杂气候地形条件下，遥感影像和卫星测高的信噪比较低、河宽和水位反演算法不确定性较大，亟待发展新的反演算法，以适应复杂地形条件下径流监测的需求。

研究团队通过对现有水位和流量遥感反演算法的假设条件、推导过程进行解析，并实地考察雅江及其支流拉萨河等河流与卫星轨道交点（即虚拟水文站）附近的河道形态、周围地形、地表覆盖等，论证了在该区域利用卫星测高等技术进行水位和河宽信息提取的可行性。在此基础上，提出了针对高山区窄河道新的卫星雷达波形重定算法（TIC），成功反演了研究河流多个断面的水位和河宽，降低了高山区窄河道（平均河宽在百米级，非汛期 50m）水位反演的不确定性；基于曼宁公式和三角形断面进行系列公式推导，概括了不同断面的径流量反演公式，提出了具有推广性的径流量估算公式；利用遥感反演的河宽和水位等信息与水文模型进行数据同化，生成缺资料流域逐日连续的径流量时间序列，突破了复杂气候地形条件下缺乏水文监测的限制，为科学揭示西南河流源区的径流演变规律提供了基础信息。

2. 径流量遥感反演和水文模型数据

1）径流量遥感反演数据

在研究时段 2000～2017 年，使用 Landsat 和 Sentinel-1/2 提取水体面积，并基于卫星测高数据反演河流水位。谷歌地球引擎（google earth engine，GEE）提供了 Landsat 系列卫星的地表反射率产品。受汛期云污染影响，河宽数据主要集中在非汛期。2003 年 6 月起，因 Landsat 7 扫描线校正器故障导致数据受条带影响。同时，2011 年末，Landsat 5 传感器出现故障，而 Landsat 8 于 2013 年 2 月才发射，因此，2011 年末～2013 年初 Landsat 影像数据缺失。

欧洲航天局（European Space Agency，ESA）（以下简称欧空局）发射的 Sentinel-1

由两颗卫星组成（Sentinel-1A 和 Sentinel-1B），基于 C 波段雷达采用不同极化方式和分辨率对地观测获取 SAR 影像。因此，利用 Sentinel-1 的影像提取水体面积前需要对数据集进行筛选。筛选的标准是：①单极化方式，垂直发射/垂直接收（vertical transmit/vertical receive，VV）和水平发射/水平接收（horizontal transmit/horizontal receive，HH）；②干涉宽幅（interferometric wide swath，IW）模式；③升轨（卫星从南往北飞）数据。GEE 提供经过预处理的 Sentinel-1 地距数据（Sentinel-1A/1B ground range detected scenes）。该产品将数据转换成后向散射系数（backscatter coefficient）的形式进行存储。预处理的步骤包括：①轨道校正；②热噪声去除；③辐射校正；④地形校正。

Sentinel-2 是欧空局哥白尼计划的系列卫星之一，拥有高空间分辨率和多光谱成像等特点。使用经过辐射校正、几何校正和正射校正，基于通用横轴墨卡托（universal transverse Mercator，UTM）投影的 1C 级天顶反射率（top of atmosphere reflectance，TOA）产品。Sentinel-2 影像空间分辨率如下：第 2、3、4、8 波段是 10m；第 5、6、7、8a、11、12 波段是 20m；第 1、9、10 波段是 60m。利用第 3 波段和第 11 波段计算 MNDWI 水体指数，获取水体面积。

2013 年 2 月发射的 SARAL/AltiKa 是由法国和印度共同研制的测高卫星，采用 Envisat 的重复轨道，时间分辨率为 35d，也是第一颗采用 Ka 波段进行内陆水体和海平面观测的卫星。使用的是 Jason-2/3 卫星（2008 年 7 月～2017 年 8 月）和 SARAL/AltiKa 卫星（2013 年 5 月～2016 年 6 月，第 1～35 周期）的传感器地球物理数据，并用 TIC 算法进行波形重定反演高精度的河流水位。

对于羊村水文站和奴下水文站，ice-1 波形重定算法反演的水位数据量分别是 210d 和 316d，TIC 算法的数据量是 221d 和 327d。因为 TIC 算法采用了改进的足迹选择方法，并对所有足迹进行了系统的后处理，获取了更多有效的水位观测数据。此外，拉孜（2000～2014 年）、奴各沙（2000～2016 年）、羊村（2000～2016 年）和奴下（2000～2017 年）四个水文站的少量实测水位和径流量被用于径流估算模型系数的率定和结果的验证。部分水文站非汛期地面观测资料有缺失，分别是拉孜（2011～2014 年）、奴各沙（2013～2016 年）、羊村（2011～2016 年）水文站。

2）遥感水文模型数据

基于 Landsat 影像和高空间分辨率的商业卫星影像（包括 IKONOS、QuickBird、WorldView-2 和 GeoEye-1）提取两种类型的河宽（真实河宽和概念性河宽），用于水文模型率定。率定期 2009～2014 年 Landsat 5 和 Landsat 8 的地表反射率产品可以从谷歌地球引擎上获取。此外，购买了 21 景 2A 级别的商业卫星影像，经过辐射校正和几何校正等预处理后，采用 UTM 投影进行水体面积和河宽的提取。云污染是汛期光学影像的常见问题，因此多数影像的采集时间是非汛期（11 月至次年 4 月）。

GRACE 卫星可用于观测雅江流域的总水储量变化。使用的是 2002 年 4 月～2017 年 1 月喷气推进实验室（JPL）RL05M 质量集中（masons）解集产品，空间分辨率为 0.5°。基于雪深和雪密度反演的雪水当量（snow water equivalent，SWE）可以作为积雪模块的率定数据。其中，雪深由三种传感器扫描多通道微波辐射计（scanning multichannel microwave radiometer，SMMR）、特殊传感器微波成像仪（special sensor microwave/imager，

SSM/I)和特殊传感器微波成像/探测仪(special sensor microwave imager/sounder,SSMI/S)的被动微波亮度温度反演获得,雪密度根据中国气象局实测的雪压和雪深计算。相关积雪遥感产品由中国科学院西北生态环境资源研究院寒区旱区科学数据中心(Cold and Arid Regions Science Data Center at Lanzhou,WestDC)提供。

降水是水文模型最重要的输入数据之一。降水产品来自于日本科学技术振兴机构和航空航天探测机构发布的再分析产品 GSMaP。数据的覆盖范围是 60°N～60°S,原始空间分辨率为 0.1°,经过最近邻法重采样为 0.0625°,从而与模型尺度相匹配。日尺度的地表温度产品(MOD11A1 和 MYD11A1)来源于 Terra 和 Aqua 卫星搭载的中分辨率成像光谱仪(MODIS)传感器,空间分辨率为 1 km × 1 km。每套产品含有日、夜两套地温数据,取四套数据的平均值作为模型的地温输入数据,并使用时空插值算法填补数据缺失。近地空气温度由欧洲中期天气预报中心(European Centre for Medium-Range Weather Forecasts,ECMWF)提供,潜在蒸散数据(原始空间分辨率为 1°)来源于饥荒早期预警系统(famine early warning systems,FEWS)。收集了 2003～2014 年奴下(雅江)、拉萨(拉萨河)、嘉玉桥(怒江,2004～2014 年)、昌都(澜沧江)、直门达(长江源)和唐乃亥(黄河源)水文站的实测径流量,用于模拟径流量的独立验证。

3. 径流量遥感反演建模

研究团队基于雷达测高卫星研发了新的波形重定算法(TIC),反演了高山区窄河道精确的水位信息;采用遥感云计算平台处理了海量光学和雷达影像,提取了精确的河宽信息;根据所建立的径流量反演公式和水文模型,集成河宽和水位信息,实现了无测站流域日连续径流量反演。研究技术路线包括:①波形重定及悬挂效应校正;②基于遥感云计算平台的高分辨率光学和雷达影像河宽提取;③径流量估算和模拟。

龙笛研究团队开发了适用于不同断面形态的径流量反演模型。首先将高山区窄河道断面形态大致分为三角形和梯形两类,上游河道狭窄,多概化为三角形,下游接近梯形。现有径流量估算模型只适用于特定流域或特定断面,没有强调不同断面径流量估算公式的辩证统一,推广性有限。根据三角形断面和曼宁公式进行系列公式推导,经适当化简后得出利用河宽(W)、水位(H)以及同时利用 W 和 H 进行径流量遥感反演的三个关键公式:

$$q = a_1 W^{\frac{8}{3}} \tag{2-22}$$

$$q = a_2 \left(H - h\right)^{\frac{8}{3}} \tag{2-23}$$

$$q = a_3 W D^{\frac{5}{3}} \tag{2-24}$$

式(2-22)和式(2-23)主要用于三角形断面的流量反演,式(2-24)是多种断面的通用公式,可用于三角形、梯形、矩形、弧形等,分别称之为河宽公式、水位公式和通用公式。这三个公式具有相同的渊源,指数 8/3 具有普适性,式(2-23)河深 D(即 $H–h$,其中 h 为河底高程）或式（2-24）W 和 D 的指数之和均为 8/3。提高窄河道径流量遥感反演精度的关键在于：①获取精确的河宽或水位信息；②确定公式的系数 $a_1 \sim a_3$。构建的径流量反演模型，将多源遥感信息和水力学公式有机结合，实现了不同断面水力学公式的辩证统一。

4. 遥感水文模型

针对遥感反演径流量在时间分辨率上的不足，研究团队基于所开发的分布式水文模型 CREST-Snow，提出了根据遥感河宽/水位信息对模型进行参数率定的方法，新的模型框架被称为耦合遥感模块的分布式融雪融冰水文模型（coupled routing and excess storage-remote sensing，CREST-RS）（图 2-23），其产流机制是蓄满产流，采用蓄水容量曲线进行产流计算，并添加了遥感径流模块进行多源遥感信息驱动和率定，在不采用实测径流量的条件下，可以实现逐日连续径流量的较好模拟。

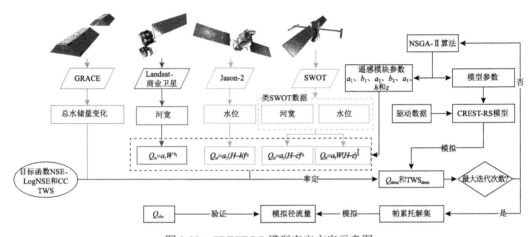

图 2-23　CREST-RS 模型率定方案示意图

该模型不需要实测径流量进行参数率定，实现了缺资料流域逐日连续径流量模拟

CREST-RS 水文模型是 CREST（Xue et al.，2013；Wang et al.，2011）和 CREST-Snow（Chen et al.，2017b）的改进版本。CREST 是基于新安江模型（Zhao，1992）和 VIC 模型（Liang et al.，1996），由美国俄克拉荷马大学和美国国家航空航天局（NASA）联合开发的分布式水文模型。该模型以水文单元为基础研究对象，采用蓄水容量曲线（storage capacity curve）和线性水库分别进行产流和汇流模拟，最后根据汇流时间和坡向计算河道汇流。CRESET-Snow 模型在 CREST 的基础上加入了积雪和冰川模块，使模型的应用范围从湿润和半湿润区（Xue et al.，2013）扩大到具有复杂水文过程的高原寒区（Chen et al.，2017a）。CREST-RS 模型在 CREST-Snow 的基础上做了四方面改进：①耦合了遥感模块，使模型以遥感河宽/水位转换的径流量作为参照，率定径流和冰川参数，从而应用于无资料区；②设计了高度带，基于流域 DEM 以 100m 海拔为间隔，将单层模型划分为多层模型（如雅江流域海拔为 2900～7000m，因此划分为 41 个高度带），在保证原有模拟效果的同时加快模型率定速度；③在三水源模型的基础上添加了地下水模块，改善

了总水储量模拟精度；④采用基于非支配排序的遗传算法Ⅱ（non-dominated sorting genetic algorithmⅡ，NSGA-Ⅱ）（Deb et al.，2002），为模型参数不确定性的刻画提供了多组最优解。

与 CREST-Snow（Chen et al.，2017）类似，CREST-RS 模型率定分为两步：第一步是融雪模块率定，使用雪水当量作为率定数据；第二步是径流和冰川参数率定，涵盖遥感径流模块。第二步率定对径流量的模拟至关重要，基本思路是：先通过非支配排序遗传算法Ⅱ（NSGA-Ⅱ）随机生成遥感参数和模型参数，遥感参数可以通过径流反演公式转换为径流量，模型参数可以基于模型得到流量首次估计值。针对遥感转换和模型模拟的两种径流量，引入目标函数[纳什效率系数（NSE）、对数纳什效率系数（logNSE）和总水储量的相关系数]，进行迭代计算（率定 10000 次），当目标函数达到设定阈值条件时，输出对应的最优参数解集，称为帕累托解集，最后采用实测流量进行结果验证。

CREST-Snow 模型第二步率定中原有 18 个参数[包括 2 个冰川参数、16 个径流参数（Chen et al.，2017a）]，耦合遥感模块后，新增了 7 个遥感参数，总共 25 个参数。NSGA-Ⅱ多目标率定算法运行 10000 次，每一代有 1000 组解（参数组合），共有 10 代。每一组参数含有 18 个模型参数和 7 个遥感参数，基于 18 个模型参数可获得一组模拟径流量；基于 7 个遥感参数和对应的遥感河宽数据可得到一组遥感反演的径流量。引入 3 个目标函数（NSE、LogNSE 和 CC TWS）对两种径流量（模拟径流量和转换径流量）的匹配程度进行量化，达到 10000 次率定后模型输出对应的最优解集（含多个最优解）。模型基于遥感河宽/水位进行率定的原理是：①水量平衡原理。当两种径流量相等时，满足水量平衡条件，对应的参数更加可靠，可以用于径流量模拟。②流域内由驱动数据约束的降水–径流关系、由被动微波约束的雪水当量和 GRACE 总水储量约束的融冰径流对模型率定起到了关键作用，使率定的径流量级始终保持在合理的范围内。

5. 径流量遥感反演实例研究

1）径流量遥感反演结果

雅江 7 个河段的测试结果（图 2-24）表明，基于河宽公式的河道径流量反演精度很高。以奴下站所在河段为例，反演的径流量 NSE 在率定期（2000～2003 年）可达到 0.95，验证期达到 0.92，综合（overall）NSE 达到 0.9。同时，河宽公式的反演效果从奴下上游到下游逐渐降低，如在验证期内，综合 NSE 从约 0.9（上游 10 km）减小到约 0.7（下游 20 km）。这主要由于河道断面从上游（三角形）到下游（梯形）的变化。河宽公式是基于三角形断面推导得到的，在梯形断面的应用会受到断面形态变化的影响，精度有所降低。断面形态的演变与河宽变化相关，从奴下上游到下游河宽逐渐增加，断面也从三角形演变为梯形。此外，河宽公式的局限在于光学影像易受云污染，导致大多数径流量反演结果集中在非汛期。

与河宽公式类似，基于 TIC 算法和水位公式反演的河道径流量精度同样很高，在奴下站 NSE 率定期达到 0.98，验证期为 0.97。由于奴各沙和奴下水文站的断面都近似三角形，而位于奴各沙和奴下水文站之间的羊村站缺乏实测断面资料，假定其断面适用于三角形的水位公式。在羊村站径流量的反演效果也较高，其中，率定期 NSE 为 0.95，验证期为 0.75。奴下站河道更宽，地表覆盖单一，故测高水位精度更高，水位公式的径流量反演效果优于羊村站（图2-25）。

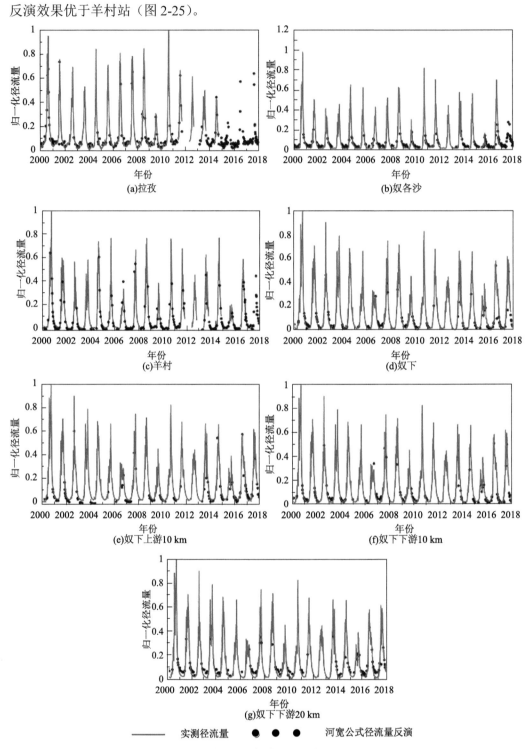

图 2-24 2000～2017 年利用河宽公式在 7 个河段的径流量反演结果

此处径流量（m³/s）用归一化径流量表示（用径流序列的最大值和最小值进行归一化处理，下同）

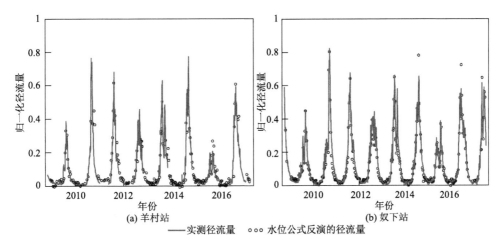

图 2-25　2008～2017 年羊村和奴下站基于 TIC 算法使用水位公式反演径流量结果

　　河宽公式和水位公式能独立用于径流量反演，也能联合起来加密径流量反演的时间序列。例如，在奴下站 2000～2017 年通过联合河宽和水位公式，可得到 461d 径流量反演数据（图 2-26）。将两个公式相互补充，共同应用于河道径流量反演中。汛期云量较多，光学影像易受云遮挡，但此时河流水量充沛，水体反射较强，卫星测高能提供较准确的水位；非汛期云量较少，但陆地干扰严重，以光学影像为主的河宽观测可作为卫星测高的重要补充。在测高卫星的重访时间内（如 Jason-2/3 为 10d，Envisat 为 35d，SWOT 为 21d），也能基于多源遥感河宽数据（Landsat 系列卫星、MODIS、Sentinel-2、我国高分系列和 QuickBird、IKONOS、GeoEye-1、WorldView-1/2/3/4 等商业卫星）反演径流量。

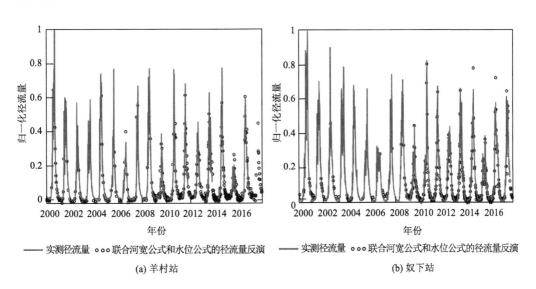

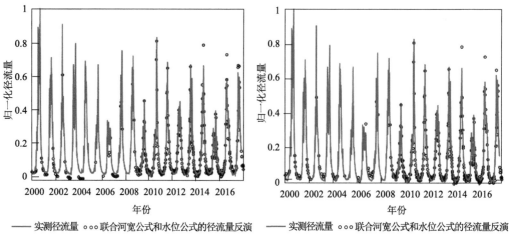

(c) 奴下站上游10km

(d) 奴下站下游10km

(e) 奴下站下游20km

图 2-26 2000~2017 年在各站联合河宽和水位公式的河道径流量反演结果

  此外，目前的卫星测高技术对地形和河宽条件有一定要求（河宽在百米级别），相比之下，光学影像和雷达影像河宽观测覆盖范围较大，受卫星轨道的限制较小，是高山区窄河道径流量反演的理想数据源。综上，通过河宽和水位两类变量的联合观测，加密了雅江多个河段的径流量时间序列，显著提高了径流量反演的时空覆盖度、时间分辨率和可靠度。

  归纳总结了基于曼宁公式进行河道径流量反演的三个公式，即河宽公式、水位公式及联合河宽和水位的通用公式，并将其成功应用于河宽 100~400m 的窄河道径流量反演中。虽然野外观测实验采集了断面信息，但是没有直接基于具体的断面信息反演河道径流量。在偏远的无资料区，地面实测资料极度匮乏，依赖于具体断面信息的方法难以推广。因此，实测断面信息只用来做公式的演绎和推导，并没有用来直接反演流量。本节论述了新的观点：三个公式有相同的渊源（指数和都是 8/3），并且可根据不同断面（如三角形、矩形、梯形、弧形等）相互转换。联合河宽公式和水位公式能有效地提高径流量反演的时间分辨率。对于光学遥感而言，非汛期的影像质量优于受云遮挡较严重的汛期。对于卫星测高而言，汛期水量充沛，对雷达信号的反射更强，水位反演精度更高。两种观测各有优势，相互补充，集成两种数据可得到更为完整的径流量反演时间序列。

此外，高山区地形复杂，雷达回波信号易受到陆地干扰，导致波形污染。因此，波形重定对提高水位精度和径流量反演精度尤为重要。经过实测水位检验，Jason-2/3 和 SARAL/AltiKa 反演的水位精度较高，因此，本书也是三颗测高卫星在高山区窄河道水位反演的成功示范。在大型河流的三角形断面可基于 MODIS 观测数据和卫星测高对三个公式进行对比。然而，在高山区窄河道卫星测高数据和遥感河宽数据的重叠期极少，无法直接比较三个公式的优劣。因此，将 2008～2017 年卫星测高的水位数据采用线性插值后获得日连续的测高水位，以便于三个公式的比较。

计算中使用的卫星水位数据精度为几十厘米，河宽数据精度为 10m 左右。一方面，虽然卫星测高的水位精度高于河宽，但在河道狭窄且地形复杂的三角形断面，河宽公式效果优于水位公式（如羊村站）。推测原因是河宽公式使用的数据是基于 10km 长的河道计算得到的，一定程度上克服了卫星影像分辨率的不足，具有更大的容错性。对于奴下站，卫星测高的水位精度较高，水位公式反演的径流量精度优于河宽公式。此外，联合多源遥感观测（河宽和水位）的通用公式优于单一数据源的河宽公式和水位公式。另一方面，河宽公式可为断面形态和宽深比的判断提供一定的启示。在奴下站及其上下游共选择了 4 个 10km 长的河段进行径流量的反演。结果表明，河宽公式的精度自上游到下游逐渐递减，原因是断面形状从三角形逐渐变为梯形，宽深比也相应地发生改变。

不同公式基于不同的遥感数据反演河道径流量，因此每个公式的误差也有所不同。云污染和影像空间分辨率（如 Landsat 为 30m）会导致水体面积的不确定性及河宽误差。在一段河道上（如 10km）计算概念性河宽，能进一步降低由影像空间分辨率带来的误差，提高河宽观测精度。对于遥感水位而言，非汛期河道水量较少，水体对雷达脉冲信号的反射较弱，地形干扰较强，基于卫星测高反演的水位不确定性较大。雅江的高海拔、复杂地形和狭窄河道等特点是提高水位反演精度的最大障碍。克服这一问题需要采用考虑有效足迹筛选和子波形分析的波形重定算法（如 TIC），以减少波形污染，提高水位的观测精度和采样频率。

本节论述的径流量反演方法仍需要使用少量的实测径流量，率定三个公式中的系数（如 a_1、a_2、a_3 和 h）。在缺资料区，本方法可基于历史实测资料为废弃或现阶段不共享资料的水文站，提供持续的径流量数据。在无资料区基于遥感观测反演径流量，则需要联合更多水力学变量，如坡度和流速（Bjerklie et al.，2005），或者使用数据同化等方法，如 Metropolis 曼宁方法（MetroMan）（Durand et al.，2014）、基于年平均流量和地貌特征的径流量反演算法（mean-annual flow and geomorphology，MFG）（Durand et al.，2016）、四维变分同化方法（Oubanas et al.，2018）。

本节论述了所提出的卫星遥感估算高山区窄河道径流量的基本方法。基于曼宁公式和多种河流断面（三角形、梯形、矩形和弧形等）进行公式推导和归纳，得到了不同断面的径流量反演公式，开展了多种公式的集成和应用。在 Sichangi 等（2016）研究的基础上，改进了联合河宽和水位反演径流量的通用公式，并提出了基于三角形断面的另外两个公式：①基于云平台 GEE 处理了上千幅光学影像和 SAR 遥感影像计算概念性河宽，作为河宽公式的输入，计算得到的径流量在雅江 7 个河段验证期 NSE 可达 0.9 以上；②基于卫星测高数据，采用雷达回波波形重定算法反演高精度河流水位，作为水位公式的输入，在河宽 300m 的羊村站和河宽 400m 的奴下站计算得到的径流量验证期（2011～2017 年）的 NSE 分别是 0.75 和 0.97。奴各沙和奴下下游 20km 基于河宽公式进行河道径流量反演的效果有所下降，推测原因是宽深比较大。奴下下游 20km 的断面更接近梯形，但由于测高水位精度较高，所以水位公式仍然能用来反演径流量。

当地形干扰导致水位精度下降时（如羊村），河宽公式效果优于水位公式；而在地势开阔、河道较宽的虚拟水文站（如奴下下游 20km），由于卫星测高可反演高精度的水位作为公式输入，水位公式效果优于河宽公式。在羊村站和奴下站三个公式的对比中发现，联合多源遥感观测和多水力学变量（河宽和水位）同时反演径流量的通用公式，优于单一数据源或单一水力学变量的公式（如河宽公式和水位公式）。目前为止，窄河道的径流量反演尚处在探索阶段，其中一个重要原因是多数研究常用的 MODIS 数据分辨率较低，无法用于窄河道的水体面积和河宽信息提取。为此，选择了 Landsat 和 Sentinel 系列卫星作为数据源，结合所提出的径流量估算模型进行径流量反演，实现了缺资料高山区窄河道径流量估算的突破。

在水位和河宽数据无法同时获取时，通过联合河宽公式和水位公式可进一步提升径流量反演的时间分辨率。其中，光学影像（如 Landsat 系列、MODIS 和 Sentinel-2）和 SAR 影像（如 Sentinel-1）可作为河宽公式的数据源；Jason-2/3、Envisat、SARAL/AltiKa 及未来的 SWOT 卫星可作为水位公式的数据源。三个径流量反演公式只在雅江流域进行了测试，未来可在全球其他高山区窄河做进一步验证。

2）逐日连续径流量模拟结果

基于 Landsat 河宽率定 CREST-RS 模型模拟的逐日径流量和实测值一致性较高（图2-27）。在研究时段雅江、拉萨河、怒江和长江源的 NSE 可以达到 0.8，其次是澜沧江，NSE 达到 0.7。黄河源的模拟效果有所下降（NSE 为 0.6），可能原因包括模型参数和驱动数据的不确定性，以及冻土融化对径流的补给作用模拟不足。

相比 Landsat 卫星光学影像，商业卫星（IKONOS、QuickBird、WorldView-2、GeoEye-1）具有超高空间分辨率（如 1m 以下），可丰富窄河道的观测信息。但受卫星轨道和时间分辨率制约，商业卫星影像数量较少，故采用商业卫星影像对拉萨河、怒江、澜沧江等河宽为 100m 以下的窄河道进行 CREST-RS 模型率定和模拟（图2-28）。其中，怒江测试河段干季河宽约 50m。受云污染影响，大多数商业卫星影像获取时间是非汛期。结果表明，虽然商业卫星影像数量较少（拉萨河研究河段 10 景、怒江研究河段 5 景、澜沧江研究河段 6 景），但径流量模拟效果同样较好，拉萨河、怒江、澜沧江验证期 NSE 系数分别是 0.74、0.88、0.54。因此，采用商业卫星观测河宽信息率定模型，可实现 50m 宽河流的径流量模拟，实现了从大型河流到中小型河流流量反演和监测的跨越。

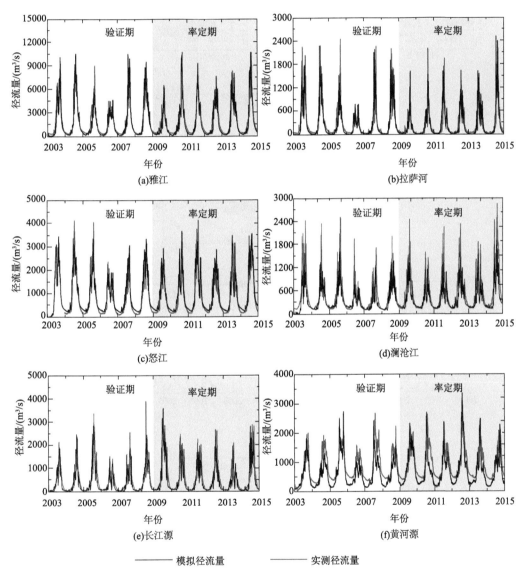

图 2-27　西南河流 6 个源区流域基于 Landsat 河宽率定的逐日径流量模拟结果

模型率定期是 2009～2014 年（蓝色区域），验证期是 2003～2008 年。

其中，(c) 中怒江实测径流资料只覆盖 2004～2014 年

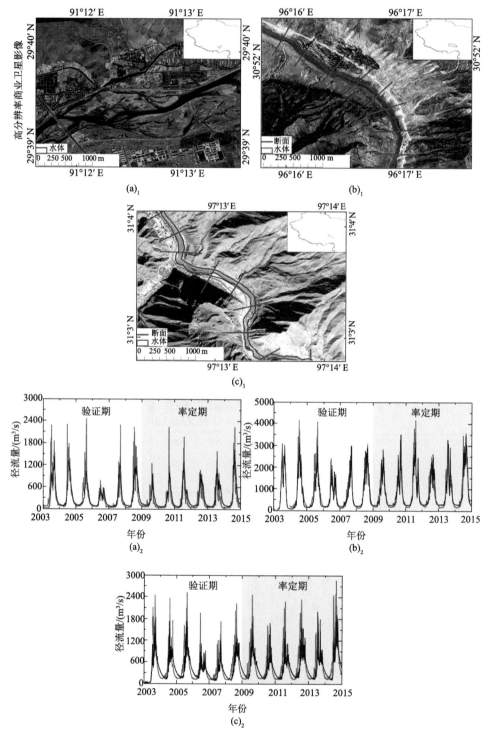

图 2-28　基于高分辨率商业卫星的河宽率定结果

（a）拉萨河 10km 河段的商业卫星影像（成像时间 2014 年 10 月 20 日）和率定、模拟结果；（b）怒江 10km 河段的商业卫星影像（成像时间 2013 年 5 月 1 日）和率定、模拟结果；（c）澜沧江 10km 河段的商业卫星影像（成像时间 2012 年 1 月 1 日）和率定、模拟结果

缺资料地区一般需要辅助数据（如河道断面、地形图、实测流速和径流量）来反演径流量。建立河宽–流量（Pavelsky，2014；Smith and Pavelsky，2008；Smith et al.，1996，1995）或者水位–流量（Kouraev et al.，2004；Papa et al.，2012，2010；Tourian et al.，2017，2013）关系曲线，可以在废弃的水文站基于历史流量反演河道径流量。基于先进微波扫描辐射计（advanced microwave scanning radiometer，AMSR）被动微波数据（Brakenridge et al.，2007）和 MODIS 数据（Tarpanelli et al.，2013b）建立陆地/水体像元比值和实测资料经验性关系的方法，同样需要部分实测径流资料率定相应的参数。因此，以上方法无法推广到无资料地区。

联合多源河宽遥感观测信息和 CREST-RS 模型可获取日连续径流量，弥补水文站径流量观测在空间分布上的缺陷和遥感径流量反演在时间分辨率和连续性上的不足。开发的遥感模块不仅适用于本模型，也可以和其他水文模型进行耦合，适用于区域和全球尺度的水文过程模拟。上述研究方法可以在不依赖实测地面资料的情况下，获取高精度的日连续径流量，但因为不同流域的水文地貌特征不同，率定的参数无法从一个流域直接移植到另一个流域。针对某个特定流域需要先搭建水文模型，然后才能进行模型率定和径流量模拟。

完全基于遥感观测数据驱动和率定水文模型具有巨大的应用潜力。一方面，通过联合多源遥感平台（包括国外 Landsat 和 Sentinel 系列、国产高分系列及 CubeSat 等小卫星星座）可以实现组网观测，为水文模型率定和数据同化提供更多的信息源，还可以搭建高空间分辨率的水文模型（如 1km）匹配高空间分辨率的遥感观测数据，提升模型模拟效果。此外，需要充分挖掘遥感大数据的价值，发展创新传统水文学的方法框架，不断吸收大数据和人工智能领域的新技术和新思想，实现学科交叉融合。另一方面，现阶段完全基于遥感观测数据驱动和率定水文模型也面临一些挑战。例如，CREST-RS 模型需要四种驱动数据，包括降水、地表温度、近地面气温和潜在蒸散数据。现有卫星遥感降水在山区小流域（如数千平方千米）不确定性较大，现有卫星遥感蒸散产品精度较低，在流域尺度水文模拟中会引入较大的误差。因此，应用遥感数据驱动和率定水文模型模拟河流源区的河道径流量有待进一步探索。

2.2.4　高原寒区水质遥感反演方法

1. 高原寒区河流水质遥感监测现状与发展

遥感反演水质方法通过建立水质参数与光谱特征的关系构建水质反演模型（Nechad et al.，2010；Qiu，2013；Chen et al.，2015；Wang et al.，2019），如统计模型、半分析模型和物理模型，间接计算水质参数。但该类模型对于高原寒区河流，有诸多限制：一是现有模型适用性有限。目前，水质反演模型多是面向海洋、沿海等大面积开阔水域或河口、湖泊等相对静止、流速较缓的区域水体建立的，针对流动性强、水质要素时空变化剧烈的高原寒区河流适用性有限。二是光学遥感影像质量较差。高原寒区水汽交互速度快、云雨天气多，且河道下垫面复杂，导致该地区光学影像的信噪比高、质量较差。三是模型构建所需的校正和验证实测数据少。高原寒区恶劣的气候条件和复杂的河道下垫面，给监测带来了很大困难。虽然高原寒区河流经过了1973年、1982年、2012年等多次河流湖泊的科学考察，但其基础资料仍很欠缺，实测水质数据十分有限。

西南径流计划于2016年、2017年、2018年秋季，先后开展了雅江、金沙江、澜沧江、怒江水质遥感综合观测实验，采集水样120余组，并同步获取各类水样、水质光谱反射率、多光谱曲线及卫星遥感观测数据。在此基础上，构建了高原寒区河流水质不同组分水体光谱库，提出了适用于高原寒区河流浊度、总磷、总氮和总有机碳遥感反演模型，为揭示西南河流源区河流水质的时空变化规律提供了新方法。

2. 雅江、金沙江、澜沧江、怒江水质综合观测试验及高寒河流水质光谱库

吸收系数、散射系数和散射相函数的精确测量是水环境参量遥感反演的前提。特别是寒区河流污染水体，通常有两种或多种污染物相互混杂，故其光学参数的测量及其计算非常困难。为此，西南径流计划分区域建立了典型水质类型的波谱响应特征数据库，开展了不同水质参数之间光谱相互影响规律的研究，建立了相应的水质参数光谱响应库，为高原寒区河流的水质遥感监测奠定了基础。

2016年、2017年、2018年秋季，通过开展雅江中游、金沙江、澜沧江、怒江水质遥感综合观测实验，采集到野外水样120多组，并同步获取各类水样、水质光谱反射率、多光谱曲线及卫星遥感观测数据。不同河段水质状况有所差异，光谱曲线呈现不同特征。逐一计算各波段实测光谱反射率和对应水质参数的相关系数，以及进行光谱归一化处理与敏感性分析，而后基于 ArcGIS 平台建立了高原寒区河流水质不同组分水体光谱库，通过该库可实时查询与显示各采样点的光谱反射率、吸收系数、系统散射系数以及散射相函数、采样点的水质参量值和各类光谱曲线。

通过对雅江、金沙江、澜沧江、怒江开展野外天地一体化观测实验，获取了 120 组样点数据，包括：水体及白板反射数字图像像元亮度值（digital number，DN）和辐亮度，采样水体浊度（turbidity）、总氮（total nitrogen，TN）、总磷（total phosphorus，TP）、总有机碳（total organic carbon，TOC）四项参数情况，以及采样点附近环境状况记录和实景照片。

对雅江中游水质野外采样空间化分析发现，不同河段水质状况有所差异，光谱曲线呈现不同特征。拉萨河和尼洋河的浊度、TP 浓度较低，雅江干流河段浓度较高； TN 浓度在日喀则河段和拉萨河较高，林芝河段较低；TOC 浓度不同河段差异较小，拉萨河相对较高，尼洋河相对较低。同时发现雅江干流浊度整体高于支流，林芝河段干流浊度相对上游日喀则、拉萨河段较低，干流水体浊度均大于 50，支流水体浊度均小于 30。

光谱曲线标准化使不同水体的反射光谱具有可比性，拉萨河水体光谱曲线与其他河段有明显差异，主反射峰自 580nm 附近开始下降，反射率整体均较低。随着水体浑浊程度增加，各河段光谱曲线主反射峰位置向长波方向移动，即出现"红移"现象，810nm 处次反射峰反射率增大。不同水质状况的水体光谱反射率在 650～800nm 和 500nm 附近波段区分度较高，尤其是 700～800nm 的红边波段，适合建立水质反演模型。

3. 高寒河流水质遥感反演模型

水质各类参数的遥感反演是通过水质遥感模型来实现的，遥感反演的精度最终由水质遥感模型决定（Dogliotti et al.，2015；Mohammad et al.，2016；Wang et al.，2019）。目前，遥感水质监测所采用的模型由于本身特性的缺陷和遥感数据的局限，大多建立于中低分辨率遥感数据之上，监测区域以湖泊为主；但河流水体具有快速流动、光学特性复杂和宽度狭窄等特点，因此一直未有适应于河流的水质遥感模型。此外，高原寒区河流复杂、多变的地形，给河流水质遥感模型的构建带来了巨大挑战。为此，西南径流计划通过对高原寒区河流不同区域、不同水质的遥感监测机理进行研究，在综合各类模型的基础上建立了高精度高原寒区河流水质遥感反演模型，有效地对高寒河流水质进行了遥感监测。

选定不同区域典型水质试验区，合理布设采样区及采样点，开展与卫星遥感数据（准）同步的水质光谱测量和水质采样，并同步获取各类卫星遥感数据，以及其他航空、无人机辅助观测数据。而后利用获取的相关数据，基于水色遥感理论与知识过程模型，攻克多尺度多时空数据协同处理与水质参数定量反演等核心技术，针对不同水质状况结合地面观测资料优化水质各参数遥感反演模型，最终建立精度高、适应性强的寒区河流水质参数遥感定量监测模型。

内陆水体水质参数反演时，一般选取一个对水质参数浓度敏感的活跃波段，以及一个对水质参数浓度不敏感的参考波段，求取比值、差值或 NDVI 形式的光谱指数，这比单波段反射率模型反演效果更好。相关系数较高的光谱参数为基于红波段 B4（中心波长 $\lambda=665nm$）和哨兵 2 号特有的红边波段 B5（$\lambda=705nm$）、B6（$\lambda=740nm$）、B7（$\lambda=783nm$）与蓝波段 B2（$\lambda=490nm$）和绿波段 B3（$\lambda=560nm$）建立的多种比值和差值系数，结合波段敏感性分析，$650\sim870nm$ 的红波段和近红外波段对水质浓度较为敏感，$500\sim580nm$ 附近的蓝绿波段最不敏感，因此，两者的差值或比值能够突出水质参数浓度的差异，适合建立反演模型。在此基础上，选取相关系数较高的部分光谱系数建立反演模型，比较拟合效果和反演精度，筛选最佳模型。

1）浑浊遥感反演模型

相关系数计算结果（表 2-7）表明，归一化后单波段光谱等效反射率与浊度均具有显著相关关系，其中，红边波段 B6、B7 的相关系数最高，大于 0.7。波段比值系数中，蓝波段（B2）、绿波段（B3）、红边波段（B5、B6、B7）间比值与浊度的相关系数最高，均大于 0.7，适合建立反演模型。

表 2-7　浊度与光谱参数相关系数

参数	未归一化光谱等效反射率	归一化光谱等效反射率	参数	未归一化光谱等效反射率	归一化光谱等效反射率
B2	−0.127	0.686**	B6	0.208	0.754**
B3	−0.043	0.515**	B7	0.216	0.739**
B4	0.122	0.351*	B8	0.19	0.644**
B5	0.122	0.558**	B8A	0.174	0.469**

续表

参数	未归一化光谱 等效反射率	归一化光谱 等效反射率	参数	未归一化光谱 等效反射率	归一化光谱 等效反射率
B3/B2	0.737**	0.710**	B8/B4	0.5**	0.417*
B4/B3	0.743**	0.704**	B8/B5	0.487**	0.399*
B6/B2	0.786**	0.740**	B6/B7	−0.561**	−0.493**
B6/B3	0.722**	0.663**	B7/B8	0.59**	0.589**
B6/B4	0.602**	0.540**	B5/B3	0.703**	0.667**
B6/B5	0.637**	0.568**	B6/（B3+B5）	0.707**	0.645**
B7/B3	0.716**	0.654**	B7/（B3+B5）	0.700**	0.636**
B7/B4	0.604**	0.539**	B8/（B3+B5）	0.620**	0.532**
B7/B5	0.64**	0.569**	（B4+B5）/2B3	0.732**	0.695**
B8/B3	0.659**	0.575**	（B6+B7）/ （B3+B4+B5）	0.679**	0.614**

** 在 0.01 水平（双侧）上显著相关；* 在 0.05 水平（双侧）上显著相关。

比较不同光谱反射率系数建立的不同类型多元及一元反演模型（表 2-8）。740nm（B6）、783nm（B7）与 490nm（B2）、560nm（B3）波段比值建立的浊度反演模型以及多元线性模型调整 R^2 均较高，幂函数和指数函数调整 R^2 整体高于线性函数和对数函数。归一化后红边波段 740nm（B6）和 783nm（B7）单波段模型也有较好的反演效果，模型调整 R^2 整体提高，但反演精度变化不大。

表 2-8　浊度反演模型比较

	模型 编号	建模变量	模型 类型	公式	调整 R^2	RMS	建模样本平均相对误差			验证样本平均相对误差		
							总体	浑浊	高浑浊	总体	浑浊	高浑浊
未归 一化	1	x=B6/B2	线性	$y = 224.613x - 91.059$	0.618	1253.477	1.717	0.659	0.229	2.626	0.321	0.291
	2		幂	$y = 142.829x^{3.500}$	0.68	1733.67	0.907	0.507	0.348	1.84	0.563	0.571
	3	x=B4/B3	二次	$y = 448.998 - 1301.958x$ $+ 952.674x^2$	0.602	1303.709	1.584	0.451	0.216	3.194	0.342	0.232
	4	x=（B6–B3）/ （B6+B3）	指数	$y = 550.420e^{9.010x}$	0.63	3132.692	0.94	0.582	0.441	2.093	0.676	0.691
	5	x=B6/ （B3+B5）	幂	$y = 25941.872x^{5.236}$	0.617	3385.866	0.978	0.537	0.34	2.271	0.488	0.532
	6	x=（B4+B5） /2B3	指数	$y = 0.014e^{8.864x}$	0.611	1540.144	1.061	0.89	0.526	1.79	1.105	0.865
	7	x_1=B4/B3， x_2=B6	多元线 性	$y = 394.280x_1 + 0.378x_2$ $- 296.463$	0.513	1464.718	1.996	0.604	0.21	3.56	0.478	0.251
	8	x_1=B6/B2， x_2=B8/B3， x_3=B8/B5	多元线 性	$y = 999.850x_1 - 1804.670x_2$ $+ 905.800x_3 - 277.880$	0.841	473.126	0.991	0.467	0.154	0.799	0.252	0.161

续表

模型编号	建模变量	模型类型	公式	调整 R^2	RMS	建模样本平均相对误差			验证样本平均相对误差		
						总体	浑浊	高浑浊	总体	浑浊	高浑浊
1	B6	线性	$y-324.954x-206.962$	0.604	1298.012	1.804	0.719	0.217	2.59	0.32	0.239
2		幂	$y=117.513x^{6.507}$	0.72	1554.937	0.75	0.523	0.3	1.693	0.537	0.523
5	B7	幂	$y=126.157x^{6.032}$	0.705	1692.407	0.783	0.538	0.32	1.734	0.593	0.584
6	x_1=B6, x_2=B4/B3	多元线性	$y=230.202x_1+137.246x_2$ -252.956	0.618	1251.183	1.938	0.624	0.21	2.772	0.198	0.215
7	x_1=B6/B2, x_2=B8/B3, x_3=B5,x_4= （B7−B3）/ （B7+B3）	多元线性	$y=1094.43x_1-1764.15x_2$ $-439.12x_3+498.04x_4$ $+872.02$	0.873	399.309	0.731	0.427	0.14	0.974	0.212	0.143
8	x_1=B6，x_2=B3	多元线性	$y=585.9x_1+252.4x_2$ -826.5	0.639	1083.8	1.275	0.708	0.18	1.448	0.218	0.213

（"光谱归一化" 标注于第 6、7、8 行左侧）

各模型反演效果：基于 B6/B2 的线性模型、B4/B3 的二次模型以及基于归一化 B6 的线性模型具有较高精度，高浑浊样本平均相对误差小于 0.3。基于波段比值和归一化单波段反射率建立的多元线性模型能够将反演误差降低到 0.2 以下，但此类模型由于变量较多，模型较为复杂，在应用于遥感影像时会增加计算量和反演不确定性。

2）总磷遥感反演模型

根据表 2-9，总磷（TP）浓度与蓝波段（B2）、绿波段（B3）和红边波段（B5、B6、B7）间的比值，以及归一化后的蓝波段（B2）、红边波段（B6、B7）反射率的相关系数较高，均大于 0.7，适合建立反演模型。

表 2-9　总磷与光谱参数相关系数

参数	未归一化光谱等效反射率	归一化光谱等效反射率	参数	未归一化光谱等效反射率	归一化光谱等效反射率
B2	−0.176	0.705**	B6/B3	0.727**	0.690**
B3	−0.094	0.550**	B6/B4	0.594**	0.563**
B4	0.081	0.357*	B6/B5	0.616**	0.583**
B5	0.09	0.589**	B7/B3	0.723**	0.683**
B6	0.175	0.783**	B7/B4	0.6**	0.565**
B7	0.185	0.770**	B7/B5	0.625**	0.588**
B8	0.154	0.668**	B8/B3	0.654**	0.600**
B8A	0.13	0.479**	B8/B4	0.478**	0.435**
B3/B2	0.72**	0.684**	B8/B5	0.448**	0.408*
B4/B3	0.772**	0.735**	B6/B7	−0.622**	−0.548**
B6/B2	0.781**	0.755**	B6/B8	0.505**	0.385*

续表

参数	未归一化光谱等效反射率	归一化光谱等效反射率	参数	未归一化光谱等效反射率	归一化光谱等效反射率
B7/B8	0.684**	0.628**	B6/（B3+B5）	0.706**	0.671**
B5/B3	0.733**	0.705**	B7/（B3+B5）	0.703**	0.665**
（B6–B2）/（B6+B2）	0.778**	0.762**	B8/（B3+B5）	0.607**	0.553**
（B6–B3）/（B6+B3）	0.738**	0.706**	（B4+B5）/2B3	0.762**	0.730**
（B4–B3）/（B4+B3）	0.759**	0.720**	（B6+B7）/（B3+B4+B5）	0.678**	0.641**

** 在 0.01 水平（双侧）上显著相关；* 在 0.05 水平（双侧）上显著相关。

同样选取相关系数较高的几个参数建立总磷的反演模型（表 2-10），模型调整 R^2 整体高于浊度反演模型，反演精度也高于浊度模型，各模型总体平均相对误差大多在 0.4～0.8。总磷反演模型中，740nm（B6）与 490nm（B2）比值、665nm（B4）与 560nm（B3）比值，以及归一化后红边波段 740nm（B6）和 783nm（B7）单波段模型效果较好，模型类型主要为幂函数、指数函数和线性函数。多元回归模型反演效果也较好。

表 2-10 总磷反演模型比较

	编号	建模变量	模型类型	公式	调整 R^2	RMS	建模样本 Mean RE 总体	浑浊	高浑浊	验证样本 Mean RE 总体	浑浊	高浑浊
未归一化	1	B6/B2	线性	$y = 0.474x - 0.167$	0.61	0.006	0.629	0.306	0.204	0.605	0.42	0.227
	2		幂	$y = 0.317x^{2.563}$	0.705	0.007	0.48	0.321	0.262	0.565	0.464	0.389
	3	B4/B3	指数	$y = 0.0002e^{7.139x}$	0.653	0.007	0.54	0.295	0.293	0.676	0.45	0.176
	4	（B4+B5）/2B3	指数	$y = 0.0003e^{6.620x}$	0.659	0.007	0.511	0.301	0.295	0.664	0.481	0.264
	5	x_1=B4/B3，x_2=B8	多元线性	$y = 0.886x_1 - 0.0009x_2 - 0.638$	0.548	0.006	0.776	0.294	0.228	1.017	0.618	0.181
	6	x_1=B2，x_2=B6，x_3=B9	多元线性	$y = 0.039x_1 + 0.112x_2 - 0.096x_3 + 0.249$	0.685	0.005	0.655	0.315	0.183	0.939	0.449	0.206
光谱归一化	1	B6	线性	$y = 0.703x - 0.426$	0.625	0.006	0.643	0.346	0.202	0.567	0.315	0.189
	2		幂	$y = 0.274x^{4.738}$	0.742	0.006	0.442	0.336	0.238	0.515	0.388	0.364
	3	B7	线性	$y = 0.671x - 0.385$	0.617	0.006	0.644	0.355	0.215	0.596	0.327	0.206
	4		幂	$y = 0.290x^{4.432}$	0.736	0.007	0.45	0.343	0.253	0.554	0.427	0.409
	5	x_1=B6，x_2=B4/B3	多元线性	$y = 0.441x_1 + 0.379x_2 - 0.553$	0.65	0.005	0.682	0.301	0.206	0.668	0.41	0.17
	6	x_1=B6，x_2=B8/B4，x_3=（B7–B5）/（B7+B5）	多元线性	$y = 0.881x_1 - 1.811x_2 + 1.826x_3 + 0.788$	0.77	0.003	0.426	0.268	0.209	0.496	0.252	0.125
	7	x_1=B7，x_2=B8，x_3=B9	多元线性	$y = 7.200x_1 - 11.606x_2 + 4.579x_3 - 0.076$	0.813	0.002	0.341	0.23	0.164	0.419	0.236	0.195

3）TN 和 TOC 遥感反演模型

根据表 2-11 和表 2-12，TN 浓度和 TOC 浓度与各光谱反射率参数的相关系数较低，所有参数相关系数均低于 0.4。仅绿波段（B3）与蓝波段（B2）比值、近红外波段比值（B7/B8）与 TN 浓度在 0.05 水平上显著相关，TOC 浓度仅与红边波段间比值（B6、B7、B8 与 B5 的比值）相关系数略高，相关关系均不显著。

表 2-11　TN 与光谱参数相关系数

参数	未归一化光谱等效反射率	归一化光谱等效反射率	参数	未归一化光谱等效反射率	归一化光谱等效反射率
B2	0.009	−0.125	B7/B4	0.048	0.052
B3	0.048	0.016	B8/B5	−0.041	−0.029
B4	0.07	0.255	B6/B7	−0.064	−0.035
B5	0.056	0.254	B6/B8	0.367	0.323
B6	0.047	0.201	B7/B8	0.366	0.350[*]
B7	0.044	0.187	B5/B3	0.153	0.127
B8	0.025	0.106	（B7−B3）/（B7+B3）	0.122	0.108
B8A	−0.008	−0.025	（B4−B3）/（B4+B3）	0.166	0.144
B3/B2	0.372	0.331[*]	B6/（B3+B5）	0.092	0.092
B4/B3	0.18	0.16	B8/（B3+B5）	0.013	0.012
B6/B2	0.18	0.175	（B4+B5）/2B3	0.168	0.144
B6/B3	0.101	0.099	（B6+B7）/（B3+B4+B5）	0.077	0.078

* 在 0.05 水平（双侧）上显著相关。

表 2-12　TOC 与光谱参数相关系数

参数	未归一化光谱等效反射率	归一化光谱等效反射率	参数	未归一化光谱等效反射率	归一化光谱等效反射率
B2	0.126	0.052	（B6−B3）/（B6+B3）	0.152	−0.132
B3	0.133	0.13	（B7−B3）/（B7+B3）	0.148	−0.13
B4	0.133	0.054	（B8−B3）/（B8+B3）	0.189	−0.108
B5	0.097	−0.074	（B4−B3）/（B4+B3）	0.037	−0.076
B6	0.153	−0.134	（B6−B5）/（B6+B5）	0.33	−0.108
B7	0.154	−0.13	（B7−B5）/（B7+B5）	0.311	−0.106
B8	0.167	−0.095	（B8−B5）/（B8+B5）	0.382	−0.062
B8A	0.199	−0.032	（B6−B4）/（B6+B4）	0.224	−0.139
B8/B4	0.264	−0.095	B6/（B3+B5）	0.196	−0.124
B6/B8	−0.235	−0.115	B7/（B3+B5）	0.189	−0.121
B5/B3	−0.008	−0.136	B8/（B3+B5）	0.246	−0.088
（B3−B2）/（B3+B2）	−0.001	0.068	（B4+B5）/2B3	0.01	−0.116
（B6−B2）/（B6+B2）	0.13	−0.101	（B6+B7）/（B3+B4+B5）	0.198	−0.126

选取相关系数较高的参数建立反演模型，调整 R^2 如表 2-13 所示。选取一元模型中 R^2 最高的模型和多元模型进行比较，模型误差比较如表 2-14 所示，多元模型和一元模型

的反演误差差异较小。其中，TOC 反演模型平均相对误差较小，验证精度超过 60%，TN 反演精度较低。

表 2-13　TN 和 TOC 反演模型拟合 R^2

参数		线性	对数	幂	指数
TN	B3/B2	0.138	0.124	0.026	0.031
	B7/B8	0.134	0.135	0.124	0.124
	B6/B8	0.135	0.139	0.197	0.192
	归一化 B3、 B8	0.129			
TOC	（B6–B5）/（B6+B5）	0.109			0.146
	（B7–B5）/（B7+B5）	0.097			0.132
	B8/B5	0.14	0.147	0.175	0.166
	B2，B3，B5，B8	0.2391			

表 2-14　TN 和 TOC 反演模型误差比较

参数		建模样本			验证样本		
		最小相对误差	最大相对误差	平均相对误差	最小相对误差	最大相对误差	平均相对误差
TN	一元模型	0.010438	7.98613	0.96782	0.05897	1.69353	0.683179
	多元模型	0.004532	23.8181	1.593608	0.063978	1.122479	0.537258
TOC	一元模型	0.002727	0.657006	0.157791	0.032822	1.088306	0.350316
	多元模型	0.014741	1.056922	0.1691	0.10958	0.81375	0.330938

4. 高寒河流水质遥感反演分析

依据模型拟合情况及反演精度，各参数选取效果较好的部分模型应用于遥感数据。以 1 月和 5 月各一期影像为例，比较反演效果，选用在不同区域和时间结果均最合理的模型（表 2-15）。浊度反演选用基于归一化红边波段 GB6（740nm）和绿波段 GB3（560nm）的多元线性模型；TP 浓度反演选用红边波段 B6（740nm）和蓝波段 B2（490nm）比值的幂函数模型；TN 浓度反演选用基于归一化绿波段 GB3（560nm）和近红外波段 GB8（842nm）的多元线性模型；TOC 浓度反演选用基于蓝（B2）、绿（GB3）、红边（B5）和近红外（GB8）4 个波段的多元线性回归模型。

表 2-15　水质参数反演模型

序号	水质参数	模型类型	公式	调整 R^2	验证精度（MRE）
1	浊度	归一化反射率多元线性模型	$y=585.9GB6+252.4\times GB3-826.5$	0.639	0.218
2	TP	波段比值幂函数模型	$y=0.317\times\left(\dfrac{B6}{B2}\right)^{2.563}$	0.705	0.330
3	TN	归一化反射率多元线性模型	$y=3.7\times GB3+5.144\times GB8-9.119$	0.129	0.557

续表

序号	水质参数	模型类型	公式	调整 R^2	验证精度（MRE）
4	TOC	多元线性模型	$y = -0.315 \times B2 + 0.402 \times B3$ $-0.322 \times B5 + 0.257 \times B8 + 1.311$	0.239	0.265

注：Bi 为第 i 波段光谱等效反射率；GBi 为归一化的光谱等效反射率；验证精度为验证样本点模型反演值的平均相对误差（MRE）。

1) 雅江中游浊度遥感反演

空间分布：拉萨河与雅江干流交汇处至雅江最宽阔河段浊度均较高，最宽阔河段起向下游降低；林芝附近河道相比拉萨附近浊度较低，尼洋河与雅江干流交汇后，向下游浊度略有升高。最低浊度出现在 5 月雅江最宽阔处及其下游宽阔河段，以及 11 月林芝附近河道；最高浊度出现在 1 月雅江干流拉萨河交汇处至最宽阔段河道（图 2-29）。

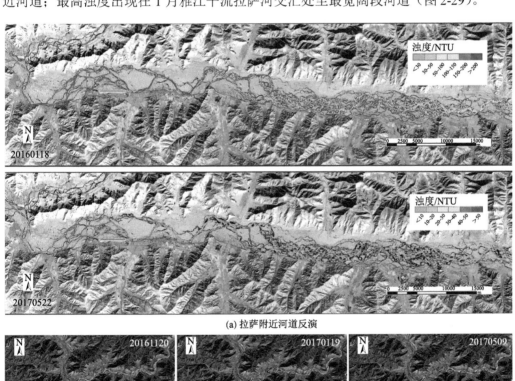

(a) 拉萨附近河道反演

(b) 林芝附近河道反演

图 2-29　雅江中游浊度遥感反演

季节差异：浊度整体 1 月高、5 月低，浊度变化量为正值，贡嘎机场附近及其下游河道浊度季节变化最大；尼洋河与干流交汇处浊度变化也较大，但该河段浊度变化量为负值，1 月浊度低于 5 月（图 2-30）。

(a)雅江中游拉萨河段

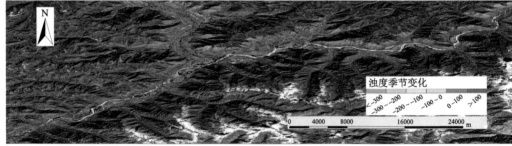

(b)雅江中游林芝河段

图 2-30　雅江中游浊度季节性差异

2）流域 TP 遥感反演

空间分布：TP 浓度在拉萨河及贡嘎机场附近河道最高，向下游降低，林芝附近河道 TP 浓度整体均较低，反演结果大部分都很接近 0，空间差异很小，因此没有制作林芝附近河道的 TP 反演结果图。TP 浓度最高值出现在 1 月贡嘎机场附近河段（图 2-31）。

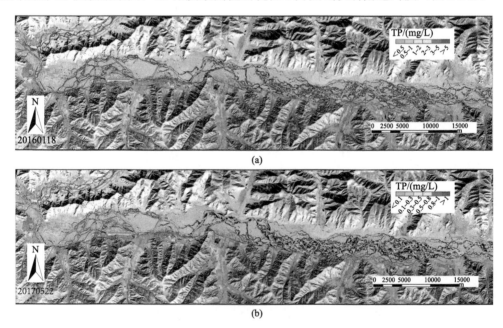

图 2-31　TP 浓度反演结果

季节差异：TP 浓度整体 1 月高、5 月低，拉萨河、贡嘎机场附近河道季节变化最大，最宽阔河段和林芝附近河道水质季节变化均较小（图 2-32）。

图 2-32　TP 浓度反演季节差异

3）流域 TN 遥感反演

空间分布：拉萨河及其附近干流河道 TN 浓度较低，贡嘎机场至最宽阔段河道 TN 浓度较高，与浊度和 TP 浓度不同，进入宽阔河段后，TN 浓度没有大幅度下降，仍有部分河段浓度较高。林芝附近河段 TN 浓度和宽阔河段接近，尼洋河汇入干流后，下游 TN 浓度升高，尼洋河 TN 浓度低于雅江干流。TN 浓度最高出现在 1 月贡嘎机场下游至雅江最宽阔河段之间，最低出现在 5 月拉萨河附近（图 2-33）。

季节差异：TN 浓度整体也是 1 月高、5 月低，浓度升高最多的河段位于拉萨贡嘎机场至最宽阔河段之间，尼洋河 TN 浓度也略有升高，尼洋河与雅江交汇处河道 TN 浓度有较大幅度下降（图 2-34）。

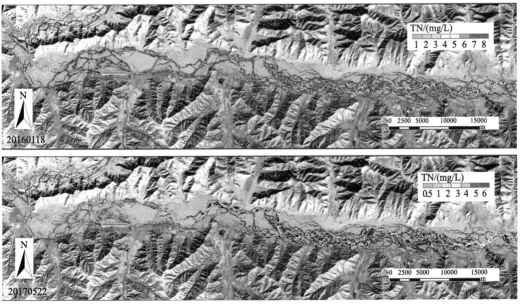

(a) 拉萨河附近河道反演

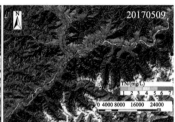

(b) 林芝附近河道反演

图 2-33 TN 遥感反演结果

(a)雅江中游拉萨河段

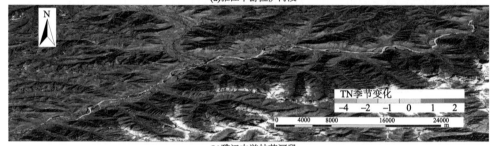

(b)雅江中游林芝河段

图 2-34 TN 遥感反演季节差异（单位：mg/L）

4）流域 TOC 遥感反演

空间分布：TOC 浓度在拉萨河附近河道较低，贡嘎机场起向下游浓度均较高，林芝附近河道也相对较高（图 2-35）。

季节变化：TOC 浓度整体季节变化较小，1～5 月，低 TOC 浓度河段略有降低，高浓度河段基本不变（图 2-36）。

整体而言，雅江中游河段水质状况最好的是自最宽处向下游的宽阔河段，且全年均相对较好，水质状况最差的是贡嘎机场附近及其下游部分河段，年内变化也较大；尼洋河附近河段水质整体优于拉萨河附近。在时间变化上，整体 5 月水质好于 1 月。

雅江中游水质时空变化特征主要受到人类活动和降水补给量的影响。由于最宽阔河段上游河道紧邻机场，附近城镇密集，人为扰动大，水质状况较差；进入宽阔河段后，河道附近少有人口集中的城镇，水质状况改善。雅江中游以雨水补给为主，5 月后进入雨季，径流量增大，水质状况改善。林芝市则由于降水量较大，径流补给充分，水质状况整体较好。局部水质变化主要与人为扰动有关。

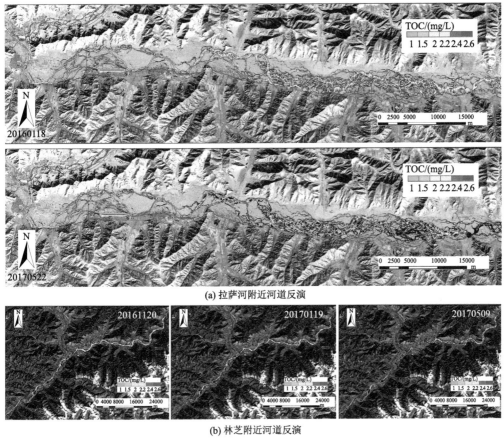

(a) 拉萨河附近河道反演

(b) 林芝附近河道反演

图 2-35 TOC 反演结果

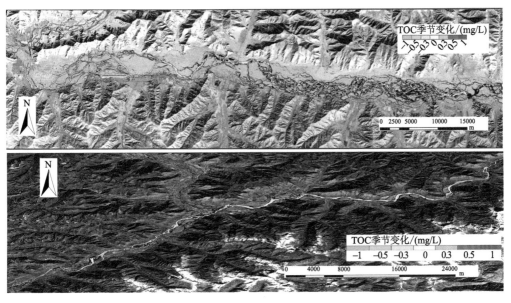

图 2-36 TOC 反演季节差异

2.2.5　深大水库采样设备

西南河流源区高山峡谷起伏，我国数十年来建成了一系列蓄水深、容量大的水库工程，形成了规模宏大的梯级深大水库群。深大水库是否大量拦截关键生源要素，一直未有让人信服的定论，时常出现观测结果与模型分析相矛盾的情况，这主要受限于深大水库分层水样和沉积物样品的采集技术与设备，无法清晰认识库内物质循环过程。国外对深水采样仪器和精密环境传感器实行技术管制，国内传统的深水采样器停留在简易封盖式采水、简单重力式采泥阶段。针对这一技术设备瓶颈，作者团队研制了一套适用于高坝大库的分层水体及沉积物柱状样品的智能采集系统，实现了在深大水库、湖泊等复杂自然环境下的分层水样及水底沉积物柱状样的无扰动采集（图 2-37）。

(a) 智能控制系统　　　(b) 分层采水模块　　　(c) 现场实验　　　(d) 无扰动柱状样

图 2-37　高坝大库水体与沉积物智能化监测装备

1. 分层采水模块

参考当前主流的分层采水技术，结合实际采样需求，提出了一种基于注射器的分层水样自动采集装置。该采水装置的采样容器选用 200mL 医用注射器，共计 10 个采水单元，呈圆周阵列排布。每个采水单元由三个部分组成，包括固定的注射器活塞部分、活动的注射器筒体部分和限位触发部分。通过注射器筒体和活塞的相对运动实现水样的抽取采集，通过挡片和舵机拨杆实现采水单元的限位和触发，单次下潜可独立触发 10 个采水单元，实现了适应 300m 最大工作水深的水库垂向分层定深精确采水，误差小于 0.5m[图 2-37（b）]。

现场操作流程简单快捷，首先对各个采水单元进行复位；其次在电脑上位机上完成 10 个采水深度的输入设置。作业过程中，采样机器人逐渐下潜，深度传感器实时检测当前水下深度信息反馈给控制器，控制器将当前深度和下一个设定采水深度进行对比。当前深度大于下一个设定深度时，控制器驱动舵机带动拨杆旋转过指定角度（即 360°/10=36°），拨开下一个采水单元的挡片，中上平板被释放后在弹簧的弹力作用下带动注射器筒体向下运动，从而将设定深度的水样抽入注射器中，完成采集。依次进行上述动作，即可完成共 10 个设定深度下水样的采集工作。采样结束后，将机器人收回至甲板，对储有不同深度水样本的注射器进行标记，整体取下注射器，保存水样，用作后续研究。紧接着换上新的一批注射器，准备下一轮的采样工作。

2. 沉积物采集模块

沉积物采集模块通过大扭矩防水舵机控制声波振动式钻机采集沉积物柱状样品，利用振动电机带动采样器进行高频低幅振动，使得与采样管接触的沉积物产生"液化"现象，破坏采样器与沉积物之间的黏结力，减小沉积物对采样管的侧面阻力，从而使得采样器在自重下不断钻进沉积物。振动电机密封舱的端盖上安装有深度传感器，用来检测主体采泥器的当前水深，结合固定在机架上的深度传感器所检测到的采样机器人的当前水深，即可计算出主体采泥器相对于机架的位置和主体采泥器当前的采样深度。另一振动电机作为采泥器的振动源，由直流无刷电机带动两端输出轴上各一组相同的偏心块旋转，从而产生纵向的振动力，同时可调节振动电机的振动频率，利于振能产生最好的"液化"效果。基于声波振动原理研制的采泥模块，实现了适应不同地区、不同软硬度的沉积物无差别可靠采集，扰动强度当量不超过 0.5 cm[图 2-37（d）]。

柱状泥样采集后，止回阀可实现采样管的排气排水与密封。通过管螺纹连接，两者之间通过压紧硅胶垫圈的方式进行密封，采泥器主体在重力和振动作用下逐渐深入沉积物，止回阀的阀芯受到沉积物上方水流向上的反作用力，对抗弹簧的弹力向上移动，此时阀体呈打开状态，样品可以顺利进入采样管内；当采样完成、采泥装置随着设备一起回收时，止回阀的阀芯在逆向水流以及弹簧弹力的作用下，将阀口堵上，形成真空负压的密封状态，防止样品掉出。

此外，采样装置还可通过菊瓣刀头实现对采得沉积物的进一步封口。菊瓣刀头包括楔形刀座和菊瓣片两部分。采样时，采样管带菊瓣刀头插入沉积物中，沉积物轻松顶开菊瓣片进入采样管内，当采样完成，设备连带着采样管从沉积物中拔出时，菊瓣片会在沉积物的挤压下弯折合拢，从而防止沉积物掉出。通过调整不同的菊瓣片长度和折弯弧度，可以得到不同的力学性能和密封效果，以适应不同的泥质情况。

3. 智能控制系统

采样装置同时携带综合传感器组，在设备下潜时完成水深、溶解氧、温度等关键环境指标的同步连续测定，采用双绞线、Fathom-X 线缆接口板作为通信模块，实时传输水下监测数据[图 2-37（a）]；采样装置控制系统实现了主从式网络架构，系统主要由上位机软件、辅助计算机软件、主控板控制固件三部分组成。系统工作时可预先设定控制参数，通过水下计算机实现各项控制功能的自动释放。同时，水上计算机同步显示实时工作数据和水下监控视频（图 2-38），并在计算机上显示清晰简洁的操作界面，用于水上端的操纵指令，对采样机器人各模块进行控制。操作界面提供以下功能：设置自动采水深度，设置采泥器振动频率，控制采泥器释放，控制采泥器振动开关，控制探照灯开关，控制设备的开始和复位，实时反馈传感器测得的温度、深度、压力信息，实时反馈通信连接、用电、漏水等安全状态等。

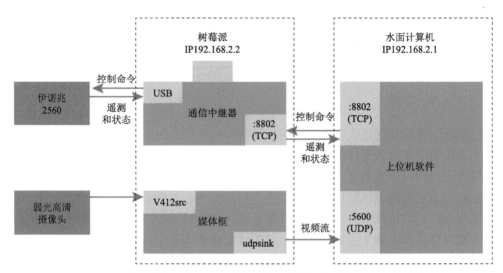

图 2-38　高坝大库水体与沉积物智能化监测装备软件组成和通信系统
Gstreamer 是一套开源的多媒体程序框架

本智能采样系统，突破了多项技术瓶颈和国外技术封锁，在澜沧江高坝大库成功取得 300m 水深分层水体样品、水-沉积物界面上覆水体样品及无扰动沉积物柱状样品，实现了高坝大库水体垂向分层定深精确采集与无扰动沉积物柱芯的采集，同时完成了水体关键理化参数同步监测，为湖库水生态研究提供了有力支撑。

2.2.6　高精度翻斗式雨量计

翻斗式雨量计（TBR）是目前主流用于测量降雨的设备，由翻斗承接一定量的雨水，触发翻斗倾倒记录降雨量，其结构简单，非常适用于实时自动化监测降雨。但 TBR 有两大误差源：一是内部翻斗受雨强变化导致的误差（记作计量误差）；二是受风影响导致的误差（记作风致误差）。高原寒区雨强变化大，会导致 TBR 产生明显的计量误差；高原寒区的风速较大，对 TBR 测量降水，特别是降雪产生较大的风致误差。故有必要针对高原寒区雨强变化大和风速较大的情景，研发高精度 TBR。本节首先分析当前常用的 TBR 的计量误差的主要来源及其监测到的雨强特性。其次利用自设计研发的 TBR 快速率定方法及装置，在室内测评现有 TBR 的计量误差特性，并在野外实验场开展多类型、多分辨率、不同高度雨量计的比测实验。在以上实验的基础上，通过水动力学模拟和室内试验分析，提出雨量计的改进观测方案，研发出高精度虹吸-TBR。

1. TBR 计量误差的主要来源和雨强特性

TBR 的计量误差来源包括器口大小、器口水平、安装位置、蒸发误差（含浸润误差）、溅水误差、风致误差和翻斗计量误差。前五项误差主要通过规范化安装而控制在合理范围内，重点从风致误差和翻斗计量误差两方面开展细致的模拟和试验研究。

1）风致误差

在水文学中主要关注的是降落到地面的降水量，所以雨量计应与地面齐平，虽然用地面雨量计测得的才是降落到地面的降水量，但是地面雨量计的工程量较大，且不利于测量降雪，所以在日常监测中很少用坑式雨量计（图 2-39），国内多数使用器口高度为 70cm 的标准雨量计。由于标准雨量计高出地面，近地层的风场经过雨量计器口时遇到阻碍，引起自然风场变形，造成雨量计对降水的捕捉率减少。

图 2-39　坑式雨量计布置

降水测量风场变形误差的大小主要与风速、雨量计形状、器口尺寸及安装高度、雨滴大小有关，是降水量观测系统误差的主要来源。为将世界各国的降水资料统一到某一确定的精度，仪器和观测方法委员会（CIMO）组织过 3 次大规模的国际对比，以坑式雨量器作为对比标准。由国际对比结果可见，风场变形误差对降雨为 2%～10%，对降雪为 10%～50%。

对 JDZ 系列雨量计及其装配 Alter 防风圈与 Tretyakov 防风圈（图 2-40）后的状态进

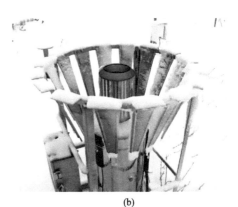

(a) 防风圈　　　　　　　　　　　　　　　(b)

图 2-40　Alter 防风圈与 Tretyakov 防风圈场地安装图

行流体力学模拟,通过不同风速下纵剖面的速度变化可以发现:Alter 防风圈将高风速区域集中于防风叶片之间和叶片的上下部位,可有效减少进入其内部的风速大小,风速最小值仅有 0.2m/s 左右;Tretyakov 防风圈则将高风速区集中于迎风叶片的背部,此区域最大风速增值可达 90%,二者均有效降低了雨量计器口上方的风速大小和风速畸变梯度(图 2-41)。

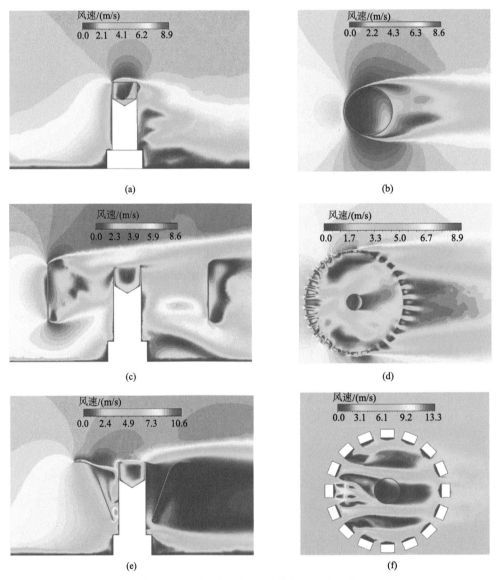

图 2-41 加防风圈后雨量计的剖面风速分布

2)翻斗计量误差

翻斗雨量计是一个翻斗式机械双稳态称量装置,在工作过程中,翻斗部件左、右两个斗室轮流处于汇水漏斗出水处，承接雨水进行计量。在观测降雨过程中降雨实际输入情况见图 2-42，翻斗部件安装倾角为 Φ 。在 t_1 时刻，右侧翻斗承接水量达到设计感量 G，按理论要求，汇水漏斗应立刻停止注水，同时翻斗倾倒掉斗室内的雨水，左侧翻斗转为上翻斗。在 t_2 时刻（翻斗呈水平状态，$\Phi = 0°$），左侧翻斗开始承接雨水，重复上述动作，这样循环计量。但实际上，在 $t_1 \sim t_2$ 这段转换间隔时间 Δt 内，雨水并未停止，仍不断地注入斗室内，从翻斗开始翻动到翻转成水平状态，右侧翻斗在 Δt 时间内多承接的水量为 ΔW ，这部分水量未参与计量，称为附加水量，随雨强增大，附加水量增大。这是翻斗式雨量计工作原理上不可避免的误差，称为计量误差。附加水量 ΔW 与雨量计设计容量 G 之比即为翻斗动态计量误差 ΔE 。

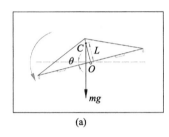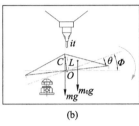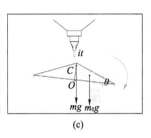

图 2-42 降雨实际输入情况示意图

m 为翻斗质量；m_0 为翻斗感量；L 为重心 C 与转轴轴心 O 间距离；i 为雨强；t 为降水时间；θ 为翻转过程中翻斗底部与水平线的夹角；Φ 为翻斗安装倾角；g 为重力加速度

2. 现有翻斗式雨量计的计量误差特性

1）室内实验

对不同型号规格雨量筒在充分率定的基础上，评估其在不同降雨强度下的测验精度，包括测雨的过程精度和总量精度，选取国内主流的 JDZ 系列（水利部南京水利水文自动化研究所）、JD 系列（重庆华正水文仪器有限公司）以及美国得州电子公司（Texas Electronics，TE）的 TR525-W 进行实验室内率定分析（图 2-43）。

TR525-W、JDZ02、JD02 为 0.2mm 分辨率的雨量计，在不同模拟雨强下，三者的总误差波动均较大，分别在–8.70%～9.15%、–8.12%～2.76%、–7.21%～1.64%（图 2-44～图 2-46），远远超出仪器计量准确度范围。JDZ02 在中、小雨强下（–3.98%～2.76%）能满足国标对准确度的要求，而 TR525-W 与 JD02 仅在较小雨强范围内控制在计量准确度范围内。TR525-W、JDZ02 总误差随雨强增大而负增，表现出一定的线性关系，二者的雨强-误差线性关系拟合系数 R^2 均大于 0.93，拟合较好；JD02 在大部分雨强下误差偏负较为严重，总误差随雨强增大呈现不规律变化，在中、大雨强（大于等于 1mm/min）下，总误差在–6%左右波动，其线性拟合系数 R^2 仅有 0.29，表现出非线性关系。在仪器稳定性方面，TR525-W 的重复性限 r 值范围在 1.14%～3.01%、JDZ02 的在 0.55%～2.61%、JD02 的在 0.90%～6.76%，在大多数雨强下，r 值都大于 1%，三者在仪器稳定性方面仍然存在较大问题。因此，对于雨量观测，0.2mm 分辨率单层翻斗雨量计无论在准确度还是稳定性方面都存在一定问题，在使用时要定期进行检定。

(a) JDZ01　　(b) JDZ02　　(c) JDZ05　　(d) JDZ10

(e) JD02　　(f) JD05　　(g) TR525-W

图 2-43　单层翻斗雨量计内部结构

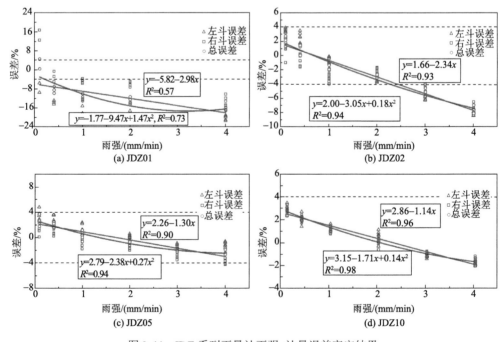

(a) JDZ01　　(b) JDZ02

(c) JDZ05　　(d) JDZ10

图 2-44　JDZ 系列雨量计雨强-计量误差率定结果

　　JDZ05、JD05 为 0.5mm 分辨率的雨量计,在不同模拟雨强下,JDZ05、JD05 的误差波动较小,分别在–2.63%~3.73%、–2.43%~3.48%,均控制在±4%以内,在不同雨强下 JDZ05 左、右斗误差相差在 0.02%~3.58%,而 JD05 左、右斗误差相差在 6.10%~10.43%(图 2-45),差异较大,对仪器计量误差订正不利。在模拟雨强范围内,JDZ05、JD05 的总误差随雨强增大而负增,表现出较好的线性关系,二者的雨强-误差线性关系拟合系数 R^2 均大于 0.90,拟合较好,同时二者的雨强-误差线性关系式相近。在仪器稳定性方面,JDZ05、JD05 的重复性限 r 值分别在 0.28%~1.83%、0.45%~1.66%,在大多数雨强下,r 值都小于 1%,因此,0.5mm 分辨率雨量计在稳定性、准确度方面较 0.2mm 分辨率雨量计均有所提高。

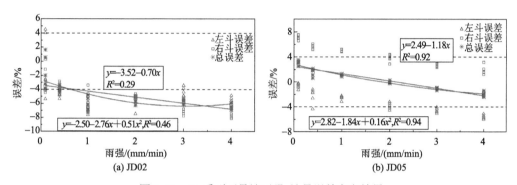

图 2-45　JD 系列雨量计雨强-计量误差率定结果

　　通过以上分析可以看出,目前我国主流的单层翻斗雨量计,仅 1.0mm 分辨率的计量误差和重复性满足国标要求,计量准确度等级接近一等;0.5mm 分辨率的计量误差满足国标Ⅲ等准确度的要求,但在较小雨强时的重复性不满足要求;0.2mm 分辨率的计量误差和重复性均不满足国标要求。JDZ02 在雨强小于 3mm/min 时,其计量误差满足国标要求,可在以中、小雨强降雨为主的区域使用,JD02 在雨强大于 1mm/min 时,误差变化范围在 3%(–7.21%~–4.81%)以内,其是否可通过翻斗容量调节装置使其在中、大雨强下满足要求,还有待进一步测试。而国外 TR525-W 仅在 1~3mm/min 时使总误差勉强控制在±4%间(图 2-46),仪器在出厂时对准确度的定义是在 0~50mm/h(即 0~0.83mm/min)时,误差在±1%内,可见雨量计在出厂时缺乏检定。

　　2)野外比测

　　雨量计现场比测选在平坦的综合水文气象观测场内的气象场进行。参与比测的雨量计包括 2 个雨量器、18 个翻斗式雨量计、1 个称重式雨量计和 2 个雨滴谱仪,合计 23 个(图 2-47),涉及 6 家生产商。安装高度为:坑式雨量计 J09 和 J10 为 0m,杆式雨量计 J11 和 J12 为 4.3m,称重式雨量计 M01 为 1m,雨量谱仪 D01 和 D02 为 2m,其他的雨量器和雨量计都为 0.7m。

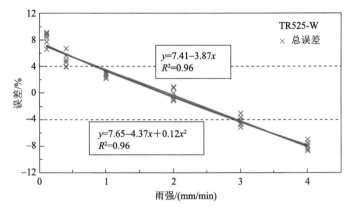

图 2-46　TR525-W 雨量计雨强-计量误差率定结果

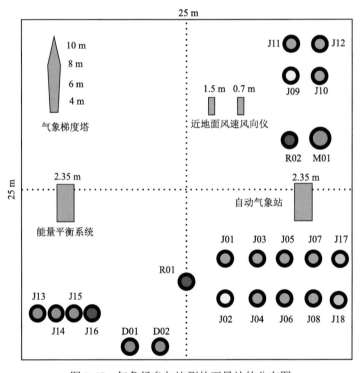

图 2-47　气象场参与比测的雨量计的分布图

图中不同颜色表示不同类型雨量计：红色圆-JQH 雨量计，蓝色圆-JDZ 雨量计，黄色圆-SL3-1 雨量计，绿色圆-ADCON 雨量计，粉色圆-ONSETHOBO 雨量计，紫色圆-TE 雨量计，土黄色圆-OTT 雨量计；字母 R-雨量器，J-翻斗式雨量计，M-称重式雨量计，D-雨滴谱仪；数字表示不同高度的风速

　　为了研究风场与雨量计相互作用对雨量计捕捉率的影响，同步布设了不同高度（0.7m、1.5m、2.35m、4m、6m、8m、10m）的风速仪（图 2-48）。其中，在近地面布设70cm、150cm 风速风向仪（05106 型，Young），自动气象站和能量平衡系统测 2.35m 风速风向仪（034B 型，Metone）。气象梯度塔测 4m、6m、8m 风速仪（010C 型，Metone）和 10m 风速仪（034B 型，Metone）。

| (a) 近地面风速仪 | (b) 自动气象站 | (c) 气象梯度塔 |

图 2-48　不同高度风速测量

图 2-49 给出所有翻斗式雨量计在场次降雨量大于 10mm 时相对雨量器所测值的相对误差。由图可知，J02、J10 和 J12 能够满足 4%的误差限要求，它们分别对应的是标准式的 SL3-1（双层翻斗，分辨率 0.1mm）、坑式的 JDZ10（单层翻斗，分辨率 1mm）和杆式的 JDZ10，说明这三者都能满足中大雨的测量。J09 是坑式的 SL3-1，其测量值比同样型号的 J02 要大，说明相同性能的雨量计，坑式测量值要大于标准式。J01、J11 分别是标准式、杆式的 JDZ01（单层翻斗，分辨率 0.1mm），二者所测场次降雨量负偏最大，且点据分散，说明稳定性不够好，因此 JDZ01 不适合测量中大雨。J03 和 J04 为标准式的 JDZ02（单层翻斗，分辨率 0.2mm），J05 和 J06 为标准式的 JDZ05（单层翻斗，分辨率 0.5mm），J07 和 J08 为标准式的 JDZ10（单层翻斗，分辨率 1mm），这六个雨量计多数相对误差小于–4%，主要原因是安装之前将这些雨量计在 0.1mm/min 低雨强下的计量误差调至趋于 0，天然条件下降雨雨强大于 0.1mm/min 时，则出现负的误差，且雨强越大负得越大。说明实际降雨过程中，0.1mm/min 雨强下的降雨量比例并不总是占优势，

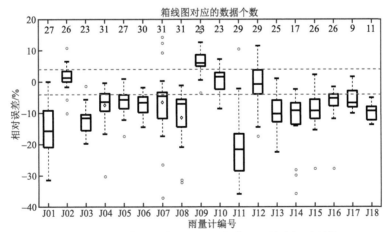

图 2-49　场次降雨量大于 10mm 条件下雨量计相对误差

图中数字表示降雨场次，蓝色虚线表示±4%误差限，红色点为异常值

这可从典型降雨雨强分布（图 2-50）得到印证。J13～J18 为国外 0.1mm 或 0.2mm 的雨量计，它们的测量相对雨量器要小 4%以上，原因有二：一是承雨器深度不够，易发生溅水损失；二是国外设计的小分辨率雨量计在中大雨条件下测量偏小。

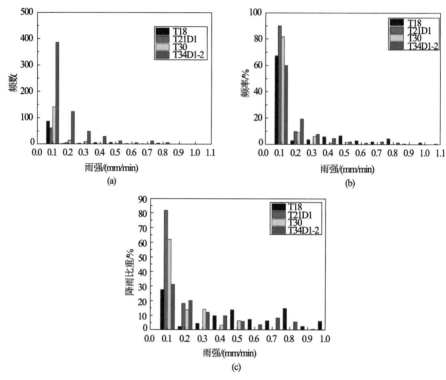

图 2-50 典型场次降雨的雨强分布

图2-51 给出所有翻斗式雨量计在场次降雨量小于 10mm 时相对雨量器所测值的相对误差。由图可知，在小雨条件下，除了标准式的 SL3-1（即 J02）、坑式的 SL3-1（即 J09）

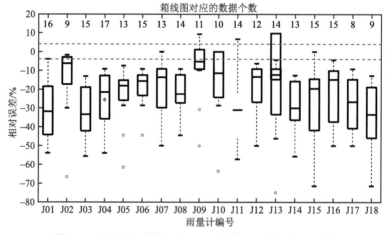

图 2-51 场次降雨量小于 10mm 条件下雨量计相对误差

和 JDZ（即 J10）能部分满足 4% 的误差限，其他雨量计基本负偏–10%～–40%，原因在于：在小雨强和低总降雨量条件下，翻斗式雨量计的浸润、蒸发和斗中残留误差影响变大。

为了研究风场与雨量计相互作用对雨量计捕捉率的影响，同步布设了不同高度（0.7m、1.5m、2.35m、4m、6m、8m、10m）的风速仪。选择典型场次平均风速与不同高度的场次降雨量进行比较，由实验结果可知：在 10m 近地表范围内，随着高度的增加，平均风速不断增加，对应雨量计高度越大，降雨捕捉率越小（图 2-52）。但在同一高度，不同场次降雨间比对，降雨捕捉率并没有随场次平均风速的增加而减少，这与降雨特性和雨量计本身的计量误差有关。图 2-53 给出 0.7m 处场次降雨过程平均风速与降雨捕捉率（取标准式 J01 和坑式 J09 两个 0.1mm 分辨率雨量计收集的场次降雨量做比值）的关系，得到场次降雨捕捉率总体随场次平均风速的增大而减小的结论。

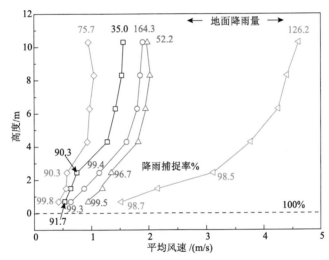

图 2-52　风速的高度分布对降雨捕捉率的影响

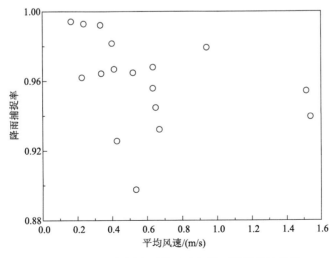

图 2-53　2018 年场次平均风速与降雨捕捉率的关系

3）翻斗式雨量计快速率定方法

翻斗式雨量计在小雨强情况下率定较为耗时，且在使用一段时间后需重新率定。针对这个问题，为了提高翻斗式雨量计的率定效率，设计和研发了翻斗式雨量计多参数率定装置和快速率定装置。该方法对传统的率定公式[式（2-25）]进行理论分析和相关改进，得到新的公式[式（2-26）]：

$$T_c = \frac{V_0}{0.1 \cdot S \cdot I} \tag{2-25}$$

$$T_a = \frac{V_0 \cdot \alpha}{0.1 \cdot S \cdot (I_1 + I_2)} + \frac{V_0 \cdot (1-\alpha)}{0.1 \cdot S \cdot I_1} \tag{2-26}$$

式中，T_c 为常规校准所需的时间（s）；V_0 为 TBR 翻斗一次的体积（cm^3）；S 为翻斗雨量计集水器面积（cm^2）；I 为由蠕动泵模拟的降雨强度（mm/min）；T_a 为使用新方法获得的校准时间（s）；α 为体积比，即加速泵注入的水体积与桶的总体积之比；I_1 和 I_2 分别是泵 1 和泵 2 模拟的降雨强度。

从软件和硬件层面入手，设计和改进新型的翻斗式雨量计率定系统（图 2-54 和图 2-55），使用三款翻斗式雨量计（型号：JDZ05、HOBO 和 TR525）进行对比实验。将两种方法

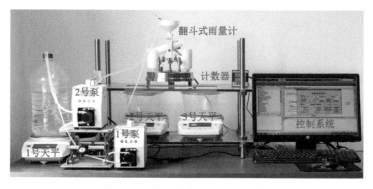

图 2-54　新率定系统的硬件部分

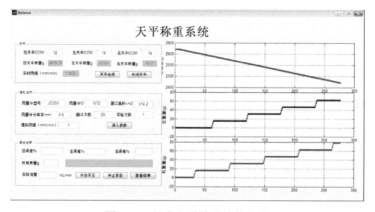

图 2-55　新率定系统的软件部分

的误差结果进行方差分析，结果显示：P 值都大于 0.05，绝大多数大于 0.1，证明两种方法所得的误差没有显著性的差异，说明传统的率定方法与快速率定方法的结果非常接近。因此，对比实验验证了翻斗式雨量计快速率定方法的正确性。此外，研究结果表明，通过快速率定方法，翻斗式雨量计的省时效率都超过 45%，最高可达 80%，说明该方法能高效完成翻斗式雨量计的率定（图 2-56）。此外，在不同实验参数下进行了实验，提出了优选的率定方案，有效提高了翻斗式雨量计的率定效率。

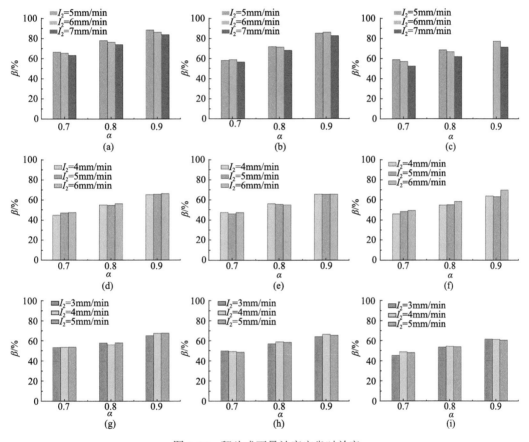

图 2-56　翻斗式雨量计率定省时效率

翻斗旋转是一个变加速（非线性）的过程，启动时非常缓慢，然后缓慢加速到水平位置，最后极快地旋转到另一侧，完成一次翻转过程。翻斗旋转时间较短且翻斗启动时间点较难定义，造成了常规仪器很难精确测量翻斗的旋转时间。对翻斗式雨量计的计量误差进行理论分析，采用可测量翻斗转动时间的翻斗式雨量计率定系统（图 2-57），利用数字图像处理技术的帧间差分法对翻斗式雨量计的旋转时间进行定量测量（图 2-58）。翻斗式雨量计翻斗旋转时间测量方法较好地解决了翻斗式雨量计改进科学实验中翻斗旋转过程的时间定量计量问题（精度到 0.01s），有助于了解翻斗在旋转过程中的"水量损失"。选取国内主流的翻斗式雨量计（JDZ02、JDZ05 和 JDZ10），在不同模拟雨强条件下进行实验。研究结果表明，翻斗旋转到水平位置的时间大约为 0.30s，完成一次旋转的时间约为 0.36s。

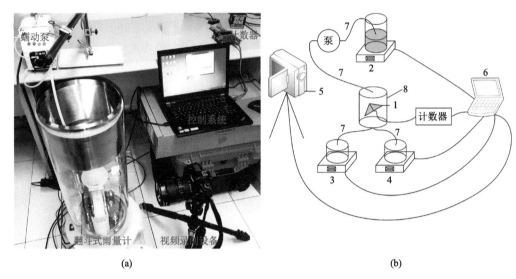

(a)　　　　　　　　　　　　　　　　　(b)

图 2-57　翻斗旋转时间测量的实验装置

1-翻斗式雨量计；2-电子天平（总）；3-电子天平（左）；4-电子天平（右）；5-视频录制设备；6-控制机；7-透明导水管；8-防风罩

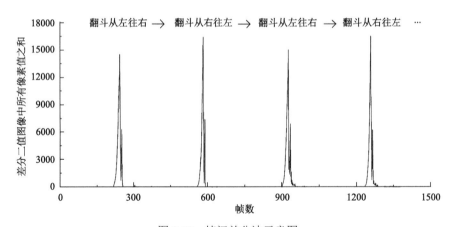

图 2-58　帧间差分法示意图

3. 高精度虹吸翻斗式雨量计研制

现今主流的翻斗式雨量计（TBR）在降雨观测中，存在计量误差随降雨强度增加而增大的情况，这是由于 TBR 依靠翻斗的翻转来计量降水量，而翻斗在翻转至水平位置时，雨水会持续注入翻斗，产生未参与计量的附加水量，引起计量误差随雨强变化而改变的现象。订正此误差传统的方法为使用动态率定，得到动态率定曲线，对原始测量数据进行动态校准和校正，但往往需要通过室内多次实验获得，且自然降雨的雨强变化较快，订正曲线的作用有限。因此，为削减单层翻斗雨量计因附加水量引起的计量误差，气象部门应用较多的是双层翻斗式雨量计。另一种更好的方式是在雨量计集雨器汇流出口处添加虹吸装置，它可将自然雨强通过虹吸装置稳定为统一的雨强，此时雨量计的翻斗只需进行单一雨强下的率定校准，便可以使雨量计的计量误差稳定在很小的范围内（±2%）。

目前，在国内尚未有仪器厂家生产虹吸翻斗式雨量计，也极少有虹吸翻斗式雨量计的应用和研究，因此，本章利用试验和仿真模拟相结合的方法设计新型虹吸装置。新型虹吸装置如图 2-59 所示。

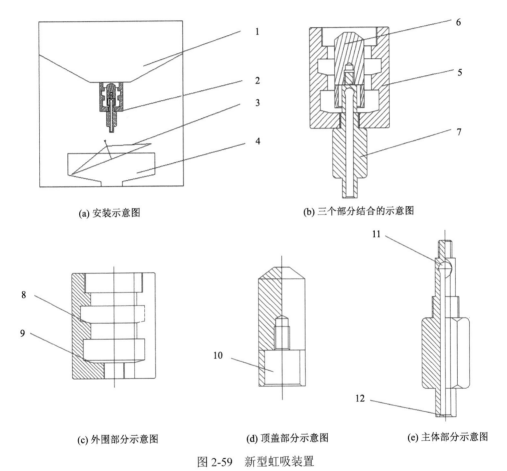

(a) 安装示意图　　　　　　　　　　(b) 三个部分结合的示意图

(c) 外围部分示意图　　　　(d) 顶盖部分示意图　　　　(e) 主体部分示意图

图 2-59　新型虹吸装置

1-承雨器；2-虹吸装置；3-计量翻斗；4-排水漏斗；5-虹吸器的外围部分；6-虹吸器的顶盖部分；7-虹吸体的主体部分；
8-虹吸器的外围部分的第一坡度；9-虹吸器的外围部分的第二坡度；10-虹吸体的主体部分的空腔；11-虹吸体的主体部分；
12-虹吸体的主体部分的出流管出口

在新型虹吸装置的定型以及最后的验证中，数值模拟均参与其中，展示了定型后的新型虹吸装置的三维模型和划分的网格。网格划分时和模拟得州科技雨量计等虹吸过程类似，仍然将四面体网格转化为多面体网格，减小网格数量和网格节点数量，以减少模拟的计算量。模拟结果和实验结果的对比如表 2-16 所示，其中，实验数据为多次试验的平均结果。由表中的对比可看出，模拟值和实验值吻合度较高，具有较高的可信度。

表 2-16 新型虹吸器虹吸出水量的实验值和模拟值的对比

虹吸出水量	首次虹吸/g	第二次虹吸/g	第三次虹吸/g
实验值	3.44	6.82	6.86
模拟值	3.45	6.75	6.65

新型虹吸器的首次虹吸和第二次虹吸过程如图 2-60 所示,从图中可清晰看出新型虹吸装置的首次虹吸与非首次虹吸依然存在虹吸水量不同的问题,且此现象依旧是首次虹吸后残留在出流管末端的残余水造成的,但新型虹吸装置外围部分的变直径结构可有效保证首次虹吸的出水量在 3.2g 左右。在完成首次虹吸并开始第二次虹吸后("F"),随着虹吸器内水位上升,当注入水到达外围部分较窄直径时,水位的上升速度较快,因此在触发第二次虹吸时("F"),虹吸器内的水位较高。这样的好处首先是保证了非首次虹吸的出水量稳定在 6.8g 左右,即两斗的水量;其次是较高的水位保证了虹吸器出流管内空气顺利排出,避免出现非首次虹吸出水量不稳定的问题。

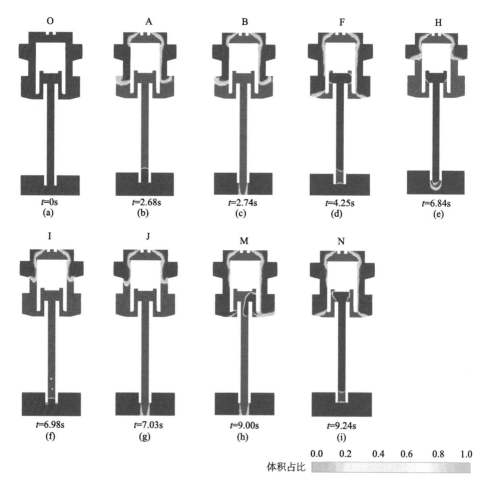

图 2-60 新型虹吸器的首次虹吸和第二次虹吸过程图

新型虹吸器的三次虹吸出流过程如图 2-61 所示,同样利用"O"至"N"将首次虹吸和第二次虹吸过程划分为 15 个阶段,不同的阶段均对照图中所示的过程。从图 2-62 看出,新型虹吸器具有以下优点:①在虹吸稳定出流阶段 T_2 内("B"至"C",或"J"至"K"),出流过程曲线的整体斜率较低,在首次虹吸的 T_2 内只下降了 0.3g/s 左右(等效雨强为 5.73mm/min),远小于国外三种虹吸器的下降程度。②在虹吸非稳定出流阶段("C"至"D",或"K"至"L"),虹吸出流曲线的斜率变化也较低,更有利于 TBR 翻斗的计量。③首次虹吸和非首次虹吸的 R_t(稳定阶段 T_2 占整个虹吸过程的时间比值)分别为 90%和 93%,也高于国外三种虹吸装置。因此,新型虹吸装置具有一定的优势,可在国外三款虹吸翻斗式雨量计的基础上,进一步减小降水雨强不均匀带来的机械误差,有效提高雨量计的计量精度。

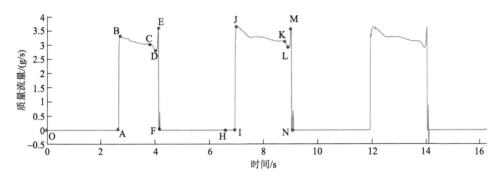

图 2-61　新型虹吸器的三次虹吸出流过程

4. 虹吸翻斗式雨量计的计量误差特性

新型虹吸装置结合 0.1mm 的高分辨率翻斗就可以实现高分辨率、高精准的降水测量。选取 SL3-1 型双层翻斗式雨量计和 JD01B 型双层翻斗式雨量的 0.1mm 下层计量翻斗进行了误差实验(图 2-62)。实验结果表明,JD01B 的下层计量翻斗稳定性较好,在

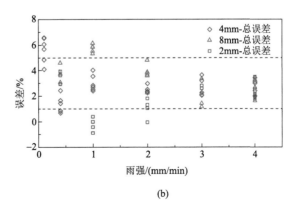

(a)　　　　　　　　　　　　(b)

图 2-62　虹吸装置安装图和不同虹吸器与翻斗距离下的计量误差特性

大雨强下的重复性限 r 值范围在 0.39%~1.76%。于是选择将该双层翻斗雨量计拆卸成单层翻斗进行新型虹吸装置和高分辨率翻斗的计量误差实验。

在不同雨强下，虹吸装置底孔出流较为稳定，但需要考虑其底孔出流对计量翻斗的冲击作用，调节虹吸装置出水口距离翻斗上部的高度分别为 2mm、4mm、8mm，对不同高度下该雨量计的误差分布情况进行实验。从虹吸装置距离计量翻斗顶部不同高度下的误差分布情况可以看出，虹吸装置出口距离翻斗顶部过高或过低都会引起误差波动加剧，在距离翻斗上部 4mm 时，组装的虹吸翻斗式雨量计误差波动最小，除 0.1mm/min 雨强外，误差基本控制在±2%范围内，但整体误差偏正，需要通过增大翻斗感量使误差分布合理。

在距离翻斗上部 4mm 时，组合的虹吸翻斗式雨量计平均误差在 1.34%~5.64%波动，在 5%范围内波动，除 0.1mm/min 雨强外，平均误差可控制在±2%以内，对比国外三种雨量计的误差特性，相比国外虹吸翻斗式雨量计，新型虹吸装置配合 0.1mm 翻斗的计量精度有了很大提高；在稳定性方面，重复性限 r 值在 0.97%~2.80%波动，对比国外三种雨量计的数据，相比国外虹吸翻斗式雨量计，稳定性有了较大提高（表 2-17）。

表 2-17　新型虹吸翻斗式雨量计的误差特性

模拟雨强/（mm/min）	总误差/%		
	平均值 $\overline{X}$	标准差 S_r	重复性限 r
0.1	5.64	0.99	2.80
0.4	1.34	0.66	1.88
1	3.03	0.64	1.80
2	2.64	0.34	0.97
3	2.60	0.67	1.89
4	2.84	0.51	1.46

2.2.7　河道表面流速高性能视频监测设备

流量是水文环境研究中最重要的基础数据之一，天然河道的流量通常采用流速面积法和水工建筑物法进行监测。西南河流源区地形险峻、环境恶劣，不论是建设流量监测设施，还是测流水工建筑物均是极为困难的，加上流量监测依赖掌握专业技能的人员实施，现有水文站网中流量站与其他要素测站相比数量更为稀少，这就导致西南河流源区流量监测站点和资料均极为匮乏。随着摄像及存储传输技术的迅速发展，以及基于表面流速的水动力学模型和学习类模型的进步，该项技术在野外应用成为可能。西南径流计划中，研究团队针对西南河流源区天然河道视频流速监测开展了适应性研究和设备研制，改进了流速和流量分析计算的模型算法，实现了在澜沧江、雅江和长江源区的自动测流。

这项技术的进步不仅可以丰富西南河流源区的流量数据，还对我国水文站网监测技术改进具有推动和借鉴意义。

1. 视频测流速的原理

20 世纪 90 年代出现的粒子图像测速（particle image velocimetry，PIV）技术，通过识别连续多帧图像中的粒子位移来计算粒子的运动速度，在流体动力学的实验室研究中有着普遍应用。为了适应一些理想条件天然河道上的水体表面流速测量，又出现了大尺度粒子图像测速（large scale particle image velocimetry，LSPIV）技术。视频测流技术受自然环境干扰较显著，同时也受到供电和数据存储传输的限制，长期以来难以得到广泛应用。

PIV 技术依靠图像处理与模式识别技术，计算相邻两帧图像中粒子（团）的位移 Δd，将其除以两帧图像的时间间隔 Δt，求得粒子（团）的表面流速 $v=\Delta d/\Delta t$。通常在实验室中为了获得稳定的照明条件，PIV 技术一般采用人工强光源激光照明。由于流体通常为无色透明状，提取示踪粒子有一定难度，为了增加示踪粒子的密度、可见性和均匀性，取得更佳的识别效果，PIV 技术要求在流体中加入人工示踪粒子，以减少粒子提取难度，增加提取效率与精度。人工示踪粒子紧紧跟随流线移动，才能真实地反映流速的变化。因此，要求斯托克斯数必须要小，使得人工示踪粒子的惯性力与黏性力相比可以忽略不计，满足示踪要求。相较于传统测速方式只能测量点流速，PIV 的主要优势是可以测量二维（two dimensional，2D）速度矢量场。近年来，随着技术的进步，u-PIV 和 3D-PIV 的出现将 PIV 技术的研究带入微尺度和三维（three dimensional，3D）空间。

计算相邻两帧图像中粒子的位移是 LSPIV 技术的关键步骤。最初的 PIV 技术，通过人工选择图像中具有代表性的稀疏示踪粒子，跟踪其在后一帧图像中的位置，从而计算位置。显然这种方法技术难度大，工作量大，精度低。现代图像处理技术和计算机视觉方法查找计算大量粒子位移的方法称为点云配对。为了方便叙述，作如下约定：用来计算粒子位移的相邻两帧图像组成一个图像对，前面一帧图像称为图 A，后面一帧图像称为图 B（图 2-63）。存在一个变换矩阵 H 把图 A 变成图 B，其中 H 包含一个位移函数 d 和一个噪声函数 N。通常做法是在图像 A 中选取以 $C(i,j)$ 为中心的问询窗口（interrogation area，IA），在图像 B 相同的位置选取相同尺寸的 IA'。由于图像是离散变量，无法求解位移函数 d 的解析公式，一般用统计学的方法来处理。图像互相关算法是常用且有效的方法，可以得到（$2P+1$）×（$2Q+1$）个 $R(x,y)$ 组成的相关平面，如图 2-64 所示。IA 彼此配对的相关系数应该是互相关平面中的最大值，如图 2-65 所示。根据互相关计算检测，有三个明显的缺点：相关计算的加法、乘法数据巨大，与 IA 的尺寸成正比；仅可以计算线性平移量；一阶函数不能表示旋转和其他变形，需要选择尽量小的 IA 窗口。

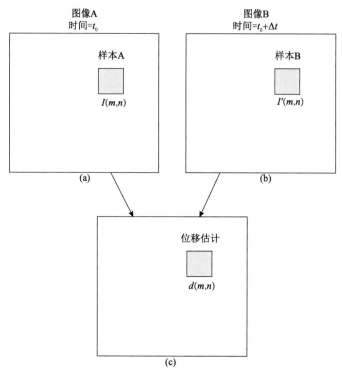

图 2-63　位移估计示意图

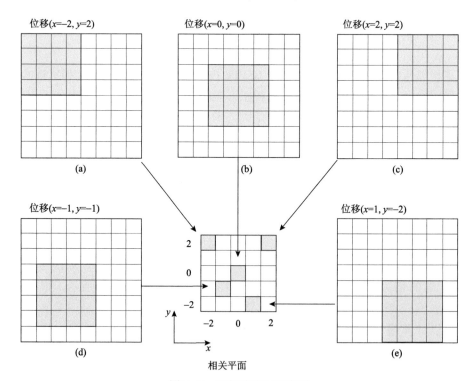

图 2-64　互相关平面示意图

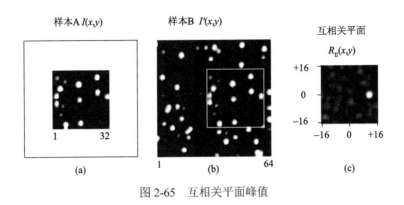

图 2-65　互相关平面峰值

2. 视频流速监测的关键技术

摄影测量是用摄影手段获取图像，通过几何变换来获得真实世界中物体的大小、形状等。由于物体的空间位置与所摄图像中对应的位置存在固定的投影关系，因而可以利用图像中的信息重建真实场景。确定像方坐标与物方坐标的一一对应关系是摄影测量学的关键技术。一般的摄影成像都遵循中心透视投影模型原理，即针孔摄像机原理。

摄影测量二维图像坐标系与三维空间坐标系有严格的数学关系，其数学本质是坐标点的矩阵变换。其相关坐标系关系见图 2-66。摄像测量所涉及的坐标系：①像素坐标系。以图像左上角为原点 O，水平方向为 u 轴，正方向向右；竖直方向为 v 轴，正方向向下，单位长度为像素。组成 Ouv 二维直角坐标系。②图像坐标系。由于像素坐标系以像素为

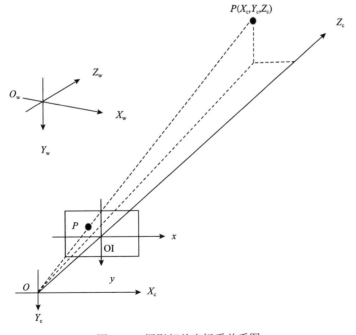

图 2-66　摄影相关坐标系关系图

单位（pix），不利于坐标变换，因此，要建立图像坐标系 OXY，其单位通常为 mm，原点是相机光轴与相面的交点（称主点），位于图像的中心点，X 轴、Y 轴分别与 u 轴、v 轴平行。③相机坐标系。原点位于相机镜头的光心处，z 轴为镜头光轴，x 轴、y 轴分别平行于像平面。④世界坐标系，也称测量坐标系，是三维坐标系，据其基准可以描述摄像机和被测物体的实际空间位置。一般为相对坐标系，可根据现场情况由全站仪测得。

基于视频的河流表面流场测量方法，其过程包括河流表面流场视频采集、视频图像预处理和流场计算等环节（图 2-67），其具体使用方法和步骤如下。

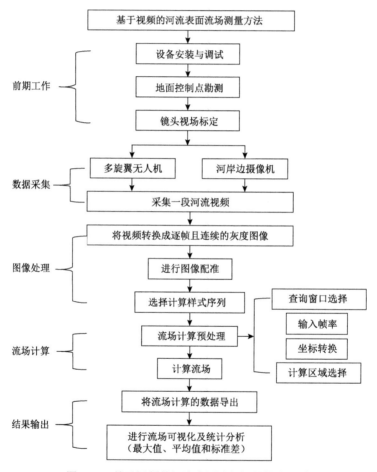

图 2-67 基于视频的河流表面流场测量技术路线

（1）视频采集。PIV 技术在实验室中应用一般是正射与研究对象拍摄，不存在图像的透视变形。而 LSPIV 在天然河流中应用时，由于现场条件复杂不可控，往往难以找到理想的拍摄角度，此时应选择使摄像头主光轴与水面夹角尽量小的位姿拍摄，同时合理布置人工标志点，以增加感兴趣区域内的绝对流场转换精度。

（2）图像预处理。图像预处理分为两类：反畸变处理和图像增强。反畸变处理：采用张正友标定法求解摄像头内部参数矩阵，对标准棋盘格以不同角度位姿拍摄十几张照片，用最小二乘法求解其单应性矩阵，最后解出摄像头的内参矩阵。图像增强：旨在突出图像中的示踪物，减少计算难度，研究中采用高通滤波算法增强图像计算效率，取得较好的效果。

（3）流场计算。采用互相关算法，计算图像子块的相关性。用来计算粒子位移的相邻两帧图像组成一个图像对，前一帧图像称为图 A，后一帧图像称为图 B。存在一个变换矩阵 H 把图 A 变成图 B，其中 H 包含一个位移函数 d 和一个噪声函数 N。由于图像是离散变量，无法求解位移函数 d 的解析公式，故用统计学的方法来处理。

（4）流场转换。主要是根据摄像机的中心透视原理，使用直接线性变换法建立图像坐标与参照系之间的映射关系。依据河流两岸预先实测的人工地面标志点与图像中坐标的对应关系，建立线性方程组，用最小二乘法求解变换参数。

3. 视频流速监测设备研制

水流示踪粒子是粒子图像测速（PIV）技术中的主体，其跟随性、散光性、密度及其在水中的分布对流场重建具有决定性作用。依据水流示踪的来源，可将示踪物分为天然示踪物和人工示踪物。天然示踪物一般包括天然漂浮物（树叶、流冰等）和水面模式（小波纹等）。天然漂浮物形状各异，时空分布不均，示踪性能往往较差。依赖后续软件处理能力；对于水面清澈、水质较好、水流缓慢的河流来讲，可能存在天然示踪物不足的情况，需要添加人工示踪粒子。人工示踪物多选择散光性好、跟随性好、对水质影响小的颗粒物，将其均匀散布于水中。此法的水中粒子提取方便，点云配对成功率高。人工示踪粒子的选择主要考虑以下几个方面。

（1）跟随性。跟随性是指示踪粒子忠实地反映水流速度的能力。

（2）散光性。散光性是指示踪粒子散射光源的能力。根据米氏散射理论，散射光的强度与光线的波长、示踪粒子的直径和水流之间的相对折射率有关。波长越长，直径越大，其散射光强也越大。

（3）粒子选择。根据上述说明，示踪粒子选择要综合考虑粒子的跟随性、散光性和对水质的影响，其影响因素主要是示踪粒子与水流的相对密度、粒子直径和粒子的折射率。LSPIV 实际操作中，应选择粒子密度略小于水，以保证其跟随性和漂浮性，颜色应接近红色，保证反射光的波段尽量长。考虑实际实验条件，可选择的示踪粒子有定制空心彩色玻璃球、低密度聚乙烯、石蜡等。实验时为防止示踪粒子对水质的影响，应在下游布设示踪粒子回收装置。

对比度受限的自适应直方图均衡化（contrast limited adaptive histogram equalization，CLAHE）方法在整幅图像像素值分布接近时表现很好，但是当图像中包含一些亮度值明显偏高或偏低时却不能有效地增强其对比度。自适应直方图均衡化（adaptive histogram equalization，AHE）方法从邻近区域提取转换函数施加于整幅图像来解决这个问题。但是 AHE 又会带来一些其他负面影响：第一，小区域内的对比度增强了，但是区域外的对比度却降低了；第二，当图像区域的像素值相对均匀时，转换函数将映射到很窄亮度值范围，使结果图片的直方图出现明显的峰值，这会过度放大图像均匀区的噪声。CLAHE 是 AHE 的一个变体，它可以限制那些被过度放大的对比度，以解决 AHE 带来的噪声问题。

西南径流计划开展了 LSPIV 研究，开发了基于数字图像处理技术的河流表面流场测量算法，具有两种使用方式：一种为移动拍摄方式（适用巡测或应急监测）；另一种为固定拍摄方式（适用在线实时监测）。西南径流计划使用多旋翼无人机携带光学摄像头（图 2-68）和依靠架设定点图像采集设备（网络摄像头、近红外摄像头、红外热像仪等）采集河道的视频数据（图 2-69），通过对数据的识别提取水流示踪粒子，获取河流监测断面上下游河道一定范围内的表面流场信息，进而对河道表面流场进行重构及流场标定（包括相对速度和绝对速度标定），最终获得该段河道表面二维流速场。基于视频的河流表面流速实时监测结果表明，该方法的监测精度较好，可用于天然河流表面流速测验。高性能视频监测河流表面流速解决方案，具有安全性高（非接触性监测，对设备和人员安全有保障）、成本低、部署方便、移动性强等特点，不仅适用于水文断面河流表面流速场的在线监测，还适用于巡测场景和应急场景河流表面流速场的监测，具有很好的推广应用前景。

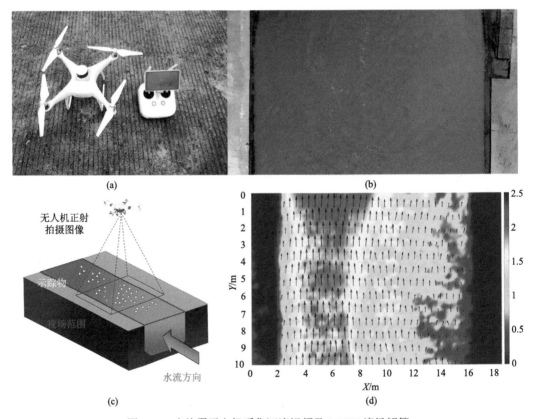

图 2-68　多旋翼无人机采集河流视频及 LSPIV 流场解算

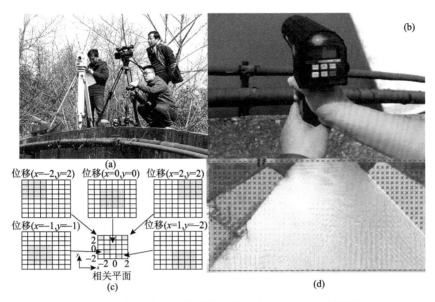

图 2-69　架设定点图像采集设备测流及 LSPIV 流场解算

高性能视频与水面存在一定的角度，造成视频图像有较大变形，需要进行额外的视场标定。采用基于高精度全球导航卫星系统实时动态定位（GNSS-RTK）无人机的高性能视频图像标定技术方法，对倾角固定后的高性能视频图像进行标定。设计了一种高精度表层流速浮标（图 2-70），其可为视频视场的标定和表面流速的验证提供支撑。

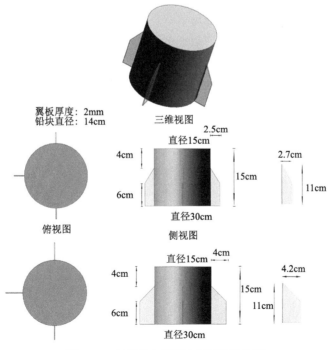

图 2-70　高精度表层流速浮标的设计图

2.2.8 高原寒区监测设备运维保障

高原寒区自然条件具有气压低、温度低、辐射高和气候多变等特征，导致该区域交通不便、通信信号差、供电稳定性差，给监测设备的日常运行带来了严峻挑战。为了保障设备持续、稳定和安全地运行，本节从设备供电、防雷和通信方面研究安全保障措施。

1. 供电保障

1）测站供电

高原寒区工作环境恶劣，交通不便，高山峡谷区太阳日照时间短，需要制定合适的电源保障方案，保证水文自动测报系统能全天候不间断工作。一个完整的供电系统由负载、电源、配电器、接地装置和电缆构成。

（1）负载。主要是数据采集器（或数据记录仪）和传感器，在高原地区，有些设备，如雨雪量计需要配置加热器。统计监测系统中各个负载的功率之和，结合维护保障时间，决定需要采用的蓄电池容量。

对于无人机平台搭载传感器观测，受高原寒区低气压和低气温的影响，无人机实际续航时间较额定值续航时间明显偏小。电池方面，应选用耐低温、高压版的锂电池，并在起飞前对电池进行保温，如给电池贴保温贴；无人机方面，尽量采用垂直升降固定翼无人机，并在航线规划时适当减小作业范围。

（2）电源。电源可以是蓄电池、太阳能板、风力发电机、市电等，对于野外监测设备，蓄电池是必要的电源，其他电源可根据当地条件进行配置。蓄电池采用铅酸免维护可充电蓄电池，对于高寒地区，选用耐低温的蓄电池；免维护蓄电池浮充工作寿命大于3年；完全密封，无酸液、气逸出，不污染环境，环保型产品；采用阀控密封技术，电池内部电解液损耗非常少；电解液为固态，可任意方向使用。耐低温、耐低气压凝胶铅酸免维护可充电蓄电池[设计型号，PANASINIC；产地，松下蓄电池（沈阳）有限公司]；符合国家蓄电池技术标准规范；标称电压 12V DC，标称容量 200Ah，能保证持续 30d以上阴雨天设备正常运行。正常寿命 3 年；正常使用下无电解液漏出，无电池膨胀及破裂；放电电压平稳，放电平台平缓；安全充电状态的电池完全固定，以 3mm 的振幅、16.7Hz 的频率振动 1h，无漏液，无电池膨胀及破裂，开路电压正常；安全充电状态的电池从 20cm 高处自然落至 1cm 厚的硬木板上 3 次无漏液，无电池膨胀及破裂，开路电压正常；25℃，完全充电状态的电池进行定电阻放电三星期，恢复容量在 75%以上；25℃，完全充电状态的电池 0.1CA 充电 48h，无漏液，无电池膨胀及破裂，开路电压正常，容量维持率在 95%以上；完全充电状态的电池 2CA 充电 5min 或 10C 放电 5s。无导电部分熔断，无外观变形。

（3）配电器。配电器是负载与电源之间的调配器，起到变压、稳压和电源切换保障不间断供电的作用。可适配的配电器有适配器、太阳能充电控制器、DC-UPS（不间断电源）电源模块等。为延长蓄电池的使用寿命，防止过冲过放损伤蓄电池，太阳能充电控制器采用脉动脉冲宽度调制充电方式充电，自动采用三段充电方式，有效保护蓄电池，太阳能充电控制器具备过充保护，反接保护，过载、过温和短路保护，过压欠压保护等。太阳能充电控制器标称工作电压 12V；最终充电电压 13.8V；具有蓄电池过充、过放、反接保护功能；工作环境温度−25～50℃。DC-UPS 电源模块是直流不间断电源，其主要功能为：有交流电时，电源输出正常直流电给负载供电，同时对蓄电池充电；交流电停电时，电源输出瞬间自动切换到蓄电池供电（负载不重启、不死机）；蓄电池自动充电控制，电池饱和自动停止充电，避免电池充不满或者过充；电池电压欠压时，自动切断电池放电输出，防止电池过放。

（4）根据设备使用要求，必要时，需要采用接地装置进行保护。接地装置是由埋入土中的接地体（圆钢、角钢、扁钢、钢管等）和连接用的接地线构成的。为了稳定数据采集系统电位、防止干扰而设置接地。

（5）以上部分之间通过电缆连接时，在高原地区应采用防紫外辐射、低温材料制作的外护层。

对于少数单点的传感器，如雨量计、温湿度计、土壤含水率传感器等，可采用低功耗的小型数据记录仪（型号：UA-003-64，美国 HOBO ONSET）自身供电。该记录仪采用 CR-2032 3V 锂电池，典型情况可以使用 1 年时间。还可采用多节干电池供电方案，如 METER 公司（原 Decagon 公司）的 EM50 数据采集器，采用 5 节 1.5V 的 5 号干电池供电。这种类型的供电方案，需要定期更换电池和下载数据，以防止因电量不足而导致数据缺测。

对于附近有市电供应的监测点，可组合蓄电池和市电进行供电。在正常情况下，使用市电转直流电为设备供电，并为蓄电池充电，当市电停止后，自动切换成蓄电池供电。

对于光照条件比较好的监测点，可组合浮充蓄电池和太阳板进行供电。在正常情况下，使用太阳板变压后为设备供电，并为蓄电池充电，当进入晚上或阴雨天气时，自动切换成蓄电池供电。

对于风力条件比较好的监测点，可组合浮充蓄电池和风力发电机进行供电。在正常情况下，使用风力发电机为设备供电，并为蓄电池充电，当风力较弱或发电机出现故障时，自动切换成蓄电池供电。

对于靠近河边适合安装水力发电机的监测点，可组合浮充蓄电池和水力发电机进行供电。在正常情况下，使用水力发电机为设备供电，并为蓄电池充电，当水力较弱或发电机出现故障时，自动切换成蓄电池供电。

对于同时满足市电、光能、风能、水能两种条件以上的情形，可以组合三种及以上电源联合供电的方案，这样可以增加设备的供电保障度，但对调配器的要求更高。其中，浮充蓄电池作为备用电源，应配置足够大的容量，以保证在其他电源作用弱或出现故障时，设备仍能继续正常工作，并为用户提供足够的时间进行检测和维护。

2）中心站供电

中心站配备有计算机系统、通信设备，还有其他仪器设备。中心站系统需要不间断工作，为保证室内环境的工作条件，还有很多耗电的空调、照明、通风等设备。中心站的用电量较大，必须用交流电源供电才能满足要求，也必然选择市电作为中心站的电源。中心站要求电源绝对可靠，不能中断，而市电有停电可能，在实际应用时，仍需采取保证不间断供电的措施和电源防雷击及防干扰措施。

中心站的供电系统可以按计算机房的电源要求进行设计和配备。一般中心站不会有很高的要求，供电系统只要达到防干扰、稳压、不间断的目的即可。常配用隔离变压器、UPS、备用主电源等。隔离变压器起隔离干扰的作用；计算机UPS能保证突然停电时计算机电源的自动切换，供电不间断；重要中心站应考虑备有自备发电机，以防万一。设计时要考虑设备的性能和容量。

3）中继站供电

超短波通信中继站要求的供电可靠性要高于测站，接近中心站的要求。超短波中继站的工作体制决定了它的功耗较大。由于它的位置偏僻，常采用蓄电池供电、太阳能电池浮充方式。在有人值守、有交流电的地方，可采用蓄电池供电、交流电浮充方式。

蓄电池容量和太阳能电池功率的计算方法和测站电源部分的计算方法一样，只是数值都要大些。一般超短波再生中继站的蓄电池容量会达到300Ah，太阳能电池功率达到45W。

一些耗电较大的传感器和通信设备会将测站电源系统的蓄电池容量和太阳能电池提高到和超短波中继站一样的量级。

2. 防雷措施

1）防雷设计

水文测站多在野外工作，为杆式设计，位置相对较高，较易受到雷击，且站房内的监测设备通过电源线、信号线、通信线与野外测站连接，站房及其房内监测设备也会受到雷电影响。野外测站和站房应严格设计防雷措施，设立独立避雷针给予保护，具体安装应符合《建筑物防雷设计规范》（GB 50057—2010）和地面观测规范的要求。

采用风杆作为避雷针的支撑体（图2-71），所有设备应架设在直击雷防护区（LPZ0B）内。避雷针的接地体与共用接地装置电气连接。采用金属管作支撑体，在距顶端200～300mm处设置避雷针，避雷针通过绝缘杆固定于立柱上；避雷针选用直径16mm的圆钢，其长度为1500mm，水平绝缘距离为500mm。避雷针引下线沿立柱上端拉线入地，该拉线通过绝缘等级为35kV（1.2/50μs）的拉线绝缘子与立柱绝缘，引下线采用屏蔽电缆，其芯线的多股铜线的截面积为50mm²。设备数据传输线选用带屏蔽层的电缆，并宜穿金属管埋地布设，金属管和数据传输线的外屏蔽层在进入电缆沟处、外转接盒处就近接地。金属管首尾电气贯通，若该金属管长度超过 $2\sqrt{\rho}$ （ ρ 为土壤电阻率，单位为 $\Omega \cdot m$ ）时增加其接地点。

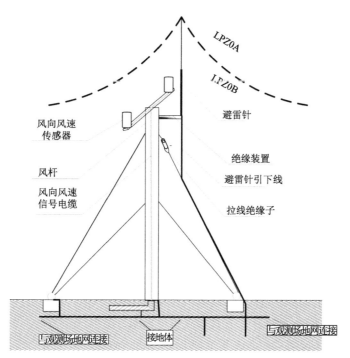

图 2-71   风杆线缆埋设示例

LPZ0A 表示直击雷非防护区，LPZ0B 表示直击雷防护区

2）防雷地网施工

（1）水文气象站场室采用共用接地系统。

（2）水文气象站观测场采用人工垂直接地体与水平接地体结合的方式埋设人工接地体，人工水平接地体的埋设深度为 500mm；人工垂直接地体沿水平接地体均匀埋设，其长度为 2500mm，垂直接地体的间距大于其长度的两倍。施工过程中，在自动气象站观测场电缆沟下埋设人工接地体。

（3）人工垂直接地体采用角钢、钢管或圆钢；人工水平接地体采用扁钢或圆钢。接地体规格为：圆钢直径 10 mm；扁钢截面 100 mm^2，其厚度为 4 mm；角钢厚度为 4mm；钢管壁厚 3.5mm。

（4）水文气象站观测场所有设备共用同一接地系统，其接地电阻小于 4Ω。在土壤电阻率大于 1000Ω·m 的地区，可适当放宽其接地电阻值要求，但此时接地系统环形接地网等效半径大于 5000mm。

3）专项防雷措施

（1）电源防雷措施。利用市电作为电源时，很容易从遍布各地相互连通的交流电网上引入各种雷电影响，因此电源避雷很重要。水文自动测报系统的测站基本不用交流供电，而多采用太阳能电池浮充的蓄电池供电，基本没有交流电源防雷问题。但中心站要采用交流供电，需要采取交流电源防雷措施。测站用太阳能电池，架设较高的太阳能电池也有一些防雷要求。

（2）信号线防雷措施。安装在室外的传感器，其输出信号通过有线传输送到测站的遥测终端机，传输距离较长时要考虑雷电影响。信号线遭雷击时最可能损坏终端机，不同的传感器也会受到不同的影响，机械型的传感器被损坏的可能性小些。

常用的信号线外部保护防雷措施如下。

a. 穿金属管埋地保护。穿入金属管埋地后，金属管起到了很好的屏蔽和分流接地作用，对信号线的保护防雷效果最佳。

b. 架空信号线的保护。至少要使用屏蔽电缆作为信号线，穿入金属管或金属软管内架空布设。在管线上方一定高度处架设避雷金属线，此避雷线应间隔一定距离通过接地线接地。

c. 端口隔离措施。常用方法是将电信号由用导线直接连接改为经光电隔离后的连接。应用时所有的信号接入线上分别装有光电器件，电信号经转换后，以光信号方式经光纤传输，再转换为遥测设备接收的电信号，实现了光电隔离，防止雷电干扰直接进入仪器设备。

d. 在电子设备内部可以应用各种防雷元器件和防雷线路，构成仪器本身的雷电保护，用于从各种外接线路上进入仪器的过电压和浪涌防护。

e. 通信线路防雷措施。水文自动测报系统应用的通信线路中，应用电话线通信的有线方式和超短波通信的无线方式需要考虑防雷设施。其他通信方式，如卫星通信和移动通信，如果天线的架设高度很低，受雷击影响的可能性较小，一般不专门考虑防雷设施。使用超短波通信和移动通信时，都有天线、馈线的架设问题，如果架设较高，尤其是超短波通信天线，必须处于避雷针等外部避雷系统的保护范围内，同时在馈线中接入匹配的同轴避雷器。如果卫星通信、移动通信的天线处于较高位置，也需要处于避雷针等外部避雷系统的保护范围内。

3. 通信保障

水文测站通信方式分有线通信和无线通信，其中，有线通信是采用电话线、数据线或是独自架设的专用线路，无线通信是指不经导体或缆线进行的远距离传输通信。水文测站具有点多、面广的特点，且不乏交通不便的偏远地区。考虑运行成本，有线通信正逐步淡出现代水文信号传输视野，无线传输已成为现代水文信号传输的主要传输方式。根据高原寒区的环境特点，超短波信道、卫星通信、GPRS 通信和混合通信四种无线通信方式可作为水文信号传输的方式。

1）超短波通信

超短波通信是波段利用 30～300MHz 的高频无线电波传输信息的通信，其传输机理是对流层内的视距与绕射传播。超短波比短波传播方式稳定，受季节和昼夜变化的影响小，它的传输质量介于短波和微波通信之间，既克服了微波通信的地域局限性，又比短波通信的质量稳定、可靠。超短波通信网的技术成熟、自主性好、使用方便，无须通信费、运行维护费用低，是水文数据传输最传统的组网方式，在各类无线通信公网未普及的时代，几乎所有水文自动测报系统都采用超短波通信方式。超短波通信天线尺寸小、结构简单、发射频率较高、频带较宽、通信质量比较好、独立性好，又完全是自身的专线网络，特别适合于小型水情测报系统通信组网。在长距离、阻挡物较多的情况下，需要建多级中继站，导致设备土建费用增加、系统可靠性下降和设备安装维护困难等问题。

超短波通信常用的频段有 3 个：150MHz 频段、230MHz 频段和 400MHz 频段。工业和信息化部无线电管理局批复的水文专用频率为 230MHz 频段。

超短波通信组网的优点包括：①信道稳定，一般不受气候的影响，通信质量好；②技术成熟，设备简单、配套简单、投资省、建设周期短；③实时性强，功率小、功耗低，很适合于山区供电得不到保障的场合；④使用方便，维护费用低，性价比高。

超短波通信组网的缺点包括：①在无线电通信拥挤的地区，干扰日趋严重；②山区及远距离的超短波通信需在野外高山上建中继站，防雷地网要求高，建设费用高，维护管理不便；③对通信效果差的站点，可能需建多级中继站级联，降低了系统的可靠性。

2）卫星通信

卫星通信过程是在地面上的测站向卫星发射带有信息的无线电波，卫星接收后发回卫星地面中心站，卫星地面中心站再将信息通过卫星发射到接收终端站。也可能从卫星直接发送到接收终端站，完成两个地面站之间的数据传输。

卫星通信具有传输距离远、通信频带宽、传输容量大、组网机动灵活、不受地理条件的限制、建站成本及通信费用与通信距离无关等特点。已经利用过的卫星通信方式有海事卫星通信、"VSAT"卫星通信和全线通数据采集与监视控制（SCADA）卫星通信系统，以及目前普遍应用的北斗卫星通信。它们都是地球同步静止卫星。

目前最常用的卫星通信系统为北斗卫星导航通信系统，该系统是基于我国具有自主知识产权的第一代北斗卫星导航定位系统建立的卫星通信系统，它还在不断发展中，且计划发展的规模很大。覆盖范围是全球，特别适合在交通不便的偏远山区和基础设施建设落后等区域组网。

卫星通信组网的优点包括：①传输距离远，覆盖范围广，传输质量好；②由于各发射点、地面站与卫星之间采用视线传输，因而不受地形、地物的阻挡，特别适用于地形复杂地带的通信；③数据传输速率较有线、超短波方式高。

卫星通信组网的缺点包括：①卫星平台耗电较大，采用直流供电时需配置较大容量的电池和浮充电设备；②卫星平台的价格较贵，运行维护费用也较高。

3）GPRS 通信

GPRS 是一种基于全球移动通信系统（GSM）的无线分组交换技术，提供端到端的、广域的无线 IP 连接。相对原来 GSM 拨号方式的电路交换数据传送方式，GPRS 是分组交换技术，具有"实时在线""按量计费""快捷登录""高速传输""自如切换"的优点。通俗地讲，GPRS 是一项高速数据处理的技术，方法是以"分组"的形式传送资料到用户手上。GPRS 是 GSM 网络向第三代移动通信系统过渡的一项 2.5 代通信技术，在许多方面都具有显著的优势。

GPRS 通信的优点包括：①利用公网，不需自建和维护通信网；②信道使用不受限制，简单易行；③通信平台有保障，且不同站点的传输信号之间不易产生相互干扰；④通信距离不受地形限制；⑤通信速率高；⑥通信线路和设备不易受到雷电袭击和人为破坏；⑦组网灵活，站点的变动和扩充容易；⑧设备耗电小，费用低等。因此，GPRS广泛应用于水情测报系统中。

应用 GPRS 传输水文数据的优点包括：①相对于 GSM 拨号方式的电路交换数据传送方式，GPRS 是分组交换技术，具有"高速"和"在线"的优点。电路交换数据业务的速率仅为每秒 9.6kbit，GPRS 的最高速率可达 115kbit/s。②除了速度上的优势外，GPRS还有"永远在线"的特点，即用户随时与网络保持联系。有数据传送时就在无线信道上发送和接收数据；没有数据传送，终端就进入一种"准休眠"状态，释放所用的无线频道给其他用户使用，这时网络与用户之间还保持一种逻辑上的连接，当用户再次传送时，终端立即向网络请求无线频道用来传送数据，不需频繁拨号。

根据水文数据传输应用的特点，GPRS 接入方法有两种：一种是采用 GPRS 无线调制解调器（Modem）进行接入，为用户建立自己的无线虚拟专用网络（VPN），提供各种速率的高质量、透明数据传输的永久或半永久性专用通信链路，在（分）中心端和远地遥测端，水文数据的传输均通过 GPRS 无线数字数据网（DDN）来实现；另一种是申请专用 VPN，移动运营商分配给数据中心 Modem 网内固定 IP 地址；数据中心通过无线 GPRS Modem 与遥测站实现多点对中心数据通信，远地遥测站根据配置的数据中心网内 IP 地址与数据中心建立数据通道。

4）码分多址通信

码分多址（CDMA）通信技术是指利用相互正交（或者尽可能正交）的不同编码分配给不同用户调制信号，将原信号的信号频谱带宽扩展，因此又称扩展频谱通信。可实现多用户同时使用同一频率接入系统和网络的通信，常用的扩展频谱方式分为两种：直接序列扩频（DSSS）和调频扩频（FHSS）。目前 CDMA 在移动通信领域得到越来越广泛的使用，其具有许多优点：系统具有很强的抗多种干扰的能力，特别是具有抗多径干扰的能力；可充分利用频率资源；具有低功耗和高可靠性的特点。

5）混合信道

混合信道是指利用两种或两种以上的信道进行通信，常用的为双信道。根据当地的通信情况和经济、文化、地形环境等综合因素，对多种通信方式进行研究比较，选定合适的通信信道。一般将一个信道作为主信道，另一个信道作为备用信道。正常情况下使用主信道，当主信道存在故障时使用备用信道。双信道组网的优点明显，信道畅通率高于其他信道；系统在受到自然灾害影响时，两种信道方式具有互补特性。混合信道在保证通信畅通率的同时，能够尽可能地节省通信费用。

2.3 西南河流源区水文基础数据集

2.3.1 西南河流源区水文数据现状

西南河流源区是典型的高原寒区，地面观测站点布设稀疏、监测环境恶劣，实测数据少且数据序列长度短，现有数据多为卫星遥感数据，数据精度和质量难以控制。西南河流源区水文-环境现有数据主要分为河流水系与监测站数据、下垫面参数数据、水文要素数据、气象要素数据、水环境要素数据及其衍生数据等，现对西南径流计划开展前的水文气象相关要素数据现状进行梳理。

1. 河流水系与监测站数据

河流水系与监测站数据包括流域/子流域边界、河道/沟道矢量图层数据和相应的物理特征参数数据，以及各气象、水文、生态环境地面观测站站点的空间分布数据。主要来自于水利普查数据、水文年鉴数据、西藏自治区水文水资源勘测局提供的数据等。

2. 下垫面参数数据

下垫面参数数据包括植被指数、地表粗糙度、群落丰度和景观结构、冰雪覆盖范围、冻土覆盖、土壤含水量等。

植被数据主要来自中国气象数据网、地理监测云平台、生态环境类数据、寒旱区科学大数据中心，风云、NASA、NOA、SPOT 等卫星多尺度遥感影像数据，以及野外调研数据等，已有的数据集主要有 MODIS 植被产品 Terra/Aqua（MYD15A2 和 MOD15A2）、LAI 数据集、MERSI 植被指数、GIMMS 植被指数数据集等。

土壤数据主要为 MODIS 土地覆盖数据，MODIS 土地覆盖重新分为森林、灌丛、草地、耕地、裸地或植被稀疏区、无植被区六类。

冰雪覆盖数据主要有中国地区 MODIS 雪盖产品数据集、AMSR-E 微波雪深产品、寒旱区科学大数据中心的中国地区 MODIS 雪盖产品数据集和青藏高原积雪覆盖数据集、大气科学数据库的北半球 89×89 网格逐周积雪标志、国家地球系统科学数据中心共享服务平台的中国 100 m 分辨率土地覆被冰雪类型数据和全球冰川数据集 RGI v3.2，以及站点雪深数据的收集。

DEM 数据主要包括 HYDRO1K 数字地形高程数据，美国联邦地质调查局免费新产品，分辨率为 1km×1km，在大流域使用 SRTM、AW3D、ASTER GDEM 数据，有 90m×90m 和 30m×30m 两种分辨率。

流域物理特性数据主要包括土地利用类型数据，FROM GLC30、Global Land Cover 2000、Land Cover 300。

土壤类型数据主要包括联合国粮食及农业组织（Food and Agriculture Organization of the United Nations，FAO）发布的土壤地形数据库 SOTER 中的土壤类型数据，覆盖全球大部分地区，免费下载，中国区域的来自于普查数据。

3. 水文要素数据

水文要素数据包括流量、水位、水温、水深，区域地下水数据、蒸散发数据等。

水位、流量数据主要来自西南河流源区的测站（全国水文站网在西南河流源区共建有水文站 238 处、水位站 84 处）和西南径流计划数据服务平台，主要包括雅江中游地区各月气候要素及径流多年平均值、雅江干流及 3 条支流径流量年际变化特征表，澜沧江流域内水电站的水位、下泄流量数据等。

蒸散发数据主要来自国家青藏高原科学数据中心的中国陆地实际蒸散发数据集、NASA 的 MODIS16 数据集、GLEAM 数据集、GLDAS 数据集，还有水文站实测潜在蒸散发数据，上述数据都存在一定的问题，三套卫星或遥感数据为反演数据，在不同地理环境的精度难以考量，实测数据也存在一定的站点稀疏的问题。

4. 气象要素数据

气象要素数据包括降水、气温、湿度、辐射、二氧化碳浓度等。

降水量数据主要来自中国气象数据网、寒旱区科学大数据中心、中国科学院资源环境科学与数据中心、国家地球系统科学数据中心共享服务平台、美国国家海洋和大气管理局（National Oceanic and Atmospheric Administration，NOAA）、NASA、日本宇宙航空研究开发机构（Japan Aerospace Exploration Agency，JAXA）以及中国水文监测站网等。

ERA-5 降水数据为再分析数据，覆盖西南河流源区的数据质量较差，TRMM 3B42 V7 数据的空间分辨率相对较低；GSMaP 覆盖研究区数据质量也不够理想，GPM 数据时空分辨率高，但数据序列太短。

其他气象数据主要来自中国气象数据网。

5. 水环境要素数据及其衍生数据

水质水环境数据主要来自西南河流源区的测站（全国水文站网在西南河流源区共建有水质站 325 处）和西南径流计划数据服务平台，主要包括 2005 年雅江水质化学参数、NZD 水电厂库区水质监测、XW 水电站库区水质监测、JH 水电站库区地表水环境质量现状监测等。

综上，通过对各类数据现状情况进行梳理，发现在西南河流源区，由于高原寒区观测条件恶劣，各类数据均存在数据量不足、代表性差、数据质量和精度难以保证的问题，亟须通过数据集成来获取精度更高、适用性更强的数据。

2.3.2 西南河流源区水文基础数据集成方法

西南河流源区是典型的高原寒区，降水、径流、蒸散发等要素均存在实测资料匮乏的问题，遥感再分析数据可作为这一地区的重要数据补充，但由于多源卫星、地面监测和再分析数据等不同来源的数据在时间空间分辨率、监测精度和准确性上都存在较大差异，也存在系列缺失等问题，因而亟须开展多源异构数据的集成工作。高精度、长序列的多要素数据集是水文、环境、气象等领域相关研究的基础，可为西南河流源区水资源开发利用提供有力支撑。

数据集成主要涉及多源异构数据的评估、同化融合与整编。在数据质量评估方面，通常采用定量分析和分类分析结合的方式，常见的定量分析指标包括 Person 相关系数（CC）、偏差（BIAS）、均方根误差（RMSE）、平均绝对误差（MAE）等。常见的分类分析选取指标为探测率（POD）、误报率（FAR）、临界成功指数（CSI）。Person 相关系数（CC）用来描述卫星观测数据与地面实测数据的相关关系强弱；BIAS 与 RMSE 用来描述卫星观测数据与地面实测数据的偏离程度，代表数据的准确程度。POD、FAR、CSI 等用来描述卫星监测能力与监测的准确程度。关于降水数据产品，西南径流计划中雍斌团队评估了 ERA5、GSMaP、GPM IMERG 等国内外 31 套卫星降水数据产品的适用性，并得出 ERA5 与 GPM IMERG 在众多卫星降水数据中表现最为优异；徐宗学团队评估了雅江流域 TRMM 3B42 V7 与 PERSIANN-CDR 两套产品，认为在定量指标的表现上，两种产品相差不大，但是在分类指标上，PERSIANN-CDR 表现明显优于 TRMM 3B42 V7（刘江涛等，2019）；吴永祥团队评估了 GHIRPS、GLDAS 与 GPM IMERG 等六套降水产品在西南河流源区的数据质量，并在雅江流域推荐 GPM IMERG 与 CHIRPS，在另外四个流域推荐使用 GPM IMERG 与 GLDAS（Jiang et al.，2021）。

数据融合是指站点数据、地基雷达数据、卫星遥感数据等多源数据的融合，通过多源数据产品的同化融合，可以有效提取不同产品的空间特征，进而弥补单一产品自身存在的不足，降低卫星遥感产品的误差，得到时空精度更高、分布更合理的数据产品（徐冉，2019）。数据同化与融合最早应用于大气和海洋领域，1995 年后广泛应用到地球表层科学和水文学中（Reichle，2008）。目前，国内外较为成功的数据同化系统包括北美陆面数据同化系统、全球陆面数据同化系统、欧洲陆面数据同化系统和中国西部陆面数据同化系统（马建文和秦思娴，2012）。陆面数据同化与融合的核心思想是通过陆面模型的动力框架来融合多源异构数据，将陆面模型及各项参数，通过与实测数据进行对比，不断地进行自动调整，从而减小多种类数据与实测数据之间的误差。这些系统主要使用的数据同化算法可以分为全局拟合和顺序同化。前者以变分算法为代表，通过求取分析值和观测值及背景场的最小偏差来获取最优解，常用的有三维变分（3D var）和四维变分（4D var）；后者在每一个时间步长上利用观测来更新模型，主要包括线性卡尔曼滤波、粒子滤波和集合卡尔曼滤波等。每种同化方法各有其优缺点。变分数据同化法（variational data assimilation，VDA）的目标函数是分析值和观测值的差值，通过求取其最小值来求取罚函数的梯度（Seo et al.，2003），其优点在于不需要求取误差协方差的预测值，因此不需要计算线性卡尔曼滤波中的状态变量（Seo et al.，2009），缺点在于变分数据同化算法需要构造一个伴随矩阵来求取目标函数对模型变量的导数，使具体应用时计算较为复杂（王文和寇小华，2009）。樊华烨等（2020）认为在广义卡尔曼滤波、无迹卡尔曼滤波（UKF）、集合卡尔曼滤波（EnKF）等经典卡尔曼滤波改进的同化算法中，集合卡尔曼滤波算法表现最出色，发展应用也更广泛。Mabrouk 等（2014）对比了 EnKF 和 VDA 的径流短期预测效果，结果表明 EnKF 算法的预测效果比 VDA 方法更稳定，后者在不同流域中的预测效果差异较大。空间多源数据给数据集成和信息共享带来不便，相应地，不同数据源、不同数据精度和不同数据模型的地理数据融合理论也得到了长足的发展（郭黎等，2007）。数据融合作为一种数据综合和处理技术，实际上是许多传统学科和新技术的集成和应用，已逐渐应用到医疗、工业、金融以及交通等各类领域，并且应用范围还在不断扩大（傅琦，2020）。总的来看，多源数据同化融合方法已在水文气象领域有了一定程度的应用，且取得了令人满意的成果。但是目前应用在水文气象领域中的数据同化融合方法尚未全面地考虑相关信息的关联，尤其是在水文、气象、地形或地貌等方面的物理机制的相互关系，从而实现数据和特征的整体融合，其空间估计在理论和方法上均具有很大的探索空间。

在西南径流计划中，众多课题在数据同化与融合方向进行了探索，缓解了西南河流源区水文气象资料短缺的问题。雍斌团队通过卡尔曼滤波法校正了 TRMM 3B42 RT 数据（图 2-72）；田富强团队通过最优插值与动态贝叶斯模型结合的方式，融合 TRMM、GPM、CMORPH、PERSIANN、GSMaP 五套降水数据产品（徐冉，2019），生成一套精度更高的降水数据集（图 2-73）。周纪团队基于卫星热红外与被动微波遥感数据，构建了全天候地表温度的多源遥感反演算法，生成了源区及周边逐日、空间分辨率为 1km 的地表温度数据，为辐射平衡模型和地表蒸散发模型提供了关键的输入参数，结合河流源区的自然环境特征对 SEBS 模型和参数化方案进行了优化，生成的地表蒸散发数据在空间上较现有产品完整，空间分辨率较高。龙笛团队提出了储水量变化长时间序列重建方法（图 2-74），获得了气候尺度上（30 年）的储水量变化，为研究西南河流源区储水量和径流的长期变化提供了基础信息（Long et al.，2014）。此外，龙笛团队改进了归一化积雪指数（normalized difference snow index，NDSI）积雪遥感反演算法（图 2-75）；增加地形校正并优化 NDSI 在研究区的最佳阈值，提高了积雪面积的识别精度，获取了研究区逐日、500m 积雪面积遥感产品（2000～2018 年）。黄跃飞团队基于机器学习算法重建了长时间 SIF 数据集（RTSIF），并基于 RTSIF 数据集生成高时空分辨率的植被蒸腾数据（图 2-76）。吴永祥团队基于卷积神经网络与长短时记忆网络相结合的方式，提出了适用于西南河流源区的降水数据融合算法，并选取 TRMM 3B42 V7、GSMaP MVK、PERSIANN CDR、CHIRPS V2.0 四套降水，借助 DEM 与 NDVI 数据，生成了一套时空精度较高的降水数据集（图 2-77）。

水文资料按监测方式可划分为地面资料、雷达资料、遥感影像资料等，按监测内容可划分为降水、流量、气温、水位、蒸散、泥沙等资料。这些资料因用途不同以及数据格式不同，存在无法集成应用等问题（薄伟伟等，2020）。数据标准化整编是按照科学的方法和统一的技术标准进行系统的整理、分析，包括对基础数据的可靠性、一致性、代表性的检验与审查，对缺测资料的插补延展，以及利用遥感、雷达、卫星等多源途径的数据资料的同化融合等方面，使其形成完整的时序变化过程，并统计出各种水文要素的逐日成果表及有关的月总量、年总量、均值和最大值、最小值及发生的时间，完整而全面地概括水文要素的特征及变化过程（舒大兴，2005）。我国传统的水文资料整编主要是对水文监测数据按流域水系进行处理、加工、分析、统计等复杂的技术过程，目前主要整编的资料包括水位、流量、泥沙、降水与蒸发等要素（章树安等，2006）。水位资料整编工作主要内容包括：考证水尺零点高程；绘制逐时或逐日平均水位过程线；整编逐日平均水位表和洪水水位摘录表；进行单站合理性检查。流量资料整编的主要内容包括：编制实测流量成果表和实测大断面成果表；绘制水位流量、水位面积、水位流量关系曲线；水位流量关系曲线分析和检验；水位流量数据整理；计算整编逐日平均流量表及洪水水文要素摘录表；绘制逐时或逐日平均流量过程线；进行单站合理性检查。泥沙资料的整编主要包括对悬移质、推移质和泥沙颗粒级配等的分析。降水与蒸发资料的整编则主要对降水资料进行摘录、统计、插补以及对蒸发资料进行统一换算等工作。

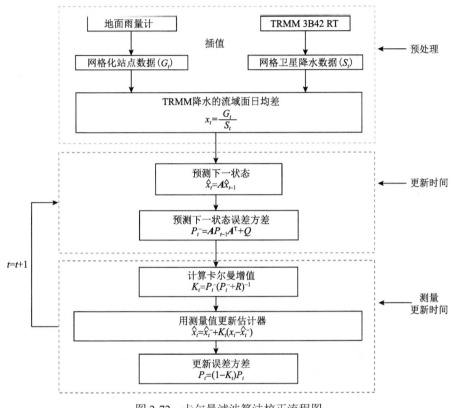

图 2-72　卡尔曼滤波算法校正流程图

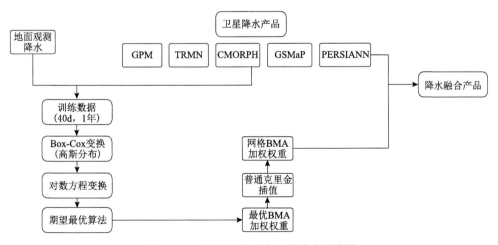

图 2-73　动态贝叶斯融合方法技术路线图

BMA 表示贝叶斯模型平均法（Bayesian model averaging）

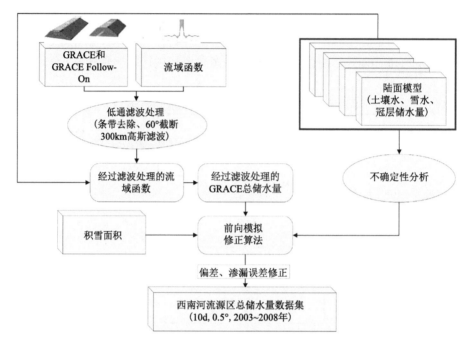

图 2-74 总水储量数据集构建方法

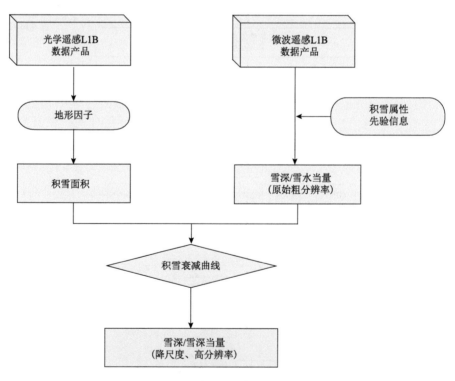

图 2-75 改进 NDSI 的积雪反演算法

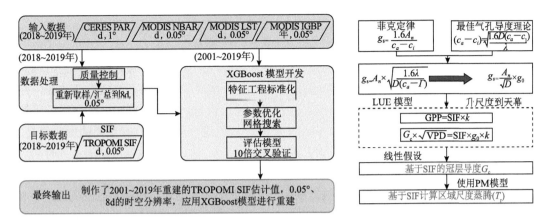

(a) RTSIF数据生成流程图　　　　　　　(b) RTSIF T数据计算框架

图 2-76　RTSIF 数据集生成算法

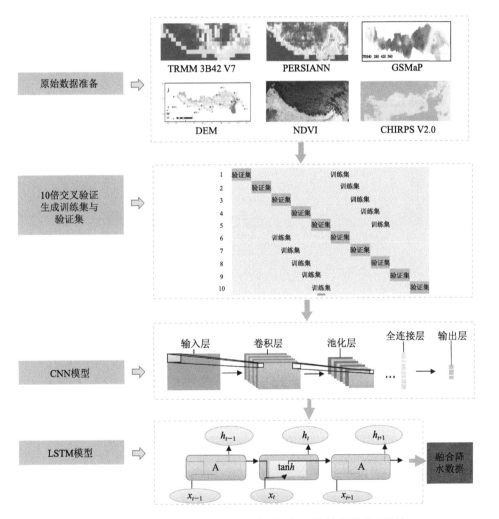

图 2-77　基于卷积神经网络与长短时记忆网络的数据融合算法

随着水文科学技术不断提高，对数据时间、空间等的尺度及精度要求也越来越高，传统水文资料整编仅是对站点实测资料进行再处理，其本质还是点资料，无法真实反映数据资料的空间情况。多源资料融合是对某要素多种信息来源进行综合集成，它可以通过多信息源进一步提高要素的精度，更真实、更全面地反映要素的真值状态及特征，弥补单个数据集的不足（陈迪等，2016）。因而基于多源信息，采用数据融合和空间分析等技术对数据资料进行处理，对实现资料精度和时空尺度进一步提高具有重要的现实意义。

数据整编主要是参考水文年鉴和气象数据产品标准，对定型化数据产品的系列时间尺度、单位、空间尺度（站点或网格）、展示形式（数值与空间分布图）等进行标准化设计；对遥感影像资料解译及流域下垫面数据整编，流域下垫面数据包括地形、植被类型、土壤类型、土地利用类型等。数据整编的成果主要为卫星遥感影像、解译图像以及统计分析的结果，包括流域集水面积统计及水系提取、下垫面植被指数、地表糙度、群落丰度和景观结构等成果。历史水文过程数据整编的工作内容包括：全面搜集监测区内所有水文站的降雨量、降雪量、水位、流速、流量、水温、水深、区域地下水数据、蒸散发、土壤含水量等资料，使用统一的整编工作规范进行整编。整编的监测数据包括降雨量、降雪量、水位、流速、风速、风向、温度、湿度、太阳辐射、日照时间等。整编的检测分析数据主要是水质类要素，包括：常规理化要素；一般水化学要素和水源化学要素等，如化学需氧量（chemical oxygen demand，COD）、氨氮、总磷、硅微量元素等；泥沙量，主要是悬移质。按照统一的整编工作规范进行整编。西南径流计划吴永祥团队参考国家青藏高原科学数据中心标准制定方案，已全面、系统地提出适用于西南河流源区水文环境基础数据集的相关数据标准规范，完成46套数据集的整编工作，并上传至西南河流源区多源多尺度监测数据管理服务与可视化平台。西南河流源区水文-环境基础数据集成技术流程如图2-79所示。

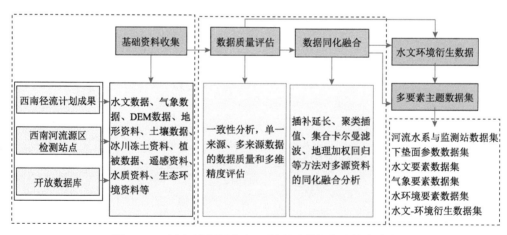

图 2-78　西南河流源区水文-环境基础数据集成技术流程

综上，西南径流计划现已建立了偏差修正模型、特征融合等数据融合方法，提出了一套点面结合、多要素关联的数据质量评估与加工技术方案，研发了时空重建、数据融合、深度学习等方法，为西南河流源区水文-环境基础数据集的构建提供了科学的理论支撑。

2.3.3　西南河流源区基础数据集

通过收集西南径流计划各个课题生成的数据，下载大量开源数据，整理年鉴数据等，共构建西南河流源区相关数据集 119 套。根据西南河流源区水文监测体系中提到的：高寒高海拔区降水遥感反演融合方法，生成了青藏高原高精度降水数据产品和西南河流源区时间序列日尺度多卫星融合降水数据集（1999～2015 年）；根据高山区河道水位遥感反演方法，生成了雅江 6 个断面基于 Jason-2 和 Envisat 的遥感反演水位（2008～2016 年）和西南河流源区河流水位数据集；根据缺资料流域河道径流量遥感反演方法，生成了雅江 6 个断面基于 Jason-2 和 Envisat 的遥感反演流量（2003～2016 年）、澜沧江流域径流的重构分析、拉萨河径流量重建序列（1546～2017 年）和怒江径流量重建序列（1500～2011 年）；根据高原寒区水质遥感反演方法，生成了高寒河流水环境光谱库和雅江中游水质参数浊度、总磷、总氮、总有机碳浓度遥感反演结果。

1. 河流水系与监测站数据集

河流水系与监测站点数据集主要包括西南河流源区五条河流水系分布、水文气象测站的布设，以及西南径流计划布设的监测站、采样点等（表 2-18）。吴永祥团队通过收集水利普查数据、整理各课题汇交数据，生成了西南河流源区河流水系数据集和西南河流源区监测站点分布数据集。该套数据集可直观地展示西南河流源区一级至五级河流水系的分布情况，为建立西南源区天空地一体化监测体系提供数据支撑。

表 2-18　河流水系与监测站数据集

数量	影响因素	数据名称
2 套	流域/子流域边界、河道/沟道矢量图层数据和相应的物理特征参数数据，各气象、水文、生态环境地面观测站点的空间分布数据等	西南河流源区河流水系数据集
		西南河流源区监测站点分布数据集

2. 下垫面参数数据集

下垫面参数数据集主要包括植被指数、地表粗糙、群落丰度和景观结构、冰雪覆盖范围、冻土覆盖、土壤含水量等要素（表 2-19）。龙笛团队生成了西南河流源区逐日无云 4 km IMS 积雪面积产品（2000～2015 年）、逐日无云 500 m MOD-SSM/I 积雪面积产品（2000～2015 年）、逐日无云 500 m MOD-B 积雪面积产品（2000～2015 年）、逐日无云 500 m TAI 积雪面积产品（2000～2015 年）、逐日无云 500 m I-TAI 积雪面积产品（2000～2015 年）、基于 AVHRR 的青藏高原 5km 逐日雪盖数据集（1981～2016 年）、雅江流域雪盖模拟、雅江流域雪盖观测、雅江帕隆藏布流域冰川数据集、土壤温湿度数据集，这些数据集填补了高原寒区复杂气候和地形条件下水文监测资料的空白，为认识青藏高原等缺资料地区的水文过程及预测提供了理论、方法和数据支撑。田富强团队在项目开展

表 2-19　下垫面参数数据集

数量	影响因素	数据名称
38 套	植被指数、地表粗糙、群落丰度和景观结构、冰雪覆盖范围、冻土覆盖、土壤含水量等	西南河流源区初级生产力数据集
		青藏高原湖泊数据集（20 世纪 60 年代、2002 年、2005 年、2009 年、2014 年）
		青藏高原湖泊表面温度数据集
		青藏高原湖泊面积长时间序列数据集
		全国雪深数据集（1997~2008 年）
		青藏高原 0.05°逐日积雪深度数据集
		中国第二次冰川编目数据集（V1.0）
		Randolph 冰川目录（RGI）
		青藏高原冰川高度变化数据集 V1.0
		20 世纪 70 年代~2000 年、2000~2014 年青藏高原冰川尺度冰面高程变化数据集
		2000~2019 年藏东南地区冰川表面高程变化逐年时间序列数据集
		青藏高原及周边地区典型冰川变化数据集
		雅江帕隆藏布流域冰川数据集
		青藏高原 2017 年冰川数据-TPG2017（V1.0）
		青藏高原 2013 年冰川数据-TPG2013（V1.0）
		青藏高原 1976 年冰川数据-TPG1976（V1.0）
		青藏高原 2001 年冰川数据-TPG2001（V1.0）
		雅江流域 SRTM DEM
		雅江流域 ASTER DEM
		地表覆盖分类
		基于世界土壤数据库（harmonized world soil database，HWSD）的中国土壤数据集（v1.1）
		土壤温湿度数据集
		雅江流域土壤温湿度观测数据（2017 年）
		2002~2018 年雅江流域地表土壤水分数据集
		包含西南河流源区的整个青藏高原及周边地区的 2003~2018 年逐日 1km 的全天候地表温度产品
		黄河源区康穷上坡多年冻土观测数据
		青藏高原多年冻土综合监测数据集
		高分辨率北半球多年冻土数据集（2000~2016 年）
		西南河流源区逐日无云 4 km IMS 积雪面积产品（2000~2015 年）
		逐日无云 500 m MOD-SSM/I 积雪面积产品（2000~2015 年）
		逐日无云 500 m MOD-B 积雪面积产品（2000~2015 年）
		逐日无云 500 m TAI 积雪面积产品（2000~2015 年）
		逐日无云 500 m I-TAI 积雪面积产品（2000~2015 年）
		基于 AVHRR 的青藏高原 5km 逐日雪盖数据集（1981~2016 年）
		雅江流域雪盖模拟
		雅江流域雪盖观测
		基于 RTSIF 数据集生成高时空分辨率的植被蒸腾数据
		中国陆地生态系统高时空分辨率的水分利用效率数据集

之前的两次冰川编目的基础上，生成了针对大范围内冰川物质平衡的数据集：20 世纪 70 年代～2000 年和 2000～2014 年青藏高原冰川尺度冰面高程变化数据集、2000～2019 年藏东南地区冰川表面高程变化逐年时间序列数据集，提高了对源区冰川变化及其径流效应的认知精度。王磊团队初步建成覆盖全流域的冰川、冻土、土壤温湿度观测，建立了流域主要的水文-气象信息数据库，包括雅江流域土壤温湿度观测数据（2017 年）、青藏高原 2017 年冰川数据-TPG2017（V1.0）、青藏高原 2013 年冰川数据-TPG2013（V1.0）、青藏高原 2001 年冰川数据-TPG2001（V1.0）、青藏高原 1976 年冰川数据-TPG1976（V1.0）、高分辨率北半球多年冻土数据集（2000～2016 年），可为西南径流计划雅江相关研究提供多圈层基础数据。卢麾团队生成了 2002～2018 年雅江流域地表土壤水分数据集，解决了 SMAP 产品只能提供自 2015 年发射期以来的土壤水分信息的问题。周纪团队生成了包含西南河流源区的整个青藏高原及周边地区的 2003～2018 年逐日 1km 的全天候地表温度产品，该产品不但在空间格局上与 MODIS 地表温度产品高度一致，而且完全填补了后者受云污染造成的地表温度缺失；该产品具有更高的稳定性，生成的地表温度图像具有更少的斑块现象和更好的图像质量，目前已发布在西南河流源区数据服务平台。下垫面参数数据集全面展示了西南河流源区冰川、雪盖、土壤湿度等下垫面数据，相较于以往的数据，该套数据集所包含的数据在时空分辨率、时空连续性上得到了大幅度提升，有效地揭示了源区下垫面情况，为西南径流计划的开展提供了数据，便于研究源区的水文、气象变化趋势。

3. 水文要素数据集

水文要素数据集主要包括流量、水位、水温、水深，区域地下水数据、蒸散发数据等水文领域相关要素（表 2-20）。龙笛团队生成了雅江多断面数据集、雅江 6 个断面基于 Jason-2 和 Envisat 的遥感反演水位（2008～2016 年）和流量（2003～2016 年）、雅江每年干季和湿季河流水体矢量数据产品（2000～2016 年）、西南河流源区河流水位数据集、长时间序列河宽数据集，通过结合高精度的多源遥感水位和河宽数据，反演了雅江多个断面高时间分辨率的河道径流量（验证期 NSE>0.9），为雅江径流和水能利用、农业灌溉和洪水预报等提供了重要理论、方法和数据支撑。田富强团队生成了 1979～2018 年 0.1°青藏高原月蒸散发数据集，通过通量和水量平衡数据验证，该数据集精度优于其他数据集。周纪团队生成了 2000～2018 年西南河流源区地表蒸散发数据集，提高了研究区域地表蒸散发图像质量和精度，为西南河流源区的径流变化和预测研究提供了数据支撑。该套数据集展示了西南河流源区的水文要素情况，与以往的数据集相比，该数据集更加全面地展示了各水文要素的变化趋势，有着长时间、高精度、高质量的特点，有效解决了西南河流源区资料匮乏的问题，为研究水文-环境-社会多过程协同演变规律奠定了基础。

表 2-20 水文要素数据集

数量	影响因素	数据名称
16 套	流量、水位、水温、水深,区域地下水数据,蒸散发数据等	黄河源区水文数据集(2001~2018 年)
		雅江每年干季和湿季河流水体矢量数据产品(2000~2016 年)
		雅江流域上游总水储量数据集
		雅江多断面数据集
		长时间序列河宽数据集
		青藏高原主要湖泊水库的水温
		长江、黄河源区径流数据(2007~2016 年)
		直门达站 1956~2020 年径流数据集
		长江源区冬克玛底冰川、天山乌鲁木齐河源 1 号冰川、横断山海螺沟冰川在一个完整消融期内逐日的径流量
		长江源区的沱沱河和直门达水文站逐日的流量
		雅江 6 个断面基于 Jason-2 和 Envisat 的遥感反演水位(2008~2016 年)和流量(2003~2016 年)
		西南河流源区河流水位数据集
		西南源区 ET 数据(2001~2017 年)
		1979~2018 年 0.1°青藏高原月蒸散发数据集
		2000~2018 年西南河流源区地表蒸散发数据集
		地表蒸散发(逐日、1km)

4. 气象要素数据集

气象要素数据集主要包括降水、气温、湿度、辐射、二氧化碳浓度等相关要素(表 2-21)。龙笛团队生成了青藏高原多元融合降水数据集、西南河流源区时间序列日尺度多卫星融合降水数据集(1999~2015 年)、基于地面观测站点校正的卫星雷达降水(1998~2014 年),这些数据集被应用于湖泊溢流监测和水库出流模拟等工程实践,对区域水文气象气候研究及水资源管理意义重大。田富强团队生成了极高海拔区(冰川区)气象要素数据集,为水文模型提供了可靠的输入驱动数据;团队还融合了五种卫星降水产品 2014~2017 年共四年的雨季(5 月 1 日~10 月 31 日)数据,生成了青藏高原高精度降水数据产品,得到了空间分布更加均衡的降水产品。从统计指标角度来看,融合的降水产品优于单独的降水产品,这大大提高了青藏高原区降水数据的质量,为基于水文模型的径流水源解析提供了准确的输入数据。王磊团队生成了雅江流域逐日 10km 分辨率降水数据(1961~2016 年)、雅江流域高时空分辨率降水数据(1981~2019 年),初步建成覆盖全流域的径流观测,利于深入理解近 40 年来雅江径流变化机理及其影响因素,提升雅江流域径流研究的综合观测和模拟能力。卢麾团队生成了 2002~2018 年雅江流域降水数据集,进一步提高了雅江流域卫星降水产品(TRMM 和 GPM)的精度。吴永祥团队从日

表 2-21　气象要素数据集

数量	影响因素	数据名称
36 套	降水、气温、湿度、辐射、二氧化碳浓度等	西南河流源区净生产力数据集
		雅江和澜沧江水体 DOC、总硅、全量金属（2017 年 6 月）
		长波辐射
		发射率
		反照率
		ERA5 数据集
		中国地区 MODIS 雪盖产品数据集
		极高海拔区（冰川区）气象要素数据集
		雅江 26 个国家级气象站蒸散发数据集
		雅江 26 个国家级气象站日照数据集
		雅江 26 个国家级气象站相对湿度数据集
		雅江 26 个国家级气象站风速数据集
		雅江 26 个国家级气象站气压数据集
		雅江 26 个国家级气象站温度数据集
		长江源区的沱沱河和直门达水文站逐日的气温
		长江源区冬克玛底冰川、天山乌鲁木齐河源 1 号冰川、横断山海螺沟冰川在一个完整消融期内逐日的气温
		近地表气温（3h、1km）
		中国西部逐日 1 km 空间分辨率全天候地表温度数据集（2003～2018 年）V1
		雅江 27 个国家级气象站降水数据集
		雅江流域高时空分辨率降水数据（1981～2016 年）
		GSMaP-Gauge 降水数据集
		西南河流源区 TRMM 日降水数据（2000～2017 年）
		雅江 TRMM 3B42 V7 数据
		青藏高原高精度降水数据产品
		雅江流域逐日 10km 分辨率降水数据（1961～2016 年）
		雅江流域高时空分辨率降水数据（1981～2019 年）
		2002～2018 年雅江流域降水数据集
		长江源区冬克玛底冰川、天山乌鲁木齐河源 1 号冰川、横断山海螺沟冰川在一个完整消融期内逐日的降水
		长江源区的沱沱河和直门达水文站逐日的降水
		中国大陆高精度卫星降水产品 HHU-Gauge
		基于集合卡尔曼滤波法的降水数据集
		基于 CNN-LSTM 神经网络模型的降水数据集
		雅江流域 GSMaP 降水修正数据集（2003 年 1 月 1 日～2014 年 12 月 31 日）
		青藏高原多源融合降水数据集
		西南河流源区时间序列日尺度多卫星融合降水数据集（1999～2015 年）
		基于地面观测站点校正的卫星雷达降水（1998～2014 年）

尺度、月尺度、季节性、空间性等多方面对降水数据集进行了质量评估，结果表明该数据集在空间分辨率上由常见的 0.25°、0.1°的数据提升为 5km、1km，相较于之前的数据集，在西南河流源区的普适性得到提升。

5. 水文环境要素及其衍生数据集

水文环境要素及其衍生数据集包括含沙量、COD、氨氮、总磷、硅微量元素，以及通过数据挖掘产生的水位、径流、植被、蒸散发、环境化学要素等相关数据（表 2-22）。田富强团队基于全球最大的河水同位素数据库（global network of isotopes in river，GNIR），收集已发表论文中的数据，建立了数据量更大、空间覆盖更全面的全球河水同位素数据库，为雅江流域径流演变规律研究提供了理论支撑，也为研究寒区流域的水源解析提供了重要的氢氧稳定同位素背景场。王思远团队基于 ArcGIS 平台建立了高寒河流水环境光谱库，通过空间和属性特征的实时查询和显示，可实时查看各采样点的光谱反射率、吸收系数、系统散射系数、散射相函数以及采样点的水质参量值和各类光谱曲线，获取的地面水样分析资料以及光谱库、遥感观测资料可为西南径流计划提供数据支持；团队还得到了雅江中游水质参数浊度、总磷、总氮、总有机碳浓度遥感反演结果，通过该结果能够了解雅江水环境时间和空间变化趋势，为研究西南河流源区水文过程综合响应提供参考依据，为西南径流计划相关课题提供部分长时间序列水环境遥感反演参量支撑。张宝刚团队生成的澜沧江小湾库区硫元素及微生物群落的时空分布信息，对于揭示微生物介导的硫元素在河流生态系统中的迁移转化具有重要意义，为理解径流变化条件下的重要生源要素硫的生物地球化学过程提供了新见解。其可与其他生源要素，如碳、氮、磷、硅等结合，共同揭示径流变化下河流环境质量的时空演变，对西南径流计划科学目标"径流变化下的生源物质迁移转化规律"有重要支撑。龙笛团队生成了西南河流源区重力卫星 1°×1°总水储量变化多尺度因子校正产品（2002～2016 年）、青藏高原总水储量数据集、青藏高原湖泊水储量监测数据集，为西南径流资源开发利用、国际河流多边管理、水和能源安全保障等提供了支撑。陈峰团队重建了怒江相关树轮水文气候序列，基于树轮资料初步建立了怒江和拉萨河（雅江中游）过去 500 年年径流量序列，上述径流重建序列的空间相关分析揭示该重建序列能够表征青藏高原东南部地区干湿变化，并能够准确揭示过去 5 个世纪以来两条大河年径流量的变化。同时，这两条径流量重建序列揭示了最近 30 年来径流呈显著增加趋势，为流域规划和水利工程管理提供了科学支撑。陈晓宏团队将年径流数据与树轮年表进行相关分析，基于此进行了澜沧江流域径流的重构分析，其有助于识别变化环境下流域径流变化趋势、周期。以此提取出来的 17 世纪 50 年代到 18 世纪 50 年代大干旱时期的水文气象信号，与青藏高原其他地区基于替代数据的气温或者 sc-PDSI 重建的研究结果吻合，同时也与小冰期太阳活动低谷期（"Maunder"）相对应；与以往的数据集相比，数据集所包含的水环境要素更加全面，空间覆盖范围更广，时间序列更长，为分析水文-环境-社会经济系统时空变化特征及发展趋势分析提供了数据支撑。

表 2-22　水文环境要素及其衍生数据集

数量	影响因素	数据名称
25 套	含沙量、COD、氨氮、总磷、硅微量元素，以及通过数据挖掘产生的水位、径流、植被、蒸散发、环境化学要素等	全球河水同位素数据库
		黄河源区环境数据集（2001~2018 年）
		高寒河流水环境光谱库
		雅江中游浊度、总磷反演结果（2016 年）
		雅江中游水质参数浊度、总磷、总氮、总有机碳浓度遥感反演
		长江源区冬克玛底冰川、天山乌鲁木齐河源 1 号冰川、横断山海螺沟冰川在一个完整消融期内逐日的 DOC 浓度
		长江源区的沱沱河和直门达水文站逐日的 TOC 浓度
		长江源区的沱沱河和直门达水文站逐日的总氮浓度
		澜沧江小湾库区硫元素及微生物群落的时空分布信息
		梯级水电开发下澜沧江河流（云南段）2019 年 1~12 月环境监测
		澜沧江深大水库水生态环境监测
		怒江（云南段）2019 年 1~12 月监测数据
		澜沧江、怒江 2019 年度全流域监测数据
		青藏高原湖泊水储量监测数据集
		澜沧江总水储量数据集
		西南河流源区重力卫星 1°×1°总水储量变化多尺度因子校正产品（2002~2016 年）
		青藏高原总水储量数据集
		怒江和拉萨河（雅江中游）过去 500 年年径流量序列
		拉萨河径流量重建序列（1546~2017 年）
		怒江径流量重建序列（1500~2011 年）
		澜沧江流域径流的重构分析
		怒江相关树轮水文气候重建序列
		基于机器学习算法重建长时间 SIF 数据集（RTSIF）
		2005~2011 年怒江流域多年平均悬移质输沙时空分布特征统计
		青藏高原现有、在建、规划的重大水电梯级开发工程现状基础数据

　　此外，吴永祥团队整理并上传了社会经济数据集——黄河源区社会经济数据集（2001~2018 年）以及西南径流计划中期文章成果数据集——西南基金论文名录（表 2-23）。

表 2-23　社会经济数据集和文章成果数据集

数据集类别	数量	影响因素	数据名称
社会经济数据集	1 套	地区生产总值（gross domestic product，GDP）、第一产业增加值、第二产业增加值、第三产业增加值、区域人口、城镇人口比例、粮食产量、农作物总播种面积、肉类产量、一般公共预算收入、全年接待国内外游客、初中毕业升学率、水电发电量等	黄河源区社会经济数据集（2001～2018 年）
文章成果数据集	1 套	论文名称、作者、下载链接等	西南基金论文名录

以上介绍的 119 套数据产品，包含气温、水温、水位、降水、蒸散发、冰川等要素，提高了研究区域数据集的数量和质量，部分数据集已应用于项目实践中，为西南径流计划提供数据支撑。尤其是雍斌团队开发的青藏高原高精度降水数据集、龙笛团队开发的满足水量平衡的西南河流源区高精度水要素数据集等高质量数据集，均在吴永祥团队的西南河流源区水文-环境要素主题数据中心中得到很好展示，更好地揭示了西南河流源区水文、气象等相关要素的变化趋势，全面提升了西南径流计划产出数据集的质量，相比其他针对该区域研制的数据集，本书的数据集具有时空分辨率更高、连续性更好的特点，在科学问题发现和工程应用方面具有特殊重要的价值。

2.4　小　　结

本章系统介绍了西南径流计划在水文监测与数据方面取得的进展，包括西南河流源区天空地一体化水文监测体系、水文要素遥感监测新技术、高原寒区地面监测系列新设备，以及通过开展上述研究形成的西南河流源区水文基础数据集，主要进展和结论如下。

（1）构建了西南河流源区天空地一体化水文监测体系。西南河流源区受低气温、低气压和强辐射等限制，水文站点稀疏、布局不均衡、运行保障率低。为此，西南径流计划构建了以地面水文站网监测为精度控制基础、以卫星遥感水文监测方法的大尺度数据获取能力提升站网覆盖面、以无人机平台机动监测为补充，采用数据融合、同化算法，形成满足不同时效性、时空分辨率、精度和区域适应的高原寒区水文要素天空地一体化协同监测体系：形成了水源解析嵌套实验观测系统，以雅江为中心，覆盖多条西南大河，完成了大量高原寒区水源解析现场观测实验，包括干支流水文站点的连续观测、重点区域的大范围踏勘采样以及实验流域的强化观测。通过实验观测积累了大量第一手资料，共采集水样上千个，对包含同位素、水化学、有机碳等在内的多种示踪元素含量进行检测，获取数据上万条，扩充了已有示踪数据集的水体和示踪元素种类，形成了高原寒区水源解析数据集，为水源解析研究提供了关键数据支撑。

（2）提出了水文要素遥感监测新技术。在高寒高海拔区降水遥感方面，结合地形起伏度评估了 12 种降水产品在青藏高原的精度，可以发现：在青藏高原表现最好的四套主流降水数据分别是 GSMaP-Gauge、ERA5、IMERG-Final 及 MSWEP，中西部区域建议采用 GSMaP-Gauge、ERA5，东部区域建议采用 IMERG-Final、MSWEP。更准确地，高原中西部推荐使用 ERA5；高原南部推荐使用 GSMaP-Gauge；高原东部周边推荐使用 IMERG-Final；柴达木盆地推荐使用 MSWEP。针对青藏高原区域的降水研发出一种考虑四要素的校正融合算法（ILSF），其为进一步校正融合青藏高原高精度降水数据集提供了有效的技术手段。在高山区河道水位遥感反演方面，基于光学和雷达卫星进行河宽信息提取，解决了窄河道（300m 河宽）距离改正的难题，相比国际上主要针对大河（1km 以上河宽）的水位监测方法有较大突破；通过对对流层、电离层等各种影响因素进行物理改正，提出了新的波形重定方法（TIC），实现了针对高山区窄河道的水位反演。在缺资料流域河道径流量遥感反演方面，研发了测高卫星雷达新的波形重定方法，提取了高山区窄河道精确的水位信息；采用遥感云计算平台处理海量高分辨率光学和合成孔径雷达卫星影像，提取精确的河宽信息；推导和归纳了径流量遥感反演的关键公式，采用高精度的水位和河宽遥感观测信息估算了河道径流量；根据所建立的径流量遥感反演公式和水文模型，集成高精度的河宽和水位遥感观测信息，实现了无资料区日连续径流量高精度的模拟。在高原寒区水质遥感反演方面，基于空间对地观测技术，研究高分、高光谱遥感数据水环境关键参数反演难题，利用水色遥感理论与知识过程模型，通过多传感器遥感数据的优化选择、协同应用，攻克了多尺度多时空数据协同处理与水环境关键参数定量反演等核心技术，建立了水质参数遥感定量反演模型，提升了高原寒区河流水质遥感监测与预警能力。

（3）研发了高原寒区地面监测系列新设备。研发的深水采样监测新设备破解了高坝大库水与沉积物样品保真采集的关键难题，实现了沉积物柱芯采集、水体垂向分层精确采样、关键理化参数的同步监测，打破了国外技术封锁。集成研发的无人机平台河道流量监测设备，突破了复杂河道下垫面的限制，实现了高原寒区河流断面、水位、流速和流量的一体化监测，弥补了卫星遥感监测精度低、中小河流适用性不强与地基监测覆盖面小的不足。研发的全天候高精度自动降水观测装置，解决了雨雪无法兼顾、计量误差受雨强影响大等一系列降水监测难题，将单层翻斗雨量设备在高原寒区的计量误差由 ±4%～±8% 降低到 ±2% 范围内，精度达到国际领先水平。研发了适用于高原寒区的流量、水质在线监测新型成套设备，发展了大尺度视频流速场测量 LSPIV 新技术，突破了接触式监测设备在高寒地区应用的局限性，测流误差为 ±10%。构建了高原寒区监测设备运维保障体系。针对高原寒区交通不便、通信信号差、供电不稳定导致的监测设备日常运维困难问题，构建了以蓄电池、风能、太阳能、市电多源互补的供电保障方案，以超短波信道、卫星通信、GPRS 通信、混合通信多源互补的通信保障方案，突破了水文测站运行维护困难的限制，实现了降水、水位和流量等水文要素的全天候在线监测。

（4）建立了西南河流源区水文基础数据集。针对多源卫星、地面监测和再分析数据等不同来源的数据在时间空间分辨率、监测精度和准确性上都存在较大差异，也存在系列缺失等问题，西南径流计划建立了包括偏差修正模型、特征融合、成分替换融合、天空地跨尺度数据融合在内的方法，提出了一套点面结合、多要素关联的数据质量评估与加工技术方案，研发了时空重建、数据融合、深度学习等数据集成方法，系统建立了119套西南河流源区水文基础数据集，全面提升了西南径流计划产出数据集的质量。相比其他针对该区域研制的数据集，本数据集具有时空系列连续完整、时空分辨率高、数据质量和精度可控、高时空分辨率等特点。

参 考 文 献

薄伟伟, 高庆方, 胡洁, 等. 2020. 洪水风险图编制多源地理数据整编技术研究. 地理空间信息, 18(2): 61-63, 7.

陈迪, 吴文斌, 陆苗, 等. 2016. 基于多源数据融合的地表覆盖数据重建研究进展综述. 中国农业资源与区划, 37(9): 62-70.

陈曦. 2018. 高原寒区水文模型参数率定及应用. 北京: 清华大学.

程国栋. 2013. 金会军青藏高原多年冻土区地下水及其变化. 水文地质工程地质, 40(1): 1-11.

杜明达. 2018. 缺资料地区基于多源遥感数据的水文模型研究. 北京: 清华大学.

段克勤, 姚檀栋, 王宁练, 等. 2008. 青藏高原南北降水变化差异研究. 冰川冻土, 30(5): 7.

樊华烨, 李英, 张廷龙, 等. 2020. 陆地植被水碳通量模型模拟与数据同化研究进展. 应用生态学报, 31(6): 2098-2108.

傅琦. 2020. 基于数据融合的机载 SAR 任务适应性评估方法的研究. 成都: 电子科技大学.

高卿, 苗毅, 宋金. 2021. 青藏高原可持续发展研究进展. 地理研究, 40(1): 17.

郭黎, 崔铁军, 王玉海, 等. 2007. 多源空间数据融合技术探讨. 地理信息世界, 1: 62-66.

金鑫, 金彦香. 2021. TRMM 及 GPM 降雨数据在高寒内陆河流域的准确性评估. 地球信息科学学报, 23(3): 395-404.

李红梅, 申红艳, 汪青春, 等. 2021. 1961~2017 年青海高原雨季和降雨的变化特征. 高原气象, 40(5): 1038-1047.

李建, 宇如聪, 陈昊明, 等. 2010. 对三套再分析资料中国大陆地区夏季降雨量的评估分析. 气象, 36(12): 1-9.

李庆, 张春来, 王仁德, 等. 2018. 1965~2016年青藏高原关键气象因子变化特征及其对土地沙漠化的影响. 北京师范大学学报(自然科学版), 54(5): 7.

李晓英, 姚正毅, 肖建华, 等. 2016. 1961~2010 年青藏高原降水时空变化特征分析. 冰川冻土, 38(5): 8.

刘江涛, 徐宗学, 赵焕, 等. 2019. 不同降水卫星数据反演降水量精度评价——以雅鲁藏布江流域为例. 高原气象, 38(2): 386-396.

马建文, 秦思娴. 2012. 数据同化算法研究现状综述. 地球科学进展, 27(7): 747-757.

潘旸, 沈艳, 宇婧婧, 等. 2012. 基于最优插值方法分析的中国区域地面观测与卫星反演逐时降雨融合试验. 气象学报, 70(6): 1381-1389.

舒大兴. 2005. 水文信息系统现代化研究. 南京: 河海大学.

田苗, 李卫国. 2015. 基于 TRMM 遥感数据的旱涝时空特征分析. 农业机械学报, 46(5): 252-257.

王文, 寇小华. 2009. 水文数据同化方法及遥感数据在水文数据同化中的应用进展. 河海大学学报(自然科学版), 37(5): 556-562.

王宗敏, 王治中, 杨瑶, 等. 2021. 多时间尺度下遥感降雨产品与再分析降雨产品在海河流域适用性对比分析. 科学技术与工程, 21(6): 2186-2193.

卫林勇, 江善虎, 任立良, 等. 2019. 多源卫星降雨产品在不同省份的精度评估与比较分析.中国农村水利水电, 11: 38-44.

吴国雄, 段安民, 张雪芹, 等. 2013. 青藏高原极端天气气候变化及其环境效应. 自然杂志, 35(3): 167-171.

吴琼, 仰美霖, 窦芳丽. 2017. GPM 双频降雨测量雷达对降雪的探测能力分析. 气象, 43(3): 348-353.

谢欣汝. 2019. 青藏高原夏季降雨变化特征及其对 NAO 的响应. 南京: 南京信息工程大学.

徐冉. 2019. 雅鲁藏布江径流形成和演变规律的模型解析研究. 北京: 清华大学.

许建伟, 高艳红, 彭保发, 等. 2020. 1979~2016 年青藏高原降水的变化特征及成因分析. 高原气象, 39(2): 11.

续昱, 高艳红. 2020. 基于 GLDAS 与再分析资料的青藏高原内循环降雨率分析. 高原气象, 39(3): 499-510.

岩腊, 龙笛, 白亮亮, 等. 2020. 基于多源信息的水资源立体监测研究综述. 遥感学报, 24(7):787-803.

杨娜, 卢莹, 杨茜然, 等. 2020. PERSIANN-CDR 产品对淮河流域干旱特征辨识性能评估. 水电能源科学, 38(3): 1-4, 12.

叶梦姝. 2018. 中国大气再分析资料降雨产品在天气和气候中的适用性研究. 兰州: 兰州大学.

张建云. 2010. 中国水文预报技术发展的回顾与思考. 水科学进展, 21(4): 435-443.

张乐乐, 高黎明, 陈克龙. 2020. 高分辨率遥感降雨资料在青海湖流域及周边区域的适用性评价. 水文, 40(5): 15-21.

张茹, 雍斌, 曾岁康. 2021. GPM 卫星降水产品在中国大陆的精度评估. 人民长江, 52(5): 50-59.

张同同, 杨红磊, 李东明, 等. 2019. SAR 影像中叠掩与阴影区域的识别——以湖北巴东为例. 测绘通报, 11: 85-88.

章树安, 吴礼福, 林伟. 2006. 我国水文资料整编和数据库技术发展综述. 水文, 3: 48-52.

郑艳萍. 2018. ERA5 再分析资料在广东省的适用性初步分析//中国气象学会.第 35 届中国气象学会年会 S20 深度信息化:应用支持与智能发展.

朱青, 廖凯华, 赖晓明, 等. 2019. 流域多尺度土壤水分监测与模拟研究进展. 地理科学进展, 38(8): 1150-1158.

Abaza M, Garneau C, Anctil F. 2015. Comparison of sequential and variational streamflow assimilation techniques for short-term hydrological forecasting. Journal of Hydrologic Engineering, 20(2): 04014042.

Alsdorf D E, Lettenmaier D P. 2003. Tracking fresh water from space. Science, 301(5639): 1491-1494.

Alsdorf D E, Rodríguez E, Lettenmaier D P. 2007. Measuring surface water from space. Reviews of Geophysics, 45(2): 1-24.

Alvarez-Vanhard E, Houet T, Mony C, et al. 2020. Can UAVs fill the gap between in situ surveys and satellites for habitat mapping?. Remote Sensing of Environment, 243:111780.

Andermann C, Bonnet S, Gloaguen R. 2011. Evaluation of precipitation data sets along the Himalayan front. Geochemistry, Geophysics, Geosystems, 12(7).

Ashouri H, Hsu K L, Sorooshian S, et al. 2015. PERSIANN-CDR: Daily precipitation climate data record from multisatellite observations for hydrological and climate studies. Bulletin of the American Meteorological Society, 96(1): 69-83.

Bamber J. 1994. Ice sheet altimeter processing scheme. International Journal of Remote Sensing, 15: 925-938.

Bandini F, Jakobsen J, Olesen D, et al. 2017. Measuring water level in rivers and lakes from lightweight Unmanned Aerial Vehicles. Journal of Hydrology, 548:237-250.

Bandini F, Lüthi B, Peña-Haro S, et al. 2020. A Drone-Borne method to jointly estimate discharge and

Manning's roughness of natural streams. Water Resour Res, 57. doi:10.1029/2020WR028266.

Beck H E, Wood E F, Pan M, et al. 2019. MSWEP V2 global 3-hourly 0.1 precipitation: Methodology and quantitative assessment. Bulletin of the American Meteorological Society, 100(3): 473-500.

Berry P A M, Bracke H, Jasper A. 1997. Retracking ERS-1 altimeter waveforms over land for topographic height determination: An expert systems approach//Third ERS Symposium on Space at the service of our Environment, 414: 403.

Biancamaria S, Frappart F, Leleu A S, et al. 2017. Satellite radar altimetry water elevations performance over a 200 m wide river: Evaluation over the Garonne River. Advances in Space Research, 59(1): 128-146.

Biancamaria S, Lettenmaier D P, Pavelsky T M. 2016. The SWOT mission and its capabilities for land hydrology//Remote Sensing and Water Resources. Cham: Springer.

Birkinshaw S J, O'donnell G M, Moore P, et al. 2010. Using satellite altimetry data to augment flow estimation techniques on the Mekong River. Hydrological Processes, 24(26): 3811-3825.

Bjerklie D M, Dingman S L, Vorosmarty C J, et al. 2003. Evaluating the potential for measuring river discharge from space. Journal of Hydrology, 278(1-4): 17-38.

Bjerklie D M, Moller D, Smith L C, et al. 2005. Estimating discharge in rivers using remotely sensed hydraulic information. Journal of Hydrology, 309: 191-209.

Brakenridge G R, Nghiem S V, Anderson E, et al. 2007. Orbital microwave measurement of river discharge and ice status. Water Resources Research, 43: 4.

Brown G. 1977. The average impulse response of a rough surface and its applications. IEEE transactions on antennas and propagation, 25(1): 67-74.

Challenor P G, Srokosz M A. 1989. The extraction of geophysical parameters from radar altimeter return from a non-linear sea surface//Brooks S R. Mathematics in Remote Sensing, Clarendon: Clarendon Press. 257-268.

Chen H, Yong B, Gourley J J, et al. 2022. A novel real-time error adjustment method with considering four factors for correcting hourly multi-satellite precipitation estimates. IEEE Transactions on Geoscience and Remote Sensing, 60: 1-11.

Chen H, Yong B, Kirstetter P E, et al. 2021. Global component analysis of errors in three satellite-only global precipitation estimates. Hydrology and Earth System Sciences, 25(6): 3087-3104.

Chen H, Yong B, Shen Y, et al. 2019. Comparison analysis of six purely satellite-derived global precipitation estimates. Journal of Hydrology, 581: 124376.

Chen J, Quan W, Cui T, et al. 2015. Estimation of total suspended matter concentration from MODIS data using a neural network model in the China eastern coastal zone. Estuarine Coastal & Shelf Science, 155: 104-113.

Chen X, Long D, Hong Y, et al. 2017a. Observed radiative cooling over the Tibetan Plateau for the past three decades driven by snow cover-induced surface albedo anomaly. Journal of Geophysical Research: Atmospheres, 122: 6170-6185.

Chen X, Long D, Hong Y, et al. 2017b. Improved modeling of snow and glacier melting by a progressive two - stage calibration strategy with GRACE and multisource data: How snow and glacier meltwater contributes to the runoff of the Upper Brahmaputra River basin? . Water Resources Research, 53: 2431-2466.

Chen X, Zhang T, Guo R, et al. 2021. Fencing enclosure alters nitrogen distribution patterns and tradeoff strategies in an alpine meadow on the Qinghai-Tibetan Plateau. Catena, 197(9): 104948.

Cheng K C, Kuo C Y, Tseng H Z, et al. 2010. Lake Surface Height Calibration of Jason-1 and Jason-2 Over the Great Lakes. Marine Geodesy, 33: 186-203.

Crétaux J F, Jelinski W, Calmant S, et al. 2011. SOLS: A lake database to monitor in the Near Real Time water level and storage variations from remote sensing data. Advances in Space Research, 47: 1497-1507.

Davis C H. 1993. A robust threshold retracking algorithm for measuring ice-sheet surface elevation change from satellite radar altimeters. IEEE Transactions on Geoscience and Remote Sensing, 35: 974-979.

Dca B, Gp A, Ps A, et al. 2017. Evaluation of the GPM-DPR snowfall detection capability: Comparison with CloudSat-CPR-Science Direct. Atmospheric Research, 197: 64-75.

Deb K, Pratap A, Agarwal S, et al. 2002. A fast and elitist multiobjective genetic algorithm: NSGA-II. IEEE Transactions on Evolutionary Computation, 6(2): 182-197.

Decker M, Brunke M A, Wang Z, et al. 2012. Evaluation of the reanalysis products from GSFC, NCEP, and ECMWF using flux tower observations. Journal of Climate, 25(6): 1916-1944.

Dee D P, Uppala S. 2009. Variational bias correction of satellite radiance data in the ERA‐Interim reanalysis. Quarterly Journal of the Royal Meteorological Society: A Journal of the Atmospheric Sciences, Applied Meteorology and Physical Oceanography, 135(644): 1830-1841.

Di Z, Duan Q, Gong W, et al. 2015. Assessing WRF model parameter sensitivity: A case study with 5 day summer precipitation forecasting in the Greater Beijing Area. Geophysical Research Letters, 42(2): 579-587.

Dogliotti A I, Ruddick K G, Nechad B, et al., 2015. A single algorithm to retrieve turbidity from remotely-sensed data in all coastal and estuarine waters. Remote Sensing of Environment, 156: 157-168.

Duan Z, Bastiaanssen W G M. 2013. Estimating water volume variations in lakes and reservoirs from four operational satellite altimetry databases and satellite imagery data. Remote Sensing of Environment, 134: 403-416.

Dumont J P, Rosmorduc V, Picot N, et al. 2009. OSTM/Jason-2 products handbook. CNES: SALP-MU-M-OP-15815-CN, EUMETSAT: EUM. OPS-JAS/MAN/08/0041, JPL: OSTM-29-1237, NOAA/NESDIS: Polar Series/OSTM.

Durand M, Fu L L, Lettenmaier D P, et al. 2010. The surface water and ocean topography mission: Observing terrestrial surface water and oceanic submesoscale eddies. Proceedings of the IEEE, 98(5): 766-779.

Durand M, Gleason C J, Garambois, et al. 2016. An intercomparison of remote sensing river discharge estimation algorithms from measurements of river height, width, and slope. Water Resources Research, 52: 4527-4549.

Durand M, Neal J, Rodríguez E, et al. 2014. Estimating reach-averaged discharge for the River Severn from measurements of river water surface elevation and slope. Journal of Hydrology, 511: 92-104.

Fjørtoft R, Gaudin J M, Pourthié N, et al. 2013. KaRIn on SWOT: Characteristics of near-nadir Ka-band interferometric SAR imagery. IEEE Transactions on Geoscience and Remote Sensing, 52(4): 2172-2185.

Frappart F, Calmant S, Cauhopé M, et al. 2006. Preliminary results of ENVISAT RA-2-derived water levels validation over the Amazon basin. Remote sensing of Environment, 100(2): 252-264.

Frasson R P M, Wei R, Durand M, et al. 2017. Automated river reach definition strategies: Applications for the surface water and ocean topography mission. Water Resources Research, 53(10): 8164-8186.

Fukutomi Y, Masuda K, Yasunari T. 2012. Spatiotemporal structures of the intraseasonal oscillations of precipitation over northern Eurasia during summer. International Journal of Climatology, 32(5): 710-726.

Gao Y C, Liu M F. 2013. Evaluation of high-resolution satellite precipitation products using rain gauge observations over the Tibetan Plateau. Hydrology and Earth System Sciences, 17(2): 837-849.

Gao Y, Cuo L, Zhang Y. 2014. Changes in moisture flux over the Tibetan Plateau during 1979–2011 and possible mechanisms. Journal of Climate, 27(5): 1876-1893.

Gebremichael M, Hossain F. 2010. Satellite Rainfall Applications for Surface Hydrology. Netherlands: Springer.

Gelaro R, McCarty W, Suárez M J, et al. 2017. The modern-era retrospective analysis for research and applications, version 2 (MERRA-2). Journal of Climate, 30(14): 5419-5454.

Getirana A C V, Boone A, Yamazaki D, et al. 2013. Automatic parameterization of a flow routing scheme driven by radar altimetry data: Evaluation in the Amazon basin. Water Resources Research, 49(1): 614-629.

Gourley J J, Hong Y, Flamig Z L, et al. 2011. Hydrologic evaluation of rainfall estimates from radar, satellite, gauge, and combinations on Ft. Cobb basin, Oklahoma. Journal of Hydrometeorology, 12(5): 973-988.

Guo H, Bao A, Ndayisaba F, et al. 2017. Systematical evaluation of satellite precipitation estimates over central Asia using an improved error‐component procedure. Journal of Geophysical Research: Atmospheres, 122(20): 10906-10927.

Guo J, Chang X, Gao Y, et al. 2009. Lake level variations monitored with satellite altimetry waveform retracking. IEEE Journal of Selected Topics in Applied Earth Observations and Remote Sensing, 2(2): 80-86.

Hans H, Bill B, Paul B,et al. 2020. The ERA5 global reanalysis.RMetS, 146(730): 1999-2049.

Hansen P C, O'Leary D P. 1993. The use of the L-curve in the regularization of discrete ill-posed problems. SIAM Journal on Scientific Computing, 14(6): 1487-1503.

Hersbach H, Bell B, Berrisford P, et al. 2020. The ERA5 global reanalysis. Quarterly Journal of the Royal Meteorological Society, 146(730): 1999-2049.

Hierro R, Llamedo P, de la Torre A, et al. 2016. Spatiotemporal structures of rainfall over the Amazon basin derived from TRMM data. International Journal of Climatology, 36(3): 1565-1574.

Hou A Y, Kakar R K, Neeck S, et al. 2014. The global precipitation measurement mission. Bulletin of the American Meteorological Society, 95(5): 701-722.

Hsu K L, Gao X G. 1997. Precipitation estimation from remotely sensed information using artificial neural networks. Journal of Applied Meteorology, 36(9): 1176-1190.

Huang Q, Li X, Han P, et al. 2019. Validation and application of water levels derived from Sentinel-3A for the Brahmaputra River. Science China Technological Sciences, 62:1760-1772.

Huang Q, Long D, Du M, et al. 2018a. An improved approach to monitoring Brahmaputra River water levels using retracked altimetry data. Remote Sensing of Environment, 211:112-128.

Huang Q, Long D, Du M, et al. 2018b. Discharge estimation in high-mountain regions with improved methods using multisource remote sensing: A case study of the Upper Brahmaputra River. Remote Sensing of Environment, 219:115-134.

Huang Q, Long D, Du M, et al. 2020. Daily continuous river discharge estimation for ungauged basins using a hydrologic model calibrated by satellite altimetry: Implications for the SWOT mission. Water Resources Research, 56(7).

Huffman G J , Bolvin D T , Nelkin E J , et al. 2010a. The TRMM Multisatellite Precipitation Analysis (TMPA): Quasi-Global, Multiyear, Combined-Sensor Precipitation Estimates at Fine Scales. Netherlands: Springer.

Huffman G J, Adler R F, Bolvin D T, et al. 2010b. The TRMM multi-satellite precipitation analysis (TMPA)//Satellite Rainfall Applications for Surface Hydrology. 3-22.

Huffman G J, Bolvin D T, Braithwaite D, et al. 2015. NASA global precipitation measurement (GPM) integrated multi-satellite retrievals for GPM (IMERG). Algorithm Theoretical Basis Document (ATBD) Version, 4: 26.

Huffman G J, Bolvin D T, Braithwaite D, et al. 2020. Integrated multi-satellite retrievals for the global precipitation measurement (GPM) mission (IMERG). Satellite Precipitation Measurement: (1): 343-353.

Hwang C, Cheng Y S, Yang W H, et al. 2019. Lake level changes in the Tibetan Plateau from Cryosat-2, SARAL, ICESat, and Jason-2 altimeters. Terrestrial Atmospheric and Oceanic Sciences, 30: 33-50.

Hwang C, Guo J, Deng X, et al. 2006. Coastal gravity anomalies from retracked Geosat/GM altimetry: improvement, limitation and the role of airborne gravity data. Journal of Geodesy, 80(4): 204-216.

Immerzeel W W, Van Beek L P H, Bierkens M F P. 2010. Climate change will affect the Asian water towers. Science, 328(5984): 1382-1385.

Jiang X, Liu Y, Wu Y, et al. 2021. Evaluation of the performance of multi-source precipitation data in southwest China. Water, 13(22): 3200.

Joyce R J, Janowiak J E, Arkin P A, et al. 2004. CMORPH: A Method that Produces Global Precipitation Estimates from Passive Microwave and Infrared Data at High Spatial and Temporal Resolution. Journal of Hydrometeorology, 5(3): 287-296.

Kanamitsu M, Ebisuzaki W, Woollen J, et al. 2002. Ncep–doe amip-ii reanalysis (r-2). Bulletin of the American Meteorological Society, 83(11): 1631-1644.

Kelly K A, Willis J K, Reverdin G, et al. 2017. Satellite Altimetry Over Oceans and Land Surfaces. Boca Raton: CRC Press.

Kentaro T, Saavedra V, Masahiro R, et al. 2016. Spatiotemporal evaluation of the Gauge-adjusted global satellite mapping of precipitation at the basin scale. Journal of the Meteorological Society of Japan, 94(2): 185-195.

Kleinherenbrink M, Lindenbergh R C, Ditmar P G. 2015. Monitoring of lake level changes on the Tibetan Plateau and Tian Shan by retracking Cryosat SARIn waveforms. Journal of Hydrology, 521: 119-131.

Kobayashi C, Iwasaki T. 2016. Brewer‐Dobson circulation diagnosed from JRA‐55. Journal of Geophysical Research: Atmospheres, 121(4): 1493-1510.

Kouraev A V, Zakharova E A, Samain O, et al. 2004. Ob' river discharge from TOPEX/Poseidon satellite altimetry (1992–2002). Remote Sensing of Environment, 93(1-2): 238-245.

Kubota T, Aonashi K, Ushio T, et al. 2020. Global satellite mapping of precipitation (GSMaP) products in the GPM era. Satellite Precipitation Measurement, (1): 355-373.

Kubota T, Ushio T, Shige S, et al. 2009. Verification of high-resolution satellite-based rainfall estimates around Japan using a gauge-calibrated ground-radar dataset. Journal of the Meteorological Society of Japan. Ser. II, 87: 203-222.

Kuo C Y, Kao H C. 2011. Retracked Jason-2 altimetry over small water bodies: Case study of Bajhang River, Taiwan. Marine Geodesy, 34(3-4): 382-392.

Lakew H B. 2020. Investigating the effectiveness of bias correction and merging MSWEP with gauged rainfall for the hydrological simulation of the upper Blue Nile basin.Journal of Hydrology: Regional Studies, 32: 100741.

Lee H, Shum C K, Emery W, et al. 2010. Validation of Jason-2 altimeter data by waveform retracking over California coastal ocean. Marine Geodesy, 33(S1): 304-316.

Li D, Yang K, Tang W, et al. 2020. Characterizing precipitation in high altitudes of the western Tibetan plateau with a focus on major glacier areas. International Journal of Climatology, 40(12): 5114-5127.

Li H W, Qiao G, Wu Y J, et al. 2017. Water level monitoring on tibetan lakes based on icesat and envisat data series. ISPRS - International Archives of the Photogrammetry, Remote Sensing and Spatial Information Sciences. XLII-2/W7:1529-1533.

Li Q, Wei J, Yin J, et al. 2020. Multiscale comparative evaluation of the GPM and TRMM precipitation products against ground precipitation observations over Chinese Tibetan Plateau. IEEE Journal of Selected Topics in Applied Earth Observations and Remote Sensing, 14: 2295-2313.

Li X, Long D, Huang Q, et al. 2019. High-temporal-resolution water level and storage change data sets for lakes on the Tibetan Plateau during 2000–2017 using multiple altimetric missions and Landsat-derived lake shoreline positions. Earth System Science Data, 11:1603-1627.

Li X, Wang L, Guo X, et al. 2017. Does summer precipitation trend over and around the Tibetan Plateau depend on elevation?. International Journal of Climatology, 37: 1278-1284.

Liang S , Ge S , Wan L, et al. 2010. Can climate change cause the Yellow River to dry up?. Water Resources Research, 46(2): 228-236.

Liang X, Wood E F, Lettenmaier D P. 1996. Surface soil moisture parameterization of the VIC-2L model: Evaluation and modification. Global and Planetary Change, 13(1–4): 195-206.

Liu J, Shangguan D, Liu S, et al. 2019. Evaluation and comparison of CHIRPS and MSWEP daily-precipitation products in the Qinghai-Tibet Plateau during the period of 1981–2015. Atmospheric Research, 230: 104634.

Long D, Shen Y, Sun A, et al. 2014. Drought and flood monitoring for a large karst plateau in Southwest China using extended GRACE data. Remote Sensing of Environment, 155: 145-160.

Long D, Yan L, Bai L, et al. 2020. Generation of MODIS-like land surface temperatures under all-weather conditions based on a data fusion approach. Remote Sensing of Environment, 246: 111863.

Ma L, Zhao L, Tian L, et al. 2019. Evaluation of the integrated multi-satellite retrievals for global precipitation measurement over the Tibetan Plateau. Journal of Mountain Science, 16(7): 1500-1514.

Maggioni V, Meyers P C, Robinson M D. 2016a. A review of merged high-resolution satellite precipitation product accuracy during the Tropical Rainfall Measuring Mission (TRMM) era. Journal of Hydrometeorology, 17(4): 1101-1117.

Maggioni V, Sapiano M R P, Adler R F. 2016b. Estimating uncertainties in high-resolution satellite precipitation products: systematic or random error?. Journal of Hydrometeorology, 17(4): 1119-1129.

Martin T V, Zwally H J, Brenner A C, et al. 1983. Analysis and retracking of continental ice sheet radar altimeter waveforms. Journal of Geophysical Research: Oceans, 88(C3): 1608-1616.

Mastyło M. 2013. Bilinear interpolation theorems and applications. Journal of Functional Analysis, 265(2): 185-207.

Medina C, Gomez-Enri J, Alonso J J, et al. 2010. Water volume variations in Lake Izabal (Guatemala) from in situ measurements and ENVISAT Radar Altimeter (RA-2) and Advanced Synthetic Aperture Radar (ASAR) data products. Journal of Hydrology, 382: 34-48.

Mega T, Ushio T, Takahiro M, et al. 2018. Gauge-adjusted global satellite mapping of precipitation. IEEE Transactions on Geoscience and Remote Sensing, 57(4): 1928-1935.

Michailovsky C I, McEnnis S, Berry P A M, et al. 2012. River monitoring from satellite radar altimetry in the Zambezi River basin. Hydrology and Earth System Sciences, 16:2181-2192.

Michailovsky C I, Milzow C, Bauer‐Gottwein P. 2013. Assimilation of radar altimetry to a routing model of the Brahmaputra River. Water Resources Research, 49: 4807-4816.

Moazami S, Golian S, Hong Y, et al. 2016. Comprehensive evaluation of four high-resolution satellite precipitation products under diverse climate conditions in Iran. Hydrological Sciences Journal, 61(2):

420-440.

Mohammad G, Assefa M, Lakshmi R. 2016. A comprehensive review on water quality parameters estimation using remote sensing techniques. Sensors, 16(8): 1298.

Moore R K, Williams C S. 1957. Radar terrain return at near-vertical incidence. Proceedings of the Institute of Radio Engineers, 45: 228-238.

Nechad B, Ruddick K, Park Y, 2010. Calibration and validation of a generic multisensor algorithm for mapping of total suspended matter in turbid waters[J]. Remote Sensing of Environment, 114: 854-866.

Oubanas H, Gejadze I, Malaterre P O, et al. 2018. Discharge estimation in ungauged basins through variational data assimilation: The potential of the SWOT mission. Water Resources Research, 54(3): 2405-2423.

Papa F, Bala S K, Pandey R K, et al. 2012. Ganga‑Brahmaputra river discharge from Jason‑2 radar altimetry: An update to the long‑term satellite‑derived estimates of continental freshwater forcing flux into the Bay of Bengal. Journal of Geophysical Research: Oceans, 117: C11021.

Papa F, Durand F, Rossow W B, et al. 2010. Satellite altimeter‑derived monthly discharge of the Ganga‑Brahmaputra River and its seasonal to interannual variations from 1993 to 2008. Journal of Geophysical Research: Oceans, 115: C12013.

Paris A, Dias de Paiva R, Santos da Silva J, et al. 2016. Stage‑discharge rating curves based on satellite altimetry and modeled discharge in the Amazon basin. Water Resources Research, 52(5): 3787-3814.

Pavelsky T M, Andreadis K, Biancamaria S, et al. 2013. Recent progress in development of SWOT river discharge algorithms. 20 Years of Progress in Radar Altimatry, 710: 112.

Pavelsky T M. 2014. Using width-based rating curves from spatially discontinuous satellite imagery to monitor river discharge. Hydrological Processes, 28: 3035-3040.

Peterson P, Funk C C, Landsfeld M F, et al. 2015. The climate hazards group infrared precipitation with stations (CHIRPS) v2. 0 dataset: 35 year quasi-global precipitation estimates for drought monitoring//AGU Fall Meeting Abstracts: NH41D-05.

Qiu Z F. 2013. A simple optical model to estimate suspended particulate matter in Yellow River Estuary. Optics Express, 21(23): 27891.

Reichle R H, Draper C S, Liu Q, et al. 2017. Assessment of MERRA-2 land surface hydrology estimates. Journal of Climate, 30(8): 2937-2960.

Reichle R H. 2008. Data assimilation methods in the Earth sciences. Advances in Water Resources, 31(11): 1411-1418.

Ren-Jun Z. 1992. The Xinanjiang model applied in China. Journal of hydrology, 135(1-4): 371-381.

Rodell M, Houser P R, Jambor U E A, et al. 2004. The global land data assimilation system. Bulletin of the American Meteorological Society, 85(3): 381-394.

Roscher R, Uebbing B, Kusche J. 2017. STAR: Spatio-temporal altimeter waveform retracking using sparse representation and conditional random fields. Remote sensing of Environment, 201: 148-164.

Santos da Silva J, Calmant S, Seyler F, et al. 2010. Water levels in the Amazon basin derived from the ERS 2 and ENVISAT radar altimetry missions. Remote Sensing of Environment, 114: 2160-2181.

Scherer W D, Hudlow M D. 1971. A technique for assessing probable distributions of tropical precipitation echo lengths for X-band radar from Nimbus 3 HRIR data. BOMEX Bull, 10: 63-68.

Schwatke C, Dettmering D,Bosch W, et al. 2015. DAHITI – an innovative approach for estimating water level time series over inland waters using multi-mission satellite altimetry. Hydrology & Earth System Sciences, 19(10): 4345-4364.

Seo D J, Cajina L, Corby R, et al. 2009. Automatic state updating for operational streamflow forecasting via variational data assimilation. Journal of Hydrology, 367(3-4): 255-275.

Seo D J, Koren V, Cajina N. 2003. Real-time variational assimilation of hydrologic and hydrometeorological data into operational hydrologic forecasting. Journal of Hydrometeorology, 4(3): 627-641.

Serreze M C, Barrett A P, Lo F. 2005. Northern high-latitude precipitation as depicted by atmospheric reanalyses and satellite retrievals. Monthly Weather Review, 133(12): 3407-3430.

Sichangi A W, Wang L, Yang K, et al. 2016. Estimating continental river basin discharges using multiple remote sensing data sets. Remote Sensing of Environment, 179: 36-53.

Smith L C, Isacks B L, Bloom A L, et al. 1996. Estimation of discharge from three braided rivers using synthetic aperture radar satellite imagery: Potential application to Ungaged Basins. Water Resources Research, 32(7):2021-2034.

Smith L C, Pavelsky T M. 2008. Estimation of river discharge, propagation speed, and hydraulic geometry from space: Lena River, Siberia. Water Resources Research, 44: W03427.

Smith L, Isacks B L, Forster R R, et al. 1995. Estimation of discharge from braided glacial rivers using ERS 1 synthetic aperture radar: First Results. Water Resources Research, 31(5): 1325-1329.

Solander K C, Reager J T , Famiglietti J S. 2016. How well will the Surface Water and Ocean Topography (SWOT) mission observe global reservoirs?. Water Resources Research, 52(3): 2123-2140.

Speirs P, Gabella M, Berne A. 2017. A comparison between the GPM dual-frequency precipitation radar and ground-based radar precipitation rate estimates in the Swiss Alps and Plateau. Journal of Hydrometeorology, 18(5): 1247-1269.

Sridevi T, Sharma R, Mehra P, et al. 2016. Estimating discharge from the Godavari River using ENVISAT, Jason-2, and SARAL/AltiKa radar altimeters. Remote Sensing Letters, 7: 348-357.

Stammer D, Cazenave A. 2017. Satellite altimetry over oceans and land surfaces. 1st ed. CRC Press.

Sulistioadi Y B, Tseng K H, Shum C K, et al. 2015. Satellite radar altimetry for monitoring small rivers and lakes in Indonesia. Hydrology and Earth System Sciences, 19: 341-359.

Takido K, Valeriano O C, Ryo M, et al. 2016. Spatiotemporal evaluation of the gauge-adjusted global satellite mapping of precipitation at the basin scale. Journal of the Meteorological Society of Japan, 94: 185-195.

Tang G, Clark M P, Papalexiou S M, et al. 2020. Have satellite precipitation products improved over last two decades? A comprehensive comparison of GPM IMERG with nine satellite and reanalysis datasets. Remote Sensing of Environment, 240: 111697.

Tarpanelli A, Barbetta S, Brocca L, et al. 2013a. River discharge estimation by using altimetry data and simplified flood routing modeling. Remote Sensing, 5(9): 4145-4162.

Tarpanelli A, Brocca L, Barbetta S, et al. 2015. Coupling MODIS and radar altimetry data for discharge estimation in poorly gauged river basins. IEEE Journal of Selected Topics in Applied Earth Observations and Remote Sensing, 8: 141-148.

Tarpanelli A, Brocca L, Lacava T, et al. 2013b. Toward the estimation of river discharge variations using MODIS data in ungauged basins. Remote Sensing of Environment, 136: 47-55.

Taylor K E. 2001. Summarizing multiple aspects of model performance in a single diagram. Journal of Geophysical Research: Atmospheres, 106(D7): 7183-7192.

Tourian M J, Schwatke C, Sneeuw N. 2017. River discharge estimation at daily resolution from satellite altimetry over an entire river basin. Journal of Hydrology, 546: 230-247.

Tourian M J, Sneeuw N, Bárdossy A. 2013. A quantile function approach to discharge estimation from satellite altimetry (ENVISAT) . Water Resources Research, 49: 4174-4186.

Tourian M J, Tarpanelli A , Elmi O , et al. 2016. Spatiotemporal densification of river water level time series by multimission satellite altimetry. Water Resources Research, 52(2):1140-1159.

Tseng K H, Shum C K, Yi Y C,et al. 2013b. Envisat altimetry radar waveform retracking of Quasi-Specular Echoes over the ice-covered Qinghai Lake. Terrestrial Atmospheric and Oceanic Sciences, 24: 615-627.

Tseng K H, Shum C K, Yi Y, et al. 2013a. The improved retrieval of coastal sea surface heights by retracking modified radar altimetry waveforms. IEEE Transactions on Geoscience & Remote Sensing, 52(2): 991-1001.

Vereecken H, Huisman J A, Franssen H J, et al. 2015. Soil hydrology: Recent methodological advances, challenges, and perspectives. Water Resources Research, 51(4): 2616- 2633.

Vignudelli S, Kostianoy A G , Cipollini P , et al. 2011. Coastal Altimetry. Berlin: Springer.

Vitart F, Robertson A W. 2018. The sub-seasonal to seasonal prediction project (S2S) and the prediction of extreme events. Nature Partner Journal Climate and Atmospheric Science, 1(1): 1-7.

Wang J, Hong Y, Li L, et al. 2011. The coupled routing and excess storage (CREST) distributed hydrological model. Hydrological Sciences Journal, 56: 84-98.

Wang S Y, Shen M, Liu W H, et al. 2019. Application of remote sensing to identify and monitor seasonal and interannual changes of water turbidity in Yellow River estuary, China, Journal of Geophysical Research-Oceans, 124: 4901-4911.

Xia X, Li S, Wang F, et al. 2019. Triple oxygen isotopic evidence for atmospheric nitrate and its application in source identification for river systems in the Qinghai-Tibetan Plateau[J]. Science of the Total Environment, 688:270-280.

Xu R, Tian F, Yang L, et al. 2017. Ground validation of GPM IMERG and TRMM 3B42V7 rainfall products over southern Tibetan Plateau based on a high-density rain gauge network. Journal of Geophysical Research: Atmospheres, 122: 910-924.

Xu Z, Gong T, Liu C. 2007. Detection of decadal trends in precipitation across the Tibetan Plateau. IAHS-AISH Publication.

Xue X, Hong Y, Limaye A S, et al. 2013. Statistical and hydrological evaluation of TRMM-based Multi-satellite Precipitation Analysis over the Wangchu Basin of Bhutan: Are the latest satellite precipitation products 3B42V7 ready for use in ungauged basins? . Journal of Hydrology, 499: 91-99.

Yong B, Liu D, Gourley J J, et al. 2015. Global view of real-time TRMM multisatellite precipitation analysis: Implications for its successor global precipitation measurement mission. Bulletin of the American Meteorological Society, 96(2): 283-296.

Yong B, Ren L L, Hong Y, et al. 2020. Hydrologic evaluation of multisatellite precipitation analysis standard precipitation products in basins beyond its inclined latitude band: A case study in Laohahe basin, China. Water Resources Research, 46(7): 1-20.

Yong B, Ren L, Hong Y, et al. 2011. Evolving TRMM-based multi-satellite real-time precipitation estimation methods: Their impacts on hydrological prediction using the Variable Infiltration Capacity model in a high latitude basin//AGU Fall Meeting Abstracts, 2011: H43C-1232.

Yong B, Ren L, Hong Y, et al. 2013. First evaluation of the climatological calibration algorithm in the real‐time TMPA precipitation estimates over two basins at high and low latitudes. Water Resources Research, 49(5): 2461-2472.

Yuan C, Gong P, Zhang H, et al. 2017. Monitoring water level changes from retracked Jason-2 altimetry data: A case study in the Yangtze River, China. Remote Sensing Letters, 8: 399-408.

Zhang G, Xie H, Kang S, et al. 2011. Monitoring lake level changes on the Tibetan Plateau using ICESat altimetry data (2003–2009). Remote Sensing of Environment, 115(7): 1733-1742.

Zhao R J. 1992. The Xinanjiang model applied in China. Journal of Hydrology, 135: 371-381.

Zhao Y, Zhou T. 2020. Asian water tower evinced in total column water vapor: A comparison among multiple satellite and reanalysis data sets. Climate Dynamics, 54(1): 231-245.

Zhu H, Li Y, Huang Y, et al. 2018. Evaluation and hydrological application of satellite-based precipitation datasets in driving hydrological models over the Huifa river basin in Northeast China. Atmospheric Research, 207: 28-41.

第 3 章

西南河流源区径流水源解析

西南河流源区为高寒山区，具有海拔高、温度低的特征，水分存在多种相态且转换频繁，径流的水分来源包括降雨、融雪和融冰等不同组分，以及地表和地下等不同路径，而不同水源的径流对气候变化的响应特性不同。因此，准确解析径流的水源组成，对于理解源区水循环过程，准确预估未来气候变化下的径流变化趋势至关重要，是高寒区水文学研究的关键问题。水源示踪解析方法和水文模型是解析径流水源组成的两种常用方法：前者通过检测总径流和各水源中的示踪物质含量，基于水量平衡和示踪物质的质量平衡反推出各水源的贡献比例，相关研究在西南河流源区相对较少，该方法具有较为严格的适用条件，在示踪物质时空变异性较强的大尺度流域适用性较差。同时，由于源区的径流水源组成复杂，单纯依靠氢氧稳定同位素难以充分解析多种水源的贡献，需要开发更多具有较强示踪性能的元素进行多水源解析。后者采用耦合高寒区关键水文过程（冰川、积雪、冻土等）的水文模型，通过模拟冰雪消融量，从而对径流的水源组成进行正向解析，但由于高寒流域的径流过程和水源复杂，水文模型通常存在较强的异参同效性，导致基于水文模型的水源解析存在较大不确定性。本章介绍水源示踪解析和水源模型解析两种方法在西南河流源区不同尺度典型流域的应用实例，以及一种耦合水源示踪解析和水源模型的水源解析方法。

3.1 水源示踪解析

水源示踪解析通常指基于不同水体的示踪物质含量特征，通过构建水分和示踪物质的质量平衡方程而划分水源组成的方法。自20世纪70年代，首次将该方法引入水文学之后，因其具备物理机制，可以避免图形法的主观性，便得到广泛应用。水源示踪解析工作早期多应用于暴雨洪峰事件过程的研究，大大提升了人们对洪峰水文过程的认识。21世纪以来，水源示踪解析工作不断出现在长周期大流域尺度上，尤其是高寒山区的水源解析工作不断出现，不仅增进了人们对高寒山区水文过程的认识，还对揭示气候变化对高寒山区乃至全球水资源的影响具有重要意义。传统水源示踪解析通常以环境同位素、水化学参数以及部分阴阳离子作为天然示踪物质，其中应用最广泛的是水中的氢氧稳定同位素[^{2}H（或D）和^{18}O]。近年来，随着同位素检测技术的发展，一些放射性同位素（如镭、氡等）和气体同位素也逐渐应用于水源示踪解析工作中。本节将介绍水源示踪解析方法在西南河流源区不同尺度河流的应用进展，包括长江源、澜沧江支流明永河和雅江。

3.1.1 长江源水源解析

本节在长江源区（直门达水文站以上区域）收集了大气降水、河水、冻土层上水和冰雪融水水样共2067个，通过测定其同位素含量，采用端元混合方法量化解析了长江源流域的径流和冻土层上水的来源。

1. 长江源区径流水源解析

高寒山区水源解析的端元除常见的地下水和降水外，还需增加冰川融水端元，降水和冰川融水的端元特征往往时空不一，导致水源解析方法误差较大。在采用同位素作为分割因子时，在模型中对同位素的时空变化特征要予以充分考虑。根据质量守恒方程和浓度守恒方程，高寒山区的端元混合模型方程如下：

$$Q_r = Q_g + Q_p + Q_m \tag{3-1}$$

$$Q_r \delta_r = Q_g \delta_g + Q_p \delta_p + Q_m \delta_m \tag{3-2}$$

$$Q_r C_r = Q_g C_g + Q_p C_p + Q_m C_m \tag{3-3}$$

式中，Q 为流量；δ 为同位素 $\delta^{18}O$ 值；C 为其他示踪剂浓度[如电导率（electrical conductivity，EC）值]，下标分别为河川径流（r）、地下水（g）、降水（p）和融水（m）。基于采样测试分析结果和以上模型，便可获得径流中不同水源的组成比例。

1）长江源区径流水源的确定

本节利用端元混合模型确定变化源区和混合过程，并量化每种端元的贡献。采样期间内，沱沱河和直门达的冰雪融水、冻土层上水、降水和河水的 D 盈余和 $\delta^{18}O$ 有显著差异（图 3-1），因此，$\delta^{18}O$ 和 D 盈余的含量可以较好指示不同的水分来源。溶质的浓度有明显的时空差异，河水位于横跨三个端元的三角形内，径流由三个端元混合而成。因此，可将冻土层上水视作第一个端元，降水和冰雪融水分别视作第二个端元和第三个端元。2016 年 6 月～2018 年 5 月，沱沱河站的冻土层上水、降水和冰雪融水分别贡献了 51%、26% 和 23% 的河水流量，直门达的冻土层上水、降水和冰雪融水分别贡献了 49%、34% 和 17% 的河水流量。结果表明，研究区冰雪融水对径流的贡献从源区到出水口呈下降趋势，而降水呈增加趋势，冻土层上水保持稳定趋势。

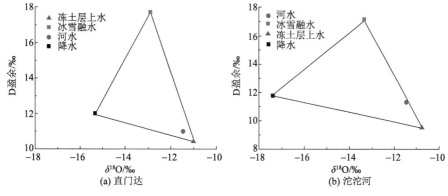

图 3-1　长江源区三端元径流分割结果

2）长江源区径流水源的量化解析

进一步分析发现，两个水文年河水的径流成分存在差异。2016～2017 年[图 3-2（a）]，沱沱河站冻土层上水、降水和冰雪融水对河流径流的贡献率分别为 50%、22% 和 28%，2017～2018 年[图 3-2（b）]分别为 51%、25% 和 24%。2016～2017 年[图 3-2（c）]，直门达站冻土层上水、降水和冰雪融水对河流径流的贡献率分别为 48%、33% 和 19%，2017～2018 年[图 3-2（d）]分别为 50%、36% 和 14%。沱沱河站观测结果显示，2016 年 5～10 月平均气温较 2017 年升高 0.3℃，2017 年降水较 2016 年增加 20 mm。因此，从 2016～2017 年到 2017～2018 年，两个水文站点的冰雪融水对河流径流的贡献呈减少趋势，降水的贡献呈增加趋势。径流以冻土层上水补给为主，占径流量的 50%。

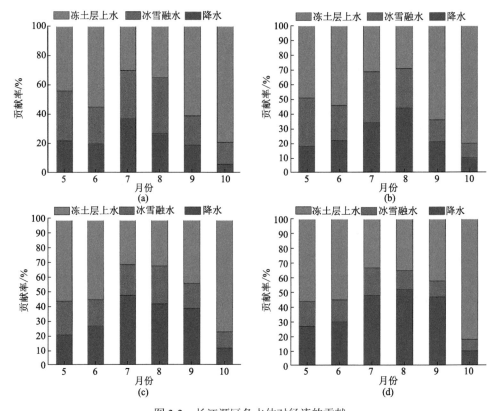

图 3-2 长江源区各水体对径流的贡献

在采样期间对月径流进行了分割。2016～2017 年，沱沱河站的降水贡献在 6～7 月呈增加趋势，之后到 10 月呈下降趋势；冰雪融水贡献在 6～8 月增加，之后到 10 月呈下降趋势；冻土层上水的贡献在 6～7 月呈下降趋势，之后到 10 月呈增加趋势。另外，降水和冰雪融水的贡献在 6 月较低。2017～2018 年，沱沱河站降水的贡献 5～8 月呈增加趋势，之后到 10 月呈减少趋势；冰雪融水在 5 月的贡献相对较高，6～7 月呈增加趋势，之后到 10 月呈下降趋势；冻土层上水的贡献在 5～6 月和 7～10 月呈增加趋势。季节模式也存在差异。2016～2017 年，降水和冰雪融水的最大贡献分别在 7 月和 8 月，对应的

2017～2018 年的最大贡献分别是 8 月和 7 月。2016～2017 年，径流出口处（直门达站）降水贡献在 5～7 月呈增加趋势，之后到 10 月呈减少趋势；冰雪融水的贡献在 5～6 月减小，在 6～8 月呈增大趋势并在 8 月达到最大，之后到 10 月呈减少趋势；冻土层上水的贡献在 5～8 月呈减少趋势，然后呈增加趋势，在 10 月达到最大值。2017～2018 年，降水的贡献在 5～8 月呈增加趋势，之后到 10 月呈减少趋势；冰雪融水的贡献在 5 月相对较高，6～7 月呈增加趋势，之后到 10 月间呈减少趋势；冻土层上水的贡献在 5～7 月呈减少趋势，8～10 月呈增加趋势。季节模式上，虽然降水的贡献相对较高，但径流成分以冰冻圈融水（包括冰雪融水和冻土层上水）为主。

　　根据计算结果，研究区三成分混合模型的不确定性估计值为 0.06。冻土层上水和冰雪融水因受多种因素影响，对环境变化敏感，占 75.0%的不确定性。基于三成分混合模型的冻土层上水、降水和冰雪融水相对比例，其不确定性估计值分别为 0.55、0.39 和 0.43。冻土层上水不确定性占 50.0%以上，表明冻土层上水的 $\delta^{18}O$ 和 δD 变化占大部分不确定性。综上所述，径流组分示踪剂浓度的变化和差异是造成不确定性的主要原因。当径流成分示踪剂浓度变化较大且差异较小时，水位图分离的不确定性将变得更加敏感。尽管水位图分离存在一定的不确定性，同位素水位图分离仍是评价融水对水资源贡献的有效工具，尤其有助于加强人们对缺乏观测数据的高寒地区水文过程的理解。同时应该指出，为了克服示踪剂浓度变化带来的不确定性，在未来研究中需要进一步开发具有较高时空精度的采样方法。

2. 长江源区冻土层上水来源解析

1）长江源区冻土层上水来源的确定

　　2016 年消融初期，冻土层上水位于大气降水、冰雪融水和地下冰融水组成的三角形外（图 3-3），这一结果可能是土壤蒸发和植被蒸腾作用对大气降水、冰雪融水和地下冰融水在活动层中混合和储存的影响所致。对于 2016 年消融初期和消融末期而言，从分割结果来看，大气降水为第一端元，地下冰融水为第二端元，而冰雪融水为第三端元。然而，从 2016～2018 年强消融期端元混合径流分割模型的结果来看，强消融期主要受大气降水和地下冰融水的补给，并且大气降水为第一端元，地下冰融水为第二端元。与消融初期和消融末期相同的是，冻土层上水也位于大气降水和地下冰融水连线的外侧。

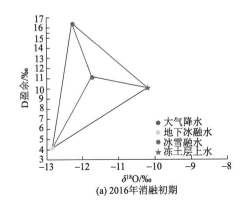
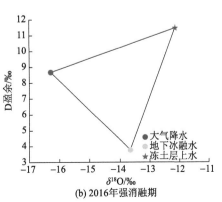

(a) 2016年消融初期　　　　　　　　　　　(b) 2016年强消融期

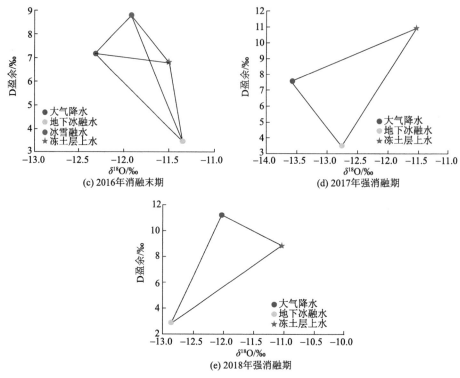

图 3-3　依据 $\delta^{18}O$ 和 D 盈余的冻土层上水在不同消融期的端元解析图

图 3-4 显示了 2016 年不同消融期和 2016～2018 年强消融期各补给源在不同海拔对冻土层上水的贡献比例。三端元混合径流分割模型的计算结果表明，冰雪融水对冻土层上水的补给主要出现在消融初期和消融末期，而强消融期基本没有冰雪融水的贡献，这主要由于雪线以下特别是强消融期冰雪覆盖和储量很小。同时，冰雪融水对冻土层上水的贡献从低海拔向高海拔呈上升的趋势也证实了这一点。2016 年消融初期海拔 4100 m处冰雪融水对冻土层上水的贡献率为 2%，而 5200 m 处冰雪融水对冻土层上水的贡献率为 10%。与消融初期变化相似的是，消融末期 4100 m 和 5200 m 处冰雪融水对冻土层上水的贡献率分别为 1% 和 10%（图 3-4）。不管是 2016 年的不同消融期还是 2016～2018年的强消融期，大气降水对冻土层上水的贡献均呈现出由低海拔向高海拔递减的趋势。这主要是由于地下冰融水和冰雪融水对冻土层上水的补给比例随着海拔高度的增加而增加，特别是在消融初期和消融末期。而强消融期主要是地下冰融水补给比例增加导致。在 2016 年消融初期、2016 年强消融期、2016 年消融末期、2017 年强消融期和 2018 年强消融期地下冰融水对冻土层上水贡献比例明显增加的海拔分别为 4500 m、4600 m、4500 m、4400 m 和 4500 m。这一结果也可以解释长江源区冻土层上水稳定同位素特征的海拔效应和反海拔效应。地下冰融水对冻土层上水补给比例的增加，导致冻土层上水对氧同位素浓度的稀释作用加剧。更为重要的是，地下冰融水补给贡献的增加会改变反海拔效应，而氧同位素在地下冰融水的增加表现出明显的海拔效应。

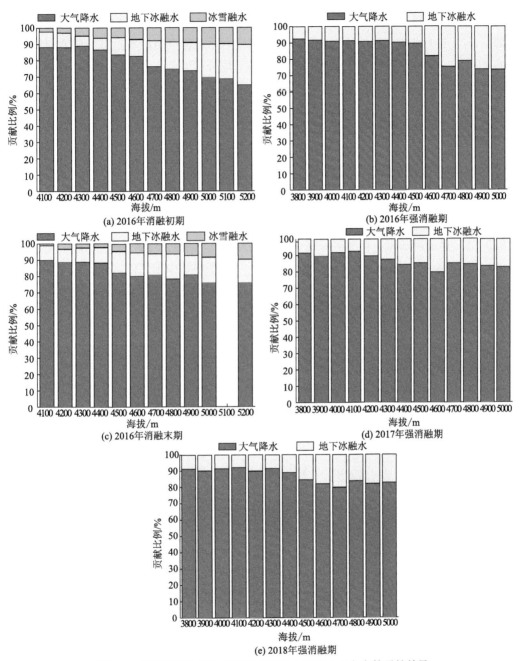

图 3-4　不同消融时期各径流源在海拔上对冻土层上水的贡献差异

2）长江源区冻土层上水来源的量化解析

通过计算得出，2016 年消融初期、2016 年强消融期、2016 年消融末期、2017 年强消融期和 2018 年强消融期大气降水对冻土层上水的补给比例分别为 79%、85%、83%、86% 和 87%。2016 年消融初期、2016 年强消融期、2016 年消融末期、2017 年强消融期和 2018 年强消融期地下冰融水对冻土层上水的贡献率分别为 14%、15%、12%、14% 和

13%。同时，冰雪融水在消融初期和消融末期的贡献率分别为 7%和 5%。大气降水是长江源区冻土层上水的主要补给源，其次是地下冰融水，但其贡献率远低于降水对冻土层上水的补给。而冰雪融水仅在消融初期和消融末期补给冻土层上水，并且冰雪融水对冻土层上水的补给仅限于海拔较高的区域，其贡献比例也较小。

3.1.2　澜沧江源水源解析

1. 澜沧江支流明永河径流水源解析

澜沧江支流明永河流域（28°24′N～28°30′N，98°41′E～98°48′E）位于横断山脉一座南北走向的、庞大的雪山群梅里雪山脚下，距云南省德钦县城 10km，流域面积约 50km²（图 3-5）。明永河发源于青藏高原最为典型的海洋性冰川之一——明永冰川，整个冰川南北延伸约 5km，东西宽约 3km。气候上属高原性寒温带山地气候，具有干湿季分明、气候垂直变化显著的特点，山脚处年降水量约为 600mm。由于研究区内冰川末端海拔高度低（2660m），具备连续观测条件。

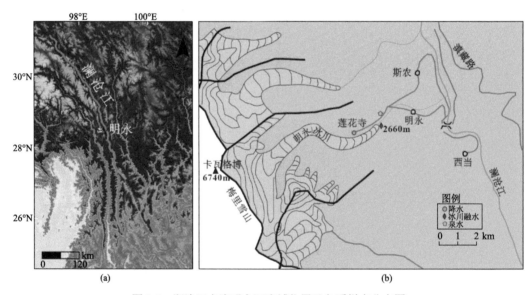

图 3-5　澜沧江支流明永河流域位置及各采样点分布图

在 2017～2018 年开展为期一个水文年的连续野外观测及采样工作，共获取样品 212 个，其中包括河水样品 51 个、地下水样品 52 个、冰川融水样品 14 个以及降水样品 95 个。根据获取的野外数据和实验室分析测试结果，首先查明研究区不同水体同位素的时空演化规律，探讨海洋性冰川融水端元同位素的变化规律，采用端元混合方法（3.1.1 节）解析径流的水源组成，分析冰川径流成分的季节变化规律，并探究气温与降水对各组分比例变化的影响。

1）明永河流域不同水体同位素时空变化特征

明永河流域大气降水线为 $\delta D = 8.02\delta^{18}O + 8.01$。如图 3-6 所示，明永河流域降水同位素变化范围最大，$\delta^{18}O$ 和 δD 的变化范围分别为–26.0‰～–0.5‰ 和–192.7‰～4.8‰，与前人在青藏高原东南缘的研究结果较为一致。地下水同位素的变化范围较小，$\delta^{18}O$ 和 δD 的变化范围分别为–13.2‰～–11.2‰和–93.5‰～–85.8‰。冰川融水同位素 $\delta^{18}O$ 的变化范围为–15.2‰～–12.8‰，δD 在–105.8‰～–90.3‰波动。河水同位素变化范围（$\delta^{18}O$: –15.2‰～–12.4‰ ；δD: –109.8‰～–89.1‰）在其他三种水体之间。

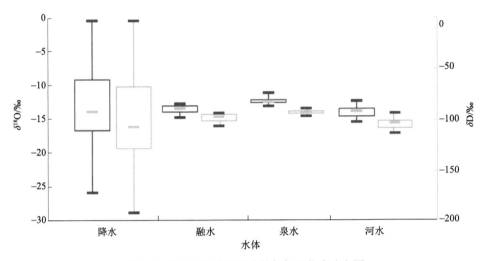

图 3-6　明永河流域不同水体氢氧同位素分布图

研究区不同水体 D 盈余随时间变化特征如图 3-7 所示，结果显示，虽然降水的氢氧同位素波动范围较大，但是其 D 盈余的波动主要发生在季风期，而非季风期相对稳定。

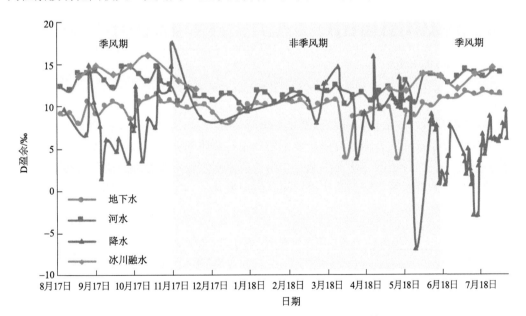

图 3-7　明永河流域各水体 D 盈余随时间变化特征

地下水的 D 盈余值随时间变化很小，平均值为 9.9‰。冰川融水同位素的 D 盈余值随时间变化发生波动，其范围在 11.9‰～16.33‰。通过图 3-7 可以发现，河水的 D 盈余值位于其他水体之间（小于冰川融水 D 盈余值而大于降水和地下水的 D 盈余值），且其随时间变化相对较小，稳定在 9.6‰～14.9‰，平均值为 12.4‰。

2）明永河径流组分定量解析

根据野外观测和采集样品的测试数据，选择氢氧稳定同位素和电导率作为示踪剂，采用贝叶斯方法，充分考虑端元同位素的变化特征，定量计算地下水、降水和冰川融水在河流中所占的比例（图 3-8）。在消融季节，采用三水源分割模型（冰川融水-地下水-降水），而非消融季节，则采用二水源分割模型计算（地下水-降水）。计算结果表明，6～9 月，冰川融水在河川径流中所占比例最大（最多达 58.4%），河水中降水组分波动较大，而冬季地下水所占比例最高且相对稳定（平均值为 60.0%）。

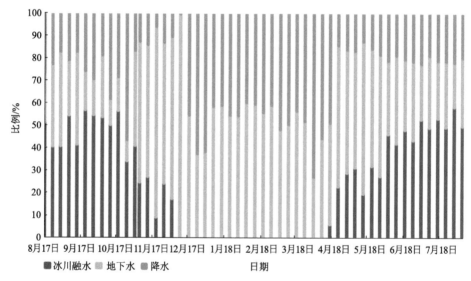

图 3-8　明永河径流的动态水源解析结果

3）气温和降水对明永河各组分变化的影响研究

采用贡献量计算的方法，对周尺度上的气温和降水对明永河各组分变化的影响进行研究。通过相关性分析的方法首先确定 7 日内降水对河流存在影响，因而选定出采样分割日前 7 日内的降水量，探究降水对河流各组分变化的贡献，而气温的选取采样当日气温。计算结果见表 3-1。

表 3-1　气温与降水对明永河组分变化贡献量计算结果

贡献量	冰川融水	地下水	降水
$\frac{\partial F}{\partial T}$	0.77	−0.77	0.39
$\frac{\partial F}{\partial P}$	0.27	−0.16	−0.09

贡献量计算结果表明，气温对各组分变化的贡献量约是降水对各组分变化的贡献量的 3 倍。气温是明永河流域水循环的主控因素，其所占影响超过 70%，而降水对各组分变化的影响小于 30%。研究还发现降水较多的季节，降水在河川中的比例未显著升高，原因是较多的降水加速了流域内冰川与积雪的消融，增大了融水所占比例。研究结果不仅定量明确了气温与降水对流域水循环的影响，还侧面证实了明永河流域内冰冻圈对水循环的影响，为进一步研究流域水循环机制和水资源管理提供了参考依据。此外，以上研究凸显了冰川融水样品高频次观测的必要性。

2. 明永河地下水来源解析

在明永河流域开展了连续降水、河水、冰川融水和地下水稳定同位素监测工作（图 3-7），为期一个水文年，获得 439 组氢氧稳定同位素数据。研究发现，该区域的水体同位素呈现与常见现象不符的"异常"现象（图 3-9）：①地下水和冰川融水的点都分布在雨水同位素线左上侧；②地下水线和冰川融水线的斜率都小于雨水线；③地下水和冰川融水的平均值均显著高于降水加权均值。

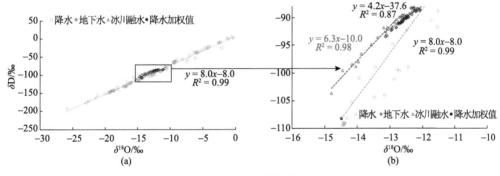

图 3-9　不同水体氢氧同位素分布图

1）冰川融水再冻结过程的同位素演化机理研究

为解释以上现象，首先推测冰川融水的贫化可能是蒸发所致，将温度 $0.1\sim17.8℃$、湿度 $64.7\%\sim100\%$ 代入蒸发模型计算，发现蒸发线斜率在 $5.5\sim8$，虽然冰川融水线 6.3 在其范围内，但考虑蒸发线通常位于雨水线右侧而不是左侧，因而将蒸发所致的原因排除。进一步考虑该现象可能是融水再冻结所致，采用瑞利分馏模型进行定量模拟，将融水线与雨水线连线的交点作为初始值进行计算。模拟结果表明（图 3-10），再冻结过程的模拟（$y=6.2x-11.1$）与冰川融水线（$y=6.3x-10.0$）高度吻合，因而判定冰川融水经历了再冻结过程，解释了冰川融水位于雨水线左上侧且斜率小于雨水线的现象。

2）非季风降水主导季风区地下水补给的新现象

通过分析不难发现，地下水是由经过再冻结过程的冰川融水和雨水混合形成的，因而使地下水的分布呈现如图 3-9 所示现象。采用质量平衡方程将地下水分为冰川融水和雨水，发现降水和冰川融水对地下水的补给贡献分别为 54%±22% 和 46%±22%。考虑明永

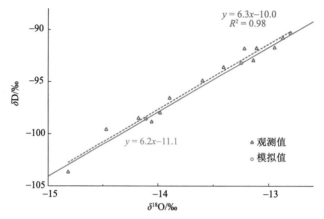

图 3-10　再冻结过程中冰川融水同位素演化图

冰川区季风降水和非季风降水同位素信号差异显著，进一步将补给地下水的降水细分为非季风降水和季风降水。将冰川融水线与降水线相交发现，交点的同位素值与非季风降水同位素平均值十分相近，结合前人的气象学研究结果，可以认定，明永冰川主要积累于非季风降水。因此，将冰川融水对地下水的补给看作非季风降水对地下水的补给之后，可以得出结论：87%±28%的地下水补给来自非季风期的降水，也就是说，尽管非季风期降水量小于季风期降水量，但它主导了地下水补给过程。

　　为佐证同位素的定量分析结果，进一步分析了区域遥感和水文模型数据，构建了非季风降水主导地下水补给机制的概念模型（图 3-11）：在非季风期，降水以固态为主，以冰川和积雪的形式累积，而后逐渐融化、入渗补给地下水，地下水位逐步抬升；而在季风期，降水以液态为主，相对较为集中，且此时土壤含水量相对较高，地下水位相对较高，入渗补给量有限。

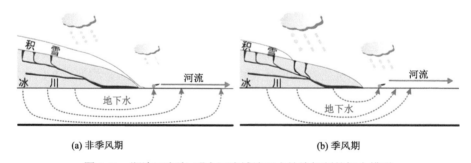

(a) 非季风期　　　　　　　　　　　　　　(b) 季风期

图 3-11　澜沧江支流-明永河流域地下水补给机制的概念模型

3.1.3　雅江径流的地下水来源解析

　　本节主要探讨地下水示踪剂放射性镭、氡同位素在雅江流域的时空分布特征及其对地下水输入的响应机制，在此基础上获取地下径流量的空间分布及控制机制。本节将主要介绍以下内容：雅江地表水和地下水中的氡-222 同位素和镭-224 同位素的野外采样及其空间分布特征；基于获取的氡-222 同位素、镭-224 同位素的空间分布，分别建立氡同位素河网潜流运移模型、镭同位素河网潜流运移模型；利用获取的地形参数和建立的两个河网潜流运移模型及其参数，反演出地下水输入和潜流交换的空间分布特征，从而解析径流的地下水来源。

1. 样品采集与同位素运移模型

野外采样范围覆盖了雅江流域的绝大部分地区，从下游雅江墨脱大拐弯到源头马泉河，也包括帕隆藏布、拉萨河、多雄藏布、年楚河、尼洋河等主要支流。野外工作共采集超过 670 个河水、地下水、温泉水等水样数据，其中包含约 600 个氡-222 同位素数据和约 500 个镭-224 同位素数据，以及超过 500 个包含甲烷和二氧化碳气体及其碳同位素比值数据的水样。不同年份的采样点分布见图 3-12。

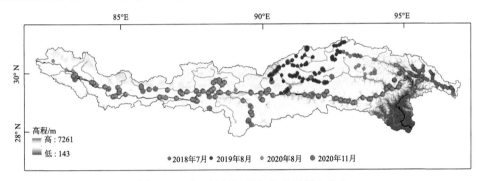

图 3-12　雅江流域不同年份的采样点分布

基于氡、镭同位素数据，建立了同位素的河网潜流运移模型，定量解析地下水对河道径流的贡献量。其中，基于氡-222 同位素空间分布建立的氡-222 河网潜流运移模型如下：

$$I = \left[Q\frac{\partial c}{\partial x} - Q_t\left(c_{gw} - c_t\right) + kwc + \lambda wdc - \frac{Pwh\theta}{1+\lambda t_h} + \frac{\lambda wh\theta}{1+\lambda t_h}c \right]\left(c_{gw} - c\right)^{-1} \tag{3-4}$$

式中，I 为地下水输入速率；Q 和 Q_t 分别为干流流量和支流流量；；c_{gw}、c_t 和 c 分别为地下水、支流和干流的氡-222 同位素活度；k 为氡-222 在水气界面逸散速率；w 为河宽；h 为河流深度；λ 为氡-222 的半衰期；P 为氡-222 潜流生成速率；θ 为潜流孔隙度；t_h 为潜流滞留时间；d 为潜流深度。

基于镭-224 同位素空间分布建立的镭同位素河网潜流运移模型如下：

$$\frac{\partial c}{\partial x} = I\left(c_{gw} - c\right) + Q_t\left(c_{gw} - c_t\right) - \lambda wdc + \frac{Pwh\theta}{1+\lambda t_h R_f} - \frac{\lambda wh\theta}{1+\lambda t_h R_f}c \tag{3-5}$$

式中，I 为地下水输入速率；Q 和 Q_t 分别为干流流量和支流流量；c_{gw}、c_t 和 c 分别为地下水、支流和干流的镭-224 同位素活度；w 为河宽；λ 为镭-224 的半衰期；P 为镭-224 潜流生成速率；θ 为潜流孔隙度；t_h 为潜流滞留时间；d 为潜流深度；R_f 为滞缓系数。

2. 氡-222 模型解析径流的地下水来源

开展了 2018 年夏季和 2019 年夏、冬季的氡-222 的测量与分析。氡-222 测量点位超过 270 个，包括 240 个地表水和 32 个地下水点位。拉萨河流域和帕隆藏布流域的结果表明，地下水氡-222 的活度比地表水高 1～2 个量级。氡-222 的整体分布规律相对杂乱，但是在源区的氡-222 的活度明显更高，指示较强的地下水输入信号（图 3-13）。

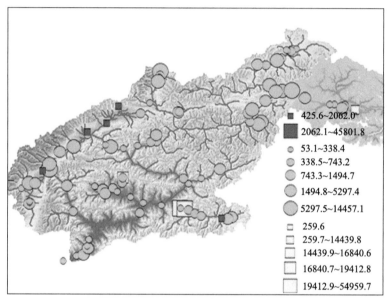

(a) 拉萨河流域

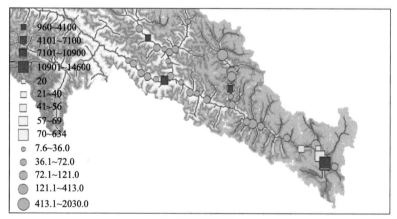

(b) 帕隆藏布流域

红色框为地下水中氡-222活度；绿色圈为河水中氡-222活度；黄色框为潜流孔隙水氡-222活度

图 3-13　氡-222 同位素的空间分布（单位：Bq/m³）

根据建立的氡同位素河网潜流运移模型[式（3-4）]，在输入获取的地形参数和氡-222运移反应相关控制参数的基础上，利用反演模型可以求出地下水输入和潜流交换的空间分布（图 3-14）。地下水输入整体沿着下游增大，显示地下水输入的信号主要受到上游补给面积的影响。其中，地下水径流的输入通量在 0.4～391.1 m^3/s 波动。在此基础上，基于氢氧稳定同位素，可以进一步对拉萨河和帕隆藏布流域的地下水、冰雪融水和降水进行水源解析，在拉萨河流域，地下径流∶降水∶冰雪融水所占的比例为 45.5%∶30.0%∶24.5%。而帕隆藏布这三者的比例为 23.0%∶53.5%∶23.5%。可以看出，拉萨河流域中地下径流贡献近乎是帕隆藏布流域的 2 倍。相比而言，帕隆藏布和拉萨河的冰雪融

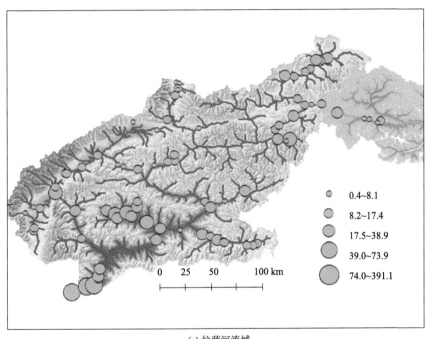

(a) 拉萨河流域

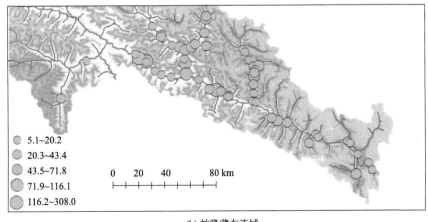

(b) 帕隆藏布流域

图 3-14　氡-222 模型获取的地下水输入的空间分布（单位：m^3/s）

水在水源解析中所占比例基本一致，但是帕隆藏布流域的降水贡献远高于拉萨河流域。拉萨河流域处于雅江上游，而帕隆藏布邻近雅江大峡谷，受来自印度洋季风丰沛水汽的影响，降水所占比例远高于位于青藏高原腹地的拉萨河流域。拉萨河作为腹地支流，径流的贡献主要以地下水径流形式补给，这也与后面基于同位素水文模型水源解析结果基本一致。

3. 镭-224 模型解析径流的地下水来源

开展了 2018 年夏季和 2019 年夏、冬季的短周期镭同位素的测量与分析。完成的同位素测量点位达到 250 个，包括 230 个地表水和 20 个地下水点位。拉萨河流域和帕隆藏布流域的结果表明，地下水镭-224 的活度普遍比地表水的高 1~2 个数量级（图 3-15）。其中，镭的分布整体规律较为明显，下游段的镭同位素含量较高，显示下游地下水较强的输入信号。

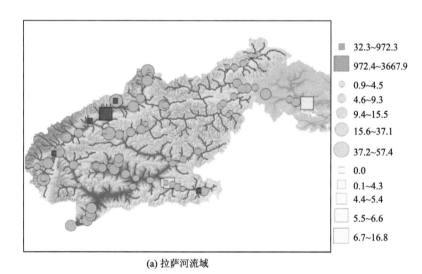

(a) 拉萨河流域

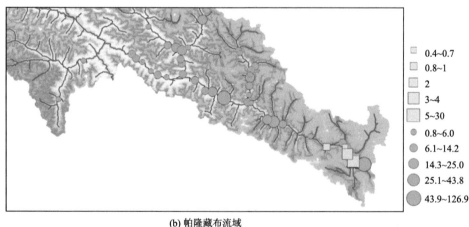

(b) 帕隆藏布流域

红色框为地下水中镭-224活度；绿色圈为河水中镭-224活度；黄色框为潜流孔隙水镭-224活度

图 3-15　镭-224 同位素的空间分布（单位：Bq/m³）

根据建立的镭同位素河网潜流运移模型[式（3-5）]，在输入获取的地形参数和镭同位素运移反应相关控制参数的基础上，利用反演模型求出了地下水输入的空间分布（图3-16）。地下水输入整体沿着下游加大，显示地下水输入的信号主要受到上游补给面积的影响。

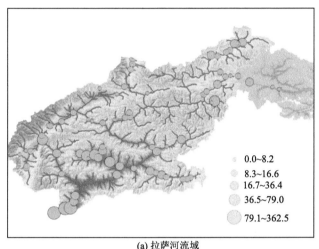

(a) 拉萨河流域

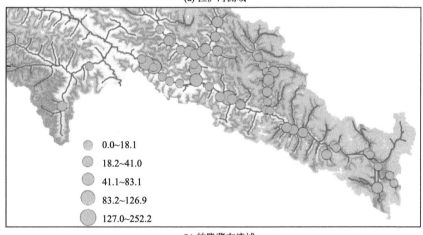

(b) 帕隆藏布流域

图 3-16　镭-224 模型获取的地下水输入的空间分布（单位：m³/s）

基于镭-224 河网运移反应模型，在拉萨河流域反演计算获得的地下水径流速率在空间分布上为 0～362.5 m³/s，而地下水径流速率在帕隆藏布流域的范围为 0～252.2 m³/s。整体而言，拉萨河地下水径流量和贡献率都高于帕隆藏布流域。这也与基于氡-222 的河网运移模型获取的结果一致，这意味着镭-224 和氡-222 都可以作为理想的地下水径流的示踪剂。镭、氡同位素模型量化获取的地下水径流量整体高于地下水模型的模拟计算结果（见 3.3 节）。这种差异可能由两个原因引起：①镭、氡同位素指示的地下水径流量中也包含一部分潜流交换的量，潜流区的镭、氡同位素含量较高，河流中镭、氡同位素的含量有一部分是潜流交换的贡献;②深部地下水输入在雅江这类深切河谷是不能忽视的,镭、氡同位素同时能够反映深部地下水的输入,这在地下水数值模型中不能体现出来。后续基于镭、氡同位素在雅江流域中地下水输入的研究,也可聚焦于潜流交换以及深部地下水输入的进一步水文分割。

3.2 水源模型解析

水源模型解析是指利用模型对各水源的贡献进行模拟,从而正向计算出各水源在径流/地下水中的占比。利用流域水文模型可对径流的水源组成进行解析,但在高寒流域通常存在较大的异参同效性,导致水源解析的不确定性较大,本节介绍一种针对高寒区径流过程的水文分区曲线方法,以及基于分区曲线的参数分步迭代率定,以提升模型参数取值的物理性。此外,地下水是河川径流的主要成分之一,且在西南河流源区的过程极为复杂,本节针对雅江最大支流拉萨河流域和源区杰马央宗冰川流域,建立了三维地下水数值模型,模拟地下水的补给、径流和排泄规律,并对地下水的来源进行解析。

3.2.1 水文分区曲线方法

本节介绍了一种利用气象数据将径流过程线划分为不同成分主导的过程子集的解析方法,以及基于此方法的水文模型参数分步迭代率定方法,并将上述方法应用于雅江奴下水文站以上流域,取得了良好的效果。

1. 水文分区曲线

径流过程线的不同部分可以由不同的水文过程主导、支配,相应地,不同的水文过程可由水文模型中特定的模型参数控制,尤其是在冰川积雪覆盖较多的高山流域,水文模型中与冰雪相关的参数是控制融冰融雪阶段的水文过程线的主导参数。He 等(2018)通过对温度、降水等气象数据中所包含的信息进行深入挖掘,将水文过程线解析为相应的若干段,称为水文分区曲线(hydrograph partitioning curves,HPC)。

该方法的主要依据如下:首先,高寒区的降水主要发生在特定时段的雨季,因此降雨地表径流主要发生在雨季。其次,由于冰川和积雪在高程上分布范围不同,融雪和融冰径流的发生时段存在一定的季节差,积雪的最低分布高程往往低于冰川的最低分布高程,因此,融雪径流相较于融冰径流一般起始于一个更低的高程带。由于高寒区气温随高程增加而显著递减,则必定存在一个时段,此时积雪所在最低海拔处温度已超过融化温度阈值,而冰川所在最低海拔处还没有达到阈值,即融雪径流发生而融冰径流不发生。最后,当研究日期不处于雨季且积雪最低海拔处的气温也没有达到融化温度阈值时,融水径流和降雨地表径流都不会发生,此时的径流过程完全由基流组成。以上过程的示意图如图 3-17 所示。

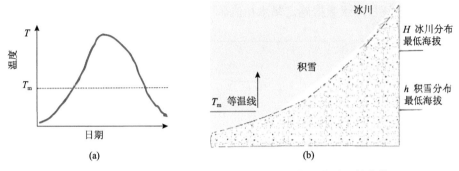

图 3-17　高寒区冰川积雪分布高程的差异与气温的季节性变化

基于上述依据，HPC 方法通过构建三个指标，识别当日河道径流的主控径流成分：①日期指标 D_i：用于识别第 i 日是否属于雨季，当前日期处于雨季时，D_i 取值为 1，否则为 0，D_i 为 1 意味着降雨地表径流开始供给河道径流。②融雪指标 S_i：用于识别第 i 日是否有融雪水产生，当积雪所在的最低海拔处气温达到融化温度阈值时，S_i 取值为 1，否则为 0，S_i 为 1 意味着融雪径流开始供给河道径流。③融冰指标 G_i：用于识别当天是否有融冰水产生，当冰川所在最低海拔处气温达到融化温度阈值时，G_i 取值为 1，否则为 0，G_i 为 1 意味着融冰径流开始供给河道径流。依据上述三个指标的取值，可按式（3-6）划分流量过程线子集：

$$Q = \begin{cases} Q_{\mathrm{SB}} & S_i = 0,\ G_i = 0,\ D_i = 0 \\ Q_{\mathrm{SB}} + Q_{\mathrm{SM}} & S_i = 0,\ G_i = 0,\ D_i = 0 \\ Q_{\mathrm{SB}} + Q_{\mathrm{SM}} + Q_{\mathrm{GM}} & S_i = 0,\ G_i = 0,\ D_i = 0 \\ Q_{\mathrm{SB}} + Q_{\mathrm{SM}} + Q_{\mathrm{GM}} + Q_{\mathrm{R}} & S_i = 0,\ G_i = 0,\ D_i = 0 \end{cases} \tag{3-6}$$

式中，Q 为河道总径流；Q_{SB} 为基流；Q_{SM} 为融雪径流；Q_{GM} 为融冰径流；Q_{R} 为降雨地表径流。当三个指标都为 0 时，融水径流和降雨径流都不发生，河道总径流完全由基流组成，每增加一个取值为 1 的指标，则意味着一种径流成分的增加。基于上述方法，可利用气象、地形、冰雪等数据推求气温、降水、冰雪面积的垂向变异性，确定每天的径流成分指标，进行径流过程子集的划分。

He 等 （2018） 进一步提出了径流过程划分的简化方法，仅需要逐日降水和温度数据，提升了 HPC 方法应用的便捷性，具体计算步骤如下：①计算流域平均逐日降水和温度，定义平均温度低于 0℃时的降水为降雪，计算出每一个自然年的累积逐日降雪曲线。②计算每个自然年的流域平均积温，得到逐日积温曲线。③依据累积降雪和积温曲线的拐点，确定径流的主要成分。以图 3-18 为例，在 P_1 点和 P_2 点之间以外的部分，即积温达到最低点之前和达到最高点之后，径流主要由基流组成；在 P_1 点和 P_3 点之间，即积温达到最低点之后，降雪累积量出现了一定时间段（P_t）的平台期，径流由融雪过程主导；在 P_3 点到 P_2 点之间，即降雪累积量出现平台期后，到积温达到最高点前，这段时间覆盖在冰川上的积雪已融化完毕，冰川开始融化，占主导过程。④在上述三个阶段的基础上，再依据逐日降水数据确定降水径流。

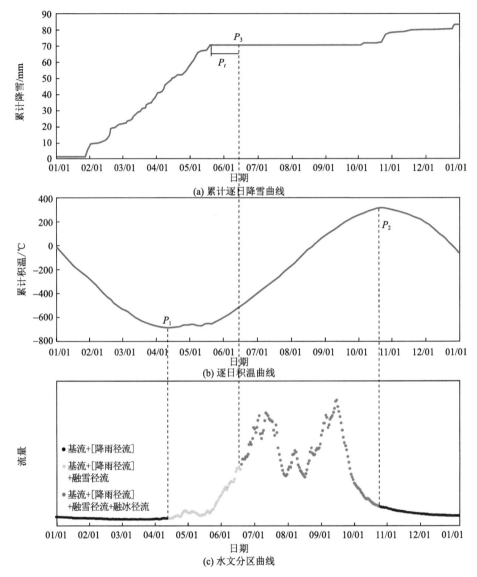

图 3-18　累积逐日降雪曲线、逐日积温曲线和水文分区曲线

2. 水文模型参数分步迭代率定

水文模型参数按其所反映的四种产流过程，相应地可分为四个相对独立的参数子集（计算基流的参数子集、计算融雪径流的参数子集、计算融冰径流的参数子集和计算降雨地表径流的参数子集）。依据水文分区曲线可建立模型参数子集和径流过程线子集的对应关系。

采用 Tian 等（2006）开发的清华代表性单元流域（Tsinghua representative elementary watershed，THREW）模型进行水文模拟，应用 HPC 方法进行流量过程线子集划分，并基于流量过程子集和参数子集进行分步迭代率定。THREW 模型为半分布式水文模型，基于地形划分代表性单元流域，并将代表性单元流域进一步划分为地表和地下两层，共 8 个子区域，可反映植被、裸土、冰雪等多种下垫面类型，模型的结构、方程和本构关系详见 Tian 等 （2006），主要参数的含义和取值范围如表 3-2 所示。

表 3-2　THREW 水文模型主要参数

符号	单位	物理含义	范围
n^t	—	山坡糙率	$0.0001\sim1$
n^r	—	河道糙率	$0.0001\sim1$
α^{IFL}	—	渗透能力的空间异质系数	$0.001\sim5$
α^{EFL}	—	渗流能力的空间异质系数	$0.001\sim5$
α^{ETL}	—	蒸散能力的空间异质系数	$0.001\sim5$
W_{max}	cm	平均蓄水容量	$0.001\sim10$
B	—	饱和产流面积计算的形状系数	$0.001\sim1$
K_A	—	地下径流计算公式中的指数系数	$0.001\sim10$
K_D	—	地下径流计算公式中的线性系数	$0.001\sim1$
M_N	mm ℃/d	融雪度日因子	$0\sim10$
M_G	mm ℃/d	融冰度日因子	$0\sim10$

依据建立的对应关系，采用分步率定的方法确定参数的取值（图 3-19）：①用基流控制的径流过程线子集率定水文模型中计算基流的参数子集。②将已率定的基流计算参数应用于地下水和融雪水共同控制的径流过程线子集的模拟，用融雪径流控制的径流过程线子集单独率定融雪径流对应的参数子集。③类似地，用基流、融雪水径流和融冰水径流共同控制的过程线子集单独率定融冰径流对应的参数子集。④在前三步参数率定的基础上，用整个径流过程线率定其他与模型模拟效果相关但与基流和消融过程无直接关

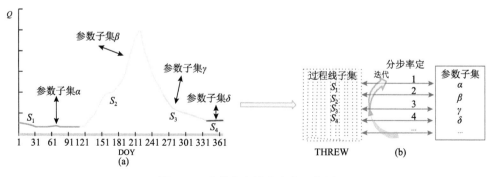

图 3-19　参数分布迭代率定示意图
DOY 为年内日序数时间

系的关键参数。为消除参数之间的相互影响，对上述步骤进行多次重复迭代，直到参数值达到稳定。

传统的参数率定过程无法对径流过程线进行划分，所有模型参数均由一条过程线限定，率定过程只能用一维评价指标来限定多维的参数空间，容易得到多组等效的参数解，即产生异参同效性。将径流过程线按照成分划分成多个子集之后，增加了约束方程的个数，可显著降低异参同效性。

采用四种不同的方法对表 3-2 中的参数进行率定：①采用纳什效率系数（NSE）作为目标函数进行集总率定，主要关注峰值流量过程；②采用对数纳什效率系数（lnNSE）作为目标函数进行集总率定，主要关注基流过程；③采用 NSE 和 lnNSE 的均值作为目标函数进行集总率定，同时关注峰值流量和基流过程；④依据 HPC 划分的流量过程子集对不同的参数子集进行分步率定，率定步骤如表 3-3 所示。这四种率定情景简称集总 NSE、集总 lnNSE、集总平均 NSE 和 HPC。

表 3-3 基于流量过程线划分的水文模型参数分步率定步骤

步骤	率定子集	率定参数
1	基流+[降雨径流]	K_A、K_D
2	基流+[降雨径流]+融雪径流	M_N
3	基流+[降雨径流]+融雪径流+融冰径流	M_G、W_{max}、B
4	率定期全集	n^t、n^r、α^{IFL}、α^{EFL}、α^{ETL}

3.2.2 雅江地表径流水源解析

1. 水文分区曲线（HPC）划分结果

应用 HPC 方法对2001～2015 年奴下水文站径流进行了流量过程子集划分[图 3-20（a）]。由 HPC 划分结果可知，基流主要集中在各年份的退水阶段，结合流域平均降水可知，这段时间的降水量相对较小。融雪径流出现在每年春季至夏初的升温阶段，这一阶段温度有所回升，而降水并没有明显增加，此阶段径流以积雪融化补给为主。值得注意的是，这一阶段在不同年份的结束时间不同，特别是结束时的径流与峰值径流的比例差别很大。例如，2006 年是枯水年，其融雪主导期结束时的径流量几乎达到了当年的峰值流量，而 2010 年是丰水年，其融雪主导期结束时的流量仅占峰值流量很小的比例。融冰径流则主要集中在降水比较丰富且温度较高的雨热同期的夏季，其峰值与降水的峰值有较好的对应关系。为验证划分结果的可靠性，进一步与遥感观测的流域平均积雪覆盖面积进行对比，见图 3-20（b）。可以看出，积雪覆盖的比例和流量呈负相关，即低流量时段的积雪覆盖面积较大，而高流量时段的积雪覆盖面积较小，同时每个自然年的融雪主导期正是流域积雪覆盖面积逐步减小的阶段，进一步表明流量过程线划分结果的合理性。

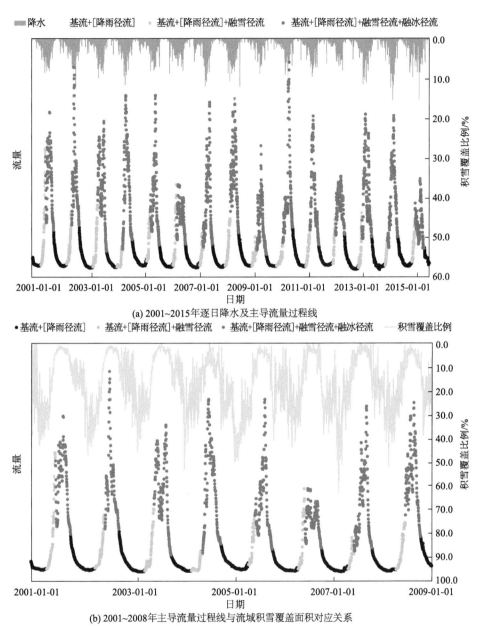

(a) 2001~2015年逐日降水及主导流量过程线

(b) 2001~2008年主导流量过程线与流域积雪覆盖面积对应关系

图 3-20　奴下水文站不同径流主导流量过程线划分结果

2. 径流过程模拟结果

图 3-21 展示了不同率定方法的模拟流量和实测流量过程，表 3-4 给出了各率定情景下率定期和验证期的目标函数值。从图 3-21 可以看出，HPC 率定方法的基流与实测过程的吻合程度较高，集总 NSE 率定结果的基流模拟效果最差，而集总 lnNSE 率定结果的峰值模拟效果最差，集总平均 NSE 的率定结果与 HPC 率定的结果较为接近。

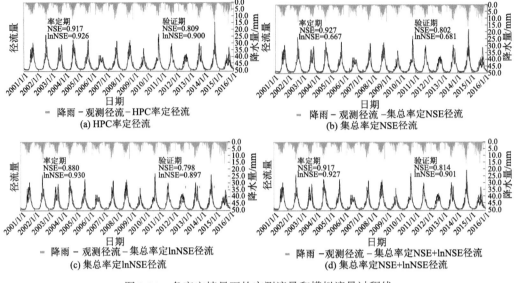

图 3-21　各率定情景下的实测流量和模拟流量过程线

表 3-4　各率定情景下奴下水文站的目标函数值

率定情景	NSE		lnNSE	
	率定期	验证期	率定期	验证期
HPC	0.917	0.809	0.926	0.900
集总 NSE	0.927	0.802	0.667	0.681
集总 lnNSE	0.880	0.798	0.930	0.897
集总平均 NSE	0.917	0.814	0.927	0.901

　　为进一步验证 HPC 分步率定结果的可靠性，在流域内部选取若干观测站点对流量模拟结果进行分析，包括干流的羊村水文站和奴各沙水文站，尼洋河的更张水文站，拉萨河的拉萨、唐家和旁多水文站。表 3-5 展示了各率定情景下以上 6 个水文站的目标函数值。可以看出，HPC 率定情景在各个站点均取得了良好的流量模拟效果：在雅江干流的羊村水文站和奴各沙水文站，HPC 率定的 NSE 均高于 0.75；在尼洋河的更张水文站，HPC 率定的 NSE 和 lnNSE 分别为 0.749 和 0.876，均为四种率定方法中的最高值；在拉萨河的拉萨水文站，HPC 率定同样取得了较好的模拟效果，NSE 和 lnNSE 分别为 0.861 和 0.924，而在上游的唐家水文站和旁多水文站，模拟效果略有降低，但 NSE 和 lnNSE 仍然均高于 0.6。

表 3-5　各率定情景下内部水文站的目标函数值

站点	HPC		集总 NSE		集总 lnNSE		集总平均 NSE	
	NSE	lnNSE	NSE	lnNSE	NSE	lnNSE	NSE	lnNSE
羊村	0.828	0.745	0.835	0.634	0.850	0.797	0.846	0.785
奴各沙	0.756	0.713	0.764	0.786	0.859	0.760	0.790	0.754
更张	0.749	0.876	0.699	0.529	0.693	0.871	0.730	0.859

续表

站点	HPC		集总 NSE		集总 lnNSE		集总平均 NSE	
	NSE	lnNSE	NSE	lnNSE	NSE	lnNSE	NSE	lnNSE
拉萨	0.861	0.924	0.881	0.591	0.823	0.908	0.859	0.909
唐家	0.618	0.626	0.654	0.671	0.543	0.613	0.603	0.628
旁多	0.609	0.619	0.641	0.656	0.565	0.623	0.608	0.625
效果良好站点	6		4		4		6	
效果突出站点	1		0		0		0	

注：效果良好站点指 NSE>0.6 且 lnNSE>0.6，效果突出站点指 NSE>0.86 且 lnNSE>0.86。

3. 水源解析结果

利用青藏高原积雪范围数据集 TPSCE 和国家冰川冻土沙漠科学数据中心开发的全国雪深数据（doi: 10.12072/ncdc.CCI.db0033.2020），计算了 2001～2007 年雅江流域的融雪径流量。表 3-6 和图 3-22 展示了融雪径流量的估算值，以及 THREW 水文模型在各种率定情景下计算的融雪量。基于观测数据估算的年均融雪径流量为 70.9mm，HPC 方法率定得到的年均融雪量与之最为接近，为 77.3mm，其他率定情景得到的融雪量均显著低于实测数据估算的结果。这也进一步表明 HPC 方法率定得到的模型参数更加合理，综合水文模型和融雪量估算的结果，雅江 2001～2015 年的径流水源组成为降雨 81.6%，融雪 10.9%，融冰 7.5%。

表 3-6　2001～2007 年融雪径流量计算结果　　　（单位：mm）

年份	估算值	HPC 率定	集总 NSE 率定	集总 lnNSE 率定	集总平均 NSE 率定
2001	77.8	63.3	38.6	53.2	50.2
2002	77.6	63.4	38.7	53.3	50.3
2003	74.5	55.1	33.6	46.4	43.7
2004	65.3	103.5	63.1	87.1	82.1
2005	79.9	88.8	54.2	74.7	70.5
2006	56.8	81.5	49.7	68.6	64.6
2007	64.5	85.3	52.0	71.7	67.6
平均	70.9	77.3	47.1	65.0	61.3

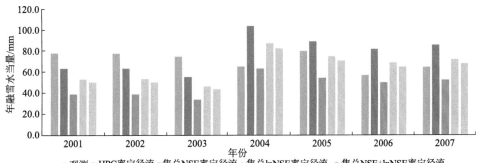

图 3-22　2001～2007 年融雪径流量计算结果

基于不同率定方法对雅江奴下水文站处的径流水源组成进行解析，水文模型的模拟时期为 2001~2015 年，结果如表 3-7 所示。在基于 HPC 率定方法的结果中，降雨径流占总径流量的 81.6%，融雪径流占 10.9%，融冰径流占 7.5%。对于其他不同的率定方法，降雨径流占比最高的是集总 NSE 率定结果，其降雨径流占比为 85.4%，从模拟流量过程线可以看出其对于夏季降雨的峰值流量模拟效果是最好的，而其融雪径流占比是 6.5%，是所有率定情景中最小的。其他两种率定情景，集总 lnNSE 率定结果中，降雨、融雪和融冰径流分别占比 82.2%、9.2% 和 8.7%，与 HPC 解析方法的结果最为接近。集总平均 NSE 率定结果中，降雨、融雪和融冰径流比例分别为 82.6%、8.7% 和 8.7%。由以上结果可以看出，不同率定方法得到的径流水源组成存在较大差别。而由于 HPC 方法得到的模型参数具有更强的物理性，且在内部站点取得了更好的模拟结果，因此基于 HPC 方法的水源解析结果更为可靠。但由于采用的是通过分步迭代率定确定一组最优参数的计算方案，未能反映模型表现随径流水源解析结果的变化特征，因此无法对解析结果的不确定性进行定量评估。

表 3-7 不同率定情景下的径流组分解析结果

径流组分	HPC 率定	集总 NSE 率定	集总 lnNSE 率定	集总平均 NSE 率定
降雨径流	81.6%	85.4%	82.1%	82.6%
融雪径流	10.9%	6.5%	9.2%	8.7%
融冰径流	7.5%	8.1%	8.7%	8.7%

3.2.3 雅江地下水源解析

1. 拉萨河流域地下水模型构建

西南河流源区地下水流系统在旱季维持河流流量，在雨季储存降水、缓冲河流洪峰流量方面发挥着关键作用。已有关于西南河流源区地下水的研究多集中在水均衡模型和基流分割方面（Schmidt et al.，2020；Andermann et al.，2012），对于地下水流动路径、地下水的补给和排泄规律及其影响因素，目前尚不清楚。地下水数值模型是研究观测数据缺乏的高寒山区地下水的有效手段。通过建立拉萨河流域的地下水数值模型，来探讨流域内地下水的来源、流动规律以及补给排泄规律。

拉萨河位于青藏高原中南部，发源于念青唐古拉山麓，流经墨竹工卡县、达孜县，穿过拉萨市区，在拉萨市曲水县汇入雅江，全长 551 km，是雅江的最大支流。拉萨河流域是青藏高原典型的高寒流域，流域内广泛发育有冰川和冻土。拉萨河流域范围在 90°04′E~93°21′E，29°20′N~31°18′N，面积达到 32526 km²，占雅江流域的 13.5%，如图 3-23 所示。拉萨河流域年平均气温为 7.7 ℃，年平均降水量为 437.8 mm。拉萨河流域冰川面积为 656 km²，占整个流域的 2%。

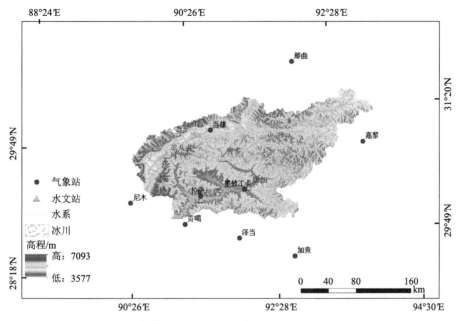

图 3-23 拉萨河流域地形分布以及气象、水文站点分布

利用 MODFLOW-2000 地下水模拟工具和 NWT 模型求解法（Niswonger et al., 2011），结合流域水文地质特征和土地利用类型，建立了拉萨河流域的三维地下水数值模型，包括各项要素不随时间变化的稳定流模型和改变降水量输入的非稳定流模型。构建的模型平均厚度为 2.8 km，垂直向上共剖分 10 层，整个模型共剖分为 707370 个单元格（图 3-24）。由于模型厚度较大，模型中考虑了含水层渗透系数随深度的衰减。渗透系数随深度的衰减采用了 Kuang 和 Jiao（2014）提出的渗透系数-深度模型。

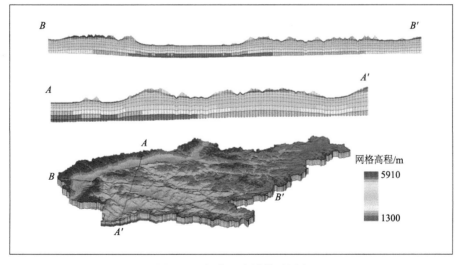

图 3-24 拉萨河流域模型剖分

2. 冰川区流域地下水模型构建

在气候变暖的影响下，冰川发生了显著退缩，对西南河流源区地下水资源产生了显著影响。相对于低海拔区域地下水，高寒流域地下水补给来源形式更加丰富（除了降水补给，还有冰川、积雪、冻土融化补给），地下水循环深度更大，同时还受地热梯度的影响，因而地下水的流动更加复杂。在冰川发育的流域，大多数研究更关注冰川退缩对地表径流的影响（Gao et al., 2018；Huss et al., 2010），而有关冰川退缩对地下水影响的研究较少（Liljedahl et al., 2017；Levy et al., 2015）。在冰川发育的流域的地下水主要受两种不同形式的冰川融水补给。受地热梯度和冰川压力的影响，在冰川底部形成一部分融水下渗补给地下水（Lemieux et al., 2008）。同时，冰川表面融水通过冰川边缘、冰川前缘湖泊或河流补给地下水（Liljedahl et al., 2017；Levy et al., 2015）。

HydroGeoSphere（HGS）模型能够模拟地表水和地下水的流动、溶质运移、冰雪融化、孔隙水冻融等三维过程。HGS 作为一个比较成型的基于物理过程的分布式水文模型，在全世界的应用比较广泛。HGS 以降水为输入变量，基于陆地水循环原理，能够有效地模拟地表水的运移过程。HGS 能够考虑多种参数，包括降水、气温、水力参数、地形、植被等因素。Lemieux 等（2008）将 HGS 模型应用于模拟北美更新世冰期冰下融水补给地下水的研究，取得了较好的效果。

杰马央宗流域地处青藏高原的西南部，是雅江源头。杰马央宗流域面积为 44.59 km²，海拔在 5008～6515 m（图 3-25）。杰马央宗冰川长 8.2 km，面积为 20.67 km²，占杰马央宗流域的 46%（刘晓尘和效存德，2011）。1974～2010 年，杰马央宗冰川面积已经减少了 5.02 %，冰川末端退缩了 768 m（刘晓尘和效存德，2011）。

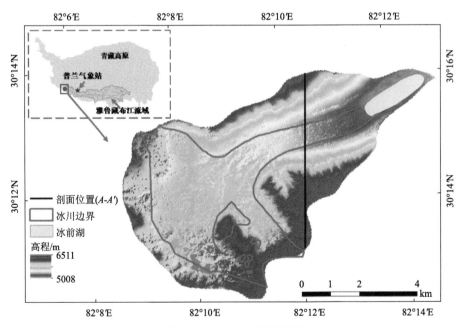

图 3-25　杰马央宗流域概况

杰马央宗冰川是一个典型的次大陆型冰川,在冰川末端发育有一个冰川湖泊。杰马央宗流域为典型的温带高原干旱气候,受西风环流的控制,不但寒冷干燥,而且多风。流域年平均气温约为 3.5℃,年降水量为 157 mm。降水主要发生在 1~4 月和 6~8 月,流域内潜在蒸发量超过 200mm。

将杰马央宗流域剖分成三角网格,模型的垂向剖分 20 层,模型的底部高程为–5 km,共剖分为 131760 个节点和 247280 个网格(图 3-26)。从模型顶层到底层,每层垂直厚度在 50~1000 m。与以往模型不同的是,所建立的模型考虑了渗透系数和储水率随深度的衰减。渗透系数随深度的衰减采用 Kuang 和 Jiao(2014)提出的渗透系数-深度模型。由图 3-27 可以看出,随着深度的增加,模型中渗透系数逐渐减小,渗透系数从地表的 0.093 m/d 衰减到模型底部的 $3.04×10^{-11}$ m/d。同时,利用 Kuang 等(2021)提出的储水率-深度模型描述含水层储水率随深度的衰减。

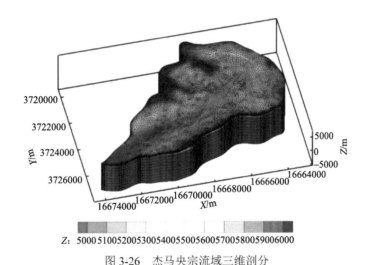

图 3-26　杰马央宗流域三维剖分

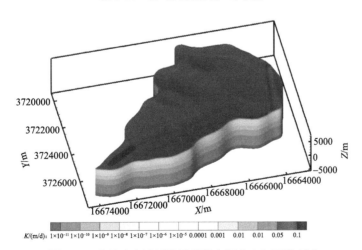

图 3-27　杰马央宗流域渗透系数空间分布与深度衰减

3. 拉萨河流域地下水源解析

1）地下水模型验证结果

拉萨河流域地下水模拟共分为两个阶段：第一阶段为基于 1956～2000 年多年月尺度观测数据和气象数据的稳定流模型；第二阶段为非稳定流模型。第二阶段的非稳定流模型采用了第一阶段稳定流模型中率定好的参数，初始水位沿用了稳定流中地下水位输出结果。稳定流模型的校正使用的数据包括旁多、唐加、拉萨和羊八井四个水文站点的多年平均月径流量，以及拉萨城区的多年平均地下水位观测数据。采用冬季枯水期（11月至次年4月）的平均径流量代替基流分割的结果（Bookhagen and Burbank，2010），用于地下水模型的校正。

模拟结果的评价采用了绝对误差（absolute error，AE）、相对误差（RE）和归一化均方根误差（normalizaed root-mean-square error，NRMSE）。图 3-28（a）是模拟基流与实测基流的对比。图中实心三角形是模型计算的基流量，对比观测基流量，平均 RE 在 1.7%～6.6%，Fit-NRMSE 为 0.96。说明模拟的基流和实测值吻合较好。模拟的多年平均（1979～2000 年）地下水位绝对误差在 2.8～8.1，平均绝对误差为 3.7，Fit-NRMSE 为 0.80[图 3-28（b）]。所有地下水位的观测数据都来自拉萨市区的观测井，可能受到地下水开采的影响。基流和地下水位的同时校正可使模型结果更为可靠。

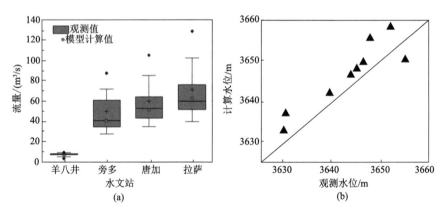

图 3-28　拉萨河流域地下水模型校正

2）地下水补给与排泄特征

模拟结果表明，拉萨河流域地下水水头的分布主要受地形和水文地质条件控制。模拟的地下水水头自东北至西南降低，与地形的变化趋势一致。流域内的地下水水头分布表明，区域地下水流的方向大致由东北向西南流动。最高的地下水水头（5435 m）分布于流域西部的念青唐古拉山脉，最低的地下水水头（3586 m）位于拉萨河流域下游出口位置。最高地下水和最低地下水水头值对应流域地形的最高点和最低点。拉萨河流域的平均水力梯度为 2.9%，相对较高的水力梯度位于流域上游。最大的水力梯度可达 16%，位于流域东部和西部山区的分水岭附近地区。流域中部的水力梯度较小，因为中部地区地形平缓，地形坡度只有 1%左右，且为渗透系数较高的第四纪松散沉积物。

流域内降水约 13.6%（71.6 mm/a）下渗补给地下水。下渗的地下水中，有 93.4%以基流的形式向河流排泄，剩下的部分以蒸散发的形式消耗到大气中（4.2 mm/a）。另外，还有 1.1%的地下水通过流域南部边界，以跨流域地下水流的形式进行排泄。超过 80%的地下水在地面以下 300 m 以内的深度范围内流动。

冰川融水对地下水的补给量较少，并不是地下水的主要来源之一。来自冰川融水的地下水补给速率为 5.4 mm/a，大约为地下水总补给量的 7%。在羊八井子流域，冰川广泛分布，同时冰川在气候变暖的影响下发生了显著的退缩，模拟的冰川融水对地下水补给的比例较高，可达地下水总补给量的约 35%。

地下水与河水的补给、排泄关系取决于二者的水位高度，当河水水位高于地下水位时，地下水接受河水的下渗补给，反之则地下水向河水排泄。图 3-29 给出了拉萨河流域每个河段地下水与地表水的补排关系。图中蓝色河段表示地下水以基流的形式向河流排泄（负值），红色河段表示河水下渗补给地下水（正值）。河段上的数值表示地下水排泄量或者河水补给地下水量的大小。绝大多数的河段地下水向河流排泄，排泄速率为 0 ～ 28.8 m³/(d·m)。河流下渗补给地下水一般发生在地势较高的山区，可见于流域东北部拉萨河源区、西部念青唐古拉山脉以及东南部山区的一级支流处，最大补给速率可达 40.1 m³/(d·m)。这是因为山区河谷两侧的地形坡度大，有利于地表水汇流，且一级支流的河流下切深度浅，容易产生地表水高于地下水的情况，从而出现河水下渗补给地下水的现象。

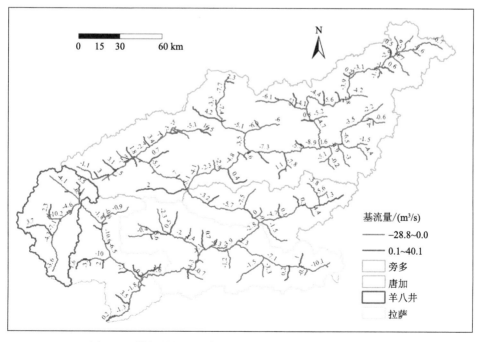

图 3-29　模拟的拉萨河流域各河段地下水与河水的相互关系

3）地下水粒子空间迁移特征

MODPATH 基于 MODFLOW 模拟结果对地下水进行粒子追踪分析，着重分析了向河流排泄的地下水粒子，在河流上放置了 5298 个粒子并进行追踪，得到地下水流动路径结果（图 3-30）。该图指示了拉萨河流域每个河段上基流的来源，划分出每段河流地下水的补给区域。粒子追踪的最短距离为 0.5 km（最短距离受网格分辨率影响），最长距离为 139.2 km，粒子迁移时间范围在 8.1 天至 42.8 万年。绝大部分粒子流动路径没有穿过流域分水岭，仅在子流域内部移动。也有少量地下水粒子穿过分水岭在子流域间迁移，多发生在流域边界附近。这些粒子迁移路径长，所需时间在 100 年以上。说明河流的基流汇水区几乎都在流域内部，地下水的流域与地表水流域分区差异不明显，跨流域的地下水补给量小且补给速率非常缓慢。从流线的密集程度来看，拉萨河流域西北部的念青唐古拉山山前低洼地带、拉萨河中游拉萨子流域以及下游排泄出口附近的地下水流线密集，汇水面积大，获得的地下水补给充足，不同年龄的地下水混合程度高。相反，在流线短、稀疏的地区，如旁多子流域的冻土分布区，地下水汇水面积小，更新速率快，地下水的年龄相对更年轻，混合程度低。

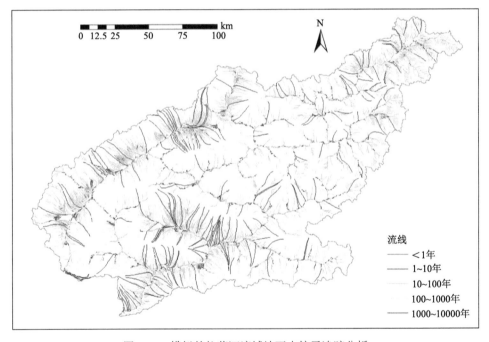

图 3-30　模拟的拉萨河流域地下水粒子追踪分析

4. 杰马央宗冰川流域地下水源解析

1）杰马央宗冰川厚度与物质平衡

杰马央宗冰川厚度数据来自 Farinotti 等（2019）模拟的全球山地冰川厚度数据。模拟的杰马央宗冰川厚度最大为 262.4 m，平均厚度为 124.3 m（图 3-31）。冰川中部厚度较大，边缘部位较小。

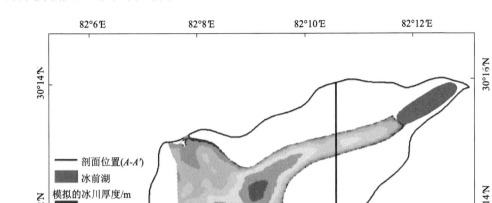

图 3-31　杰马央宗冰川厚度分布

通过杰马央宗冰川流域附近普兰气象站的气象数据发现，1973～2009 年，气温以 0.4℃/10a 的趋势增长（刘晓尘和效存德，2011）。杰马央宗流域未来气候采用 CMIP6 数据集中的 8 个模型，选择 SSP126 和 SSP585 两种排放模式，来探讨杰马央宗流域在 2021～2100 年地下水的补给、排泄及水头的变化趋势。

利用 Δh -指数法使冰川物质平衡转换成冰川面积和厚度的变化（Huss et al.，2010）。根据冰川大小的不同，Δh -指数法有三个不同的指数方程计算冰川面积和厚度的变化。由于研究区的冰川面积在 5～20 km²，故采用中等尺度冰川的方程（Huss et al.，2010）：

$$\Delta h = (E_r - 0.05)^4 + 0.19 \times (E_r - 0.05) + 0.01 \tag{3-7}$$

式中，Δh（无量纲）为标准化的冰川厚度；E_r 为标准化的冰川表面高程。

2）杰马央宗冰川面积和厚度的变化

2021～2100 年，模拟的杰马央宗冰川面积和平均厚度逐渐减小，尤其是在 NESM 和 CESM2 气候模型下（图 3-32）。在气温升温最快的 NESM 气候模型下，到 2100 年，在 SSP126 情景下，冰川面积、冰川体积和冰川平均厚度减小到目前阶段（2021 年）的 60%、26% 和 43%；在 SSP585 情景下，冰川面积、冰川体积和冰川平均厚度减小到目前阶段的 43%、15% 和 24%。

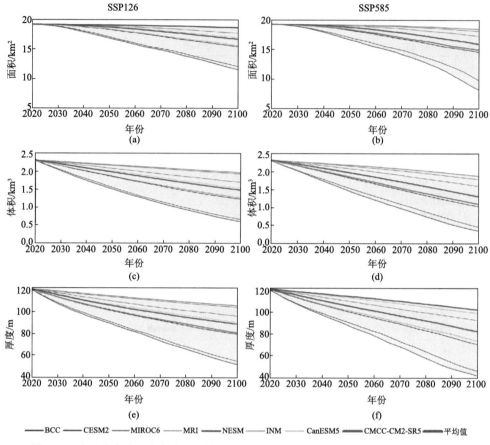

图 3-32　杰马央宗冰川在未来 8 个模型下冰川面积、冰川体积和冰川平均厚度的变化

3）冰下融水对地下水的贡献解析

模拟结果表明，杰马央宗冰川多年平均冰下融水补给地下水（subglacial meltwater recharge，SMR）的速率为 24 mm/a。冰下融水补给地下水约占地下水总补给的 60%。采用 8 个气候模式的平均值来研究杰马央宗流域冰川退缩影响下，冰下融水下渗补给地下水的变化（Hofer et al.，2020）。随着冰川的退缩，冰下融水下渗补给地下水的速率减小。到 2100 年，在 SSP126 和 SSP585 气候变化情景下，冰下融水下渗补给地下水分别减小了 62% 和 76%（图 3-33）。到 2100 年，降水入渗补给地下水在 SSP126 和 SSP585 气候变化情景下，分别增加了 19% 和 57%。虽然降水入渗补给地下水增加，但其增加不能抵消冰下融水下渗补给地下水的减少。到 2100 年，总的地下水补给量在 SSP126 和 SSP585 气候变化情景下，分别减小了 23% 和 28%。

对模型给出的流域地下水水头变化趋势进行分析表明，随着冰川进一步退缩，流域内地下水水头逐渐降低，且升温幅度越大，地下水头降低的程度越大（图 3-34）。地下水水头的降低主要发生在冰川分布区。随着冰川退缩，未来冰下融水下渗补给地下水将继续减少。

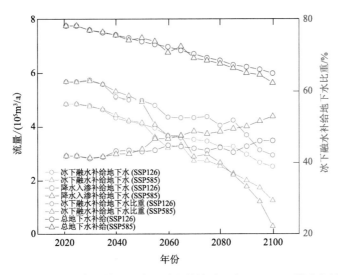

图 3-33　2021～2100 年不同气候变化情景下冰下融水补给地下水（SMR）、降水入渗补给地下水（PR）
以及地下水总补给（TR）的变化

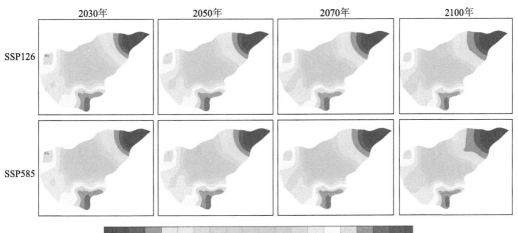

图 3-34　杰马央宗流域未来地下水水头空间分布

3.3　水源示踪与模型耦合解析

分布式水文模型和同位素端元混合模型是水源解析的两种常用方法。模型方法在高寒区具有较大的不确定性，同位素端元方法在大尺度流域的适用性则较差。本节介绍耦合水文模型和同位素示踪的大流域水源解析方法，利用径流、冰雪、同位素多元数据约束模型参数，显著降低水源解析的不确定性，并解析了西南径流计划 5 条研究河流的水源组成。

3.3.1　同位素水文模型构建

isoTHREW 模型由 Nan 等（2021a）在 3.2.1 节介绍的分布式水文模型 THREW 的基础上开发。为了对高寒区的冰川积雪过程进行更真实的刻画，本节所采用的模型对冰川和积雪模块进行了改进，对于雪盖而言，考虑了降雪、积雪和融雪三个过程，对雪水当量和积雪面积进行模拟。依据冰川覆盖数据对融雪和融冰进行区分，即发生在非冰川区的融水为融雪，而发生在冰川区的融水为融冰（既包含冰川上覆盖积雪的消融量，又包含冰川自身的消融量）。采用度日模型方法对融雪和融冰进行模拟，并假定积雪和冰川以不同的速率消融（即度日因子不同），采用式（3-8）和式（3-9）计算积雪和冰川消融量：

$$M_S = \begin{cases} \text{DDF}_S \cdot (T - T_{S0}) & T > T_{S0} \\ 0 & T \leqslant T_{S0} \end{cases} \tag{3-8}$$

$$M_G = \begin{cases} \text{DDF}_G \cdot (T - T_{G0}) & T > T_{G0} \\ 0 & T \leqslant T_{G0} \end{cases} \tag{3-9}$$

式中，下标 S 和 G 分别为积雪和冰川；M 为消融量；T 为各代表性单元流域（representative elementary watershed，REW）的气温；T_0 为冰雪消融的温度阈值，即当气温高于该阈值时会发生消融；DDF 为度日因子，代表消融速率。

模型采用式（3-10）和式（3-11）对流域雪水当量（SWE）和积雪面积（SCA）进行模拟。首先根据温度阈值 T_S 确定降水 P 中降雪 P_S 的比例，再根据降雪量和融雪量计算各 REW 积雪的物质平衡，从而得到各个 REW 的 SWE。考虑流域面积较大，模型采用积雪消融曲线方法建立 SCA 与 SWE 之间的相关关系，从而对 SCA 进行模拟。

$$P_S = \begin{cases} 0 & T > T_S \\ P & T \leqslant T_S \end{cases} \tag{3-10}$$

$$\frac{\text{dSWE}}{\text{d}t} = P_S - M_S \tag{3-11}$$

模型假定非冰川区的融雪均匀分布于 REW 内，并经过与降雨径流相同的路径产流（Schaefli et al., 2005），而考虑冰川分布于特定位置，且表面通常为不透水面，因此假定冰川区的产流（包括冰川区融水、冰川表面的降雨）通过地表产流的方式直接补给河道。为了使模型结构简洁，没有对冰川的积累和演化过程进行模拟，而是仅根据度日模型进行冰川消融量的估算。

1. 同位素示踪模块

在上述水文模型的基础上耦合了同位素示踪模块，该模块假定各水源中的同位素为保守示踪剂，即在各水文单元中不发生化学反应，只发生由相变（蒸发、消融）引起的分馏过程，以及伴随水体运动发生的混合过程。采用瑞利分馏公式对水分蒸发引起的同位素分馏过程进行模拟（Hindshaw et al.，2011），如式（3-12）～式（3-14）所示：

$$\delta^{18}O'_x = \delta^{18}O_x \cdot \frac{1 - f^{CF\left(\frac{1}{\alpha} - 1\right) + 1}}{1 - f} \tag{3-12}$$

$$\ln \alpha = -0.00207 + \frac{-0.4156}{T} + \frac{1137}{T^2} \tag{3-13}$$

$$f = 1 - \frac{w'_x}{w_x} \tag{3-14}$$

式中，$\delta^{18}O_x$ 和 $\delta^{18}O'_x$ 分别为水文单元 x 中水体发生蒸发前后的同位素含量；α 为瑞利分馏因子，可由温度 T（K）计算得到；CF 为校正因子；f 为蒸发后剩余水量占蒸发前总水量的比例。

模型基于充分混合假定对各水文单元中的同位素含量进行计算，当前计算步长的同位素含量 $\delta^{18}O_t$ 由前一步长末的同位素含量 $\delta^{18}O_0$ 和当前步长内所发生的水分通量决定，对于土壤水、地下水、积雪等储水单元，根据式（3-15）计算：

$$\delta^{18}O_t = \frac{w_0 \delta^{18}O_0 + \sum w^i \delta^{18}O^i}{w_0 + \sum w^i} \tag{3-15}$$

式中，w_0 为前一步长末水文计算单元内的水量；w^i 和 $\delta^{18}O^i$ 为其他水文单元流入当前水文单元的水量和同位素浓度。对于土壤水、地下水和积雪而言，w^i 分别为降雨入渗量、上层土壤水下渗量和降雪量。

对于河道汇流过程，模型采用类似的充分混合假定计算各 REW 径流中的同位素含量，认为径流中的同位素演化是三部分水量混合的结果：当前计算步长初河道中的蓄水量、上游 REW 流入当前 REW 的流量以及当前 REW 的产流量，其中当前 REW 的产流量可根据产流方式进一步划分为地表产流和地下产流。因此，河道径流的同位素含量可根据式（3-16）计算：

$$\delta^{18}O_r = \frac{w_{r0} \delta^{18}O_{r0} + \sum I^k \delta^{18}O^k_{r,up} + R_{sur} \delta^{18}O_{sur} + R_{gw} \delta^{18}O_{gw}}{w_{r0} + \sum I^k + R_{sur} + R_{gw}} \tag{3-16}$$

式中，$\delta^{18}O_{r0}$ 和 w_{r0} 为前一计算步长末的径流同位素含量及河道中的蓄水量；$\delta^{18}O^k_{r,up}$ 和 I^k 为上游 REW_k 的径流同位素含量和流入当前 REW 的流量；下标 sur 和 gw 分别为地表产流和地下水出流形成的地下产流。

模型需要降水和融冰的同位素含量数据作为输入（假定降雪和降雨具有相同的同位素含量），可以对流域内各水体（包括土壤水、地下水、积雪、河水等）中的同位素含量进行模拟。通过对模型进行预热来实现各水体中同位素含量的初始化，并假定各水体的同位素含量可在模型运行三年后达到相对稳定。

2. 模型参数率定

isoTHREW 模型中率定参数的物理含义和取值范围与 3.2.1 节中介绍的 THREW 模型相同。采用两种不同的方案对模型参数进行率定：①利用流域出口流量和流域积雪覆盖面积（SCA）进行率定的双目标率定方案；②同时利用流域出口流量、流域积雪覆盖面积（SCA）以及流域出口河水同位素含量 $\delta^{18}O$ 进行率定的三目标率定方案。选择纳什效率系数（NSE）和均方根误差（RMSE）分别作为径流和 SCA 模拟效果的评价指标函数，并根据河水同位素数据的类别选择不同的指标函数进行同位素模拟效果的评价，针对时间序列型和空间分布型数据，分别选择平均绝对误差（MAE）和相关系数（CC）作为目标函数。上述指标函数的计算公式如下：

$$NSE_{dis} = 1 - \frac{\sum_{i=1}^{n}(Q_{o,i} - Q_{s,i})^2}{\sum_{i=1}^{n}(Q_{o,i} - \overline{Q_o})^2} \tag{3-17}$$

$$RMSE_{SCA} = \sqrt{\frac{\sum_{i=1}^{n}(SCA_{o,i} - SCA_{s,i})^2}{n}} \tag{3-18}$$

$$MAE_{iso} = \frac{\sum_{i=1}^{n}\left|\delta^{18}O_{o,i} - \delta^{18}O_{s,i}\right|}{n} \tag{3-19}$$

$$CC_{iso} = \frac{Cov(\delta^{18}O_o, \delta^{18}O_s)}{\sqrt{Var(\delta^{18}O_o) \cdot Var(\delta^{18}O_s)}} \tag{3-20}$$

式中，n 为实测数据的总数；下标 o 和 s 分别为该变量的实测值和模拟值。

采用基于 pySOT 优化算法（doi.org/10.5281/zenodo.569554）的自动率定程序进行三种方案下的参数率定和有效参数识别。pySOT 算法应用异步并行优化框架（plumbing for optimization with asynchronous parallelism），充分利用计算资源，采用代理模型的方法寻找最优解，可以减少优化过程中的模型运行次数，从而提升计算效率。优化过程会在模型运行次数达到某一限定次数后停止，限定次数设为 3000。对于双目标和三目标率定方案，分别选择 NSE_{dis}-$RMSE_{SCA}$、NSE_{dis}-$RMSE_{SCA}$-MAE_{iso}（或 NSE_{dis}-$RMSE_{SCA}$+CC_{iso}）作为优化目标函数。对于每一种率定方案，分别将 pySOT 算法重复 100 次得到 100 组参数，并根据 NSE_{dis} 和 $RMSE_{SCA}$ 的阈值进一步从中筛选出有效参数，即只将模拟结果的 NSE_{dis} 高于某一特定阈值、同时 $RMSE_{SCA}$ 低于某一特定阈值的参数组合作为有效参数。各流域的径流时间序列、研究时段划分和评价指标阈值如表 3-8 所示。

表 3-8　各流域的径流时间序列、研究时段划分和评价指标阈值

流域	径流时间序列	率定期	验证期	评价指标阈值
黄河源	2009~2018 年	2009~2013 年	2014~2018 年	$NSE_{dis}=0.75$，$RMSE_{SCA}=0.20$
长江源	2010~2018 年	2010~2016 年	2017~2018 年	$NSE_{dis}=0.75$，$RMSE_{SCA}=0.12$
澜沧江	2001~2010 年	2001~2005 年	2006~2010 年	$NSE_{dis}=0.85$，$RMSE_{SCA}=0.15$
怒江	2003~2013 年	2003~2008 年	2009~2013 年	$NSE_{dis}=0.85$，$RMSE_{SCA}=0.10$
雅江	2001~2010 年	2001~2005 年	2006~2010 年	$NSE_{dis}=0.85$，$RMSE_{SCA}=0.08$

3.3.2　水同位素数据集成

降水和河水的同位素含量是驱动和验证同位素水文模型的必要数据。其中，降水同位素数据需要兼具高时间分辨率和空间分辨率，其传统获取途径主要是高密度、高频率的连续采样工作，而这样的采样工作在大尺度流域开展难度极大。为了解决这一难题，Nan 等（2021b）将耦合同位素的大气环流模式（iGCM）模拟的降水同位素数据作为模型输入，采用的 iGCM 产品为 Yoshimura 等（2008）开发的 isoGSM，isoGSM 数据的基础为斯克里普斯实验气候预测中心开发的全球谱模型（global spectral model，GSM），该模型基于中期预报模型进行分析和预测（Kanamitsu et al.，2002），isoGSM 即在 GSM 基础上耦合水同位素过程得到的产品，可以输出大气和降水中的同位素含量，其时间分辨率和空间分辨率分别为 6h 和 1.875°×1.875°。王学界等（2017）从五个方面评估了 10 套 iGCM 数据的性能，包括同位素平均含量、季节差异性、温度效应、降水量效应和全球大气降水线这五个方面，isoGSM 产品在以上五个方面的排名分别为 1、2、1、2 和 2，因此选择 isoGSM 作为降水同位素的输入数据。

收集了西南河流源区典型流域雅江四个水文站点的连续场次尺度降水同位素数据，以及青藏高原降水同位素网络 19 个站点的月尺度数据，对 isoGSM 进行评估和偏差校正。图 3-35 展示了 isoGSM 的降水 $\delta^{18}O$ 数据与实测值在事件尺度上的对比关系。isoGSM 数据所表现出的季节波动特征与实测数据较为接近（图 3-35 中的灰线），两者都在 5 月达到 $\delta^{18}O$ 最高值，而在雨季中后期（8~9 月）达到相对低值。然而，isoGSM 数据对降水 $\delta^{18}O$ 存在着高估的倾向，图 3-35（a）中雨季后期的 isoGSM 降水 $\delta^{18}O$ 高于实测值，且在上游三个站点尤其显著。在自下游至上游的四个水文站，实测降水 $\delta^{18}O$ 的雨量加权平均值分别为–9.58‰、–14.01‰、–14.80‰和–17.86‰，而对应 isoGSM 网格的平均降水 $\delta^{18}O$ 分别为–7.53‰、–8.38‰、–9.22‰和–9.61‰。由此可见，isoGSM 降水 $\delta^{18}O$ 的偏差随着海拔的升高而增加，其原因可能为全球气候模式（global climate model，GCM）的空间分辨率相对较低，无法较好地刻画出高海拔地区复杂地形的影响。考虑这一特征，利用式（3-21）~式（3-23）对 isoGSM 的降水 $\delta^{18}O$ 数据进行偏差校正：

$$\text{bias}_i = \overline{\delta^{18}\text{O}_{i,m}} - \overline{\delta^{18}\text{O}_{i,\text{G}}} \qquad i = 1,2,3,4 \qquad (3\text{-}21)$$

$$\text{bias}\_r = a \cdot \text{ALT} + b \qquad (3\text{-}22)$$

$$\begin{cases} \text{bias}\_r_k = a \cdot \text{ALT}_k + b \\ \delta^{18}\text{O}_{k,j,\text{Corr}} = \delta^{18}\text{O}_{k,j,\text{G}} + \text{bias}\_r_k \end{cases} \qquad (3\text{-}23)$$

式中，$\overline{\delta^{18}\text{O}_{i,m}}$ 为采样站点 i 的降水量加权平均 $\delta^{18}\text{O}$，i=1～4；$\overline{\delta^{18}\text{O}_{i,\text{G}}}$ 为采样站点 i 所在 isoGSM 网格的降水量加权平均 $\delta^{18}\text{O}$；ALT 为采样站点或 REW 的平均海拔；参数 a 和 b 为线性回归系数，根据最小二乘回归计算出其数值分别为–0.0046 和 14.96；$\delta^{18}\text{O}_{k,j,\text{G}}$ 和 $\delta^{18}\text{O}_{k,j,\text{Corr}}$ 分别为第 k 个 REW（k=1～63）第 j 天的原始 isoGSM 降水 $\delta^{18}\text{O}$ 数据和校正后的结果。经过校正后，isoGSM 降水 $\delta^{18}\text{O}$ 数据更好地捕捉到雨季后期的低值（图 3-35 黑线）。经过校正，雅江流域 isoGSM 与实测降水 $\delta^{18}\text{O}$ 之间的平均绝对误差由 6.65‰ 降低至 4.91‰。

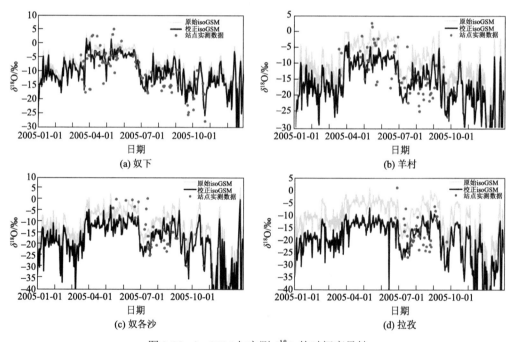

图 3-35　isoGSM 与实测 $\delta^{18}\text{O}$ 的时间变异性

进一步收集了国家青藏高原科学数据中心发布的青藏高原降水稳定 ^{18}O 同位素数据集 TNIP（Yao et al.，2013）。该数据集包括青藏高原 19 个站点的月尺度降水 $\delta^{18}\text{O}$ 数据，选用 2000 年以后的数据进行 isoGSM 数据的评估和校正。各个站点的数据时段与数据量差异较大，19 个站点 2000 年以后的采样年数介于 1～7 年不等，平均年数为 4 年，最晚的采样年份为 2008 年；数据量介于 4～58 条，平均数量为 26 条。图 3-36 和图 3-37 展示了 isoGSM 偏差的空间分布特征。如图 3-36 所示，isoGSM 整体呈现出高原中部和南部高估降水 $\delta^{18}O$，而北部低估的特征，这也与基于雅江连续观测数据的评估结论相一致。由图 3-37 可知，isoGSM 偏差与纬度之间存在显著的相关关系[图 3-37（a）]，而与经度之间不存在单调的相关性，总体而言在东西部低估而在中部高估，这可能与站点的分布位置有关，即在东西部地区的站点主要位于高纬度，而中部的站点位于低纬度[图 3-37（b）]，偏差与海拔之间不存在总体上的相关关系，但在不同的纬度区域内部[以 30°N 为界，可分为 3-37（c）的绿色点和红色点]存在一定的相关性，在海拔越高的区域，isoGSM 越高估降水 $\delta^{18}O$。利用 TNIP 数据校正 isoGSM，由于站点位置分布较广，因此在式（3-22）的基础上，在其回归变量中增加经纬度[式（3-24）]，考虑 isoGSM 偏差在不同纬度范围内存在差异，因此针对长江源、黄河源、怒江和澜沧江，分别利用其所在纬度范围内的 TNIP 站点进行 isoGSM 校正。根据最小二乘估算式中的回归系数 a_1、a_2、a_3 和 b，由于长江源和黄河源的纬度范围较为接近，因此其偏差校正回归系数相

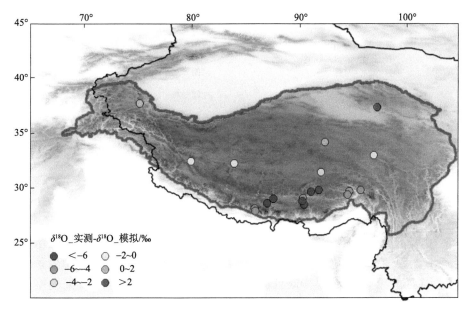

图 3-36　isoGSM 偏差的空间分布特征

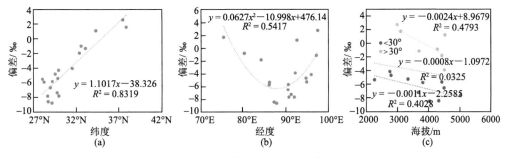

图 3-37　isoGSM 偏差与地理要素的相关关系

同，均为 a_1=0.0014，a_2=0.038，a_3=1.17，b=−49.23；澜沧江和怒江的偏差校正回归系数则为 a_1=−0.0009，a_2=−0.095，a_3=1.37，b=−33.95。

$$\text{bias}\_r = a_1 \cdot \text{ALT} + a_2 \cdot \text{LON} + a_3 \cdot \text{LAT} + b \qquad (3\text{-}24)$$

为了对同位素水文模型进行率定，收集了五条河流的河水同位素数据。各流域河水同位素数据的年份、数据量、数据类型（即时间序列型或空间分布型）和数据来源如表 3-9 所示。其中，雅江和长江源的数据质量较好，数据量均等于超过 100 条，且为时间序列数据；而黄河源、怒江和澜沧江的数据条件相对较差，均为空间分布型数据，且数据量均不足 20 条。其中，怒江流域的数据采样点位于怒江源区的那曲流域及其支流，黄河源和澜沧江的数据采样点则均位于干流。

表 3-9　青藏高原主要流域的河水同位素数据情况

流域	年份	数据量	数据类型	数据来源
黄河源	2016	8	空间分布	Li 等，2018
长江源	2016~2017	100	时间序列	Li 等，2020
澜沧江	2017	7	空间分布	徐飘等，2019
怒江	2017	18	空间分布	董国强等，2018
雅江	2005	111	时间序列	刘忠方等，2007

3.3.3　同位素水文模拟与水源解析

1. 模拟结果

表 3-10 展示了各个流域在双目标和三目标率定下的径流、积雪面积和河水同位素模拟效果。各个流域在两种率定方案下均取得了良好的径流和积雪面积模拟效果。图 3-38 展示了河水同位素的模拟效果，双目标率定得到的河水同位素模拟效果较差，表现为 MAE_{iso} 较大或 CC_{iso} 较低（表 3-10）。其中，雅江的平均模拟值与实测值接近，但存在较大的不确定性[图 3-38（e）]，长江源的模拟值显著低于实测值[图 3-38（b）]，在黄河源、怒江和澜沧江，尽管模拟值的平均值接近 1∶1 线，但其不确定性极大[约为 5‰，图 3-38（a）、（c）和（d）]。而三目标率定取得了良好的同位素模拟效果，较好地捕捉到河水同位素的时间或空间变异性。其中，雅江和长江源流域的河水同位素在雨季均呈现先上升后下降而后再上升的特征，这与降水同位素的变化特征相符[图 3-38（g）和（j）]；怒江源区（那曲流域）的河水同位素呈随纬度的降低（即自上游至下游）先上升后下降的特征[图 3-38（i）]，反映了流域中游错那湖的湖水蒸发引起的同位素富集；黄河源和澜沧江的河水同位素分别呈现自上游至下游先下降后上升和持续上升的特征[图 3-38（f）和（h）]。

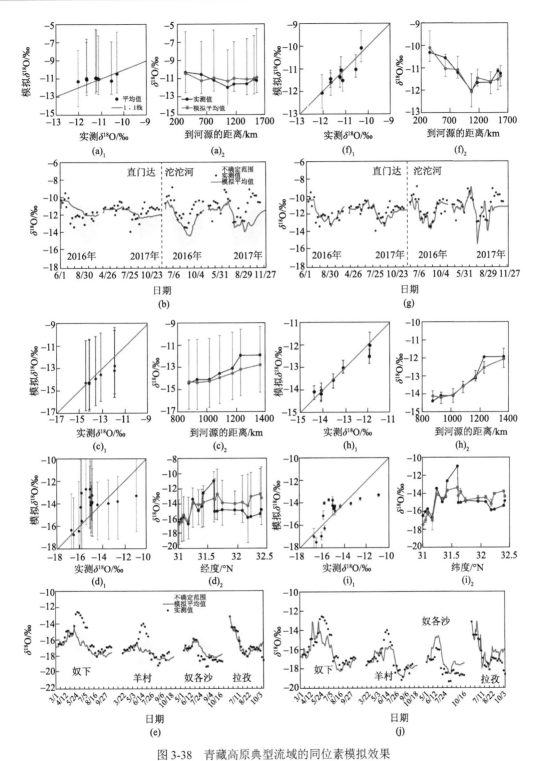

图 3-38　青藏高原典型流域的同位素模拟效果

（a）～（e）依次为双目标率定下黄河源、长江源、澜沧江、怒江、雅江的模拟结果；（f）～（j）依次为三目标率定下黄河源、长江源、澜沧江、怒江、雅江的模拟结果

表 3-10　青藏高原典型流域（不包含雅江）的径流、积雪面积和河水同位素模拟效果

流域	率定/验证	双目标率定 [a]			三目标率定		
		NSE_{dis}	$RMSE_{SCA}$	MAE_{iso}/CC_{iso} [b]	NSE_{dis}	$RMSE_{SCA}$	MAE_{iso}/CC_{iso}
黄河源	率定	0.84 (0.76~0.92)	0.15 (0.14~0.18)	0.30 (−0.65~0.87)	0.82 (0.76~0.92)	0.16 (0.14~0.17)	0.85 (0.75~0.92)
	验证	0.76 (0.61~0.90)	0.12 (0.10~0.15)		0.73 (0.60~0.90)	0.12 (0.10~0.14)	
长江源	率定	0.83 (0.80~0.87)	0.09 (0.09~0.11)	1.14 (0.78~2.12)	0.81 (0.77~0.85)	0.10 (0.09~0.11)	0.68 (0.58~0.81)
	验证	0.71 (0.61~0.79)	0.08 (0.07~0.10)		0.71 (0.63~0.75)	0.08 (0.07~0.10)	
澜沧江	率定	0.91 (0.87~0.93)	0.11 (0.11~0.12)	0.94 (0.32~0.98)	0.89 (0.85~0.95)	0.11 (0.11~0.14)	0.97 (0.93~0.98)
	验证	0.85 (0.77~0.90)	0.13 (0.12~0.13)		0.86 (0.72~0.92)	0.13 (0.12~0.15)	
怒江	率定	0.91 (0.85~0.95)	0.09 (0.09~0.10)	0.40 (−0.20~0.70)	0.89 (0.85~0.92)	0.09 (0.09~0.10)	0.66 (0.55~0.77)
	验证	0.88 (0.35~0.92)	0.10 (0.09~0.15)		0.87 (0.74~0.91)	0.11 (0.09~0.13)	
雅江	率定	0.91 (0.86~0.93)	0.07 (0.07~0.10)	1.24 (0.90~1.99)	0.89 (0.85~0.93)	0.08 (0.07~0.10)	0.76 (0.70~0.84)
	验证	0.86 (0.77~0.92)	0.07 (0.06~0.09)		0.85 (0.76~0.91)	0.07 (0.07~0.09)	

a：括号内外的数值分别代表平均值和范围；b：雅江和长江源为 MAE_{iso}，其他流域为 CC_{iso}。

2. 水源解析与验证

基于两种口径对径流组成进行定义：其一是基于输入水量的定义，解析各个水源（包括降雨、融雪和融冰）对流域输入总水量的贡献，这也是以往研究中较为常见的一种解析方式，由于蒸发的作用，三种输入水源的总和必然会大于总径流量，且由于不同水源经历的产流路径不同，输入水量中三种水源的比例并不一定等于流域出口径流中的比例；其二是基于产流路径的定义，解析不同路径的产流方式对总径流量的贡献，主要包括地表产流和地下产流，其中地表产流主要是发生在不透水区（如冰川区）、蓄满区以及超渗区的降雨或融水，直接补给河道径流，而地下径流主要是地下水出流，通常以基流的方式对河道径流进行补给。

图 3-39 和表 3-11 展示了双目标率定和三目标率定方案得到的五个流域的径流组成解析结果。在输入水源方面，雅江和怒江融冰的比例稍高，均为 10% 左右，其余流域的融冰比例仅为 1% 左右，这与各流域的冰川分布情况相符；融雪比例在各个流域较为接近，其中在长江源流域的贡献稍高，为 20%，而在其他流域的贡献均为 10%～16%；降雨在五个流域均为主导水源，其中在黄河源和澜沧江的贡献比例接近或超过 85%，在其他流域则为 70%～80%。在产流路径方面，除了澜沧江以外的四个流域，地表径流和地下径流的贡献较为接近，地下径流的比例在 40%～60%，而在澜沧江流域，地下径流则占据主导，其贡献比例超过 70%。三目标率定下，径流组成解析的不确定性在五个流域均得到不同程度的减小，在雅江和长江源的减小效果最为显著，怒江次之，而在黄河源和澜沧江，两种率定方案得到的不确定性较为接近。其中，三目标率定得到的径流组成比例极差较低，而标准差反而较高，这是因为这两条河的数据条件欠佳，均为空间分布型数据且数据量较少（不足 10 条）。

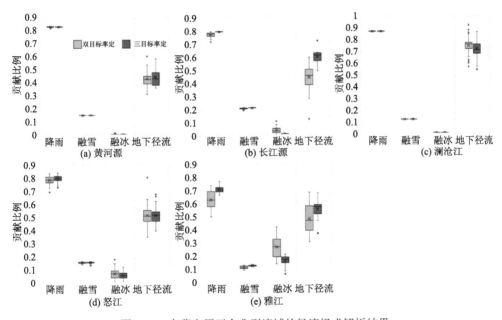

图 3-39 青藏高原五个典型流域的径流组成解析结果

表 3-11 青藏高原五个典型流域的径流组成解析结果

流域	径流组分	双目标率定		三目标率定	
		平均值	标准差	平均值	标准差
黄河源	降雨	84.0	0.3	84.1	0.3
	融雪	15.5	0.1	15.5	0.1
	融冰	0.5	0.4	0.4	0.3
	地下径流	43.6	5.9	44.7	7.0

续表

流域	径流组分	双目标率定		三目标率定	
		平均值	标准差	平均值	标准差
长江源	降雨	76.7	1.8	79.0	0.3
	融雪	20.0	0.5	20.6	0.1
	融冰	3.3	2.3	0.5	0.4
	地下径流	43.9	9.8	59.8	6.0
澜沧江	降雨	87.6	0.2	87.6	0.3
	融雪	12.0	0.03	12.0	0.04
	融冰	0.4	0.2	0.4	0.3
	地下径流	75.1	5.9	72.2	7.0
怒江	降雨	78.5	3.1	79.8	2.4
	融雪	15.0	0.6	15.1	0.6
	融冰	6.5	3.7	5.0	2.9
	地下径流	50.9	6.6	51.0	6.2
雅江	降雨	62.8	6.5	70.7	2.5
	融雪	10.8	1.1	12.2	0.4
	融冰	26.4	7.5	17.1	2.9
	地下径流	47.9	10.5	55.3	6.7

1）长江源水源解析验证

融冰在长江源流域的径流中贡献较小，且两种率定方案得到的结果较为接近。考虑长江源区的季节性冻土对产流方式具有重要影响，因此，本节重点关注消融期（4～10月）不同产流路径对径流的比。两种率定方案得到的产流路径比例存在显著差异，其中双目标率定得到的消融期地下产流比例为 32%（±9）%，而三目标率定得到的结果为 49%（±7）%。

为了检验径流组成解析结果的合理性，与 3.1.1 节长江源流域的解析结果进行了对比。该研究将消融期的总径流解析为降水、冰雪融水和冻土层上水。需要说明的是，该研究划分的降水和冰雪融水是指该水源中直接补给河道径流的部分，这与本章计算降雨和融水贡献的口径不同，但可以认为两者之和为地表产流，而冻土层上水为地下产流，因此可以与本节的结果相比较。并且由于该研究基于大量的实测数据，因此可以认为其结果在一定程度上代表了流域径流组分的真值。结果表明，冻土层上水的比例在不同时期和流域内的不同区域存在差异。其中，在消融初期和末期贡献较高，而在消融中期贡献相对较低；在冻土区的贡献比例较高，而在冰川区和干流主河道中的贡献比例相对较低。其贡献比例的总体变化范围为 31.52%～85.24%，据此判断双目标率定估算的地下产流比例 32%偏低，而三目标率定的结果 49%基本合理。

为了进一步理解同位素对于准确解析径流组分的作用，图 3-40 展示了双目标率定得到有效参数中，径流、同位素模拟效果与地下产流比例之间的关系。由于模拟效果不但受地下产流比例的影响，而且是多个参数共同作用的结果，因此 NSE_{dis} 和 MAE_{iso} 均与地下产流比例之间不存在单调的相关关系，但其上限或下限与地下产流比例之间具有相关性。当地下产流比例较低时（<0.3），NSE_{dis} 可以达到相对的最高值[图 3-40（a）红框]，因此双目标率定会倾向于得到较低的地下产流比例；而同位素模拟效果的变化特征与之相反，即只有当地下产流比例较高时（～0.4），才能达到较好的模拟效果[图 3-40（b）红框]。这是因为消融后期的降水同位素偏负，当地下产流比例较低时，会有更多的降水通过地表产流方式直接贡献给径流，导致河水同位素含量也偏负，这也与双目标率定得到河水同位素模拟值偏负的特征相符[图 3-38（b）]。同时，值得注意的是，同位素模拟效果对径流组成比例的敏感度高于径流的模拟效果，当地下产流比例在 0.1～0.5 变化时，虽然径流模拟效果存在差异，但 NSE_{dis} 变化范围仅在 0.1 以内，而 MAE_{iso} 的变化范围达到 0.8，这表明在模型中引入同位素后增强了模型模拟效果对径流组成的敏感性。

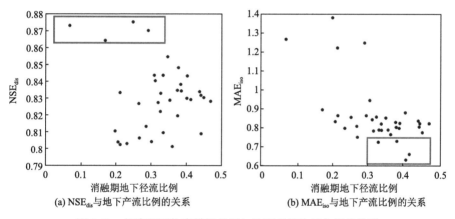

图 3-40　径流和同位素模拟效果与地下产流比例之间的关系

2）雅江水源解析验证

如图 3-39（e）所示，在三目标率定下，雅江的径流组成仍然存在较大的变化范围，这可能与计算径流组成的标准有关，即基于指标阈值筛选有效参数，这一方法可能并未充分发挥同位素约束模型不确定性的作用。为此，本节将雅江流域模型率定过程中产生的所有 30 万组中间参数（即 100 次 pySOT 率定算法，每次运行 isoTHREW 模型 3000 次）得到的融冰贡献比例、奴下站径流模拟效果以及同位素模拟效果进行输出，并分析了其相关关系。如图 3-41 所示，径流和同位素的模拟效果分别随着融冰比例的增加而提高和降低，当径流和同位素达到最优模拟效果时，融冰的贡献比例分别约为 33%和 6%，这两个结果均与前文中基于指标阈值筛选有效参数集的平均结果（约为 17%）差别较大。由图 3-41（b）可知，当 NSE_{iso} 高于 0.5 时，融冰的贡献比例仍然存在较大的变化范围（约 3%～35%），且尚未到达融冰比例较为敏感的区间，因此，前文中所采用的根据指标阈值筛选有效参数的方法，虽然能够纠正仅率定同位素可能带来的融冰贡献比例的高估偏差，但仍未能充分发挥同位素数据对约束模型不确定性的作用。

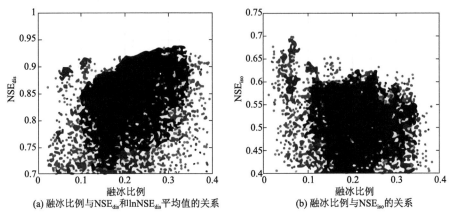

(a) 融冰比例与NSE_{dis}和$lnNSE_{dis}$平均值的关系   (b) 融冰比例与NSE_{iso}的关系

图 3-41 融冰比例与径流和同位素模拟效果的关系

为了最大化同位素对于约束模型不确定性的作用，从 30 万组中间参数中挑选出 NSE_{iso} 最优的一组，此时的径流模拟评价指标为 $NSE_{dis}=0.90$，同位素模拟评价指标为 $NSE_{iso}=0.69$，但由于积雪评价指标 $RMSE_{SCA}=0.091$ 略高于先前设定的有效参数筛选阈值 0.08，因此，本组参数未被识别为有效参数。此时的径流水源组成为：降雨占 79.5%、融雪占 13.8%、融冰占 6.7%，其中地下径流占比为 54%，每年的总基流量约为 34km^3。综合考虑模型对多个目标的模拟效果，以及同位素模拟效果对径流组成比例的敏感性，将此结果视为基于 isoTHREW 模型最终解析的雅江径流水源组成。本节估算的融冰比例与 3.2.2 节中水文分区曲线方法得到的结果较为接近，但降雨比例较低而融雪比例较高，主要是由于两节所采用的模型对积雪消融过程的刻画存在差异。其中，3.2.2 节根据积雪覆盖面积数据直接计算融雪量，而本节则从降水中分离出降雪量，并对积雪的累积和消融全过程进行模拟，因此本节得到的降雨贡献比例低于 3.2.2 节的结果。

为了验证径流水源解析结果的合理性，参考 Luo 等（2013）开发的耦合冰川模块的 SWAT 水文模型，构建了在 THREW 水文模型计算单元 REW 尺度上适用的冰川模型，对 2001～2010 年雅江流域的冰川物质平衡进行模拟。THREW 水文模型假定计算单元 REW 内气象要素均匀分布，为了反映气象要素沿海拔的梯度特征，从而刻画冰川在不同海拔处的积累/消融特征，首先根据 DEM 数据将每个 REW 划分为间隔 200m 的高度带，利用气象数据估算降水和温度的海拔梯度，并推求各高度带处的数值（采用的年降水、气温海拔梯度为 0.2798mm/m 和–0.0063℃/m），根据冰川编目数据提取出每个 REW 内的各个高度带上的冰川区域，作为代表性单元冰川（representative elementary glacier，REG），以此作为冰川模型的基本计算单元。

在每个 REG 内，对冰川的累积和消融进行模拟，包括冰川区降雪、冰川表面积雪、冰川表面积雪消融、积雪转化为冰、冰川消融等过程，具体计算公式为

$$P_{SG} = \begin{cases} P & T > T_{SG} \\ 0 & T \leqslant T_{SG} \end{cases} \tag{3-25}$$

$$M_{SG} = \begin{cases} DDF_S \cdot (T - T_{S0}) & T > T_{S0} \\ 0 & T \leqslant T_{S0} \end{cases} \tag{3-26}$$

$$E_{SG} = \beta \cdot W_S \tag{3-27}$$

$$\Delta W_S = P_{SG} - M_{SG} - E_{SG} \tag{3-28}$$

$$M_G = \begin{cases} 0 & W_S > 0 \\ DDF_G \cdot (T - T_{G0}) & W_S = 0,\ T > T_{G0} \\ 0 & W_S = 0,\ T \leqslant T_{G0} \end{cases} \tag{3-29}$$

$$\Delta H_G = P_{SG} - M_{SG} - M_G \tag{3-30}$$

$$A_G = \left(\frac{V_G}{m_G} \right)^{\frac{1}{n_G}} = \left(\frac{H_G \cdot A_{G0}}{m_G} \right)^{\frac{1}{n_G}} \tag{3-31}$$

式（3-25）用于计算当前 REG 单元的降雪量 P_{SG}，根据降水量 P、温度 T 和雨雪分离温度阈值 T_{SG} 确定，其中，T_{SG} 采用与非冰川区雨雪分离温度阈值 T_S 相同的数值 0℃。式（3-26）用于计算冰川表面积雪的消融量 M_{SG}，与 3.2.1 节介绍的积雪模拟方法类似，同样采用度日模型方法计算。式（3-27）用于计算冰川表面积雪转化为冰川的量 E_{SG}，假定每天转化为冰川的量与积雪量 W_S 成正比，其比例 β 采用 Luo 等（2013）率定的结果 0.003。式（3-28）为冰川表面积雪的物质平衡方程，根据降雪量、融雪量以及雪转化为冰的量计算积雪量的变化量 ΔW_S。式（3-29）用于计算冰川的消融量 M_G，模型假定当冰川表面覆盖有积雪时（即 $W_S > 0$），冰川不发生消融，当冰川表面无积雪时，采用度日模型方法计算融冰量。式（3-30）用于计算整个冰川单元 REG 内所有固态水（包括冰及其表面的积雪）的质量平衡，根据降雪量、融雪量和融冰量计算冰川厚度的变化量 ΔH_G，由于 E_{SG} 为 REG 单元内部不同形式的固态水之间的转化，因此未包含在平衡方程中。最后，利用 Grinsted （2013）提出的经验关系[式（3-31）]，根据冰川体积 V_G 计算冰川面积 A_G 的动态变化过程，其中冰川体积可根据冰川厚度 H_G 和当前计算步长初的冰川面积 A_{G0} 计算得出，m_G 和 n_G 均为经验参数，采用 Grinsted（2013）给出的经验数值 $m_G = 0.79$，$n_G = 1.29$。以上冰川模型需要的参数为冰雪消融的温度阈值和度日因子，均采用同位素模拟效果最优的一组参数的数值，即 $T_{S0} = T_{G0} = -2.54$℃，$DDF_S = 9.75$ mm/（℃·d），$DDF_G = 1.29$ mm/（℃·d）。

利用 Hugonnet 等 （2021）开发的全球冰川高程变化数据集对上述冰川模型的模拟结果进行验证。从该数据集中提取了雅江流域内的平均冰川高程变化，作为冰川物质平衡的实测值。冰川模型模拟的2000～2010年雅江流域平均冰川物质平衡为–0.542 m/a，非常接近Hugonnet等（2021）数据集提取的流域平均冰川高程变化量–0.546 m/a。图3-42展示了模拟与实测冰川物质平衡的对比，两者之间存在良好的相关性，其R^2可达到0.5166，NSE为0.33。在年际变化方面，模型模拟的冰川物质平衡也较好地捕捉到冰川消融逐年加速的特征，但相比之下冰川物质平衡的模拟值具有更强的波动特征，主要是因为模型采用度日因子方法模拟冰川消融过程，因而年消融量与该年的积温成正比，而Hugonnet等（2021）的数据集对于缺少数字高程影响数据的年份通过插补得到，因此其年际变化更加平滑。总体而言，利用同位素水文模型率定出的冰雪消融相关参数驱动冰川模型，可以较好地模拟雅江流域的冰川消融量以及年际变化的特征，验证了其参数和径流水源解析结果的合理性。

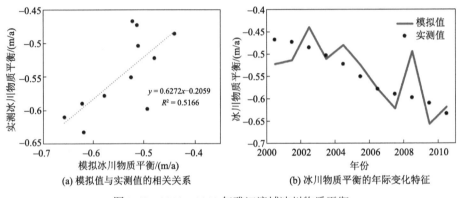

图3-42　2000～2010年雅江流域冰川物质平衡

3.4　小　　结

本章介绍了示踪方法和水文模型两种常用的径流水源解析方法及其在西南河流源区不同尺度典型流域的应用，并介绍了一种耦合示踪和模型的水源解析方法，基于耦合方法解析了西南河流源区五条典型河流的径流水源组成。其主要进展和结论如下。

（1）在水源示踪解析方面，西南径流计划在西南河流源区开展了大量水源示踪解析研究，本章介绍了其中较为典型的三个应用实例。首先，在流域面积较大的长江源区，通过收集两个水文年内各种不同水源的水样共2000余个，详细解析了长江源径流和冻土层上水的水源组成及其时空变异性。其次，在流域面积较小的澜沧江支流明永河，通过收集一个水文年内的水样200余个，解析了明永河径流和地下水的水源组成，并揭示了非季风降水主导季风区地下水补给的新现象。最后，针对径流的地下水来源，选择具有更强示踪性能的镭和氡同位素作为示踪物质，采集了雅江600余个断面的水样，解析了径流的地下水来源。以上应用实例表明水源示踪解析方法在西南河流源区适用性较好，但对数据的要求较高，特别是在面积较大的流域，仅解析特定一段时间内的水源组成就需要收集上千个水样，采样成本较高。开展长时间、大面积尺度上的水源解析，还需要借助水文模型等其他研究手段。

（2）在水源模型解析方面，介绍了一种针对高山寒区径流过程提出的水文分区曲线（HPC）方法，以及基于 HPC 的模型参数迭代率定方法，并对西南源区典型河流雅江的径流水源组成进行了解析。结果表明，降雨、融雪和融冰对径流的贡献比例分别为 81.6%、10.9% 和 7.5%，与集总式参数率定得到的结果相比，HPC 方法得到的融雪量与基于积雪深度和面积估算的融雪量更加接近，且模型参数的物理性更强，结果更加可靠。此外，地下水是径流的重要成分之一，解析地下水来源、流动路径以及排泄补给过程，对于厘清径流的水源组成至关重要。构建了雅江两个不同尺度的典型子流域的地下水数值模型，解析了其地下水来源。结果表明，降水是拉萨河流域地下水的主要来源，约占地下水总补给量的 93%；而在典型冰川区流域杰马央宗，冰下融水对地下水的贡献可达到 60%，但在未来气候变暖条件下，随着冰川退缩，该贡献比例会发生显著下降，进而导致冰川区流域的地下水水头下降，基流量减少。

（3）在水源示踪与模型耦合解析方面，介绍了同位素水文模型及其在同位素大气环流模式 iGCM 驱动下的大流域建模方法，并解析了西南河流源区五条典型河流的径流水源组成。结果表明，雅江和怒江的融冰比例稍高，均为 10% 左右，其余流域的融冰比例仅为 1%，融雪在各流域的贡献比例在 10%～20%，降雨在各个流域均为主导水源，其贡献比例达到 70%～85%，地下径流的贡献比例在 45%～75%。其中，雅江同位素模拟效果达到最优时的水源组成结果为降雨、融雪、融冰，分别占 79.5%、13.8%、6.7%，该结果与 HPC 方法解析结果的差异主要是由模型的结构差异所致，而基于耦合解析方法得到的冰川消融过程得到了流域冰川物质平衡数据的独立验证。与传统的水文模型解析方法相比，耦合示踪过程可以进一步降低水源解析的不确定性。

参 考 文 献

董国强, 翁白莎, 陈娟, 等. 2018. 怒江源区那曲干流河水稳定同位素沿程变化特征. 水利水电技术, 49: 108-114.

刘晓尘, 效存德. 2011. 1974—2010 年雅鲁藏布江源头杰玛央宗冰川及冰湖变化初步研究. 冰川冻土, 33: 488-496.

刘忠方, 田立德, 姚檀栋, 等. 2007. 雅鲁藏布江流域降水中 $\delta^{18}O$ 的时空变化. 地理学报, 510-517.

田富强, 徐冉, 南熠, 等. 2020. 基于分布式水文模型的雅鲁藏布江径流水源组成解析. 水科学进展. 31: 324-336.

王学界, 章新平, 张婉君, 等. 2017. 全球降水中氢氧稳定同位素 GCM 模拟空间分布的比较. 地球科学进展, 32: 983-995.

徐飘, 唐咏春, 张思思, 等. 2019. 基于氢氧稳定同位素的澜沧江流域水体来源差异分析. 中国农村水利水电, （2）: 44-50.

张寅生, 姚檀栋. 2002. 青藏高原中部冰冻圈动态特征. 北京: 地质出版社.

Andermann C, Longuevergne L, Bonnet S, et al. 2012. Impact of transient groundwater storage on the discharge of Himalayan rivers. Nature Geoscience, 5(2): 127-132.

Bookhagen B, Burbank D W. 2010. Toward a Complete himalayan hydrological budget: Spatiotemporal distribution of snowmelt and rainfall and their impact on river discharge. Journal of Geophysical Research: Earth Surface, 115: F03019.

Evans S G, Ge S, Liang S. 2015. Analysis of groundwater flow in mountainous, headwater catchments with permafrost. Water Resources Research, 51: 9564-9576.

Farinotti D, Huss M, Fürst J, et al. 2019. A consensus estimate for the ice thickness distribution of all glaciers on Earth. Nature Geoscience, 12: 168-173.

Gao H, Feng Z, Zhang T, et al. 2021. Assessing glacier retreat and its impact on water resources in a headwater of Yangtze River based on CMIP6 projections. Science of the Total Environment, 765: 142774.

Gao H, He X, Ye B, et al. 2012. Modeling the runoff and glacier mass balance in a small watershed on the Central Tibetan Plateau, China, from 1955 to 2008. Hydrological Processes 26(11): 1593-1603.

Gao H, Li H, Duan Z, et al. 2018. Modelling glacier variation and its impact on water resource in the Urumqi Glacier No. 1 in Central Asia. Science of the Total Environment, 644: 1160-1170.

Grinsted A. 2013. An estimate of global glacier volume. Cryosphere, 7: 141-151.

He Z H, Vorogushyn S, Unger-Shayesteh K, et al. 2018. The value of hydrograph partitioning curves for calibrating hydrological models in glacierized basins. Water Resources Research, 54: 2336-2361.

Hindshaw R S, Tipper E T, Reynolds B C, et al. 2011. Hydrological control of stream water chemistry in a glacial catchment (Damma Glacier, Switzerland). Chemical Geology, 285: 215-230.

Hofer S, Lang C, Amory C, et al. 2020. Greater Greenland Ice Sheet contribution to global sea level rise in CMIP6. Nature Communications, 11: 6289.

Hugonnet R, McNabb R, Berthier E, et al. 2021. Accelerated global glacier mass loss in the early twenty-first century. Nature, 592: 726-731.

Huss M, Jouvet G, Farinotti D, et al. 2010. Future high-mountain hydrology: A new parameterization of glacier retreat. Hydrology and Earth System Sciences, 14: 815-829.

Kanamitsu M, Kumar A, Juang H M H, et al. 2002. NCEP dynamical seasonal forecast system 2000. Bulletin of the American Meteorological Society, 83: 1019-1038.

Klaus J, McDonnell J J. 2013. Hydrograph separation using stable isotopes: Review and evaluation. Journal of Hydrology, 505: 47-64.

Kuang X, Jiao J J. 2014. An integrated permeability-depth model for Earth's crust. Geophysical Research Letters, 41(21): 7539-7545.

Kuang X, Jiao J J. 2016. Review on climate change on the Tibetan Plateau during the last half century. Journal of Geophysical Research: Atmospheres, 121: 3979-4007.

Kuang X, Zheng C, Jiao J J, et al. 2021. An empirical specific storage-depth model for the Earth's crust. Journal of Hydrology, 592: 125784.

Lemieux J M, Sudicky E A, Peltier W R, et al. 2008. Simulating the impact of glaciations on continental groundwater flow systems: 1. Relevant processes and model formulation Research. Journal of Geophysical Research, 113: F03017.

Levy A, Robinson Z, Krause S, et al. 2015. Long-term variability of proglacial groundwater-fed hydrological systems in an area of glacier retreat, Skeiðarársandur, Iceland. Earth Surface Processes and Landforms, 40: 981-994.

Li S, Xia X, Zhou B, et al. 2018. Chemical balance of the Yellow River source region, the northeastern Qinghai-Tibetan Plateau: Insights about critical zone reactivity. Applied Geochemistry, 90: 1-12.

Li Z J, Li Z X, Song L L, et al. 2020. Hydrological and runoff formation processes based on isotope tracing during ablation period in the source regions of Yangtze River. Hydrology and Earth System Sciences, 24: 4169-4187.

Li Z, Feng Q, Li Z, et al. 2019. Climate background, fact and hydrological effect of multiphase water transformation in cold regions of the Western China: A review. Earth-Science Reviews, 190: 33-57.

Liljedahl A K, Gädeke A, O'Neel S, et al. 2017. Glacierized headwater streams as aquifer recharge corridors, subarctic Alaska. Geophysical Research Letters, 44: 6876-6885.

Luo Y, Arnold J, Liu S, et al. 2013. Inclusion of glacier processes for distributed hydrological modeling at basin scale with application to a watershed in Tianshan Mountains, northwest China. Journal of Hydrology, 477: 72-85.

Lutz A F, Immerzeel W W, Shrestha A B, et al. 2014. Consistent increase in High Asia's runoff due to increasing glacier melt and precipitation. Nature Climate Change, 4: 587-592.

Nan Y, He Z, Tian F, et al. 2021b. Can we use precipitation isotope outputs of isotopic general circulation models to improve hydrological modeling in large mountainous catchments on the Tibetan Plateau?. Hydrology and Earth System Sciences, 25(12): 6151-6172.

Nan Y, Tian L, He Z, et al. 2021a. The value of water isotope data on improving process understanding in a glacierized catchment on the Tibetan Plateau. Hydrology and Earth System Sciences, 25(6): 3653-3673.

Niswonger R G, Panday S, Ibaraki M. 2011. MODFLOW-NWT, A Newton formulation for MODFLOW-2005. U.S. Geological Survey Techniques and Methods, 6(A37): 44.

Parajka J, Bloschl G. 2008. The value of MODIS snow cover data in validating and calibrating conceptual hydrologic models. Journal of Hydrology, 358: 240-258.

Reggiani P, Hassanizadeh S M, Sivapalan M, et al. 1999. A unifying framework for watershed thermodynamics: constitutive relationships. Advances in Water Resources, 23: 15-39.

Schaefli B, Hingray B, Niggli M, et al. 2005. A conceptual glacio-hydrological model for high mountainous catchments. Hydrology and Earth System Sciences, 9: 95-109.

Schmidt A H, Lüdtke S, Andermann C. 2020. Multiple measures of monsoon-controlled water storage in Asia. Earth and Planetary Science Letters, 546: 116415.

Tian F, Hu H, Lei Z, et al. 2006. Extension of the representative elementary watershed approach for cold regions via explicit treatment of energy related processes. Hydrology and Earth System Sciences, 10: 619-644.

Walvoord M A, Voss C I, Wellman T P. 2012. Influence of permafrost distribution on groundwater flow in the context of climate-driven permafrost thaw: Example from Yukon Flats Basin, Alaska, United States. Water Resources Research, 48(7): 7524.

Wu Z, Liu S, Zhang H, et al. 2018. Full-Stokes modeling of a polar continental glacier: The dynamic characteristics response of the XD Glacier to ice thickness. Acta Mechanica, 229: 2393-2411.

Yang J, Ding Y, Chen R. 2007. Climatic causes of ecological and environmental variations in the source regions of the Yangtze and Yellow Rivers of China. Environmental Geology, 53: 113-121.

Yao T, Masson‐Delmotte V, Gao J, et al. 2013. A review of climatic controls on $\delta^{18}O$ in precipitation over the Tibetan Plateau: Observations and simulations. Reviews of Geophysics, 51(4): 525-548.

Yao Y, Zheng C, Andrews C, et al. 2017. What controls the partitioning between baseflow and mountain block recharge in the Qinghai-Tibet Plateau?. Geophysical Research Letters, 44: 8352-8358.

Yoshimura K, Kanamitsu M, Noone D, et al. 2008. Historical isotope simulation using Reanalysis atmospheric data. Journal of Geophysical Research-Atmospheres, 113: D19108.

第 4 章

西南河流源区地表关键要素变化及其径流效应

西南河流源区下垫面主要包括冻土、冰雪、植被等要素。这些下垫面要素对气候变化非常敏感，同时其变化又显著影响流域的产流域过程，其时空分布和变化规律及其对径流过程的影响，是当前研究的热点。但是，由于西南河流源区大多数地区自然条件恶劣，已有地面观测不足，相关研究相对薄弱。本章介绍西南径流计划基于冻土地温长期定位观测、典型流域大气-植被-积雪-冻土系统水循环多尺度观测试验，结合多种数值模型模拟和多源遥感数据反演与融合，对河流源区地表关键要素变化及其径流效应进行系统分析。

4.1　冻土变化及其径流效应

4.1.1　多年冻土分布与变化

1. 多年冻土分布

冻结状态下的岩土体称为冻土，根据冻土持续存在的时间可以分为季节冻土和多年冻土。季节冻土是指每年冬季冻结、土体温度降到 0℃ 以下，次年春夏季节融化的表层岩土体。多年冻土是指地温在 0℃ 以下连续保持两年以上的岩土体。多年冻土一般埋藏在地表一定深度以下，表层部分每年夏季融化、冬季冻结，称为多年冻土活动层（程国栋等，2019）。

北半球多年冻土分布面积约占其陆地面积的 1/4，主要分布在亚欧大陆和北美大陆的高纬度地区和中低纬度的高山、高原地区。青藏高原是全球最高的高原，也是全球高海拔冻土分布面积最广的高原。青藏高原多年冻土总面积约 106.4 万 km^2，约占高原总面积的 40.2%（Zou et al.，2016）。青藏高原多年冻土分布的核心区为唐古拉山和昆仑山之间的羌塘高原及可可西里地区，此区内地形起伏和缓，切割较浅，保持了较完整的高平原形态，多年冻土呈连续分布，向西延伸到帕米尔高原；向东随着海拔降低，地形切割加剧，很多谷地内海拔降到下界高程以下，多年冻土只保留在山顶部位，分布趋向碎块化，随着整体海拔的降低，直至绝大部分区域均退出多年冻土区，只在零星高山顶部残留；向北翻越昆仑山一线，海拔迅速降低，多年冻土消失；向南翻越唐古拉山，由于纬度更低，多年冻土发育的下界海拔更高，多年冻土只在喜马拉雅山和冈底斯山顶部斑状分布，向东一直延续到横断山，总体上以不连续的高山多年冻土为主。

青藏高原主体南北跨纬度约 12°，位于其最北端的祁连山中部地区，纬度为 39.5°N，多年冻土下界大致在 3700m 左右，而位于其最南端的喜马拉雅山东段和横断山区，纬度约 27.5°N，多年冻土下界大致在 5200m。根据青藏公路沿线资料统计，多年冻土下界随纬度升高的下降率为 120m/N°（王家澄等，1979），下界海拔变化符合纬度地带性规律。青藏高原东西跨经度约 32°，从东到西，降水量逐渐减少，干燥度增加，下界海拔有升高趋势，遵循经度地带性规律。祁连山地区随着经度增加，下界的降低率约为 98m/E°。从宏观角度来看，影响多年冻土分布的局地因素对区域冻土分布的影响可以忽略。

利用 TTOP 模型（Simth and Reiseborough，1996）结合校正后的 MODIS 地陆表温度日均数平均值以及基本土壤性质，在青藏高原多年冻土分布模拟中获得了较高的精度（Zou et al.，2016），以此为基础，绘制了高原多年冻土分布图。西南诸河源区处于青藏高原南部边缘区域，几条主要河流源区的多年冻土分布如图 4-1 所示。统计各河流源区的多年冻土分布情况，结果列于表 4-1。各流域在青藏高原所处的位置不同，多年冻土分布差异很大。长江源区（通天河段）和黄河源区处于高原多年冻土核心区的东部边缘，多年冻土分布面积占比较高；其他河流源区均在冻土分布核心区外围，面积占比均较低。

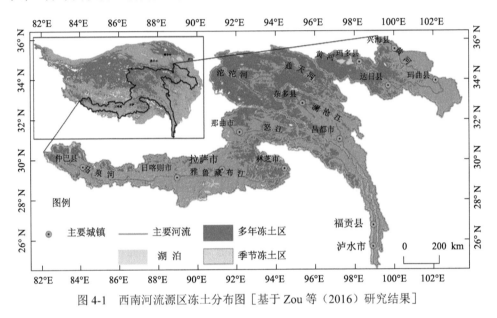

图 4-1　西南河流源区冻土分布图［基于 Zou 等（2016）研究结果］

表 4-1　西南河流源区多年冻土分布统计

河流	流域出口	流域面积/万 km²	年径流量/亿 m³	多年冻土面积/万 km²	多年冻土面积比例/%	产流率/（万 m³/km²）
黄河	唐乃亥	12.20	200	5.21	42.7	16.4
长江	直门达	13.77	130	10.88	79.0	9.4
澜沧江	旧州	9.05	300	2.40	26.5	33.1
怒江	道街坝	11.02	900	4.12	37.4	81.7
雅江	奴下	18.98	600	5.17	27.2	31.6

注：年径流量根据文献报道获得。

对于西南诸河流源区来说，从流域尺度来看，反映山川格局的宏观地形对多年冻土下界的影响更加显著。受高原隆升的控制，青藏高原从高原四周高大山脉和深切峡谷构成的破碎地形逐步向高原中心区较完整的高原面过渡，在高原面上，由构造控制的高山和盆地相间分布，复杂的地形造成了地层岩性的显著差异。各类负地形和平原区接受了厚度、粒度不等的多源松散沉积物，是高原主要沉积区；而高耸的巨大山脉主要由不同基岩构成，为主要剥蚀区，第四系堆积物厚度很薄。高原多年冻土的主体通常认为是末次冰期的产物，是全新世以来总体上处于退化进程中的残留（金会军等，2006a）。由于基岩和松散堆积物的热物理性质差异，多年冻土退化进程出现分异，其分布格局存在很大差别，一般基岩区多年冻土下界较松散堆积物区高出几百米。在沉积区，地表被各类厚度不等的松散堆积物覆盖，地形上处于相对较低位置，水分汇集，活动层中含水量较高，由于水分相变对土体导热系数的影响，存在一定的热补偿机制，有利于多年冻土保存；特别是植被发育较好、有机质积累较厚的地层中，多年冻土形成得到保护，即使在气温已经高到不利于多年冻土保存的局部地段也会残留多年冻土层，形成零星岛状冻土区，降低了不连续多年冻土的分布下界。剥蚀区，处于相对较高位置，活动层中含水量极低，多年冻土地下冰以基岩裂隙水冻结为主，对气温变化响应更加敏感，气候变暖的退化背景下整体上不利于多年冻土保存，尤其是阳坡部位获得的辐射热量较多，多年冻土下界被显著抬升。

随着空间尺度的降低，对多年冻土分布精细化要求提高，地形、坡向、岩性等非地带性因素对多年冻土分布的影响逐渐凸显。在局地尺度上，地面覆被状况、地貌类型也是影响多年冻土分布下界高程的因素之一。这些因素对多年冻土分布的影响随着空间尺度的降低，甚至可以超越地带性因素的控制。

1）黄河源区

黄河源区处于西南诸河源区最东端，隔巴颜喀拉山与长江源区通天河相邻，纬度大致相同。玛多（海拔 4220m）以上河段，属于青藏高原大片连续多年冻土的东部边缘区，区内谷地宽展、盆地开阔，广泛分布河湖相沉积，山区地形起伏和缓，山体浑圆，流水切割较弱。黄河源区多年冻土调查钻孔主要集中在玛多以上的源头区内，地温数据较多，多年冻土地温具有明显的地带性规律（程国栋，1984），而且地温也是划分多年冻土与融土的最主要指标，通过对钻孔点位置参数和年平均地温进行多元回归，建立了该区域地温分布的地带性模型（李静等，2016）：

$$GT = 76.59 - 0.20Long - 1.16Lat - 0.0039H \qquad (4-1)$$

式中，GT 为多年冻土年平均地温（℃）；Long 为经度；Lat 为纬度；H 为高程（m）。模型计算值与钻孔实测值具有较好的一致性（图 4-2），因此通过此模型可以推算黄河源头区多年冻土地温空间分布。

根据该模型，纬度和高程对多年冻土年平均地温的影响较为显著。相同经度和高程条件下，纬度每增加 1°，多年冻土地温降低 1℃以上；相同经度和纬度条件下，海拔每增加 100m，多年冻土地温降低约 0.4℃。以年平均地温为 0℃对应的海拔作为相应区域多年冻土下界，可推算在玛多县城、扎陵湖-鄂陵湖、星宿海一带，多年冻土下界约为 4250m，而在源头区东南部的热曲流域，多年冻土下界海拔可超过 4500m。黄河源区多年冻土分布虽然总体上遵循高度地带性规律，但是局地因素的影响也不容忽视，从而使得多年冻土分布更加复杂，这种复杂的变化是区域尺度上各种分布模型都无法表达的。如调查发现在巴颜喀拉山区域的阳坡上，在海拔 4700m 处依然有融区存在。

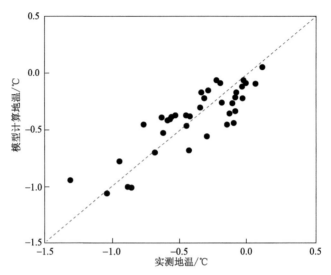

图 4-2　黄河源头区钻孔多年冻土年平均地温实测值与模拟计算值比较

随着河水东流，流域平均海拔逐渐降低，干流河谷在玛多以下区域已经低于多年冻土发育的下界海拔，为季节冻土区。至达日县（海拔 3960m），河谷两侧的高山区海拔多在 4500m 以上，该区地形切割加深，起伏加大，部分山地受第四纪冰川改造，该区内多年冻土呈破碎化岛状分布：基岩区多年冻土主要分布在 4600m 以上的高山顶部，阳坡可能位置更高，在阴坡高于 4200m 植被良好、泥炭堆积的谷地内，则发育小片湿地型多年冻土。达日县以东地区，区域海拔进一步降低，谷地海拔多在 3900m 以下，已无多年冻土发育的可能，多年冻土退缩到零星分布于海拔超过 4600m 的高山顶部，形成更加分散的零星分布模式。

2）长江源区（通天河）

沱沱河是通天河的上游河段，发源于唐古拉山北坡，向东流经可可西里盆地，汇集了众多细小支流，始称通天河，遇昆仑山阻挡转而向南，以昆仑山尾脉巴颜喀拉山为分水岭东北接黄河源区，以唐古拉山东段分别隔怒江和澜沧江流域。通天河流域平均海拔在 4500m 以上，受东南走向的构造控制，形成宽广谷地、盆地与低缓丘陵、低山相间分布的高平原地形，不同来源的松散堆积物覆盖大部分区域，多年冻土普遍发育。向南经过曲麻莱县以后，地形切割加剧，山势逐渐趋向高峻，峡谷深切，谷地呈典型流水切割的"V"形，多年冻土散布在各高山顶部。在从高原中心部位向边缘过渡的过程中，地形起伏逐渐加大，降水量增加，流水侵蚀加强，破碎程度加剧，第四系松散物堆积受限，多年冻土分布下界海拔逐渐抬升，范围快速缩小。不冻泉经曲麻莱到清水河的公路提供了一条从开阔平坦的高原面到山大沟深的边缘区的典型剖面（图 4-3），公路沿线地形从东向西，依地形起伏度可以分为四段，分别为高山区、低山区、丘陵区和高平原区，根据公路多年冻土勘察，多年冻土下界海拔在东部的高山区可达 4700m，低山区降低到 4600m，在丘陵区进一步降低，在高平原区低至 4250m 的楚玛尔河宽谷阶地上，在湖相沉积地层中仍然保存高含冰的多年冻土。多年冻土下界的这种变化与青藏高原总体上存在的经度地带性截然相反，说明这种宏观地形对多年冻土分布的影响可以超越地带性规律。当然，通天河源区多年冻土分布并不是处处连续的，在大片的多年冻土区中存在着各种面积不等的融区。高原面上地形平缓，辫状河流十分发育，河床漂移不定，河流融区分布面积较广，山区阳坡存在的辐射融区、构造带地热融区都使得多年冻土分布的连续性受到破坏。

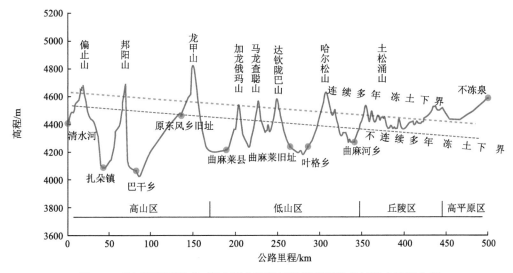

图 4-3　长江源区不冻泉-清水河公路沿线地形剖面及多年冻土下界位置

3）澜沧江源区

澜沧江源区位于唐古拉山东南侧，通天河源区的南部，是高原大片多年冻土分布区的东南部边缘区。澜沧江源区地形承接北部高平原特征，起伏度逐渐增加，向丘陵、低山区过渡，山间谷地宽阔。谷地中松散堆积物覆盖深厚，地表植被发育良好，部分谷地中形成沼泽化湿地，地层中有机质积累较丰富，谷地底部海拔约 4700m，这些条件都促进了多年冻土发育。澜沧江源头区多年冻土分布模式与长江、黄河源头区分布模式类似，由于海拔较高，多年冻土延伸到谷地、盆地底部，连续性较好。河流向南经杂多县以后，流域海拔持续降低，地形切割加深，进入高山峡谷地带，受纬度地带性影响，多年冻土下界海拔抬升，多年冻土从谷地中退出，而且超过了流域内大部分山峰顶部的海拔，多年冻土仅零星分布于个别极高山顶部，其下界海拔从高山区空冰斗中发育的石冰川末端海拔来推测，大致在 4900~5100m。随着河流继续向南，多年冻土退出澜沧江流域。

4）怒江源区

怒江源区在唐古拉山南坡，北接通天河流域，东贴澜沧江，位于高原多年冻土主体部分的南部边界。沿着唐古拉山南坡一线，地形起伏较缓，山前缓坡上广泛发育湿地草甸或沼泽化草甸，地表植被盖度较高，地层水分充足，表层有机质积累，源区多年冻土基本上沿这一线分布，河流南部海拔在 4500m 以上，虽然地形起伏较缓，植被也较好，但是纬度较低，大部分区域已经低于多年冻土分布的下界海拔，处于季节冻土区。河流向东南方向进入横断山，山高谷狭沟深，顺着山谷深入高原的季风带来丰沛降水，流水侵蚀是该区最主要的地貌营力，山坡陡峻，坡面上植被茂密，树线可达 4500m，4700m以上即为高山荒漠带，多为岩屑坡。本区内一些高山发育海洋性冰川，其末端或可达到4700m 以下，在海洋性冰川外围，多年冻土发育范围很小甚至缺失（周幼吾等，2000）。石冰川是山区多年冻土下界明确的指示物，在横断山很多早期冰川形成的空冰斗是发育石冰川的理想场所，石冰川从卫星图像上比较容易辨识（图 4-4），位于阴坡部位的石冰川末端海拔大致在 4860m，说明该区最有利于多年冻土发育的阴坡部位且表面有碎石保护的多年冻土下界在 4860m 左右，对应的阳坡位置末端则高达 5150m。横断山区多年冻土主要分布在海拔极高的山顶，呈零碎的斑块状分布。随着河流继续向南，山区海拔同时降低，多年冻土也从该流域退出。横断山三江并流段，地势从北向南降低，同时自西向东倾斜，所以怒江源区流域内的多年冻土分布面积较澜沧江广泛。

图 4-4　从影像上识别的横断山区高山谷地中阴坡侧发育的石冰川
红线示意处，数字表示末端高程

5）雅江源区

雅江是喜马拉雅山和冈底斯山夹持的一条狭长断陷谷地中的河流，位于青藏高原南缘，远离高原多年冻土核心分布区，通过念青唐古拉山与怒江流域在大拐弯处分隔，以北地区为广阔的青藏高原内流区。本区位于高原最南端，纬度接近 28°N，热量相对较为丰富，谷地海拔低于 4500m，已经低于本纬度带内多年冻土下界，只有在海拔超过 5000m的高山地区，才有可能发育多年冻土。雅江流域最西端和东端大拐弯地区，是流域内海拔超过 5000m 高山较密集的区域，因此，本流域发育在高山顶部的多年冻土主要集中在流域西部和东部，中部地区多年冻土分布面积较小。

2. 冻土变化

在气候变化的扰动下，作为寒区地质环境特殊地质体的冻土发生了显著变化。自 20 世纪 70~80 年代以来，研究人员对全球变化背景下的多年冻土温度和活动层厚度进行了长期连续监测，发现全球大部分多年冻土处于退化状态（张廷军，2012）。受近年来全球气温升高影响，过去几十年在青藏高原、天山等地的地温监测资料也显示了多年冻土处于退化状态（张廷军，2012）。总体而言，多年冻土退化的主要表现形式为：岛状多年冻土逐渐消失、多年冻土上限下降、多年冻土厚度减薄、活动层厚度增大、季节冻土冻结深度减小、冻结时间缩短等（Qin et al.，2017；Wu and Zhang，2008）。

西南河流源区多年冻土处于青藏高原南部边缘区域，目前研究主要集中于黄河源区（含 214 国道沿线）、长江源区（以青藏公路沿线为代表）。其中，黄河源区主要为大片连续多年冻土向季节冻土过渡的江河源多年冻土亚区，属中纬度高海拔多年冻土（周幼吾等，2000）。源区多年冻土多为高温冻土，年均地温大部分介于 −2~−0.2℃，布青山和巴山等高山顶部可能存在年均地温低于 −2℃ 或 −3℃ 的多年冻土，冻土厚度可能超过 100m；季节冻土主要分布于两湖（鄂陵湖和扎陵湖）南部冲洪积平原区、源区东部黄河沿滩地和东南部热曲河谷及周边地区（李静等，2016；罗栋梁等，2014）。由于源区多年冻土和融区、岛状冻土和季节冻土交错分布，几乎涵盖了所有冻土赋存类型。在地带性分布基础上，受多种局地因素影响，因而在气候变化背景下，区域冻土退化过程与方式的差异性最为显著。为此，下面重点以黄河源区为例阐述西南河流源区冻土变化过程与方式。

1）黄河源区多年冻土退化现状及观测事实

基于气象观测资料，黄河源区玛多县年平均气温自 20 世纪 80 年代至今持续升高，升温速率约 0.08℃/a，浅层地温上升 0.3~0.7℃；季节冻结深度由 3.12m 变为 2.18m，减小近 1m，冻结期缩短。根据地面调查资料，多年冻土也呈现了地温升高、部分消失的响应：多年冻土边界在山前坡麓地带和沟谷区已经明显上移，老冻胀丘已完全退化而消融坍塌；黄河主河道谷地在 20 世纪 70 年代为多年冻土地段，90 年代后变为季节冻土，玛多县城多年冻土界线已经向西缩退约 15km，县城北山前多年冻土下界海拔在 4350m 以上，黄河沿处多年冻土界线向北推移 2km。在多年冻土边缘地带（如玛多、花石峡、清水河等），多年冻土上限埋深大（5~7m），出现不衔接多年冻土（融化夹层），多见埋藏冻土（10m 以下）。此外，结合地质勘测资料，1991 年星星海湖岸、黑河桥南滩地及野牛沟山前洪积扇均有埋藏冻土层揭露，野牛沟沟口段在海拔 4320 m 处揭露到埋深 6 m、延伸长度近 2 km 的埋藏冻土层，但在 1998 年原位复勘时冻土层已消融。

近年来，受气候变暖影响，黄河源区多年冻土退化迹象比较明显。首先，从多年冻土上限深度判断，无论是山区还是平原区，均有钻孔上限深度已经超过区域内气候最大冻结深度，多年冻土事实上已经处于不衔接状态，这是多年冻土退化最明显的标志。例如，平原区汤岔玛出山口附近的 TCM-4b 和 TCM-5 及星宿海 XSH-1 孔，鄂陵湖西北侧山间盆地阴坡坡脚孔 KQ-4 和汤岔玛阴坡坡折部位的 TCM-7 孔。这些钻孔在 2019 年 10 月 17 日测温结果显示，多年冻土上限位置均在 5.0m 以下，远大于该地区季节冻土中的冻结深度，而季节冻土孔的海拔和这些不衔接孔相近。其次，从地温曲线形态来看，区域内大多数钻孔地温曲线显示的地温梯度均已接近或达到 0 梯度状态，而且部分钻孔地温值也接近 0℃，说明多年冻土已经处于融化的边缘。从钻孔测温结果揭示的多年冻土厚度（底板深度）来看，在海拔较低的地区，多年冻土厚度不超过 20 m。多年冻土退化在汤岔玛出山口的几个钻孔中表现最为突出（图 4-5）。

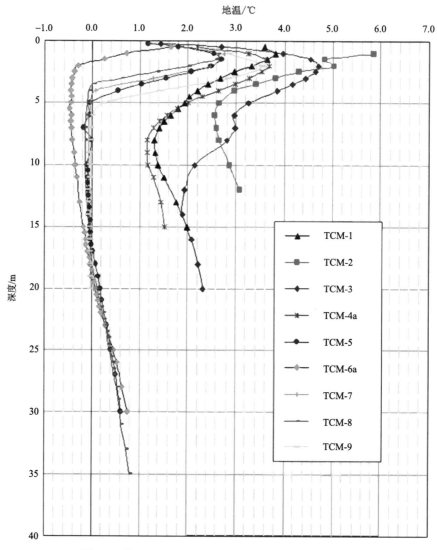

图 4-5　黄河源区汤岔玛钻孔冻土地温曲线（2019 年）

此外，黄河源区多年冻土钻孔监测数据显示：在气候变化背景下，多年冻土退化主要表现在多年冻土地温逐渐升高和多年冻土上限逐渐下降两个方面。近五年来，监测钻孔得到的多年冻土地温升温率为 0.016～0.48℃/10a[图 4-6（a）]，多年冻土地温越低，升温越快；多年冻土温度接近于 0℃附近时，相变耗热显著，地温升高缓慢。多年冻土上限普遍呈下降趋势，监测到的上限变化率为 2.75～15cm/a[图 4-6（b）]；上限埋深越大，上限下降的速率越快。

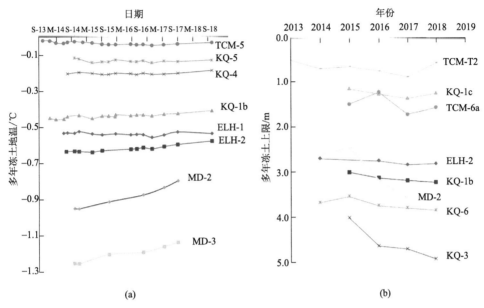

图 4-6　黄河源区多年冻土地温和冻土上限变化（2013～2018 年）

S：9 月；M：3 月

2）黄河源区多年冻土退化方式及数值模拟

（1）多年冻土地温变化过程。基于 IPCC 第五次评估报告预估的气温变化情景，采用热传导模型，开展了黄河源头区（多石峡以上）多年冻土退化过程数值模拟工作，呈现了多年冻土过去 60 年及未来近百年的变化过程（图 4-7）。从图中模拟的结果可以看出该冻土类型各个时刻地温所处的阶段：1972～2012 年地温处于升温阶段，地温快速升高，厚度变化不大；2013～2050 年地温处于 0 梯度阶段，地温升高幅度不大，相变为主，厚度从下部迅速减小；2050 年左右多年冻土处于不衔接阶段，出现融化夹层，多年冻土自顶部开始融化；2070 年以后的多年冻土发展到消失阶段，上下两个方向的融化使多年冻土消失。自 1982 年之后升温开始，多年冻土地温也相应不断升高，在接近 0℃时，由于冻土中冰的相变对热量的消耗，多年冻土地温基本不变，代之以多年冻土上限的持续下降，直至形成融化夹层，之后多年冻土上限快速下降，当多年冻土消失之后，地温开始迅速升高。

模拟结果显示了多年冻土退化的几个基本过程：①多年冻土温度升高；②出现不衔接冻土融化夹层；③多年冻土上限加速下降；④多年冻土消失，融化后的土层迅速升温。基于此规律，推测黄河源头区多年冻土目前处于多年冻土退化阶段：正出现加速退化的多年冻土是厚度薄、地温极高的多年冻土；黄河源区主体的多年冻土退化主要表现在温度升高，逐渐出现不衔接乃至出现深埋藏多年冻土。

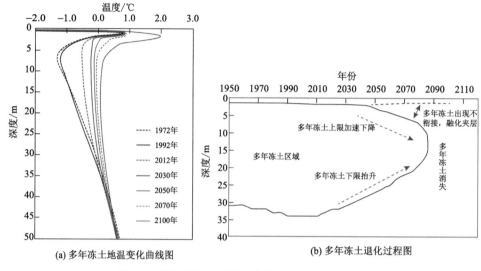

(a) 多年冻土地温变化曲线图

(b) 多年冻土退化过程图

图 4-7 模拟多年冻土地温变化曲线以及退化过程

（2）多年冻土上限和下限变化过程。按照多年冻土年平均地温，把多年冻土分为极高温冻土、高温冻土、低温冻土三类，同样以 RCP6.0 升温情景下高山区高含冰量冻土为例，分别从极高温、高温、低温各类型的冻土中各选取一种地温情况进行数值计算，并绘制出三类地温冻土上限和下限的变化情况（图 4-8）。从图中可以看出，三种地温类型多年冻土上限经历了缓慢的下降后进入快速下降阶段，意味着多年冻土呈不衔接状态（出现埋藏冻土），一旦多年冻土层融化，此深度的地温会迅速升高，这种变化情景表现为多年冻土层上部土层出现很厚的融化夹层，表层表现为季节冻结；同时下限也有不同程度的抬升，年均地温越高，下限抬升速度越快。总之，极高温冻土对气候变化响应剧烈，在这种较薄的多年冻土层情景下，多年冻土于 21 世纪 40 年代开始出现融化夹层，同时多年冻土上限迅速加深，2060 年冻土退化完全；高温冻土在 2080 年左右融化夹层出现，多年冻土退化为季节冻结还需要一段时间；低温冻土在 2090 年左右，多年冻土层上限进入快速下降阶段，下限也逐步抬升。

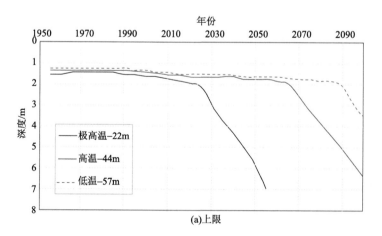

(a)上限

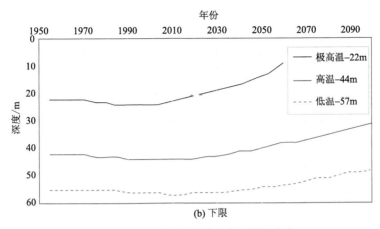

图 4-8　不同地温多年冻土上下限的变化

极高温多年冻土上限在 1950～1990 年基本保持不变，1990～2013 年多年冻土上限出现显著下降，下降幅度为 0.5～1.0m（下降速率为 22～44cm/10a）。并且多年冻土温度越高，多年冻土上限下降越显著。2014～2040 年，高温和低温多年冻土上限仍然持续下降，极高温下降较快（下降速率约 11cm/10a）。当多年冻土活动层出现不衔接时，多年冻土快速退化开始，此时多年冻土上限迅速下降。对于 RCP2.6 情景，15m 厚度的极高温多年冻土可能出现这个变化；对于 RCP6.0 变化情景，高于–0.5℃以上的高温多年冻土均可能发生这种退化。

3）黄河源区多年冻土退化过程及时空分布

基于多年冻土退化过程数值模拟结果，结合地理信息系统（geographic information system，GIS）空间分析，拓展了不同时期多年冻土空间分布状况，呈现了黄河源头区多年冻土过去 60 年及未来的时空变化过程（图 4-9）。在气候变暖背景下，黄河源区多年冻土相应的变化主要表现为：①黄河源区多年冻土面积在过去 60 年中对气候变化有一定响应但是并不十分显著，多年冻土面积变化不超过 2%；②黄河源区多年冻土面积从 20 世纪 50 年代开始大致处于增加趋势，直至 90 年代初期达到最大，之后多年冻土面积开始持续减小。在未来 RCP2.6 和 RCP6.0 两种气候变化情景下，黄河源区多年冻土面积呈现相对显著的减少变化。至 2050 年，两种气候情景下的多年冻土面积减少约 9%；至 2100 年，在 RCP2.6 气候情景下，黄河源区多年冻土面积减少约 22%；而在 RCP6.0 气候情景下减少约 38%。

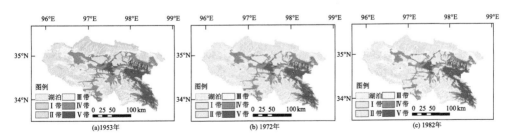

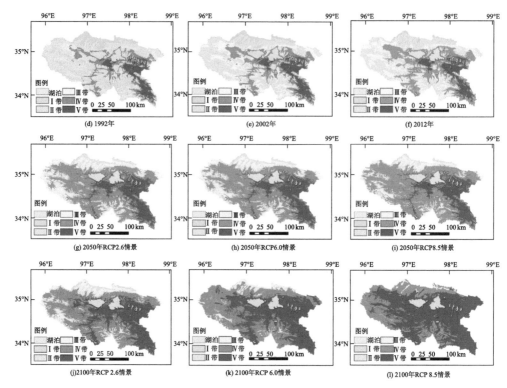

图 4-9　黄河源头区过去 60 年和未来多年冻土分布变化

Ⅰ～Ⅴ表示地温带，分切地温（℃）位于（−∞, −2]，（−2, −1]，（−1, −0.5]，（−0.5, 0]，[0, +∞)

此外，黄河源头区多年冻土厚度基本在 100m 以内，1/5 的多年冻土厚度在 30m 以内，这些多年冻土未来最容易退化消失；50%的多年冻土厚度在 50m 以内；80%的多年冻土厚度在 65m 以内。

4）其他西南河流源区多年冻土变化

长江源区的多年冻土是青藏高原多年冻土最集中的地区，约占青藏高原多年冻土总面积的 1/5。冻土主要为岛状不连续多年冻土和大片连续多年冻土。多年冻土层厚度为 10～120m，活动层厚度在 1～4 m。20 世纪 70～90 年代，大部分长江源区多年冻土温度升高了 0.2～0.5℃，其中风火山多年冻土地温增加了 0.2～0.3℃，昆仑山口多年冻土地温增加了 0.2～0.4℃，而 1995～2002 年，青藏公路沿线的多年冻土地温也升高了 0.5℃（Lemke et al.，2007；金会军等，2006a；Zhao et al.，2004）。自 20 世纪 80 年代以来，长江源区多年冻土活动层也逐渐增厚，活动层以每年 2～10 cm 的速度增加（Wu and Liu，2004）。此外，根据现场雷达探测数据，1975～2002 年，昆仑山北坡多年冻土的平均高程边界向上移动了约 25m；长期的冻土地温监测数据也显示，1975～2005 年，青藏高原南部多年冻土下界上升了 50～80m，平均活动层厚度增加了 1.0m（Cheng and Wu，2007）。从青藏公路沿线的安多到五道梁，零星多年冻土面积在过去 30 年约减少了 36%（Lemke et al.，2007）。

进入 21 世纪，长江源区多年冻土持续退化，根据青藏公路沿线 10 个钻孔的冻土地温监测数据，1995～2007 年多年冻土活动层厚度都表现出增加趋势，为 7.5cm/a（Wu and

Zhang，2010），2002～2012 年，青藏公路沿线多年冻土活动层厚度增速为 4.26cm/a（Wu et al.，2015）。2005～2017 年，青藏公路沿线监测点显示，多年冻土 10m 地温的变化速率范围为 0.019～0.31℃/10a，平均速率为 0.15℃/10a（程国栋等，2019）。2004～2018 年，青藏公路沿线多年冻土活动层呈现显著增加趋势，平均变化率达到 21.7cm/10a，活动层底部呈现出明显的升温趋势，平均升温速率为 0.45℃/10a（赵林等，2019）。考虑未来气候变暖影响，长江源区多年冻土面积呈现一定程度的减少变化，多年冻土地温将会继续升高，冻土上限将会进一步加深。同时，由于长江源区是青藏高原多年冻土分布的主体，加之多年冻土温度、活动层厚度的变化不仅与气温、降水的变化有关，还与水热参数以及地表辐射平衡等诸多因素有密切关系，因而长江源区多年冻土温度升高虽然较快，但是冻土消失的速度很慢。

澜沧江源区、怒江源区、雅江源区主要位于青藏高原多年冻土分布边缘地区。其中，澜沧江源区以岛状多年冻土和季节冻土为主，受气候变暖影响，冻土地温呈现明显的增加趋势，增幅为 0.26℃/10a（刘光生等，2012）。1961～2010 年，怒江源区最大冻结深度有显著变浅的趋势，其中，上游那曲站的减幅为 21.3cm/10a，高于其他观测站点（杜军等，2012）；1980～2010 年，雅江上游流域多年冻土面积比例减少了 18%，多年冻土活动层深度增幅约 30.6cm/10a，最大冻结深度下降幅度约 7.3cm/10a（王宇涵，2019）。总体而言，由于气温升高，未来澜沧江源区、怒江源区、雅江源区多年冻土面积将进一步减小，多年冻土活动层深度将显著增加，最大冻结深度将呈显著下降趋势。此外，由于澜沧江源区、怒江源区、雅江源区多年冻土位于青藏高原多年冻土边缘区，多年冻土下界海拔普遍高于 5000m，这些流域多年冻土主要分布在流域边缘高山区域，随着气温升高，多年冻土退化的一个显著表现形式可能是下界海拔不断抬升。

4.1.2　冻土退化对流域水文过程的影响及机制

多年冻土作为一种特殊的区域性隔水层或弱透水层，在一定程度上限制了地-气系统之间的水分交换，显著减弱了大气降水、地表水和地下水之间的水力联系。在全球变化背景下，多年冻土的退化改变了土壤的水热性质（如导水率、导热率、热容等），增强了地表-地下之间的水力联系，浅层土壤水分可能会向下补给地下水，影响植被的生长条件。升温引起的多年冻土内部地下冰的融化也可能通过地下水补给到河流，从而改变冻土地区的水循环过程。冻土退化使冻土区流域径流分配趋于平缓，对地下水径流、水循环和水资源量具有明显影响。此外，冻土退化还与湿地萎缩、土壤碳释放、荒漠化、生态环境恶化和自然灾害发生率增加有关。明确多年冻土变化及其影响对于认识多年冻土与区域水循环，以及生态和气候相互作用的关系具有重要意义。

1. 活动层土壤冻融变化对水循环的影响

1）大气-植被-活动层土壤水热耦合和传输过程
活动层内部土壤温度的变化是下垫面热量储存和释放的重要体现，也是下垫面热状况变化的重要标志。当土壤日平均温度连续数天（3～5d，不同区域土壤质地不同有所差异）小于 0 ℃时，则将土壤温度首次低于 0 ℃的时间定义为冻结起始日，同样地，当土壤日平均温度连续数天高于 0 ℃时，则将土壤温度首次高于 0 ℃的时间定义为融化起始日。表 4-2 统计了不同植被覆盖度下活动层各深度土壤的冻融特征。各植被覆盖度下活动层内各深度土壤融化起始日随着植被覆盖度的减小而逐渐提前，且不同覆盖度的融化起始日的差异随着土壤深度的增加而逐渐增大。例如，在 20 cm 深度，30%植被覆盖度土壤融化起始时间分别比 65%和 92%植被覆盖度提前了 13d 和 18d，当土壤深度达到 120 cm，30%植被覆盖度土壤融化起始时间比 65%植被覆盖度提前了 22d。活动层各深度完全冻结历时与植被覆盖度呈正相关，随着植被覆盖度的增加，土壤完全冻结历时呈上升趋势，且不同覆盖度之间的完全冻结历时差异随土壤深度的增加而逐渐扩大，体现了植被对于下伏多年冻土的保护作用。

表 4-2　不同植被覆盖度下活动层各深度土壤冻融特征信息统计

土壤深度/cm	冻结起始日（月-日）			融化起始日（月-日）			完全冻结历时/d		
	30%	65%	92%	30%	65%	92%	30%	65%	92%
20	10-14	10-19	10-18	5-17	5-30	6-4	216	224	230
30	10-17	10-23	10-20	5-18	6-04	6-11	214	225	235
40	10-21	10-26	10-29	5-22	6-10	6-23	214	226	238
55	10-25	10-27	10-29	5-29	6-23	6-30	217	238	245
65	10-26	10-27	10-29	6-01	7-01	7-03	219	246	248
85	10-27	11-02	10-30	6-09	7-13	7-13	226	253	257
120	10-28	10-30	11-01	6-25	7-17	7-13	241	259	255

注：上述分析基于 2005 年 8 月 1 日至 2006 年 7 月 31 日实测土壤温度数据，30%、65%、92%表示植被覆盖度。

不同植被覆盖度下，活动层内部土壤温度等值线的动态变化如图 4-10 所示。在秋季冻结阶段，30%和 65%植被覆盖度上部冻结锋面在 5～7d 内从地表迅速向下移动到 40cm 深度附近，而 92%覆盖度下的冻结锋面在 10～12d 内向下移动到 40 cm 深度附近。活动层向下冻结速度随植被覆盖度的增大而逐渐减小。春季，随着气温升高，活动层内部经历了快速升温过程，但这一阶段的升温速率要明显小于急剧降温速率。这一阶段，除了浅层地温表现出随植被覆盖度增加而升高的趋势外，其余各个深度地温均呈现出随植被覆盖度增加而降低的趋势；当活动层完全融化之后，各深度地温均随植被覆盖度增加而降低。其原因在于进入地下的热通量随植被覆盖度的增加而减少，植被蒸腾吸收的潜热通量也随着植被覆盖度的增加而增加。高植被覆盖度下，土壤有机质层厚度较大，在春季升温阶段，延缓了活动层的融化速率；在秋季降温阶段，减缓了地下热量向大气的输送，降低了冻结速率。此外，高植被覆盖度下浅层土壤含水量大于低植被覆盖度，冻结释放的潜热更多，进一步延缓了土壤的冻结速度，同样，在春季升温阶段，高含冰量导致融化需求潜热增加，限制了活动层的融化速率。完全冻结期，植被的枯落削弱了其对下伏活动层土壤的"保温"作用，导致该阶段活动层内部土壤热状况差异微小。

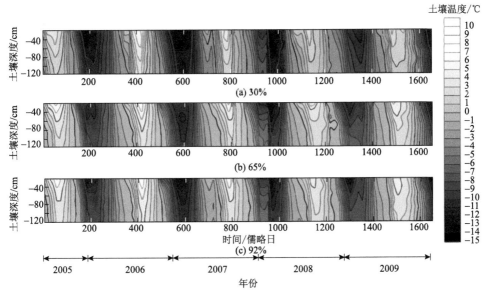

图 4-10　30%、65%和92%植被覆盖度下活动层温度等值线图
蓝色、红色和加粗黑色线条分别表示−9℃、4℃和0℃等温线

　　不同植被覆盖度下，活动层内部土壤含水量等值线的动态变化如图 4-11 所示，活动层内部土壤水分垂向变化明显，尤其是在完全融化期。各植被覆盖度（30%、65%、92%）下，地表以下 60～75cm 深度都存在一个低含水带。此外，30%植被覆盖度下，在地表以下 110 cm 左右深度存在一个高含水带，完全融化期土壤含水量接近 50 %，对于 65%和92%植被覆盖度，土壤含水量在深层也呈现出逐渐增大的趋势，由于观测深度只有 120 cm，

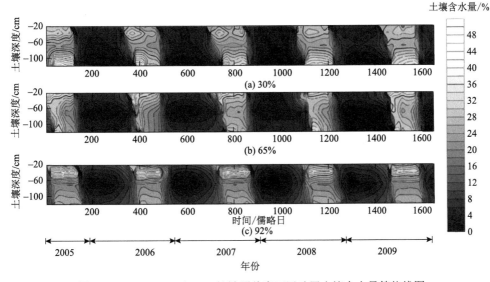

图 4-11　30%、65%和92%植被覆盖度下活动层土壤含水量等值线图

215

并未观测到高含水带。但根据土壤含水量增加趋势，可以推断出在 120 cm 深度以下可能存在着高含水带，且 92 %植被覆盖度的高含水带深度应该大于 65%覆盖度，即随着植被覆盖度增加，高含水带位置有逐渐加深的趋势。与土壤温度类似，在秋季冻结和春季融化阶段，不同植被覆盖度下活动层内土壤水分都经历了一个快速和缓慢变化期，且高含水带的水分变化速率都大于低含水带，低覆盖度水分变化速率明显大于高覆盖度情景。

为了揭示植被覆盖变化对冻融过程活动层水热协同关系的影响，分析了浅层深度（0.2m）土壤温度和未冻含水量耦合变化关系（T-θ_v）。采用麦夸特法和通用全局优化算法对土壤温度（$-2\,℃<T<2\,℃$）及水分进行非线性拟合，寻求适用于多年冻土的水热耦合回归模型。不同植被覆盖度下，不同深度处土壤温度与含水量建立的统计模型见图 4-12。在冻结和融化过程中，不同植被覆盖度下土壤温度与含水量均呈现一致的变化趋势，都呈现 S 形曲线，T-θ_v 之间满足 Boltzmann 模式：$\theta_v = A_c/\{1+\exp[B(T-\Delta T_0)]\}+\Delta\theta_0$。以 92%植被覆盖度为例，冻结过程土壤温度与水分呈现良好的相关关系（$R=0.98$，RMSE=1.44）；融化过程土壤温度与水分也呈现良好的相关关系（$R=0.99$，RMSE=0.93）。对于高覆盖度植被而言，其水分随温度变化的变幅都要小于低覆盖度的变幅（图 4-12），表明随着植被覆盖度降低，活动层水分对气温、地温变化响应敏感性增强。

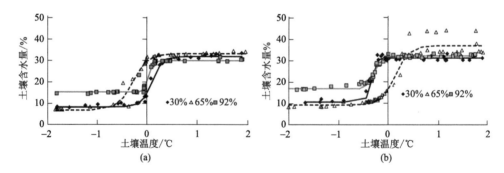

图 4-12　活动层浅层土壤（20 cm）温度与含水量在冻结和融化过程中的耦合关系

2）冻融变化对地表入渗的影响

土壤入渗过程主要受土壤性质（如土壤粒径、矿物组成以及土壤持水性等）和植被特征（如植被覆盖度、根系直径及分布等）的影响。在多年冻土区，除上述因子的影响外，活动层的冻结厚度、冻结层数等土壤冻融特征也控制着土壤水分入渗过程（朱美壮，2018）。以青藏高原腹地多年冻土区风火山小流域为研究区，深入探讨冻融作用下土壤水分入渗变化规律，分析坡面尺度土壤水分入渗特征在时间（初始融化期、完全融化期和初始冻结期）。

不同植被覆盖度及不同坡位土壤入渗速率随时间变化如图 4-13 所示。不同植被覆盖度初始入渗速率及稳定入渗速率各不相同。活动层完全融化期，土壤初始入渗速率随着植被覆盖度的增加而逐渐减小（由 30%覆盖度时的 1.78 mm/min 降至 92%覆盖度的 1.37 mm/min），原因在于高覆盖度草甸根系密度大，对水分入渗起阻滞作用。此外，高植被覆盖度下的高表层土壤含水量进一步限制了土壤水分的入渗过程。稳定入渗阶段，高覆盖度下高密度的根系分布则增大了土壤的蓄水能力，反而有利于水分的入渗，因此，该时期土壤稳定入渗速率随着植被覆盖度的增加而逐渐增加。活动层初始冻结期，初始入渗速率与植被覆盖度关系表现为 60%（1.30 mm/min）>30%（1.22 mm/min）>92%（1.21 mm/min），此阶段，土壤初始含水量以及土壤热状况共同控制着土壤水分入渗过程。初始融化期，30%、65%和 92%植被覆盖度下，土壤初始入渗速率和稳定入渗率均表现为随植被覆盖度减小而增大（王一博等，2010；李春杰等，2009）。

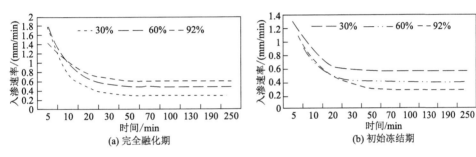

图 4-13　不同植被覆盖度及不同坡位土壤入渗速率随时间变化

30%、60%、92%表示植被覆盖度

土壤水分入渗过程复杂多变，准确地模拟和预测高寒草地土壤入渗过程对高寒地区水循环机制的认识和区域水量平衡的计算具有重要意义。在活动层完全融化期，92%植被覆盖度下，Horton 模型拟合效果最好，通用经验公式次之，Kostiakov 模型拟合效果最差；60%植被覆盖度下三种模型拟合结果良好，以通用经验模型最优；30%植被覆盖度下，以通用经验模型为最优拟合选择。在活动层初始冻结期，92%植被覆盖度下，Horton 模型拟合结果具有最大的 R^2 和最小的 RMSE，可以认为是描述该植被覆盖下土壤入渗过程的较好模型；60%和 30%植被覆盖度下，以 Horton 模型为拟合最优，而 Kostiakov 模型模拟具有较大的误差。总的来说，在活动层完全融化期，通用经验公式和 Horton 模型更适合用于土壤水分入渗模拟，而在活动层初始冻结期，Horton 模型表现最优。

3）冻土变化对地表蒸散发的影响

蒸散发是水循环过程分析中最不确定的组分之一，对地表蒸散发进行准确估算有助于理解复杂下垫面的生态-水文气象过程、量化水量收支以及阐明大气圈、水圈、生物圈之间的相互作用。广义非线性互补模型已被广泛应用于不同尺度的地表蒸散发模拟，且表现出较好的模拟效果（Brutsaert，2015）。但是由于该模型在蒸散发估算中忽略了冰融化过程中所消耗的能量，因此并不直接适用于冻土广布的青藏高原地表蒸散发模拟。Wang 等（2019）考虑了冰相变引起的能量消耗，对广义非线性互补模型进行了改进，本节利用改进的非线性互补模型对青藏高原的地表蒸散发进行高精度的长期模拟，研究青藏高原地表蒸散发的时空变化特征以及冻土变化对青藏高原地表蒸散发的影响。

（1）青藏高原地表蒸散发的时空变化特征。青藏高原年蒸散发量从东南向西北呈减小态势，与植被类型空间分布关系密切[图 4-14（a）]。1961～2014 年，青藏高原约 84%区域的地表蒸散发呈增加趋势，蒸散发呈下降趋势的区域约占高原总面积的 16%。进一步分析显示，青藏高原地表蒸散发呈显著增加趋势的区域占高原总面积的 36%，主要位于高原东南部地区，而蒸散发呈显著减少的区域仅占 2%左右，主要分布于藏南地区[图 4-14（b）]，高原东南部森林植被蒸散发增加最为显著（0.49mm/a），其次是灌丛植被，其增速为 0.47mm/a，草地蒸散发的增加速率相对较小，为 0.29mm/a，荒漠地区蒸散发的增速最小。

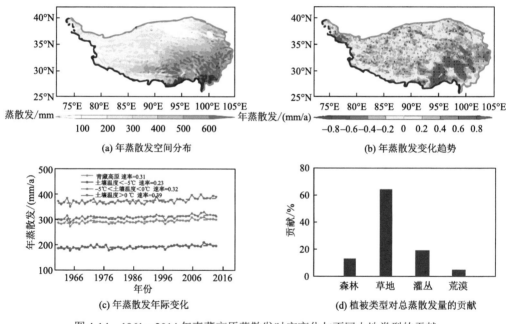

图 4-14 1961～2014 年青藏高原蒸散发时空变化与不同土地类型的贡献

1961～2014 年，青藏高原的年蒸散发量平均值约为 294mm，其中 2010 年的年蒸散发量最大，其值约为 311mm，而年蒸散发最小值出现在 1964 年，约为 275mm。研究期内，青藏高原地表蒸散发呈显著增加趋势，其增速约为 0.31mm/a[图 4-14（c）]。同时发现季节冻土区蒸散发的增加速率要高于多年冻土区以及过渡区。高寒草地生态系统对青藏高原总蒸散量的贡献最大（64%），灌丛和森林生态系统对青藏高原总蒸散量的贡献分别为 13%和 19%。由此可见，虽然草地的蒸散发量小于森林和灌丛，但由于其是青藏高原上占地最广的生态系统，因此，高寒草地生态系统成为对青藏高原总蒸散量的最大贡献者[图 4-14（d）]。

（2）冻土变化对地表蒸散发的影响。为研究冻土变化对青藏高原地表蒸散发的影响，使用冻结期的持续天数来表征冻土。分析发现，1965～2014 年，冻结期的持续天数明显减少，表明青藏高原冻土发生了消融退化[图 4-15（a）]。同时，冻结期的持续天数与青藏高原年地表蒸散发呈显著的负相关关系[图 4-15（b）]，说明青藏高原冻土的消融退化能够使蒸散发增加。进一步研究显示，随着青藏高原冻土的消融退化，2000～2014 年地表蒸散发的增长率要高于 1965～1979 年地表蒸散发的增长率。以上结果表明，近几十年气候变暖引起的冻土消融加速了地表蒸散发的增加，粗略估算冻土退化对蒸散发增加的贡献量将近 19%。如果未来气候条件下冻土继续消融退化，未冻结的地表可能会吸收更多的能量用于水分蒸发而非消耗于冻融过程中。因此，随着青藏高原在未来气候下变得更加干燥，当前以大气需求主导的蒸散发变化可能会转向以土壤水分供给主导的蒸散发变化。

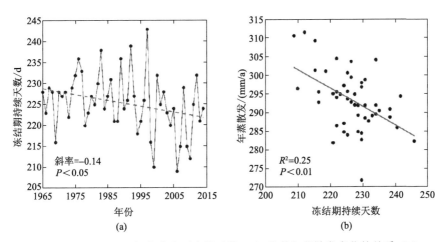

图 4-15　1965～2014 年青藏高原冻结天数（a）及其与蒸散发变化的关系（b）

2. 冻土退化对地表径流过程的影响机制

1）冻土流域径流变化特征

过去几十年里，北极和青藏高原的河川径流显示出显著且相似的变化。在 20 个观测站点中，15 个站点的年均径流量呈上升趋势，5 个站点的年均径流量呈不显著下降趋势（图 4-16）。地处北极的所有站点的年均径流量都呈增加趋势，这与之前 Peterson 等（2002）的研究结果基本一致。对于青藏高原来说，长江源区年均径流量呈增加趋势，而黄河源区年均径流量呈减少趋势，这与 Mao 等（2015）的研究结果基本一致。与径流量变化趋势不同的是，20 个流域站点的基流在近几十年中都呈增加趋势。尽管一些河流的总径流量有所减少，但这些河流的基流量仍在增加，这表明基流的变化比总径流量更显著。

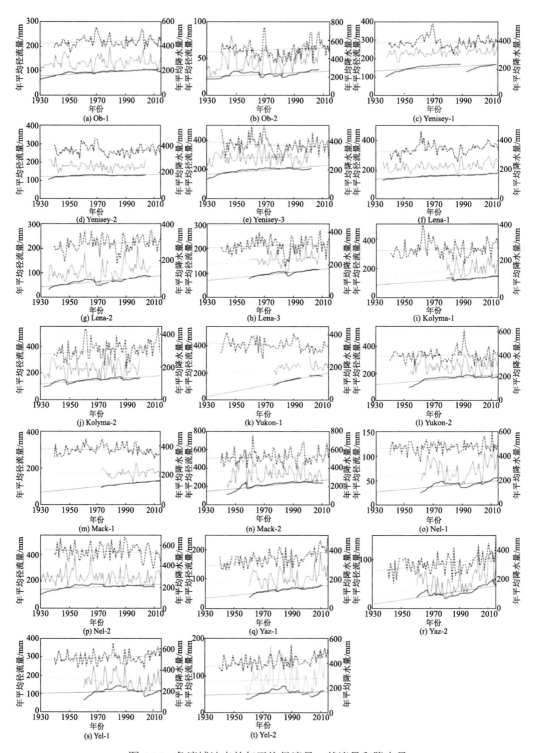

图 4-16 各流域站点的年平均径流量、基流量和降水量

黑色实线、灰色实线和黑色虚线分别代表基流量、径流量和降水量；Ob：鄂毕河；Yenisey：叶尼塞河；Lena：勒拿河；Kolyma：科雷马河；Yukon：育空河；Mack：马更些河；Nel：纳尔逊河；Yaz：长江源；Yel：黄河源

1980～2010 年，活动层增厚和冻土退化，增加了快速的浅层地下水流和稳定的深层地下水流（Walvoord and Kurylyk，2016），从而导致基流的显著变化。冻土作为相对不透水层，将冻结层上地下水限制在季节性融化的活动中。多年冻土融化时，地下水流路径增加，水文地质的连通性也将增加（Walvoord et al.，2012）。由多年冻土融化导致含水层渗透性结构的变化，可以增强冻结层上含水层的蓄水和渗透能力。因此，更多的冻土内含水层被连接起来，在低流量时期，有更多的地下水可以释放到河道中补充基流。此外，相关研究显示，冻土流域的基流变化可能是降水和含水层连通性增加的共同作用（Lamontagne-Hallé et al.，2018）。冻土的退化也能迅速改变景观，进而影响地表水储存、水流路径和径流过程（Walvoord and Kurylyk，2016）。同时，变暖引起冻土冰楔融化，会显著改变水平衡并增加径流。

2）冻土流域径流组分变化

北极和青藏高原冻土区流域的水文过程一直在快速变化，其径流组分也随之发生变化。百分位流量（Q_{pi}）对径流组分的变化具有重要指示意义（Song et al.，2021）。流量历时曲线的结果显示，1980 年以后，有 14 个站点的高百分位流量出现较高的流量值，表明低流量的增加较为普遍[图 4-17（a）]，即基流量或冬季低流量有所增加（Smith et al.，2007；Song et al.，2019）。不同站点各百分位流量的变化率也有所不同，大部分百分位流量从 1980 年前到 1980 年后呈增加趋势[图 4-17（a）]。总体而言，大多数站点的低流量指数（Q_{70}～Q_{90}）呈上升趋势，其中 Q_{90} 上升了 18.4%。相反，很大一部分高流量（Q_{10}～Q_{30}）呈下降趋势，尽管许多趋势并不显著。Q_{75}/Q_{50} 和 Q_{90}/Q_{50} 的比率都呈上升趋势，Q_{75}/Q_{50} 的平均变化率为 6%，Q_{90}/Q_{50} 的平均变化率为 9.7%[图 4-17（b）]。Q_{90}/Q_{50} 的变化率高于 Q_{75}/Q_{50}，说明地下水组分的量有所增加。此外，Q_{75} 和 Q_{90} 与年平均流量（Q_a）的比值和变化率揭示总地下水流量和深层地下水流量对总径流的贡献，Q_{90}/Q_a 的增长速度要快于 Q_{75}/Q_a（平均分别为 13.65%、9.67%）。说明深层地下水的涨幅更大，侧面反映了冬季流量的变化率要高于其他季节。

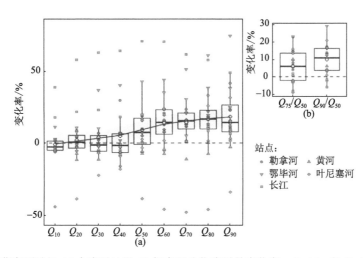

图 4-17　青藏高原地区 14 个流量站近 40 年来百分位流量的变化率、Q_{75}/Q_{50} 和 Q_{90}/Q_{50} 的变化率

　　进一步分析结果表明，百分位流量与气温、降水等气候因子具有不同的相关性。高百分位流量与年平均气温的相关性较强，而与年平均降水量的相关性较弱（图 4-18）。百分位流量与年平均气温和年平均降水量的相关系数沿百分位梯度分别呈增加和减少的趋势。总体上，Q_{10}、Q_{20}、Q_{30}、Q_{40} 与年平均气温呈负相关，Q_{50}、Q_{60}、Q_{70}、Q_{80}、Q_{90} 与年平均气温呈正相关。Q_{80} 和 Q_{90} 与年平均气温的相关性最高。与温度相关性不同的是，年平均降水量与低百分位流量的相关性更密切（图 4-18）。多数百分位流量与年平均降水量呈正相关。Q_{30} 和 Q_{40} 与年平均降水量的相关性最高，而 Q_{90} 与年平均降水量的相关性最小。

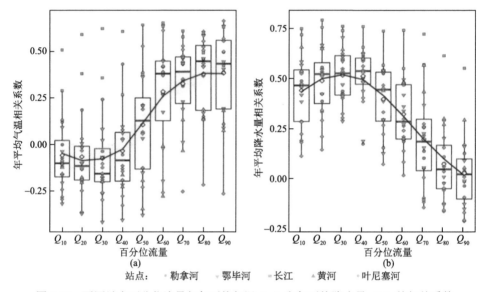

图 4-18　不同站点百分位流量与年平均气温（a）和年平均降水量（b）的相关系数

　　低流量与年平均气温的相关性要高于高流量，这表明大气变暖与地下水流量的相关性更强。这种现象可能与河流流量的季节性有关，因为冬季基流量（或地下水流量）的增加主要是由气候变暖引起的冻土融化和活动层加深引起的。低流量的冷季比高流量的暖季升温更快，导致冷季升温对地下水文过程影响更大。平滑的年均气温曲线[图 4-18（a）]表明，未来气候变暖不仅会增加深层地下水流量，还会在不同程度上增加中-低流量。北极和青藏高原冬季增温速率明显快于其他季节，这可能会进一步增加冬季流量，并通过多个过程强化低流量与温度的关系。

　　除气候变暖外，降水是冻土区流域径流组分变化的另一个主要驱动因素。北极和青藏高原地区由于降水增加而变得更加湿润，这导致年平均流量增加。由于高流量和低流量流动过程存在差异，百分位流量与降水的关联性也不同。高流量显示出与降水高度相关[图 4-18（b）]，因为高流量主要是由北极河流的春季融雪或青藏高原夏季降水所主导。虽然河流不同径流组分对气候变化的响应不同，但温度和降水与每一个百分位流量的相关性都相对较低，这意味着温度和降水都不能完全解释百分位流量的变化。其他因素或机制也可能影响不同百分位流量变化，未来气候变暖、降水增加和其他相关过程可能会对流态变化产生耦合效应。

4.1.3　冻土退化的径流效应

1. 径流变化与冻土退化的关系

在多年冻土区，径流变化与冻土退化的相关性显著。西伯利亚、北美和青藏高原流域的年径流量变化（ΔQ）及基流变化（$\Delta \mathrm{BF}$）与冻土覆盖率呈正相关（图 4-19）。对于北极流域（西伯利亚、北美），$\Delta \mathrm{BF}$ 与冻土覆盖度的相关性比 ΔQ 更强，而在青藏高原流域，ΔQ 与冻土覆盖度的相关性比 $\Delta \mathrm{BF}$ 更强。同时，$\Delta \mathrm{BF}$ 和 ΔQ 与降水变化的相关性都很弱（Song et al.，2019），表明降水变化几乎不能用来解释多年冻土流域的径流量变化。

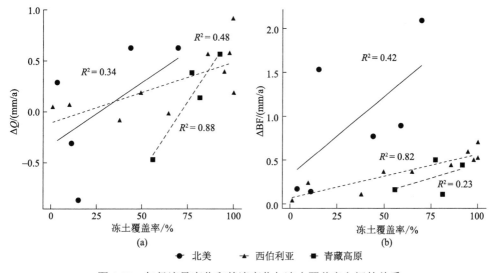

图 4-19　年径流量变化和基流变化与冻土覆盖率之间的关系

流域的冻土控制着地表-地下水的相互作用及其空间分布。因此，冻土覆盖率在流量变化中起着重要作用。在气候变暖的背景下，冻土覆盖率低的流域其冻土变化不大，对流量变化影响较小。因此，冻土覆盖率低的流域，其包气带平均状态相对稳定。而在冻土覆盖率较高的流域，气候变暖使得冻土发生大规模变化，导致水文连通性增强，入渗增加。一个流域的冻土覆盖率越高，冻土退化对流量的影响就越大。冻土退化增加了地下水的排放，在冻土覆盖率高的流域这种变化更显著。作为反映径流过程的重要指标，$Q_{\max}/Q_{\min}$ 提供了关于水文状况的直接信息。研究流域的 $Q_{\max}/Q_{\min}$ 随着冻土覆盖率的增加呈非线性增加的趋势（图 4-20）。在冻土覆盖率较低（<50%）的流域中，$Q_{\max}/Q_{\min}$ 较小（平均值为 12），而在冻土覆盖率较高（50%～100%）的流域，$Q_{\max}/Q_{\min}$ 较大（平均值为182），即在冻土覆盖率高的流域中，冻土对 $Q_{\max}/Q_{\min}$ 的影响显著。冻土覆盖率高的流域

可能具有较低的渗透率和地下储存能力（Yang et al.，2004），由于缺乏蓄水缓冲作用，夏季峰值流量较高，冬季基流较低。因此，在冻土覆盖率高的流域，夏季最大流量高，冬季最小流量低，导致其 Q_{max}/Q_{min} 高。

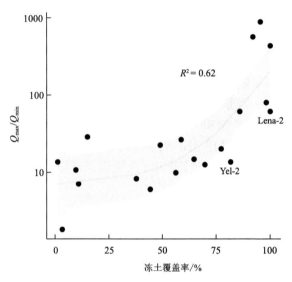

图 4-20 年最大流量和年最小流量的比值（Q_{max}/Q_{min}）与冻土覆盖率的关系（$P < 0.001$）

通常情况下，Q_{max}/Q_{min} 随着冻土覆盖率的增加而增加，并且研究结果表明，在具有空间异质性的跨区域冻土流域中，上述关系也具有普遍适用性。但在冻土退化的情况下，这种关系可能会改变，因为冻土退化会导致有更多的地下水来补充低流量。在这种情况下，Q_{max}/Q_{min} 会随着时间的推移而降低（Wang et al.，2017；Ye et al.，2009）。这种减少趋势是合理的，因为冻土融化后基流量的增加可以增加最小流量，这将降低 Q_{max}/Q_{min}。由于 Q_{max}/Q_{min} 与冻土覆盖率密切相关，Q_{max}/Q_{min} 随时间的变化也可以从侧面反映冻土的变化。

2. 冻土流域径流变化过程的数值模拟

1）冻结层上地下水对活动层土壤温度变化的响应模拟

以青藏高原腹地多年冻土区的风火山小流域为研究区，在研究区内，选择一河谷内两个对称的阴阳坡面作为研究对象[图 4-21（a）]，利用冻土地下水动态改进的 FEFLOW 模型进行冻结层上地下水的动态模拟，通过对其排泄速率以及活动层内部土壤温度的分布差异来解释冻融循环对冻结层上地下水的控制。采用 2017 年实测土壤温度及抽水试验确定的冻结层上地下水出流速率以率定模型，选择 2018 年为模型验证期，利用不同坡向、不同深度土壤温度的实测值进行模型率定。模型率定期和验证期，阴坡和阳坡 50cm、100cm 和 150cm 深度土壤温度模拟值和实测值的平均纳什效率系数为 0.95，率定期各深度平均均方根误差仅为 0.43 ℃。随着土壤深度的增加，模型普遍高估了阳坡冻结期的土壤温度，对于阴坡，模型普遍低估了土壤温度，特别是在完全融化期。地下水流方面，率定期和验证期冻结层上地下水出流速率模拟值与实测值的平均纳什系数高达 0.97，平均均方根误差仅为 0.0175 m³/d。综合而言，改进的 FEFLOW 模型能够比较准确地刻画活动层冻融过程中的土壤温度以及地下水流的动态变化。

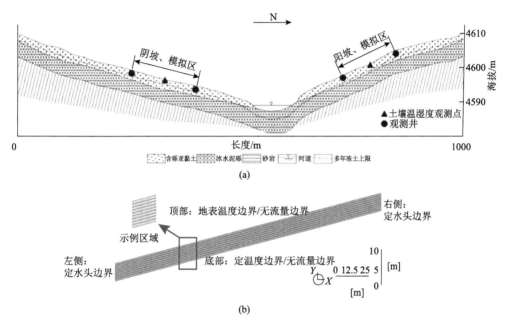

图 4-21　风火山小流域河谷地貌特征（a）与模型边界设定（b）

依据实测数据和模型模拟结果，阴阳坡面上活动层内部土壤温度分布具有显著差异，阳坡各个深度的土壤温度均明显高于阴坡。通过 0℃等温线的变化发现，阴阳坡均出现明显的双向冻结现象，且阳坡的双向冻结持续时间要长于阴坡。模拟结果表明，土壤的渗透性能将在冻结温度区间内发生剧烈变化，因而阳坡与阴坡的土壤温度分布差异将导致渗透性能差异，直接影响活动层内部的水分迁移过程（图 4-22）。同时，在一个完整的冻融循环内，两个坡向的冻结层上地下水排泄速率表现出与地表温度近似分布模式。随着活动层逐渐融化直至完全融化（5～9 月），阴坡冻结层上水出现时间比阳坡晚约 10d，阳坡地下水排泄增加速率为 0.09 m³/d，高达阴坡排泄增加速率（0.04 m³/d）的 2 倍之多。阴坡地下水排泄速率在 9 月增至最大值，比阳坡最大排泄速率提前了 1 个月，但阳坡冻结层上地下水最大排泄速率为 0.46 m³/d，为阴坡最大排泄速率（0.15 m³/d）的 3 倍之多，这与完全融化期两个坡面土壤导水率分布差异密切相关。温度-导水率的动态变化很好地解释了冻融过程中，不同阶段、不同坡向冻结层上水排泄差异的主要原因。坡向影响活动层温度的分布，进而影响活动层渗透性的变化，因此在多年冻土区流域地下水动态分析中，坡向因素不可忽略。

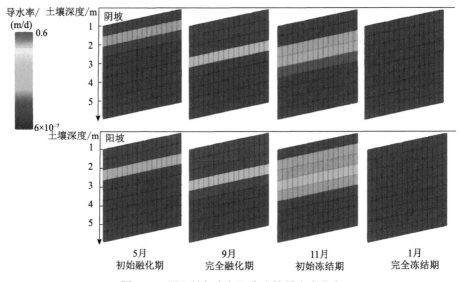

图 4-22　阴阳坡年内各深度土壤导水率分布

过去 40 多年中，青藏高原的地表温度以平均 0.3~0.4℃/10a 的速率呈显著升高趋势（Wang et al.，2009）。基于此，分别以阴阳坡 2017 年实测地表温度为基准，设计了一个 50 年的地表增温情景，增温速率为 0.3℃/10a，模拟分析了冻结层上地下水对未来升温情景的响应。如图 4-23 所示，在整个 50 年的升温过程中，阳坡与阴坡的地下水排泄速率均呈现上升趋势。其中，冻结期地下水排泄速率的增加速率显著高于完全融化期，冻结期的冻结层上地下水对气候变暖的响应更为敏感。在升温的第 50 年，阳坡最小排泄速率由 0 m³/d 增至 0.13 m³/d，而阴坡最小排泄速率增幅仅为 0.03 m³/d。此外，在升温后的第 18 年，阳坡的冻结层上地下水将在一整年内均保持"存在"、冻结期消失；对于阴坡，在升温第 36 年后，阴坡冻结层上地下水的"冻结期"也将消失。在升温背景下，多年冻土的融化，地下水的补给和排泄速率预计增大，从而导致地下水流动路径的加深和地下水位的降低，基流量也呈现上升趋势，这在多个地区的研究中被证实。

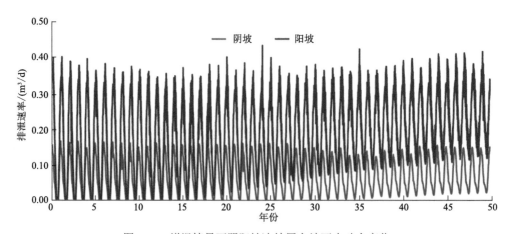

图 4-23　增温情景下阴阳坡冻结层上地下水动态变化

2）基于温度变源产流机制的冻土流域径流过程变化模拟

多年冻土流域坡面产流过程是降水、土壤性质、地温和植被等要素共同作用的结果，特别是多年冻土区温度对产流过程在不同季节的差异性作用，形成了多年冻土区特殊的多种产流模式并存并相互转化的机制（Wang et al.，2012a）。一方面，海拔与坡向不同导致的土壤温度差异影响着活动层内部的冻融过程，导致产流时间和产流面积不同；另一方面，活动层内部的冻融状况控制着产流机制的转换。由此，将土壤温度变化导致的产流面积、产流来源和产流模式的变化定义为寒区流域的"温度变源"产流机制（王根绪和张寅生，2016）。

（1）温度变源产流模型（temperature-induced variable source area runoff generation model，TVSA）。基于冻土流域坡面"温度变源"产流机制，TVSA 以降水-径流模型系统（precipitation-runoff modeling system，PRMS）为基础，考虑多年冻土地区特殊的产流机制，借鉴 FEFLOW 模型的冻融方案，并加入土壤冻融模块、冰川模块、冻结层下水模块以及 GARTO 下渗模块，其是一个具有完整物理过程机制的适用于多年冻土流域的水文模型（图4-24）。在计算冰川径流方面，TVSA 的冰川模块选择度日因子法计算冰川径流。

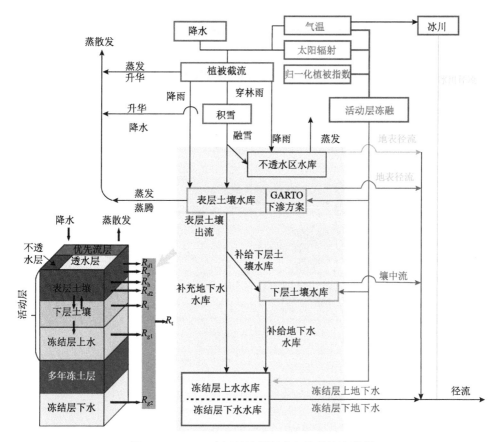

图 4-24　TVSA 寒区径流模拟中相关模块流程图

R_{d1} 和 R_{d2} 分别表示优先流水库和重力水库出流的饱和地表径流；R_p、R_h 和 R_i 分别表示优先流、超渗地表径流和壤中流；R_{g1} 和 R_{g2} 分别表示冻结层上地下水和冻结层下地下水

TVSA 的土壤冻融模块主要由改进的高分辨率地表能量平衡经验（high-resolution empirical surface energy balance，HRES-SEB）模型、S-曲线模型以及双向 Stefan 模型组成（图 4-24）。改进的 HRES-SEB 模型考虑了植被以及地形起伏对地表能量平衡的影响，利用较易获取的气温数据估算地表温度。Wang 等（2012b）分析了不同覆盖度下活动层内部土壤温度和土壤水分之间的相关关系，明确浅层（0～50cm）土壤含水量与地表温度之间存在类似的 Boltzmann 函数关系（S-曲线）；对于深层土壤（>50cm），土壤水分则与地表冻结指数以及融化指数之间存在同样类似的 Boltzmann 函数关系，这是 TVSA 模型用于联结土壤温度、水分和冻融指数的方式。在 TVSA 模型中，土壤冻融模块负责计算流域内活动层冻融深度的动态变化。Wang 等（2017）发现多年冻土流域活动层对径流过程影响存在一个临界深度，临界深度以上土壤的冻融状态显著影响径流生成过程，将该临界深度定义为多年冻土流域最大产流厚度，并构建了临界深度计算公式。Stefan 方程常用于模拟冻土活动层厚度或活动层冻融深度，考虑多年冻土区活动层双向冻结，TVSA 模型采用双向冻结 Stefan 算法（Woo et al.，2008）模拟活动层的冻融过程。

（2）模型校验及应用。以青藏高原长江源区的风火山流域为研究对象，该流域集水面积为 117.3km²，属于典型的多年冻土流域，流域内多年冻土发育良好，多年冻土厚度为 50～120m，活动层厚度为 0.8～2.5m。多年平均降水量为 328.9mm，主要集中在每年 6～9 月，占全年降水量的 80%，全年径流量主要集中在 5～9 月，占全年径流总量的 85%。在不同子流域布设土壤温湿度、径流和地下水动态观测站点（图 4-25）。

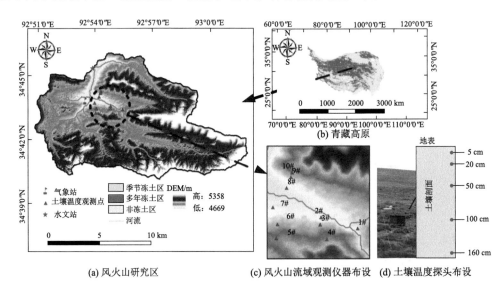

图 4-25　风火山典型观测小流域地理位置及观测点布置图

选择流域内 1#～4#土壤温度观测点数据用来率定 TVSA 模型的土壤冻融模块，5#～10#观测点数据用来验证模型（图 4-25）。结果表明，TVSA 模型很好地再现了不同植被覆盖度（高、中、低）、不同坡向（阴坡和阳坡）以及不同海拔（坡底、坡中、坡顶）下活动层的冻融过程，模拟与观测的冻结和融化过程动态变化趋势一致，二者拟合得很好。

模拟值与观测值之间的确定系数 $R^2 \geqslant 0.89$（平均值为 0.94），均方根误差（RMSE）变化范围为 0.12～0.36 m（平均值为 0.23 m）。

在模拟风火山流域径流过程中，将 2017 年作为模型率定期，2018～2019 年作为模型校准期。率定期，TVSA 模型模拟结果十分精准，纳什效率系数（NSE）和确定系数（R^2）均高达 0.94；模型验证期，NSE 和 R^2 也分别达到了 0.76 和 0.84，结果见图 4-26。模型精准地模拟出春汛和夏汛以及春汛过后短暂的枯水期，但模型对完全融化期径流量有一定的高估，其主要原因是整个流域只有一个气象站，气象驱动数据的代表性将会影响活动层冻融过程的模拟，从而影响产流过程中产流厚度的计算。模拟结果表明，风火山流域径流组分主要为壤中流和冻结层上地下水，共占年径流量的 77.8%，饱和地表径流量与超渗地表径流量仅占全年径流量的 22.2%。Li 等（2020）利用同位素法分析了整个长江源径流成分组成，发现冻结层上地下水在年径流量中占比为 49%，由于风火山小流域多年冻土覆盖率为 100%，高于长江源冻土覆盖率（77.3%），这可能解释了风火山流域冻结层上地下水的高占比。总体而言，TVSA 模型还是能够比较准确地模拟出多年冻土流域径流过程的。

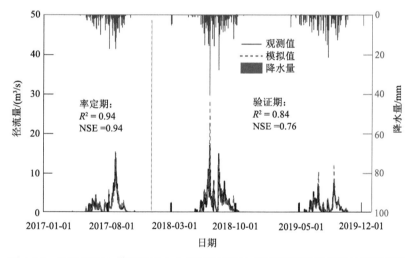

图 4-26　基于 TVSA 模型的风火山流域率定期与验证期径流量模拟与实测对比

4.2　冰川积雪变化及其径流效应

4.2.1　冰川分布及其变化

西南河流源区是青藏高原重要的陆地冰冻圈（冰川、冻土、积雪、河冰、湖冰）分布区。不同于其他冰冻圈要素，冰川参与水循环过程具有独特性，即气候变化对冰川的影响通过冰川的动力调节，对河川河流的季节、年际和年代变化施加影响，这也是水文模拟必须了解并定量刻画冰川规模的原因。本节重点介绍西南诸河源区冰川分布现状，以及数十年来冰川的规模和冰量变化。

1. 冰川规模变化监测

西南诸河（长江、黄河、怒江、澜沧江、雅江和伊洛瓦底江）流域有不同机构完成的冰川编目，如 Glacier Area Mapping for Discharge from the Asian Mountains，GAMDAM 冰川编目（Sakai，2019；Nuimura et al.，2015），RGI 冰川编目（RGI Consortium，2017；Pfeffer et al.，2014），中国第一、二次冰川编目（Guo et al.，2015；刘时银等，2015；Shi et al.，2008），International Centre for Integrated Mountain Development，ICIMOD 冰川编目[兴都库什—喀喇昆仑山—喜马拉雅（HKH）地区]（Bajracharya and Shrestha，2011）。中国第一次冰川编目时间介于 1960~1980 年，在第二次冰川编目计划期间进行了系统修订和属性数据标准化，第二次冰川编目对应时间为 2004~2011 年（刘时银等，2015）；GAMDAM 冰川编目版本 2 基于 1990~2010 年的 Landsat 图像对 90%以上的冰川进行了修订（Sakai，2019）。RGI 数据则收集不同的冰川编目数据汇编而成，如 RGI 6.0 版本仅是集成上述不同来源数据形成的数据集。根据中国第二次冰川编目数据和国外部分 GAMDAM 数据及 RGI 6.0 数据，统计分析了西南诸河源区的冰川分布情况，如表 4-3 和图 4-27 所示。

表 4-3　不同河流源区的冰川分布情况

流域	冰川面积/km^2	冰川数量/条
黄河	182.94	315
长江	1728.18	1721
怒江	1449.24	2443
澜沧江	229.21	543
雅江	14252.51	12142
伊洛瓦底江	29.46	83
合计	17871.54	17247

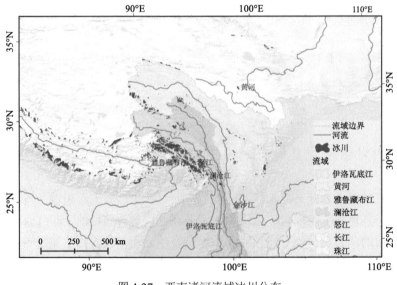

图 4-27　西南诸河流域冰川分布

以 2018～2020 年 Landsat 8 影像为主，对西南河流源区中国境内的冰川重新进行编目，本次编目提取了表碛分布信息，中国境内各源区冰川编目结果显示总面积为 15799.79 km²，表碛覆盖面积为 1387.08 km²，占中国境内冰川面积的 8.8%。

仅就西南诸河中国境内冰川而言，中国第一次、第二次和最新一期冰川编目结果表明（表 4-4），冰川面积和条数显著减少，20 世纪 60 年代～21 世纪 20 年代，冰川面积减少了 29 %，近 10 年缩小率有所增加。20 世纪 60 年代～21 世纪前 10 年，冰川条数总体减少，主要是因为一些规模较小的冰川消失。

表 4-4　西南河流源区（中国境内）冰川变化

编目名称	冰川面积/km²	变化率/%	冰川数量/条 或表碛覆盖比例/%	条数变化/%
中国第一次冰川编目（1960～1980 年）	22260.1	−14.8	17186	−3.3
中国第二次冰川编目（2004～2011 年）	18968.06	−16.7	16620	
最新的冰川编目（2018～2020 年）	15799.79		8.22	—
20 世纪 60 年代至 21 世纪 20 年代	−6460.31	−29.0	—	—

由不同时期冰川面积随海拔分布变化可知（图 4-28），面积减少幅度较大的区域位于 5200～6000 m 高度带，5200 m 以下区域各高度带面积缩小幅度类似。

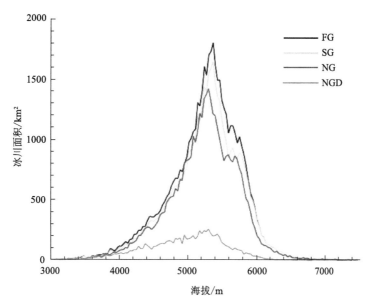

图 4-28　不同时期冰川在高度上的分布

不同高度带上的冰川面积用像元个数表示，像元大小为 30m×30m。FG 为中国第一次冰川编目，SG 为中国第二次冰川编目，NG 为 21 世纪 20 年代冰川编目，NGD 为 21 世纪 20 年代冰川表碛面积

2. 冰量变化

采用覆盖西南诸河源区冰川作用区的 717 幅大比例尺地图（航摄年代跨 1967～1984 年，1：5 万和 1：10 万比例尺）数字等高线，经过坐标变换，将北京 54 坐标系统（高程基准为黄海高程系）变换为 WGS84 坐标系，并转化为 30m×30m 分辨率数字高程模型（DEM）。由此 DEM 可知，85%冰川区的平均坡度小于 25°，根据国家基本比例尺地图编绘规范，这些地区高程精度在 5～8m。采用 2000 年 30 m 分辨率 SRTM（the shuttle radar topography mission）DEM 产品作为 2000 年研究区冰川的数字表面模型，SRTM DEM 在不同地区精度表现不一，高程总体精度可达到 16 m（Berthier et al.，2006）。由于 C 波段雷达对冰雪有一定的穿透能力，在进行冰量变化比较时，需要消除穿透影响（Lin et al.，2017；Berthier et al.，2006）。比较同期 SRTM-X 波段提取的 DEM，可校正穿透误差（Wu et al.，2018；Gardelle et al.，2012），结果表明，西南诸河源区的冰川区平均穿透误差为 4.6m，穿透随着海拔升高而增大。

地形图 DEM 和 SRTM DEM 之间存在的匹配差异也需消除，采用成熟方法（Wu et al.，2018；Wei et al.，2015），可知两期冰川表面 DEM 高程差与坡度、坡向等地形因子存在关系（Berthier et al.，2007），在建立定量关系的基础上，对 717 幅地形图与 SRTM DEM 匹配误差进行修正。考虑地形图覆盖不完整和高海拔地区（>6500m）过饱和现象，以及对无统计意义的冰川 DEM 栅格进行剔除，得到的有效冰川栅格面积占源区冰川面积的 80%。

总体上，20 世纪 70 年代至 2000 年，西南河流源区冰川表面高程平均降低 9.54 m，年均物质平衡为–0.27 m w.e. /a，以怒江源区冰川物质损失速率最大[（0.31±0.10）m w.e. /a]，其次是澜沧江。雅江流域冰川数量多，面积大，其平均物质平衡达到（–0.24±0.12）m w.e. /a，损失的冰量最多（图 4-29）。包括横断山在内的长江上游区冰川物质平衡为（–0.22±0.15）m w.e./ a，与基于 KH-9 DEM 获得的源区冰川物质平衡相当[（–0.22±0.12）m w.e. /a，Zhou et al.，2018]。在易贡藏布和帕隆藏布地区，基于 KH-9 获得的冰川物质平衡[（–0.11±0.14）m w.e. /a 和（–0.19±0.14）m w.e. /a，Zhou et al.，2018]小于本结果，除与采用的数据不同有关外，Zhou 等（2018）基于 KH-9 的结果覆盖范围较小，且统计的小冰川居多可能是造成差别的原因。

对于 2000 年以后西南河流源区冰川变化的研究相对较多。综合 Brun 等（2017）和 Shean 等（2020）的结果，统计了 2000～2018 年源区的冰川物质平衡（图 4-29）。相比 2000 年以前，2000 年之后冰川的物质损失速率显著增大，以冰川覆盖最多的雅江流域为例，损失速率的增速接近 2000 年以前的 2 倍。怒江源区依然是物质亏损最严重的地区，年均物质平衡达到（–0.57±0.4）m w.e/a。黄河源区冰川覆盖面积小，尽管其物质损失加速，但物质平衡的不确定性也相对较大。

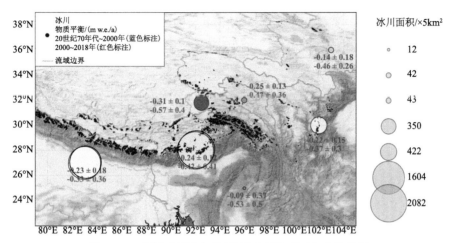

图 4-29   西南河流源区不同流域冰川物质平衡变化特征

4.2.2   冰川变化对流域径流过程的影响

1. 不同类型代表性海洋型冰川变化过程与幅度

冰川发生变化的原因是其能量-物质平衡改变，冰川物质平衡是表征冰川积累和消融量值的重要冰川学参数之一，主要受控于能量和物质收支状况，对气候变化有敏感的响应。冰川的能量-物质平衡是引起冰川规模和径流发生变化的能量和物质基础，是联结冰川与气候、冰川与水资源的重要纽带。

人工冰面作业进行测杆和差分 GPS 测量冰川变化费时费力，同时还存在空间代表性不足，无法全面反映冰川的时空变化，从而限制对冰川变化及影响因素（如地形、表碛厚度等）的定量分析。无人机技术作为冰川监测的新手段，其覆盖范围广、观测时间灵活和产品精度高的优势克服了传统冰川观测方法的缺陷（Immerzeel et al.，2010）。通过地面控制点验证，无人机航测精度达到水平和垂向精度 1~2 个像元或分米级，满足冰川季节及年际尺度变化研究，从而提高西南河流源区冰川观测的效率与空间范围。

2018~2019 年，利用 eBee Plus 固定翼无人机辅以地面实时差分定位（real-time kinematic，RTK）首次进行了高海拔帕隆 4 号冰川和 24K 冰川冰面无人机测绘工作（图 4-30）。本节主要对藏东南两条表面性质不同（非表碛覆盖帕隆 4 号冰川与表碛覆盖的 24K 冰川）的冰川的空间变化幅度与过程进行分析。

帕隆 4 号冰川（29°13.57′N，96°55.19′E）是藏东南地区一条典型的海洋型山谷冰川，位于藏东南然乌湖流域帕隆藏布的源头，岗日嘎布山脉东南侧，冰川长度约 8km，面积为 11.7km^2（施雅风等，2005），冰川积累区比较宽阔，冰舌部分地形较为狭窄，冰川末端东北朝向有零星的表碛物质覆盖（Yang et al.，2011）。冰舌末端海拔 4650m 到海拔 4950m 处的冰舌前端较为平缓，而海拔 4900~5100m 坡度较陡，为一大冰体破碎带，发育有大量宽大的深裂隙，海拔 5200m 以上冰面较为平坦，为一广阔平台，亦发育大量裂隙，整个冰川补给区相当宽阔。冰舌消融使得其表面形成了许多冰面河道，同时冰下河道亦相当发育，冰川表面融水经由冰下河道排泄出冰川。

(a)   (b)

图 4-30　藏东南非表碛覆盖帕隆 4 号冰川与表碛覆盖 24K 冰川照片

24K 冰川（29°45.59′N，95°43.11′E）位于岗日嘎布山脉北坡，距离林芝市波密县县城 24 km。它是藏东南区域内一条典型的表碛覆盖型冰川，其长度约 1.2km，面积为 2.7km²，冰川末端西北朝向。冰川两侧发育了明显的侧碛垄（来自小冰期）（Zhu et al.，2013），冰川消融区的表碛厚度较大。该冰川地处相对湿润的环境，消融期的降水量可达到约 1700 mm（Yang et al.，2017）。

利用帕隆 4 号冰川的无人机正射影像，通过 Imgraft 程序对图像进行匹配和计算，获得不同时间段的冰川运动速度（图 4-31）。通过地面实测差分 GPS 两期观测验证，可以在点尺度上得到准确的冰川运动数据。根据计算结果，发现该冰川的年位移介于 0～120m，冰川运动速度呈现明显的空间差异：冰川中上部的运动速度明显快于冰川末端，部分区域的年位移能够超过 100m，冰舌区的年位移集中在 30m 以下，暖季平均运动速度（8.5cm/d）大于冷季运动速度（6.1cm/d），夏季冰川滑动作用增强，冰下排水系统的发育不断促进等均会影响表面运动速度的大小。冰川流动方向沿冰川槽谷向下流动，但在冰川中部会发生明显的杂乱现象，主要是这一区域为冰裂隙集中发育区，冰川运动方向受到积累区冰量向槽谷挤压发生明显的不同方向的变异所致。

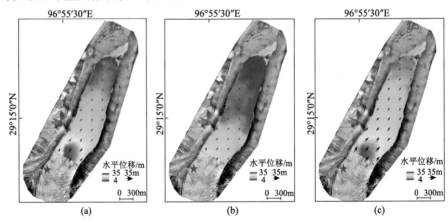

(a)   (b)   (c)

图 4-31　帕隆 4 号冰川消融期表面运动速度空间分布与季节性变化
（a）为非消融期（10 月至次年 6 月）；（b）为消融期（6～9 月）；（c）为全年

图 4-32 显示表碛覆盖的 24K 冰川高程的季节性变化。2018 年 9 月至 2019 年 10 月，24K 冰川表面高程差平均值为–1.1m，中位数为–1.0m，最大值为 15.0m，最小值为–24.2m，标准差为 1.9m，结合栅格计算区面积，区域内体积变化总量约–8.8×10⁵ m³。此时间段内，冰川表面处于"减薄"状态，表面高程减薄量随海拔降低而增加，冰川末端的表面高程差平均值为–5 m 左右，冰川中部高程差存在正负交替现象，冰川上部（超过 4100m）高程差变化量接近于 0。整个冰川表面高程变化呈现明显的空间不均一性，这是以往利用有限的表面测杆很难反映的现象，特别是崎岖的冰川表面。变化较大的区域发生在冰川末端冰崖区及冰川中部冰崖发育坡度较大的区域。冰川末端由于持续的后退和坍塌，原来属于冰川区域成为裸露基底，其高程变化值可达 20m 左右，与末端冰川厚度相符合。而在冰川中部冰崖分布区，也可以明显看到冰川高程强烈减薄的区域，其分布与冰崖分布高度吻合，冰崖区的高程变化量级达到 6m 以上。冰崖区高程的强烈变化，一方面受到周边表碛区区域长波辐射消融能量的贡献，冰川表面的消融能量明显高于非冰崖地区；另一方面，冰崖本身后退导致高差变化。

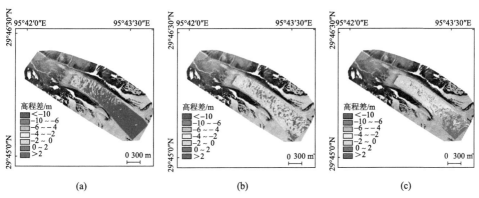

图 4-32　基于无人机航测获得的表碛覆盖 24K 冰川高程的季节性变化

（a）为非消融期（10 月至次年 6 月）；（b）为消融期（6～9 月）；（c）为全年

对比研究发现帕隆 4 号冰川和 24K 冰川同一时期内均呈现减薄状态，平均减薄量分别为 2.78 m 和 1.10 m，冰川减薄量均随海拔降低而增加。在非消融期，帕隆 4 号冰川和 24K 冰川冰体均为增厚状态，两冰川表面高程差增加量随着海拔降低而减少，其平均增厚量分别为 1.97 m 和 2.51 m，此时来自冰川上部的冰流补充占据表面高程变化的主导；在消融期，两冰川表面高程为强烈减薄状态，帕隆 4 号冰川的减薄量随海拔降低而略微增加，平均减薄量为 4.74 m，24K 冰川的减薄量随海拔降低而降低，平均减薄量为 3.60 m，此时期冰体的升温消融成为表面高程变化的主导。利用测杆获得的表面物质平衡与无人机获得的高程变化数据，对比分析两冰川上涌速度差异，发现两类冰川在幅度和季节变化方面存在显著不同，具体体现在帕隆 4 号冰川全年上涌速度量（3.7m）显著高于 24K 冰川（0.8m），前者是后者的 4.6 倍，帕隆 4 号冰川非消融期上涌速度高于消融期，而 24K 冰川恰恰相反，上述现象与冰川运动速度幅度和表碛是否覆盖息息相关。这些高精度数据辅以冰面测杆和 GPS 测量资料，可以用于后期高精度分布式冰川表面消融模型的建立与精度验证，对于评估地形及表碛厚度等对表碛覆盖型 24K 冰川消融影响、表碛覆盖型冰川运动速度时空变化格局研究等方面具有重要意义。

2. 不同类型海洋型冰川能量平衡特征及表碛的影响

1）冰川能量平衡特征差异

利用冰面能量平衡模型和表碛消融模型，以帕隆 4 号冰川冰面 4800m 和 24K 冰川表碛区 3900m 气象站基本观测为输入，模拟消融期冰川累积消融过程曲线，并与不同时期强化观测实测资料进行对比验证。帕隆 4 号冰川 4800m 处 6～9 月累积消融量达到 4.2m 水当量，而表碛覆盖型的 24K 冰川 3900m 处累积消融量仅为 2.4m 水当量左右，反映出两类冰川的表面性质及水热环境不同导致消融过程及幅度的差异。

图 4-33 显示两类冰川表面能量平衡的日变化过程及日内变化的对比，包括净短波辐射、净长波辐射、感热、潜热、冰/表碛层内热量、降水能量等各分量。从图中可以看出，帕隆 4 号冰川表面的消融能量主要受到净短波辐射的控制，而表碛覆盖条件下发生明显的变化，净短波辐射只是其中重要的能量贡献之一。净短波辐射均为两条冰川最主要的能量来源，帕隆 4 号冰川表面感热和潜热为冰川表面消融提供能量源，但其贡献比例较小，

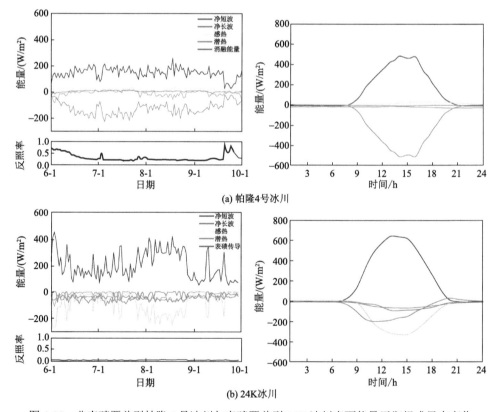

图 4-33　非表碛覆盖型帕隆 4 号冰川与表碛覆盖型 24K 冰川表面能量平衡组成日内变化

冰川表面消融随净短波辐射量变化而变化，消融期 4800m 处日均消融能量为 146 W/m^2。表碛覆盖型的 24K 冰川由于表碛温度高于上层 2m 处的空气温度，表面能量收入的 63.8% 用于表碛感热及蒸发消耗，只有 23% 左右的净短波辐射用于表碛层内热传导过程，消融期 3900m 处日均表层热传导能量仅为 64W/m^2。表碛物的存在不但会阻隔热量的传输，而且由于表碛层温度随辐射等气象要素变化而变化，会引起消融能量组成的差异，从而导致非表碛覆盖型冰川与表碛覆盖型冰川对气候变化响应方式不同（Yang et al.，2017）。

2）表碛覆盖对于冰川消融的影响机理及强度

西南河流源区发育有数量众多的表碛覆盖型冰川，表碛厚度对西南河流源区冰川消融及径流过程的影响非常重要。理论上讲，表碛厚度小于某一临界值时，表碛的存在会吸收更多的热量，从而加速下伏冰面的融化；而当表碛厚度超过临界值后，其有效的阻热作用又能极大地抑制冰面消融，且随着表碛厚度的增加，冰面消融强度会急剧减小，因此表碛特殊的下垫面性质会改变冰（雪）–大气界面的能量平衡。图 4-34 为利用能量平衡的表碛消融模型（debris energy model，DEB）（Reid et al.，2012），以 24K 冰川表面常规气象站数据（气温、相对湿度、风速、入射短波和长波辐射、气压和降水量等）为驱动，模拟的表面温度和不同层位表碛层内温度的日变化和日内平均变化。从图 4-34 可以清楚地看出，表碛消融模型可以较好地刻画表碛层内的热传导过程，因此可以较好地模拟表碛覆盖下的冰川消融强度与过程。

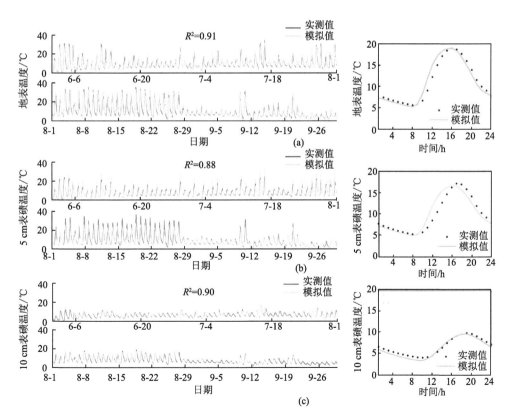

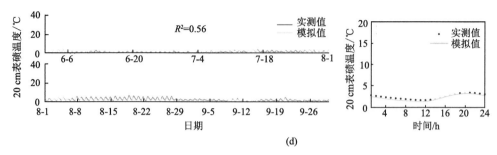

(d)

图 4-34　利用表碛覆盖消融模型模拟的小时尺度（左图）及日内尺度（右图）的冰川地表温度（a）、
5cm 表碛温度（b）、10cm 表碛温度（c）、20cm 表碛温度（d）的变化情况

3. 不同类型冰川的水热发育条件及冰川融水径流的差异

受季风及山体阻挡效应，不同区域的水热发育条件呈现明显的不同。水热条件的差异会导致冰川积累和消融幅度不同，从而影响冰川动力学和热力学变化，导致诸如冰川温度、冰川运动速度、表碛覆盖程度、冰川侵蚀及风化等物理化学性质存在差异，从而影响冰川融水径流及其对气候变化的响应幅度与机制。

通过非表碛覆盖型帕隆 4 号冰川和表碛覆盖型 24K 冰川表面水文气象观测对比研究，发现两条冰川在水热发育条件及径流过程方面存在着明显差异。两冰川区在气温、相对湿度和入射长波辐射等方面具有较好的一致性，反映出区域尺度的气候特征，而在降水量、风速、入射短波方面存在明显差异。其中，最显著的差异表现在降水量方面：帕隆 4 号冰川区 5～9 月降水量仅约 290.7mm，而同期 24K 冰川降水量高达 1989.0mm，是同期帕隆 4 号冰川区降水量的 7 倍左右。由于降水条件不同，整个云量和水汽条件也呈现明显差异，从而导致入射短波辐射在两个区域也呈现明显差异。整体而讲，帕隆 4 号冰川区处于相对冷干的气候条件，而 24K 冰川区发育于相对暖湿的气候组合之下。

在这种截然不同的水热发育及迥异冰川表面性质条件下，流域出口径流过程曲线也呈现明显的差异（图 4-35）。帕隆 4 号冰川径流体现为典型的融雪/冰过程，具有较大的日内变化幅度，且日均径流量与日均气温呈现显著的指数关系，径流日均值与日均气温之间存在着高度相关性，以帕隆 4 号冰川为代表的非表碛覆盖型冰川径流主要受到气温等热量因素的控制；表碛型 24K 冰川则表现为典型的融水-雨水混合补给型，径流量日内波动幅度不明显，日均径流量与气温无显著关系，而与降水量/入射长波辐射呈现显著的线性/指数相关性，特别是在 8 月，空气温度处于一个相对高温期间，但是由于该期降水量非常稀少，河道内的融水主要为冰川融水径流，径流量相对较小，而在 9 月上旬等其他降水较多的日期，径流曲线与降水量之间呈现明显的正相关。在以 24K 冰川为代表的表碛覆盖冰川区，季风降水对于冰川流域内的水文过程起着重要作用。因此，藏东南降水空间差异及冰川表面性质不同会极大地影响冰川区径流过程，并对径流模拟造成较大的不确定性。

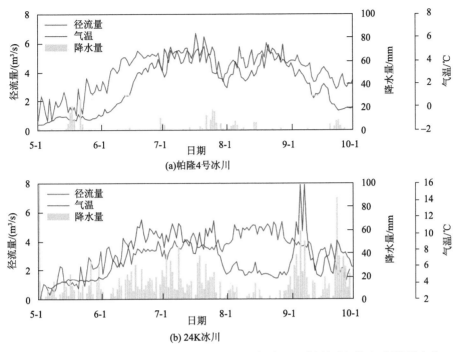

图 4-35　非表碛覆盖型帕隆 4 号冰川与表碛覆盖型 24K 冰川气温-降水-径流量变化

为了更加明确两种不同类型冰川融水径流水文过程的差异，选取了降水日和无降水日进行两类冰川径流过程与气温和降水关系的对比。图 4-36 显示帕隆 4 号冰川和 24K冰川各自 5d 降水日和无降水日的径流过程曲线及其与气温、降水关系的对比。从图 4-36中可以看出，对于非表碛覆盖的帕隆 4 号冰川而言，无论是降水日还是无降水日，冰川融水径流过程曲线均主要受到气温的控制，径流日内波动较大。而对于表碛覆盖的 24K冰川而言，由于其流域内降水量丰富，且受到表碛对于热量的再分配影响，径流曲线与气温之间的关系并不密切，同时冰川融水径流的日内变化幅度非常之小。

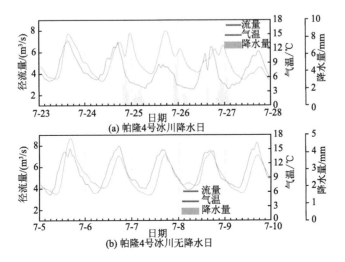

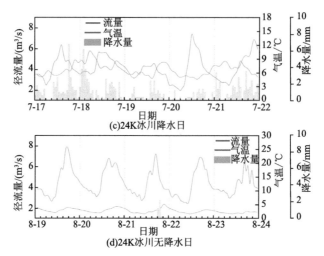

图 4-36　在降水日和无降水日进行两类冰川径流过程曲线及其与气温、降水关系的对比

图 4-37 显示了两种不同类型冰川在不同月份内的日均变化幅度。从图 4-37 可以看出，非表碛覆盖的帕隆 4 号冰川呈现出明显的日内变化特征，特别是在消融盛期的 7 月和 8 月。帕隆 4 号冰川 8 月的平均日内变化幅度达到 4.47 m³/s；消融初期和末期日内变化相对较小，但仍表现出明显的波动。相反，对于表碛覆盖的 24K 冰川而言，各月之间的日内变化幅度不大，最大变幅出现在 7 月，日内平均变化幅度仅为 0.36 m³/s。整体来看，日内径流峰区大致等于谷区，峰形低矮浑圆，谷底宽浅，峰谷对称。第一次青藏科考曾对珠西沟冰川进行了水文气象观测，也发现表碛覆盖的珠西沟冰川日内变化幅度非常小，与表碛覆盖的 24K 冰川相类似（李吉均等，1986）。

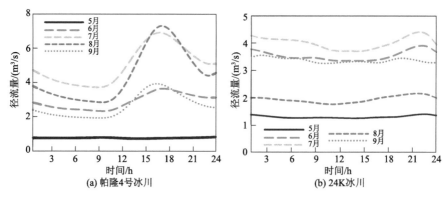

图 4-37　帕隆 4 号冰川和 24K 冰川不同月份内的径流日内变化幅度对比

4.2.3　积雪分布变化及其径流效应

北半球积雪在全球水文和地表能量平衡中发挥着重要作用（Gunnarsson et al.，2019），并调节着全球气候（Frei and Robinson，1999）。在水循环和平衡中，积雪冬季以冻结的状态

存储，春季则成为淡水补给的重要来源，影响着径流、土壤湿度和地下水储量（Barnett et al.，2005）。积雪对未来气候变化具有潜在的高度敏感性（Immerzeel et al.，2010；Barnett et al.，2005）。气候变暖阻止了积雪形成，加速了积雪融化，已经影响到青藏高原积雪的重新分布（Immerzeel et al.，2010），并将进一步加剧本地和周边地区的水资源短缺。

1. 积雪观测与反演

现代积雪是通过实地测量雪深、雪水当量来量化的。遥感积雪测量包括积雪面积（snow cover area，SCA）、积雪比例（snow cover fraction，SCF）和积雪持续时间（snow cover duration，SCD）等衍生量，雪线高度也是气候变化的敏感指标。

1）实地观测

观测的一般参数包括雪深和雪水当量（仅有部分站点进行观测）。雪深是指从雪面到地表的垂直深度。当观测场周围一半以上的区域被雪覆盖时，在上午 8 时用雪尺进行手工测量。记录值通常是观测场不同点上至少 3 个测量值的平均值。雪水当量是指积雪中所包含的水量，也就是积雪全部融化后会转化出的水量，是定量描述积雪水资源最基本、最直接但又最重要的参数（Marty and Blanchet，2012）。由于雪水当量的获取比积雪覆盖范围、积雪深度更具挑战性（Bormann et al.，2018），因此，国家基本气象站在青藏高原开展了近 60 年的积雪观测，共获得约 17 万个雪深观测值，但雪压（单位面积的积雪重量，可转换为雪水当量）观测值仅有约 9000 个，仅是雪深观测的 5%。

地面积雪观测精度较高，但青藏高原气象观测站在空间上的不连续性和分布的不均匀性，影响了台站积雪深度观测资料对青藏高原地区积雪的代表性（马丽娟和秦大河，2012），特别是在高差变化悬殊、地形复杂、地表特征各异的山地。同时在青藏高原进行积雪观测还会遇到一系列特殊的问题。首先，在多风的环境中很难测量固体降水，日尺度的人工测量使得测量不足，是其中一个严重的问题，而直接连续的自动雪水当量观测，如雪枕等自动观测仪器在该地区很少见（Hasson et al.，2014），也容易出错。其次，现有的大多数气象站位于 5000 m a.s.l.以下，因此不能代表积雪较多的高海拔区域的积雪状况（Immerzeel et al.，2015）。最后，可获得的地面观测数据通常是碎片化的，由区域国家的不同利益相关者持有，不容易获取（Dahri et al.，2016）。

2）遥感观测与数据反演

与常规的地面观测相比，卫星遥感技术的发展使得获取大范围、高精度以及连续性积雪信息成为可能，其适合对不同地理环境下的积雪时空变化进行长期而持续的监测（宾婵佳等，2013；Immerzeel et al.，2014）。自 20 世纪 60 年代中叶开始，从可见光、近红外、热红外到微波都被用于冰雪监测，并由此衍生出一系列冰雪产品，其中有一部分产品还可以通过网络实时获得（图 4-38）（Bitner，2002）。例如，美国国家海洋和大气管理局（National Oceanic and Atmospheric Administration，NOAA）国家环境卫星数据信息服务（NESDIS）发布的 1966 年以来的北半球周雪盖图。这种积雪数据是目前最长的积雪遥感数据，但其分辨率较低（整个北半球共 89×89 栅格）（Frei and Robinson，1999）。

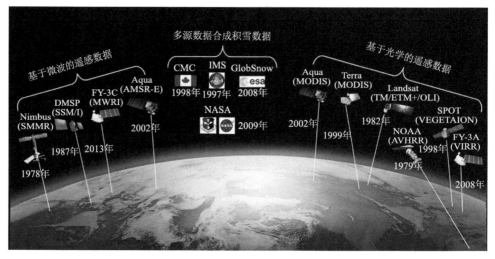

图 4-38　基于遥感的积雪监测（Li et al., 2019）

由于现存数据和产品都存在其固有的优缺点，许多科学家通过合并或混合不同的数据集或数据产品来获取各种积雪参数。由于 Terra MODIS 在上午观测，而 Aqua MODIS 在下午观测，但云的变化要比雪的变化快，因而 Terra MODIS 和 Aqua MODIS 积雪数据可以相互补充，两者的合并能够有效降低 10%~20%的云含量（Gao et al., 2010）。可见光 MODIS 与被动微波 AMSR-E 遥感数据的合并能够有效利用 MODIS 的高空间分辨率和 AMSR-E 的云穿透能力。多源积雪遥感数据相融合能够发挥各类数据的优势，具有更高的空间分辨率和精度，有助于对区域积雪分布和变化特征的认识，并能有效改善现有水文气候模型（Gao et al., 2010）。

从水资源的角度来看，由于雪水当量直接关系可用的融水和水量，雪水当量的分布式观测是最为重要的。目前应用广泛的雪水当量遥感数据包括以下几种：以最早的多通道微波扫描辐射计（scanning multi-channel microwave radiometer，SMMR）（1978~1987 年）、性能更好的特殊传感器微波/成像仪（special sensor microwave imager，SSM/I）（1978 年至今）和之后的特殊传感器微波/成像仪探测器（special sensor microwave imager and sounder，SMI/IS）（2003 年至今）微波亮温数据为基础，美国国家冰雪数据中心（National Snow and Ice Data Center，NSIDC）发展了全球逐月 0.5°或 25 km 的雪水当量数据（Chang et al.,1987；Pulliainen，2006）；欧洲航天局（ESA）发展了北半球逐日、逐周、逐月 25km 的雪水当量数据全球积雪 GlobSnow（Takala et al.，2011）。2002 年，AMSR-E 微波辐射计开始工作，到 2011 年停止运行，2012 年 AMSR-2 传感器开始替代工作，NSIDC 和 JAXA 分别利用这两个传感器的微波亮温数据发展了全球范围不同空间分辨率（10~25km）的逐日雪水当量数据（Kelly et al.，2009）。2011 年，我国的风云三号气象卫星数据也被用于发展逐日雪水当量（Jiang et al.，2014）。这些雪水当量数据都是在微波亮温反演的雪深数据基础上乘以积雪密度而生成的。例如，国际上应用最为广泛的 NSIDC 雪水当量数据是雪深乘以一个空间分布的静态积雪密度，GlobSnow

是雪深乘以全球平均积雪密度（0.24g/cm^3）（Takala et al.，2011）。

光学遥感技术在青藏高原主要用于测量积雪面积或积雪比例、积雪持续时间和反照率（Brun et al.，2015；Pu and Xu，2009）。主动微波传感器可以提供有关积雪特征的信息（Foster et al.，2011）、融雪开始和积雪积累（Tedesco and Miller，2007）。同时结合光学影像和数字高程模型对青藏高原地区雪线高度进行了监测（Spiess and Schneider，2016），但是雪线海拔在空间和时间上都有所变化，并且在对单个风暴事件的响应中容易出现快速波动。被动微波遥感尽管存在相当大的不确定性（Frei et al.，2012），但仍然是最具潜力的、最有用的雪水当量空间测量途径（Smith and Bookhagen，2016）。典型的SSMI 传感器空间分辨率大（8~60km），但已被用于进行帕米尔高原西部的融雪研究（Vuyovich and Jacobs，2011）。不幸的是，热带降水测量任务卫星（tropical rainfall measurement mission，TRMM）平台并没有很好地捕捉到降雪，仅能获得高海拔降雪率和累积雪水当量的有限信息（Anders et al.，2006）。

2. 青藏高原积雪的分布和变化

1）青藏高原积雪分布的区域差异

青藏高原积雪面积大、分布不均匀（王叶堂等，2007），受下垫面、纬度和海拔的影响，积雪多为不均匀的片状分布，既有大量冰川的永久积雪区，又有稳定积雪区和不稳定积雪区。青藏高原积雪稳定区（年积雪日数大于 60d 的区域）面积约占青藏高原的71.4%，常年积雪区（年积雪日数大于 350d 的区域）面积约占 13.3%（孙燕华等，2014）。积雪主要分布在帕米尔高原、兴都库什山脉、天山、喜马拉雅山、念青唐古拉山、昆仑山以及祁连山脉等海拔较高的地区（图 4-39）（韦志刚和吕世华，1995）。青藏高原南部从喀喇昆仑到喜马拉雅山一带是积雪分布的高值区（白淑英等，2014），喜马拉雅山南坡雪盖范围大、时间长，而北坡由于喜马拉雅山对暖湿气流的阻挡，积雪量明显较少（Pu et al.，2007），高原东南部以及雅江河谷区积雪相对较少（除多等，2018）。

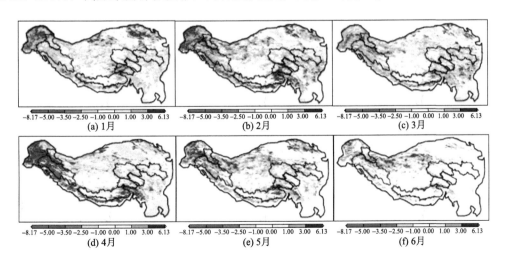

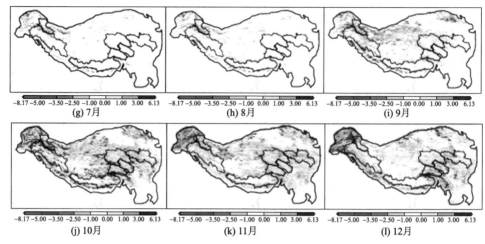

图 4-39 青藏高原 2000～2014 年月平均积雪覆盖率的变化（Li et al., 2017）

青藏高原积雪分布在空间和时间上都有很大不同，但没有研究对整个地区的积雪指标（SCA、SCF、SCD）进行系统评估。青藏高原积雪变化季节性明显，大部分地区积雪日数均出现在 10 月至次年 4 月，一年中冬春两季（尤其 11 月至次年 3 月）积雪面积最大（21%左右），其次是秋季（18%左右），夏季（尤其是 8 月）最小（5%左右）（Gurung et al.，2011；Immerzeel et al.，2014）。冬天青藏高原大约 59%的区域被积雪覆盖，其中东南部的积雪最深，持续时间最久（Li et al.，2009；Qin et al.，2006）。受西风影响的地区，如喀喇昆仑山和帕米尔高原有广泛的冬季积雪（Tahir et al.，2016），而季风主导地区的积雪受到海拔的限制（Singh et al.，2014）。印度河上游流域的积雪面积变化在 4%～57%，春季积雪面积最大，流域内受西风影响的集水区年平均积雪面积为 51%，高于季风主导的集水区的 20%。上印度河流域通常比青藏高原覆盖更多的积雪，年平均积雪面积值为 34%（夏季 12%，春季 57%）。

2）青藏高原积雪的变化

在青藏高原，积雪变化的研究主要集中在积雪覆盖、平均积雪深度、积雪覆盖天数和季节性雪水当量的变化上。近年来，青藏高原的年平均、冬季积雪覆盖率及积雪深度均有所下降（图 4-39）（Li et al.，2017）。由于青藏高原积雪普遍较薄且呈斑块状（Qin et al.，2006），因此青藏高原对气候变化高度敏感（Pu et al.，2007）。基于台站数据的较长降雪记录表明，20 世纪 50～90 年代后期积雪增加，80 年代中期以来年际变率增加（Qin et al.，2006），推测这可能与大气水汽含量的变化有关，虽然升温，但伴随着降水增加，积雪覆盖率或积雪深度呈上升趋势（马丽娟和秦大河，2012）。青藏高原积雪覆盖率、日均积雪深度和积雪覆盖天数整体呈微弱的减少趋势，但其间又呈现出先增加后减少两种不同的趋势（图 4-40）（Xu et al.，2017）。这些变化与降雪的记录一致，但与变暖趋势并不一致（Xu et al.，2017）。

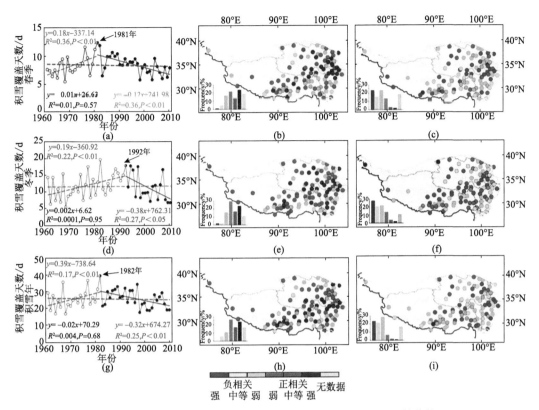

图 4-40　1961～2010 年积雪日数年际变率、转折点之前的趋势和转折点之后的趋势（Xu et al., 2017）

同时，不同传感器的卫星遥感数据表明积雪呈减少趋势（邱玉宝等，2016；李小兰等，2012）。1951～2004 年的台站数据分析表明，青藏高原边缘地区的积雪对气候变化的敏感性高于高原内部（Ma et al., 2010）。1972～2006 年，青藏高原西部的积雪覆盖持续时间呈显著下降趋势（Zhang et al., 2018）。1987～2009 年，SSMI 反演积雪雪水当量数据表明，高亚洲地区（主要集中在高原西部）积雪雪水量整体呈下降趋势（Taylor and Bookhagen，2018）。2000～2014 年，青藏高原的积雪覆盖面积、积雪覆盖持续时间呈下降趋势，这与降雪量减少、降雨量增加和温度上升有关（Huang et al., 2017；孙艳华等，2014）。而积雪范围在 2000～2006 年、2011～2013 年和 2017～2019 年有增加趋势；在 2007～2010 年和 2014～2016 年有减少趋势，总的来看，在近 20 年总体呈增加趋势，增加率平均为 3200 km²/a（叶红等，2020）。

青藏高原积雪变化同样存在较大的季节性和空间差异（伯玥等，2014；柯长青和李培基，1998）。2000～2014 年，秋季积雪范围略显上升趋势，其他三个季节略有减少趋势，在夏季减少趋势最明显（杨志刚等，2017）。冬春积雪日数在 20 世纪 80 年代增加，在 90 年代减少，冬春积雪日数变化与冬春气温变化呈负相关，与冬春降水量呈正相关（唐小萍等，2012）。20 世纪末，青藏高原春季积雪由于温度升高而减少（胡豪然等，2014）。在空间上，基于改进 MODIS 数据的研究指出，2000 年以来气温和降水的增加导致青藏高原东部地区积雪响应的海拔依赖性，低海拔地区积雪持续时间减少，高海拔地区积雪持续时间增加（Gao et al.，2012）。粗分辨率 SSM-I 产品显示了 1966~2001 年青藏高原所有海拔的积雪持续时间减少。大多数研究发现，自 2000 年以来，在西风控制的流域中冬季积雪覆盖率增加，而其他地区保持稳定或减少（Wang et al.，2015；Tahir et al.，2016）。然而，最近的一项研究发现，基于类似的数据（2000~2014 年），西部的冬季积雪有略微减少的趋势（Li et al.，2017）。这表明仍然需要进一步调查以解决差异。

3. 青藏高原东部江河源区积雪分布及变化

青藏高原东部年降雪量在 1.3~152.5 mm 内。与整个青藏高原积雪特征一致，高原东部江河源区积雪的分布仍然具有明显的季节性和区域性差异。从季节来看，高原东部地区冬季积雪最多，春季次之，秋季再次，夏季几乎没有积雪。春季降雪量最多，冬季次之，秋季再次，夏季几乎没有降雪（胡豪然和伍清，2016）。从区域来看，秋季降雪表现出中间多、周边少的特征，冬季降雪表现出由东南向西北递减的特征，春季降雪最多且空间分布与年降雪基本一致。年降雪多雪区集中在唐古拉山东段、巴颜喀拉山、喜马拉雅山南部、川西高原西北部及青藏高原东南缘，极大值出现在唐古拉山与念青唐古拉山之间的嘉黎（152.5mm）及巴颜喀拉山南麓的清水河（124.9mm）；少雪区集中在柴达木盆地、藏南谷地及川西高原东部，极小值出现在柴达木盆地的冷湖（1.3mm）及藏南谷地的日喀则（2.7mm）（胡豪然等，2014）。从积雪面积来看，高原东部念青唐古拉山和周边高山积雪丰富，覆盖率高，而南部河谷和羌塘高原中西部积雪少，海拔越高积雪覆盖率越高，海拔 2000 m 以下积雪覆盖率不足 4%（除多等，2017）。

从积雪变化来看，1967~2010 年高原东部积雪表现出"少雪—多雪—少雪"的显著年代际变化特征（图 4-41）。20 世纪 80 年代中期之前和 20 世纪末以来，高原东部处于积雪偏少时期，80 年代中后期到 90 年代中后期高原东部处于积雪偏多时期（胡豪然和伍清，2016）。也就是说，1967~2000 年高原东部积雪表现为增加的趋势，2000~2010 年积雪表现为减少的趋势。从季节来看，秋季积雪变化特征并不明显，冬春两个季节的积雪变化特征与全年变化特征一致。并且冬季积雪在 20 世纪 80 年代末（1987 年附近）发生由少到多突变，冬春两季在 20 世纪末（1997 年附近）发生由多到少突变。降雪和气温的变化是影响高原东部积雪的重要因素，降雪变化的影响更加显著，秋季降雪的变化较小，因而积雪也基本保持不变。而冬春季节积雪变化的同时受到降雪和温度的控制，当冬春季降雪偏多时，降雪的变化主导着积雪的变化；当冬春季降雪偏少时，气温变化则会主导积雪变化（胡豪然和伍清，2016）。

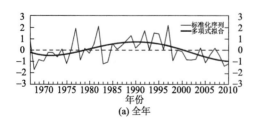

(a) 全年

(b) 全年 t 检验结果

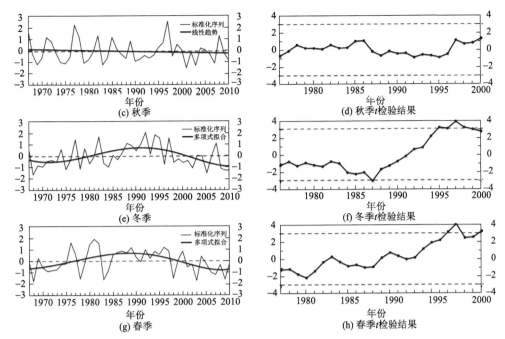

图 4-41　青藏高原东部年积雪日数及秋季、冬季和春季积雪日数的标准化时间序列

左侧，细实线表示时间演变曲线，粗实线表示多项式拟合；右侧，为滑动 t 检验结果，虚线表示 99%的信度检验水平（胡豪然和伍清，2016）

　　长江源区积雪主要分布在河谷两侧的山坡、山顶、冰川前沿和冰川上，宽广平坦的河谷积雪很少。其中，唐古拉地区地表积雪深度具有在夜间相对稳定、在日间迅速降低的特点。唐古拉地区平均年积雪日数为 82d，各月均有地表积雪出现，但夏季的地表积雪较少且持续时间很短。该地区一年瞬时最大积雪深度为 22cm，日平均积雪深度小于 5cm 的积雪日数占总积雪日数的 72%（肖瑶等，2013）。黄河源区年均雪深在 2.1～4.5cm，多年平均积雪深度为 2.7cm。1978～2016 年，黄河源区年积雪初日平均推迟 14.1d，积雪终日平均提前 14.4d，积雪期平均缩短 28.5d，积雪日数平均减少 7.6d（图 4-42）。1978～2016 年，年均雪深和积雪天数都呈现较弱的下降趋势。高山寒冷的黄河源区上游的年均积雪对降水、气温变化更为敏感。降水减少是黄河源区积雪天数下降的主要影响因素，贡献率约为 77%。积雪期降水和气温对年均雪深变化的贡献率分别为 44%和 56%。降水对黄河源区西部和北部年均雪深变化的贡献率较高，在南部和东部气温是影响年均雪深的优势因素（管晓祥等，2021）。黄河源区积雪日数对春季径流的影响较积雪深度显著。积雪日数和积雪深度平均变化 1%，将分别引起春季径流变化 0.60%和 0.25%。4 月和 5 月平均气温升高使得积雪大量融化，因此，4 月和 5 月径流对积雪变化敏感性较 3 月径流大。气候变暖背景下，黄河源区融雪径流提前，表现为 3 月径流呈上升趋势，4 月和 5 月径流呈下降趋势（刘晓娇等，2020）。

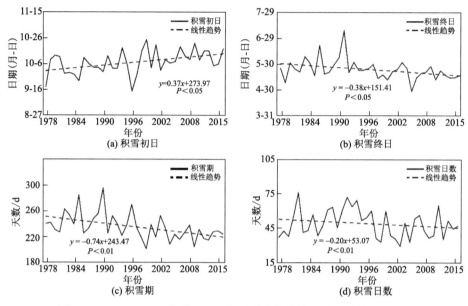

图 4-42　1978～2016 年黄河源区积雪的变化趋势（刘晓娇等，2020）

雅江流域积雪平均面积（$3.56×10^4 km^2$）约占流域面积的 15%，流域每年 10 月开始有积雪覆盖，到第二年的 2 月或者 3 月积雪覆盖率达到最大值。雅江整个流域积雪较少，特别是流域中游的农区及河谷盆地基本无雪，流域上游喜马拉雅山脉和中东部念青唐古拉山脉冰川区及高海拔区域积雪覆盖率较大，流域下游海拔较高的区域为常年积雪覆盖率较大的区域（图 4-43）（拉巴卓玛等，2018）。海拔 4000 m 以上为稳定

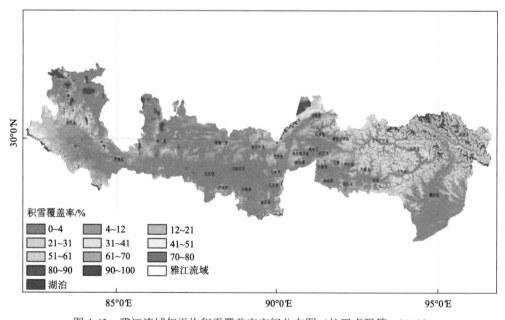

图 4-43　雅江流域年平均积雪覆盖率空间分布图（拉巴卓玛等，2018）

积雪和常年积雪分布区，积雪持续天数在 180 d 以上，海拔 4000m 以下以季节性积雪为主。需要特别指出的是，虽然雅江中游沿江河谷地带是低积雪覆盖区，但这一区域是重要的粮仓基地，积雪的变化尤为值得关注。2000 年以后，雅江流域积雪总体呈减少趋势，这主要是区域升温的结果（拉巴卓玛等，2018；Singh et al., 2014）。

4.3　植被变化及其径流效应

4.3.1　植被变化特征及其驱动因素

1. 三江源区植被覆盖变化特征

这里首先给出青藏高原整体的植被 NDVI 变化趋势，如图 4-44 所示。受到青藏高原水热条件的限制，青藏高原 NDVI 呈现从西北向东南递增的态势[图 4-44（a）]。高原东南部主要是森林植被生态系统，加之良好的水热条件，使得该地区的 NDVI 显著高于高原其他地区。相比之下，高原西北部多为降水较为稀少的荒漠区域，因此该区域的 NDVI 是青藏高原 NDVI 的最小值区。1982～2014 年，青藏高原约 80%区域的 NDVI 呈增加趋势，而 NDVI 呈下降趋势的区域仅占 20%。进一步统计显示，青藏高原 NDVI 呈显著增加趋势的区域占高原总面积的 48%，其中增加趋势最显著的区域集中在高原东南部一带的森林植被带，而 NDVI 显著减少的区域仅占青藏高原总面积的 4%，主要集中在高原的中部以及西部一些地区[图 4-44（b）]。

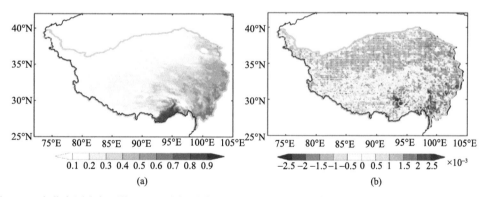

图 4-44　青藏高原多年平均 NDVI 空间分布（a）和 1982～2014 年 NDVI 变化趋势的空间分布（b）

1982～2014 年，青藏高原区域的平均 NDVI 呈现显著的增长趋势，其增长速率为 2.7×10^{-4}/a[图 4-45（a）]。在研究时段内，青藏高原 NDVI 由 20 世纪 80 年代（取 1982～1989 年的平均值）的 0.197 增加到 21 世纪第二个 10 年（取 2010～2014 年的平均值）的 0.206，其值增长了约 4.6%。通过计算不同植被类型的 NDVI，可以发现，森林、灌丛、草甸、草原地区的 NDVI 变化范围分别为 0.559～0.612、0.365～0.403、0.247～

0.271、0.106～0.120[图 4-45（a）]。在研究期内，森林、灌丛以及高寒草地植被的 NDVI 都呈显著的增加趋势，其中 NDVI 增速最大的是森林植被（6.1×10^{-4}/a），其次是灌丛植被（5.7×10^{-4}/a）和高寒草甸植被（2.8×10^{-4}/a），NDVI 增速最小的则是高寒草原植被（1.9×10^{-4}/a）。1982～2014 年，黄河源区和长江源区的 NDVI 分别以 4.9×10^{-4}/a 和 2.4×10^{-4}/a 的速率显著增加，而澜沧江源区的 NDVI 在研究期内呈现微弱的上升趋势。

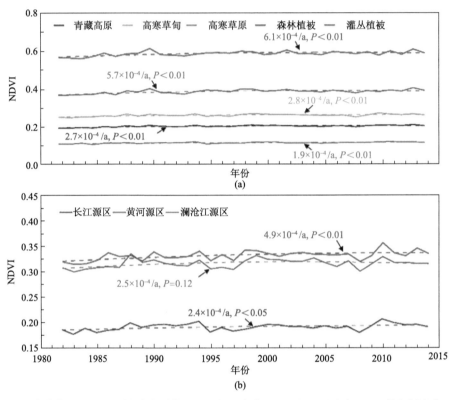

图 4-45　青藏高原以及不同植被类型的 NDVI 年际变化（a）及三江源区 NDVI 的年际变化（b）

2. 雅江流域植被覆盖变化

本节选取的 NDVI 数据是所属 NASA 的地球观测系统（EOS）的 MODIS NDVI 产品（MOD13A3），空间分辨率为 1km×1km，时间分辨率为月，数据选取的时间范围为 2001 年 1 月至 2018 年 12 月。同时，采用 NASA 的 SRTM3 DEM 数据，数据分辨率为 90m，为了与 MODIS NDVI 数据的空间分辨率一致进而做相关性分析，将 DEM 数据进行重采样，转换为 1km×1km 的空间分辨率。将流域 DEM 数据以海拔 500m 为区间间隔裁剪为多个海拔梯度的掩膜，其中 4500～5000m 和 5000～5500m 的区域占流域总面积的比例最高，分别为 31.1%和 30.3%，而<1500m、1500～2000m、2000～2500m、2500～3000m 及 3000～3500m 的比例均不到 3%，因此，将 5 个区域统一整合为<3500m，约占

流域总面积的 9.0%。

植被类型数据来源于国家地球系统科学数据中心的 1∶100 万中国植被类型图（http://www.geodata.cn）。根据青藏高原南峰地区的植被垂直带谱信息，将流域内的植被类型划分为 9 种，分别为针叶林、阔叶林、灌丛、草原（包含草丛、温带禾草和灌木荒漠）、草甸、高山植被和其他植被类型（包括农作物及经济作物等），占流域面积比例分别为 6.94%、4.5%、15.75%、14.22%、33.91%、19.07%和 5.61%。其中，由于草丛、温带禾草和灌木荒漠草原的面积之和不到流域总面积的 6%，为了体现直观性将其统一划为草原。雅江流域植被类型图如图 4-46 所示。

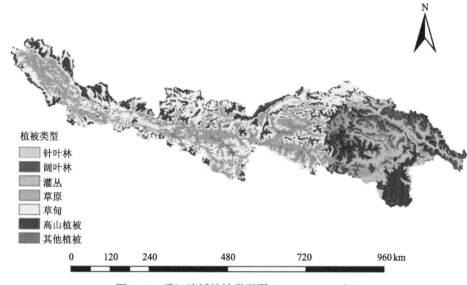

图 4-46　雅江流域植被类型图（2001～2018 年）

本节使用的气温、降水数据为我国陆地气象台站的观测数据，均来自国家气象科学数据中心（http://data.cma.cn/），包括 2006～2018 年雅江流域内 10 个气象站点逐月的月平均气温和月降水数据，对气象数据进行空间插值，得到与 NDVI 相同空间分辨率的逐月的月平均气温和月降水空间分布数据。

利用 Mann-Kendall 趋势检验法和突变点检验法对流域 18 年来植被 NDVI 的时间变化特征进行分析，通过对 2001～2018 年雅江流域每个像元 MODIS NDVI 栅格的斜率值进行计算，进而分析 18 年间雅江流域的植被 NDVI 空间变化特征，并利用滞后相关系数分析 NDVI 对降水、气温两种气候因子响应的时间滞后效应。

1）植被 NDVI 年际变化特征

（1）流域尺度：以年为时间尺度，计算 2001～2018 年的流域平均 NDVI 值，并利用 Mann-Kendall 趋势检验法和突变点检验法对流域尺度下植被 NDVI 的时间变化特征进行定量分析。结果显示（图 4-47），2001～2018 年雅江流域平均植被 NDVI 呈增加趋势，平均增长速率为 0.01%/10a，在 2006 年和 2016 年出现较大的波动增大，在 2018 年出现较大的波动减小，且在 2017 年 NDVI 达到了 0.276，是近 18 年来的最高值；在 Mann-Kendall 趋势检验中，多年（2001～2018 年）的流域平均 NDVI 在显著性水平为 0.05 时，统计量 Z 值 ZMK=3.03>1.96>0，说明 2001～2018 年雅江流域的植被 NDVI 呈显著增长趋势。在显著性水平为 0.05 的 Mann-Kendall 突变点检验中，2001～2016 年流域植被 NDVI 在未超过显著性水平的情况下呈现增长趋势，在 2015 年之后这种增长的趋势超过了显著性水平，呈显著性增长趋势，而 UF 曲线和 UB 曲线的交点在两条显著性水平线之间，可以确定突变点为 2013 年，从 2013 年之后的增长趋势是一个突变现象。

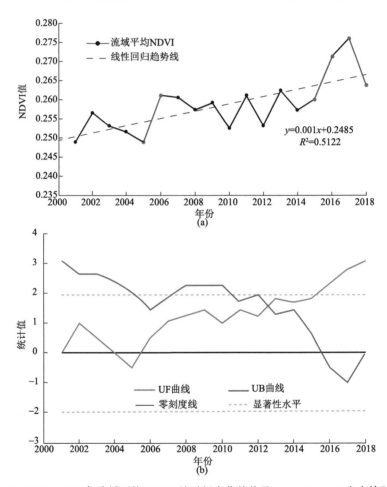

图 4-47 2001～2018 年流域平均 NDVI 随时间变化趋势及 Mann-Kendall 突变检验结果

（2）不同海拔梯度：基于裁剪得到的多个海拔梯度的 DEM 掩膜，提取 2001～2018 年共 6 种海拔梯度（<3500m、3500～4000m、4000～4500m、4500～5000m、5000～5500m、>5500m）的植被 NDVI 年值数据，以年为时间尺度，计算 2001～2018 年 6 种海拔梯度的平均 NDVI 值，共 108 个数据，并结合线性回归法及 Mann-Kendall 趋势检验法对不同海拔梯度下植被 NDVI 的时间变化特征进行定量分析。结果表明（图 4-48），6

种海拔梯度植被的 NDVI 趋势线斜率及 Mann-Kendall 统计检验值均大于 0，说明在时间尺度上均呈逐渐增大的趋势，且海拔大于 4500m 地区的植被平均 NDVI 均通过了置信度为 0.05 的显著性检验，表明海拔大于 4500m 地区的植被 NDVI 增长趋势显著。

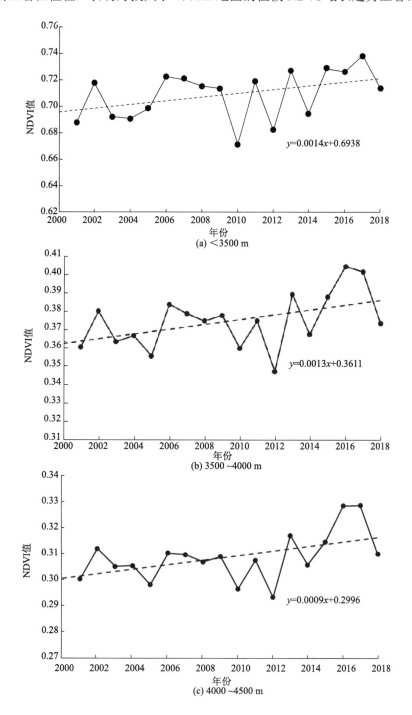

(a) ＜3500 m

(b) 3500 ～4000 m

(c) 4000 ～4500 m

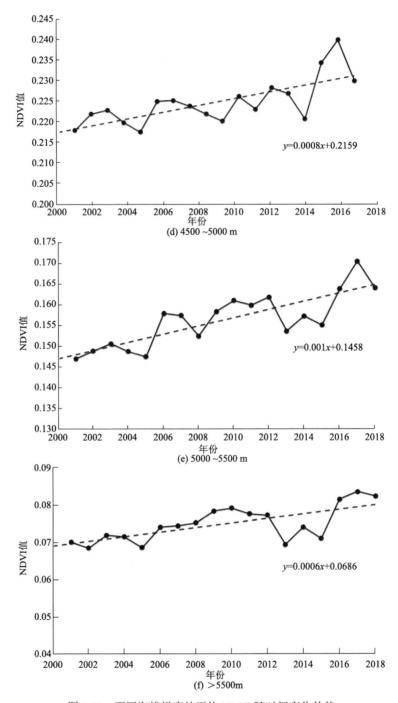

图 4-48　不同海拔梯度的平均 NDVI 随时间变化趋势

（3）不同植被类型：利用裁剪得到的多种植被类型数据的掩膜，对 2001～2018 年共 7 种植被类型（针叶林、阔叶林、灌丛、草原、草甸、高山植被、其他植被）的 NDVI 年值数据进行提取，并计算 2001～2018 年 7 种植被类型的平均 NDVI，共 126 个数据。

利用线性回归法及 Mann-Kendall 趋势检验法定量分析不同植被类型 NDVI 的时间变化特征。结果显示，7 种植被类型的植被 NDVI 趋势线斜率均大于 0，且 Mann-Kendall 统计检验值大多通过了置信度为 0.05 的显著性检验，说明在时间尺度上植被覆盖度呈现逐渐增长的趋势，且增长趋势显著。

2）植被的 NDVI 变化与气候因子的相关性

基于雅江流域 2006～2018 年的逐月植被 NDVI 数据，分别分析其与当前月、前一个月、前两个月及前三个月逐月的月降水和月平均气温的相关系数的空间分布特征，并分析雅江流域植被 NDVI 与气温和降水因子的滞后相关系数 rT，结果见图 4-49。

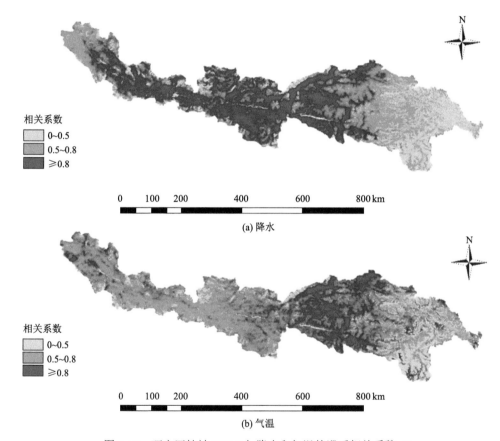

图 4-49　研究区植被 NDVI 与降水和气温的滞后相关系数 rT

由图 4-49 可知，雅江流域的降水和气温对植被 NDVI 的影响较为显著，且具有明显的空间各异性。从降水角度来看，流域 33.69%地区的植被 NDVI 与降水高度相关（相关系数 rT≥0.8），47.48%地区的植被 NDVI 与降水中度相关（0.5≤rT<0.8），流域内植被 NDVI 与降水高度相关的地区主要分布在上游及中游地区，呈低相关关系的地区主要分布在低海拔地区的下游。从气温角度来看，流域植被 NDVI 与气温高度相关的地区占流域面积的 20.34%，主要分布在中、下游地区；而与气温中度相关的地区占流域面积的

65.85%，表明在流域植被 NDVI 与气温的相关性上，中度相关占主导地位。综上所述，雅江流域的植被 NDVI 与气温的相关性略高于其与降水的相关性。

从雅江流域不同植被类型的角度来看（图 4-50），植被 NDVI 与降水、气温的相关系数均表现为草原>草甸>灌丛>高山植被>针叶林>其他植被>阔叶林，植被 NDVI 对降水、气温变化的响应时间均表现为阔叶林>针叶林>灌丛>其他植被>草原>高山植被>草甸。从雅江同一种植被类型来看，除了草原和草甸，植被 NDVI 与气温的相关系数均大于其与降水的相关性，而草原、草甸和高山植被的 NDVI 对降水变化的响应时间小于其对气温变化的响应时间，其余植被的 NDVI 对两种气候因子变化的响应时间均表现为降水大于气温。

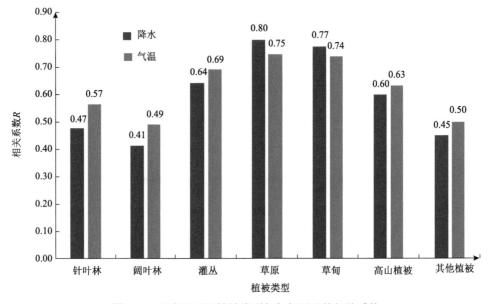

图 4-50 研究区不同植被类型与气候因子的相关系数

4.3.2 高寒植被覆盖变化的水循环影响

1. 区域气候模拟及植被变化的影响分析

为了反映近年来植被变化对气候的反馈效应，进行了植被动态变化和固定下垫面植被分布的对比试验。图 4-51 是高原地区植被叶面积指数（LAI）、气温（T2m）、降水（PR）、蒸发（ET）、径流（RNOF）和显热通量（SH）的变化趋势。叶面积指数的变化表明，高原东北部植被呈现增长趋势，南部呈现下降趋势。考虑植被动态变化后，陆气耦合模拟的高原温度增加，降水基本呈现减小趋势，三江源下游和其东部蒸发增加，高原中部蒸发减小，径流与降水变化基本一致，显热通量与蒸发趋势相反。植被对各变量多年平均值的影响在局部地区可达到10%，径流对植被变化的响应强于降水对植被的响应。

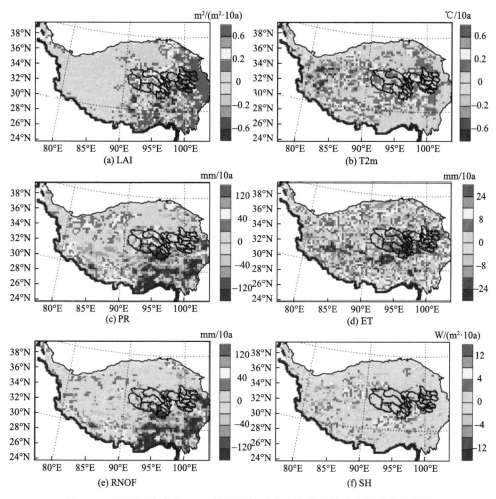

图 4-51　区域气候模式 WRF 模拟植被动态变化导致的水文要素趋势变化

2. 基于动态植被模型 LPJ 的植被变化影响分析

本节所用的隆德-波茨坦-耶拿（Lund-Potsdam-Jena，LPJ）模型基于 0.25°空间分辨率，驱动数据为逐月平均气温、降水、云覆盖率和逐年的 CO_2。其中，逐月平均气温和降水由中国气象局观测站点插值产生，云覆盖率源自 Harris 等（2014），CO_2 来自美国 NOAA 观测记录。LPJ 模型运行时间为 1957～2019 年。其中，1957～1986 年模型循环运行 1000 年，以使植被动态发展达到平衡状态。以此平衡状态为初始条件，重新在 1957～2019 年运行 LPJ，并以此模拟结果为基础开展后续的分析研究。基于青藏高原的特殊地理环境，修改了 LPJ 模型以体现高原特殊的浅层（0～1m）土壤水热特征，前期对 LPJ 模型已做率定和验证工作，并利用 LPJ 模型研究了高原东北部植被功能类型对气候变化的响应（Cuo et al.，2016）、青藏高原沙漠化发展趋势（Cuo et al.，2020）、青藏高原植被净初级生产力对年代际和年际气候变化的响应（Cuo et al.，2021）等。

基于模型的气象驱动数据，将气温、降水、云覆盖率和 CO_2 去趋势，使它们保持在研究初期（即 1957 年）的状态，此为情景 S1，即基准情景。其次，利用 CO_2 逐年观测的历史变化结合去趋势的气温、降水和云覆盖率，形成情景 S2。通过比较 S1 和 S2，即可得知仅由植被变化导致的水循环变化，从而剔除气温、降水和辐射带来的不仅对植被的直接影响，同时还对水循环过程本身的直接影响，继而可隔离出植被本身变化对水循环过程的影响。仅改变 CO_2 以反映植被变化的依据是，CO_2 仅对植被生长产生作用，而对其他水循环过程没有任何影响。在此水循环过程主要考虑植被蒸腾、冠层截流蒸发、浅层土壤（0～40cm）蒸发，以及地表径流四个分量的变化。

在过去 63 年中，CO_2 增加导致植被净初级生产力（net primary production，NPP）增加（图 4-52）。随着时间发展，驱动数据后期与前期的差距逐渐增大，使得 NPP 逐渐增加。随着植被增加，植物蒸腾释放出的水分以及叶面截流蒸发也呈增加趋势。与此相反，土壤蒸发量以及地表径流却呈下降趋势，表明随着植被长势良好的趋势，可利用水资源量减少。

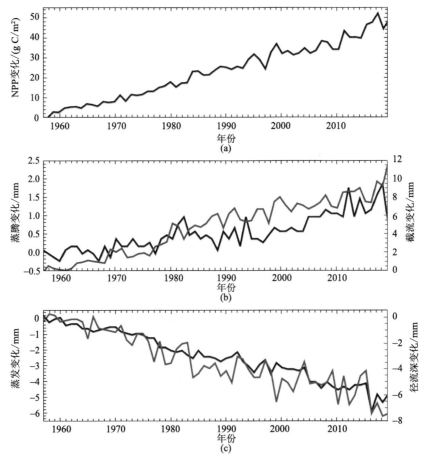

图 4-52　CO_2 逐年增加后雅江流域平均植被蒸腾、冠层截流蒸发、浅层土壤蒸发以及地表径流的变化
图(b)中黑色和蓝色线代表蒸腾变化和截流变化；图(c)中黑色和蓝色线代表蒸发变化和径流深变化

　　图 4-53 展示了植被蒸腾、冠层截流蒸发、浅层土壤蒸发以及地表径流多年平均的空间变化特征。可以看出，浅层土壤蒸发量在整个流域几乎都是减少，植物蒸腾量的空间变化具有异质性，大部分地方为增加，而少部分为减少，地表径流在大部分地方减少，有些网格的下降值达到 40mm。本节分析结果表明，在过去 63 年里，单纯的植被增加，使得雅江流域的可利用水资源量由于植被蒸散发的增加而减少。

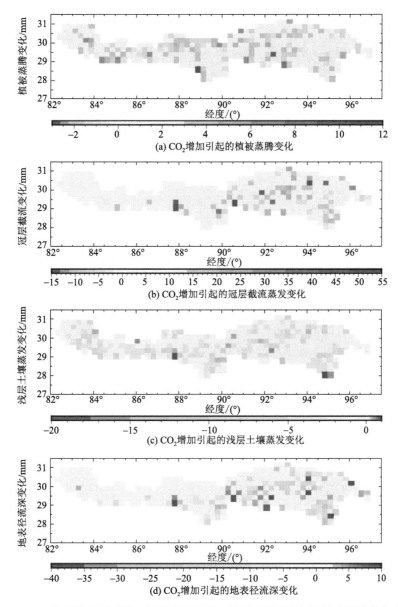

(a) CO_2 增加引起的植被蒸腾变化

(b) CO_2 增加引起的冠层截流蒸发变化

(c) CO_2 增加引起的浅层土壤蒸发变化

(d) CO_2 增加引起的地表径流深变化

图 4-53　1957～2019 年平均植被蒸腾、冠层截流蒸发、浅层土壤蒸发以及地表径流变化多年平均的空间分布特征

4.3.3　植被变化的径流效应

本书以雅江主要支流之一的尼洋河为对象，根据研究流域内的水文测站分布及资料积累情况，按照空间代表性较好和资料系列较长的原则，以尼洋河工布江达站以上流域为研究区。收集到研究区内现有径流系列为 19780529～20101231，应用模糊数学方法中的可变模糊集理论，以 1979～2010 年共 32 年为研究时期，将前 29 年作为模型率定期，后 3 年作为模型验证期。

尼洋河流域的季节变化明显，每年的 5～10 月为雨季。而从工布江达流域的径流年内分类来看，6～9 月的径流量占年径流的 78.16%，为了分析前一年雨季径流等预报因子对年径流的影响，研究中将前一年 6～9 月的预报因子统计值（时段均值或总量）作为该因子的特征值。另外，尼洋河流域的融雪径流占比大，有研究表明尼洋河流域的冰雪径流占比约为 47%，因此研究中涉及的冰雪径流量按年径流的 47%进行估算。

1. 月径流

基于反向传播（back propagation，BP）神经网络模型分别在两种数据输入的情况下，对尼洋河流域的月径流进行模拟，模型输入数据分别为：①情况一，融合降水月值数据、月平均气温和 NDVI 月值数据；②情况二，融合降水月值数据和月平均气温。通过对比两种数据输入情况下得到的月径流模拟结果，进而分析尼洋河流域植被变量对径流的影响情况，选取典型年的月径流过程分析植被因素对该年径流产生的具体影响，最后对不同植被覆盖度情景的模拟径流过程及其对植被变化的径流响应关系进行归因。

利用尼洋河流域 2001～2005 年的融合降水、径流和 NDVI 等数据构建 BP 神经网络模型，并对其进行训练，将 2006～2010 年的融合降水、气温和 NDVI 数据输入已建立好的 BP 神经网络模型中进行预测，在两种模型输入情况下的预测结果与实测结果的对比如图 4-54 所示。

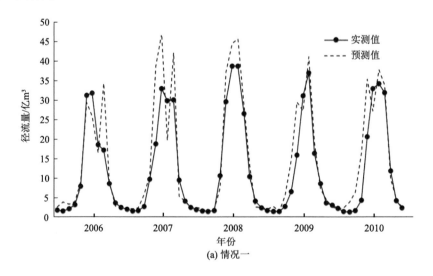

(a) 情况一

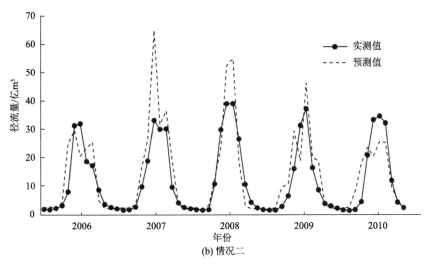

(b) 情况二

图 4-54　BP 模型对流域径流预测结果对比

由图 4-54 可以看出，两种模型输入情况下的预测结果整体上表现较好，但是相对于训练结果表现较差，主要在各年的径流量峰值预测上表现出高估及多峰现象。其中，在 BP 神经网络模型的输入中加入 NDVI 数据后，径流的预测结果相对于不加入 NDVI 数据的预测结果较好，在径流量峰值的预测上与实测数据更加吻合，说明 NDVI 数据在径流量峰值的预测上能够起到积极作用；对于 BP 神经网络模型在各年径流的预测上，模型输入加入 NDVI 变量与不加入 NDVI 变量两种情况下的相关系数均大于 0.8（表 4-5），均与实测值具有较好的一致性，且前者普遍大于后者，均在 2008 年表现最好，在 2007 年表现最差。对于相对误差（BIAS），当模型输入中加入 NDVI 变量时，各年径流量预测值的相对误差大致在 25% 以下且各年相差不大，但在模型输入中没有加入 NDVI 变量的情况下，其径流预测值的相对误差在某些年份竟然达到了近 40%，且各个年份之间径流预测值的相对误差指标相差较大，说明 NDVI 数据在年与年之间径流量预测的稳定性上起到积极作用。

表 4-5　BP 模型对典型年峰值径流量的模拟结果

年份	情况一：加入 NDVI		情况二：不加 NDVI	
	BIAS/%	RMSE/亿 m³	BIAS/%	RMSE/亿 m³
2008	16.626	6.489	37.525	14.637
2010	−0.310	4.060	−28.481	9.768

BP 神经网络模型在尼洋河流域对径流量的预测结果中表现较好，相关系数均在 0.88 以上，相对误差普遍小于 25%，因此 BP 神经网络模型在尼洋河流域适用，并能通过降水、气温和 NDVI 数据对尼洋河流域的径流量进行预测。同时，通过对两种模型输入情况下的径流量预测结果进行对比分析，发现在 BP 模型中加入 NDVI 变量时的径流量预测结果明显优于不加入 NDVI 变量时的径流量预测结果，说明 NDVI 数据对于 BP 神经

网络模型能够起到优化作用,表明尼洋河流域的植被确实能够对流域的径流产生一定影响。基于上述 BP 神经网络模型对两种模型输入情况下的径流量预测结果,在加入 NDVI 变量与不加 NDVI 变量两种情况下对比分析 BP 神经网络模型对两个典型年峰值径流量的预测结果,2008 年的径流量峰值主要集中在 7 月、8 月,而 2010 年的径流量峰值主要集中在 7~9 月。

由表 4-5 可以看出,当 BP 神经网络模型中不加入 NDVI 变量时,两个典型年峰值径流量的预测结果均明显优于不加 NDVI 变量时的预测结果,BIAS 及均方根误差(RMSE)两个评价指标明显小于不加 NDVI 的情况,说明加入 NDVI 变量的 BP 神经网络模型对径流的预测相对于不加 NDVI 变量的预测结果较为精准,预测值与实测值更为吻合,表明在 BP 神经网络模型中,NDVI 对年内峰值径流量的预测有较为显著的影响,植被因素在决定流域峰值径流量的大小上能够起到重要作用。

2. 植被对径流的驱动效应分析

基于前面已构建好的 BP 神经网络模型,在控制降水和气温输入不变的条件下,通过改变 NDVI 的输入对不同植被覆盖度情景的径流模拟结果进行分析。选取两种植被覆盖状况的情景,第一种是植被覆盖度较高时的情景;第二种是植被覆盖度较低时的情景。

基于对更张水文站 2001~2010 年径流数据的分析,2006 年为典型的枯水期,而通过数据的对比发现,2008 年和 2009 年的年径流量明显多于 2006 年的年径流量,因此选取 2008 年为丰水期。通过前文对尼洋河流域 2001~2010 年 NDVI 数据的分析,2009 年的年均 NDVI 最大,约为 0.35,2008 年的年均 NDVI 较小,约为 0.31。因此,选取 2009 年与 2008 年植被覆盖状况的情景,在 BP 神经网络模型中分别对枯水期(2006 年)和丰水期(2009 年)的径流进行模拟,结果见图 4-55。

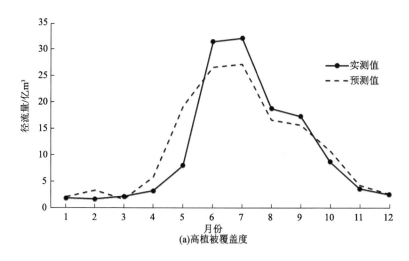

(a)高植被覆盖度

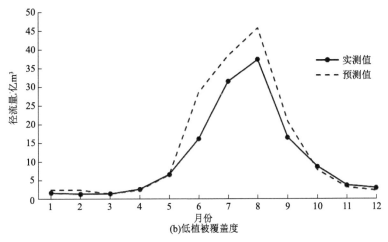

图 4-55　BP 神经网络模型在高、低植被覆盖度情景下的径流模拟

若流域的植被覆盖度在枯水期阶段增加，流域地表植被的蒸发量将会增大，植被对水的截流作用将会明显增强，因此在枯水期的前提下，降水首先由于下渗作用对土壤水进行补充，当土壤水达到饱和状态后才会产生地表径流，但是植被覆盖面积的增加会使植被对地表径流的截流作用增强，最终使流域径流量减少，主要体现在峰值径流量减小，这与 BP 神经网络模型对枯水期（2006 年）植被覆盖度增加时的径流模拟结果相符合（图 4-55）。

当流域的植被覆盖度在丰水期阶段减少时，地表植被对水的截流作用将会减弱，故在丰水期阶段，由于土壤水并不缺少且极易达到饱和状态，大部分降水转变为地表径流，只有小部分降水会对土壤水进行补充，同时覆盖面积的减少会使植被对地表径流的截流作用缺失，因此最终会使径流量增加，且峰值径流量的幅度会变大。因此，BP 神经网络模型对丰水期(2009 年)植被覆盖度减小时的径流模拟结果能够得到合理的解释(图 4-55)。

基于 2001～2010 年的融合降水数据、气温数据、MODIS NDVI 数据及径流数据，构建 BP 神经网络模型，划分训练期（率定期）和验证期，利用 BP 神经网络模型对两种模型输入情况下的预测结果进行对比分析，同时对典型年的径流进行模拟及分析，并选取不同的植被覆盖度情景，分析植被覆盖变化对径流模拟的影响，得到的结论如下。

（1）BP 神经网络模型在尼洋河流域的适用性较好，能通过降水和 NDVI 等数据对尼洋河流域的径流量进行较为准确的预测；对 BP 神经网络模型的输入划分为加入 NDVI 变量与不加 NDVI 变量两种情况，通过对两种模型输入情况下的径流量预测结果进行对比，发现前者的预测结果明显优于后者，表明尼洋河流域的植被因素确实能够对流域径流产生一定影响，特别是植被因素能够在决定流域峰值径流量的大小上起到重要作用。

（2）通过对 NDVI 较大时的植被覆盖度情景和 NDVI 较小时的植被覆盖度情景进行径流模拟分析，发现植被覆盖度的增加会使地表植被的蒸发量增大，因此植被对径流的截流作用将会增强，最终导致径流量减少且峰值降低。同理，若植被覆盖度减小，峰值径流量的幅度会升高，径流量增加。

4.3.4　气候变化和植被变化对三江源区径流与极端径流的影响

目前，气候和下垫面变化对径流影响的研究工作多分为两大类：一种是基于水量平衡公式的诊断分析；另一种是基于水文模式的模拟试验。前者多基于陆地水储量在 10 年以上尺度上相对稳定的假设，但这一假设对于三江源区并不适用。后者通过利用变化的气象强迫和气候态气象强迫驱动模式进行对比研究，但无法辨别人为气候变化和自然气候变化的相对贡献，也没有考虑气候内部变率的影响。借鉴气候归因中常用的最优指纹法（optimal fingerprints method），同时考虑下垫面变化的水文效应，发展了一套气候-水文综合方法，并将其用于三江源区径流与径流极值变化的归因分析（季鹏，2021；Ji and Yuan，2018）。

1. 方法与数据

采用第五次耦合模式比较计划（CMIP5）提供的不同气候变化情景下的多模式模拟结果。本书所用的气象强迫数据主要来自 CMIP5 的工业革命前控制（preindustrial control；CTL）试验、历史（historical run；ALL）试验及自然外强迫（historical natural-only run；NAT）试验。其中，CTL 试验是指将温室气体、气溶胶、太阳常数和臭氧固定在 1850 年的基础上，利用气候模式进行循环积分，在积分稳定后取 500 年，构成工业革命前的气候平衡态（辛晓歌等，2012）。考虑 CMIP5 模式对区域尺度地表气象要素（如降水与气温）的模拟存在系统性偏差（Mueller and Seneviratne，2014），利用累积概率密度函数匹配（CDF matching）方法，将 ALL 试验的累积概率密度函数分布调整到与观测值一致（Yuan et al.，2018b；Wood et al.，2002）。上述累积概率密度函数匹配方法在校正系统性偏差的同时，基本保留了变量的变化趋势，同时也保留了 ALL 试验与 NAT 和 CTL 试验之间的区别。气象观测数据来自中国气象强迫数据集（CMFD）（He et al.，2020），将观测值与模拟值插值到 CSSPv2 模式网格后，再对每个网格进行偏差校正。

本节利用最优指纹法（Allen and Stott，2003），借助 ALL/CSSPv2、NAT/CSSPv2 和 CTL/CSSPv2 试验，从陆面水热变量的长期变化中检测人为气候变化和自然气候变化的信号。最优指纹法将归因变量 Y 的变化展开成如下形式：

$$Y = \sum_{i=1}^{n} \beta_i X_i + \varepsilon \tag{4-2}$$

式中，X_i 为外部强迫因子；β_i 为 Y 对 X_i 响应模态的尺度因子；ε 为气候内部变率。以年径流变化归因为例，OBS/CSSPv2 模拟年径流量即为归因变量 Y。将 NAT/CSSPv2 试验的年径流量进行集合平均，构成自然外强迫因子 X_{NAT}。将 ALL/CSSPv2 试验的集合平均年径流量减去 X_{NAT}，构成人为外强迫因子 X_{ANT}，从而上述方程可化为

$$Y = X_{\text{ANT}} \beta_{\text{ANT}} + X_{\text{NAT}} \beta_{\text{NAT}} + \varepsilon_0 \tag{4-3}$$

式中，ε_0 为观测的内部变率。内部变率以及尺度因子不确定性范围的计算均用到 CTL/

CSSPv2 试验。当尺度因子 β_{ANT} 的 5%～95%置信区间不包含 0 时，表示 X_{NAT} 的贡献可以被检测，即观测的径流变化中存在显著人为气候变化信号。若置信区间包含 0，说明人为气候变化信号不能从内部变率中显著分离。

除了年径流外，本节对气温（T2m）、地表温度（TG）、冻土冻结时长（soil frozen duration）、陆地水储量（TWS）以及极端径流也做了归因分析。极端高径流（high flows）是指每年日径流序列的 95%分位数，而极端低径流（low flows）对应每年日径流序列的 5%分位数。这种基于流量的极端径流定义被广泛应用于极端径流的趋势分析上（Marx et al.，2018；Burn，2008；Hodgkins and Dudley，2006）。此外，对于每个变量，只选用 ALL/CSSPv2 中能够反映观测趋势的模式进行归因分析。具体的模式选择见表 4-6。

表 4-6　不同变量归因过程中用到的 CMIP5 模式

变量	选择的 CMIP5 模型
近地面气温、地表温度、枯水径流、冻土冻结时长	13 个 CMIP5 模式
径流、丰水径流	CSIRO-MK3.6.0; GFDL-CM3; GFDL-ESM2M; IPSL-CM5A-LR
陆地水储量	CanESM2; CSIRO-MK3.6.0; GFDL-CM3; GFDL-ESM2M; IPSL-CM5A-LR

2. 水热变化的检测与归因

三江源在 1997～2005 年存在显著增温趋势（0.54℃/10a，$P<0.01$）（图 4-56），且增温速率与青藏高原平均增温速率相当（Kuang and Jiao，2016）。CMIP5 ALL 试验的集合平均结果与观测一致，而 NAT 试验并无显著趋势，表明三江源地区气温增长主要由温室气体排放等人为外强迫因子造成。观测的降水在 1979～1997 年下降，1998～2005 年上升，整体呈现不显著上升趋势（5.3mm/10a，$P>0.1$）。ALL 试验集合平均的降水在 1979～2005 年以 10 mm/10a 的速率上升，而 NAT 试验降水变化不大。

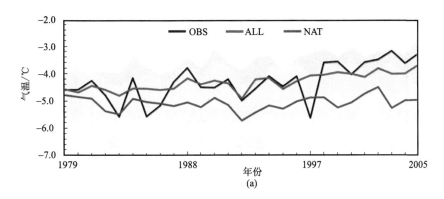

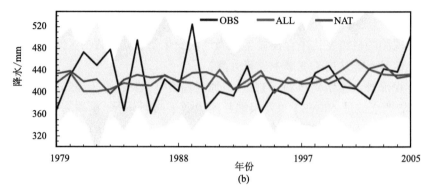

图 4-56　观测与 CMIP5 模式模拟的三江源地区平均气温（T2m）和降水时间序列

实线表示 13 个 CMIP5 模式结果的集合平均，阴影表示所有集合的范围

图 4-57 为三江源区平均地表温度（TG）、10cm 和 1m 冻土冻结时长的检测归因结果。OBS/CSSPv2 显示，地表温度以 0.6℃/ 10a 的速率显著增加，导致 10cm 和 1m 深度冻土冻结时长分别以 6.3d/ 10a 和 9.8d/ 10a 的速率缩减。ALL/CSSPv2 很好模拟出上述变化，

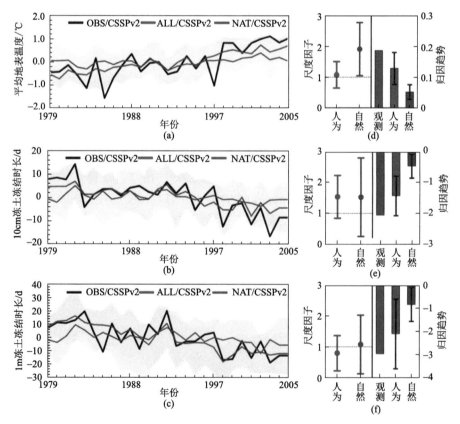

图 4-57　三江源区平均地表温度（TG）、10cm 和 1m 深度冻土冻结时长的检测与归因

图（a）～图（c）各变量异常值（相对 1979～2005 年平均态）的变化序列，实线表示模式集合平均，阴影为所有集合成员的范围。图（d）～图（f）相应的尺度因子和归因趋势。误差线表示 5%～95%的置信区间

模拟的趋势分别为 0.5℃/ 10a、4.2d / 10a 和 10.9d /10a。虽然 NAT/CSSPv2 的模拟结果也呈现地温增加和冻结时长减小的趋势，但趋势大小仅为 ALL/CSSPv2 的 1/7～1/4。尺度因子和其 5%～95%的置信区间均大于 0，说明自然外强迫因子（或自然气候变化）和人为外强迫因子（或人为气候变化）的信号均能被检测出。人为气候变化的贡献高达 69%～71%，而自然气候变化仅贡献 23%～31%，这表明地温和冻土冻结时长的变化主要由人为气候变化导致。

3. 径流变化的归因分析

图 4-58 为黄河源区吉迈、玛曲和唐乃亥的年径流量以及三江源区平均陆地水储量异常

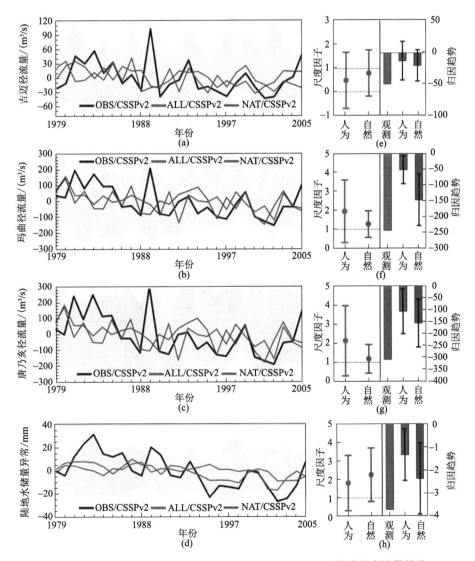

图 4-58 黄河源区吉迈、玛曲和唐乃亥的年径流量以及三江源区平均陆地水储量异常（TWSA）的检测归因结果

267

（TWSA）的检测归因结果。长江源区年径流量在 1979～2005 年无显著趋势，因此不做分析。黄河源区各水文站点的年径流量均呈现显著下降趋势，吉迈、玛曲和唐乃亥站点的下降趋势分别为 12.9m³/s/10a、64.4m³/s/10a 和 81.4m³/s/10a。三江源区平均陆地水储量以 12mm/10a 的速率显著下降，使得陆面呈现变干的趋势。ALL/CSSPv2 试验模拟值与 OBS/CSSPv2 类似，分别为 13.9m³/s/10a、40.2m³/s/10a、52.3m³/s/10a 和 6 mm/10a。对于吉迈站点，ANT 和 NAT 的尺度因子不确定性范围包含了 0，说明自然气候变化和人为气候变化信号无法从内部变率中被显著分离。对于玛曲站和唐乃亥站的径流变化趋势，自然气候变化贡献了 61% 和 51%，而人为气候变化贡献了 21% 和 35%。对于平均陆地水储量的下降趋势，自然气候变化贡献了 64%，而人为气候变化仅贡献 36%。这表明，不同于地温和冻土冻结时长等温度相关物理量，黄河源区年径流量以及三江源区陆地水储量变化主要由自然气候变化主导。

为进一步理解上述结果，图 4-59 给出了黄河源区年平均降水量、蒸散发、积雪深度和径流量的变化趋势。观测显示，黄河源区雨季（6～10 月）降水减少，冬春季降水呈现微弱的上升趋势（图略），年平均降水量呈现显著下降趋势。但是温度的增加使得冬春季积雪深度不增反降。需要注意的是，积雪消融导致的径流增加量要小于降水减小导致的径流减小量，因此径流最终呈现下降趋势。尽管 ALL/CSSPv2 试验低估了降水和径流的减小趋势，但整体与 OBS/CSSPv2 呈现一致的变化特征。进一步将 ALL/CSSPv2 分解为 NAT/CSSPv2 和 ANT/CSSPv2（ALL/CSSPv2-NAT/CSSPv2）可发现，ALL/CSSPv2 中降水的减小主要由 NAT/CSSPv2 造成。虽然 ANT/CSSPv2 中降水也存在下降趋势，但积雪的消融抵消了一部分降水减小造成的径流下降趋势，因而 ANT/CSSPv2 中径流变化趋势很微弱。因此，自然气候变化导致的降水减小是黄河源区径流下降的主导因子。

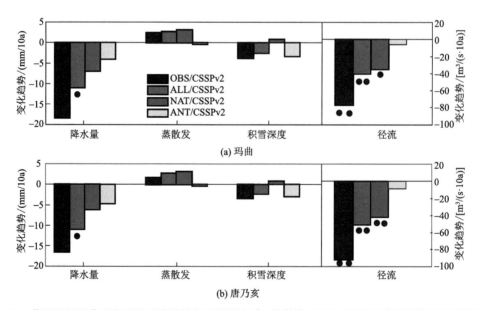

图 4-59　黄河源区玛曲和唐乃亥子流域的年平均降水量、蒸散发（ET）、积雪深度和径流量的变化趋势
1 个和 2 个实心点分别表示 90% 和 95% 置信水平

4. 极端径流变化的检测与归因

图 4-60 进一步给出了黄河源区吉迈、玛曲、唐乃亥水文站以及长江源区直门达水文站的枯水径流检测归因结果。OBS/CSSPv2 显示，20 世纪 80 年代早期，4 个站点的枯水径流均明显下降。玛曲和唐乃亥站点的枯水径流在 20 世纪 90 年代 -2003 年变化相对平稳，2003 年以后明显上升[图 4-60（b）和（c）]，而直门达站的枯水径流从 20 世纪 90 年代开始持续上升[图 4-60（d）]。1979~2005 年，4 个水文站点的枯水径流分别以 0.68 m³/（s·10a）、5.3m³/（s·10a）、6.3m³/（s·10a）和 2.3m³/（s·10a）的速率显著增长。NAT/CSSPv2 模拟结果并无显著变化趋势，而 ALL/CSSPv2 模拟的 4 个站点枯水径流分别以 1.9m³/（s·10a）、5.3m³/（s·10a）、6.7m³/（s·10a）和 3.1m³/（s·10a）增加，表明人为气候变化是枯水径流上升的主导因子。

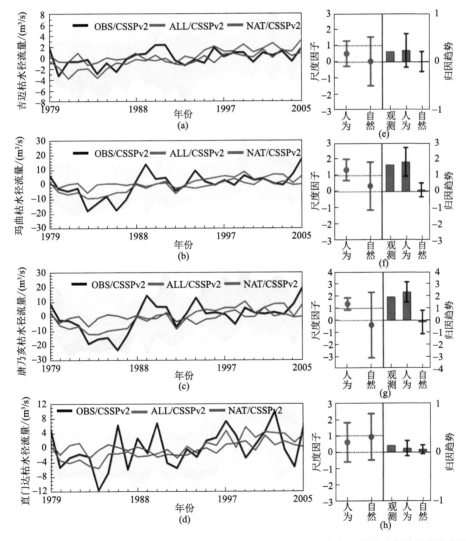

图 4-60　黄河源区吉迈、玛曲、唐乃亥水文站以及长江源区直门达水文站的枯水径流检测归因结果

不同于枯水径流的一致上升趋势，丰水径流呈现东部下降、西部上升的不均匀变化特征。对比 ALL/CSSPv2 和 NAT/CSSPv2 可以发现，黄河流域丰水径流的显著变化趋势主要由自然气候变化导致[图 4-61（b）和（c）]。图 4-61 的归因结果进一步证实了这一结论，自然气候变化对黄河源区丰水径流下降趋势的贡献高达 68%～86%。

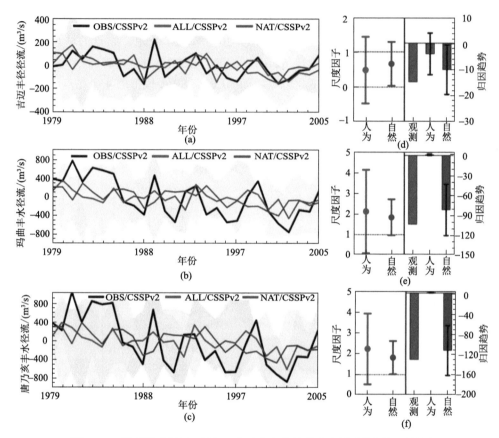

图 4-61　黄河源区吉迈、玛曲、唐乃亥水文站的丰水径流检测归因结果

5. 气候与植被变化综合影响

以上的检测归因结果只考虑了气候变化的影响，因而参考的基准数据为不考虑下垫面变化的 OBS/CSSPv2 模拟值。通过对比 OBS/CSSPv2 和 OBS/CSSPv2_LUCC 试验，量化了下垫面变化对上述水热变量的影响，并参考 Yuan 等（2018a）的做法，将不同因子的相对贡献统一起来。图 4-62 显示，气候变化对黄河源区玛曲和唐乃亥站点年径流量、枯水径流量和丰水径流量变化的贡献分别为 98%～99%、92%～93% 和 94%～96%，表明气候变化是黄河源区水文变化的主导因子，这与前人的研究结论一致（Jiang et al.，2016；Xie et al.，2015；Cuo et al.，2013；Tang et al.，2008）。然而，进一步研究发现人为气候变化是黄河源区枯水径流的主导因子，而自然气候变化主导了丰水径流的变化。另外，下垫面变化对三江源区陆地水储量减小趋势的贡献达到了 11%，不能被忽略。

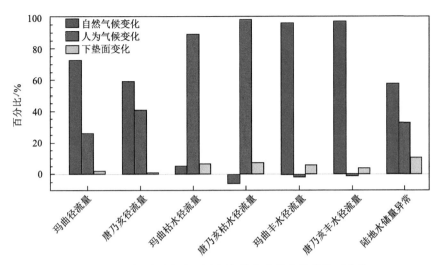

图 4-62   不同水文气候要素解释的各变量变化趋势百分比

需要注意的是，上述归因结果存在一定不确定性。主要源自如下方面：①CMIP5 模式本身模拟存在一定的不确定性；②虽然 CSSPv2 模式考虑了 0～5.67m 深度土壤冻融过程，但忽略了深层多年冻土变化及其对陆面水热要素变化的影响。然而，考虑 Yuan 等（2018b）已经对 CSSPv2 的径流和土壤温度模拟结果进行了系统性验证，且模拟结果与观测基本一致，因此，上述不确定性不会影响结果的显著性。

4.4   小   结

本章系统介绍了西南河流源区冻土、冰雪、植被等关键地表要素的分布特征、变化特征及其对径流的影响，主要进展和结论如下。

（1）多年冻土是西南河流源区最主要的下垫面环境要素之一，对径流形成与变化、河流水环境质量及生源要素输移通量等过程影响显著。河流源区多年冻土分布存在较大的空间差异性，以长江源区冻土覆盖率最大，可达 79%，其后依次是黄河源区（占 42.7%）、怒江源区（占 37.4%），雅江最小，仅有约 27%。20 世纪 80 年代以来，河流源区多年冻土持续退化，表现为岛状多年冻土逐渐消失、多年冻土上限下降、多年冻土厚度减薄、活动层厚度增大。其中，雅江上游多年冻土面积减少幅度最为显著，大约减少了 18%；黄河源区多年冻土面积减少约 2%，长江源区多年冻土面积减少不明显，但活动层厚度增加幅度可达 21.7cm/10a，活动层底部温度平均升温率达到 0.45℃/10a。在未来 RCP2.6 情境下，2050 年河流源区多年冻土可能减少 9%以上，在 2100 年剧减 22%。冻土退化显著影响土壤入渗和蒸散发过程，河流源区陆面实际蒸散发呈现持续递增，其中，冻土退化的贡献率可达 19%；冻土退化导致河流基流量普遍增加，并通过减少低流量指数流量和增加高流量指数流量而改变径流组分；大多数站点的低流量指数（百分位流量指数为 70% 和 90%，即 $Q_{70} \sim Q_{90}$）呈上升趋势，其中 Q_{90} 上升了 18.4%。相反，很大一部分高流量（百分位流量指数为 $Q_{10} \sim Q_{30}$）呈下降趋势。同时，年平均降水量与低百分位流量变化的相关性更密切，而年均气温与高百分位流量变化的相关性更显著；径流峰值比和基流变率（ΔBF）与流域冻土覆盖率呈显著正相关。

（2）冰川是河流源区重要的固体水库，在径流形成与变化中具有较大影响。自 20 世纪 60 年代以来，河流源区冰川持续消退，面积减少了 29%，年均物质平衡为–0.27 m w.e./a；其中，怒江源区冰川削减幅度最大，近 10 年来物质负均衡达到（-0.57 ± 0.4）m w.e./a，其次是澜沧江和黄河源区，分别是（-0.47 ± 0.36）m w.e./a 和（-0.46 ± 0.26）m w.e./a。冰川分布区的地形及表碛厚度对冰川消融过程具有协同作用。在系统揭示其协同影响机制的基础上，建立了冰面能量平衡模型和表碛消融模型，其可以精确模拟气候变化下冰川动态变化及其径流效应。受下垫面、纬度和海拔的影响，青藏高原积雪多为不均匀的片状分布，既有大量冰川的永久积雪区，又有稳定积雪区和不稳定积雪区。自 20 世纪 90 年代后期以来，青藏高原总体积雪覆盖率和积雪深度均呈减少态势；积雪日数、积雪深度平均变化 1%，将分别引起春季径流变化 0.60%、0.25%。伴随气候持续变暖，河流源区融雪径流提前，表现为 3 月径流呈上升趋势，4 月和 5 月径流呈下降趋势。

（3）自 1984 年以来，河流源区植被 NDVI 持续递增，植被覆盖持续向好。1982～2014 年，黄河源区和长江源区的 NDVI 分别以 4.9×10^{-4}/a 和 2.4×10^{-4}/a 的速率显著增加。河流源区植被 NDVI 变化具有明显的空间差异性，以海拔大于 4500m 地区的植被 NDVI 增长趋势最为显著；植被覆盖增加总体上导致径流弱减少。同时，在一定阈值范围内，高寒草地植被覆盖度和土壤有机质层厚度或含量与活动层土壤温度和水分含量变化具有显著的 Boltzmann 关系，冻土退化导致植被退化，植被退化反作用于冻土退化，形成负反馈循环；在低温稳定多年冻土区，植被 NDVI 增加与冻土退化有关。另外，研究也发现植被的变化显著影响了陆地水储量的变化。

参 考 文 献

白淑英, 史建桥, 高吉喜, 等. 2014. 1979—2010 年青藏高原积雪深度时空变化遥感分析. 地球信息科学, 16(4): 628-637.

宾婵佳, 邱玉宝, 石利娟, 等. 2013. 我国主要积雪区 AMSR-E 被动微波雪深算法对比验证研究. 冰川冻土, 35(4): 801-813.

伯玥, 李小兰, 王澄海. 2014. 青藏高原地区积雪年际变化异常中心的季节变化特征. 冰川冻土, 36(6): 1353-1362.

程国栋. 1984. 我国高海拔多年冻土地带性规律之探讨. 地理学报, 39(2): 185-193.

程国栋, 金会军. 2013. 青藏高原多年冻土区地下水及其变化. 水文地质工程地质, 40: 1-11.

程国栋, 赵林, 李韧, 等. 2019. 青藏高原多年冻土特征、变化及影响. 科学通报, 64(27): 2783-2795.

除多, 达珍, 拉巴卓玛. 2017. 西藏高原积雪覆盖空间分布及地形影响. 地球信息科学学报, 19(5): 635-645.

除多, 洛桑曲珍, 林志强, 等. 2018. 近 30 年青藏高原雪深时空变化特征分析. 气象, 44(2): 233-243.

戴声佩, 张勃, 王强, 等. 2010. 祁连山草地植被 NDVI 变化及其对气温降水的旬响应特征. 资源科学,

32(9): 1769-1776.

杜加强, 舒俭民, 赵晨曦, 等. 2016a. 两代 AVHRR GIMMS NDVI 数据集的对比分析——以新疆地区为例. 生态学报, 36(21): 6738-6749.

杜加强, 王跃辉, 师华定, 等. 2016b. 基于 MODIS 和 Landsat 的青藏高原两代 GIMMS NDVI 性能评价. 农业工程学报, 32(22): 192-199, 316.

杜军, 建军, 洪健昌, 等. 2012. 1961～2010 年西藏季节性冻土对气候变化的响应. 冰川冻土, 34(3): 512-521.

方精云, 朴世龙, 贺金生, 等. 2003. 近 20 年来中国植被活动在增强. 中国科学(C 辑:生命科学), 33(6): 554-565.

高超. 2007. 东祁连山不同退化程度高寒草甸草原土壤有机质特性及其对草地生产力的影响. 兰州: 甘肃农业大学.

管晓祥, 刘翠善, 鲍振鑫, 等. 2021. 黄河源区积雪变化时空特征及其与气候要素的关系. 中国环境科学, 41(3): 1045-1054.

胡豪然, 梁玲. 2014. 近 50 年青藏高原东部降雪的时空演变. 地理学报, 69(7): 1002-1012.

季鹏. 2021. 考虑复杂下垫面影响的高分辨率陆面水文模型研发及应用. 北京: 中国科学院大学.

金会军, 赵林, 王绍令, 等. 2006a. 青藏高原中、东部全新世以来多年冻土演化及寒区环境变化. 第四纪研究, 26(2): 198-210.

金会军, 赵林, 王绍令, 等. 2006b. 青藏公路沿线冻土的地温特征及退化方式. 中国科学(D 辑:地球科学), 36(11): 1009-1019.

柯长青, 李培基. 1998. 青藏高原积雪分布与变化特征. 地理学报, 53(3): 209-215.

拉巴卓玛, 次珍, 普布次仁, 等, 2018. 2002—2015 年西藏雅鲁藏布江流域积雪变化及影响因子分析研究. 遥感技术与应用, 33(3): 508-519.

雷志栋, 杨诗秀, 谢森传. 1988. 土壤水动力学. 北京: 清华大学出版社.

李春杰, 王根绪, 任东兴, 等. 2009. 风火山流域土壤入渗特征与环境因子的关系分析. 水土保持通报, 29: 16-19, 33.

李栋梁, 钟海玲, 吴青柏, 等. 2005. 青藏高原地表温度的变化分析. 高原气象, 24(3): 291-298.

李吉均, 郑本兴, 杨锡金, 等. 1986. 西藏冰川. 北京: 科学出版社.

李静, 盛煜, 吴吉春, 等. 2016. 黄河源区冻土分布制图及其热稳定性特征模拟. 地理科学, 36(4): 588-596.

李述训, 程国栋. 1996. 气候变暖条件下青藏高原高温冻土热状况变化趋势数值模拟. 冰川冻土, (S1): 190-196.

李小兰, 张飞民, 王澄海. 2012. 中国地区地面观测积雪深度和遥感雪深资料的对比分析. 冰川冻土, 34(4): 755-764.

刘昌军, 周剑, 文磊, 等. 2021. 中小流域时空变源混合产流模型及参数区域化方法研究. 中国水利水电科学研究院学报, 19: 99-114.

刘光生, 王根绪, 张伟. 2012. 三江源区气候及水文变化特征研究. 长江流域资源与环境, 21(3): 302-309.

刘时银, 姚晓军, 郭万钦, 等. 2015. 基于第二次冰川编目的中国冰川现状. 地理学报, 70(1): 3-16.

刘晓娇, 陈仁升, 刘俊峰, 等. 2020. 黄河源区积雪变化特征及其对春季径流的影响. 高原气象, 39(2): 226-233.

罗栋梁, 金会军, 何瑞霞, 等. 2014. 黄河源区植被对活动层温度和水分的影响. 地球科学: 中国地质大学学报, 39(4): 421-430.

罗栋梁, 金会军, 吕兰芝, 等. 2014. 黄河源区多年冻土活动层和季节冻土冻融过程时空特征. 科学通报, 59(14): 1327-1336.

马丽娟, 秦大河. 2012. 1957—2009 年中国台站观测的关键积雪参数时空变化特征. 冰川冻土, 34(1): 1-11.

秦大河. 2014. 冰冻圈科学辞典. 北京: 气象出版社.

邱玉宝, 郭华东, 除多, 等. 2016. 青藏高原 MODIS 逐日无云积雪面积数据集(2002—2015 年). 中国科学数据, 1(1).

芮孝芳. 2013. 水文学原理. 北京: 高等教育出版社.

施雅风, 刘潮海, 王宗太. 2005. 简明中国冰川编目. 上海: 上海科学普及出版社.

孙燕华, 黄晓东, 王玮, 等. 2014. 2003—2010 年青藏高原积雪及雪水当量的时空变化. 冰川冻土, 36(6): 1337-1344.

唐小萍, 闫小利, 尼玛吉, 等. 2012. 西藏高原近 40 年积雪日数变化特征分析. 地理学报, 67(7): 951-959.

王东. 2014. 西南地区植被覆盖变化及对不同时间尺度气候特征的响应分析. 兰州: 西北师范大学.

王根绪, 李元寿, 王一博. 2010. 青藏高原河源区地表过程与环境变化. 北京: 科学出版社.

王根绪, 张寅生. 2016. 寒区生态水文学理论与实践. 北京: 科学出版社.

王家澄, 王绍令, 邱国庆. 1979. 青藏公路沿线的多年冻土. 地理学报, 34(1): 18-32.

王叶堂, 何勇, 侯书贵. 2007. 2000—2005 年青藏高原积雪时空变化分析. 冰川冻土, 29(6): 855-861.

王一博, 王根绪, 吴青柏, 等. 2010. 植被退化对高寒土壤水文特征的影响. 冰川冻土, 32: 989-998.

王宇涵. 2019. 青藏高原典型流域的冻土水文变化模拟与分析. 北京: 清华大学.

韦志刚, 吕世华. 1995. 青藏高原积雪的分布特征及其对地面反照率的影响. 高原气象, 14(1): 63-73.

吴吉春, 盛煜, 吴青柏, 等. 2009. 青藏高原多年冻土退化过程及方式. 中国科学(D 辑:地球科学), 39(11): 1570-1578.

伍清. 2016. 近 44 年青藏高原东部积雪的年代际变化特征及其与降雪和气温的关系. 高原山地气象研究, 36(1): 38-42.

肖瑶, 赵林, 李韧, 等. 2013. 唐古拉地区超声雪深传感器 SR50 监测研究.应用气象学报, 24(3): 342-348.

谢昌卫, 赵林, 吴吉春, 等. 2010. 兰州马衔山多年冻土特征及变化趋势分析. 冰川冻土, 32: 883-890.

辛晓歌, 吴统文, 张洁. 2012. BCC 气候系统模式开展的 CMIP5 试验介绍. 气候变化研究进展, 8(5): 69-73.

杨志刚, 达娃, 除多. 2017. 近 15a 青藏高原积雪覆盖时空变化分析. 遥感技术与应用, 32: 27.

叶红, 易桂花, 张廷斌, 等. 2020. 2000—2019 年青藏高原积雪时空变化. 资源科学, 42(12): 2434-2450.

张杰, 郭铌, 王介民. 2007. NOAA/AVHRR 与 EOS/MODIS 遥感产品 NDVI 序列的对比及其校正. 高原气象, 26(5): 1097-1104.

张景华, 封志明, 姜鲁光, 等. 2015. 澜沧江流域植被 NDVI 与气候因子的相关性分析. 自然资源学报, 30(9): 1425-1435.

张廷军. 2012. 全球多年冻土与气候变化研究进展.第四纪研究, 32(1): 27-38.

张勇, 刘时银, 丁永建. 2006. 中国西部冰川度日因子的空间变化特征. 地理学报, 61(1): 89-98.

赵林, 程国栋, 李述训, 等. 2000. 青藏高原五道梁附近多年冻土活动层冻结和融化过程. 科学通报, 45(11): 1205-1211.

赵林, 胡国杰, 邹德富, 等. 2019. 青藏高原多年冻土变化对水文过程的影响. 中国科学院院刊, 34(11): 1233-1246.

赵林, 李韧, 丁永建. 2008. 唐古拉地区活动层土壤水热特征的模拟研究. 冰川冻土, 30: 930-937.

赵玉萍, 张宪洲, 王景升, 等. 2009. 1982 年至 2003 年藏北高原草地生态系统 NDVI 与气候因子的相关分析. 资源科学, 31(11): 1988-1998.

周金霖, 马明国, 肖青, 等. 2017. 西南地区植被覆盖动态及其与气候因子的关系. 遥感技术与应用, 32(5): 966-972.

周伟, 王倩, 章超斌, 等. 2013. 黑河中上游草地NDVI 时空变化规律及其对气候因子的响应分析. 草业学报, 22(1): 138-147.

周幼吾, 邱国庆, 郭东信, 等. 2000. 中国冻土. 北京: 科学出版社.

朱美壮. 2018. 冻融作用对长江源区土壤水文过程的影响与模拟. 北京: 中国科学院大学.

Allen M R, Stott P A. 2003. Estimating signal amplitudes in optimal fingerprinting, part I: Theory. Climate Dynamics, 21: 477-491.

Anders A M, et al. 2006. Spatial patterns of precipitation and topography in theHimalaya//Willett S D, Hovius N, Brandon M T. Tectonics, climate, and landscape evolution: Geological society of America special paper, 398: 3953.

Bajracharya S R, Shrestha B. 2011. The Status of Glaciers in the Hindu Kush-Himalayan Region. GPO Box 3226, Kathmandu, Nepal: International Centre for Integrated Mountain Development.

Barnett T P, Adam J C, Lettenmaier D P. 2005. Potential impacts of a warming climate on water availability in snow-dominated regions. Nature, 438: 303309.

Berthier E, Arnaud Y, Kumar R, et al. 2007. Remote sensing estimates of glacier mass balances in the Himachal Pradesh (Western Himalaya, India). Remote Sensing of Environment, 108: 327-338.

Berthier E, Arnaud Y, Vincent C, et al. 2006. Biases of SRTM in high-mountain areas: Implications for the monitoring of glacier volume changes. Geophysical Research Letters, 33: L08502.

Bitner D, Carroll T, Cline D, et al. 2002. An assessment of the differences between three satellite snow cover mapping techniques. Hydrological Processes, 16: 3723-3733.

Bormann K J, Brown R D, Derksen C, et al. 2018. Estimating snow-cover trends from space. Nat. Climate Change, 8: 924936.

Brissette F P, Khalili M, Leconte R. 2007. Efficient stochastic generation of multi-site synthetic precipitation data. Journal of Hydrology, 345(3-4): 121-133.

Brun F, Berthier E, Wagnon P ,et al. 2017. A spatially resolved estimate of High Mountain Asia glacier mass balances from 2000 to 2016. Nature Geoscience, DOI:10.1038/NGEO2999.

Brun F, et al. 2015. Seasonal changes in surface albedo of Himalayan glaciers from MODIS data and links with the annual mass balance. Cryosphere, 9(1): 341355.

Brutsaert W. 2015. A generalized complementary principle with physical constraints for land-surface evaporation. Water Resources Research, 51: 80878093.

Burn D H. 2008. Climatic influences on streamflow timing in the headwaters of the Mackenzie River Basin. Journal of Hydrology, 352: 225-238.

Caesar J, Janes T, Lindsay A, et al. Temperature and precipitation projections over Bangladesh and the upstream Ganges, Brahmaputra and Meghna systems. Environmental Science: Processes & Impacts, 17(6): 1047-1056.

Chang A T C, Foster J, Hall D. 1987. Nimbus-7 SMMR derived global snow cover parameters. Ann Glaciol, 9: 3944.

Chen B, Xu G, Coops N C, et al. 2014. Changes in vegetation photosynthetic activity trends across the Asia–Pacific region over the last three decades. Remote Sensing of Environment, 144: 28-41.

Chen X, Long D, Hong Y, et al. 2017. Improved modeling of snow and glacier melting by a progressive two-stage calibration strategy with GRACE and multisource data: How snow and glacier meltwater contributes to the runoff of the Upper Brahmaputra River basin?. Water Resources Research, 53(3):

2431-2466.

Cheng G D, Wu T H. 2007. Responses of permafrost to climate change and their environmental significance, Qinghai-Tibet Plateau. Journal of Geophysical Research-Earth Surface, 112(F2): F02S03.

Christina L. 2011. 'Third Pole' glacier research gets a boost from China. Science, 334(6060):1199.

Clark M, Gangopadhyay S, Hay L, et al. 2004. The Schaake shuffle: A method for reconstructing space-time variability in forecasted precipitation and temperature fields. Journal of Hydrometeorology, 5(1): 243-262.

Cuo L, Zhang Y, Gao Y, et al. 2013. The impacts of climate change and land cover/use transition on the hydrology in the upper Yellow River Basin, China. Journal of Hydrology, 502: 37-52.

Cuo L, Zhang Y, Piao S, et al. 2016. Simulated annual changes in plant functional types and their responses to climate change on the northern Tibetan Plateau. Biogeosciences, 13: 3533-3548.

Cuo L, Zhang Y, Wu Y, et al. 2020. Desertification over the Tibetan Plateau during 1971—2015 from a climate perspective. Land Degrad Dev, 31(15): 1956-1968.

Cuo L, Zhang Y, Xu-Ri, et al. 2021. Decadal change and inter-annual variability of net primary productivity on the Tibetan Plateau. Climate Dynamics, 56(1). DOI: 10.1007/s00382-020-05563-1.

Dahri Z H, et al. 2016. An appraisal of precipitation distribution in the high-altitude catchments of the Indus basin. Science of the Total Environment, 548549: 289306.

Dobler A, Yaoming M, Sharma N, et al. 2011. Regional climate projections in two alpine river basins: Upper Danube and Upper Brahmaputra. Advances in Science and Research, 7(1): 11-20.

Dong W, Lin Y, Wright J S, et al. 2016. Summer rainfall over the southwestern Tibetan Plateau controlled by deep convection over the Indian subcontinent. Nature Communications, 7: 10925.

Fowler H J, Kilsby C G, O'connell P E, et al. 2005. A weather-type conditioned multi-site stochastic rainfall model for the generation of scenarios of climatic variability and change. Journal of Hydrology, 308(1-4): 50-66.

Frei A, et al. 2012. A review of global satellite-derived snow products. Advances in Space Research, 50(8): 10071029.

Frei A,Robinson D A. 1999.Northern hemisphere snow extent: Regional variability 19721994. International Journal of Climatology, 19: 1535-1560.

Gao J, et al. 2012. Spatiotemporal distribution of snow in eastern Tibet and the response to climate change. Remote Sensing of Environment, 121: 19.

Gao Y, Xie H J, Yao T D, et al. 2010. Integrated assessment of multi-temporal and multi-sensor combinations for reducing cloud obscuration of MODIS snow cover products for the Pacific Northwestern USA. Remote Sensing of Environment, 114: 1662-1675.

Gardelle J, Berthier E, Arnaud Y. 2012. Slight mass gain of Karakoram glaciers in the early twenty-first century. Nature Geoscience, 5: 322-325.

Gerten D, Schaphoff S, Haberlandt U, et al. 2004. Ter- restrial vegetation and water balance–hydrological evaluation of a dynamic global vegetation model. J Hydrol, 286: 249-270.

Ghosh S, Dutta S. 2012. Impact of climate change on flood characteristics in Brahmaputra basin using a macro-scale distributed hydrological model. Journal of Earth System Science, 121(3): 637-657.

Gunnarsson A, Garðarsson S M, Sveinsson Ó G B. 2019. Icelandic snow cover characteristics derived from a gap-filled MODIS daily snow cover product. Hydrology and Earth System Sciences, 23(7): 3021-3036.

Guo W, Liu S, Xu J, et al. 2015. The second Chinese glacier inventory: Data, methods and results. Journal of Glaciology, 61: 357-372.

Gurung D R, et al. 2011. Snow-cover mapping and monitoring in the HinduKush-Himalayas. Kathmandu, Nepal: ICIMOD.

Harris I, Jones P D, Osborn T J, et al. 2014. Updated high-resolution grids of monthly climatic observations – the CRU TS3.10 Dataset. Int J Climatol, 34: 623-642.

Hasson S, et al. 2014. Early 21st century snow cover state over the western river basins of the Indus River system. Hydrology and Earth System Sciences, 18(10): 40774100.

He J, Yang K, Tang W, et al. 2020. The first high-resolution meteorological forcing dataset for land process studies over China. Scientific Data, 7(25): 1-11.

Hodgkins G A, Dudley R W. 2006. Changes in the timing of winter-spring streamflows in eastern North America. 1913—2002. Geophysical Research Letters, 33.

Huang X D, Deng J, Wang W, et al. 2017. Impact of climate and elevation on snow cover using integrated remote sensing snow products in Tibetan Plateau. Remote Sens Environ, 190: 274-288.

Hye S P, Sohn B J. 2010. Recent trends in changes of vegetation over East Asia coupled with temperature and rainfall variations. Journal of Geophysical Research: Atmospheres, 115(14): 101-112.

Immerzeel W W, et al. 2015. Reconciling high-altitude precipitation in the upper Indus basin with glacier mass balances and runoff. Hydrology and Earth System Sciences, 19(11): 46734687.

Immerzeel W W, Kraaijenbrink P D A, Shea J M, et al. 2014. High-resolution monitoring of Himalayan glacier dynamics using unmanned aerial vehicles. Remote Sensing of Environment, 150: 93-103.

Immerzeel W W, van Beek L P H, Bierkens M F P. 2010. Climate change will affect the Asian water towers. Science, 328(5984): 1382-1385.

Immerzeel W W. 2008. Historical trends and future predictions of climate variability in the Brahmaputra basin. International Journal of Climatology, 28(2): 243-254.

Ji P, Yuan X. 2018. High-resolution land surface modeling of hydrological changes over the Sanjiangyuan Region in the Eastern Tibetan Plateau: 2. impact of climate and land cover change. Journal of Advances in Modeling Earth Systems, 10: 2829-2843.

Jiang C, Li D, Gao Y, et al. 2016. Impact of climate variability and anthropogenic activity on streamflow in the Three Rivers Headwater Region, Tibetan Plateau, China. Theoretical and Applied Climatology, 129: 667-681.

Jin H J, He R X, Cheng G D, et al. 2009. Changes in frozen ground in the Source Area of the Yellow River on the Qinghai-Tibet Plateau, China, and their eco-environmental impacts. Environmental Research Letters, 4(4): 045206.

Kelly R E, 2009. The AMSR-E snow depth algorithm: description adn initaial results. Jouranl of the Remote Sensing society of Japan, 29(1): 307-317.

Kuang X, Jiao J J. 2016. Review on climate change on the Tibetan Plateau during the last half century. Journal of Geophysical Research-Atmospheres, 121: 3979-4007.

Lamontagne-Hallé P, McKenzie J M, Kurylyk B L, et al. 2018. Changing groundwater discharge dynamics in permafrost regions. Environ Res Lett, 13: 084017.

Lemke P, Ren J, Alley R B, et al. 2007. Observations: Changes in snow, ice and frozen ground.Part of the Working Group 1 to the Fourth Assessment Report of the Intergovernmental Panel on Climate Change. Cambridge: Cambridge University Press.

Li C, et al. 2017. Spatiotemporal variation of snow cover over the Tibetan Plateau based on MODIS snow product, 20012014. International Journal of Climatology.

Li F, Xu Z, Liu W, et al. 2014. The impact of climate change on runoff in the YarlungTsangpo River basin in the Tibetan Plateau. Stoch Environ Res Risk Assess, 28: 517-526.

Li M, et al. 2009. Snow distribution over the Namco lake area of the Tibetan Plateau. Hydrology and Earth System Sciences, 13(11): 20232030.

Li X H, Jing Y H, Shen H F, et al. 2019, The recent developments in spatio-temporally continuous snow cover product generation. Hydrol Earth Syst, https://doi.org/10.5194/hess-2018-633.

Li Z, Li Z, Feng Q I, et al. 2020. Runoff dominated by supra-permafrost water in the source region of the Yangtze river using environmental isotopes. J Hydrol, 582: 124506.

Lin H, Li G, Cuo L, et al. 2017. A decreasing glacier mass balance gradient from the edge of the Upper Tarim Basin to the Karakoram during 2000—2014. Sci Rep, 7: 6712.

Lutz A F, Immerzeel W W, Shrestha A B, et al. 2014. Consistent increase in High Asia's runoff due to increasing glacier melt and precipitation. Nature Climate Change, 4(7): 587.

Ma L, et al. 2010. Sensitivity of the number of snow cover days to surface air temperature over the Qinghai-Tibetan Plateau. Advances in Climate Change Research, 1(2): 7683.

Mao T, Wang G, Zhang T. 2015. Impacts of climatic change on hydrological regime in the three-river headwaters region, China, 1960—2009. Water Resour Manage, 30: 115131.

Marty C, Blanchet J. 2012. Long-term changes in annual maximum snow depth and snowfall in Switzerland based on extreme value statistics. Climatic Change, 111: 705-721.

Marx A, Kumar R, Thober S, et al. 2018. Climate change alters low flows in Europe under global warming of 1.5, 2, and 3 degrees C. Hydrology and Earth System Sciences, 22: 1017-1032.

Mehrotra R, Srikanthan R, Sharma A. 2006. A comparison of three stochastic multi-site precipitation occurrence generators. Journal of Hydrology, 331(1-2): 280-292.

Mueller B, Seneviratne S I. 2014. Systematic land climate and evapotranspiration biases in CMIP5 simulations. Geophysical Research Letters, 41: 128-134.

Nuimura T, Sakai A, Taniguchi K, et al. 2015. The GAMDAM glacier inventory: A quality-controlled inventory of Asian glaciers. The Cryosphere, 9: 849-864.

Pervez M S, Henebry G M. 2014. Projections of the Ganges–Brahmaputra precipitation–Downscaled from GCM predictors. Journal of Hydrology, 517: 120-134.

Peterson B J, Holmes R M, McClelland J W, et al. 2002. Increasing river discharge to the Arctic Ocean. Science, 298: 21712173.

Pfeffer W T, Arendt A A, Bliss A, et al. 2014. The randolph glacier inventory: A globally complete inventory of glaciers. Journal of Glaciology, 60: 537-552.

Piao S, Wang X, Ciais P, et al. 2011. Changes in satellite-derived vegetation growth trend in temperate and boreal Eurasia from 1982 to 2006.Global Change Biology, 17(10): 3228-3239.

Prasch M, Marke T, Strasser U, et al. 2011. Large scale integrated hydrological modelling of the impact of climate change on the water balance with DANUBIA. Advances in Science and Research, 7(1): 61-70.

Pu Z. Tibet Plateau: Distribution, variation and possible connection with the East Asian Summer Monsoon (EASM). Theoretical and Applied Climatology, 97(34): 265278.

Pu Z X, Xu L, Salomonson V V. 2007. MODIS/Terra observed seasonal variations of snow cover over the Tibetan Plateau, Geophysical Research Letters, 34: L06706.

Pulliainen J. 2006. Mapping of snow water equivalent and snow depth in boreal and sub-artic zones by assimilating space-borne microwave radiometer data and ground-based observations. Remote sensing of Environment, 102, 2: 257-269.

Qian B, Gameda S, Hayhoe H, et al. 2004. Comparison of LARS-WG and AAFC-WG stochastic weather generators for diverse Canadian climates. Climate Research, 26(3): 175-191.

Qin D H, Liu S Y, et al. 2006. Snow cover distribution, variability, and response to climate change in western China. J Climate, 19: 18201833.

Qin Y, Yang D W, Gao B, et al. 2017. Impacts of climate warming on the frozen ground and eco-hydrology in the Yellow River source region, China. Science of the Total Environment, 605: 830-841.

Reid T, Carenzo M, Pellicciotti F, et al. 2012. Including debris cover effects in a distributed model of glacier ablation. Journal of Geophysical Research: Atmospheres (1984–2012) 117(D18).

RGI Consortium. 2017. Randolph glacier inventory – A dataset of global glacier outlines: Version 6.0: Technical report//Colorado USA. Digital Media.: Global Land Ice Measurements from Space.

Robertson D E, Shrestha D L, Wang Q J. 2013. Post-processing rainfall forecasts from numerical weather prediction models for short-term streamflow forecasting. Hydrology and Earth System Sciences, 17(9): 3587-3603.

Sakai A. 2019. Brief communication: Updated GAMDAM glacier inventory over high-mountain Asia. The Cryosphere, 13: 2043-2049.

Shean D E, Bhushan S, Montesano P, et al. 2020. A systematic, regional assessment of high mountain Asia glacier mass balance. Frontiers in Earth Science, 7: 363.

Shi Y F, Liu S Y, Ye B S, et al. 2008. The Concise Glacier Inventory of China. Shanghai: Publishing House of Scientific Popularization.

Shi Y, Gao X, Zhang D, et al. 2011. Climate change over the YarlungZangboeBrahmaputra River Basin in the 21st century as simulated by a high resolution regional climate model. Quaternary International, 244: 159-168.

Singh S K, et al. 2014. Snow cover variability in the Himalayan-Tibetan region. International Journal of Climatology, 34(2): 446452.

Sitch S, Brovkin V, Von Bloh W, et al. 2005. Impacts of future land cover changes on atmospheric CO_2 and climate. Glob Biogeochem Cycle, 19: GB2013.

Sitch S, Huntingford C, Gedney N, et al. 2008. Evaluation of the terrestrial carbon cycle, future plant geography and climate-carbon cycle feedbacks using five dynamic global vegetation models (DGVMs). Glob Change Biol, 14: 2015-2039.

Sitch S, Smith B, Prentice I C, et al. 2003. Evaluation of ecosystem dynamics, plant geography and terrestrial carbon cycling in the LPJ dynamic global vegetation model. Glob Change Biol, 9: 161-185.

Smith L C, Pavelsky T M, MacDonald G M, et al. 2007. Rising minimum daily flows in northern Eurasian rivers: A growing influence of groundwater in the high-latitude hydrologic cycle. J Geophys Res, 112: G04S47.

Smith M W, Reiseborough D W. 1996. Ground temperature monitoring and detection of climate change. Permafrost and Periglacial Processes, 16:313-335.

Smith M W, Riseborough D W. 1996. Ground temperature monitoring and detection of climate change. Permafrost and Periglacial Processes, 7: 301-310.

Song C, Wang G, Mao T, et al. 2019. Linkage between permafrost distribution and river runoff changes across the Arctic and the Tibetan Plateau. Science China Earth Sciences, 62, doi.org/10.1007/s11430-018-9383-6.

Song C L, Wang G X, Sun X Y, et al. 2021. River runoff components change variably and respond differently to climate change in the Eurasian Arctic and Qinghai-Tibet Plateau permafrost regions. Journal of Hydrology, 601: 126653.

Song M, Ma Y, Zhang Y, et al. 2011. Climate change features along the Brahmaputra Valley in the past 26 years and possible causes. Climatic Change, 106(4): 649-660.

Spano D, Cesaraccio C, Duce P, et al. 1999. Phenological stages of natural species and their use as climate indicators. International Journal of Biometeorology, 42(3): 124-133.

Spiess M, Schneider C. 2016. Quilibrium-line altitude across the Tibetan Plateau. Annals of Glaciology, 57(71): 140154.

Steinkamp J, Hickler T. 2015. Is drought-induced forest dieback glob- ally increasing? J Ecol, 103: 31-43.

Tahir A A, et al. 2016. Comparative assessment of spatiotemporal snow cover changes and hydrological behavior of the Gilgit, Astore and Hunza River basins (HindukushKarakoramHimalaya region, Pakistan). Meteorology and Atmospheric Physics, 119.

Takala M, Luojus K, Pulliainen J, et al. 2011. Estimating Northern Hemisphere Snow Water Equivalent for Climate Research through Assimilation of Space-Borne Radiometer Data and Ground-Based Measurements. Remote Sensing of Environment, 115: 3517-3529.

Tang Q, Oki T, Kanae S, et al. 2008. Hydrological cycles change in the Yellow River basin during the last half of the twentieth century. Journal of Climate, 21: 1790-1806.

Taylor K E, Stouffer R J, Meehl G A. 2012. An overview of CMIP5 and the experiment design. Bulletin of the American Meteorological Society, 93: 485-498.

Taylor S, Bookhagen B. 2018. Changes in seasonal snow water equivalent distribution in High Mountain Asia (1987 to 2009). Sci Adv, 4: 1-8.

Tedesco M, Miller J. 2007. Observations and statistical analysis of combined active-passive microwave space-borne data and snow depth at large spatial scales. Remote Sensing of Environment, 111(23): 382397.

Tianchou L. 1999. Hydrological characteristics of YarlungZangbo river. Acta GeographicaSinica, 54(Suppl 1): 157-164.

Vuyovich C. 2011. Assessing the accuracy of passive Microwave observations in the Upper Helmand Watershed, Afghanistan. Remote Sensing of Environment, 115(12): 33133321.

Walvoord M A, Kurylyk B L. 2016. Hydrologic impacts of thawing Permafrost a review. Vadose Zone J, doi: 10.2136/vzj2016.01.0010.

Walvoord M A, Voss C I, Wellman T P. 2012. Influence of permafrost distribution on groundwater flow in the context of climate-driven permafrost thaw: Example from Yukon Flats Basin, Alaska, United States. Water Resour Res, 48: W07524.

Wang G X, Liu G S, Li C J, 2012a. Effects of changes in alpine grassland vegetation cover on hillslope hydrological processes in a permafrost watershed. Journal of Hydrology, 444445: 2233.

Wang G X, Liu G S, Li C J, et al. 2012b. The variability of soil thermal and hydrological dynamics with vegetation cover in a permafrost region. Agricultural and Forest Meteorology, 162-163: 4457.

Wang G X, Qian J, Cheng G D, et al. 2001. Eco-environmental degradation and causal analysis in the source region of the Yellow River. Environmental Geology, 40(7): 884-890.

Wang G, Hu H, Li T. 2009. The influence of freeze-thaw cycles of active soil layer on surface runoff in a permafrost watershed. J Hydrol, 375: 438449.

Wang G, Lin S, Hu Z, et al. 2019. Vapotranspiration estimation integrating energy consumption for ice phase change across the Tibetan Plateau. Journal of Geophysical Research: Atmospheres, 125, e2019JD031799.

Wang J, Rich P M, Price K P. 2003. Temporal responses of NDVI to precipitation and temperature in the central Great Plains, USA. International Journal of Remote Sensing, 24(11): 2345-2364.

Wang S L, Jin H J, Li S X, et al. 2000. Permafrost degradation on the Qinghai–Tibet Plateau and its environmental impacts. Permafrost and Periglacial Process, 11(1): 43-53.

Wang W, et al. 2015. Spatio-temporal change of snow cover and its response to climate over the Tibetan Plateau based on an improved daily cloud-free snow cover product. Remote Sensing, 7(1): 169.

Wang X, Chen R, Yang Y. 2017. Effects of permafrost degradation on the hydrological regime in the source regions of the Yangtze and Yellow Rivers, China. Water, 9: 897.

Wei J F, Liu S Y, Xu J L, et al. 2015. Mass loss from glaciers in the Chinese Altai Mountains between 1959 and 2008 revealed based on historical maps, SRTM, and ASTER images. Journal of Mountain Science, 12: 330-343.

Woo M K, Kane D L, Carey S K, et al. 2008. Progress in permafrost hydrology in the new millennium. Permafrost Periglac Process, 19: 237254.

Wood A W, Maurer E P, Kumar A, et al. 2022. Long-range experimental hydrologic forecasting for the eastern United States. Journal of Geophysical Research-Atmospheres, 107: 4429.

Wu K, Liu S, Jiang Z, et al. 2018. Recent glacier mass balance and area changes in the Kangri Karpo Mountains from DEMs and glacier inventories. The Cryosphere, 12: 103-121.

Wu L, Zhang Y, Adams T, et al. 2018. Comparative evaluation of three Schaake shuffle schemes in postprocessing GEFS precipitation ensemble forecasts. Journal of Hydrometeorology, 19(3): 575-598.

Wu Q B, Hou Y D, Yun H B, et al. 2015. Changes in active-layer thickness and near-surface permafrost between 2002 and 2012 in alpine ecosystems, Qinghai-Xizang (Tibet) Plateau, China. Global and Planetary Change, 124: 149-155.

Wu Q B, Liu Y Z. 2004. Ground temperature monitoring and its recent change in Qinghai-Tibet Plateau. Cold Regions Science and Technology, 38(2-3): 85-92.

Wu Q B, Zhang T J. 2008. Recent permafrost warming on the Qinghai-Tibetan plateau. Journal of Geophysical Research-Atmospheres, 113(D13108):.

Wu Q, Zhang T. 2010. Changes in active layer thickness over the Qinghai-Tibetan Plateau from 1995—2007. Journal of Geophysical Research-Atmospheres, 115: D09107.

Xie X, Liang S, Yao Y, et al. 2015. Detection and attribution of changes in hydrological cycle over the Three-North region of China: Climate change versus afforestation effect. Agricultural and Forest Meteorology, 203: 74-87.

Xu W, Ma L, Ma M, et al. 2017. Spatial temporal variability of snow cover and depth in the Qinghai Tibetan Plateau. J Climate, 30: 15211533.

Xu Y P, Zhang X, Ran Q, et al. 2013. Impact of climate change on hydrology of upper reaches of Qiantang River Basin, East China. Journal of Hydrology, 483: 51-60.

Xu Y, Ma C, Pan S, et al. 2014. Evaluation of a multi-site weather generator in simulating precipitation in the Qiantang River Basin, East China. Journal of Zhejiang University SCIENCE A, 15(3): 219-230.

Yang D, Ye B L, Kane D. 2004. Streamflow changes over Siberian Yenisei River Basin. J Hydrol, 296: 5980.

Yang W, Guo X F, Yao T D, et al. 2011. Summertime surface energy budget and ablation modeling in the ablation zone of a maritime Tibetan glacier. Journal of Geophysical Research-Atmospheres, 116.

Yang W, Yao T D, Zhu M L, et al. 2017. Comparison of the meteorology and surface energy fluxes of debris-free and debris-covered glaciers in the southeastern Tibetan Plateau. Journal of Glaciology, 63(242): 1090-1104.

Ye B, Yang D, Zhang Z, et al. 2009. Variation of hydrological regime with permafrost coverage over Lena Basin in Siberia. J Geophys Res, 114: D07102.

You Q, Kang S, Wu Y, et al. 2007. Climate change over the YarlungZangbo River Basin during 1961—2005.

Journal of Geographical Sciences, 17(4): 409-420.

Yuan X, Ji P, Wang L, et al. 2018b. High Resolution Land Surface Modeling of Hydrological Changes Over the Sanjiangyuan Region in the Eastern Tibetan Plateau: 1. Model Development and Evaluation. Journal of Advances in Modeling Earth System, 10(11): 2806-2828.

Yuan X, Jiao Y, Yang D, et al. 2018a. Reconciling the attribution of changes in streamflow extremes from a hydroclimate perspective. Water Resources Research, 54: 3886-3895.

Zhang L, Su F, Yang D, et al. 2013. Discharge regime and simulation for the upstream of major rivers over Tibetan Plateau. Journal of Geophysical Research: Atmospheres, 118(15): 8500-8518.

Zhang X, Booij M J, Xu Y P. 2015. Improved simulation of peak flows under climate change: Postprocessing or composite objective calibration?. Journal of hydrometeorology, 16(5): 2187-2208.

Zhang Y S, Ma N, 2018. Spatiotemporal variability of snow cover and snow water equivalent in the last three decades over Eurasia. J Hydrol, 559: 238-251.

Zhao L, Ping C L, Yang D Q, et al. 2004. Changes of climate and seasonally frozen ground over the past 30 years in Qinghai-Xizang (Tibetan) Plateau, China. Global and Planetary Change, 43(1-2): 19-31.

Zhou Y, Li Z, Li J, et al. 2018. Glacier mass balance in the Qinghai–Tibet Plateau and its surroundings from the mid-1970s to 2000 based on Hexagon KH-9 and SRTM DEMs. Remote Sensing of Environment, 210: 96-112.

Zhu H, Xu P, Shao X, et al. 2013. Little Ice Age glacier fluctuations reconstructed for the southeastern Tibetan Plateau using tree rings. Quaternary International, 283: 134-138.

Zou D F, Zhao L, Sheng Y, et al. 2016. A new map of the permafrost distribution on the Tibetan Plateau. The Cryosphere, 11(6): 2527-2542.

第5章

西南河流源区径流变化规律及其未来趋势

西南河流源区属于高原气候，其径流受冰川积雪和冻土等寒区水文过程影响显著，对全球变化的响应非常敏感。因此，西南河流源区径流变化规律和未来趋势是国内外学术界关注的热点，但由于结果的不确定性强，不同研究结论的差别显著，亟须在更加翔实的基础数据、更加深入的水文过程认识的基础上开展创新性研究。本章针对已有研究的不足，重点介绍西南河流源区水储量变化与径流演变规律、雅江流域万年尺度的灾害性洪水、怒江流域百年尺度的洪旱变化以及综合考虑下垫面改变和 CO_2 浓度变化生态水文效应的河源区主要流域径流预估等重要研究进展。需要说明的是，由于研究方法的特点，水储量的研究区域覆盖了整个青藏高原。

5.1　水储量变化规律及其驱动机制

青藏高原的陆地总水储量，主要包括冰川、湖泊、土壤和地下水储量，是重要的水文状态变量。总水储量可通过垂直和水平的水文通量（降水、蒸发、植被蒸腾、地表径流和地下径流）不断与大气、海洋和陆地进行交换。此外，总水储量与极端气候事件，如干旱和洪涝等，以及全球海平面变化均存在内在联系，因此，总水储量通常被认为是评价全球水塔重要性和脆弱性的关键指标。本节通过对重力卫星等多源信息反演的总水储量变化结果进行交叉检验，量化总水储量变化及各组分水储量变化的贡献。在此基础上，探明 2000~2017 年青藏高原和西南河流源区（冰川物质平衡）水储量变化的时空规律，并分析了其气候驱动机制。总体来看，青藏高原外流区水储量显著下降，内流区水储量显著上升，地表水储量的变化（冰川和湖泊）在总水储量变化中占主导地位。降水和气温变化是各类水储量变化最主要的气候驱动因素。各类水储量的显著变化，将对径流的形成和演变，包括径流的水源构成等产生重大影响，并对生态环境和工程地质灾害产生级联效应。下面分别介绍湖泊、冰川和总水储量的遥感反演方法、计算结果和驱动机制。

5.1.1　青藏高原湖泊水储量变化规律

青藏高原是世界上湖泊分布最密集的地区之一。青藏高原湖泊群总面积约 5 万 km^2，占中国湖泊面积的一半以上，其中大于 $1km^2$ 的湖泊数量接近 1400 个。作为区域水循环的重要节点，青藏高原湖泊水量变化受到整个湖泊流域降水、蒸散发、冰川、冻土、地下水等多种水文要素的影响。在气候变暖背景下，青藏高原整体呈现"暖湿化"趋势，青藏高原湖泊群在过去 20 多年的时间里经历了快速扩张过程。但由于观测资料匮乏、影响机制复杂、模型假设过多等，现有研究仍不能对青藏高原湖泊群水量变化的成因给出完整清晰的解释。借助更加准确的遥感观测资料，包括气象驱动场、湖泊水量变化、冰川质量变化和总水储量变化等信息，可以对青藏高原湖泊群水量变化的时空分布规律和驱动机制有更深入的认识。

1. 湖泊水储量变化的遥感反演方法

湖泊水储量变化的计算主要基于对湖泊面积变化和湖泊水位变化的观测。湖泊面积的获取主要通过遥感影像识别湖泊边界，湖泊水位可通过 DEM 数据和湖泊整体水域范围推求，也可通过集成多源卫星测高信息获取，或者通过对湖泊岸坡局部地形进行分析，并建立特定区域岸线位置与水位之间的关系来推求。

不同时期的湖泊面积可以通过地图资料、卫星遥感影像（光学、SAR）、航拍影像等多种信息源获取。20 世纪 70 年代以前的湖泊面积数据主要从地图资料中获取，70 年代以后，湖泊面积提取普遍基于 Landsat 影像数据。基于国产环境卫星，对 Landsat 数据缺失的时段做补充，提高湖泊面积反演的时间分辨率。湖泊面积的提取方法主要包括人工勾绘湖泊矢量边界和水体分类自动提取两类。其中，水体指数法通常更简洁高效，应用更为广泛。随着谷歌地球引擎（google earth engine，GEE）等遥感云平台的发展和成熟，湖泊面积的提取已经越来越多地通过云平台完成。

利用遥感云平台和水体指数法实现湖泊水体轮廓及面积提取，通常包括四个步骤：①构建包含湖泊边界的缓冲区；②构建合适的水体指数；③在缓冲区内进行水体指数计算，并选取合适的阈值将水体指数灰度图二值化；④根据二值化图像生成湖泊边界并导出或计算面积后导出。常见的水体指数有归一化差异水体指数（normalized difference water index，NDWI）、改进的归一化差异水体指数（MNDWI）、自动水体提取指数（AWEI）、混合水体指数（CIWI）等，其中运用最为广泛的是 NDWI。阈值选取可基于最大类间方差法（又称大津法，Otsu's method），大津法相比于固定阈值的优点在于不会受到"亮度"和"对比度"的影响，例如，给每个水体指数像元加上一个系统偏差，大津法得到的结果不会发生变化，而固定阈值法将受到影响。

湖泊水位遥感反演主要基于卫星测高技术，卫星利用激光或雷达脉冲测量到水面的距离，再根据自身高程计算水面高程（相对于水准面或参考椭球面的高度）。测高水位提取通常需要波形重定，目的是消除复杂地形引起的雷达回波信号异常，从而提高水位的反演精度。常用的有 β 参数法、重心偏移法（OCOG）、阈值法（threshold retracking）、改进阈值法（improved threshold retracking）等。Huang 等（2018）提出一种波形重定算法（TIC），其在改进阈值法的基础上，优化了测高足迹的选取，并针对不同季节使用不同的阈值，显著提高了河湖水位的反演精度。

使用多源测高卫星数据能够提升湖泊测高水位的时间跨度和时间分辨率，但往往需要消除不同传感器之间的系统误差。Li 等（2019b）使用了包括 ICESat、Envisat、CryoSat-2 和 Jason-1/2/3 系列的多源测高数据，利用 Landsat 5/7/8 数据提取湖泊岸线的变化过程生成光学水位，并以时间跨度最长的光学水位为参照，将多源测高卫星数据之间的系统误差移除，生成了青藏高原 52 个大型湖泊高时间分辨率湖泊水位数据。光学水位提取方法如图 5-1 所示。其中，图 5-1（b）中的浅黄色条形区域为提取湖泊（羊卓雍措湖）岸线变化的缓冲区，如果选取得当，可以避开 Landsat-7 ETM+数据中的无效像元。获取岸线变化后，和同期测高水位进行回归分析即可将岸线变化转化为光学水位。获取湖泊水位和面积变化时间序列后，可以通过积分得到湖泊的水量变化。

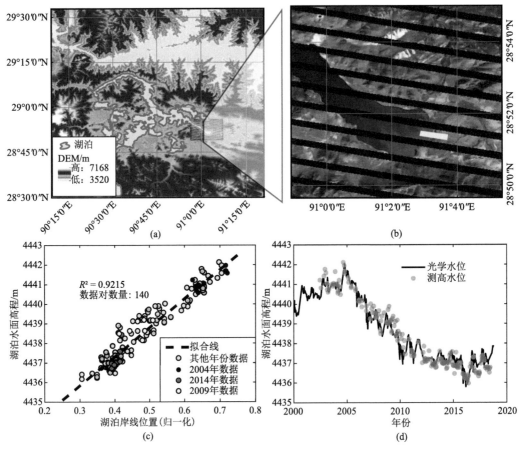

图 5-1 光学水位提取方法

（a）为羊卓雍措湖周边地形图；（b）为（a）中研究区的放大图，黄色区域表示岸线变化提取区域；（c）展示了测高水位与归一化后的湖泊岸线变化之间的回归关系；（d）为所生成的光学水位和测高水位的时间序列

2. 湖泊水储量变化反演结果

由于青藏高原湖泊群实测资料较为匮乏，合理评估遥感反演结果的精度是一大挑战。其中，光学水位的精度评估又涉及了图像分类的准确性，影响因素较多。Li 等（2019b）收集实测水位信息并与同期的光学水位进行比较，结合 1 m 分辨率的高分二号遥感影像，从源头上分析误差来源，对光学水位的不确定性做了综合论证。羊卓雍措湖光学水位与实测水位的比较结果如图 5-2 所示，R^2 约为 0.8896，RMSE 约为 0.11 m。而高分二号数据对 Landsat 影像进行亚像元的分析表明，光学水位的精度取决于所选取的研究区宽度、湖岸坡度的大小、光学影像的分辨率以及水体识别算法的可靠性，光学水位不确定度与上述各种因素的数学关系如式（5-1）所示，如果考虑测高水位拟合误差的传递则用式（5-2）。利用式（5-2）以羊卓雍措湖为例，计算了其理论不确定性，在 0.12～0.22 m，与实验结果基本一致。

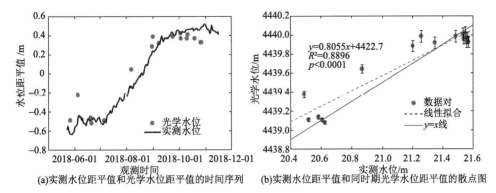

(a)实测水位距平值和光学水位距平值的时间序列　(b)实测水位距平值和同时期光学水位距平值的散点图

图 5-2　基于西藏羊卓雍措湖的实测水位数据验证"光学水位"

$$\sigma_{ho} = \sigma_{\bar{x}} \cdot d \cdot \tan\theta = \frac{0.39 \times 30 \times \tan\theta}{\sqrt{N}} \tag{5-1}$$

$$\sigma_y = \sqrt{\sigma_\beta^2 (\frac{\partial y}{\partial \beta})^2 + \sigma_{\bar{x}}^2 (\frac{\partial y}{\partial(X-\overline{X})})^2 + \sigma_{\overline{Y}}^2 (\frac{\partial y}{\partial \overline{Y}})^2} = \sqrt{\sigma_\beta^2 (X_1 - \overline{X_1})^2 + \sigma_{\bar{x}}^2 \beta^2 + \sigma_{\overline{Y}}^2} \tag{5-2}$$

式中，σ_x 为岸线位置的误差；d 为影像分辨率；θ 为湖岸坡度；N 为研究区径向像元数目，即研究区宽度；β 为光学水位拟合斜率；X_1 为岸线变化距离；Y 为测高水位。

Li 等（2019b）研究的青藏高原 52 个大型湖泊大多呈现扩张趋势，2000～2017 年湖泊总水储量增加约 100km³，约相当于 2.5 个三峡水库的总库容。其中，2000～2011 年水量增加速率较快，为 6.7km³/a，2012 年后增速放缓至 2km³/a，如图 5-3 所示。湖泊水量变化空间分布规律复杂（图 5-4），例如，色林错流域呈现"小湖收缩，大湖扩张"的反常现象，这种现象可能与该地区复杂的河湖耦合机制相关。色林错流域的上游有吴如措、错鄂湖、格仁措等较小的湖泊，这些湖泊与色林错之间有河道相连，一种可能的解释是随着水流对小湖下泄口的侵蚀，下泄口高程缓慢降低，造成小湖的蓄水能力下降。这类现象在时间分辨率较低的数据集中难以得到体现。

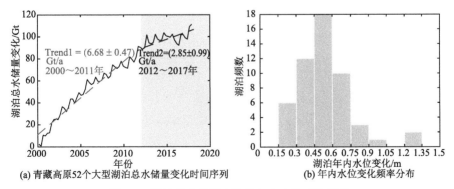

(a) 青藏高原52个大型湖泊总水储量变化时间序列　(b) 年内水位变化频率分布

图 5-3　湖泊总水储量变化及年内水位变化频率

（a）湖泊总水储量变化时间序列，其中第一阶段（2000～2011 年）水量上升趋势约为 6.68 Gt/a；第二阶段（2012～2017年）上升趋势变缓，为 2.85 Gt/a；（b）湖泊年内水位变化幅度的频率分布，直方图显示大多数（~80%）湖泊的年内水位变化范围在 0.3-0.75 m 之间

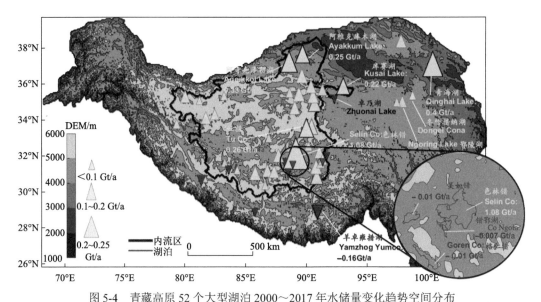

图 5-4　青藏高原 52 个大型湖泊 2000～2017 年水储量变化趋势空间分布

蓝色三角形表示湖泊水量增加，红色三角形表示湖泊水量减小，三角形大小代表水量变化趋势绝对值大小。青藏高原南部地区湖泊水量减小趋势较为明显，其他区域以水量增加为主。色林错流域呈现大湖水量增加、小湖水量减小的复杂空间分布特征

　　湖泊的持续扩张可能引发湖泊溃决或溢流洪水灾害。例如，青海可可西里地区的卓乃湖-库赛湖-海丁诺尔湖-盐湖群。位于上游的卓乃湖于 2011 年发生溃决，湖水下泄相继引起下游库赛湖和海丁诺尔湖溢流，最后注入盐湖。盐湖近年来快速扩张，也存在溢流风险，其下泄点距离青藏铁路沿线仅 10km 左右。利用库赛湖的遥感水位数据和光学影像观测到的溢流现象，可推算下泄口高程和宽度，进而推求溢流时段的下泄水量。图 5-5 展示了

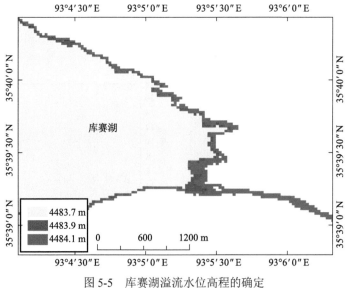

图 5-5　库赛湖溢流水位高程的确定

蓝色、红色和黄色区域分别代表水面高程为 4484.1m、4483.9m 和 4483.7m 时的水面范围，当水面高程由 4483.9m 上升到 4484.1m 时出现了明显的溢流现象，因此可以判断下泄点的高程应该在 4484.0m 附近

库赛湖溢流水位高程的确定。通过 Landsat 影像提取水域范围，并借助高时间分辨率水位数据匹配同日期的水位信息，可以较为准确地给出湖泊溢流的临界高程，作为下泄口的高程。

3. 湖泊水储量变化的驱动机制

影响湖泊水量平衡的诸多因素中，降水、蒸发、冰川、冻土是现阶段研究考察的主要变量。统计分析表明，降水与湖泊水量变化的相关程度最高，但量化这些变量对湖泊水量平衡的贡献，通常需要使用水文模型对湖泊流域产汇流过程进行模拟。目前仅少数几个有观测资料的湖泊得到了模拟，包括色林错、纳木错、当惹雍错、玛旁雍错、佩枯错、可可西里湖、勒斜武担措（Biskop et al.，2016；Zhou et al.，2015）。

在所有被模拟的湖泊中，降水均被认为是驱动湖泊水量变化最主要的因素，对不同的湖泊贡献度在 59%～95%。青藏高原的内流区是湖泊最为集中的区域（图 5-4），近 20 年降水量呈增加趋势。色林错、纳木错和当惹雍错均位于青藏高原内流区的南部，这一区域的湖泊在 2000～2010 年经历了快速扩张期，之后进入缓慢扩张/相对稳定期。可可西里湖和勒斜武担措位于内流区的北部，呈现持续的水量上涨趋势。玛旁雍错、佩枯错位于青藏高原南部的外流区，其中佩枯错出现了较为显著的湖泊水量下降趋势，玛旁雍错的水量变化不明显。整体上这些湖泊的水量变化与降水量的变化保持了较高的一致性。

冰川融水的贡献可以通过模型模拟或遥感观测获得，在已经研究的湖泊中，冰川融水对湖泊水量的贡献大多在 10%～20%（Biskop et al.，2016；Zhou et al.，2015）。冰川对佩枯错水量的贡献相对大，达到了 30%（Biskop et al.，2016）。内流区北部的冰川面积大于南部地区，但由于喀喇昆仑异常，内流区北部的冰川质量变化不明显或呈增长趋势，对湖泊水量变化的贡献也相对有限。青藏高原冻土的观测资料稀缺，主要集中在青藏铁路沿线，故分析冻土对湖泊水量的贡献通常基于模型模拟。针对色林错流域的模拟结果显示，冻土对湖泊水量变化的贡献达到28%（Zhou et al.，2015），超过冰川融水的贡献，但相关结果仍有待进一步检验。

蒸散也是影响湖泊水量平衡的重要变量，也是水离开内流流域的主要途径。关于蒸散对青藏高原湖泊水量变化贡献的研究处于起步阶段，主要原因是影响因素较多，且青藏高原的蒸散观测数据匮乏。在暖湿化背景下，青藏高原的蒸散整体呈现增加趋势。温度升高、冻结期缩短都将导致湖泊总蒸发量增大。同时，青藏高原的湖泊面积扩张也可能导致水面蒸发总量增加。但青藏高原的湖泊水量不可能无限制地增大，或将达到某种平衡状态。这种平衡状态所对应的湖泊面积、湖泊水量、气候条件以及它对气候变化的响应规律等均有待进一步探索。

5.1.2　藏东南地区冰川水储量变化规律

冰川是极地或高山地区表面由降雪和其他固态降水积累、演化形成的处于流动状态的冰体。冰川作为冰冻圈的重要组成之一，对江河源区径流的年内和年际调节发挥着重要作用，冰川融水径流也是地表水资源的重要组成部分。在气候变暖、地表水资源减少的背景下，冰川作为气候变化的敏感因子，在研究气候变化、冰川水资源、冰川自然灾害等方面具有重要意义。实测资料显示，近几十年来藏东南地区冰川质量损失明显。显著的冰川质量损失，使得该地区雪崩、泥石流、滑坡以及冰湖溃决等自然灾害风险显著增大，直接影响河流沿岸及下游地区的农业生产用水和基础设施安全。

1. 典型冰川区物质平衡结果

藏东南地区主要包括帕隆藏布（雅江一级支流）流域及其周边地区（图 5-6），是我国海洋性冰川分布最为集中的地区，冰川水资源储量十分丰富，同时也是整个青藏高原冰川消融最为剧烈的地区之一。藏东南地区冰川主要分布在念青唐古拉山中东段、横断山区的伯舒拉岭、喜马拉雅山最东端的南迦巴瓦峰区域。这些地区平均海拔超过 4000m，最高峰为喜马拉雅山东端的南迦巴瓦峰，海拔 7782 m，而最低的雅江大峡谷海拔不到 2000m，整体落差超过 5000m。受地形影响，藏东南地区形成了罕见的水汽通道，是整个青藏高原最为湿润的地区，喜马拉雅山脉及岗日嘎布山以南地区年降水量在 1000 mm 以上；念青唐古拉山南麓的察隅、波密和易贡年降水量也在 790 mm 以上。受丰沛的降水和高海拔带来的低温影响，藏东南地区发育有数量众多、规模巨大的海洋性冰川，冰川总面积超过 7000 km^2。

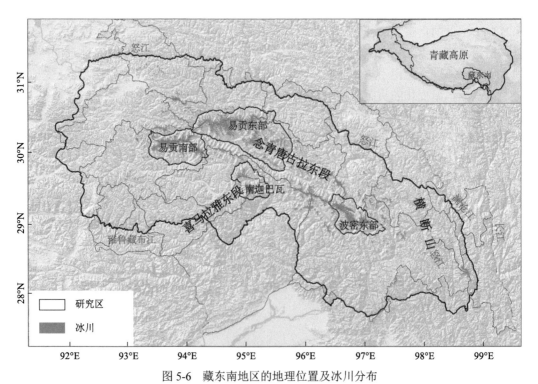

图 5-6　藏东南地区的地理位置及冰川分布

粗线为藏东南地区的空间范围，细线为藏东南地区四个冰川集中分布的子区域，蓝色区域为冰川

Zhao 等（2022）联合 ICESat 数据（2003～2008 年）、DEM 数据（2010 年和 2014 年）、CryoSat-2 数据（2011～2020 年）和 ICESat-2 数据（2019～2020 年），得到近 20 年的冰川表面高程变化时间序列，通过冰川质量-体积转换因子[冰川密度：（900±17）kg/m³]将其转化为冰川物质平衡时间序列（图 5-7）。2003～2020 年，藏东南地区的冰川表面高程变化速率为（–0.73±0.02）m/a，冰川物质平衡为（–0.66±0.02）m w.e./a，相当于每年损失 4.86 Gt（1Gt=10^{12} kg）的冰川水资源。通过 2019 年的 ICESat-2 数据与 2000 年的 NASA DEM，同样可得到 2000～2019 年整个藏东南地区的冰川表面高程变化值 [（–0.71±0.18）m/a]以及四个子区域的值，整体结果如表 5-1 所示。对比 2000～2019 年及 2011～2020 年的结果可以得出藏东南地区的冰川在加速消融的结论。

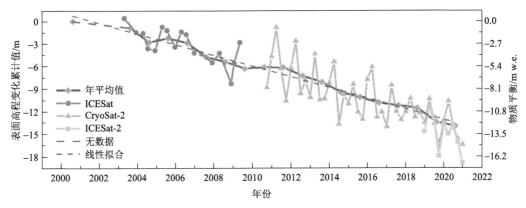

图 5-7　2000～2020 年藏东南地区冰川物质平衡时间序列

表 5-1　藏东南地区及其子区域的冰川表面高程变化值统计信息

区域	冰川面积/km²	2000～2019 年		2011～2020 年	
		高程变化速率/（m/a）	质量收支/（Gt/a）	高程变化速率/（m/a）	质量收支/（Gt/a）
藏东南	7408	–0.71±0.18	–4.72±1.18	–0.87±0.13（季平均）	–5.80±0.87
				–0.83±0.04（年平均）	–5.53±0.27
易贡东部	1957	–0.70±0.18	–1.24±0.31	–0.85±0.22	–1.49±0.39
易贡南部	899	–0.51±0.13	–0.41±0.10	–0.66±0.32	–0.53±0.26
南迦巴瓦	298	–0.61±0.15	–0.16±0.04	–0.89±0.33	–0.24±0.09
波密东部	829	–1.16±0.29	–0.89±0.22	–1.14±0.28	–0.87±0.21

通过高空间覆盖范围的 ICESat-2 数据，可分析藏东南地区冰川物质平衡的空间分布特征（图 5-8）。在 0.5°×0.5°的网格尺度，藏东南地区冰川物质损失最严重的区域位于横断山区域(藏东南地区的东北部)，2000～2019 年物质平衡速率达到了（–1.29±0.32）m w.e./a；藏东南地区东部的冰川物质损失比其西部地区要快很多，东部区域的表面高程变化速率约为–0.9m/a，而西部区域的表面高程变化速率约为–0.5m/a。此外，藏东南地区成片分布的大型冰川表面高程变化速率，要低于周边零星分布的小型冰川的变化速率。

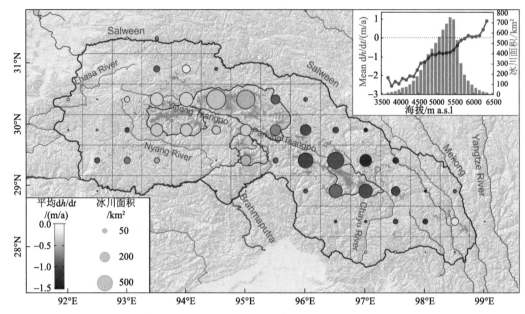

图 5-8 藏东南地区冰川表面高程变化空间分布（0.5°×0.5°网格）
圆的大小代表每个网格内冰川的面积，圆的颜色代表每个网格内冰川表面高程变化值。右上角的小图表示藏东南地区冰川面积和冰川表面高程变化随海拔的变化情况

2. 冰川水储量变化驱动机制

冰川物质平衡受到多种因素影响，包括气温和降水、云遮挡、地形地质条件、冰川自身条件等。气温和降水是影响冰川物质收支的重要因素。降水量的大小和降水相态决定了冰川积累量的多少，而气温的高低决定了冰川消融（积累）的快慢，气温和降水的变化也是冰川变化的重要驱动因素。藏东南地区由于南亚季风环流深入，形成了向北突出的罕见舌状多雨带。尽管藏东南地区气温相对较高，但丰富的降水仍然使得该区发育有大规模冰川。藏东南地区的气象站点数据资料显示，2003~2018 年，藏东南地区年均气温以 0.23℃/10a 的速率上升，年降水量则基本保持稳定，但降水的年际变化幅度明显高于以往。气温的升高和降水的波动是近年来藏东南地区冰川消退的重要原因。

云层可以吸收和反射下行短波辐射，并显著增强大气长波辐射能力。研究表明，太阳短波辐射是青藏高原冰川的主要能量来源，净长波辐射又是能量的主要支出。对于祁连山老虎沟 12 号冰川的研究表明，大气中的水汽和其他成分可以反射、散射和吸收 18%大气层顶的太阳短波辐射，而由于云的发育，太阳短波辐射被减弱了 12%。在冰川消融期，云对短波辐射的减弱要远远大于来自云的长波辐射。由于能量来源的减小，随着云量的增加，空气温度随之降低，从而使通过感热输入冰川的能量减少。藏东南地区多峡谷地形，且冰川的存在使冰川区域与山谷区域温差较大，因此，山顶与山谷存在较大的气压差，且由于冰川消融产生大量水汽，白天强烈的谷风将大量水汽输送到山顶上空，形成常在冰川上方的云。Landsat 卫星影像及本节作者的多次野外观测实验也表明，藏东南冰川区域受云遮挡的影响严重，即使周边区域是晴空，冰川区上空也大多有较厚的云层。云层的存在使来自太阳的辐射减少，冰川能够吸收的热量减少，从而有效抑制了冰川的快速消融。这种负反馈机制能够使藏东南地区的冰川消融速度控制在一定范围内。但是，只有相对大型的冰川或是冰川分布集中的区域才容易形成云，一些小型冰川由于产生的水汽较少，不足以在冰川上方形成云，因而消融速度比较快。

地形要素（山脉走向、坡向、形态和切割程度等）通过影响降水、积雪再分配和热量条件而决定冰川形态类型规模和活动性。一方面，藏东南及周边地区是印度板块与亚欧板块动力碰撞的影响区，地质基础薄弱，地质构造复杂，地震活动强烈，是现代地壳运动最为活跃的地区之一，地形破碎。另一方面，藏东南地区山高谷深，海拔落差悬殊，波密峡谷等峡谷深切，下切的河谷使两侧谷坡重力作用显著，因而经常发生泥石流和大规模山体滑坡。多发的地质灾害改变了区域内的地形，也改变了藏东南地区冰川的空间分布。

藏东南地区纬度较低，地势高耸，受季风影响大，冰川特性与大陆型冰川、其他区域的海洋性冰川有很大不同，包括：①消融期长。根据 2006 年夏季冰川表面自动气象站 2 m 日均气温记录得出，在 5500 m 粒雪盆处，全年气温高于 0℃的天数达到 64d，累计正积温达到 76.5℃，集中在 6～8 月；在 4600 m 处，气温高于 0℃的天数达到 157d（杨威，2008）。②高积累高消融。藏东南地区海洋性冰川的主要物质输入来自西南季风，且特殊的峡谷地形使得大量水汽能够到达较高海拔地区。根据粒雪年层及降水垂直梯度推算得到雪线附近降水量为 2500～3000 mm。同时，西南季风盛行时，该区域气温也是一年中最高的，冰川表面的温度也不断升高，冰川表面消融剧烈。而由冰川表面自动气象站数据可知，藏东南地区的冰川即使在海拔很高的区域，消融量也很大。此外，杨威（2008）通过野外实验发现，7～8 月，帕隆 94 号冰川在海拔 5200 m 以下的区域，降水的形式通常是降雨，温度较高的雨水通过冲刷、热交换等过程也加速了冰川表面消融。③表碛覆盖程度高。藏东南地区冰川多发育于山谷，冰舌较长，且冰川运动速度相较大陆性冰川要快得多，大量碎屑物质随冰川消融而暴露于冰川表面形成表碛。冰川舌末端常覆盖薄层表碛。以往研究表明，表碛对冰川消融的影响存在临界值（2 cm 左右），当厚度小于临界值时，表碛会促进冰川消融，而当表碛大于临界值时，表碛会抑制冰川消融。④冰川湖发育。近几十年气候变暖导致藏东南地区冰川湖数量增加，已有的冰川湖也有快速扩张趋势。然乌镇来古村雅隆冰川前的冰川湖近 40 年来面积扩张了数倍，现在冰川湖的面积将近 3 km²；易贡藏布、尼洋河流域也都发育了大量冰川湖。2013 年，念青唐古拉山区域发育的冰湖就有 3610 个，总面积达到了 363.32 km²。⑤冰川跃动频繁。藏东南地区冰川跃动频发，南迦巴瓦峰西坡的则隆弄冰川就分别在 1950 年和 1968 年发生跃动，产生灾难性后果；而中国六大最美冰川之一的米堆冰川也曾在 1988 年发生跃动，导致川藏公路中断半年之久。藏东南地区冰川的这些特性使其在温度升高时更容易消融，这也是藏东南地区冰川消融速度高于青藏高原其他区域冰川的重要原因之一。

近几十年来，藏东南地区冰川快速消融已是一个普遍接受的观点，而藏东南极端复杂的气候、地形地质条件使得该区冰川的研究受到很大制约。冰川快速消融引发的径流情势改变、地质灾害频发、冰湖溃决洪水、水资源衰减等问题亟待进一步研究。

5.1.3 青藏高原总水储量变化规律

气候变暖对青藏高原水文过程具有显著而复杂的影响，主要表现为藏东南地区冰川快速消融、喀喇昆仑地区冰川正平衡（即喀喇昆仑异常）、内流区湖泊显著扩张，以及青藏高原广泛的冻土退化等。这些现象表明，青藏高原水储量和水文过程正发生深刻改变，冰湖溃决、冰崩、泥石流等自然灾害频率和强度不断增加，对青藏高原及泛第三极地区的水资源利用、水灾害防治和可持续发展带来一系列挑战。

1. 重力卫星陆地总水储量变化观测

传统的水量平衡分析中通常假设特定流域多年总水储量变化为零，但是在气候变化和人类活动的双重影响下，这一基本假设有可能被打破。青藏高原受气候变化影响显著，降水或气温的长期变化趋势会导致流域总水储量具有多年变化特征，并在月、季、年尺度上均不能忽略。重力恢复与气候实验（GRACE）卫星的研制和发射为陆地总水储量变化的估算开辟了新途径。GRACE 双星轨道高度距离地球大约 450km，两颗卫星的距离约为 220km，将双星之间的距离变化作为反演地球时变重力场的基本信息，可进一步反演总水储量变化。GRACE 可提供月尺度、空间分辨率约 100000km² （约 300 km×300 km）的总水储量变化信息，该数据已被广泛用于多种水文研究，如流域水量平衡计算（Li et al.，2019a）。

基于 GRACE 卫星在监测水储量变化方面的巨大优势，对近 20 年来青藏高原水储量变化进行解析。从 GRACE 二级产品（Level-2）全球时变重力场球谐系数出发，采用加约束边界条件的前向模拟方法（constrained forward modeling）（Long et al.，2016），对总水储量进行反演和偏差及泄露误差校正，并对比 GRACE 三级产品在青藏高原的表现差异，包括两种基于球谐系数的网格产品（JPL-SH 和 CSR-SH）和两种基于质量浓度斑块（mascon）的网格产品（JPL-M 和 CSR-M），利用基于 loess 的季节性-趋势分解（seasonal and trend decomposition using loess，STL）时间序列分解方法，获得水储量的多年变化趋势。研究发现（图 5-9），GRACE 不同产品在青藏高原估算的总水储量变化差异较大，尤其在内流区；两种球谐系数产品的结果比较一致，两种 mascon 产品的结果比较一致，但 JPL-M 比 CSR-M 能反映更丰富的水储量空间变化信息。2002～2017 年，青藏高原外流区多数流域（印度河、恒河、雅江、怒江、澜沧江流域等）总水储量呈显著下降趋势，而内流区多数区域（塔里木盆地、柴达木盆地和羌塘盆地）的总水储量呈显著增加趋势。

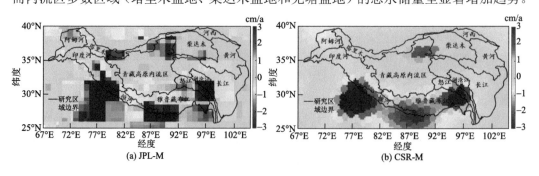

(a) JPL-M (b) CSR-M

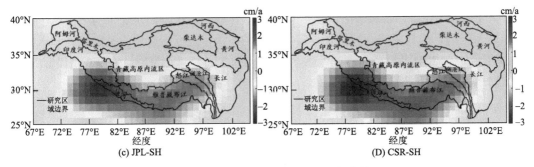

图 5-9　重力卫星 GRACE 不同三级产品

包括两种基于质量浓度斑块的网格产品（JPL-M 和 CSR-M）和两种基于球谐系数的网格产品（JPL-SH 和 CSR-SH）反演的青藏高原及各流域水储量变化趋势（数据时段：2002 年 4 月～2017 年 6 月）

2. 各组分水储量变化规律

对比 GRACE 反演的总水储量和不同组分水储量（冰川、湖泊、土壤和地下水储量）变化的加和，可进行基于多源信息的水储量变化交叉检验，量化青藏高原水储量变化及各组分水储量的贡献。其中，地表水储量（湖泊、冰川、积雪等）变化可联合光学和雷达影像及测高卫星信息进行联合观测和反演，并通过严格的不确定性分析和野外实验进行验证；土壤水储量变化可利用多种陆面模式模拟的土壤含水量集合平均进行估算；地下水储量变化可依据全球陆面同化系统最新版（GLDAS-2.2）模拟的地下水储量进行估算。基于 GRACE JPL-M 估算的总水储量变化，2002～2017 年整个青藏高原的总水储量以–10.2Gt/a 的速率下降（Li et al.，2022）。其中，外流区（印度河-恒河-雅江-怒江-澜沧江-长江-黄河流域）总水储量的下降速率达到–15.8Gt/a，内流区（阿姆河-塔里木-羌塘盆地-柴达木-河西区域）陆地总水储量则以 5.6Gt/a 的速率上升，青藏高原不同区域的总水储量变化呈现显著的差异性。

2002～2017 年，在外流区冰川广泛分布的印度河-恒河-雅江流域（青藏高原海洋性冰川集中分布的地区），总水储量以–13.2Gt/a 的速率下降，其中，冰川消融的速率达到–10.1Gt/a，占该地区总水储量下降速率的 76%。该地区的冰川是极为重要的固态水资源，冰川融水与积雪融水是下游印度河-恒河平原的主要灌溉水源，影响约 1.3×10^8 人的生产生活用水，冰川的快速消融已成为该地区最严重的威胁之一。此外，在外流区气候较为暖湿的怒江-澜沧江流域，地表冰川、湖泊分布很少，总水储量变化主要由土壤和地下水储量变化引起。2002～2017 年，怒江-澜沧江流域土壤水和地下水储量的下降速率为–1.8Gt/a，同时段该区域总水储量下降速率为–3.2Gt/a，土壤水和地下水储量的变化占总水储量变化的 58%。该区域土壤水和地下水储量下降与冻土退化相关。受气温升高的影响，广泛分布于怒江-澜沧江流域的季节性冻土在过去 20 年间显著退化，这会导致壤中流和土壤蒸散发增加，进一步引起土壤水和地下水储量下降。

对湖泊广泛分布的内流区羌塘盆地，2002～2017 年，总水储量增加速率为 4.2Gt/a，该变化主要由湖泊扩张反映（湖泊水储量增加速率为 5.8Gt/a，占总水储量变化的 137%）。此外，由气温升高导致的多年冻土退化，使羌塘盆地的土壤水和地下水储量在该时段以

–1.2Gt/a 的速率下降，占总水储量变化的–30%。尽管内流区湖泊水储量与下游地区的用水量联系较弱，但显著的湖泊扩张可能导致湖泊溃决，进而威胁周边基础设施和居民生命财产安全[如 2011 年 9 月青藏高原内流区卓乃湖(35.54°N,91.93°E)和库赛湖(35.73°N, 92.87°E)的溃决事件]。

3. 陆地总水储量变化的驱动机制

在人类活动影响较小的青藏高原，近 20 年来显著的气候变化是引起该区域总水储量变化的主要原因。总体而言，降水和气温是影响总水储量变化最重要的气候因子。降水作为总水储量的输入，是引起冰川正平衡、湖泊扩张、土壤和地下水储量增加的重要变量。气温与冰川融化和蒸散发密切相关，气温上升是引起总水储量下降的主要原因。

研究表明，青藏高原是全球范围内气候变化最敏感的地区之一，该地区主要受南亚季风和西风带的影响。以印度洋夏季风指数（Indian summer monsoon index，IM Index）和韦伯斯特-杨崧（Webster-Yang）季风指数（Webster and Yang monsoon index，WYM Index）表征的南亚季风指数在 1948~2019 年呈下降趋势，且 2000 年之后的下降趋势更加明显，表明南亚季风逐渐减弱，这会使青藏高原南部（喜马拉雅地区）由南亚季风带来的降水减少，并导致该区域总水储量下降。此外，近年来西风带增强导致帕米尔高原降水有所增加，这是青藏高原西部阿姆河流域冰川物质基本平衡的主要原因之一（Yao et al.，2012）。季风变化深刻影响了青藏高原降水变化的空间格局，进一步影响青藏高原高山冰川等固态水体和总水储量的变化。

基于观测结果，1993~2012 年，全球平均升温速率约为 0.14℃/10a（Fyfe et al.，2013），青藏高原 1955~1996 年升温速率约为 0.16℃/10a，其中冬季升温速率高达 0.23℃/10a（龙笛等，2022），高于全球平均水平。显著的升温导致青藏高原冰川快速消融，引起总水储量变化。例如，在藏东南地区，气温升高是冰川融化和总水储量减少的主要气候原因（见 5.1.2 节）。

5.2　径流量变化规律及其驱动机制

本节主要基于长时序的径流观测资料，围绕西南河流源区内的三江源地区、雅江流域、怒江流域的径流变化规律展开分析，重点关注径流演变的趋势性、周期性与突变性。在此基础上，甄别不同流域径流变化的驱动因子，分析其驱动机制，科学揭示区域径流演变过程。整体上看，三江源地区、雅江流域、怒江流域径流演变呈现空间异质性，但气候变化尤其是降水的变化仍是引起径流变化的核心要素。

5.2.1　三江源地区径流量变化规律

1. 研究区与数据介绍

三江源是长江、黄河、澜沧江三大河流的发源地，每年为三大河流提供水资源 516

亿 m³。径流量数据来自黄河源吉迈水文站、军功水文站，澜沧江源下拉秀水文站、香达水文站，长江源沱沱河水文站、直门达水文站 1956～2012 年的实测资料（图 5-10）。日值降水、温度数据来自中国气象局国家气象科学数据中心（http://data.cma.cn/），是由全国 2400 个站点插值而成的格点数据，空间分辨率为 0.5°×0.5°，时间跨度为 1961～2015 年。

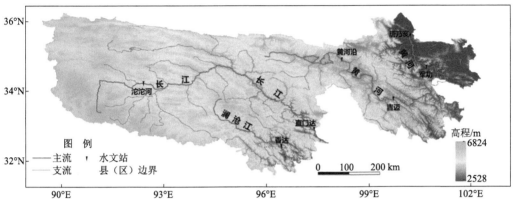

图 5-10　三江源地理位置图

2. 三江源地区径流量变化规律

1）径流量变化规律

研究基于 6 个水文站点 1956～2012 年径流监测资料分析，发现除黄河源区军功站径流出现减小趋势外，其余 5 个站点观测径流量均出现增加的趋势，而且以长江源区直门达水文站径流增速最大，为 0.667 亿 m³/a（图 5-11）。

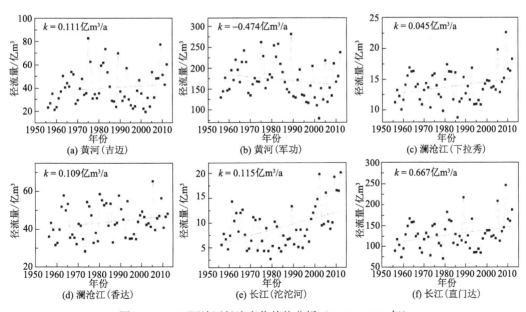

图 5-11　三江源地区径流变化趋势分析（1956～2012 年）

利用小波（wavelet）分析发现相对于黄河源区与长江源区，澜沧江源区径流的周期性更为明显。黄河吉迈站径流在 1976～1990 年，有很强的 8 年左右的周期，而在 1988～1999 年，有 3～6 年的周期，周期呈增大趋势。在澜沧江下拉秀站，径流在 1965～1990 年，有 8～10 年的很强的周期；在澜沧江香达站，径流在 1973～1988 年，有很强的 5～9 年的周期（图 5-12）。

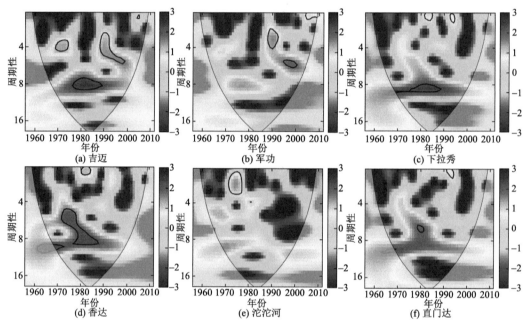

图 5-12　三江源地区径流变化周期分析（1956～2012 年）

基于 Mann-Kendall 突变分析，结果发现黄河源区吉迈站与军功站径流序列分别在 1985 年左右和 1990 年左右出现突变；澜沧江源区下拉秀站、长江源区沱沱河站和直门达站径流序列均在 2005 年左右出现突变，而澜沧江源区下拉秀站径流序列突变特征不明显。

2）径流过程模拟与变化归因分析

利用分布式水文模型 SWAT，对长江源直门达站、澜沧江源香达站和黄河源的军功站径流序列进行了模拟。以 1961～1970 年为模型的率定期，1971～1979 年为模型的验证期。结果发现，SWAT 模型可以很好地模拟出长江源和澜沧江源的径流过程，相关系数 R 分别达到 0.90、0.81 和 0.94（图 5-13）。以 1961～1979 年为基准期，利用 1980～2012 年长江源、澜沧江源和黄河源的气象数据，再次驱动水文模型，生成这一时间气象条件下的重建数据。对比重建数据与观测数据，即认为是人类活动的贡献率。最终计算结果表明，澜沧江源与长江源在 1980～2012 年的径流量变化，气候变化均占绝对的主导因素，其分别贡献了 90%（澜沧江源）、88%（长江源）和 91%（黄河源），而气候变化中降水变化对径流的贡献又远大于气温升高对径流的贡献。

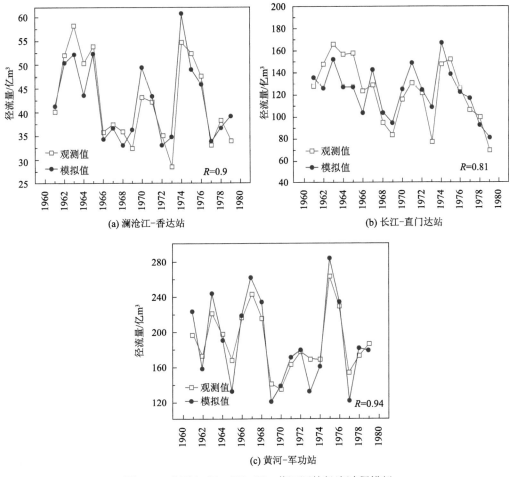

图 5-13 澜沧江源、长江源、黄河源的径流过程模拟

5.2.2 雅江流域径流量变化规律

1. 研究区与数据介绍

采用雅江流域 12 个水文站 1961～2015 年实测月径流量资料（图 5-14），对雅江流域的径流量变化规律进行分析。水文站包括 4 个雅江干流水文站（S1 奴下、S5 羊村、S9 奴各沙和 S10 拉孜）和 3 条主要支流的 8 个水文站（尼洋河-S2 更张、S3 工布江达和 S4 巴河；拉萨河-S6 拉萨、S7 唐加和 S8 旁多；年楚河-S11 江孜和 S12 日喀则），基本覆盖雅江中上游地区，可充分反映雅江中上游区域的径流变化规律。流域内 6 个气象站分别控制了中上游的主要区域以及 3 个主要子流域（尼洋河流域、拉萨河流域和年楚河流域）。

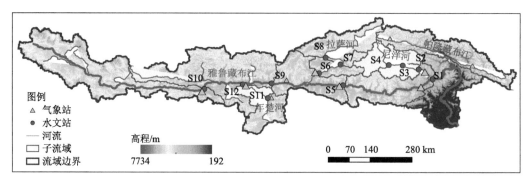

图 5-14　雅江流域及其水文站与气象站分布

2. 径流量变化特征

1）全流域径流年际变化特征

采用集合经验模态分解（ensemble empirical mode decomposition，EEMD）对各站年和季节（雨季和干季）径流序列的长期变化特征进行分析，得到各站年径流序列的本征模函数（intrinsic mode function，IMF）分量及残余趋势项，并对各 IMF 分量及残余趋势项进行显著性评价。结果表明，雅江流域干流及其主要支流的年径流序列在 55 年尺度上（1961～2015年）主要呈单调减小趋势，仅在更张、旁多和拉萨站呈略微的先减小后增加趋势（图 5-15），其中奴下、羊村、奴各沙、拉孜和日喀则 5 个站点处的年径流变化趋势通过了显著性检验（$P<0.05$）（图 5-16）。然而，在 30 年尺度上，各站点年径流序列均呈现相似的非单调变化趋势，整体上在 20 世纪 90 年代之前呈不明显的下降趋势，1990 年之后表现为先上升后下降的趋势，其趋势转变的时间均发生在 2000 年左右（图 5-15）。显著性分析表明，在 30 年尺度上，奴下、奴各沙、羊村和日喀则站点处的年径流序列变化趋势通过了显著性检验（$P<0.05$）。应用曼–肯德尔（Mann-Kendall）趋势检验法对年径流序列的突变点进行检验，结果表明，在 95% 置信水平下，雅江干流及其支流各水文站点年径流序列基本上在 1995～2000 年发生突变（除更张站外），各站点年径流序列总体呈不显著下降趋势，曼–肯德尔（Mann-Kendall）检验结果与利用 EEMD 得到的趋势分析基本一致。

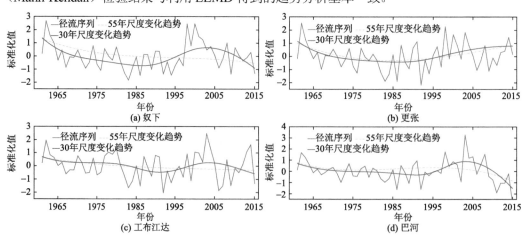

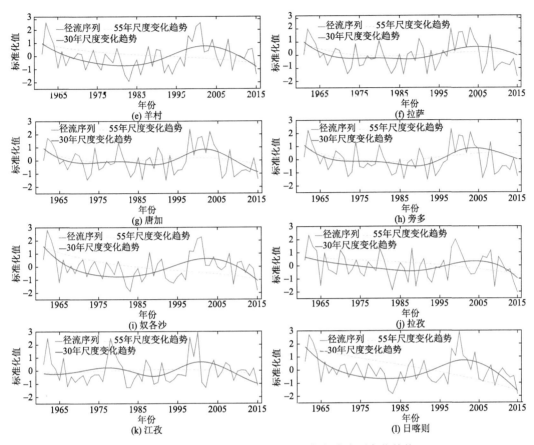

图 5-15　1961～2015 年 12 个水文站年径流序列变化趋势

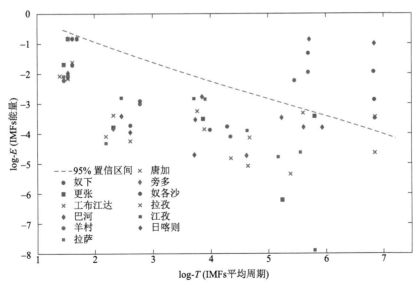

图 5-16　各序列 IMF 分量的显著性检验结果

对比各站点雨季和干季径流序列的长期变化趋势发现，年径流序列的变化趋势主要由雨季径流变化主导，二者呈现出相似的变化趋势[图 5-17（a）]，而干季径流序列的变化呈现较大的空间差异[图 5-17（b）]。雅江上游（拉孜）、拉萨河上游（旁多）及尼洋河（更张、工布江达）的干季径流量均呈缓慢增加趋势（不显著），而雅江中游（奴下、羊村、奴各沙、日喀则）的干季径流量在 20 世纪 90 年代前缓慢下降，90 年代后开始增加。拉萨河中下游（拉萨和唐加）和年楚河（江孜）的干季径流在 90 年代后则有略微减小（不显著）[图 5-17（b）]。

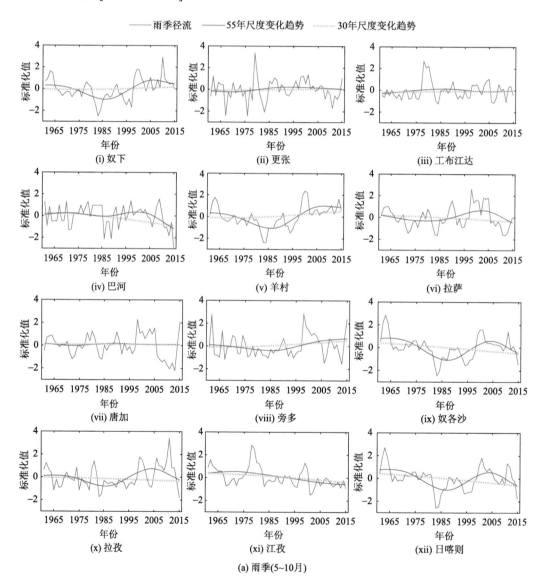

(a) 雨季(5~10月)

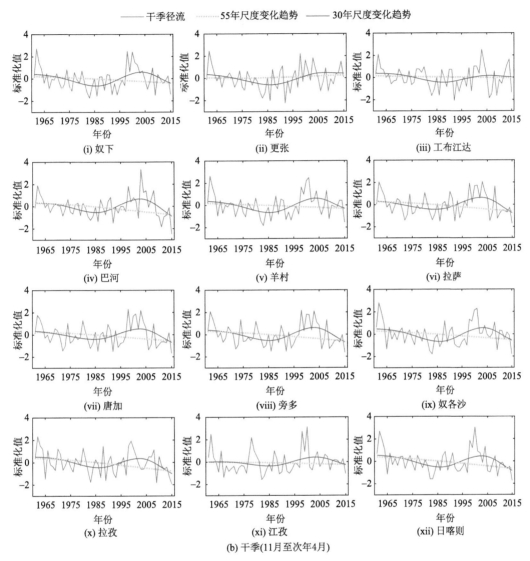

图 5-17　各水文站雨季和干季径流序列年际变化趋势

利用去趋势波动分析（detrended fluctuation analysis，DFA）方法分析了 12 个水文站年径流序列的尺度行为。总体上，12 个站点年径流序列的标度指数 α 均大于 0.53，最小值为拉孜站年径流序列的 0.620，最大值为日喀则站的 0.930，表明雅江干流及其主要支流的年径流过程具有明显的长期正相关性（图 5-18）。流域中部各站点年径流序列的标度指数集中在 0.86～0.92，尺度行为相似，流域中部具有相似的水文气候环境。更张和尼洋河工布江达站年径流序列标度指数分别为 0.711 和 0.693，进一步证明其水文气候环境的相似性。同时，多数站点年径流序列的标度指数在 15 年左右的尺度上有所改变（图 5-18），这可能是由于时间尺度增加、采样区间减少带来的不确定性，也可能是各站点的年径流序列在大于 15 年的长度上发生了尺度行为的改变，即变化趋势或变化率的明显改变，但均需要更长实测序列的检验。

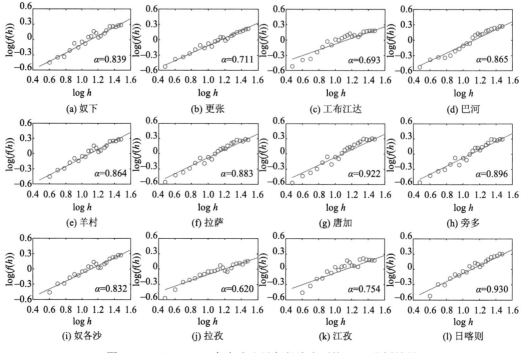

图 5-18　1961～2015 年各水文站年径流序列的 DFA 分析结果

2）尼洋河流域水循环模拟与径流量变化规律

尼洋河为雅江的一级支流，在该流域构建了适用于高原寒区的分布式水文模型并进行长序列模拟（周祖昊等，2021；刘扬李等，2021），并以此为基础对流域内径流演变过程和驱动机制进行了分析。

（1）模型构建、率定与验证。

在尼洋河流域，冰川、积雪作为一种特殊的固体水库，和冻土一起参与流域水循环，对河川径流的形成及变化有着十分重要的作用。考虑高原寒区冰川地貌影响，从水域细分出冰川区进行研究。模型设定冰川层位于积雪层的下方，模拟过程中，首先考虑冰川上的降雪累积与超阈值下滑，然后考虑融雪产流模拟和冰川消融模拟，同时在冰川覆盖区域忽略土壤和砂砾石层的冻融过程。冰川融水和融雪产流采用度日因子法计算，产流量直接计入对应水文计算单元。

通过尼洋河上游工布江达站、最大支流巴河桥站、下游更张站逐日流量实测数据对模型进行率定与验证模拟。整体上看，模拟结果与实测日流量变化规律基本一致（图 5-19），其中，工布江达站的 Nash 效率系数为 0.79，RE 为–8.7%；巴河桥站的 Nash 效率系数为 0.77，RE 为–6.4%；更张站的 Nash 效率系数为 0.88，RE 为 2.7%。模型对于尼洋河流域的日径流过程有较好的模拟效果。从模拟结果来看，所构建的模型适用于青藏高原的水文模拟。

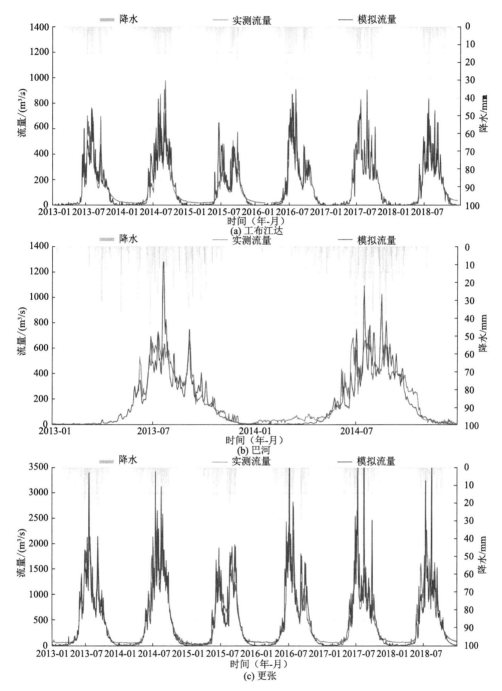

图 5-19　各水文站日流量过程模拟图

（2）径流变化规律及机制分析。

尼洋河流域不同时期径流量如表 5-2 所示。20 世纪 70 年代径流量最低，为 96.96 亿 m³；此后 80～90 年代有所增加，增加到 157.72 亿 m³；2000 年以后，径流量减小至 142.40 亿 m³。

表 5-2 尼洋河流域不同时期径流量 （单位：亿 m³）

项目	1961~1969 年	1970~1979 年	1980~1989 年	1990~1999 年	2000~2009 年	2010~2018 年
径流量	133.50	96.96	141.10	157.72	154.39	142.40

径流趋势分析结果显示，Mann-kendall 趋势分析法的检验统计量 Z_c=0.27<1.96，径流过程呈增加趋势，同气温、降水变化趋势相同。径流突变分析结果显示，Pettitt 突变分析检验统计量突变判定指标 P=0.00101<0.01，发生突变的年份为 1986 年。基于水文模型得到 1961~2018 年尼洋河径流量各组分年际间变化，如图 5-20 所示。对各组分年际变化进行趋势分析发现，融冰、融雪产流呈不显著减小趋势，降雨产流呈显著增加趋势，降雨产流与径流量趋势变化一致。

图 5-20 尼洋河径流量各组分年际变化

进一步分析径流量各组分对年际径流量变化的影响，各组分占比年际变化如图 5-21 所示。由图 5-21 可知，降雨产流对径流量影响最大。在径流突变点 1986 年前后，降雨产流占比发生明显变化，由突变前的 74.5%增加到 80.5%，融冰产流由 4.2%减小到 2.1%，融雪产流由 21.3%减小到 17.4%，融雪产流与融冰产流占比均有所减小。

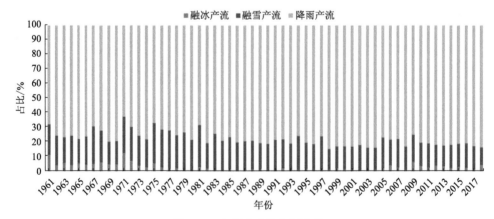

图 5-21 各组分占比年际变化

本节采用多因素归因分析方法分析了降水、气温两个因素对径流量各项组分变化的贡献。结果表明（表 5-3），气温、降水对径流量及降雨产流的贡献较为相近，降水占主导作用，气温作用较小；对于融雪产流，降水的变化使融雪产流增加，气温变化使得积雪量减少，从而导致融雪产流减少，贡献率为负；对于融冰产流，降水变化使得积雪增加，冰川上覆盖雪层变厚，减少了冰川融化时间，致使冰川融水减少。

表 5-3　降水、气温对尼洋河径流及其组分变化贡献率　　　（单位：%）

因素	径流量	降雨产流	融雪产流	融冰产流
降水	98.6	95.41	155.25	−116.14
气温	1.4	4.59	−55.25	216.14

5.2.3　怒江流域径流量变化规律及其驱动机制

1. 研究区与数据介绍

气象数据选择怒江流域那曲（31°29′N，92°04′E，4508 m a.s.l）、贡山（27°45′N，98°40′E，1595 m a.s.l）和保山（25°07′N，99°10′E，1655 m a.s.l）气象站 1958~2014 年的器测数据，包括月降水量和月平均气温，数据来源于国家气象科学数据中心（http://data.cma.cn）。水文数据选择怒江流域道街坝水文站（24°59′N，98°53′E，670 m a.s.l）1956~2004 年的年径流量数据。该水文站位于怒江干流上，代表了流域上游径流量的综合变化（图 5-22）。

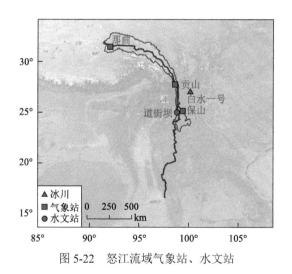

图 5-22　怒江流域气象站、水文站

2. 径流量变化规律

1）径流量年内年际变化

怒江径流量年内变化具有显著的丰、枯季节变化特征。其中，11 月至次年 4 月为枯水季，5~10 月为丰水季。丰水季径流量占全年径流总量的 81.92%，月均为 13.65%，为干季径流量的 4.5 倍，又以汛期的 6~8 月径流量为最多（尤卫红等，2007）。在年际变化上，1958~2000 年，除 8 月以外，怒江月径流量呈增加趋势。其中，上年 10 月~当年 1 月及当年 3~5 月各月径流量增加趋势显著（$P<0.05$）（姚治君等，2012）。在年代际变化上，1958~2000 年，怒江径流量增加趋势显著（$P<0.05$），增幅为 $18.6×10^4\ m^3/10a$，并且在 1958~1979 年、1970~1990 年和 1980~2000 年等时期内的增加幅度越来越大，增幅分别为 $8.7×10^4\ m^3/10a$、$12.1×10^4\ m^3/10a$ 和 $44.0×10^4\ m^3/10a$。

2）驱动机制分析

（1）年际尺度气候变化对径流量影响。

由相关性分析（图 5-23）得出，怒江年径流量与那曲气象站上年 10~12 月各月及当年 7~9 月各月降水量显著正相关（$P<0.05$），与贡山气象站 5 月和 8 月的降水量显著正相关（$P<0.05$），与保山气象站 5 月和 7 月的降水量显著正相关（$P<0.05$）。同时，怒江年径流量与那曲气象站 2 月和 8 月平均气温显著正相关（$P<0.05$），与保山气象站上年 8 月、当年 7 月和 9 月的平均气温显著正相关（$P<0.05$）。其中，怒江年径流量分别与那曲和贡山气象站上年 10 月至当年 9 月降水量的相关系数最高（$r=0.69$，$r=0.38$，$P<0.01$），与保山气象站上年 9 月至当年 5 月降水量的相关系数最高（$r=0.45$，$P<0.01$）。同时，怒江年径流量与那曲气象站 2~11 月平均气温相关系数最高（$r=0.41$，$P<0.01$），与保山气象站 7~12 月平均气温相关系数最高（$r=0.54$，$P<0.01$），与贡山气象站平均气温无明显相关。

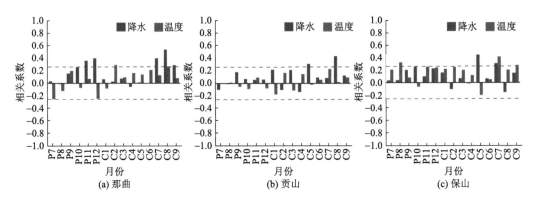

图 5-23 那曲、贡山和保山气象站月降水量和月平均气温与道街坝水文站年径流量相关分析

"P" 和 "C" 分别代表上年和当年；红色虚线代表在 0.05 水平上显著相关

使用主成分分析方法分别提取 3 个气象站上年 10 月至当年 9 月降水量（$PC1_P$）和 2~11 月平均气温（$PC1_T$），其第一主成分分别占总方差的 84.16% 和 52.45%。$PC1_P$ 和 $PC1_T$ 与怒江流域 CRU 格点数据（Harris et al.，2014）显著相关，表明 $PC1_P$ 和 $PC1_T$ 成功捕获了影响怒江流域的大尺度气候信号。基于以上相关性分析，在校准期 1958~2004 年内，以 $PC1_P$ 和 $PC1_T$ 为自变量，以径流量为因变量，建立线性回归模型：

$$Y = 1728.92 + 121.464 × PC1_P + 65.215 × PC1_T \tag{5-3}$$

式中，Y 为径流量；$PC1_P$ 为降水量；$PC1_T$ 为平均气温。

该模型方差解释量 r^2 为 52.5%，调整自由度后为 50.3%，$F=23.27$，$P<0.001$，表明该模型拟合度好且可信度高。

由以上相关性分析结果得出，降水是怒江径流量变化的主要驱动因子。其中，怒江流域上游那曲气象站降水量解释了约 46.7% 的径流量变化（$r = 0.69$，$P<0.01$），表明寒冷、干旱和半干旱水源区的降水是驱动下游河流径流量变化的关键因素。流域上游的降水主要以冬季降雪形式存在，$10 \sim 12$ 月的降水量与径流量显著正相关表明，冬季积雪可能影响暖季径流量变化。$1958 \sim 2004$ 年，那曲站降水量和怒江年径流量均呈上升趋势。除了冬季降雪外，来自印度洋北部的水汽也会影响怒江流域的降水，表现为相对丰富的季风降雨导致河流径流量迅速增加。同时，流域中下游森林茂密，降水丰富（>970 mm），蒸腾作用可为这些地区提供稳定的水源。$PC1_T$ 与径流量相关性在 1950 年～20 世纪 80 年代中期较弱，随后在 $1985 \sim 2004$ 年相关性增强（$P<0.05$）（Wang and Chen，2017）。另外，$PC1_T$ 与白水 1 号冰川物质平衡在 $1958 \sim 2003$ 年呈反相关趋势。在过去几十年里，由于气候变暖，青藏高原南部的大部分冰川在持续退缩（Yao et al.，2012）。这种相关性为河流径流量、温度和冰川之间的关系提出了一个框架。在该框架下，怒江流域气温升高引起冰川退缩和积雪融化，加速区域水循环，使径流量迅速增加。

（2）大尺度大气环流对径流量影响。

阿拉伯海和孟加拉湾海温（Smith and Reynolds，2004）与怒江径流量显著正相关（图 5-24），表明这些地区是怒江流域水汽的主要来源。这些水汽源头位于受印度洋季风影响的地区，表明怒江年径流量与亚洲夏季风之间可能存在联系。亚洲季风有可能通过控制从印度洋到青藏高原的水汽，直接影响怒江流域及周边地区的径流量（You et al.，2007）。

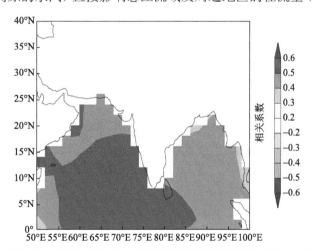

图 5-24　怒江实测径流量和同期北印度洋海温空间相关分析

通过计算 $1956 \sim 2004$ 年怒江年径流量与各月南亚季风指数（South Asian summer monsoon index，SASMI）之间的相关性得出，怒江年径流量与 $6 \sim 9$ 月的南亚季风指数相关性最强（$r = -0.32$，$P \leqslant 0.05$）。该负相关关系表明，当大气环流有利于青藏高原南部季风气团滞留时，将导致怒江流域降水量增加，径流量高于平均水平（Wang and Chen，2017）。

5.3 历史洪旱规律及其驱动机制

当前气候快速变化的背景下，西南河流源区的洪旱灾害频发，气候变暖加剧了冰湖/堰塞湖溃决洪水的威胁。现有研究主要关注近几十年该区域洪旱变化规律，对于更长时间尺度的洪旱变化规律及其与季风的响应关系等问题，缺乏深入认识。因此，有必要在不同时间尺度探究该区域径流演变与洪旱变化规律，并探讨季风环流驱动下的物理机制，这不仅有利于提高对该区域洪旱变化规律的科学认识和水文模型对径流、洪水的预测能力，还可以有效支撑水利水电工程的规划设计、水能水资源合理开发利用等。本节分别从全新世雅江中游径流量与洪水演变规律、近500年怒江流域洪旱变化规律、近50年雅江流域干旱时空变化规律、藏东南降水异常与印度季风响应关系等几个方面，介绍主要的分析结果与科学认识。

5.3.1 近万年雅江中游径流量与洪水演变规律

1. 径流量变化规律

根据史料记载或实测数据，径流与洪水被划分为实测径流（洪水）、历史径流（洪水）。然而，因器测记录时间尺度有限，难以满足长时间尺度（如过去1万年）的研究需求，因此，利用地质载体（包括洪水滞留沉积物、树轮、湖泊沉积物）对历史径流洪水进行反演。相较于滞留沉积物易受后期洪水二次破坏以及树轮重建尺度较短，通常只有数百年，湖泊沉积物具有代用指标丰富、沉积连续、记录时间长以及对气候环境变化响应敏感等特点。因此，选取雅江中游地区不同类型的湖泊——昂仁金错（封闭湖泊）和打加芒错（河流贯通湖泊）的湖泊岩心作为研究对象（图5-25），分别用于恢复区域全新世气候和径流洪水变化。通过对比径流、洪水和气候变化的结果，明确近万年雅江径流、洪水变化在自然状态下的主控因素。

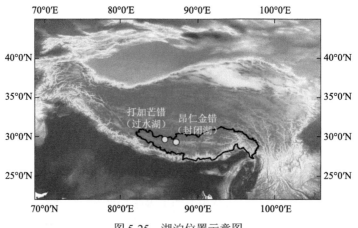

图 5-25 湖泊位置示意图

2. 洪水变化规律

针对打加芒错自身开放的特点，湖泊作为河流输入的捕获器，入湖河流径流量的变化能够通过湖泊沉积物多种指标的纵向变化体现出来。对打加芒错岩心（涵盖过去 20ka）进行了 X 射线荧光光谱元素扫描、粒度、烧失量、碳氮比值、X 射线衍射矿物分析等无机指标测试，同时结合前人发表的湖泊水化学结果及邻近水文站实测数据，确认湖泊沉积物主要受径流输入补给，提取扫描元素的第一主成分得分（PC1 score）反映径流变化：PC1 得分低值指示较大的径流，高值指示径流较小。通过 PC1 得分可知过去 20 ka 以来径流持续增加。然而，在 12 ka BP 之前元素 Ca 存在显著高值，指示湖泊封闭状态产生显著的碳酸盐沉积。由于封闭状态下元素 PC1 得分受控于湖泊水位波动而非径流变化，因此，关注 12 ka BP 以来的记录，该阶段 PC1 得分可以反映径流变化。据此，雅江中游径流变化总体可以划分为 3 个阶段：①12 ka BP 之后的径流快速增加，并在约 10 ka BP 之后达到较高的水平；②径流在 6～10ka BP 阶段表现为一个减弱的趋势，变化幅度不大；③在约 6 ka BP 之后，径流再次增加，并在约 4 ka BP 明显增加至今（图 5-26）。

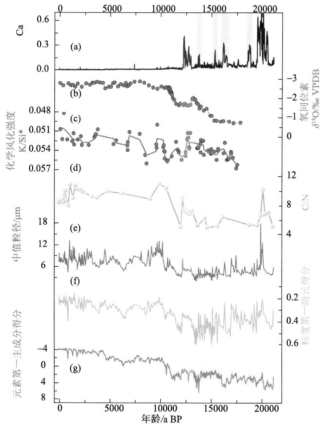

图 5-26　打加芒错径流多指标对比

（a）元素 Ca 变化；（b）孟加拉湾表层海水氧同位素（Hein et al., 2017）；（c）孟加拉湾陆源风化强度（Hein et al., 2017）；（d）C/N 变化；（e）中值粒径变化；（f）粒度第一端元得分；（g）径流变化，PC1 得分

在获得过去万年径流变化规律的基础上，借鉴 Støren 等（2010）的指标变率法提取了历史阶段（过去 1 万年）的极端洪水事件。洪水初期径流代用指标迅速增加会导致变化速率（rate of change，RoC）值陡增达到极大值，随着洪水强度减小，RoC 值逐渐减小并呈现负值；当洪水结束，径流稳定后 RoC 值趋于 0。因此，可把 RoC 突然高值对应的时间作为洪水发生时刻。结果显示，早全新世和晚全新世洪水频率较大，而中全新世洪水发生频率较小（图 5-27）。

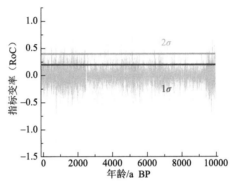

图 5-27　雅江中游万年洪水识别结果

3. 径流与洪水影响因素

区域气候背景重建基于对昂仁金错岩心进行甘油双烷基甘油四醚化合物和叶蜡脂肪酸的测试工作。利用前期发表的青藏高原湖泊支链甘油双烷基甘油四醚转换方程（Wang et al.，2016）重建过去 12 ka 以来的大气年均温。结果显示，在 6～12 ka BP 温度相对稳定，保持在较低水平；6 ka BP 后快速升温至今（图 5-28；Sun et al.，2022a）。古降水重建基于 C_{26} 和 C_{28} 两种陆生高等植物来源的长链不饱和脂肪酸。结果显示，10 ka BP 之前高原主要受西风影响，季风影响不到研究区，同位素值偏正；进入全新世季风迅速深入高原，同位素偏负，随后逐渐偏正反映季风逐渐减弱的过程；在 6 ka BP 以来受同时期增温导致的冰融水影响，同位素再次偏负，在约 0.5ka BP，冰融水影响基本结束（图 5-28）。

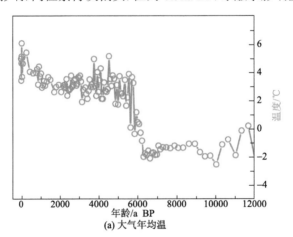

(a) 大气年均温

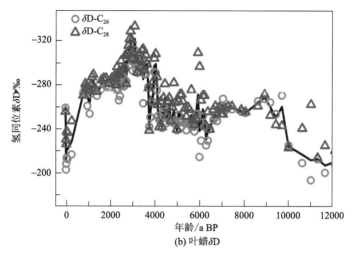

图 5-28　昂仁金错年均温和脂肪酸 δD（指示大气环流与冰融水）

对比区域气候记录和径流洪水结果发现，在新仙女木事件结束之后，径流快速增加对应了同时期季风迅速深入高原；随后在 6～10ka BP 径流逐渐减小响应了季风逐渐减弱。然而，6 ka BP 之后径流增加响应的是增温条件下的冰融水影响。通过对比发现 RoC 方法提取的全新世洪水频率与厄尔尼诺-南方涛动（ENSO）活动具有较好的一致性：近 3 ka 的洪水频率增加与模拟和地质记录中的 ENSO 活动增加一致，而在 3～9ka BP，雅江洪水频率明显减小，与模拟的 ENSO 活动减弱以及秘鲁洪水沉积缺失一致。总之，雅江洪水在全新世以来与 ENSO 变化较为一致，即较大的 ENSO 活动变化有利于洪水发生，反之则不利于洪水发生。

5.3.2　近 500 年怒江流域洪旱变化规律

1. 历史洪旱变化规律

1）研究背景与树轮数据

树木年轮生长记录了周围环境中的气候变化，同时也记录了水文变化，是探究过去气候水文变化的重要代用资料。然而，基于树木年轮数据重建怒江过去径流量变化尚属空白（Chen et al.，2019）。基于此，分别于 2007 年、2012 年、2017 年在怒江上游流域类乌齐县和乡城县采集树木年轮样本，并编入采样点代号（表 5-4 和图 5-29）。其中，代号 KMY、BID 和 QMG 为 2007 年在类乌齐县采集的云杉（*Picea asperata*）样点，2012 年在 KMY 样点处补充样本；代号 XC 为 2017 年在稻城县采集的冷杉（*Abies fabri*）样点，代号 MAX 和 MAG 来源于国际树木年轮数据库（https://www.ncei.noaa.gov/products/paleoclimatology/tree-ring）。

表 5-4 气象站、水文站与采样点概况

地区	代号	纬度	经度	海拔	坡向	坡度/(°)	郁闭度/%	树/芯	树种
类乌齐	BID	31°05′N	96°54′E	4322	NE-E	48	40	27/52	
	KMY	31°07′N	96°30′E	4270	N	30	45	48/85	云杉
	QMG	31°18′N	96°34′E	4179	NE	29	55	28/52	
	类乌齐	31°13′N	96°36′E	3811	—	—	—	—	—
乡城	MAX	29°09′N	99°56′E	3530	N	55	40	28/56	
	MAG	29°09′N	99°57′E	3600	N	40	45	25/50	冷杉
	XC	29°09′N	99°56′E	3650	N	40	40	22/44	
	稻城	29°03′N	100°18′E	3728	—	—	—	—	—
	道街坝	24°59′N	98°48′E	685	—	—	—	—	—

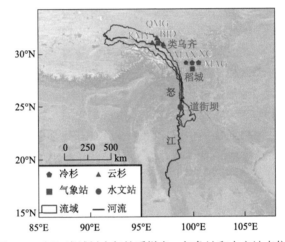

图 5-29 怒江流域树木年轮采样点、气象站和水文站点位置

使用交叉定年质量控制程序 COFECHA 检验并相应调整轮宽数据，使每一轮宽度数据对应其正确年份。使用国际通用 ARSTAN（autoregressive standardization）程序研制年表，采用负指数和线性曲线进行拟合并稳定方差，得出树轮宽度标准年表。由于 KMY、BID 和 QMG 年表变化具有很好的同步性，且相互位置距离接近，因此将采样点 KMY、BID 和 QMG 年表合并成云杉复合年表。同样，将采样点 XC、MAX 和 MXG 年表合并成冷杉复合年表。组合后年表的长度分别为 637 年（1380～2016 年）和 718 年（1294～2011 年），平均样本长度分别 258 年和 282 年。

2）历史洪旱序列重建

树轮年表与气温的相关分析得出，冷杉径向生长分别与当年 5 月和 6 月平均气温显著负相关（$P<0.05$）[图 5-30（a）]，云杉径向生长分别与上年 11 月、当年 2 月和 7 月平均气温显著正相关（$P<0.05$）[图 5-30（b）]。冷杉与平均气温显著负相关是由于春季和夏季的高温加快，土壤蒸发失水，限制树木的生理代谢活动，不利于树木径向生长；而云杉与气温显著正相关是由于暖冬减少了霜冻对树木的伤害，同时夏季高温有利于树

木形成层活动，并延长其生长季时间。由树轮年表与降水相关分析得出，冷杉径向生长与大部分月降水量正相关，其中与上一年 8 月、9 月、10 月、11 月和当年 4 月、5 月、6 月降水量显著正相关（P<0.05）[图 5-30（a）]；云杉径向生长同样与大部分月降水量正相关，其中与上年 8 月、10 月和当年 5 月降水量显著正相关（P<0.05）[图 5-30（b）]。上年 7 月至当年 9 月降水量各种顺序组合与年表相关普查表明，冷杉径向生长与上年 9 月至当年 6 月降水量相关性最高（$r=0.80$，$P<0.01$），云杉径向生长与上年 10 月至当年 5 月降水量相关性最高（$r=0.71$，$P<0.01$）。同时，冷杉和云杉径向生长与上年 8 月至当年 7 月降水量显著正相关，相关系数分别为 0.69 和 0.62（$P<0.01$）。另外，冷杉和云杉年轮中含有强烈的藏东南降水信号[图 5-30（d）和（e）]。这是由于两个地区的年轮生长主要受生长季前和生长季水分影响，并且树木样本多采于陡坡和土层薄的石头处。由冷杉与云杉树轮复合年表第一主成分序列（PC1）与径流量的相关分析[图 5-30（c）]得出，PC1 与上年 7 月到当年 9 月各月径流量均呈正相关，而上年 9 月至当年 6 月径流量与 PC1 相关系数最高（$r=0.73$，$P<0.01$）。上年 9 月至当年 7 月径流量和上年 9 月至当年 8 月径流量与 PC1 的相关系数分别为 0.68（$P<0.01$）和 0.65（$P<0.01$）。

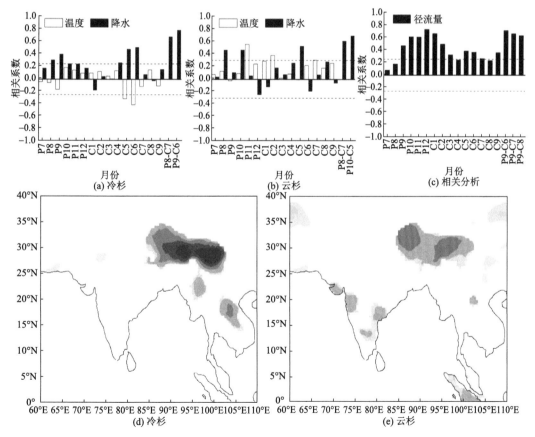

图 5-30　冷杉和云杉宽度复合年表分别与平均气温、降水和 CRU 格点降水相关分析及其第一主成分序列（PC1）与径流量相关分析

CRU：英国东安格利亚大学气候研究单位；"P"和"C"分别代表上年和当年；虚线代表在 0.05 水平上显著相关

3）历史洪旱序列特征

依据线性回归模型，重建了怒江 1500～2011 年上年 9 月至当年 6 月径流量变化值（图 5-31）。重建序列平均值为 332.19 亿 m³，标准差为 27.49 亿 m³。将重建序列进行 21 年低通滤波处理，定义连续 10 年低于平均值为枯水期，连续 10 年高于平均值为丰水期。定义径流量值低于平均值 2 倍标准差年份为枯水年，高于平均值 2 倍标准差为丰水年。由图 5-31 可知，重建序列存在 10 个枯水期（1500～1509 年、1534～1548 年、1563～1573 年、1592～1613 年、1629～1656 年、1731～1774 年、1793～1833 年、1863～1899 年、1905～1930 年和 1961～1985 年）和 10 个丰水期（1510～1533 年、1549～1562 年、1574～1591 年、1614～1628 年、1657～1730 年、1775～1792 年、1834～1862 年、1931～1942 年、1950～1960 年和 1986～2011 年）。存在 12 个枯水年（1504 年、1604 年、1605 年、1606 年、1653 年、1736 年、1798 年、1799 年、1804 年、1897 年、1913 和 1972 年）和 8 个丰水年（1719 年、1785 年、1850 年、1940 年、1957 年、1980 年、2000 年和 2008 年）。另外，在 1603～1608 年、1735～1737 年、1797～1800 年、1943～1945 年出现了连续多年（≥3 年）低于平均值 1 倍标准的枯水期。此外，重建序列也显示了径流量在 20 世纪 70 年代～21 世纪初有显著增加趋势（Chen et al.，2019）。

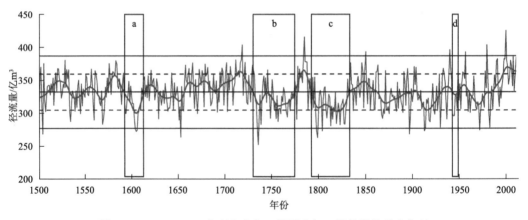

图 5-31　1500～2011 年怒江上年 9 月至当年 6 月径流量重建序列

蓝色细线为径流量重建值；红色粗线为 21 年低通滤波曲线；中央水平黑线为径流量平均值；其他水平黑色虚线和实线分别为偏离平均值 1 倍和 2 倍标准差值；矩形方框为东南亚重要的历史事件时期：第一个东吁帝国的衰落（a），第二个东吁帝国的衰落（b），第一次英缅战争（c），1943～1945 年的孟加拉饥荒（d）

2. 驱动机制分析

怒江上游在暖季受亚洲夏季风和其他大气遥相关影响。1948～2010 年，器测径流量与 6～9 月季风指数显著负相关（$r = -0.36～-0.41$，$P \leqslant 0.05$）。1500～2011 年，径流量重建序列存在 256 年（$P < 95\%$）、60 年（$P < 99\%$）、34 年（$P < 95\%$）、7.7 年（$P < 99\%$）、5.0 年（$P < 99\%$）、4.1 年（$P < 99\%$）、3.7 年（$P < 99\%$）、3.1 年（$P < 99\%$）、2.5 年（$P < 99\%$）、2.2 年（$P < 99\%$）和 2.1 年（$P < 99\%$）的周期。其中，2.2～7.7 年周期可能与 ENSO 相关的水文循环相关（Wang and Ma，2018），60 年周期可能与夏季风和 ENSO 指

数的年代际周期相关（Liu et al.，2014）。交叉小波分析法表明，在 60～70 年尺度上，重建的怒江径流量与重建的南亚季风指数之间存在反位相关系（Shi et al.，2017）。前文相关分析表明，冬半年降水对树木年轮宽度和径流的变化有显著影响，而冬季降水与青藏高原积雪的变化有关。许多研究还表明，冬春季青藏高原积雪减少往往会导致随后的季风降水增加，而积雪增加导致随后的季风降水异常不足。其他研究表明，青藏高原积雪对 ENSO 遥相关有调节作用。其中，冬季 ENSO 可能导致青藏高原降雪量增加，并在整个暖季持续存在，同时削弱印度夏季风的强度。综上所述，重建的径流量序列与夏季风指数和 ENSO 之间的关系本质上反映了积雪（冬春季降水）对季风环流和水文循环的影响。这种影响在过去几百年的水文变化中发挥了重要作用。

温度是影响气候-水文关系的一个重要因素。夏季温度是冰川融水变化的重要驱动力。许多研究表明，该地区受冰川补给的河流径流量变化主要受气候变暖的影响。怒江径流量与降水量和 2～11 月平均温度呈正相关关系。近几十年来，气候变暖加速了冰川和积雪融化。但由于怒江径流量由多个水源补给，因此其径流量和温度之间的关系相对复杂，并且随着时间推移这种关系可能并不稳定。研究表明，1695～2000 年，怒江径流量与基于树轮晚材最大密度重建的夏季温度（Wang et al.，2010）呈显著负相关（$r = -0.34$，$P < 0.01$）。

树木年轮记录表明，自 20 世纪 80 年代以来，南亚夏季风强度呈增加趋势，并且与夏季气温变化呈相反趋势。充足的夏季风降水加上低温，使蒸散发减少，导致河流径流量增加。近几十年来，研究区夏季冷湿化对水文变化影响加剧。然而，从长远看，如果夏季变得干燥温暖，当前气候变暖对河流流量的积极影响可能会变成消极影响。由于径流来源与青藏高原季风气候的季节反馈不同，季节性气候条件可能对河流径流产生不同的影响。因此，更多的带有水文信号的树木年轮研究将有助于进一步理解该区域的水文变化机制。

5.3.3　近 50 年雅江流域干旱时空变化规律

1. 数据与方法

雅江流域气象观测站点稀少且分布不均匀，无法反映流域的水文要素空间变化规律，因此，采用英国环境研究中心（Climate Research Unit，CRU）提供的水文要素变量集，包括降水、平均气温、蒸发、最高温度、最低温度和气温日较差。此外，选用该中心提供的自适应帕尔默干旱指数（self-calibrated Palmer drought severity index，scPDSI）开展雅江流域干旱演变规律研究，数据集时间长度为 1901～2016 年，时间分辨率为 1 月，空间分辨率为 0.5°。

本节主要采用集合经验模态分解（EEMD）、线性趋势分析和 Mann-Kendall 检验方法分析流域干旱演变特征，采用分解-重构思想探讨流域干旱演变的主要驱动因素。

2. 干旱时空变化特征

由采用线性趋势拟合干旱变化趋势[图 5-32（a）]可知，雅江流域呈现明显的变湿趋势（$R = 0.347$，$Z_c = 2.54$）。然而，局部加权回归方法（locally weighted scatter plot smoothing，LOWESS）表明雅江流域的干湿状况在 20 世纪 90 年代中后期发生了转变，即在 90 年代中后期之前流域呈现变湿润趋势，但在 90 年代中后期之后流域呈现变干旱的趋势。

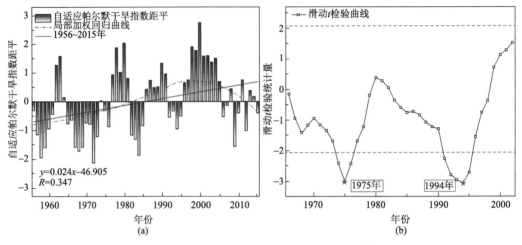

图 5-32　雅江流域 scPDSI 时间变化趋势（a）与突变特征（b）

采用滑动 T 检验方法检测流域干旱的突变特征，结果[图 5-32（b）]表明，流域干旱指数在 1975 年和 1994 年发生显著的突变。结合图 5-32 的整体分析结果可以得到，20 世纪 90 年代中后期该流域干旱演变确实发生了明显的突变。

采用空间平均的方法，分析得到雅江流域多年干旱分布情况（图 5-33），即湿润地区主要集中在中游北部和下游，特别是拉萨河流域的源头和帕隆藏布江流域，然而干旱地区主要集中在尼洋河流域的上游和下游东北部。

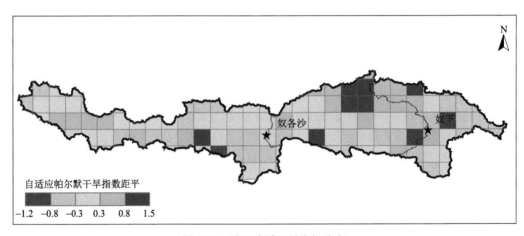

图 5-33　雅江流域干旱空间分布

耦合 Mann-Kendall 检验和森斜率趋势方法分析雅江流域干旱变化趋势的空间分布

（图 5-34）。结果表明，超过 95% 的流域格点呈现变湿润的趋势，显著变湿润的地区主要集中在干旱的上游和中游地区，但是呈现干旱趋势的格点主要集中在下游地区。

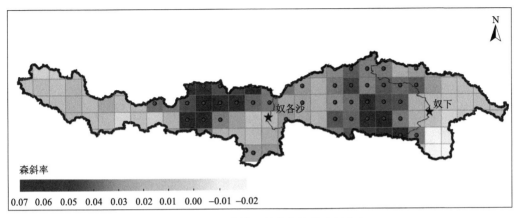

图 5-34　雅江流域干旱变化趋势空间分布

3. 干旱驱动机制分析

利用 Pearson 相关系数研究了雅江流域不同时间尺度上的干旱驱动因素，并且用相关系数矩阵展示结果（图 5-35）。降水和气温日较差在流域干旱演变过程中发挥着最显著的作用。在不同时间尺度上，降水在干旱演变过程中发挥着积极的正作用，在原始时间序列、年际时间序列、年代际时间序列尺度上，降水和 scPDSI 的相关性分别为 0.76、0.69 和 0.82。但是长期干旱趋势演变与气温日较差的变化呈现显著的负相关关系，不同时间尺度上的相关系数分别为 –0.70、–0.63 和 –0.83。此外，最小温度与流域干旱指数呈正相关关系，表明最小温度上升，冰川融雪增加，进而导致土壤水的增加，改善流域干旱状况。

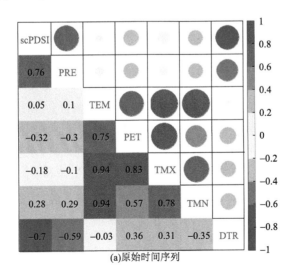

(a)原始时间序列

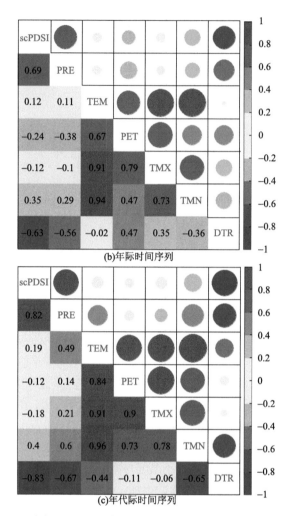

(b)年际时间序列

(c)年代际时间序列

图 5-35　雅江流域多尺度多变量相关性分析

5.3.4　藏东南降水异常与印度季风响应关系

印度季风是地球上最活跃的区域季风系统之一，ENSO、局地海温、青藏高原积雪等因素通过调节热力和动力过程，控制着印度季风的爆发、撤退时间和强度变化，从而影响季风区降水的开始时间和结束时间，以及持续时间和总降水量。仅 10%左右的季风异常就可以导致严重的洪涝或干旱灾害，给当地人民的生命和财产造成巨大的损失（Yao et al.，2013）。本节分析了 1979～2015 年西南河流源区季风降水的特征及年际变化，探究了印度季风爆发和撤退时间早晚以及季风强度对该地区降水年际变化的影响，并通过水汽输送过程和水汽收支分析揭示了印度季风影响降水的物理机制，阐明了其中的空间差异性和非对称效应（Zhu et al.，2020）。

利用偏相关分析方法探究了印度季风爆发和撤退时间与西南河流源区降水特征的

关系（图 5-36）。结果表明，印度季风爆发时间主要与该地区中部和东部汛期开始时间、汛期长度、总降水量存在较为显著的相关性，即印度季风爆发时间越早，汛期开始时间越早，持续时间越长，降水量越多；印度季风撤退时间主要与该地区西部和中部汛期结束时间呈显著正相关关系，与汛期长度、总降水量相关性相对较弱，即印度季风撤退时间越晚，汛期结束时间越晚，持续时间越长，降水量越多。因此，印度季风爆发和撤退时间与西南河流源区汛期的开始时间和结束时间、汛期长度和总降水量密切相关，且存在较大空间差异；相对于季风撤退时间，印度季风爆发时间对该地区降水特征的影响更大。

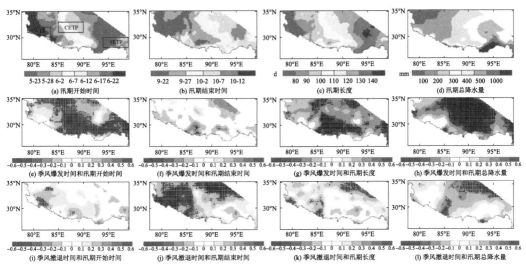

图 5-36　多年平均西南河流源区汛期降水特征及其与印度季风爆发、撤退时间的相关关系

黑点表示通过 95%置信水平检验

以 1979～2015 年印度季风爆发时间序列超过正负 1 个标准差为标准，季风爆发较早年为 1995 年、2001 年、2004 年、2007 年和 2008 年；季风爆发较晚年为 1979 年、1986 年、1987 年、1992 年和 1996 年。通过对印度季风爆发异常年份的汛期降水特征指标进行合成，进一步分析其年际变化特征，揭示印度季风活动异常对西南河流源区汛期降水变异的影响（图 5-37）。印度季风爆发较早（晚）年，西南河流源区东部汛期开始时间提前（推迟）10d 左右、汛期长度增加（减少）10d 左右、降水总量增加 11.19%（减少12.22%）；西南河流源区中部汛期开始时间提前 9d 左右（推迟 3d 左右）、汛期长度增加5d 左右（减少 3d 左右）、降水总量增加 14.62%（减少 1.29%）；西南河流源区西部汛期开始时间存在 11（4）d 左右异常、汛期长度存在 9（5）d 左右异常、降水总量变化 4.76%（2.80%）。印度季风撤退较早（晚）年，西南河流源区东部汛期结束时间提前 1d 左右（推迟 8d 左右）、汛期长度减少 2d 左右（增加 9d 左右）、降水总量减少 5.81%（增加 7.24%）；西南河流源区中部汛期结束时间提前 3d 左右（推迟 8d 左右）、汛期长度减少 2d 左右（增加 8d 左右）、降水总量减少 14.10%（增加 7.40%）；西南河流源区西部汛期结束时间提前 24d 左右（推迟 19d 左右）、汛期长度减少 11d 左右（增加 22d 左右）、降水总量减少

9.53%（增加 20.33%）。因此，印度季风爆发早晚将会造成西南河流源区东、中、西三个区域分别出现 15.32%、7.01%、4.63%的汛期长度变化和 23.41%、15.91%、1.96%的汛期总降水量变化；印度季风撤退早晚将会造成西南河流源区东、中、西三个区域分别出现 8.17%、8.79%、35.70%的汛期长度变化和 13.05%、21.50%、29.86%的汛期总降水量变化。上述结果表明，印度季风爆发和撤退异常对西南河流源区汛期降水变异的影响存在非对称效应，印度季风爆发比撤退时间异常对东部地区影响更大，而印度季风撤退时间比爆发时间异常对中部和西部影响更大。另外，印度季风爆发异常影响效应自西向东逐渐增强，而撤退异常影响效应自西向东逐渐减弱。

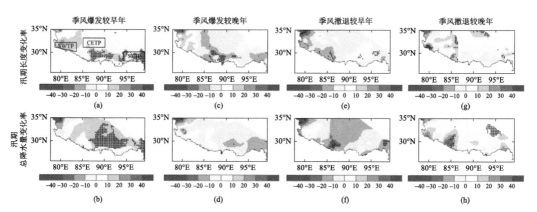

图 5-37　印度季风爆发异常、撤退异常年份西南河流源区汛期长度和降水总量相比
多年平均情况的变化率
黑点表示通过 95%置信水平检验

依据区域大气环流特征与水汽输送过程，进一步揭示了印度季风爆发异常对西南河流源区汛期降水变异的作用机制（图 5-38）。结果显示，印度季风爆发提前（推迟）时，青藏高原以南存在异常气旋（反气旋）式水汽输送，水汽输送通量增强（减弱），西南河流源区产生局地水汽辐合（辐散），从而导致该地区汛期降水总量增多（减少）；印度季风撤退提前（推迟）时，青藏高原以南存在异常反气旋（气旋）式水汽输送，水汽输送通量减弱（增强），西南河流源区产生局地水汽辐散（辐合），从而导致该地区汛期降水总量减少（增多）。在西南河流源区东部和西部地区，地形效应通过影响垂直方向上水汽输送对局地水汽辐合（辐散）也存在较大贡献。水汽收支诊断结果定量显示了印度季风爆发异常时热力和动力过程对季风降水年际变化的贡献（图 5-38），西南河流源区东部水汽辐合异常主要来源于水平方向上风场和水汽异常以及垂直方向上风场异常的贡献，而水汽异常作用不明显；中部水汽辐合异常主要来源于水平方向上风场和水汽异常的贡献；西部水汽辐合异常来源于水平和垂直方向上风场和水汽异常的贡献，而地表蒸发量对整个西南河流源区贡献均较小。平均来看，在印度季风爆发早晚年，各水汽收支项在西南河流源区东、中、西三个区域存在 2.40 mm/d、0.63 mm/d、0.59 mm/d 的差异；在印度季风撤退早晚年，各水汽收支项在西南河流源区东、中、西三个区域存在 0.53 mm/d、

0.76 mm/d、0.86 mm/d 的差异，可以合理地解释印度季风爆发和撤退异常对西南河流源区降水影响的非对称效应和空间差异性。

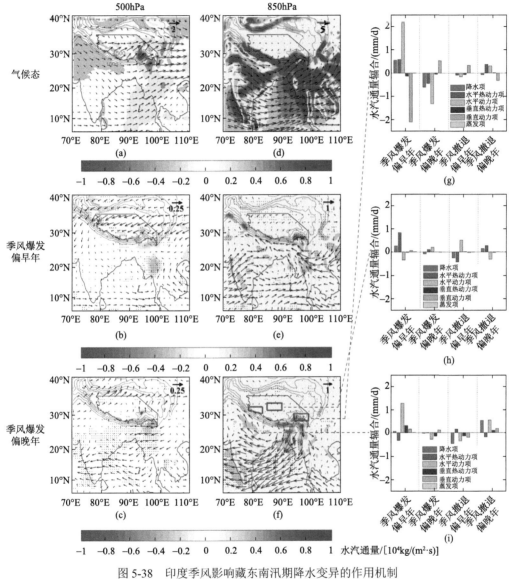

图 5-38　印度季风影响藏东南汛期降水变异的作用机制

除爆发和撤退时间外，印度季风强弱程度也是其重要属性之一，与季风区降水时空变化密切相关。利用构建的标准化水文时间序列多时间尺度变异显著性定量评估方法，识别出印度季风和西南河流源区降水在年际尺度上（3～7 年）存在较为显著的信号，表明该地区降水的年际变化在很大程度上受印度季风控制（Sang et al., 2016）。在雅江流域，自下游至中游地区，降水年际信号逐渐减弱，可能与孟加拉湾距离远近有关，导致印度季风携带的水汽难以输送到内陆地区，影响逐渐减小。西南河流源区降水的年际变化主要受印度季风活动导致的异常水汽输送控制，其关键系统是印度季风区存在的异常气旋（反气旋）式水汽输送。水汽收支诊断结果表明，水汽辐合年际异常主要来源于异常西南风导致的局地水汽辐合，其中纬向、经向辐合分别贡献了 16.5%、83.5%，地形作用相对较小。

5.4 未来气候变化影响下的径流变化趋势

本节主要介绍西南河流源区三江源和雅江-布拉马普特拉河流域的气候与径流变化预估结果。在气候预估方面，单个气候模式的预估结果往往存在较大不确定性。采用多个气候模式在不同排放情景下的模拟结果，结合不同的偏差订正方法，充分考虑气候预估不确定性对径流预估的影响。在径流预估方面，目前研究主要注重径流对气候因子（如降水和气温）的响应，如 CO_2 浓度变化导致的植被生理效应、下垫面植被变化对径流的影响等过程被普遍忽略。采用最新耦合模式比较计划（CMIP6）中对应气候变化情形下的 CO_2 浓度和植被变化模拟数据，与相应的气候预估结果共同驱动陆面水文模型，实现考虑气候和生态因子共同影响下的径流变化预估。本节探讨了植被生态因子变化对极端径流未来变化趋势的贡献及其与气候因子的相对重要性。总体来看，在未来持续增温的情景下，三江源和雅江-布拉马普特拉河流域平均年降水量呈现增加趋势，导致流域平均径流量增加 6%～14%，且降水与径流的增幅随增温强度增加而增加。随着增温强度增加，植被增加的干效应将超过 CO_2 生理效应的湿效应，并最终导致极端干径流发生的频次显著增加。相比气候因子，生态因子的贡献不可忽视。

5.4.1 未来气候变化影响下的三江源区径流变化趋势

1. 研究区域、数据与方法介绍

1）研究区域与观测数据

本节利用的径流观测数据来自黄河源区唐乃亥（TNH）水文站和长江源区直门达（ZMD）水文站（图 5-39）。唐乃亥与直门达站点的数据长度分别为 1979～2010 年和 1980～2008 年。气象强迫观测数据为中国气象强迫数据集（CMFD）（He et al.，2020）。未来气候预估数据选自 CMIP6（Eyring et al.，2016）中的 11 个全球模式模拟结果，并选取 SSP585 和 SSP245 作为两个代表性的未来社会经济排放情景。SSP585 是 SSP5 社会经济路径和 RCP8.5 辐射强迫路径的相互组合，表示未来全球化石燃料大量消耗、经济发展迅速、教育大范围普及，但温室气体大量排放使得 2100 年人为辐射强迫达到 $8.5W/m^2$。类似的，SSP245 表示未来全球维持近几十年来的社会发展规律，2100 年人为辐射强迫达到 $4.5W/m^2$ 的情景。采用跨领域影响评估模型比较计划（inter-sectoral impact model intercomparison project，ISI-MIP）建议的偏差订正方法去除 CMIP6 气象强迫和 LAI 模拟值的系统性偏差模式（Hempel et al.，2013）。具体方法详见 Ji 等（2020）。

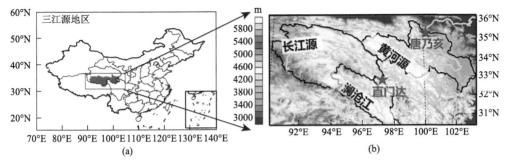

图 5-39　三江源地理位置和径流观测站点分布

填色部分表示地形分布（Ji et al.，2020）

2）试验设计

本节选取第二代联合地表-地下过程陆面水文模型（CSSPv2）进行模拟分析，该模型在三江源地区有很好的模拟效果（Yuan et al.，2018）。试验设计如表 5-5 所示。首先，利用 CMFD 驱动 CSSPv2 完成历史模拟试验，验证观测驱动下的模拟性能。其次，利用偏差订正后的 CMIP6 ALL 气象数据驱动 CSSPv2，完成 CMIP6_ALL/CSSPv2 历史试验，检验 CMIP6_ALL/CSSPv2 试验是否能够表征研究区域历史阶段径流情况。然后，利用经过偏差校正的 CMIP6 SSP245 和 CMIP6 SSP585 试验结果驱动 CSSPv2 模型，完成 CMIP6_SSP/CSSPv2 试验。模拟时长为 2015～2100 年，陆面初始条件来自 CMIP6_ALL/CSSPv2 在 2014 年底的模拟结果，LAI 和 CO_2 浓度均为动态输入。最后，分别将 LAI 和 CO_2 浓度固定在 2014 年的数值，完成 CMIP6_SSP/CSSPv2_FixLAI 和 CMIP6_SSP/CSSPv2_FixCO_2 试验。

表 5-5　试验设计

试验名称	模拟时段	LAI 数据	CO_2 浓度数据
CMFD/CSSPv2	1979～2014 年	遥感 LAI	观测的动态 CO_2
CMIP6_ALL/CSSPv2	1979～2014 年	CMIP6_ALL LAI	观测的动态 CO_2
CMIP6_SSP/CSSPv2	2015～2100 年	CMIP6_SSP LAI	MAGICC7.0_SSP CO_2
CMIP6_SSP/CSSPv2_FixLAI	2015～2100 年	CMIP6_SSP LAI in 2014	MAGICC7.0_SSP CO_2
CMIP6_SSP/CSSPv2_FixCO_2	2015～2100 年	CMIP6_SSP LAI	2014 年 CO_2 浓度

采用当前广泛应用的一种时间采样方法来确定到达不同增温水平时的具体时间范围。根据 HadCRUT4 观测数据，全球平均温度在 1985～2014 年的平均值相比工业革命前（1850～1900 年）上升了 0.66℃。对于每个 CMIP6 模式，以 30 年的窗口从 2015 年开始计算全球平均温度的滑动平均值，当窗口内的平均温度相比 1985～2014 年上升 0.84℃/1.34℃/2.34℃时，定义为 1.5℃/2.0℃/3.0℃增温水平到达的时间。

本节主要关注的是三江源地区雨季（7～9 月）的极端干、湿径流，其由标准化径流指数（standardized streamflow index，SSI）定义。首先，利用 Gamma 分布拟合 1985～2014 年的雨季径流分布：

$$f(x, \beta, \alpha) = \frac{\beta^{\alpha}}{\Gamma(\alpha)} x^{\alpha-1} e^{-\beta x} \tag{5-4}$$

式中，x 为雨季径流；α 和 β 为估计的参数。然后，借助估计的分布对参考期（1985～2014年）和预估期（2015～2100年）每年的雨季径流进行标准化：

$$SSI_i = Z^{-1}\left(F(x_i)\right) \tag{5-5}$$

$$F(x_i) = \int_0^{x_i} f(x, \beta, \alpha)\, \mathrm{d}x \tag{5-6}$$

式中，Z^{-1} 为正态分布的逆累积分布函数；$F(x)$ 为 Gamma 分布的累积分布函数；i 为年份。这里，将 SSI<–1.28 定义为极端干径流事件（对应 10%的概率），SSI>1.28 定义为极端湿径流事件。随后，计算每一个模式在每个 SSP 情景和不同增温水平下相对参考期的变化情况，并统计 11 个模式的集合平均值。

通过自展方法（bootstrap）放回抽样对上述计算流程重复 10000 次（即每次可重复的随机抽取 13 个模式），并将 10000 个风险系数计算结果中的中位数作为平均风险系数，2.5%和 97.5%分位数作为风险系数的 95%置信度范围。

2. 水文模型本地化与模拟评估

图 5-40 给出了历史模拟试验的评估结果。当利用观测气象数据和遥感 LAI 数据驱动模型时，CMFD/CSSPv2 试验能够很好地模拟出黄河和长江源区的月径流。月径流模拟值和观测值之间的 Kling-Gupta 系数在黄河源区高达 0.94，在长江源区高达 0.91。虽然 CMIP6 输出的气象要素原始空间分辨率较粗（100km 左右），但利用偏差校正后的 CMIP6 气象要素驱动陆面模式也能够再现三江源区陆面水循环要素的历史变化特征。CMIP6_His/CSSPv2 试验集合平均的径流模拟结果与观测值间的 Kling-Gupta 系数也能达到 0.71～0.81，集合平均的陆地水储量异常以及蒸散发也与观测和遥感数据一致。因此，基于 CMIP6/CSSPv2 的一系列试验预估三江源地区未来径流变化是可信的。

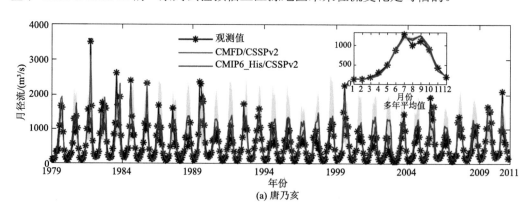

(a) 唐乃亥

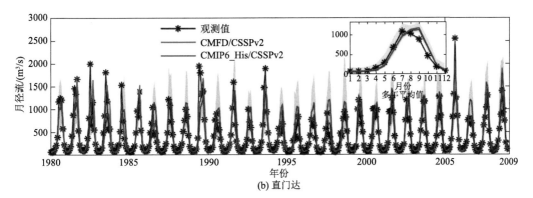

(b) 直门达

图 5-40　历史模拟验证图

蓝色实线表示 11 个 CMIP6_His/CSSPv2 试验的集合平均值，而灰色阴影表示 11 个试验的结果分布范围（Ji et al.，2020）

3. 三江源未来径流变化预估

观测数据显示，三江源地区年均气温、降水量和生长季 LAI 在 1979~2014 年分别以 0.63 ℃/10a、16.9mm/10a 和 0.02 m²/（m²·10a）的速率显著增长（图 5-41 中粉色实线）。CMIP6_ALL 试验的集合平均结果较好地模拟出这些趋势，但对气温和降水的趋势存在低估。2015~2100 年，CMIP6_SSP245 显示出明显的增暖、增湿和植被变绿特征，且这些趋势在 CMIP6_SSP585 试验中更为显著。在 SSP245 和 SSP585 情景下，CO_2 浓度也分别增长至 600 ppm（1ppm 表示 10^{-6}）和 1150 ppm。需要注意的是，同一增温水平下 SSP585 和 SSP245 情景的降水、气温、LAI、辐射、风速和湿度并无显著区别，因此参考 Dosio 和 Fischer（2018）的做法，在后续分析中将 SSP585 和 SSP245 情景统一分析。

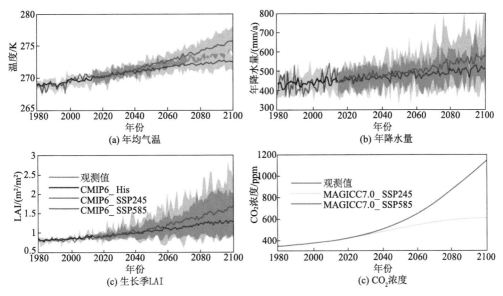

图 5-41　三江源地区历史和未来时段气温、降水、LAI 和 CO_2 浓度变化曲线（Ji et al.，2020）

图 5-42 为未来不同增温水平下三江源区陆地水循环各要素相对基准期（1985～2014年）的变化量。CMIP6 模式集合平均结果显示，未来全球增温 1.5℃、2.0℃和 3.0℃时三江源区平均降水量将分别增加 5%、7%和 13%。年蒸散发量的变化趋势与降水一致，在1.5℃、2.0℃和 3.0℃增温水平下分别增加 4%、7%和 13%。植被蒸腾占总蒸散发的比值（蒸散比）也在各增温水平下显著增加，表明植被蒸腾的增加速率要大于地表蒸发。虽然年产流量的相对变化在 1.5℃、2.0℃和 3.0℃增温水平下能达到 6%、9%和 14%，但仅有

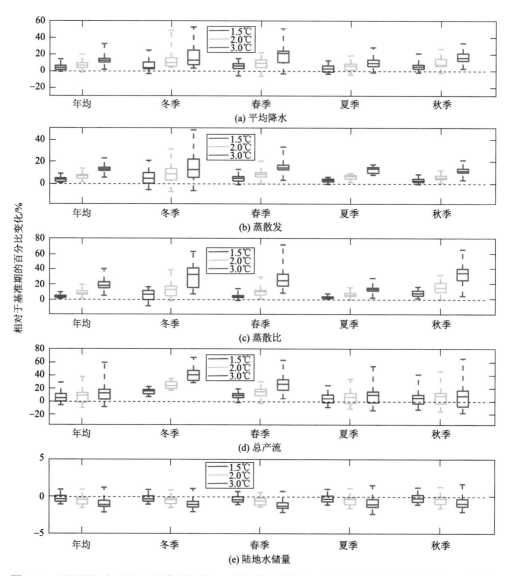

图 5-42　不同增温水平下，区域平均降水、蒸散发、蒸散比、总产流以及陆地水储量相对变化的盒须图

参考期为 1985～2014 年，年平均和季节平均结果都在图中展示。矩形盒为 22 个 CMIP6_SSP/CSSPv2 模拟结果的上下四分位数，盒子中间的横线为中位数（Ji et al.，2020）

75%的模式显示出产流增加趋势，说明年平均产流的增长并不显著。进一步分析可得，年平均产流在春季和冬季的增加是显著的，而在夏季和秋季的变化不确定性较大。不同于上述变量，三江源区平均陆地水储量呈现微弱的下降趋势，这表明增加的降水被蒸散发和产流所平衡，因而三江源区局地的水资源储量并没有得到补给。未来全球增温使得三江源区整体呈现出陆地水循环加速的特征，降水、蒸散发、产流均有增加趋势，而局地的陆地水资源量变化不大。上述水循环加速特征在季节尺度上依旧存在。

　　进一步对黄河和长江源区的极端径流进行分析。尽管不同增温水平下黄河源区冬季和春季径流量相比参考期明显增加（图 5-43），但雨季（7～9 月）的径流并没有显著上升趋势，8 月的径流更是相对减少。图 5-43（a）给出不同增温水平下黄河源区雨季极端干、湿径流事件的相对变化，以及 5%～95%的置信区间。在 1.5℃增温水平下，黄河源区雨季极端干径流事件发生的频率相比 1985～2014 年增加了 55%，但是其不确定性范围大于集合平均结果，表明结果并不显著。然而，如果全球进一步增温至工业革命前

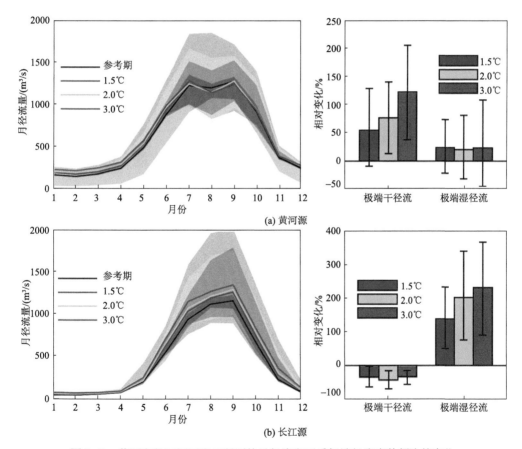

图 5-43　黄河和长江源区出口断面的月径流和雨季极端径流事件频次的变化

（a）左图为参考期（1985～2014 年）和不同增温水平下，模式模拟的黄河源区月径流，实线为集合平均，阴影为集合成员的范围。右图为不同增温水平下，黄河源区雨季（7～9 月）极端径流事件频率的变化，条形图为集合平均值，误差线表示 5%～95%的不确定性范围。（b）同（a），但为长江源区的结果（Ji et al.，2020）

的 2.0℃和 3.0℃水平，极端干径流事件将分别增加 77%和 125%，且结果也变显著。因此，将全球增温水平控制在 1.5℃以下，可以有效减小未来黄河源区极端干径流事件的发生。对于黄河源区雨季极端湿径流事件而言，其在不同增温水平下的变化均不显著。不同于黄河源区，长江源区的月径流量在不同增温水平下均明显增加，且增温越强径流增加越大[图 5-43（b）]。在 1.5℃、2.0℃和 3.0℃增温水平下，长江源区雨季极端湿径流事件分别显著增加 138%、202%和 232%，表明洪涝风险有所增加。

4. 生态与气候因子对径流变化的贡献

进一步将极端干、湿径流频次的变化归结为气候变化、CO_2 生理强迫和下垫面 LAI 变化的影响[图 5-44（a）和（b）]。虽然气候变化的影响最大，但是 CO_2 生理强迫和下垫面 LAI 变化因子也不容忽视。CO_2 生理强迫通过抑制植被气孔导度抑制植被蒸腾作用，从而抑制了黄河源区极端干径流事件的增加，促进了长江源区极端湿径流事件的增加。

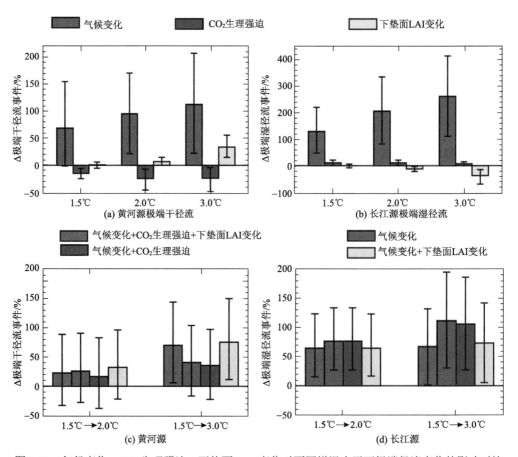

图 5-44 气候变化、CO_2 生理强迫、下垫面 LAI 变化对不同增温水平下极端径流变化的影响对比
（a）和（b）不同增温水平下，气候变化、CO_2 生理强迫和下垫面 LAI 变化导致的极端干、湿径流频率相对变化。（c）和（d）考虑不同因子情形下，额外增温 0.5℃和 1.5℃导致的极端干、湿径流频次的变化。所有变化均相对于 1985～2014 年参考期。条形图为集合平均，误差线表示 5%～95%的不确定性范围（Ji et al.，2020）

下垫面 LAI 的增加增强了植被蒸腾作用，因此对极端干、湿径流事件的影响与 CO_2 生理强迫相反。CO_2 生理强迫和下垫面 LAI 变化的净效果使得黄河源区极端干径流事件在 1.5℃和 2.0℃增温水平下减小 18%~22%，在 3.0℃增温水平下增加 9%。这主要是由于 1.5℃和 2.0℃增温水平下 LAI 增加对蒸腾的促进作用小于 CO_2 增加导致的抑制作用，而在 3.0℃增温水平下相反。

此外，图 5-44（c）和（d）表明，CO_2 生理强迫和下垫面 LAI 变化对不同增温水平之间结果的差异也有影响。仅考虑气候变化时，黄河源区极端干径流频率在 2.0℃和 1.5℃、3.0℃和 1.5℃增温水平间的差别分别为 26%、40%，但此时这些差异均不显著[图 5-44（c）中红色柱状图]。考虑 CO_2 生理强迫后，不同增温水平间的差异进一步减小，且差异依旧不显著[图 5-44（c）中蓝色柱状图]。而当考虑下垫面 LAI 变化后，上述增温水平间的差异分别变为 22%、70%，3.0℃和 1.5℃之间的差异也变得显著[图 5-44（c）中粉色柱状图]。对于长江源区极端湿径流事件，考虑下垫面 LAI 变化后，3.0℃和 1.5℃之间的差异也从仅考虑气候变化情形下的 110%降至 70%[图 5-44（d）中红色与青色柱状图]。这说明，对于不同增温水平间极端径流预估结果的差异而言，下垫面 LAI 变化具有与气候变化同等重要的作用。因此，在极端径流的未来预估研究中需要考虑下垫面 LAI 变化的影响。

5.4.2 未来气候情景下雅江径流变化趋势

1. 研究区域、数据与方法介绍

1）研究区域与观测数据

本节以雅江-布拉马普特拉河全流域为研究对象（图 5-45）。收集了 1980~2001 年逐日/逐月的水文观测数据，包括奴下站、巴哈杜拉巴德（Bahadurabad）站、奴各沙站、拉萨站、羊村站和更张站。选取 WATCH 驱动数据（WATCH forcing data）产品作为气象观测数据（Weedon et al.，2014）。该数据集提供了良好的真实气象事件和气候趋势，空间分辨率是 0.5°× 0.5°，时间分辨率是 1d。具体使用的要素包括：1980~2001 年的日均降水、温度和潜在蒸散发数据，彭曼-蒙蒂斯（Penman-Monteith）公式用于计算该数据集的潜在蒸散发。

采用 5 个 CORDEX 模型在 RCP4.5 和 RCP8.5 排放情景下的气候数据驱动水文模型完成未来预估研究（Piani et al.，2009），包括 HadGEM3-RA（RCM1）、RegCM4（RCM2）、SNU-MM5（RCM3）、SNU-WRF（RCM4）和 YSU-RSM（RCM5）。采用双线性插值方法将 RCM 数据处理至 WFD 驱动数据网格。此外，不同 RCM 模式对应的潜在蒸散发数据由逐日温度数据求得（van Pelt et al.，2009）。采用分位数定位偏差校正方法（quantile mapping，QM；Maraun，2013）和联合偏差校正方法（Li et al.，2014）对 RCM 的逐日降水和温度数据进行偏差校正。联合偏差校正方法包含 JBCp（先校正降水，再校正温度）和 JBCt（先校正温度，再校正降水）。

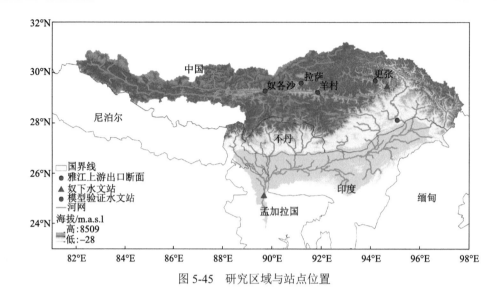

图 5-45 研究区域与站点位置

2）试验设计

高原冰雪流域未来径流演变预估思路框图如图 5-46 所示。首先，利用时空分辨率精细的区域气候模式 RCM 数据，并用实测站点或再分析驱动数据在历史时期对 RCM 的降水、温度和潜在蒸散发等主要气象变量进行校正。其次，将校正前后的 RCM 数据输入包含有融冰融雪模块的水文模型之中，得到原始 RCM 的模拟径流和校正后 RCM 的模拟径流。最后，利用历史时期观测径流数据，采用贝叶斯模型平均（BMA）方法率定各校正前后 RCM 模拟径流的权重，应用于未来的径流预估。

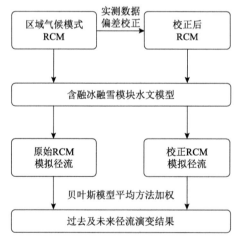

图 5-46 高原冰雪流域未来径流演变预估思路框图

2. 水文模型本地化与模拟验证

以 Bahadurabad 水文站观测为参考，对整个流域进行了参数率定，并在整个流域使用同一套参数。图 5-47 展示了 Bahadurabad 水文站观测和模拟径流在率定期和验证期的表现。可以看出，THREW 模型在雅江-布拉马普特拉河流域表现良好，在验证期日尺度和月尺度的纳什效率系数分别能达到 0.78 和 0.81。在未经过率定的上游水文站点，径流模拟的月尺度纳什系数超过 0.6，相关系数 CC 超过 0.85，并且 RMSE 也较低。因此，经过率定后的 THREW 模型在雅江-布拉马普特拉河流域表现优良。

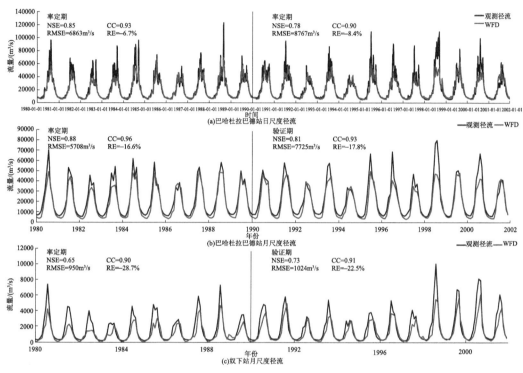

图 5-47　雅江-布拉马普特拉河径流模拟效果

图 5-48 为利用基于历史时期气候模式结果驱动 THREW 模型得到的 BMA 平均预估结果（红色线）和 90%的不确定性区间。基本上，BMA 加权径流的不确定性区间几乎覆盖了所有的观测值，说明利用 BMA 方法集合多模式结果可以合理再现雅江-布拉马普特拉河流域的历史径流变化特征。

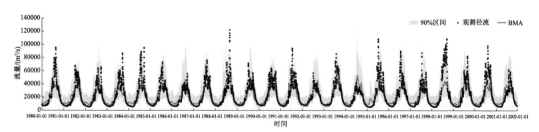

图 5-48　历史时期 Bahadurabad 水文站的观测径流、BMA 加权的模拟径流的平均值与 90%的不确定性区间

3. 雅江-布拉马普特拉河未来径流预估

图 5-49 和图 5-50 展示了在 RCP4.5 和 RCP8.5 排放情景下，偏差校正后的 RCM 季节性降水和温度近未来时期（2020～2035 年）相比于历史时期（1980～2001 年）的变化。可以发现，除了 RCM3 在 RCP4.5 排放情景下的模拟结果外，各模式模拟的湿润季节降水在两种排放情景下均有所增加。相反，干旱季节降水都呈现一致减少的趋势。因此，在气候变暖条件下，水文反馈研究中常提及的"湿更湿，干更干"模式也存在于雅江-布拉马普特拉河流域（Chou et al.，2013）。此外，RCP8.5 排放情景下的平均降水要高于 RCP4.5 排放情景，尤其体现在 RCM3 和 RCM4 模拟的湿润季节降水中。图 5-49 和图 5-50 还包括原始气候模拟检测到的异常。实际上，维持它们提供的信号是采用偏差校正方法时的关键问题。研究还发现气候模型和偏差校正方法的预测变化存在明显差异，这表明了探索多模型和多方法的重要性，以获得关于气候变化对当地水文影响的不确定性的更全面的描述。采用上节提及的 BMA 加权系数计算可得，雅江-布拉马普特拉河历史时期的年均降水是 1425.3mm，而在 RCP4.5 和 RCP8.5 排放情景下分别达到 1529.8mm 和 1608.0mm，分别增加 7.3% 和 12.8%。

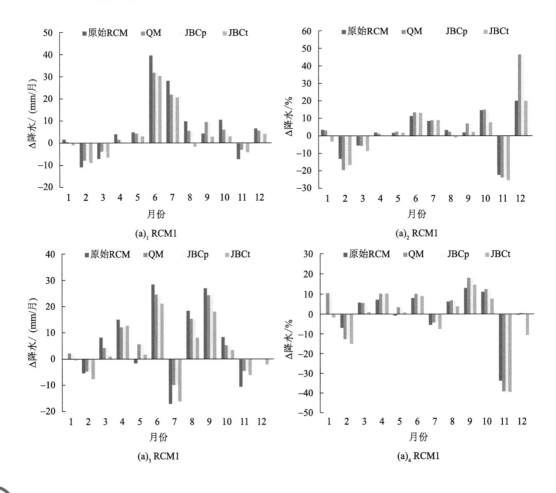

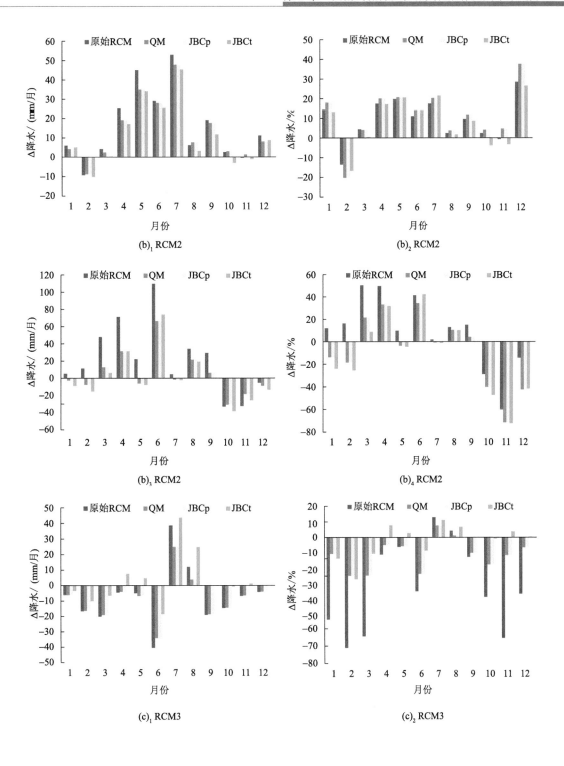

(b)₁ RCM2

(b)₂ RCM2

(b)₃ RCM2

(b)₄ RCM2

(c)₁ RCM3

(c)₂ RCM3

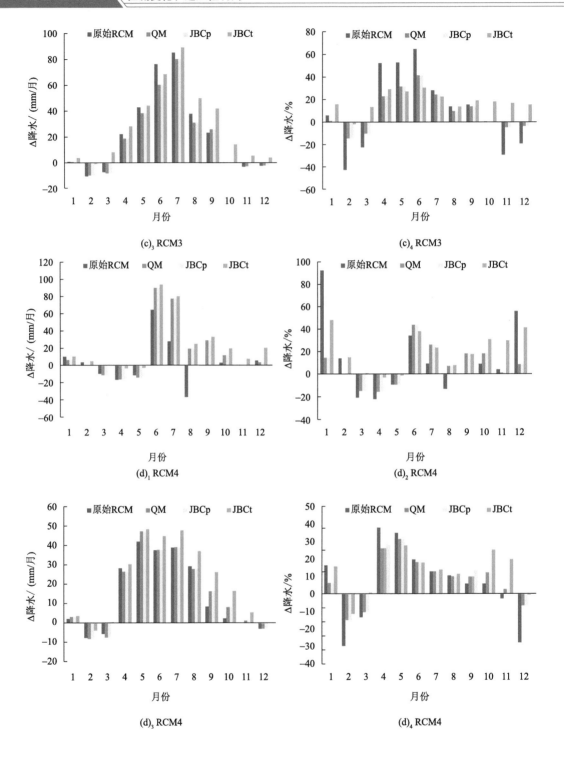

(c)₃ RCM3

(c)₄ RCM3

(d)₁ RCM4

(d)₂ RCM4

(d)₃ RCM4

(d)₄ RCM4

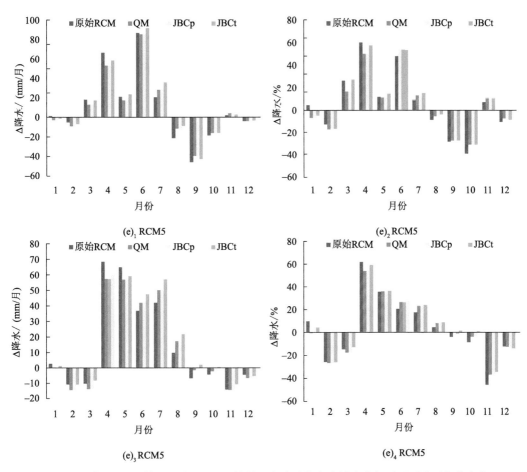

图 5-49　在 RCP4.5 情景下和 RCP8.5 情景下未来时期全流域降水相对于历史时期的变化

(a)₁～(e)₁，(a)₂～(e)₂ 为 RCP4.5 情景，其中，(a)₁～(e)₁ 是绝对值，(a)₂～(e)₂ 是相对值；(a)₃～(e)₃，(a)₄～(e)₄ 为 RCP8.5 情景，

其中，(a)₃～(e)₃ 是绝对值，(a)₄～(e)₄ 是相对值

QM（quantile-mapping）为分位数定位偏差校正方法，全书同

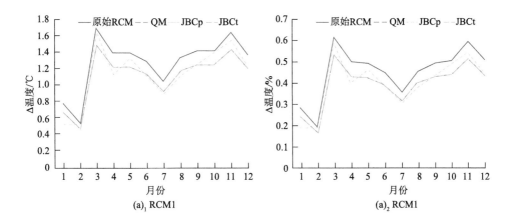

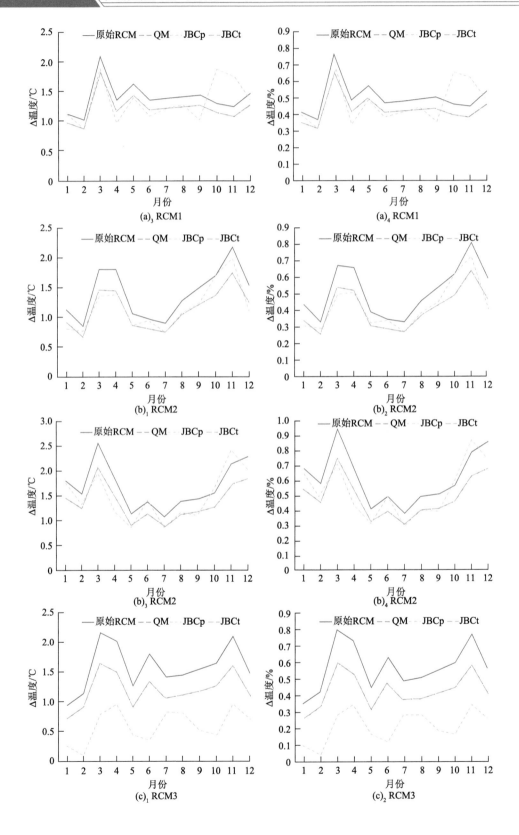

(a)₃ RCM1

(a)₄ RCM1

(b)₁ RCM2

(b)₂ RCM2

(b)₃ RCM2

(b)₄ RCM2

(c)₁ RCM3

(c)₂ RCM3

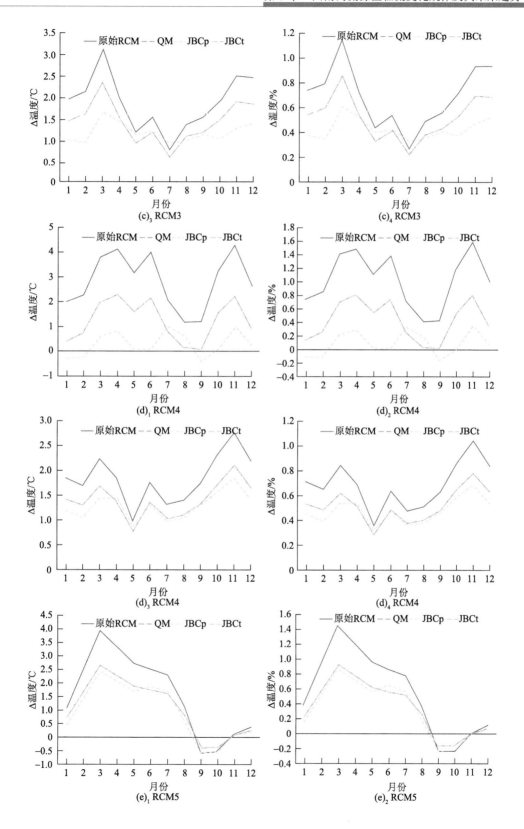

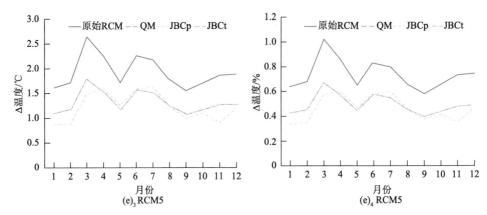

图 5-50　在 RCP4.5 情景下和 RCP8.5 情景下未来时期全流域温度相对于历史时期的变化
(a)₁~(e)₁, (a)₂~(e)₂ 为 RCP4.5 情景，其中，(a)₁~(e)₁ 是绝对值，(a)₂~(e)₂ 是相对值；(a)₃~(e)₃, (a)₄~(e)₄ 为 RCP8.5 情景，
其中，(a)₃~(e)₃ 是绝对值，(a)₄~(e)₄ 是相对值

从图 5-50 可以看出，所有的 RCM 模拟结果显示未来气温相比历史期间都有增加的趋势。除了 RCM3 和 RCM4 之外，其他模式在 RCP4.5 和 RCP8.5 排放情景下的温度预估结果并没有显著差异，这与 IPCC AR5 报告中"预计未来全球平均温度在 2030 年之前不会在不同的 RCP 情景下出现显著偏离"一致。与降水相似，不同气候模型和不同偏差校正方法的气温预估结果存在明显差异。采用上节提及的 BMA 加权系数计算可得，历史时期的平均温度是 8.7℃，而在 RCP4.5 和 RCP8.5 排放情景下的近未来时段的年平均温度将分别达到 9.8℃ 和 10.0℃。

过去的研究表明，在多模型集合和预估不确定性评估的研究中，应促使对未来气候变化导致的不确定性定量化（Taylor et al.，2012）。图 5-51 展示了在两种排放情景下 Bahadurabad 水文站径流的 BMA 加权平均结果和其 90% 不确定性范围，其中 RCP4.5 和

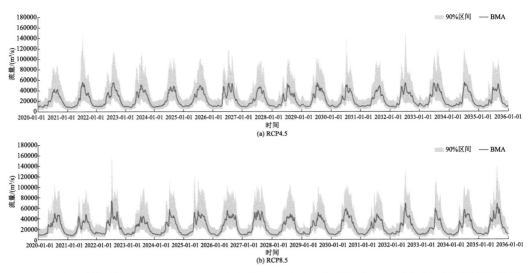

图 5-51　在两种排放情景下 Bahadurabad 水文站的 BMA 加权平均径流和 90% 不确定性区间覆盖的径流

RCP8.5 的不确定性区间相似。多年平均的洪峰流量在两种排放情景下分别达到了 $5.1919 \times 10^4 \, \text{m}^3/\text{s}$ 和 $5.6324 \times 10^4 \, \text{m}^3/\text{s}$，相比于历史时期分别增加了 13.5% 和 23.2%。本节下述所有讨论均基于 BMA 加权流量展开。

本节结果显示，Bahadurabad 水文站在 RCP8.5 排放情景下，2020~2035 年的预估径流深是 1466 mm/a，这显著高于 Masood 等（2015）在相同位置和排放情景下得到的 1244 mm/a。而在上游出口断面，在 RCP8.5 排放情景下，2020~2035 年的预估径流深是 692 mm/a，这一结果与 Lutz 等（2014）采用同样排放情景下得到的 2041~2050 年径流深预估值（727 mm/a）一致。值得注意的是，研究采用了 RCM 模型集合，对不同偏差校正方法模拟结果耦合的 BMA 方法，以及包含有融冰融雪过程的物理性水文模型，这些都能解释与已有研究产生不同的原因。在奴下水文站、上游出口断面和 Bahadurabad 水文站，冰川覆盖面积比例分别达到了 2.7%、5.2% 和 3.5%，并且研究区域包括永久性积雪区域。因此，冰川和积雪融化产生的径流是重要的径流组成部分。

5.5　小　　结

本章分析了西南河流源区水储量、主要河流径流量的变化规律及其驱动机制，以及历史上不同时间尺度的洪旱规律，并对未来径流变化趋势进行了预估，主要进展和结论如下。

（1）青藏高原 2002~2017 年总水储量以 -10.2Gt/a 的速度减小，内流区和外流区水储量变化呈显著的空间差异。其中，外流区总水储量的下降速度达到 -15.8Gt/a，而内流区陆地总水储量以 5.6Gt/a 的速度上升。在冰川广泛分布的印度河-恒河-雅江流域（青藏高原海洋性冰川集中分布的地区），总水储量以 -13.2Gt/a 的速度下降，而冰川消融的贡献率达到 76%。基于多源卫星测高和光学遥感影像的反演结果显示，青藏高原湖泊水量整体上升，52 个大型湖泊水量变化过程分为两个阶段：2000~2011 年为快速增长阶段（6.7Gt/a），2012~2017 年为缓慢上升阶段（2.0Gt/a）；基于多源卫星测高、地形数据和冰川边界的估算结果显示，藏东南地区的冰川在快速消融，2000~2019 年达到 -4.7Gt/a，且这一速度仍有加快的趋势。降水和气温的变化是各类水储量变化最主要的驱动要素，降水控制水量输入，南亚季风逐渐减弱，使青藏高原南部（喜马拉雅地区）由南亚季风带来的降水减少，将改变青藏高原降水变化的空间格局，进一步影响总水储量变化。气温通过影响蒸发、融化、升华等相变过程影响水量输出。

（2）三江源地区径流量整体呈增加趋势，且以长江源区直门达水文站径流量增速最大，气候变化是导致径流量变化的最主要因素，澜沧江源、长江源和黄河源的气候变化分别贡献了 90%、88% 和 91%。雅江流域年径流量整体上呈不显著下降趋势，20 世纪 90 年代后表现为先上升后下降的趋势，同时存在 3~4 年和 12~15 年的周期变化特征，降雨与径流变化具有较同步的正相关关系，雨季降雨是径流变化的主要驱动要素。怒江径流量年内变化具有显著的丰、枯季节变化特征。在年际变化上，除 8 月以外，月径流量呈增加趋势。降水是控制怒江流域年径流变化的主要因素。同时，在气候变暖时期（1985～2004 年）内，温度影响径流量变化的幅度有所增加。南亚夏季风和中纬度西风在驱动径流量变化方面也都起着重要作用。

（3）过去万年以来径流量呈现波动增加的态势，主要受到季风降水和温度调控形成融水的共同作用。该流域洪水事件呈现出早晚全新世频繁、中全新世相对较少的特征，可能与全新世 ENSO 活动影响有关。基于怒江流域 6 个树轮样本重建的怒江 1500～2011 年上年 9 月至当年 6 月的径流序列，对径流量变化的方差解释量为 53.4%。径流重建序列中存在 10 个丰水期和 10 个枯水期，并且在 20 世纪 70 年代后呈现增加趋势，且受亚洲夏季风控制的冷湿条件是怒江径流量增加的主要原因。雅江流域在 20 世纪 90 年代中后期发生干湿转换，降水和气温日较差是驱动流域干旱演变的主要气候因素。此外，该流域径流量存在两个显著的周期变化特征：1～2 年（1996～1998 年）和 9～11 年（1986～2001 年）。印度季风演进和强弱变化在不同时间尺度上对西南河流源区降水的影响及物理机制存在明显差异。年际尺度上，印度季风爆发异常相比于撤退异常对西南河流源区汛期降水的影响更显著，从下游到上游印度季风对降水的影响增强，且印度季风强弱直接影响该地区降水的丰枯变化情势。

（4）利用全球和区域气候模式在未来不同排放情景下的气象要素模拟数据，在偏差订正后驱动陆面水文模型，分别预估了三江源区和雅江-布拉马普特拉河径流的未来变化趋势，分析了黄河源区和长江源区未来极端径流事件的变化特征和主要驱动因子。结果表明，在未来持续增温的情景下，西南河流源区平均年降水量呈现增加趋势，导致流域平均径流量增加 6%～14%，且降水与径流的增幅随增温强度增加而增加。在未来持续增温的情景下，西南河流源区极端径流事件增加，呈现出"干更干，湿更湿"的特征。长江源和雅江-布拉马普特拉河未来洪水风险增加，而黄河源区在未来将经历更多的水文干旱事件，下垫面 LAI 变化对未来极端径流变化的贡献不可忽视，贡献率达 35%～37%。因此，需要关注西南河流源区高寒植被与陆面水文过程的耦合关系，注重生态因子在水资源管理、水灾害防御中的作用。

参 考 文 献

刘扬李, 周祖昊, 刘佳嘉, 等. 2021. 基于水热耦合的青藏高原分布式水文模型——II.考虑冰川和冻土的尼洋河流域水循环过程模拟. 水科学进展, 32(2): 201-210.

龙笛, 李雪莹, 李兴东, 等. 2022. 遥感反演 2000—2020 年青藏高原水储量变化及其驱动机制. 水科学进展, 33(3): 375-389.

徐宗学, 周祖昊, 姜瑶, 等. 2022. 西南河流源区径流量变化规律及其未来演变趋势. 水科学进展, 33(3): 360-374.

杨威. 2008. 藏东南然乌湖地区冰川变化与径流特征研究. 北京: 中国科学院青藏高原研究所.

姚治君, 段瑞, 刘兆飞. 2012. 怒江流域降水与气温变化及其对跨境径流的影响分析. 资源科学, 34(2): 202-210.

尤卫红, 郭志荣, 何大明. 2007. 纵向岭谷作用下的怒江跨境径流量变化及其与夏季风的关系. 科学通报, (S2): 128-134.

周祖昊, 刘扬李, 李玉庆, 等. 2021. 基于水热耦合的青藏高原分布式水文模型——I. "积雪-土壤-砂砾石层" 连续体水热耦合模拟. 水科学进展, 32(1): 20-32.

Biskop S, Maussion F, Krause P, et al. 2016. Differences in the water-balance components of four lakes in the southern-central Tibetan Plateau. Hydrology and Earth System Sciences, 20(1): 209-225.

Chen F, Shang H M, Panyushkina I, et al. 2019. 500-year tree-ring reconstruction of Salween River streamflow related to the history of water supply in Southeast Asia. Climate Dynamics, 53(11): 6595-6607.

Chou C, Chiang J C H, Lan C W, et al. 2013. Increase in the range between wet and dry season precipitation. Nature Geoscience, 6(4): 263-267.

Dosio A, Fischer E M. 2018. Will half a degree make a difference? Robust projections of indices of mean and extreme climate in Europe under 1.5℃, 2℃, and 3℃ global warming. Geophysical Research Letters, 45: 935-944.

Eyring V, Bony S, Meehl G A, et al. 2016. Overview of the Coupled Model Intercomparison Project Phase 6 (CMIP6) experimental design and organization. Geoscientific Model Development, 9: 1937-1958.

Fyfe J C, Gillett N P, Zwiers F W. 2013. Overestimated global warming over the past 20 years . Nature Climate Change, 3(9): 767-769.

Harris I, Jones P D, Osborn T J, et al. 2014. Updated high-resolution grids of monthly climatic observations-the CRU TS3.10 Dataset. International Journal of Climatology, 34(3): 623-642.

He J, Yang K, Tang W, et al. 2020. The first high-resolution meteorological forcing dataset for land process studies over China. Scientific Data, 7(25): 1-11.

Hein C J, Galy V, Galy A, et al. 2017. Post-glacial climate forcing of surface processes in the Ganges-Brahmaputra river basin and implications for carbon sequestration. Earth and Planetary Science Letters, 478: 89-101.

Hempel S, Frieler K, Warszawski L, et al. 2013. A trend-preserving bias correction - the ISI-MIP approach. Earth System Dynamics, 4: 49-92.

Huang Q, Long D, Du M, et al. 2018. An improved approach to monitoring Brahmaputra River water levels using retracked altimetry data. Remote Sensing of Environment, 211: 112-128.

Ji P, Yuan X, Ma F, et al. 2020. Accelerated hydrological cycle over the Sanjiangyuan region induces more streamflow extremes at different global warming levels. Hydrology and Earth System Sciences, 24(11): 5439-5451.

Li C, Sinha E, Horton D E, et al. 2014. Joint bias correction of temperature and precipitation in climate model simulations. Journal of Geophysical Research: Atmospheres, 119(13): 153-162.

Li X, Long D, Han Z, et al. 2019a. Evapotranspiration estimation for Tibetan Plateau Headwaters using conjoint terrestrial and atmospheric water balances and multisource remote sensing . Water Resources Research, 55(11): 8608-8630.

Li X, Long D, Huang Q, et al. 2019b. High-temporal-resolution water level and storage change data sets for lakes on the Tibetan Plateau during 2000—2017 using multiple altimetric missions and Landsat-derived lake shoreline positions . Earth System Science Data, 11(4): 1603-1627.

Li X, Long D, Scanlon B R, et al. 2022. Climate change threatens terrestrial water storage over the Tibetan Plateau. Nature Climate Change, 12: 801-807.

Liu J J, Zhou Z H, Yan Z Q, et al. 2019. A new approach to separating the impacts of climate change and multiple human activities on water cycle processes based on a distributed hydrological model. Journal of

Hydrology, 578(11):1-13.

Liu Z Y, Lu Z Y, Wen X Y, et al. 2014. Evolution and forcing mechanisms of El Nino over the past 21,000 years. Nature, 515(7528): 550-553.

Long D, Chen X, Scanlon B R, et al. 2016. Have GRACE satellites overestimated groundwater depletion in the Northwest India Aquifer? . Scientific Reports, 6: 24398.

Lutz A F, Immerzeel W W, Shrestha A B, et al. 2014. Consistent increase in High Asia's runoff due to increasing glacier melt and precipitation. Nature Climate Change, 4(7): 587-592.

Maraun D. 2013. Bias correction, quantile mapping, and downscaling: Revisiting the inflation issue. Journal of Climate, 26(6): 2137-2143.

Masood M, Yeh P J F, Hanasaki N, et al. 2015. Model study of the impacts of future climate change on the hydrology of Ganges-Brahmaputra-Meghna basin. Hydrology and Earth System Sciences, 19(2): 747-770.

Piani C, Haerter J O, Coppola E. 2009. Statistical bias correction for daily precipitation in regional climate models over Europe. Theoretical and Applied Climatology, 99(1-2): 187-192.

Sang Y F, Singh V P, Gong T, et al. 2016. Precipitation variability and response to changing climatic condition in the Yarlung Tsangpo River basin, China. Journal of Geophysical Research: Atmospheres, 121: 8820-8831.

Shi F, Fang K Y, Xu C X, et al. 2017. Interannual to centennial variability of the South Asian summer monsoon over the past millennium. Climate Dynamics, 49(7): 2803-2814.

Smith T M, Reynolds R W. 2004. Improved extended reconstruction of SST (1854—1997) . Journal of Climate, 17(12): 315-331.

Støren E N, Dahl S O, Nesje A, et al. 2010. Identifying the sedimentary imprint of high-frequency Holocene river floods in lake sediments: development and application of a new method. Quaternary Science Reviews, 29(23-24): 3021-3033.

Sun Z, Hou X H, Ji K J, et al. 2022a. Potential winter-season bias of annual temperature variations in monsoonal Tibetan Plateau since the last deglaciation. Quaternary Science Reviews, 292: 107690.

Sun Z, Ji K J, Hou X H, et al. 2022b. Changes in atmospheric circulation and glacier melting since the last deglaciation revealed by a lacustrine dD record at Ngamring Co, the upper-middle Yarlung Tsangpo watershed. Palaeogeography, Palaeoclimatology, Palaeoecology, 598: 111027.

Taylor K E, Stouffer R J, Meehl G A. 2012. An overview of CMIP5 and the experiment design. Bulletin of the American Meteorological Society, 93(4): 485-498.

van Pelt S C, Kabat P, ter Maat H W, et al. 2009. Discharge simulations performed with a hydrological model using bias corrected regional climate model input. Hydrology and Earth System Sciences, 13: 2387-2397.

Wang C X, Ma Z F. 2018. Quasi-3-yr Cycle of Rainy Season Precipitation in Tibet Related to Different Types of ENSO during 1981—2015. Journal of Meteorological Research, 32(2): 181-190.

Wang H Q, Chen F. 2017. Increased stream flow in the Nu River (Salween) Basin of China, due to climatic warming and increased precipitation. Geografiska Annaler: Series A, Physical Geography, 99(4): 327-337.

Wang L L, Duan J P, Chen J, et al. 2010. Temperature reconstruction from tree‐ring maximum density of Balfour spruce in eastern Tibet, China. International Journal of Climatology: A Journal of the Royal Meteorological Society, 30(7): 972-979.

Wang M D, Liang J, Hou J Z, et al. 2016. Distribution of GDGTs in lake surface sediments on the Tibetan Plateau and its influencing factors. Science China-Earth Sciences, 59(5): 961-974.

Wang P, Zhou Z, Liu J, et al. 2023. Application of an improved distributed hydrological model based on the soilgravel structure in the Niyang River basin, QinghaiTibet Plateau. Hydrology and Earth System Sciences, 27(14): 2681-2701.

Weedon G P, Balsamo G, Bellouin N, et al. 2014. The WFDEI meteorological forcing data set: WATCH Forcing Data methodology applied to ERA-Interim reanalysis data. Water Resources Research, 50: 7505-7514.

Yao T, Masson-Delmotte V, Gao J, et al. 2013. A review of climatic controls on $\delta^{18}O$ in precipitation over the Tibetan Plateau: Observations and simulations. Reviews of Geophysics, 51(4): 525-548.

Yao T, Thompson L, Yang W, et al. 2012. Different glacier status with atmospheric circulations in Tibetan Plateau and surroundings. Nature climate change, 2(9): 663-667.

You W H, Guo Z R, He D M. 2007. Variation in transboundary flow of Nujiang River and its correlation with summer monsoon under the effect of the Longitudinal Range-Gorge. Chinese Science Bulletin, 52(2): 148-155.

Yuan X, Ji P, Wang L, et al. 2018. High resolution land surface modeling of hydrological changes over the Sanjiangyuan Region in the Eastern Tibetan Plateau: 1. Model development and evaluation. Journal of Advances in Modeling Earth Systems, 10(11): 2806-2828.

Zhao F, Long D, Li X, et al. 2022. Rapid glacier mass loss in the Southeastern Tibetan Plateau since the year 2000 from satellite observations . Remote Sensing of Environment, 270: 112853.

Zhou J, Wang L, Zhang Y, et al. 2015. Exploring the water storage changes in the largest lake (Selin Co) over the Tibetan Plateau during 2003—2012 from a basin-wide hydrological modeling . Water Resources Research, 51(10): 8060-8086.

Zhu Y X, Sang Y F, Chen D, et al. 2020. Effects of the South Asian summer monsoon amomaly on the intra-annual variation of rainfall on the Central-Shoutheast Tibetan Plateau. Environmental Research Letters, 15: 124067.

第6章

西南河流源区泥沙输移与灾害

在气候变化和人类活动影响的耦合作用下，西南河流源区的水资源、水沙过程以及河道形态呈现出复杂的变化特征。升温导致西南河流源区冰雪消融加剧，增加了山地灾害水源供给，使滑坡、群发性泥石流、冰湖溃决等频发，大量泥沙被带入河道，不仅给人畜带来直接损失，还对入汇河道的泥沙输移、河床演变等造成长期影响。西南河流是我国未来水利工程建设和开发的主战场，大坝群的建设将给河流泥沙输移带来分段化、分级化影响，上游淤积、下游冲刷，水沙输移规律的变化导致河床泥沙级配、悬移质泥沙浓度发生变化，从而影响水体及底泥中溶解氧、营养物输移转化，进而对河道水质、水生生物的栖息地产生影响。研究表明，在过去 60 年里，西南河流源区径流量显著增加（5.06±0.51）%/10a，而泥沙通量表现出比径流更大的增长率[（12.99±1.18）%/10a]，并呈现出巨大的空间异质性。因此，研究西南河流源区水沙时空分布规律，分析气候变化和人类活动对泥沙输移和河道演变的影响，对于拟定地区水资源分配方案、科学开展水电工程建设评估和水生态环境影响评估具有重要作用。

水流携带泥沙输移，并与河床表面相互作用，形成复杂的河道形态。泥沙与水流密不可分，同时泥石流等突发事件又增加了泥沙输移的复杂性。鉴于此，本章系统分析了西南河流源区的水沙输移特征、河道演变特征以及气候变化的影响，探究了西南河流源区滑坡、泥石流形成的堰塞湖的时空分布规律，建立了堰塞坝溃决洪水应急预报模型，分析了堰塞-溃决事件的中长期影响。6.1 节介绍西南河流源区的径流量、输沙量变化规律及气候变化对水沙输移的影响；6.2 节介绍西南河流源区的河道演变规律，以及侵蚀作用和气候变化对河流地貌的影响；6.3 节介绍西南河流源区堰塞坝堵江及其灾害链特征、滑坡泥石流规模-重现期关系、堰塞湖溃决洪水、应急预报以及堰塞-溃决事件的中长期影响。

6.1　水沙输移规律

6.1.1　径流量变化规律

1. 黄河源径流量变化规律

自 20 世纪 50 年代以来，黄河源年径流量通过显著性检验，呈下降趋势，并有一定程度的持续性。降水有相近的变化规律，这同时是径流减小的重要原因。其中，不同时期源区流量变化不同，可分为线性上升时期、线性下降时期和振荡时期，径流过程存在不同尺度的丰枯变化。根据黄河源 5 个关键水文站点的数据，黄河源区的径流呈现出较大的季节性波动，7 月为高峰，2 月为低谷。6～10 月径流量占全年总径流量的 70%。而对于年径流量(图 6-1)，黄河源区各水文站的年径流量均呈现 1981 年前相对稳定，1981～2002 年持续下降，2002 年达到最小值后年径流量重新上升的趋势。对于黄河沿站，多年平均径流量为 7.29 亿 m^3，1981 年后径流量持续以 0.63 亿 m^3/a 的平均速率下降，2002 年径流量下降为 0 m^3 后以 0.61 亿 m^3/a 的增长速率上涨。对于吉迈站，多年平均径流量为 40.61 亿 m^3，1981 年后径流量持续以 1.46 亿 m^3/a 的平均速率下降，2002 年时年径流量达最小值 18.86 亿 m³, 之后以 1.33 亿 m³/a 的速率上涨。

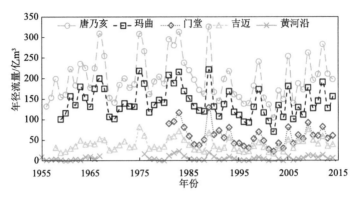

图 6-1 黄河源各水文站年径流量逐年变化过程

对于下游的门堂站、玛曲站、唐乃亥站, 多年平均径流量分别为 61.72 亿 m³、143.84 亿 m³、201.07 亿 m³, 1981 年后径流量分别持续以约 2.66 亿 m³/a、1.76 亿 m³/a、2.94 亿 m³/a 的平均速率下降, 2002 年时年径流量达最小, 分别为 43.68 亿 m³、71.85 亿 m³、105.77 亿 m³, 之后得以上涨, 增长速率分别是 1.91 亿 m³/a、2.74 亿 m³/a、5.32 亿 m³/a。明显发现 2002 年后, 玛曲站和唐乃亥站的年径流量增加更快, 特别是唐乃亥站, 年径流量的增加率是 2002 年前减少率的 1.81 倍。

2. 长江源径流量变化规律

长江源的水文站较少, 研究收集了沱沱河站 (34°13′12″ N, 92°26′37″ E) 与直门达站 (33°00′46″ N, 97°14′18″ E) 1960~2015 年的流量变化, 沱沱河水文站在青藏公路上的唐古拉山镇, 海拔为 4533m, 直门达水文站在通天河的下游玉树县附近, 海拔为 3800 m。图 6-2 为 55 年间这两个水文站的年径流量逐年变化过程。沱沱河站的平均年径流量是 9.40 亿 m³, 最大径流量发生在 2012 年, 达到 19.71 亿 m³; 最小径流量发生在 1979 年, 为 2.80 亿 m³。直门达站的平均年径流量是 132.47 亿 m³, 约为长江总径流量的 1.4%, 最大径流量发生在 2009 年, 达到 245.7 亿 m³; 最小径流量发生在 1979 年, 是 70.15 亿 m³。

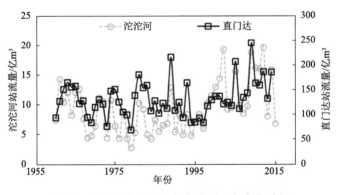

图 6-2 长江源各水文站年径流量逐年变化过程

沱沱河站与直门达站的年径流量变化剧烈，沱沱河站年径流量的 CV 值达到了 44.26%，直门达站也达到 26.99%。长江源这种大幅度变化的流量条件，为辫状河流的形成提供了基础。1994 年后这两个站点的径流量有明显增加，沱沱河站与直门达站径流量的增长率分别是 0.29 亿 m³/a 与 4.74 亿 m³/a，这种增加可能与冰川融水的加剧有关。径流量增加会改变冰川下游的辫状河流水动力学过程，使河道形态发生调整。此外，随着气候变暖持续作用，未来 30～50 年永久冰川融化殆尽后，下游河道内的径流量又可能急剧减少，而辫状河流的形态将随流量经历先活跃后萎缩的变化。已有研究表明，长江源沱沱河的冰川融雪对基流和径流的平均贡献分别为 19.6% 和 6.8%（Wang et al.，2015）。增加的流量将对长江源的辫状河流产生持续影响，如流量增加会导致水流侵蚀能力增强，河流输沙量增加更快，最终引起下游水库淤积，影响金沙江上游梯级水电站的发电效益。

3. 澜沧江源径流量变化规律

依据香达水文站（32°14′34″N，96°28′45″E）的年径流量数据（1955～2017 年）分析澜沧江源区的径流变化趋势。从图 6-3 可以发现，虽然香达站的年径流量在一定幅度内上下浮动，但是多年来趋势基本保持稳定，没有逐年递增，或逐年递减的趋势。香达站的平均年径流量是 42.94 亿 m³，最大径流量发生在 1957 年，达到 92.20 亿 m³；最小径流量发生在 1956 年，是 16.23 亿 m³。香达站年径流量逐年变化的标准差是 12.71 亿 m³，CV 值达到了 29.6%。较大的流量变幅是由该地区年际降雨量波动导致的。

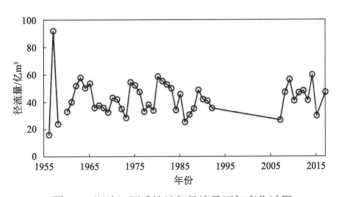

图 6-3　澜沧江源香达站年径流量逐年变化过程

为了进一步分析香达站年内流量变化，收集 2008～2014 年和 2017 年的月均流量（图 6-4）。澜沧江源的流量在年内呈明显的季节性变化。降水最大月份主要集中在 7 月，其次是 8 月，少数在 9 月，年内最大月均降水平均值是 387.5m³/s。降水最小月份主要集中在 2 月和 3 月，偶尔发生在 12 月，年内最小月均降水平均值是 38.08 m³/s。年内最大月均流量与最小月均流量之间的倍率在 7.70～24.38，年月均流量的变化较大。

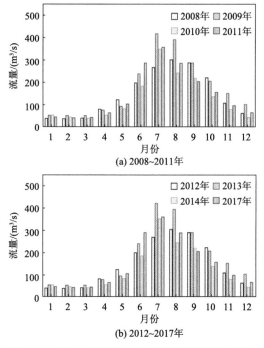

图 6-4 澜沧江源香达站年内月均流量变化过程

6.1.2 输沙量变化规律

1. 黄河源变化规律

黄河源区每年向黄河上游输入一定数量的泥沙，且不同年的黄河源输沙量差异明显（图 6-5）。从黄河源的唐乃亥站年输沙量变化结果来看，黄河源唐乃亥站的多年平均输沙量为 120.19×10^5 t，这个量是长江源直门达站的 1.47 倍。1955～1989 年，年输沙量呈现波动增长的趋势，增加速率为 4.01×10^5 t/a。之后直到 2014 年，年输沙量大致维持在 97.14×10^5 t。玛曲站的汇流面积占黄河源流域面积的 65%，但是年输沙量平均值是 43.24×10^5 t，约占唐乃亥站的 35.98%。

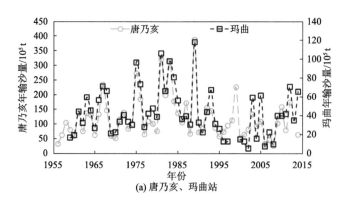

(a) 唐乃亥、玛曲站

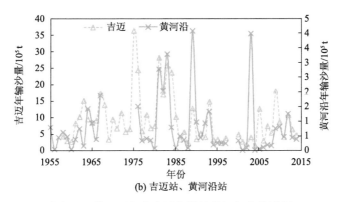

(b) 吉迈站、黄河沿站

图 6-5　黄河源各水文站年输沙量逐年变化过程

图 6-5（b）是黄河源上游吉迈站和黄河沿站的年输沙量，年输沙量平均值分别为 9.05×10^5 t 和 0.77×10^5 t。黄河源上游水土流失明显相对较少，越往下游越明显增加。吉迈站虽然在上游，但泥沙输运的年变化趋势依然与下游两个站点有一定的相似性。1985 年前，年输沙量逐年增加，增加趋势是 0.49×10^5 t/a，1985 年后年输沙量维持在 5.88×10^5 t 附近。

2. 长江源变化规律

长江源向长江输运的泥沙量较黄河源相对偏少，从长江源出口直门达站的监测数据来看，多年平均输沙量为 81.87×10^5 t（图 6-6）。1957 年以来，直门达站的年输沙量总体稳定，无明显的增减趋势，其数值稳定在一定范围内上下波动。而短期来看，1994 年之后年输沙量以 4.48×10^5 t/a 的趋势增加。沱沱河站在长江源的上游，多年平均年输沙量约为 9.43×10^5 t，在 1985 年后有明显的增加趋势，增加率是 0.32×10^5 t/a。

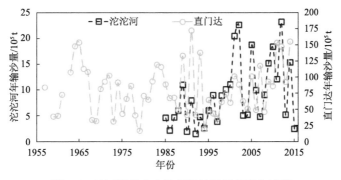

图 6-6　长江源各水文站年输沙量逐年变化过程

3. 澜沧江源变化规律

相比于黄河源和长江源，澜沧江源区输沙量最小，香达站多年平均输沙量为 341×10^4 t（图 6-7）。1980 年输沙量最大，1998 年最小，其余年份较 1956～2010 年平均水平变幅不大。

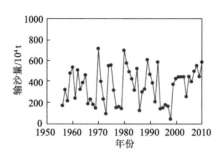

图 6-7　澜沧江源香达水文站年输沙量逐年变化过程

6.1.3　气候变化对水沙输移的影响

借助 SWAT 模型，在 SSP126 和 SSP245 两种气候情景模式下，对 CIMP6 的 10 个全球气候模型进行整合，预估雅江流域未来的水沙变化过程。

1. 未来气候模式介绍

IPCC 第五次评估报告（AR5）指出，1880～2012 年全球年平均气温升高了 0.85℃，全球变暖直接增加了气象灾害频率，包括干旱、洪水和台风等。为研究未来气候变化对雅江流域产水产沙的潜在影响，采用 CMIP6 中的 10 个全球气候模式（GCM），提取研究区内历史和未来的降水和温度数据，包括 ACCESS-CM2、ACCESS-ESM1-5、FGOALS-g3-2、GFDL-ESM4-1、HadGEM3-GC31-LL-4、INM-CM4-8-1、INM-CM5-0-10、MPI-ESM1-2-HR-10、NESM3-5、NorESM2-LM-3。CMIP6 是一个新的气候数据集（https://pcmdi.llnl.gov/CMIP6/），由不同气候研究机构合作发布，旨在推进气候变化知识运用和适用性。在中国，CMIP6 模型在模拟温度及其时间趋势方面，表现出比 CMIP3/5 模型更好的性能。

CMIP6 气候模型涵盖 1850～2100 年的时间段，并提供全球尺度的数据。为了与观测数据对应，选择了模型 1979～2100 年的输出数据。其中，1979～2014 年是 GCMs 的历史数据输出阶段，2015～2100 年是气候情景模式下 GCMs 的数据输出阶段。经过降尺度和偏差校正后，获得了 SSP126（SSP1 + RCP2.6）和 SSP245（SSP2 + RCP4.5）两个 CMIP6 气候情景下的气温和降水变化数据。其中，RCP2.6 是非常严格的碳排放路径，代表了最佳的气候变化情景；RCP4.5 代表温室气体排放处于中等水平，是一种较温和的情景。

图 6-8 是 1979～2014 年 GCMs 模拟值与水文站点观测值（10 个站点平均值）的对比图。不同 GCMs 在模拟最高温度、最低温度和降水量时，会存在一定的不确定性，并会转移到预测的水文结果中，普遍认为多模式平均（multi-model ensemble mean，MME）的性能可能优于单个模式。所以，计算出 10 个经过校正的 GCMs 的平均值，再提取出对应 10 个气象站点的日最高温度、日最低温度和日降水量作为 SWAT 模型的气象输入数据，以模拟未来气候变化下雅江流域产水产沙变化规律。

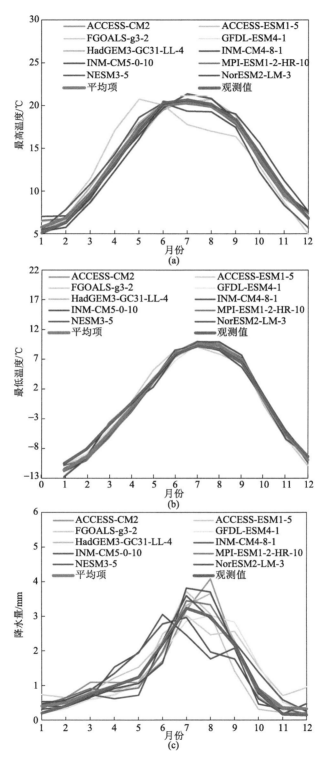

图 6-8　1979～2014 年 GCMs 模拟值与水文站点观测值的对比图

2. 不同气候情景下气候要素的变化

图6-9所示的是雅江流域10个气象站点的年平均最高温度、年平均最低温度及年平均降水量的变化趋势。由图6-9可知，温度和降水都在SSP245气候情景下增加的幅度最大，相对于2014年，最高温和最低温增加了2~2.5℃，年降水量增加了100mm左右。整体来看，近期（2023~2040年）和中期（2041~2060年）SSP之间的平均温度和降水量的差异相对较小，但远期（2081~2100年）的差异逐渐增大。

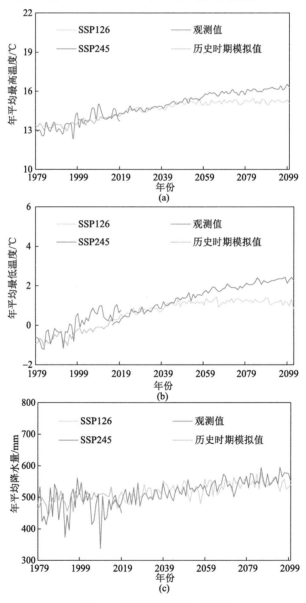

图6-9 气象要素变化趋势图

在SSP126和SSP245下，2014~2100年雅江流域10个CMIP6模式的年平均最高温度、年平均最低温度、年平均降水量相对于1979~2014年的历史模拟值及1979~2019年的历史站点观测值

在 SSP126 情境下，最低温度和最高温度在 2023～2100 年的变化趋势是 0.006℃/a 和 0.012℃/a。其中，近期（0.011℃/a，0.005℃/a）和中期（0.007℃/a，0.019℃/a）都呈现正向增长趋势，但是从远期来看呈现下降的趋势（–0.009℃/a，–0.002℃/a），这意味着在此三个时间段内，相对于 1979～2014 年，总变化量控制在 2℃内；年降水量在未来 77 年中呈现一致的增长趋势（0.421mm/a），近期、中期、远期三个时期的变化率分别为 0.440mm/a、0.018 mm/a、0.050 mm/a。

在 SSP245 情景下，最高温度和最低温度在近期、中期、远期都保持增长的趋势，前两个时期平均温度上升超过 0.5℃，增长率维持在 0.03℃/a 左右，第三个时期的增长率有所下降，只有 0.009℃/a；年降水量的变化趋势和在 SSP126 情景下较为相似。

3. 未来气候变化下流域产水规律变化

将 1981～2019 年作为基准期，探究未来 2023～2100 年流量变化规律。基准期奴各沙站、羊村站、奴下站的多年平均流量分别是 401.72m³/s、913.44 m³/s、1144.76 m³/s，如图 6-10 中虚线所示。由图 6-10 可以看出，未来时期三个气候情景模式下，奴各沙、羊村和奴下水文站的流量呈现明显的增加趋势，降水量增加和气候变暖引起冰雪融化的增加，对径流的正效应大于蒸发升高对径流的负效应。

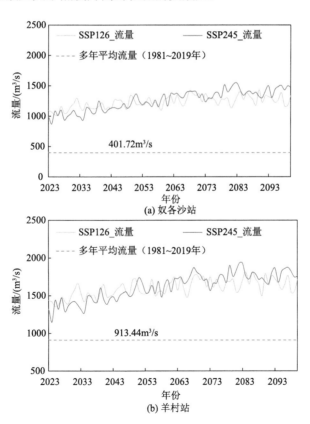

(a) 奴各沙站

(b) 羊村站

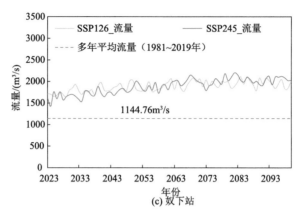

（c）奴下站

图 6-10　2023～2100 年奴各沙站、羊村站、奴下站流量相对于基准期的变化值

4. 未来气候变化下流域产沙规律变化

同样，将 1981～2019 年作为基准期，探究奴下站未来 2023～2100 年含沙量变化规律。图 6-11 中虚线为基准期的奴下站多年平均含沙量，为 219.87mg/L。由图 6-11 可见，SSP126 和 SSP245 情景下含沙量变化值很接近。总体上，在两种气候模式下，奴下站的含沙量相对于基准期均显著增加，增加幅度为基准期的 1.2～1.5 倍。徐冉和胡和平（2019）基于 2001～2015 年的径流模拟结果，发现奴下站的降雨径流占总径流的 66%，融雪径流占 20%，融冰径流占 14%。因此，奴下站的产沙量也受降水和冰川融化的双重影响。一方面，未来降雨量的增加会提高水流的冲刷能力和输沙能力，从而增加河道泥沙负荷；另一方面，随着温度的升高，冰雪融化速率加快，而冰川是非常有效的侵蚀因素，它主要通过磨蚀下伏基岩产沙，往往比降雨侵蚀力更强。

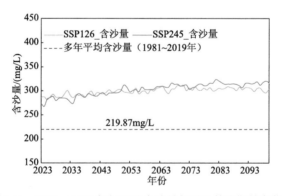

图 6-11　2023～2100 年奴下站含沙量相对于基准期的变化值

6.2　河道演变规律

西南河流源区河流主要发源于冰川雪山，河流组成的水系网络发达，河流的形态具

有多样性，河床的比降偏大，河床物质以卵砾石为主等。以下重点介绍与描述西南河流源区河道演变的规律、雅江下游侵蚀及其对河流地貌的影响，以及气候变化对河道冲淤的影响。

6.2.1　河道形态分布规律

在地形特征、水沙条件、植被条件等因素的多重影响下，西南河流源区的河流既有峡谷河段，又有冲积河段，冲积河段包括四种河型：顺直型、弯曲型、辫状型和分汊型。其中，顺直型河流非常少见，容易辨识。弯曲型河流在冲积平原十分常见，一般认为弯曲度大于 1.3，野外容易辨识。辫状型河流和分汊型河流一般不容易区分，两者共同的特征是河道宽阔、水流平缓且多汊流，沙洲和浅滩众多。沙洲植被覆盖度低，流路较多且不稳定，横向摆动频繁，可认为是辫状型河段。若沙洲植被覆盖度高，流路数量较少且基本稳定成岛屿，可认为是分汊型河段。辫状河道作为一种不稳定的多汊道河流系统，在西南河流源区的冲积环境中广泛分布。辫状河型的平面形态变化受到床沙中值粒径、流量及横向边界约束的影响，其本质是来水来沙条件与河道内汊道及沙洲相互作用的结果，包括沙洲冲淤、汊道改道、水流切割洲滩、沙洲与边滩相互作用，而且沙洲的移动速度也是影响汊道发展的关键因素。西南河流源区广泛分布着不同尺度的辫状河流（图 6-12），以黄河源、长江源、澜沧江源、怒江流域、雅江流域为例，其辫状河道的占比分别为 27.24%、81.34%、49.83%、29.95%、66.32%。

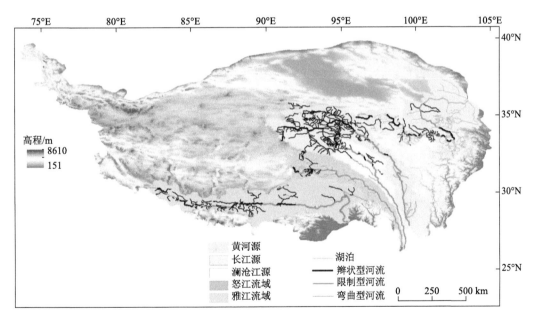

图 6-12　青藏高原五大河流的辫状河群和弯曲空间分布

1. 辫状河流的分布

1）黄河源河型分布特点

黄河源的水系格局基本呈羽毛状分布，河型具有多样性。黄河第一弯内河道发生 4 次河型沿程变化现象，即网状-分汊河型、网状-弯曲河型、弯曲-辫状河型和辫状-弯曲河型。其中，黄河源的辫状河道主要集中在吉迈水文站以上的主河道与部分支流，以及若尔盖流域的部分主流河段和黄河源区出口附近的部分支流（图 6-13）。图 6-14 统计了黄河源 3 类河流类型的占比，黄河源的主流长 1622 km，主要支流累计长度 8448 km。辫状型河流总长度占黄河源总河流长度的 27.24%，其中主河道的占比为 7.95%，支流占比为 19.29%。这表明辫状型的河道在黄河源的比例不高，是因为黄河源区河谷平坦降水量较充足，植被覆盖良好，水文变幅小，河流多发育弯曲型。

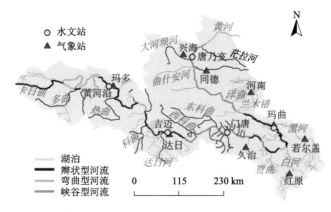

图 6-13 黄河源的主要河流类型及其河网分布与水文气象站点

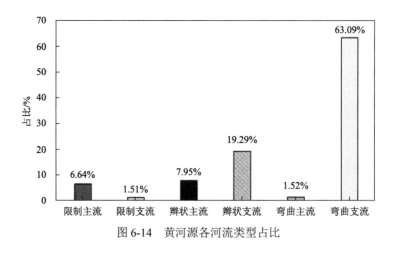

图 6-14 黄河源各河流类型占比

2）澜沧江源河型分布特点

澜沧江源的扎曲多以限制型山区河流为主，冲积河型以辫状与分汊为主，主要集中在杂多站以上的北源、西源处，以及部分宽阔的河谷内（图 6-15）。这里滨河植被茂盛，使河道内的沙洲与岛屿具有一定的稳定性。图 6-16 统计了澜沧江源 3 类河流类型的占比，图 6-15 中澜沧江源区的主流长 1159 km，主要支流累计长度 1963 km。辫状型河流总长度占澜沧江源总河流长度的 49.83%，其中主河道的占比为 2.16%，支流占比为 47.67%。辫状型的河道在澜沧江源区多分布在 些支流内，因为主流多为限制型山区河流，辫状河流较少。但是在部分宽谷地区，如囊谦县附近，这里河谷宽阔，水流湍急，发育的辫状河流最宽处可达 1.5km。

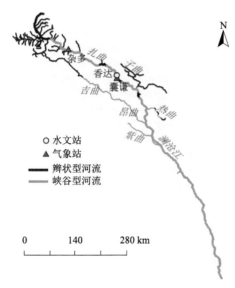

图 6-15　澜沧江源的河流类型及其河网分布

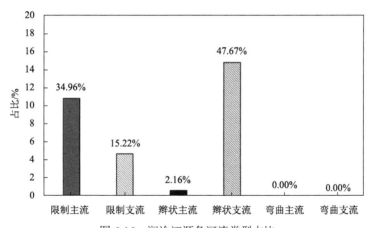

图 6-16　澜沧江源各河流类型占比

3）长江源河型分布特点

长江源区水系众多，河网密布，以辫状河型为主的宽谷段和峡谷河段的窄段为主，在高海拔处形成了宽阔的辫状平原；沱沱河、当曲下游、楚玛尔河下游、布曲、尕尔曲、通天河上游段等，它们共同组成一个庞大的辫状河群。特别是在曲麻莱县以上的大部分地区，几乎所有河流都是辫状河流（图6-17）。图6-18统计了长江源3类河流类型的占比，长江源的主流长1877 km，主要支流累计长度8808 km。辫状型河流总长度占长江源总河流长度的81.34%，其中主河道的占比为6.24%，支流占比为75.10%。辫状型河道在长江源的比例高，这可能是长江源海拔高，气温低，导致植被稀疏，再加上坡降大，流量变动剧烈，粗沙来量大导致。此外，长江源的宽谷河段，河道的发展几乎不受到两侧河谷的限制，在长江源通天辫状河段，部分河谷宽可以达5000 m以上，河流汊道能在平坦、宽阔的河谷中自由地横向迁移。

图6-17　长江源的河流类型及其河网分布

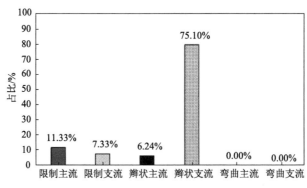

图6-18　长江源各河流类型占比

2. 辫状河流类型与划分

河谷限制是河流形态的主要控制因素之一。河谷限制的差异对河道的调整能力（无论是纵向、横向还是整体）有强烈影响，所以不同河谷类型的河流具有不同的河道形态、平面形状和地貌单元。Brierley和Fryirs（2016）根据河谷底部边缘的限制条件定义了封闭、部分封闭和侧向不封闭的河谷环境。河谷限制类型的差异由河道相对于河谷边缘的位置决定，与河道邻近河谷边缘的频率和长度有关。在一些地区中，河流受到两侧阶地或基岩山体的限制，从而减少了不连续河漫滩的可用空间。对于非限制河流，由于缺乏侧限条件，河流形态的变化范围更广阔。

对于河谷内的地貌环境，以河谷边缘与河谷底边缘进行划分。河谷边缘是在谷底或阶地与基岩山坡之间的过渡处，两侧河谷边缘之间的宽度被称为全河谷宽，河谷范围包括河谷底部、不活跃的洪泛平原（即阶地）和冲积扇。河谷底边缘将谷底地貌与其他谷底地貌（如冲积扇、梯田等）分隔开来，两侧河谷底部边缘之间的宽度被称为有效河谷宽，河谷底范围包括河道和河漫滩区域（图 6-19）。

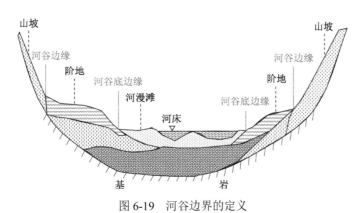

图 6-19　河谷边界的定义

根据河谷边缘与河谷底边缘的具体情况，将辫状河流分为 3 种：限制型辫状河流、半限制型辫状河流、非限制型辫状河流（图 6-20）。河谷边缘与河谷底边缘重叠的河段被定义为限制型辫状河流。限制型河流两侧都是陡峭山坡，即使在大洪水期，河水也被限制在两侧边界范围内，河谷宽度长期稳定，辫状汊道的横向发展被限制在河谷内，如黄河源的大河坝河。河谷边缘与河谷底边缘部分重叠，有明显的低矮阶地的河段被定义为半限制型辫状河流。半限制型辫状河流虽然依旧受山坡限制，但部分阶地洪水期间可以被淹没，河流具有更强的横向摆动能力，如澜沧江的扎曲部分河段。非限制型辫状河流的河谷边缘与河谷底边缘相距较远，或两侧没有山体限制。这种辫状河流往往十分宽阔，汊道横向摆动能力强，长江源这种类型河流十分常见。

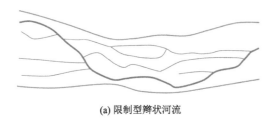

(a) 限制型辫状河流

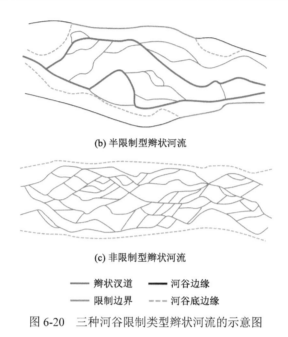

(b) 半限制型辫状河流

(c) 非限制型辫状河流

—— 辫状汊道　　—— 河谷边缘
—— 限制边界　　---- 河谷底边缘

图 6-20　三种河谷限制类型辫状河流的示意图

3. 雅江辫状指数分布特征

作为西南河流源区十分重要的河流，雅江存在典型的辫状河。雅江位于印度板块和亚欧板块汇聚地带，地质活动强烈。两大板块的碰撞导致青藏高原不断抬升，但东西方向的抬升并不均匀，在峡谷段抬升速率快，宽谷段抬升速率慢，由此造成雅江形成沿程峡谷段和宽谷段相互交替的藕节状平面形态。宽谷谷底宽 3～7km，在峡谷和宽谷之间存在尼克点，水流自峡谷段流出后，坡降减小，泥沙淤积，水流来回摆动，形成独特的辫状形态，其中，雅江中游（曲水到乃东之间）的辫状河段最为发育。研究区域辫状形态发育的河段长度约 90 km，其中，上游 0～30 km 为峡谷-宽谷段的过渡区域，辫状形态部分发育，称为过渡段；中游 30～60 km 的河段辫状形态发育充分，成为充分发展段；下游 60～90 km 河段逐渐进入峡谷段，辫状形态逐渐衰减，称为收敛段。后文从上游至下游分别以 R_1、R_2 和 R_3 进行叙述。河段划分方法如图 6-21 所示。

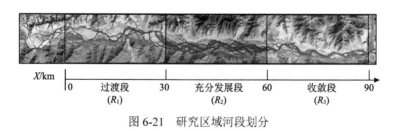

X/km　　0　　过渡段　　30　　充分发展段　　60　　收敛段　　90
　　　　　　　　(R_1)　　　　　　　　(R_2)　　　　　　　　(R_3)

图 6-21　研究区域河段划分

辫状河流平面形态具有较高的复杂度，其河道中存在多条流路，并且分布有众多洲滩。辫状指数是用以衡量河流辫状强度的参数，主要包括三大类，即汊道辫状指数 BI_r、洲滩辫状指数 BI_b 和河道蜿蜒度指数。本节采用汊道辫状指数和洲滩辫状指数对雅江辫状河段的辫状强度进行分析，两者的分布特征如下。

1）汊道辫状指数分布特征

汊道辫状指数又称流路数量指数，是通过计算河道断面内的汊道数量来衡量辫状强度的参数。采用 Hong 和 Davies（1979）提出的计算方法，并且不区分活跃河道和非活跃河道，即统计横断面内相互分隔的汊道数量作为汊道辫状指数，如图 6-22 所示，图中断面 1 和断面 2 的汊道辫状指数分别为 5 和 6。对各断面的汊道辫状指数进行滑动平均，滑动窗口为 300 m。

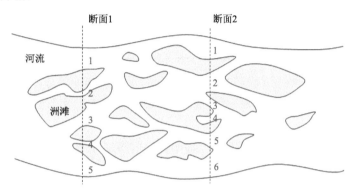

图 6-22　汊道辫状指数计算示意图

统计了雅江充分发展河段汊道辫状指数在 2013 年 11 月～2017 年 11 月的时间分布情况，绘制了平均汊道辫状指数（BI_r）和汊道辫状指数分布标准差（σ_{BI_r}）的变化曲线，结果如图 6-23 所示，图中浅蓝色区域为洪季。可以看出，充分发展河段平均汊道辫状指数整体变化规律为洪峰期较低，洪季末期逐渐升高，枯季又有所减低。图 6-23 中，洪季流量峰值期的 2016 年 8 月和 2017 年 8 月平均汊道辫状指数分别为 5.7 和 5.4，而到洪季末期的 2016 年 10 月和 2017 年 10 月分别增至 7.6 和 7.5，之后枯季又开始下降。另外，洪季月份和枯季月份平均汊道辫状指数分别为 6.6 和 6.4，洪枯季之间的整体差距并不明显。

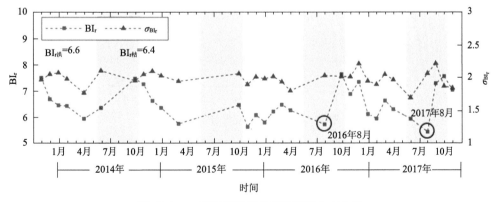

图 6-23　R_2 河段汊道辫状指数时间分布曲线

浅蓝色区域为洪季，标注数字为洪、枯季 R_2 河段平均汊道辫状指数

通过标准差分析各月汊道辫状指数分布的离散程度,图 6-23 中蓝色线即为各月汊道辫状指数标准差的分布情况。可以看出,R_2 河段汊道辫状指数分布的离散程度在时间上较为平均,没有明显的洪枯季差异,整体标准差在 2 km 左右。

表 6-1 统计了 R_2 河段 $\mathrm{BI_r}$ 在 2014~2017 年的逐年变化情况。R_2 河段 4 年平均 $\mathrm{BI_r}$ 约为 6.5,$\mathrm{BI_r}$ 的年际间变化并不明显,其逐月分布的标准差仅为 0.6。

表 6-1　R_2 河段汊道辫状指数年际变化

项目	2014 年	2015 年	2016 年	2017 年	总体
$\mathrm{BI_r}$ 平均值	6.6	6.1	6.5	6.5	6.4
$\mathrm{BI_r}$ 标准差	0.5	0.4	0.7	0.7	0.6

以上结果表明,R_2 河段辫状强度的时间变化特征为洪峰期最低,洪季末期逐渐升高,枯季又有所减低。汊道辫状指数的年际变化不大,河段 $\mathrm{BI_r}$ 平均在 6.5 左右。

2)洲滩辫状指数分布特征

采用 Germanoski 和 Schumm(1993)提出的洲滩辫状指数公式进行计算,如式(6-1)所示:

$$\mathrm{BI_b} = 2\sum (L) / L_r + N / L_r \tag{6-1}$$

式中,$\sum (L)$ 为河段内所有洲滩长度的和;N 为河段内洲滩数量;L_r 为河段长度。式(6-1)是对 Brice(1964)提出的洲滩辫状指数的改进,主要变化在于增加了公式的第二项,以考虑洲滩数量的影响,避免河段内存在超大型洲滩而导致辫状指数偏大的现象。洲滩辫状指数计算示意图如图 6-24 所示。

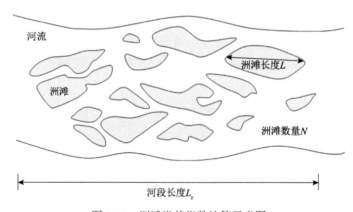

图 6-24　洲滩辫状指数计算示意图

图 6-25 为雅江充分发展河段洲滩辫状指数($\mathrm{BI_b}$)的时间分布曲线,图中浅蓝色区域为洪季,标注数字分别为洪季月份和枯季月份的平均洲滩辫状指数。$\mathrm{BI_b}$ 随时间变化整体呈洪季增大、枯季下降的趋势,洪季月份平均 $\mathrm{BI_b}$ 为 27.5,枯季月份平均 $\mathrm{BI_b}$ 为 21.3,这与洲滩数量的变化趋势相近,而与洲滩尺寸的变化趋势相反。说明以洲滩分布复杂度

为依据衡量辫状强度时，充分发展河段在洪季的辫状强度比枯季更高，其整体平面形态也更为复杂。

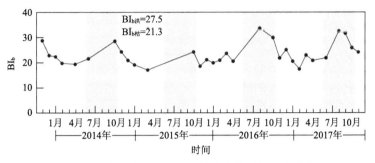

图 6-25　充分发展河段洲滩辫状指数时间分布曲线

浅蓝色区域为洪季

表 6-2 统计了充分发展河段洲滩辫状指数年际变化情况，2014～2017 年的洲滩辫状指数平均值分别为 22.2、19.9、24.2 和 23.9，标准差分别为 3.2、2.8、5.3 和 5.4，2016 年和 2017 年洲滩辫状指数的平均值和标准差均略大于前两年，但总体的年际变化并不明显。

表 6-2　充分发展河段洲滩辫状指数年际变化

年份	2014 年	2015 年	2016 年	2017 年
BI_b 平均值	22.2	19.9	24.2	23.9
BI_b 标准差	3.2	2.8	5.3	5.4

汊道辫状指数和洲滩辫状指数分别采用计算汊道数量与综合考虑洲滩尺寸和洲滩数量的方法来刻画辫状河流的平面形态复杂程度，对充分发展河段中两者的相关性进行了分析（图 6-26）。可以看出，洪季时汊道辫状指数与洲滩辫状指数并不具备显著的相关关系。

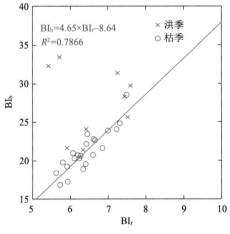

图 6-26　充分发展河段汊道辫状指数与洲滩辫状指数相关性分析

拟合点仅为枯季数据

但对枯季的数据点拟合显示两者有良好的正相关关系。以上说明，汊道辫状指数和洲滩辫状指数的变化规律并不完全一致，枯季时，两项参数对辫状强度的评价结果接近，但洪季时两者在反映河流辫状强度上存在差异。

4. 雅江河床泥沙粒径分析

泥沙是辫状河流形态塑造的关键性因素，一方面泥沙自身受水流的影响，在粒径分布特征上反映出辫状河流演变的规律；另一方面，泥沙直接参与辫状河流地貌演变的过程，影响洲滩形态变化、河岸侵蚀过程等。因此，泥沙特性分析是研究辫状河流地貌特征及演变规律的重要手段。

使用高频振动式取样钻机（犀牛 S1）对雅江北岸沿程 12 个岸滩点进行了表层样采样（图 6-27），分析了各采样点的粒径级配，结果如图 6-28 所示，图中标注数字分别为泥沙中值粒径 D_{50} 和分选系数 φ。沿程岸滩采样点泥沙 D_{50} 为 0.167~1.392 mm，泥沙组分主要为细砂和中砂。中游辫状形态充分发展河段（R_2）泥沙颗粒较上游过渡段（R_1）和下游收敛段（R_3）更粗，B_7~B_{10} 采样点泥沙 D_{50} 均在 0.6mm 以上，最大 D_{50} 为 1.392 mm。泥沙组分中，粗砂和砾石比例增加，在 B_9 和 B_{10} 采样点，砾石占比超过了 30%，分选系数整体较大，泥沙分选性差于上游、下游。在上游 R_1 河段，表层泥沙 D_{50} 在 0.167~0.332 mm，粗砂和砾石含量较低，分选系数基本小于 1.5，整体泥沙分选性较好。下游 B_{11} 采样点位于宽谷段与峡谷段的收敛段，泥沙组分中砾石占比在 15% 左右。B_{12} 位于下游峡谷段入口，其泥沙粒径整体较细，中值粒径为 0.239 mm，主要为细砂和中砂，泥沙分选性较好。

▼沿程表层样采样点　　▼沿程柱状样采样点

图 6-27　雅江沿岸岸滩泥沙采样地点

采样时间：2018 年 12 月；图中表层样 1~样 12 对应采样点编号 B_1~B_{12}

以上研究结果表明，雅江宽谷河段沿程岸滩表层泥沙整体较细，泥沙组分以细砂和中砂为主。但中游充分发展河段表层泥沙较上游、下游更粗，粒径分布更广，分选性也更差。分析上述现象的原因，一方面，通过观察采样点位置发现，在中游采样点附近存在山谷沟道，这些沟道在洪季时可能将山体上的粗颗粒泥沙携带至岸滩落淤，从而形成较粗的沉积层。另一方面，中游河段辫状形态发育，河宽充分拓展，河道流速降低，导致水流在该河段挟沙力降低。因此，洪季时水流从上游携带的粗颗粒泥沙在此落淤，造成表层泥沙较粗。

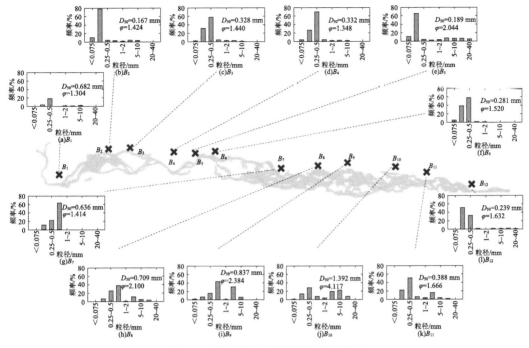

图 6-28　沿程岸滩表层样泥沙粒径分布

6.2.2　雅江下游侵蚀及其对河流地貌的影响

雅江下游流域所处的青藏高原东南边缘是世界上构造运动最为活跃的地区之一。青藏高原自全新世以来加速抬升，造成其边缘河流快速下切，河岸边坡陡峭，地形破碎，极易发生崩塌、滑坡、泥石流等地质灾害。同时，受印度洋暖湿气流的影响，雅江下游发育了最为典型的海洋性冰川，这些冰川具有对温度变化敏感、侵蚀能力强等特点。对比青藏高原东南边缘 6 条河流（雅江、黄河、澜沧江、怒江、金沙江及雅砻江）的水系网络，发现青藏高原内部抬升较为均一，高原边缘的河流和内部的河流之间有较大的差别，河流下切没有溯源传递到高原内部，下切传递受阻和高原边缘的侵蚀有直接关系。重力侵蚀和冰川侵蚀产生大量的泥沙物质进入雅江河道，堵塞河流或形成稳定的河床结构，从而控制河流下切，影响河流形态及河流地貌演变。通过对帕隆藏布流域内大量的崩塌、滑坡、泥石流重力侵蚀、古冰川冰碛物及其形成的尼克点进行系统测量，结合相关河段的河床结构和河流形态变化，揭示侵蚀的分布规律及其对河流演变的影响。结果表明，约 40%的河段受到这些侵蚀形成的尼克点的控制，其中，古冰川和泥石流的控制作用最为强烈。

1. 尼克点对河流形态和稳定性的影响

雅江大峡谷尼克点是重要的控制性地貌单元，除了阻止河道下切，还发现其对上游泥沙运输起着重要的控制作用。尼克点附近河段的一个重要特征是该河段有极强的河床结构。河床结构是河床上的泥沙颗粒在水流作用下按一定规律排列，形成具有较大且稳定的床面结构形态。河床结构的强度可以用 S_p 值来定量描述（图6-29），其定义和计算方法如式（6-2）所示：

$$S_p = \frac{\overset{\frown}{AB} + \overset{\frown}{BCD} + \overset{\frown}{DEF} + \overset{\frown}{FG}}{\overline{AG}} \tag{6-2}$$

式中，各个变量为沿程各段的折线长度。

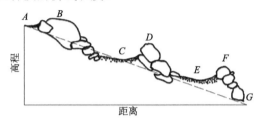

图6-29　河床结构强度定量描述

雅江流域由于处在强烈的构造活动中心，其河流上发育的尼克点具有数量多、高差大等特点。从形成原因的角度来看，雅江流域尼克点可以分为三类：由差异抬升或拉张凹陷形成的构造尼克点、河流下切导致的崩塌滑坡等形成的重力侵蚀尼克点，以及冰川侵蚀形成的冰碛物尼克点。

雅江中上游河道在平面形态上一般以宽阔河谷和狭窄河谷交替的藕节状形式呈现，每一个藕节实际上都是一个构造尼克点，集中了水流落差，使得藕节上游从垂直向河床演变变为平面河床演变。宽阔河谷河道水流分散，江心洲发育，属辫状河型。河谷内干燥的环境、稀疏的植被加剧了土壤侵蚀。由于高原年内温差及昼夜温差都很大，两岸山体岩石物理风化速度较快，碎屑物质沿河堆积，构造尼克点影响和独特的气候使得高原河流呈现沙漠的独特景观。

大峡谷地区是世界上抬升最快的地区之一，而抬升造成河流的持续下切及新一轮的河床演变。下切导致边坡陡峭，稳定性低，加上构造运动强烈，断裂带发育，崩塌和滑坡经常发生。易贡堰塞湖是我国近年来发生的最大的堰塞湖，其由巨大滑坡堵塞河道形成。一方面，易贡堰塞湖溃决使墨脱、波密、林芝三县（市）数万人受灾，并给下游地区带来了严重灾难。崩塌、滑坡、泥石流使热带森林植被遭到毁灭性破坏，河床下切引起沟坡增大、岸坡失稳和整个流域的土壤侵蚀。另一方面，崩塌、滑坡、泥石流在河流中形成堰塞坝，堰塞坝稳定下来形成尼克点，控制河床下切和新的崩塌、滑坡发生。大峡谷已经发育成具有2000多米落差的世界上第一大尼克带。

古乡冰期和白玉冰期期间，雅江下游流域的冰川分布范围远大于现代，帕隆藏布江两侧有大量的山谷冰川直接进入河谷堵塞河道，形成了一系列的堰塞湖，经过数万年的淤积，当年的堰塞湖已经淤满，变成宽阔河谷，如波堆藏布入汇口附近、波密县城、曲宗藏布入汇口附近等河段。这些古冰川形成的堰塞坝高数十米，导致上游淤积，增强下游下切，形成极大的尼克点，显著影响了河流演变过程，使得帕隆藏布江形成多级台阶的纵剖面以及宽窄相间的平面形态。

雅江有超过一半的落差集中在下游的大峡谷河段，河流在纵剖面上形成巨大的尼克点，控制了河流下切。尼克点阻止了雅江长期来向高原内部的进一步切割，因此尼克点的稳定对整个高原意义重大。关于尼克点的上溯迟滞，有的学者解释为高原局部河段不同的抬升速度和相关侵蚀的衰退（Zeitler et al.，2001），近期学者提出由滑坡产生的尼克点对峡谷的稳定性具有非常重要的作用（Ouimet et al.，2010）。也有学者认为第四纪冰川形成的冰碛坝是稳定大峡谷的最重要因素，数百万年来大峡谷入口处冰碛坝反复形成的尼克点制止了雅江湍急水流刻蚀青藏高原（刘宇平等，2006）。

2. 冰川侵蚀对尼克点发育及河流地貌的影响

青藏高原东南边缘环境有如下特点：区域处在雅鲁藏布峡谷形成的"水汽通道"出口，能从印度洋得到大量的水汽补给，降水充沛，冰川运动速度快。青藏高原两个构造瘤之一的南迦巴瓦在此区域，是整个青藏高原抬升速度最快的地区之一，也是相对高差最大的地区。因此，该区域地势高，地形极为陡峭，地貌破碎，岩石应力高，易受侵蚀。冰川往往携带着大量的泥沙，青藏高原东南边缘由于特殊的气候和地质地貌环境，冰川含沙率远超其他区域。冰川形成的堆积体巨大，如嘎隆拉 3 号冰川堆积体的高度超过 200 m，体积超过 1 亿 m^3。这些堆积体中部分颗粒物质会随冰川融水进入河流系统，在冰期很多山谷冰川直接流入并堵塞河流，对这些河流形态的演变产生了重要甚至决定性的影响。

帕隆藏布上游发育了大量的悬冰川，这些冰川直接流入河中并带来大量的冰碛物，部分冰川物质稳定下来能形成河床结构，如星簇结构、阶梯深潭等。突发性的冰川运动带来的物质甚至能阻塞河道，形成稳定的冰碛坝，帕隆藏布上的然乌湖就是一个由冰碛坝阻塞河道形成的湖泊（图 6-30）。从然乌湖到米堆冰川河段长约 40 km，共有 6 条较大的悬冰川，都在入河处形成小型冰碛坝，冰碛坝上游水流缓慢，下游则是由较小石块形成的阶梯深潭，阶梯深潭段长度为 100～800m，平均坡度为 6%，最多有 7 级，每级高度为 0.8～2.2m。

(a)冰川带来大量的冰碛物　　(b)然乌湖冰碛坝

(c)冰碛物形成的阶梯深潭　　(d)冰碛物形成的星簇结构

图 6-30　冰川物质形成的尼克点

　　进入全新世以来，冰川活动已经大幅消退，现代冰川只在局部影响河流的演变。但第四纪冰期时，冰川的活动范围和强度都比现在大得多，古冰川甚至进入帕隆藏布主流并留下许多巨大的冰碛坝（施雅风等，2000），这些冰碛坝大部分直到现在都保留完好（图6-31）。为研究这些冰碛物对河流的影响，对帕隆藏布的两条主要支流波堆藏布、曲宗藏布进行了测量，测量数据包括两条河流的典型断面的河宽、坡降、河床物质和河床结构等，测量点位置见图6-32。

图 6-31　曲宗藏布汇入口处的古冰碛坝

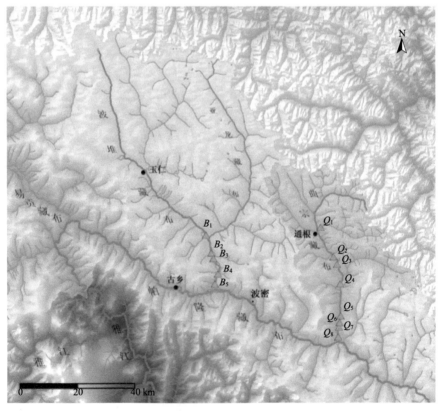

图 6-32　波堆藏布及曲宗藏布河床结构测量点

1）曲宗藏布江

在古冰川的影响下，曲宗藏布这条小流量的山区河流局部河段河谷宽度超过 1 km，河道分汊系数超过 5，宽谷河段河流极为平缓，河床物质以沙为主（图 6-33）。图 6-34 显示了曲宗藏布纵剖面高程、坡降、宽度、分汊系数沿河变化。

图 6-33　曲宗藏布测量点 Q_3 处河流河谷

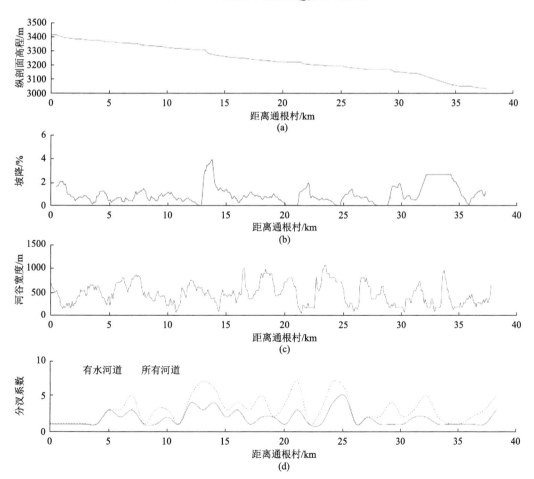

图 6-34　曲宗藏布纵剖面高程、坡降、宽度、分汊系数沿河变化

曲宗藏布测量点级配见图 6-35（10 cm 以上现场估测，10 cm～1 mm 筛分，1 mm 以下采用超声波级配分析仪）。和一般的山区河流相同，曲宗藏布河床物质也呈现明显的二元结构。另外，从图 6-35 中可以明显看到古冰川对河床物质的影响，和一般河流河床物质粒径沿途变小的规律不同，曲宗藏布河床物质粒径较大处都位于侧沟古冰川发育处（Q_7、Q_5），较小处则位于侧沟冰川上游河段（Q_4、Q_6）。S_p 和河床物质中值粒径 D_{50} 沿途变化比较一致，相对来说 S_p 曲线较为平缓。整体来说，河流上游处于或曾处于淤积状态，河床物质及结构强度较小，下游受古冰川影响，河床物质及强度较大。两者的峰值河段侧沟都发育冰川，测点 4 下游支沟发育的冰川规模最大。

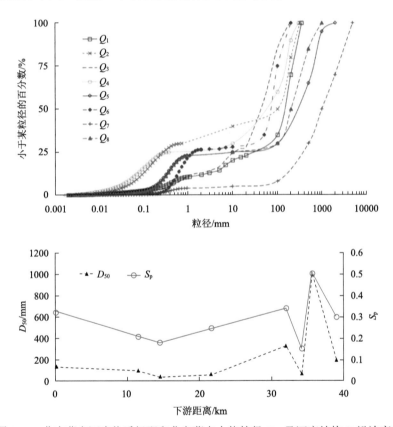

图 6-35　曲宗藏布河床物质级配和曲宗藏布中值粒径 D_{50} 及河床结构 S_p 沿途变化

2）波堆藏布

第四纪冰川发育显著影响了波堆藏布的河流地貌，古乡冰期时，波堆藏布冰川进入河谷，一度到达古乡湖附近。在白玉冰期时，冰川规模发育相对较小，主沟冰川到达白玉沟口。由于白玉冰期距今只有 1 万余年，古冰川痕迹保留完整，图 6-36 中能够明显看到 4 条较大的古冰川侧碛堤，这些侧堤一直延续到波堆藏布江旁，高出现代河流 200 余米。

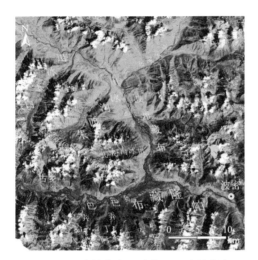

图 6-36　波堆藏布下游第四纪冰川痕迹

　　已有研究采用宇生核素定年法测量了白玉冰川和朱西沟冰川,两个冰川都发育在白玉冰期(周尚红等,2007),采用光释光定年法测量了倾多冰川下游的冰积扇年龄,为(39.4±10.3)ka BP,对应的是 MIS 3b 的末次冰川第二阶段,早于白玉冰期。目前尚没有扎龙沟冰川的相关研究,其冰川侧堤的规模小于白玉冰川和朱西沟冰川,可能发育冰川的时期稍晚。古乡冰期波堆藏布河谷全部被冰川占据,导致现代波堆藏布整体上是一个宽阔河谷。由于白玉沟及朱西沟距离主沟较近,白玉冰期时冰川物质进入主沟并导致上游淤积,因此,整个现代波堆藏布上下游的河床宽度、下切高度、河流形态等都呈现明显的区别(图 6-37),上下游分割点位于朱西沟附近(图 6-37 中 33km 处)。图 6-37 中波堆藏布宽度的定义采取了两种方式:一种是高于水面 100 m,另一种是高于水面 10 m,可以看到第一种宽度在整条河流上比较连续,上下游没有明显区别,而第二种宽度上下游差异很大,上游较小且没有变化,下游较大变化也较大。河流下游这两种宽度相差较小,并且具有相同的变化趋势。第一种宽度对应的是古乡冰期时冰川切割形成的冰谷宽度,而第二种代表的是现代河床的宽度。

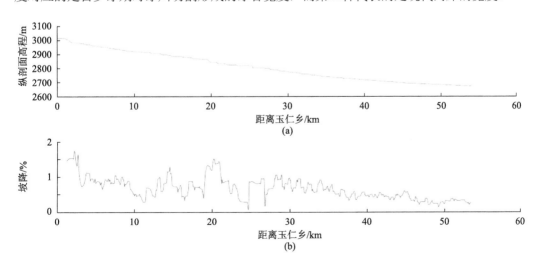

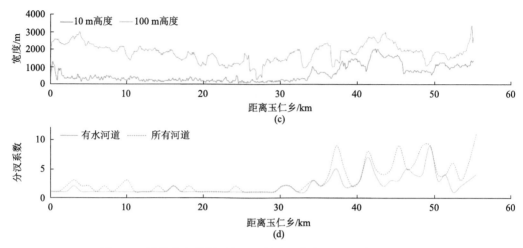

图 6-37　波堆藏布纵剖面高程、坡降、宽度、分汊系数沿河变化

　　河流在上下游的差异通过河谷横断面能更好地显示，图 6-38 是波堆藏布朱西沟上下游典型横断面，两个断面位置相差 35km，但整体上两个断面的形态相似，都是典型的 U 形河谷，只是上游断面宽谷的位置较高，并且河流在 U 形谷的基础上下切了 100 余米。上游河段的其他横断面与图 6-39 都十分相近，新近下切高度都在 70～140 m；而下游河段并没有观察到明显的下切，从地形图上可以看出上游段的宽谷海拔比下游段的宽谷海拔高出很多。

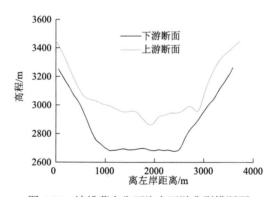

图 6-38　波堆藏布朱西沟上下游典型横断面

　　波堆藏布下游也可以细分为两个部分：第一部分是从朱西沟到扎龙沟，这段河流虽然也呈辫状，但现代河床以上有个高约 1 m 的阶地，淤积原因可能是扎龙沟冰川堵江。第二部分是从扎龙沟冰川到波堆藏布入汇口，这段河流河势散漫，分汊极多，处于淤积状态，和汇入的帕隆藏布形态完全一致，因此，此段河流的淤积和下游帕隆藏布相应段的淤积是同一事件造成的。波堆藏布测量点级配见图 6-39。测量点都位于波堆藏布的下游，但朱西沟-扎龙沟、扎龙沟-入汇口这两段河流的河床物质还是有较大的区别，第一段河床基本全是卵石，最大粒径较大，第二段位于波堆古湖淤积段，河床物质呈明显的二元结构（B_4、B_5），最大粒径较小。S_p 和中值粒径 D_{50} 沿途变化见图 6-39（b），两者比

较一致，整体来说，河床物质粒径和河床结构都沿途变小。从图 6-39 中也可以看到朱西沟-扎龙沟（B_1、B_2、B_3）、扎龙沟-入汇口（B_4、B_5）这两段的差别。

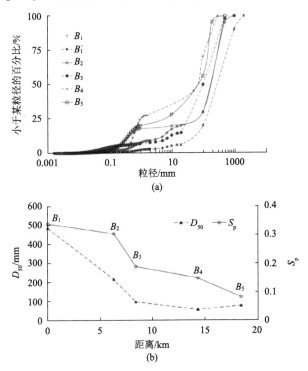

图 6-39　波堆藏布测量点级配和中值粒径 D_{50} 及河床结构 S_p 沿途变化

图 6-40 是帕隆藏布波密—古乡沟段的纵剖面图，实线数据从 ASTER DEM 数据中提取，分辨率为 30 m，点画线是连接各个大型堰塞坝坝底的样条曲线，示意为这些堵江事件发生之前的河流纵剖面。从图 6-40 可以看到，波堆古湖其实也应该分成两部分，可能是阿丁弄巴和巴哈弄巴两个支沟都独立堵江造成的。这些湖泊的末端和古纵剖面之间的高差，应该对应着这些堵江事件堰塞坝的高度。从 DEM 上提取的嘎龙弄巴、阿丁弄巴、巴哈弄巴这三条古冰川的侧堤高度和图 6-40 能够较好地对应。第四纪冰川最后全盛期——末次冰期虽然离现在已经有 1 万多年，但嘎龙弄巴、阿丁弄巴、巴哈弄巴这三条古冰川对帕隆藏布的演变仍然起着决定作用。

综上所述，这一区域在第四纪发育大量冰川，冰川遗迹保留完好（目前仍然保存完好的冰碛坝有十余个），对河流演变起到决定性作用。白玉冰期的冰川造成帕隆藏布及支流曲宗藏布、波堆藏布三条河发生淤积，一系列冰碛坝将整个河段分隔成小藕节河段，宽阔河谷河段均淤满，且帕隆藏布波密段下切 40 m，波堆藏布朱西沟上游河段下切 70～140 m，曲宗藏布刚刚淤满，尚未开始下切。古冰川活动堆河流地貌具有重要影响，冰碛坝堵江造成了宽窄相间的河型，冰碛坝形成的大量尼克点稳定了河谷边坡，减少了崩塌、滑坡、泥石流的发生概率。在冰碛坝稳定的河段，形成了大量平缓、稳定的地形，这些区域成为人类集中居住的场所。

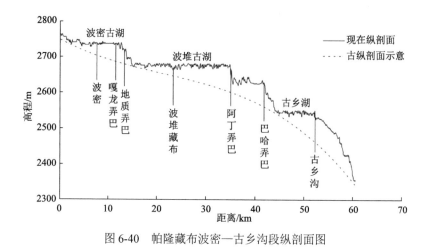

图 6-40 帕隆藏布波密—古乡沟段纵剖面图

3. 重力侵蚀对尼克点发育及河流地貌的影响

重力侵蚀的主要动力为块体沿坡向的重力分力,因此,坡度是影响重力侵蚀最为关键的因素。雅江下游流域河流下切严重,河岸边坡陡峭,极易发生崩塌、滑坡、泥石流等重力侵蚀(图 6-41)。

图 6-41 雅江下游流域重力侵蚀

在快速构造抬升和河流下切的地区,地形多为深切峡谷和陡峭边坡,侵蚀主要为重力侵蚀。其带来大量的泥沙物质经常充满河谷,形成堰塞坝,使上游河道淤积。大型滑坡、崩塌、泥石流堵塞河流形成堰塞湖以及堰塞坝溃决现象。堰塞坝的稳定性及其毁坏的形式（如瞬间的或逐渐的）取决于堰塞坝的大小、形状以及堰塞坝体物质特性（如材质、级配等）。并不是所有的堰塞坝都快速地毁坏，很多稳定和阻塞河谷长达数百年乃至万年之久，显著改变了河流形态。即使堰塞坝毁坏，坝体的大颗粒物质在溃决洪水下会形成极强的河床结构，也能起到减慢河流下切的效果。

在区域地质、地形地貌以及气候的共同影响下，雅江下游流域沿着主要河流发生了大量滑坡、崩塌、泥石流等重力侵蚀，形成很多堰塞湖。然乌湖在帕隆藏布的上游河段，湖长约 26 km，宽度为 1～2 km。其湖口处（29°28′54.6″N，96°38′46.2″E）有一大型崩塌[图 6-42（a）]，可见的最大粒径约 3 m，中值粒径为 0.2m。中国科学院青藏高原综合科学考察队认为然乌湖就是由 200 年前发生的崩塌堵塞河道而形成的（刘宇平等，2006）。

（a）
（b）

图 6-42　然乌湖湖口崩塌和湖口堰塞坝残余

然乌湖坝前水流平坦，坝后坡度为 4.9%，坝长约 150 m。根据然乌湖的长度以及帕隆藏布在此段上下游的河流坡度，估算出然乌湖堰塞坝的残余坝高约 80 m。坝体[图 6-42（b）]石块岩性为花岗岩，最大粒径约 5 m，中值粒径为 0.4m，坝体物质颗粒明显比崩塌物质粒径更大，反映了水流对河床物质的粗化作用。古乡沟是帕隆藏布中游河段右岸的泥石流沟，流域面积约 25.2km²，沟谷长度约 8.7km，平均坡度为 25.6%。自 1953 年以来，持续不断的泥石流暴发，大量的大颗粒石块进入帕隆藏布，在上游形成长约 5 km的古乡湖。湖口堰塞坝上下游河流形态及河床物质差异巨大（图 6-43）。

（a）
（b）

图 6-43　古乡湖堰塞坝上下游

（a）堰塞坝头部，大漂石之间淤积的粉砂；（b）堰塞坝下游，河流坡降和河床物质陡增，最大粒径约 2m

易贡藏布（图6-44）的河道演变受到1900年和2000年的两个超大型滑坡的影响。滑坡挟带大量物质进入易贡藏布，之后在水流中持续冲刷和分选，其中的大颗粒物质（砾石和卵石）逐渐形成阶梯结构，从而阻止了河道的进一步下切。本书主要以易贡藏布的滑坡为例，研究重力侵蚀对河流演变的影响。

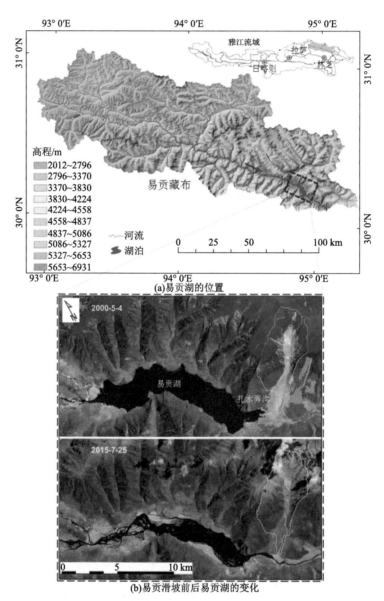

(a)易贡湖的位置

(b)易贡滑坡前后易贡湖的变化

图6-44 易贡滑坡后易贡湖变化

雅江下游流域强烈的重力侵蚀以及活跃的冰川运动（图6-45）给河流带来大量的泥沙物质，这些物质或者直接堵塞河流形成堰塞坝，或者在水流冲刷下形成较强的河床结构，在局部减慢河流下切甚至造成上游淤积，控制河流在竖向的发育，改变河流纵剖面，对河流形态及河流地貌的演变产生重要的影响。

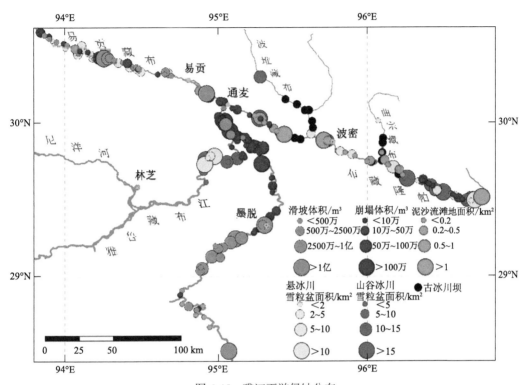

图 6-45 雅江下游侵蚀分布

以帕隆藏布为研究对象,通过测量沿帕隆藏布的各种重力侵蚀、现代冰川以及古冰川坝形成的尼克点或者河床结构,计算各种侵蚀影响河流的长度,分析不同侵蚀对河流地貌的控制作用。对于形成大型尼克点的重力侵蚀或者冰川,如古乡泥石流、巴哈弄巴等,其影响长度为堰塞湖的长度,即堰塞坝到堰塞湖尾部,堰塞湖尾部计算到河流重新变为急流为止。对于只能形成河床结构的侵蚀,影响长度定义为侵蚀物质改变断面上下游河床结构的长度。

由于帕隆藏布滑坡较少,将滑坡和崩塌放在一起考虑,图 6-46 绘制了帕隆藏布然乌湖之下的纵剖面,纵剖面下面显示了崩塌滑坡、现代冰川、泥石流以及古冰川四种尼克点的影响长度以及各种因素之间的比例。帕隆藏布下游的尼克点几乎全是崩塌滑坡,数量虽然较多,但影响的长度较低。中游河段泥石流以及古冰川控制了绝大部分的河流长度,上游以现代冰川为主。图 6-47 在左侧绘制了各种侵蚀形成的尼克点在纵向上的控制。

图 6-48 汇总了崩塌滑坡、现代冰川、泥石流以及古冰川的控制作用。沿帕隆藏布江崩塌滑坡虽然数量较多,但是由于规模较小,颗粒物质较细,容易被高能量水流冲走,不能形成大型的尼克点或者稳定的河床结构。对河流的主要控制是泥石流和古冰川,单一位置重复发生的泥石流和具有极大物质颗粒组成的古冰川都能形成稳定的尼克点,控

制河流数十千米。

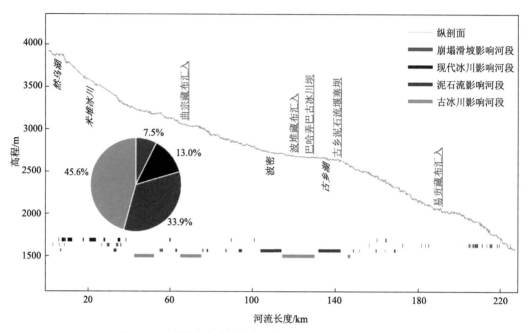

图 6-46　帕隆藏布纵剖面及各种侵蚀的控制长度及所占比例

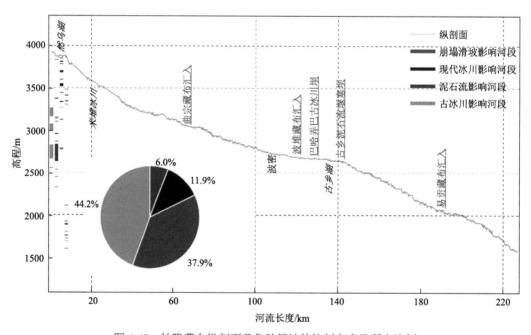

图 6-47　帕隆藏布纵剖面及各种侵蚀的控制高度及所占比例

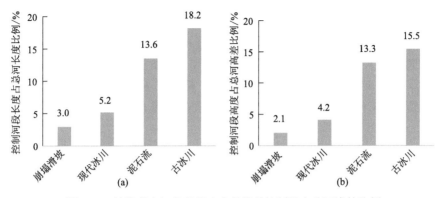

图 6-48　帕隆藏布江各种尼克点种类的控制量占总河流的比例

6.2.3　气候变化对河道冲淤的影响

气候变化影响全球与区域水文循环，同时影响流域生态系统，分析它们的影响不但有利于加深对区域和全球气候变化的理解，而且对于区域水文水资源以及各类生态系统（如农业）的保护也具有重要意义。我国西南地区的流域地形和气候条件复杂多样，历史观测记录表明，气候变化已经引起流域温度、降水和蒸发等气候要素的变化，进而对流域的径流和泥沙量产生了影响。因此，为了实现西南河流源区河流的可持续发展，全面了解气候变化对西南河流源区河流的影响是必不可少的。

研究区域包括雅江干流（朗县至雅江与赤隆藏布江交汇处）和尼洋河（更张至尼洋河与雅江交汇处）（图 6-49）。覆盖河道长度约为 355km，河道面积约为 673km^2。区域内最高点和最低点高程差约为 1389m。

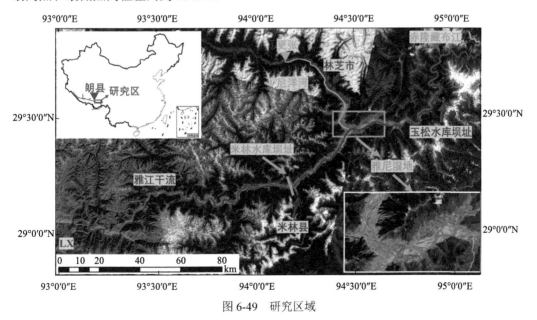

图 6-49　研究区域

气候变暖将加剧冰川融化，改变降水和其他因素，从而增加径流，这将加剧雅江干流、尼洋河干流和尼洋河湿地上游的河道冲刷（Wang et al.，2020；Xu et al.，2019）。因此，由于气候变暖，进入尼洋河湿地区域的水流流量和含沙量将显著增加。水流在主河道中形成高流速区，在浅滩和深坑中形成低流速区（图 6-50），高速区是水流下泄的主要通道。在气候变化情景 RCP4.5 条件下，流速进一步增大，加剧了主河道的冲刷（图 6-51）。

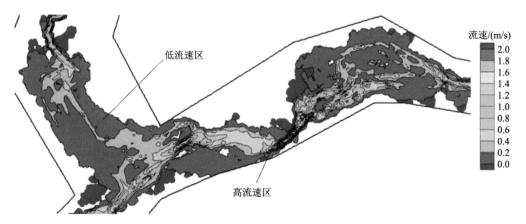

图 6-50　当前环境条件下湿地区域内流速分布

黑色实线标示的区域是研究区域边界

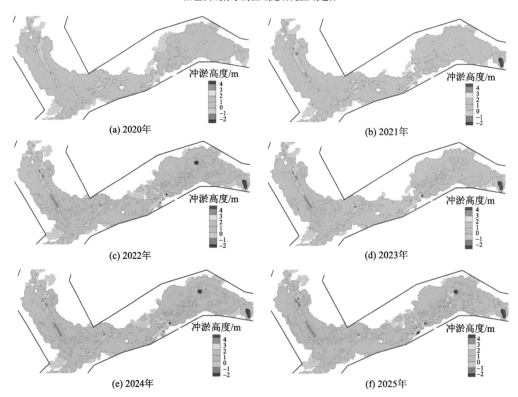

图 6-51　潜在气候变化条件下湿地区域河床冲淤变化

而低流速区（以浅水区为主）是湿地的主要组成部分。这些地区的挟沙能力较低，不足以输运大量增加的来沙，泥沙淤积加剧。2020～2025 年，湿地主河道高程将减少 0～2m，浅滩和深坑的河床高程将增加 0～3m。总体来看，在接下来的 6 年中，湿地区域内总淤积量大丁总冲刷量，每年湿地内将有 4000 万～9000 万 m³ 泥沙净淤积（由于气候变暖的影响主要体现在增加冰川融化，而不是增加降水，因此每天的输沙总量不会显著增加。假设雅江每日的输沙总量不受气候变化的影响）。到 2025 年，湿地区域内将有 3.67 亿 m³ 泥沙净淤积（图 6-52 和图 6-53）。

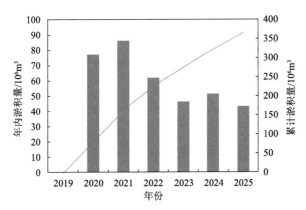

图 6-52　湿地区域内 2020～2025 年预计泥沙淤积体积

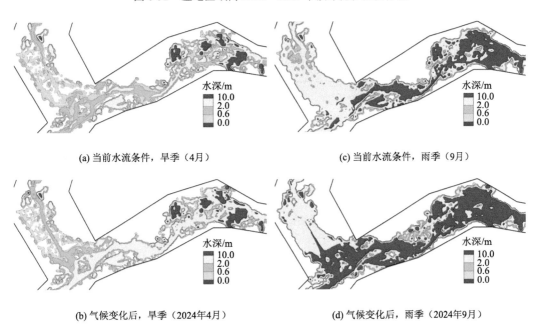

(a) 当前水流条件，旱季（4月）　　　　(c) 当前水流条件，雨季（9月）

(b) 气候变化后，旱季（2024年4月）　　(d) 气候变化后，雨季（2024年9月）

图 6-53　不同环境条件下湿地区域内水深分布

6.3 堰塞湖溃决洪水灾害

西南地区地质构造活跃，地形高差较大，降水丰沛，是我国滑坡、泥石流等自然灾害的高发区。这些灾害事件将大量的泥沙物质输送进河道，堵塞主河，甚至形成堰塞湖，对河流形态产生显著影响。滑坡、泥石流等地表灾害的控制因素较多，包括降水、冰川、地震等，会增大区域短期的剥蚀速率。但是，在较大时间尺度上，这些灾害事件以稳定的速率进行地表剥蚀。

6.3.1 堰塞坝堵江及其灾害链特征

1. 堰塞湖分布特征

我国西南地区地跨一、二级地势台阶，地形起伏大，山高谷深，沟壑纵横，地势极为复杂。该区域地质背景复杂，断裂褶皱发育，新构造运动活跃，地震频发，导致斜坡土体稳定性较差，松散堆积物源储量丰富；部分地区降水丰沛，季节性差异大，暴雨频发。西南山区具有独特的地质环境背景和地理条件，是我国滑坡泥石流灾害最为频发的地区。大规模滑坡、泥石流会堵塞主河，形成堰塞湖溃决洪水灾害链，扩大灾害的规模和影响范围。根据已有资料记载和野外调查数据，收集滑坡泥石流堰塞湖案例 369 个，其中，泥石流堰塞坝 112 个、滑坡堰塞坝 257 个，且主要分布于西南山区（图 6-54），如横断山、龙门山、念青唐古拉山和喜马拉雅山脉。

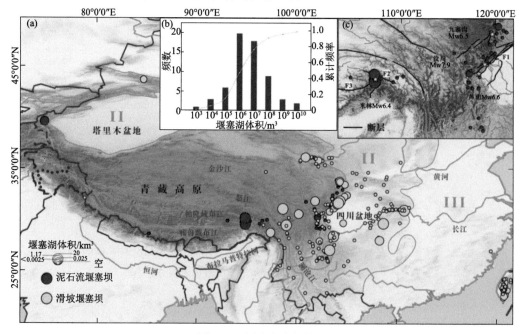

图 6-54 堰塞湖分布特征

根据堰塞湖形成的地形条件，大量堰塞湖线性分布于我国第二级阶梯向第一级阶梯（青藏高原）过渡的高陡山区[图 6-54（a）]，如龙门山和横断山东部。第二级阶梯平均海拔 1000～2000m，经过此过渡区，海拔急剧上升到平均海拔约 4000m 的第一级阶梯。高陡的地形和狭窄的深切河谷是该地区堰塞湖形成的必要条件。受青藏高原强烈抬升的影响，过渡区地形变化大，深切河谷发育，两岸山坡高陡，临空面发育，坡体破碎，极易在降水、地震等条件下诱发滑坡、泥石流灾害。滑坡、泥石流快速输送大量松散物质到主河，极易堵塞狭窄的主河形成堰塞湖。

在西南山区，金沙江、岷江、长江中游，以及青藏高原的雅江和易贡藏布均是滑坡、泥石流堰塞湖的主要发育地。受流域地形条件和滑坡、泥石流规模限制，滑坡、泥石流堵江形成的堰塞湖规模差距较大[图 6-54（b）]，小规模堰塞湖库容可小于 1000 m^3，而大规模的堰塞湖库容可达上亿立方米，甚至上百亿立方米。已收集案例中，77%的堰塞湖库容均小于 1 亿 m^3，其中，库容在百万立方米和千万立方米级别的堰塞湖较为常见。而近年来，大型滑坡、泥石流多次堵江形成数亿立方米的超大规模堰塞湖，如 2008 年汶川地震诱发唐家山滑坡，堵塞通口河形成库容约 3 亿 m^3 的堰塞湖；仅 2018 年，金沙江和雅江分别暴发滑坡和冰岩崩-泥石流堵江灾害链，形成白格堰塞湖和色东普堰塞湖，最大库容高达 2.9 亿 m^3 和 6.05 亿 m^3，堰塞湖溃决后均形成峰值流量为 30000～32000 m^3/s 的大型洪水，导致下游大面积受灾，造成严重的经济财产损失。

地震是诱发滑坡、泥石流的主要因素之一，同震滑坡和震后松散物源再次启动可输送大量固体物源到主河并堵塞主河形成堰塞湖，大量堰塞湖围绕震中分布[图 6-54（a）和（c）]，如 2008 年汶川地震、2013 年芦山地震、2017 年九寨沟地震和米林地震。在强烈地震作用下，堰塞湖常集中出现，如 2008 年汶川地震造成 100 余座堰塞湖（Fan et al.，2019）。此外，地震导致斜坡岩体稳定性降低和松散物源分布范围广，在后期极端气候条件下，大规模滑坡、泥石流等次生灾害发生的可能性加大，易堵江成湖，导致大量堰塞湖集中分布于受地震影响的高山峡谷区。

2. 不同类型堰塞坝的形态特征

堰塞坝通常是由滑坡、泥石流等地表过程输运大量松散固体物源到主河快速堆积形成的天然坝体，是由固、液、气三相物质组成的松散结构体。坝体几何尺寸由滑坡、泥石流规模及性质和主河几何特征及流量、流速等共同决定。常见的滑坡坝可分为完全堵塞坝或不完全堵塞坝。而泥石流具有特殊的物质组成和流变行为，流动性更强，其堵塞主河形成的坝体与滑坡坝存在明显的差异。泥石流堰塞坝可大致分为完全堵塞坝、不完全堵塞坝和潜坝三类（图 6-55）。已统计的 112 个泥石流堰塞坝中，完全堵塞坝[图 6-55（b）]占 73%，此类坝体是最危险的，大型完全堵塞坝对上下游均会造成严重的影响和威胁。而不完全堵塞坝[图 6-55（c）]较为常见，几乎所有汇入主河而未到达对岸的泥石流堆积扇均可划分为此类坝体（图 6-56）。而潜坝[图 6-55（d）]较为少见，通常由小规模稀性泥石流快速冲向对岸形成，整个坝体位于水面以下，危害性较小，可导致局部河床抬升。泥石流通常具有周期性的特征，不完全堵塞坝和潜坝可在多期次泥石流的作用下，逐渐演化为完全堵塞坝，并导致坝体规模不断扩大，形成大型堰塞湖。

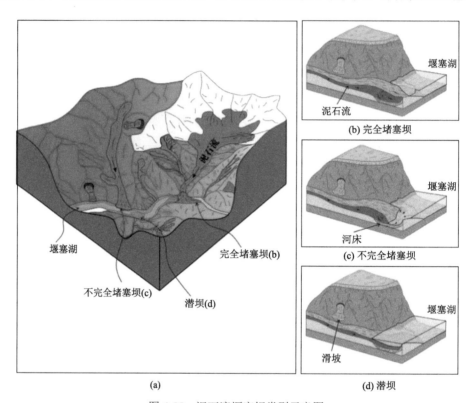

图 6-55　泥石流堰塞坝类型示意图

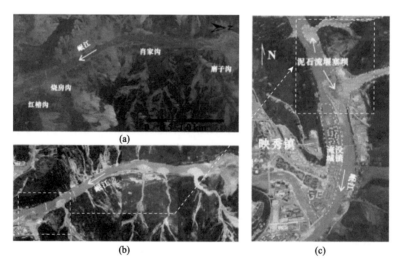

图 6-56　岷江流域不完全堵塞坝体

由于泥石流体和滑坡体物质成分和流变性质的差异，泥石流堵江和滑坡堵江形成的堰塞坝存在明显的几何形状差异[图 6-57（a）]。在 51 个（滑坡坝 30 个，泥石流坝 21 个）具有详细几何尺寸记录的堰塞坝数据中，泥石流堰塞坝坡度明显低于滑坡堰塞坝[图 6-57（b）]。泥石流堰塞坝的平均高长比约为 0.04，而滑坡堰塞坝的高长比变化较大，平均约为 0.12。泥石流体中大量的液相成分导致其流动性较强，其进入主河后可沿上下游输运较远的距离，进而形成更薄、更长且表面更加平坦的堆积体。因此，除个别极端事件外，一次泥石流事件通常难以完全堵塞主河形成大型堰塞湖，多期次的泥石流堆积体叠加可形成大型的完全堵塞坝，对上下游居民造成严重威胁。

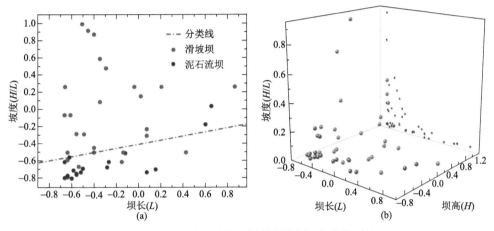

图 6-57　泥石流堰塞坝和滑坡堰塞坝几何参数对比

3. 堰塞坝堵江灾害链演进模式

1）滑坡-堰塞湖-溃决洪水灾害链

江河两岸大型斜坡土体失稳滑动后，极易堵塞主河形成滑坡堰塞坝。而滑坡能否堵江及堰塞坝几何形状与滑坡规模、主河断面几何形状、主河江水流量密切相关。当滑坡体积足以完全堵塞当前河道时，堰塞坝一旦形成，坝后水位迅速上升形成堰塞湖，回水淹没坝体上游地区。通常天然堰塞坝的固结程度和密实度均较人工坝低，稳定性差，出现漫顶溃决、管涌溃决、滑坡溃决和基础渗流溃决等危险，但其主要模式是漫顶溃决，这与堰塞坝的组成和结构、坝体规模和形态等密切相关。当堰塞湖漫顶溢流后，水流不断冲刷松散坝体，溃口快速加深、展宽，流量快速增大，形成溃决洪水。堰塞湖溃决洪水流量过程曲线具有典型的陡峰特征，表明其峰值流量极大，冲刷力大，破坏能力极强，导致下游面临巨大的溃决洪水威胁。

2）泥石流-堰塞湖-溃决洪水灾害链

泥石流具有较强的输沙能力，能在沟口形成堆积扇阻塞主河，形成泥石流堵江灾害链。泥石流堵江与其浓度、流速、流量、主河道夹角、主河流量密切相关。泥石流体的强流动性导致其形成的坝体通常较为平缓，常规泥石流难以一次堵塞主河形成大型堰塞湖，而多期次泥石流堆积体叠加逐渐增加坝体规模，可形成大型堰塞湖（如色东普堰塞湖）。泥石流堰塞坝体液相成分含量高，坝体初期固结程度低，抗冲刷能力较弱，一旦漫顶溃决后，坝体溃口在水流快速冲刷作用下迅速扩展，溃决洪水流量迅速增大。泥石流堰塞坝残余体由于后期排水固结，强度大大提升，可长期残留于河道中，挤压主河，减小过流断面，导致后期小规模泥石流也可发生泥石流堵江灾害链，扩大泥石流灾害影响范围。

3）滑坡-碎屑流/泥石流-堰塞湖-溃决洪水灾害链

除上述滑坡、泥石流堵江灾害链演进模式外，位于沟谷上游的滑坡失稳后可迅速解体破碎，转化为碎屑流，沿途发生铲刮侵蚀，规模扩大，甚至与降水、径流或其他水源掺混，发生流态转变，形成泥石流，随后沿沟谷快速输运到沟口主河堵江形成堰塞湖，进而演化为溃决洪水。

4. 典型堰塞湖灾害事件

1）易贡堰塞湖

2000 年 4 月 9 日，西藏林芝市波密县易贡乡发生特大滑坡，约 3000 万 m³ 岩体从扎木弄沟上游海拔约 5000 m 处脱离母岩凌空飞出，撞击上游谷壁后解体，破碎岩体撞击并沿途铲刮大量沟道碎屑沉积物，形成超高速碎屑流向下游高速运动，平均速度为 15～18 m/s（Delaney and Evans，2015）。约 30 亿 m³ 的碎屑物源流入易贡藏布，堵塞易贡藏布约 1.5km，形成最大库容约 30 亿 m³ 的堰塞湖（图 6-58），坝前最大水深约 62.06m。回水淹没上游易贡茶厂和 2000 亩（1 亩≈666.7m²）茶园，以及易贡乡、八盖乡的农田、房屋、学校等，造成直接经济损失 1.4 亿元以上。2000 年 6 月 10 日，堰塞湖经人工开挖的导流明渠漫顶溃决，溃决过程历时短，约 24h 后堰塞湖坝上游恢复原始水位。易贡堰塞湖溃决后形成特大洪水灾害，坝址处溃决洪水峰值流量高达 120000 m³/s，坝址下游 17 km 处的通麦大桥峰值流量约 100000 m³/s，冲毁和淹没下游沿途公路和大量农田、村庄，使下游数百千米河道由原来的"V"形变为"U"形河谷，并在沿途两岸触发 35 处崩塌、滑坡、泥石流等次生灾害。

(a)2000年4月5日的Landsat影像

(b)无人机航拍照片，拍摄于2020年5月12日

图 6-58　易贡堰塞湖

2）唐家山堰塞湖

受汶川大地震影响，唐家山发生约 2000 万 m³ 的特大型滑坡灾害，堵塞河谷形成长约 803 m、宽约 611 m、坝高 80～120 m 的堰塞坝，堰塞湖库容约 3 亿 m³（图 6-59）（傅旭东等，2010）。唐家山堰塞湖具有库容大、集水面积大（3550 km²）、水体大、水位上涨快、坝体地质结构差等特点，一旦发生 1/2 溃决，整个绵阳市将受到淹没危害。最终通过人工开挖泄洪道控制险情[图 6-59（c）]。2008 年 6 月 7 日 8 时 12 分，堰塞湖通过泄洪道漫溢过流溃决；于 6 月 10 日 12 时 30 分，溃决洪水达到峰值流量 6500 m³/s；6 月 11 日后，溃口达到最终稳定状态（傅旭东等，2010）。

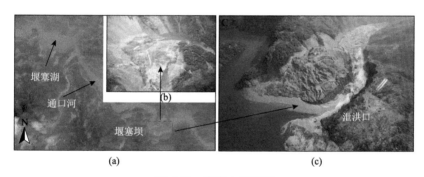

图 6-59　唐家山堰塞湖
（a）RapidEye 卫星影像；（b）和（c）航拍照片

3）白格堰塞湖

2018 年 10 月 10 日，西藏江达县白格村发生约 2500 万 m³ 的大型滑坡，滑体堵塞金沙江河道形成顺河长约 2km、宽 450～700 m、坝高 61～100 m 的堰塞坝（图 6-60）。堰塞湖最大库容 2.9 亿 m³，于 12 日自然漫顶溢流，溃决洪水峰值流量约 10000 m³/s（金兴平，2019）。经过水流冲刷，形成了长 1622 m、底宽 80～120 m 的泄流槽。11 月 3 日，坝址处发生二次滑坡，堰塞坝最大长度 2100 m，最大宽度 700 m，坝顶横断面最低点高程 2966～2974 m，垭口段长度约为 273 m，宽约 200 m，上游入库流量 700 m³/s，堰塞湖总库容约 8 亿 m³。为降低堰塞湖溃决风险，抢险人员于 11 月 5～11 日开挖了 15m 深的泄洪槽[图 6-60（b）]。11 月 12 日，堰塞湖开始漫溢过流，对应库容为 5.78 亿 m³；

溃决洪水峰值流量高达 30000 m³/s（金兴平，2019）。此次灾害造成上下游大量房屋、农田、道路、桥梁被冲毁或淹没，直接经济损失约 68 亿元。

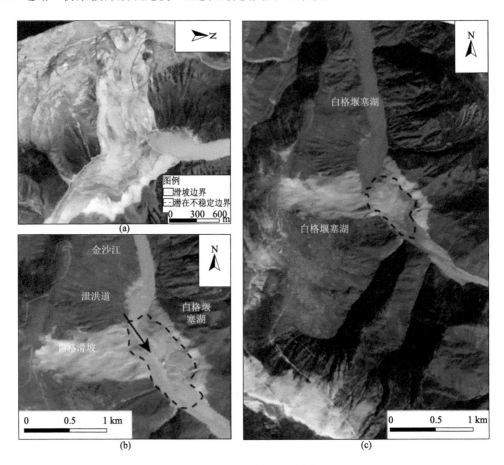

图 6-60　白格堰塞湖影像

（a）无人机正射影像（Fan et al.，2020）；（b）和（c）Planet 卫星影像

4）色东普堰塞湖

2018 年 10 月 16 日 22 时（官方报道时间为 10 月 17 日凌晨 5 时许），西藏林芝市雅江左岸色东普沟内长约 3.5km 的冰川断裂解体破碎，高速运动后转化为冰川泥石流，输运约 1500 万 m³ 冰、岩、土混合物到雅江，形成顺河长约 3.5km、最大宽度约 0.6km 的堰塞坝，坝前水位上涨约 79m，库容约 6.05 亿 m³[图 6-61（c）]。堰塞湖于 19 日自然漫顶过流，坝址处估算溃决洪水峰值流量约 32000 m³/s（金兴平，2019）；坝址下游 180 km 处的墨脱县德兴水文站记录最大洪峰流量为 23400 m³/s（Hu et al.，2019）。同月 29 日，沟道内松散残余堆积体再次启动形成冰川泥石流，堵塞原有自然泄洪槽，堰塞体高 77～106 m，最大水深 77 m，库容约 3.26 亿 m³[图 6-61（a）]。堰塞湖于 10 月 31 日自然漫顶溃决，坝址处峰值流量约 18000 m³/s（金兴平，2019）。短短半个月，色东普沟道暴发

两次大规模冰川泥石流堵江灾害链,对上下游居民、基础设施等造成严重影响,回水淹没上游 5 km 处的加拉村唯一出行道路 4.4km[图 6-61(a)]。2014 年起,色东普沟暴发不同规模冰川泥石流事件 13 次。其中,有 7 次发生于 2017 年和 2018 年,7 次发生于 2017 年 11 月 18 日米林地震后,表明该沟目前已进入冰川泥石流活跃期。沟口残留大量泥石流堆积体,严重挤压主河,最窄过流宽度仅约 60 km,在后期泥石流作用下极易再次堵塞,故该沟再次形成泥石流堵江灾害链的可能性大、危险性大。

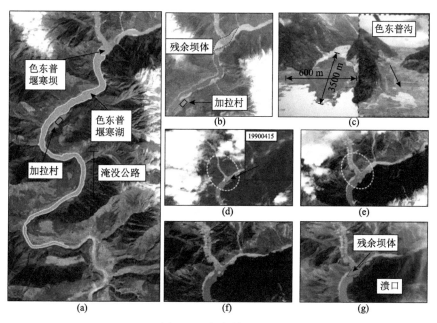

图 6-61　色东普堰塞湖

(a) 2018 年 10 月 31 日影像;(b) 2019 年 4 月 24 日影像;(c) 2018 年 10 月 17 日冰川泥石流堵江照片;(d) 2017 年 10 月 18 日影像;(e) 2017 年 11 月 5 日影像;(f) 2017 年 12 月 20 日影像;(g) 2017 年 12 月 30 日影像

6.3.2　滑坡泥石流规模-重现期关系

滑坡、泥石流的规模-重现期关系决定了堰塞湖灾害的规模与频率。西南山区滑坡、泥石流的暴发在时间和空间上分布不均匀,但灾害规模在一定的时间尺度上有明显的规律性。本节收集了该区 1881～2017 年共 112 个滑坡的历史数据。数据点覆盖的年限为 137 年,即每 1.2 年发生一次滑坡。但是滑坡的发生受多种因素影响,并不会以稳定的速率产生。例如,1905 年、1933 年和 2008 年的地震造成年内的滑坡数量明显多于其余年份。尤其是 1905 年和 1933 年的地震,该阶段的滑坡主要发生在这两年(图 6-62)。1960 年后,滑坡的发生频率增大,几乎每年都有滑坡产生。

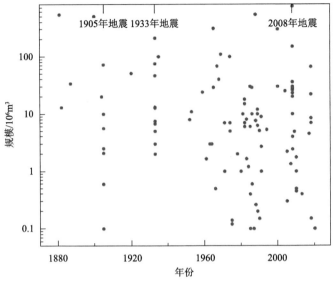

图 6-62　地质灾害与发生年限散点图

图中忽略了小于 $10^5\,\mathrm{m}^3$ 的数据

图 6-63 绘制了不同规模滑坡的发生时间间隔。可以发现，随着滑坡规模的增大，滑坡发生的时间间隔也会等比增大，两者表现为线性关系。通过函数拟合得到的拟合曲线相关系数为 0.97，相关性良好。这种关系说明了滑坡规模越大，发生的可能就越小。滑坡的发生受到地质、气候、构造等外力因素的控制，规模越大的滑坡需要的外力作用越大。规模较小的滑坡可以直接被降水诱发，而大规模的滑坡需要各种作用的相互耦合，这种耦合机制发生的可能性较小，增大了大规模滑坡的发生间隔。

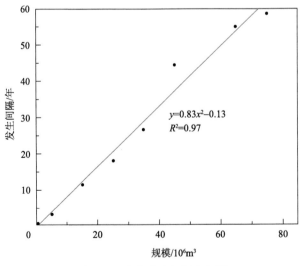

图 6-63　灾害发生间隔和规模

将时间间隔取倒数，得到了不同规模灾害每年发生的概率（图 6-64）。规模小于 10^6 m^3 的灾害每年发生的概率为 100%，随着规模的增大，灾害的发生概率快速减小。这种趋势表现为幂率关系，当规模小于 5×10^6 m^3 时，减小速率极快，从 100%快速降低至 30%；而当规模大于 5×10^6 m^3 时几乎处于平稳缩小状态。关系曲线的快速降低说明每年发生的灾害以小规模的为主，尤其是小于 10^6 m^3 的灾害。

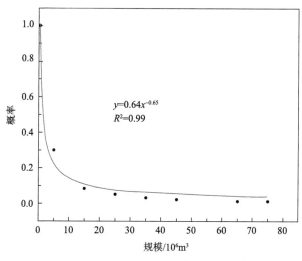

图 6-64 不同规模灾害每年的发生概率

为进一步分析地震等极端事件对滑坡、泥石流规模-重现期关系的影响，以藏东南区域为例，分析了这些事件的规模-重现期关系。

1）藏东南地区的滑坡、泥石流

藏东南地区暴发过多次规模巨大的滑坡、泥石流事件，尤其是作为川藏重要交通廊道的帕隆藏布流域，时常受地质灾害的影响。例如，扎木弄巴于 1900 年产生了规模 5 亿 m^3 的滑坡，堵塞易贡藏布江。2000 年受地震影响流域上游再次崩滑，产生了 3 亿 m^3 的滑坡，堵江溃决后产生了破坏性极大的溃决洪水。古乡沟受 1950 年阿萨姆地震影响，产生了冰川的崩滑，流域内的物源环境被破坏。1953 年开始暴发大规模高频泥石流事件。古乡沟的首场泥石流规模达到了 1.1×10^7 m^3，随后的 30 年内每年都暴发泥石流，至今共冲出固体物质约 2 亿 m^3。培龙沟受 1982 年沟口处的地震影响，冰川稳定性被破坏，产生了连续三年的冰崩事件，导致三年持续的冰川泥石流事件。三年间冲出固体物质约 1.1 亿 m^3。天魔沟在 2007 年前的 200 年内几乎都没有泥石流产生，而 2007 年暴发了规模 1.34×10^6 m^3 的泥石流，2010 年再次暴发两次规模数十万立方米的泥石流。除此以外，紧邻帕隆藏布流域的色东普沟，受米林地震影响产生了多次冰崩泥石流，最大规模达到了 6.6×10^7 m^3。

可以发现，藏东南地区的大型滑坡、泥石流事件与地震事件联系密切。位于喜马拉雅东构造结附近的帕隆藏布流域，该区构造活动强烈，地震频发。地震不仅直接诱发滑坡、冰崩等，还会破坏冰川稳定性，增大冰川裂隙，当冰川运动至陡峭位置时冰舌断裂，产生冰崩。对于冰崩而言，冰体在运动过程中解体直接转化为泥石流，或者冰崩物质堵塞沟道，产生堰塞湖，溃决后转化为泥石流。前者以色东普为例，后者以培龙沟为例。因此，地震对滑坡、泥石流的发生有极大的促进作用。根据历史资料记录，帕隆藏布流域及其附近的冰川泥石流通常滞后于地震1~3年。例如，古乡沟在1950年察隅地震的3年后暴发了持续30年的泥石流，2003年地震的两年后暴发一次泥石流，2017年地震的3年后暴发泥石流；培龙沟受1982年的地震影响，于1983~1985年暴发持续3年的泥石流；色东普沟受2017年米林地震的影响，暴发了随后两年的冰崩泥石流事件。这种滞后效应则是地震对冰川强度的影响产生的。

研究记录了培龙沟和古乡沟泥石流和地震的时间关系（图6-65和图6-66）。图6-65反映了培龙沟的泥石流、滑坡与地震发生时间关系。图6-66反映了震后古乡沟泥石流的年均侵蚀速率。培龙沟的泥石流往往出现在地震之后，尽管中间有几次地震后没有泥石流产生，但是地震对于泥石流的物源累积有显著作用。古乡沟受地震影响物源环境发生了

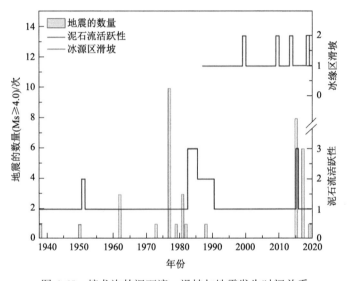

图 6-65　培龙沟的泥石流、滑坡与地震发生时间关系

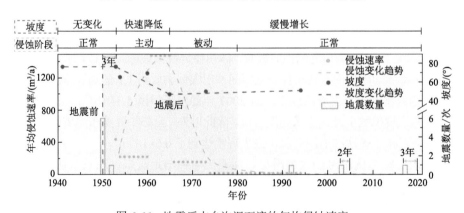

图 6-66　地震后古乡沟泥石流的年均侵蚀速率

极大的改变，原本几乎没有泥石流发生，自地震后的第三年开始，暴发了持续 30 年的高频泥石流。古乡沟的泥石流首场规模最大，但是年均输沙量却是随着时间的持续快速增长。古乡沟的年均输沙量至 1965 年达到巅峰，随后快速降低，在 1980 年后输沙量极小，几乎接近常规输沙量（图 6-66）。

2）滑坡、泥石流规模–频率关系

对于帕隆藏布流域而言，小规模泥石流（$\leqslant 10^5$ m³）每年都发生，并且数量较多。这些小规模泥石流通常发生在面积较小的水流侵蚀形成的流域中，流域面积小，总比降较大。这种流域泥石流的物源主要来自基岩的剥蚀，流域内没有充足的物源累积区，每当松散物源充足时就会立刻以小规模泥石流的形式搬运出流域。帕隆藏布内的小流域数量较多，每年都会产生小规模的泥石流事件。例如，九绒沟在 2014 年和 2015 年，每年都暴发两次 2000～3000m³ 规模的泥石流。根据记录，10^5～10^6 m³ 的泥石流会偶有发生，并且发生在物源充足的流域中。这一规模泥石流的水源来自降水、冰川融水，与周期性的气候条件有关，通常无法达到流域的最大物质搬运能力。根据记录，这一范围内的泥石流每 6 年发生一次。10^6～10^7 m³ 的泥石流同样发生在物源充足的流域中，对于一些面积较小的流域而言，代表了常规水流搬运能力的极限。例如，天魔沟面积不足 20 km²却产生了上百万立方米的泥石流事件。但是，对于面积较大流域而言，仍然无法代表极限搬运能力。这种类型的泥石流大概每 10 年发生一次。10^7～10^8 m³ 的泥石流往往发生在面积较大的流域中，这种状态下的泥石流除了气候因素的影响外，地震等极端环境也起到了重要的控制作用。由于地震等事件的偶然性，这种类型泥石流发生频率较低，约 30 年发生一次。而超过 10^8 m³ 规模的仅在扎木弄巴发生过，分别是 1900 年和 2000 年的冰崩碎屑流，规模分别达到了 5×10^8 m³ 和 3×10^8 m³，即发生周期为 100 年。规模越大的灾害事件爆发的可能性越低，因此，越大的灾害事件采用越大的数据范围，不同的范围相差一个数量级。研究采用对数坐标进行分析。在分析过程中，通过区间中点的值代表区间的平均值。由于帕隆藏布流域每年都暴发小规模泥石流，认为这种规模泥石流的暴发时间间隔为 1 年。其余按照收集的数据进行统计。图 6-67 显示了统计结果，随着规模的

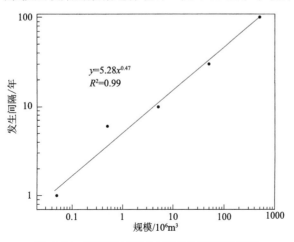

图 6-67　帕隆藏布流域灾害发生间隔和规模

增大，泥石流等事件的暴发间隔呈幂率关系增大。但是，关系曲线的幂指数小于 1，说明随着规模的增大，泥石流事件发生间隔的增速会变缓。这是由于越大的规模采用的区间越大，所能包含的数据就越多，从而出现这种现象。其次，帕隆藏布流域地处喜马拉雅东构造结处，地壳活动强烈，加之冰川发育，时常爆发大规模的物质运动现象。

6.3.3 堰塞湖溃决洪水应急预报

研究建立了适用于描述堰塞湖溃决过程的水沙动力学模型，该模型先后用于"10·17"雅江加拉堰塞湖、"10·29"雅江加拉堰塞湖、"11·3"金沙江白格堰塞湖的应急抢险预报，在较短的时间内提供了多种溃决情形下的计算结果，为抢险决策提供了重要的技术支撑，积累了宝贵的实践经验，发挥了较大的工程实用价值。

1. 堰塞湖溃决洪水应急预报模型

1）水流演进

堰塞坝由自然堆积形成，沿河向长度与横河向宽度通常量级相当。其溃决过程是从初始溃口开始，逐步冲刷下切和横向展宽直至最终稳定。由于初始溃口往往是坝顶低洼凹槽或人工开挖的泄流渠，其宽度与长度相比是小量，因而其中的水流演进可近似为一维流动。考虑溃坝洪水的复杂流态以及强非恒定性，简化的运动波、扩散波模型在这一条件下无法适用，因此，在模型中使用一维圣维南方程组对溃坝水流演进进行描述。

一维圣维南方程组在实际应用过程中存在不同的形式，且不同形式的方程在数学上互相等价。但是溃坝过程往往伴随着剧烈的河床变形，不规则的断面形态可能会对离散的数值格式带来较大误差，此时使用将水位和流量作为自变量的方程则能够较好地克服由此所带来的数值不稳定性和非守恒性（Ma and Fu，2012；Ying and Wang，2008），具体的水流控制方程组如下：

$$\frac{\partial Z}{\partial t} + \frac{\partial (Q/B)}{\partial x} = -\frac{Q}{B^2}\frac{\partial B}{\partial x} \tag{6-3}$$

$$\frac{\partial Q}{\partial t} + \frac{\partial}{\partial x}\left(\frac{Q^2}{A}\right) = gA\left(-\frac{\partial Z}{\partial x} - S_f\right) \tag{6-4}$$

式中，t 为时间；x 为沿河道方向的空间坐标；$Z=h+z_b$ 为水位高程；B 为河宽；g 为重力加速度；h 为水深，z_b 为床面高程；$Q=Au$ 为流量，A 为过水面积；u 为流速；$-dZ/dx$ 为水面线斜率；$S_f = n^2 Q|Q|A^{-2}r^{-4/3}$ 为阻力项，n 为曼宁系数，r 为水力半径。圣维南方程组考虑了水流的快速时间变化和沿程阻力影响，适用于瞬溃和渐溃等不同情形溃决洪水计算，具有更为广泛的适用性。

2）河床变形

溃坝过程中的河床演变是水流和溃口边界强相互作用的结果，包括水力冲刷及其诱发的边坡土体破坏两种机制。这两种机制需要在溃坝模型中分别加以考虑。在较小时间尺度上，水流对床面影响深度与床沙粒径相当；对于非均匀沙，在水流分选作用下，也会在河床表面形成 1～2 个颗粒尺寸高度的表面粗化层。假设水流与床沙的相互作用发生在河床表层床沙中，其厚度和床沙粒径相当。定义该层为床沙边界层或活动层，在山区河流中，活动层厚度与粒径级配有如下经验关系：

$$L_a = n_a D_{s90} \tag{6-5}$$

式中，n_a 为经验系数，在山区河流中可取值为 2；D_{s90} 为床沙代表粒径。考虑非均匀沙和活动层理论的 Exner 方程能够描述床面调整变形过程：

$$\left(1-\lambda_p\right) B \frac{\partial z_b}{\partial t} = -\frac{\partial(B q_{bT})}{\partial x} + q_{sT} \tag{6-6}$$

$$\left(1-\lambda_p\right) B\left[f_{li}\frac{\partial}{\partial t}(z_b - L_a) + \frac{\partial}{\partial t}(F_i L_a)\right] = -\frac{\partial(B q_{bi})}{\partial x} + q_{si} \tag{6-7}$$

$$\sum_{i=1}^{N} q_{bi} = q_{bT} \tag{6-8}$$

$$\sum_{i=1}^{N} q_{si} = q_{sT} \tag{6-9}$$

式中，λ_p 为床沙孔隙率；B 为河宽；$i = 1,\cdots,N$ 为粒径组编号，分组数量 N 可根据具体算例需求调整取值；q_{bi} 为分组单宽输沙率；q_{bT} 为总单宽输沙率；q_{sT} 和 q_{si} 为单位长度上因边岸拓宽或支流入汇带来的泥沙总补给速率和分组补给速率；F_i 为第 i 组级配的泥沙占活动层的体积百分比；f_{li} 为活动层与底层的泥沙交换级配，表达式为

$$f_{li} = \begin{cases} \left. f_i \right|_{z_b - L_a} & \left(\dfrac{\partial(z_b - L_a)}{\partial t} < 0\right) \\ \alpha F_i + (1-\alpha) p_{bi} & \left(\dfrac{\partial(z_b - L_a)}{\partial t} > 0\right) \end{cases} \tag{6-10}$$

式中，f_i 为底层中第 i 组级配泥沙所占体积分数；p_{bi} 为推移质中第 i 组级配泥沙的体积分数；α 为掺混比例，通常取 0.5。

使用 Wilcock 和 Crowe 公式计算非均匀沙分组输沙率：

$$q_{bi} = \frac{W_i^* F_i u_*^3}{Rg} \tag{6-11}$$

式中，u_* 为摩阻流速；R 为泥沙水下比重；W_i^* 为无量纲推移质输沙强度。

$$W_i^* = \begin{cases} 0.002\varphi_i^{7.5} & (\varphi < 1.35) \\ 14\left(1 - \dfrac{0.894}{\varphi_i^{0.5}}\right) & (\varphi > 1.35) \end{cases} \tag{6-12}$$

$$\varphi_i = \tau_b / \tau_{ri} \tag{6-13}$$

式中，φ_i 为第 i 组级配的水流强度参数；τ_b 为水流切应力；τ_{ri} 为第 i 组级配推移质泥沙的参考剪切力。

$$\tau_{ri} = \tau_{ri}^* RgD_i\rho \tag{6-14}$$

$$\tau_{ri}^* = \tau_{rg}^* \left(D_i / D_{sg}\right)^{b-1} \tag{6-15}$$

$$\tau_{rg}^* = n_t \left(0.021 + 0.15e^{-20F_s}\right) \tag{6-16}$$

$$b = \frac{0.67}{1 + e^{1.5 - D_i/D_{sg}}} \tag{6-17}$$

式中，ρ 为水的密度；D_i 为第 i 组级配的代表粒径；D_{sg} 为活动层泥沙的几何平均粒径；τ_{ri}^* 为第 i 组级配颗粒的参考希尔兹（Shields）数；τ_{rg}^* 为对应于几何平均粒径的 Shields 数；b 为表征遮蔽效应的参数；F_s 为表面活动层中粒径小于 2 mm 的颗粒占比，体现细颗粒魔术沙效应；n_t 为调整率定阻力公式的参数。

3）边岸侵蚀方程

Osman 和 Thorne（1988）的重力坍塌模型是目前工程界广泛应用的边岸侵蚀模型，该模型描述了河床边岸在水流冲刷和土地重力的共同作用下发生坍塌，从而导致河床宽度逐渐增加的过程。根据该模型，每个时间步长 Δt 内河岸后退的距离 ΔB 可以根据下式进行计算：

$$\Delta B = \frac{C_1\left(\tau_f - \tau_c\right)}{\gamma_{bk}} e^{(-1.3\tau_c)} \Delta t \tag{6-18}$$

式中，C_1 为表征边岸侵蚀速度的参数，需要在计算中进行率定；γ_{bk} 为边岸土体容重；τ_f 为作用在边岸上的水流剪切力；τ_c 为边岸土体的临界剪切力，分别根据式（6-19）和式（6-20）进行计算：

$$\tau_f = \rho g n^2 u^2 h^{-1/3} \tag{6-19}$$

$$\tau_c = 0.047\left(\rho_s - \rho\right)gD_{50} \tag{6-20}$$

式中，D_{50} 为边岸土体的中值粒径；ρ_s 和 ρ 分别为泥沙和水的密度。根据边岸侵蚀宽度 ΔB、河底高程 z_b 及边岸岸顶高程 z_d，即可得到单位时间内边岸补给河床的泥沙通量

q_{sT}，为

$$q_{sT} = \frac{\Delta B}{\Delta t}\left(z_d - z_b\right)$$ （6-21）

根据 Cantelli 等（2007）建立的边坡、沟床泥沙运动的连续性关系，得到如下边岸侵蚀方程：

$$\frac{\partial B}{\partial t} = \frac{2}{S_s}\frac{\partial z_b}{\partial t} + \frac{1}{\left(1-\lambda_p\right)\left(z_d - z_b\right)}\left(\frac{2}{S_s}\frac{\partial hq_s}{\partial x} + q_s\frac{\partial B}{\partial x} + 2q_{sT}\right)$$ （6-22）

式中，S_s 为边坡角度；q_s 为边坡上沿流向的推移质输沙率。

4）数值格式与边界条件

溃决洪水演进过程中，溃口流态复杂多变，伴随着溃坝波的上下游传播和河床边界的迅速调整，溃坝洪水往往展现出激波、水跃、水跌等极端的水流间断现象，从而对数值计算提出了挑战。合理捕捉这些流动现象，需要采用性能优越的数值格式。Godunov型格式是近年来发展较为迅速的一类用于计算间断流场数值的方法。此类格式的构造以有限单元法为基础，通过求解单元界面的黎曼问题，自动捕捉间断流场中的激波结构。傅旭东等（2010）采用了 HLL（Harten-Lax-van Leer）格式的 Godnov 型算法，将该算法用于唐家山堰塞湖的模拟，取得了较好效果。在实际计算中，这一数值格式能够很好地捕捉激波，适应复杂的水动力学条件和边界条件，如线性和非线性底坡上的瞬时溃决流动（下游河床为干底或湿底），急流、缓流以及临界流的混合流动（含激波或不含激波），非棱柱断面的急变流（断面突扩或突缩断面）等。

在实际计算中，上下游边界各设置一处虚拟网格以提供边界条件，上游边界条件由库尾入流及堰塞湖水位-库容关系确定：

$$\Delta V = Q_{in} - Q_{out}$$ （6-23）

式中，V 为单位时间内湖区库容变化量；Q_{in} 为上游来流量，由此可结合堰塞湖水位-库容关系求得下一时刻溃口处的水深值，进而确定入口流量。下游设置为自由出流边界。

2. 堰塞湖溃决洪水应急预报结果

1）"10·17"雅江加拉堰塞湖溃决洪水预报计算

参考坝址所在区域 DEM 数据，并结合 10 月 19 日 14 时前方量测团队直升机航拍数据与库尾回水长度，确定了"10·17"雅江加拉堰塞湖应急计算参数及边界条件，如表 6-3 所示。

表6-3 "10·17"雅江加拉堰塞湖应急计算参数及边界条件

计算参数/边界条件	具体取值	数据来源/设置依据
堰塞湖水位-库容关系	图 6-68	DEM 数据处理
上游来流量 Q_{in}	2160 m³/s	上游水文站实测

399

计算参数/边界条件	具体取值	数据来源/设置依据
坝顶高程 Z_d（坝高 H_d）	2850 m（100 m）	现场实测
坝顶长度 L_d	400 m	由现场图像估计
坝宽 B_d	600 m	DEM 数据处理
下游计算河道长度 L_c	2500 m	由经验取较大值
坝坡坡角 α	33.7°	由碎石休止角估计
下游河道坡降 S_r	1%	根据山区河流特征估计
坝体级配	图 6-69	由典型级配近似估计
初始溃口尺寸	底宽 10m，深 2 m	由现场图像估计

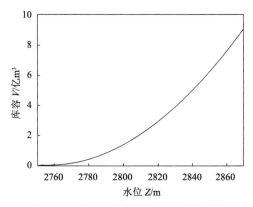

图 6-68 雅江加拉堰塞坝水位库容曲线

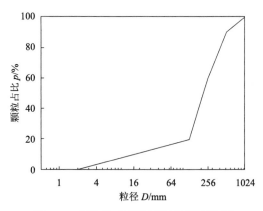

图 6-69 雅江加拉堰塞坝计算所用级配

图 6-70 展示了溃决洪水流量过程预测结果与堰塞坝下游 168km 处的德兴站实测流量过程。预计泄流开始后 3.7h 洪水达到峰值 26100 m³/s，此后逐渐回落并于 20 h 左右趋于平稳。德兴站实测洪水峰值为 23400 m³/s，综合洪峰自堰塞坝至德兴站间的坦化作用以及帕隆藏布区间入汇的影响，预测得到的洪峰量级、峰现时间与实测结果较为接近。

结合有限的数据资料与合理的推测假设，本轮计算工作较为成功地预测了溃决洪水的主要特征值，为抢险决策提供了重要的参考依据。

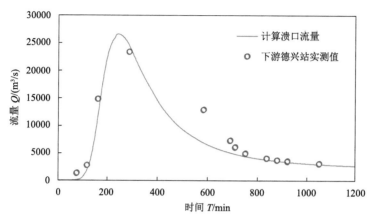

图 6-70　"10·17"堰塞湖溃决流量预测结果与德兴站实测过程比较

2）"10·29"雅江加拉堰塞湖溃决洪水预报计算

10 月 30 日中午，根据堰塞湖库尾回水距离与水面-坝顶高差，现场初步判定坝顶高程约为 2820 m，坝高约为 70 m。10 月 31 日上午坝体漫溢后，根据库区增设的临时水文站观测结果，估测坝顶高程高于原估测值（2820 m），在 2830～2835 m 范围内。根据新溃口与原溃口的位置关系，若新溃口与原溃口位置接近，则本次溃决应在前次溃决末态地形基础上进行，受到"10·17"堰塞坝下泄泥沙影响，坝址下游床面坡度抬升；若新溃口距原溃口较远，则可不考虑前期堰塞坝体冲刷出的堆积物影响。综合考虑实测坝前水位结果，实际坝顶高程在 2830 m 左右，且在新址发生溃决的可能性较大。选取计算参数及边界条件如表 6-4 所示。

表 6-4　"10·29"雅江加拉堰塞湖应急计算参数及边界条件

计算参数/边界条件	具体取值	数据来源/设置依据
堰塞湖水位-库容关系	图 6-68	DEM 数据处理
上游来流量 Q_{in}	1650 m³/s	上游水文站实测
坝顶高程 Z_d	2830 m / 2835 m	现场估测
坝顶长度 L_d	400 m	由现场图像估计
坝宽 B_d	600 m	DEM 数据处理
下游计算河道长度 L_c	2500 m	由经验取较大值
坝坡坡角 α	30°	由碎石休止角估计
下游河道坡降 S_r	1%	据前期堆积与山区河流特征估计
坝体级配	图 6-69	由典型级配近似估计
初始溃口尺寸	底宽 10m，深 2 m	由现场图像估计

考虑两种坝顶高程条件下的溃决过程，如图 6-71 所示。泄流 4 h 左右出现洪峰，峰值流量为 13400～16300 m³/s。与下游德兴站实测洪水过程相比，考虑区间来流及洪峰演进坦化的影响，本次预测结果与溃决洪水实际过程较为符合。

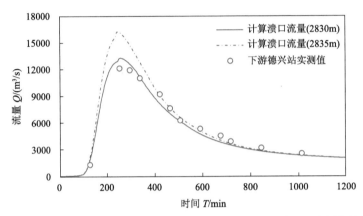

图 6-71 "10·29" 堰塞湖溃决洪水流量预测值与下游德兴站实测值比较

3）"11·3" 金沙江白格堰塞湖溃决洪水预报计算

参考 10 月 16 日四川省测绘地理信息局、中国科学院成都山地灾害与环境研究所测得的地形数据，并参考 11 月 5 日现场测量数据，确定了堰塞体形态参数。以水利部长江水利委员会（简称水利部长江委）提供的堰塞湖水位-库容曲线确定上游来流条件（图6-72），假设坝体颗粒级配与雅江加拉堰塞坝及牛栏江堰塞坝类似（图 6-73）。"11·3"金沙江白格堰塞湖应急计算参数及边界条件如表 6-5 所示。

表 6-5 "11·3" 金沙江白格堰塞湖应急计算参数及边界条件

计算参数/边界条件	具体取值	数据来源/设置依据
堰塞湖水位-库容关系	图 6-72	DEM 数据处理
上游来流量 Q_{in}	700 m³/s	上游水文站实测
坝顶高程 Z_d（槽底高程 H_d）	2966 m（2952.5m）	现场实测
坝顶长度 L_d	275 m	现场实测
坝宽 B_d	200 m	现场实测
下游计算河道长度 L_c	3000 m	由经验取较大值
坝坡坡角 α	20.3°	现场实测
下游河道坡降 S_r	0.022	现场实测
坝体级配	图 6-73	由典型级配近似估计
初始溃口尺寸	底宽 3m，深 13.5m	现场实测

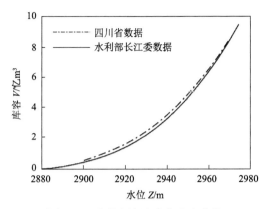

图 6-72　白格堰塞湖水位库容曲线

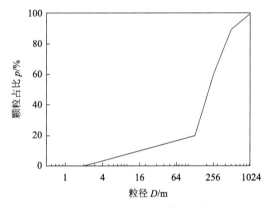

图 6-73　白格堰塞坝计算所用级配

初步计算发现溃坝洪峰不超过 15000 m³/s。11 月 13 日 14 时，堰塞湖库区水位下降，坝体加速溃决；18 时许，下泄洪峰超过 30000 m³/s，大幅高于计算预测值。

3. 堰塞坝级配、坝高对溃决洪水过程的影响

本节围绕级配、坝高等因素对溃坝洪水过程特征的影响因素进行更加深入的探讨，解释"11·3"白格堰塞湖溃决洪水计算结果出现较大偏差的原因。

1）堰塞坝级配对堰塞湖溃决洪水过程的影响

在"11·3"白格堰塞湖应急计算过程中，始终未能获得详细的坝体级配数据。溃决前，通过航拍照片判断坝体表层覆盖物以砾石为主，整体级配较粗，故在计算中沿用雅江加拉堰塞坝粗级配作为坝体级配输入。灾后由溃决过程影像资料得知，坝内堆积物呈现出"大量细颗粒掺混少量块石"的特征，级配相比于表层堆积物整体偏细。初步判断此前应急预报误差可能由级配的不准确导致。除去此前预报计算所用级配（与雅江加拉堰塞坝相同，记作 GSD1），另外选取两组"大量细颗粒掺混少量块石"的级配（分别记作 GSD2、GSD3）代入计算，比较坝体颗粒级配对溃决洪水特征的影响。

图 6-74 为 3 种坝体级配及相应堰塞坝溃决流量过程，对比模拟值与实测洪水过程发现，

堰塞体级配显著影响洪峰的峰值和形态：当粗颗粒较多时（GSD1），洪峰流量较小，流量过程表现出"起涨快，衰退慢"的特征；当细颗粒占比增加时（GSD2），洪峰增大且峰形接近对称。采用"细颗粒为主+少量块石"级配（GSD3）计算时，算得的洪水过程与实测峰型最为接近。在后续围绕堰塞坝坝高的影响分析中，均使用 GSD3 作为坝体级配代入运算。

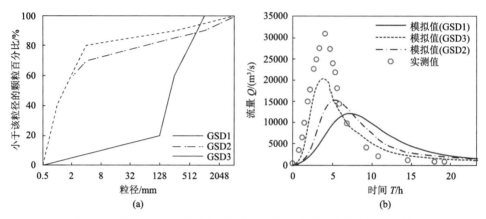

图 6-74　不同级配条件下白格堰塞湖溃决洪水计算值与实测值比较

2）堰塞坝坝高对堰塞湖溃决洪水过程的影响

根据 11 月 9 日四川测绘地理信息局与中国科学院成都山地灾害与环境研究所提供的综合 DEM 数据、无人机测量数据生成的地形剖面，坝顶高程约为 2974 m，高于预报计算中所用的 2966 m。若以此套数据作为计算高程的参照基准，考虑泄洪槽深后，槽底高程应在 2960 m 左右。综合堰塞湖水位-库容关系及其他地形数据，推断实际情况下泄流槽底高程可能在 2959 m 左右，高于预报计算中使用的 2952.5 m。改变槽底高程取值，绘制白格堰塞湖溃决流量过程如图 6-75 所示。

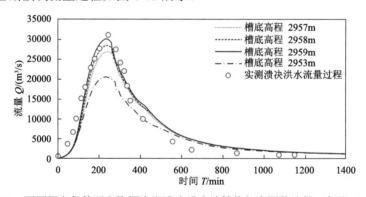

图 6-75　不同坝高条件下白格堰塞湖溃决洪水计算值与实测值比较（级配 GSD3）

不同坝高条件下，初始 2 h 洪水起涨阶段及 10 h 后洪水回落阶段流量过程近乎一致，洪峰形态较为相似。初始槽底高程取 2953 m、2957 m、2958 m、2959 m 时，洪峰流量分别可达 20479 m³/s、26808 m³/s、28455 m³/s、30064 m³/s，洪峰流量、累计下泄洪量随坝高提升明显增加。槽底高程设置为 2959 m 左右时，计算溃坝洪水流量过程与实测结果较符。在不改变其他经验参数（如侧向侵蚀系数 β、输沙模块中各参数）取值的前提下，通过合理推断调整应急计算过程中未实际测得的级配条件与可能存在偏差的坝高条件，较好地复演了"11·3"白格堰塞湖溃决过程。

6.3.4　堰塞−溃决事件的中长期影响

1. 堰塞−溃决事件对河床形貌的影响机制

我国西南山区峡谷地带，构造运动活跃，板块快速隆升，河道深切入峡谷、坡降陡峭、基岩裸露（王兆印等，2014）。同时该区域地震频发，震后大规模滑坡、泥石流汇入并堵塞河道，形成堰塞湖，诱发堰塞湖溃决洪水。堰塞−溃决短时间内输移大量泥沙，改变河床形态，这种显著的变化需要长期恢复（Costa and Schuster, 1988）。另外，一些堰塞湖可以长期存在，并且经历多次溃决才最终消亡，造成上游泥沙大量淤积，产生中长期效应（图 6-76）。

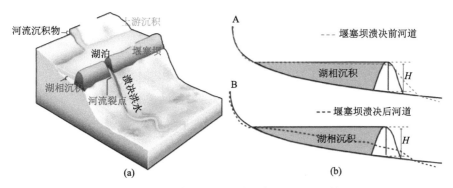

图 6-76　堰塞−溃决事件中长期影响示意图（周丽琴等，2019）

（1）堰塞湖若以突然溃决的方式结束，坝体和高含水率的湖相沉积体为溃决洪水提供充足的物质来源，在坝体下游若干千米之内导致河道淤积抬升、填充，形成持续时间较短的辫状河道，河流侵蚀下切后发育洪积台地。密苏拉（Missoula）古冰坝溃决洪水的洪峰流量达 0.17 亿 m^3/s，洪水沉积物分布广阔，厚度可达百米（Carling, 2013）。2000 年 9 月的易贡滑坡方量达 3 亿 m^3，完全堵塞易贡藏布，钻探资料显示扎木弄沟的堆积扇沉积物至少厚 150m。当堰塞湖库容很大，堰塞坝溃决往往形成巨型洪水（洪峰流量 $>10^6$ m^3/s）（Baker, 2002），造成下游河道的剧烈侵蚀产沙。Lang 等（2013）研究结果显示，单次巨型洪水对雅江大峡谷的泥沙侵蚀潜力相当于正常流量持续 1~4 ka 的缓慢作用。

（2）局地侵蚀基准面因堰塞抬升，堰塞湖回水影响区域河道淤积，坝体上游泥沙沉积物只能通过悬移质的方式向下游输送，较粗的物质滞留。若坝体长时间保持且未被河流切穿，堰塞湖库容存在被淤满的可能性，河道的宽度明显增加，坝体上游河道的坡度降低，堰塞作用河段，其河流纵剖面将变成上凸形，形成河流裂点。堰塞坝表面的巨石能够起到削减河流侵蚀能量的作用，且其被搬运需要的临界启动能量高，很难被河流侵蚀带走，能够有效地保护坝体，延长堰塞湖寿命，进一步阻止了下游邻近裂点溯源侵蚀。岷江上游叠溪一带于 71ka 左右发生了大面积堵江事件，形成了上游长约 30km 的堰塞湖，该堰塞湖持续了 60ka，于 11ka 左右彻底溃坝，在湖相地层之下，发现了堵江时形成的叠溪巨砾。

2. 雅砻江流域的堰塞−溃决事件中长期影响

雅砻江流域位于青藏高原东缘，干流全长 1571 km，流域高差 3870 m，平均比降 2.46‰，流域内高山、峡谷相间发育，滑坡、泥石流等地质灾害频发，且多次发生堵江事件（Ouimet et al.，2007）（图 6-77）。例如，1967 年的唐古栋滑坡堵江事件，形成的堰塞坝高达 175 m，溃决洪峰可达 53000 m³/s（Liu et al.，2019），其地貌印记至今仍然清晰可见。以雅砻江流域为例，以上游保存大量泥沙的河流裂点（陡峭指数 K_{sn} 大）为媒介，进一步阐述了流域尺度的不同类型堰塞−溃决事件的中长期效应。

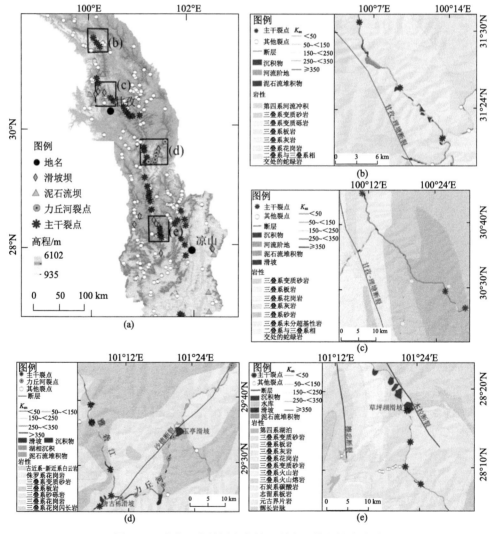

图 6-77　雅砻江流域堰塞事件、裂点及其岩性地质图

通过对比分析，发现雅砻江主干流上游堰塞坝较少；中下游堰塞坝较多，其中泥石流堰塞坝分布位置较滑坡坝更靠近上游地区。这可能与雅砻江流域上下游河段地貌和地质特征的不同有关。力丘河为雅砻江的一个大支流，该河道上共形成 4 个堰塞坝，其中中游为泥石流坝，下游主要为滑坡坝，与雅砻江主干流显示相同的特征（图 6-77）。沿着该河流进行考察，在该段第二个和第三个堰塞坝（由上游向下游数）上游地区发现了大量的古泥沙淤积物。将堰塞坝叠加在力丘河河道纵剖面上，发现堰塞坝会在纵剖面上形成一定程度的凸起，且滑坡坝对河流陡峭指数也有一定的影响，在堰塞坝下游，河道陡峭指数呈现增高的趋势，表明该支流的泥沙淤积主要受到堰塞事件控制。

进一步对比滑坡坝与泥石流坝对河道剖面和河流陡峭指数的影响，发现滑坡坝比泥石流坝对河流纵剖面的影响稍大，滑坡坝与陡峭指数高值具有更好的对应关系。形成这种现象的原因主要有以下两个：①滑坡坝坝高与泥石流相比相对较高，上游往往会形成库容更大的堰塞湖，对上游河道造成淤积，而一旦堰塞坝溃决，将会形成更大规模的溃决洪水，侵蚀下游河道；②滑坡坝对河道堵塞的时间，相对于泥石流来说更长，其对上游的淤积作用更强（刘维明等，2021）。以上分析表明滑坡堰塞事件有着比泥石流堰塞事件更为显著的中长期效应。

将堰塞坝与岩性、断层、陡峭指数（K_{sn}）以及河流纵剖面进行空间叠加，可以初步确定部分裂点之前的泥沙淤积是否以堰塞事件为主控因素。裂点 1（由上游向下游数）可能受沙德断裂带和泥石流堰塞坝的共同影响，而裂点 6 主要受沙德断裂带的影响。说明受沙德断裂影响的裂点更显著，其河道纵剖面变化较大，进一步说明裂点 1 很大可能是受上游泥石流坝影响形成的小裂点。裂点 2 主要受玉亭滑坡坝的影响形成。由此可以看出，排除已知断层活动和岩性变化对河流纵剖面的影响，沿河仍有几个裂点可归因于堰塞坝的影响（图 6-78）。

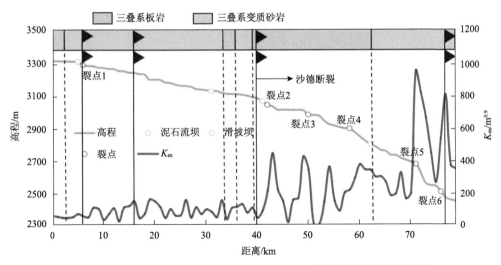

图 6-78　力丘河裂点与堰塞坝、断层、岩性、陡峭指数相关关系分析

不仅堰塞期间会造成上游泥沙淤积，而且溃决后，由于堰塞坝和溃决沉积本身包含正常水流难以侵蚀的大砾石，使裂点能够维持较长时间（Korup et al.，2010）（图6-79）。雅江和金沙江的已有古堰塞事件的研究表明，这种影响至少持续上万年（Liu et al.，2015，2018）。

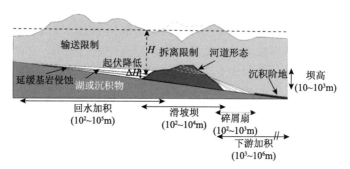

图 6-79　堰塞坝中长期（1～10^4 年尺度）的影响示意图

3. 峡谷河床在堰塞湖及溃决洪水作用下的形貌动力学模型

将堰塞湖溃决洪水计算模型与一维的冲积–基岩河床形貌动力学模型（corrected macro-roughness saltation-abrasion-alluviation model，MRSAA-c 模型）（Zhang et al.，2015，2018）相结合，实现了堰塞湖溃决洪水作用下基岩河床的多时间尺度响应过程的模拟。模型中假定河道断面为矩形，河宽均匀且恒定，考虑单一特征粒径。

1）水流演进

在溃坝阶段，为了捕捉水流的强非恒定特征，采用一维圣维南方程模拟水流过程：

$$\frac{\partial h_w}{\partial t} + \frac{\partial q_w}{\partial x} = 0 \tag{6-24}$$

$$\frac{\partial q_w}{\partial t} + \frac{\partial}{\partial x}\left(\frac{q_w^2}{h_w} + \frac{1}{2}gh_w^2\right) = gh_w\left(S - S_f\right) \tag{6-25}$$

式中，h_w 为水深；q_w 为单宽流量；t 为时间；x 为沿流向距离；g 为重力加速度；S 为河床比降；S_f 为阻力坡降，可以由式（6-26）计算：

$$S_f = \frac{C_f U^2}{gh_w} \tag{6-26}$$

式中，C_f 为无量纲阻力系数；$U = q_w/h_w$ 为平均流速。采用 HLL 格式的 Godnov 型算法求解上述圣维南方程。

由于数值求解圣维南方程非常耗时，而溃坝过程通常只持续数十小时，溃坝结束后，水流状态几乎是恒定的，且流量沿程几乎不变，因此经验性地在溃坝 10 天后用回水方程表达水流演进过程：

$$\frac{\partial h_{\mathrm{w}}}{\partial x} = \frac{S - S_{\mathrm{f}}}{1 - Fr^2} \tag{6-27}$$

式中，Fr 为弗劳德数，可以用下式计算：

$$Fr = \frac{U}{\sqrt{gh_{\mathrm{w}}}} \tag{6-28}$$

溃坝发生后，残余坝体规模将逐渐变小，直至河床沿程比降均为正数，此时坝前已经不存在回水区间。因此，经验性地在溃坝 10 年后采用恒定均匀流方程简化求解水流演进过程。令式（6-27）=0，得到

$$S = S_{\mathrm{f}} \tag{6-29}$$

由式（6-26）和式（6-29）可得

$$\tau = \rho C_{\mathrm{f}} U^2 = \rho g h_{\mathrm{w}} S \tag{6-30}$$

式中，τ 为床面切应力；ρ 为水密度，阻力系数 C_{f} 和谢才系数 C_{z} 有如下关系：

$$C_{\mathrm{z}} = C_{\mathrm{f}}^{-\frac{1}{2}} \tag{6-31}$$

根据式（6-30）和式（6-31），得到恒定均匀流假定下的水深表达式为

$$h_{\mathrm{w}} = \left(\frac{q_{\mathrm{w}}^2}{C_{\mathrm{z}}^2 g S} \right)^{1/3} \tag{6-32}$$

2）冲积-基岩河床形貌动力学模型

堰塞湖及其溃决洪水对基岩河床的影响可以总结为两方面：①工具效应。堰塞湖溃决洪水的峰值流量可达 10^6 m³/s 量级，水流功率远超过季节性洪水，能搬运更多、更大粒径的泥沙，促进泥沙颗粒与基岩的碰撞。同时，滑坡体携带大量物源，形成堰塞体后能持续向河道提供泥沙作为基岩的磨损介质，促进基岩磨损。②保护效应。堰塞湖溃决过程通常只持续数十个小时，而堰塞体在溃决后的剩余堆积物能够在河道中持续较长时间（数十到数百年），剩余堆积物覆盖住原本裸露的基岩，会阻止基岩发生磨损或剥蚀，从而起到保护作用。

为了准确描述以上两种效应，采用 MRSAA-c 模型（Zhang et al.，2015，2018）模拟冲积-基岩混合河床的形貌演变过程。该模型将河床高程 η 分为基岩高程 η_{b} 与冲积物厚度 η_{a} 两部分：

$$\eta = \eta_{\mathrm{b}} + \eta_{\mathrm{a}} \tag{6-33}$$

基岩高程 η_{b} 与冲积物厚度 η_{a} 的控制方程分别为

$$\frac{\partial \eta_{\mathrm{b}}}{\partial t} = u - E \qquad (6\text{-}34)$$

$$(1-\lambda)p\frac{\partial \eta_{\mathrm{a}}}{\partial t} = -\frac{\partial q_{\mathrm{a}}}{\partial x} \qquad (6\text{-}35)$$

式中，u 为基岩抬升速率；E 为基岩下切速率；λ 为冲积物孔隙率；p 为基岩表面的冲积物覆盖系数；q_{a} 为推移质单宽输沙率。基岩下切速率 E 可由下式计算：

$$E = \beta q_{\mathrm{ac}} p_{\mathrm{a}}\left(1-p_{\mathrm{a}}\right) \qquad (6\text{-}36)$$

式中，β 为基岩磨损系数，量纲为 L^{-1}；q_{ac} 为单宽输沙能力；p_{a} 为修正的冲积物覆盖系数（p 的修正值）。p 和 p_{a} 的计算公式如下：

$$\chi = \frac{\eta_{\mathrm{a}}}{L_{\mathrm{mr}}} \qquad (6\text{-}37)$$

$$p = \begin{cases} \tilde{p}_0 + \left(\tilde{p}_1 - \tilde{p}_0\right)\chi & 0 \leqslant \chi \leqslant \dfrac{1-\tilde{p}_0}{\tilde{p}_1-\tilde{p}_0} \\ 1 & \chi > \dfrac{1-\tilde{p}_0}{\tilde{p}_1-\tilde{p}_0} \end{cases} \qquad (6\text{-}38)$$

$$p_{\mathrm{a}} = \frac{p-\tilde{p}_0}{1-\tilde{p}_0} \qquad (6\text{-}39)$$

式中，L_{mr} 为基岩的广义粗糙高度；$\tilde{p}_0$ 和 $\tilde{p}_1$ 分别取值为 0.05 和 0.95。

式（6-35）中推移质单宽输沙率 q_{a} 可以由下式计算：

$$q_{\mathrm{a}} = q_{\mathrm{ac}} p_{\mathrm{a}} \qquad (6\text{-}40)$$

在任意给定的初边条件下，可以使用式（6-34）和式（6-35）计算基岩高程或冲积物厚度的演变过程。

3）推移质输沙率方程

为了封闭式（6-36）和式（6-40），采用修正的 MPM 公式计算单宽输沙能力 q_{ac}，公式如下：

$$q_{\mathrm{ac}} = 4\sqrt{RgD}\,D\left(\tau^{*}-\tau_{\mathrm{c}}^{*}\right)^{3/2} \qquad (6\text{-}41)$$

式中，R 为泥沙重度；D 为床沙特征粒径；τ^{*} 为无量纲剪切力。

$$\tau^{*} = \frac{\tau}{\rho RgD} \qquad (6\text{-}42)$$

式中，$\tau_{\mathrm{c}}^{*} = 0.0495$，是无量纲剪切力的临界值。

4）模型参数及初边条件

以下参数在计算中保持恒定：床沙特征粒径 D，泥沙重度 R，基岩磨损系数 β，基岩广义粗糙高度 L_{mr}，基岩抬升速率 u，谢才系数 C_z，冲积物孔隙率 λ，初始基岩比降 $S_{b,ini}$，初始冲积物厚度 $\eta_{a,ini}$。上述参数取值见表 6-6。

表 6-6　模型参数

参数符号	参数定义	参数取值
L	河道长度	60 km
β	基岩磨损系数	0.05 km^{-1}
u	基岩抬升速率	5 mm/a
D	床沙特征粒径	20 mm
C_z	谢才系数	10
L_{mr}	基岩广义粗糙高度	1 m
R	泥沙重度	1.65
λ	冲积物孔隙率	0.35
$S_{b,ini}$	初始基岩比降	0.006
$\eta_{a,ini}$	初始冲积物厚度	0.2 m

为了将堰塞湖溃决洪水从对河床形貌的影响中分离出来，假定初始河道（未受到堰塞湖溃决洪水影响的河道）处于平衡态，即基岩高程随时间的偏导数为零。令式（6-34）=0，计算得到平衡状态下的水沙条件，如表 6-7 所示。计算中，入口处水沙补给速率保持恒定，取值参照表 6-7 设置。

表 6-7　初始平衡态河道水沙条件

参数符号	参数定义	参数取值
q_{af}	入口处泥沙补给速率	3.91×10^{-6} m^2/s
q_{wf}	入口处水流补给速率	0.41 m^2/s
q_{ac}	单宽输沙能力	2.06×10^{-5} m^2/s
h_w	水深	0.30 m
U	平均流速	1.34 m^2/s
Fr	弗劳德数	0.77
τ^*	无量纲剪切力	0.055

出口处的水沙边界条件设置为开边界；出口处的基岩高程始终不变，即出口为侵蚀基准面；出口处的冲积物厚度不超过基岩广义粗糙高度。

4. 单次堰塞湖溃决洪水对峡谷河床形貌的影响

研究模拟了一个 60 km 长的河段，在距离入口 28 km 处放置了一个 100 m 高的堰塞坝，其形貌参数参考"2018-10-19"雅江加拉村堰塞坝，坝体沿流向长 700 m，坝顶鞍部长 300 m，堰塞体特征粒径为 20 mm。根据模拟结果，将单次堰塞湖溃决洪水作用下河床的响应过程分为三个时间尺度：①洪水期尺度（小时—日）；②工程尺度（数十年—百年）；③地貌尺度（万年）。

1）洪水期尺度（小时—日）

图 6-80 展示了洪水期时间尺度内，基岩高程的演变过程，纵坐标为基岩高程的变化量，纵坐标为正数表示基岩的抬升速率大于侵蚀速率，发生了净抬升；纵坐标为负数表示基岩的抬升速率小于侵蚀速率，发生净下切。图 6-80 中星号表示初始坝址位置。可以发现，在洪水期时间尺度上，堰塞坝下游在 16h 内发生了最大约 9 mm 的基岩下切（相当于两年的基岩抬升量）。而 16h 后，随着洪水过程衰退，基岩的快速下切基本停止。

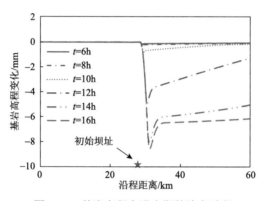

图 6-80　基岩高程在洪水期的演变过程

图 6-81 展示了洪水期时间尺度内，河床高程的演变过程，发现坝体在溢流发生 8h 后发生快速冲刷下切，14～16h 后基本稳定，剩余坝高约 40 m，模拟结果与"2018-10-19"雅江加拉村堰塞湖溃决事件较为符合。

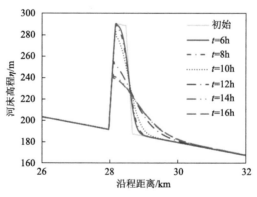

图 6-81　河床高程在洪水期的演变过程

2）工程尺度（数十年-百年）

在数十年时间尺度上，基岩高程和冲积物厚度的演变过程如图 6-82 和图 6-83 所示。可以发现，堰塞体溃决后剩余堆积体在 60 km 长的河道内仍然能够维持近百年，这些冲积物覆盖并保护了下方的基岩，使坝址处及下游河段的基岩在百年尺度内几乎不发生下切，而仅以基岩抬升速率缓慢抬升，最终形成了高约 0.25 m 的基岩突起。在堰塞体堆积物完全移出河道后（80 年后），基岩再次裸露并发生下切，受上游水沙条件的控制，下切速率与抬升速率几乎相等，因此，该基岩突起在百年尺度上能够稳定存在于河道中，其规模与位置几乎不发生变化。

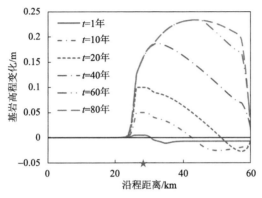

图 6-82　基岩高程在工程尺度的演变过程

堰塞体剩余堆积物在数十年时间尺度上以波的形式向下游传播，该冲积物波既有波峰坦化的行为，又发生了明显的水平移动（图 6-83），表现出波的两种运动特征：扩散和对流。在冲积河流中，冲积物波的运动通常只表现出扩散的特征（Cui and Parker，2005）；而上述结果表明，在冲积-基岩混合河床上，当基岩裸露严重时，基岩上方的冲积物波既有扩散效应，又有明显的对流效应。

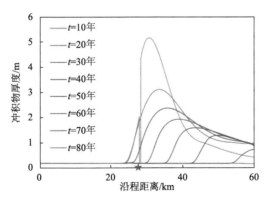

图 6-83　冲积物厚度在工程尺度的演变过程

3）地貌尺度（万年）

在万年时间尺度上，基岩突起缓慢向上游移动，而基岩突起的规模几乎不变，经过约 4 万年移出 60 km 长的河段（图 6-84），随后河道恢复至初始平衡态。冲积物厚度在万年时间尺度上的调整幅度很小（图 6-85），在 4 万年后同样恢复至初始状态，沿程恒等于 0.2m。至此，基岩河床完成了在单次堰塞湖溃决洪水影响下的一个调整周期。

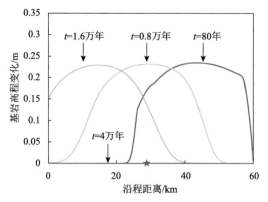

图 6-84　基岩高程在地貌尺度的演变过程

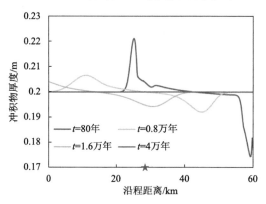

图 6-85　冲积物厚度在地貌尺度的演变过程

5. 周期性堰塞湖溃决洪水对峡谷河床形貌的影响

模拟了一个 60 km 长的河段，在距离入口 28 km 处，每 100 年形成一次 100 m 高的堰塞坝，堰塞坝的形态参数同上一节。关注基岩河床在周期性堰塞湖溃决洪水影响下是否能达到某种动态平衡。另外，为了排除下游边界条件对结果的影响，并研究堰塞湖溃决洪水的空间影响范围，延长计算域长度至 120 km、240 km、480 km，同样在 28 km 处周期性施加堰塞坝，分析河段长度对上述平衡是否有影响。

研究设置了一个等效补给算例作为对照。在该算例中，河道内不发生堰塞坝拥堵及溃决事件，而与堰塞体等量的泥沙以均匀的补给速率从入口处输入河道。因此，原算例与对照算例向河道中补给的泥沙总量是相同的，但原算例考虑了泥沙的阵性补给，包含了堰塞坝及其溃决洪水对河床的影响；而对照算例仅能表达泥沙均匀补给情况下的平衡河道。

1）周期性堰塞湖溃决洪水塑造的基岩河床平衡态

图 6-86 展示了周期性堰塞湖溃决洪水作用下基岩高程的演变过程，发现经过 8 万年的演变，河床最终达到了动态平衡，在坝址附近形成了基岩尼克点。在尼克点上游，基岩均匀抬升约 26 m；而在 Knick 点下游，基岩抬升沿程逐渐减小，在下游出口处受边界条件约束，基岩不发生抬升。

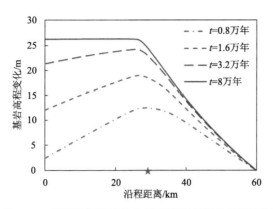

图 6-86 周期性溃决事件作用下基岩高程的演变过程

四条曲线分别代表基岩高程在 0.8 万年、1.6 万年、3.2 万年、8 万年时的变化量,每条曲线均表示对应年份的溃坝事件周期
刚好结束、下一周期堰塞坝还未形成时的基岩高程变化值

基岩河床平衡态与尼克点的形成原因如下:从上一节"4.单次堰塞湖溃决洪水对峡谷河床地貌的影响"可知,单次堰塞湖溃决洪水在百年尺度上会保护基岩,并在坝址及下游河段形成基岩突起,该基岩突起能在河道中维持上万年。当考虑周期性堰塞湖溃决事件时,由于堰塞湖溃决事件发生的频率为 100 年,远小于基岩突起在河道中持续的时间,因此基岩突起将不断叠加,坝址附近的比降也会持续增加。当河床的比降足够大时,每个周期内的基岩下切量与抬升量相等,这时虽然在单个溃坝周期内基岩高程仍在调整,但在每个溃坝周期末的河床形态保持不变,即认为河床达到了动态平衡。

在周期性堰塞湖溃决洪水作用下,基岩比降与冲积物厚度的演变过程如图 6-87 和图 6-88 所示。发现达到动态平衡后,基岩比降表现为:在坝址上游始终等于初始河床比降,在坝址附近突然增大,在坝址下游缓慢减小。冲积物厚度表现为:在坝址上游始终等于初始冲积物厚度,在坝址附近突然减小,在坝址下游缓慢增大。在坝址上游,由于周期性堰塞坝只起到控制侵蚀基准面的作用,不改变上游水沙补给条件,故达到平衡态时上游的基岩比降和冲积物厚度都等于初始值。

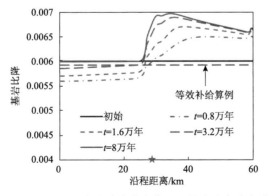

图 6-87 周期性堰塞湖溃决洪水作用下基岩比降演变过程

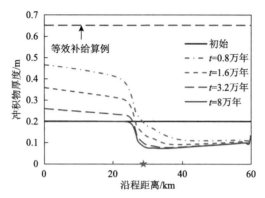

图 6-88 周期性堰塞湖溃决洪水作用下冲积物厚度演变过程

对比原算例与等效补给算例两种情况下的平衡基岩比降，发现周期性堰塞湖溃决洪水塑造出的平衡比降在 60 km 长河段内始终高于等效补给算例，说明堰塞湖溃决洪水对河床的影响范围远大于 60 km。

2）周期性堰塞湖溃决洪水的影响范围

为了排除下游边界条件对结果的影响，同时为了分析周期性堰塞湖溃决洪水对基岩河床的影响范围，将计算区域延长到 120 km、240 km、480 km，基岩平衡比降如图 6-89 所示。发现四条曲线在 60 km 范围内完全重合，说明下游边界条件不影响计算结果。同时发现基岩平衡比降在坝址下游沿程缓慢减小，当沿程距离大于 360 km 时，基岩平衡比降与等效补给条件下的平衡比降重合，说明堰塞湖溃决洪水对基岩河床的影响限制在约 360 km 的河段内。在该区域以外，堰塞湖溃决洪水对基岩河床的影响可以忽略，该区域一般被称为边界层（sedimentograph boundary layer）（Zhang et al.，2018；An et al.，2017）。

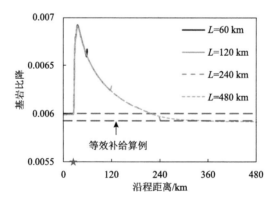

图 6-89 周期性堰塞湖溃决洪水作用下不同河段长度对应的平衡态基岩比降

星号表示坝址位置，红色虚线表示初始基岩比降，黑色虚线表示等效补给算例对应的平衡比降，黑色实线、灰色实线、黄色虚线和绿色虚线分别表示河段长 60 km、120 km、240 km 和 480 km 时对应的平衡比降

6.4　小　　结

本章介绍了西南河流源区的水沙输移特征及气候变化对水沙的影响,分析了河道演变规律以及侵蚀作用对河流地貌的影响,探究了西南河流源区滑坡、泥石流堰塞湖的时空分布规律,建立了堰塞坝溃决洪水应急预报模型,分析了堰塞-溃决事件的中长期影响。主要结论如下。

（1）三江源区的输沙量表现为黄河源区＞长江源区＞澜沧江源区,输沙量最大值均出现在 6～8 月,最小值出现在 12 月～次年 1 月。在 SSP126 和 SSP245 两种气候情景模式下,2023～2100 年奴各沙站、羊村站和奴下站的流量相对于基准期流量（1981～2019年）都有所增加,增加幅度分别为 118%～286%、26%～112% 和 24%～87%;奴下站含沙量也显著增加,增加幅度为基准期含沙量（1981～2019 年）的 1.2～1.5 倍。

（2）汊道辫状指数（BI_r）和洲滩辫状指数（BI_b）对辫状强度的衡量结果不完全一致。枯季时,两项参数能够一致地反映辫状强度的强弱,但洪峰流量期间,洲滩辫状指数达到最大,而汊道辫状指数达到最低值,二者对辫状强度的评价结果相反。重力侵蚀和冰川侵蚀产生大量的泥沙物质进入雅江河道,影响河流形态及河流地貌演变。通过对帕隆藏布流域内大量的崩塌、滑坡、泥石流重力侵蚀以及古冰川冰碛物及其形成的尼克点进行系统测量,表明约 40% 的河段受到这些侵蚀形成的尼克点的控制。其中,古冰川和泥石流的控制作用最为强烈。由于气候变暖,进入尼洋河湿地区域的水流流量和含沙量将显著增加,导致高流速区（主河道）泥沙冲刷加剧,低流速区（浅水区）泥沙淤积加剧。

（3）大量堰塞湖线性分布于我国第二级阶梯向第一级阶梯（青藏高原）地形过渡的高陡山区,如龙门山和横断山东部。藏东南地区 1881～2017 年平均每 1.5 年发生一次滑坡,滑坡规模越大,发生的可能就越小,大型滑坡、泥石流事件与地震事件联系密切。建立了适用于描述堰塞坝溃决过程的水沙动力学模型,有效应用于多场堰塞湖溃决洪水的预报计算;发现堰塞体级配变细、坝高增大时,洪峰流量相应提升,洪峰形态更为尖瘦。堰塞-溃决事件使河床在数十年形成基岩突起;当堰塞-溃决事件周期性发生,河床将在万年尺度上形成基岩尼克点。

参 考 文 献

傅旭东, 刘帆, 马宏博, 等. 2010. 基于物理模型的唐家山堰塞湖溃决过程模拟. 清华大学学报(自然科学版), 50(12): 1910-1914.

金兴平. 2019. 金沙江雅鲁藏布江堰塞湖应急处置工作实践与思考. 人民长江, 50(3): 5-9, 46.

刘宁, 杨启贵, 陈祖煜. 2016. 堰塞湖风险处置. 武汉: 长江出版社.

刘维明, 周丽琴, 陈晓清. 等. 2021. 雅砻江流域河道高程剖面上的堰塞坝印记. 地学前缘, 28(2): 58-70.

刘宇平, Montgomery D R, Hallet B, 等. 2006. 西藏东南雅鲁藏布大峡谷入口处第四纪多次冰川阻江事件. 第四纪研究, (1): 52-62.

施雅风, 郑本兴, 苏珍, 等. 2000. 第四纪冰川, 冰期间冰期旋回与环境变化. 中国冰川与环境. 北京: 科学出版社.

王兆印, 余国安, 王旭昭, 等. 2014. 青藏高原抬升对雅鲁藏布江泥沙运动和地貌演变的影响. 泥沙研究, (2): 1-7.

徐冉, 胡和平. 2019. 雅鲁藏布江径流形成和演变规律的模型解析研究. 北京: 清华大学.

袁远荣. 1985. 《中国泥石流研究专辑》问世. 山地研究, (2): 128.

周丽琴, 刘维明, 赖忠平, 等. 2019. 河流堰塞的地貌响应. 第四纪研究, 39(2): 366-380.

周尚红, 许刘兵, 王孝理, 等. 2007. 古乡冰期和白玉冰期的宇宙成因核素 Be 定年. 科学通报, 52(8): 945-950.

An B, Wang W, Yang W, et al. 2022. Process, mechanisms, and early warning of glacier collapse-induced river blocking disasters in the Yarlung Tsangpo Grand Canyon, southeastern Tibetan Plateau. Sci Total Environ, 816: 151652.

An C, Fu X, Wang G, et al., 2017. Effect of grain sorting on gravel-bed river evolution subject to cycled hydrographs: Bedload sheets and breakdown of the hydrograph boundary layer. J Geophys Res Earth Surf, 122: 1513-1533.

Baker V R. 2002. High-Energy Megafloods: Planetary Settings and Sedimentary Dynamics//Martini I P, Baker V R, Garzon G. Flood and Megaflood Deposits: Recent and Ancient Examples. IAS Special Publication.

Bao Y F, Hu M M, Li S Z, et al. 2023. Carbon dioxide partial pressures and emissions of the Yarlung Tsangpo River on the Tibetan Plateau. Frontiers in Environmental Science, 10: 1036725.

Beaud F, Flowers G E, Pimentel S. 2014. Seasonal-scale abrasion and quarrying patterns from a two-dimensional ice-flow model coupled to distributed and channelized subglacial drainage. Geomorphology, 219: 176-191.

Brice J C. 1964. Channel patterns and terraces of the Loup Rivers in Nebraska, Geological Survey Professional Paper.

Brierley G J, Fryirs K A. 2016. The use of evolutionary trajectories to guide 'moving targets' in the management of river futures. River Research and Applications, 32: 823-835.

Cantelli A, Wong M, Parker G, et al. 2007. Numerical model linking bed and bank evolution of incisional channel created by dam removal. Water Resour Res, 43(7): 1-16.

Carling P A. 2013. Freshwater megaflood sedimentation: what can we learn about generic processes?. Earth Sci Rev, 125: 87-113.

Cerro I, Antigüedad I, Srinavasan R, et al. 2014. Simulating land management options to reduce nitrate pollution in an agricultural watershed dominated by an alluvial aquifer. Journal of Environmental Quality, 43: 67-74.

Costa J E, Schuster R L. 1988. The formation and failure of natural dams. GSA Bulletin, 100 (7): 1054-1068.

Cui Y, Parker G. 2005. Numerical model of sediment pulses and sediment-supply disturbances in mountain rivers. Journal of Hydraulic Engineering, 131(8): 646-656.

Delaney K B, Evans S G. 2015. The 2000 Yigong landslide (Tibetan Plateau), rockslide-dammed lake and outburst flood: Review, remote sensing analysis, and process modelling. Geomorphology, 246: 377-393.

Fan X, Scaringi G, Domènech G, et al. 2019. Two multi-temporal datasets that track the enhanced landsliding after the 2008 Wenchuan earthquake. Earth Syst Sci Data, 11: 35-55.

Fan X, Scaringi G, Korup O, et al. 2019. Earthquake-induced chains of geologic hazards: Patterns, mechanisms, and impacts. Reviews of Geophysics, 57(2): 421-503.

Fan X, Yang F, Siva Subramanian S, et al. 2020. Prediction of a multi-hazard chain by an integrated numerical simulation approach: the Baige landslide, Jinsha River, China. Landslides, 17(1): 147-164.

Germanoski D, Schumm S. 1993. Changes in Braided River morphology resulting from aggradation and degradation. Journal of Geology, 101: 451-466.

Hong L B, Davies T R H. 1979. A study of stream braiding. Geological Society of America Bulletin, 90: 1839-1859.

Hu K, Zhang X, You Y. et al. 2019. Landslides and dammed lakes triggered by the 2017 Ms6.9 Milin earthquake in the Tsangpo gorge. Landslides, 16: 993-1001.

Korup O, Densmore A L, Schlunegger F. 2010. The role of landslides in mountain range evolution. Geomorphology, 120(1-2): 77-90.

Lang K A, Huntington K W, Montgomery D R. 2013. Erosion of the Tsangpo Gorge by megafloods, Eastern Himalaya. Geology, 41(9): 1003-1006.

Li D, Lu X, Overeem I, et al. 2021. Exceptional increases in fluvial sediment fluxes in a warmer and wetter High Mountain Asia. Science, 374: 599-603.

Liu W, Lai Z, Hu K, et al. 2015. Age and extent of a giant glacial-dammed lake at Yarlung Tsangpo gorge in the Tibetan Plateau. Geomorphology, 246(Oct.1): 370-376.

Liu W, Hu K, Carling P A, et al. 2018. The establishment and influence of Baimakou paleo-dam in an upstream reach of the Yangtze River, southeastern margin of the Tibetan Plateau. Geomorphology, 321: 167-173.

Liu W, Carling P A, Hu K, et al. 2019. Outburst floods in China: A review. Earth Sci Rev, 197.

Liu Z, Yao Z, Huang H, et al. 2014. Land use and climate changes and their impacts on runoff in the Yarlung Zangbo river basin, China. Land Degradation & Development, 25: 203-215.

Ma H B, Fu X D. 2011. Real time flood prediction method for earthen and rockfill dam failure due to overtopping. Advances in Water Resources, under review.

Osman A M, Thorne C R. 1988. Riverbank stability analysis: I: Theory. Journal of Hydraulic Engineering, 114(2): 134-150.

Ouimet W B, Whipple K X, Royden L H, et al. 2007. The influence of large landslides on river incision in a transient landscape: Eastern margin of the Tibetan Plateau (Sichuan, China). Geol Soci America Bull, 119(11-12): 1462-1476.

Ouimet W, Whipple K, Royden L, et al. 2010. Regional incision of the eastern margin of the Tibetan Plateau. Lithosphere, 2(1): 50-63.

Wang J, He G, Fang H, et al. 2020. Climate change impacts on the topography and ecological environment of the wetlands in the middle reaches of the Yarlung Zangbo-Brahmaputra River[J]. Journal of Hydrology, 590(7): 125419.

Wang J. 2020. Numerical simulation of sediment-laden flow on the Yarlung Zangbo River incorporating the climate change. IOP Conference Series Earth and Environmental Science, 467: 012057.

Wang R, Yao Z, Liu Z, et al. 2015. Snow cover variability and snowmelt in a high-altitude ungauged catchment. Hydrological Processes, 29: 3665-3676.

Xu Q, Shang Y, van Asch T, et al. 2012. Observations from the large, rapid Yigong rock slide-debris avalanche, southeast Tibet. Canadian Geotechnical Journal, 49(5): 589-606.

Xu R, Hu H, Tian F, et al. 2019. Projected climate change impacts on future streamflow of the Yarlung Tsangpo-Brahmaputra River. Global and Planetary Change.

Ying X, Wang S S Y. 2008. Improved implementation of the HLL approximate Riemann solver for one-dimensional open channel flows. Journal of Hydraulic Research, 46(1): 21-34.

Zeitler P K, Meltzer A S, Koons P O, et al. 2001. Erosion, Himalayan geodynamics, and the geomorphology of metamorphism. GSA Today, 11: 4-9.

Zhang L, Parker G, Stark C P, et al. 2015. Macro-roughness model of bedrock-alluvial river morphodynamics. Earth Surface Dynamics, 3(1): 113-138.

Zhang L, Stark C, Schumer R, et al. 2018. The advective-diffusive morphodynamics of mixed bedrock-alluvial rivers subjected to spatiotemporally varying sediment supply. Journal of Geophysical Research: Earth Surface, 123: 1731-1755.

第 7 章

西南河流源区全物质通量

河流是重要的水生态系统,其不仅是碳、氮、磷、硫、硅等生源物质由陆地输往海洋的重要通道,还是水生生物生命活动的活跃场所。梯级水库建设是水电清洁能源开发的重要途径,但水库运行对生源物质循环和水生生态系统的长远影响目前尚不明确,对于地处青藏高原的西南河流源区的相关研究更加缺乏,亟须通过对河流中非生物要素与生物要素时空格局的系统性研究提升对径流变化下高原河流生源物质迁移转化与效应的认识。本章以河流全物质通量为主线,较为系统地介绍了河流全物质通量的概念和河流全要素监测-检测方法,西南河流源区主要非生物与生物组成、时空分布特征及形成机制,为高原河流可持续管理与生态保护提供了科学依据。

7.1 河流全物质通量

河流被称为地球的动脉。河流生态系统由栖息环境与生物组成,环境是生态系统的非生物组成部分,包括能源、气候、基质、物质代谢原料等成分,是河流生态系统中各种生物生存的基础条件;而生物由水生动物、水生植物以及微生物构成。河流生态系统的变化不仅表现为伴随水沙运动的水体循环与泥沙侵蚀、输移和沉积过程,还与水沙介质中生源物质以及众多其他物质的迁移转化密切相关。水沙变化会导致负载的生源物质、无机元素、痕量有机物等物质状态发生改变,从根本上决定了水沙介质中物质的赋存形态(如颗粒态、胶体态和溶解态等)。在全物质通量框架下开展河流物质迁移转化规律研究,有助于综合考虑水沙、非生物、生物之间的密切联系,为真实、全面地反映河流发展状况提供数据支撑,为河流的开发、利用与保护提供理论基础。

7.1.1 河流全物质通量概念

河流全物质通量是河流中水、沙介质及其负载的非生物与生物的全谱系通量过程的集合。水沙是河流的基本物质组成部分,是河流物质与能量输运转化的重要载体,河流水沙及其负载的非生物与生物物质相互联系、相互作用,共同构成了河流生态系统重要的物质基础。河流中的非生物物质包括生源物质(碳、氮、磷、硫、硅等)、无机元素、天然有机物、痕量有机物等,生物包括水生植物、水生动物和细菌微生物。

1. 河流物质组成

水沙通量是河流系统中最重要的基本物质通量,也是研究水资源、水灾害、水生态、水环境以及河流地貌相关问题的基础。河流水沙通量的变化会引起河道冲刷与淤积,导致河床、河岸、三角洲及海岸线形貌发生改变,并影响营养盐等物质通量以及水生生物的生存环境。

河流非生物物质主要包括生源物质、无机元素、痕量有机物、温室气体等。碳、氮、磷、硫、硅等生源物质是河流生物群落(浮游生物、底栖动物、鱼类等)的物质基础与能量来源。河流生源物质随季节和空间变化，并受径流、温度、pH、泥沙含量和人类活动等多种环境因素的影响。河流还是重要的温室气体来源，全球内陆水体向大气中释放的 CO_2 约为 1.4 Pg/a（1 Pg=10^{15} g），其中有 0.35 Pg/a 的 CO_2 来源于河流系统，与河流中总有机碳或溶解态无机碳的含量相当（Tranvik ct al.，2009）。河流温室气体的产生、释放和消耗是一个动态的生物地球化学过程，这个过程不仅受到微生物和浮游植物等的作用，作为能量来源和反应基质的生源物质还直接影响 CO_2、CH_4 和 N_2O 等温室气体的产生。外源输入的有机碳能够为各种微生物过程提供电子供体，减小对电子供体的竞争，从而促进 CO_2 和 CH_4 的释放。N_2O 的产生也受有机碳和无机氮含量的影响。研究表明，溶存 N_2O 浓度与硝酸盐氮浓度、DO 呈显著相关性。

伴随着流域水体运动过程，大气、土壤、岩石中的物质在水流的作用下参与河流物质循环。目前水体中已经发现 80 多种元素。按照传统的元素地球化学分类，水体无机元素包括亲铁元素、亲石元素、亲铜元素、亲硫元素、亲气元素、亲生物元素等；按照含量差异，可以分为常量元素、微量元素。天然水体中，K^+、Na^+、Ca^{2+}、Mg^{2+}、Cl^-、SO_4^{2-}、HCO_3^-、CO_3^{2-} 八种离子占水中溶解固体总量的 95%～99%。无机元素通过地表径流、大气沉降、工农业及生活污水等多种形式进入河流系统以后，并通过离子交换、络合、吸附、化学沉淀以及生物富集等多种方式，在矿物、水体、沉积物、生命体之间进行迁移转化，并影响其营养-毒性特征。痕量有机物对传统有机物含量综合指标（如高锰酸盐指数、COD 等）的贡献微小，但其中有毒的持久性痕量污染物由于其难降解性和生物累积性，往往具有更大的危害。近年来，雅江干流及其支流拉萨河、尼洋河等西南河流源区检测出了多种痕量有机污染物，包括有机氯农药、多氯联苯、多溴联苯醚、六溴环十二烷、全氟化合物等，部分浓度甚至达到几十 ng/g。这些物质主要来自于人类活动。

健康河流生态系统的生物群落主要包括水生植物（浮游植物、沉水植物和挺水植物）、水生动物（浮游动物、游动动物和底栖动物）以及细菌微生物，这些生物在河流生态系统中居于不同的功能和地位，分别扮演河流生态系统中的生产者、消费者和分解者。河流生源物质的生物地球化学循环过程离不开生物的参与。例如，微生物是氮素转化的主要动力，与 N_2O 产生和转化有关的细菌如氨氧化细菌、氨氧化古菌以及异养反硝化菌等，对应的功能基因包括 *amoA*、*hao*、*narG*、*nirS*、*nirK*、*norB*（产生）和 *nosZ*（转化）。参与 CH_4 产生和转化过程的微生物分别是产甲烷菌和甲烷氧化菌，对应的功能基因为 *mcrA*（产生）和 *pmoA*、*mmoX*（转化）。常见的固定 CO_2 的自养微生物包括微藻类、蓝细菌、光合细菌、氢细菌、硫化细菌、铁细菌、氨氧化细菌、硝化细菌、产甲烷菌、醋酸菌等。根据 KEGG（Kyoto Encyclopedia of Genes and Genomes）数据库中的碳代谢图，与 CO_2 释放相关的微生物功能基因包括 *FDH*、*fdoG*、*fdoH*、*fdsD*、*fdoI*、*coxS*、*coxL*、*coxM*、*cooS*、*cooF*。在河流生态系统，以细菌、古菌为主的微生物在物质地球化学循环过程中发挥着关键的驱动作用，被认为是营养元素的主要转化者。

藻类是水生生态系统中最重要的初级生产者之一，是生态系统中食物链的始端，是物质代谢和能量循环的基础。根据所含色素和植物体的形态构造，藻类可分为 11 个门：蓝藻门（Cyanophyta）、黄藻门（Xanthophyta）、隐藻门（Cryptophyta）、金藻门

（Chrysophyta）、甲藻门（Pyrrophyta）、硅藻门（Bacillariophyta）、裸藻门（Euglenophyta）、绿藻门（Chlorophyta）、红藻门（Rhodophyta）、褐藻门（Phaeophyta）及轮藻门（Charophyta）。藻类群落结构的变化直接影响水生生态系统的结构与功能，并间接改变浮游动物与鱼类的种群结构，对维持整个水域生态系统的平衡至关重要。浮游藻类对水生生态系统的演变也起到关键作用，同时也受水环境演变的影响。

底栖动物是生活在水体底部、肉眼可见的动物群落，主要包括水栖寡毛类、软体动物和水生昆虫幼虫等。底栖动物是河流生态系统的重要组成部分，它既是底栖环境食物链/网的重要环节，又是底栖环境的分解者。底栖动物的出现或消失可以准确表征自然环境变化或人类活动对水生生态系统造成的持久性和间断性影响。与浮游动物、藻类、水生昆虫、鱼类等生物监测指示物种相比，大型底栖动物具有分布广泛、生物量大、生活史长、个体较大、易于采集等特点，对污染物有较高的累积作用，能够容易观测到剂量效应关系，被认为是监测污染物质时空分布、提供环境早期预警以及反映不良环境影响的理想指示生物。

2. 河流物质的结构特征

河流作为一个单向流动、动态、连续、开放的地理空间单元，其物质结构特征通常可用时间分量和空间分量等二维模型来描述。自20世纪中期以来，随着人口规模的不断扩大，河流沿岸的工农业发展、城市建设、水利工程建设等人类活动加剧了河流生态系统的改变，人类活动已成为影响河流生态系统结构特征的第三维分量。

在时间尺度上，时间的推移和季节变化导致水文、光照和热量条件不均匀分布，河流生态系统的水量、水温和营养物质等呈现显著的时间变化，进而导致河流生物活动和群落演替的相应变化，河流生态系统的整体结构及其功能也随之改变，造就了河流在时间尺度上多样化的生境。

在空间尺度上，主要包括纵向、横向和垂向特征三个方面。纵向特征主要体现在河流上游、中游、下游的空间异质性，河流大多发源于高山而最终汇入湖泊或海洋，所流经地区的水文、气象、地貌和地质条件丰富多样，这使得不同河段之间的流速、流量、水质参数及水文周期存在较大的差异，导致河流物质组成及生态系统由源头至河口发生明显的变化。此外，河流纵向形态的蜿蜒性和断面形状的多样性也是纵向特征的重要组成部分；横向特征主要体现在，河流的洪泛区和高地边缘过渡带为沿河两岸地区的生物生长提供了优越的土壤和光照条件，同时对河道起到过滤和屏障作用；垂向分布特征主要因河流表层、中层、底层水体和沉积物的光照、溶解氧以及水温条件不同而导致生物群落随水深出现分层现象，同时河流沉积物的结构、物质组成和营养物质含量也直接影响着底栖动植物和微生物的分布。河流生态系统的纵向、横向和垂向分布特征丰富了河流生境的空间多样性，是维持河流生态系统功能完整性的重要基础。

人类活动对于河流生态系统的胁迫是多方面的。以水库建设为例，一方面，对河流的连通性产生直接影响，干扰了整个河流生态系统上中下游之间正常的物质、能量和物种的传递；另一方面，水库改变了河流的径流过程，造成下游河流生态系统的河滨地区及湿地受径流调节影响较大。对于一般水坝，通常坝下 100 km 范围内的径流和泥沙运动均受到较大影响；对于大型水利工程，如埃及的阿斯旺水坝和长江的三峡大坝，对下游河道及生境的影响范围超过 1000 km。水利工程建设对于满足人类生产生活不断增加的需求具有重要贡献，但其对河流物质结构特征、时空格局、系统循环、生态健康的影响尚不清楚，将是今后长期关注的研究领域。

3. 河流物质之间的相互联系

河流系统中的各类物质是具有普遍联系的。在各类河流物质中，营养物质元素（如 C、N、P、S、Si 等）是关键的生源物质，传统上的八大离子及 Fe、Al、Cu、Zn 等常量与微量元素是河流水化学的重要组成部分。这些物质在伴随径流运动的过程中能够为河流生物群落（包括浮游生物、底栖动物、鱼类等）的稳定性及多样性提供初级生产力，而初级生产力也正是表征河流生态系统健康的重要指标。

河流各物质存在的形态是可以相互转化的。生源物质在随径流迁移过程中，通过浮游植物、浮游动物等的呼吸作用，产生 CO_2、CH_4、N_2O 等温室气体；自养型生物可利用水中溶解的无机碳等物质，通过光合作用合成有机物并释放氧气，同时又可以将体内的大分子异化分解为小分子并释放能量；氨氮、亚硝酸盐氮、硝酸盐氮可通过生物的硝化、反硝化、厌氧氨氧化等作用相互转化；金属离子在水体中存在溶解、吸附、电离、水解、络合、氧化还原等化学作用，受水体 pH、水温、DO、氧化还原电位、天然有机质（natural organic matter，NOM）等的影响，不同形态的金属离子还可相互转化，进而影响其毒性。例如，沉积物中以酸溶解态存在的金属才可以被底栖动物富集，As^{3+} 的毒性远远大于 As^{5+}；毒性较小的 Hg^{2+} 被鱼类富集以后，转化为剧毒性的甲基汞，进而通过食物链进行传递。

河流中各类物质可以在大气、水体、沉积物等不同介质中迁移。例如，河流中吸附在泥沙颗粒物表面的物质会随悬浮泥沙沉降，并转化为沉积物中的重要组成部分。相反，随着物理扰动作用的增强，表层沉积物会再次悬浮到水体中，变成水体悬浮物质的组成部分。受温度、溶解度、pH 等的影响，水中溶存的 CO_2、CH_4、N_2O 等气体可释放大气中。同样地，当气体不饱和时，河流还可作为温室气体的汇，从大气中吸收温室气体。

7.1.2　河流全要素监测-检测方法体系

为满足河流全物质通量研究，揭示物质迁移转化的普遍联系，建立河流全要素监测-检测方法体系，该体系即按照全物质"整合研究"的思想集采样、预处理、现场监测、分析测试和数据处理为一体的技术体系。监测要素涵盖了水沙及其负载的各类生物与非生物指标，监测技术融合了高通量测序、稳定同位素技术、仪器联用、在线监测、遥感影像、环境大数据等先进技术，以弥补传统水环境监测信息的不足。基于水文水生态监测标准方法，建立了河流温室气体采样方法、深大水库底泥分层采样方法、无机元素测试方法、各类痕量有机物[如抗生素、全氟化合物、多环芳烃（polycyclic aromatic hydrocarbons，PAHs）等]分析测试方法、温室气体含量及同位素分析方法、微生物高通量测序（包括宏基因组等信息）方法、底栖动物快速分类鉴定方法以及相关生信统计分析方法等。本节重点介绍河流非生物及生物监测-检测方法，这些方法随着分析测试技术的快速进步不断完善。

1. 河流全要素非生物监测-检测方法体系

河流非生物监测-检测方法体系基于已有的国家及行业标准构建。根据监测目的确定监测项目、制定监测方案。按照《水质 采样技术指导》（HJ 494—2009）、《水质 河流采样技术指导》（HJ/T 52—1999）以及《水质 样品的保存和管理技术规定》（HJ 493—2009）等标准，结合水和废水监测分析方法，确定监测断面、监测指标、采样时间与频次、采样方法、采样容器、样品运输与保存、分析测试方法、质量保证措施等。现场测定水温、溶解氧、酸碱度、电导率等水环境参数，完成水体和沉积物样品采集。

河流生源物质指标包括高锰酸盐指数、氨氮、硝酸盐氮、亚硝酸盐氮、总氮、总磷等，依照监测方案采集样品、加入保护剂、运输与保存样品，待分析检测。生源物质的分析测试通常基于现有的国家/行业标准，并进行质量控制与质量保证（quality assurance/quality control，QA/QC）控制。具体如下：高锰酸盐指数的测定参照《水质 高锰酸盐指数的测定》（GB/T 11892—1989）；五日生化需氧量（biochemical oxygen demand，BOD_5）测定参照《水质 五日生化需氧量（BOD_5）的测定 稀释与接种法》（HJ 505—2009）；总有机碳（total organic carbon，TOC）测定参照《水质 总有机碳的测定 燃烧氧化-非分散红外吸收法》（HJ 501—2009）；水体总氮测定参照《水质 总氮的测定 碱性过硫酸钾消解紫外分光光度法》（HJ 636—2012）；水体总磷测定参照《水质 总磷的测定 钼酸铵分光光度法》（GB/T 11893—1989）。沉积物有机碳测定参照《土壤 有机碳的测定 燃烧氧化-非分散红外法》（HJ 695—2014）；沉积物全氮测定参照《土壤全氮测定法（半微量开氏法）》（NY/T 53—1987）；沉积物总磷测定参照《土壤 总磷的测定 碱熔-钼锑抗分光光度法》（HJ 632—2011）。对于生源物质的同位素组成，Xia 等（2019）基于高海拔地区降水 $\Delta^{17}O_{atm}$ 的系统观测数据，尝试使用 ^{15}N、^{17}O 和 ^{18}O 三种同位素相结合的方法解析高原河水氮的来源，弥补以往该区域研究缺乏定量确定大气沉降贡献的不足。

河流系统中水-气界面温室气体（包括 CO_2、CH_4、N_2O）排放通量的监测，主要使用扩散模型法、浮箱法等。扩散模型法是一种半经验模型法，使溶存气体转移到气相中（即达到气液相平衡），通过测定气相中温室气体的浓度，基于气体在水体和大气中的浓度差值和气体交换系数关系计算液相中溶存气体的浓度；浮箱法测定温室气体排放通量的装置制造和使用成本低，且携带方便、可与在线分析仪器进行联用。此外，还有倒置漏斗法、涡度相关法、可调谐二极管激光吸收光谱技术（TDLAS）法等，也可用于河流温室气体排放通量的测定。

河流系统中的无机元素包括常量组分和微量/痕量组分，前者为空间分布较广、经常检出的化学元素和离子团，如钾、钠、钙、镁、铁、铝、硫酸盐、氯离子、碳酸盐等，一般可用电感耦合等离子体发射光谱（ICP-OES）、火焰原子吸收光谱、离子色谱（IC）等仪器进行测定；后者为较少检出、分布局限和含量相对较低的化学元素，如砷、铜、锌、铝、汞、硒、镉、铬、铅、铍、镍、钼、硼、锂、锶、钡、铀、镭、钍等，通常使用电感耦合等离子体质谱仪（ICP-MS）、石墨炉原子吸收等进行测定。微量/痕量元素测试难度较大，应避免样品污染及元素间的干扰，必要时可选择预处理方法，如溶剂微萃取法等进行富集。

河流系统中的痕量有机物指标，包括抗生素、全氟化合物（PFCs）、PAHs、多溴联苯醚（poly brominated diphenyl ethers，PBDEs）、有机氯农药等，这些物质需要富集预处理后进行测试。水样的富集方法包括液液萃取、固相萃取、固相微萃取等；沉积物富集方法包括超声提取、索氏提取、微波辅助萃取、加速溶剂萃取等。不同方法的提取效率不同，应根据具体的监测指标选择合理的方法。提取后的样品还需进行洗脱、净化等步骤，以满足上机测试要求。对于挥发、半挥发性痕量有机物，如 PAHs、PBDEs、有机氯农药等，通常使用气相色谱-质谱联用仪进行测定；对于难挥发性痕量有机物，如全氟化合物（perfluorocarbons，PFCs）、抗生素等，通常使用液相色谱-质谱联用仪进行测定。此外，土壤或者沉积物等环境样品基质复杂，由于基质效应会影响仪器灵敏度和准确度，为克服基质干扰，常用的做法有同位素内标法、基体匹配加标工作曲线法等。

2. 河流全要素生物监测-检测方法体系

河流生物监测-检测方法体系基于传统方法及高通量测序技术。高通量测序技术部分地克服了传统方法依赖于培养、分离的限制，能够获得大量数据信息，是全要素生物监测-检测方法体系的技术创新及重要组成部分。在设置的监测断面采集并保存生物样品，分析生物群落组成及物种丰度。

1）河流微生物监测

微生物是地球上最古老、数量和多样性最丰富、分布最广泛的生命形式，是生态系统的重要组成部分，维持着各类生态系统组成和功能的稳定及可持续性。河流全要素生物监测-检测方法体系中的微生物监测主要采用高通量测序技术。

根据测序对象的不同，微生物高通量测序可以分为基于标签序列测序和全基因组序列测序。目前大部分微生物多样性研究都基于核糖体核糖核酸（rRNA）基因序列，特别是 16S rRNA 和 18S rRNA。16S rRNA 广泛存在于原核生物中，18S rRNA 是 16S rRNA 在真核生物中的同源体，这些序列称为标签序列。基于标签序列的高通量测序研究，往往在对环境样本采样之后，采用一定的生物学技术[如聚合酶链式反应（polymerase chain reaction，PCR）]，将样本中感兴趣的标签基因全部提取，然后测序。基于全基因组序列测序是指直接从环境样品中提取全部微生物的脱氧核糖核酸（deoxyribonucleic acid，DNA），对全部 DNA 构建基因组文库，然后通过高通量测序技术对全基因组测序，利用基因组学的研究策略研究环境样品所包含的全部微生物的群落组成及遗传功能。高通量测序的一般步骤如下：按照试剂盒说明书对环境样本（滤膜、沉积物）进行 DNA 提取，并检测 DNA 浓度、纯度及完整性。对于 16S rRNA 扩增子测序，选择特定引物对 16S rRNA 的 V4～V5 区进行 PCR 扩增，重复三次混合并进行凝胶电泳检测，然后根据 Illumina MiSeq 测序平台的标准流程进行双端测序。对于全基因组测序，进行多次 DNA 提取并混合，在满足宏基因组建库测序标准后，采用 Illumina 测序仪进行高通量测序，依次进行短序列拼接及基因组分箱组装、物种与功能注释、比较基因组学、统计学等分析。高通量测序技术为研究河流微生物地理分布模型提供了良好的解决方案，例如，Liu 等（2020）首次利用宏基因组测序技术从长江上游水体及中下游沉积物多个环境样本中重建了 10 个近乎完整的新型全程硝化菌（comammox *Nitrospira*）基因组，其氨氧化功能基因簇的基因排列方式更为复杂和多样，以适应相对贫营养环境，并保证氨氧化过程的稳定进行。

2）河流藻类监测

河流藻类的监测主要包括传统形态学方法和分子生物学方法。传统形态学方法主要针对藻类物种的多样性，采用 25# 浮游生物网在水体表层呈 "∞" 字形来回缓慢拖动，重复几次后将滤液转移到 100 mL 聚乙烯瓶中，加入 5% 甲醛进行固定，4℃ 冷藏避光保存。采集 2 L 混合水样并加入鲁哥试剂固定，静置沉淀后虹吸至剩余约 200 mL，用 10×40 的光学显微镜观察藻类物种，利用浮游生物计数框对浮游生物种类进行分类定量，藻类分类鉴定参照《中国淡水藻类——系统、分类及生态》。

分子生物学方法依据生物体内的 DNA 序列，通过序列间的比对分析，对藻类物种归属做出判断。随着第二代、第三代测序平台的发展，高通量测序已经成为完整研究藻类多样性最可靠的办法，尤其是淡水微藻的分布方面。高通量测序的一般步骤如下：通过十六烷基三甲基溴化铵（cetyltrimethyl ammonium bromide，CTAB）法，或使用特定的藻类试剂盒提取环境样本（滤膜、沉积物）中完整的 DNA。将上述提取好的 DNA 作为模板，并采用特异的寡核苷酸引物进行 PCR 扩增，获得大量作为基因条码目的片段。电泳检测如条带清晰无杂带，可直接进行测序；如果引物特异性不好，可进行切胶回收纯化，在符合测序要求后再进行上机测序。测序得到的基因序列，可在美国国家生物技术信息中心（National Center for Biotechnology Information，NCBI）上通过在线 Blast 进行序列比对。根据 GenBank 或其他数据库中已注册基因序列确定各样品基因序列的起点和终点，进行比对；运用 Clustal X 对相关的核酸序列进行多序列对齐排列，掐头去尾；运用 MEGA 等建树软件构建系统发育树，计算遗传距离等参数，确定不同藻种的分类。分子生物学方法解决了传统形态学鉴定方法对超微藻、纳藻、微藻的鉴定难度大、受主观因素影响大的问题。例如，Wang 等（2019）采用高通量测序方法，建立了硅藻分子生物分析检测方法，与传统形态学鉴定方法相比，分子生物学的高通量测序方法找回了漏计的 97.5% Chao1 丰富度，为精确分析大河硅藻群落结构及生源物质响应关系奠定了基础。

3）河流底栖动物监测

底栖动物是流域中重要的初（次）级消费者，从宏观尺度格局上对大型河流底栖动物群落组成及物种多样性特征开展研究，能为不同河流生态系统健康的维持和恢复提供可靠的科学依据。底栖动物的监测包括传统形态学方法和分子生物学方法。

传统形态学鉴定步骤包括样品采集、挑拣与固定、样品鉴定与计数等。底栖动物样品的采集应结合监测站点的底质、水流、水深等环境条件确定相应的采样方法。对于软底质区域，推荐使用抓斗采泥器（1/4 m²）或彼得生采泥器（1/16 m²）；若采样点位于河岸处浅水区或可涉水湿地，可采用 D 型网或索伯网。样品采集后，在 60 目网筛中彻底冲洗样品，清除杂质和细小沉积物，弃去大型有机物质及杂质，加入 5%甲醛或 70%乙醇固定，在实验室进行样品挑拣。一般情况下，样品中的生物个体需全部挑拣；当某些种类生物量极大时，可采用网格法进行分样。挑拣出的样品保存在含有少量 5%甲醛或 70%乙醇的广口瓶中。样品应鉴定到尽可能低的分类单元，记录种类、数量及重量。

4）河流环境生物监测新方法

随着分子测序方法的发展，环境 DNA-宏条形码技术逐渐兴起并应用于底栖动物及多种水生物监测，为全要素生物监测–检测方法体系提供了先进的技术支撑。环境 DNA（environmental DNA，eDNA）技术通过对环境样品中的 DNA 进行高通量测序和比对，快速、大规模地得到生物多样性鉴定信息和群落组成。eDNA-宏条形码技术采样简单、成本低、灵敏度高，且不受生物样本和环境状况影响，不依赖分类专家和鉴定资料，能够快速准确地对多个类群进行大规模、高通量物种鉴定。基本步骤包括：①表层水样采集；②水样过滤及 eDNA 提取；③PCR 扩增；④高通量测序，获得分类操作单元（operational taxonomic unit，OUT）代表序列；⑤目标底栖动物比对数据库的建立；⑥比对建立的目标数据库，对待测样品 OTUs 代表性序列进行物种注释。目前，eDNA-宏条形码技术在底栖动物的监测方面仍存在部分不足，如低丰度物种的漏检、物种鉴定错误、采样流程与方法不统一以及生物量精确估测困难等。

7.2　非生物物质组成及其时空分布

河流是陆地、海洋、大气三大碳库衔接的重要通道，也是生源物质等非生物物质地球化学循环的关键环节。在表征流域水体及沉积物非生物物质时空分异的基础上，通过分析其迁移转化规律，可以推测流域系统内发生的各种过程，揭示河流物质的生物地球化学行为。例如，河流生源物质组成与流域物质循环、能量流动等具有重要的响应关系，在很大程度上可以反映流域内环境变化等规律。自然环境中的金属元素与生态系统以及人类生活、生产、健康息息相关。河流水体和沉积物中含有大量金属元素，有毒性较大的重金属，也有与饮用水营养效应密切相关的金属离子。痕量有机物是浓度达到 μg/L 甚至 ng/L 级别的有机物分子，通常具有长期残留性、生物蓄积性和高毒性等特征，对水生态和人类健康的危害较大。源区河流地处高寒区，年均气温较低，不仅会减缓泥沙对非生物物质的吸附/解吸过程，还会降低微生物的活性，进而降低其对非生物物质的分解能力。同时，源区河流泥沙粒径相对较大，对生源物质的吸附能力较弱，对污染的净化能力也相对较弱。

本节根据实地监测数据加以分析，介绍了长江源区、澜沧江和雅江水体及沉积物生源物质、无机元素、痕量有机物等非生物物质的时空分布特征。

7.2.1 长江源区非生物物质组成及其时空分布

深入揭示长江源区水体及沉积物中生源物质（C、N、P 等）、无机元素、痕量有机物等的时空分布特征，评估长江源区水环境状况、演变机制及生态风险水平，可为系统地认识高寒河流物质输移及时空演变规律奠定基础。

1. 生源物质时空分布特征

1）长江源区生源物质含量及分布特征

长江源区溶解性有机碳（dissolved organic carbon，DOC）的浓度在 0.883～19.100 mg/L（均值 4.566 mg/L）（图 7-1）。其中，莫曲站 DOC 值最高，达到 19.100 mg/L；科欠曲站 DOC 值最低，为 0.883 mg/L。与长江干流相比，源区 DOC 含量明显高于干流，分别是长江上游、三峡库区、长江下游和长江大通段的 6.85 倍、4.47 倍、2.83 倍和 2.35 倍（表 7-1）。长江源区位于青藏高原腹地，与中下游相比人类活动扰动较小，但是青藏高原多年冻土区土壤有机碳储量和分解潜力巨大，因此夏季水体 DOC 值较大。与青藏高原其他河流相比（表 7-1），长江源区水体 DOC 分别为雅江、澜沧江和三江源的 3.23 倍、1.56 倍和 1.17 倍，这与流域内植被类型和土壤有机碳分布相关。

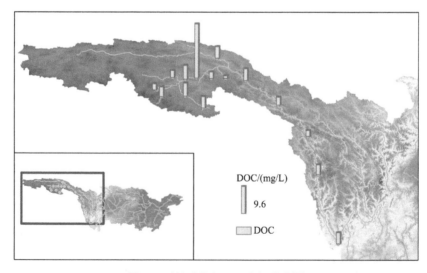

图 7-1 长江源区 DOC 空间分布图

表 7-1　主要地表水体生源物质含量对比　　　　　　　　（单位：mg/L）

流域名称	DOC	NO₃⁻-N	NH₄⁺-N	TN	TP
长江源	4.56	0.54	0.14	0.78	0.08
长江上游	0.66	0.91	0.11	1.08	0.09
三峡库区	1.02	1.18	0.13	1.38	0.10
长江中游	—	1.27	0.17	1.52	0.11
长江下游	1.61	1.38	0.30	1.68	0.12
长江大通段	1.94	1.33	0.31	1.62	0.12
三江源	3.89	—	—	—	—
雅江	1.41	0.30	0.13	0.50	0.03
澜沧江	2.93	0.47	0.15	0.81	0.02

长江源区氨氮浓度范围为 0.054～0.667 mg/L（均值 0.146 mg/L），通天河站氨氮浓度最大，为 0.667 mg/L，牙曲站最低，为 0.054 mg/L；硝酸盐氮的浓度范围为 0.365～1.012 mg/L（均值 0.554 mg/L），通天河站最大，为 1.012 mg/L，牙曲站最低，为 0.365 mg/L（图 7-2）；水体总氮（TN）的浓度范围为 0.458～1.14 mg/L（均值 0.786 mg/L），岗托站最高，石鼓站最低（图 7-3）。硝酸盐氮是长江源区水体氮元素的主要存在形态，所占比例高达 60.1%～99.2%。整体上，长江源区溶解性无机氮（dissolved inorganic carbon，DIN）尤其是硝氮对 TN 负荷的贡献更大。与长江干流相比（表 7-1），源区 TN 含量分别约为长江上游、三峡库区、长江中游和长江下游的 5/7、4/7、1/2 和 1/2，呈现较低的数值，这与源区人类活动扰动较小有关。与青藏高原其他河流相比（表 7-1），长江源区 TN 水平分别为雅江和澜沧江的 1.56 倍和 96%，总体来看与青藏高原其他河流 TN 水平相近。

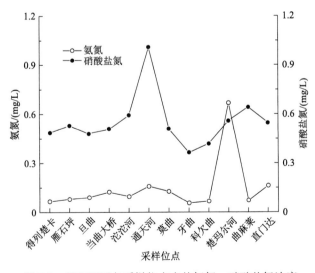

图 7-2　长江源区各采样位点水体氨氮、硝酸盐氮浓度

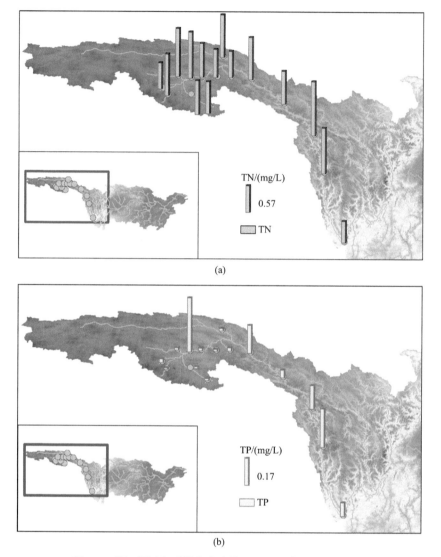

图 7-3　长江源区各采样位点水体 TN、TP 含量空间分布图

此外，长江源区 TN 中，硝酸盐氮占比（72.1%）相较于长江干流（80%～86%）更低；同时，长江源区 TN 中氨氮比例（17.9%）高于长江中上游（～10%），与长江下游氨氮占比相当(17.8%)。与青藏高原其他河流相比，长江源区硝酸盐氮在 TN 中的占比（69.2%）略高于雅江（60.0%）和澜沧江（58.0%）；而氨氮在 TN 中的占比（18.3%）略低于雅江（26.0%）和澜沧江（18.5%）。

进一步分析了不同形态氮的相关性，由图 7-4 可知，长江源区水体 TN 与硝氮相关性极强（$r_{TN\text{-}NO_3\text{-}N}$=0.77，$P<0.001$），证明硝酸盐氮是长江源区水体氮的主要形态，是 TN 的主要贡献者。

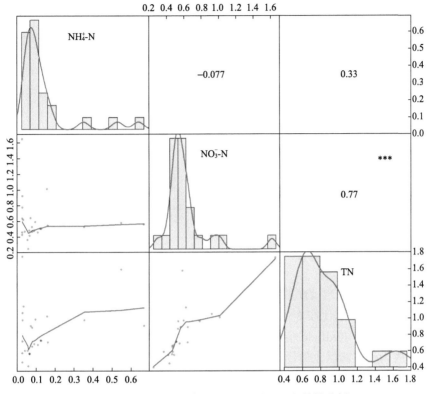

图 7-4　长江源区 NH_4^+-N、NO_3^--N 和 TN 相关性分析

　　长江源区总磷（TP）浓度在 0.010～0.350 mg/L（均值 0.060 mg/L）（图 7-3）。从空间分布来看，沱沱河站 TP 浓度最高，为 0.35 mg/L；雁石坪站 TP 浓度最低，为 0.01 mg/L。与长江干流相比（表 7-1），源区 TP 含量更低，分别是长江上游、三峡库区、长江中游和长江下游的 88.9%、80%、73% 和 67%，主要原因是源区人类活动少，磷输入少。与青藏高原其他河流相比（表 7-1），长江源区 TP 含量略高，分别是雅江和澜沧江中水体 TP 的 2.67 倍和 4 倍。从季节分布来看，长江源区枯水期、丰水期的 TP 含量差距明显（图 7-5），丰水期 TP 浓度显著高于枯水期，这可能是因为丰水期水量增大，悬浮泥沙携带了大量颗粒态磷，导致 TP 含量显著增加。

　　2）长江源区生源物质构成

　　生源物质（C、N、P 等）的化学计量比对生态系统具有深远影响，尤其对浮游植物生长具有重要意义，是浮游植物营养结构特点的重要反映，通常以 Redfield 值（C∶N∶P=106∶16∶1）为比较基准。目前，水体营养盐限制性划分标准为：氮磷比<16～20时，水体中浮游植物生长受氮素限制，有可能发生生物固氮作用以调节氮磷比，以消纳水体中相对富足的磷；氮磷比>50～67 时，磷成为浮游植物生长的限制性营养因子，较低的磷含量水平可能使浮游植物对氮的有机合成过程受到抑制；氮磷比介于两者之间时，适宜浮游植物的生长，会加速浮游植物对氮素有机合成的生态过程，促进浮游植物生长。

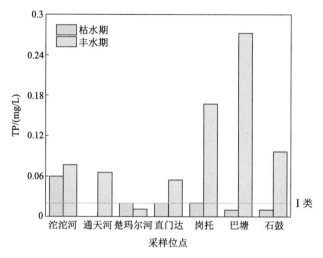

图 7-5　长江源区水体 TP 含量季节分布图

　　长江源区水体 DOC∶TN 的化学计量比在 0.4~31 的范围内变化，均值为 5.5±6.2（图 7-6）。TN∶TP 摩尔比在 6~235 范围内变动，均值 82±65（图 7-6）。其中，大多数水样的 TN∶TP 高于 Redfield 值，表明磷的含量水平较低，长江源区水体可能存在磷缺乏现象，磷成为长江源区水体浮游植物生长的限制性营养因子。

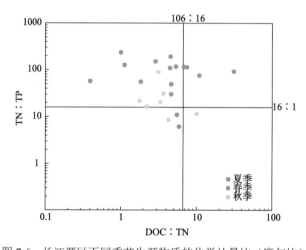

图 7-6　长江源区不同季节生源物质的化学计量比（摩尔比）

　　输入源的 N∶P 以及水体中 N 和 P 的相对去除效率决定了水体中的氮磷比。与长江干流相比（表 7-2），长江源区 N∶P 分别是长江上游、长江中游和长江下游的 50%、1.58 倍和 1.86 倍，长江干流的 N∶P 从上游到下游呈下降趋势；与长江水系典型湖泊相比（表 7-2），长江源区 N∶P 分别是鄱阳湖和洞庭湖的 1.39 倍和 1.55 倍；与青藏高原其他河流相比（表 7-2），长江源区 N∶P 分别是雅江和澜沧江的 1.82 倍和 53%，这可能与地质和地理位置差异有关，因为地理位置相近的澜沧江和长江上游的氮磷比水平相当。

表 7-2　主要地表水体营养盐结构对比

流域名称	N：P
长江源	82±65
长江上游	165±94
长江中游	52±6
长江下游	44±4
洞庭湖	53±16
鄱阳湖	59±29
雅江	45±34
澜沧江	154±144

长江源区各采样位点水体 C、N、P 含量的三元气泡图如图 7-7 所示。60%的采样点水体 P 相对于 N、C 处于匮乏状态。三元图中数据点呈现出明显的过渡，随着长江源区 TP 浓度的增加，数据点逐渐向左转移（即 P_R 占比增加）。各季节采样点水体的 P 匮乏比例也较高，但枯水期的 C、P 共同匮乏倾向高于丰水期。枯水期各采样点水体的 P 匮乏比为 83.3%，C、P 共同匮乏的比为 66.7%，而丰水期各采样点水体 P 匮乏、C 和 P 共同匮乏与 N 和 P 共同匮乏的比例分别为 52.6%、5.3%和 5.3%。此外，位于 Redfield 区域的数据点中，丰水期占比（23.6%）高于枯水期（0%），这与丰水期 TP 浓度增加有关。

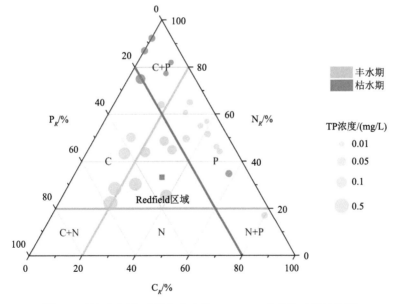

图 7-7　长江源区各采样位点水体 C、N、P 含量的三元气泡图

三元图中心的灰色方形代表 Redfield 值（106C：16N：1P）。假定三元图中央 Redfield 区域内处于 C、N、P 平衡；红线右侧区域代表磷匮乏（即 P_R <20%）；黄线左侧区域代表碳匮乏（即 C_R <20%）；蓝线下面区域代表氮匮乏（即 N_R <20%），三个角落区域则代表共同匮乏。Redfield 值对应坐标为 33.3% C_R、33.3% N_R、33.3% P_R。C_R、N_R、P_R 分别为经 Redfield 标准化处理的 DOC、TN、TP 相对百分比

2. 无机元素时空分布特征

长江源区水体重金属元素含量如图 7-8（a）所示。Mn、Ni、Cu、Zn、Cd、Pb 和 Cr 的浓度范围为 ND～4.21 μg/L（ND 代表未检出，下同）、0.609～3.71 μg/L、0.033～5.01 μg/L、ND～34.86 μg/L、ND～0.06 μg/L、ND～0.55 μg/L 和 0.235～2.66 μg/L，达到《地表水环境质量标准》（GB 3838—2002）Ⅰ 类水质；各元素平均浓度排序为 Zn（3.94 μg/L）> Cu（1.80 μg/L）> Cr（1.41 μg/L）> Ni（1.34 μg/L）> Mn（1.05 μg/L）> Pb（0.11 μg/L）> Cd（0.01 μg/L）。与长江干流相比（表 7-3），长江源区溶解态重金属含量低得多，长江下游安徽—江苏段 Cu、Pb、Cr 含量达到源区的 3.20 倍、16.96 倍、3.03 倍；中下游浅水湖泊 Mn、Ni、Cu、Zn、Pb、Cr 含量为长江源区的 0.1～226.3 倍。除地质背景差异外，长江源区人类活动扰动较小也是其溶解态重金属含量偏低的重要原因。在人类活动扰动显著的淮河流域，7 种重金属元素浓度是长江源区的 16.37～6174 倍，与淮河区域工业废物排放、煤炭燃烧、汽车尾气和农药喷洒等带来的 Zn、Cd、Pb、Ni 污染有关。与同处青藏高原的雅江水体相比，长江源区重金属含量显著低于雅江（Cu 除外），为雅江的 0.0028～0.50 倍。从世界水平来看，长江源区重金属含量低于密西西比河、多瑙河等水系，也低于高纬度寒冷地带的贝加尔湖水系、阿拉斯加水系。

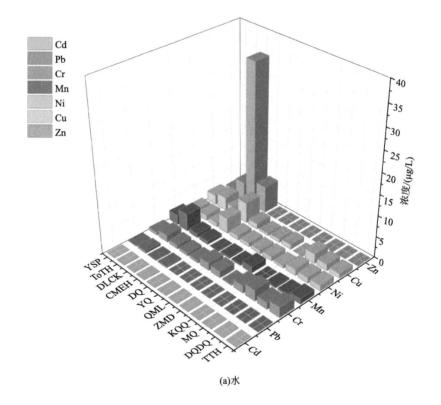

(a)水

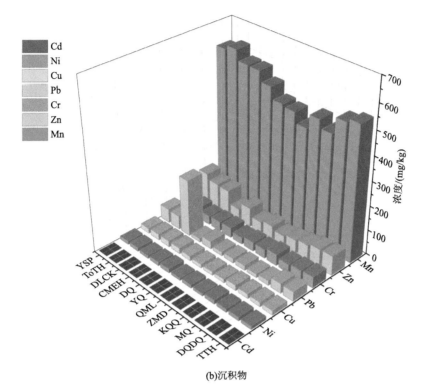

(b)沉积物

图 7-8　长江源重金属元素含量分布图

TTH—通天河，DQDQ—当曲大桥，MQ—莫曲，KQQ—科欠曲，ZMD—直门达，QML—曲麻莱，YQ—牙曲，DQ—旦曲，
CMEH—楚玛尔河，DLCK—得列楚卡，ToTH—沱沱河，YSP—雁石坪

表 7-3　国内外主要地表水体重金属含量　　　　　　　　（单位：μg/L）

流域名称	Mn	Ni	Cu	Zn	Cd	Pb	Cr
长江源	1.05	1.33	1.8	3.94	0.01	0.11	1.41
长江安徽—江苏段	—	—	5.762	—	0	1.866	4.276
长江浅水湖泊	49.84	0.77	0.18	2.88	—	24.89	11.37
淮河	49.02	46.19	52.32	10504	61.74	155	23.08
黄河上游	596.9	25.11	36.27	52.46	0.37	19.51	23.19
雅江	30.7	2.8	1.9	20.5	3.6	15.8	2.8
贝加尔湖水系	12	—	2.25	21.8	0.8	0.85	4.17
阿拉斯加水域	55.49	1.66	—	3.04	—	—	—
密西西比河	8.6	1.453	2.137	1.06	0.575	0.302	0.227
多瑙河	33.37		22.64		0.89	—	—

对于沉积物重金属，长江源区 Mn、Ni、Cu、Zn、Cd、Pb 和 Cr 的含量范围为 445.93～627.32 mg/kg、10.11～17.85 mg/kg、15.61～24.57 mg/kg、45.40～125.20 mg/kg、0.19～0.56 mg/kg、14.85～235.21 mg/kg 和 27.94～46.18 mg/kg，各元素平均含量排序为 Mn

（536.8 mg/kg）> Zn（73.82 mg/kg）> Pb（47.23 mg/kg）> Cr（39.41 mg/kg）> Cu（19.78 mg/kg）> Ni（14.17 mg/kg）> Cd（0.30 mg/kg）。与水体类似，长江源区沉积物重金属含量也显著低于干流（表 7-4）。长江上游、武汉段、南京段重金属含量相当，而长江源区 Mn、Ni、Cu、Zn、Cd、Pb 和 Cr 含量为干流武汉段的 20%～105%。除 Pb 外，长江源区 Ni、Cr、Zn、Cu、Cd 含量是黄河上游的 63%～134%。与雅江相比，长江源区沉积物 Mn、Ni、Cu、Cr 的含量同样偏低；Zn、Cd 和 Pb 略高，是雅江的 1.04～1.88 倍。与恒河、底格里斯河和多瑙河等相比，长江源区沉积物除 Pb、Mn 以外的元素含量都偏低。整体来看，长江源区沉积物重金属含量（尤其是 Ni、Cu 和 Cr）处于较低水平。

表 7-4　国内外主要流域沉积物重金属含量　　　　（单位：mg/kg）

流域名称	Mn	Ni	Cu	Zn	Cd	Pb	Cr
长江源	536.8	14.17	19.78	73.82	0.3	47.23	39.41
长江上游	—	—	65.8	141.9	0.93	51.01	80.04
长江武汉段	—	40.91	51.64	140.3	1.53	45.18	87.82
鄱阳湖	—	45.23	58.07	150.2	0.451	67.27	—
长江南京段	—	—	46.58	122.9	0.66	41.9	84.93
长江口	—	33.5	24.3	89.5	0.25	21	84.7
雅江	647.5	37.93	42.87	71.3	0.16	36.47	89.14
黄河上游	—	22.5	18.03	55.22	0.39	15.67	61.51
底格里斯河	—	66.35	729	369.1	—	—	—
恒河	1806	48	55	107	0.6	22	148
多瑙河	382.8	—	44.74	—	2.03	—	—

采用相关性分析探究长江源区重金属含量与基本理化参数的关系（表 7-5 和表 7-6）。分别计算水体和沉积物金属含量与理化指标的 Pearson 相关系数 r，将 $P<0.05$ 的 Pearson 相关系数取绝对值后绘制如图 7-9 所示的弦图。对比图 7-9（a）和（b），水体中溶解态金属和理化因子呈现更为显著的相关关系。影响水体重金属分布的因素主要有 NH_4^+-N、NO_3^--N、悬浮物（suspended solids，SS）、水温。其中，NH_4^+-N 与 Ni、Cu 和 Cd 存在显著的正相关关系，这些元素可能与 NH_4^+-N 存在共同的来源，并通过沉降、雨水冲刷、人类活动等进入水体；SS 与 Mn 和 Pb 存在显著正相关，Mn 和 Pb 可能主要由悬浮物释放到水中；水温与 Ni、Cu 存在相关性，可能是温度升高使冻土融化，导致重金属离子的释放。对于沉积物，Mn-Cu、Mn-Zn、Mn-Cd、Cr-Ni、Cd-Zn 之间存在较显著的正相关，可能是由于 Mn、Zn 和 Cd 在该流域的源岩中存在伴生关系；除海拔外，其他环境因子与金属元素含量无显著相关性，说明源区沉积物重金属受人类活动扰动较小。

表 7-5　长江源区水体重金属与理化因子间的 Pearson 相关性

	Mn	Ni	Cu	Zn	Cd	Pb	Cr	海拔	SS	水温	pH	电导率	DOC	气温	NH$_4^+$-N	NO$_3^-$-N	TN
Mn	1																
Ni	0.061	1															
Cu	0.422	0.874**	1														
Zn	0.081	0.046	0.264	1													
Cd	0.205	0.887**	0.878**	0.374	1												
Pb	0.812**	0.451	0.761**	0.285	0.653*	1											
Cr	-0.097	-0.175	-0.24	-0.25	-0.339	-0.196	1										
海拔	-0.001	-0.084	0.052	0.322	-0.033	0.181	0.201	1									
SS	0.742**	0.344	0.567	0.08	0.509	0.742**	-0.343	-0.408	1								
水温	-0.242	-0.641*	-0.651*	-0.022	-0.537	-0.365	0.193	0.09	-0.543	1							
pH	0.526	0.322	0.423	0.333	0.463	0.492	0.037	-0.219	0.647*	-0.582*	1						
电导率	0.696*	-0.236	0.049	-0.074	-0.08	0.465	0.072	-0.212	0.635*	-0.178	0.375	1					
DOC	-0.086	0.401	0.262	-0.27	0.119	-0.121	0.059	0.02	-0.054	-0.664*	0.107	0.043	1				
气温	-0.253	-0.606*	-0.66*	-0.059	-0.478	-0.327	0.173	0.089	-0.478	0.916**	-0.431	-0.235	-0.77**	1			
NH$_4^+$-N	0.045	0.958**	0.811**	0.025	0.914**	0.45	-0.304	-0.257	0.449	-0.587	0.341	-0.177	0.26	-0.509	1		
NO$_3^-$-N	0.818**	0.123	0.432	-0.017	0.253	0.74**	0.087	-0.09	0.745**	-0.403	0.564	0.859**	0.13	-0.416	0.135	1	
TN	0.619*	0.402	0.49	-0.289	0.309	0.545	0.145	-0.037	0.435	-0.494	0.44	0.544	0.572	-0.533	0.33	0.76**	1

**表示 $P<0.01$（双尾）；*表示 $P<0.05$（双尾）。

表 7-6　长江源区沉积物重金属与理化因子间的 Pearson 相关性

	Mn	Ni	Cu	Cd	Pb	Cr	海拔	水温	pH	TOC	气温	TN	NH$_4^+$-N	NO$_3^-$-N
Mn	1													
Ni	0.379	1												
Cu	0.745**	0.416	1											

续表

	Mn	Ni	Cu	Zn	Cd	Pb	Cr	海拔	水温	pH	TOC	气温	TN	NH$_4^+$-N	NO$_3^-$-N
Zn	0.766**	0.259	0.486	1											
Cd	0.67*	0.041	0.294	0.94**	1										
Pb	0.442	-0.183	0.515	0.55	0.501	1									
Cr	0.495	0.695*	0.458	0.49	0.365	-0.074	1								
海拔	0.632*	0.389	0.404	0.651*	0.578*	0.424	0.202	1							
水温	-0.403	-0.425	-0.277	-0.16	-0.1	0.002	-0.332	0.09	1						
pH	0.563	0.077	0.316	0.187	0.234	0.105	0.359	0.097	-0.298	1					
TOC	-0.419	-0.024	-0.226	-0.35	-0.372	-0.3	-0.323	0.014	0.109	-0.42	1				
气温	-0.336	-0.208	-0.092	-0.165	-0.129	-0.045	-0.054	0.089	0.916**	-0.116	0.106	1			
TN	-0.381	0.142	-0.177	-0.076	-0.233	-0.092	-0.258	0.06	0.208	-0.901**	0.508	0.034	1		
NH$_4^+$-N	-0.36	0.017	-0.233	-0.212	-0.318	-0.24	-0.293	-0.121	0.021	-0.739**	0.601*	-0.148	0.865**	1	
NO$_3^-$-N	-0.136	-0.216	-0.079	-0.052	0.033	0.186	-0.246	0.491	0.728**	-0.162	0.155	0.711**	0.021	-0.198	1

**表示 $P<0.01$（双尾）；*表示 $P<0.05$（双尾）。

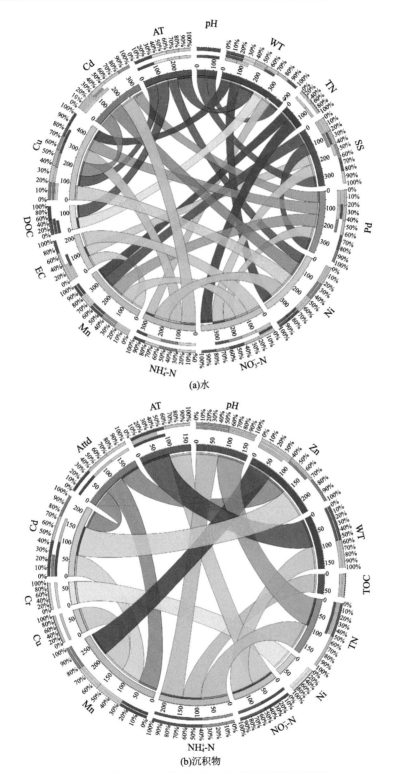

(a)水

(b)沉积物

图 7-9 长江源区金属元素和理化指标之间的相关性
AT：气温；WT：水温；EC：电导率；Attd：海拔

图 7-10（a）给出了长江源区沉积物各金属元素的地累积指数 I_{geo}。I_{geo} 平均值大小排序为 Cd（0.49）> 0 > Pb（-0.03）> Mn（-0.70）> Cu（-0.77）> Zn（-0.78）> Cr（-1.43）> Ni（-1.67）。Mn、Ni、Cu 和 Cr 的 I_{geo} 在长江源区所有采样点均小于 0，显示无污染。Cd 的 I_{geo} 平均值最大，范围在 -0.14～1.45，尤其是在雁石坪达到中度污染，其他采样点多为轻度—中度污染。Zn 的 I_{geo} 范围在 -1.41～0.06，在雁石坪达到轻度—中度污染，其他采样点为无污染。Pb 的 I_{geo} 范围在 -1.08～2.91，在得列楚卡达到中度—强污染，在当曲大桥、雁石坪、沱沱河、通天河、旦曲为轻度—中度污染，其他采样点无污染。综合图 7-10（b）～（d）可知，存在重金属污染的采样点均在西部高海拔区。这片区域位于西南三江成矿带的西北端，附近有多才玛、雀莫错等铅锌矿床，其富矿围岩主要为二叠纪拉卜查日组碳酸盐岩，是铅锌矿的有利源层，相对富集 Pb、Zn、Cd 等成矿元素。可以推断，长江源区沉积物的 Pb、Zn、Cd 在西部富集可能是受其附近铅锌矿床的影响。

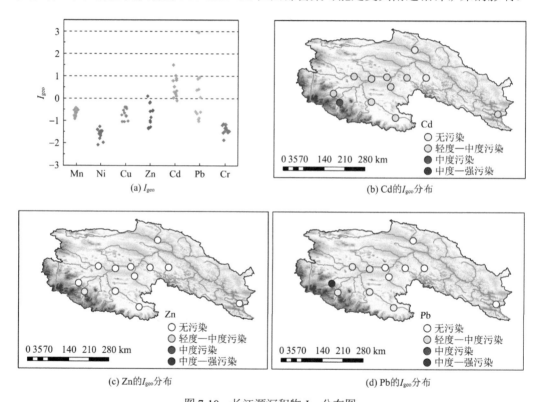

图 7-10　长江源沉积物 I_{geo} 分布图

分别采用水质指数（water quality index，WQI）和潜在生态风险指数（potential ecological risk index，RI）评价长江源区水体和沉积物生态风险，如图 7-11 所示。WQI 的计算公式为

$$\mathrm{WQI} = \sum \left[W_i \times \left(\frac{C_i}{S_i} \right) \times 100 \right] \tag{7-1}$$

式中，相对权重 $W_i=w_i/\Sigma w_i$，w_i 为根据其对人体健康的相对影响和对摄入的重要性而赋予元素的权重，不同元素分别被赋予 1、2、3、4、5 的权重；C_i 为元素含量；S_i 为生活饮用水卫生标准值。根据 WQI 数值可将地表水水质分为 5 类：WQI<50，水质极好；50≤WQI<100，水质良好；100≤WQI<200，水质较差；200≤WQI<300，水质很差；WQI≥300，不可饮用。

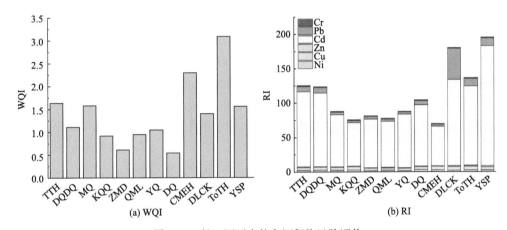

图 7-11　长江源区水体和沉积物风险评价

TTH—通天河，DQDQ—当曲大桥，MQ—莫曲，KQQ—科欠曲，ZMD—直门达，QML—曲麻莱，YQ—牙曲，DQ—旦曲，CMEH—楚玛尔河，DLCK—得列楚卡，ToTH—沱沱河，YSP—雁石坪

潜在生态风险指数是基于重金属的浓度、类型、毒性、敏感性和本底值来评估沉积物生态风险的指标，计算公式为

$$E_i = T_i \times C_i / B_i \qquad (7\text{-}2)$$

$$RI = \sum E_i \qquad (7\text{-}3)$$

式中，E_i 为重金属 i 的潜在生态风险系数；T_i 为重金属 i 的毒性系数；C_i 为重金属 i 在沉积物中的含量；B_i 为重金属 i 的环境背景值；RI 为采样点沉积物的潜在生态风险指数，可反映多种重金属的综合生态危害。

对于单个元素，根据 E_i 数值的不同可以将其生态风险程度分为 5 个等级：E_i<40，轻度风险；40≤E_i<80，风险中等；80≤E_i<160，风险较强；160≤E_i<320，风险很强；E_i≥320，风险极强。沉积物的综合生态风险指数 RI 分级如下：RI<150，轻度风险；150≤RI<300，风险中等；300≤RI<600，风险较强；RI≥600，风险很强。

12 个采样点水样的 WQI 远小于 50，显示其水质极好。沉积物 RI 范围在 53.98～154.69，其中得列楚卡、雁石坪达到中等生态风险，其余监测点为轻度风险，中等生态风险分布与 I_{geo} 评价比较一致。Cd 的 E_i 在 40.89～123.24，达到中等至较强风险；对于其他元素，除得列楚卡的 Pb 含量为中等生态风险外，其他均为轻度风险。推测 Cd 是构成长江源沉积物潜在生态风险的主要因子。

3. 痕量有机物时空分布特征

随着工业化、城市化进程的不断推进，以及旅游业的快速发展，人类活动对生态环境的扰动日益上升。本节介绍了痕量有机物（抗生素、全氟化合物）在长江源区的时空分布特征。环境中绝大部分的抗生素、全氟化合物为人工合成类化合物，可以反映工农业生产、旅游等人类活动对长江源区的影响。

长江源区水体中共检出 20 种抗生素（图 7-12），浓度范围为 ND～8.01 ng/L，总体在 1.00 ng/L 以下，仅有个别化合物超过 2.00 ng/L。在所有抗生素中，四环素（TC）类浓度普遍偏高，科欠曲（KQQ）采样点四环素高达 8.01 ng/L。除此之外，脱水四环素（ATC，0.10～4.29 ng/L）、去甲基金霉素（DCTC，0.30～2.40 ng/L）、多西环素（DC，ND～1.68 ng/L）等四环素类浓度也超过了整体水平。如图 7-13 所示，长江源区水体四环素的总浓度范围为 2.39～10.07 ng/L，显著高于其他大类的抗生素，其次为 β-内酰胺类抗生素（0.30～2.50 ng/L）和喹诺酮类（ND～1.66 ng/L）。这表明四环素类抗生素是长江源区水体中最主要的抗生素类型，与周边养殖活动以及使用的抗生素有关。

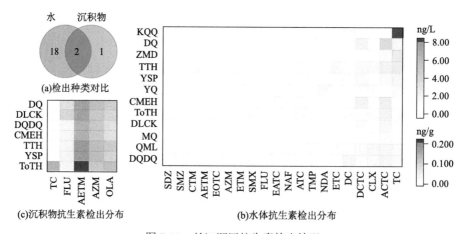

图 7-12　长江源区抗生素检出情况

TTH—通天河，DQDQ—当曲大桥，MQ—莫曲，KQQ—科欠曲，ZMD—直门达，QML—曲麻莱，YQ—牙曲，DQ—旦曲，CMEH—楚玛尔河，DLCK—得列楚卡，ToTH—沱沱河，YSP—雁石坪；SDZ—磺胺嘧啶，SMZ—磺胺二甲嘧啶，CTM—克拉霉素，AETM—脱水红霉素，EOTC-4—差向土霉素，AZM—阿奇霉素，ETM—红霉素，SMX—磺胺甲氧哒嗪，FLU—氟甲喹，EATC-4—差向脱水四环素盐酸盐，NAF—萘夫西林钠，ATC—脱水四环素，TMP—甲氧苄氨嘧啶，NDA—萘啶酸，ETC-4—差向四环素，DC—多西环素，DCTC—去甲基金霉素，CLX—氯唑西林钠-水合物，ACTC—盐酸脱水金霉素，TC—四环素，OLA—噁喹酸

长江源区沉积物中检出的抗生素种类仅有 5 种，浓度范围为 ND～0.21 ng/g，大部分在 0.20 ng/g 以下，沱沱河（ToTH）采样点检出的 AETM（脱水红霉素）浓度最高，为 0.21 ng/g。AETM（0.15～0.21 ng/g）和 AZM（阿奇霉素，0.12～0.13 ng/g）的浓度也稍高于其他检出抗生素。沉积物中检出的大环内酯类（MLs，0.27～0.33 ng/g）显著高于其他类别的抗生素，是沉积物中的主要抗生素类型，可能与 MLs 疏水性较强、易被沉积物吸附有关。仅有两种抗生素在水和沉积物中均检出，为脱水红霉素（AETM）和四环素

（TC）。总体来看，长江源区抗生素检出种类少、浓度低，受污染程度远低于其他河流。

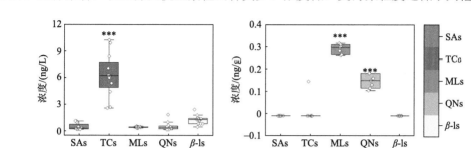

图 7-13　长江源区水体和沉积物中不同类别的抗生素分布情况

SAs—磺胺类；TCs—四环素类；MLs—大环内酯类；QNs—喹诺酮类；β-ls—β-内酰胺类

图 7-14 为长江源区水和沉积物中抗生素浓度空间分布。总体而言，各采样点水体中抗生素的总检出浓度差异不大，莫曲（MQ）抗生素浓度最低（3.90 ng/L），旦曲（DQ）最高（11.96 ng/L）。TTH（通天河）、QML（曲麻莱）、KQQ（科欠曲）和 DQ（旦曲）的抗生素检出总浓度接近，TC（四环素）和 ACTC（盐酸脱水金霉素）占比较高。沉积物中抗生素总浓度为 0.39～0.64 ng/g，各采样点沉积物抗生素浓度水平比较接近，仅沱沱河（ToTH）检出了 TC（四环素），AETM（脱水红霉素）和 AZM（阿奇霉素）约占沉积物抗生素总检出的 70 %，是主要的抗生素污染种类；FLU（氟甲喹）占比相对较低。总体而言，长江源区沉积物抗生素没有明显的空间变异特征。

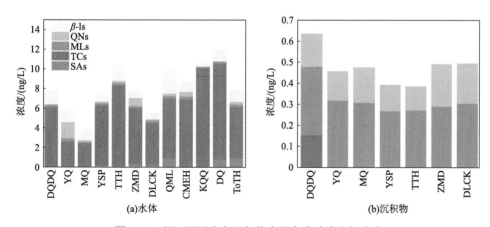

图 7-14　长江源区水和沉积物中抗生素浓度空间分布

选取绿藻、水蚤和鱼三种模式水生生物，采用风险熵法（risk quotient，RQ）评价抗生素在长江源区水体中的生态风险，如图 7-15 所示。长江源区四环素类抗生素的相对风险较其他抗生素种类较高，其次是大环内酯类，磺胺类抗生素中 SMX、TMP 也存在一定的生态风险。整体上，单种抗生素对三种模式生物的 RQ 均小于 0.01，显示无明显生态风险。然而，由于高原生态环境脆弱，环境中亚抑制浓度和亚选择浓度下的抗生素仍然有诱导细菌耐药的潜在能力，高原河流环境中抗生素污染带来的潜在风险依然值得重视。

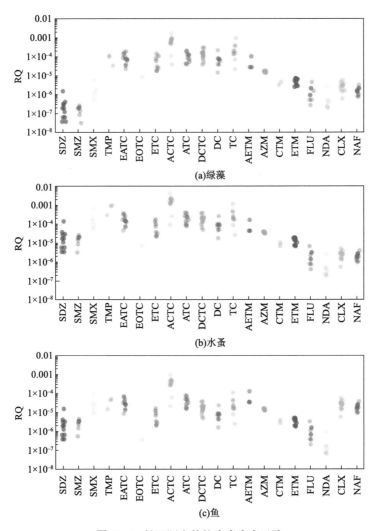

图7-15 长江源水体抗生素生态风险

SDZ—磺胺嘧啶，SMZ—磺胺二甲嘧啶，TMP—甲氧苄氨嘧啶，EATC-4—差向脱水四环素盐酸盐，EOTC—差向土霉素，ETC—差向四环素，ACTC—盐酸脱水金霉素，ATC—脱水四环素，DCTC—去甲基金霉素，DC—多西环素，TC—四环素，AETM—脱水红霉素，AZM—阿奇霉素，CTM—克拉霉素，ETM—红霉素，FLU—氟甲喹，SMX—磺胺甲氧哒嗪，NDA—萘啶酸，CLX—氯唑西林钠-水合物，NAF—萘夫西林钠

长江春季和秋季全氟烷基化合物（PFOS）及全氟和多氟烷基化合物（PFASs）总浓度范围分别为0.30～88.50 ng/L及ND～68.78 ng/L。朱沱（ZT）、泸州（LZ）和寸滩（CT）水文站PFASs总浓度在两季均较高（图7-16），这些站点位于工业高度发达的城市，人类活动扰动较强。全氟辛酸（PFOA）在水体PFASs中占比较高，检出率在90%以上，春季浓度范围为ND～86.90 ng/L，秋季浓度范围为ND～62.85 ng/L。除此之外，全氟丁

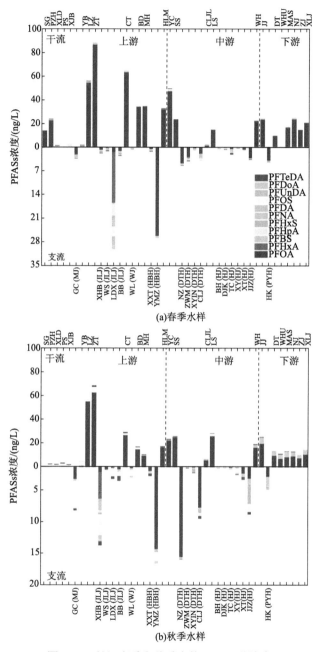

图 7-16　长江春季和秋季水体 PFASs 总浓度

SG-石鼓；PZH-攀枝花；XLD-溪洛渡；PS-屏山；XJB-向家坝；YB-宜宾；LZ-泸州；ZT-朱沱；CT-寸滩；BD-巴东；MH-庙河；HLM-黄陵庙；YC-宜昌；SS-沙市；CLJL-城陵矶莲；LS-螺山；WH-武汉；JJ-九江；DT-大通；WHU-芜湖；MAS-马鞍山；NJ-南京；ZJ-镇江；XLJ-徐六泾；GC（MJ）-高场（岷江）；XHB（JLJ）-小河坝（嘉陵江）；WS（JLJ）-武胜（嘉陵江）；LDX（JLJ）-罗镀溪（嘉陵江）；BB（JLJ）-北碚（嘉陵江）；WL（WJ）-武隆（乌江）；XXT（HBH）-小溪塔（黄柏河）；YMZ（HBH）-夜明珠（黄柏河）；NZ（DTH）-南嘴（洞庭湖）；ZWM（DTH）-周文庙（洞庭湖）；XYIN（DTH）-襄阴（洞庭湖）；CLJ（DTH）-城陵矶（洞庭湖）；BH（HJ）-白河（汉江）；DJK（HJ）-丹江口（汉江）；TC（HJ）-陶岔（汉江）；XY（HJ）-襄阳（汉江）；XT（HJ）-仙桃（汉江）；JJZ（HJ）-集家嘴（汉江）；HK（PYH）-湖口（鄱阳湖）

基磺酸（PFBS）、全氟己烷磺酸（PFHxS）、全氟十二烷酸（PFDoA）和全氟十四烷酸（PFTeDA）的检出率也超过 50%。在空间分布上，长江干流上游 PFASs 浓度较高，这可能与点源污染有关，如泸州和重庆附近的氟化工业园区排放等。干流水体中 PFASs 总浓度（春季 23.59 ng/L，秋季 17.13 ng/L）高于支流（春季 4.96 ng/L，秋季 4.62 ng/L）。从季节变化来看，春季水体 PFASs 总浓度（均值 16.17 ng/L）高于秋季（均值 11.89 ng/L），原因可能是，秋季（10 月）水体平均流量是春季（3 月）的 2.9 倍，对 PFASs 产生了稀释作用。长江春、秋季水体 PFASs 浓度具有显著差异性，但两季 PFOA 浓度的 Pearson 系数显著相关，表明 PFOA 排放源的稳定性。针对 PFASs 组成占比，PFOA 贡献最大，春季占比 5.17%～99.5%，秋季占比 0～97.9%；PFBS 和全氟辛烷磺酸（PFOS）占比也较高，分别占春季 PFASs 总量的 0.14%～65.5% 和 0～31.2%，占秋季 PFASs 总量的 0.37%～63.9% 和 0～77.4%。整体上，长江 PFASs 总浓度低于中国东部地表水体。

长江沉积物中总 PFASs 含量为 9.70～151.60 μg/kg（春季）、1.20～96.90 μg/kg（秋季）（图 7-17）。全氟己酸（PFHxA）、全氟庚酸（PFHpA）和 PFTeDA 的检出率达到 100%。PFHxA 和 PFHpA 是沉积物中含量最多的 PFASs。春季 PFHxA 含量为 2.40～89.70 μg/kg，秋季为 0.30～65.20 μg/kg，分别占沉积物中 PFASs 总平均浓度的 43.3% 和 50.4%；春季

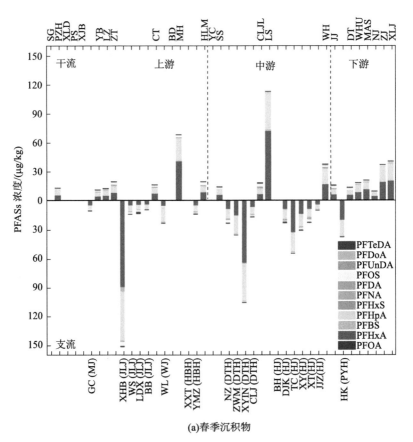

(a)春季沉积物

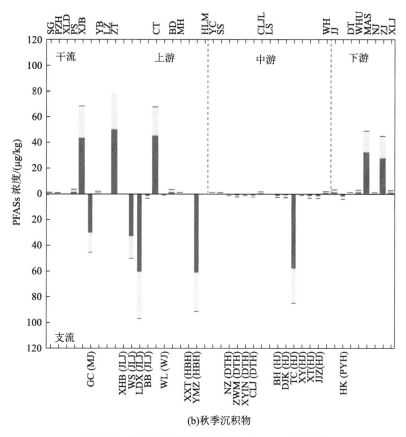

(b)秋季沉积物

图 7-17 长江春季和秋季沉积物中 PFASs 总浓度

PFHpA 含量为 3.20～50.80 μg/kg，秋季 PFHpA 含量为 0.20～35.50 μg/kg，分别占沉积物 PFASs 总平均浓度的 39.0%和 36.0%。长江沉积物 PFHxA 和 PFHpA 含量均高于法国奥尔日河（Orge River），澳大利亚康宝树湾（Homebush Bay），中国渤海湾、珠海，以及韩国的六大河流。沉积物中 PFHxA 和 PFHpA 对总 PFASs 的贡献大于 PFOA 和 PFOS。PFHxA 是 C6 氟调聚物的降解产物，可用于生产 C6 氟调聚物丙烯酸酯聚合物；PFHpA 可用于织物的防水和防油剂，同时也是沙发、食品包装、地毯污渍和防油涂层的分解物，这反映了 PFHpA 及其前体化合物使用范围较广。此外，PFHxA 和 PFHpA 作为典型的短链 PFASs，在土壤和沉积物中比长链 PFASs 具有更大的运移潜力，即短链 PFASs 一旦进入水生环境，可以向更深的河床沉积物迁移。

7.2.2 澜沧江非生物物质组成及其时空分布

深入揭示澜沧江水体及沉积物中的生源物质（C、N、P 等）、无机元素、新兴有机物等的时空分布特征，评估澜沧江水环境状况、演变机制及生态风险水平，可为系统地认识梯级水电开发下的国际河流物质输移及时空演变规律奠定基础。

1. 生源物质时空分布特征

澜沧江溶解性有机碳（DOC）含量为 0.4~2.8 mg/L（图 7-18）。DOC 值较大的点出现在上游，杂多、香达站点的 DOC 值达到 2.77 mg/L。下游库区段 DOC 值显著下降，在 1.5 mg/L 左右，约为上游 DOC 值的 1/2，可能与库区蓄水导致的稀释作用有关；库区河段 DOC 值沿程逐渐增加。对于沉积物有机碳（SOC），澜沧江 SOC 变化范围为 0.25%~3.25%，整体上看，下游 SOC 显著大于上游，与水体 DOC 情况截然相反，可能是由于库区有机碳发生了沉积作用。沉积物有机碳（sediment organic carbon，SOC）最大值在允景洪（YJH）水文站，达到 3.25%；上游香达（XD）水文站 SOC 仅为 0.4%，水体 DOC 却最高，达到 2.79 mg/L。从季节变化来看，SOC 也表现为丰水期（6 月）大于枯水期（11 月），与丰水期气温高、生物光合作用强烈以及雨水的冲刷强烈有关。

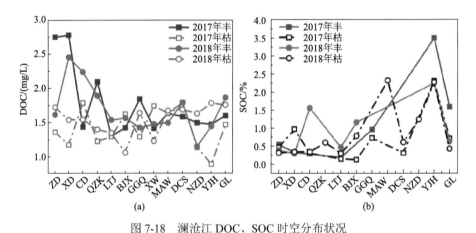

图 7-18　澜沧江 DOC、SOC 时空分布状况

澜沧江全河段（图 7-19）硝酸盐氮（NO_3^--N）浓度变化范围为 0.14~1.64 mg/L，丰水期显著低于枯水期，均值分别为（0.41±0.18）mg/L 和（0.57±0.27）mg/L，主要与丰水期流量较大有关。在空间分布上，上游 NO_3^--N 浓度均值为（0.57±0.18）mg/L，丰水期和枯水期均值分别为（0.50±0.16）mg/L 和（0.62±0.18）mg/L；中下游 NO_3^--N 均值为（0.46±0.26）mg/L，丰水期和枯水期均值分别为（0.38±0.18）mg/L 和（0.54±0.30）mg/L，均呈现出丰水期低于枯水期的趋势。整体上，上游 NO_3^--N 浓度均值高于中下游地区。对于氨氮，全河段氨氮（NH_4^+-N）浓度变化范围为 0.03~0.73 mg/L，丰水期[（0.17±0.18）mg/L]高于枯水期[（0.13±0.14）mg/L]。在空间分布上，上游氨氮浓度与中下游相差不大，变化范围分别为 0.03~0.38 mg/L 和 0.03~0.73 mg/L，均值分别为（0.12±0.11）mg/L 和（0.17±0.18）mg/L。对于总氮（TN），全河段 TN 浓度范围为 0.37~2.40 mg/L，TN 在丰水期[（0.90±0.47）mg/L]和枯水期[（0.78±0.35）mg/L]之间无明显差异。在空间分布上，上游 TN 浓度（0.45~2.40 mg/L）略高于中下游（0.37~2.11 mg/L），且均呈现出丰水期高于枯水期的趋势。从组成来看，NO_3^--N 是 TN 的主要组成部分，其中，丰水期 NO_3^--N 占 TN 的 57%，枯水期约占 80%。

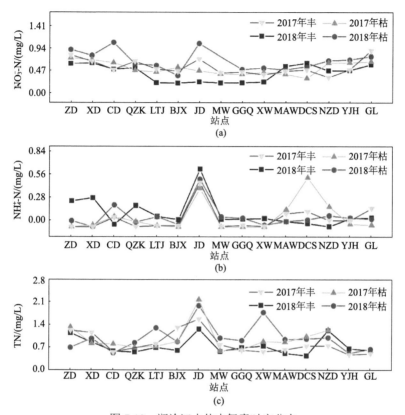

图 7-19　澜沧江水体中氮素时空分布

ZD 杂多；XD 香达；CD 昌都；QZK 曲孜卡；LTJ 溜筒江；BJX 白济汛；JD 金顶；MW 苗尾；GGQ 功果桥；XW 小湾；
MAW 漫湾；DCS 大朝山；NZD 糯扎渡；YJH 允景洪；GL 关累；下同

上游自然河道段内土壤矿化及沿程输入是硝酸盐氮两个主要来源。研究表明，上游断面输入的硝酸盐占比 35.5%，土壤矿化作用占比 30.4%，生活污水占比 16.0%，工业化肥和农业粪肥贡献较低，小于 20%（唐咏春，2019）。下游河段生活污水以及上游输入为硝酸盐氮的主要来源，其中生活污水占比 25.5%，上游断面输入占比 26.9%。下游生活污水的贡献率逐渐增加，主要是由于下游断面人口较多，人类活动扰动较大。除此之外，土壤矿化作用占比为 19.9%，农业粪肥和工业化肥占比分别为 13.5% 和 14.2%。

澜沧江干流水体 TP 含量沿程趋势如图 7-20 所示。丰水期总磷（TP）含量范围为 0.020～0.161 mg/L，最大值在白济汛水文站，最小值在允景洪水文站。整体上，中上游 TP 含量高于下游库区。枯水期水体 TP 含量范围为 0.007～0.033 mg/L，最大值和最小值同样分别出现在白济汛和允景洪水文站。从季节分布来看，丰水期 TP 含量比枯水期低得多，丰水期 TP 沿程变化也比枯水期显著。

澜沧江干流水体溶解态磷占总磷比值变化情况如图 7-21 所示。枯水期溶解态总磷占比较高，为 57.14%～90.00%，库区与非库区差异不大；丰水期溶解态总磷占比 5.59%～95.83%，库区与非库区差异显著，库区溶解态磷是水体总磷的主要存在形态（70% 以上），而非库区颗粒态磷为总磷的主要存在形态（溶解态磷占比<10%）。结合总磷沿程分布状

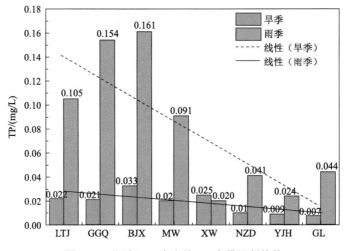

图 7-20 澜沧江干流水体 TP 含量沿程趋势

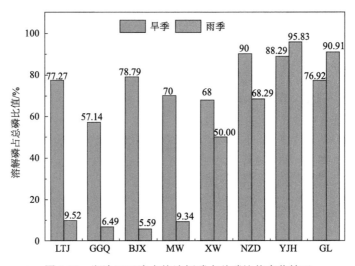

图 7-21 澜沧江干流水体溶解磷占总磷比值变化情况

况，推断丰水期水库泥沙沉积作用对颗粒态物质（磷）的拦截效应显著，降低了澜沧江水体总磷（主要是颗粒态磷）的浓度，改变了水体磷的组成。此外，枯水期和丰水期磷形态差异显著，这是由于枯水期悬浮泥沙较少，总磷以溶解态磷为主，同时库区浮游生物对生源物质的同化作用较弱，水库拦截对总磷的影响相对较弱；而丰水期悬浮泥沙较多，水库泥沙沉积作用以及强化的生物同化作用，导致河流总磷尤其是颗粒态磷的浓度显著降低，因此梯级水库河段溶解态磷占比相较于自然河段略高。

澜沧江水体氮磷 Redfield 比值如图 7-22 所示。按照 Redfield 比值（碳：氮：磷=106：16：1）关系对生源物质生物有效性的判定条件，澜沧江云南段河水中溶解磷与溶解氮的平均摩尔比值为 70，总体表现为"磷缺乏"的河流营养型状态，即磷是澜沧江河水生态系统的关键性限制因素。澜沧江梯级水库建设加大了磷的滞留，导致氮磷比不平衡，且沿程逐渐增强。从营养盐的生物有效性和生物限制方面来看，澜沧江云南段与长江、雅江、密西西比河等世界大河明显不同。

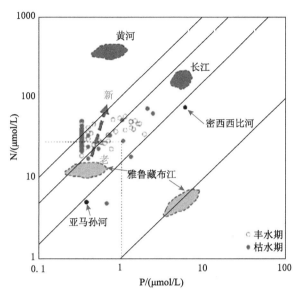

图 7-22　澜沧江水体氮磷 Redfield 比值

注：老代表老水库；新代表新水库

澜沧江各监测站点表层水体溶存 CO_2 分压（pCO_2）分布如图 7-23 所示。从全河段来看，澜沧江所有站点 pCO_2 均高于大气中 CO_2 分压，表明澜沧江水体是大气 CO_2 的源。pCO_2 变化范围为 760.7～3239.7 μatm，丰水期 pCO_2 高于枯水期，平均值分别为（1495.6±661.1）μatm 和（1213.8±421.4）μatm。在沿程分布上，pCO_2 最大值出现在糯扎渡水文

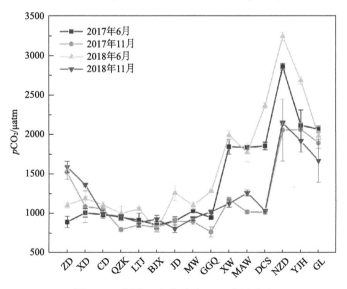

图 7-23　澜沧江水体溶存 CO_2 分压分布

站（2018 年丰水期），为（3239.7±53.6）µatm，最小值出现在功果桥水文站（2017 年枯水期），为（760.7±63.4）µatm，最大值约是最小值的 4.3 倍。上游 pCO_2 变化范围为 790.7～1586.2 µatm，平均值为（1061.2±204.9）µatm；丰水期略低于枯水期，分别为（1016.6±89.4）µatm 和（1105.7±268.3）µatm。中下游 pCO_2 变化范围为 760.7～3239.7 µatm，平均值为（1501.5±636.5）µatm；丰水期显著高于枯水期（$P<0.01$），分别为（1735.1±692.4）µatm 和（1267.8±470.7）µatm。

澜沧江水体溶存态 CH_4 浓度分布如图 7-24 所示。从全河段来看，各监测水文站 CH_4 溶存浓度差异较大，变化范围为 12.0～623.6 nmol/L，上游 CH_4 溶存浓度低于中下游。丰水期和枯水期溶存态 CH_4 的平均值分别为（82.4±81.2）nmol/L 和（110.2±141.9）nmol/L，丰水期低于枯水期。上游溶存 CH_4 的浓度变化范围为 14.2～401.7 nmol/L，平均值为（76.0±85.4）nmol/L；丰水期和枯水期平均值分别为（43.6±19.5）nmol/L 和（108.4±110.1）nmol/L，枯水期平均浓度为丰水期的 2.5 倍。中下游溶存态 CH_4 变化范围为 12.0～623.6 nmol/L，平均值为（106.5±128.1）nmol/L；丰水期 CH_4 浓度[（101.8±92.6）nmol/L]略低于枯水期[（111.1±155.5）nmol/L]。中下游平均溶存 CH_4 浓度约为上游的 1.4 倍，可能是温度差异导致产甲烷菌活性有差异。

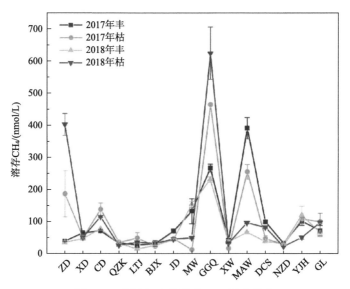

图 7-24　澜沧江水体溶存 CH_4 浓度分布

澜沧江各监测站点表层水体溶存 N_2O 浓度分布如图 7-25 所示。从全河段来看，各监测站点 N_2O 溶存浓度差异较大，变化范围为 11.3～33.8 nmol/L，上游 N_2O 溶存浓度高于中下游。从季节变化来看，丰水期略高于枯水期，无明显季节变化（$P>0.05$）。丰水期和枯水期平均值分别为（21.2±3.8）nmol/L 和（20.2±6.8）nmol/L，最大值出现在昌都站点（2018 年枯水期），为（33.8±1.5）nmol/L，最小值出现在漫湾站点（2017 年枯水期），为（11.3±0.1）nmol/L，N_2O 溶存浓度最大值约为最小值的 3 倍。

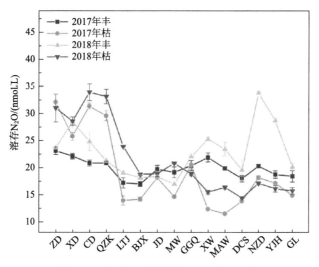

图 7-25　澜沧江水体溶存 N₂O 浓度分布

2. 无机元素时空分布特征

澜沧江水体重金属元素含量分布如图 7-26 所示。丰水期 Cr、Mn、Ni、Cu、Cd、Pb 和 As 的浓度范围分别为 $0.24 \sim 1.10$ μg/L、$0.40 \sim 4.51$ μg/L、$1.51 \sim 3.41$ μg/L、$0.08 \sim 16.66$ μg/L、ND、ND~ 0.60 μg/L 和 $1.73 \sim 6.81$ μg/L，各元素平均浓度排序为 As（3.77 μg/L）＞Ni（2.35 μg/L）＞Mn（1.75 μg/L）＞Cu（1.64 μg/L）＞Cr（0.74 μg/L）＞Pb（0.05 μg/L）＞Cd（ND）。枯水期 Cr、Mn、Ni、Cu、Cd、Pb 和 As 的浓度范围为 ND~ 0.62 μg/L、$0.37 \sim 6.19$ μg/L、$1.72 \sim 5.82$ μg/L、$0.14 \sim 16.9$ μg/L、ND、ND~ 0.12 μg/L 和 $1.76 \sim 10.44$ μg/L，各元素平均浓度排序为 As（5.49 μg/L）＞Ni（2.99 μg/L）＞Mn（1.72 μg/L）＞Cu（0.58 μg/L）＞Cr（0.12 μg/L）＞Cd（ND）≈Pb（ND）。从季节分布来看，Cr、Cu 呈现出丰水期大于枯水期的趋势，其他元素受季节变化影响不明显。从沿程分布来看，澜沧江中游 As、Mn、Ni 等元素含量较高，可能与周边兰坪县有色金属加工有关。

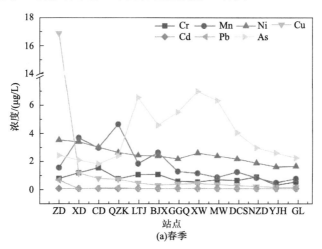

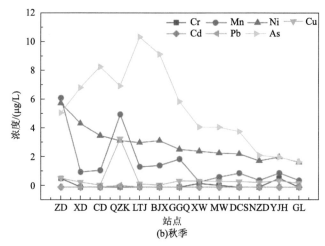

图 7-26　澜沧江水体重金属元素春季和秋季含量分布图

对于沉积物重金属（图 7-27），丰水期 Cr、Mn、Ni、Cu、Cd、Pb 和 As 的含量范围为 17.79～82.89 mg/kg、275.44～651.95 mg/kg、13.93～38.63 mg/kg、16.12～39.18 mg/kg、0.16～0.41 mg/kg、23.35～48.19 mg/kg 和 9.14～75.51 mg/kg，各元素平均含量排序为 Mn（469.59 mg/kg）>Cr（54.77 mg/kg）>As（36.54 mg/kg）>Pb（34.98 mg/kg）>Cu（26.51 mg/kg）>Ni（22.27 mg/kg）>Cd（0.28 mg/kg）。枯水期 Cr、Mn、Ni、Cu、Cd、Pb 和 As 的含量范围为 16.71～72.72 mg/kg、257.01～568.60 mg/kg、8.65～31.10 mg/kg、8.09～28.75 mg/kg、0.10～0.60 mg/kg、7.92～42.95 mg/kg 和 18.21～46.95 mg/kg，各元素平均含量排序为 Mn（438.98 mg/kg）>Cr（48.61 mg/kg）>As（33.66 mg/kg）>Pb（22.70 mg/kg）>Cu（18.15 mg/kg）>Ni（17.79 mg/kg）>Cd（0.26 mg/kg）。

从季节分布来看，澜沧江沉积物中所有元素均呈现出丰水期大于枯水期的趋势，季节差异显著大于长江、黄河等河流。这可能是由于，梯级水库河段沉积物含量、颗粒级配、矿物组成等差异较大，导致沉积物重金属含量季节差异较大。从沿程分布来看，中游溜筒江、白济汛等断面沉积物 Mn、Cr、Pb、As 等元素含量较高，与周边兰坪县有色金属加工有关。

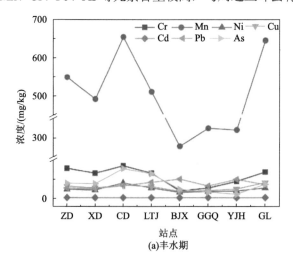

(a)丰水期

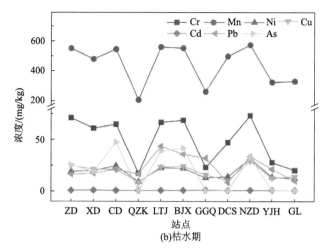

图 7-27　澜沧江沉积物重金属元素含量丰水期和枯水期分布图

采用相关性分析探究澜沧江重金属含量与基本理化参数的关系（表 7-7 和表 7-8）。分别计算了水体和沉积物重金属含量与理化指标的 Pearson 相关系数 r，将 $P<0.05$ 的 Pearson 相关系数取绝对值后绘制如图 7-28 所示的弦图。对于水体重金属，元素之间呈现明显的相关性，如 Ni-Cr、Mn-Ni-Cu-Pb、Mn-Cd，表明这些元素具有相似的来源。此外，澜沧江水体重金属还显著受水温（T）的影响。对于沉积物重金属，Cr、Mn、Ni、Cu、Cd、Pb 和 As 两两之间的相关性相比于水体更强，且与其他环境因子无显著相关性，表明沉积重金属主要来源于岩石风化，受人类活动的扰动很小。

表 7-7　澜沧江水体重金属与理化因子间的 Pearson 相关性

参数	Cr	Mn	Ni	Cu	Cd	Pb	As	T	pH	DO	N	P	EC
Cr	1												
Mn	0.379	1											
Ni	0.737**	0.720**	1										
Cu	0.434	0.637*	0.737**	1									
Cd	−0.136	0.730**	0.219	0.262	1								
Pb	0.416	0.681*	0.713**	0.993**	0.328	1							
As	0.207	0.179	0.266	−0.134	0.078	−0.133	1						
T	−0.652*	−0.823**	−0.925**	−0.605*	−0.434	−0.602*	−0.204	1					
pH	0.375	0.495	0.491	0.073	0.378	0.096	0.819**	−0.499	1				
DO	0.259	0.628*	0.798**	0.580*	0.356	0.54	0.331	−0.770**	0.442	1			
N	0.284	0.560*	0.527	0.386	0.348	0.4	0.383	−0.455	0.386	0.449	1		
P	−0.033	0.016	−0.132	−0.283	−0.161	−0.268	0.571*	0.187	0.38	−0.123	0.01	1	
EC	−0.183	−0.447	−0.568*	−0.626*	−0.19	−0.580*	0.315	0.521	0.23	−0.667*	−0.467	0.45	1

**表示 $P<0.01$；*表示 $P<0.05$。

表 7-8　澜沧江沉积物重金属与理化因子间的 Pearson 相关性

	Cr	Mn	Ni	Cu	Cd	Pb	As	T	pH	DO	N	P	EC
Cr	1												
Mn	0.970**	1											
Ni	0.942**	0.960**	1										
Cu	0.929**	0.970**	0.943**	1									
Cd	0.675*	0.714**	0.676*	0.768**	1								
Pb	0.632*	0.708**	0.747**	0.767**	0.609*	1							
As	0.548	0.627*	0.597*	0.683*	0.604*	0.906**	1						
T	−0.523	−0.415	−0.369	−0.368	−0.477	−0.052	−0.457	1					
pH	0.172	0.147	0.197	0.074	0.24	0.278	0.418	−0.499	1				
DO	0.257	0.184	0.039	0.176	0.531	0.024	0.1	−0.770**	0.442	1			
N	−0.073	−0.242	−0.234	−0.3	−0.086	−0.227	−0.02	−0.455	0.386	0.449	1		
P	0.094	0.199	0.201	0.21	0.045	0.591*	0.3	0.187	0.38	−0.123	0.01	1	
EC	−0.146	−0.028	0.11	−0.035	−0.282	0.21	0.214	0.521	0.23	−0.667*	−0.467	0.45	1

**表示 $P<0.01$；*表示 $P<0.05$。

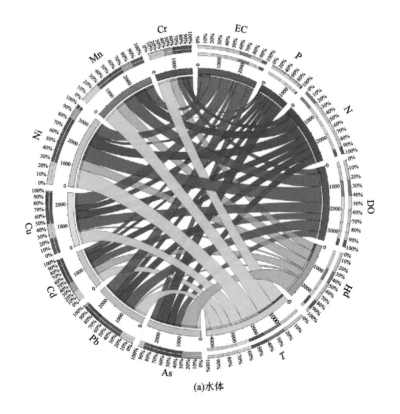

(a)水体

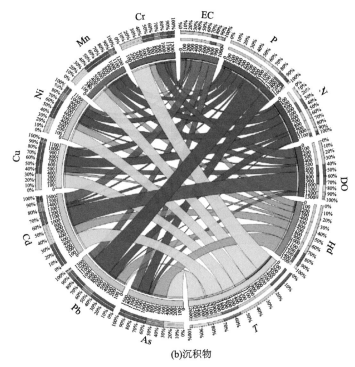

(b)沉积物

图 7-28　澜沧江重金属元素和理化指标之间的相关性

EC-电导率；*T*-水温；DO-溶解氧

进一步评价了澜沧江水体和沉积物重金属的生态风险（图 7-29 和图 7-30）。15 个采样点水样的 WQI 远小于 50，显示其水质极好。沉积物 RI 范围在 44~198，表明澜沧江大多数河段沉积物金属生态风险处于中等风险，尤其是丰水期的杂多、昌都、溜筒江、功果桥、关累等站点。

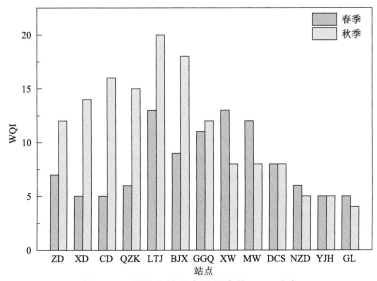

图 7-29　澜沧水体重金属元素的 WQI 分布

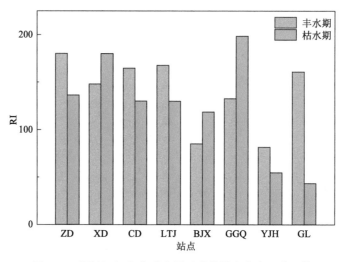

图 7-30　澜沧江沉积物重金属元素的潜在生态风险评价

3. 痕量有机物时空分布特征

本节介绍了澜沧江痕量有机物（抗生素、全氟烷基化合物）的时空分布特征及生态风险，这些人工合成的化合物可以反映人类活动对澜沧江的影响。

澜沧江水体共检出抗生素 46 种，其中磺胺类 12 种，大环类内酯类 9 种，喹诺酮类 5 种，四环素类 11 种，β-内酰胺类 7 种，其他类 2 种（图 7-31）。2018 年 11 月水样中抗生素检出种类最多（41 种），2017 年 6 月检出种类最少（26 种）。由于 2017 年春夏季澜沧江流域降水丰沛，大大稀释了水体抗生素的浓度，导致 2017 年检出的抗生素种类较 2018 年少。同时，夏季较高的水温和光强会促进抗生素的降解，因此 6 月抗生素种类较 11 月少。具体到化合物，由图 7-31 可知，磺胺类抗生素总检出率较高（> 80%）的有磺胺甲氧哒嗪（SMX）、磺胺二甲嘧啶（SMZ）和磺胺嘧啶（SDZ）；大环内酯类抗生素检出率较高的有脱水红霉素（AETM）、阿奇霉素（AZM）、红霉素（ETM）、罗红霉素（RTM）和克拉霉素（CTM）；喹诺酮类检出率变化比较明显，2018 年 11 月检出种类多且检出率高，而 2017 年 6 月水样中只检出了氟甲喹（FLU，57.14%）一种。由于磺胺甲氧哒嗪（SMX）和磺胺间甲氧嘧啶（SMM）具有广谱抗菌性，在人和动物的细菌感染治疗上应用广泛，且环境持久性较好，在各类地表水环境（如长江、黄河、珠江和海河等）中均有检出。磺胺胍（SGD）广泛应用于人和动物细菌性痢疾的治疗，具有较强的亲水性（$\log K_{ow} = -1.22$），是中国河流流域范围内检出较为频繁的 36 种抗生素之一。磺胺类抗生素是典型的兽用抗生素，大量磺胺类抗生素的检出，尤其是在澜沧江下游河段（SMM>10 ng/L），表明澜沧江水体抗生素分布与流域动物养殖活动有关。

由图 7-32 可知，澜沧江水体中各大类抗生素检出浓度范围为：磺胺类（SAs，1.51～37.42 ng/L），大环内酯类（MLs，1.03～8.95 ng/L），喹诺酮类（QNs，ND～2.63 ng/L），四环素类（TCs，ND～12.20 ng/L），β-内酰胺类（β-ls，ND～12.81 ng/L），其他（0.03～1.24 ng/L）。从季节分布来看，四次采样中水体抗生素含量整体无显著差异。丰水期地表

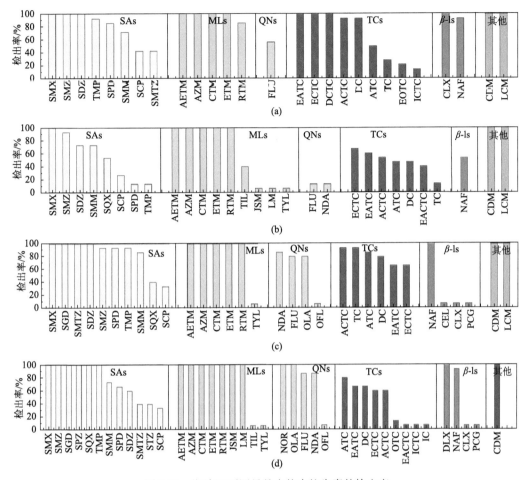

图 7-31 澜沧江不同月份水体中抗生素的检出率

磺胺甲氧哒嗪 SMX；磺胺胍 SGD；磺胺甲噻唑 SMTZ；磺胺二甲嘧啶 SMZ；磺胺嘧啶 SDZ；甲氧苄氨嘧啶 TMP；磺胺吡啶 SPD；磺胺间甲氧嘧啶 SMM；磺胺苯吡唑 SPZ；磺胺喹噁啉 SQX；磺胺噻唑 STZ；磺胺氯哒嗪 SCP；磺胺甲噻二唑 SMTZ；脱水红霉素 AETM；阿奇霉素 AZM；克拉霉素 CTM；红霉素 ETM；罗红霉素 RTM；替米考星 TIL；交沙霉素 JSM；白霉素 LM；泰乐菌素 TYL；氟甲喹 FLU；萘啶酸 NDA；噁喹酸 OLA；氧氟沙星 OFL；诺氟沙星 NOR；4-差向脱水四环素盐酸盐 EATC；4-差向金霉素盐酸盐 ECTC；去甲基金霉素 DCTC；盐酸脱水金霉素 ACTC；强力霉素 DC；脱水四环素盐酸盐 ATC；4-差向四环素盐酸盐 EACTC；四环素 TC；土霉素 OTC；4-差向土霉素 EOTC；异氯四环素 ICTC；氯唑西林钠一水合物 CLX；萘夫西林钠 NAF；头孢氨苄 CEL；青霉素 PCG；双氯西林 DLX；盐酸克林霉素 CDM；盐酸林可霉素 LCM

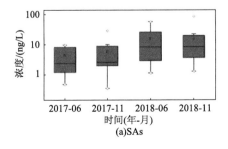

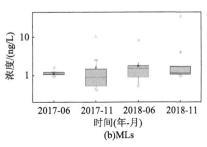

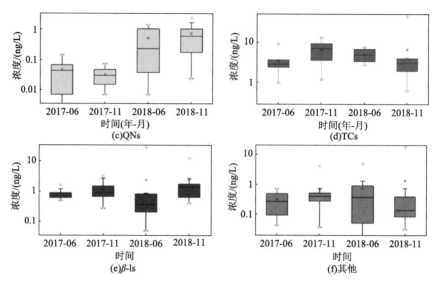

图 7-32 澜沧江水体中六大类抗生素浓度时间变化箱线图

径流增多造成流入澜沧江水体中的污染物增加,但径流增加的同时也对污染物起到了稀释作用。此外,丰水期属于细菌感染高发季节,也是旅游旺季,抗生素消费量显著增加;但高温条件下微生物降解相对活跃,且夏季光降解也更为强烈。综合考虑上述多个要素对澜沧江抗生素来源、稀释和降解的影响,四次采样之间抗生素的浓度水平无显著性差异。

图 7-33 为澜沧江不同月份水体中抗生素检出浓度的空间分布。除丰水期的白济汛和枯水期的金顶外,澜沧江水体抗生素浓度呈现出从上游到下游逐渐增加的趋势(ND~166.44 ng/g),且以磺胺类抗生素为主(0.42~72.66 ng/L)。澜沧江从上游杂多站(海拔4060 m)到出境关累站(海拔 477 m)垂直落差约 3500m,人口分布随海拔降低而增加,人和动物对抗生素的消耗排放是抗生素污染的初始来源,因此,下游更高的人口密度带来了更多的抗生素消耗与排放。此外,从上游至下游,伪持久性抗生素(尤其是环境持久性较高的磺胺类抗生素)不断累积,导致下游抗生素浓度相对较高。类似规律在长江干流也有所发现,反映了人类活动对流域抗生素污染的贡献。

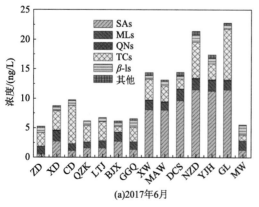

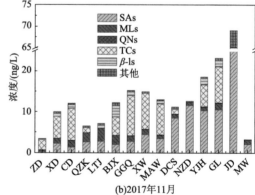

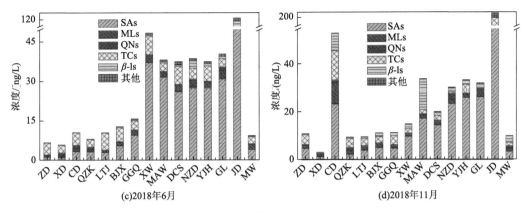

图 7-33　澜沧江水体中抗生素检出浓度的空间分布

采用风险熵（RQ）法，分别评价了抗生素对绿藻、无脊椎动物和鱼类的生态风险。由图 7-34 可知，不同月份水体中抗生素对绿藻的 $\sum$RQ 值均小于 0.01，表明澜沧江水体抗生素对绿藻类不存在生态风险。澜沧江水体抗生素对无脊椎动物总体表现为低风险或无风险（图 7-35），$\sum$RQ 时空变化规律和抗生素浓度变化规律一致。下游库区表现为低风险，中上游除昌都站（2018 年）以外均表现为无风险，$\sum$RQ 的贡献主要来自于磺胺类抗生素。昌都站 2018 年 11 月的 $\sum$RQ 值最大，可能是由于该点位于排污口下游，具有

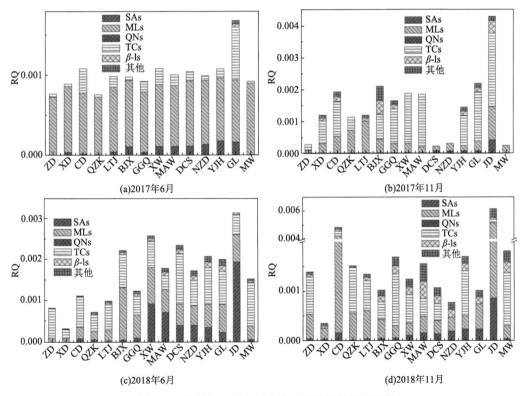

图 7-34　澜沧江水体中抗生素对绿藻的累积风险值

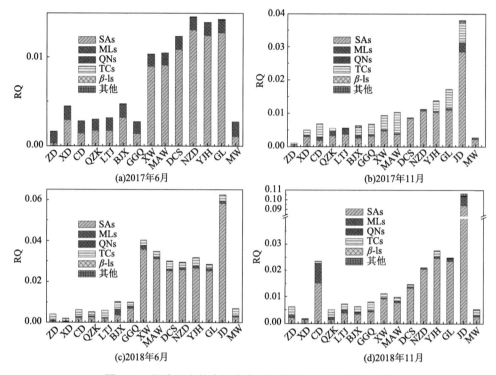

图 7-35 澜沧江水体中抗生素对无脊椎动物的累积风险值

各字母含义同图 7-19

相对较高的环境累积风险值。位于沘江支流的金顶站水体抗生素对无脊椎动物表现为低等甚至中等风险（2018 年 11 月）。图 7-36 为澜沧江水体抗生素对鱼类的累积风险，$\sum$RQ值均小于 0.01，表明澜沧江水体抗生素对鱼类无生态风险。此外，除 2017 年 6 月以外，其他采样时间内 β-内酰胺类的风险贡献率明显增加，这是因为该类抗生素对鱼类的 LC_{50}值比较低（0.0323～0.2059 mg/L）。

澜沧江水体 15 种 PFASs（全氟或多氟化合物）的空间分布特征如图 7-37 所示。在所有采样点中，杂多水文站 Σ15PFASs 浓度最高，达到 9.48 ng/L。这主要是该点周边可能存在全氟戊酸（perfluoro-n-pentanoic acid，PFPeA）点源污染，导致 PFPeA 贡献较大（7.79 ng/L）（图 7-37）。除杂多站以外，澜沧江水体 Σ15PFASs 浓度沿程变化不大。

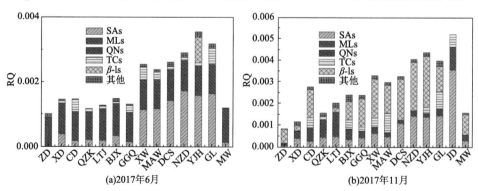

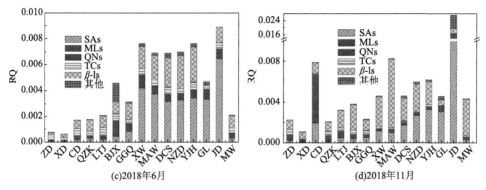

(c)2018年6月　　　　　　　　　(d)2018年11月

图 7-36　澜沧江水体中抗生素对鱼类的累积风险值

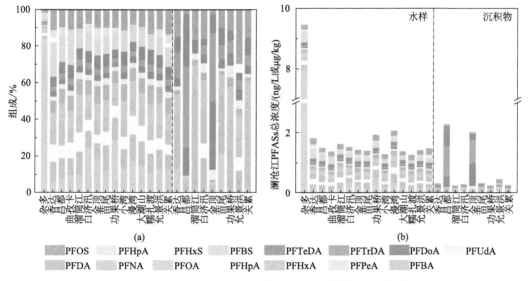

(a)　　　　　　　　　　　　　　(b)

图 7-37　澜沧江水样和沉积物中 PFASs 沿程分布及组成

澜沧江沉积物中 Σ15PFASs 沿程变化较大，其中昌都水文站和金顶水文站 Σ15PFASs 浓度明显高于流域其他站点。昌都水文站全氟十三烷酸（PFTrDA）、全氟十二烷酸（perfluorododecanoic acid, PFDoA）和全氟十四烷酸（perfluorotetradecanoic acid, PFTeDA）浓度贡献较大，最终 Σ15PFASs 含量达到 2.29 μg/kg。长链全氟烷基羧酸（PFCAs）主要用于汽车纺织饰品的浸渍喷雾，如汽车挡风玻璃清洗液、抛光剂和燃料添加剂等，都含有 PFASs 及其前体物质。昌都站较高的 Σ15PFASs 浓度可能与周边存在纺织类污染排放源有关。目前关于澜沧江流域 PFASs 时空分异特征的研究较少，有调查研究发现云南会泽县农田土壤 PFASs 的主要成分为 PFOA 和 PFOS，含量皆低于 1.0 μg/kg，主要来自于工业活动、大气沉降及长距离传输，与本调查结果接近。

借助饮用水摄入途径，评价了澜沧江水体 PFASs 对人体造成的健康风险。选取 10 种可搜集到可接受日摄取量（acceptable daily intake, ADI）的 PFASs（Riva et al., 2018; Schwanz et al., 2016），基于设置的两种情景模式，得到了不同的饮用水当量水平（drinking water equivalent level，DWEL）下澜沧江水体 10 种 PFASs 的健康风险（health quotient，HQs）。澜沧江水体中 PFAS 对所有年龄段人群的 HQs 范围为 $1.45×10^{-7}$～0.017（图 7-38）。

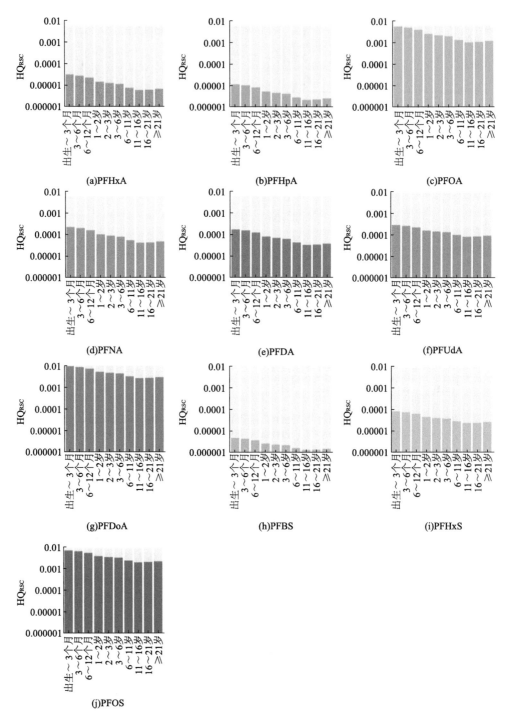

图 7-38　澜沧江水样中 PFASs 对不同年龄段人群的健康风险

PFDoA 的健康风险最高（HQs：0.003～0.017），其次是 PFOS（HQs：0.0024～0.013）和 PFOA（HQs：0.001～0.005）。对于不同年龄段的人群而言，PFASs 对新生婴儿的潜在健康风险最大，11～16 岁人群所经受的健康风险最小。

总体上，澜沧江抗生素、全氟烷基或多氟化合物等痕量有机物检出率和检出量较低，环境风险和健康风险均处于低等水平。

7.2.3　雅江非生物物质组成及其时空分布

深入揭示雅江水体及沉积物中的生源物质（C、N、P 等）、无机元素、痕量有机物等的时空分布特征，评估雅江水环境状况、演变机制及生态风险水平，可为系统地认识高寒河流物质输移及时空演变规律奠定基础。

1. 生源物质时空分布特征

1）水体生源物质时空分布特征

丰水期，雅江干流及支流水体总氮浓度变化范围为 0.41～2.48 mg/L，总磷浓度变化范围为 0.03～0.63 mg/L；枯水期总氮浓度变化范围为 0.29～1.65 mg/L，总磷浓度变化范围为 0.01～0.04 mg/L，枯水期总氮和总磷浓度远低于丰水期。阿里水系、湖泊、湿地水体营养盐浓度相对雅江干支流较低，总磷浓度范围为 0.01～0.13 mg/L，总氮浓度范围为 0.11～1.36 mg/L。

采用氯离子（Cl^-）与硝酸盐（NO_3^-）的浓度关系，分析了雅江流域及阿里水系（河流、湖泊、湿地）氮的来源（图 7-39 和图 7-40）。结果表明，雅江及阿里水系水体硝酸盐氮主要来自土壤有机质矿化和硝化作用的初期累积；部分支流如拉萨河、年楚河、夏布曲、柴曲等，由于农业灌区、城镇生活污水排放等，受人类活动输入的氮影响显著。由图 7-41 可知，在雅江和阿里四河流域，水体硝酸盐氮主要受到混合过程的影响，高原环境中微生物反硝化等氮转化作用较弱；由于汇入水量的增大，雅江中下游氮的含量受支流影响较大。例如，支流尼洋河的汇入导致干流（奴下站）水体"硝酸盐氮-氯离子"关系发生了显著变化。

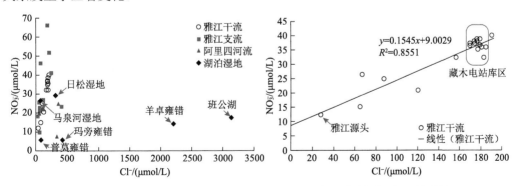

图 7-39　雅江及阿里水系河流、湖泊、湿地水体中"硝酸盐氮-氯"关系图

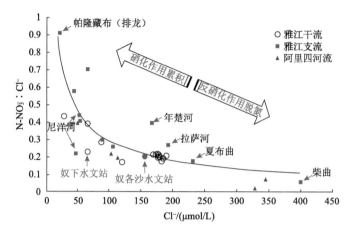

图 7-40　雅江及阿里水系河流、湖泊、湿地水体中氮累积转化关系

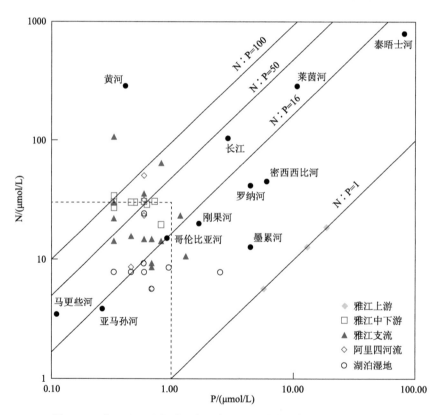

图 7-41　雅江及阿里水系河流、湖泊、湿地水体氮磷 Redfield 比值

采用 Redfield 比值评价了雅江初级生产力（浮游植物等）水平的营养供给潜力和营养限制状态。由图 7-41 可知，雅江干流和支流水体主要采样点均分布在 N∶P=16 等比线附近，说明水生态系统处于"营养盐较适宜状态"，不存在明显的营养盐限制，温度（水体积温）、日照、水动力条件等是影响水生植物初级生产力的主要因素。此外，雅江水电

开发活动导致水动力条件发生改变，水生生物对河流营养盐（生源物质）的利用有增强的趋势，进而对河流生源物质（碳、氮、磷、硅）组成和输送通量产生影响。

雅江水体溶存态 CO_2 分布如图 7-42 所示。大部分采样点水体呈 CO_2 过饱和状态，上游 CO_2 分压（pCO_2）变化范围为 865.5～1661.5 μatm，均值为 1236.9 μatm；中游 pCO_2 变化范围为 612.7～1338.3 μatm，均值为 958.3 μatm；中下游河段 pCO_2 较低，变化范围为 144～224 μatm。总体来看，pCO_2 沿雅江干流整体呈下降趋势。这可能是由于，随着海拔降低、人类活动增强，一些酸性离子（如 NH_4^+ 等）进入水生态系统导致水体 CO_2 释放，分压降低。表 7-9 汇总了世界 11 条大型河流的 pCO_2 数据。将这些数据进行对比分析，可以看出，大多数河流的 pCO_2 处于过饱和状态，均值为 2757 μatm。雅江 pCO_2 值低于世界上大多数河流的 pCO_2 值（均值为 899 μatm），约为这 11 条大型河流平均值的 1/3，与青藏高原海拔高、水体营养盐含量低有关。例如，黄河和长江的 pCO_2 值分别为（2810±1985）μatm 和（1235±515）μatm，亚马孙河 pCO_2 高达 4350 μatm，是雅江的 4 倍多。

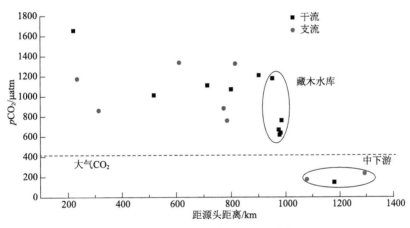

图 7-42　雅江水体溶存态 CO_2 分布

表 7-9　雅江与世界大河 pCO_2 对比分析（Bao et al.，2023）

河流	国家	pCO_2/μatm	样本量
亚马孙河	巴西	4350±1900	106
哈得孙河（Hudson River）	美国	1014±304	—
密西西比河	美国	1335±129	162
泰米尔纳德（Tamil Nadu，Kerala，Andhra Pradesh）	印度	2927±3269	40
渥太华河（Ottawa River）	加拿大	4283±4945	32
维多利亚河（Rivers of Victorian Alps）	澳大利亚	7389±10601	81
澜沧江	中国	2485.9±1529.2	66
乌江	中国	2617.2±313.2	19

续表

河流	国家	$p\mathrm{CO}_2/\mu\mathrm{atm}$	样本量
长江（干流）	中国	1235±515	34
长江（支流）	中国	1744±899	31
黄河	中国	2810±1985	145
雅江	中国	304~1771	17

雅江表层水体溶存态 CH_4 浓度分布特征如图 7-43 所示。从全河段来看，溶存态 CH_4 浓度变化范围为 22.6~3437.7 nmol/L，与文献报道的亚马孙河溶存态 CH_4 浓度范围（460~3700 nmol/L）相当。丰水期溶存态 CH_4 浓度高于枯水期，分别为 22.6~3437.7 nmol/L 和 25.9~429.7 nmol/L，平均值分别为（394.2±916.8）nmol/L 和（96.1±108.6）nmol/L。从沿程分布来看，溶存态 CH_4 浓度最大值在日喀则（2017 年丰水期），浓度为（3437.7±407.0）nmol/L；最小值在波密，浓度为（22.6±3.1）nmol/L（2018 年丰水期），整体上沿程变化不明显。

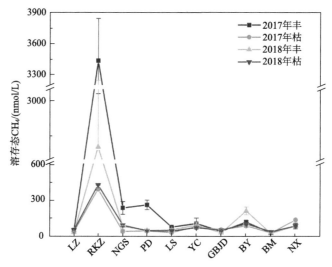

图 7-43　雅江表层水体溶存态 CH_4 浓度分布特征

LZ 拉孜；RKZ 日喀则；NGS 奴各沙；PD 旁多；LS 拉萨；YC 羊村；GBJD 工布江达；
BY 八一；BM 波密；NX 奴下；下同

雅江表层水体溶存态 N_2O 分布特征如图 7-44 所示。从全河段来看，雅江溶存态 N_2O 浓度变化范围为 14.2~118.3 nmol/L，丰水期高于枯水期，浓度范围分别为 14.2~118.3 nmol/L 和 17.4~33.3 nmol/L，平均值分别为（26.4±21.7）nmol/L 和（23.7±3.4）nmol/L。溶存态 N_2O 浓度最大值出现在日喀则（2017 年丰水期），为（118.3±2.9）nmol/L；最小值出现在奴各沙（2017 年丰水期），为（14.2±0.9）nmol/L。干、支流溶存态 N_2O 浓度对比结果表明，干流溶存态 N_2O 浓度低于支流，且丰水期高于枯水期。

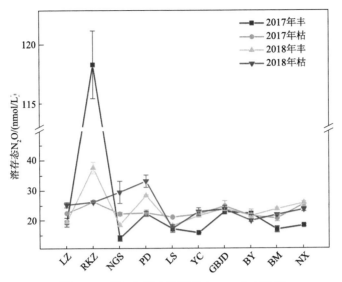

图 7-44　雅江表层水体溶存态 N₂O 分布特征

2）沉积物生源物质时空分布特征

丰水期，雅江干流表层沉积物 TOC、TN 含量随着海拔、经纬度的不同有较大差异（图 7-45），整体变化为先减小、后增大、再减小，TOC/TN 整体呈下降趋势。在雅江上游，沉积物 TOC 和 TN 含量处于流域最低值，分别为 0.76 g/kg 和 0.18 g/kg，与该区域人类活动较小、植被不丰富、风化作用强烈有关；雅江上游马泉河湿地碳氮含量陡升，达到流域 TOC 和 TN 含量第二高值，分别为 10.2 g/kg 和 1.01 g/kg，而 TOC/TN 值处于较低值，这可能是由于，马泉河湿地是以扁穗草群落为主的沼泽地，湿地土壤为草甸沼泽土，且沼泽区主要用于放牧，鸟类较多，含有较高且易于降解的营养盐物质（低TOC/TN）。在雅江干流中游段，即拉孜水文站至藏木水库之前，沉积物 TOC 整体呈下降

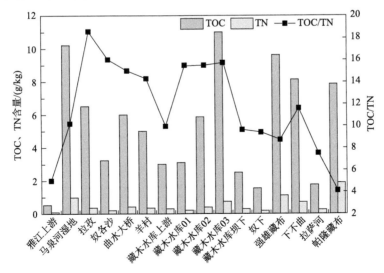

图 7-45　丰水期雅江干支流表层沉积物 TOC、TN 含量空间分布

趋势，TN 含量相对稳定；在藏木水库中，沉积物 TOC、TN 和 TOC/TN 均逐渐增加，可以明显看出水库对沉积物的截留和累积作用，且藏木水库为新建水库，沉积物营养盐的矿化分解弱于累积沉淀作用，导致沉积物 TOC 和 TN 含量达到流域最大值，分别为 11.42 g/kg 和 0.76 g/kg。藏木水库坝下和奴下表层沉积物碳氮含量较低，均值分别为 1.87 g/kg 和 0.22 g/kg。在雅江四条支流中，沉积物 TOC 和 TN 含量差异性较大，TOC/TN 最低为 4.18（帕隆藏布），这与帕隆藏布流经茂密的森林、植被量丰富有关。

在丰水期，沉积物 TOC/TN 比值变化范围为 4.18～19.50，沉积物有机质来源主要有内生作用和外源输入两种方式。研究表明，细菌的 TOC/TN 介于 2.6～4.3，水生动植物的 TOC/TN 介于 7.7～10.1，而陆生植物的 TOC/TN 大于 20。雅江所有采样点的 TOC/TN 均值为 10.2，均小于 20，表明雅江沉积物有机质主要来源于内生生物的沉积作用。原因可能是，雅江处于高海拔地区，人口密度小，受陆源或人类活动输入的有机质影响较小，因此，沉积物有机质主要来源于内生生物的沉积作用。

在丰水期，雅江沉积物 TP 含量变化范围为 448.94～1104.29 mg/kg，整体趋势为从上游至下游缓慢增大（图 7-46）。干流沉积物 TP 平均含量为 666.10 mg/kg，略大于支流沉积物 TP 平均含量（660.65 mg/kg）。各磷形态含量变化为钙磷 HCl-P（77.36%）>有机磷 OP（13.65%）>铝磷 NaOH-P（8.03%）>铁磷 BD-P（0.63%）>弱吸附态磷 NH_4Cl-P（0.33%）（图 7-47）。钙磷在所有磷形态中占比最高，达到 75% 以上，因此沉积物 TP 的变化趋势受钙磷变化的影响也较大。藏木电站坝后，钙磷含量显著增加，导致 TP 含量也陡然增加，可能与人类活动有关。国内许多水库中的沉积物磷以钙磷为主，如三峡水库、长江河口水库、金盆水库等，主要与地质属性、外源输入有关。磷形态中，通常把弱吸附态磷（NH_4Cl-P）、铁磷（BD-P）和铝磷（NaOH-P）称为活性磷。可以看出，雅江沉积物中活性磷含量较低，平均占 TP 的 8.99%。然而，藏木水库中活性磷的含量占 12.48%，显著高于雅江整体水平，水库的累积及释放问题值得关注。

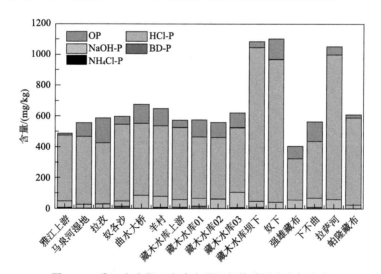

图 7-46　雅江丰水期干支流表层沉积物磷形态空间分布

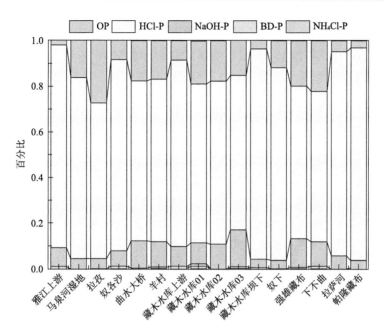

图 7-47　雅江丰水期干支流表层沉积物磷形态占比空间分布特征

在枯水期，雅江干流表层沉积物 TOC、TN 含量随海拔、经纬度的不同同样存在较大差异（图 7-48）。雅江干流从上游至奴各沙水文站，沉积物 TOC 含量由 5.4 g/kg 增加至 11.9 g/kg；沉积物 TN 含量先增加后下降，最高值出现在马泉河湿地，达到 3.9 g/kg；沉积物 TOC/TN 值呈现先下降后上升的趋势。在枯水期，较高的沉积物 TOC 值集中在马泉河湿地、拉孜、奴各沙三个站点，可能是受湿地自生调控以及水文站人类活动的影响。此后雅江沉积物 TOC 值逐渐下降；藏木水库坝后沉积物 TOC 和 TN 相较于库中略微降低，分别为 2.2 g/kg 和 0.4 g/kg。

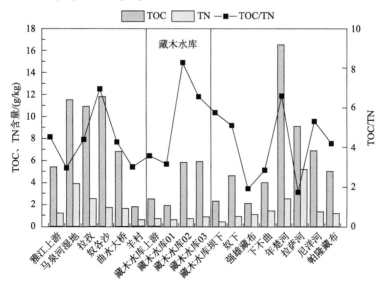

图 7-48　枯水期雅江干支流表层沉积物 TOC、TN 含量空间分布

在枯水期，雅江六条支流中，年楚河沉积物 TOC 含量最高，达到 16.7 g/kg，拉萨河 TN 含量最高，达 5.2 g/kg，也是全流域 TN 含量最高值，可能受人类活动–铵盐输入的影响。流域沉积物 TOC/TN 为 1.73～8.90，均值为 6.24，表明枯水期雅江沉积物有机质主要来源于内生生物的沉积作用。

在枯水期，雅江表层沉积物 TP 含量变化范围为 265.54～1100.56 mg/kg，整体趋势为从上游至下游逐渐增大，尤其是藏木水库沉积物 TP 含量明显偏高（图 7-49）。可能的原因：一是随着海拔降低，人类活动加剧，外源磷的输入提高了沉积物 TP 含量；二是藏木水库自身的累积作用，加上营养盐的迁移转化作用导致 TP 含量升高。枯水期雅江干流沉积物 TP 的平均含量为 622.96 mg/kg，显著大于支流沉积物 TP 平均含量（509.66 mg/kg）。沉积物各形态磷含量 HCl-P（62.65%）>OP（22.75%）>NaOH-P（13.18%）>BD-P（1.01%）>NH$_4$Cl-P（0.41%）（图 7-50）。同样地，枯水期钙磷在所有磷形态中占比最高，达到 60% 以上。枯水期活性磷含量较低，占沉积物 TP 的 11.6%，略高于丰水期活性磷的比值。藏木水库中活性磷的含量占沉积物 TP 的 12.18%，高于雅江活性磷的整体水平。

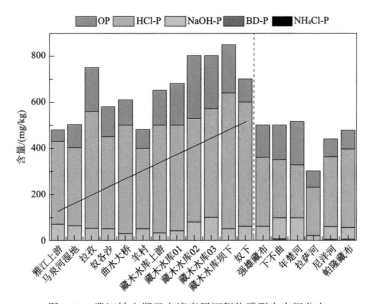

图 7-49　雅江枯水期干支流表层沉积物磷形态空间分布

2. 无机元素时空分布特征

雅江水体重金属元素含量如图 7-51 所示。丰水期水体 Al、Cr、B、Fe、Ni、As、Co、Se、Cu 和 Cd 的浓度范围为 ND～28.03 μg/L、ND～2.49 μg/L、4.86～1590.51 μg/L、94.56～942.16 μg/L、0.70～2.41 μg/L、0.33～17.29 μg/L、0.03～0.15 μg/L、0.05～0.56 μg/L、ND～1.32 μg/L 和 ND～0.024 μg/L；各元素平均浓度排序为 B（446.24 μg/L）> Fe（376.91 μg/L）> Al（9.52 μg/L）> As（5.14 μg/L）> Ni（1.44 μg/L）> Cr（0.62 μg/L）> Cu（0.50 μg/L）> Se（0.18 μg/L）> Co（0.08 μg/L）> Cd（ND）。枯水期水体 Al、Cr、B、Fe、

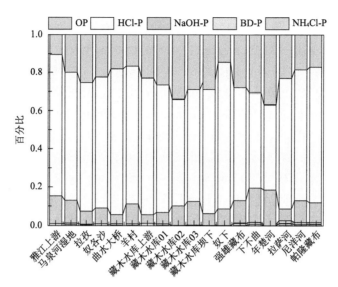

图 7-50　雅江枯水期表层沉积物磷形态百分比含量空间分布特征

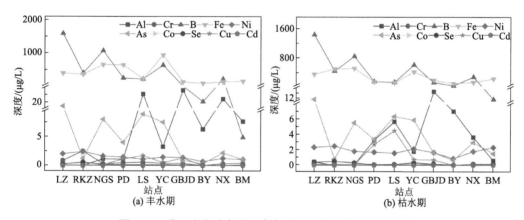

图 7-51　雅江水体重金属元素含量丰水期和枯水期分布图

Ni、As、Co、Se、Cu 和 Cd 的浓度范围为 ND~14.14 μg/L、ND~0.06 μg/L、11.70~1525.90 μg/L、124.60~534.93 μg/L、0.86~2.50 μg/L、0.65~11.73 μg/L、0.04~0.13 μg/L、ND~0.40 μg/L、0.05~4.52 μg/L 和 ND~0.058 μg/L；各元素平均浓度排序为 B（424.56 μg/L）> Fe（293.77 μg/L）> As（4.06 μg/L）> Al（3.67 μg/L）> Ni（1.87 μg/L）> Cu（1.77 μg/L）> Se（0.21 μg/L）> Co（0.09 μg/L）> Cr（ND）≈Cd（ND）。

　　从季节分布来看，B、Fe、Al、As、Cr 呈现出丰水期大于枯水期的趋势，这些元素主要来自地壳，受雨水冲刷作用影响显著；其他元素浓度较低，枯水期略大于丰水期，与枯水期水量较小有关。与长江、黄河等河流相比，雅江溶解态金属含量较高，尤其是 B、Fe、As、Al 等元素，与青藏高原特殊的地质背景有关。从沿程分布来看，B、Fe、Ni、As 呈现出沿上游至下游逐渐降低的趋势，Al 在中下游含量较高，其他元素沿程变化不明显。

对于沉积物重金属（图 7-52），丰水期 Al、Cr、B、Fe、Ni、As、Co、Se、Cu 和 Cd 的浓度范围为 14642~31355 mg/kg、22.41~120.67 mg/kg、0.20~7.53 mg/kg、14336~36230 mg/kg、12.56~101.79 mg/kg、13.67~94.06 mg/kg、6.72~19.77 mg/kg、0.47~1.45 mg/kg、20.78~202.78 mg/kg 和 0.08~0.29 mg/kg；各元素平均浓度排序为 Al（27565 mg/kg）>Fe（26671 mg/kg）>Cr（77.21 mg/kg）>Cu（53.99 mg/kg）>Ni（43.84 mg/kg）>As（41.70 mg/kg）>Co（12.24 mg/kg）>B（3.19 mg/kg）>Se（0.88 mg/kg）>Cd（0.19 mg/kg）。枯水期 Al、Cr、B、Fe、Ni、As、Co、Se、Cu 和 Cd 的浓度范围为 14214~29672 mg/kg、11.30~168.64 mg/kg、2.16~40.17 mg/kg、8332~59075 mg/kg、2.43~82.21 mg/kg、ND~43.25 mg/kg、3.32~21.80 mg/kg、0.16~1.11 mg/kg、1.60~199.46 mg/kg 和 0.08~0.53 mg/kg；各元素平均浓度排序为 Fe（27396 mg/kg）>Al（20976 mg/kg）>Cr（82.32 mg/kg）>Cu（42.85 mg/kg）>Ni（35.64 mg/kg）>As（19.64 mg/kg）>B（14.99 mg/kg）>Co（13.80 mg/kg）>Se（0.64 mg/kg）> Cd（0.16 mg/kg）。

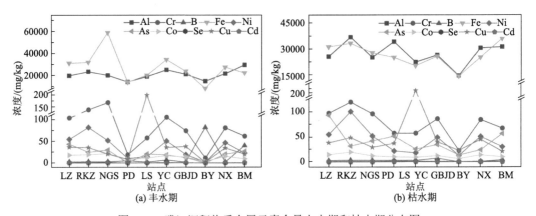

图 7-52　雅江沉积物重金属元素含量丰水期和枯水期分布图

从季节分布来看，沉积物中 Al、Fe、Co、Se、Cd 季节差异不明显；Ni、As、Cu 呈现出丰水期大于枯水期的趋势，Cr 和 B 在枯水期含量略大于丰水期。从沿程分布来看，各元素变化趋势不明显，日喀则（RKZ）、羊村（YC）、奴下（NX）重金属含量相对较高，可能与水文站所处的地质环境有关。

采用相关性分析探究雅江金属含量与基本理化参数的关系（表 7-10 和表 7-11）。分别计算水体和沉积物金属含量与理化指标的 Pearson 相关系数 r，将 $P<0.05$ 的 Pearson 相关系数取绝对值后绘制如图 7-53 所示的弦图。对于水体重金属，元素之间呈现明显的相关性，如 Fe-Al、B-As、Ni-Cr-Co-Se-Cr，表明这些元素具有相似的来源，且水体重金属受到 pH、DO 的显著影响。值得注意的是，Cr 和 Se 元素与水体 N、P 存在相关性，这两种元素可能与 N、P 有相似的来源，在一定程度上受生活污水或农田等的影响。对于沉积物重金属，Al、Cr、B、Fe、Ni、As、Co、Se、Cu 和 Cd 两两之间的相关性相比于水体更强，且与其他环境因子无显著相关性，表明沉积重金属主要来源于上地壳，受人类活动扰动很小。

表 7-10　雅江水体重金属与理化因子间的 Pearson 相关性

参数	Al	Cr	B	Fe	Ni	As	Co	Se	Cu	Cd	T	pH	DO	N	P	EC	SS
Al	1																
Cr	-0.348	1															
B	-0.533	0.2	1														
Fe	-0.664*	0.245	0.591	1													
Ni	-0.5	0.789**	0.579	0.564	1												
As	-0.282	-0.014	0.856**	0.403	0.346	1											
Co	-0.156	0.784**	0.474	0.448	0.849**	0.333	1										
Se	-0.55	0.879**	0.563	0.567	0.889**	0.254	0.841**	1									
Cu	0.202	-0.177	-0.477	-0.288	-0.168	-0.129	-0.168	-0.39	1								
Cd	0.753*	-0.209	-0.323	-0.354	-0.234	-0.29	0.122	-0.275	0.003	1							
T	0.461	-0.401	-0.418	-0.205	-0.561	-0.017	-0.424	-0.537	0.286	-0.049	1						
pH	-0.654*	0.381	0.721**	0.876**	0.663*	0.612	0.582	0.638*	-0.191	-0.492	-0.248	1					
DO	-0.715*	0.136	0.711*	0.816**	0.539	0.703*	0.34	0.405	0.009	-0.574	-0.181	0.91**	1				
N	-0.346	0.894**	-0.024	0.307	0.601	-0.316	0.598	0.752*	-0.298	-0.162	-0.338	0.313	0.03	1			
P	-0.623	0.666*	0.131	0.523	0.461	-0.096	0.398	0.686*	-0.255	-0.338	-0.197	0.362	0.241	0.743*	1		
EC	-0.281	0.182	0.247	0.733*	0.379	0.338	0.34	0.315	0.02	-0.217	0.352	0.556	0.575	0.194	0.489	1	
SS	-0.231	-0.053	0.127	0.637*	0.152	0.24	0.081	0.118	0.098	-0.222	0.466	0.376	0.459	-0.017	0.412	0.938**	1

表 7-11　雅江沉积物重金属与理化因子间的 Pearson 相关性

参数	Al	Cr	B	Fe
Al	1			
Cr	0.655*	1		
B	-0.542	-0.592	1	
Fe	0.725*	0.937**	-0.592	1

**表示 P<0.01；*表示 P<0.05。

续表

参数	Al	Cr	B	Fe	Ni	As	Co	Se	Cu	Cd	T	pH	DO	N	P	EC	SS
Ni	0.660*	0.912**	-0.485	0.754*	1												
As	0.346	0.423	-0.717*	0.472	0.323	1											
Co	0.719*	0.963**	-0.746**	0.884**	0.922**	0.593	1										
Se	0.844**	0.705*	-0.707*	0.812**	0.536	0.468	0.73*	1									
Cu	0.046	0.007	-0.351	-0.035	-0.099	-0.004	0.08	0.287	1								
Cd	0.124	-0.157	-0.393	-0.019	-0.31	-0.133	-0.059	0.233	0.326	1							
T	-0.221	-0.416	0.09	-0.44	-0.433	-0.469	-0.368	-0.049	0.624	0.139	1						
pH	0.485	0.768**	-0.562	0.772**	0.624	0.591	0.735*	0.735*	0.118	-0.241	-0.248	1					
DO	0.472	0.569	-0.402	0.668*	0.407	0.714*	0.538	0.669*	0.035	-0.261	-0.181	0.911**	1				
N	0.401	0.438	-0.231	0.225	0.677*	-0.077	0.479	0.258	-0.091	-0.203	-0.338	0.313	0.03	1			
P	0.189	0.298	0.171	0.105	0.51	0.005	0.248	0.078	-0.192	-0.41	-0.197	0.362	0.241	0.743*	1		
EC	0.395	0.336	-0.349	0.3	0.323	0.165	0.38	0.535	0.213	0.061	0.352	0.556	0.575	0.194	0.489	1	
SS	0.272	0.201	-0.092	0.203	0.156	0.055	0.186	0.4	0.148	0.043	0.466	0.376	0.459	-0.017	0.412	0.938**	1

**表示 $P<0.01$；*表示 $P<0.05$。

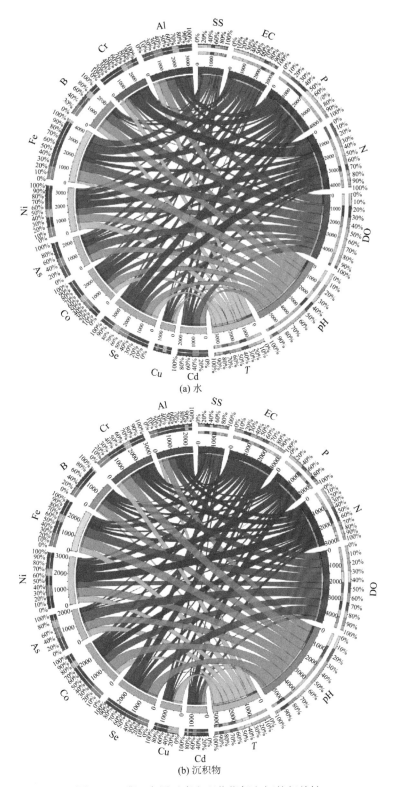

(a) 水

(b) 沉积物

图 7-53　雅江金属元素和理化指标之间的相关性

进一步评价了雅江水体和沉积物重金属的生态风险（图 7-54 和图 7-55）。10 个采样点水样的 WQI 在 6～85，拉孜（LZ）、奴各沙（NGS）、羊村（YC）水文站 WQI 偏大，分别达到 85、69、72，与 As、Cd、Cu 元素含量较高有关，其他站点水质极好。沉积物 RI 范围在 42～195，其中丰水期拉孜、丰水期波密、枯水期工布江达达到中等生态风险，其余监测点为轻度风险。

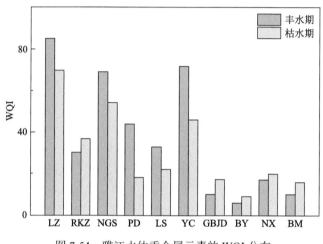

图 7-54　雅江水体重金属元素的 WQI 分布

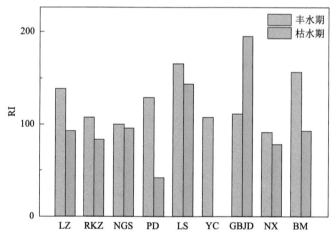

图 7-55　雅江沉积物重金属元素的 RI 评价

3. 痕量有机物时空分布特征

本节介绍雅江痕量有机物（抗生素、全氟烷基化合物）的时空分布特征及生态风险，这些人工合成的化合物可以反映人类活动对雅江的生态影响。

雅江水体共检出抗生素 43 种，其中，磺胺类 13 种，大环类内酯类 7 种，喹诺酮类

4 种，四环素类 9 种，β-内酰胺类 8 种，其他类 2 种。2018 年 11 月水样中检出种类最多（30 种），2017 年 11 月检出种类最少（23 种）。雅江抗生素检出率相对较低，尤其是喹诺酮类（QNs）、四环素类（TCs）和 β-内酰胺类（β-ls）这三大类抗生素（图 7-56）。

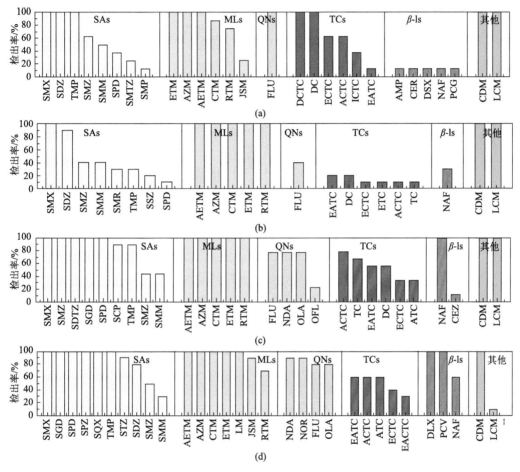

图 7-56　雅江水体中抗生素的检出率

图 7-57 为雅江水体中不同月份六大类抗生素浓度时间变化箱线图。各类抗生素浓度范围分别为：磺胺类（SAs, 2.75~33.94 ng/L），大环内酯类（MLs, 0.61~33.77 ng/L），四环素类（TCs, 0.71~14.07 ng/L），β-内酰胺类（β-ls, ND~29.78 ng/L），喹诺酮类（QNs, ND~2.17 ng/L），其他（0.06~5.32 ng/L）。磺胺胍（SGD）、磺胺甲氧哒嗪（SMX）、磺胺嘧啶（SDZ）和甲氧苄氨嘧啶（TMP）在不同采样时间的检出率和浓度都较高。大环内酯类检出率较高的有脱水红霉素（AETM）、阿奇霉素（AZM）、克拉霉素（CTM）、红霉素（ETM）和罗红霉素（RTM）。TCs 和 QNs 检出率均比较低，主要是由于这两类抗生素容易降解，往往在养殖废水中有较多检出，在类似于雅江这种受纳水体中检出较少。雅江干流水体中抗生素的浓度范围为 2.89~94.12 ng/L，中值浓度为

12.61 ng/L。和国内其他河流水体中的抗生素浓度相比，雅江水体中抗生素的总浓度相对较小（图 7-58）。

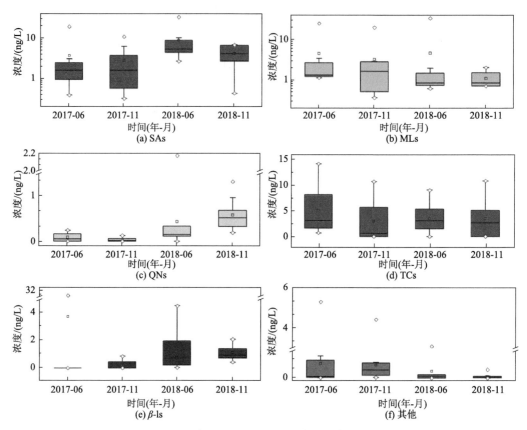

图 7-57　雅江水体中不同月份 6 大类抗生素浓度时间变化箱线图

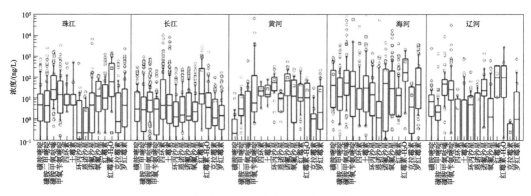

图 7-58　中国主要河流中典型抗生素的检出浓度

不同月份雅江水体中抗生素检出浓度的空间分布如图 7-59 所示。雅江水体抗生素浓度最大值出现在日喀则（RKZ）站，同时水体氮含量也较高（图 7-40），说明一定程度上受到了污水排放的影响。日喀则市常住人口 70 万，是西藏人口最多的市，且该河段流量较小（2017 年 6 月径流量为 36 m³/s，11 月径流量为 35.4 m³/s），导致该区域较大的抗生素累积。同样作为雅江流域大城市的拉萨，抗生素浓度相对日喀则较低，可能因为支流拉萨河的汇入（2017 年 6 月流量为 1260 m³/s，11 月为 466 m³/s），对水体抗生素起到了稀释作用。

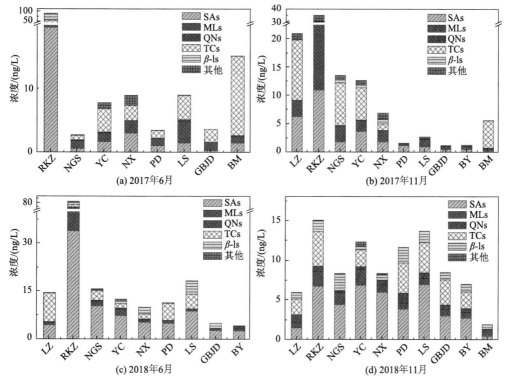

图 7-59　不同月份雅江水体中抗生素检出浓度的空间分布

图 7-60 对比了雅江和澜沧江抗生素的组成差异情况。澜沧江和雅江水体中六大类抗生素含量大小顺序依次为 SAs > TCs > MLs > β-ls > 其他 > QNs。澜沧江水体中检出的六大类抗生素中磺胺类占比最高，占总浓度的 47.58%；大环内酯类（MLs）和四环素类（TCs）占比分别为 14.97% 和 23.56%。雅江水体中磺胺类（SAs）浓度占比小于澜沧江，磺胺类（SAs）、大环内酯类（MLs）、四环素类（TCs）分别占比 34.06%、23.16% 和 25.38%。雅江和澜沧江水体喹诺酮类、β-内酰胺类占比基本相同，分别为 13.89% 和 17.40%。整体上，澜沧江和雅江水体抗生素组成差异较大。

对雅江水体抗生素生态风险进行评价，SMX 仅在日喀则（2017 年 6 月和 2018 年 6 月）采样点对无脊椎动物有低等风险（RQ 分别为 0.0108 和 0.0207）。TMP 在日喀则水文站（2018 年 6 月）对无脊椎动物表现为低等风险（RQ 为 0.0138）。其他抗生素对绿藻、无脊椎动物和鱼类都表现出无风险。在日喀则和拉孜站水体各类抗生素对无脊椎动物的

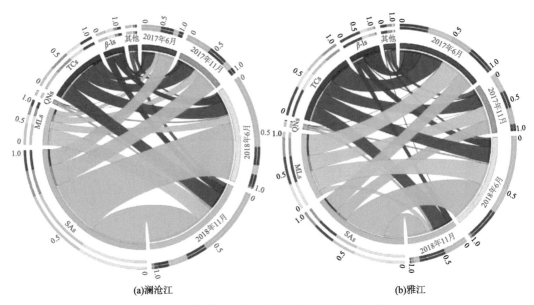

(a)澜沧江　　　　　　　　　　　(b)雅江

图 7-60　澜沧江、雅江水体中抗生素的组成对比

累积风险表现为低风险（$0.01 < \sum RQ < 0.1$）；日喀则站（2018 年 6 月）水体抗生素对鱼类表现为低等风险。雅江流域水体抗生素对绿藻类均无风险。此外，雅江上游日喀则站检出浓度高的抗生素对下游水生生物并未产生较大影响。

图 7-61 显示了雅江 15 种 PFASs（全氟或多氟化合物）分布情况，包括 11 种 C4～C14 全氟烷基酸（PFCAs）和 4 种全氟磺酸（PFSAs）。雅江水体 15 种 PFASs 皆有不同程度的检出。在所有监测站点，C6、C8～C14 PFCAs 的全氟烷基酸、PFBS 和 PFOS 的检出率为 100%。针对水体单一 PFASs，雅江 PFOA 含量范围为 0.08～0.19 ng/L，低于丹江口水库（0.17～4.67 ng/L）和玉桥河（0.86～5.33 ng/L）。PFBA（全氟丁酸）、PFPeA（全氟戊酸）、PFHxA（全氟己酸）、PFHpA（全氟庚酸）、PFNA（全氟壬酸）、PFDA（全氟癸酸）、PFUdA（全氟十一烷酸）、PFDoA（全氟十二烷酸）和 PFTrDA（全氟十三烷酸）的含量范围分别为 ND～0.14 ng/L、ND～0.26 ng/L、0.11～0.20 ng/L、ND～0.12 ng/L、0.11～0.14 ng/L、0.10～0.13 ng/L、0.04～0.05 ng/L、0.03～0.06 ng/L 和 0.04～0.05 ng/L。PFSAs 中，PFBS（全氟丁烷磺酸）的浓度为 0.11～0.39 ng/L，比长江三角洲饮用水处理厂的 PFBS（5.1～14 ng/L）浓度低。PFOS（全氟辛烷磺酸）的浓度为 0.11～0.51 ng/L，低于韩国牙山湖的 PFOS 浓度（ND～18.5 ng/L）。所有 PFASs 的平均浓度皆小于 1 ng/L。从占比情况来看，主要污染物的平均占比排序为 PFBS（16.5%）> PFOS（15.2%）> PFHxA（9.8%）> PFNA（8.5%）> PFOA（8.0%）> PFDA（7.8%）> PFTeDA（6.8%）[图 7-61（a）]。

雅江水体 15 种 PFASs 总浓度范围（Σ_{15}PFASs）为 1.14～2.11 ng/L[图 7-61（b）]。所有采样点 Σ_{15}PFASs 浓度相当，皆低于 2.5 ng/L。PFASs 的污染主要来自于含氟工业污染源的排放以及商品使用。拉萨站 Σ_{15}PFASs 浓度达到 1.44 ng/L，与该采样点位于拉萨

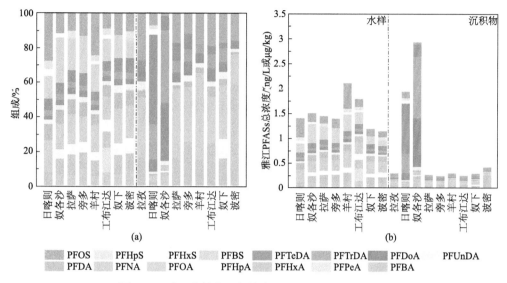

图 7-61　雅江水体和沉积物中 PFASs 沿程分布及组成

城关区、受人类生产生活影响较大有关，有研究表明污水处理厂是拉萨河 PFASs 污染的重要点源。羊村站 Σ_{15}PFASs 浓度达到 2.11 ng/L，可能与上游的拉萨贡嘎机场有关。机场及市政消防训练装置中常使用水溶性的消防泡沫材料作为灭火材料，其配方中包含氢碳和氟碳类表面活性剂，用于增强水溶性泡沫在碳氢化合物-水、水-气之间的扩散功能。类似报道表明，在多伦多机场附近，鱼和地表水中 PFOS 的浓度是上游地区的 2～10 倍。

目前关于 PFASs 的研究主要集中在发达国家和人口集中的地区，针对高海拔和寒冷地区 PFASs 的研究较少。孙殿超等（2018）在丰水期和枯水期对拉萨河 28 个点位的 PFASs 进行了检测，平均 Σ_{13}PFASs 浓度为 322 pg/L，总浓度范围为 60～1724 pg/L。拉萨河的 PFASs 浓度水平较低，比美国、欧洲、亚洲等地区的河流低一个数量级，但比南北极表面水体 PFASs 浓度高。此外，有限的研究主要针对青藏高原雪中的 PFASs，从大气传播的角度探讨季风和西风对青藏高原污染物的传输。Wang X P 等（2019）在西藏雪山冰心中发现了 PFASs 的存在，PFOS 和 PFOA 的最高浓度分别为 346 pg/L 和 243 pg/L。冰心和雪都可作为反映污染物来源、生产和全球分布的记录者。不同地点冰心中 PFASs 组分比例的不同可以区别污染物来源的方位（欧洲、中亚和印度）。波密、工布江达和拉萨空气中氟调聚醇（fluoroteloer alcohols，FTOHs）的浓度为 67.5 pg/m³。

雅江沉积物中 15 种 PFASs 皆有不同程度的检出，检出率 70% 以上的物质有 PFHxA、PFOA、PFNA、PFDA、PFUnDA、PFDoA 和 PFOS，而 PFBS 和 PFPeA 在所有站点均未检出。从占比来看，沉积物中单一 PFASs 的平均组成排序为 PFTrDA（24.9%）> PFTeDA（19.4%）> PFDoA（17.9%）> PFHxA（9.4%）> PFOS（7.78%）> PFOA（7.47%）> PFNA（4.51%）。相比于水样，沉积物中 PFASs 主要为长链化合物。碳链长度的不同造成了理化性质的差异，长链化合物较容易附着于灰尘、土壤和沉积物等固体物质上，迁移性较差；而短链化合物由于较高的水溶性和较低的酸度系数 pKa 值，在适当的 pH 下容易解离，在环境中具有更大的迁移性。具体到单一化合物，雅江沉积物 PFOA 和 PFOS 的浓度范围分别为 0.03～0.12 μg/kg 和 0.03～0.13 μg/kg，低于珠江。在空间上，日喀则和奴各沙水文站沉积物 PFASs 的含量分别为 1.94μg/kg 和 2.93 μg/kg，而环境因子中的氨氮、硝氮、总氮及总有机碳在两个站点也呈现较高值，推测该区域受生活污水的影响带来一定的 PFASs 污染。

总体上，雅江抗生素类、全氟烷基化合物等痕量有机物检出率和检出量较低，环境风险和健康风险处于低等水平。然而，由于西南河流源区生态环境脆弱以及污染物的远距离传输，痕量有机污染带来的潜在风险仍需关注。

7.3 生物群落组成及其时空分布

河流生源物质的迁移转化与水生生物的作用密切相关，细菌、藻类、底栖动物是河流系统关键的生物类群，并间接改变浮游动物及鱼类的种群结构，对维持整个水域生态系统的平衡有至关重要的作用。影响生物群落和功能的自然环境因素主要包括光照、气候、风、水体和沉积物理化指标（营养盐、酸碱度、电导率等）。此外，人类活动已成为河流生态系统结构特征中的第三维分量，包括土地利用形式、营养元素和极端污染物的过量输入以及水坝建设等。在全物质通量理论框架下，开展高原河流生物（细菌、藻类、底栖动物）群落结构、影响因素及其在生源物质迁移转化中的重要作用研究，对于揭示高原河流生物群落结构的特殊性，以及生源物质转化的新机制具有重要意义，可为高原河流物质循环研究与流域生态环境保护提供科学依据。

7.3.1 河流细菌群落分布特征与形成机制

细菌群落对河流生源物质转化和循环至关重要，构建微生物群落图谱对深入理解河流生物地球化学循环具有重要意义。本节给出了河流水沙体系中细菌群落时空分布格局的分析方法，绘制了完整的大型河流微生物群落图谱，为研究河流中微生物群落结构与功能及自然与人类活动的影响提供了方法体系。

1. 河流细菌图谱研究意义

细菌是河流生态系统微生物群落的核心组成部分。河流细菌群落具有高度的多样性和变异性。早期对河流细菌多样性的研究大多基于培养技术，很大程度上局限于对细胞总数和一般活性的评估，然而仅有 1%～5% 的微生物可以通过分离培养的方法获得，其余大量未被分离培养的微生物如同地球上的"暗物质"等待被发现和探索。进入 21 世纪，高通量测序技术的突破以及生物信息学的发展，为研究 95% 以上不能培养的微生物提供了一条新的途径，极大地推动了河流微生物生态学的进步，有助于深化对河流微生物群落组成、功能及生物地理学分布规律的认识。大量研究表明，河流存在着以变形菌门（Proteobacteria）、拟杆菌门（Bacteroidetes）、放线菌门（Actinobacteria）、疣微菌门（Verrucomicrobia）、蓝细菌门（Cyanobacteria）为主的优势细菌群落，并沿程发生物种丰度和种类上的变化。

高原河流生态系统具有一系列独特的生境（如低温、贫营养和高海拔），其生物地球化学和生态学过程同样主要由微生物驱动，且更易受到气候变化的影响。相比于人体、土壤、海洋和低海拔地区的淡水生态系统，目前对于高原河流微生物多样性以及功能分布的研究还相对贫乏，且大多局限于河流水体以及冰川附近的溪流或生物膜。此外，高原（特别是山间高原）环境一般存在明显的季节差异，相近区域可能具有明显的异质性，三维地带性突出。因此，摸清高原河流细菌多样性与群落组成，以及给出河流细菌图谱极为重要。

2. 地貌对细菌群落结构的影响

采用高通量测序技术，分析了长江细菌群落组成。将长江 16S 序列与 GreenGenes 16S rRNA 数据库进行比对，获取物种注释信息，得到 19733498 条有效序列，以 97% 的相似性为阈值进行聚类，共得到 38906 个 OTU。在门水平上（图 7-62），38906 个 OTU 属于 33 个已知门和 46 个暂定门，还有 6908 个 OTU 无法分类。其中，Proteobacteria 的 OTU 数量最多，约占总 OTU 的 20.6%，说明长江生态系统中 Proteobacteria 数量最多。含量大于 1% 的门还包括绿弯菌门（Chloroflexi，10.4%）、浮霉菌门（Planctomycetes，10.2%）、Bacteroidetes（6.1%）、酸杆菌门（Acidobacteria，3.9%）、厚壁菌门（Firmicutes，3.2%）、Actinobacteria（2.9%）、Cyanobacteria（2.7%）、OP3（2.3%）、Verrucomicrobia（1.5%）、螺旋菌门（Spirochaetes，1.3%）、绿细菌门（Chlorobi，1.3%）、迷踪菌门（Elusimicrobia，1.2%）、TM6（1.1%）和 OD1（1.1%）。在属水平上，含量大于 7% 的物种有 17 个，包括黄杆菌属（*Flavobacterium*，4.9%）、*Limnohabitans*（4.3%）、未分类 ACK-M1（3.9%）、未分类不等鞭毛类（*Stramenopiles*，3.9%）、未分类 C111（2.8%）、未分类 iii1-15（2.4%）、未分类华杆菌（*Sinobacteraceae*，2.2%）、未分类 β-变形菌（*Betaproteobacteria*，1.5%）、未分类 envOPS12（1.5%）、未分类拟杆菌（*Bacteroidales*，1.4%）、unclassified *Pirellulaceae*（1.3%）、未分类噬纤维菌（*Cytophagaceae*，1.3%）、未分类丛毛单胞菌（*Comamonadaceae*，1.3%）、未分类 *Pelagibacteraceae*（1.1%）和红细菌属（*Rhodobacter*，1.0%）。这些属大部分属于 Proteobacteria，剩余的属于 Bacteroidetes、Actinobacteria、Cyanobacteria、Chloroflexi 和 Planctomycetes。

对于雅江和澜沧江细菌群落，对优化序列以 97% 的相似性为阈值进行 OTU 聚类，采用 RDP classifier 贝叶斯算法将 OTU 代表序列与 Silva 细菌数据库进行比对，以获得 OTU 对应的物种分类信息，共得到 60 个门、144 个纲、432 个目、783 个科、1940 个属以及 22079 个 OTU。澜沧江青藏高原河段和雅江的物种分布具有一定相似性，水体和沉积物优势物种均为 Proteobacteria、Actinobacteria 和 Bacteroidetes；除澜沧江秋季水体以外，其余样本均以 Proteobacteria 主导（图 7-63 和图 7-64）。澜沧江下游（云贵高原段）沉积物细菌群落组成与青藏高原相似，而水体以 Actinobacteria 为主导，说明浮游细菌的空

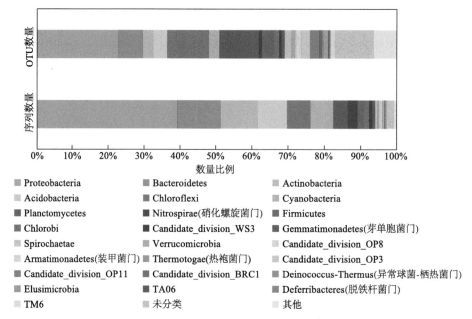

图 7-62 长江细菌序列及 OTU 物种注释

Proteobacteria 变形菌门；Bacteroidetes 拟杆菌门；Actinobacteria 放线菌门；Acidobacteria 酸杆菌门；Chloroflexi 绿弯菌门；
Cyanobacteria 蓝细菌门；Planctomycetes 浮霉菌门；Firmicutes 厚壁菌门；Chlorobi 绿细菌门；Spirochaetes 螺旋菌门；
Verrucomicrobia 疣微菌门；Elusimicrobia 迷踪菌门

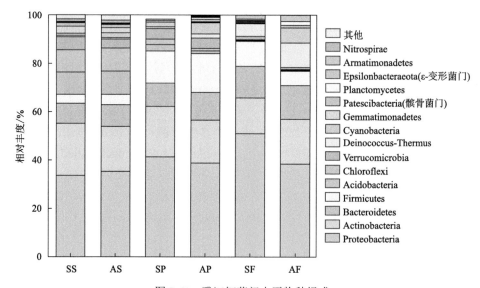

图 7-63 雅江细菌门水平物种组成

SS—丰水期沉积物；AS—枯水期沉积物；SP—丰水期颗粒态水体；
AP—枯水期颗粒态水体；SF—丰水期自由态水体；AF—枯水期自由态水体；下同

Nitrospirae 硝化螺旋菌门；Armatimonadetes 装甲菌门；Epsilonbacteraeota ε-变形菌门；Planctomycetes 浮霉菌门；
Gemmatimonadetes 芽单胞菌门；Cyanobacteria 蓝细菌；Deinococcus-Thermus 异常球菌-栖热菌门；Verrucomicrobia 疣微菌
门；Chloroflexi 绿弯菌门；Acidobacteria 酸杆菌门；Firmicutes 厚壁菌门；Bacteroidetes 拟杆菌门；Actinobacteria 放线菌门；
Proteobacteria 变形菌门

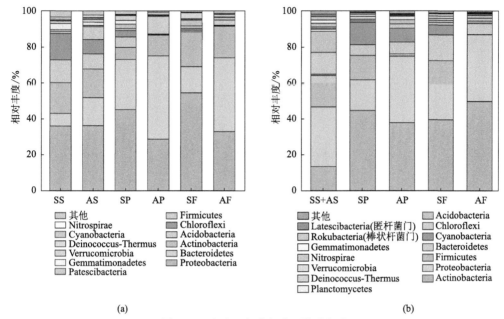

图 7-64　澜沧江细菌门水平物种组成

Nitrospirae 硝化螺旋菌门；Cyanobacteria 蓝细菌门；Deinococcus-Thermus 异常球菌-栖热菌门；Verrucomicrobia 疣微菌门；Gemmatimonadetes 芽单胞菌门；Patescibacteria 髌骨菌门；Firmicutes 厚壁菌门；Chloroflexi 绿弯菌门；Acidobacteria 酸杆菌门；Actinobacteria 放线菌门；Proteobacteria 变形菌门；Latescibacteria 匿杆菌门；Gemmatimonadetes 芽单胞菌门；Planctomycetes 浮霉菌门

间差异性可能更大。此外，其余高丰度物种则表现出一定的生境偏好，沉积物中 Chloroflexi、Gemmatimonadetes、Acidobacteria、Nitrospirae 丰度较高。

进一步选取丰度前 40 的属进行分析，发现水体与沉积物的优势属存在较大差异（图 7-65）。*Gaiella*、*Novosphingobium*、*Arthrobacter* 以及未鉴定的属只在沉积物中丰度很高；*Limnohabitans*、不动杆菌属（*Acinetobacter*）等只在水体中存在较高丰度，颗粒附着态浮游细菌与自由态浮游细菌的优势属组成相近。此外，*Flavobacterium*、*Rhodoferax*、*Polaromonas*、*Sphingomonas*、*Brevundimonas* 等在沉积物与水体中均有较高丰度，可能为青藏高原河流的关键优势属。*Flavobacterium*、*Limnohabitans*、*Arthrobacter* 等是青藏高原河流中常见的嗜冷细菌，且主要分布在自由态浮游细菌群落。

以长江为例，探讨了地貌类型对细菌群落结构的影响。选取干流沿程 4300 km 的水体和沉积物样本研究河流细菌空间分布特征，包括地貌、河流连续性等的影响。如图 7-66（a）（春季水体）和（b）（秋季水体）所示，水体样本根据第一坐标轴和第二坐标轴分为 5 组，分别属于山地、丘陵、盆地、丘陵-山地和平原，说明地貌对浮游微生物群落结构的影响在春季和秋季是一致的。类似地，地貌对沉积物（底栖微生物）群落结构[图 7-66（c）和（d）]也具有显著影响。然而，在丘陵-山地地区，采样点被分为两组，三峡大坝上游库区的点聚在一起，坝下的点单独聚在一起，这说明三峡大坝可能对上下游底栖微生物群落结构造成了影响。

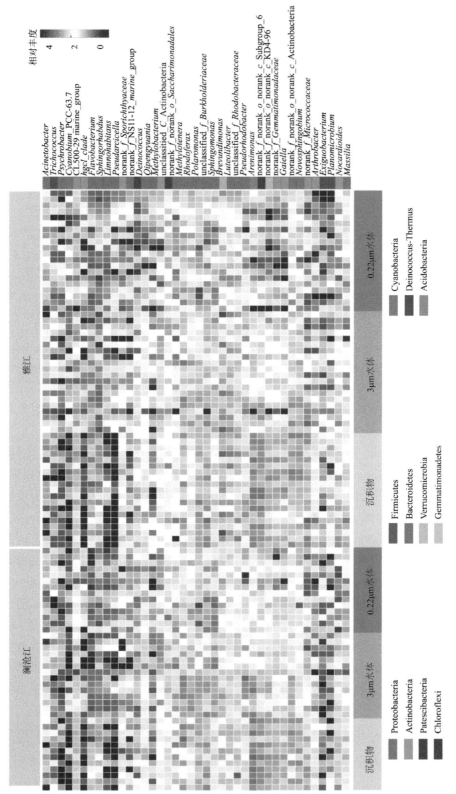

图 7-65 澜沧江与雅江细菌属水平物种丰度热图

Acinetobacter: 不动杆菌属; *Trichococcus*: 毛球菌属; *Psychrobacter*: 冷杆菌属; *Flavobacterium*: 黄杆菌属; *Deinococcus*: 异常球菌属; *Methylobacterium*: 甲基杆菌属;
Methylotenera: 甲基娇养杆菌属; *Rhodoferax*: 红育菌属; *Sphingomonas*: 鞘脂单胞菌属; *Brevundimonas*: 短波单胞菌属; *Pseudorhodobacter*: 假红杆菌属; *Novosphingobium*:
新鞘脂菌属; *Arthrobacter*: 节杆菌属; *Exiguobacterium*: 微小杆菌属; *Planomicrobium*: 动性杆菌属; *Nocardioides*: 类诺卡氏菌属; *Massilia*: 马赛菌属

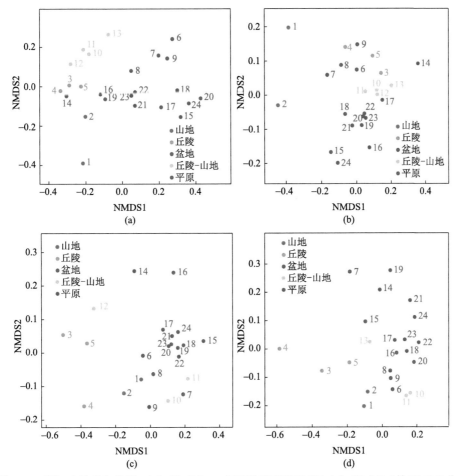

图 7-66　长江水体春和秋季[（a）和（b）]、沉积物春季和秋季[（c）和（d）]的 NMDS 分析
NMDS 表示非度量多维尺度分析（non-metric multidimensional scaling）

通过 LEfSe（LDA effect size）分析，找出了长江浮游微生物群落根据地貌差异的生物标记物。设定线性判别分析（linear discriminant analysis，LDA）判别阈值（LDA score）设为 3，LDA 判别阈值大于 3 的物种即为各个地貌的生物标记物。对于水体微生物，长江山地、丘陵地貌的生物标记物较多，最多可达 8 个，丘陵-山地中有 7 个，盆地中有 5 个，而平原中生物标记物较少，仅有 2 个。这表明在起伏的山区，特异性物种较多，而在平原地区特异性物种较少。相对于水体，沉积物获得了更多的生物标记物，共 70 个，表明沉积物特异性物种更多。沉积物在平原地貌中生物标记物最多，有 34 个；在丘陵地貌中最少，仅有 5 个。整体上，沿上游至下游，生物标记物呈现增加趋势。

为了分析这些生物标记物在各个水平的差异及系统发育下的亲缘关系，构建了进化分支图。对于水体微生物[图 7-67（a）]，在上游山地地貌中，生物标记物主要是两个目、两个科：丛毛单胞菌科（Comamonadaceae）、黄杆菌科（Flavobacteriaceae）、鞘氨醇单胞菌目（Sphingomonadales）和噬纤维菌目（Cytophagales）；在丘陵地带，生物标记物集中在放线菌门（Actinobacteria），尤其是酸微菌纲（Acidimicrobiia）和立克次氏体目

（Rickettsiales）；在盆地地区，红环菌目（Rhodocyclales）是主要的生物标记物；在丘陵-山地地区，绿菌门（Chlorobi）和浮霉菌门（Planctomycetes）是主要的生物标记物；假单胞菌科（Pseudomonadaceae）是下游平原地区的生物标记物。这些生物标记物可以作为区别长江五种不同地貌中水体微生物的指示物种。对于沉积物微生物[图 7-67（b）]，在上游山地地貌中，细菌总量百分比显著高于其他地貌，生物标记物包括厚壁菌门（Firmicutes）、α-变形菌门（α-Proteobacteria）[尤其红细杆菌目（Rhodobacterales）]和厌氧绳菌目（Anaerolineales）；在丘陵地带，主要是 Chloracidobacteria、Gemmatales 和黏球菌目（Myxococcales）；在盆地地区，主要的生物标记物是拟杆菌纲（Bacteroidia）和螺旋菌门（Spirochaetes）；在丘陵-山地地区，虽然三峡大坝影响了坝上坝下微生物群落结构，但是其仍然存在共有的生物标记物，热脱硫弧菌科（Thermodesulfovibrionaceae）、MBNT15、Phycisphaerae 纲、互营杆菌目（Syntrophobacterales）目、SC_I_84、索利氏菌纲（Solibacteres）和红螺旋菌（Rhodospirillales）；在下游平原地区，古菌含量显著高于其他地貌，尤其是泉古菌门（Crenarchaeota），且生物标记物众多，包括绿菌门（Chlorobi）、RB25、Sediment_1、BSV26、嗜甲基菌目（Methylophilales）、GCA004、SB_34、Dehalococcoidetes、OP8 和 BPC076 等。这些微生物可以作为区别长江不同地貌沉积物的指示物种。

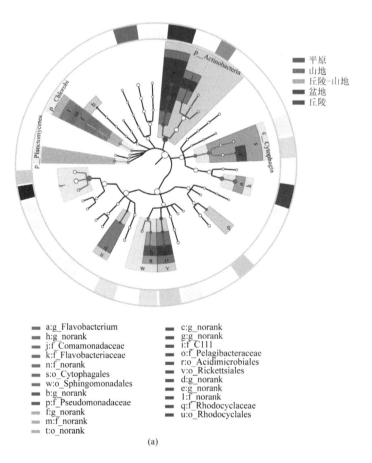

(a)

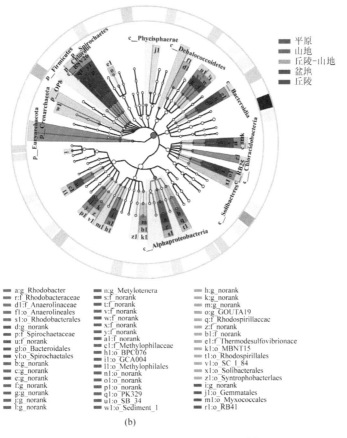

图 7-67　长江细菌群落 LEfSe 分析

　　综上，地貌是影响长江浮游和底栖微生物群落结构空间变化的主要影响因子，河流是单向流动的连续性系统，河流连续性维系了微生物群落结构的空间一致性变化。

3. 大坝对微生物群落结构的影响

　　大坝建设是人类活动影响河流微生物空间分布的一个重要方面。流域内大坝建设会使河流湖库化，水流减缓，溶解氧急剧降低，拦截粗泥沙，减缓上游河道水力坡降，最终河流生境的改变会引起微生物群落结构的系列变化。

　　对于单级水库，三峡大坝对周边生态环境的影响是关注的热点。图 7-68（a）为坝上、坝下具有显著性差异的物种（$P<0.01$）。除厌氧蝇菌属（*Anaerolinea*）和黄杆菌属（*Flavobacterium*）在坝下的含量高于坝上以外，其余物种都呈现出坝上高于坝下的趋势。整体上，大坝对微生物群落结构的影响相对于地貌影响要小得多。对于沉积物，坝上坝下的微生物群落结构具有显著差异，且有显著性差异的物种在坝上高于坝下。这是由于，上游水体带来的泥沙经大坝拦截大部分自然沉降到沉积物中，使得坝前沉积物生态环境更具有多样性，为更多的微生物物种提供了生态位；而下游流速减小，一些小的颗粒沉积物被冲刷，且没有上游泥沙的补充，导致坝下的生态位减少，进而使得坝下微生物减少，

引起沉积物的微生物多样性坝上高于坝下。在溪洛渡大坝也发现了类似规律[图7-69（b）]。

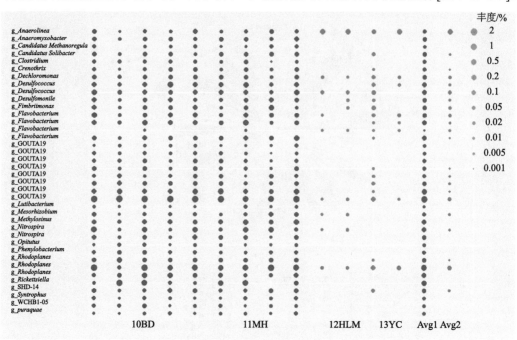

(a)三峡大坝

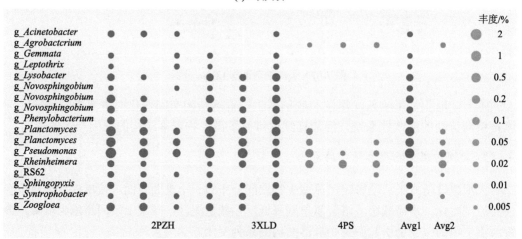

(b)溪洛渡大坝

图7-68　三峡大坝、溪洛渡大坝坝上坝下物种差异分析

Anaerolinea：厌氧绳菌属；*Anaeromyxobacter*：厌氧菌属；*Candidatus Solibacter*：念珠菌固体杆菌属；*Clostridium*：梭菌属；*Crenothrix*：铁细菌属；*Dechloromonas*：脱氯单胞菌；*Desulfococcus*：脱硫球菌属；*Desulfomonile*：脱硫念珠菌属；*Fimbriimonas*：菌毛单胞菌属；*Flavobacterium*：黄杆菌属；*Lucibacterium*：射光杆菌属；*Mesorhizobium*：中慢生根瘤菌属；*Methylosinus*：甲基弯曲菌属；*Nitrospira*：硝化螺旋菌属；*Opitutus*：丰祐菌属；*Phenylobacterium*：苯基杆菌属；*Rhodoplanes*：红游动菌属；*Rickettsiella*：立克次小体属；*Syntrophus*：互营菌属；*Acinetobacter*：不动杆菌属；*Agrobacterium*：土壤杆菌属；*Gemmata*：出芽菌属；*Leptothrix*：纤毛菌属；*Lysobacter*：溶杆菌属；*Novosphingobium*：新鞘脂菌属；*Phenylobacterium*：苯基杆菌属；*Planctomyces*：浮霉菌属；*Pseudomonas*：假单胞菌属；*Rheinheimera*：伦黑墨氏菌属；*Sphingopyxis*：鞘脂单胞菌属；*Syntrophobacter*：互营杆菌属；*Zoogloea*：动胶菌属

澜沧江梯级水库显著改变了河流自由态浮游细菌与颗粒附着态细菌的群落组成（图 7-69）。苗尾水文站以上为自然河段，以下为梯级水库河段。对于自由态浮游细菌，自然河段以 Proteobacteria 为主，同时 Bacteroidetes 也存在较高丰度；梯级水库河段的细菌群落组成与自然河段存在明显差异，Actinobacteria 丰度在库区最高，Proteobacteria 和 Bacteroidetes 丰度明显变低。对于颗粒附着态浮游细菌，从杂多水文站开始，Bacteroidetes 丰度明显增加，然后在苗尾水文站骤减，之后沿程一直维持低丰度状态；Actinobacteria 和 Cyanobacteria 的丰度在库区河段明显增加。考虑苗尾水文站以上区域处于相对简单的环境，微生物之间的竞争强度较低，一些可以利用不稳定碳的浮游细菌快速生长，因此，Bacteroidetes 在自然河段丰度较高，甚至沿程丰度逐渐增加。而在梯级水库河段，由于大坝对颗粒物的拦截作用，微生物栖息环境发生改变，更适合利用稳定碳源的 k 策略微生物，因此 Actinobacteria 成为优势物种。

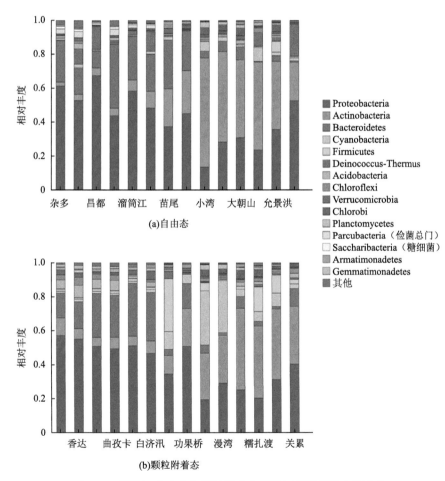

图 7-69　澜沧江自由态与颗粒附着态浮游细菌群落的空间分布

4. 细菌群落距离衰减规律

距离衰减模式（distance-decay pattern）是指群落间物种组成的相似度随地理距离的增加而降低的现象，该模式是生物地理学主要模式之一。距离衰减规律的实质是地理要素间的相互作用与距离有关，在其他条件相同时，地理要素间的作用与距离呈负相关关系。使用距离衰减模型来检测长江微生物的空间效应。根据 Mantel 检验结果（图 7-70），长江水体和底栖细菌群落（含春季、秋季）均符合距离衰减规律，即样品间细菌群落的相似性随着地理距离的增加而减小（$P<0.05$）。沉积物样品中的 Spearman 系数大于水体样品，表明沉积物中物种的周转率高于水体，这可能是由于水体的流动性大于沉积物，浮游细菌可以随着水流而扩散到其他地方，导致群落相似性更高，而底栖细菌受到更大的扩散限制。

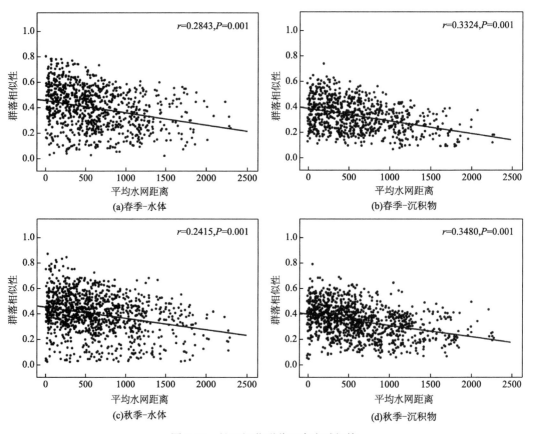

图 7-70　长江细菌群落距离衰减规律

同样地，利用距离衰减模式研究了澜沧江浮游细菌的空间变异情况（图 7-71）。以非加权 unifrac 距离衡量细菌群落之间的相似性，以河流网状距离衡量样本之间的地理距离，通过 Mantel test 检验二者之间的相关性。结果表明，自由态和颗粒附着态的浮游细菌均呈现出明显的距离衰减模式，说明不同站点的浮游细菌的群落相似性随河网距离的增加而减弱。特别指出的是，自由态浮游细菌的距离衰减模式更为强烈。

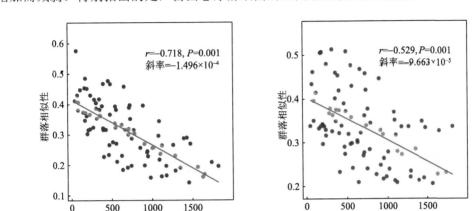

图 7-71　澜沧江自由态（a）与颗粒附着态（b）浮游细菌距离衰减模式

5. 细菌群落构建机制

群落构建机制是认识微生物共存机制和群落多样性维持的前提，主要包括随机过程和选择过程。随机过程是指群落内个体的出生、死亡、定居、灭绝和扩散都具有不确定性，物种的个体在群落中任何地方出现的机会是相等的，也就是说，在任何地方发现该物种个体的概率都是一致的。因此，物种的出现频率应与其含量呈正相关。选择过程则是通过非生物（如 pH、温度、水分和盐度）和生物（如竞争、互惠和捕食）因素引起群落变化。采用中性模型分别拟合了不同季节和生境类型下的长江细菌群落（图 7-72）。结果表明，所有拟合均符合中性模型。在水体中，中性过程对浮游细菌群落组成变化的解释度更高（春 R^2=0.8171，秋 R^2=0.8224），而对底栖细菌群落组成变化的解释度较高（春 R^2=0.7756，秋 R^2=0.7960）。总体来说，长江浮游细菌群落和底栖细菌群落的构建机制都是由选择过程和随机过程共同作用的结果。但是两者又存在一定差异，随机过程对底栖细菌群落的构建影响大于对浮游细菌群落的影响。

对于高原河流，Wang 等（2018）和 Chen 等（2018）研究了澜沧江浮游细菌与沉积物细菌的沿纬度和梯级大坝的分布情况，推测其群落构建的生态学机制。澜沧江上游浮游细菌群落中 Bacteroidetes 和 Proteobacteria 丰度最高，下游 Proteobacteria 和 Actinobacteria 占据主导地位，反映了环境分选在群落构建中发挥重要作用：澜沧江上游是一个相对简单的环境，物种竞争程度低，青睐能够迅速利用现有资源进行快速增长的物种（r 策略）。然而，随着浮游细菌群落丰度和复杂性的增加，尤其是梯级大坝的干扰，下游微生物竞争更加激烈，导致更具竞争力、更低生长率、更窄生态位的 k 策略物种占优势。对于沉积物细菌，空间距离和环境异质性对群落分布的相对重要性在梯级大坝控制区和受影响区有所不同：空间距离是大坝控制区细菌群落变化的主要原因，而环境异质性比空间距离更能控制大坝受影响区的细菌群落。

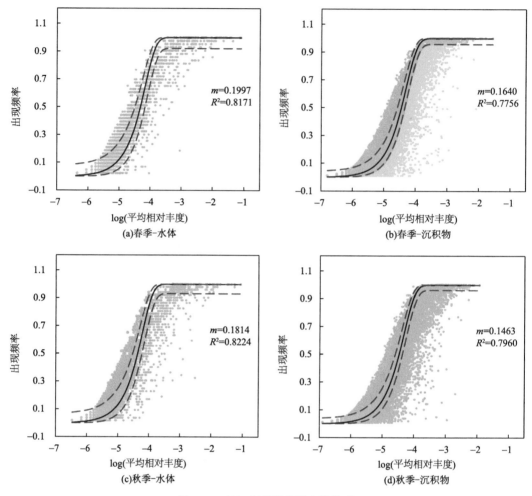

图 7-72　长江细菌群落的中性模型

7.3.2　河流藻类群落分布特征与形成机制

本节介绍一种基于分子生物学方法快速识别河流环境中藻类群落的方法，并在此基础上开展河流藻类群落组成图谱、时空分布格局以及驱动机制的解析，为类似的河流藻类群落研究提供重要的指导方向和方法参照。

1. 河流藻类图谱研究意义

藻类是指一群能进行光合作用，自养生活，无维管束，没有真正根茎叶分化的叶状体植物。藻类体型大小各异，从几微米至几百米大小不等。藻类鉴定及分类是群落组成和多样性研究的基础。形态学分类法根据藻细胞形态特征进行物种鉴定，是最普遍使用的分类方法。但是该方法依赖于鉴定人员的专业技能和藻类物种的形态特征，鉴定结果重复性低且难以区分形态类似或个体微小的藻类，导致特定的藻类难以识别。生化分类方法及流式细胞仪分选法等也有一定的应用，但是鉴定步骤复杂、结果重复性低、价格昂贵、识别精度有待提高。近年来，DNA 条形码技术成为一种快速、准确、可靠的藻类检测方法，其中改进的 23S rRNA 的特异性引物物种分辨率强，能够很好地鉴定原核藻类和真核藻类，在河流藻类的分子鉴定中发挥了重要作用。

藻类群落组成和多样性不断地改变着周围河流生态环境。对藻类群落的多样性组成、时空分布以及群落构建机理进行深入研究，有助于提高对藻类图谱以及藻类对生境变化响应的认识。

2. 硅藻分子生物学鉴定方法的构建

基于高通量测序的分子条形码技术，使用硅藻引物（DIV4for 和 DIV4rev3）对长江硅藻的 18S rDNA V4 区进行分子生物学检测，产生了 8602620 序列。如图 7-73 所示，剔除冗余序列、长度较短序列、质量较低序列后获得了优化的 DNA 参考序列，通过构建系统发育树检验参考数据库的可靠性，最终获得了完整的硅藻物种注释数据库。对测序产生的 OTU 进行硅藻物种注释，按照 97% 相似度阈值获得了 3144 个 OTU，其与参考数据库中的 454 个硅藻种类高度相似，可用于后续分析。

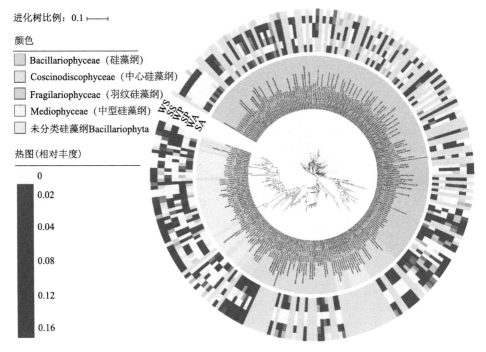

图 7-73　硅藻 OTUs 及参考硅藻物种数据库的进化树
颜色范围显示节点分支上的硅藻纲水平分类信息。最外侧热图为 6 种样品类型中 OTUs 的相对丰度

对比两种藻类物种鉴定方法，发现分子生物学方法可以给出更详细的长江硅藻名录。形态学方法观察到 35 个物种（隶属于 3 纲 8 目 10 科 16 属），分子生物学方法鉴定出 4 纲 27 目 46 科 102 属 243 种，鉴定出的硅藻数量是形态学方法的 4～7 倍[图 7-74（a）]。

两种方法共同检测到 10 种硅藻，在种水平上存在较大差异[图 7-74（b）]。分子生物学方法检测发现硅藻群落具有较高的 Chao1 丰富度[图 7-74（d），294.89±81.61]和香农多样性（4.42±0.69），而形态学方法鉴定的 Chao1 丰富度[图 7-74（c），7.20±2.78]和香农多样性较低（1.51±0.40）。

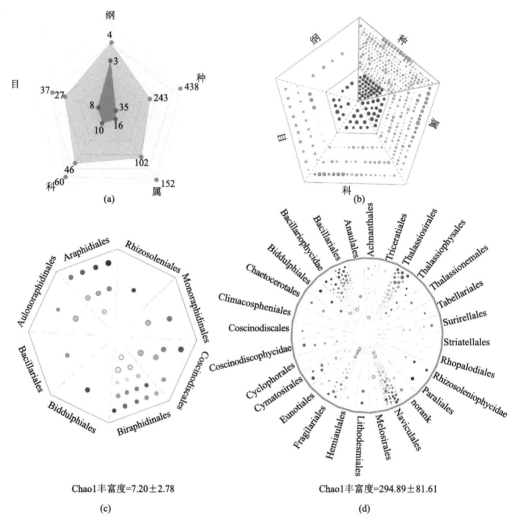

Chao1丰富度=7.20±2.78

(c)

Chao1丰富度=294.89±81.61

(d)

图 7-74　形态学方法和分子生物学方法鉴定结果对比

（a）在不同分类学水平上通过分子和形态学鉴定方法估计的硅藻种类对比。内多边形及其顶点数字代表秋季水体样品中形态学方法检测到的硅藻类群，中多边形及其顶点数字代表分子生物学方法的鉴定结果；外多边形及其顶点上的数字表示所有样品中获得的硅藻物种。（b）分子生物学和形态学鉴定方法在秋季水体样品中获得的硅藻分类组成。（c）通过形态学方法观察到的秋季水体样品中的硅藻种类及多样性。（d）通过分子生物学方法识别的秋季水体样品中硅藻种类及多样性。（c）中 Monoraphidinales：单壳缝目；Araphidiales：无壳缝目；Biddulphiales：盒形藻目；Bacillariales：棍形藻目；Coscinodiscales：圆筛藻目；Biraphidinales：双壳缝目；Aulonoraphidinales：管壳缝目；Rhizosoleniales：根管藻目。（d）中 Fragilariales：：脆杆藻目；Hemiaulales：半管藻目；Rhopalodiales：棒杆藻目；Cymatosirales：波纹藻目；Eunotiales：短缝藻目；Bacillariales：棍形藻目；Thalassiosirales：海链藻目；Thalassiophysales：海锥藻目；Biddulphiales：盒形藻目；Paraliales：帕拉藻目；Tabellariales：平板藻目；Achnanthales：曲壳藻目；Surirellales：双菱藻目；Triceratiales：双菱藻目；Coscinodiscales：圆筛藻目；Melosirales：直链藻目；Naviculales：舟形藻；其余无对应中文

此外，分子生物学方法还能够识别出个体微小的纳米硅藻（2～20 μm），如 *Fragilaria famelica*、*Fragraria rumpens*、*Gomphonema pumilum* 等，纳米浮游硅藻可能在碳输出中发挥至关重要的作用。很多硅藻与碳输运密切相关，如华丽星杆藻（*Asterionella formosa*）、普通等片藻（*Diatoma vulgare*）、辐纹琳达藻（*Lindavia viaradiosa*）、*Gomphonema pumilu* 和诺登海链藻（*Thalassiosira nordenskioeldii*）与溶解性 CO_2 密切相关（Spearman $r > 0.3$，$P < 0.05$）；*Asterionella formosa*、平卧内丝藻（*Encyonema prostratum*）、*Eucocconeis laevis*、*Fistulifera saprophila* 和拟螺形菱形藻（*Nitzschia sigmoidea*）与溶解性 CO_2 也呈现较高相关性。高通量测序方法基于遗传信息提供了有关硅藻群落物种组成的大量信息，可以获得由于尺寸微小、难以检测而被形态学方法忽略的硅藻物种，具有极大的技术优势。

3. 硅藻群落多样性及构建机制

对硅藻群落的 α 和 β 多样性进行研究，发现长江源区浮游硅藻表现出最高的 α 多样性（Chao1 和 Shannon 指数）和最低的底栖硅藻丰富度。在高原水体和沉积物样本中还分别发现了平板藻目（Tabellariales）和半管藻目（Hemiaulales）指示物种。长江源区和干流地区硅藻多样性在空间上存在明显差异，且长江源区浮游硅藻和底栖硅藻之间也存在明显区别。对于非高原地区，硅藻群落的 α 丰富度和多样性没有显著差异；相似性分析也进一步证实长江干流浮游硅藻的季节差异比底栖硅藻大得多。如图 7-75 所示，长江干流浮游和底栖硅藻群落的物种组成在纲水平上存在明显差异，浮游硅藻以

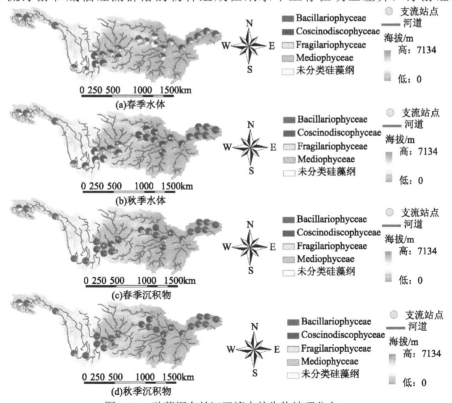

图 7-75　硅藻纲在长江干流中的生物地理分布

Coscinodiscophyceae（43.76%）和硅藻门（Mediophyceae，17.91%）为主，而底栖硅藻以 Bacillariophyceae（54.88%）和 Coscinodiscophyceae（30.96%）为主。

　　浮游硅藻和底栖硅藻的优势属不同（Top20，相对丰度为 55.6%～83.6%）[图 7-76（a）]。浮游硅藻优势属主要为小环藻属（*Cyclotella*）、冠盘藻属（*Stephanodiscus*）、羽纹藻属（*Pinnularia*）和帕拉藻属（*Paralia*），分别占12.2%、8.6%、7.3%和6.6%；底栖硅藻优势属为舟形藻属（*Navicula*）、*Pinnularia* 和 *Cyclotella*，分别占 14.4%、9.1%和 6.9%。长江源区与干流优势硅藻属也存在明显不同[图 7-76（a）]。一方面，尽管长江源区浮游硅藻和底栖硅藻多样性相似，但是群落组成明显不同；另一方面，浮游硅藻群落比底栖硅藻群落的季节性差异更明显,秋季水温(平均 21℃)比春季水温(平均 11℃)更利于浮游硅藻的生长。此外，春季和秋季不同的水文过程，以及上游淡水来源硅藻的

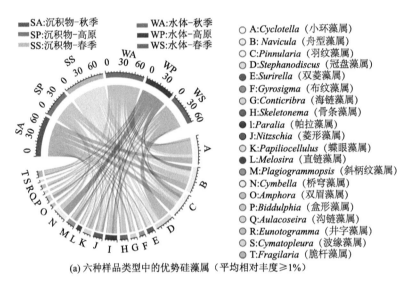

(a) 六种样品类型中的优势硅藻属（平均相对丰度≥1%）

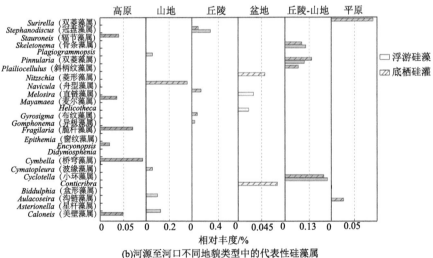

(b)河源至河口不同地貌类型中的代表性硅藻属

图 7-76　长江优势硅藻属的空间分布

引入也会影响浮游硅藻的群落结构。相比较而言，底栖硅藻的季节性差异更为微弱，可能是由于大多数底栖硅藻对季节变化的响应较弱，并通过长期的沉积物侵蚀和沉积过程达到平衡状态。根据对营养物质和动态扰动的不同反应，硅藻可分为低等型（low profile）、高等型（high profile）、运动型（motile）和浮游型（planktonic）。运动型底栖硅藻在整条河流中均存在，而高等型底栖硅藻和浮游型底栖硅藻分别在上游河段和下游河段占主导地位。此外，在长江干流，浮游型的浮游硅藻在大多数站点占主导地位。

地貌在浮游硅藻和底栖硅藻群落的空间分异中起着重要作用[图 7-76（b）]。浮游硅藻在高原、山地、丘陵、盆地、丘陵-山地、平原地貌类型中分别以桥弯藻属（*Cymbella*）、星杆藻属（*Asterionella*）、冠盘藻属（*Stephanodiscus*）、直链藻属（*Melosira*）、*Cyclotella* 和 *Conticribra* 为代表；相应地，底栖硅藻则分别以 *Cymbella*、*Navicula*、*Melosira*、*Conticribra*、*Cyclotella* 和双菱藻属（*Surirella*）为代表。

硅藻群落相似性沿地理和环境距离均呈现明显的衰减变化模式，偏曼特尔分析进一步证实地理距离和环境距离在限制硅藻组成和分布方面都起着重要作用。典型相关分析（canonical correlation analyses，CCA）证实了硅藻群落与特定环境和空间因素（如水温、pH、悬浮固体）之间的显著相关性。典型的环境成分，如光合有效辐射（PAR）、温度、河道坡度和营养状况等，对于伴随空间扩散的硅藻群落结构至关重要。

4. 硅藻群落对河流生态环境变化的响应

硅藻能够利用光合有效辐射（PAR，400～700 nm）来合成生物物质。LEfSe 分析表明，美壁藻属（*Caloneis*）、*Cymbella*、*Fistulifera* 和脆杆藻属（*Fragilaria*）偏好高 PAR 区域（长江源区），碟眼藻属（*Papiliocellulus*）偏好中等 PAR 区域（下游河段），而 *Conticribra* 和 *Cyclotella* 是低 PAR 栖息地（四川盆地）的生物标志物[图 7-77（a）和（b）]。此外，由于水温是影响硅藻群落集合的关键环境因素，尽管浮游硅藻的丰度随着 PAR 的变化而变化，但是底栖硅藻的丰度随着温度的升高而升高[图 7-77（c）]。

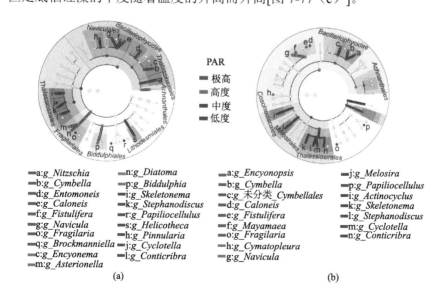

（a）　　　　　　　　　　　（b）

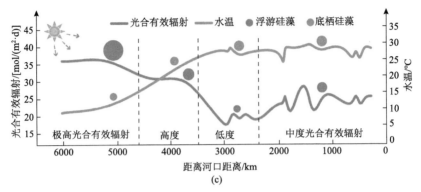

图 7-77　来自四个光合有效辐射（PAR）区域的浮游（a）和底栖（b）硅藻群落的 LEfSe 分支图及 Chao1 丰富度（c）

图 7-78 为硅藻群落相似性与河道坡度之间的关系。丰水期（秋季）较高的流量减弱了浮游硅藻群落与河道坡度之间的相关性[图 7-78（a）和（b）]，而底栖硅藻群落相似性与河道坡度之间的相关性仍然较强[图 7-78（c）和（d）]。浮游硅藻在陡坡环境（山区）中以沙丝藻属（*Psammothidium*）、菱形藻属（*Nitzschia*）和桥弯藻属（*Cymbella*）为代表，在中等坡度环境（上游）中以 *Papiliocellulus* 为代表，在缓坡环境（中下游）中以马雅美藻属（*Mayamaea*）、*Pinnularia* 和 *Surirella* 为代表。底栖硅藻在陡坡环境（山区）中以卵形藻属（*Cocconeis*）、内茧藻属（*Entomoneis*）和 *Melosira* 为标志性硅藻，在中等坡度环境（上游）中以伪形藻属（*Fallacia*）、*Psammothidium* 和骨条藻属（*Skeletonema*）为标志性硅藻，在缓坡环境（中下游）中以辅环藻属（*Actinocyclus*）、沟

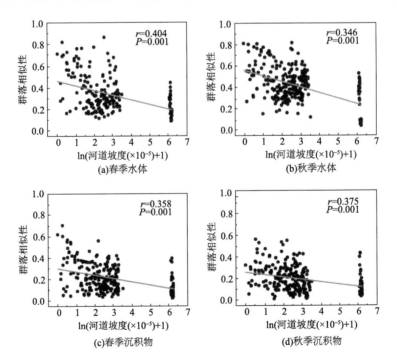

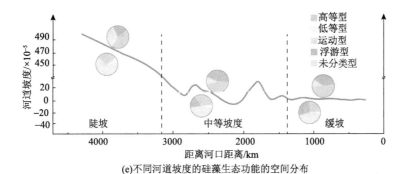

(e)不同河道坡度的硅藻生态功能的空间分布

图 7-78　硅藻群落随河道坡度的变化图谱

链藻属（*Aulacoseira*）和 *Conticribra* 为标志性硅藻。此外，根据生态功能类型可以进一步确定坡度对硅藻的影响，浮游型硅藻总是占主导地位，而运动型底栖硅藻构成了整个河流中底栖硅藻的主要组成部分[图 7-78（c）]。

　　生态系统的营养状况可以影响藻类的多样性。在具有较高氮磷比（TN：TP > 16）的环境中浮游植物丰度较高。长江水体 TN：TP 较高（13.8～45.63），而沉积物 TN：TP 较低（0.004～0.65）。由图 7-79 可知，年平均溶解 TN：TP 可以解释近一半的浮游硅藻 α 多样性，而底栖硅藻对 TN：TP 的响应较弱。此外，硅藻群落组成与 TN：TP 也显著相关（$P < 0.05$）。上述环境因素对硅藻的影响还受人类活动的影响，大型水坝破坏了水力梯度、营养条件、光的可利用性和水温，导致底栖硅藻的生长环境发生了局部变化，因此，大坝下游特定底栖物种（如 *Pinnularia*、*Paralia* 和 *Aulacoseira*）的 OTU 相对丰度显著下降。

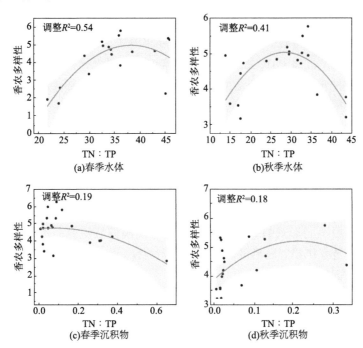

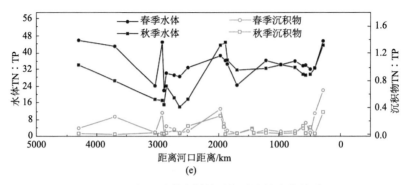

图 7-79　长江硅藻多样性随氮磷比的变化关系

　　浮游硅藻和底栖硅藻之间还存在相互作用，影响长江硅藻群落的动态变化。首先，成对的水体和沉积物样本中，浮游硅藻群落组成与底栖硅藻显著相关（春季：Spearman $r =$ 0.3556，$P = 0.001$；秋季：Spearman $r = 0.1902$，$P = 0.006$）。在水体中发现了典型的底栖硅藻（如 *Nitzschia* 和 *Navicula*），局部相互作用可能导致底栖生物和浮游生物的栖息地通过藻类细胞的迁移而耦合，这意味着浮游植物可以来自底栖硅藻，而沉没的浮游藻类可以成为底栖生物。其次，浮游硅藻的丰富度随 PAR 波动，而底栖硅藻的丰富度随温度而变化；营养水平（TN∶TP）对浮游硅藻和底栖硅藻的多样性具有不同的影响，这些现象揭示了浮游硅藻和底栖硅藻在光、温度和养分竞争方面的局部相互作用。最后，考虑"河流连续体概念"和"连续不连续性概念"，底栖藻类或浮游藻类的优势种随着自然河道梯度（如河道坡度）或人类活动干扰（如由于大坝的建设和污染物的排放）而变化。

　　整体而言，底栖硅藻是环境选择的典型结果，基于 PAR、温度、河道坡度和营养水平影响的环境选择过程驱动了硅藻的生物地理分布模式。首先，足够的 PAR 促进了硅藻的产生和生长，但是过量 PAR 会影响各种细胞过程并降低硅藻的生存力。本节研究中某些硅藻具有多种光调节机制和适应性反应。尽管光和温度是硅藻生长的基本资源，但浮游硅藻和底栖硅藻对 PAR 和水温表现出不同的偏好。其次，河道坡度作为影响硅藻空间分布的主要驱动力，不仅影响硅藻之间的竞争和演替过程，还改变了营养利用策略以及硅藻的产生和生长。硅藻生态功能类型的空间分布差异表明，底栖硅藻是河流环境异质性的可靠标志。最后，TN∶TP 仅部分解释了浮游硅藻的 α-多样性，原因之一可能是硅藻的生长速率对氮磷组分有特异性响应，如谷皮菱形藻（*Nitzschia palea*）受磷限制，而钙质角毛藻（*Chaetoceros calcitrans*）在氮同化方面非常有效；另一个原因可能是藻类利用不同形式的氮磷，例如，某些硅藻偏好氨氮而不是硝酸盐氮，偏好无机磷酸盐而不是有机磷。底栖硅藻 α 多样性与 TN∶TP 之间的弱相关关系也反映了养分对硅藻的影响较低。

7.3.3　河流底栖动物群落分布特征与形成机制

　　本节介绍西南河流源区底栖动物图谱研究的意义，梳理河流底栖动物群落生态学研

究思路。之后，以雅江、长江源、黄河源与澜沧江源底栖动物群落为例，初步探索底栖
动物群落组成、空间分布特征，以及群落-生境响应关系。

1. 底栖动物图谱研究意义

底栖动物又称大型底栖无脊椎动物，系指全部或大部分时间生活于水体底部的、
体长超过 0.5 mm 的水生无脊椎动物群。水环境中的底栖动物分布广泛且种类繁多，主
要包括环节动物门的寡毛纲和蛭纲，软体动物门的腹足纲和双壳纲，节肢动物门的昆
虫纲（如双翅目、蜉蝣目、蜻蜓目、半翅目、鞘翅目、毛翅目、襀翅目、鳞翅目等）
和甲壳纲等。

作为水生生态系统中的重要组成部分，底栖动物在生态系统的物质循环和能量流动
方面发挥着重要的作用。首先，作为初级消费者和次级消费者，底栖动物能够加速降解
有机碎屑，进而被细菌、真菌、藻类和水生植物等吸收，促进微生物和植物的生长。其
次，它能改变栖息地微生境条件，其呼吸、排泄、羽化、蠕动、钻穴和捕食等行为均会
对周围环境产生一定的影响，如促进营养物质的矿化，增加水体底层溶解氧含量，促进
沉积物-水界面的物质交换，加速营养物质的转移等。然后，底栖动物还是许多经济类水
生动物（如中华鲟、鳗鲡和青鱼等鱼类）的天然优质食材。最后，由于底栖动物具有个
体较大，易于采集、固定和鉴定，活动场所较固定，寿命较长，对环境变化反应敏感等
优点，常作为指示生物广泛应用于水环境生态系统的健康评价。

根据最新文献统计结果，目前全球淡水底栖动物约有 107295 种，隶属于 8620 属[图
7-80（a）]。水生昆虫种类占比最高，达 70.7%，其中双翅目、鞘翅目和毛翅目种类最为
丰富[图 7-80（b）]。此外，由于传统的物种形态学鉴定存在一定的局限性，全球淡水环
境下水生昆虫的种类可能被低估，其比例或可高达 80%。从空间上看，古北区底栖动物
种类最为丰富，共计 3123 属 28123 种，占全球所有底栖动物种数的 26.2%；其次为新热
带区，共有底栖动物 2463 属 20145 种，占全球所有底栖动物种数的 18.8%；南极地区底
栖动物种类最少，仅有 91 属 173 种。

相较于低海拔河流，世界范围内对高海拔地区河流底栖动物的研究只有少数资料可
供参考。青藏高原是全球生物多样性最高的地区之一，誉为珍稀野生动植物天然园和高
原物种基因库。然而，我国对青藏高原地区底栖动物的研究资料比较稀少，大多为 20
世纪 80 年代及以前的调查报告，如《西藏水生无脊椎动物》（1983 年）、《西藏综合考察
论文集：水生生物及昆虫部分》（1964 年）、《西藏阿里地区动植物考察报告》（1979 年）
等。近些年来，也有针对雅江、澜沧江、怒江等大型河流底栖动物群落的调研。由于水
热条件、水体理化性质、植被覆盖情况等生境条件的显著差异，不同气候条件下的底栖
动物种类及多样性往往具有特殊性。因此，对西南河流源区底栖动物群落及响应机制开
展研究，能为高原河流生态系统健康评估提供可靠的科学依据。

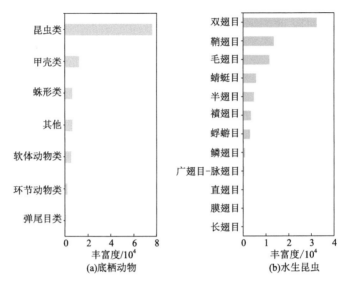

图 7-80　全球淡水底栖动物与水生昆虫种类统计

2. 底栖动物群落地理学分布特征

1）西南河流源区底栖动物种类组成

长江源区、黄河源区、澜沧江上游与雅江底栖动物种类组成如图 7-81 所示。长江源区共采集到底栖动物 38 属，隶属于 2 门 4 纲 8 目 16 科。其中，节肢动物 31 属，占 81.6%；环节动物 7 属，占 18.4%。水生昆虫共采集到 5 目 29 属，主要包括鞘翅目、双翅目、蜉蝣目、襀翅目和毛翅目。其中，双翅目种类最为丰富，达 19 属，占水生昆虫种类数的 65.5%。黄河源区共采集到底栖动物 45 属，分别隶属于 3 门 5 纲 11 目 22 科。其中，节肢动物 36 属，占 80.0%；软体动物 5 属，占 11.1%；环节动物 4 属，占 8.9%。水生昆虫共采集到 6 目 35 属，主要包括鞘翅目、双翅目、蜉蝣目、襀翅目、半翅目和毛翅目。其中，双翅目种类最为丰富，达 25 属，占水生昆虫种类数的 71.4%。澜沧江上游共采集到底栖动物 54 属，分别隶属于 2 门 4 纲 7 目 21 科。其中，节肢动物 49 属，占 90.7%；环节动物 5 属，占 9.3%。水生昆虫共采集到 4 目 47 属，主要包括双翅目、蜉蝣目、襀翅目和毛翅目。其中，双翅目种类最为丰富，达 28 属，占水生昆虫种类数的 59.6%。雅江采集到的底栖动物种类相对较多，共计 4 门 6 纲 12 目 34 科 95 属。其中，节肢动物 83 属，占 87.4%；环节动物 9 属，占 9.5%；软体动物 2 属，占 2.1%；其他 1 属，占 1.0%。水生昆虫共采集到 7 目，包括鞘翅目、双翅目、蜉蝣目、襀翅目、半翅目、毛翅目和脉翅目。双翅目种类最为丰富（54 属）。

总体而言，对于西南河流源区底栖动物种类组成，水生昆虫均占绝对优势，且存在明显的高原特色。一方面，由于受人类活动干扰小，水质较好，能够采集到较多种类的蜉蝣目（如四节蜉科、小蜉科、扁蜉科等）、襀翅目（如襀科、叉襀科、绿襀科等）和毛翅目（如短石蛾科、长角石蛾科、纹石蛾科等）等水质敏感类群。另一方面，由于高海拔、低气温，采集到冷水性底栖动物类群，如寡角摇蚊亚科、原寡角摇蚊亚科等。

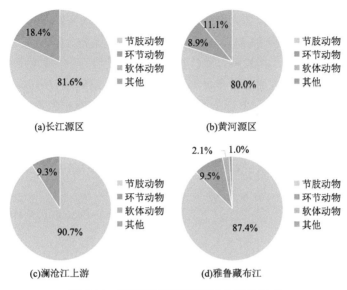

图 7-81　西南源区河流底栖动物种类组成

2）西南河流源区底栖动物分布特征

长江源区底栖动物群落密度为 $1.5\sim263.5$ ind/m^2，平均密度为 40.2 ind/m^2。其中，节肢动物密度占比最高（89.2%），尤其为双翅目类群，其次为 EPT[E=Ephemeroptera（蜉蝣目）、P=Plecoptera（石蝇所属的襀翅目），T=Trichoptera（石蛾所属的毛翅目）]类群。长江源区双翅目和 EPT 类群平均密度分别占水生昆虫密度的 56.5%和 43.0%。对于摇蚊科而言，长江源区以直突摇蚊亚科类群为主，其密度占比为 61.8%。优势底栖动物类群（相对密度排名前 5 属）主要包括绿襀科（Chloroperlidae）一属（14.4%）、多足摇蚊属（*Polypedilum* sp.，13.5%）、直突摇蚊属（*Orthocladius* sp.，13.4%）、环足摇蚊属（*Cricotopus* sp.，8.4%）、四节蜉属（*Baetis* sp.，7.3%）等。

黄河源区底栖动物群落密度为 $10.6\sim222.9$ ind/m^2，均值为 83.6 ind/m^2。其中，节肢动物密度占比最高（78.4%），双翅目类群占绝对优势。双翅目平均密度占水生昆虫密度的 89.7%。对于摇蚊科，黄河源区主要以摇蚊亚科类群为主，其密度占比为 45.0%。其次，寡角摇蚊亚科和原寡角摇蚊亚科类群平均密度占摇蚊科的比例也相对较高，达 27.0%。黄河源区优势底栖动物类群主要包括单寡角摇蚊属（*Monodiamesa* sp.，15.3%）、多足摇蚊属（12.2%）、钩虾属（*Gammarus* sp.，11.2%）、直突摇蚊属（10.7%）、水丝蚓属（*Limnodrilus* sp.，10.6%）等。

澜沧江上游底栖动物群落密度为 $4.0\sim117.0$ ind/m^2，均值为 42.0 ind/m^2。其中，节肢动物密度占比最高，达 91.1%。双翅目和 EPT 类群平均密度分别占水生昆虫密度的 60.8%和 39.2%。对于摇蚊科而言，澜沧江主要以摇蚊亚科类群为主，其密度占比 55.4%。澜沧江优势底栖动物类群主要包括多足摇蚊属（18.6%）、直突摇蚊属（10.6%）、克鲁斯摇蚊属（*Kloosia* sp.，9.3%）、四节蜉属（7.3%）、溪颏蜉属（*Rhithrogena* sp.，5.6%）等。

雅江底栖动物群落密度范围为 0.5~621.7 ind/m²，平均密度为 71.1 ind/m²。其中，节肢动物密度占比最高，达 83.3%，双翅目类群占绝对优势。雅江双翅目平均密度占水生昆虫密度的 75.9%。对于摇蚊科，雅江以摇蚊亚科类群为主，其密度占比为 30.3%。雅江的优势底栖动物类群主要包括多足摇蚊属（26.9%）、扁蜉属（*Heptagenia* sp.，25.4%）、仙女虫属（*Nais* sp.，7.6%）、单寡角摇蚊属（4.8%）、直突摇蚊属（4.6%）等。

为进一步分析西南河流源区不同河流底栖动物群落组成特征，对长江源区、黄河源区、澜沧江上游及雅江底栖动物群落进行 NMDS 和 ANOSIM 分析，结果如图 7-82 所示。不同河流之间底栖动物群落组成存在较为显著的差异（Global $R = 0.379$，$P = 0.001$）。

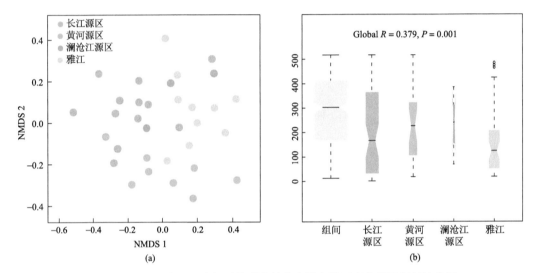

图 7-82　西南河流源区底栖动物群落的非度量多维尺度分析及相似性分析

从种类上分析，长江源区、黄河源区、澜沧江源区及雅江底栖动物种类组成比较如图 7-83 所示。长江源区河流泥沙含量高，而且河流自由游荡，生境稳定性差，不利于河床动物生存，因此底栖动物多样性最低。不同河流之间底栖动物的种类差别同样相对较大。长江源区、黄河源区、澜沧江上游和雅江有 12 属底栖动物，分别为网石蝇科（Perlodidae）一属、直突摇蚊属、钩虾属、多足摇蚊属、四节蜉属、水丝蚓属、扁蜉属、环足摇蚊属、长跗摇蚊属（*Tanytarsus* sp.）、仙女虫属、真开氏摇蚊属（*Eukiefferiella* sp.）和特维摇蚊属（*Tvetenia* sp.）。雅江特有底栖动物类群最多，达 42 属，其中摇蚊科类群占一半以上。黄河源区特有底栖动物类群有 16 属，主要包括大蚊科、牙甲科、潜水蝽科、小石蛾科及软体动物等。长江源区特有底栖动物类群有 7 属，包括仙女虫科、石蝇科、四节蜉科、条脊牙甲科等。澜沧江上游特有底栖动物类群共 12 属，包括摇蚊科、褐蜉科、短丝蜉科、纹石蛾科、长角石蛾科等。

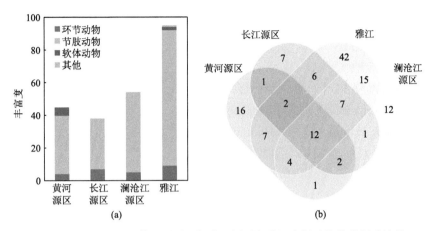

(a)　　　　　　　　　　(b)

图 7-83　长江源区、黄河源区、澜沧江源区和雅江底栖动物种类组成比较

从相对丰度上看，通过 LEfSe 分析进一步标记出了长江源区、黄河源区、澜沧江上游和雅江的标志性底栖动物类群，如图 7-84 所示。长江源区底栖动物标志性类群有 3 个，分别为襀翅目（Plecoptera）、绿襀科（Chloroperlidae）、绿襀科一属。黄河源区底栖动物标志性类群有 5 个，在科一级共有 2 个，为长足虻科（Dolichopodidae）和颤蚓科（Tubificidae）；在属一级共有 3 个，为水丝蚓属、长足虻科一属和刀突摇蚊属（*Psectrocladius* sp.）。澜沧江上游底栖动物标志性类群有 12 个，在目一级有 2 个，为蜉蝣目（Ephemeroptera）和毛翅目（Trichoptera）；在科一级有 3 个，为四节蜉科（Baetidae）、

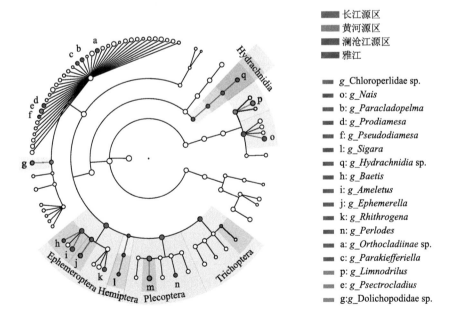

图 7-84　长江源区、黄河源区、澜沧江上游和雅江底栖动物群落的线性判别分析

511

小蜉科（Ephemerellidae）和长角石蛾科（Leptoceridae）；在属一级有 7 个，为四节蜉属、小蜉属（*Ephemerella* sp.）、溪颏蜉属、直突摇蚊亚科（Orthocladiinae）一属、网石蝇属（*Perlodes* sp.）、亚美蜉属（*Ameletus* sp.）和拟开氏摇蚊属（*Parakiefferiella* sp.）。雅江底栖动物标志性类群有 12 个，其中纲一级有 1 个，即蛛形纲（Arachnida）；在目一级有 2 个，为半翅目（Hemiptera）和真螨目（Acariformes）；在科一级有 3 个，为划蝽科（Corixidae）、仙女虫科（Naididae）和水螨科（Hydrachnidiae）；在属一级有 6 个，为原寡角摇蚊属（*Prodiamesa* sp.）、仙女虫属、拟枝角摇蚊属（*Paracladopelma* sp.）、伪寡角摇蚊属（*Pseudodiamesa* sp.）、划蝽属（*Sigara* sp.）和水螨科一属。

3. 底栖动物群落对生境的响应

河流生境状况很大程度上决定了底栖动物群落的结构特征。长江源区径流补给以降水和冰川融水为主。干流直门达水文站点多年平均径流量为 128 亿 m^3（1956～2016 年），悬移质含量高，粒径较粗，多年平均输沙量 949 万 t；而支流水质清澈透明，悬移质含量低。总体上，长江源区水深较浅，水体贫营养，底质类型以砂砾石为主，河岸边植被类型简单（高原草甸）或无植被。黄河源区年径流多源于降水和冰川融水，多年平均径流量为 200.2 亿 m^3（20 世纪 50 年代～2011 年）；悬移质含量低，年平均输沙量仅为 0.1 亿 t。黄河源区大部分河段河谷开阔，间有峡谷；透明度较高，底质以砾卵石为主。澜沧江上游水资源主要来源于冰川融雪和大气降水。香达多年平均流量为 138 m^3/s，输沙量为 355 万 t。河流两岸为有一定山体约束的宽谷；水体透明度较高；河岸边为草甸，水中无水生植被；河床表层沉积物以砂砾石为主。雅江径流主要由降水过程决定，也受冰川融雪等的影响。河床底质以卵砾石和粗沙等混合而成。干流河段水位变动区 5 m 范围之内通常没有植被，而支流河段滨岸及水生植被发育较好。综上，西南河流源区不同河流宏观生境条件存在一定的相似性，因此，底栖动物群落组成存在一定的相似性。例如，径流均主要来源于冰川融雪和降水，水温普遍较低，故而在各个河流中均采集到较多襀翅目、寡角摇蚊亚科、原寡角摇蚊亚科等嗜冷性类群。由于河流受人为干扰较少，水体总体透明度较高，贫营养，底质以石质为主，故 EPT 敏感类群在各个河流中的比例均较高。

不同河流之间底栖动物群落组成存在一定的差异性。为了探究群落差异产生的原因，分析了水环境因子对河流底栖动物群落的影响。将底栖动物群落与沉积物理化因子进行典范对应分析，结果如图 7-85 所示。所有排序轴可解释 22.8%的底栖动物群落变化，其中前两轴共解释 6.74%的群落变化。通过前选和蒙特卡罗（Monte Carlo）转置法分析（$P < 0.05$）筛选影响底栖动物的主要环境因子，结果如表 7-12 所示。显著影响高原河流底栖动物群落分布的环境因子主要包括 pH（$r^2 = 0.2404$，$P = 0.014$）、NH_4^+-N（$r^2 = 0.5609$，$P = 0.001$）、TN（$r^2 = 0.3917$，$P = 0.001$）、TP（$r^2 = 0.3581$，$P = 0.001$）、Cd（$r^2 = 0.2062$，$P = 0.031$）、Cr（$r^2 = 0.2157$，$P = 0.027$）和 As（$r^2 = 0.7516$，$P = 0.001$）。

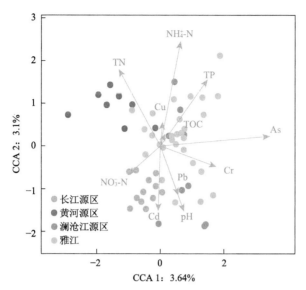

图 7-85　西南河流源区底栖动物群落对环境因子的典范对应分析

表 7-12　西南河流源区底栖动物群落与环境因子关联分析显著性检验结果

因子	CCA1	CCA2	r^2	Pr（$>r$）
TOC	0.41154	0.91139	0.0084	0.897
NO_3^--N	−0.79291	−0.60934	0.1025	0.210
pH	0.38304	−0.92373	0.2404	0.014*
NH_4^+-N	0.22197	0.97505	0.5609	0.001***
TN	−0.53074	0.84754	0.3917	0.001***
TP	0.63703	0.77084	0.3581	0.001***
Cd	−0.04311	−0.99907	0.2062	0.031*
Cr	0.95386	−0.30024	0.2157	0.027*
Cu	0.11647	0.99319	0.0306	0.603
Pb	0.38629	−0.92238	0.1358	0.119
As	0.99667	0.08154	0.7516	0.001***

*、**、***分别表示 $P<0.05$、$P<0.01$、$P<0.001$。

7.4　小　　结

本章系统介绍了河流全物质通量的概念、河流全要素监测-检测方法以及西南河流源区主要非生物与生物组成、时空分布特征及形成机制。主要进展和结论如下。

（1）在河流全物质通量研究基本思路的指引下，构建了西南河流源区全要素监测-检测体系，获得了 34 类 788 项指标的监测数据，为深入探索河流不同物质间的关系奠定了基础。

（2）获得了长江源区、澜沧江和雅江非生物物质（生源物质、无机元素、抗生素和全氟化合物）时空分布特征。长江源区、澜沧江和雅江水体营养型状态分别为磷缺乏、营养盐适宜状态；三条河流金属元素主要来自于上地壳，受人类活动扰动较少；抗生素类、全氟烷基化合物等痕量有机物检出率和检出量较低，环境风险和健康风险处于低等水平。受梯级水库建设影响，澜沧江非生物物质在自然河段与梯级水库河段、丰水期与枯水期差异显著。

（3）系统研究了西南河流源区生物群落结构特征。采用高通量测序技术，构建了河流水沙体系中细菌、藻类群落的时空分布格局研究方法，解决了传统方法鉴定难度大、受主观因素影响大的问题。基于微生物高通量数据库，绘制了完整的大河浮游细菌与底栖细菌群落时空分布图谱，包括 2124 个和 563 个持续的细菌 OTUs，隶属于 13 个细菌门；基于图谱揭示了高原、山地、丘陵、盆地和平原地区的优势种群。

（4）基于硅藻高通量数据库，绘制了大河浮游硅藻与底栖硅藻群落时空分布图谱，揭示了河流 PAR、河流坡度、营养水平等关键要素对硅藻群落时空格局影响的机制；在不同 PAR 条件下，发现硅藻生物标志物在空间上经历了从优势运动型硅藻物种向浮游型硅藻物种群落的显著演替。发现西南河流源区底栖动物种类以水生昆虫为主，且采集到冷水性的寡角摇蚊亚科、原寡角摇蚊亚科等底栖动物类群。

参 考 文 献

包宇飞. 2019. 雅鲁藏布江水文水化学特征及流域碳循环研究. 北京: 中国水利水电科学研究院.

梁帅. 2019. 澜沧江、雅鲁藏布江抗生素分布特征及其风险评价. 北京: 中国地质大学(北京).

刘唐. 2016. 基于高通量测序技术的长江微生物群落结构与功能时空分布研究. 北京: 北京大学.

刘昕曜. 2021. 高原河流抗生素污染分布特征及其全过程管理对策. 北京: 北京大学.

乔爽, 王婷, 张倩, 等. 2022. 长江源区重金属分布特征及生态风险评价. 北京大学学报(自然科学版), 58(2): 297-307.

孙殿超, 龚平, 王小萍, 等. 2018. 拉萨河全氟化合物的时空分布特征研究. 中国环境科学, 38(11): 4298-4306.

唐咏春. 2019. 梯级水库建设对澜沧江水体典型氮素来源影响研究. 宜昌: 三峡大学.

王海珍. 2020. 雅鲁藏布江及澜沧江 CO₂、CH₄ 和 N₂O 时空分布特征. 北京: 北京大学.

王佳文. 2020. 长江藻类群落生物地理学分布及其驱动机制. 北京: 北京大学.

谢元, 蒋晓辉, 王婷, 等. 2018. 黄河典型支流入干区底栖动物群落结构特征比较研究, 北京大学学报(自然科学版), (5): 1067-1076.

许旭明. 2021. 中国亚热带与温带大河底栖动物群落与功能性状特征研究. 北京: 北京大学.

叶润成. 2019. 雅鲁藏布江河水温室气体释放特征及无机碳来源研究. 贵阳: 贵州大学.

张倩, 刘湘伟, 税勇, 等. 2021. 黄河上游重金属元素分布特征及生态风险评价, 北京大学学报(自然科学版), 57(2): 333-340.

Bao Y F, Hu M M, Li S Z, et al. 2023. Carbon dioxide partial pressures and emissions of the Yarlung Tsangpo River on the Tibetan Plateau. Frontiers in Environmental Science, 10: 1036725.

Chen J, Wang P F, Wang C, et al. 2018. Bacterial communities in riparian sediments: A large-scale longitudinal distribution pattern and response to dam construction. Frontiers in Microbiology, 9: 999.

Jiao N Z, Liu J, Edwards B, et al. 2021. Correcting a major error in assessing organic carbon pollution in natural waters. Science Advances, 7(16): 7318-7332.

Li J, Gao Y, Xu N, et al. 2020. Perfluoroalkyl substances in the Yangtze River: Changing exposure and its implications after operation of the Three Gorges Dam. Water Research, 182(3–4): 115933.

Li L, Ni J R, Chang F, et al. 2020. Global trends in water and sediment fluxes of the world's large rivers. Science Bulletin, 65(1): 62-69.

Li S, Shi W, Liu W, et al. 2018. A duodecennial national synthesis of antibiotics in China's major rivers and seas (2005–2016). Science of the Total Environment, 615: 906-917.

Liu S F, Wang H Y, Chen L, et al. 2020. Comammox Nitrospirawithin the Yangtze River continuum: Community, biogeography, and ecological drivers, The ISME Journal, 14(10): 2488-2504.

Liu T, Zhang A N, Wang J W, et al. 2018. Integrated biogeography of planktonic and sedimentary bacterial communities in the Yangtze River. Microbiome, 6(1): 0-16.

Riva F, Castiglioni S, Fattore E, et al. 2018. Monitoring emerging contaminants in the drinking water of Milan and assessment of the human risk. International Journal of Hygiene and Environmental Health, 221: 451-457.

Schwanz T G, Llorca M, Farré M, et al. 2016. Perfluoroalkyl substances assessment in drinking waters from Brazil, France and Spain. Science of Total Environment, 539: 143-152.

Tranvik L J, Downing J A, Cotner J B, et al. 2009. Lakes and reservoirs as regulators of carbon cycling and climate . Limnology and Oceanography, 54(62): 2298-2314.

Wang J, Liu Q, Zhao X, et al. 2019. Molecular biogeography of planktonic and benthic diatoms in the Yangtze River. Microbiome, 7: 153.

Wang X, Wang C, Wang P F, et al. 2018. How bacterioplankton community can go with cascade damming in the highly regulated Lancang-Mekong River Basin, Molecular Ecology, 27(22): 4444-4458.

Wang X P, Chen M K, Gong P, et al. 2019. Perfluorinated alkyl substances in snow as an atmospheric tracer for tracking the interactions between westerly winds and the Indian Monsoon over western China. Environment International, 124: 294-301.

Wang Y C, Ni J R; Yue Y, et al. 2019. Solving the mystery of vanishing rivers in China, National Science Review, 6(6): 1239-1246.

Xia X H, Li S L, Wang F, et al. 2019. Triple oxygen isotopic evidence for atmospheric nitrate and its application in source identification for river systems in the Qinghai-Tibetan Plateau. Science of the Total Environment, 688: 270-280.

第 8 章

西南河流源区生源物质循环及其对梯级水电开发的响应

　　阐明西南河流源区生源物质循环及其对梯级水电开发的响应是修复与保护我国西南生态屏障的重要科学基础。西南河流源区位于青藏高原，属高寒气候区，对其背景的记录资料少，基础数据极度匮乏且采样困难，使得对其生源物质循环及其通量的研究极少。仅有的研究也多存在研究手段单一、原始等问题，无法系统、全面揭示该区域河流生源物质的转化特征。针对以上问题，"西南河流源区径流变化和适应性利用"重大研究计划开展了大量现场采样检测工作，探究了西南河流源区多种生源物质的迁移转化特征及其驱动因素，并揭示了河流生物群落、功能及其对梯级水电建设等环境变化的响应机制，填补了相关研究的空白。本章介绍上述最新研究进展。

8.1　碳生物地球化学循环

　　碳是最重要的生源要素之一，明确西南河流源区碳的生物地球化学循环过程是科学开展水环境评价、水资源合理利用和生态环境保护的重要基础。本节根据河流碳的来源、进入水体和进入水体后的变化三个环节，介绍西南河流源区碳生物地球化学循环的研究进展。

8.1.1　流域内碳的分布特征

　　在西南河流源区，除河流中少量的初级生产固定的碳和河水吸收大气中的碳之外，大部分碳来自于流域内陆地生态系统。在西南河流源区，除陆地的降水产流、汇流形成径流外，冰川融水也是重要的河流补给来源。下文以三江源地区（黄河、长江和澜沧江源区）为对象，揭示西南河流源区流域内土壤和冰川融水径流的碳含量特征。

1. 三江源区土壤碳含量分布规律

　　三江源地区地形起伏较大，主要植被为草地生态系统。在区域尺度上，很难对植被和土壤类型进行详细划分，因此通常将三江源区大致划分为沼泽草甸、草甸、草原和荒漠草原。三江源地区的沼泽草甸地区普遍有多年冻土发育，而其他植被类型下不一定有多年冻土。调查结果表明，土壤有机碳含量与植被类型密切相关。总体上表现为沼泽草甸含量最高，草甸次之。退化草甸的土壤碳氮磷含量低于草甸，而高寒草原和高寒荒漠的土壤营养元素含量最低。以表层 2 m 土壤有机碳和总氮含量为例，沼泽草甸土壤的有机碳和总氮储量分别为 82.07 kg/m² 和 7.32 kg/m²；在有多年冻土发育的草甸地区，土壤有机碳和总氮储量为 26.3 kg/m² 和 2.96 kg/m²；在无多年冻土的地区，有机碳和总氮储量为 24.5 kg/m² 和 2.65 kg/m²；高寒草原土壤有机碳和总氮储量为 22.6 kg/m² 和 2.60 kg/m² 左右；对于荒漠草原，土壤有机碳储量为 15.0 kg/m² 和 1.74 kg/m²（Wu et al.，2007）。总体来看，三江源地区属于草地生态系统，土壤碳氮储量平均值高于我国其他生态系统（Wu et al.，2003），但低于北极地区的苔原生态系统。北极地区土壤碳氮含量变化幅度较大，在苔原地区，表层 1m 土壤中的有机碳储量可达 55 kg/m²（Ping et al.，

2008），土壤总氮储量可达 1.8 kg/m^2（Fuchs et al.，2018）。

在流域尺度上，土壤有机碳含量主要受气候条件影响，在高原东部和南部，降水量相对较高，植被生长更好，主要为草甸和沼泽草甸，土壤有机碳含量也较高（Zhao et al.，2018）。分析发现土壤质地是土壤碳含量的重要决定因子，其对土壤碳含量的贡献最大，而地形、植被类型和排水条件及多年冻土分布情况的影响次之。在局地尺度上，地形因素会影响多年冻土的存在，通常阴坡条件有利于多年冻土的存在，土壤含水率较高，有利于植被生长，土壤的碳含量高于阳坡。地形因素不仅影响土壤碳的含量，还会影响土壤碳的性质，在阳坡条件下，土壤有机质的分解程度较高，活性炭的组分含量较低；在阴坡条件下，有多年冻土存在时，土壤有机质的分解程度较低，活性炭的含量也较高（Wu et al.，2018）。

2. 三江源区冰川融水碳含量特征及规律

冰川是一种独特的生态系统，其释放的有机碳会影响水生生态系统。冰川中的有机碳主要来自冰面初级生产力、陆源及人为源碳质物质的沉积以及周围环境的有机物。虽然冰面的蓝藻细菌和藻类可将大气 CO_2 转化为有机碳，但冰面微生物也可分解有机碳并使得生成的 CO_2 重新进入大气，这两个过程的平衡决定着冰川是碳汇还是碳源。在我国西南河流源区，冰川环境的有机碳主要通过河流进入生态系统。尽管冰川中碳含量总体较低，但由于冰川中的碳主要是微生物生长固定的，碳可分解程度高，这些碳随着融水进入河流中，可能会对水体中其他有机碳分解产生激发效应，因此，了解冰川有机碳的储量和释放过程有助于认识冰川在碳循环中的作用。

相对于土壤的大范围采样调查而言，在冰川表面开展实际采样工作十分困难。在我国西南河流源区，冰川融水往往都会形成明显的出水口。因此，可以直接通过对这些出水口进行监测来分析冰川融水的碳含量及特征。

长江源区冬克玛底冰川径流中溶解性有机碳（DOC）浓度较低，变化范围在 0.2～2.16 mg/L。DOC 的季节变化十分明显，表现为在消融初期（5 月底至 6 月初）和消融末期（9 月至 10 月初）DOC 是低通量、洪峰期（7 月和 8 月）DOC 是高通量（图 8-1），

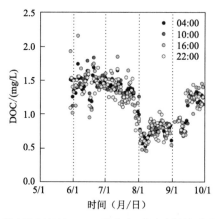

图 8-1　2013 年唐古拉山冬克玛底冰川径流 DOC 浓度在不同时刻的季节变化过程（Li X et al.，2018）

这与径流量的日变化趋势十分一致（图 8-2）。此外，在整个消融期，冬克玛底冰川径流中 DOC 的累积日通量均呈现出逐渐增大的趋势，而且在 6 月底累积通量突然出现增大趋势，这也与累积日流量的变化趋势和洪峰期流量的突然增大一致（图 8-2）。以上现象表明，冰川径流中 DOC 的释放速率主要受冰川消融及其融水径流量控制。

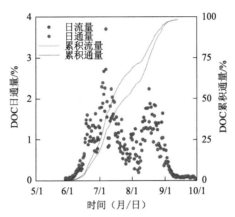

图 8-2　2013 年唐古拉山冬克玛底冰川径流中 DOC 日通量及累积通量的季节变化过程（Li X et al.，2018）

8.1.2　流域碳进入河流的过程和机理

流域环境中溶解性或颗粒性有机碳在产流、汇流过程中随着水体进入河流。在此过程中，河流碳的含量会受到大气中 CO_2 溶解、流域内土壤侵蚀、土壤有机碳淋溶进入水体等过程影响。同时，由于西南河流源区多年冻土广泛分布，活动层冻融循环和多年冻土融化会改变土壤的侵蚀、溶解性有机碳的淋溶过程，从而影响土壤碳进入河流的过程。本节以雅江和三江源地区河流为例，分别介绍河流碳的来源解析以及多年冻土变化对碳进入河流的影响过程和机理。

1. 雅江流域河流碳的来源解析

为探明雅江流域河流不同形态碳的空间和季节变化特征，对干流、主要支流和四个典型小流域进行了丰水期和枯水期样品的采集和分析测试（图 8-3）。野外实地调查了河流水样的基本物理化学指标，包括气温、水温、pH、碱度、溶解氧（DO）、电导率、水体二氧化碳分压（$p\mathrm{CO_2}$）等。按国际标准方法完成河水样品的过滤、酸化等预处理和保存。样品分析测试内容包括主要阴阳离子、溶解性无机碳（DIC）、溶解性有机碳（DOC）、颗粒性有机碳（POC）、颗粒性有机氮（PON）和稳定同位素（$\delta^{13}C$）等。

河流 DIC 来源主要包括大气 CO_2、土壤 CO_2、碳酸盐岩地质碳的输入以及河水中有机质的转化等，这些不同来源的 C 具有其特定的 $\delta^{13}C$ 同位素组成范围（Trumbore，2009；Berner E K and Berner R A，1996）。通常情况下，河流的水化学组成受流域碳酸盐岩和硅酸盐岩风化的控制，其他来源和过程如大气中 CO_2 溶解于河水、水生植物光合作用吸收 CO_2 等不会造成显著影响，河水中 DIC 的 $\delta^{13}C$ 值理论上应介于-26‰（C3 植物来源）和-8‰（碳酸盐与土壤 CO_2 风化来源）之间。然而，雅江实测 $\delta^{13}C_{DIC}$ 值（平均-4.8‰）明显高出此范围的上限，因此必然有其他来源或生物地球化学过程的影响。近期大量研究已证实，很多地区（尤其是活动构造带）的岩石风化可能会受到硫酸侵蚀剂的影响（Yu et al.，2021），从而使得河流 $\delta^{13}C_{DIC}$ 值明显升高。根据河流水化学数据进行质量平衡计算，可以估算各种不同岩石类型（碳酸盐、硅酸盐和蒸发盐）、不同酸介质（碳酸和硫酸）参与的风化过程对河水 DIC 的贡献百分比（Gaillardet et al.，2019；Liu et al.，2018；Xu and Liu，2007）。假设雅江所有 SO_4^{2-} 均来自硫化矿物的氧化，并全部参与碳酸盐风化，计算结果显示，雅江大部分样品有 70% 以上的 DIC 来自碳酸盐岩风化，其中硫酸-碳酸盐岩风化的贡献比例达 10%～40%，平均约为 20%。根据各种风化过程对河水 DIC 的贡献比例，可以进一步计算出河流 $\delta^{13}C_{DIC}$ 的理论值，应在-14.2‰～-9.8‰。然而，雅江实测 $\delta^{13}C_{DIC}$ 值几乎全部落在此范围之外（图 8-3），因此硫酸参与的风化无法完全解释雅江 $\delta^{13}C_{DIC}$ 值偏正的现象。

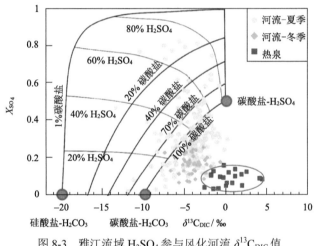

图 8-3　雅江流域 H_2SO_4 参与风化河流 $\delta^{13}C_{DIC}$ 值
$$X_{SO_4} =[SO_4^{2-}]/\,([SO_4^{2-}]+[HCO_3^-])$$

对雅江流域内主要断裂带所采集的热泉样品进行分析，发现泉水中的 $\delta^{13}C_{DIC}$ 值介于-3‰～5‰，明显偏正。泉水离子化学数据显示，这些热泉大部分为 HCO_3^--Na^+ 型，其中，HCO_3^- 占阴离子电荷总数的 60% 以上，而 Na^+ 占阳离子电荷总数的 80% 以上；热泉 Cl^-浓度和 SO_4^{2-}浓度也较高，平均浓度分别为 7.12 mmol/L 和 0.93 mmol/L。雅江热泉的水化学特征可以很好地解释雅江水系中 Ca^{2+}+Mg^{2+} 与 HCO_3^- 以及 Na^+ 与 Cl^-严重不平衡的现象（图 8-4），表明雅江流域内的热泉输入可能对河水化学及碳同位素组成有重要影响。

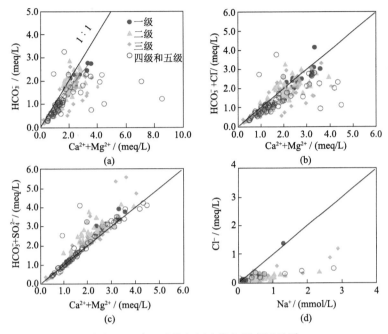

图 8-4 雅江及其各级支流主要离子关系

由于 Cl⁻来源比较简单，且在输移过程中行为比较保守，因此可使用 Cl⁻径流分割法来定量估算热泉对雅江河水的贡献。为简化计算，做以下假设：

（1）河水中所有 Cl⁻来自大气降水（Cl$_a$）和泉水（Cl$_s$）。

（2）对于二级支流，以本流域或邻近流域所观测到的最低 Cl⁻浓度作为[Cl$_a$]。

（3）对于雅江干流，以主要支流的平均值作为[Cl$_a$]。

（4）以所观测热泉的 Cl⁻平均值为温泉端元值[Cl$_s$]。

计算结果显示，在主要支流中，热泉的贡献在 0.19%～5.09%，呈现出雅江源区至东部构造结逐渐降低的趋势。在考虑热泉贡献的基础上，重新估算了雅江流域碳酸盐与硅酸盐风化（表层岩石风化）和热泉输入（深部岩石风化）对河水化学的贡献，结果显示热泉输入约贡献 10.5%的河流 DIC。如果忽略深部贡献，雅江流域硅酸盐风化速率将被高估 38%（图 8-5）。

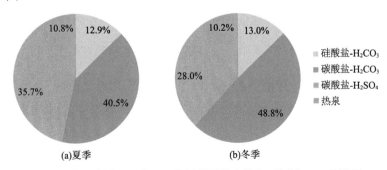

图 8-5 雅江流域不同岩石风化过程及热泉输入对河流 DIC 的贡献

注：因数值修约图中个别数字略有误差

热泉对河水流量贡献的估算使用的是 Cl⁻径流分割法，大气降水端元 Cl⁻浓度的选取对估算结果有重要影响。一般来说，将流域内及附近区域所观测到的最低 Cl⁻浓度（0.045~0.067mmol/L）作为大气输入端元，可能会造成热泉输入贡献被低估。根据对青藏高原中、上游地区雨水化学的观测（Zhang et al., 2003），其 Cl⁻浓度一般在 0.01 mmol/L 左右，而该地区的蒸发系数为 1.47。理论上来说，不考虑蒸发盐对 Cl⁻的贡献可能会导致热泉输入的高估。但在青藏高原地区，蒸发盐含量较低，对河水离子的贡献一般不超过 10%（张轩，2019），因而未考虑蒸发盐造成的高估不显著。根据所估算的 DIC 各来源贡献比例及相应的同位素端元值，可计算出河流的 $\delta^{13}C_{DIC}$ 理论值应介于−10.2‰~−4.7‰（平均−7.3‰），仍然小于雅江实际观测的 $\delta^{13}C_{DIC}$ 值（平均−4.8‰），进一步说明热泉贡献整体上被低估。为更精确评估热泉输入对雅江水化学及碳循环的影响，未来工作可通过多同位素手段对有关来源和过程进行示踪，如放射性碳同位素（$\Delta^{14}C$）、氘氧同位素（δD-$\delta^{18}O$）等。

雅江各河流总悬浮物含量（total suspended solids，TSS）与 POC、POC%（POC 占 TSS 的质量百分数）分别存在较好的线性关系和对数函数关系（图 8-6），表明河流 POC 可能主要来自土壤侵蚀。河流 POC 稳定碳同位素 $\delta^{13}C_{POC}$ 值与 C/N 联合分析，可以提供更加确切的河流有机碳来源和迁移转化信息。陆地 C3 植物的 $\delta^{13}C$ 值分布在−25.2‰~−30‰，C4 植物的 $\delta^{13}C$ 值分布在−12‰~−14‰（韩家懋等，2002）。通常情况下，河流中浮游植物的 $\delta^{13}C$ 值则依赖其光合作用所利用的河水 DIC 同位素，一般介于−32‰~−44‰。雅江水体中，$\delta^{13}C_{DIC}$ 值为−8‰~1‰，考虑水生植物光合作用利用无机碳时有−20‰的分馏效应，则雅江的水生植物 $\delta^{13}C$ 值应介于−28‰~−19‰。陆源有机质的 C/N 一般大于 12，高等植物 C/N 值可高达 50 以上（Wu et al., 2007; Cifuentes et al., 1996），浮游植物的 C/N 通常为 7.7~10.1。

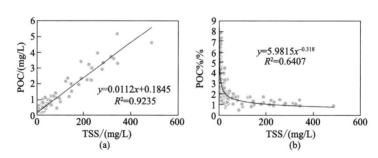

图 8-6　雅江水系河流悬浮物（TSS）与 POC 含量和 POC%的关系

雅江河流 POC 的稳定碳同位素（$\delta^{13}C_{POC}$）的值范围在−19.5‰~−26.6‰，平均为−24.4‰。从雅江源区至下游干流与支流的 $\delta^{13}C_{POC}$ 均无明显空间变化趋势。颗粒态有机质的 C/N 在 4.6~22.9，平均为 12.9。通过端元分析可看出（图 8-7），雅江 POC 大部分被限定在 C3 植物控制的土壤有机碳端元范围内，但也有部分河流明显受到水生植物的影响。高原河流温度较低，不利于水生植物的生长，但在河水流速低、水体透光性好（泥沙含量低）的环境中，特别是在雅江开阔河谷湿地，水生植物对河流有机碳可能也有一定的贡献，但水生植物对河流溶解性有机碳的贡献有多大还不清楚。总体而言，雅江干流和各级支流的 $\delta^{13}C_{POC}$ 值都普遍显示出陆生植物特征，这有两种机制可以解释：一是河流内部光合作用或者来自湿地的水生植物贡献总体较小；二是水生植物 C 在河流输移过程中被迅速、大量氧化分解而没有被观测到。今后应对这两种机制的贡献进行定量识别，以便深入认识高原环境碳循环过程及其与流域环境的相互作用机制。

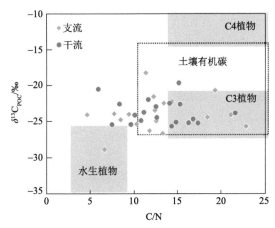

图 8-7　雅江水系 POC 稳定碳同位素（$\delta^{13}C_{POC}$）及 C/N

2. 三江源区多年冻土区河流碳输移变化过程

三江源地区普遍发育有多年冻土，多年冻土活动层的冻融循环和多年冻土融化会对土壤碳的输移产生影响。DOC 的输移涉及淋溶和吸附的影响，而多年冻土区表层土壤的冻融循环会影响到这两个过程。为探讨多年冻土区河流生源物质输移变化的机理，在祁连山地区选择了典型的观测小流域，通过连续采样，研究了活动层冻融循环和多年冻土融化对生源物质的输移影响。

在沼泽草甸地区，河流的 DOC 浓度较高，可以达到 10 mg/L。在暖季的观测结果中发现，DOC 浓度在夏季初期较高，随后缓慢下降。通过对碳同位素和生物可利用性碳结果进一步分析，发现融化季初期，溶解性有机质的分解程度较低。流域内土壤的融化深度与河流中 DOC 的芳香性（可表征芳香族化合物的含量）和 DOC 浓度、DOC 的生物可利用性都显著负相关。从以上结果可知，多年冻土活动层冻融循环和多年冻土退化会改变土壤碳的原位吸附、分解过程而影响碳的输移（图 8-8）。具体而言，随着融化深度增加，土壤水分的入渗深度增加。加上温度升高的影响，土壤碳的原位分解速率增加，同时，矿质土壤对 DOC 的吸附程度也增加。该结果也提示，在多年冻土退化的背景下，若植被类型和土壤中 DOC 含量保持不变，则河流中 DOC 的输移会降低，同时，河流中 DOC 的生物可利用性也会降低（Mu et al.，2017）。

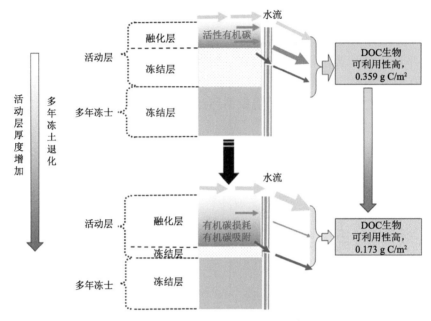

图 8-8　多年冻土区 DOC 的输移过程及影响示意图

长江源区河流的 DOC 浓度一般低于 5 mg C/L，总体上低于世界大部分河流 DOC 浓度（5～6 mg C /L）（Dai et al.，2012），这可能是长江源区初级生产力较低的原因（叶琳琳等，2016）。楚玛尔河夏季和冬季的 DOC 可能来源于碳龄较老的土壤和地下水，因此 δ^{13}C 被富集，表现为 δ^{13}C$_{DOC}$ 出现两个峰值，并且冬季较低的紫外吸光度表明 DOC 具有较高的生物可利用性。此外，随着有机碳粒径的增大，δ^{13}C$_{POC}$ 较 δ^{13}C$_{DOC}$ 高，表明 POC 也是 DOC 的主要来源（叶琳琳等，2016）。相比于 DOC，三江源区 POC 的浓度受到季节性降水和流域内植被覆盖等因素的影响，其时空变化范围很大，楚玛尔河中 POC 浓度变化范围为 0～25 mg/L。

8.1.3　河流碳的含量与影响因素

西南河流源区河网组成复杂，河流中碳的浓度差异较大。河流中碳在向下游输移的过程中，会不断受到流域中陆源有机碳的补充，水体中已有的碳则会受到生物、物理和化学等因素的影响而发生结构和形态改变。例如，部分有机碳被微生物利用分解成无机碳，部分有机碳被微生物合成为自身组成成分，部分有机碳会受到光降解等影响而分解为无机碳。这些过程非常复杂，下面以三江源地区的水体和雅江为例，介绍河流碳的含量及其影响因素。

1. 三江源区河流碳浓度的时空分布

为明确三江源地区河流生源要素的输移规律，选择了三江源地区 47 条河流（图 8-9），逐月测定了河流的水体理化性质和碳含量，结合对应流域内不同植被类型的分布面积和比例，系统地分析了多年冻土区土壤碳的空间分布及其与环境因子之间的关系。

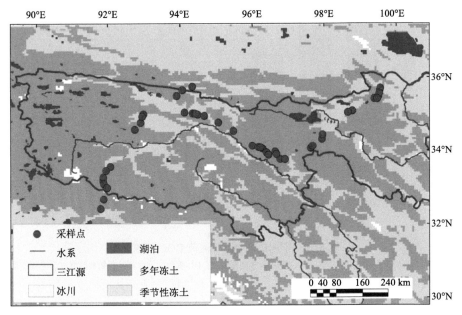

图 8-9　三江源区采样点位置和多年冻土分布

在植被生长季,三江源区不同植被类型下 47 个小流域河流 DOC 的浓度范围为 2.89～5.98 mg/L，平均值为 3.89 mg/L。河流 DOC 浓度在不同植被类型的流域中差异很大。在高寒沼泽草甸（ASM）和高寒沼泽草甸-高寒草甸（ASM-AM）下，DOC 浓度分别为（5.89±0.54）mg/L 和（5.49±1.15）mg/L；在高寒草甸（AM）和高寒草甸-高寒草原（AM-AS）下，分别为（4.48±0.79）mg/L 和（3.16±0.97）mg/L；在高寒草甸-高寒草原-裸地（AM-AS-BL）、高寒草原-高寒荒漠（AS-AD）和高寒荒漠（AD）下，分别为（3.04±0.63）mg/L、（2.22±0.35）mg/L 和（2.98±0.70）mg/L（图 8-10）。

在不同的河流间，三江源地区河流 DOC 浓度与河流流量呈负相关关系。在长江北源流量较大的楚玛尔河，2013～2014 年，河流的 DOC 浓度为 1.05～3.20 mg/L。这说明 DOC 在由支流向干流汇集的过程中，水体中的 DOC 受到微生物利用或光分解等因素的影响，导致浓度下降。

水质理化参数在不同植被类型条件下及不同流域间存在很大差异，以高寒沼泽草甸、高寒沼泽草甸-高寒草甸为主要植被类型的流域，pH、浊度（NTU）、TSS 和 SUVA$_{254}$（指样品在 254nm 处的吸光度，可以反映 DOC 的芳香性水平）较其他流域小，以高寒沼泽草甸为主要植被的流域，对应参数值分别为 8.38±0.09、（9.23±3.48）NTU、0.001 g/L 和（0.63±0.11）L/（mg·m）。在植被退化严重的高寒草原、高寒草原-高寒荒漠、高寒草甸-高寒草原和裸地为主要植被类型的流域，pH、TSS、浊度、SUVA$_{254}$ 较高。从不同植被类型的变化梯度来看，河流 TSS 浓度、浊度、SUVA$_{254}$ 都随植被覆盖度的降低而增

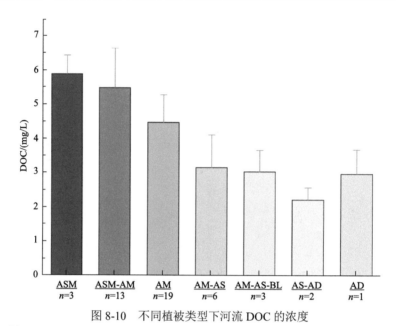

图 8-10 不同植被类型下河流 DOC 的浓度

ASM-高寒沼泽草甸；AM-高寒草甸；AS-高寒草原；AD-高寒荒漠；BL-裸地；同时有几种植被类型表示流域中有多种植被类型

大。在三江源多年冻土区，不同植被类型下的河流 DOC 浓度存在较大的差异，大小依次为高寒沼泽草甸>高寒沼泽草甸-高寒草甸>高寒草甸>高寒草甸-高寒草原>高寒草甸-高寒草原-裸地>高寒草原-高寒荒漠。不同植被类型下河流 DOC 浓度与其流域内土壤有机碳含量变化一致，且 DOC 浓度与高寒沼泽草甸所占流域面积比例呈极显著正相关，而与高寒草原和高寒荒漠所占的比例显著负相关（马小亮等，2018b）。

三江源地区有多年冻土发育的流域，DOC 平均浓度显著高于没有多年冻土发育的流域；流域内多年冻土面积比例与流域平均 DOC 浓度也呈线性正相关。就平均值而言，从春季末到冬季末，DOC 浓度整体上呈现降低趋势，在冬季 12 月达到全年最低水平，而在春季初到夏季初 DOC 浓度急剧上升，5 月达到全年最高（图 8-11）。气温在-8～2℃回升的过程中，河流 DOC 平均浓度随气温的上升呈急剧上升趋势；在 2～13℃气温继续升高到最高的过程中，DOC 平均浓度急速降低；在-8～13℃气温下降的过程中，DOC 平均浓度呈缓慢降低的趋势。此外，DOC 的输移通量与流域平均径流量呈显著线性正相关，DOC 的季节性输移通量显示出较大的差异。夏季 6 月 DOC 平均输移通量最大，之后到冬季呈现持续降低的趋势，冬季 12 月为最小，而在春季 DOC 通量随 DOC 浓度升高急剧增大（图 8-11）。可见，气候变暖和多年冻土退化对 DOC 的浓度影响有两方面的影响，即多年冻土退化会增加矿质土壤对碳的吸附，同时气候升高增强碳的原位分解，这会降低河流 DOC 的浓度；但是气温升高会促进植被生长，增加土壤碳含量，又会增加河流 DOC 浓度。此外，气候变暖还意味着降水增加，径流量增大，从而导致 DOC 输移增加。总体来看，随着气候变暖和冻土退化，三江源区高寒草甸下河流 DOC 的输移量会增加（Ma et al.，2018）。

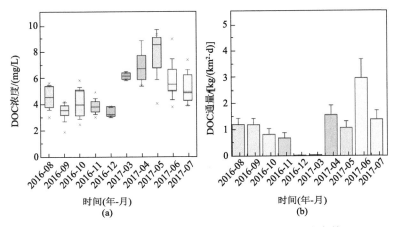

图 8-11　三江源区 DOC 浓度及输移量的季节变化过程（马小亮等，2018a）

2. 三江源冰川融水补给河流碳浓度的时空分布

来自冰川的有机碳在沿着河流向下游输移的过程中，由于河道内和河口处物理化学作用的影响，进入生态系统的有机碳数量会受到影响。一些研究指出，从冰川释放出来的有机碳在向下游迁移和传输的过程中浓度会逐渐减小，从而导致很少一部分有机碳进入下游的生态系统。然而，在冰川消融期的不同月份，唐古拉山冬克玛底冰川径流中的 DOC 在向流域出口迁移/输送的过程中，其浓度表现出逐渐增大的趋势；消融初期和消融末期 DOC 的增大趋势最为明显，洪峰期的增大趋势较小（图 8-12）。原因是在冰川径流沿着河道向下游流动的过程中，冰前区域周围的土壤和植被会逐渐向河道内补充化学物质，从而导致它们的浓度呈现逐渐增大的趋势（Li X et al.，2018）。尽管来自冰川的有机碳的释放率比较显著，但有机碳对下游水生生态系统和全球元素循环的具体影响还不清楚。

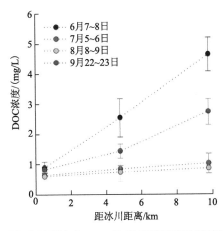

图 8-12　唐古拉山冬克玛底冰川径流中 DOC 浓度在不同消融期随河水输移距离的变化过程
（Li X et al.，2018）

在沱沱河和直门达水文站断面的河水中，总有机碳（TOC）的浓度在春季或夏初较高、在秋季或冬季较低（图 8-13）。TOC 的浓度呈现明显的季节变化，这与河流径流量的时间变化密切相关。长江源区每年输出的 TOC 量约为 1.28 万，流域的 TOC 产量为 93kg/（km² · a）（Li et al.，2017）。长江源区和黄河源区每年共输出的 TOC 约为 5.54 万 t。值得注意的是，尽管长江源区和黄河源区的 TOC 输移量小于世界其他河流 TOC 输出量，但在单位面积上，长江源和黄河源的 TOC 产量与世界其他大河相当（Li et al.，2017）。这说明随着气候持续变暖，三江源区有机碳随河流的输移可能会影响区域碳循环。

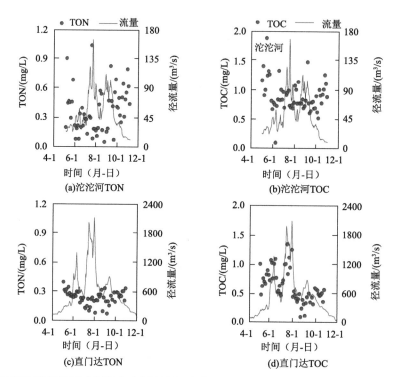

图 8-13　长江源区沱沱河和直门达水文断面处河流中 TON 和 TOC 浓度的季节变化过程及其与径流量的关系（Li et al.，2017）

3. 雅江流域碳含量及其组成时空分布特征

为探明雅江流域河流不同形态碳的空间特征和季节变化特征，对干流、主要支流和四个典型小流域进行了丰水期和枯水期样品的采集（采样点位置见图 8-14），分析了水体基本理化参数和稳定碳同位素（$\delta^{13}C$）等指标。

雅江水系河流水体总体上呈弱碱性，绝大多数河流 pH 为 7.0～8.7，均值为 7.9，河流水化学组成阳离子以 Ca^{2+} 为主，占阳离子总量的 55%；阴离子以 HCO_3^- 为主，占阴离子总量的 76%（图 8-15）；主要离子浓度季节变化不明显（图 8-16）。

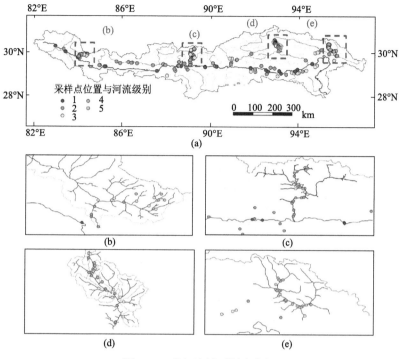

图 8-14　雅江流域采样点位置

图（b）～（e）分别为典型自然背景小流域

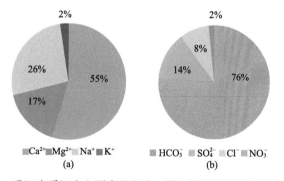

图 8-15　雅江水系河水主要离子组成（图中数据为所有样品平均值）

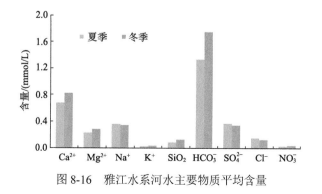

图 8-16　雅江水系河水主要物质平均含量

河流中的碳主要以 DIC、DOC 和 POC 的形式存在。雅江 DIC 含量较高，干流平均含量为 25.3 mg C/L，呈现出上游高于下游，枯水期高于丰水期的特征，但整体上全年变化幅度不大。雅江水系 DIC 的稳定碳同位素（$\delta^{13}C_{DIC}$）值主要分布范围为–8‰～–1‰，平均为–4.8‰，显著高于世界其他大河（–8‰～–12‰）（Marwick et al., 2015；Das et al., 2005）。雅江水系河流 DOC 含量多数在 0.1～3.5 mg/L，平均值为 0.8 mg/L；POC 大部分在 0.2～6.0 mg/L，平均值为 1.0 mg/L；东部流域（帕隆藏布）POC 含量最高。DOC 含量较 POC 变化幅度较小，汛期时 POC 浓度大幅升高，体现出径流对 POC 的冲刷效应。雅江河流 POC 的稳定碳同位素值（$\delta^{13}C_{POC}$）的范围为–19.5‰～–26.6‰，平均为–24.4‰，从雅江源区至下游干流与支流的 $\delta^{13}C_{POC}$ 均无明显空间变化趋势。颗粒态有机质的 C/N 为 4.6～22.9，平均为 12.9。

对雅江流域源区、中部和东部构造结不同区域内的河流有机碳浓度进行统计分析，发现雅江东部构造结河流（如帕隆藏布）的有机碳含量最高，以 POC 形式为主；雅江源区河流有机碳含量最低，并以 DOC 为主；中部地区河流比源区稍高，同样以 DOC 为主（图 8-17）。

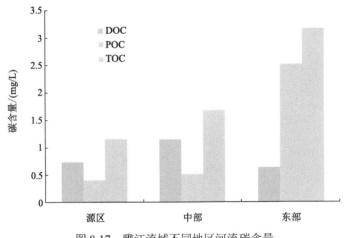

图 8-17 雅江流域不同地区河流碳含量

在青藏高原东构造结地区，构造挤压导致岩石破碎强烈，同时降水丰沛，导致物理剥蚀严重，向河流输入大量 POC；在雅江流域中部和上游源区，地势相对平缓，降水量少，广泛分布草地、沼泽与冻土，土壤有机碳以淋溶等方式进入河流。通常情况下，高寒地区土壤中所保存的有机碳（尤其是 DOC）在进入水体后极易被微生物分解，从而成为大气 CO_2 的源（Hilton et al., 2015）。

8.1.4 河流碳的迁移转化

1. 雅江中河流碳的迁移转化

为探究雅江河流在传输过程中的碳迁移转化行为，选取雅江干流拉孜水文站和奴下水文站作为上游和下游的控制断面，在枯水期和丰水期的代表月份进行野外实地调查与实验室检测，获得雅江上下游不同界面各形式河流碳的输运通量和 CO_2 逸出量，初步构建了雅江高原面流域的输入-输出模型（图 8-18）。雅江 DIC 输运通量最大，占总碳的 78.7%~91.5%，反映出高原面的雅江以输送岩石化学风化作用输入的 DIC 为主、输送陆源化学侵蚀和机械侵蚀的 DOC 和 POC 为辅的特点。

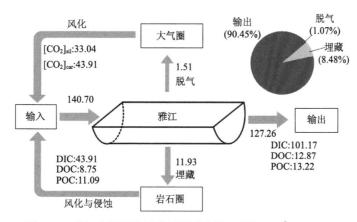

图 8-18　雅江高原面流域碳循环示意图（单位：10^9 mol C/a）

DIC：溶解性无机碳；DOC：溶解性有机碳；POC：颗粒性有机碳；[CO_2]_sil：硅酸盐风化 CO_2；[CO_2]_car 碳酸盐风化 CO_2

雅江主要扮演着碳循环输送管道的角色（Pipe 理论），约 90.45% 的碳输送至下游，其中，又以溶解性无机碳（DIC）为主（79.50%），而内部有机碳参与生物化学循环并脱气的生物效应较弱。雅江流域内贫瘠的土壤以及寒冷的环境，使得水生动植物的种类及光合/呼吸作用受到限制，生物脱碳和固碳的能力较弱，从而河流的脱气（CO_2）和有机碳埋藏比例远低于世界其他的内陆水体。例如，长江和渥太华河的年 CO_2 脱气量分别占其 DIC 输移总量的 80% 和 30%（Wang et al.，2007；Telmer and Veizer，1999），而湄公河每年的 CO_2 脱气量是其输入海洋 DIC 总量的 1.5 倍（Li et al.，2013）。长江和黄河中碳的埋藏比例达 38% 和 49.7%（Ran et al.，2015，2013）。

2. 西南河流源区河流甲烷的排放特征

河流是大气中温室气体甲烷的重要来源。然而，目前对全球河流甲烷排放通量的估算值仍存在较大的不确定性，其中缺乏对高海拔冰冻圈河流甲烷排放通量，尤其是冒泡通量的直接测量是重要原因之一。本节研究人员历时三年测定了青藏高原东部四条河流（黄河、长江、怒江、澜沧江）的甲烷浓度和通量（图 8-19）。发现甲烷冒泡通量随河流等级呈指数下降，而扩散通量随河流等级呈线性下降（图 8-20）。河流的平均冒泡通量[11.9 mmol CH_4/（$m^2 \cdot d$）]是全球平均水平值的 6 倍左右，最高可达 374.4 mmol CH_4/（$m^2 \cdot d$）（Zhang L et al.，2020）。这主要是受周围融化冻土影响，这些河流有机质含量较高。此外，河流水深浅、气压低（图 8-21）且耐寒产甲烷菌丰富（图 8-22）。根据实测结果,青藏高原东部(四大流域内)3~7 级河流 CH_4 总排放量(扩散与冒泡排放量之和)估算为 0.20 Tg CH_4/a,其中冒泡排放量贡献高达 79%。此时,CH_4 排放量以 C 计约为 CO_2 排放量(2.70 Tg CO_2/a)的 20%,以 CO_2 当量计则是 CO_2 排放量的 2 倍之高。当尺度上推包含 1~7 级河流时,CH_4 的总排放量将增至 0.37~1.23 Tg CH_4/a。该研究结果表明,由于 CH_4 以冒泡形式剧烈排放,青藏高原的高山冻土河流是大气 CH_4 的热点排放源;同时该研究也揭示了正在发生的冻土融化和甲烷排放对气候变暖具有正反馈作用。

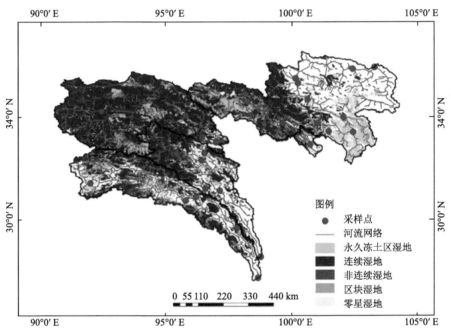

图 8-19 青藏高原东部河流采样点示意图

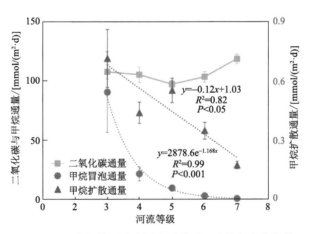

图 8-20 河流扩散通量和冒泡通量随河流等级变化规律

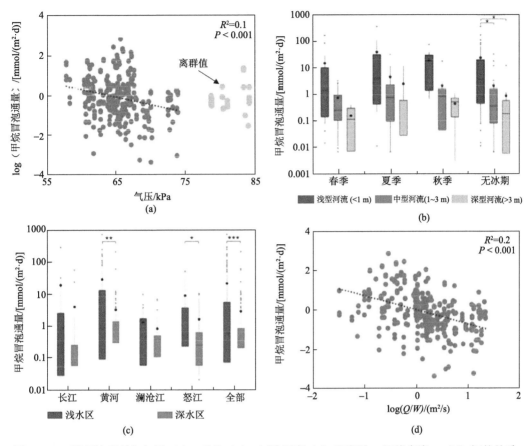

图 8-21 甲烷冒泡通量与气压（a）、季节（b）、河流深度（c）和流量 Q/河流宽度 W（d）间的关系

Q 为流量；W 为河宽

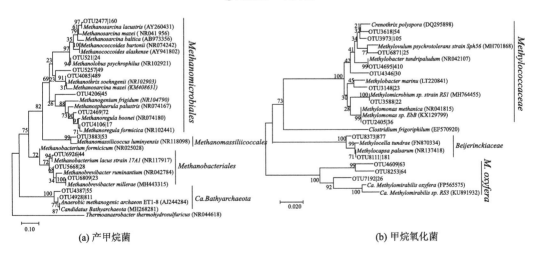

(a) 产甲烷菌   (b) 甲烷氧化菌

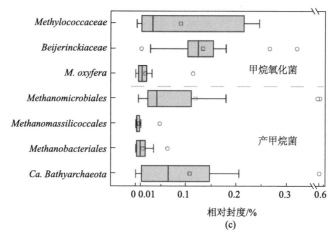

图 8-22　河流沉积物中基于 16S rRNA 基因的产甲烷菌、甲烷氧化菌系统发育分析结果和相对丰度

8.2　氮生物地球化学循环

8.2.1　氮含量及组成时空分布特征

为分析黄河源区氮含量及组成的时空分布特征，于 2016～2017 年在黄河源区完成了五次大规模采样活动，分析了每次采集水样中 DIN 的含量及形态分布（Li et al.，2020；Li S et al.，2018）。其中，2016 年的三次采样时段包括春季、夏季和秋季[图 8-23（a）]；2017 年分别在春季和夏季进行了采样，且站点略有变动[图 8-23（b）]。黄河源区 DIN 浓度的多次采样平均值为 0.71 mg N/L，其中除玛多站外，其他站点的 NO_3^--N 含量均高于 NH_4^+-N，其平均含量占 DIN 总量的 88%（Xia et al.，2019）。不同季节间 NH_4^+-N 含量无显著差异（$P > 0.05$），而 NO_3^--N 含量的季节变化显著（$P < 0.05$），表现为夏季>春季>秋季。黄河源区 NH_4^+-N 含量沿程变化不明显且其值处于低浓度范围，但 NO_3^--N 含量沿程呈逐渐增长趋势。

在不同的采样时段，几乎所有支流样品的 NO_3^--N 浓度均低于干流，因此支流汇入无法解释干流 NO_3^--N 浓度沿程增大的变化趋势，这更可能是河流硝化作用沿程会不断增强，从而将更多的外源输入和有机氮氨化生成的 NH_4^+氧化生成 NO_3^-所导致。从源区上游至下游，水温和溶解氧呈增大趋势，太阳辐射强度降低，这可为硝化反应的发生提供更为有利的条件。黄河源区 DIN 含量远低于黄河中下游（DIN 为 4.76 mg N/L，其中 NO_3^-均值为 4.33 mg N/L，NH_4^+均值为 0.43 mg N/L），这是因为黄河中下游地区日益加剧的城市化进程及高强度的农业生产活动向河流中输入了大量氮素，同时反映了黄河源区人类活动少、污染水平低的特点。

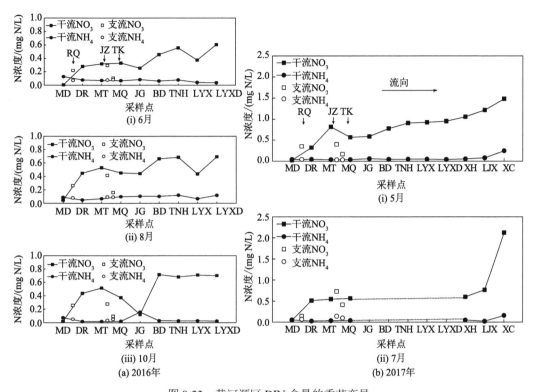

图 8-23　黄河源区 DIN 含量的季节变异

MD：玛多；DR：达日；MT：门堂；MQ：玛曲；JG：军功；BD：班多；TNH：唐乃亥；LYX：龙羊峡水库；
LYXD：龙羊峡水库下游；XH：循化；LJX：刘家峡；XC：小川；下同

8.2.2　河流氮来源解析

1. 黄河源区氮素的可能来源及其同位素特征

根据流域地理气候条件、土地利用类型和人类活动的差异，黄河源区从上游到下游可分为三个区段：玛多—门堂段、门堂—军功段和军功—龙羊峡段。其中，玛多—门堂段平均海拔超过 4000m，该河段径流量较小，人口分布很少，土地利用类型以牧区为主，人类生活污水排放较少；门堂—军功段位于源区东南部，大部分地区地势较为平缓，河道落差小，沿途有较多支流汇入，水力资源丰富，土地利用类型多为草原和湿地，在地势平缓的河岸处有城镇分布，人类活动除放牧外，存在生活污水未经处理直接向河流中排放的现象；军功—龙羊峡段海拔在 3000m 以下，该河段以高山峡谷地貌为主，水力资源丰富，河谷狭窄，比降较大，是黄河源区干流梯级水电开发的重点河段，河岸低谷分布有城镇和农田，该区域经济发展较上游发达，有较多的城镇分布，可能的污染源包括生活污水、人畜粪便、化肥等。经实地考察后推断，黄河源区河流中硝酸盐的潜在来源主要有大气降水、冰雪融水、动物粪便、生活污水、土壤有机氮、农业化肥等，在不同的区域内可能存在某几种污染源占主导的情况。

为了进一步量化上述各种可能来源的贡献，在黄河源区采集了雨水、土壤、动物粪便、生活污水、农业化肥等样品，代表了河流 NO_3^- 的大气来源和陆地来源。为准确反映黄河源区大气降水中 NO_3^- 的时空变异性，选择玛多、久治、河南和兴海 4 个代表性气象站点，并主要采集了 5～9 月的雨水样品。图 8-24 展示了黄河源区河流 NO_3^- 不同来源的 $\delta^{15}N$ 和 $\Delta^{17}O$ 的范围值。从 $\delta^{15}N$ 来看，各陆地来源 $\delta^{15}N$ 均值分别为：土壤有机质 5.6‰、生活污水 6.2‰、动物粪便 13.6‰ 和农业化肥 0.4‰（Xia et al.，2019）。该值在文献报道的典型范围内，但样品的指纹值范围相对较窄，减小了源解析的不确定性。其中，合成化肥和土壤有机氮的 $\delta^{15}N$ 值范围较窄，这是因为铵态化肥中的 N 来自大气中 N_2（0‰）的人工固定，氨合成反应中 N 出现很小的分馏，而土壤是一个巨大的氮库，具有相对稳定的 $\delta^{15}N$ 值。生活污水具有来源复杂的特点，排放到环境后经历的氨挥发、同化作用和硝化过程以及相关的环境条件变化等因素导致其 $\delta^{15}N$ 值范围很宽。土壤有机氮平均值与生活污水十分接近，但具有相对较窄的范围。野外采集的动物粪便的提取液中以氨氮为主，氨挥发过程导致粪便中残余的氨氮显著富集 $\delta^{15}N$，这使得动物粪便明显区别于其他来源。大气来源的 $\delta^{15}N$ 值为 –10.2‰～16.4‰，均值为 0‰。大气降水较宽的 $\delta^{15}N$ 范围表明了大气 NO_x 来源的复杂性，由于它的 $\delta^{15}N$ 均值与合成化肥十分接近，因此仅通过 $\delta^{15}N$ 无法区分雨水和合成化肥。从 $\Delta^{17}O$ 来看，理论上陆地来源的 $\Delta^{17}O$ 值在 0 附近，为了便于计算，将 $\Delta^{17}O$ 的分析精度 0.8‰ 作为陆地来源 $\Delta^{17}O$ 的范围，即 –0.8‰～0.8‰。大气来源的 $\Delta^{17}O$ 值为 7.5‰～23.3‰，均值为 16.1‰，具有明显区别于陆地来源的特征。此外，源区大气降水的 $\Delta^{17}O$ 值与相关研究报道的统计值（23‰）相比偏小（Xue et al.，2009）。这可能是由于青藏高原地区强烈的太阳辐射和光化学活跃的大气环境影响了对流层大气中痕量气体和自由基的分布，改变了大气硝酸盐的形成途径，最终导致雨水样品中 $\Delta^{17}O$ 观测值较低（Xia et al.，2019）。

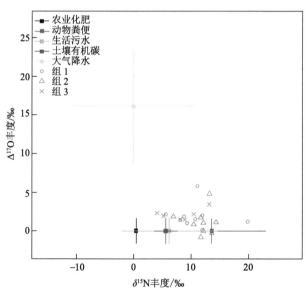

图 8-24　黄河源区河水硝酸盐及其来源的 $\delta^{15}N$ 和 $\Delta^{17}O$ 特征值（Xia et al.，2019）

黄河源区河水样品的 $\delta^{15}N$ 值为 4.1‰～19.8‰，均值为 10.6‰；$\delta^{18}O$ 值为–6.8‰～9.1‰，均值为 1.7‰；$\Delta^{17}O$ 值为–0.8‰～5.9‰，均值为 1.7‰（Xia et al.，2019）。在不同季节，河水硝酸根的 $\delta^{15}N$ 和 $\delta^{18}O$ 值沿程表现出相反的变化趋势，表明河水硝酸盐可能受到两个具有相反 $\delta^{15}N$ 和 $\delta^{18}O$ 特征值污染源混合作用的影响，即具有低 $\delta^{15}N$、高 $\delta^{18}O$ 值的来源与高 $\delta^{15}N$、低 $\delta^{18}O$ 值的来源，分别对应了大气来源和陆地来源。与黄河中下游（$\delta^{15}N$ 均值为 7.1‰，$\delta^{18}O$ 均值为–1.2‰，$\Delta^{17}O$ 均值为 0.3‰）相比，黄河源区河水的 $\delta^{15}N$、$\delta^{18}O$ 和 $\Delta^{17}O$ 值偏大，这种差异说明黄河源区硝酸盐的来源可能不同于黄河中下游。

由图 8-24 可以看出，河水样品的 $\delta^{15}N$ 主要分布在动物粪便和土壤有机质或生活污水之间，表明这几种来源对河水的硝酸盐具有较大贡献。大多数河水样品的 $\Delta^{17}O$ 值大于 0，但远低于雨水样品，表明尽管大气降水不是河水硝酸盐的主要来源，但利用 $\Delta^{17}O$ 可以精确识别出大气降水对河水硝酸盐的贡献。

2. 不同污染源对黄河源区河流硝酸根贡献的定量解析

有研究者将三同位素线性混合模型（$\delta^{15}N\text{-}NO_3$、$\delta^{18}O\text{-}NO_3$ 和 $\Delta^{17}O\text{-}NO_3$）应用于黄河中下游河水硝酸盐的溯源研究（Liu et al.，2013）。因此，利用雨水和河水样品的 $\Delta^{17}O\text{-}NO_3$ 均值可以估算大气降水的贡献，基于 $\Delta^{17}O_{river} = f_{atm} \times \Delta^{17}O_{atm}$ 计算发现，大气降水对源区河水硝酸盐的贡献约为 10.5%。

仅基于 $\Delta^{17}O\text{-}NO_3$ 无法得到各陆地来源对河水硝酸盐的贡献，同时存在多个陆地来源，且多数污染源的 $\delta^{18}O\text{-}NO_3$ 无法获取，故本节结合稳定同位素 R 分析（stable isotope analysis in R，SIAR）模型来估算各个污染源的贡献。SIAR 模型是基于 R 统计软件的稳定同位素混合模型，它采用蒙特卡罗抽样结合贝叶斯更新得到某一混合系统中各个来源贡献比例的概率分布。与传统的线性混合模型采用均值描述不同，在 SIAR 模型中各个来源的同位素值以及相关的分馏因子用正态概率分布来描述，而各个来源贡献比例的先验分布采用狄利克雷分布描述。SIAR 模型优于传统的线性混合模型之处表现在它整合了污染源的时空变异性以及相关同位素分馏的变异性，并解决了污染源数目较多时模型无解的问题。SIAR 模型可以表示为

$$X_{ij} = \sum_{k=1}^{K}(s_{jk} + c_{jk}) + \varepsilon_{ij} \tag{8-1}$$

$$s_{jk} \sim N(\mu_{jk}, \omega_{jk}^2) \tag{8-2}$$

$$c_{jk} \sim N(\lambda_{jk}, \tau_{jk}^2) \tag{8-3}$$

$$\varepsilon_{ij} \sim N(0, \sigma_j^2) \tag{8-4}$$

式中，X_{ij} 为混合物 i 的同位素 j 的值；s_{jk} 为来源 k 中同位素 j 的值，服从正态分布；c_{jk} 为来源 k 中同位素 j 的富集因子，服从正态分布；ε_{ij} 为残差，服从正态分布；σ_j^2 由模型

计算得出。

利用 SIAR 模型计算得到各个季节不同来源对河水硝酸盐的贡献。如图 8-25 所示，各个污染源对河流硝酸盐贡献的平均值分别为合成化肥 10.5%、动物粪便 44.0%、生活污水 18.5%、土壤有机氮 16.9% 和大气降水 10.1%（Xia et al.，2019）。由图 8-25 可以看出，在不同季节，动物粪便对河流硝酸盐的贡献均最大，春季、夏季和秋季分别达到了 42.9%、57.2% 和 32.0%，这是因为在黄河源区草地是主要的土地利用类型，当地经济活动以畜牧养殖为主，放牧活动带来的大量动物粪便未经处理暴露于环境中。动物粪便含有大量的有机氮和氨氮，这些氮素经雨水冲刷随地表径流进入河流，增加了河流的氮负荷。生活污水和土壤有机氮对河流硝酸盐的贡献次之，在黄河源区中下游地势平缓的河岸低谷处有人口分布，以中小城镇为主，这些城镇经济发展相对落后，缺乏污水处理设施，生活污水往往直接排放到河流中，尽管人口分布较少，但由于生活污水具有很高的氨氮和有机氮浓度，对河流硝酸盐的贡献也相当大。土壤有机氮是一个重要的氮源，在人类活动干扰较少的系统中往往占较大的比例，其对黄河源区的贡献平均为 16.9%。大气降水对河流硝酸盐的贡献相对较低，在春、夏、秋各个季节的贡献分别为 12.9%、4.5%、12.8%，平均值为 10.1%。利用 SIAR 模型计算的大气降水的贡献比例（10.1%）与线性模型的计算结果（10.5%）相近。

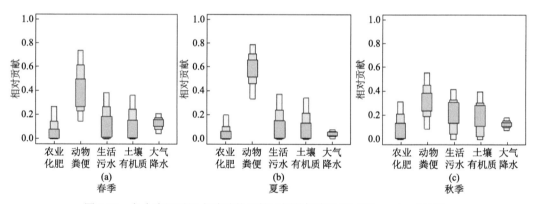

图 8-25　各个来源对河水硝酸盐贡献比例的概率分布（Xia et al.，2019）

与黄河中下游相比，黄河源区合成化肥和生活污水对河流硝酸盐的贡献比例较小，而大气降水的贡献相对较高。这是因为黄河中下游人口分布密集，河岸地区分布着众多的农田和城镇。化肥施用、灌溉活动以及生活污水的排放贡献了相当多的氮负荷。尽管大气降水是黄河中下游河水的主要来源，但其对河流硝酸盐的贡献明显低于人类活动（Liu et al.，2013）。此外，与黄河源区相比，黄河中下游更高的温度和营养盐含量使得与氮循环相关的微生物活性较高，氮周转周期短，大气来源硝酸盐在进入河流之前可能已经发生转化，导致大气沉降的信号强度降低。而在黄河源区，氮周转周期长，大气沉降氮保持信号强度的时间较长，而且融雪事件使冬季累计的大气 NO_3^- 短期内大量输入河流中，导致大气来源的贡献相对较高，以春季融雪期更为突出。

8.2.3　脱氮作用及氧化亚氮排放特征

1. 溶解性 N_2 和 N_2O 含量及排放通量的时空变异特征

对青藏高原多条源区河流的溶解性 N_2 和 N_2O 含量及其排放通量进行了长期观测。2016～2017 年四次采样分析发现，黄河源区河水中溶解性 N_2 的浓度变化范围为 337～513 μmol N_2/L（均值为 410 μmol N_2/L）（Wang et al.，2018）。溶解性 N_2 含量具有明显的时空变化特征（图 8-26）：其 7 月浓度小于 5 月，并且从上游到下游呈逐渐增加趋势。在整个采样阶段，N_2 饱和度的变化范围为 98%～105%，其中在 91% 的采样点 N_2 呈过饱和状态，这表明除个别采样点外，黄河源区河流是向大气中排放 N_2 的源。与其他低海拔河流相比，黄河源区溶解性 N_2 浓度较低。例如，2002 年 10 月和 2002 年 3 月采样发现长江溶解性 N_2 浓度分别为 568μmol N_2/L 和 746 μmol N_2/L（Yan et al.，2004）；美国三条农业河流溶解性 N_2 浓度为 494～780 μmol N_2/L（Laursen and Seitzinger，2002）。

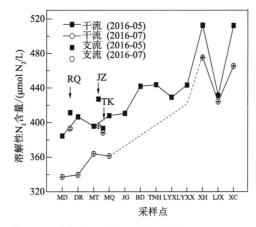

图 8-26　黄河源区溶解性 N_2 的时空分布特征（Wang et al.，2018）

脱氮作用产生溶解性 N_2 的浓度（ΔN_2）根据水中溶解性 N_2 浓度与大气理论平衡浓度的差值求得。黄河源区 ΔN_2 浓度的变化范围为–8.6～10.5 μmol N_2/L（平均值为 2.6 μmol N_2/L）。三个采样点 ΔN_2 出现负值（Wang et al.，2018）。而这些采样点的叶绿素 a 含量较高（最高值可达 3.1 μg/L），这意味着其固氮速率可能高于脱氮速率。ΔN_2 的空间变化无明显规律，然而季节变化较明显。7 月的浓度值高于 5 月，这可能是由于 7 月的氮输入量和水温均较高，促进了反硝化和厌氧氨氧化微生物的活性，从而促进了脱氮作用。与其他研究区域相比，黄河源区 ΔN_2 浓度值较低。中国农业河网中 ΔN_2 浓度值变化范围为 3～160 μmol N_2/L（Chen et al.，2014）；中国亚热带河口 ΔN_2 浓度值变化范围为–9.9～76.4 μmol N_2/L（Wu et al.，2013）。但黄河源区河流 N 去除效率 E_d（ΔN_2/DIN 为 1.4%～93.8%，平均值为 21.6%）与众多河流相近（Chen et al.，2014；Wu et al.，2013；Smith et al.，2006）。

对黄河源区、长江源区、澜沧江、怒江四条源区河流 N_2O 含量及其排放通量进行了为期 3 年（2016～2018 年）共计 7 次采样分析（Zhang et al.，2022）。结果显示，所有采样河段的 N_2O 相对于大气都是过饱和的（117.9%～242.5%）。N_2O 溶存浓度在 10.2～18.9 nmol/L 波动，均值为（12.4 ± 1.7）nmol/L，仅为全球均值（37.5 nmol/L）的约 1/3（Hu et al.，2016）。春季 N_2O 溶存浓度显著高于秋季和夏季（$P < 0.001$），尽管四个流域间包括冻土比例和人口密度在内的流域属性存在差异，但四条江河的 N_2O 浓度无显著差异（图 8-27）。青藏高原东部江河 N_2O 扩散通量大多表现为向大气排放（源），只有少数表现为从大气吸收（汇），其范围介于–14.0～40.6 μmol/（m^2·d），均值为（9.1 ± 6.5）μmol/（m^2·d）。扩散通量均值比世界江河的均值[94.3 μmol/（m^2·d）]低一个数量级（Hu et al.，2016）。N_2O 扩散通量夏季最高，秋季次之，均显著高于春季（$P < 0.05$）。同样地，四条江河的 N_2O 扩散通量亦无显著差异（图 8-27）。

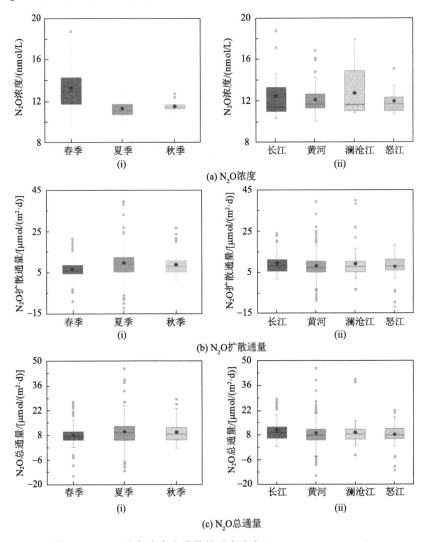

图 8-27　N_2O 溶存浓度和通量的时空分布（Zhang et al.，2022）

在江河生态系统的研究中极少有 N_2O 冒泡通量的报道，即使有相关报道，也是随 CH_4 冒泡研究偶尔发现（Baulch et al., 2013）。青藏高原东部江河 N_2O 的平均冒泡通量为（0.74±2.47）μmol/（$m^2 \cdot d$），占总通量的（4.1±11.9）%。这是因为青藏高原水系是 CH_4 气泡喷发的活跃热区（Zhang L et al., 2020），CH_4 气泡中可能会携带微量 N_2O。尽管潜在的冒泡速率比较高，但源区河流 N_2O 平均总通量[扩散+冒泡；（10.2±7.1）μmol/（$m^2 \cdot d$）]仍仅是全球平均扩散通量的 1/9。因此，N_2O 冒泡通量对总体通量影响不大。

2. N_2O 排放特征的影响因素

1）控制河流 N_2O 排放通量的陆地过程

无机氮的可利用性往往是受永久冻土影响的土壤、河流中 N_2O 产生和排放速率的主要决定因素。在青藏高原，从融化冻土和动物粪便中释放的溶解态氮可以被植物吸收，或者被输送到河道中。因此，推测植被覆盖的增加将促进植物吸收土壤氮，从而在一定程度上降低河流中氮的输入总量和浓度。事实上，河流溶解态无机氮浓度随植被覆盖的增加而降低（图 8-28）。青藏高原河流中 DIN 浓度[（0.54±0.30）mg N/L]处于全球河流报告范围（0.002~21.2 mg N/L）的较低水平，并且波动较小。青藏高原河流的 N_2O 浓度和通量较低，与氮的有效性含量较低相一致。

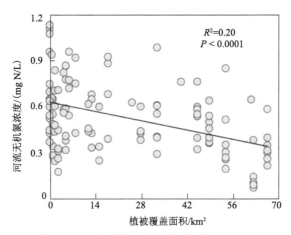

图 8-28　河流 DIN 含量与植被覆盖面积关系（Zhang et al., 2022）

2）控制河流 N_2O 排放通量的水环境过程

对黄河源区、长江源区、澜沧江、怒江四条源区河流进行研究发现，环境变量的线性回归不能有效预测水中 N_2O 的溶存浓度（多数情况下 $R^2 \leq 0.1$）。然而，当上覆水的溶解氧饱和度（%O_2）处于欠饱和状态（%O_2 < 100%）时，NO_3^- 浓度的升高会显著促进 N_2O 的溶存浓度（图 8-29）（Zhang et al., 2022）。与此相一致，回归树分析证明 %O_2 是 N_2O 溶存浓度的首要控制因素。当 %O_2 < 100% 且 $NO_3^- \geq 0.58$ mg N/L 时，N_2O 溶存浓度普遍

偏高（图 8-29）。相较于 N_2O 溶存浓度和 $\%O_2$ 建立的简单线性回归（$R^2 = 0.20$），回归树对 N_2O 溶存浓度的变异具有更高的解释度（$R^2 = 0.56$）。当 $\%O_2$ 过饱和（$\%O_2 \geqslant 100\%$）时，N_2O 溶存浓度普遍偏低，且与 NO_3^- 没有相关性（图 8-29）。这表明该部分 N_2O 可能产自河流表层好氧沉积物中的缺氧/厌氧微环境，或者表明可能有冻土和地下水来源的 N_2O 维持了水中的 N_2O 溶存浓度（Beaulieu et al.，2011）。无论何种来源，以上结果表明青藏高原河流广泛分布的过饱和溶解氧条件（61%）限制了反硝化的广泛发生，进而抑制了 N_2O 的生成。

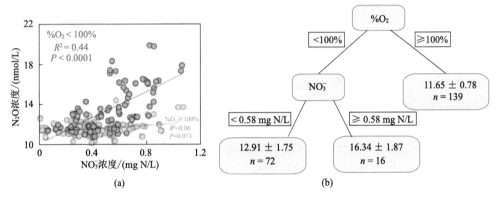

图 8-29　环境变量与 N_2O 排放通量的关系（Zhang et al.，2022）

3）控制河流 N_2O 排放通量的微生物因素

N_2O 产率[$\Delta N_2O/（\Delta N_2O + \Delta N_2）\times 100\%$]是衡量 N_2O 相对生成量的有效指标，在青藏高原东部河流中，N_2O 产率（0.003%～0.87%，平均值为 0.23%）比世界河流已有报道值低得多（0.01%～53.8%，平均值为 2.47%）（Zhang et al.，2022）。这表明青藏高原东部河流的脱氮过程主要表现为生成 N_2 而非 N_2O。对沉积物 N_2O 净生成速率的室内测定实验证实了 N_2O 向 N_2 的净转化：在 2/3 的采样地点，N_2O 的净生成速率为负（即 N_2O 被消耗）。低 N_2O 产率与充足的有机碳有关[图 8-30（a）]，除提供 N 外，冻土融化释放大量有机碳，为河流微生物提供充足的可利用态碳，这将促进 NO_3^- 完全还原为 N_2。对 N_2O 生成和消耗相关基因丰度的研究进一步揭示了青藏高原河流 N_2O 产量较低的原因。反硝化过程中控制 N_2O 生成的关键基因是两种亚硝酸还原酶基因（即 *nirS* 和 *nirK*），N_2O 的消耗由氧化亚氮还原酶基因（*nosZ*）所催化，其可以催化 N_2O 还原为 N_2。（*nirS* + *nirK*）/*nosZ* 比值较高，表明 N_2O 的生成潜势高于其消耗潜势，因此水体中 N_2O 浓度会较高。青藏高原东部河床沉积物的（*nirS*+*nirK*）/*nosZ* 比值（平均值为 1.96）远低于世界其他河流沉积物环境的报告值（2.16～3.24 × 10^6，平均为 19.8），这为青藏高原东部河流较低的 N_2O 产率提供了微生物学解释。而且，还发现（*nirS*+*nirK*）/*nosZ* 比值与 $\%O_2$ 之间存在负相关关系[图 8-30（b）]，这表明随着 DO 饱和度的增加，微生物群落越来越倾向将 N_2O 还原为 N_2。

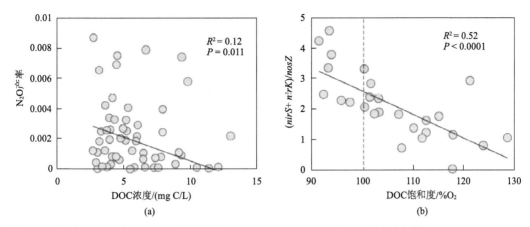

图 8-30　河流 N_2O 产率与 DOC 浓度关系和（$nirS + nirK$）/$nosZ$ 随%O_2 的变化规律（Zhang et al.，2022）

8.2.4　氮转化的微生物驱动机制

1. 河流上覆水体中好氧氨氧化微生物的分布特征及潜在好氧氨氧化速率

1）河流上覆水体中好氧氨氧化微生物的分布特征

为更好地探究青藏高原西南河流源区氮循环微生物的分布特征，在以黄河源区为主要研究地的基础上，另采集了长江源区、雅江、怒江和澜沧江样品进行综合分析。整体而言，青藏高原源区河流上覆水体中氨氧化细菌（AOB）的平均丰度（3.04×10^6 copies/L）显著高于氨氧化古菌（AOA）（1.42×10^6 copies/L）（$P < 0.05$）（图 8-31）（Zhang et al.，2019），这与目前在大多数低海拔河流上覆水体中检测到的结果相反（Xia et al.，2018）。在 89% 的样品中（共 26 个样品）发现全程氨氧化细菌（comammox）的存在，且该类细菌主要以簇 B（clade B）的形式存在（图 8-31）；comammox 丰度在 12% 的样品中超过 AOA（按 $amoA$ 基因，下同）。在研究区内，上覆水体中 AOA、AOB 和 comammox 的

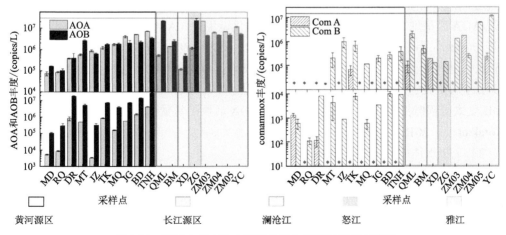

图 8-31　源区上覆水体中氨氧化微生物的时空分布特征

丰度均随海拔升高而显著降低（$P < 0.05$）。但结构方程模型结果显示（图 8-32），悬浮颗粒物浓度而非水温是控制上覆水体 AOA、AOB 和 comammox 丰度变化的主要因素。研究区内悬浮颗粒物浓度随海拔升高而降低（$P < 0.01$）。上覆水体中 AOA 和 AOB 的丰度随悬浮颗粒物浓度升高而显著增加（Pearson $r > 0.78$，$P < 0.01$）。与 AOA 和 AOB 不同，除悬浮颗粒物浓度影响外，溶解氧浓度也对 comammox 丰度的变化有着重要影响。

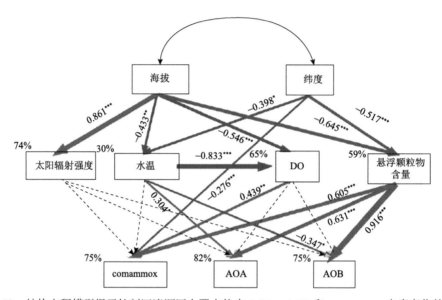

图 8-32　结构方程模型揭示控制河流源区上覆水体中 AOA、AOB 和 comammox 丰度变化的因素

不同于 AOA 和 AOB 的绝对丰度，AOA/AOB 的变化主要受温度影响，其比值随温度升高而降低。根据偏相关和结构方程模型（图 8-32）的分析结果，AOA 丰度随水温升高而增加，AOB 丰度随水温升高而降低。这与黄河源区 AOA 和 AOB 丰度的季节变化特征相吻合：在悬浮颗粒物浓度季节变异不显著的前提下，与 5 月相比，AOA 丰度在水温更高的 7 月显著增加（$P < 0.05$）；反之，AOB 却出现了降低的趋势。然而，有研究发现 AOA 是极地寒冷环境中主要的好氧氨氧化微生物（Alves et al.，2013）。这种差异可能与青藏高原高强度的太阳和紫外辐射相关。研究区内太阳辐射强度为 21.1～25.7 MJ/（$m^2 \cdot d$），远高于低海拔地区。现有研究结果表明，AOA 和 AOB 活性会被高强度的太阳辐射所抑制，且它们被抑制的程度随波长降低而增加（Horak et al.，2018）。相比于 AOA，AOB 受太阳辐射抑制的程度相对较小，且 AOA 活性还易受到光激发产生自由基的抑制（Horak et al.，2018）。

2）上覆水体中 AOA 和 AOB 的群落特征

借助克隆文库技术对源区河流上覆水体中 AOA 和 AOB 的群落结构进行了研究，其中 AOA 和 AOB 的 *amoA* 基因克隆文库分别获得 423 条和 518 条序列。基于加权 UniFrac 距离的 PCoA 双标图显示（图 8-33），源区河流 AOA 和 AOB 群落结构均与低海拔河流明显不同。构建系统发育树分析源区河流 AOA 和 AOB 的群落组成，结果显示源区河流上覆水体中 AOA 和 AOB 的群落组成与青藏高原的低温和贫营养环境条件密切相关。对于 AOB 而言，类 *Nitrosospira amoA* 簇 1 的物种是 AOB 群落的最主要组分，平均占比为 33.6%，这可能与 *Nitrosospira amoA* 簇 1 物种能耐受低温环境（4～10℃）的特性相关（Avrahami et al.，2003）。在黄河源区，类 *Nitrosospira amoA* 簇 1 的物种在 AOB 群落中所占比例在温度较低的 5 月（49.7%）要明显高于温度更高的 7 月（33.3%）。与此相反，喜热环境的类 *Nitrosospira amoA* 簇 3a 物种在 AOB 群落中所占比例较低（9.3%）。此外，喜寡营养生活的 *Nitrosomonas amoA* 簇 6 物种在 AOB 群落组成中所占比例比喜富营养环境的 *Nitrosomonas. Europaea* 簇物种比例高一个数量级。对于 AOA 群落而言，其成分主要以类 *Nitrososphaera* 物种的形式存在，平均占比为 73%。有 26% 的序列与 *Nitrosopumilus* 簇密切相关，其余序列主要与 *Nitrosotalea* 簇物种高度相似。在黄河源区，AOA 群落组成没有明显的季节差异，这可能与源区 AOA 群落的主要组分（*Nitrososphaera* 簇）对温度的耐受范围较宽相关（Tourna et al.，2008）。

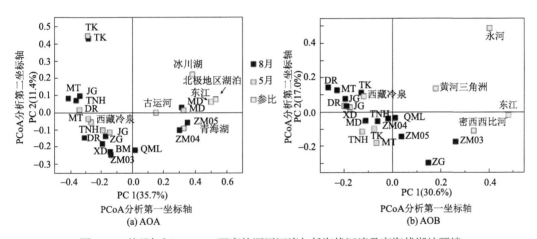

图 8-33　基于加权 UniFrac 距离的源区河流与低海拔河流及高海拔湖泊环境
AOA 和 AOB 群落差异分析

　　源区河流和低海拔河流的 AOA 和 AOB *amoA* 基因群落组成差异较大（图 8-33）。但研究区内上述 AOA 和 AOB 群落内"特殊物种"的丰度并没有表现出沿海拔显著变化的趋势。此外，AOA 和 AOB 群落的物种数目（Chao1 指数）随海拔变化也无显著变化趋势。这可能是由于整个研究区海拔整体较高（2687～4223m），海拔改变引起气温、溶解氧等因素的变化不足以驱动这些组分及其丰度沿海拔显著变化。此外，青海湖和冰川湖泊的 AOA 群落与研究区内大部分河流样品存在明显差异，但此二者与藏木水电站（ZM04-ZM05）和受扎陵湖、鄂陵湖影响的玛多站的 AOA 群落高度相似。并且这部分样品 AOA 群落与低海拔河流样品的相似度高于其他高海拔样点，可能是这部分样品中 AOA 群落所受太阳辐射强度较低所致，可进行相关富集培养试验加以验证。

3）上覆水体潜在好氧氨氧化速率

源区河流上覆水体潜在好氧氨氧化速率（PNRs）在 5.4～38.4 nmol N/L（图 8-34），该速率随海拔升高而显著降低（$P < 0.05$）。采取氯酸盐抑制法测定好氧氨氧化速率，由于该方法的局限性，仅选取测定方法相同的结果进行比较。可以发现，西南河流源区好氧氨氧化速率远低于我国浙江省甬河上覆水体的 PNRs（642～1428 nmol N/L）（Zhang et al.，2015）。但研究区域内 PNRs 与水温不存在显著相关关系，且黄河源区上覆水体 7 月 PNRs 也并未显著高于 5 月（$P > 0.05$）。但研究区内 PNRs 与上覆水体铵根浓度呈显著正相关（$P < 0.05$）。此外，甬河上覆水体中铵根平均浓度（1490～9850 μg N/L）约是源区河流铵根平均浓度（120 μg N/L）的 60 倍，其浓度差异范围与两者 PNRs 差异大小基本相当（大约 60 倍），而甬河平均水温（25℃）仅约源区平均水温（15℃）的 1.7 倍。这些结果表明源区河流较低的铵根浓度是限制好氧氨氧化微生物活性的主要因素。

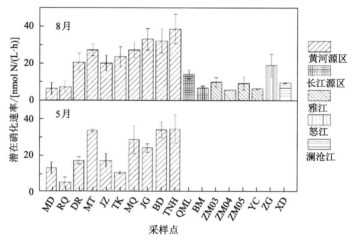

图 8-34　源区河流上覆水体潜在氨氧化反应速率空间变化特征

MD-玛多；RQ-热曲；DR-达日；MT-门堂；JZ-久治；TK-唐克；MQ-玛曲；JG-军功；BD-班多；TNH-唐乃亥；QML-曲麻莱；BM-班玛；ZM03-藏木水电站 03；ZM04-藏木水电站 04；ZM05-藏木水电站 05；YC-杨村；ZG-左贡；XD-香达；下同

2. 表层沉积物好氧氨氧化微生物的丰度、群落及潜在好氧氨氧化速率

1）表层沉积物中 AOA 与 AOB 丰度的时空变化特征

研究区内，与上覆水体相同，沉积物中 AOB *amoA* 基因的平均丰度要显著高于 AOA（图 8-35）（$P < 0.05$），AOB 和 AOA *amoA* 基因丰度比值在 0.9～45.6。源区河流沉积物中 AOA 和 AOB *amoA* 基因丰度与低海拔河流相当。comammox 细菌在 23%的样品中是主要的好氧氨氧化微生物，且该类微生物也主要以 Clade B 形式存在。与上覆水体不同，研究区域沉积物中 AOA、AOB 和 comammox 的丰度随着海拔变化均无显著变化趋势（$P > 0.05$）。冗余分析和 Spearman 相关分析结果表明，沉积物的有机氮含量、pH 和沉积物粒径组成而非水温控制源区河流沉积物中好氧氨氧化微生物丰度的变化。AOB/AOA 随水温升高显著降低，而 comammox/（AOA+AOB）随水温和海拔改变均无任何显著变化趋势（$P > 0.05$）。

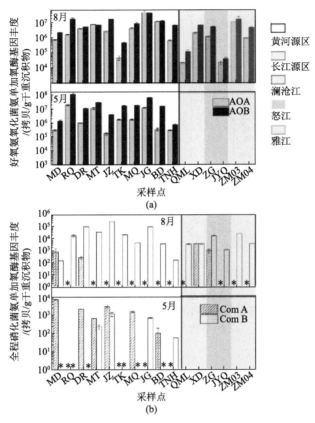

图 8-35　源区沉积物中氨氧化微生物 amoA 基因丰度时空变化特征

2）表层沉积物中 AOA 与 AOB 的群落特征

借助高通量测序技术对青藏高原源区河流沉积物中 AOA 和 AOB 的群落结构进行了探究（Zhang S et al.，2020）。研究区内 AOA 和 AOB 群落的主要组分沿海拔梯度均无显著变化趋势（$P > 0.05$）；但源区河流 AOA 和 AOB 的群落组成与低海拔河流差异显著（图 8-36），源区河流 AOA 和 AOB 群落组分含量明显受高原温度低、昼夜温差大及营养物质含量低等特征的影响。cluster 3b（34.1%）和 cluster 9（33.5%）是源区河流沉积物中 AOB 群落两个最主要的组分，两者在高海拔河流中所占比例远高于低海拔河流（cluster 3b，＜4.4%；cluster 9，＜8.7%）。这可能是因为 cluster 9 类物种喜寡营养生活方式，而 cluster 3b 物种对温度变化的耐受能力较大（Avrahami et al.，2003）。cluster 1 和 cluster 4 这两类嗜冷物种（Avrahami et al.，2003）在源区河流沉积物中所占比例平均为 18.5%，这一比例要高于除科达伦河（海拔约 800m，采样期水温 5.6℃）以外的低海拔河流（Zhang S et al.，2020）。对于 AOA 而言，类 Nitrososphaera 簇物种是源区河流沉积物中 AOA 群落的主要组分，其所占比例（91.6%）远高于低海拔河流（12%～87%）。以往研究也发现 *Nitrososphaera* 簇物种在低温下具有更高的丰度（Tourna et al.，2008）。与之相反，类 *Nitrosopumilus* 簇物种在低海拔河流沉积物 AOA 群落中所占的比例（13%～88%）高于源区河流（8.3%）。具有较低 *Nitrosopumilus* 簇物种比例的低海拔河流（如苕溪河，*Nitrosopumilus* 簇物种比例为 13%）与本节高海拔河流的 AOA 群落相似性更高（图 8-36）。

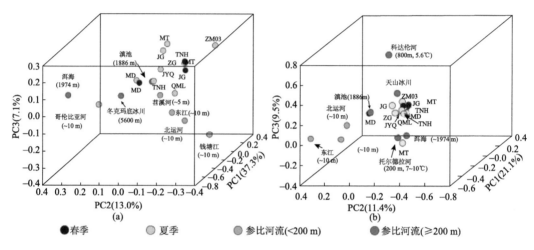

图 8-36　基于加权 UniFrac 距离的源区河流与低海拔河流及高海拔湖泊环境
AOA 和 AOB 群落结构比较

除环境因素影响外，采样点之间 AOA 和 AOB 群落的相似性随采样点间海拔差异的增加而显著降低（$P < 0.05$）。偏 Mantel 分析结果显示这种显著的变化趋势在控制环境因素变化后仍成立。这表明 AOA 和 AOB 群落相似性随海拔的显著变化主要是因为海拔隔离会引发扩散限制，进而导致各个采样点能保留/累积其各自历史进化过程中的歧化进化信息，从而使群落之间的相似性随着海拔距离增加而显著降低。

3）表层沉积物中好氧氨氧化微生物活性及其控制因素

尽管源区河流沉积物中 AOA 和 AOB *amoA* 基因丰度与低海拔河流相当，但源区河流的潜在好氧氨氧化速率[PNRs，0.55 nmol N/（h·g）干重沉积物]远低于低海拔河流[如圣菲河（Santa Fe）：3.87 nmol N/（h·g）干重沉积物]（Zhang S et al.，2020）。铵根含量和温度是控制高海拔河流 PNRs 变化的重要因素：当铵根浓度较低时，温度的升高并不会促进 PNRs 的显著增加，表明此时铵根浓度是 PNRs 的限制因素；随着铵根浓度升高，PNRs 显著增加（$P < 0.05$）。但 PNRs 随铵根浓度增长的程度取决于温度：高温度条件下的 PNRs 随铵根浓度升高而增加的程度要远高于低温度条件。此外，黄河源区沉积物的 PNRs 在温度较高的 7 月要远高于 5 月。在具有高温度和高铵根浓度的环境中，源区沉积物的 PNRs 与低海拔河流基本相当。

源区河流沉积物的 PNRs 与 AOA 和 AOB 群落结构特征显著相关。源区沉积物的 PNRs 与 AOB 群落的主要组分 cluster 3b、cluster 1 和 4 及 cluster 9 含量均显著相关，而这三者正是导致低海拔河流与源区河流 AOB 群落分化的主要因素。对于 AOA 而言，基于 PCoA 分析技术提取 AOA 群落主要变化特征而得到第一坐标轴（PC1）和第二坐标轴（PC2）与 PNRs 均显著相关（图 8-37）。此外，Mantel 分析结果也表明，采样点之间 AOA 群落组成差异性与它们之间的 PNRs 差异也显著相关（$P < 0.05$）。

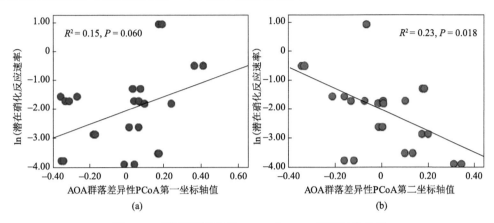

图 8-37 源区河流沉积物 PNRs 与 AOA 群落结构关系

3. 表层沉积物异化硝酸盐还原微生物的分布特征及反应速率

1）反硝化细菌、厌氧氨氧化细菌和异化硝酸盐还原成铵细菌丰度的时空分布特征

在源区河流沉积物中，异化硝酸盐还原成铵（DNRA）细菌 *nrfA* 基因丰度（$7.34 \times 10^5 \sim 3.48 \times 10^8$ copies/g 干重沉积物）显著高于反硝化细菌 *nirS* 基因丰度（$2.27 \times 10^4 \sim 6.35 \times 10^7$ copies/g 干重沉积物）（图 8-38）（Zhang et al.，2021）。在三种异化硝酸盐/亚硝酸盐还原菌中，厌氧氨氧化（anammox）细菌始终具有最低的丰度（$< 1.35 \times 10^5$ copies/g 干重沉积物）（$P < 0.05$）。源区河流沉积物中 anammox 细菌 *hzsA* 基因丰度要远低于其在低海拔河流的丰度；虽然 DNRA 细菌 *nrfA* 基因丰度和反硝化细菌 *nirS* 基因丰度处于低海拔河流中报告的对应基因丰度范围之内，但它们要远低于大部分低海拔河流 *nrfA* 基因和 *nirS* 基因的丰度（Zhang et al.，2021）。但在研究范围内，这三种微生物功能基因的丰度随海拔变化均无显著的变化趋势（$P > 0.05$）。相反的是，与海拔关系不密切的沉积物有机碳含量和 pH 显著影响了这三种微生物在源沉积物中的丰度（$P < 0.05$）。

2）沉积物中厌氧氨氧化和反硝化细菌的群落组成特征

基于克隆文库技术分析了源区沉积物中厌氧氨氧化细菌 16S rRNA 基因的群落结构，共获得了 434 条厌氧氨氧化细菌序列，各采样点克隆文库覆盖率在 96.6%～100%。结果表明，97.2%的厌氧氨氧化细菌序列属于 *Brocadia* 物种，而低海拔河流也以 *Brocadia* 类微生物为主（Xia et al.，2018）。anammox 群落组成在研究区域没有显著的时空变化规律。当综合考虑低海拔河流 anammox 群落时，在源区河流中也未检测到独特 anammox 基因型的存在。这可能是由于相对于其他氮循环微生物，anammox 细菌往往具有较低的物种多样性。并且在河流环境中，anammox 普遍以 *Brocadia* 和 *Kuenenia* 物种的形式存

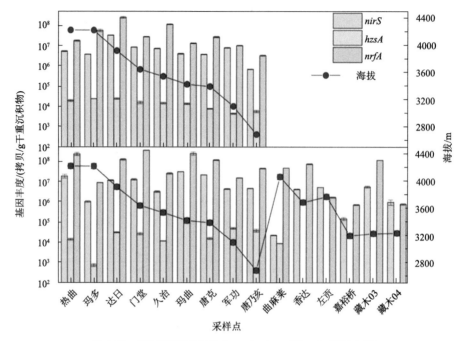

图 8-38　源区河流沉积物中 *nirS*、*hzsA* 和 *nrfA* 基因丰度

在，这两类物种对温度变化的耐受能力较强。基于高通量测序技术分析了源区河流反硝化细菌的群落特征。与以往研究相同，测得的绝大部分 *nirS* 基因序列（99.6%）属于变形菌门，其中以 β 变形菌门为主。系统发育分析结果表明（图 8-39），测得的 *nirS* 基因序列共可分为 16 个簇，而其中只有 2 个簇的丰度随海拔改变而显著变化。当综合考虑低海拔河流 *nirS* 基因群落时，发现有部分 *nirS* 基因簇仅存在于高海拔河流沉积物中，表明该部分反硝化细菌在源区高海拔环境下的独特进化。更多的 *nirS* 基因同时存在于低海拔和高海拔河流沉积物环境中，可能是由于大部分 *nirS* 基因对温度等易受海拔影响的环境因素的耐受能力较强或它们具有较高的扩散迁移能力。

3）黄河源区河流沉积物中异化硝酸盐还原速率

与好氧氨氧化速率类似，黄河源区河流沉积物中反硝化、厌氧氨氧化和 DNRA 反应速率也远低于它们在低海拔河流的速率，这主要归因于该地区相对较低的氮素含量。黄河源区反硝化（denitrification）速率为 0.049～0.76 nmol N/（g·h）（图 8-40），其对 N_2 生成的贡献为 48%～100%，是主要的 N_2 生成途径。厌氧氨氧化对源区沉积物 N_2 生成的平均贡献为 27%，该比例远高于大部分低海拔河流（Zhang et al.，2021；Xia et al.，2018）。这三种异化硝酸盐还原速率随海拔均无显著变化趋势。根据分析结果，*nirS* 基因群落结构对反硝化反应速率具有显著影响（表 8-1），但 *nirS* 基因丰度对反硝化速率的影响并不显著。与此相反，源区河流沉积物中厌氧氨氧化速率受到 *hzsA* 基因丰度而非 *hzsA* 基因群落结构的显著影响。

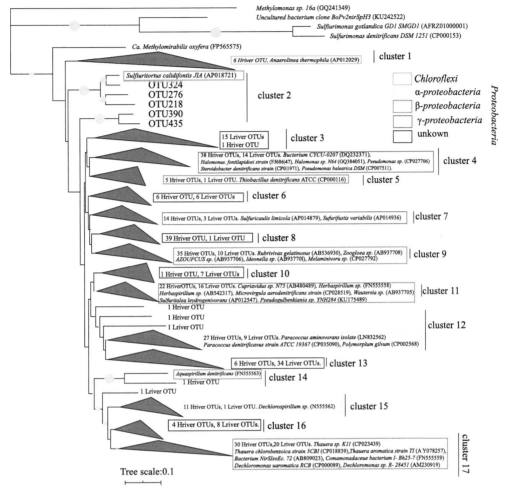

图 8-39　源区河流沉积物反硝化细菌 *nirS* 基因群落组成特征

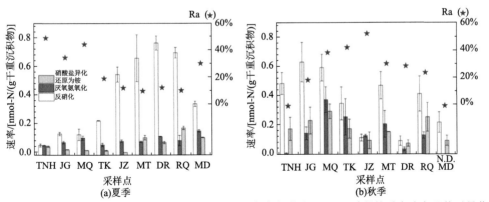

图 8-40　黄河源区夏季（a）和秋季（b）反硝化、厌氧氨氧化和 DNRA 过程的反应速率及其对异化硝
酸盐去除的贡献

Ra 为 relative contribution of anammox to N₂ production 的缩写；N.D.表示无数据

表 8-1 环境和微生物因素对反硝化速率的相对影响

项目	环境因子	α 多样性	群落结构	环境变量、α 多样性和群落结构
预测变量	pH	/	PC1 和 PC3	PC1 和 PC3
统计结果	$P=0.01$；$R^2=0.34$	$P>0.1$	$P=0.002$；调整 $R^2=0.57$	$P=0.002$；调整 $R^2=0.57$

注：b 代表 alpha 多样性与反应速率无显著相关性。

8.3 磷和硅的生物地球化学循环

8.3.1 磷含量及组成时空分布特征

雅江是典型的高原河流，地处青藏高原，具有特殊的自然气候条件，流域生态环境脆弱。该地区多年冻土和气候变化影响着流域的季节性水文过程，使磷的分布格局和输移转化具有独特的变化规律和区域特征。近几十年来，国内外对内陆水域磷元素进行了广泛研究，主要集中在磷的时空分布、形态变化、迁移特征、输移转化等方面。但是，缺乏针对高原河流系统中磷的研究，这限制了对水生态系统中磷的全面了解。本节旨在获得雅江磷的时空分布和迁移特征，并分析磷引起和增加的风险，这对于保护青藏高原脆弱的生态环境具有重要价值。

1. 雅江自然河段磷含量及组成时空分布特征

1）源区河流自然河段总磷浓度时空分布

基于雅江中游近 50 年（1956～2013 年）长序列水文数据、近 15 年（2005～2018 年）水质监测数据、近 10 年（2003～2015 年）冰情遥感解译，以及新数据源系统（GRACE、GLDAS）适用性研究，结合长达两年的入河磷污染负荷调查工作，全面分析雅江磷的分布特征及来源。

（1）雅江干流中游多年总磷（TP）浓度单次测值为 ND（未检出）～0.32 mg/L，各单点年均值为 0.015～0.13 mg/L。年内分布均呈单峰形态，过程与径流、泥沙同步，最大峰谷比达 64，在降水量等气象参数和流量、悬移质输沙率等水文参数耦合作用下，生源物质磷在雅江流域来源及输运迁移中呈现高寒河流特异性。沿程 TP 浓度多在拉萨河入雅江后达到最高值；输送通量水平处于 0.01～0.38 kg/s。TP 浓度与降水、径流、泥沙、水温等考察要素间存在复杂的时空耦合效应，与悬移质输沙量相关程度最高，与流量相关度次之。

（2）时间分布：如图 8-41 所示，2005～2018 年 TP 浓度非显著性降低。年际间，"一江三河"TP 浓度类化值（F 值）年均最大为 3.11，最小为 1.03，各年相对标准偏差为 36.5%。各年内，TP 浓度分布具有相似性：各月 TP 浓度呈倒 U 分布，8 月或 9 月出现峰值，10 月～次年 4 月为峰谷，峰谷比为 1.92。

（3）空间分布："一江三河"（雅鲁藏布江干流、年楚河、拉萨河、尼洋河）TP 浓度峰值具有沿程降低的趋势（图 8-42）。年楚河、干流和拉萨河 TP 浓度多年均值分别是尼洋河的 2.39 倍、1.32 倍和 1.10 倍。年楚河、干流、拉萨河和尼洋河 TP 浓度多年月均值峰谷比为 4.45、3.22、1.67 和 3.07，5~9 月 TP 浓度均值分别是 10 月~次年 4 月的 2.09 倍、1.60 倍、1.18 倍和 1.41 倍。

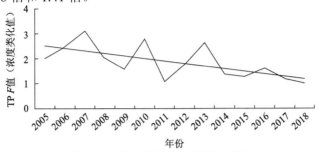

图 8-41　雅江流域 TP 时间分布特征

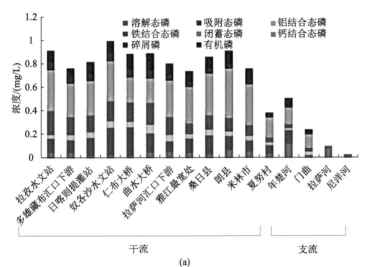

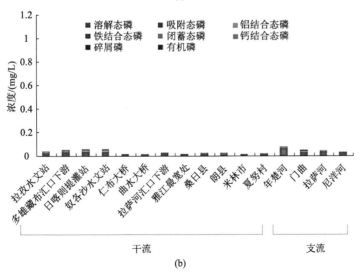

图 8-42　丰水期和枯水期磷形态

2）雅江自然河段中各形态磷时空分布特征

河流中磷除以溶解态磷存在于水体中外，还以颗粒态磷的形式存在于悬移质和沉积物中，其形态包括可交换态磷（Ex-P）、铁结合态磷（Fe-P）、铝结合态磷（Al-P）、钙结合态磷（Ca-P）、闭蓄态磷（Oc-P）等。不同环境条件下，不同赋存形态的磷可通过吸附-解吸作用在水、悬移质和沉积物之间发生转移和交换。雅江拉孜—派镇河段干流长度约 941 km，选取宽谷、峡谷、辫状河道、支流汇口等典型河段开展研究，共布置 32 个水样采集断面，进行原型观测及样品采集分析。

（1）与 TP 时间规律相似，诸形态磷浓度丰/枯水期波动剧烈（图 8-42）。丰水期，颗粒态磷为主要形式，占比 74.5%～96.6%；枯水期，颗粒态占比降至 11.5%～50.0%，溶解态磷为主要形式。可见，丰水期是磷输移的重要时期，载体为悬浮颗粒；支流悬浮颗粒和磷的相关关系强于干流。

（2）丰水期，钙结合态、铁结合态和吸附态为颗粒态磷的主要形态，占比分别达到 18.0%～48.1%、7.9%～23.3% 和 0～28.9%，其次为有机磷，占 8.9%～17.7%，铝结合态磷、闭蓄态磷、碎屑态磷占比较小；枯水期，钙结合态和铁结合态为颗粒态磷主要形态，占比分别为 41.7%～100% 和 0～42.9%，闭蓄态磷在上段检出，但占比较小，其余形态磷均未检出。丰水期与枯水期磷形态差异明显，丰水期水体中吸附态磷浓度高于溶解态磷，两者比例最大达 8.0，而枯水期吸附态磷浓度降至未检出。在枯水期，吸附态磷和有机态磷占比显著降低。

2. 雅江自然河段沉积物中分形态磷时空分布特征

在雅江拉孜—派镇的干流及主要支流上，选取了 18 个典型断面开展原型观测，采集了丰水期（8 月）、平水期（11 月）和枯水期（4 月）的代表性土壤和沉积物样品，测定了样品中可交换态磷、铝结合态磷、铁结合态磷、钙结合态磷、闭蓄态磷、有机磷（OP）等不同形态磷的含量，研究了雅江中游干流及其主要支流不同形态磷的时空分布特征，为雅江磷来源及输运规律的研究提供了重要原始数据和基础依据。

（1）在丰水期、平水期和枯水期，雅江干流沉积物中 TP 的平均含量分别为 454.1 mg/kg、421.6 mg/kg 和 353.7 mg/kg。（图 8-43）。各形态无机磷平均含量从大到小排列顺序：丰水期为 Ca-P > Fe-P > Oc-P > Ex-P > Al-P，丰水期地表径流输入了更多的 Fe-P 和 Oc-P，二者含量较高；平水期和枯水期大小顺序基本一致，为 Ca-P > Ex-P > Al-P > Fe-P > Oc-P。丰水期，雅江干流彭措林、奴各沙，下段的林芝市、朗县、鲁夏村断面所在位置为农田或滩地，TP 含量相对较高，雅江宽谷段河道宽阔，辫状河道发育，丰水期流量大，河床极不稳定，水-沉积物界面交换作用频繁，TP 值最低。扎囊县至藏木水库坝下断面，TP 含量也较低；平水期和枯水期沿程沉积物 TP 含量差别不大。

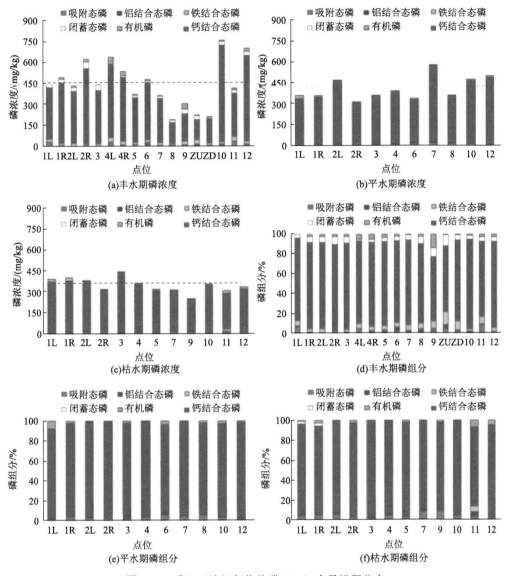

图 8-43　雅江干流沉积物总磷（TP）含量沿程分布

（2）分形态来看（图 8-44），在丰水期、平水期和枯水期，雅江沉积物中 OP 的平均含量分别为 14.8 mg/kg、8.2 mg/kg 和 7.3 mg/kg，分别占 TP 含量的 3.3%、2.0% 和 2.1%；潜在生物可利用磷（potentially bioavailable phosphorus，PBP）（包含 Ex-P、Al-P 和 Fe-P）的平均含量分别为 38.1 mg/kg、21.9 mg/kg 和 22.6 mg/kg，分别占 TP 含量的 8.4%、5.2% 和 6.4%；稳定态磷（S-P，包含 Ca-P 和 Oc-P）的平均含量分别为 401.2 mg/kg、391.4 mg/kg 和 323.7 mg/kg，分别占 TP 含量的 88.3%、92.8% 和 91.5%，是沉积物中磷的主要存在形态。

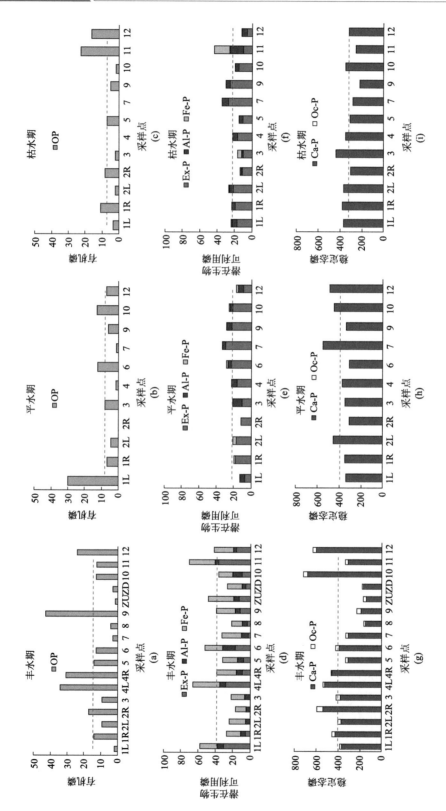

图 8-44　雅江干流沉积物各类形态磷含量沿程分布

3. 径流调节下雅江磷含量及组成时空分布特征

1) 干流磷含量及组成分布特征

对单级电站调节下雅江磷浓度及赋存形态进行分析,并与梯级调节的澜沧江进行对比,结果如图 8-45 所示。在雅江干流,TP 浓度均值为 0.17 mg/L,在上游河段沿程上升,在进入中游城镇密集区后开始下降,但在支流拉萨河汇入后大幅上升且增幅达 1.2 倍,随后沿程显著下降(t 检验,P<0.001)。其中,TP 浓度在藏木水库库区上升至 0.12 mg/L,在坝下下降至 0.08 mg/L,降幅超过 33%,且在藏木水库下游河段维持较低水平(该河段 TP 均值为 0.05 mg/L)。由图 8-45 还可知,溶解态反应磷(SRP)在全干流均值为 0.12 mg/L,是磷在雅江水体中的主要赋存形态。在支流拉萨河汇口至藏木水库河段,虽然 TP 大幅上升,但 SRP 无显著变化,表明拉萨河的汇入使水体有机磷浓度显著增加。在丰水期,悬浮颗粒为磷输移的重要载体,颗粒态磷沿程下降,与 SRP 变化趋势一致(图 8-45)。

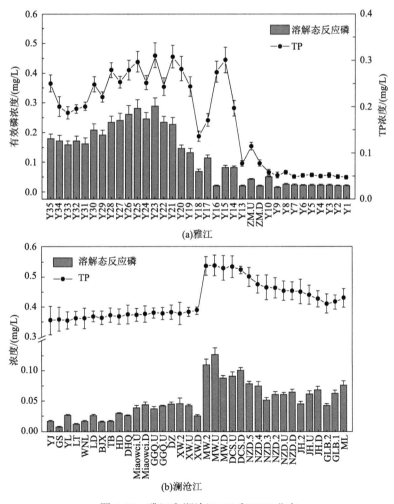

图 8-45　雅江和澜沧江 TP 和 SRP 分布

为探究径流变化对磷的影响，选取梯级河流澜沧江，进一步分析了梯级水电运行下磷浓度及赋存形态的变化。与雅江结果不同，在梯级开发河流澜沧江，TP 浓度全干流均值为 0.43 mg/L，显著高于雅江。TP 浓度在上游自然河段无显著变化，但其在梯级开发河段漫湾水库库区大幅升高至 0.54 mg/L，最大增幅超过 40%。在漫湾水库下游河段，各水库坝下 TP 均呈现下降趋势，其降幅分别为 1.5%（漫湾）、1.9%（大朝山）、1.8%（糯扎渡）和 2.4%（景洪）。此外，澜沧江 SRP 浓度全干流均值为 0.05 mg/L，显著低于雅江，表明有机磷是澜沧江磷的主要赋存形态。SRP 沿程变化趋势与 TP 一致，且同样在漫湾水库库区大幅升高，增幅超过 3.4 倍。与雅江一致，澜沧江 TP 与 SRP 在各级水库库区上升，坝下降低，并呈现沿程累积现象。

2）水库库区磷含量及组成分布特征

对雅江流域藏木水库不同水期采集的水样进行检测，用以开展雅江上水库中不同形态磷的时空分布特征分析。

（1）与雅江河流相似，藏木库区中 TP 含量与悬浮物浓度相关关系较好，丰水期 TP含量显著较高，钙结合态磷仍是最主要的形态，占 TP 的 50%以上（图 8-46）。丰水期和枯水期藏木库区表层水体中溶解态磷以及 TP 含量从库尾至坝前总体呈降低趋势，表明水库对磷的滞留作用明显。

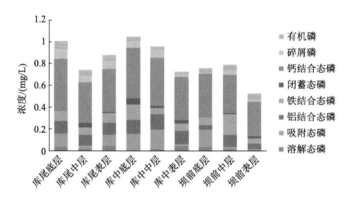

图 8-46 藏木水库丰水期不同形态磷空间分布对比图（2016 年 8 月）

（2）由图 8-47 藏木水库 TP 浓度垂向变化可以看出，藏木库区水体中 TP 含量特别是表层水体 TP 含量沿程呈下降趋势，坝前的 TP 含量要低于库尾。此外，从中可以看出，在库尾和库中断面，底层水样中的 TP 含量要高于中层和表层水中的磷总量，这可能是因为悬浮物含量的垂向变化。

生源物质磷在单级开发河流雅江藏木水库库区显著上升。据报道，在过去 20 年中全世界水体中磷含量持续上升：在美国，46%的河流水体存在磷污染；在欧洲，河流水体的年均 TP 浓度范围是 0.001～7.3 mg/L；在我国，15.1%的河流水文监测站中 TP 浓度超过 0.2 mg/L（Nan et al.，2018）。这一现象在雅江也十分突出，中游河段的农业生产是该流域的主要产业，为了提高农作物产量人们大量施用磷酸盐肥料。而每年 2～8 月是磷酸盐肥料的施用高峰期，地表径流冲刷使沿岸土壤中的磷大量进入中游库区水体。已

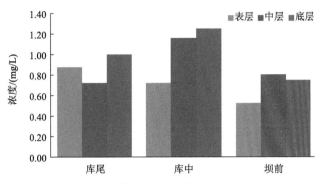

图 8-47　藏木水库 TP 浓度垂向变化

有研究证明，在表面径流较大和土壤侵蚀较严重的雅江中游段，水体 TP 浓度较高。同时，Nan 等（2018）在雅江流域开展 10 年的观测研究结果也表明，水体中 TP 主要来源为非点源污染，受农业生产活动影响显著。因此，虽然藏木水库库区沉积作用加剧使颗粒态磷被截留，但由于沿岸持续外源径流冲刷输入，磷在库区表层水体仍维持较高水平。此外，本书发现藏木水库坝下磷含量降低，而经野外现场观测发现，其坝下沿岸河道均建设水泥护岸，防止土壤侵蚀和渗透作用。因此，坝下外源径流生源物质磷的输入大幅减少，使坝下磷通量显著低于库区。

8.3.2　磷循环的控制因素和微生物驱动机制

1. 冻融作用对雅江磷迁移转化的影响

在对雅江天然河流上覆水体和沉积物中不同形态磷含量进行分析的基础上，针对雅江高海拔高寒地区的上游河段长期冻融以及中游河段岸边短期冻融的特点，开展了冻融条件下雅江沉积物磷的迁移转化实验，进一步探讨了雅江磷的迁移转化规律，为输运耦合模型源项的建立提供了支撑。

（1）在短期冻融作用下，雅江中游河段岸边沉积物中的可交换态磷（SP）、铝磷（Al-P）和铁磷（Fe-P）进行了更快的迁移转化，加大了雅江生物潜在可利用磷的流失风险（图 8-48）。沉积物中 Fe-P 浓度在 72h 内受冻融作用影响，迁移速率比对照升高 13%～28%。冻融作用下实验反应在 144h 趋于稳定，冻融后沉积物中 Fe-P 浓度比对照降低 11%，冻融组的沉积物磷迁移释放量大于恒温组。Boltzmann 曲线拟合结果表明，沉积物中钙磷（Ca-P）和闭蓄态磷（O_c-P）浓度保持不变（$R^2>0.6$），处于稳定状态。实验过程中有机磷（OP）浓度略有波动，拟合结果显示有机磷（OP）浓度保持不变（$R^2>0.5$）。

（2）在长期冻融作用下，实验表明上游河段沉积物中的 Fe-P 和 Al-P 受持续冰冻影响显著，存在 OP 与 Fe-P、Al-P 相互转化的作用。随着冻结天数增加，Al-P、Fe-P 含量变化显著，Ca-P 变化微弱。Al-P、Fe-P 较初始状态呈现快速下降后又逐渐上升至稳定的变化特征。在 Al-P 减小的阶段，Al-P 浓度受含水率的影响显著；在 Fe-P 增大的阶段，Fe-P 含量变化受水分条件的影响显著，随着含水量增大，Fe-P 含量升高。

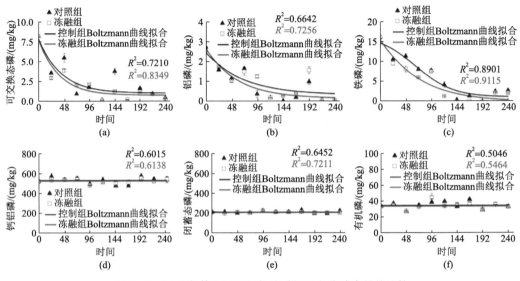

图 8-48 1∶5 条件下对照组与冻融组沉积物磷含量的比较

（3）结合自动比表面积（TEM）、扫描电子显微镜和能谱（SEM-EDS）分析，一方面沉积物颗粒在冻融循环下变得支离破碎，粒径变小，比表面积增加了 92%，这会减少沉积物颗粒的聚集和增加表面吸附点，提高了沉积物的吸附能力（图 8-49）；另一方面

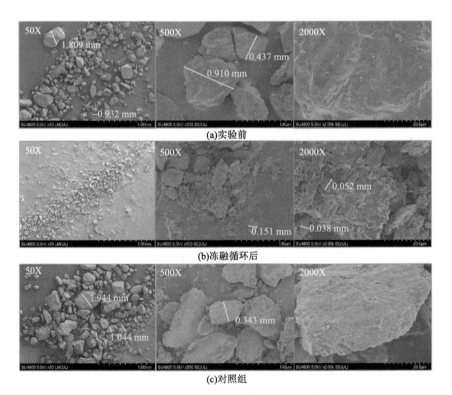

图 8-49 实验前后沉积物颗粒测量（黄线）

冻融条件影响了有机质与铁化合物、铝化合物的络合状态，导致铁离子、铝离子释放，这些重新释放的离子与磷酸盐竞争颗粒上的吸附位点，甚至取代了原来吸附在沉积物颗粒表面的磷酸盐，导致沉积物对磷的吸附能力下降。经过冻融作用后，沉积物对磷的吸附能力整体下降，导致磷释放，可能增加养分流失的风险（图 8-50）。

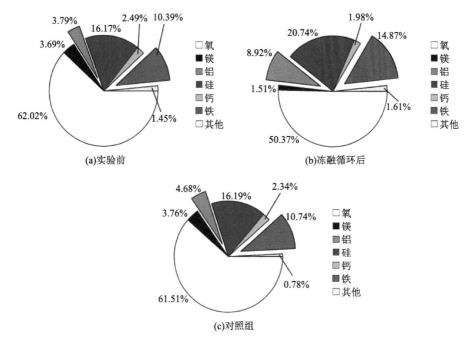

图 8-50　实验前后沉积物颗粒的元素百分比

2. 紫外辐射强度对雅江磷迁移转化的影响

雅江作为世界上海拔最高的大河之一，流域内紫外线辐照最高可超过平原地区河流紫外辐射的 4.8 倍。紫外光会诱导河流中与有机质、金属离子络合态存在的磷（有机质-金属-磷）释放，从而影响磷在水、泥沙中的赋存形态。本节专门补充开展室内实验探查了紫外辐射对雅江磷的不同形态之间转化的影响，进一步探讨了雅江特异自然条件对磷吸附、释放等输运迁移转化规律的影响。

（1）紫外照射过程能够充分促进 SP 的转化释放，反应于第 72h 趋于稳定，光照组 SP 的浓度高于对照组 8.4 倍；Al-P 浓度随着光照时间增长而呈现上升趋势，Fe-P 浓度变化随光照而剧烈变化，其中 72h 内 Fe-P 浓度增长尤为明显，此时的增长变化与 SP 浓度变化呈显著正相关（$R^2=0.917$，$P<0.01$），这可能是因为紫外线光照下首先引起光敏感金属离子（Fe、Al）发生络合反应，并减弱了离子的亲和力，从而促进其解离形成 SP（图 8-51）。

（2）结合能谱分析、红外等表征手段分析，紫外影响磷转化主要机理为：①紫外光直接破坏有机磷的结构，从而促进磷的释放；②紫外破坏腐殖酸的酚基团，基团中的铁离子能从溶解腐殖质或其他来源获取电子，在紫外作用下发生还原反应，与铁离子结合的 SP 随之解离（图 8-52）。

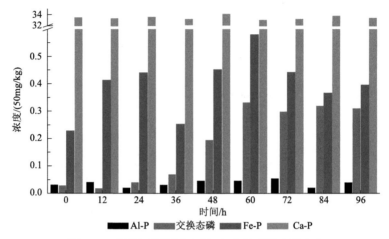

图 8-51 紫外辐照作用下雅江沉积物磷的含量变化

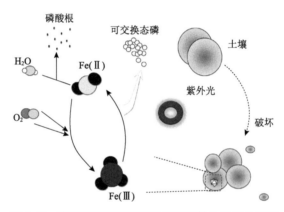

图 8-52 紫外辐照作用下雅江磷迁移转化的部分机理

3. 辫状河道对雅江磷迁移转化的影响

辫状河段长度占中游段近一半，其特殊的水沙输运规律势必会对磷等生源物质输运产生不同于其他河段的影响。为解析辫状河段内磷输运特征，建立了辫状河流的平面形态度量指标，通过对比实测资料和物理模型试验结果，阐释了发育程度与磷输运之间的耦合关系。

（1）在典型河段卫星图片处理的基础上计算各辫状强度指标，对比同日期历史实测输沙资料，建立辫状强度与输沙率之间的定量关系，通过水槽实验进行验证分析。结果如图 8-53 所示，心滩辫状强度指标 BI_B、分汊强度指标 BI_T、弯曲度辫状强度指标 P_T 与输沙率具有较好的线性相关关系。

（2）在泥沙沉积和侵蚀过程中，磷分布也是有选择性的，泥沙对磷的富集是磷运输和在水库中滞留的基本动力。考虑磷的面密度和泥沙的总面积浓度之间的关系，参照已有研究建立泥沙与总磷、溶解态磷和颗粒态磷的关系。据此推算雅江典型泥沙粒径条件

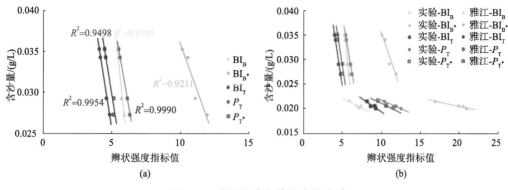

图 8-53　辫状强度与输沙率的关系

下总磷、溶解磷和颗粒态磷的输移规律，构建悬移质输沙率与磷之间的关系。如图 8-54 所示，当泥沙粒径较大时，颗粒态磷含量减少，悬移质输沙率超过 2000 kg/s 后，溶解态磷和总磷含量趋于稳定。粒径减小后溶解态磷含量减少，悬移质输沙率大于 1500 kg/s 后，溶解态磷含量基本保持稳定；颗粒态磷含量略小于总磷，两者均随悬移质输沙率增大而增大，表明小颗粒泥沙对磷的捕集作用较强，且随着悬移质输沙率的增大，泥沙对磷的捕集作用更强。

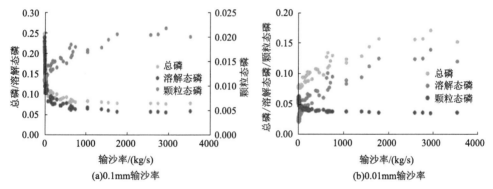

图 8-54　泥沙粒径、输沙率与磷含量关系

4. 水温及泥沙过程对雅江磷输运的影响

采用考虑水动力、水温及泥沙驱动影响的高原水库水温（冰）-泥沙-磷输运耦合计算模型，以位于高原温带气候区，表现为气温低、辐射强、湿度低、日温差大等特征的高原水库旁多水库为例，对比计算相同规模、不同海拔和气候条件的高原水库与相同规模低海拔平原水库的磷拦截效应。

（1）汛期入库颗粒态磷（吸附态磷和结合态磷）占总磷比为 92%，泥沙运动是总磷输运的主要影响要素（图 8-55）。在汛期 8 月，高原水库泥沙拦截率为 69.0%，总磷拦截率为 57.1%。其中，高原水库结合态磷和吸附态磷分别为 69% 和 34.9%，而受低温影响高原水库溶解态磷仅有 6.7% 降解（图 8-56）。

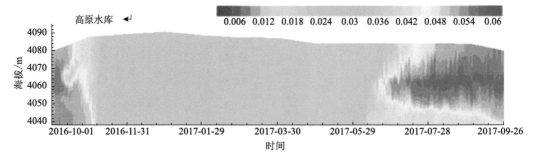

图 8-55　高原水库坝前年内库溶解态磷垂向分布（单位：mg/L）

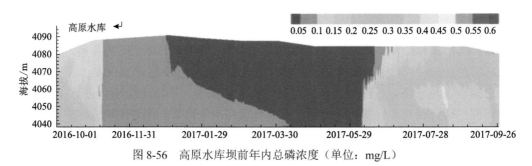

图 8-56　高原水库坝前年内总磷浓度（单位：mg/L）

（2）枯水期入库溶解态磷占比较高（60%），溶解态磷的降解和细沙沉降速率是影响磷输运的主要因素。枯水期 3 月高原水库总磷拦截率为 15.8%，平原水库为 34%。高原水库的低温导致溶解态磷拦截率偏低，为 11.5%，低于平原水库的 47.8%。枯水期由于入流混合模式差异，高原水库泥沙随水输移流程更长，导致泥沙拦截率加大，从而使颗粒态磷拦截率更高。枯水期 3 月，高原水库和平原水库结合态磷拦截率分别为 22.5% 和 13%，吸附态磷分别为 21.4% 和 11.9%（图 8-57）。

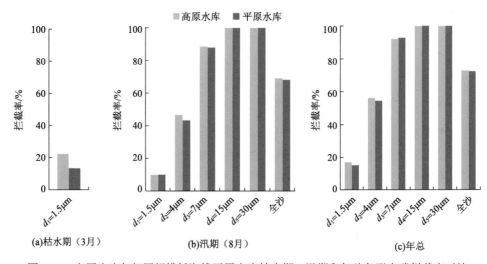

图 8-57　高原水库与相同规模低海拔平原水库枯水期、汛期和年总各形态磷拦截率对比
d 指细沙的平均粒径

（3）由于汛期磷通量约占全年的 98.3%，因此年总磷通量拦截率与汛期接近，约 61%。但出库较入库磷形态组分有所变化，高原水库结合态磷由入库的 70% 降至出库的 49%，吸附态磷占比由 22% 升高至 31%，溶解态磷比例由 8% 升高至 20%（图 8-58）。

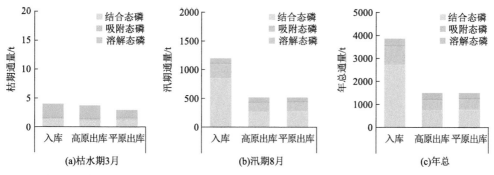

图 8-58　高原水库与相同规模低海拔平原水库枯水期、汛期和年总形态磷通量对比

5. 雅江磷循环的微生物驱动机制

浮游细菌因其在生源物质生物地球化学循环和生态系统食物链中的重要作用，通常是水生生态系统的重要参与者。不同浮游细菌物种表现出的生态功能不尽相同，其群落结构变化会直接对生源物质的生物地球化学过程产生显著影响，特别是对磷循环起到驱动作用。本节在雅江流域选取了 7 个采样点（Y34、Y25、Y17、Y13、ZM.U、ZM.D 和 Y4）共 21 个浮游细菌样品进行 Geochip 功能基因芯片测定，以揭示浮游细菌群落功能结构分布特征。由图 8-59 可知，雅江流域浮游细菌群落共检测出 17 个主要功能类别，包括 5fl_htxA、5fl_ppk2、5fl_ppn、5fl_ptxD、phytase、ppk 和 ppx 7 种磷循环相关基因。其中，5fl_htxA 和 5fl_ptxD 为磷氧化相关基因，phytase 为植酸水解相关基因，5fl_ppk2、5fl_ppn、ppk 和 ppx 为多磷酸盐降解相关基因。由 Geochip 功能基因分析结果可知（图 8-59），从雅江上游至下游过程中，浮游细菌群落各功能基因变化趋势相似，且其丰度在中下游均显著增加，表明人类扰动和气候条件变化会促进浮游细菌群落功能基因的增长。此外，藏木水库库区和坝下浮游细菌群落功能基因丰度差异显著，坝下基因丰度明显高于库区。本书特别关注的磷循环相关基因中，5fl_ppk2、phytase、ppk 和 ppx 沿江的变化趋势十分相似，均呈现沿江升高的趋势，且在藏木水库等下游区域达到最高值，说明磷氧化、植酸水解和多磷酸盐降解水平均沿江上升，且在藏木水库等下游区域达到最高值，表明水电站等人类活动对磷循环具有重要影响。

此外，本书测定了雅江浮游细菌群落样品，其群落物种结构如图 8-60 所示。在雅江流域，9 个"门"水平的优势物种（相对丰度>1%）被检出，包括变形菌门（Proteobacteria）、拟杆菌门（Bacteroidetes）、放线菌门（Actinobacteria）、厚壁菌门（Firmicutes）和疣微菌门（Verrucomicrobia）。其中，变形菌门在全流域优势最为明显，相对丰度范围为 39.12%～76.03%，且在支流拉萨河汇入后（Y17 和 Y16 之间）相对丰度显著上升。变形菌门中多种细菌在磷循环过程中起到了重要作用，变形菌门丰度的升高说明该区域磷循环潜力得到提升。这个结果与 Geochip 功能基因芯片的结果一致，即雅江中下游人类活动影响区域是磷循环的热区。

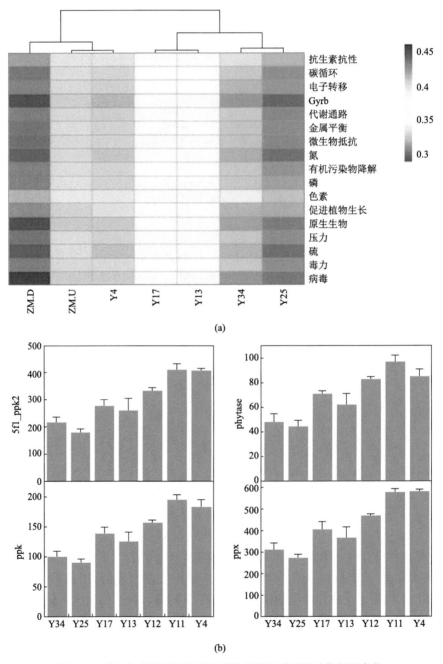

图 8-59　雅江细菌群落功能基因变化热图及磷循环功能基因变化

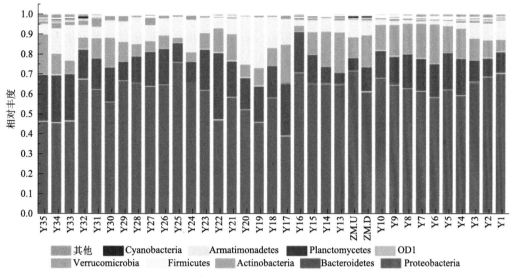

图 8-60　雅江流域浮游细菌群落物种"门"水平分类

Cyanobacteria：蓝藻门；Armatimonadetes：装甲菌门；Planctomycetes：浮霉菌门

为确定影响雅江浮游细菌群落物种结构变化的具体环境因子，采用典范对应分析（CCA）对单级开发河流雅江浮游细菌群落物种结构进行排序研究，结果如图 8-61 所示。CCA 可以反映浮游细菌群落与环境因子之间的关系，并得到影响群落变化的重要因子。CCA 是一种回归分析结合对应分析（CA）的排序方法。CCA 的目的是寻找能最大限度解释响应变量矩阵（本节中为浮游细菌群落数据矩阵）变差的一系列解释变量的组合（本节中为环境因子矩阵）。结果中，CCA1 轴解释了群落物种结构变量的 14.06%，CCA2 轴解释了群落物种结构变量的 7.03%。图 8-61 中环境因子所代表的箭头越长，则说明该因子对群落物种结构变化的贡献越大。其中，磷以及其他生源物质指标对雅江浮游群落物种结构影响较大。

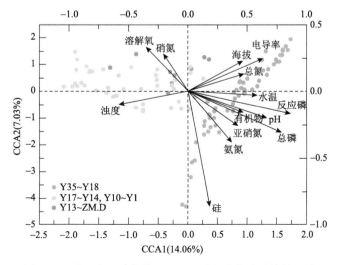

图 8-61　雅江各环境条件因子对浮游细菌物种结构的影响

　　由于磷等生源物质是影响雅江浮游细菌群落物种和功能结构的重要因子，因此本书基于雅江浮游细菌群落结构信息，利用随机森林算法构建其与磷的定量响应模型。结果表明，基于浮游细菌群落物种结构构建的随机森林回归模型的精度较高，残差平方均值为 0.0017，变量解释量为 82.16%。

　　在基于单级开发河流雅江构建的响应模型中，TP 响应模型残差平方均值最小，解释量高达 82.16%，效果最好。并且由图 8-62 可知，随机森林算法的 TP 预测结果与实测值具有极显著一致性（R^2=0.825，$P<0.001$）。同理，溶解态硅（DSi）和 DOC 的响应模型变量解释量较高，效果也较好，且其预测值与实测值也具有很高的显著一致性[图 8-62（c）和（d）；R^2_{DSi}=0.882，r_{DSi}=0.940，$P_{DSi}<0.001$；R^2_{DOC}=0.622，r_{DOC}=0.791，$P_{DOC}<0.001$]。而与生源物质磷、硅和碳的结果不同，单级开发河流 TN 响应模型变量解释量仅为 20.81%，虽然预测值与实测值趋势显著一致，但拟合结果并不理想（图 8-62，R^2=0.202，r=0.458，$P<0.001$），表明基于单级开发河流浮游细菌群落物种结构构建的随机森林模型并不能很好建立其与 TN 的响应关系。

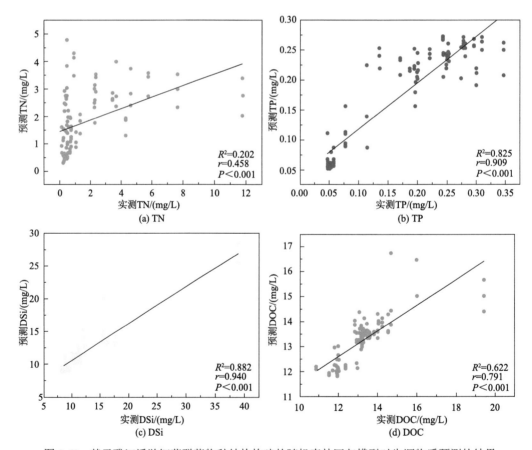

图 8-62　基于雅江浮游细菌群落物种结构构建的随机森林回归模型对生源物质预测的结果

同理，基于雅江浮游细菌群落全部功能结构构建的随机森林响应模型，TP 响应模型残差平方均值最小、变量解释量最大，因此其效果最好。并且由图 8-63 可知，TP 预测值与实测值相关性最高，有极显著的一致性（$R^2=0.404$，$r=0.659$，$P<0.001$）。然而，单级开发河流 TN 和 DSi 的响应模型变量解释量为负数，表明其效果并不理想。由图 8-63 可知，TN 和 DSi 预测值与实测值的相关性并不显著（$P>0.05$），而其中 TN 预测值和实测值呈负相关趋势，进一步表明基于单级开发河流浮游细菌群落功能结构构建的 TN 和 DSi 预测模型的效果并不理想。因此，磷是影响雅江浮游细菌群落结构和功能的关键因素。

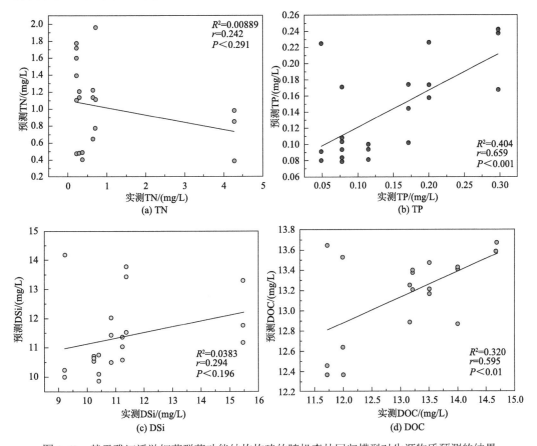

图 8-63　基于雅江浮游细菌群落功能结构构建的随机森林回归模型对生源物质预测的结果

综上所述，雅江磷循环受到冻融、紫外、辫状河道、微生物等因素的影响。本节为高原河流磷的迁移转化及影响因素提供了基础数据和科学支持。

6. 雅江磷通量解析

应用 SWAT 模型，模拟雅江流域内气象、地形地貌、土地利用类型、土壤类型、植被覆盖及外部因素（包括放牧、耕作和施肥等人类或其他生命活动）等综合条件下，磷自陆地向河道迁移及在河道中迁移转化过程，解读磷源发生机制，从而解析磷源（图 8-64）。

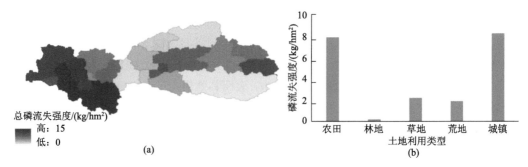

图 8-64 总磷子流域流失强度及土地利用模式和土壤种类的影响

（1）在雅江研究区域，陆源磷具有自西北向东南逐渐减弱的趋势。各地区，磷陆面流失强度最大的 5 个子流域集中在日喀则地区，流失强度均大于 2.00kg/hm²；流失强度最弱的 5 个子流域集中在拉萨地区和部分林芝地区，总磷流失强度均小于 0.02 kg/hm²。各支流流域，年楚河流域总磷流失强度最高，是拉萨河流域和尼洋河流域的 47.9 倍和 5.62 倍。西北高东南低的磷源强度，叠加西北小东南大的流量，是雅江流域水体磷特异性分布的原因。

（2）陆面磷流失强度与土地利用类型、土壤类型、坡度和泥沙流失强度等因素有关。在人类经济活动、气象、土壤类型和坡度等因素的综合影响下，各利用类型土地磷流失强度表现为城镇＞农田＞草地＞荒地＞林地，城镇、农田、草地和荒地磷流失强度分别是林地的 45.3 倍、43.5 倍、12.1 倍和 10.5 倍。

（3）各土壤类型磷流失强度范围为 0～16.1kg/hm²，半水成土灰黏壤质潮土、高山土灌耕淋溶棕冷钙土、高山土暗含钙土、高山土灌耕冷钙土和半水成土壤质潮土等强度较高。

自然和经济结构变化是典型子流域磷陆源出现差异的根本原因。雅江自上段向下段，导致磷流失高的主要因素减少：农田和草地面积占比由 5.76% 和 84.6% 降至 0% 和 43.5%，荒地和林地占比 4.83% 和 0% 增至 27.5% 和 27.6%；土壤类型由贫瘠的高山土向半淋溶土和淋溶土过渡，高山土中各类钙土面积占比随之降低。在以农业经济为主的区域中，西北高东南低的磷源强度叠加西北小东南大的流量，是地表水中磷特异性分布的形成机制。雅江干流流量在拉孜和奴各沙处是年楚河日喀则的 3.08 倍和 9.63 倍，至羊村和奴下升至 17.2 倍和 32.6 倍；拉萨河和尼洋河工布江达流量是年楚河日喀则的 5.21 倍和 2.06 倍。而日喀则市总磷流失强度是拉萨地区、山南地区和林芝地区的 28.7 倍、98.2 倍和 2.64 倍。陆源磷分布结合流量分布，形成雅江流域水体中磷特异性分布。水体中钙结合态磷与各子流域中钙类土壤面积占比沿江协变规律，也验证了这一结论。在各因素协同的影响下，形成磷源强度西北高东南低的态势，雅江上段小流量河段耦合较强磷源，而中下游大流量河段耦合较弱磷源，形成了农牧经济主导的流域水体中磷特异性分布。

8.3.3　硅含量及组成时空分布特征

对不同水文时期澜沧江干流水体溶解态硅酸盐（DSi）含量进行监测分析（图 8-65），结果显示，澜沧江水体中的 DSi 含量范围在 6.97～19.0 mg Si /L，平均浓度为 9.16 mg Si /L。澜沧江不同水文时期 DSi 均呈现沿程升高，相比盐井（YJ）断面，出境（ML）断面水体中 DSi 含量在枯水期和丰水期分别增加 24.7%和 34.8%；DSi 含量在上游自然河段（YJ—TB）上升平缓，而在下游梯级开发河段（XW—GLB）呈逐级上升趋势。但在多年调节型水库小湾库区（XW.U）内 DSi 含量显著降低，相比小湾坝下（XW.D）降幅超过 20%。

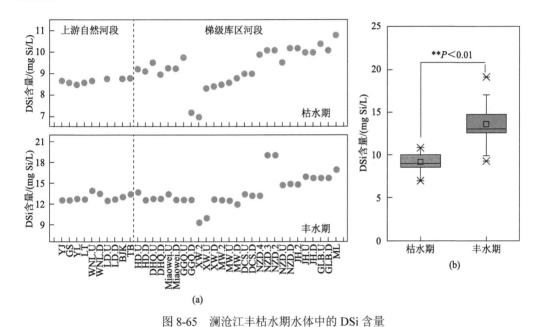

图 8-65　澜沧江丰枯水期水体中的 DSi 含量

YJ-盐井；GS-古水；YL-云岭；LT-溜桶；WNL.U-乌弄龙坝前；WNL.D-乌弄龙坝下；LD.U-里底坝前；
LD.D-里底坝下；BJK-白济汛；TB-托巴；HD.U-黄登坝前；HD.D-黄登坝下；DHQ.U-大华桥坝前；
DHQ.D-大华桥坝下；Miaowei.U-苗尾坝前；Miaowei.D-苗尾坝下；GGQ.U-功果桥坝前；GGQ.D-功果桥坝下；
XW.2-小湾 2；XW.U-小湾坝前；XW.D-小湾坝下；MW.2-漫湾 2；MW.U-漫湾坝前；MW.D-漫湾坝下；
DCS.U-大朝山坝前；DCS.D-大朝山坝下；NZD.4-糯扎渡 4；NZD.3-糯扎渡 3；NZD.2-糯扎渡 2；
NZD.U-糯扎渡坝前；NZD.D-糯扎渡坝下；JH.2-景洪 2；JH.U-景洪坝前；JH.D-景洪坝下；
GLB.U-橄榄坝坝前；GLB.D-橄榄坝坝下；ML-勐腊；下同

河流沉积物中的硅主要包括活性硅（RSi）和生物硅（BSi）两种。随机机械侵蚀过程使 RSi 和 BSi 进入河床沉积物中，是河流生态系统硅循环的重要组成部分。如图 8-66 所示，澜沧江的沉积物中 RSi 的浓度范围为 1.26～8.58 g/kg 干重，BSi 的浓度范围为 0.06～4.38 g/kg 干重。与澜沧江水体中的 DSi 分布特征相似，沉积物中两种形态硅均呈现沿程升高趋势，如出境（ML）断面沉积物中 RSi 含量是上游盐井（YJ）断面的 2 倍。沉积物中的 RSi 在不同水文时期存在显著差异，主要表现为枯水期较高，而 BSi 在丰枯水期间无明显差异。乌弄龙（WNL）、里底（LD）、黄登（HD）、大华桥（DHQ）建坝后，库区沉积物中 RSi 和 BSi 含量显著升高，说明建坝后硅在库区沉积物中被截留累积，"水库效应"凸显。

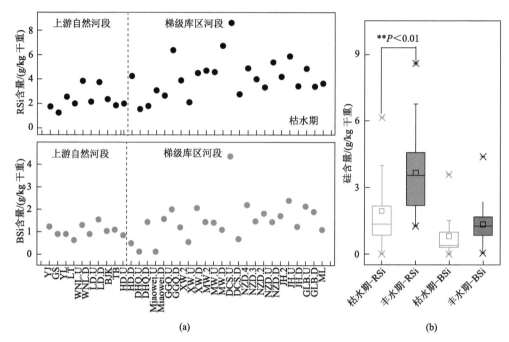

图 8-66　澜沧江丰枯水期沉积物中活性硅和生物硅的含量

基于箱式模型算法定量分析了澜沧江不同水文时期硅通量的变化特征。由图 8-67 可知，在枯水期采样当月，澜沧江 DSi 在梯级开发河段的总输入通量为 81.29 kt，总输出通量为 82.84 kt，总释放通量为 1.55 kt，释放率为 1.9%。在丰水期采样当月，澜沧江 DSi 在梯级开发河段的总输入通量为 104.40 kt，总输出通量为 94.70 kt，总截留通量为 9.70 kt，截留率为 9.30%。

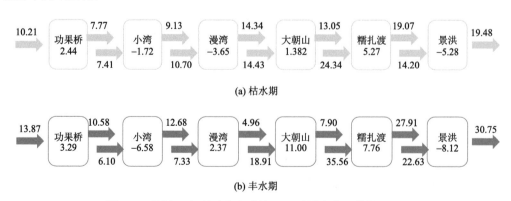

图 8-67　澜沧江丰/枯水期各水库 DSi 通量变化（单位：kt）

8.3.4　硅循环微生物的分布模式与驱动因素

1. 澜沧江硅藻的分布模式与驱动因素

硅藻是一种真核单细胞藻类，在湖泊、河流、海洋、河口和极地冰原等生境广泛分布（Raphael et al.，2002）。硅藻种类繁多、生命周期短、繁殖能力强且对环境变化敏感，可作为初级生产者直接影响食物链中较高营养等级生物的生长代谢，其生长、沉降、埋藏等过程导致硅的含量水平及赋存形态发生变化，进而影响硅的地球化学循环（Jamoneau et al.，2018）。本节介绍澜沧江硅藻的分布模式及其驱动因素的研究进展。

1）澜沧江浮游硅藻和底栖硅藻的种群多样性

α 多样性分析结果显示（图 8-68），底栖硅藻多样性在澜沧江上游自然河段显著高于梯级库区影响河段；而浮游硅藻多样性在上游自然河段（YJ—DHQ）逐渐增加，进入梯级库区后（MWei—NZD2）逐渐下降，但在下游河段（NZDBQ—ML）逐渐上升。可见，澜沧江两类硅藻 α 多样性的沿程变化存在较大差异。底栖硅藻多样性在坝前和坝下并无

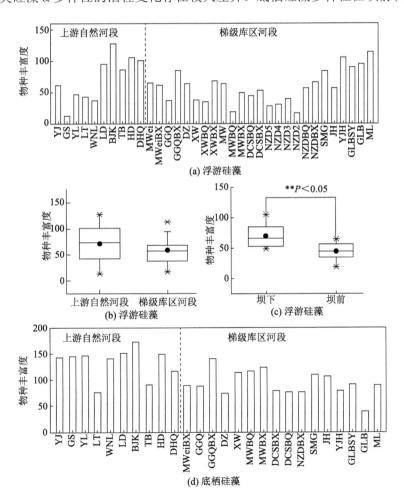

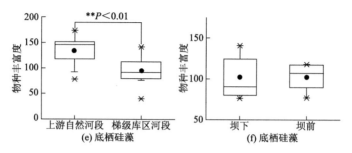

图 8-68　澜沧江浮游硅藻和底栖硅藻的 α 多样性

YJ-盐井；GS-古水；YL-云岭；LT-溜桶；WNL-乌弄龙；LD-里底；BJK-白济汛；TB-托巴；HD-黄登；DHQ-大华桥；MWei-苗尾；MWeiBX-苗尾坝下；GGQ-功果桥；GGQBX-功果桥坝下；DZ-大寨；XW-小湾；XWBQ-小湾坝前；XWBZ-小湾坝下；MW-漫湾；MWBQ-漫湾坝前；MWBX-漫湾坝下；DCSBQ-大朝山坝前；DCSBX-大朝山坝下；NZD5-糯扎渡 5；NZD4-糯扎渡 4；NZD3-糯扎渡 3；NZD2-糯扎渡 2；NZDBQ-糯扎渡坝前；NZDBX-糯扎渡坝下；SMG-思茅港；JH-景洪；YJH-允景洪；GLBSY-橄榄坝上游；GLB-橄榄坝；ML-勐腊

明显差异；对于浮游硅藻，除苗尾（MWei），其余 6 个大坝坝前的物种丰富度均低于坝下，可见建坝降低了库区水体中浮游硅藻的多样性。

　　基于布雷-柯蒂斯（Bray-Curtis）距离，利用非度量多维尺度分析（NMDS）显示浮游硅藻和底栖硅藻的群落结构差异。如图 8-69 所示，硅藻群落按照河流空间位置（上游自然河段和梯级库区影响河段）和硅藻类型（浮游硅藻和底栖硅藻）分为了四组；相似性分析（analysis of similarities，ANOSIM）显示，两类硅藻的群落结构差异显著（P<0.01），对于同一类硅藻而言，其群落结构在上游自然河段和梯级库区影响河段间存在显著差异（P<0.01）。

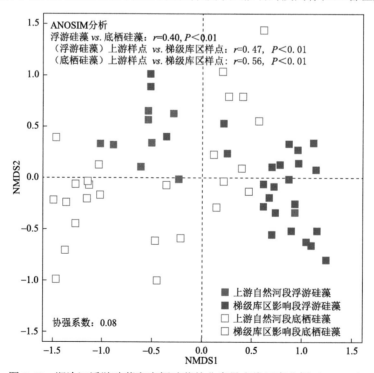

图 8-69　澜沧江浮游硅藻和底栖硅藻的非度量多维尺度分析（NMDS）

如图 8-70 所示，优势浮游硅藻主要包括肘杆藻属（*Ulnaria*）、冠盘藻属（*Stephanodiscus*）、浮生直链藻属（*Aulacoseira*）、桥弯藻属（*Cymbella*）、舟形藻属（*Navicula*）和小环藻属（*Cyclotella*）。其中，上游自然河段舟形藻属和桥弯藻属的相对丰度分别为 3.06% 和 17.4%，明显高于梯级库区影响段；而小环藻属、浮生直链藻属和冠盘藻属的相对丰度在梯级库区影响段较高。如图 8-70 所示，优势底栖硅藻主要包括链状弯壳藻属（*Achnanthidium*）、双眉藻属（*Amphora*）、桥弯藻属、舟形藻属、菱形藻属（*Nitzschia*）和双菱藻属（*Surirella*）。其中，上游自然河段舟形藻属和双菱藻属的相对丰度分别为 27.8% 和 15.1%，明显高于梯级库区影响段；而双眉藻属的相对丰度在梯级库区影响段较高。单个大坝坝前和坝下样点的优势浮游硅藻属对比结果显示，浮游硅藻的优势类群相对丰度没有显著变化（图 8-70），而优势底栖硅藻的相对丰度在坝前和坝下表现出显著差异。可见，建坝对河流中底栖硅藻的优势种属组成产生显著影响。

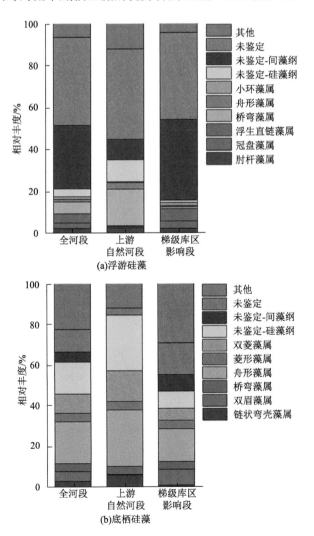

(a)浮游硅藻

(b)底栖硅藻

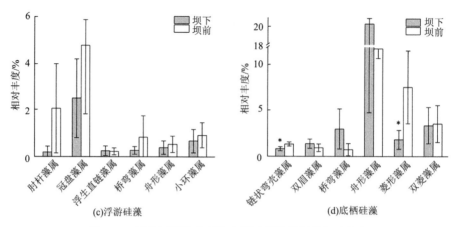

图 8-70 澜沧江浮游硅藻和底栖硅藻优势属的相对丰度

2）澜沧江浮游硅藻和底栖硅藻的网络拓扑特征

基于微生物共现网络反映微生物的种间交互关系。如表 8-2 所示，全河段浮游硅藻的共生网络在 25 个节点表现出 57 条连接，正相关占 26.3%，负相关占 73.7%；而全河段底栖硅藻的共生网络在 39 个节点中表现出 31 条连接，正相关占 77.4%，负相关占 22.6%。浮游硅藻上游自然河段网络的正相关（92.3%）比梯级库区段的（59.0%）要高，表明浮游硅藻在上游自然河段可能多为共生关系，而其在梯级库区段的竞争较为激烈。浮游硅藻网络的平均连通度和网络密度比底栖硅藻的网络高，这表明浮游硅藻网络的连接更多且复杂。两类硅藻梯级库区段网络的平均连通度、网络密度和平均聚类系数均比上游自然河段网络高，表明梯级库区段的网络较为复杂。

表 8-2 澜沧江浮游硅藻和底栖硅藻网络的关键拓扑特征

网络拓扑指标	浮游硅藻			底栖硅藻		
	全河段	上游自然河段	梯级库区段	全河段	上游自然河段	梯级库区段
节点数	25	30	25	39	56	32
连接数	57	13	39	31	23	22
正相关/%	26.3	92.3	59.0	77.4	95.7	100
负相关/%	73.7	7.70	41.0	22.6	4.30	0
平均度	7.36	0.87	3.12	1.59	0.82	1.38
平均聚类系数	0.18	0	0.15	0.20	0.29	0.54
网络密度	0.19	0.03	0.13	0.04	0.02	0.04
平均连通度	7.36	2.93	4.72	2.97	2.04	2.69
平均路径长度	2.39	1.82	2.47	2.74	1.65	2.35
模块化	0.64	0.47	0.69	0.47	0.76	0.52

3）澜沧江浮游硅藻和底栖硅藻群落的驱动因素

为探明地理和环境因素对澜沧江硅藻群落结构的影响，采用 Mantel 检验法分析了不同地化因子与硅藻群落差异性的关系。如表 8-3 所示，浮游硅藻群落的差异性均与海拔、经纬度、水温、浊度、pH、溶解氧和营养盐等地化因子显著相关，其中与水温的相关性最高（$r=0.53$）。底栖硅藻群落差异性与经度、纬度和总氮的相关系数较高，分别为 0.47、0.46 和 0.43，但与总磷、电导率和生物硅含量无显著相关性。可见，澜沧江浮游硅藻和底栖硅藻的群落结构均受地理因素和环境因素共同影响，但主导的地化因子在两类硅藻间存在差异。

表 8-3　**Mantel 检验显示澜沧江硅藻群落差异性与地化因子的关系**

地化指标	浮游硅藻		地化指标	底栖硅藻	
	r	P		r	P
海拔	0.48	0.01	海拔	0.42	0.01
经度	0.45	0.01	经度	0.47	0.01
纬度	0.49	0.01	纬度	0.46	0.01
水温	0.53	0.01	含水率	0.21	0.01
浊度	0.35	0.01	pH	0.28	0.01
pH	0.21	0.01	电导率	−0.01	0.56
溶解氧	0.29	0.01	总碳	0.12	0.04
总氮	0.46	0.01	总氮	0.43	0.01
铵态氮	0.37	0.01	总磷	0.12	0.08
硝态氮	0.13	0.02	总有机碳	0.27	0.01
总磷	0.29	0.01	硝态氮	0.21	0.01
磷酸盐	0.25	0.01	铵态氮	0.13	0.04
溶解态硅酸盐	0.21	0.01	活性硅	0.19	0.01
溶解态有机碳	0.43	0.01	生物硅	0.11	0.11

采用方差分解分析（VPA）定量分析地理距离和环境异质性对浮游硅藻和底栖硅藻群落变异的相对贡献（图 8-71）。两种作用对浮游硅藻和底栖硅藻群落差异性的解释率分别为 38.6%和 36.5%，未解释率分别为 61.4%和 63.5%。地理距离分别解释了浮游硅藻和底栖硅藻群落差异性的 16.7%和 29.8%，高于环境异质性的影响。可见，扩散限制对

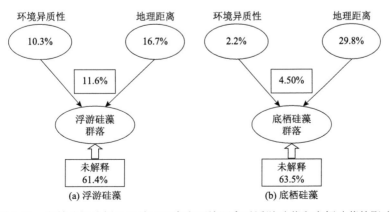

图 8-71　方差分解分析显示地理距离和环境距离对浮游硅藻和底栖硅藻的影响

两类硅藻群落差异性的贡献较大。相比浮游硅藻，底栖硅藻的地理距离解释率更高，说明底栖硅藻比浮游硅藻更易受扩散限制的影响。

2. 澜沧江硅酸盐细菌的分布模式与驱动因子

硅酸盐细菌是一类重要的硅循环功能微生物，能对硅酸盐矿物进行生物风化，释放出可供生物吸收利用的溶解态硅，在硅的生物地球化学循环中发挥重要作用（谷付旗等，2013）。硅酸盐细菌的种群、数量、分布与其所在生境的pH、温度、泥沙粒径等环境要素密切相关。大坝调蓄引起的水环境变化会直接影响硅酸盐细菌的丰度、种群结构和功能，是硅循环应对径流变化的重要生物调控机制之一。本节介绍澜沧江硅酸盐细菌的分布模式及驱动因子的研究结果。

1）澜沧江硅酸盐细菌的多样性

利用高通量测序技术获得澜沧江水体和沉积物中的细菌群落数据集，并根据已有文献在属水平注释挑选出硅酸盐细菌，分析了澜沧江硅酸盐细菌α多样性指数物种丰富度的沿程变化。如图8-72所示，浮游硅酸盐细菌的α多样性在上游自然河段（YJ—DHQ）明显高于下游梯级库区河段（MWei.A—ML）；浮游硅酸盐细菌的α多样性在上游自然河段表现出逐步下降的趋势，在苗尾（MWei）、功果桥（GGQ）、小湾（XW）

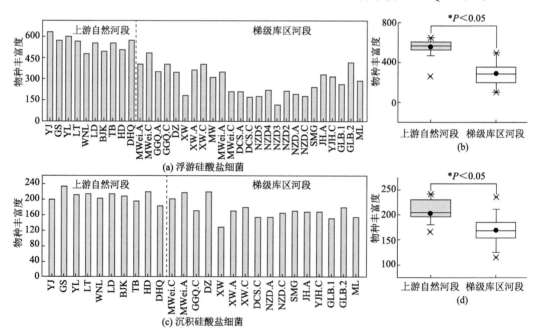

图8-72 澜沧江浮游硅酸盐细菌和沉积硅酸盐细菌的α多样性

YJ：盐井；GS：古水，YL：云岭，LT：溜桶，WNL：乌弄龙，LD：里底，BJK：白济汛，TB：托巴，HD：黄登，DHQ：大华桥，MWei.A：苗尾坝前，MWei.C：苗尾坝下，GGQ.A：功果桥坝前，GGQ.C：功果桥坝下，DZ：大寨，XW：小湾，XW.A：小湾坝前，XW.C：小湾坝下，MW：漫湾，MW.A：漫湾坝前，MW.C：漫湾坝下，DCS.A：大朝山坝前，DCS.C：大朝山坝下，NZD5：糯扎渡5，NZD4：糯扎渡4，NZD3：糯扎渡3，NZD2：糯扎渡2，NZD.A：糯扎渡坝前，NZD.C：糯扎渡坝下，SMG：思茅港，JH.A：景洪坝前，JH.C：景洪坝下，GLB.1：橄榄坝，1GLB.2：橄榄坝，2ML：勐腊

水电站的坝前低于坝下，而漫湾（MW）水电站的坝前高于坝下。沉积物中硅酸盐细菌的 α 多样性表现出沿程下降的趋势，除功果桥（GGQ）外，其余水电站的坝下均比坝前要高。

如图 8-73 所示，浮游硅酸盐细菌按照空间位置分为两组，ANOSIM 检验显示，上游自然河段和梯级库区河段的硅酸盐细菌群落差异显著（$r=0.60$，$P<0.01$）。沉积硅酸盐细菌群落在不同河段之间也存在显著差异（$r=0.62$，$P<0.01$）。

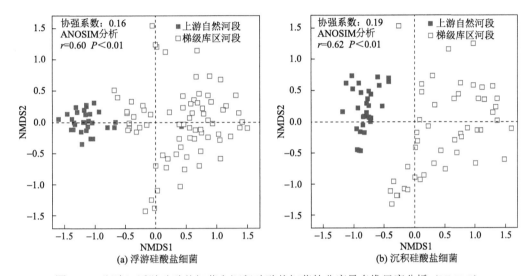

图 8-73　澜沧江浮游硅酸盐细菌和沉积硅酸盐细菌的非度量多维尺度分析（NMDS）

2）硅酸盐细菌的网络拓扑特征

在浮游硅酸盐细菌的网络中，80% 以上的节点属于土壤杆菌属（*Agrobacterium*）、不动杆菌属（*Acinetobacter*）、黄杆菌属（*Flavobacterium*）、假单胞菌属（*Pseudomonas*）、节杆菌属（*Arthrobacter*）、副球菌属（*Paracoccus*）和芽孢杆菌属（*Bacillus*）。其中，坝下网络的黄杆菌属和假单胞菌属所占比例高于坝前，而坝下的不动杆菌属低于坝前。在沉积硅酸盐细菌的网络中，80% 以上的节点属于不动杆菌属、黄杆菌属、芽孢杆菌属、硫杆菌属（*Thiobacillus*）和土壤杆菌属，其中坝下的不动杆菌属和芽孢杆菌属所占比例高于坝前，梭状芽胞菌属在坝前网络中更为丰富（图 8-74）。可见，水电开发对河流硅酸盐细菌的种间互作关系具有潜在影响。

3）硅酸盐细菌群落差异的驱动因素

典范对应分析（CCA）通常用来描述各种因素对微生物群落结构的影响。图 8-75 为硅酸盐细菌群落分布与地化因素的 CCA 分析，浮游硅酸盐细菌的 CCA1 轴解释率为 29.3%，CCA2 轴解释率为 9.64%，浊度、溶解氧（DO）、海拔和 DOC 是上游样点与其他样点显著分开的主要因素。沉积硅酸盐细菌的 CCA1 轴解释率为 18.1%，CCA2 轴解释率为 11.8%，海拔、pH、总碳（TC）是上游样点与其他样点分离的主要地化指标。两类硅酸盐细菌分区明显，上下游各自聚集，其分布模式受空间因素和环境因素共同影响。

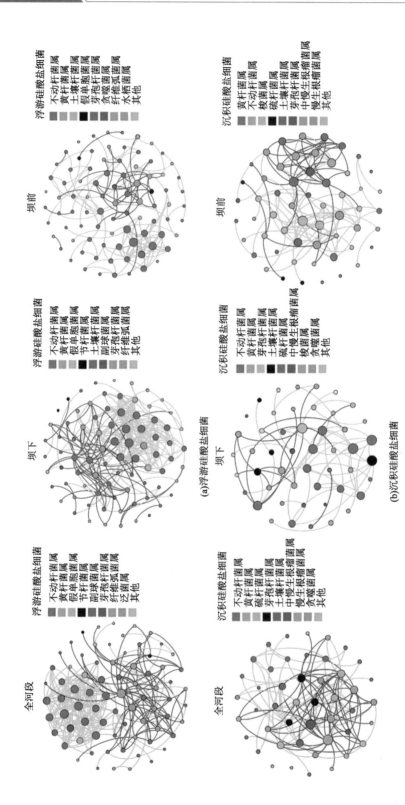

图 8-74 澜沧江浮游硅酸盐细菌和沉积硅酸盐细菌的共现网络

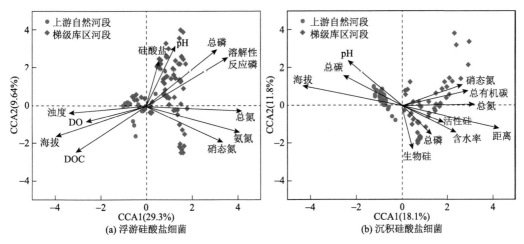

图 8-75　澜沧江浮游硅酸盐细菌和沉积硅酸盐细菌群落组成的影响因素

8.4　深大水库氮、磷、硫的生物地球化学循环

为应对全球能源需求和气候变化，世界各国大力优化能源结构，推进水电开发。目前，全球已建成 50000 余座大型大坝和百万余座的中小型水库，并仍有大量大坝正在建设或规划设计中。水电开发改变了河流原有的物理、化学和生物学特性，对河流中磷、氮、硫输送及循环过程产生潜在影响和揭示水电梯级开发的生态环境效应具有重要意义。

8.4.1　深大水库氮、磷、硫的空间分布特征

1. 深大水库氮的空间分布特征

氮是重要的生源物质之一，不但关系着人类粮食的供给，而且与地表环境和生态热点问题密切相关。20 世纪以来，为了满足日益增长的粮食需求和工业发展，大量氮素排放到环境介质中。河流是连接陆地和海洋生态系统的重要组成部分，每年向海洋输送的氮量约为 35 Tg，约占全球氮肥总产量的 40.6%（Chen et al.，2020）。对河流氮循环进行研究不仅有利于氮污染控制，还对维持生态系统平衡与稳定具有重要作用。目前，河流氮循环已成为国内外研究的一个热点。受梯级水库影响，水体和沉积物总氮沿程总体上呈现逐渐上升趋势，这是因为汇入上游河道及各级水库的有机氮经矿化分解等转化过程产生溶解性无机氮，随水流"越过"电站大坝，在下游水库产生累积。有机氮矿化分解产生的氨氮在坝前水体无机氮中的比重明显高于上游河道及库区（图 8-76）。

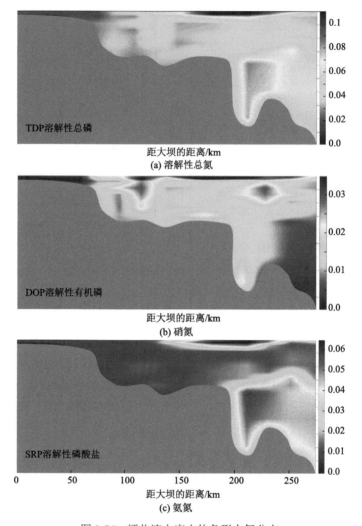

图 8-76　糯扎渡水库水体各形态氮分布

　　河流氮素循环过程主要包括以各种自养微生物或异养微生物为媒介的固氮、氨化、硝化、反硝化和厌氧氨氧化等氧化还原过程。在河流、湖库、河口海洋等水体中,环境界面是研究重点,表层沉积物被认为是脱氮的关键功能区。沉积物硝化、反硝化和厌氧氨氧化潜力实验表明,与反硝化潜力相比,水库沉积物硝化和厌氧氨氧化潜力较弱(图 8-77)。糯扎渡水库沉积物硝化和厌氧氨氧化潜力最高分别仅为 0.15 μmol/(kg·h) 和 0.62 μmol/(kg·h);而反硝化潜力最高可达 10.9 μmol/(kg·h),三者潜力最高值均出现在水库库中位置。硝化作用是在好氧条件下氨氮通过亚硝酸根最终转化成硝酸盐的过程,反硝化作用是在厌氧条件下将硝酸盐转化成氮气的过程,而厌氧氨氧化是在厌氧环境下将氨氮直接转化为氮气的过程。深水水库库底沉积物往往处于厌氧状态,促进了反硝化过程的进行,而较弱硝化过程也是引起各库氨氮积累的主要原因之一。该发现可能颠覆以前对河流建坝的氮磷营养盐输送通量及水生态效应的常规认知，对支撑跨境河流可持续开发、澜湄合作等地缘政治关系具有重要意义。

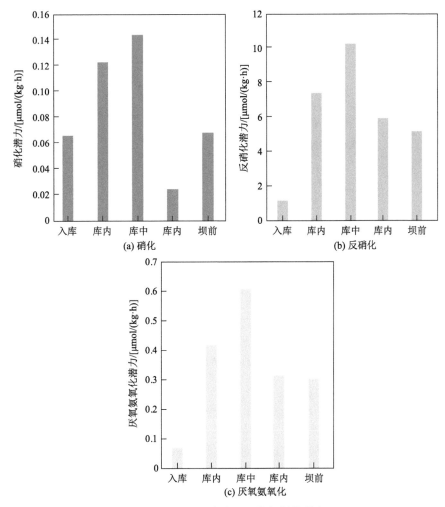

图 8-77　糯扎渡水库沉积物氮转化潜力

通过多点位调查，揭示了澜沧江沿程氧化亚氮释放空间特征。总体上，梯级水库 N_2O 排放通量自上游起呈沿程递增趋势；沿程氮素输入和温度上升是导致 N_2O 释放通量沿程递增的原因。但与世界同级别水库相比，澜沧江氮温室气体排放通量远低于世界平均水平。下游水库 N_2O 释放通量明显高于上游河道，并沿着水流方向呈现递增趋势[图 8-78（a）]。而未进行水电开发的怒江并未表现出递增趋势[图 8-78（b）]。在单库中氧化亚氮释放也存在空间异质性，库尾释放水平较低，库中至坝前区域释放较高但无明显差异[图 8-78（c）]。

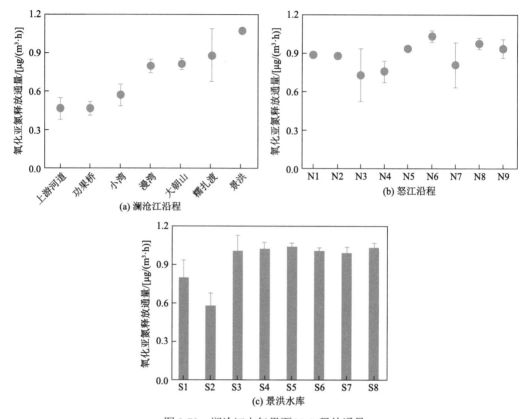

图 8-78 澜沧江水气界面 N_2O 释放通量

2. 深大水库磷的空间分布特征

对澜沧江深大水库糯扎渡水库水体中磷形态、含量进行调研[图 8-79（a）]，从水体溶解态磷含量分布来看，梯级水库运行对河流溶解态磷输移没有明显的滞留效应。糯扎渡溶解态磷含量变化表现出波动增加的趋势。这是糯扎渡库区距离较长，弯道较多，水流的凹岸侵蚀作用较强，且沿岸森林和农田底质的水土流失作用导致的。

基于完整泥柱静态释放实验，分析了澜沧江重点库区沉积物-水界面溶解性磷酸盐的表观释放通量[图 8-79（b）]。结果表明，沿河流纵向梯度，沉积物-水界面溶解性磷酸盐释放通量呈现先增大后降低的趋势，其中漫湾水库水土界面磷酸盐通量最大，而上游河流区释放通量为–0.41 mg/（$m^2·d$）（负值代表磷酸盐从水体向沉积物矢量向下迁移，反之亦然）。这可能与漫湾电站是澜沧江流域第一个建成的水库密切相关，初级水库拦截了大量悬浮物和泥沙，使得漫湾库区上游生成的部分颗粒态磷及溶解态活性磷被迁移至库区沉积物中，当界面物化条件发生改变时，沉积物溶解态活性磷会从沉积物中释放到上覆水体中。此外，漫湾建坝以来，坝前高程降低了近 50m，说明大坝对泥沙的捕获截留作用可能会增加库区水土界面溶解态磷酸盐向上覆水体的释放通量，为溶解态磷酸盐向大坝下游输送提供可能。

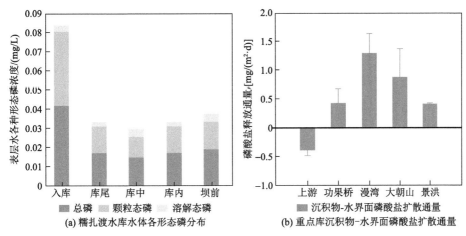

(a) 糯扎渡水库水体各形态磷分布　　(b) 重点库沉积物-水界面磷酸盐扩散通量

图 8-79　澜沧江水库磷分布特征

从糯扎渡水库水体各种形态磷垂向分布热图可以看出，水库生态系统也可将上游输入溶解态无机磷固定于浮游生物中，通过生物输移的方式进行溶解态磷向水库下游的输移（图 8-80）。通过全球建坝对河流磷滞留的估算研究，到 2030 年约有 17%的全球河流总磷负荷被固持在沉积物中，其中较大滞留作用最可能发生在长江、湄公河和亚马孙河等流域（Maavara et al.，2015）。然而，本结果与该文献报道不一致。这种分歧可能归因于水库滞留沉积了大量泥沙，越往下游的水库泥沙分选越细，比表面积较大的细沙在更长距离的输移过程中从水体吸附了大量活性溶解态磷。其次，从河流区向深水湖泊区过渡过程中，水体从好氧向缺氧条件转变，埋藏的生源物质经过再生过程、微生物内循环和沉积物-水界面营养盐交换过程实现了向下游的输送。此外，尽管水库对磷存在滞留作用，但流域人类活动产生外源活性磷的输入；水库生态系统可将上游输入的 2%～7%溶解态无机氮和 13%～42%的溶解态无机磷固定于浮游生物中，通过生物输移的方式进行溶解态磷向水库下游的输移。

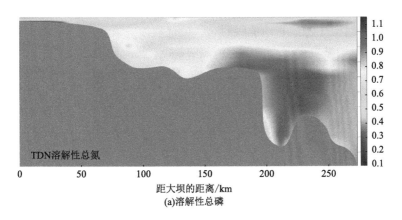

(a)溶解性总磷

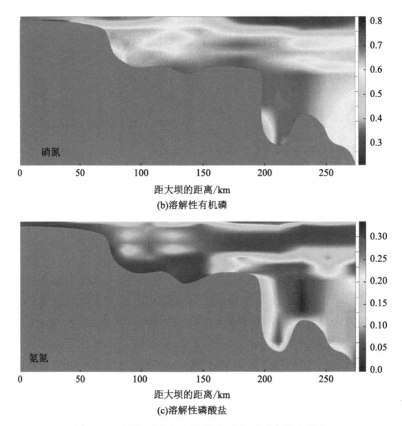

图 8-80　糯扎渡水库水体各种形态磷垂向分布特征

水库的修建影响了河流的泥沙输移、流量、水温、溶解氧、营养盐、河道功能、水位和盐度等一系列环境因素。泥沙输送是河流生态系统的一项重要功能，筑坝将人为改变河流冲淤演变和泥沙输移的自然规律。研究表明，水利工程的建设是导致河流水沙减少的主要因素，报道指出世界范围内超过 80% 的沉积物将被水库拦截（Maavara et al.，2020）。沉积物通过对生源要素磷的吸附与释放行为影响磷的生物地球化学过程。首先，沉积物在控制水库磷循环过程中既能扮演源的功能，又能充当汇的角色。源-汇转化过程与铁、硫和铝的氧化还原循环密切相关，决定了磷的释放与吸收。研究湖库磷的赋存形态是定量评价磷的生物可利用性、潜在的磷负荷，以及水生生态系统磷的生物地球化学循环过程的有效方法。

通过沉积物磷形态分级提取方法，定量分析了沉积物中松散态磷（LS-P）、铝磷（Al-P）、铁磷（Fe-P）、有机磷（OP）、钙磷（Ca-P）和残渣态磷（Res-P）含量，同时探究了磷在河流中的再分布规律。结果表明，从沉积物磷的赋存形态来看，沉积物磷形态由主要以钙磷为主向以铁磷和有机磷为主转变（图 8-81）。一般而言，沉积物中松散态磷、铁磷和有机磷的总和常被用来评价沉积物生物可利用性磷（BAP）的潜力，沉积物中 BAP 占比沿河流方向从 18% 增加到 64%，说明向下游输出的沉积物活性磷在逐渐增加。

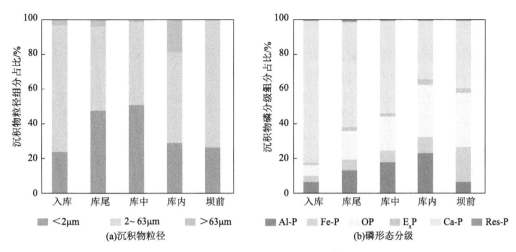

(a)沉积物粒径　　　　　　　　　　(b)磷形态分级

图 8-81　糯扎渡水库沉积物分布特征

20 世纪 40 年代研究发现，沉积物中磷的释放受到铁氧化还原的影响，沉积物中的总铁含量和总磷含量呈显著正相关,而湖泊上覆水总磷浓度与沉积物中 Fe∶P 呈负相关。当处于还原状态时，铁结合态磷或 Fe∶P 降低，将不利于控制内源磷；当处于氧化状态时，铁氧化物将会吸附水柱中或间隙水中的磷，形成磷铁化合物存在于沉积物中。进一步分析了糯扎渡沉积物铁形态、含量及空间分布特征（图 8-82），结果表明，糯扎渡水库沉积物总铁含量沿水流方向逐渐升高，其中以残渣结合态铁为主。值得注意的是，沉积物中还原态铁和氧化态铁的含量沿程逐渐增加，这解释了沉积物中铁磷和有机磷含量逐渐递增的内在原因。

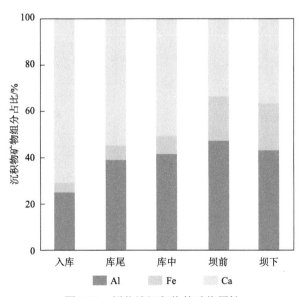

图 8-82　糯扎渡沉积物的矿物属性

3. 深大水库硫的空间分布特征

小湾水库地处亚热带的云贵高原，其微生物群落结构具有特殊性，且空间分布也有差异，与硫元素转化相关的功能微生物的种类、活跃水平与代谢途径等也会发生变化，但关于此方面的研究还较为薄弱。因此，小湾水库微生物群落空间分布特征和功能微生物的鉴定、分离及其对硫元素的转化机理值得深入研究。

溶解硫主要以硫酸盐和硫化物的形式存在，澜沧江干流全水体的硫酸盐浓度相对稳定，上游硫酸盐含量在 $50.0\sim52.3$ mg/L，而黑惠河支流显著较低，支流硫酸盐的人为输入相对较低。观察到硫化物浓度在采样点的地表水中有明显变化，范围在 $3.6\times10^{-3}\sim318.6\times10^{-3}$ mg/L。硫化物易受氧化还原条件的影响，大坝可能会影响河流的氧化还原条件，导致硫化物在水体中分布不平衡。

不同采样点的硫组分含量在垂直剖面上显示出明显变化。如图 8-83 所示，硫酸盐基本在垂直水轮廓上保持恒定（$51.0\sim41.3$ mg/L），但当深度超过 80 m 后，其浓度陡然下降，在 110 m 深度下降到 9.6 mg/L；NH1 剖面中硫酸盐浓度在 10 m 处最初下降到最小值 26.3 mg/L，然后在 20 m 以下增加并保持稳定。深度厌氧条件以及硫酸盐供应可导致 SRP 产生硫化物。亚硫酸盐浓度普遍较低，仅在浅水区可被检测到。

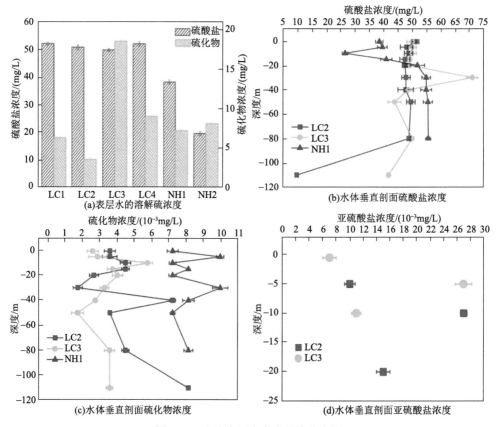

图 8-83　小湾库区水中硫种类分布图

　　图 8-84 显示了沉积物中硫酸盐的分布。沉积物中仅一个点发现了高浓度的硫酸盐（37.9～124.3 mg/L），这可能是周围水域网箱养殖排放的废水所致。大多数表层沉积物中的 AVS 百分比低于 15%，表层沉积物中一定比例的 AVS 表明，在厌氧条件下，沉积物-水边界发生了硫酸盐还原。RIS 组分的分布因每个采样点的垂直沉积物剖面而异，沉积物中的 RIS 随着深度的增加而趋于化学稳定。

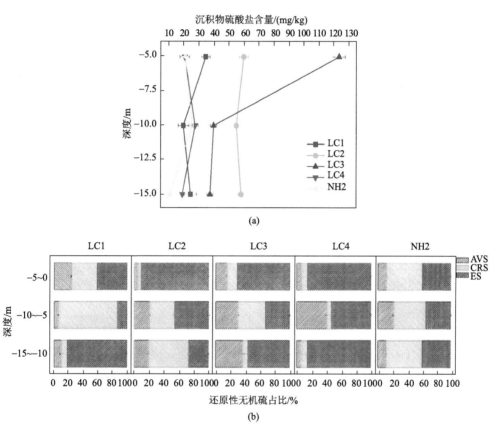

图 8-84　小湾库区垂向沉积物剖面中硫酸盐和还原性无机硫含量

AVS：酸可挥发硫化物；CRS：铬（II）-还原性硫化物；ES：单质硫

　　地表水硫酸盐 δ^{34}S 在 2.6‰～7.5‰范围内（图 8-85），黑惠河支流地表水中的 δ^{34}S 大于澜沧江干流。δ^{34}S 的范围更窄，表示小湾库区水库建设后，河流水力停留时间的增加和生源物质生物可利用率的提高，促进了浮游植物的生长。浮游植物丰度与水库水力停留时间之间存在着正相关关系，验证了大型水库可以提升建坝河流的初级生产力。

　　硫酸盐的来源单一。考虑河流和雨水中的 δ^{34}S 相似，推测小湾水库区的硫酸盐可能来自大气降水。在地表水中 δ^{34}S 值最高，然后在 50 m 深处降到最低值。之后，δ^{34}S 值随水深度增加。

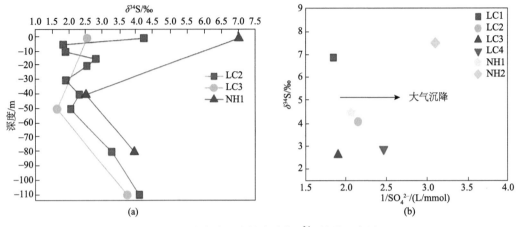

图 8-85　小湾库区水体硫酸盐 δ^{34}S 的地理变异

水库中其他理化参数的分析结果显示，总有机碳、Chl-a 和 COD$_{Mn}$ 在 LC2 地表水处存在峰值，在垂直剖面上，溶解氧、总有机碳和 Chl-a 随深度呈逐渐下降趋势，ORP 呈上升趋势。pH 和总磷在不同深度上基本保持不变，而 NO$_3^-$-N 和 NH$_4^+$-N 在不同深度上波动较大。从空间分布来看，小湾库区上游硫酸盐浓度最高，向下游逐渐降低，表明小湾库区内硫酸盐来源主要为上游硫化物矿物的氧化，支流黑惠江库区整体硫酸盐浓度低于小湾库区，可能受到水库调节方式、水体滞留时间不同，水库内部生物活动等多种因素共同影响（图 8-86）。总体上，水库表层的溶解氧含量高，有机质容易耗氧被分解，而

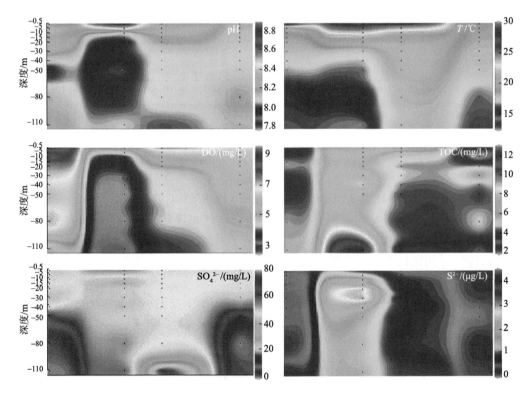

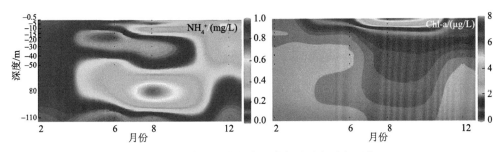

图 8-86　澜沧江小湾水库环境变量时空动态研究

底部溶解氧低，硫酸盐则容易被还原。水库表层水中硫酸盐浓度的差异主要受输入水体的控制，垂直方向上的差异可能是硫转化功能微生物的作用，如硫酸盐的还原作用引起。

溶解氧含量随水的深度增加呈下降趋势。随着水深增加，水温逐渐下降，夏季示数高于冬季（t 检验，$P<0.05$）。夏季分层过程中，地表水的温度和溶解氧浓度明显高于深水。该水库在深度和时间上的地球化学变化较大，类似于某些峡谷型水库和河流，水库中各种营养物质和光热条件的变化造成生物地球化学过程存在差别。有研究表明，环境异质性可能会对本地微生物群落施加栖息地过滤，导致系统发育聚类，最终导致硫生物地球化学循环在水库不同区域表现各异，使得不同形态的硫元素在不同采样地点和同一地点不同时间上存在分布差异。

8.4.2　深大水库氮、磷、硫的生物地球化学循环机制

1. 深大水库氮、磷生物地球化学循环机制

水库建设后，水流变缓，泥沙携带有机质沉降淤积。下游水库中沉积物总氮（TN）和总有机碳（TOC）含量均高于上游河道[图 8-87（a）]。泥沙沉降过程中，粗颗粒泥沙易于沉降，而细颗粒泥沙随水流运移较远[图 8-87（b）]。因此，下游水库泥沙平均粒径小于上游河道，单库中泥沙粒径从库尾到坝前也表现出逐渐降低的规律[图 8-87（d）]。细颗粒泥沙携带有机质较粗颗粒泥沙丰富。因此，单库中沉积物总氮和有机碳表现出从库尾到坝前逐渐增加趋势[图 8-87（c）]。

沉积物总氮和有机碳富集为反硝化提供丰富的底物和碳源，从而促进反硝化产生氧化亚氮。因此，下游水库沉积物反硝化相关的功能基因（*nirS*，亚硝酸还原酶基因；*nosZ*，氧化亚氮还原酶基）丰度高于上游河道（图 8-88），沉积物反硝化速率沿着水流方向呈现递增趋势。在单库中，沉积物中与反硝化相关的功能基因丰度和反硝化速率空间特征与沉积物总氮、有机碳空间特征表现一致，即从库尾到坝前先上升后下降（图 8-89）。

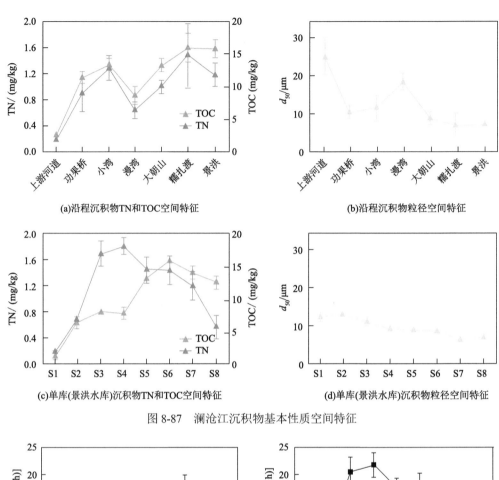

(a)沿程沉积物TN和TOC空间特征

(b)沿程沉积物粒径空间特征

(c)单库(景洪水库)沉积物TN和TOC空间特征

(d)单库(景洪水库)沉积物粒径空间特征

图 8-87 澜沧江沉积物基本性质空间特征

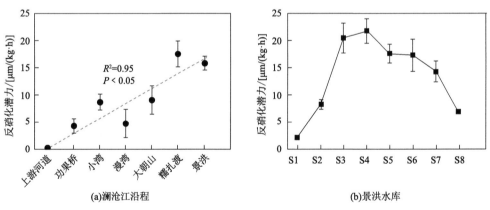

(a)澜沧江沿程

(b)景洪水库

图 8-88 澜沧江沉积物反硝化潜力空间分布

总铁、交换态铁、还原态铁、氧化态铁、残渣态铁以及活性铁均与铁结合磷含量显著正相关，表明沉积物中铁的氧化还原过程主导磷的释放与迁移过程（图 8-90）。此外，根据沉积物 Fe：P 为 15 可以作为判断沉积物磷释放是否显著的标准，进一步分析了沉积物磷释放的空间变化规律。结果表明，澜沧江中下游云南段干流沉积物中 Fe：P 均大于 15，且自上而下呈逐渐增大的趋势，表明沉积物中磷的释放除受控于铁含量及形态外，

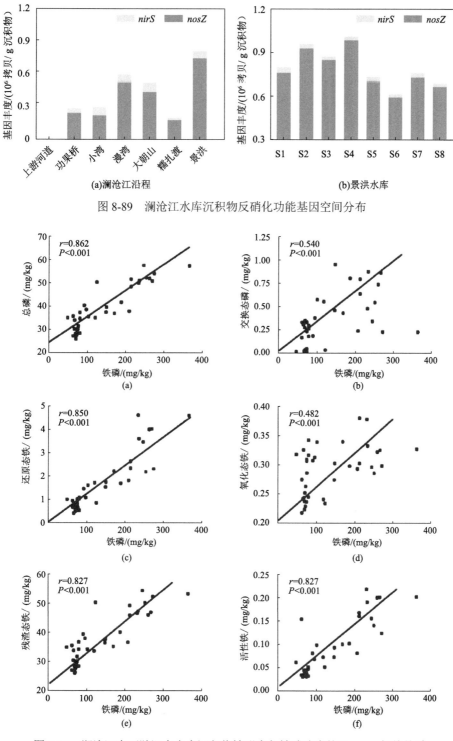

图 8-89　澜沧江水库沉积物反硝化功能基因空间分布

图 8-90　澜沧江中下游深大水库沉积物铁形态与铁磷浓度的 Pearson 相关关系

图中显著相关性水平选取 $P<0.01$ 和 $P<0.001$

可能还受到水库氧化还原条件、溶解氧、温度水平及 pH 等环境因子的控制，特别是浅水急流的河相向深水缓流的湖相的过渡区水环境变化的控制。沉积物中活性磷的释放潜力进一步支撑了澜沧江梯级水库增加了向下游湄公河输出活性磷的结论，且该过程受控于沉积物中铁的氧化还原循环过程。

此前关于河流生源要素物质生物地球化学循环的研究往往只关注氮、磷营养盐的流域输入和输出，而轻视了河流输送过程中氮、磷营养盐的垂向迁移转化过程。河流生源物质迁移转化过程造成的潜在的不利影响往往被人们忽视。因此，要阐明大坝对河流磷迁移转化及再分布过程的影响机制及关键驱动因子，不能仅依靠生源物质的进出质量平衡来进行模型估算，应把磷在河流关键微界面的垂向迁移转化过程耦合到纵向迁移过程中来。

为了进一步明晰梯级水库运行下溶解态磷酸盐在深水大库的沉积物-水界面溶解态磷酸盐迁移及再生规律，借助薄膜扩散梯度技术进一步研究了沉积物向间隙水和上覆水补给溶解态活性磷的再生能力。如图 8-91 所示，上游河流区及功果桥库区沉积物-水界面有效态磷的浓度显著低于漫湾、大朝山和允景洪水库。相反，界面处有效态磷的离子扩散层厚度却显著大于后者，表明上游河流区及功果桥库区沉积物中有效态磷向上覆水释放的潜力低于后者。总体而言，从表层 3cm 沉积物有效态磷的离子势能估算沉积物-水界面磷的释放通量，结果是漫湾>大朝山>允景洪>功果桥>上游河流区，该结果印证了完整泥柱磷酸盐释放通量。其次，为了揭示沉积物磷酸盐释放通量大小的驱动机制，定量计算了重点库区沉积物溶解态磷酸盐从沉积物向间隙水的补给潜力，结果表明，允景洪>大朝山>漫湾>功果桥。

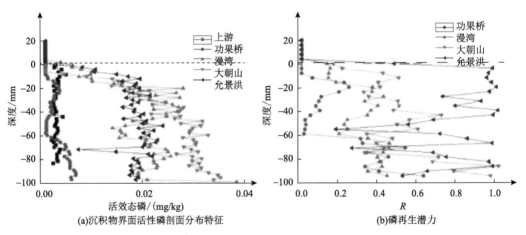

图 8-91　澜沧江水库沉积物-水界面剖面活性磷分布特征与磷再生潜力

研究数据显示，沉积物有效态的再生潜力变化较好地佐证了澜沧江中下游梯级水库沉积物磷酸盐向水体的迁移能力大于上游河流区。有效态磷和铁的相关性分析表明，除了上游河流区，沉积物剖面中的有效态磷和铁均出现同步释放现象（表 8-4），表明在深水大库底层的沉积物处于缺氧环境，钙结合磷被还原后与铁结合形成了铁结合磷。

表 8-4　澜沧江中下游库区沉积物间隙水中活性磷和活性铁 Pearson 相关关系分析

变量	地点	r	P
活性磷 vs. 活性铁	上游	0.000	0.998
	功果桥	0.956[***]	<0.001
	漫湾	0.794[***]	<0.001
	大朝山	0.959[***]	<0.001
	允景洪	0.498[***]	<0.001

***代表显著性水平为 $P<0.001$；无星号代表不显著（$P>0.05$）。

　　基于河流尺度，初步揭示了澜沧江中下游梯级水库对河流磷沉积、活化及再分布的影响过程及其机制。多断面同步观测表明，梯级水库对河流纵向沿程水体总磷有明显的滞留作用，这与水库水力调节周期相互关系较弱，但与多级水库的沿程分布位置密切相关。水库运行分选调控不同粒级有机颗粒物的河流沿程分布，促进富磷有机细颗粒物在河相-湖相过渡区内沉降淤积，提高过渡区内氧化还原敏感含铁矿物活化释放潜力；该联合作用增强了磷铁耦合同步循环过程，提升了河相-湖相过渡区溶解态磷的再生能力，增加了沉积物内源磷通过河流关键微界面向上覆水体的释放通量。因此，澜沧江多级水库对河流磷的滞留作用将不会降低活性磷向下游湄公河流域的输送通量，该发现的后续深入研究将可能有效打破近年来湄公河流域相关国家与组织关于澜沧江水电基地化建设严重影响了湄公河营养盐的输入及渔业资源量的质疑。

　　水库的建设引发了一系列的物理变化和化学变化，导致下游生源物质的生物有效性增加。这些变化包括水力停留时间延长而导致的浮游植物密度增加、有机质沉降、沉积物持续缺氧、沉积物中可溶性活性磷释放等，最终增加了大坝下泄水中这些生源物质向下游的输送（图 8-92）。前人的研究报告表明，许多新建的水库经历了陆地土壤淹没后，释放的生源物质激增（"营养激增"）。而湄公河流域的上游只有少量的土壤和岩石，蓄水后能释放的生源物质有限。因此，将水库中生物有效生源物质的增加归因于水电站大坝改变了其生物地球化学循环。该发现可能颠覆以前对河流建坝的氮磷营养盐输送通量及水生态效应的常规认知，对支撑跨境河流可持续开发、澜湄合作等地缘政治关系具有重要意义。

　　潜流带是河流地表水与地下水动态交互混合的过渡地带，动态交换频繁，物质循环活跃，是河流中颗粒物和溶质交换、新陈代谢与储存的主要场所，被誉为河流"肝脏"，在维持河流生态系统平衡与稳定过程中发挥着不可或缺的作用。河流地表水和地下水所处环境迥异，潜流带物化性质往往呈现显著的空间梯度差异，推动生物地球化学反应进行。水库发电导致的频繁水位波动，会引起库区洲滩内部潜流交换活跃，其反硝化作用的空间特征和影响机制可能与天然河道、湖泊的潜流区存在差异。探究水库运行条件下，库区洲滩反硝化作用的空间特征及其影响机制，对揭示径流变化下氮循环响应具有重要意义。

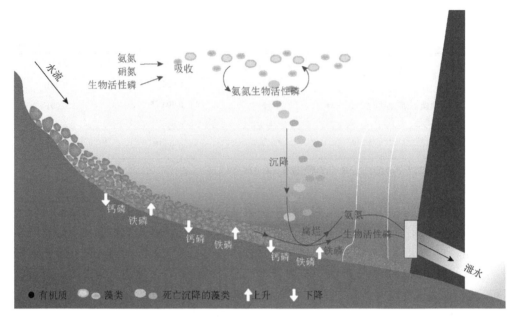

图 8-92　水库中氮磷转化及其环境生态效应概念模型

在漫湾水库开展的水土界面的氮转化过程在线监测中发现，由于发电需求的变化，漫湾水库水位波动频繁。利用反傅里叶分析表明，水库水位波动具有周期性，主要周期为 7～8d。在水位周期性波动下，洲滩处于"淹没—落干"周期性交替状态（Shi et al.，2020）。洲滩不同区域受"淹没—落干"频率不同：洲滩岸边带受"淹没—落干"频率最高，近岸带次之，洲滩中心区域最低。对比而言，在未建库自然河流中，受雪山融水和大气降水补给影响，河流水位波动通常呈现季节性变化，变化周期为 365d（图 8-93）。岸边带潜流带纵深往往仅为几米。

洲滩岸边带在淹水时处于厌氧状态，落水后转入好氧状态，厌氧-好氧交替的环境会驱动硝化-反硝化耦合反应持续进行。水库运行下水位波动引起的周期性"淹没—落干"，导致洲滩反硝化强度存在空间差异性。"淹没—落干"频率较高的岸边带因长期处于"淹没"状态反硝化速率较低，"淹没—落干"频率较低的洲滩中心区域因长期处于"落干"状态反硝化速率最低，而在"淹没—落干"频率适度的洲滩近岸带反硝化速率最高。相应地，反硝化底物硝酸盐水平和中间产物氧化亚氮释放通量在洲滩上表现出空间异质性，即硝酸盐在反硝化相对较高的洲滩近岸带和岸边带浓度极低，在洲滩中心区相对较高；氧化亚氮释放通量在洲滩近岸带最高，岸边带次之，中心区最低[图 8-94（a）]。进一步相关性分析发现，反硝化速率与"淹没—落干"周期表现出明显负相关[图 8-94（b）]。在自然河流中，因融雪和暴雨等自然事件引发的水位波动一样可以促进岸边带反硝化作用，但季节性融雪或洪水对岸边带的反硝化促进作用非常有限，甚至长期淹没和落干周期对反硝化产生抑制效应。

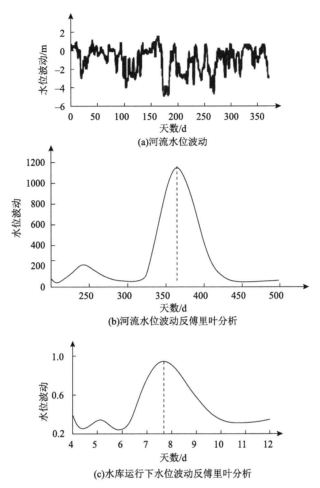

(a)河流水位波动

(b)河流水位波动反傅里叶分析

(c)水库运行下水位波动反傅里叶分析

图 8-93　水库建设前后水位波动对比分析

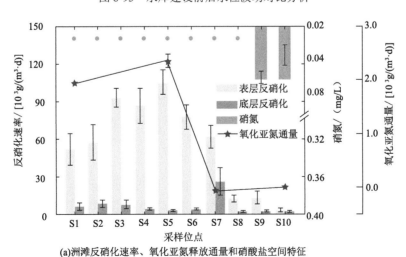

(a)洲滩反硝化速率、氧化亚氮释放通量和硝酸盐空间特征

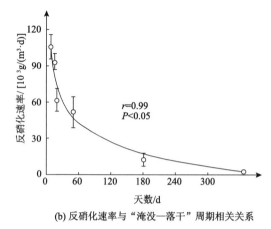

(b) 反硝化速率与"淹没—落干"周期相关关系

图 8-94 洲滩反硝化脱氮空间特征

水库建设阻隔了河流连通性，导致氮素在库内大量滞留。水库运行下水位波动增强了水陆交错带反硝化作用，促进了水库脱氮（图 8-95），为实现利用水库运行方式调控河流脱氮、控制富营养化水平提供了理论支撑。例如，可通过增大水库水位波动幅度，扩大洲滩近岸带和河流岸边带潜流区面积；采取工程措施降低岸边带的坡度，增大水位波动与岸边带坡面的接触面积，以扩大潜流区面积。在贫营养水库中，可采取相反的措施控制水库脱氮，促进水体初级生产力提升。

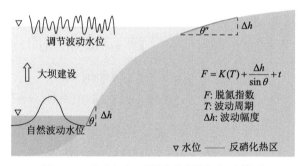

图 8-95 水库运行下洲滩强化脱氮概念模型

研究揭示了水库水位人工调控对碳、氮生物地球化学循环的定量影响及其机制，提出了以发电为目标的水库脱氮和温室气体削减等正面环境效应。

2. 深大水库硫生物地球化学循环机制

尽管 SRPs 对生态系统具有重要的生态效应，但其在澜沧江流域的多样性以及大坝建设对其分布的影响仍是未知的。以往研究表明，大坝建设和运行所引起的河道整治对河流的水文条件，如泥沙运移过程有重要影响。微生物对环境变化特别敏感，会不断分化以适应不同的条件。在此研究中，大坝上游沉积物中 SRPs 的丰度明显高于大坝下游（图 8-96）。大坝蓄水能使大坝上游一定范围的干流变成缓慢移动的水库。水位的升高以及精细颗粒的沉淀和积累，为 SRPs 的生存提供了良好的厌氧环境。回水区靠近天然河流且深度较浅，大坝建设减缓了沉积物中 SRPs 的富集。此外，大坝下游沉积物中 SRPs 组合的成分与上游存在较大差异，表明大坝的筑坝可能改变了 SRPs 组合的结构。进一步进行网络分析，以探索水和沉积物中 SRPs 与优势属之间可能的协作（图 8-97）。SRPs 与群落中许多其他细菌表现出显著的协作性，表明 SRPs 在介导硫循环时需要与其他细菌合作。

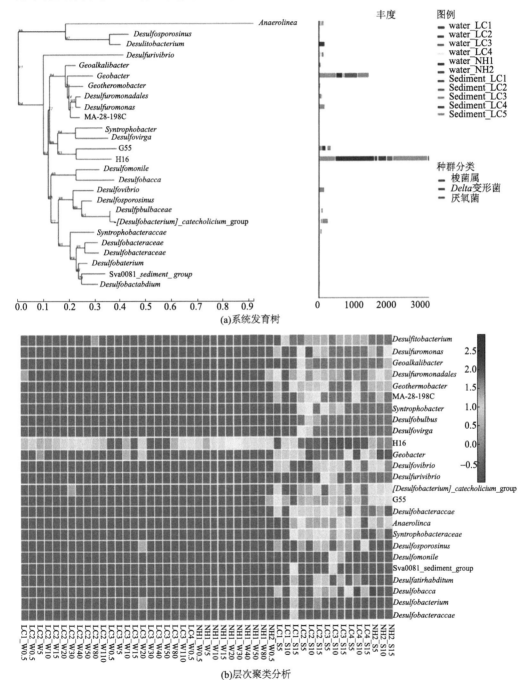

图 8-96　小湾水库水体和沉积物中硫酸盐还原原核生物组合

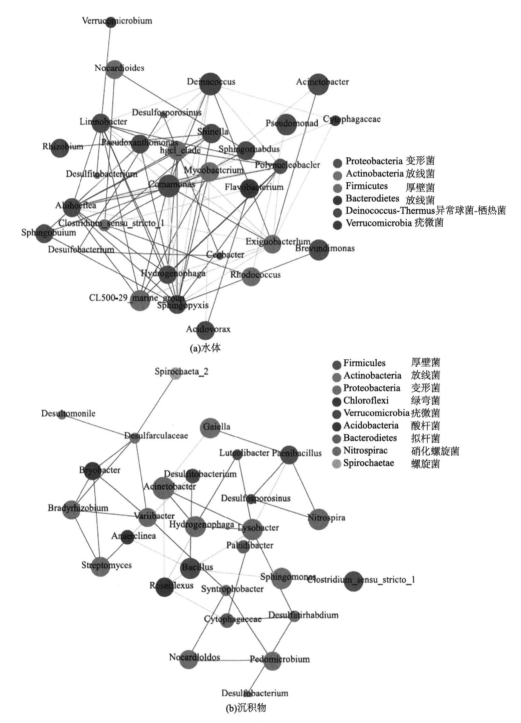

图 8-97　水体和沉积物中 SRPs 与其他优势一般物质的网络分析

符号的大小表明属的丰度，红线表示正交互作用，绿线表示负交互作用

图 8-98 显示了微生物 *dsrB* 基因在垂直水剖面中的分布。具体而言，在水下 10 m 层之前的地表水中几乎没有检测到 *dsrB* 基因，表明微生物硫酸盐还原主要发生在下水层（>10 m）。此后，*dsrB* 基因的丰度随着水深的增加而增加，在水下 40 m 以下保持稳定。此外，评估了沉积物 *dsrB* 基因丰度。*dsrB* 基因密度（$3.80 \times 10^6 \sim 3.50 \times 10^8$ copies/g 湿沉积物）与其他湖泊和河口沉积物报道的值相当。同时，五种沉积物中 *dsrB* 基因丰度不同，且随深度增加而降低。有研究证实，采样点对 *dsrB* 的密度有显著影响，其中氧和 OM 浓度是影响硫酸盐还原过程最重要的因素。

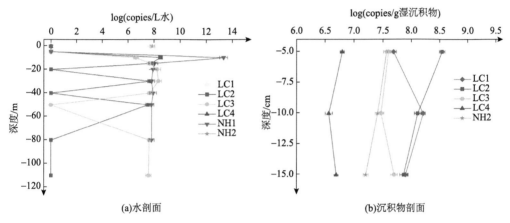

图 8-98　小湾库区垂向水剖面和沉积物剖面中 *dsrB* 的分布

相关性矩阵热图评估了 SRPs 丰度与硫物种/理化参数之间的相关性[图 8-99（a）和（b）]。统计分析显示，硫酸盐与水中的 *Desulfobacterium*、*Desulfitobacterium* 和 *Desulfosporosinus* 之间无显著相关性，可能与水中 SRPs 丰度低有关。对于沉积物，硫酸盐与一些 SRPs 之间存在显著相关性。SRPs 的活性可能受到硫酸盐浓度的影响。此外，一些金属，包括 Cu（$r= 0.577$，$P<0.05$，$n= 15$）、Fe（$r= 0.679$，$P<0.01$，$n = 15$）和 Al（$r= 0.796$，$P<0.001$，$n =15$）分别与 *Anaerolinea* 和 *Desulfitobacterium* 呈显著正相关，表明这些 SRPs 可能涉及某些金属循环。此外，镁与 *Desulfuromonadales*（$r=-0.662$，$P<0.01$，$n=15$）、*Desulfobulbaceae*（$r=-0.53$，$P<0.05$，$n=15$）、MA-28-198C（$r=-0.576$，$P<0.05$，$n=15$）和 *Geothermobacter*（$r=-0.675$，$P<0.001$，$n=15$）呈负相关，表明 SRPs 在去除重金属过程中的作用。

RDA 结果表明硫酸盐、ORP、硝酸盐和 COD_{Mn} 是水体中 SRP 的影响因素[图 8-99（c）和（d）]，SRPs 与硫酸盐浓度呈负相关。此外，水体中 SRP 的相对丰度似乎取决于高硝酸盐浓度和低氧化还原水平。硝酸盐是微生物生理活动必需的底物，也可以将 SRPs 的硫化物氧化为硫酸盐。库中较低的氧化还原电位也比正常河流更适合 SRPs 的生存。pH、硫酸盐和 OM 对沉积物中 SRPs 的分布有重要影响，硫酸盐为 SRP 提供反应底物，高硫酸盐促进 SRP 丰度。

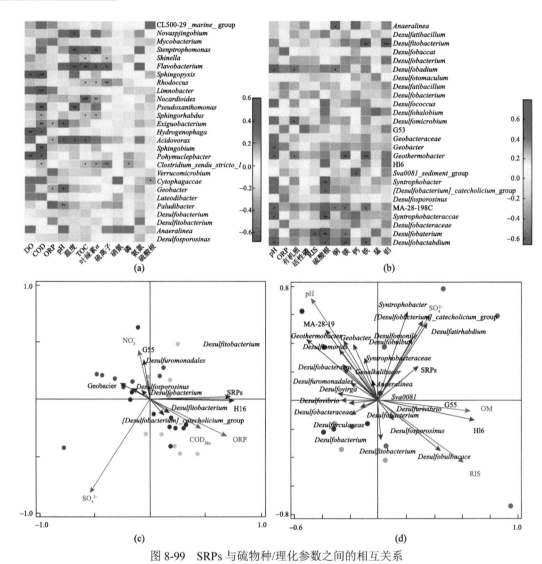

图 8-99　SRPs 与硫物种/理化参数之间的相互关系

（a）水体 Pearson 相关热图；（b）沉积物 Pearson 相关热图环境因素；（c）水体 SRPs 组合影响的冗余分析；（d）沉积物中 SRPs 组合影响的冗余分析

8.4.3　深大水库氮、磷、硫的生态效应

浮游植物群落结构与氮、磷等营养元素密切相关。水体营养结构失调，浮游植物群落结构变异或生物量降低，水生态系统食物链受损，进而影响水生态系统平衡与稳定。水体氮磷比往往被用来衡量藻类能否正常生长。澜沧江梯级水库浮游植物群落具有明显空间差异性（图 8-100）。小湾水库浮游植物生物量明显高于其他水库，而首级功果桥水库和下游各级水库维持在<1.0 mg/L 较低水平。优势种由硅藻依次转变为绿藻、蓝藻，首级功果桥水库以硅藻为主，小湾水库和漫湾水库以绿藻为主，大朝山和糯扎渡水库出现了蓝藻，与绿藻共为优势种。受河流建库影响较大的硅藻，在各级水库中均有出现。

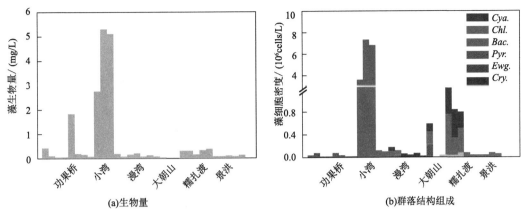

图 8-100 澜沧江库区浮游植物群落结构组成空间特征

氮、磷元素纵向流通变异导致水体中氮磷比发生变化，总体上呈现升高趋势，影响了水体浮游植物的生长。当氮磷比在 7～20 范围内时，浮游植物的生物量最高。支流硅的汇入缓解了上游水库对活性硅的拦截，硅藻也因此在各级水库均有出现，生物量无明显差异。相比于其他藻种，蓝藻对于环境变化的适应力和在极端条件下的耐受力更强，更适宜在温度较高的水体中大量生长，极易在群落竞争中占据优势。

回归分析表明，河流水力停留时间的增加和生源物质生物可利用率的提高，促进了浮游植物的生长（$r^2=0.96$，$n=6$，$P<0.05$）。浮游植物丰度与水库水力停留时间之间存在着正相关关系（图 8-101），验证了大型水库可以提升建坝河流的初级生产力。DIN 的主要形态由硝氮转变为氨氮，具有更高的生物可利用性。水温增高和水力停留时间增加也可能是导致下游水库浮游植物群落中蓝藻增加的原因。生源物质的生物利用率、水温和水力停留时间的增加，加上水体的紊动强度减小，有利于绿藻和蓝藻逐渐占据浮游植物的优势位，这与观测到的浮游植物群落结构的变化规律是一致的。

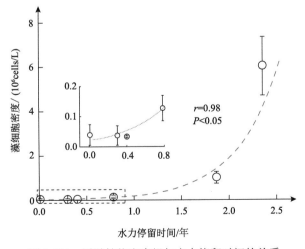

图 8-101 浮游植物密度组与水力停留时间的关系

热分层是深水湖泊和水库中很常见的现象，深水湖泊会在底层形成低温和厌氧环境，从而造成浮游细菌的垂向分布存在显著差异。然而，尽管在小湾水库温度梯度可以达到13~20℃，糯扎渡水库的温度梯度可以达到17~23℃，但是没有观察到浮游细菌因温度变化而产生明显分层，这是因为两个水库缺乏稳定的温跃层（Chen et al., 2021）。来自上游水库底层的泄水破坏了下游水库稳定的温跃层，增强了水库内部的对流。在小湾和糯扎渡这两个水库中，水深20~40m处存在一个低溶氧层（DO小于5.0mg/L），这可能是由水库表层水体藻类的死亡沉降堆积在这一深度造成的，该低氧层的细菌群落组成与其他层无明显差异。其余深度的DO一直维持在6.0~8.0mg/L的较为充足的状态。没有观察到浮游细菌因DO的变化而产生明显分层。可以认为，水电开发的水库中，细菌群落的垂直分布特征与普通深层水库和稳定分层的深水湖泊中细菌群落的垂直特征存在明显差异（图8-102）。

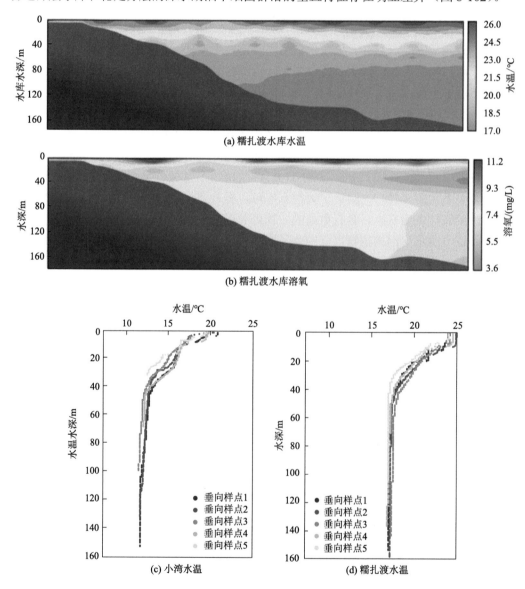

(a) 糯扎渡水库水温

(b) 糯扎渡水库溶氧

(c) 小湾水温

(d) 糯扎渡水温

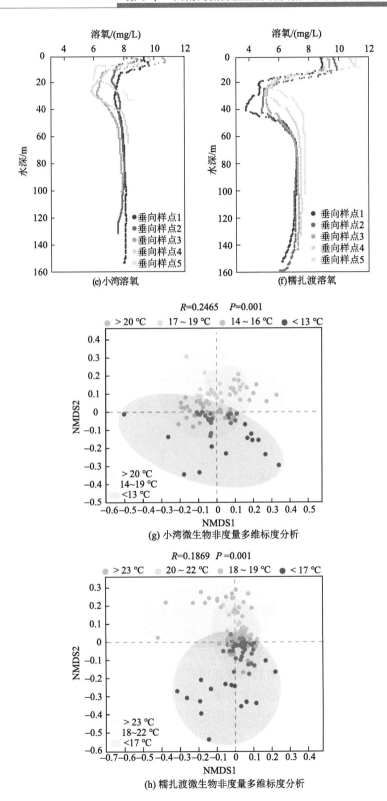

(e) 小湾溶氧

(f) 糯扎渡溶氧

(g) 小湾微生物非度量多维标度分析

(h) 糯扎渡微生物非度量多维标度分析

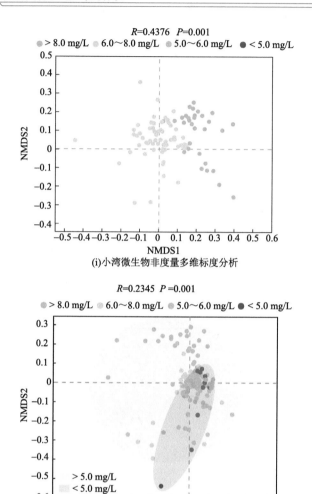

(i)小湾微生物非度量多维标度分析

(j)糯扎渡微生物非度量多维标度分析

图 8-102 小湾水库和糯扎渡水库分层微生物群落分布

与一般深水湖泊不同的是，深水梯级水电站在运行过程中，上游水库水泄水导致下游水库缺乏稳定的温跃层，浮游细菌的垂直分布无明显分层。然而，河流筑坝后，急流因拦截变为缓流，有机质和细菌含量较高的细粒沉积物沉降在水库中部，该区域的"物种分选"效应逐渐超越"群体效应"，成为影响水库尺度下细菌群落组成的主要因素。相比库尾和坝前，库中沉积物细菌的功能基因最为丰富，与碳、氮循环相关的功能基因丰度也最高，这与库区微生物群落中参与碳、氮循环微生物的相对丰度最高相一致。进一步分析结果表明，库区中部沉积物中反硝化相关基因（*nirS* 和 *nosZ*）丰度较高，可能存在较高的反硝化潜力。在耗氧方面，库尾和库中与硝化作用相关的基因 AOA-*amoA* 相较于坝前更为丰富（图 8-103）。这些结果表明，由于该地区沉积物的特殊性质，在水库中部可能存在一个碳氮循环"热区"。

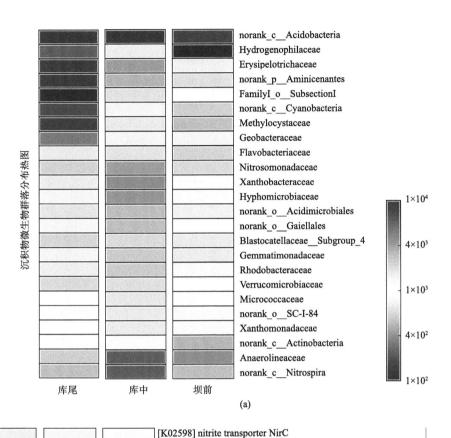

(a)

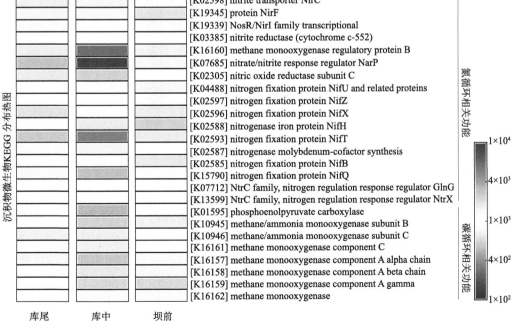

(b)

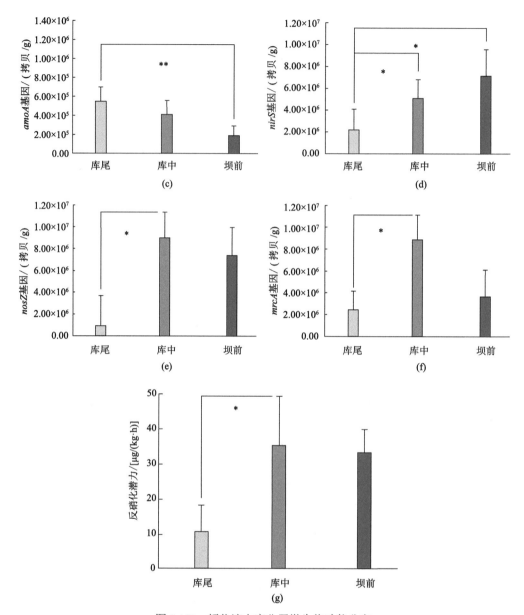

图 8-103　糯扎渡水库分层微生物功能分布

　　在微生物网络中，强大的共生相关性可能代表微生物之间强大的生态联系或生态位共享，并且网络集合、模块集合、连接器和节点的高连通性对于保持网络的连通性和社区稳定性至关重要，因此被定义为关键物种。大多数属（96.7%）是外围点，它们的大部分连接都在自己的模块中。在浅水环境中，夏季网络和冬季网络由 100 个节点和 80 个节点组成，分别包含 4 个和 3 个主要模块（图 8-104）。夏季，Module Ⅰ 和 Module Ⅲ 是连接最紧密的模块，模块内部和模块之间都呈现出明显的正连接。在冬季网络中，

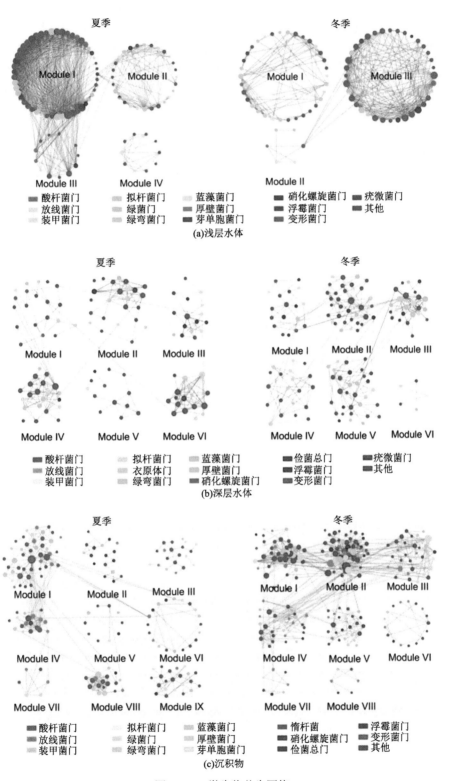

夏季　　　　　　　　　冬季

Module I　　Module II

Module III　　Module IV

Module II

■ 酸杆菌门	■ 拟杆菌门	■ 蓝藻菌门	■ 硝化螺旋菌门	■ 疣微菌门
■ 放线菌门	■ 绿菌门	■ 厚壁菌门	■ 浮霉菌门	■ 其他
■ 装甲菌门	■ 绿弯菌门	■ 芽单胞菌门	■ 变形菌门	

(a)浅层水体

夏季　　　　　　　　　冬季

Module I　　Module II　　Module III

Module IV　　Module V　　Module VI

■ 酸杆菌门	■ 拟杆菌门	■ 蓝藻菌门	■ 俭菌总门	■ 疣微菌门
■ 放线菌门	■ 衣原体门	■ 厚壁菌门	■ 浮霉菌门	■ 其他
■ 装甲菌门	■ 绿弯菌门	■ 硝化螺旋菌门	■ 变形菌门	

(b)深层水体

夏季　　　　　　　　　冬季

Module I　　Module II　　Module III

Module IV　　Module V　　Module VI

Module VII　　Module VIII　　Module IX

■ 酸杆菌门	■ 拟杆菌门	■ 蓝藻菌门	■ 惰杆菌	■ 浮霉菌门
■ 放线菌门	■ 绿菌门	■ 厚壁菌门	■ 硝化螺旋菌门	■ 变形菌门
■ 装甲菌门	■ 绿弯菌门	■ 芽单胞菌门	■ 俭菌总门	■ 其他

(c)沉积物

图 8-104　微生物共生网络

Module Ⅰ是一个以模块 norank_f__PHOS-HE51 为中心的独立集群，其中所有连接均为正。相比之下，较小的 Module Ⅱ（仅由 6 个属组成）通过 Variibacter.连接到 Module Ⅲ。此外，作为顽固性物质降解剂的 *Pseudorhodoferaxas* 在冬季显著富集（*t* 检验，*P* <0.01），表明它负责为微生物生长提供可利用的有机质。这些浅水中稀有微生物类群是通过氮和碳的供应来维持生态系统稳定的。

与浅水相比，深水温度较低，溶解氧含量较低，光线穿透受限，降低了有机质的光降解。因此，深水区微生物网络相对于浅水区具有更多响应环境变化的模块，6 个主模块在夏季和冬季分别由 111 个节点和 134 个节点组成（图 8-104）。在小湾水库沉积物中，微生物群落呈现出随时间变化而非空间变化的特征，且在这些沉积物网络中发现了更多的负相互作用，这意味着无论是夏季还是冬季，物种间的竞争都可能主导着沉积物群落。此外，与水的网络结构相比，沉积物网络中识别出的模块更多，模块中心和连接器也更多。

综上所述，针对研究结果可以总结为两个简单的概念模型（图 8-105 和图 8-106），澜沧江水电站大坝的建设和运行显著影响了水和沉积物的质量。水库蓄水减缓了澜沧江的流速，使河流生境转变为湖相生境，导致水库水体分层，提高了地表水的营养物质含量（如 TOC）。此外，在水库区域，慢流增加了水库表层水在阳光下的暴露时间，导致地表水温度大幅升高。浮游生物对环境变化反应迅速，库区浮游植物群落在上述条件下也急剧增加。同时，随着大坝上游水深的增加，硫酸盐在水库水体中层积聚，水库底部形成低温厌氧环境。大坝建设也可能对下游沉积物产生影响，泥沙/黏土形态累积导致下游沉积物 OM 浓度高于上游。

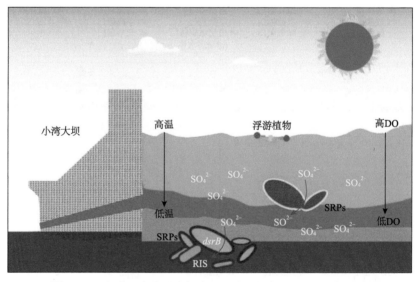

图 8-105 澜沧江水电站大坝建设对硫分布和 SRPs 组合的影响

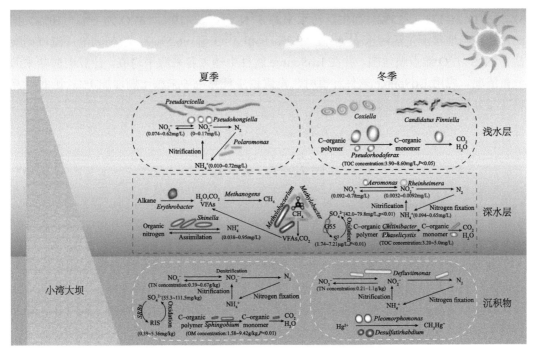

图 8-106 澜沧江水电站对硫分布及硫酸盐还原原核生物组合的影响

Nitrification：硝化作用；C-organic polymer：有机碳聚合物；C-organic monomer：有机碳单体；Organic nitrogen：有机氮；
Assimilation：同化作用；Nitrogen fixation：固氮作用；Oxidation：氧化作用；Denitrification：反硝化作用

澜沧江流域水体和沉积物中细菌群落的水平和垂直分布情况，河流下游库区水体中细菌多样性高于上游回水区，而沉积物中细菌多样性相反。在 3 个采样点的水体剖面中，中层氮营养物质的积累支持了更广泛的细菌种类的生存，丰富了细菌多样性。

同时，进一步研究不同季节以及深度下的数据表明，硫酸盐、DO、硝酸盐和温度是影响水体微生物群落时空分布的主要因素。网络分析揭示关键类群在不同环境下的演替。在浅水环境中，关键固氮菌和反硝化菌在夏季增加生物有效氮，而难降解菌在冬季可能提供微生物有效有机物。在深水区，甲烷营养生物一直是核心物种，说明甲烷氧化在维持深水区生物多样性中起着至关重要的作用。与水柱群落不同，沉积物群落仅表现出由 pH、RIS、硫酸盐、有机质和总氮驱动的暂时的模式，碳代谢和汞甲基化主要由硫酸盐还原剂驱动进行，反硝化剂和固氮剂分别作为夏季和冬季的核心功能特征。

8.5 河流梯级开发下生源物质循环的累积效应

运用多源线性混合模型 IsoSource 软件（IsoSource 1.3；EPA，美国）计算流域硝酸盐的来源贡献率[式（8-5）和式（8-6）]。众多研究表明，不同来源硝酸盐所含 $\delta^{15}N$ 不同，大气沉降来源硝酸盐 $\delta^{15}N$ 范围为$-15‰\sim15‰$；$\delta^{18}O$ 为$23‰\sim75‰$，大多数高于 $60‰$；土壤有机氮矿化来源 $\delta^{15}N$ 为$-3‰\sim8‰$，$\delta^{18}O$ 为$-10‰\sim10‰$；氮肥料来源 $\delta^{15}N$ 为$-6‰\sim$

6‰，$\delta^{18}O$ 为−17‰～25‰；而生活污水来源 $\delta^{15}N$ 为 4‰～19‰，$\delta^{18}O$ 为−5‰～10‰。据此，结合当地实测生活污水 $\delta^{15}N$ 值（9.2‰）和 $\delta^{18}O$ 值（6.5‰），绘制澜沧江流域硝酸盐 $\delta^{15}N$ 和 $\delta^{18}O$ 端点映射图，并在 IsoSource 软件中输入各来源平均值，计算硝酸盐来源分布情况。应用 IsoSource 软件计算时，设置每步计算每种来源比例增加 1%，限制计算精度与分析精度一致，为 0.3‰。

$$\delta x_{\text{sample}} = f_A \delta x_A + f_B \delta x_B + f_C \delta x_C + f_D \delta x_D \tag{8-5}$$

$$1 = f_A + f_B + f_C + f_D \tag{8-6}$$

式中，δx_{sample} 为样品中硝酸盐 $\delta^{15}N$ 或 $\delta^{18}O$；δx_A、δx_B、δx_C、δx_D 分别设置为大气沉降、土壤有机氮矿化、氮肥、生活污水来源中硝酸盐的 $\delta^{15}N$ 或 $\delta^{18}O$ 值；f_A、f_B、f_C、f_D 分别为计算的各来源贡献率。

澜沧江流域污水处理厂分布及建设规模数据来源于云南省生态环境厅和中国污水处理工程网，并分别整理生活污水处理厂和工业园污水处理厂进行绘图。为分析澜沧江非点源污染情况，自国家基础地理信息中心网站下载土地利用类型数据（2010 年，30 m 分辨率），并提取澜沧江流域土地利用类型空间分布图。

8.5.1 梯级水库沿程氮通量变化及累积效应

澜沧江自然河道段、水库段、下游段的总氮、氨氮、硝态氮时空分布如图 8-107 所示。溶解态氮总体沿程呈增大趋势，水库内坝上坝下之间溶解态氮差异较大。其中，硝酸盐沿程呈整体增大趋势，在自然河道段内硝酸盐浓度在各断面之间无明显差异，而在水库段内硝酸盐浓度波动较大，并较自然河道段内浓度显著上升。在自然河道段内氨盐浓度沿程增大，在水库段内氨盐浓度沿程增大，且在下游水库大幅度增加。

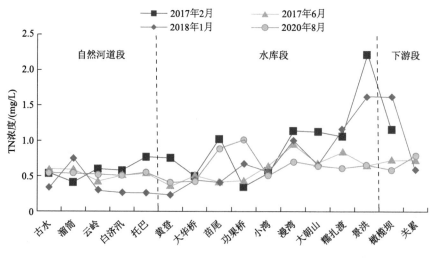

(a)

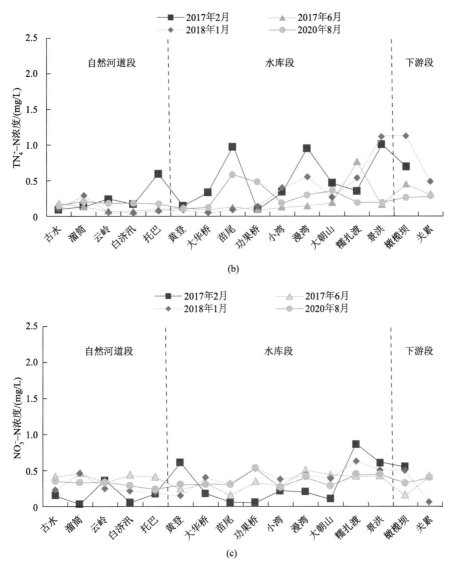

图 8-107　澜沧江流域表层水氮营养盐空间特征

澜沧江流域间隙水氮营养盐空间特征如图 8-108 所示。梯级水库建设导致水动力变化，从而改变沉积物所处环境。水-沉积物界面 DO 变化尤为明显，含氧量是决定有机质分解快慢和养分元素存在形态的关键因素。图 8-108 自然河道段中，沉积物处于氧化状态，NH_4^+-N 较低而 NO_3^--N 较高；而水库段，沉积物处于弱还原的状态，NH_4^+-N 较高而 NO_3^--N 较低。

澜沧江流域沉积物中氮形态空间特征如图 8-109 所示。从自然河道段到水库段，离子交换态氮和强碱提取态氮的百分比在水库段有所升高，弱酸提取态氮和强氧化剂提取态氮的百分比有所降低，表明梯级水库的建设导致沉积物氮含量增加，也导致不同可转化态氮之间的相互转化。

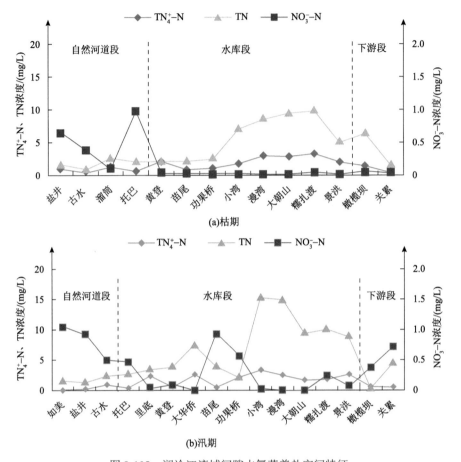

图 8-108 澜沧江流域间隙水氮营养盐空间特征

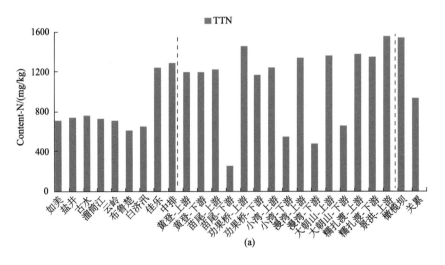

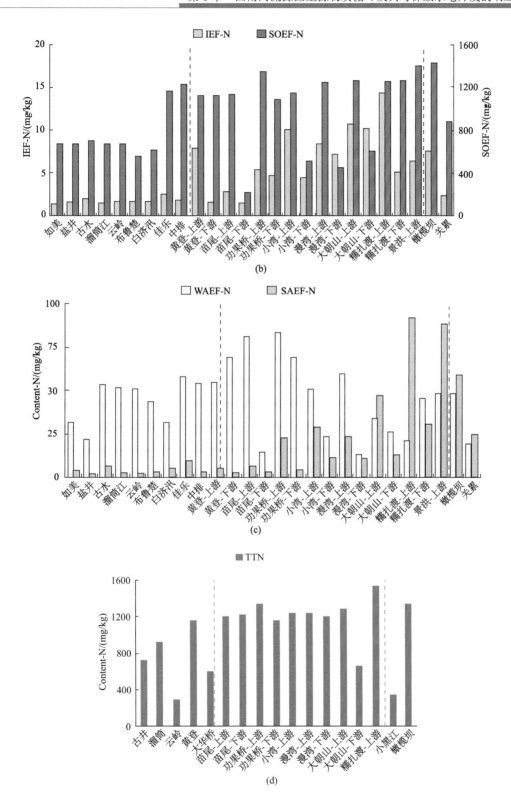

(b)

(c)

(d)

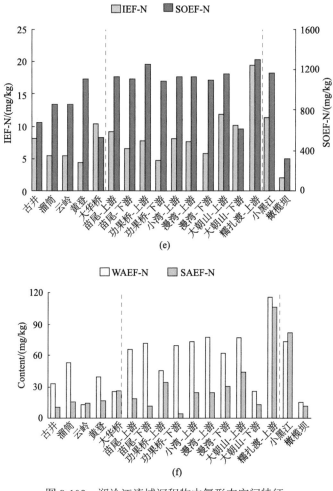

图8-109 澜沧江流域沉积物中氮形态空间特征

（a）、（b）、（c）：枯期可转化态氮含量；（d）、（e）、（f）：汛期可转化态氮含量

流域范围的多个参数调查，揭示了澜沧江悬浮颗粒物、氮营养盐空间分布特征及其主要贡献来源，水库的存在改变了流域碳、氮的主要来源。调查发现，流域内 TN、TOC 浓度有沿程升高趋势，在水库段达到最大值（图8-110）。应用悬浮颗粒物碳、氮稳定同位素 ^{13}C、^{15}N 自然丰度进行分析，结果表明澜沧江流域水体中悬浮颗粒物的最主要来源为土壤有机质、上游输入和生活污水。其中，土壤有机质、上游输入来源沿程减少，生活污水来源占比逐渐增大。

流域内水体中硝酸盐浓度也有沿程升高趋势（图8-111），且与悬浮颗粒物来源相似，硝酸盐最主要的来源是土壤有机质矿化，上游输入贡献率沿程减少，生活污水占比逐渐增大（图8-111）。澜沧江水库段氮营养盐含量升高，主要是该区经济更为发达、人口数量多、工业废水和生活污水排放量大导致的（图8-112）。而大量水体在水库内滞留也使得营养盐滞留，减少了向下游的输出，为水库内生物提供了大量的碳源和氮源。

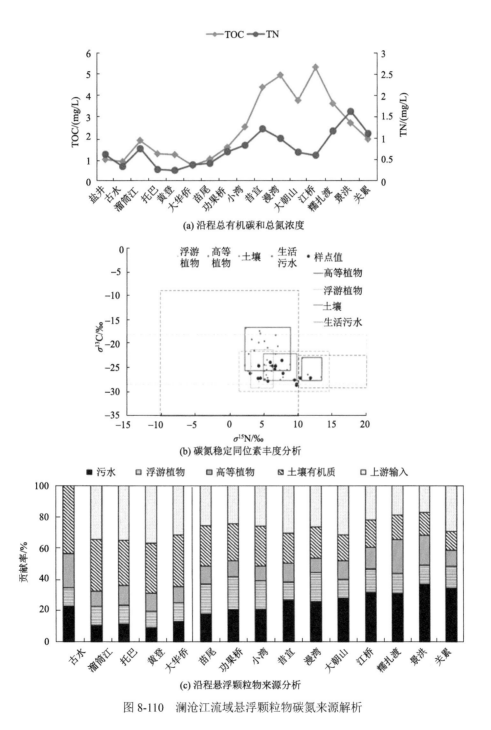

(a) 沿程总有机碳和总氮浓度

(b) 碳氮稳定同位素丰度分析

(c) 沿程悬浮颗粒物来源分析

图 8-110　澜沧江流域悬浮颗粒物碳氮来源解析

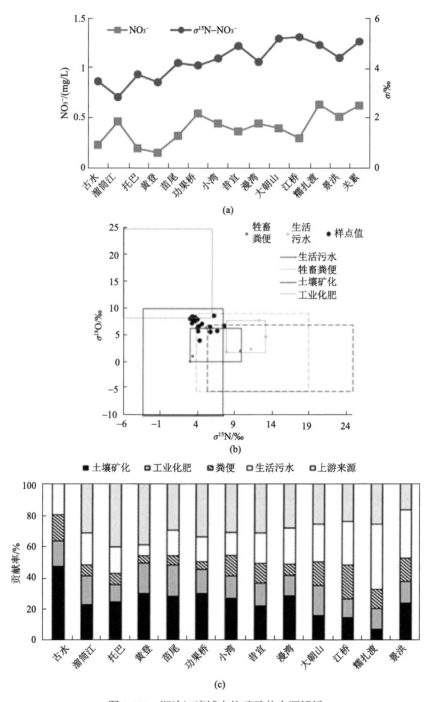

图 8-111 澜沧江流域水体硝酸盐来源解析

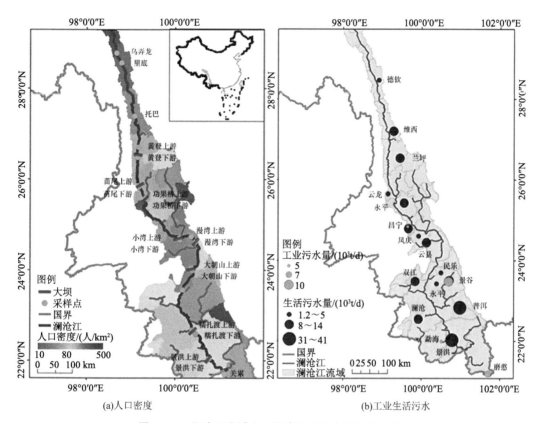

(a)人口密度　(b)工业生活污水

图 8-112　澜沧江流域人口密度及工业生活污水分布

　　水库中缺氧沉积物和富氧水体中均存在明显的反硝化脱氮作用（图 8-113）。水库中沉积物、水体反硝化速率与河流相当，但由于水库蓄水，覆盖沉积物界面面积增加、水库水体体积及水-气界面面积增加，增加了脱氮载体；加之水力停留时间的增加，致使有水库的河流脱氮效应是原自然河道状态的 7～20 倍。受水库库容影响，水库水体年脱氮量为沉积物脱氮量的 16～139 倍，是水库脱氮作用的主要场所。

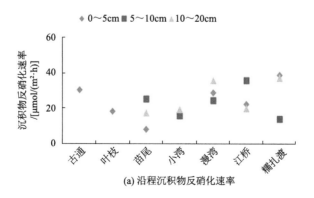

(a)沿程沉积物反硝化速率

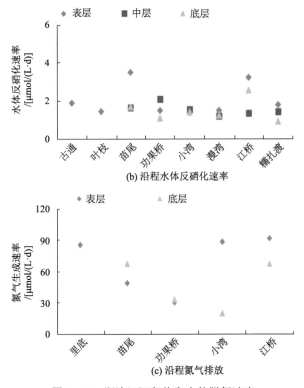

(b) 沿程水体反硝化速率

(c) 沿程氮气排放

图 8-113 澜沧江沉积物和水体脱氮速率

16S rDNA 高通量测序结果表明，水体中含有丰富的厌氧反硝化菌、好氧反硝化菌和少量厌氧氨氧化菌，从微生物脱氮反应机制方面为富氧水体环境中脱氮反应提供了证明（图 8-114）。

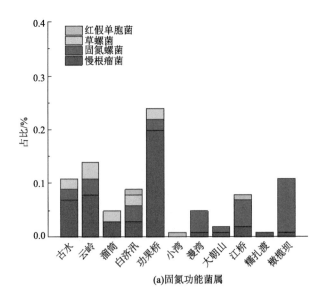

(a)固氮功能菌属

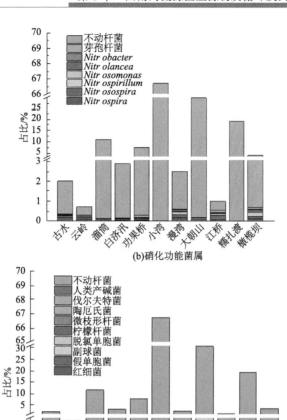

(b)硝化功能菌属

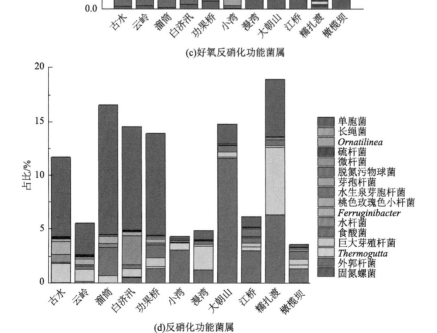

(c)好氧反硝化功能菌属

(d)反硝化功能菌属

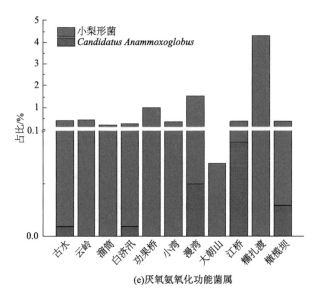

(e)厌氧氨氧化功能菌属

图 8-114　澜沧江流域浮游微生物氮循环相关微生物丰度

改进的溶解性 N_2O、N_2 测量方法和 ^{15}N 同位素技术，揭示了脱氮产物由扩散释放和冒泡两种形式向大气释放。伴随着强烈的脱氮效应，水库中脱氮作用产物 N_2O 呈过饱和状态（图 8-115），会向大气释放，是强效温室气体的源。而脱氮的主要产物 N_2 在水体中也呈过饱和状态，且在水库内纵向饱和度由库首向库尾逐渐增加（图 8-115），表明沉积物中脱氮反应产生 N_2 在水深较浅区域向上部释放更快。

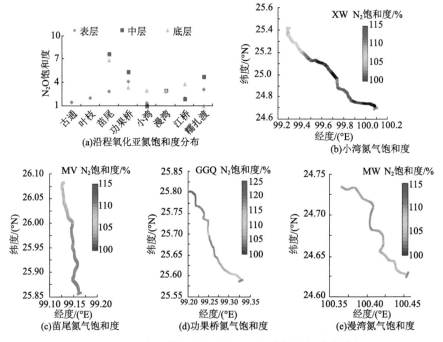

图 8-115　澜沧江梯级水库溶解态脱氮产物空间分布特征

此外，水库内气泡中也含有大量脱氮产物 N_2。水库收集到的气泡内氮气浓度和 ^{15}N 自然丰度分析表明，除水–气界面扩散释放外，水体中脱氮作用产生的过饱和 N_2 会融入底层产生的气泡中（图 8-116），并随气泡上升迁移向大气排放，这可能是全球氮收支估算失衡中"消失的氮"的原因，二者均应纳入水域系统氮收支计算。这些结果揭示了水库内在水环境快速变化条件下，脱氮反应主要场所由沉积物向水体转变及气态氮损失由大量气泡释放向缓慢扩散释放转变。

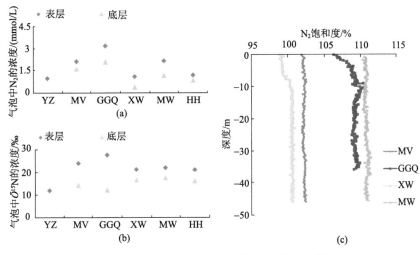

图 8-116　水库内主要脱氮产物 N_2 垂向分布特征

　　澜沧江自然河道段和水库段中沉积物与水体界面之间氮的转化过程示意图如图 8-117 所示。自然河道段河流水深较浅，水流较快，富氧能力强，水体溶解氧较高，与沉积物表面进行氧气交换，使得表层沉积物溶解氧较高，沉积物中有机物在微生物作用下进行氨化作用和硝化作用，利用有机氮和氨氮转化为硝态氮，这是自然河道段硝氮远高于铵氮的主要原因。在高溶解氧水平下，水体呈现出好氧状态，会抑制水–沉积物界面中反硝化作用，使 NO_3^--N 消耗减少，这就导致自然河道段表层沉积物间隙水中 NH_4^+-N 较低而 NO_3^--N 较高。

　　水库段受大坝建设的影响，水体的水深增加，水流缓慢，水体滞留时间增大，有利于有机物的快速沉降。有机物在水体的沉降过程中，被微生物分解，从而消耗水体中的溶解氧，使水体溶解氧降低，这就会导致水–沉积物界面氧气交换量变少，从而使沉积物溶解氧较低，使其处于还原状态，此时沉积物中反硝化微生物活性增加，将硝氮转化为 N_2，这是水库段硝氮浓度较低的主要原因。NH_4^+-N 在垂向上表现为上覆水较低，而在间隙水中呈现出随深度增加而增加的规律。从水–沉积物界面向下，随深度增加沉积物含氧量降低，还原环境有利于有机氮氨化作用进行，相应地消耗铵态氮的硝化作用减弱，致 NH_4^+-N 在沉积物中不断累积，故表现为随深度增加 NH_4^+-N 浓度逐渐升高。NH_4^+-N 是通过间隙水与上覆水之间的浓度差进行交换的，沉积物中蓄积的氮在矿化作用下分解为 NH_4^+-N，

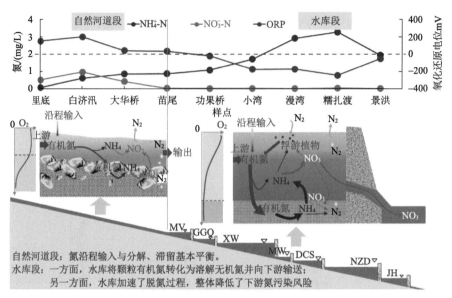

图 8-117 澜沧江自然河道段和水库段中沉积物与水体界面之间氮的转化过程示意图

使得沉积物中 NH_4^+-N 远高于上覆水，此时沉积物将释放 NH_4^+ 到上覆水中，成为氮的源。NH_4^+ 在上覆水中受好氧微生物作用，经硝化反应将 NH_4^+-N 转化为 NO_3^--N。NO_3^--N 在垂向上表现为上覆水较高，而在间隙水中较低的规律。沉积物中 NH_4^+-N 向上覆水扩散，上覆水中的含氧量较高，经硝化反应将大量 NH_4^+ 转化为 NO_3^--N，使上覆水 NO_3^--N 大量增加。

在水-沉积物界面向下，沉积物含氧量较低，会导致反硝化作用加强，消耗沉积物中的 NO_3^--N 转化为 N_2，导致 NO_3^--N 降低，并降低沉积物中氮的负荷。

8.5.2 梯级水库沿程磷通量变化及累积效应

澜沧江干流表层水体不同形态磷时空分布特征如图 8-118 所示。枯水期上游自然河道段和中下游水库段的总磷浓度变化不明显，丰水期自然河道段的总磷浓度明显高于水库段且整体呈下降趋势，表明梯级水库对总磷在丰水期有明显的滞留作用，枯水期对总磷的滞留作用不显著。自然河道段和水库段在枯水期和丰水期的正磷酸盐浓度均较低且变化不明显，表明梯级水库对正磷酸盐没有明显的滞留作用。

悬浮颗粒物是磷的重要载体，通常把水环境中的磷分为溶解态磷和颗粒态磷。澜沧江干流表层水体溶解性总磷（DTP）和颗粒态磷（PP）纵向空间分布特征如图 8-119 所示。上游自然河道段的表层水体以 PP 为主；中下游水库段表层水体以 DTP 为主。梯级水库对 PP 的滞留作用显著，且梯级水库增加了表层水体中 DTP 的浓度，表明梯级水库的建设没有减少水体中溶解态磷向下游的输送。

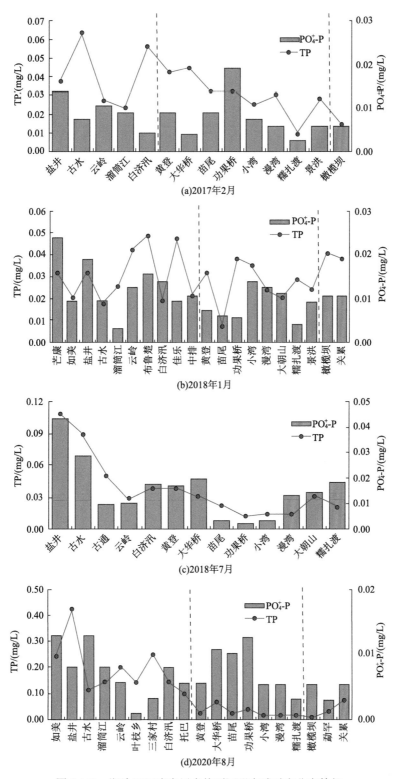

图 8-118　澜沧江干流表层水体不同形态磷时空分布特征

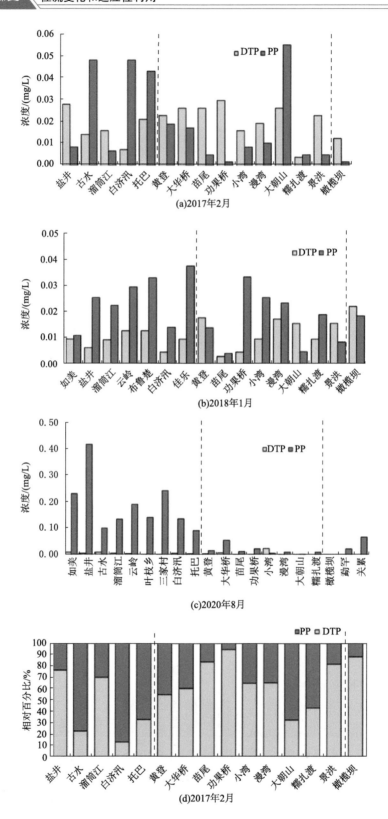

(a)2017年2月

(b)2018年1月

(c)2020年8月

(d)2017年2月

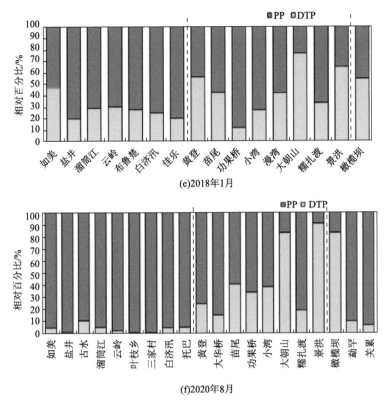

图 8-119　澜沧江干流表层水体 DTP 和 PP 纵向空间分布特征

澜沧江干流表层沉积物间隙水中 TP 和 PO_4^+-P 纵向空间分布特征如图 8-120 所示。表层沉积物间隙水中的 TP 在丰水期的浓度明显高于枯水期，PO_4^+-P 则没有明显差异。

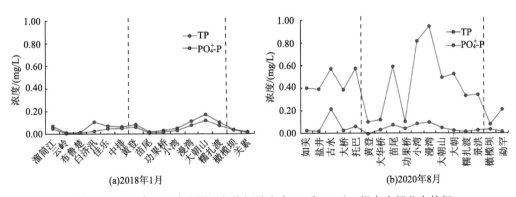

图 8-120　澜沧江干流表层沉积物间隙水中 TP 和 PO_4^+-P 纵向空间分布特征

通过研究澜沧江流域各水库沉积物上覆水-间隙水总磷（TP）和正磷酸盐（PO_4^+-P）垂向分布特征发现，丰水期（2020 年 8 月）各水库沉积物上覆水-间隙水中的 TP 浓度高于枯水期（2018 年 1 月）的 TP 浓度（图 8-121），而 PO_4^+-P 的浓度值较低且两个时期不存在显著差异。丰水期和枯水期 TP 和 PO_4^+-P 浓度的垂向分布特征基本一致，均为上覆水浓度低于沉积物间隙水中的浓度，且在表层沉积物间隙水达到浓度最高值，表明水库段的 PO_4^+-P 一般由沉积物向上覆水扩散。

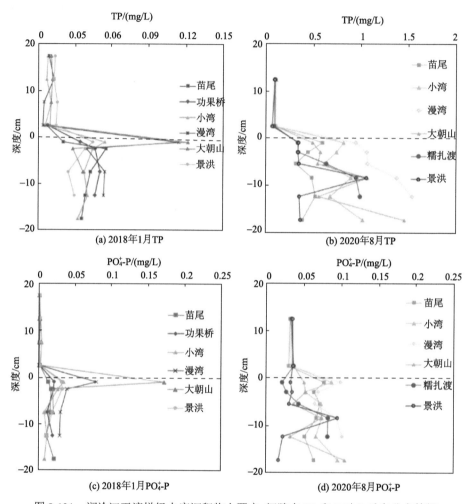

图 8-121 澜沧江干流梯级水库沉积物上覆水-间隙水 TP 和 PO_4^+-P 垂向分布特征

根据 Fick 第一定律估算澜沧江流域水-沉积物界面正磷酸盐（PO_4^+-P）的释放通量，结果呈现上游自然河道段较低、梯级水库段增加的趋势，且中下游梯级水库沉积物磷酸盐向水体扩散能力大于上游自然河道段（图 8-122）。自然河道段 PO_4^+-P 在枯水期（2018年1月）由上覆水向沉积物扩散，沉积物为 PO_4^+-P 的"汇"，而在丰水期（2020年8月）由沉积物向上覆水扩散，沉积物为 PO_4^+-P 的"源"。梯级水库段的 PO_4^+-P 在丰水期和枯水期均由沉积物向上覆水释放，沉积物为 PO_4^+-P 的"源"；最后两级水库（糯扎渡、景洪）的 PO_4^+-P 在丰水期则由上覆水向沉积物释放，沉积物为 PO_4^+-P 的"汇"。

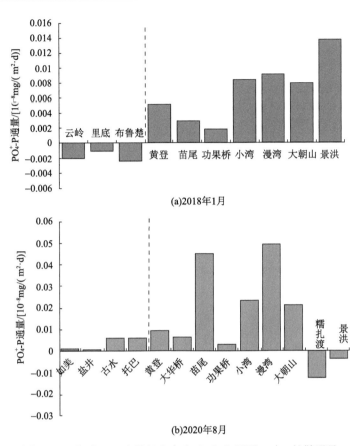

图 8-122 澜沧江干流梯级水库水-沉积物界面 PO_4^+-P 扩散通量

通过分级提取方法将沉积物磷形态分为可交换态磷（Ex-P）、铁磷（Fe-P）、铝磷（Al-P）、钙磷（Ca-P）、有机磷（OP）和残渣态磷（Res-P）。生物可利用的可交换态磷（Ex-P）、铁磷（Fe-P）、铝磷（Al-P）之和为生物可利用磷（Bio-P）；生物难利用的钙磷（Ca-P）、残渣态磷（Res-P）之和为生物不可利用磷（Nonbio-P）。对澜沧江流域表层沉积物磷形态的调查发现，上游自然河道段和中下游水库段 Ex-P 浓度值相当，Res-P、TP 和总无机磷（TIP）的浓度差异不显著（图 8-123）。自然河道段的 Bio-P 占 TP 的相对百分比较小，而水库段 Bio-P 相对百分比显著增加且在大朝山水库达到最高值，梯级水库提高了沉积物中 Bio-P 的浓度。上游自然河道段沉积物 Bio-P 以 Fe-P 为主，Nonbio-P 以 Ca-P 为主；水库段生物 Al-P 和 Fe-P 浓度显著增加，Bio-P 的主导形态变为 Al-P，Ca-P 所占比例显著下降但仍是 Nonbio-P 和 TIP 的主要形式。

相关分析表明，澜沧江梯级水库可通过拦截不可利用磷，增大下游生物可利用磷的比例，同时水库内拦截的有机磷逐步被转化为易转化磷。因此，澜沧江梯级水库整体可增加下游沉积物磷的可利用性。

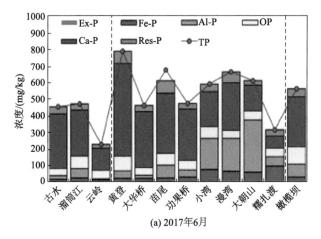

(a) 2017年6月

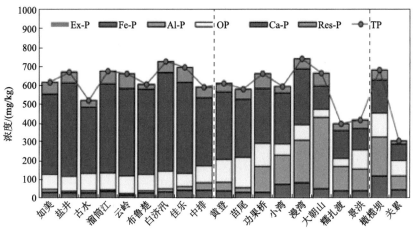

(b) 2018年1月

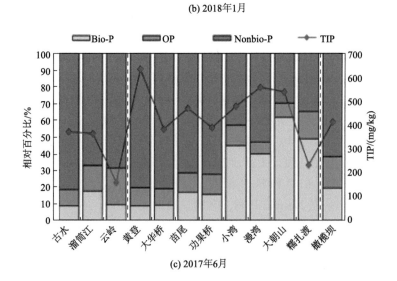

(c) 2017年6月

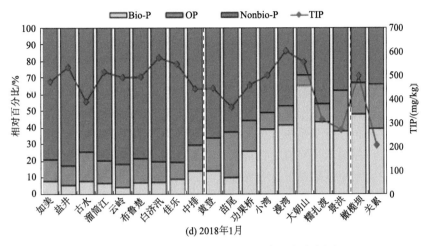

图 8-123　澜沧江干流沉积物磷形态时空分布图

水质预测模型结果及其与反演自然河道模型结果对比表明，梯级水库对河流 TP 具有滞留作用（图 8-124），其主要通过吸附沉降的方式从河流系统中去除，此种滞留作用与水库的水力调节周期具有明显的相关关系，小湾水库和糯扎渡水库对磷滞留的贡献较大，其余水库对磷的滞留效应贡献较弱。此外，水库沿程分布的位置关系与磷的滞留效应也具有相关性关系，小湾水库对磷的滞留率高达 48%，尽管糯扎渡水库库容较大，但小湾水库在磷的滞留效应中占主导地位。因此，梯级水库对磷的滞留效应由水库的水力调节周期和沿程分布的位置关系共同主导。

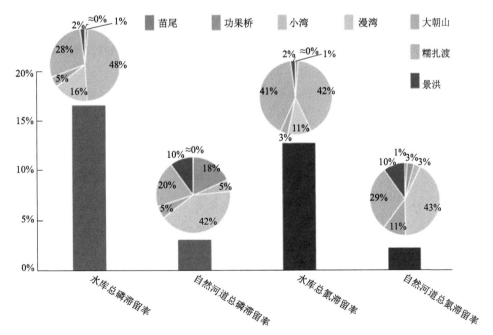

图 8-124　梯级水库与反演自然河道生源物质滞留率对比图

8.6 小 结

本章针对西南河流源区背景资料记录少、基础数据匮乏等问题，基于西南径流计划开展的大量现场采样分析工作获得了一系列数据成果。对西南河流源区生源物质碳、氮、磷、硅等的时空分布进行了系统分析，探究了西南河流源区多种生源物质的迁移转化特征及其驱动因素，并揭示了河流生物群落、功能及其对梯级水电建设等环境变化的响应机制。本章的主要结论包括以下几个方面。

（1）揭示了西南河流源区碳生物地球化学循环规律。明确了西南河流源区土壤和冰川碳含量的背景值，量化了不同植被、地形和多年冻土区下土壤有机碳的含量和性质差异，确定了冰川融水径流的可溶性有机碳浓度。阐明了西南河流源区流域中碳进入水体的机制，利用水化学平衡法，定量解析了河流水体的碳来源，揭示了气候、构造和地表覆盖类型等要素对河流碳构成及生物地球化学性质的控制作用。基于多年冻土区的连续观测，发现多年冻土区的冻融循环通过调节土壤碳的原位分解和淋溶过程而影响进入河流中水体的有机碳含量和性质。系统分析了西南河流源区河流中碳浓度和形态的时空特征和影响因素，发现多年冻土区河流和冰川融水径流的碳含量和形态都受季节影响，其中多年冻土区的植被类型对河流碳的浓度有重要影响。同时，青藏高原硫酸参与的碳酸盐风化及热液输入均对河流无机碳的含量有重要影响。青藏高原东部江河具有很高的 CH_4 冒泡通量，其平均 CH_4 冒泡速率为世界江河均值的 6 倍。因为流域融化的冻土为 CH_4 的产生提供了丰富碳源，丰富的耐寒产甲烷菌以及产甲烷菌与嗜甲烷菌的高比值有利于净 CH_4 的产生，且高海拔源区的低气压与浅水条件促进了 CH_4 的剧烈冒泡释放。

（2）揭示了西南河流源区氮生物地球化学循环规律。发现青藏高原东部冻土区河流表现为大气中 N_2O 的弱源，这是由于经陆生植物吸收后河流溶解态无机氮含量较低、河流环境条件不利于 N_2O 的生成，以及河流中亚硝酸盐还原酶与一氧化二氮还原酶的比例较小，导致 N_2O 产量较低。整个青藏高原冻土区河流 N_2O 的排放量估算为 $0.432\sim0.463$ Gg N_2O-N /a，约占全球河流 N_2O 排放的 0.15%。西南河流源区温度低、氮底物含量低和太阳辐射（紫外辐射）强等环境特征塑造了该区域河流氮转化微生物独特的分布特征、群落结构和反应活性，使其与低海拔河流存在明显差异。此外，该区域河流上覆水体和沉积物的氮转化速率与氮循环微生物的丰度和群落结构关系紧密，嗜冷、寡营养生活方式氮循环微生物显著影响氮转化速率，体现了氮转化微生物对高海拔环境条件的适应性。

（3）揭示了西南河流源区磷和硅的生物地球化学循环规律。源区河流磷的含量及形态在时间和空间分布上均存在差异。冻融过程、紫外辐射强度、辫状河道形态、水文及水沙过程均会对源区河流磷迁移转化及输运产生影响。微生物在源区河流磷循环中具有重要作用，人类扰动会加剧微生物群落改变和促进磷循环相关基因丰度增加。探明了澜沧江生源物质硅含量从上游到下游沿程升高、库区显著增加的分布规律，定量解析了不同水文时期硅通量的变化特征。揭示了澜沧江硅藻、硅酸盐细菌等硅循环微生物的群落组成、种间互作及对水电开发的响应，发现扩散限制是控制硅循环微生物地理分布模式的关键生态学机制。

（4）水电开发改变了河流原有的物理、化学和生物学特性，水流变缓，泥沙携带有机质沉降淤积，对河流中磷、氮、硫输送及循环过程产生潜在影响。研究发现，受梯级水库影响，氮素出现明显的"累积效应"，下游库区的有机氮矿化分解产生的氨氮占比更高，这归因于水库库底沉积物往往处于厌氧状态，丰富的硝酸盐底物会促进反硝化过程进行，较弱硝化导致氨氮在各库中积累；总磷具有较明显的滞留作用，沉积物铁的氧化还原过程主导磷的释放与迁移过程，导致磷形态主要以钙磷为主向以铁磷和有机磷为主转变，中下游梯级水库具有更高的、有效态的再生潜力；硫酸盐浓度相对稳定，仅在深水水库底部，因溶解氧低易被还原含量出现急剧下降，硫化物受建坝造成的河流氧化还原条件变化的影响，在水库分布不均。同时，梯级水库并引发细菌群落的隔离效应，地理距离仍然是决定河流细菌群落空间地理分布格局的最主要因素，由于沉积物的特殊性质，在水库中部可能存在一个碳、氮循环"热区"。

（5）水库的运行改变了流域碳、氮的主要来源。澜沧江流域水体中悬浮颗粒物的最主要来源为土壤有机质、上游输入和生活污水。其中，土壤有机质、上游输入来源沿程减少，生活污水来源占比逐渐增大。水库中缺氧沉积物和富氧水体中均存在明显的反硝化脱氮作用，是原自然河道状态的 7～20 倍，除水-气界面扩散释放外，水体中脱氮作用产生的过饱和氮气会融入底层产生的气泡中，水体脱氮量为沉积物脱氮量的 16～139 倍，是水库脱氮作用的主要场所。水库段的 PO_4^+-P 一般由沉积物向上覆水扩散，沉积物为 PO_4^+-P 的"源"；最后两级水库（糯扎渡、景洪）的 PO_4^+-P 在丰水期则由上覆水向沉积物释放，沉积物为 PO_4^+-P 的"汇"。梯级水库可通过拦截不可利用磷，增大下游生物可利用磷的比例，同时水库内拦截的有机磷逐步被转化为易转化磷，提高了下游沉积物磷的可利用性。

参 考 文 献

谷付旗, 季秀玲, 魏云林. 2013. 土壤硅酸盐细菌的研究进展. 中国微生态学杂志, 25(5): 609-616.
韩家懋, 王国安, 刘东生. 2002. C4 植物的出现与全球环境变化. 地学前缘, 9: 233-243.
马小亮, 刘桂民, 吴晓东, 等. 2018a. 三江源高寒草甸下溪流溶解性有机碳的季节性输移特征. 长江流域资源与环境, 27(10): 2387-2394.
马小亮, 刘桂民, 吴晓东, 等. 2018c. 青藏高原多年冻土区典型植被下河流溶解性有机碳的生物可利用性研究. 环境科学, 39(5): 2086-2094.
马小亮, 吴晓东, 叶琳琳, 等. 2018b. 青藏高原腹地不同植被下河流溶解性有机碳特征. 环境科学与技术, 41(9): 79-84.
叶琳琳, 吴晓东, 赵林. 2016. 青藏高原楚玛尔河碳素赋存形态初探. 环境科学与技术, 39(7): 1-17.
张轩. 2019. 青藏高原流域化学风化过程与碳循环研究. 北京: 中国科学院大学博士学位论文.
Alves H J, Junior C B, Niklevicz R R, et al. 2013. Overview of hydrogen production technologies from biogas

and the applications in fuel cells. International Journal of Hydrogen Energy, 38(13): 5215-5225.

Avrahami S, Liesack W, Conrad R. 2003. Effects of temperature and fertilizer on activity and community structure of soil ammonia oxidizers. Environmental Microbiology, 5(8): 691-705.

Badran M I, Mohammad R, Riyad M, et al. 2005. Nutrient flux fuels the summer primary productivity in the oligotrophic waters of the Gulf of Aqaba, Red Sea. Oceanologia, 47(1): 47-60.

Baulch H M, Dillon P J, Maranger R, et al. 2013. Diffusive and ebullitive transport of methane and nitrous oxide from streams: Are bubble-mediated fluxes important? Journal of Geophysical Research: Biogeosciences, 116: G04028.

Beaulieu J J, Tank J L, Hamilton S K, et al. 2011. Nitrous oxide emission from denitrification in stream and river networks. Proceedings of the National Academy of Sciences, 108(1): 214-219.

Berner E K, Berner R A. 1996. Global Environment: Water, Air, and Geochemical Cycles. Upper Saddle River, New Jersey: Prentice Hall.

Chen J, Wang P, Wang C, et al. 2018. Bacterial communities in riparian sediments: A large-scale longitudinal distribution pattern and response to dam construction. Front Microbiol, 9: 1-15.

Chen M, Ding S, Wu Y, et al. 2019. Phosphorus mobilization in lake sediments: Experimental evidence of strong control by iron and negligible influences of manganese redox reactions. Environ Pollut, 246: 472-481.

Chen N, Wu J, Chen Z, et al. 2014. Spatial-temporal variation of dissolved N_2 and denitrification in an agricultural river network, southeast China. Agriculture, Ecosystems & Environment, 189: 1-10.

Chen Q, Shi W, Huisman J, et al. 2020. Hydropower reservoirs on the upper Mekong River modify nutrient bioavailability downstream. Natl Sci Rev, 7: 1449-1457.

Chen Q, Chen Y, Yang J, et al. 2021. Bacterial communities in cascade reservoirs along a large river. Limnol Oceanogr, 66: 4363-4374.

Cifuentes L A, Coffin R B, Solorzano L, et al. 1996. Isotopic and elemental variations of carbon and nitrogen in a mangrove estuary. Estuarine, Coastal and Shelf Science, 43(6): 781-800.

Dai M, Yin Z, Meng F, et al. 2012. Spatial distribution of riverine DOC inputs to the ocean: an updated global synthesis. Current Opinion in Environmental Sustainability, 4(2): 170-178.

Das A, Krishnaswami S, Bhattacharya S. 2005. Carbon isotope ratio of dissolved inorganic carbon (DIC) in rivers draining the Deccan Traps, India: Sources of DIC and their magnitudes. Earth and Planetary Science Letters, 236: 419-429.

Fuchs M, Grosse G, Strauss J, et al. 2018. Carbon and nitrogen pools in thermokarst-affected permafrost landscapes in Arctic Siberia. Biogeosciences, 15(3): 953-971.

Gabriel M F. 2008. The global phosphorus cycle: Past, present, and future. Elements, 4: 89-95.

Gaillardet J, Calmels D, Romero-Mujalli G, et al. 2019. Global climate control on carbonate weathering intensity. Chemical Geology, 527: 118762.

Gaillardet J, Dupre B, Louvat P, et al. 1999. Global silicate weathering and CO_2 consumption rates deduced from the chemistry of large rivers. Chemical Geology, 159: 3-30.

Gantzer P A, Bryant L D, Little J C. 2009. Controlling soluble iron and manganese in a water-supply reservoir using hypolimnetic oxygenation. Water Res, 43: 1285-1294.

Hilton R G, Galy V, Gaillardet J, et al. 2015. Erosion of organic carbon in the Arctic as a geological carbon dioxide sink. Nature, 524: 84-87.

Horak R E A, Qin W, Bertagnolli A D, et al. 2018. Relative impacts of light, temperature, and reactive oxygen on thaumarchaeal ammonia oxidation in the North Pacific Ocean. Limnology and Oceanography, 63(2):

741-757.

Hu M, Chen D, Dahlgren R A. 2016. Modeling nitrous oxide emission from rivers: A global assessment. Global Change Biology, 22(11): 3566-3582.

Jamoneau A, Passy S I, Soininen J, et al. 2018. Beta diversity of diatom species and ecological guilds: Response to environmental and spatial mechanisms along the stream watercourse. Freshwater Biology, 63(1): 62-73.

Laursen A E, Seitzinger S P. 2002. Measurement of denitrification in rivers: an integrated, whole reach approach. Hydrobiologia, 485: 67-81.

Li S, Lu X X, Bush R T. 2013. CO_2 partial pressure and CO_2 emission in the Lower Mekong River. Journal of Hydrology, 504: 40-56.

Li S, Xia X, Zhang S, et al. 2020. Source identification of suspended and deposited organic matter in an alpine river with elemental, stable isotopic, and molecular proxies. Journal of Hydrology, 590: 125492.

Li S, Xia X, Zhou B, et al. 2018. Chemical balance of the Yellow River source region, the northeastern Qinghai-Tibetan Plateau: Insights about critical zone reactivity. Applied Geochemistry, 90: 1-12.

Li X Y, Ding Y J, Han T D, et al. 2017. Seasonal variations of organic carbon and nitrogen in the upper basins of Yangtze and Yellow Rivers. Journal of Mountain Science, 14: 1577-1590.

Li X, Ding Y, Xu J, et al. 2018. Importance of mountain glaciers as a source of dissolved organic carbon. Journal of Geophysical Research: Earth Surface, 123(9): 2123-2134.

Liu T, Zhang A N, Wang J, et al. 2018. Integrated biogeography of planktonic and sedimentary bacterial communities in the Yangtze River. Microbiome, 6: 1-14.

Liu Z, Yao Z, Huang H, et al. 2013. Land use and climate changes and their impacts on runoff in the Yarlung Zangbo River Basin, China. Land Degrad Dev, 25: 203-215.

Ludwig W, Probst J L, Kempe S. 1996. Predicting the oceanic input of organic carbon by continental erosion. Global Biogeochemical Cycles, 10: 23-41.

Ma X L, Liu G M, Wu X D. 2018. Influence of land cover on riverine dissolved organic carbon concentrations and export in the Three Rivers Headwater Region of the Qinghai-Tibetan Plateau. Science of the Total Environment, 630: 314-322.

Maavara T, Parsons C T, Ridenour C, et al. 2015. Global phosphorus retention by river damming. Proc Natl Acad Sci USA, 112: 15603-15608.

Maavara T, Chen Q, van Meter K, et al. 2020. River dam impacts on biogeochemical cycling. Nat Rev Earth Environ, 1: 103-116.

Marwick T R, Tamooh F, Teodoru C R, et al. 2015. The age of river-transported carbon: A global perspective. Global Biogeochemical Cycles, 29(2): 122-137.

Mu C C, Abbott B W, Wu X D, et al. 2017. Thaw depth determines dissolved organic carbon concentration and biodegradability on the northern Qinghai-Tibetan Plateau. Geophysical Research Letters, 44(18): 9389-9399.

Nan S, Li J, Zhang L, et al. 2018. Distribution characteristics of phosphorus in the Yarlung Zangbo River Basin. Water, 10: 913.

Ping C L, Michaelson G J, Jorgenson M T, et al. 2008. High stocks of soil organic carbon in the North American Arctic region. Nature Geoscience, 1(9): 615-619.

Ran L, Lu X X, Yang H, et al. 2015. CO_2 outgassing from the Yellow River network and its implications for riverine carbon cycle. Journal of Geophysical Research: Biogeosciences, 120(7): 1334-1347.

Ran L. 2013. Recent Riverine Carbon of the Yellow River: Fluxes, Outgassing and Burial PhD Thesis,

National University of Singapore.

Raphael S, Matschullat J, Oeste F D. 2002. The diatoms: Applications for the environmental and earth sciences. J Soils Sediments, 2(2): 103-104.

Shi W, Chen Q, Zhang J, et al. 2020. Enhanced riparian denitrification in reservoirs following hydropower production. Journal of Hydrology, 583: 124305.

Smith L K, Voytek M A, Böhlke J K, et al. 2006. Denitrification in nitrate-rich streams: Application of N_2: Ar and 15N-tracer methods in intact cores. Ecological Applications, 16(6): 2191-2207.

Stone R. 2016. Dam-building threatens Mekong fisheries. Science, 354: 1084-1085.

Taylor M, Hans H D, Philippe Van C. 2014. Worldwide retention of nutrient silicon by river damming: From sparse data set to global estimate. Global Biogeochem Cycles, 28: 842-855.

Telmer K, Veizer J. 1999. Carbon fluxes, pCO_2 and substrate weathering in a large northern river basin, Canada: Carbon isotope perspectives. Chemical Geology, 159(1): 61-86.

Teodoru C, Wehrli B. 2005. Retention of sediments and nutrients in the Iron Gate I Reservoir on the Danube River. Biogeochemistry, 76: 539-565.

Tian M, Yang X, Ran L, et al. 2019. Impact of land cover types on riverine CO_2 outgassing in the Yellow River source region. Water, 11: 2243.

Tourna M, Freitag T E, Nicol G W, et al. 2008. Growth, activity and temperature responses of ammonia—oxidizing archaea and bacteria in soil microcosms. Environmental Microbiology, 10(5): 1357-1364.

Trumbore S. 2009. Radiocarbon and soil carbon dynamics. Annual Review of Earth & Planetary Sciences, 37: 47-66.

van Cappellen P, Maavara T. 2016. Rivers in the Anthropocene: Global scale modifications of riverine nutrient fluxes by damming. Ecohydrol Hydrobiol, 16: 106-111.

Wang F, Wang Y, Zhang J, et al. 2007. Human impact on the historical change of CO_2 degassing flux in River Changjiang. Geochemical Transactions, 8(1): 7.

Wang G, Wang J, Xia X, et al. 2018. Nitrogen removal rates in a frigid high-altitude river estimated by measuring dissolved N_2 and N_2O. Science of the Total Environment, 645: 318-328.

Wang S, Peng Y, Ma B, et al. 2015. Anaerobic ammonium oxidation in traditional municipal wastewater treatment plants with low-strength ammonium loading: Widespread but overlooked. Water Res, 84: 66-75.

Wu H, Guo Z, Peng C. 2003. Distribution and storage of soil organic carbon in China. Global Biogeochemical Cycles, 17(2): 1048.

Wu J, Chen N, Hong H, et al. 2013. Direct measurement of dissolved N_2 and denitrification along a subtropical river-estuary gradient, China. Marine pollution bulletin, 66(1-2): 125-134.

Wu X D, Zhao L, Hu G, et al. 2018. Permafrost and land cover as controlling factors for light fraction organic matter on the southern Qinghai-Tibetan Plateau Science of the Total Environment, 613-614: 1165-1174.

Wu H, Guo Z, Peng C. 2003. Distribution and storage of soil organic carbon in China. Global Biogeochemical Cycles, 17(2): 1048.

Wu Y, Zhang J, Liu S, et al. 2007. Sources and distribution of carbon within the Yangtze River system. Estuarine, Coastal and Shelf Science, 71: 13-25.

Xia X, Zhang S, Li S, et al. 2018. The cycle of nitrogen in river systems: sources, transformation, and flux. Environmental Science: Processes & Impacts, 20(6): 863-891.

Xia X, Li S, Wang F, et al. 2019. Triple oxygen isotopic evidence for atmospheric nitrate and its application in source identification for river systems in the Qinghai-Tibetan Plateau. Science of the Total Environment,

688: 270-280.

Xu Z, Liu C Q. 2007. Chemical weathering in the upper reaches of Xijiang River draining the Yunnan-Guizhou Plateau, Southwest China. Chemical Geology, 239: 83-95.

Xue D, Botte J, de Baets B, et al. 2009. Present limitations and future prospects of stable isotope methods for nitrate source identification in surface-and groundwater. Water Research, 43(5): 1159-1170.

Yan W, Laursen A E, Wang F, et al. 2004. Measurement of denitrification in the Changjiang River. Environmental Chemistry,1(2): 95-98.

Yu Z, Yan N, Wu G, et al. 2021. Chemical weathering in the upstream and midstream reaches of the Yarlung Tsangpo basin, southern Tibetan Plateau. Chemical Geology, 559: 119906.

Zhang D D, Peart M, Jim, C Y, et al. 2003. Precipitation chemistry of Lhasa and other remote towns, Tibet. Atmospheric Environment, 37(2): 231-240.

Zhang L, Xia X, Liu S, et al. 2020. Significant methane ebullition from alpine permafrost rivers on the East Qinghai-Tibet Plateau. Nature Geoscience, 13: 349-354.

Zhang L, Zhang S, Xia X, et al. 2022. Unexpectedly minor nitrous oxide emissions from fluvial networks draining permafrost catchments of the East Qinghai-Tibet Plateau. Nature Communications, 13: 950.

Zhang Q, Tang F, Zhou Y, et al. 2015. Shifts in the pelagic ammonia-oxidizing microbial communities along the eutrophic estuary of Yong River in Ningbo City, China. Frontiers in Microbiology, 6: 1180.

Zhang S, Xia X, Li S, et al. 2019. Ammonia Oxidizers in High-Elevation Rivers of the Qinghai-Tibet Plateau Display Distinctive Distribution Patterns. Applied and Environmental Microbiology, 85: e01701-01719.

Zhang S, Qin W, Bai Y, et al. 2021. Linkages between anammox and denitrifying bacterial communities and nitrogen loss rates in high-elevation rivers. Limnology and Oceanography, 66: 765-778.

Zhang S, Qin W, Xia X, et al. 2020. Ammonia oxidizers in river sediments of the Qinghai-Tibet Plateau and their adaptations to high-elevation conditions. Water Research, 173: 115589.

Zhao L, Wu X, Wang Z, et al. 2018. Soil organic carbon and total nitrogen pools in permafrost zones of the Qinghai-Tibetan Plateau. Scientific Reports, 8(1): 3656.

第 9 章
西南河流源区径流适应性利用方法

西南河流源区是我国重要的水电基地，流域内蕴含着巨大的水电开发潜能。根据国家能源规划，西南河流源区的大型水系已经或正在形成梯级水库群联合开发利用的总体布局。水利工程建成后，天然河道被"截断"，进而导致径流过程、生物地球化学过程发生改变，所引发的水环境水生态问题已经引起广泛关注。同时，流域下游农业种植等人类活动也高度依靠河流水量和营养物质供给，不可避免地受到上游发电和营养物质拦截等过程影响。西南河流源区的供水、发电、环境三者之间具有复杂的联系而相互影响，从系统科学的角度来看，这是一个典型的三个子系统间的系统关联关系（nexus）。因此，研究西南河流源区径流利用中供水、发电、环境之间的关联关系是实现其径流适应性利用的关键，对于流域可持续发展和国家安全具有重要意义。本章介绍重大研究计划在系统关联关系方向的研究进展，首先根据西南河流源区诸河共性特征，概述了西南河流源区径流利用中的系统关联关系，提出基于"扰动-演化"定量模拟的系统关联分析方法；之后识别西南河流源区径流利用中最为关键的三个子系统，即供水子系统、发电子系统和环境子系统，构建了具有普适性的供水-发电-环境集成模型。在此基础上，以西南河流源区中水电开发较为成熟的代表性流域澜沧江-湄公河流域为例，量化表征供水子系统-发电子系统-环境子系统之间的关联关系，在我国境内重点关注澜沧江流域发电子系统-环境子系统的关联关系，在澜沧江-湄公河全流域聚焦供水子系统-发电子系统-环境子系统的关联关系，识别了供水、发电、环境等子系统协调发展的制约因素，并从系统弹性的角度识别径流利用的风险与合理开发范围。

9.1　径流利用中的系统关联及其研究方法

9.1.1　径流利用中的系统关联

我国西南河流源区为高山峡谷地区，巨大的水头差蕴藏着丰富的水能资源，因此梯级水电开发为流域上游的主要径流利用方式，包括已经建成的澜沧江梯级水电站和规划中的雅江梯级水电站等，水能资源利用关系着我国能源安全及碳达峰碳中和目标的实现。相较之下，流域下游多为地势平坦、人口密度大的地区，出于这种自然禀赋和社会经济发展水平的差异，流域下游则更多地关注农业供水等径流利用方式。然而，由河流水系连接的流域系统具有整体性和相互关联性，上游梯级水电开发对水量过程的改变可能在一定范围内影响下游的农业用水，发电与供水目标之间可能存在的矛盾需要在径流利用中加以关注。

西南河流源区径流开发利用涉及供水、发电、环境等多个方面，需要处理水电开发与生态环境保护（尤其是维持营养盐等生源物质输送）、下游国家农业供水之间的矛盾。这些问题和矛盾在西南源区径流利用中具有代表性和典型性，其解决须建立在科学认识流域复杂系统的基础上。近年来，系统关联分析作为复杂系统研究的一种具体途径，成为可持续发展领域新的热点（Cai et al.，2018；Liu et al.，2018）。系统关联是指多个系统间的相互作用，以及它们相互促进（synergy）或互为消长（tradeoff）的关系。在联合国提出可持续发展目标（sustainable development goals，SDGs）的背景下，系统关联研究可为多个 SDGs（如粮食、能源、水、生态、气候等）的协同改善提供科学支撑。虽然已开展了大量研究工作，但目前系统关联分析法还没有统一的定义和方法框架，相关研究主要的特点包括（郑一等，2021）：①聚焦关键系统，清晰定义各系统边界，进而量化多系统间的互馈关系；②所分析的多个系统处于平等地位，并非主次关系或从属关系；③必须分析多个系统的耦合共变而非单个系统的变化。总体而言，系统关联分析是一个从复杂系统中梳理出核心脉络的过程，其成果可有效衔接资源与环境管理的决策过程。相比于国际上目前的水-粮-能系统关联分析法研究而言，西南河流源区供水-发电-环境系统关联分析法研究呈现出几个特点：一是研究区域多为跨境河流、国际关注度高；二是研究的管理导向明确，旨在提出西南河流源区水资源的科学开发利用策略；三是研究方法上强调机理剖析与定量模拟。为此，定量刻画供水（water）-发电（energy）-环境（environment）系统关联关系（WEE nexus）可为西南源区径流的适应性利用奠定科学理论基础，并为流域可持续发展和区域稳定提供科学依据，这也是本章论述的重点。

9.1.2　基于"扰动-演化"模拟的系统关联分析方法

西南河流源区径流的适应性利用须以供水-发电-环境系统关联关系的定量解析为科学基础，但复杂系统的子系统关联关系的定量表征本身就是一项挑战。目前，已有研究尝试采用数理统计、计量经济学分析、生命周期法、耦合系统建模等方法对系统关联关系进行定量表征。数理统计方法采用相关性分析、主成分分析、聚类分析等统计手段揭示代表各系统状态的目标变量之间的关联，具有操作简单、结果直观的特点，故应用最多。然而，此类方法缺乏理论基础，无法有效揭示因果关系，也不能体现互馈作用，只能进行历史回溯性研究，难以预测系统未来的演化。计量经济学分析也采用回归等数理统计手段，但须以经济理论为基础，构建数学方程组，以表征复杂系统关联，并给出经济学解释。因此，计量经济学分析可以刻画因果关系和互馈作用，并进行未来的预测。不过，这类方法对数据的依赖程度高，某些基本假设可能与实际情况不符；适用于宏观经济体尺度分析，但较难用于流域尺度复杂耦合过程的分析。生命周期评价（life cycle assessment，LCA）是一种定量计算与评估产品、工艺过程或系统的整个生命周期实际、潜在消耗的资源及其所造成的环境负荷的常用方法。LCA 可为资源环境管理的决策过程提供一致的分析框架和环境数据支持，因此也在系统关联研究中得到应用。但 LCA 对数据的依赖程度高，本质上是一种静态的研究方法，不适用于复杂系统动态模拟研究。同时，侧重环境影响评估的 LCA 难以表征复杂系统中的社会经济因素。

西南河流源区径流利用中的供水-发电-环境系统关联十分复杂，数理统计、计量经济学分析和生命周期评价均难以进行深入解析并给出具有管理指导意义的结果。在准确描述过程机理的基础上，实现耦合系统建模是解决问题的有效途径。有学者已尝试通过构建系统动力学模型（system dynamic model，SDM），或对描述不同系统的模型进行集成等方式开展系统关联研究。这些研究代表着正确的发展方向，但在方法上仍有待进一步突破。首先，现有研究所建立的模型对过程的描述仍较为抽象和简化，尤其缺乏对人类决策行为的合理表征。其次，如何在耦合系统模拟的基础上进一步提炼出能直接指导资源环境管理的系统关联，目前仍缺乏清晰的思路和技术路线。本章以西南河流源区径流利用为背景，针对上述关键问题实现了理论与方法的创新。图 9-1 展示了通过耦合系统建模定量研究西南河流供水-发电-环境系统关联的整体思路，自下而上包括三个核心环节：

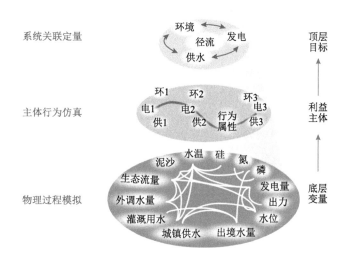

图 9-1　基于耦合系统模拟定量研究西南河流源区径流利用中的供水-发电-环境系统关联

（1）物理过程模拟。从流域实际出发，识别出代表供水、发电、环境系统关键特征的底层变量，厘清变量之间的相互关系，并构建基于过程（process-based）描述的耦合系统模型。对于西南河流源区径流利用，底层变量涉及供水、发电、环境的各个方面，尚缺乏可用于全面刻画这些变量所涉及的过程的成熟模型。为此，作者在这方面进行了创新，构建了基于过程描述的供水、发电、环境三个子系统的系统集成模型，9.2 节将对这一系统集成模型进行详细介绍。

（2）主体行为仿真。物理过程模拟为系统关联分析奠定了基础，但仅仅依靠模型对历史情景进行模拟还无法全面揭示系统关联。以西南河流源区径流利用为例，流域内存在不同的利益相关方（stakeholder），涉及供水（如不同的国家、水资源管理机构、用水单位或个人等）、发电（如水电企业）和环境（如各级环保部门）的方方面面。这些利益相关方的行为（如管理决策、生产决策和资源利用决策等）会直接影响子系统之间的相互作用以及协同演化进程。与此同时，不同利益相关方的行为还受气候变化、社会经济发展乃至国际政治形势等外部宏观因素的影响。例如，水资源管理机构会根据径流的丰枯变化进行决策，发电企业会根据能源价格波动调整生产策略，环保部门会根据社会经济发展形势加强污染治理等。因此，在系统集成模型中对这些利益相关方[在模型中可称为"主体"（agent）]的行为进行仿真，定量表征主体行为对底层变量的影响，是进一步提炼系统关联的关键。在供水-发电-环境的关联系统中，梯级水库的调度优化模块是各项功能实现的关键。因此，着重对这一关键主体的行为进行刻画，发电主体的行为通过水库优化调度的目标函数来表征，而供水和环境主体的行为通过约束条件来体现，9.2节对此有详细描述。

（3）系统关联定量。如前所述，影响子系统相互作用和协同演化的因素很多，既包括主体的行为，又包括影响主体决策的外部宏观因素。此外，某些因素的作用并未在以往的系统发展中体现（如极端性气候条件、新增用水需求、电网变化、新的国际协议等），无法从历史数据来判断其影响。理论上，可以设计大量的情景来进行模拟，然后通过数理统计手段梳理出子系统的相互作用和协同演化规律。但在现实中，针对纷繁复杂的影响因素进行情景设计本身就是一项艰巨的任务，客观数据条件通常难以完全满足情景设计的需求，而大批量运行耦合系统模型的计算成本也会让人望而生畏。针对这一问题，本章基于"扰动-演化"模拟的方法框架（郑一等，2021），对西南河流源区的供水-发电-环境系统关联进行定量分析。图9-2展示了区域径流利用中供水、发电、环境子系统在某一扰动作用下各自的状态及其相互作用的动态演化过程。扰动必须是影响系统演变的关键驱动力，需要从影响系统演化的诸多因素中进行筛选和凝练。从9.1.1节的讨论可

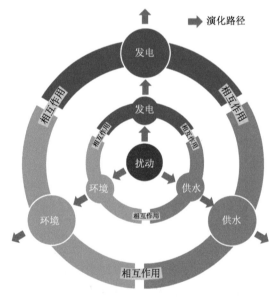

图9-2 西南河流源区供水、发电、环境系统在梯级电站优化调度（扰动）下的演化

知，在区域径流现有的开发利用中，最为关键的驱动力是梯级电站的调度。因此，将梯级电站多目标优化调度设定为重点分析的扰动因子。图 9-3 也清楚地展现了"扰动–演化"模拟区别于普通情景分析的重要特征：前者不仅需要量化表征扰动情景下系统的新状态，还需要刻画系统从旧状态变为新状态的动态路径。也就是说，不但需要揭示扰动所导致的子系统的共变关系，而且需要进一步从一系列共变关系中揭示出不同子系统之间的关联关系，即系统之间的相互作用机制。

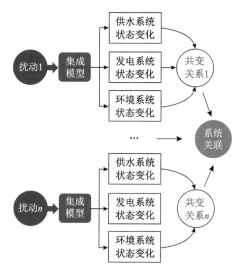

图 9-3　西南河流源区供水–发电–环境系统关联分析的总体技术路线

在图 9-1 和图 9-2 的基础上，图 9-3 进一步总结了西南河流源区供水–发电–环境系统关联分析的技术路线。首先，构建供水–发电–环境系统集成模型，定量描述底层变量所涉及的物理过程。其次，利用梯级电站目标优化调度对关键主体行为进行仿真，在此基础上设计不同的扰动情景。然后，对于每一个扰动情景，利用系统集成模型模拟供水、发电、环境系统状态的响应，并通过数理统计方法量化共变关系。最后，综合不同扰动情景下的集成模拟与共变关系分析结果，归纳出系统关联关系的核心特征。9.3 节将详细介绍利用图 9-3 所示技术路线获得的系统关联研究成果。

9.2　供水–发电–环境系统集成模型

西南河流源区供水–发电–环境系统集成模型的构建首先要对三个子系统进行识别与界定，明确建模的边界范围；其次需要确定各子系统之间的交互变量及其关联机制，搭建系统集成模型的整体框架；最后构建供水–发电–环境子系统的具体数学模型，实现系统集成模拟。本节具体介绍了上述系统集成模型的构建过程、集成模型率定所需的数据资料以及模型的求解策略。

9.2.1 子系统识别与界定

1. 发电子系统

西南河流源区水能资源丰富，水电开发是径流利用的最主要形式。同时，相较于支流水电站，干流梯级水电站的库容更大，径流调节能力更强，在整个水电系统中占主要比例并发挥核心作用。我国西南流域的水电开发策略也是在干流上规划建设多个梯级水电站。因此，本章在发电子系统中着重考虑干流梯级水库群。

2. 环境子系统

环境子系统中主要考虑传统的水文生态流量、水文情势，以及生源物质的输移过程。其中，关于生源物质的研究是最重要的创新。西南径流计划前期研究表明，生源物质磷是湖泊、水库水体富营养化的限制性营养盐，且该区域多条河流为磷限制性河流。已有监测资料表明，梯级水电站的建设会对磷产生明显的拦截，如澜沧江干流漫湾水库库区的总磷浓度在该水库建成后的 1997～2004 年逐步增加（Fan et al.，2015），库区总磷浓度的提升将增加水库库区发生富营养化的风险。与此同时，河道磷通量输送对于下游农业营养盐需求和生态环境保护等均至关重要。因此，本章以磷作为代表性生源物质，开展系统关联分析。

3. 供水子系统

受自然地理条件和资源禀赋差异影响，西南河流源区各流域供水需求主要集中在人类活动较为密集的中下游区域，由于该区域整体社会经济发展相对落后，农业仍是支撑地区经济发展的支柱产业，且与工业、城镇等其他部门相比水资源消耗量大，水资源供需矛盾突出。因此，本章在供水子系统中着重考虑下游境外各方的农业用水需求。

9.2.2 系统集成模型的整体框架

供水–发电–环境系统集成模型的整体框架如图 9-4 所示，其基本思路是将流域水文与营养盐负荷量模型、水库总磷质量平衡模型、下游供水模型耦合嵌套于面向发电子系统的梯级水库群优化调度模型中。梯级水库群优化调度模型是整个系统集成模型的核心，其调度方式（即系统的扰动）将通过径流过程直接影响环境子系统和供水子系统的行为。对于发电子系统而言，本章在设定总发电量最大和保证出力最大目标的基础上，进一步考虑了梯级水库群的发电用水需求。对于环境子系统而言，利用流域 SWAT 模型、水库总磷质量平衡模型、梯级水库群调度模型之间的输入输出关系，将水库调度与库区水体总磷的输移过程关联起来，在设定耦合模型流域出口排磷量最大目标的基础上，进一步考虑了梯级电站排磷量的环境用水需求。同时，耦合模型的关键断面径流满意度最大目标定量表征了梯级水库群调度对下游河道流量过程的改变程度，间接反映了流域的生态用水需求。对于供水子系统而言，遵循河道水量平衡基本原则，将下游供水模型与梯级水库群调度模型关联起来，通过设置模型农业供水满足度目标来反映各方农业用水需求。在系统集成模型模拟时，首先驱动发电子系统的梯级水库优化调度模型，其次依次运行流域 SWAT 模型、水库总磷质量平衡模型、下游农业供水模型。模型的具体求解过程如图 9-4 所示。

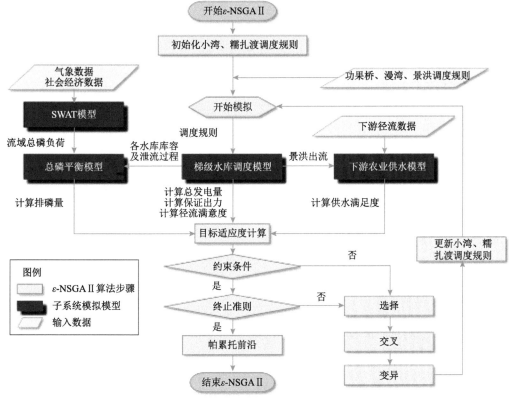

图 9-4　供水-发电-环境系统集成模型的整体框架

（1）根据 ε-NSGAII 算法随机生成一组决策变量，根据该决策变量给定的梯级水库调度规则，结合标准调度规则（SOP）与流域各水库的来水情况，指导梯级水库群调度，逐时段进行模拟，统计梯级水库群的总发电量，保证出力以及出境断面径流满意度。

（2）将各水库经发电调度后得到的逐月出库流量、库容作为各水库总磷平衡模型的输入数据，结合流域 SWAT 模型模拟得到的各水库逐月区间入库总磷负荷，从上游到下游依次计算各水库总磷质量平衡过程，逐时段模拟水库库区磷平衡过程，计算各水库逐月排磷量，并统计关键断面（如中国出境断面）排磷量的多年平均值。

（3）将梯级水库群调度后出库流量以及下游逐月径流资料输入农业供水模型，依次对各取水点进行水量平衡计算，逐时段模拟各方的农业供水情况，统计出下游农业供水满足度指标。

（4）将计算得到的目标函数相关指标反馈给 ε-NSGAII 算法，将其作为相应决策变量的适应度值，并据此生成新的决策变量。按照上述步骤依次向前迭代，直到迭代次数达到算法指定的最大模拟迭代次数，结束优化迭代并输出上述多目标优化的结果——帕累托（Pareto）非支配解集。

由于流域SWAT模型的总磷模拟计算时间长，将其直接嵌套到梯级水库群优化调度模型中会降低模型整体的优化计算效率，导致耦合模型在多维情景问题分析中的使用受限。为解决这一问题，对耦合模型各组分模型的运行次序进行了分割，做法如下：在驱动梯级水库群优化调度模型之前，先运行流域SWAT模型，从中提取各水库区间总磷负荷模拟结果，并将其作为与之关联的各水库总磷质量平衡模型的输入条件。这样，在优化计算过程中，仅需调用总磷质量平衡模型而无须反复运行SWAT模型，大大缩短了耦合模型的模拟运行时间。

需要注意的是，受可获取数据制约，这里仅以总磷为例。但研究所建立的多模型耦合框架同样适用于耦合描述泥沙、氮、硅等其他营养盐输移过程的水质模型。例如，在数据更加完备的条件下，若能建立更复杂的水质模型和生态模型，从更精细的时间尺度描述泥沙、氮、硅等其他营养盐在水库水体中的迁移转化过程，则可将上述模型与下游供水模型、梯级水库群优化调度模型进行耦合，通过多目标优化，进一步探究包含泥沙、氮、硅等营养盐物质循环的供水-发电-环境系统关联。

9.2.3　供水、发电、环境子系统模型

1. 发电子系统模型构建

发电子系统模型即梯级水库优化调度模型，具体如下。

1）目标函数

由于梯级水电站在区域电网（如云南电网）电力输送、调峰等方面具有重要的调节作用，梯级电站的保证出力越大，越有助于保障供电的可靠性。同时，还应当兼顾水能资源的充分利用，尽量实现梯级电站发电量最大，以保障发电企业的生产效益。因此，以梯级电站总发电量最大、保证出力最大为目标。

（1）梯级电站多年平均总发电量最大，如式（9-1）所示：

$$P_{j,t} = \eta_j \cdot \rho \cdot g \cdot h_{j,t} \cdot \mathrm{QG}_{j,t} \cdot \frac{1}{1000} \tag{9-1}$$

$$\max \mathrm{THP} = \sum_{t=1}^{T} \sum_{j=1}^{N} \frac{P_{j,t} \cdot \Delta t}{Y} \cdot \frac{1}{3600} \tag{9-2}$$

式中，$P_{j,t}$为水电站j在t时段的发电出力（kW）；η_j为水电站j的出力系数；$h_{j,t}$为水电站j在t时段的发电水头（m）；ρ为水的密度（kg/m³）；g为重力加速度（m/s²）；$\mathrm{QG}_{j,t}$为水电站j在时段t的发电流量（m³/s）；THP为梯级水电站的多年平均总发电量（kW·h）；

Δt 为模拟时间步长（s）；t 为时段序号；T 为以月为单位计算的水电站调度模拟期总时段数；Y 为水电站调度模拟期所对应的总年数；j 为水电站序号；N 为水电站总数。

（2）梯级电站保证出力最大，如式（9-3）所示：

$$\max \mathrm{FP} = \min_{1 \leqslant t \leqslant T} \left(\sum_{j=1}^{N} P_{j,t} \right) \tag{9-3}$$

式中，FP 为梯级电站群的保证出力（kW）。

2）约束条件

上述目标函数求解需要满足一系列约束条件，具体如下。

（1）水量平衡约束：

$$S_{j,t+1} = S_{j,t} + \left(\mathrm{QI}_{j,t} - \mathrm{QR}_{j,t} \right) \cdot \Delta t \tag{9-4}$$

$$\mathrm{QI}_{j,t} = \mathrm{QR}_{j-1,t} + q^{\mathrm{local}}_{j,t} \tag{9-5}$$

$$\mathrm{QR}_{j,t} = \mathrm{QG}_{j,t} + \mathrm{QS}_{j,t} \tag{9-6}$$

$$\mathrm{QR}_{j,t}, \mathrm{QG}_{j,t}, \mathrm{QS}_{j,t}, S_{j,t} \geqslant 0 \tag{9-7}$$

式中，$S_{j,t+1}$ 和 $S_{j,t}$ 分别为水库 j 在 t 时段末和 t 时段初的库容（m³）；$\mathrm{QI}_{j,t}$ 为水库 j 在 t 时段的总入库流量（m³/s）；$\mathrm{QR}_{j,t}$ 为水库 j 在 t 时段的下泄流量（m³/s）；$q^{\mathrm{local}}_{j,t}$ 为水库 j 在 t 时段的区间流量（近似用 t 时段水库 j 的天然入流与水库 $j-1$ 的天然入流之差表示）（m³/s）；$\mathrm{QR}_{j-1,t}$ 为水库 $j-1$ 在 t 时段的下泄流量（m³/s）；$\mathrm{QS}_{j,t}$ 为水库 j 在 t 时段的弃水流量（m³/s）。研究选用的调度模拟时间步长（月）大于水库间的径流传播时间，因此径流传播时间对相关计算的影响可忽略不计。

（2）库容约束：

$$S^{\min}_{j} \leqslant S_{j,t} \leqslant S^{\max}_{j,t} \tag{9-8}$$

$$S^{\max}_{j,t} = \begin{cases} S^{\mathrm{FLWS}}_{j} & 5 + 12 \cdot l < t < 11 + 12 \cdot l \\ S^{\mathrm{NWS}}_{j} & \text{其他} \end{cases} \quad l = 0,1,2,\cdots,(Y-1) \tag{9-9}$$

式中，$S^{\min}_{j}$ 为水库 j 的死库容（m³）；$S^{\max}_{j,t}$ 为水库 j 在 t 时段的库容上限（m³）。该值在非汛期等于水库 j 的兴利水位对应的库容 S^{NWS}_{j}，在汛期等于水库 j 的汛限水位对应的库容 S^{FLWS}_{j}。

（3）电站出力约束：

$$0 \leqslant P_{j,t} \leqslant \mathrm{IC}_{j} \tag{9-10}$$

$$0.7 \cdot \sum_{j=1}^{N} P_{j,b} \leqslant \sum_{j=1}^{N} P_{j,t} \qquad (9\text{-}11)$$

式中，$P_{j,b}$ 和 IC_j 分别为水库 j 的保证出力和容量（kW）。根据调度经验，将各水电站保证出力之和的 70%设置为梯级水电站群在调度过程中必须满足的发电出力下限，如式（9-11）所示，以避免干旱年份发生严重的供电短缺，即梯级水电站群保证出力指标始终不低于各水电站保证出力之和的 70%。

3）调度规则与决策变量

对于干流上库容相对较小、调节能力相对较弱的季调节水库，因采用一种简化的标准调度规则（SOP）指导此类水库的发电调度，而不优化其调度规则。对于干流具有多年调节能力的梯级控制型水库，选取调度规则作为决策变量进行优化，调度图可概化为图 9-5 并用于指导发电调度（Li et al.，2018；陈翔等，2014）。概化后的发电调度图共包含三条发电出力控制线。它们将整个调度空间划分为 4 个区域，从下到上依次为降低出力区（Zone 1）、保证出力区（Zone 2）、加大出力区Ⅰ（Zone 3）、加大出力区Ⅱ（Zone 4）。调度图可用 11 个决策变量来表征，包括指定发电出力控制线在非汛期和汛期所处库容位置的 6 个库容变量（Z_1、Z_2、Z_3、Z_4、Z_5 和 Z_6），描述发电出力控制线起落时间的两个时间变量（t_1 和 t_2），以及反映降低出力区、加大出力区Ⅰ和加大出力区Ⅱ各自出力要求的 3 个出力系数变量（C_1、C_2 和 C_3）。值得注意的是，保证出力区（Zone 2）的出力系数为 1，不需要优化。

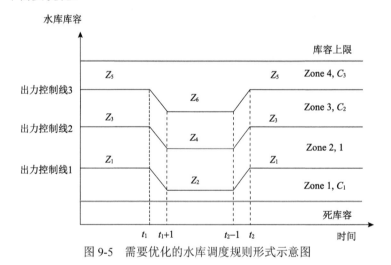

图 9-5　需要优化的水库调度规则形式示意图

2. 环境子系统模型构建

在环境子系统中，对于磷限制性河流，为降低库区水体因磷拦截过多而发生富营养化的风险，维持向下游输送的磷通量，梯级水电站调度过程中应尽可能使磷通量维持在较高水平。同时考虑天然洪水脉冲过程是维持河流生态多样性的关键所在，因此，梯级电站调度过程中还应尽可能减少对下游河道流量过程的改变。

对于生源要素磷而言，环境子系统模拟包括流域和水体两部分。对于流域部分，构建了流域 SWAT 模型，模拟了流域产汇流、产沙及总磷负荷输出过程。对于水体部分，采用 Vollenweider 于 1975 年提出的总磷质量平衡模型（Vollenweider，1975），描述总磷在库区水体的动态输移过程，假定磷在库区水体中完全混匀，总磷的输移规律可用总磷浓度来描述，且总磷浓度仅为时间的函数（与水体空间位置无关）。采用总磷质量平衡模型的合理性在于该模型的基本假定与水库调度模型中的零维水量平衡计算维度一致。而且相关研究表明，水库对总磷的拦截作用主要受水库下泄流量控制，采用总磷质量平衡方程足以支撑侧重水库管理、调控策略影响分析的研究（Zmijewski and Wörman，2017；Lu et al.，2016）。总磷质量平衡模型的输入数据包括水库入流过程、出流过程、库容变化过程及入库总磷负荷。其中，水库的入库总磷负荷包括其紧邻的上游水库的排磷量和两水库之间的区间来磷量，区间总磷负荷数据由流域 SWAT 模型提供。除水库区间总磷负荷数据外，水库总磷质量平衡模型中涉及的其他模型输入数据均由水库调度模拟模型输出。水库的沉积系数 σ 是总磷质量平衡模型中需要确定的唯一参数，该参数反映了颗粒态磷因沉降而脱离水体的过程，是水体总磷浓度变化的主要因素。

在整个梯级水电的调度中，研究要求梯级水电调度后流域出口排磷量最大，因此，目标函数如式（9-12）所示：

$$\max \text{TPE} = \frac{\sum_{t=1}^{T} \text{QR}_{k,t} \cdot c_{k,t} \cdot \Delta t}{Y} \cdot \frac{1}{1000} \tag{9-12}$$

式中，k 为流域关键位置水电站的序号（这里 k 指代中国境内出口位置水电站序号）；Δt 为模拟时间步长（s）；$\text{QR}_{k,t}$ 为水库 k 在 t 时段的下泄流量（m³/s）；$c_{k,t}$ 为 t 时段水库 k 下泄流量的总磷浓度（kg/m³）；TPE 为梯级水库群的多年平均排磷量（t）。

采用总磷拦截率定量表征干流水库对总磷的滞留效应，具体计算如式（9-13）所示：

$$R_j = \frac{X_{j,\text{in}} - X_{j,\text{out}}}{X_{j,\text{in}}} \tag{9-13}$$

式中，R_j 为水库 j 的总磷拦截率；$X_{j,\text{in}}$ 和 $X_{j,\text{out}}$ 分别为水库 j 的多年平均入库总磷负荷和多年平均排磷量。

而对于水文情势的变化这一环境目标，许多研究指出为保护下游河道的水生生态系统，水库调蓄后的径流过程应尽可能接近天然流量过程。为此，研究增设了径流满意度（runoff satisfactory degree，RSD）最大目标，如式（9-15）所示：

$$M_m = \left| \frac{\text{Nm}_{o,m} - \text{Nm}_{e,m}}{\text{Nm}_{e,m}} \right| \cdot 100\% \tag{9-14}$$

$$\max \text{RSD} = 1 - \sum_{m=1}^{12} w_m M_m \tag{9-15}$$

式中，M_m 为水库调蓄后第 m 个月的多年平均径流相对天然流量的偏离程度； $\mathrm{Nm}_{e,m}$、$\mathrm{Nm}_{o,m}$ 分别为自然条件下与水库调度后第 m 个月径流的多年平均值；w_m 为第 m 个月流量偏离度的权重（假定各月份权重相等）。径流满意度越大，水库调度对下游河道径流过程的改变程度就越小。

3. 供水子系统模型构建

在供水方面，首先概化了下游干流的农业取水点位置，根据河道水量平衡和农田水量平衡等基本原则（图9-6），设定了各取水点在取水过程中应满足的水量平衡约束与取水量约束，将下游供水模型与梯级电站调度模型连接起来，即将水库的逐月出库流量作为下游供水模型的入境序列，叠加下游各区间的来水与农业用水需求后，即可得到不同调度方案下的农业取用水量。与此同时，为避免各取水点取用水过量以挤占河道生态用水、影响下游河道的生态环境，还根据各河道断面生态用水需求，设置了各取水点取用水后河道流量应满足的生态流量约束。

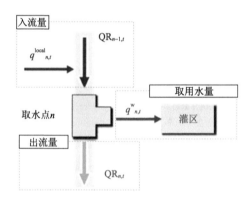

图 9-6　取水点 n 处的水量平衡计算示意图

综上，为缓解流域农业供水短缺，研究设定了农业供水满足度（satisfactory degree of agricultural water supply，SDAWS）最大目标，如式（9-16）所示：

$$\max \mathrm{SDAWS} = \frac{\dfrac{1}{Y} \cdot \sum_{t=1}^{T} \sum_{n=1}^{7} q^{\mathrm{w}}_{n,t} \cdot \Delta t}{\sum_{t=1}^{12} \sum_{n=1}^{7} D_{n,t}} \cdot 100\% \qquad (9\text{-}16)$$

式中，$q^{\mathrm{w}}_{n,t}$ 为灌区 n 在时段 t 从干流取用的水量（m^3/s）；$D_{n,t}$ 为灌区 n 在时段 t 的农业用水需求（m^3）。农业供水满足度指标越大，下游国家的农业总缺水量就越小。

在模型模拟过程中，不同灌区按照其取水点在所处的上下游地理位置关系，依次从干流取水，概化了各取水点处的水量平衡过程，如图9-6所示，其数学表达如式（9-17）所示：

$$\mathrm{QR}_{n-1,t} + q^{\mathrm{local}}_{n,t} = \mathrm{QR}_{n,t} + q^{\mathrm{w}}_{n,t} \qquad n = 1, 2, 3, \cdots, 7 \qquad (9\text{-}17)$$

式中，$q^{local}_{n,t}$ 为 t 时段取水点 n 处的区间来水（m^3/s）；$q^w_{n,t}$ 为 t 时段灌区 n 的取用水量（m^3/s）；$QR_{n,t}$ 为取水后干流取水点 n 在 t 时段的河道流量（m^3/s）。

为避免各取水点取用水过量以挤占河道生态用水、影响下游河道的生态环境，式（9-17）中给出的各取水点的水量平衡计算需满足如下约束条件：

$$QR_{n,t} \geqslant r^{eco}_{n,t} \quad n = 1,2,3,\cdots,7 \tag{9-18}$$

式中，$r^{eco}_{n,t}$ 为 t 时段取水点 n 处的最小生态流量（m^3/s）。

9.2.4　模型耦合与求解

通过模拟-优化模式将流域 SWAT 模型、总磷质量平衡模型、下游供水模型耦合嵌套到梯级水库群优化调度模型中，形成供水-发电-环境系统集成模型，它既具有三个子系统耦合模拟的功能，又具有系统优化模拟的功能。在梯级水库群优化调度模型构建中，采用 ε-NSGAII 算法求解供水-发电-环境系统集成模型（即子系统耦合模拟与系统优化模拟）。

本节采用参数敏感性分析法确定了 ε-NSGAII 算法的优化参数取值，如表 9-1 所示。前期分析结果表明，调整表中相关参数的取值大小并不会影响后续分析得到的相关结论。为减弱 ε-NSGAII 算法随机性的影响，本节对上述优化调度模型进行了多次随机求解，并将每次随机搜索获得的解集融合在一起进行非支配排序，得到本节后续分析所采用的 Pareto 非支配解集。

表 9-1　ε-NSGAII 算法参数设置

参数名称	参数取值
初始种群数	100
最大运算迭代次数	200000
变异运算分布指数	20
多点变异的变异率	0.125
交叉运算分布指数	15
二进制交叉运算的交叉率	1.0
目标函数 THP 精度	0.03（10^{10} kW·h）
目标函数 FP 精度	0.03（10^6 kW）
目标函数 RSD 精度	0.03（—）
目标函数 TPE 精度	0.03（10^3 t）
目标函数 SDAWS 精度	0.03（10^{-1}）

9.3 供水-发电-环境系统关联分析

西南河流源区供水-发电-环境系统集成模型为系统关联关系分析提供了通用量化手段，而涉及具体的关联关系量化结果需要聚焦到重点流域。本节以西南河流源区中水电开发已具一定规模的澜沧江-湄公河流域为分析对象。目前，中国境内澜沧江流域已经在下游形成了以小湾、糯扎渡两个巨型水电站为核心的"两库七级"开发方案，下游湄公河流域孕育了东南亚最大的内陆渔场洞里萨湖以及"粮仓"越南三角洲，且流域梯级水库对泥沙、磷等生源物质拦截也已经引起广泛关注。作为西南河流源区典型案例，澜沧江-湄公河流域内供水、发电、环境系统间的关联关系鲜明且复杂，具有一定的代表性，本节具体结合该流域径流利用中的主要矛盾，从我国境内澜沧江流域和澜沧江-湄公河全流域两个空间尺度对供水-发电-环境系统关联关系展开分析。其中，在我国境内重点关注澜沧江流域发电-环境系统的关联关系（9.3.1 节），在澜沧江-湄公河全流域聚焦供水-发电-环境系统的关联关系（9.3.2 节）。

9.3.1 澜沧江流域发电-环境系统关联量化分析

1. 典型情景设置及其合理性检验

由于供水不是澜沧江径流的主要利用方式，在研究中国境内的系统关联时，发电子系统与环境子系统之间的系统关联是核心。遵循 9.1 节中提出的基于"扰动-演化"模拟的系统关联分析方法，采用 9.2 节设定的系统集成模型，对关联关系进行研究。为定量表征水库调度方式对澜沧江干流总磷通量的影响，研究设计了如下三组数值试验。

试验 1：建立以发电量最大和保证出力最大为目标的常规梯级水电站群发电优化调度模型，获取 Pareto 非支配解集。在此基础上，对各水库总磷质量平衡模型进行数值求解，得到与每一个 Pareto 非支配解相对应的水库多年平均排磷量，以定量表征梯级水库群常规发电调度对澜沧江总磷的拦截作用。

试验 2：以澜沧江干流最大的两个水库——小湾和糯扎渡为研究对象，放松水库特征库容约束，分析水库特征库容约束变化对流域出口排磷量的影响。表 9-2 中列出了本节假定的两种典型水库特征库容约束（包括水库汛限水位对应库容和水库兴利水位对应库容）变化情景。根据试验 1 优化得到的发电量最大的水库调度规则，依次对表 9-2 中的各种情景进行了调度模拟。对比分析情景 B、情景 C、情景 D 与情景 A 的模拟结果，即可揭示水库汛限水位对应库容（汛期允许的水库最大蓄水量）约束变化对出口排磷量的影响，兴利蓄水位对应库容（非汛期允许的水库最大蓄水量）约束的影响可由情景 E、情景 F、情景 G 与情景 D 模拟结果之间的差异体现。

表 9-2　试验 2 中假定的库容约束放松情景

情景编号	库容约束变化	
	汛限水位对应库容	兴利蓄水位对应库容
A	0%	0%
B	−10%	0%
C	−20%	0%
D	−25%	0%
E	−25%	−10%
F	−25%	−20%
G	−25%	−25%

注：情景 B～G 中，仅减小小湾水库和糯扎渡水库的库容约束上限值，其他水库的库容约束保持不变。

试验 3：建立以梯级电站总发电量最大、保证出力最大和出口排磷量最大的多目标优化调度模型，揭示澜沧江流域的发电-环境系统关联，探索促进总磷物质循环的梯级水库群生态调度策略。

上述三个试验的内在逻辑联系为：试验 1 初步分析了常规水库调度对流域出口排磷量的影响，并揭示了发电量最大和保证出力最大两个优化目标之间的竞争协同关系。试验 2 在试验 1 的基础上，进一步分析了水库特征库容约束对出口排磷量的影响。试验 3 在试验 1 的基础上增设了流域出口排磷量最大的目标，全面展示了发电-环境两者之间的竞争协同关系。

上述三组数值试验模拟过程中均采用了各水库沉积系数 σ 的均值。SWAT 模型模拟得到的总磷负荷以及各水库总磷沉积系数的取值分别代表了模型最主要的输入不确定性和参数不确定性。为揭示这二者对研究相关结论的影响，本节开展了模型输入和参数的不确定性分析，具体步骤如下：首先，针对模型输入不确定性，设置了三个总磷负荷扰动情景（−20%、0、+20%），以反映 SWAT 模型对澜沧江总磷负荷量级估算的不确定性。在每种负荷扰动情景下，采用前述沉积系数反推法推求与之相应的各水库沉积系数取值范围及其均值，如表 9-3 所示。由表 9-3 可知，由于可获取的流域水质监测数据有限，沉积系数的不确定性很大，表 9-3 中沉积系数 σ 的取值均处于文献报道 σ 取值的合理范围之内（Maavara et al.，2015；Hejzlar et al.，2006）。其次，针对模型参数不确定性，假定各水库的沉积系数服从均匀分布。对每一负荷扰动情景，采用蒙特卡洛法，在表 9-3 限定的沉积系数取值范围内，分别对 5 个水库的沉积系数进行随机抽样，生成 4000 组沉积系数样本（每个样本包括与 5 个水库相对应的 5 个沉积系数取值）。最后，根据蒙特卡洛法抽样得到的与各总磷负荷扰动量级相应的沉积系数样本，结合数值试验 1～3 中得到的典型调度方案，依次进行调度模拟和各水库水体的总磷平衡计算，统计分析模型输入和参数不确定性对模拟结果的影响。在后续分析中，除非特别强调（如不确定分析），均采用根据 SWAT 模型模拟得到的原始总磷负荷及与之相应的各水库沉积系数的均值进行水库水体的总磷质量平衡计算。

表 9-3　三种总磷负荷扰动量级下各水库沉积系数 σ 取值范围及其均值分布情况

水库名称	总磷负荷扰动量级	σ_{max} /a^{-1}	σ_{min} /a^{-1}	σ 均值/a^{-1}
功果桥		403.0	0.1	201.6
小湾		15.4	1.4	8.4
漫湾	0%	63.0	0.1	31.6
糯扎渡		30.0	4.3	17.2
景洪		172.0	51.0	111.5
功果桥		403.0	33.0	218.0
小湾		19.6	3.2	11.4
漫湾	+20%	72.0	0.1	36.1
糯扎渡		36.0	6.2	21.1
景洪		206.0	66.0	136.0
功果桥		403.0	0.1	201.6
小湾		11.5	0.1	5.8
漫湾	−20%	48.0	0.1	24.1
糯扎渡		23.9	2.7	13.3
景洪		136.0	37.0	86.5

2. 发电调度对出口排磷量的影响

为揭示常规发电调度规则对澜沧江出口排磷量的影响，首先对比分析了试验 1 优化得到的 Pareto 解集（图 9-7）中的三个典型方案，包括：方案 1——发电量最大方案、方

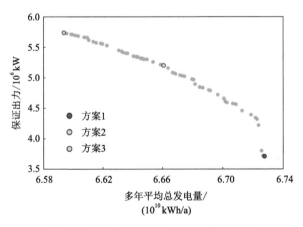

图 9-7　试验 1 计算所得 Pareto 前沿解集

案 2——中间方案和方案 3——保证出力最大方案。表 9-4 列出了上述三个典型方案下，梯级水库群的总发电量、保证出力目标及其对应的流域出口排磷量模拟值。与方案 2 和方案 3 相比，采用方案 1 指导水库发电调度得到的多年平均出口排磷量（2080t/a）更大。图 9-8 列出了上述三个方案下，糯扎渡水库的月平均库容及景洪水库的月平均下泄流量情况，以进一步分析上述现象产生的原因。可以看出，在方案 1 下，为提高梯级水电站整体的发电量，糯扎渡水库需在 6 月之前多蓄水，以保证电站在汛期以高水位运行[图 9-8（a）]；这使景洪水库非汛期的下泄流量减小，汛期下泄流量增加[图 9-8（b）]。由于流域>70%的磷负荷集中发生在汛期，方案 1 对应的流域出口排磷量也因其汛期下泄流量更大而大于其他两个方案。

表 9-4　三种典型方案下的优化目标及其对应的景洪出口排磷量

调度方案	总发电量/10^{10}kW·h	保证出力/10^6kW	出口排磷量/（t/a）
方案 1	6.724	3.717	2080
方案 2	6.657	5.212	2007
方案 3	6.590	5.747	1922

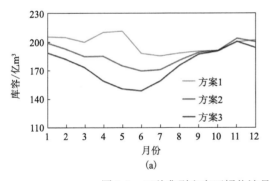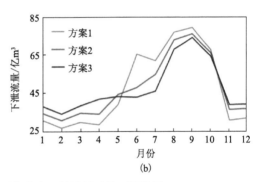

图 9-8　三种典型方案下糯扎渡月平均库容及景洪月平均下泄流量

图 9-9 列出了所有 Pareto 前沿解的出口排磷量情况，进一步挖掘常规发电优化调度规则在提升流域出口排磷量方面的潜力。如图 9-9 所示的颜色轴，流域出口排磷量的多年平均值在常规优化调度规则下可从 1907 t/a 变化至 2091 t/a，变化幅度较小（不足 10%）。这表明采用常规的发电优化调度模型难以大幅提升澜沧江流域的出口排磷量。造成上述现象的主要原因是，对发电调度有利的出库流量过程与出口排磷量提升所需的出库流量过程不一致：图中所有的调度方案都会使水库在 6～11 月逐渐蓄水，保证水库在汛末维持在较高水位运行，以避免非汛期因流域来水不足而发生严重的供电短缺现象；而这一时期也是水库来磷量最大的时候，在此期间水库蓄水将促进入库总磷在库区的沉降，从而抑制流域出口排磷量的提升。

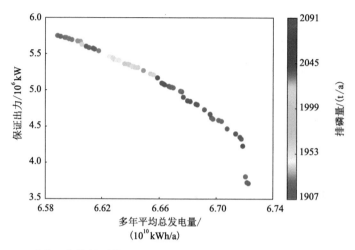

图 9-9 试验 1 优化得到的 Pareto 非支配解及其对应的多年平均出口排磷量

3. 水库特性对总磷滞留效应的影响

以试验 1 中的方案 1（发电量最大方案）为例，进一步分析澜沧江干流不同水库对总磷的拦截作用。经验证，采用图中其他调度方案得到的结果与方案 1 差别不大。图 9-10 列出了澜沧江干流总磷的收支平衡情况以及各水库的总磷拦截率。可以看出，研究考察的 5 个水库的总磷拦截率取值范围为 15.4%～81.4%。需要注意的是，尽管图 9-10 所示结果表明，梯级水库群对澜沧江流域总磷输送具有明显的拦截作用，但根据 Yoshimura等（2009）对澜沧江-湄公河全流域总磷负荷的估计值（363000 t/a）可推知，澜沧江流域总磷负荷占全流域总磷负荷的比重不大（约为 5.8%）。因此，下湄公河总磷通量受澜沧江梯级水库群总磷拦截作用的影响不大。

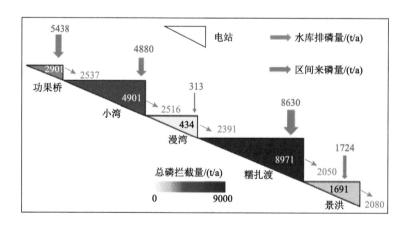

图 9-10 方案 1 下各水库的总磷拦截率

图中三角形的大小代表水库的库容大小，三角形填充颜色的深浅代表了水库总磷拦截率的大小；R_j 代表水库 j 的总磷拦截率

如图 9-10 所示，与其他水库相比，澜沧江干流最大的两个水库——小湾和糯扎渡对

总磷的拦截作用更显著。上述现象发生的主要原因是：与其他水库相比，小湾水库和糯扎渡水库的库容较大，其对总磷的滞留时间更长（表 9-5），有利于总磷在库区发生沉降。同时，水库在流域中所处的位置也会影响其对总磷的拦截作用。如图 9-10 所示，虽然功果桥水库的库容小于漫湾水库，但功果桥的总磷拦截率明显高于漫湾水库。作为梯级水库群的最上游水库，功果桥水库的入库总磷负荷主要来自土壤侵蚀，与其他水库相比，其颗粒态磷的比重大，更易因沉降而被水库拦截。与之相反，漫湾水库的入库磷负荷主要来自其上游小湾水库的下泄排磷量。由于上游水库（功果桥、小湾）对颗粒态磷的拦截作用，进入漫湾水库的颗粒态磷含量显著减小，漫湾水库对总磷的拦截作用也随之减小。上述结果表明，当总磷输送在流域管理中的偏好较大时，在梯级水库群的规划建设及调控管理中要系统考虑流域总磷负荷的空间分布异质性。例如，为维持流域健康的总磷物质循环，应尽可能将水库坝址安置在总磷负荷贡献较小的河段，以减小水库建设对流域生态环境的影响。

表 9-5　方案 1 下各水库月平均下泄流量、总磷沉积量及滞留时间取值情况

水库名称	库容/亿 m³	下泄流量/亿 m³	滞留时间/年	总磷沉积量/t
功果桥	3.2	27.06	0.016	241.8
小湾	150.4	33.11	0.291	408.4
漫湾	9.2	33.46	0.009	36.2
糯扎渡	237.0	45.76	0.438	747.6
景洪	11.4	47.15	0.013	140.9

4. 特征库容约束对出口排磷量的影响

图 9-11 展示了梯级水库群出口排磷量在假定特征库容约束情景（详见表 9-2 中的情景 A～G）下的模拟结果。如图 9-11（a）所示，随着小湾水库和糯扎渡水库汛限水位降低，对应库容减小，汛期（7～10 月）出库流量增加，由于该时期入库总磷负荷较大（占全年的 70%以上），因此对应的水库排磷量随之增加。这也增加了景洪水库的同期入库流量和入库总磷负荷，进而提升了流域的出口排磷量（即景洪水库的出库总磷通量）。量化结果显示，汛限水位降低导致库容减少 25%时，流域出口排磷量将增加 21.88%。相较之下，小湾水库和糯扎渡水库兴利水位降低对排磷结果几乎无影响，当兴利库容减少 25%时，对应的出口排磷量仅仅减小 0.08%，如图 9-11（b）所示。

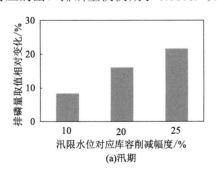
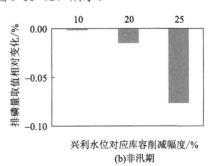

图 9-11　汛期和非汛期不同库容约束下梯级水库群排磷量相对变化

进一步分析发现，降低汛限水位导致对应库容减小对梯级水库群系统的多年平均总发电量影响很小。如表 9-6 所示，在方案 1 下，汛限水位对应库容减小 25%，流域出口排磷量增加 21.88%，梯级水库群多年平均总发电量仅减小 7.69%。这一现象产生的原因是水电站在汛期因下泄流量增加而增发的电量抵消了其在非汛期因库容减小而造成的发电损失。这一结果表明，降低水库汛限水位可以有效提升澜沧江流域的出口排磷量，但上述操作可能会造成水库在汛期的弃水增加，水库在汛末难以蓄至兴利水位，降低梯级水电站群非汛期的保证出力，影响电力系统的平稳运行。总之，上述结果表明，当管理者对环境目标的偏好增加时，梯级水库群的调度决策将会变得更加复杂。

表 9-6   方案 1 不同汛期库容约束下流域出口排磷量及梯级水库群发电指标表现

库容约束削减幅度/%	出口排磷量/(t/a)	总发电量/10^{10}kW·h	保证出力/10^6kW
0	2080	6.724	3.717
10	2253	6.510	3.281
20	2415	6.310	2.273
25	2535	6.207	1.809

5. 澜沧江流域发电-环境系统关联

进一步分析了常规发电优化调度目标与环境目标之间的竞争协同关系。图 9-12 展示了试验 3 中加入出口排磷量最大目标后优化得到的 Pareto 非支配解集。图 9-12 中的 x 轴、y 轴和颜色轴分别代表梯级水库群的多年平均总发电量、保证出力和出口排磷量目标，各目标的最优方向如图中黑色箭头所示。图 9-12 中黑色圆圈标识的解为试验 1 中常规发电优化调度得到的 Pareto 前沿解，黑色三角形标记的方案 O 代表排磷量目标取值最大的解。图 9-12（a）的结果表明，梯级水库群的总发电量与保证出力目标之间存在竞争关系。随着流域出口排磷量目标的加入，图 9-12（a）中 Pareto 非支配解集的解空间范围扩大。在试验 3 优化得到的 Pareto 解集中，流域出口排磷量的最大值增加到 2561 t，比试验 1 中模拟得到的排磷量最大值增加了 22%。这表明在优化调度模型中增设排磷量目标可显著提升澜沧江流域的出口排磷量。此外，排磷量目标最大的解位于图 9-12（a）的左下角，远离试验 1 中得到的常规发电优化调度的 Pareto 前沿（黑色圆圈标记）。这说明排磷量目标与两个常规发电调度目标之间存在激烈的竞争关系。产生上述现象的原因是使排磷量目标达到最优需要的水库出库流量过程与使常规发电目标达到最优所需的出库流量过程不一致：要提升流域出口排磷量，水库应尽可能在 7～11 月多泄水（图 9-13），而常规发电优化调度须在这一时期多蓄水。此外，图 9-12（b）表明排磷量最大目标与梯级水库群保证出力最大目标之间的竞争关系比排磷量最大目标与梯级水库群总发电量最大目标之间的竞争关系更激烈。产生上述现象的主要原因如下：水库在蓄水期（7～11 月）为增加流域出口排磷量而增加的下泄流量增加了这一时期水电站的发电量。这部分增发电量抵消了梯级水库群 12 月～次年 6 月的发电量损失（图 9-13）。而水电站在非汛期的出力将因排磷量增大造成的非汛期下泄流量减小而减小。因此，流域出口排磷量与保证出力最大目标之间的竞争关系更激烈。

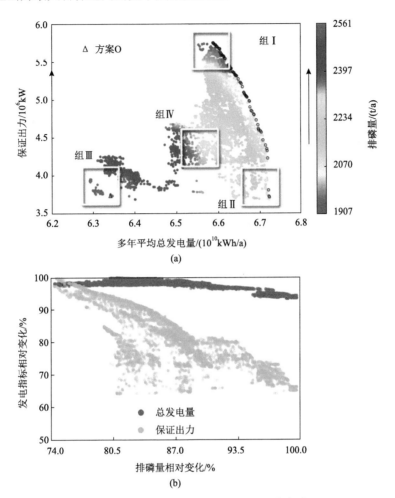

图 9-12　试验 3 优化得到的 Pareto 近似解集

（a）为试验 3 优化得到的梯级水库群总发电量、保证出力及出口排磷量取值情况；
（b）为（a）中 3 个目标与其各自最大值相比的相对变化

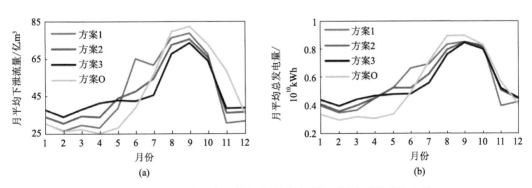

图 9-13　不同调度方案下梯级水库群月平均下泄流量及总发电量

澜沧江流域上述多目标之间的竞争协同关系分析可为流域相关调度决策提供参考。当澜沧江梯级水库群需要在电网中维持相当的调峰容量时，决策者可采用梯级水电站保证出力更大的解[图 9-12（a）中的组Ⅰ]；当决策者追求更高的发电效益时，图 9-12（a）中的组Ⅱ解应被采纳；当下游生态系统的维系需要澜沧江提供更多的总磷通量时，决策者可选择出口排磷量更大的解组Ⅲ；当能源部门与环境机构的利益相关者需要制定流域的整体规划并为之做出利益让步时，管理者可采用图 9-12（a）中的折中解组Ⅳ。

6. 模型不确定性对发电-环境系统关联的影响

采用蒙特卡洛法评估了模型输入不确定性（流域总磷负荷）和参数不确定性（σ）对前几节计算结果的影响。图 9-14 展示了原始总磷负荷下 σ 参数不确定性的分析结果。如图 9-14（a）所示，σ 取值变化会使模型模拟得到的出口排磷量存在很大不确定性，但各调度方案之间的相对变化受 σ 取值变化的影响不大，相关结果与前几个小节结论一致：采用常规发电优化调度方案 1、方案 2、方案 3 模拟得到的出口排磷量数值很接近，且方案 1 的出口排磷量大于方案 2 的出口排磷量，方案 2 又大于方案 3 的出口排磷量；而采用排磷量最大方案 O 模拟得到的流域出口排磷量明显高于其他方案。图 9-14（b）和（c）表明水库特征库容约束变化对出口排磷量的影响受 σ 取值变化的影响并不显著。

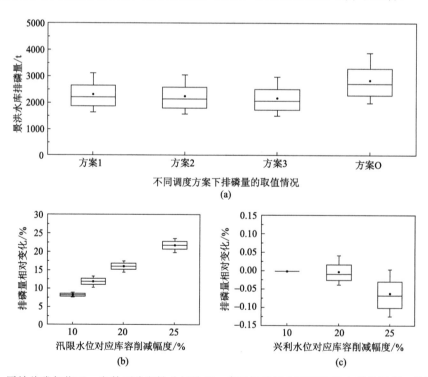

图 9-14　原始总磷负荷下 σ 参数不确定性分析结果：出口排磷量在不同调度方案及汛期、非汛期不同库容约束下的变化情况

图中上、下箱须分别代表样本在第 90 和第 10 百分位处的样本值，箱子的上、下外边缘分别代表样本在第 75 和第 25 百分位处的样本值，箱内的水平线代表样本中位数，小黑点代表样本均值

为进一步分析模型输入不确定性（总磷负荷量级）与参数 σ 不确定性的耦合影响，图 9-15 进一步比较了不同总磷负荷量级下，各水库总磷拦截率均值及其变异系数（coefficient variation，CV）的变化情况。可以看出，由模型输入不确定性引起的各水库总磷拦截率均值及变异系数的变化很小。总之，研究结果表明本节所构建的模型尽管存在较大不确定性，但不会显著影响本节的主要结论。

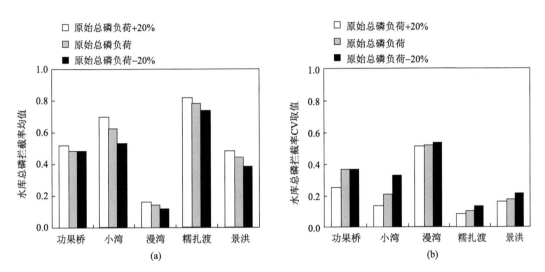

图 9-15　不同总磷负荷输入扰动下各水库总磷拦截率的均值和变异系数取值情况

9.3.2　澜沧江-湄公河跨境供水-发电-环境系统关联量化分析

在前面的工作基础上，将研究对象进一步扩展为澜沧江-湄公河流域整体。考虑湄公河流域内各国的农业用水需求，本节构建并集成下游各国农业供水模型，从而建立以澜沧江干流梯级水库群多年平均总发电量最大、保证出力最大、澜沧江流域出境断面径流满意度最大、澜沧江流域出口排磷量最大、下游国家农业供水满足度最大为目标的供水-发电-环境系统集成模型，包括系统耦合模拟功能和系统优化模拟功能。基于该系统集成模型，本节着重分析澜沧江梯级水电调度所产生的跨境影响，揭示澜沧江-湄公河流域供水-发电、供水-环境之间的关联关系，识别供水-发电-环境系统协调发展的制约因素。

1. 典型情景设置及其合理性检验

考虑澜沧江境内发电与环境的关联关系，以及澜沧江-湄公河跨境影响，本节设置了 3 种多目标优化方案，如表 9-7 所示。方案 I 仅考虑梯级水电发电调度常用的发电量与保证出力目标以及水库生态调度常用的径流满意度最大目标；方案 II 在方案 I 的基础上增加了澜沧江流域出口排磷量最大目标；方案III在方案II的基础上增加了湄公河供水满足度最大目标。与方案Ⅰ相比，方案Ⅱ和方案Ⅲ中增加了表征上游梯级水电开发对河道下游总磷输送和农业供水影响的指标。方案Ⅰ与方案Ⅱ的对比分析，可以定量表征排磷量最大目标对解空间的影响，方案Ⅲ与方案Ⅱ的对比分析则反映了湄公河供水目标带来的影响。除此之外，方案Ⅲ的优化结果还可用于识别本节关注的 5 个目标之间存在的竞争协同关系。任意两个目标之间的竞争协同关系均可由整个 Pareto 非支配解集在这两个目标所构成的二维空间内的图形可视化结果清晰且直观地反映出来。为进一步定量表征多目标之间存在的竞争协同关系的强弱程度，本节还选取了广泛用于评估变量间非线性关系的肯德尔秩相关系数（Kendall's tau，τ），对方案Ⅲ优化得到的整个 Pareto 非支配解集两两目标之间的相关关系进行了统计分析。肯德尔秩相关系数的数学表达如式（9-19）所示：

$$\tau = P\big[(x_1 - x_2)\cdot(y_1 - y_2) > 0\big] - P\big[(x_1 - x_2)\cdot(y_1 - y_2) < 0\big] \tag{9-19}$$

式中，(x_1, y_1) 和 (x_2, y_2) 为由两个随机变量组成的向量 (X, Y) 的两个随机样本；$P[\cdot]$ 为概率函数计算，肯德尔秩相关系数的取值范围为 $-1 \sim 1$。

表 9-7　本节采用的 3 种多目标优化方案

方案编号	优化目标				
	THP	FP	RSD	TPE	SDAWS
Ⅰ	√	√	√	×	×
Ⅱ	√	√	√	√	×
Ⅲ	√	√	√	√	√

注：√代表包含，×代表不包含；THP 代表梯级水库群的多年平均总发电量；FP 代表梯级水库群在模拟期的保证出力；RSD 代表澜沧江出境断面的径流满意度；TPE 代表澜沧江流域的出口排磷量；SDAWS 代表下游国家的农业供水满足度。

本节首先分析了排磷目标与湄公河农业供水目标对多目标优化解空间的影响。表 9-8 统计了各优化方案得到的 Pareto 解集在发电量、保证出力、出口排磷量、径流满意度及下游供水满足度 5 个维度的取值范围情况。从表 9-8 可以看出，与方案Ⅰ相比，方案Ⅱ中新增的排磷量最大目标可以显著提升流域出口排磷量的最大值，但梯级水库群的总发电量和保证出力最小值随该目标的加入明显下降。这表明出口排磷量目标与发电量、保证出力目标之间存在竞争关系。与发电量指标的最小值相对变化相比，保证出力指标最小值的相对变化更大，说明排磷量与保证出力之间的竞争关系更激烈。需要注意的是，方案Ⅱ中排磷量目标的加入并不会显著影响径流满意度的取值范围，这表明排磷量最大目标与径流满意度最大目标之间不存在明显的竞争关系。方案Ⅱ与方案Ⅲ的对比说明考虑下游农业供水的供水满足度最大目标的加入，在显著增加下游供水满足度最大值的同时，会使其他目标（尤其是径流满意度）的最小值减小。鉴于澜沧江出境断面的径流满意度、总磷通量与湄公河下游的农业供水是湄公河下游国家关注的焦点问题，表 9-8 的结果表明流域供水、发电、环境三者之间存在复杂的关联关系，上、下游国家可能因水资源利用分歧而产生利益冲突，这也是本节分析的核心所在。

表 9-8　三种优化方案下 5 个拟优化指标取值范围变化情况

方案名称	项目	THP/10^10 kW·h	FP/10^6 kW	RSD（一）	TPE/10^3 t	SDAWS（一）
I	最大值	6.902	6.035	0.705	2.255	0.818
	最小值	6.711	4.189	0.225	1.785	0.737
II	最大值	6.902（+0.00%）	6.035（+0.00%）	0.705（+0.00%）	2.371（+5.13%）	0.818（+0.00%）
	最小值	6.518（−2.88%）	3.700（−11.67%）	0.225（+0.00%）	1.785（+0.00%）	0.735（−0.27%）
III	最大值	6.902（+0.00%）	6.035（+0.00%）	0.705（+0.00%）	2.371（+0.00%）	0.854（+4.38%）
	最小值	6.507（−0.17%）	3.686（−0.38%）	0.045（−79.86%）	1.727（−3.25%）	0.735（+0.00%）

注：方案II、方案III中括号内的数值分别代表其指标最值相对于方案 I、方案 II 中相应指标最值的相对变化。

本节从方案III优化得到的 Pareto 近似解中，选取梯级水库群多年平均总发电量最大、保证出力最大、径流满意度最大、排磷量最大、下游供水满足度最大的 5 个典型方案，进一步分析各优化目标对水库调度过程的影响。为方便起见，后续分析将梯级水库群多年平均总发电量最大、保证出力最大、径流满意度最大、排磷量最大、下游供水满足度最大 5 个典型方案分别简记为方案 A、方案 B、方案 C、方案 D、方案 E。图 9-16（a）列出了上述五个典型方案所对应的各优化目标取值情况，图 9-16（b）显示了与上述五个典型方案相对应的景洪水库多年平均月出库流量。可以看出，不同目标偏好会显著影响水库调蓄后的径流过程。当水库管理者偏好梯级水库群的发电效益时，梯级水库应在水头较高的 6～10 月多泄水发电，如图 9-16（b）中的方案 A 所示。与之相反，当管理者想要维持较大的保证出力时，梯级水库应在汛期存蓄一部分水量，以确保水电站在非汛期能够维持较均匀的下泄流量，如图 9-16（b）中的方案 B 所示。若水库管理者想要减小水库调度对河流径流过程的改变程度，梯级水库应在汛期下泄尽可能多的水量，特别是流域来水较多的 8～9 月，如图 9-16（b）中的方案 C 所示。当排磷量最大目标的优先级更高时，梯级水库应在水库入库总磷负荷较多的 7～11 月[来磷量超过全年的 80%，9-16（c）]多泄水，如图 9-16（b）中的方案 D 所示。值得注意的是，此时水库的出库流量过程不同于天然流量过程以及图 9-16（b）中方案 C 的下泄流量过程。当流域管理者更倾向于保障下游国家的用水需求时，水库应在下游国家用水需求较大的 1～5 月多泄水[图 9-16（b）中的方案 E]，以减少下游国家的农业供水短缺。上述结果表明，本节设置的 5 个优化目标都会以独特的方式影响水库的调蓄过程，验证了在优化方案III中同时考虑 5 个目标进行多目标优化的合理性和必要性。此外，图 9-16（b）中方案 B 和方案 E 在非汛期 1～5 月的下泄水量明显多于其他方案，这一共性表明上游水库发电与下游农业供水之间存在一定程度的协同作用。

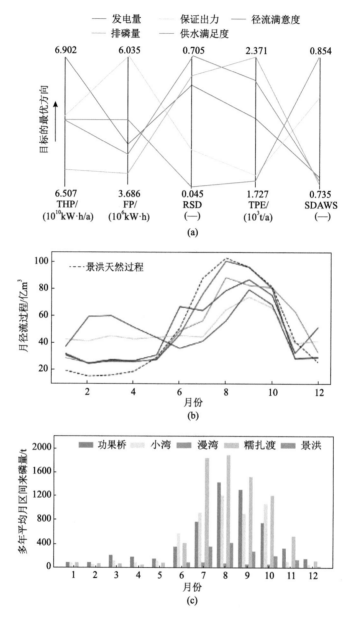

图 9-16 方案Ⅲ中 5 个典型调度方案的模拟结果

（a）各典型调度方案的优化目标取值情况；（b）各典型调度方案下景洪水库多年平均月出库流量过程；（c）1985～1993 年
澜沧江流域各水库坝址处多年平均月区间来磷量

2. 澜沧江-湄公河供水-发电系统关联

图 9-17 展示了优化方案Ⅲ得到的整个 Pareto 解集，显示了上游常规发电目标对下游供水目标的影响。图 9-17 中深蓝色箭头指向各目标的最优方向，黑色虚线代表下游农业供水在天然条件下可以达到的供水满足程度。可以看出，图 9-17 中所有的解模拟得到的

下游供水满足度都大于下游国家在天然条件下的农业供水满足度。这表明上游的水库调度对下游的农业供水具有促进作用，可将下游农业供水满足度由天然条件下的 71.4%提升至 73.5%～85.4%。表 9-9 进一步列出了天然情况、方案 A（发电量最大）及方案 E（供水满足度最大）下湄公河流域各个国家的农业供水情况。由表 9-9 可知，天然情况下，下游各个国家的农业供水满足度为 71.4%，总缺水量为 281.2 亿 m³。澜沧江梯级水库群发电调度后，下游国家的缺水量将减小。以发电量最大的方案 A 为例，此时下游国家的供水满足度可提升至 74.4%，总缺水量减小为 252.3 亿 m³。与天然条件相比，不额外考虑下游国家的供水需求，按方案 A 调度运行可为下游国家补水 28.9 亿 m³。若进一步考虑下游国家的供水需求，采用下游国家供水满足度最大的方案 E 指导澜沧江梯级水库群调度，下游国家的供水满足度将提升至 85.4%，总缺水量减小为 143.9 亿 m³。与天然条件相比，此时澜沧江梯级水库群可为下游国家提供的补水量增至 137.3 亿 m³。

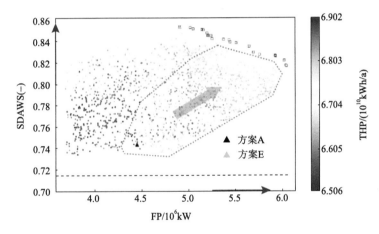

图 9-17　梯级水库群发电调度对下游农业供水的影响
以 Pareto 解集在保证出力和供水满足度目标所构成的二维空间内的分布情况为例说明

表 9-9　不同调度方案下湄公河下游国家农业供水情况

方案	供水满足度/%	总缺水量/亿 m³	补水量/亿 m³
天然情况	71.4	281.2	—
方案 A（发电量最大）	74.4	252.3	28.9
方案 E（供水满足度最大）	85.4	143.9	137.3

图 9-17 中洋红色方框圈出的解集是保证出力与下游供水满足度目标的 Pareto 近似前沿解。可以看出，保证出力与下游供水满足度之间存在一定程度的竞争关系。产生这一现象的原因是：随着供水满足度目标的提升，水库将减少在下游国家农业供水短缺发生较少时段（如 11～12 月）的下泄水量，从而减少了梯级水电站在这一时期的发电出力，保证出力目标因此减小。图 9-17 中的颜色维度代表梯级水电站多年平均总发电量目标的取值情况。根据图 9-17，可以看出发电量最大的解（方案 A）位于图 9-17 的左下角，远

离保证出力与供水满足度的 Pareto 前沿，这说明下游农业供水满足度目标与上游发电量最大目标、保证出力最大目标在解空间的不同区域发生竞争关系。这一结果表明不同目标偏好下，水库对径流过程的调节方式是不同的。

图 9-17 中蓝色虚线圈定的区域代表了整个解空间中梯级水库群多年平均总发电量较大的解。可以看出，在这一区域，下游供水满足度和上游梯级水电站的保证出力目标在牺牲少量发电量的条件下能够得到同时提升，如图中浅蓝色粗箭头所示。表 9-10 列出了图 9-17 蓝色虚线区域中几个典型方案下，澜沧江梯级水库群的总发电量、保证出力与下游国家农业供水表现情况。由表 9-10 可知，随着澜沧江梯级水电站的保证出力由 $4.44\times10^6\,\mathrm{kW}$（方案 A）逐渐增至方案 B 的 $6.04\times10^6\,\mathrm{kW}$（增幅高达 36.0%），下游国家农业供水满足度从 74.4% 逐渐提升至 81.7%，澜沧江梯级水库群对下游的补水量由 28.9 亿 $\mathrm{m^3}$ 增至 101.4 亿 $\mathrm{m^3}$，下游国家缺水量由 252.3 亿 $\mathrm{m^3}$ 减小为 179.9 亿 $\mathrm{m^3}$，减小幅度高达 28.7%，此时梯级水电站的总发电量由 690.18 亿 kW·h 减小为 672.22 亿 kW·h，减小幅度仅为 2.6%。然而，在实际应用中，应慎重运用这一协同作用。在此情况下，尽管梯级水库群的总发电量只发生了少量损失，但偏好下游供水满足度目标的调度方式会显著改变梯级水电站的出力过程。这一点可以通过图 9-18（a）中方案 A 与方案 E 模拟结果的对比进行说明。与方案 A（发电量最大目标）相比，方案 E（供水满足度最大）会使电站 1~4 月的出力增加，其余月份出力减小。由于电站 1~4 月增发的电量不一定能够被当地电网消纳，采用方案 E 指导水库调度可能会给梯级水电站带来较大的发电效益损失。此外，为满足下游供水需求，水库需提前腾空库容，在极端干旱年份，这一操作还会使澜沧江干流最大的控制型水库糯扎渡难以在汛末蓄水至兴利水位[图 9-18（b）]，继而提升后续时段发生供电短缺的风险，影响电力系统未来运行的安全性和可靠性。因此，当下游国家要求上游水库实施应急补水时，流域管理者应采取一系列措施减小应急补水对澜沧江梯级水电站造成的经济损失，以保障电网在干旱时段运行的安全性和可靠性。

表 9-10　不同调度方案下澜沧江-湄公河流域供水及发电指标表现

方案编号	供水满足度/%	总缺水量/亿 $\mathrm{m^3}$	补水量/亿 $\mathrm{m^3}$	保证出力/10^6 kW	发电量/10^8 kW·h
A	74.4	252.3	28.9	4.44	690.18
P1	76.0	236.7	44.5	4.98	687.75
P2	76.6	230.0	51.3	5.37	685.35
P3	78.2	214.9	66.4	5.60	683.33
P4	80.6	191.2	90.0	5.75	682.22
B	81.7	179.9	101.4	6.04	672.22

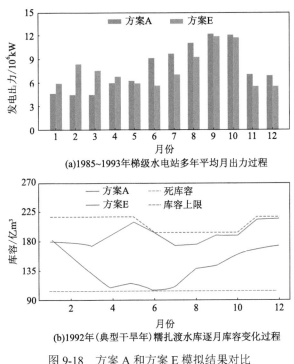

(a)1985~1993年梯级水电站多年平均月出力过程

(b)1992年(典型干旱年)糯扎渡水库逐月库容变化过程

图 9-18　方案 A 和方案 E 模拟结果对比

3. 澜沧江-湄公河供水-环境系统关联

图9-19展示了优化方案Ⅲ得到的整个Pareto解集在供水和环境这两种类型目标所构成的二维空间内的分布情况。图中洋红色方框圈出的解代表了本节着重分析的供水满足度、径流满意度、出口排磷量 3 个目标两两各自对应的 Pareto 前沿。从图 9-19（a）和（b）可以看出，供水满足度目标与径流满意度目标、供水满足度目标与出口排磷量目标之间均存在明显的竞争关系。这表明提升径流满意度和出口排磷量中的任何一个目标，都会减少水库在下游供水不足的干旱时段的下泄水量，从而减小下游的供水满足度。由此可见，生态环境保护与湄公河下游的农业用水消耗之间存在明显的竞争关系，并且这种竞争关系是由生态环境和下游农业用水本身的需水过程差异造成的，与澜沧江梯级电站的调度无关。这一点可以通过图 9-20 进行说明。如图 9-20 所示，在没有上游水库调度的天然条件下，非汛期下游国家将面临严重的供水短缺，而此时的径流过程对生态环境是最有利的。以表 9-11 中的径流满意度 RSD 为例，进一步分析了考虑下游农业供水的梯级水库群补水调度对景洪下游各断面环境指标的影响。根据表 9-11，随着下游农业供水满足度的增加，澜沧江梯级电站的蓄丰补枯可增加下游农业的枯水期用水量，但景洪、清盛、穆达汉、桔井断面的径流满意度也随之减小。此外，由于澜沧江的径流贡献占全流域径流总量的比重较小（约为 13.5%），受湄公河下游子流域区间来水的影响，考虑下游农业供水的梯级水库群补水调度对景洪下游各干流断面径流满意度的减小幅度具有沿程递减的趋势。上述结果表明，依靠澜沧江梯级电站实现对下游国家的补水调度，

就会不可避免地改变河流水文情势，从而对河流生态环境造成影响。此外，由于景洪下游各干流断面径流满意度受澜沧江梯级电站补水调度的影响具有沿程递减的规律，在对下游国家补水后，中国河道断面遭受的环境损失会比湄公河流域各国更大。

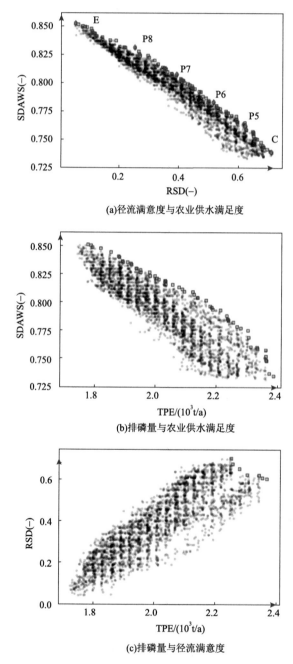

(a)径流满意度与农业供水满足度

(b)排磷量与农业供水满足度

(c)排磷量与径流满意度

图9-19　供水目标与生态目标之间的竞争协同关系

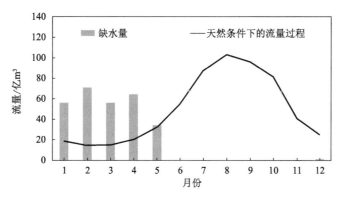

图 9-20　1985～1993 年天然条件下湄公河下游国家年平均农业总缺水量的季节性变化

表 9-11　典型调度方案下湄公河农业供水指标及景洪下游各干流断面径流满意度表现

方案编号	供水满足度/%	补水量/亿 m³	景洪 RSD	清盛 RSD	穆达汉 RSD	桔井 RSD
C	74.0	25.4	0.7051	0.8087	0.8481	0.8867
P5	76.3	48.2	0.6185	0.7499	0.8031	0.8572
P6	78.4	69.0	0.5115	0.6680	0.7337	0.8015
P7	80.9	93.0	0.3883	0.5819	0.6644	0.7481
P8	83.3	116.7	0.2478	0.4796	0.5816	0.6849
E	85.4	137.3	0.0480	0.3806	0.5017	0.6287

前述分析中供水满足度与澜沧江出境断面的径流满意度、排磷量均呈竞争关系，这表明澜沧江出境断面的径流满意度和排磷量之间可能存在协同关系。为此，本节在图 9-19（c）中进一步分析了径流满意度和排磷量目标之间的关系。如图 9-19（c）所示，图中大部分解的空间分布表明径流满意度和排磷量之间存在很强的正相关关系。这是由于澜沧江流域 6～10 月的来水和来磷都很集中，约占全年的 70% 以上。因此，随径流满意度提升，梯级水库在汛期的下泄水量增大，澜沧江流域出口断面的排磷量随之增大。而图 9-19（c）右上角洋红色方框圈出的解表明当径流满意度很大时，径流满意度与澜沧江流域出口排磷量之间存在竞争关系，且竞争关系较弱。这一结果说明，当径流满意度取得最大值时，由于流域来水和来磷在时间分布上存在细微差异，澜沧江流域出口排磷量无法进一步提升。若要进一步提升澜沧江流域的出口排磷量，水库需在流域总磷负荷量较高的 7～11 月增大下泄水量，而这一操作将使出库流量偏离天然流量过程（来水集中发生在 6～10 月），最终造成径流满意度略微减小。径流满意度和排磷量目标对径流年内分配过程的影响已在图 9-19（b）中指出。根据图 9-19（b）的结果，可以看出，受入库总磷负荷过程影响，与径流满意度最优的方案 C 相比，排磷量最优的方案 D 在 10～11 月的下泄水量更多。径流满意度与排磷量之间的上述先协同后竞争的关系表明，采用传统的生态调度方式可以将澜沧江流域出口排磷量维持在一个相对较高的水平。图 9-19（c）中的结果表明，当径流满意度达到最大值时，模型模拟得到的出口排磷量约为其最大取值的 95.1%。但是，当澜沧江梯级水库因磷拦截而发生水质恶化风险或下游发生很严重的

磷供应短缺而增大了流域管理者对澜沧江出口排磷量的偏好时，排磷量目标应被重新列入梯级水库群调度的环境影响评估指标体系。

4. 澜沧江-湄公河流域供水-发电-环境系统关联

为综合评价本节构建的供水、发电、环境三类目标中任意两类目标间关联关系的强弱程度，本节根据优化方案III得到的整个 Pareto 解集，统计分析了 5 个目标两两之间的肯德尔秩相关系数，如表 9-12 所示。表 9-12 中列出的相关系数在显著性水平 $P < 0.01$ 的条件下是显著的。表 9-12 中供水满足度与发电量、保证出力之间的肯德尔秩相关系数分别为–0.10 和 0.21，这表明供水与发电这两类目标之间的关联关系相对较弱。表 9-12 的结果还说明，整体上供水与环境这两类目标之间的负相关关系比发电与环境目标之间的负相关关系强得多。

表 9-12　两两目标之间的肯德尔秩相关系数

目标类别	目标名称	THP	FP	RSD	TPE	SDAWS
发电	THP	1.00	0.37	0.13	–0.12	–0.10
	FP	—	1.00	–0.21	–0.43	0.21
环境	RSD			1.00	0.66	–0.87
	TPE				1.00	–0.71
供水	SDAWS	—	—	—	—	1.00

图 9-21 进一步展示了在发电目标（总发电量、保证出力）、供水目标分别达到最优值时，本节构建的两个生态环境指标（径流满意度、排磷量）的相应表现。可以看出，与提升发电类目标相比，提升农业供水满足度目标造成的环境指标损失更大。这是由于与最大化发电类目标相比，提升农业供水满足度目标进一步加大了出库流量过程与径流满意度最优（或排磷量指标最优）方案所对应的径流过程的偏差，如图 9-21（b）所示。这表明考虑下游国家供水需求会加剧澜沧江梯级水库群调度与生态环境保护之间的矛盾。

根据上述分析，图 9-22 概化了澜沧江-湄公河流域供水-发电-环境关联，箭头的粗细代表了供水、发电、环境三者间关联关系的强弱。总的来说，与天然情况相比，中国水电开发有利于缓解下游农业供水短缺，但大幅改善下游缺水状况会显著改变水电站出力过程，影响梯级电站发电效益，并可能降低干旱年份电网运行的可靠性；考虑下游国家的农业供水需求，实施澜沧江梯级水库群对下游国家的补水调度，就不可避免地对河流生态环境造成影响；与中国发电调度相比，考虑湄公河下游国家农业用水需求的补水调度对生态环境的影响更大。

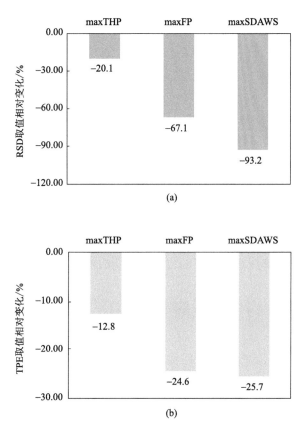

图 9-21　总发电量、保证出力、供水满足度目标最大化对径流满意度 RSD 和排磷量 TPE 指标的影响
图中的百分比是不同调度方案的 RSD（或 TPE）与 RSD（或 TPE）最大值相比的相对变化

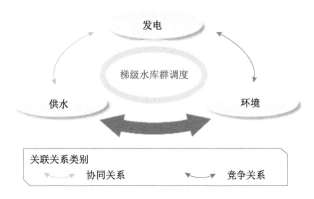

图 9-22　澜沧江-湄公河流域供水-发电-环境系统关联关系示意图

为促进澜沧江-湄公河流域水资源的可持续利用，缓解流域上游、下游国家之间的利益冲突，对流域综合管理提出以下建议。

（1）鉴于仅依靠澜沧江干流水库调控难以消除下游农业供水与生态环境保护之间的固有矛盾，下游国家应采取措施削弱农业取用水与生态环境保护之间的竞争关系。受下游人口的快速增长、农业扩张以及气候变化引发的频繁干旱等因素影响，湄公河下游农业取用水与生态环境之间的矛盾在不久的将来可能被进一步激化。下游国家可能采取的一项措施是通过技术创新推动农业节水，包括采用干湿交替节水技术减少灌溉用水、种植耐旱作物等。

（2）为有效应对湄公河下游可能发生的紧急缺水事件，可采取一系列措施促进中国与下游各国的合作。为减小中国应对下游实施应急补水而造成的发电效益损失，中方相关部门应积极促进应急补水时期梯级水电站增发电量的消纳。应急补水后，为降低应急补水对区域电网后续时段运行稳定性和可靠性的影响，相关部门还应合理协调整个电网已有电站（如水电、火电）的发电调度，避免发生严重的供电短缺。与此同时，下游国家应形成合理的补偿机制，减少中方因补水而遭受的发电效益损失及生态环境损失，以增进中方相关部门及单位的合作积极性。例如，下游国家可采取同中国开展跨境电力交易的措施，消纳澜沧江梯级水电站在应急补水时期的增发电量。

9.4　径流适应性利用的关键阈值

9.3 节对上游澜沧江流域和澜沧江-湄公河全流域（简称澜湄流域）进行了系统关联分析，厘清了供水、发电、环境各子系统之间相互作用的宏观规律和微观机制，为研究变化条件下（如气候变暖、调度方式变化、土地利用变化、灌溉方式变化等）各子系统的演化规律奠定了科学基础。本节将进一步探讨澜沧江径流适应性利用的阈值问题，即研究径流开发利用的合理边界在什么地方。关于阈值的讨论分为跨境磷通量和跨境补水量两部分。

9.4.1　澜沧江流域梯级水电开发下的跨境磷通量阈值

本节评估了从中国境内的澜沧江进入下游境外湄公河的总磷跨界通量，探讨了不同大坝建设情景下跨界总磷通量的潜在变化，以及跨界总磷通量与湄公河流域的相关性及其潜在变化。研究结果可为量化中国境内梯级水库的跨境影响提供重要信息，并为澜沧江-湄公河流域供水、发电和环境系统管理提供理论支撑。

基于 SWAT 模拟，对不同的大坝建设情景和水库运行方案组合进行了 10 次数值试验（表 9-13），并评估了四类大坝建设情景：①没有大坝，即代表自然条件的基准情景；②有 7 座建成的大坝，即代表当前情景；③有 7 座建成的大坝和 5 座在建大坝，即代表最近的规划情景；④以全部 21 座大坝建成为代表的情景。这四类情景分别记为 BS、DCS-7、DCS-12、DCS-21。由于大多数大坝还没有完工，没有实际的运行数据，因此假设了三个运行方案。在方案一中，所有水库在非汛期保持正常蓄水水位，在汛期保持防洪限制水位，以保持高水头发电。方案二和方案三的调度规则均来自 9.3 节研究得到的结果，二者分别是通过优化梯级水电站的发电量、保证出力目标得到的。

表 9-13　大坝建设情景和水库调度方案设置

试验 ID	设置	
	大坝建设情景	水库调度方案
BS	无坝（基准试验）	—
DCS-7-I		I
DCS-7-II	7 库	II
DCS-7-III		III
DCS-12-I		I
DCS-12-II	12 库（7 库+在建 5 库）	II
DCS-12-III		III
DCS-21-I		I
DCS-21-II	21 库（假设规划水库已建成）	II
DCS-21-III		III

　　首先，根据收集到的数据，在基准场景下对 SWAT 模型进行率定和验证。其次，为了挖掘大坝的影响，先将无水库情景下的总磷负荷记录下来，作为后续计算的依据。根据水库调度结果得到各水库在不同试验下的径流过程、水力停留时间，再利用总磷质量平衡模型计算总磷拦截率，并与无坝情景下（BS）的总磷滞留量进行比较。最后，将前人研究得到湄公河流域的总磷负荷与得到的澜沧江总磷通量（多种情景）进行对比，研究不同大坝建设情景下跨界总磷通量对湄公河的影响。

　　在没有水库建设的情况下，澜沧江流域总磷负荷的多年平均值约为 27079 t/a，之后在河道中输移、沉积后，澜沧江流域出口处的磷通量约为 14112 t/a。表 9-14 给出了各种试验情景下的跨境磷通量以及总磷拦截率。由于在计算水库总磷质量平衡时，需要设置一个参数——沉积系数 σ，这里综合参考多个水库、湖泊的研究结果，将每座水库 σ 的变化范围都设置为 $0.5\sim10a^{-1}$，且符合均匀分布。利用蒙特卡罗抽样方法，在每个试验情景下抽取 2000 个模拟样本，对结果进行模拟。如表 9-14 所示，与没有大坝的基准情景相比，澜沧江流域出口处的磷通量减少至 5761~7030 t/a，降低了 50%~59%。

表 9-14　10 次数值试验中总磷（TP）运输情况

试验 ID	TP 输入/ (t/a)	TP 输出/ (t/a) [a]	TP 滞留总量/ (t/a) [a]	TP 滞留率/% [a]
BS		14112	—	—
DCS-7-I		6307	7805	55
DCS-7-II		7030	7082	50
DCS-7-III	27079	6917	7195	51
DCS-12-I		6110	8002	57
DCS-12-II		6737	7375	52
DCS-12-III		6642	7470	53

续表

试验 ID	TP 输入/（t/a）	TP 输出/（t/a）[a]	TP 滞留总量/（t/a）[a]	TP 滞留率/%[a]
DCS-21-I		5761	8351	59
DCS-21-II		6302	7810	55
DCS-21-III		6223	7889	56

注：a 代表 2000 次蒙特卡罗均值模拟。

图 9-23 进一步展示了不同数值试验下澜沧江梯级水库对跨境总磷通量的截留情况。无论是在旱季还是雨季，总磷拦截率的不确定性都很大，这表明还需要进一步的研究以明确澜沧江梯级水库的总磷沉积速率。总的来说，无论不确定性如何，随着水库数量从 7 个增加到 21 个，TP 滞留量只会有小幅增加。主要原因在于三个方面：TP 负荷的空间格局、水库的位置和水库的特征。首先，正在建设的水库（12 库）和规划的水库（21 库新增）大多位于 TP 负荷较低的流域上游。其次，所有正在建设的新增水库都位于澜沧江流域上游，而已建成的水库位于流域下游。即使上游没有修建水坝，靠近澜沧江流域出口的已建成水库也可能会将大部分 TP 拦截在库区，这是由水库的位置决定的。最后，12 库和 21 库中新增水库的水力停留时间均较短（小于 0.11 年），而现有水库中小湾和糯扎渡的水力停留时间分别为 0.48 年和 0.50 年。在计算总磷拦截的质量平衡模型中，

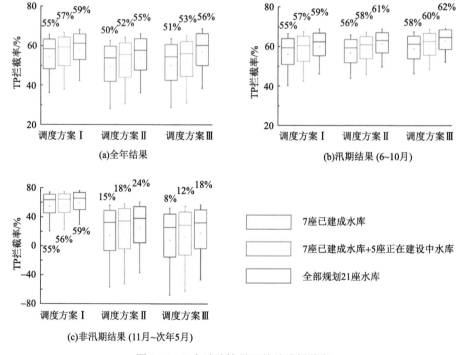

(a)全年结果

(b)汛期结果 (6~10月)

(c)非汛期结果 (11月~次年5月)

7座已建成水库

7座已建成水库+5正在建设中水库

全部规划21座水库

图 9-23　9 个试验情景下的总磷拦截率
负值代表总磷释放而不是拦截

水力停留时间越长，TP 沉降量越大。由此可见，正在建设的和规划建设的澜沧江水库，在未来并不会显著改变流域出口的跨境磷通量。此外，由图 9-23 可知，年 TP 滞留率主要由汛期的 TP 拦截量决定，因为汛期的总磷通量约占全年的 85%。在此基础上，还分析了不同调度策略对 TP 拦截率的影响，只有在非汛期 3 种调度策略的差异才会相对比较大，但这种差异并不会影响全年的磷通量变化。

值得关注的是，湄公河流域的水坝建设将对流域营养平衡产生重大影响。Yoshimura 等（2009）对湄公河全流域的 TP 负荷进行了估计，其估计值与湄公河下游 3S 子流域的 TP 负荷非常相近，约为 33.6 万 t/a，但湄公河全流域面积是 3S 子流域的 10 倍。对比此研究结果，澜沧江的多年平均 TP 入河量仅约为 2.7 万 t/a，仅占整个湄公河 TP 负荷的 7.5%。澜沧江流域出口处的 TP 通量（BS 无坝场景约为 1.4 万 t/a）仅占湄公河流域 TP 负荷的 4.2%。考虑澜沧江梯级水库对 TP 的拦截（0.7 万～0.8 万 t/a），澜沧江跨境磷通量对湄公河 TP 的贡献可能会从 4.2% 减小至 1.7%～2.1%。从此结果可以看出，即使考虑水库大坝的拦截，澜沧江跨境磷通量对湄公河的 TP 平衡的影响几乎也可以忽略不计，仅在出境断面的一定距离内有很小的影响。通过分析澜沧江、湄公河的社会经济、地形地貌、土地利用等基本数据可知，澜沧江流域范围内地处高山区域，人类活动（尤其是农业种植施肥）较少，同时人口密度也较低。营养盐磷的自然排放数量有限，其往往来自人类活动的排放（施肥、畜禽粪便、生活-工业废水等）。在澜沧江流域，人类活动较少，而在湄公河地区，大型城市和农业活动往往都是在湄公河沿岸，以上这些因素导致澜沧江跨境磷通量对湄公河流域的影响非常小。

9.4.2　澜沧江流域梯级水电跨境补水的流量阈值

2016 年枯水期，澜湄流域受厄尔尼诺现象影响，降水大幅减少，位于上游的中国与下游的东南亚国家受旱情影响严重。越南向上游中国政府提出请求，请求澜沧江上的梯级水电站开闸放水以缓解其农业灌溉用水的短缺。中国政府在面临正常发电计划受影响的情况下，仍做出积极响应，对下游实施应急补水。此举缓解了湄公河沿岸国家的旱情，尤其是越南。2016 年应急补水事件作为澜湄流域一次跨境水资源合作的具体实践，是一个非常具有参考意义的事件。由于上游中国和下游东南亚国家的地理位置及水资源利益相对独立，这种"下游申请—协商谈判—上游补水"的合作方式也不失为一种直接、高效且值得深入研究的模式。然而，在面对下游国家的不同补水请求时，上游国家是否面临以及如何确定补水量的上限约束（即补水流量阈值）仍缺乏研究，开展这方面的研究对于澜沧江径流的适应性利用十分关键。

1. 补水流量阈值推求方法

考虑 2016 年澜沧江梯级水电站向越南应急补水的实际水库调度方案，补水持续了将近一个月，本节也进行了相应简化以便研究，取补水时段的时长和调度步长相同，均为一个月。由于功果桥（0.5 亿 m³）、漫湾（2.6 亿 m³）和景洪（3.1 亿 m³）的调节库容相较于小湾（99 亿 m³）和糯扎渡（113 亿 m³）来说很小，当调度模型的时间尺度为月尺度时，几乎可以看作是径流式电站。因此，可以认为补水的水量主要还是由小湾和糯扎渡两座龙头水库的蓄水来间接承担，澜沧江梯级水库可以被简化为小湾-糯扎渡两级梯级水电站，简化后的小湾-糯扎渡梯级电站直接对下游补水的电站为糯扎渡水电站。

以 1 个自然年为调度期，梯级水电站中的所有水电站在不打破全年各类约束（死水位约束、末水位约束、保证出力约束等）的前提下，通过多个电站的协作能够使糯扎渡在补水时段内达到的最大下泄流量，即为补水流量阈值，这种状态称为补水极限状态（即子系统或者系统破坏状态），两座水电站在补水极限状态下各自的出力称为补水极限出力。这里保证出力约束作用于调度期内的所有时段，要求所有时段的发电任务均不被破坏，即两座水电站任何一个时段的出力都不能小于其保证出力。为了计算补水极限状态，首先定义可行出力过程的概念：以某一出力过程对水电站进行定出力调节计算，若能在满足所有约束的情况下完成全年的径流调节且调节计算得到的末水位 $Z'_{i,\text{fin}}$ 大于等于末水位约束 $Z_{i,\text{fin}}$（i 代表水电站的代号），则出力过程为可行出力过程，否则为不可行。任一补水时段的补水极限状态的推求计算方法如下。

（1）给定 $Z_{1,\text{ini}}$、$Z_{1,\text{fin}}$ 和 $Z_{2,\text{ini}}$、$Z_{2,\text{fin}}$，分别为小湾的初水位、末水位和糯扎渡的初水位、末水位以及各自一条初始出力过程，初始出力过程全年每个时段出力均等于各电站的保证出力。

（2）以小湾初始出力过程对小湾从 1 月初开始进行全年逐时段定出力调节计算，若初始出力过程为可行出力过程，则进入步骤（3）；否则，说明该年的入流条件不适宜进行补水，即使在不补水的情况下，部分时段也要面临破坏，补水可能会对上游的发电任务造成更大负担。

（3）逐渐增大小湾补水时段的出力（其余时段出力保持不变），直到继续增大将导致出力过程不可行为止，保存此时小湾补水时段的出力，记为 $N_{1,\text{max}}$（小湾的补水极限出力），由于此时 $Z'_{1,\text{fin}}$ 必然高于或等于 $Z_{1,\text{fin}}$，故用 $Z_{1,\text{fin}}$ 替换掉 $Z'_{1,\text{fin}}$，替换后的小湾水位过程即为补水极限状态下的小湾最终水位过程。

（4）维持步骤（3）中得出的补水极限状态下小湾最终水位过程不变，以糯扎渡的初始出力过程对糯扎渡进行定出力径流调节，若初始出力过程为可行出力过程，则进入步骤（5）；否则，说明该年的入流条件不适宜进行补水，补水可能会对上游的发电计划造成严重破坏。

（5）逐渐增大补水时段糯扎渡的出力（其余时段出力以及小湾的出力保持不变），直到继续增大将导致出力过程不可行为止，保存此时糯扎渡补水时段的出力，记为 $N_{2,\text{max}}$（糯扎渡的补水极限出力），由于此时 $Z'_{2,\text{fin}}$ 必然高于或等于 $Z_{2,\text{fin}}$，$Z_{2,\text{fin}}$ 替换掉 $Z'_{2,\text{fin}}$，替换后的糯扎渡水位过程即为补水极限状态下的糯扎渡最终水位过程。

$N_{1,\text{max}}$ 和 $N_{2,\text{max}}$ 分别是小湾和糯扎渡在补水时段的补水极限出力，此时糯扎渡补水时段的泄流量即为梯级水电站的补水流量阈值，即补水流量的上限。补水极限状态和补水流量阈值的推求流程如图 9-24 所示。

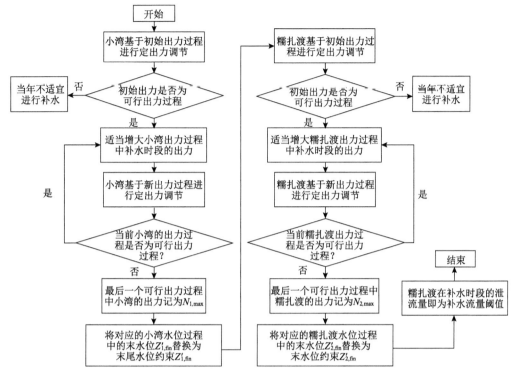

图 9-24　补水极限状态和补水流量阈值的推求流程

2. 补水流量阈值结果

补水流量阈值显然和当年的来水情况有关，故选择三个典型年的入流过程进行实例研究，分别为 1997 年枯水年(P=75%)、1999 年平水年(P=50%)和 2001 丰水年(P=25%)。两个电站的始水位、末水位采用水电站建成后各年 1 月初的平均水位，即小湾始末水位均为 1228 m，糯扎渡始末水位均为 800 m，实际应用中水电站始末水位可根据当年的实际情况确定。对于三个典型年各补水时段，按照本小节"1. 补水流量阈值推求方法"计算其补水极限状态，丰、平、枯典型年补水流量阈值如图 9-25 所示。

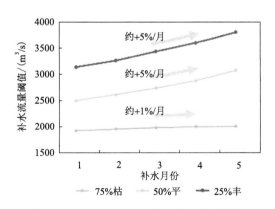

图 9-25　丰、平、枯典型年补水流量阈值

由此可见，不同来水年补水流量阈值整体上随着年内来水变多而显著增大。年内枯水期各时段的补水极限则呈现补水时段越靠后，补水极限阈值越大的规律。在平水年和丰水年则有约 5%/月的提升，而在枯水年，推迟补水时段对补水流量阈值的影响则比较微弱。

随后将长系列（1978～2008 年）中适宜进行补水的年份（适宜补水的年份即为初始出力过程为可行出力过程的年份）在各时段的补水极限绘制于图 9-26。由此可见，补水极限整体上随枯水频率增大而减小，各时段补水流量阈值的规律与图 9-25 中一致，也都呈现时间越靠后，补水流量阈值越高。但这种推迟补水时间带来的补水流量阈值提升会随着来水变枯而越来越小，当枯水频率大于 70% 时，推迟补水时间对补水流量阈值的影响会变得非常微弱。此外，受到年内来水分布的影响，部分年份的补水流量阈值和回归规律线相差较大，如 1985 年（$P=19\%$）和 2005 年（$P=42\%$）。澜沧江流域 1～5 月年平均径流量占全年径流量的 19%。但在 1985 年，这一比例为 14%，而在 2005 年，这一比例为 22%。当该比例低于平均值时，非汛期的流入量较少，水位下降迅速，所以即使是丰水年，由于水库库容会在枯水期很快耗尽，补水流量阈值也将明显减小。同样，对于2005 年来说，由于非汛期来水量比例较大，其补水流量阈值甚至会高于部分丰水年。

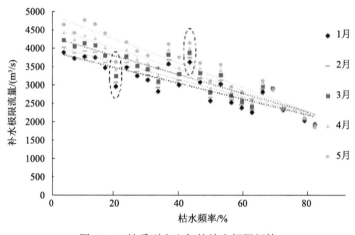

图 9-26　长系列水文年的补水极限规律

推迟补水时间会提高平水年和丰水年的补水流量阈值，其解释如下：以 2001 年（丰水年，$P=25\%$）为例，图 9-27 展示了两座水库在 2001 年补水极限状态下的水位过程，不同的颜色代表不同的补水时间或不补水。如图 9-27 所示，在补水时段，两个水库的水位与不补水时相比显著下降，导致补水后的水头和发电效率低于没有补水时的水头和发电效率。由补水流量阈值的计算方法可知，除补水期外，各时段出力均为固定的保证出力。因此，在出力相同的情况下，水头（水位）高的时段比水头（水位）低的时段用水量少，故延迟补水时间可以使更多的发电时段处在补水时段前的、具有更高水头（水位）的时段，为补水时段节约了更多的水量。换言之，补水前后的水位差是推迟补水时间、提高补水流量阈值的根本原因。

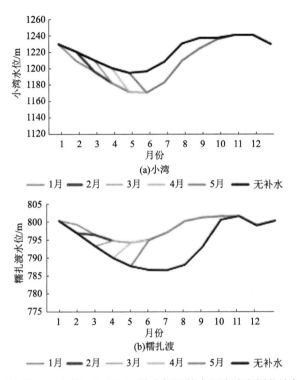

图 9-27　2001 年（丰水年，$P=25\%$）补水极限状态下小湾和糯扎渡的水位过程

图 9-28 和图 9-29 分别展示了小湾和糯扎渡在 1997 年（枯水年，$P=75\%$）和 1983 年（枯水年，$P=81\%$，图 9-29 中最右边的年份）补水极限状态下的水位过程。如图 9-28 所示，枯水年 1997 年的补水流量阈值本身已经相对较低，因为总的入流量较低，所以两个水库在补水时段水头（水位）下降幅度也很小。而有时在一些特别的干旱年份，补水极限状态下糯扎渡在补水时段末的水位甚至高于补水时段初，因为它在补水时段接收了大量来自小湾的泄水，如图 9-29（1983 年）所示。因此，通过图 9-28 和图 9-29 就可以理解为什么推迟补水时间对枯水年份的补水流量阈值影响很小。

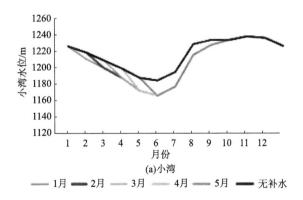

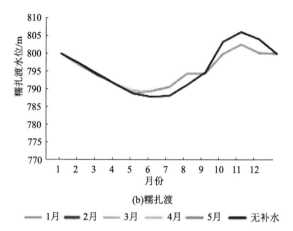

图 9-28　1997 年（枯水年，P=75%）补水极限状态下小湾和糯扎渡的水位过程

尽管两座水库的水位在图 9-29 中的补水时段变化幅度很大，但由于 1983 年是枯水年，实际的补水流量阈值并不高。在补水期间，相当一部分水仅仅是从小湾转存至糯扎渡，而未从糯扎渡泄至下游。根据前面提到的推迟补水时间可以提高补水流量阈值的根本原因是补水前后的水位差（补水前的高水位和补水后低水位的差值）。在同一个补水时段中，当一个水库的水位升高而另一个水库的水位降低时，推迟补水时间对补水流量阈值的影响自然会具有不确定性，这种不确定性在结果中的体现就是推迟补水时间对补水流量阈值影响很微弱。

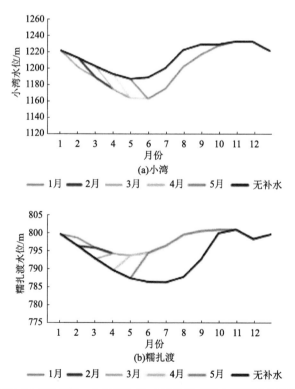

图 9-29　1983 年（枯水年，P=81%）补水极限状态下小湾和糯扎渡的水位过程

9.5　小　　结

本章从西南河流源区径流适应性利用中的系统关联关系分析、系统集成模型构建、关联关系量化和关键阈值识别四个方面系统介绍了西南河流源区径流适用性利用方法，可为我国西南河流在梯级水电开发和跨境博弈条件下的径流适应性利用提供方法支撑和量化工作，主要进展和结论如下。

（1）通过分析西南河流源区径流利用中的系统关联关系，提出基于"扰动-演化"模拟的系统关联分析方法，并根据西南河流源区共同特性及其管理需求划定了供水、发电、环境各子系统的边界，利用相关领域发展较成熟的模型方法构建了各子系统模拟模型，通过模型间的输入输出关系将梯级水库群优化调度模型、水库总磷质量平衡模型、农业供水模型、流域 SWAT 模型耦合起来，构建了供水-发电-环境系统集成模型，它既具有三个子系统耦合模拟的功能，又具有系统优化模拟的功能，实现了多系统关联关系的量化。

（2）依托上述集成模型，聚焦西南河流源区典型代表流域——澜沧江-湄公河流域，供水-发电-环境系统关联关系初步结论如下：与无水电开发天然条件相比，澜沧江梯级电站的水库调度方案有利于缓解湄公河沿岸各国的农业供水短缺，可将农业供水满足度由天然条件下的71.4%提升至73.5%～85.4%；湄公河各国的农业用水与澜沧江梯级电站的发电量、保证出力目标之间存在显著的竞争关系，但在牺牲少量发电量的条件下可以同时提升农业供水和发电的保证出力。同时，生态环境保护和下游农业供水本身的需水过程差异导致农业供水满足度与排磷量、径流满意度之间呈现激烈的竞争关系，且此竞争关系相较于发电与生态环境系统更为激烈。

（3）本章评估了从中国境内的澜沧江进入下游境外湄公河的跨境通量阈值，探讨了不同大坝建设情景下跨界总磷通量的潜在变化，以及跨界总磷通量与湄公河流域的相关性及其潜在变化。结果表明，梯级水库对库区生源物质虽然有明显拦截作用，但由于澜沧江对下湄公河总磷贡献率很小，因此对下游三角洲输送的磷通量几乎无影响（<2%）。

（4）考虑给湄公河流域农业灌溉补水后对发电的损失，研究制定了不同来水条件下、不同补水时间下的补水流量阈值，结果表明推迟补水时间会提高补水流量阈值，且在丰水年和平水年更显著。

参 考 文 献

陈翔, 赵建世, 赵铜铁钢, 等. 2014. 发电调度对径流情势及生态系统的影响分析——以小湾、糯扎渡水电站为例. 水力发电学报, 33(4): 36-43.

于洋, 韩宇, 李栋楠, 等. 2017. 澜沧江-湄公河流域跨境水量-水能-生态互馈关系模拟. 水利学报, 48(6): 720-729.

郑一, 韩峰, 田勇. 2021. 黑河流域生态水文耦合模拟的方法与应用. 北京: 科学出版社.

Arias M E, Cochrane T A, Kummu M, et al. 2014. Impacts of hydropower and climate change on drivers of ecological productivity of Southeast Asia's most important wetland. Ecological Modelling, 272: 252-263.

Cai X, Wallington K, Shafiee-Jood M, et al. 2018. Understanding and managing the food-energy-water nexus – opportunities for water resources research. Advances in Water Resources, 111: 259-273.

Fan H, He D, Wang H. 2015. Environmental consequences of damming the mainstream Lancang-Mekong River: A review. Earth-Science Reviews, 146: 77-91.

Fang D, Chen S, Chen B. 2015. Emergy analysis for the upper Mekong river intercepted by the Manwan hydropower construction. Renewable and Sustainable Energy Reviews, 51: 899-909.

Hejzlar J, Šámalová K, Boers P, et al. 2006. Modelling phosphorus retention in lakes and reservoirs. Water, Air, & Soil Pollution: Focus, 6(5-6): 487-494.

Hoang L P, Lauri H, Kummu M, et al. 2016. Mekong River flow and hydrological extremes under climate change. Hydrology and Earth System Sciences, 20(7): 3027-3041.

Hoang L P, van Vliet M T H, Kummu M, et al. 2019. The Mekong's future flows under multiple drivers: How climate change, hydropower developments and irrigation expansions drive hydrological changes. Science of the Total Environment, 649: 601-609.

Huang L, Fang H, Xu X, et al. 2017. Stochastic modeling of phosphorus transport in the Three Gorges Reservoir by incorporating variability associated with the phosphorus partition coefficient. Science of the Total Environment, 592: 649-661.

Huang L, Li X, Fang H, et al. 2019. Balancing social, economic and ecological benefits of reservoir operation during the flood season: A case study of the Three Gorges Project, China. Journal of Hydrology, 572: 422-434.

Kondolf G M, Schmitt R J P, Carling P, et al. 2018. Changing sediment budget of the Mekong: Cumulative threats and management strategies for a large river basin. Science of the Total Environment, 625: 114-134.

Li D, Wan W, Zhao J. 2018. Optimizing environmental flow operations based on explicit quantification of IHA parameters. Journal of Hydrology, 563: 510-522.

Liu J, Hull V, Godfray H C J, et al. 2018. Nexus approaches to global sustainable development. Nature Sustainability, 1(9): 466-476.

Lu T, Chen N, Duan S, et al. 2016. Hydrological controls on cascade reservoirs regulating phosphorus retention and downriver fluxes. Environmental Science and Pollution Research, 23(23): 24166-24177.

Maavara T, Parsons C T, Ridenour C, et al. 2015. Global phosphorus retention by river damming. Proceedings of the National Academy of Sciences, 112(51): 15603-15608.

MRC. 2011. Assessment of Basin-Wide Development Scenarios-Main Report. https://www.mrcmekong.org/resource/ajhykw.

Räsänen T A, Varis O, Scherer L, et al. 2018. Greenhouse gas emissions of hydropower in the Mekong River Basin. Environmental Research Letters, 13: 34030.

Schmitt R J P, Bizzi S, Castelletti A, et al. 2018. Improved trade-offs of hydropower and sand connectivity by strategic dam planning in the Mekong. Nature Sustainability, 1(2): 96-104.

Vollenweider R A. 1975. Input-Output Models With Special Reference to the Phosphorus Loading Concept in Limnology. Schweiz Z Hydrol, 37(1): 53-84.

Wang W, Lu H, Ruby Leung L, et al. 2017. Dam construction in Lancang-Mekong River Basin could mitigate future flood risk from warming-induced intensified rainfall. Geophysical Research Letters, 44(20): 10, 310-378, 386.

Xu B, Li Y, Han F, et al. 2020. The transborder flux of phosphorus in the Lancang-Mekong River Basin: Magnitude, patterns and impacts from the cascade hydropower dams in China. Journal of Hydrology, 590: 125201.

Yoshimura C, Zhou M, Kiem A S, et al. 2009. 2020s scenario analysis of nutrient load in the Mekong River Basin using a distributed hydrological model. Science of the Total Environment, 407(20): 5356-5366.

Yu Y, Zhao J S, Li D, et al. 2019. Effects of hydrologic conditions and reservoir operation on transboundary cooperation in the Lancang – Mekong River Basin. Journal of Water Resources Planning and Management, 145(6): 4019020.

Zhong R, Zhao T, He Y, et al. 2019. Hydropower change of the water tower of Asia in 21st century: A case of the Lancang River hydropower base, upper Mekong. Energy, 179: 685-696.

Zmijewski N, Wörman A. 2017. Trade-offs between phosphorous discharge and hydropower production using reservoir regulation. Journal of Water Resources Planning and Management, 143(9): 4017052.

第 10 章

西南河流源区径流适应性利用技术

澜沧江-湄公河流域径流利用中供水-发电-环境系统关联关系是实现区域径流适应性利用的基础。如前章所述，梯级水电的调度运行是平衡水电效益、生态环境保护以及跨境水资源合作的关键。梯级水电建设与运行虽然对下游三角洲输送的磷通量几乎无影响，但拦截在库内的生源物质会影响库内生态环境，必须要制定考虑生源要素输移的生态调度策略以适应生态环境保护的要求。考虑下游农业补水的梯级水电调度显著改变了年内发电调度过程，且带来一定的发电损失，一方面需要下游受益国家的补偿才能推动跨境水资源合作的可持续发展；另一方面需要从电网和电力市场的平衡协调上实现水电消纳。与此同时，西南河流源区还蕴藏着丰富的光伏与风能资源，在国家"碳达峰、碳中和"重大倡议要求下，利用水电的调节能力来平抑风光波动以实现水-风-光清洁能源的联合消纳也对梯级水电的调度运行提出新的要求。为此，本章结合了双碳目标、生态环境保护以及澜湄跨境合作等重大国家战略需求，聚焦西南河流源区的径流适应性利用技术，以澜沧江梯级水电调度为核心，提出了水-风-光清洁能源联合调度技术、缓解梯级水电磷滞留的生态调度技术以及澜沧江-湄公河流域多利益主体的跨境合作博弈。

10.1　水-风-光清洁能源联合调度技术

西南河流源区的水电系统启停迅速、运行灵活、跟踪负荷能力强，特别是在全流域基地模式下，通过流域集中控制，水电的统筹调节能力大大增加。利用水电的调节特性，可平抑风电、光电出力变幅，为风电、光电在电网中的消纳提供容量保证。同时，风电、光电对水电的季节互补特性又可在枯水期为水电提供电量支持。枯季是风电和光伏的多发季节，可通过水能的快速启停功能保障风电和光伏的优先送出；雨季是风电和光伏的少发季节，水电可充分利用汛期来水多发或满发。因此，水-风-光多能互补开发对解决西南河流源区的清洁能源消纳和送出意义重大。水-风-光三种能源之间的容量匹配关系又是发挥互补特性的关键，需要考虑梯级水电的调节能力去优化风光电站的装机容量。此外，还要考虑水-风-光联合送出对电网受端用户的影响，考虑跨区域水-风-光的消纳问题。为此，本节从水-风-光资源的时空分布及其互补性、考虑梯级水电补偿调节的风-光电站容量优化配置以及计划-市场双轨制下水-风-光清洁能源跨区消纳三个方面展开介绍，以实现西南河流源区清洁能源消纳。

10.1.1　水-风-光资源的时空分布及其互补性分析

1. 水-风-光资源的时空分布特性分析

西南地区水、风、光资源富集，开发潜力巨大，其资源特性分析是规划设计水-风-光电站的必要条件。其中，雅江是中国最长的高原河流，也是世界上海拔最高的大河之一，水能蕴藏量在中国仅次于长江，且雅江流域为高原大陆性气候，太阳辐射强，光照时间长,风力强盛。雅江流域仅干流及五大支流的天然水能蕴藏量就高达 9000 多万千瓦,两岸 60km 范围内风能、太阳能资源超 4000 万 kW,适合大规模开发水电、风电以及太阳能发电,适宜建设全流域的"水-风-光互补"清洁能源示范基地。

本章基于雅江流域 7 个气象站点(拉孜、南木林、拉萨、当雄、泽当、林芝、波密)以及 2 个水文/水库站点(拉萨、藏木)的水流量、风速、风能密度、太阳辐射量以及日照时数等数据开展雅江流域水-风-光资源特性分析(图 10-1)。样本数据来源于国家气象科学数据中心、NASA 气象数据库 1986~2016 年共 30 年的气象监测数据,以及部分水文站/水库站 1967~2006 年共 39 年的平均逐月/逐日平均流量和径流量数据。

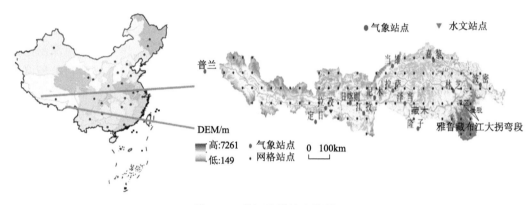

图 10-1 雅江流域站点位置

1)雅江流域水资源特性

雅江水能资源极为丰富,全流域水能蕴藏量超过 1.13 亿 kW,约占全国的 1/6。其中,干流水能蕴藏量近 0.8 亿 kW,居全国第二位。以单位河长或单位流域面积的水能蕴藏量计算,则为中国各大河流之首。

受季风性气候降水的影响,雅江河流径流量在年内变化幅度较大。径流量在一年内各月份中分配不均,按水流量的大小可以划分为丰水期、平水期和枯水期。水电站发电量受入库径流的直接影响,也具有强烈的丰平枯季节特性。

分析雅江流域水电开发能力,首先需要分析其水流量变化情况。拉萨站和藏木站的水流量日变化及每月的日平均流量变化如图 10-2 所示,其中,藏木站水量丰富的月份为 7~9 月,日流量最高可达 1909m³/s,而拉萨站为 5~7 月,日流量最高为 786m³/s。其他月份,两站的水流量相差不大。总体来说,春冬枯水、夏秋水量丰沛。由于海拔高,且地形为深山峡谷,具有较大的落差,蕴藏着丰富的水能资源,适合建设大型水电站。根据不同的调节特点,可以建设多年调节、年调节、季调节、月调节、日调节等类型的水电站,并可发挥供水、防洪、灌溉等综合效益。目前在雅江干流中游已建成了藏木水电站(总装机容量 51 万 kW,年发电量 25 亿 kW·h),还有丰富的水能资源待开发。雅江干流在派区至墨脱河段形成"马蹄形"大拐弯段,该河段水位落差高达约 2200 m,水能资源极为丰富。若开凿派区至墨脱约 40 km 长的引水隧洞,可引用近 2000 m³/s 的流量,可兴建装机容量达 4000 万~4500 万 kW 的巨型水电站。

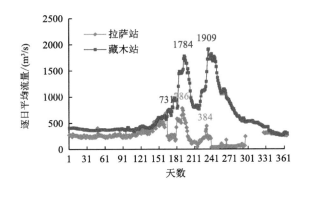

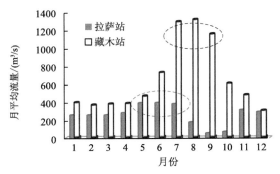

图 10-2　雅江拉萨站与藏木站水流量变化

2）雅江流域风资源特性

对于区域内风电场的建设及运行状况的研究，首先需要分析风能资源的特性。通过对气象站点监测的风能历史数据进行整合和处理，分析区域内的风能资源潜力。衡量风能潜力的基本参数有平均风速（风玫瑰图）、风能密度、平均风能功率密度、湍流强度、风资源总储量等（丁杰和周海，2016），如表 10-1 所示。

表 10-1　衡量风能潜力的基本参数计算方法

基本参数	功能描述	计算方法	变量解释
平均风速 $\bar{v}$ /（m/s）	一段时间内风速的大小	$\bar{v}=\dfrac{1}{n}\sum\limits_{i=1}^{n}v_i$	
风能密度 E /（W/m²）	空气流动时产生的动能	$E=\dfrac{1}{2}\rho v^3$	v_i 为第 i 个采样点的风速；ρ 为空气密度；σ 为脉动风速的均方差；s_i 为年 $\bar{E}$ 中各风能密度等值线间的面积；p_i 为相应的风电功率平均值
平均风能功率密度 $\bar{E}$ /（W/m²）	一段时间内风能功率密度	$\bar{E}=\dfrac{1}{n}\sum\limits_{i=1}^{n}\dfrac{1}{2}\rho v_i^3$	
湍流强度 I_r	风稳定性指标	$I_r=\dfrac{\sigma}{\bar{v}}$	
风资源总储量 G /w	流域风能蕴藏量	$G=\dfrac{1}{100}\sum\limits_{i=1}^{n}s_ip_i$	

风速具有垂直分布规律，随高度的增加而递增。对数律或幂律是两种常用的描述风速沿高度分布的数学模型。对数律由大气层流理论推导而来，而幂律主要根据实测数据获得。两种模型都受到大气湍流的影响而具有一定的不确定性。幂律方程是一种实用化的模型，通常得到的风速比对数模型更加切合实际。气象局或气象站点获得的风速数据是标准风速观测塔测得的，监测高度一般为 10 m，但国内常见风机的轮毂高度一般大于 10 m。为此，可采用 Gipe 幂律方程将风塔观测的风速转化为典型风机轮毂高度上的风速，Gipe 幂律方程的表达式如下：

$$v = \left(\frac{H}{H_0} \right)^{\alpha} v_0 \tag{10-1}$$

式中，H_0 为初始高度（m）；H 为轮毂高处（m）；v_0 和 v 分别为原始和轮毂高处的风速（m/s）；α 为风切变指数，可通过表 10-2 不同地表状态的风切变指数选取。

表 10-2　不同地表状态的风切变指数

地表状态	切变指数 α	地表状态	切变指数 α
裸地/湖泊/海洋	0.10	耕地	0.20
草地	0.14	林地	0.20~0.30
灌木	0.16	人造覆盖	0.40

风玫瑰图，如图 10-3 所示，可直观刻画风向、风速及其出现频次的变化，对于风机朝向等具有指导作用，一般根据长期记录数据，由 8 个或 16 个方位按一定比例绘制。

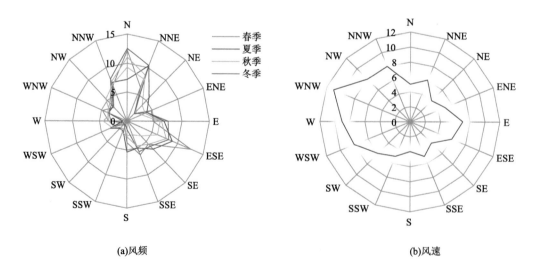

(a)风频　　　　　　　　　　　　　　　(b)风速

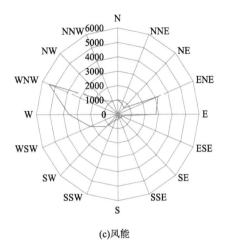

(c)风能

图 10-3　风玫瑰图

雅江流域 7 个站点 1986～2016 年 10 m 高程的月平均风速变化如图 10-4 所示。雅江流域大部分站点的最大风速出现在 3 月，最小风速出现在 9 月，最大、最小月份的平均风速差为 2.4 m/s。从季节上看，整个流域的风速最大期为春季，平均风速达 2.42 m/s，最小期为秋季，平均风速为 1.53 m/s。其中处于雅江上游的拉孜、泽当、当雄风速大于整个流域的平均风速，处于雅江下游的波密站点风速最低。雅江上游到下游风速逐渐减小，与监测站点周边的建筑物高度和数量有关系，下游建筑及人类活动增多，故风速有所减小。

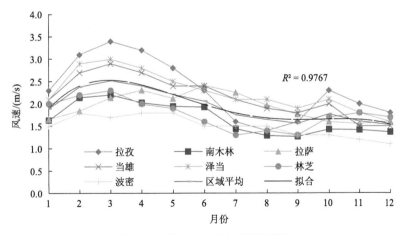

图 10-4　雅江 7 个站点月平均风速

此外，选取上游拉孜站点、中游拉萨站点、下游林芝站点的累日平均风速进行分析，如图 10-5 所示。中下游的风速受季节影响较小，从整体波动性上分析，拉孜>拉萨>林芝；从单日的波动幅度看，拉萨>拉孜>林芝。

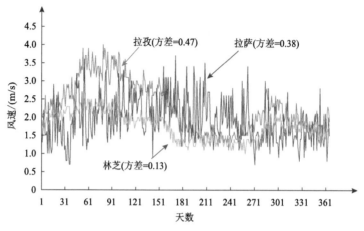

图 10-5 上中下游代表站点的累日风速变化

风速在不同高度呈幂指数分布，并随着高度的增加而增大。根据 Gipe 幂律公式，可推导出不同高度的年平均风速。然后基于衡量风能潜力的基本参数计算方法，可计算得到年平均风功率密度。雅江各站点不同高度的平均风速及风功率密度如图 10-6 所示，平

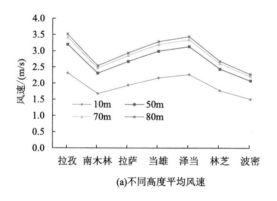

(a)不同高度平均风速

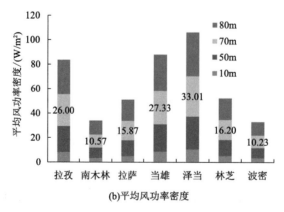

(b)平均风功率密度

图 10-6 雅江各站点不同高度的平均风速及风功率密度

均风速在 70 m 高空时可达到 3.12 m/s，年有效风速为 3.0～21.0 m/s，有利于风力发电。在拉孜、当雄、泽当 3 个站点，70m 平均风功率密度分别为 26.00 W/m², 27.33 W/m², 33.01 W/m²，且泽当与已建成的藏木水电站距离较近，适合建设清洁能源互补基地，通过协调藏木水电站机组出力，可以平抑风电功率的随机波动，促进风电消纳。

3）雅江流域太阳能资源特性

太阳能资源丰富程度受太阳高度角、大气条件、地形等因素影响，其中大气条件是造成地球表面太阳辐射瞬时波动及非均匀性的主要原因。通常采用的太阳能资源潜力参数包括太阳辐射年总量、稳定度和直射比等。对于固定倾角的太阳能光伏板，其有效辐照度可通过式（10-2）计算（赵书安，2011）：

$$I_s = I_1 \cos\theta_1 + I_2 \left(\frac{1+\cos\theta_2}{2}\right) + \omega I_3 \left(\frac{1-\cos\theta_2}{2}\right) \tag{10-2}$$

式中，I_s 为光伏面板总辐照度；I_1、I_2、I_3 分别为直射、散射、水平面辐照度；θ_1、θ_2 分别为太阳入射角、光伏面板安装倾角；ω 为反射系数。

太阳能资源整年变化情况可通过太阳能资源稳定程度评价，常用一年中各月日照时数>6h 的天数最大值比上最小值，即

$$K = \frac{\max(\text{Day}_1, \text{Day}_2, \cdots, \text{Day}_{12})}{\min(\text{Day}_1, \text{Day}_2, \cdots, \text{Day}_{12})} \tag{10-3}$$

式中，$\text{Day}_1, \text{Day}_2, \cdots, \text{Day}_{12}$ 分别为 1～12 月各月日照时数>6h 的天数；K 值越小，太阳能资源越稳定，就越利于开发利用；规定 $K < 2$ 为稳定，$2 \leqslant K \leqslant 4$ 为较稳定，$K > 4$ 为不稳定。

日照时数为太阳辐照度达到或超过 120 W/m² 的各段时间的总和。1986～2016 年雅江流域 7 个站点的年日照时数及年际波动情况如图 10-7 所示。雅江流域各站点年平均日照时数位于 2300～2900 h，光照时间十分充足，有利于光伏发电。取各年的数值序列偏差作为年际波动指标，可以看出拉孜年日照时数的波动最大，为 174.38 h，其他站点基本稳定在 100 h 左右。通过式（10-3）计算太阳能资源稳定程度，各站点稳定度在 1.4～1.6，属于稳定。

在太阳能辐射量方面，选取从 NASA 气象数据中心获取的每月日平均辐射量作为衡量标准。雅江流域各站点太阳能辐射量如图 10-8 所示，整个流域各气象站点的太阳能辐射量变化趋于一致，年内总体呈现"N"形分布特点，各站点月平均辐射量的峰值在 5～6 月，最小值则出现在 11～12 月。拉孜、南木林、泽当三个站点的月辐射量均大于流域平均值，其中拉孜在 5 月达到所有站点辐射量最大，为 7.37 kW·h/（m²·d），辐射量最低的为波密站点，最小值出现在 12 月，为 3.48 kW·h/（m²·d）。从年辐射总量来看，流域各站点的变化范围为 5671.08～7520.04 MJ/m²，太阳能储量十分丰富，有利于太阳能资源的开发。

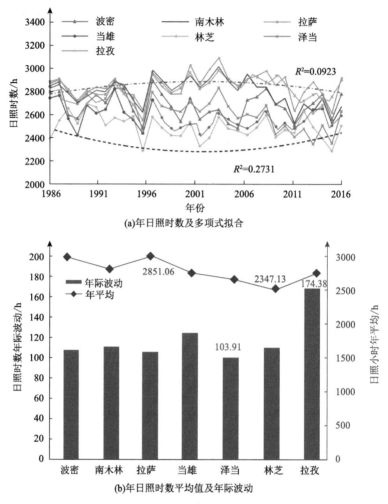

(a)年日照时数及多项式拟合

(b)年日照时数平均值及年际波动

图 10-7　1986～2016 年雅江流域 7 个站点的年日照时数

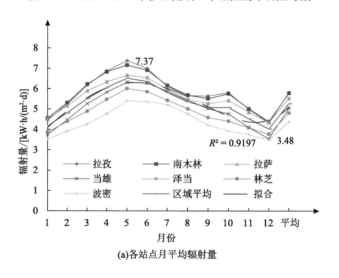

(a)各站点月平均辐射量

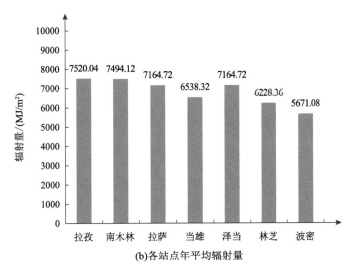

图 10-8　雅江流域各站点太阳能辐射量

2. 基于 Copula 函数的风-光联合出力特性分析

风力发电和光伏发电受天气情况影响，出力具有较强的波动性和随机性。风电场在白天时风速较小、夜间时风速较大，而光伏电站在白天时光照较强、夜间几乎没有光照。风电和光伏发电在时间和地域上具有相关性和互补性，开展相关性的量化计算，可为准确刻画水-风-光联合发电运行奠定基础。

1）风电出力随机模型

风电机组出力主要取决于风速，而风速是一个不稳定变量，具有间歇性和波动性。风电机组出力功率随之波动。用于描述风速概率分布的模型主要有 Weibull 分布、Lognormal 分布、Rayleigh 分布（任洲洋，2014）。这里，采用两参数的 Weibull 分布模型作为风场风速的概率模型，其概率密度函数及累积分布函数分别为

$$f(v) = \left(\frac{k}{c}\right)\left(\frac{v}{c}\right)^{k-1} \exp\left[-\left(\frac{v}{c}\right)^k\right] \tag{10-4}$$

$$F(v) = \int_0^{+\infty} f(v)\mathrm{d}v = 1 - \exp\left[-\left(\frac{v}{c}\right)^k\right] \tag{10-5}$$

式中，v 为风速（m/s）；k 为 Weibull 分布形状参数；c 为相应的尺度参数。

通过矩估计法，计算风速 Weibull 分布形状参数 k 及尺度参数 c。矩估计法基本原理是采用样本矩替换母体矩，从而找出未知参数。通过计算风速样本的均值 $\bar{v}$ 和方差 σ，即

$$\begin{cases} \overline{v} = \dfrac{1}{n}\sum_{i=1}^{n} v_i \\ \sigma = \dfrac{1}{n-1}\sum_{i=1}^{n} (v_i - \overline{v}) \end{cases} \tag{10-6}$$

由均值 $\overline{v}$ 和方差 σ 确定风速 Weibull 分布的形状参数 k 及尺度参数 c，即

$$\begin{cases} k = \left(\dfrac{\sigma}{\overline{v}}\right)^{-1.086} \\ c = \overline{v} \, / \, \Gamma\left(1+\dfrac{1}{k}\right) \end{cases} \tag{10-7}$$

式中，$\Gamma(\cdot)$ 为伽马函数。

风力发电是利用风电机组将风能转化为电能，其出力大小与风速密切相关。风电机组出力模型为

$$P_w = \begin{cases} 0 & (v < v_{\text{in}} \bigcup v \geqslant v_{\text{out}}) \\ \dfrac{P_{w_r}(v - v_{\text{in}})}{v_r - v_{\text{in}}} & (v_{\text{in}} \leqslant v < v_r) \\ P_{w_r} & (v_r \leqslant v < v_{\text{out}}) \end{cases} \tag{10-8}$$

式中，P_{w_r} 为风电机组的额定功率；v_r 为额定风速；v_{in} 为切入风速；v_{out} 为切出风速。

根据式（10-4），当风速在 $[v_{\text{in}}, v_r)$ 之间时，风电机组出力 w 的概率密度函数如下：

$$f_w(P_w) = \frac{k(v_r - v_{\text{in}})}{cP_{w_r}}\left(\frac{v_{\text{in}} + (v_r - v_{\text{in}})P_w / P_{w_r}}{c}\right)^{k-1} \exp\left[-\left(\frac{v_{\text{in}} + (v_r - v_{\text{in}})P_w / P_{w_r}}{c}\right)^k\right] \tag{10-9}$$

当风速处于 $(-\infty, v_{\text{in}}) \bigcup (v_{\text{out}}, +\infty)$ 时，即风电机组出力为 0 时，其累积分布函数为

$$\Pr(P_W = 0) = \Pr(v < v_{\text{in}}) + \Pr(v > v_{\text{out}}) = 1 - \exp\left[-\left(\frac{v_{\text{in}}}{c}\right)^k\right] + \exp\left[-\left(\frac{v_{\text{out}}}{c}\right)^k\right] \tag{10-10}$$

当风速处于 (v_r, v_{out}) 时，即风电机组出力为额定功率时，其累积分布函数为

$$\Pr(P_W = P_{w_r}) = \Pr(v_r < v < v_{\text{out}}) = \exp\left[-\left(\frac{v_r}{c}\right)^k\right] - \exp\left[-\left(\frac{v_{\text{out}}}{c}\right)^k\right] \tag{10-11}$$

根据式（10-9）～式（10-11），计算风电机组出力的累积分布函数为

$$F_W(P_W) = \Pr(P_W \leqslant P_w)$$

$$= \begin{cases} 0 & (P_w < 0) \\ 1 - \exp\left[-\left(\dfrac{v_{in} + (v_r - v_{in})P_w / P_{w_r}}{c} \right)^k \right] + \exp\left[-\left(\dfrac{v_{out}}{c} \right)^k \right] & (0 \leqslant P_w < P_{w_r}) \\ 1 & (P_w \geqslant P_{w_r}) \end{cases} \quad （10\text{-}12）$$

2）光伏发电出力随机模型

光伏发电利用太阳能电池将光能转化为电能，出力大小取决于光照强度，输出功率随光照强度的波动而变化。光照强度概率分布通常采用 Beta、Weibull、Normal、Lognormal 及 Extreme Value 分布等。这里，采用 Beta 分布刻画光照强度 I_P 的随机特性，概率密度函数为

$$f(I_P) = \frac{\Gamma(\alpha + \beta)}{\Gamma(\alpha)\Gamma(\beta)} \left(\frac{I_P}{I_{P,\max}} \right)^{\alpha-1} \left(1 - \frac{I_P}{I_{P,\max}} \right)^{\beta-1} \quad （10\text{-}13）$$

式中，$I_{P,\max}$ 为最大光照强度；α、β 均为 Beta 分布的形状参数，通过矩估计得出，即

$$\begin{cases} \alpha = \mu_I \left[\dfrac{\mu_I(1 - \mu_I)}{\sigma_I} - 1 \right] \\ \beta = (1 - \mu_I) \left[\dfrac{\mu_I(1 - \mu_I)}{\sigma_I} - 1 \right] \end{cases} \quad （10\text{-}14）$$

式中，μ_I 为光照强度历史数据的平均值；σ_I 为光照强度历史数据的方差。

光伏电站的出力模型为

$$P_P = \eta_P A I_P \quad （10\text{-}15）$$

式中，η_P、A 分别为系统转换效率、光伏阵列面积。

基于光照强度概率密度函数 $f(I_P)$ 和光伏电站输出功率 P_P，计算光伏发电出力的概率密度函数：

$$F_P(P_P) = \frac{\Gamma(\alpha + \beta)}{\Gamma(\alpha) + \Gamma(\beta)} \left(\frac{P_P}{P_{P,\max}} \right)^{\alpha-1} \left(1 - \frac{P_P}{P_{P,\max}} \right)^{\beta-1} \quad （10\text{-}16）$$

式中，$P_{P,\max}$ 为光伏电站的最大输出功率。

3）风光出力的联合概率分布

通过构建风光出力联合概率分布描述风光发电出力间的相关性和互补性。构建变量间联合分布的方法主要有极值理论和 Copula 函数两种。应用极值理论构建联合分布函数通常具有不确定性，其多用于研究某种极端情况下事件发生的概率，在研究风光资源互

补性方面并不适用；Copula 函数用于研究随机变量的相关关系，且 Copula 函数只需明确变量自身的边缘分布情况，即可得到变量间的联合分布，适用于研究风光资源的联合概率分布（Hofert，2008）。

假定 $\mathscr{R}(\cdot)$ 为 N 元随机变量的联合概率分布函数，并且 $\mathscr{R}(\cdot)$ 对任意单一随机变量都有边缘分布，那么必然存在一个 Copula 函数 $C(\cdot)$ 能够使

$$\mathscr{R}(x_1, x_2, \cdots, x_N) = C[\mathscr{R}_1(x_1), \mathscr{R}_1(x_2), \cdots, \mathscr{R}_N(x_N)] \qquad (10\text{-}17)$$

式中，$\mathscr{R}_1(x_1), \mathscr{R}_1(x_2), \cdots, \mathscr{R}_N(x_N)$ 分别为随机变量 $x_1, x_2, \cdots, x_N$ 的边缘分布函数。如果 $\mathscr{R}_1(x_1), \mathscr{R}_1(x_2), \cdots, \mathscr{R}_N(x_N)$ 均为连续函数，那么 $C(\cdot)$ 唯一存在，否则 $C(\cdot)$ 多个。如果 $C(\cdot)$ 为一个 Copula 函数，则 $\mathscr{R}(\cdot)$ 为随机变量 $x_1, x_2, \cdots, x_N$ 的联合概率分布。Copula 函数 $C(\cdot)$ 具有以下性质。

（1）$C(\cdot)$ 边缘分布函数满足 $C(1, \cdots, 1, \mathscr{R}_{kn}(x_{kn}), 1, \cdots, 1) = \mathscr{R}_{kn}(x_{kn})$，其中，$x_{kn} \in \{1, 2, \cdots, N\}$。

（2）$C(\cdot)$ 函数具有单调递增特性。

（3）$C(\cdot)$ 定义域为 $[0,1]^N$。

Copula 函数分为 Normal Copula 函数、椭圆 Copula 函数及 Archimedean Copula 函数。由于基础 Copula 在刻画变量关系时过于绝对，出现完全正（负）相依、完全独立的关系，因此很少用于解决实际问题。椭圆 Copula 函数中的 Normal Copula 函数及 t-Copula 函数具有随机量取样少、参数较为简单、相关结构计算方便等优点，其表达式分别为式（10-18）和式（10-19）：

$$C_z(x_1, x_2, \cdots, x_N) = \Phi_N(\mathscr{R}_1(x_1), \mathscr{R}_2(x_2), \cdots, \mathscr{R}_N(x_N)) \qquad (10\text{-}18)$$

$$C_T(x_1, x_2, \cdots, x_N) = T_N(\mathscr{R}_1(x_1), \mathscr{R}_2(x_2), \cdots, \mathscr{R}_N(x_N)) \qquad (10\text{-}19)$$

式中，$\Phi_N(\cdot)$，$T_N(\cdot)$ 分别为 N 元正态分布、N 元 T 分布。

Archimedean Copula 函数主要包括 Clayton Copula 函数、Gumbel Copula 函数及 Frank-Copula 函数，基本表达式分别为

$$C_C(x_1, x_2, \cdots, x_N) = \max\{[(\mathscr{R}_1(x_1))^{-\varsigma} + (\mathscr{R}_2(x_2))^{-\varsigma} + \cdots + (\mathscr{R}_N(x_N))^{-\varsigma} - 1]^{\frac{1}{\varsigma}}, 0\} \qquad (10\text{-}20)$$

$$C_G(x_1, x_2, \cdots, x_N) = \exp\left\{-[(-\ln \mathscr{R}_1(x_1))^{\varsigma} + (-\ln \mathscr{R}_2(x_2))^{\varsigma} + \cdots + (-\ln \mathscr{R}_N(x_N))^{\varsigma}]^{\frac{1}{\varsigma}}\right\} \qquad (10\text{-}21)$$

$$C_F(x_1, x_2, \cdots, x_N) = \left(\frac{1}{\varsigma}\right)\ln\left\{1 + \frac{\prod_{i=1}^{N}\exp[-\varsigma\mathscr{R}_i(x_i)]}{\mathrm{e}^{-\varsigma} - 1}\right\} \qquad (10\text{-}22)$$

式中，ς 为连接系数。

为了便于理解，表 10-3 描述了五种常见 Copula 函数的特点，图 10-9 为对应的三维概率密度散点图。

表 10-3　5 种常见 Copula 函数的特点

Copula 函数	特点
Normal Copula	对称分布，无后尾特性
t-Copula	对称相关性，对称后尾性
Clayton Copula	不对称性，较强的下后尾性
Gumbel Copula	不对称性，较强的上后尾性
Frank Copula	对称相关性，中心和上下尾部分布均匀

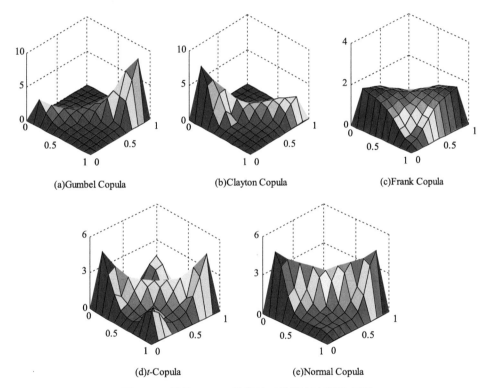

(a)Gumbel Copula　　(b)Clayton Copula　　(c)Frank Copula

(d)t-Copula　　(e)Normal Copula

图 10-9　常见 Copula 函数的三维概率密度散点图

图 10-10 为风电出力及光伏出力的聚合概率密度散点图，可以看出，风电场与光伏电站出力的概率之间的尾部相关性具有不对称特点，且上尾部相关性强，与 Gumbel Copula 函数特征相符。因此，借助 Gumbel Copula 函数，构建风光出力的联合概率分布模型，即

$$\mathscr{R}(P_\mathrm{W}, P_\mathrm{P}) = C_\mathrm{G}[F_\mathrm{W}(P_\mathrm{W}), F_\mathrm{P}(P_\mathrm{P})] = \exp\left\{-[(-\ln F(P_\mathrm{W}))^\varsigma + (-\ln F(P_\mathrm{P})^\varsigma]^{\frac{1}{\varsigma}}\right\} \quad (10\text{-}23)$$

式中，$C_G[\cdot]$ 为 Gumbel Copula 函数；P_W、P_P 分别为风电场、光伏电站出力；$F_W(P_W)$、$F_P(P_P)$ 为二者概率分布函数；ς 为连接参数，可采用最大似然估计法求取；该方法求取的 Copula 函数可采用 AIC 或 BIC 信息准则、Q-Q 图法、K-S 拟合优度法、L^2 距离最小法来检验其拟合优度。

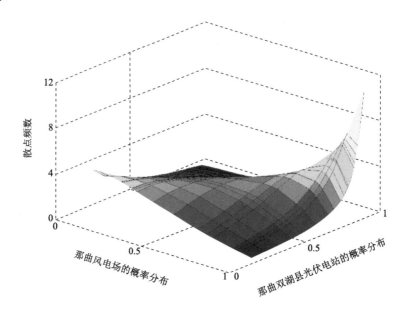

图 10-10 风电出力及光伏出力的联合概率密度散点图

假设那曲风电场 40 台风机的切入（3 m/s）/额定（12 m/s）/切出风速（25 m/s）、额定（1.5 MW）功率均相同；那曲双湖县光伏电站 40 块组件的最大光照强度（1000 W/m²）、额定功率（1.5 MW）均相同。利用 5 种 Copula 函数，分别得到不同的风电场和光伏电站出力联合概率分布，采用最大似然估计法求得 Copula 函数的连接系数 ς。表 10-4 展示了不同 Copula 函数对应的连接系数、拟合优度（采用 K-S 拟合优度法检验）以及上、下尾部的相关系数。可以看出，Gumbel Copula 函数所构建的联合概率分布的 K-S 拟合优度最大，表明 Gumbel Copula 函数比其他 4 种 Copula 函数能更好地构建风光出力联合概率分布。并且基于 Copula 函数的风光出力联合概率分布 Q-Q 检验图（图 10-11），Gumbel Copula 对于风光出力联合概率分布尾部的相关性拟合效果最好。

表 10-4 风电场、光伏电站 Copula 函数参数估计与拟合优度检验结果

Copula 函数	连接系数 ς	K-S 检验拟合优度	上尾部相关系数	下尾部相关系数
Gumbel	8.12	0.9714	0.9187	0.00
Clayton	0.46	0.7208	0.00	0.3325
Frank	15.88	0.6015	0.00	0.00
Normal	0.712	0.5241	0.00	0.00
t	0.743	0.7516	0.3348	0.3427

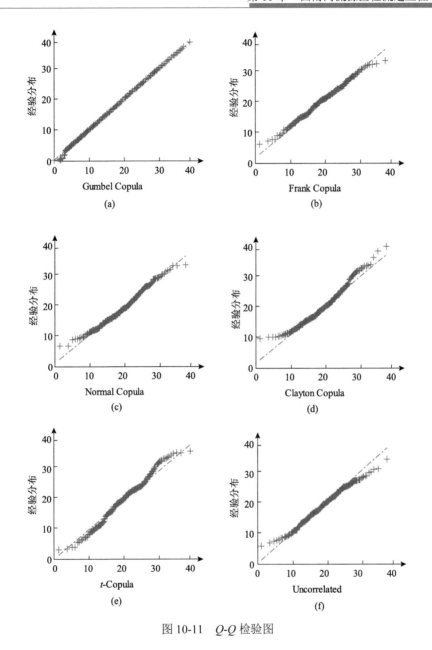

图 10-11　*Q-Q* 检验图

3. 水-风-光出力的互补特性分析

1）水-风-光资源互补特性分析

在年/月时间尺度上，西南流域水-风-光资源呈现季节性互补。西南地区处于季风区，夏季受到海洋季风影响，冬季盛行大陆季风，西南流域形成"雨旱分明"的季节特征。每年6～10月为丰水期，1～5月和11～12月为枯水期，其中，丰水期降水量占全年的80%以上。水电受天然来水影响，呈现显著的丰枯期特征，丰水期水电大发，枯水期则出力不足。

西南地区处于低纬地区且海拔较高，风-光资源丰富。风电在季节上呈现秋冬大、夏秋小的特点，冬春季节相比于夏秋季节，风向稳定，风力强劲，具有较大的开发价值；夏季日照时间长且太阳辐射较强，光照充足，冬季太阳高度角较小，辐射弱，光伏出力呈现夏秋大、春冬小的特征。风电在 7～10 月平均出力水平较低，发电量主要分布在枯水期 12 月至次年 3 月，光伏在 5～10 月出力水平较高，在 1～3 月和 11～12 月出力水平较低，结合水电的丰枯季节特性，三者在季节上形成有益的互补。图 10-12 为雅江流域总体水-风-光月度变化曲线，水流量变化与风光变化整体上为负相关。同时，水电、风电、光伏发电具有一定的互补特征。

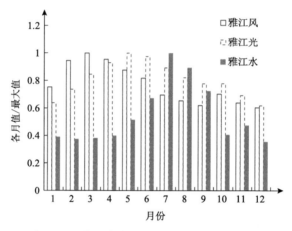

图 10-12　雅江流域总体水-风-光月度变化曲线

在日时间尺度上，水-风-光资源出力具有日间互补性。"白天风小，夜晚风大"，风电出力水平具有"昼低夜高"的特点，呈现显著的反调峰特性；光伏发电依赖于太阳辐照，白天时光照较强，夜间没有光照，具有"昼发夜停"的特点，日间发电时段为上午 7 时至下午 7 时，与风电形成显著的日间互补，缓解反调峰特性。水电日间出力较为平稳，与风光发电不存在明显互补特性，但可通过协调具有调节能力的水电站弥补系统净负荷需求（负荷功率与风光出力之差），平抑风光日间出力的波动。水电与风光日间互补性如图 10-13 所示。

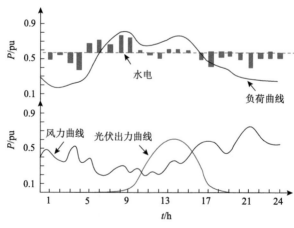

图 10-13　水电与风光日间互补性

2）水-风-光资源发电量和功率互补特性分析

水-风-光呈现电量与容量的互补。西南流域水电资源丰富，但时间上分布不均匀，丰水期水资源充足，枯水期匮乏。当电力系统处于枯水期时，水力发电量不足，系统存在能源供应不足的风险。根据风-光发电与水力发电在丰枯规律上存在的互补特性，风-光发电可以在枯水期时为电力系统提供电量补充，缓解季节性供需矛盾。

在容量特性上，具有一定调节能力的水电机组通过水库调蓄能力，平抑自然来水变化，实现出力快速准确控制，有良好的功率调节特性。风-光受天气条件影响，具有强随机性和间歇性。风电出力"昼低夜高"，光伏出力晚间时段几乎为零。大规模新能源接入增加了系统调峰压力，造成系统功率更为剧烈的波动。在负荷低谷时，风电、光伏的电量支撑具有库容的水电机组发电量从低谷时段向峰荷时段转移，水电机组在负荷高峰时段具有充足的容量空间参与系统调峰运行，可有效平抑风电和光伏发电的短时波动性。

西南流域风电光伏与水电在时间尺度具有互补关系，水-风-光联合运行通过水电站水库的储能特性与启停灵活特征，平抑风电光伏的剧烈波动，改善风光功率波动对电力系统运行的影响，减少弃风弃光电量。与此同时，风光发电也可以在一定程度上弥补枯水期水力发电量的不足。

10.1.2　考虑梯级水电补偿调节的风-光电站容量优化配置

水-风-光不同能源之间的容量匹配是发挥多能互补的基础与前提。在水-风-光互补系统中，水电是唯一具有调节能力的电站，具有发电功率调节速度快、蓄能容量大的优势，可以通过控制发电水头和下泄流量，快速调节水力发电功率，平抑风光出力波动，从而增大电力系统对风光等随机性电源的消纳。因此，梯级水电的调节能力决定了多能源的互补情况，也决定了风光电站的装机规模。在风光电站的容量优化配置时必须要考虑梯级水电的补偿调节。

1. 梯级水电补偿调节能力分析及建模

1）梯级水库功率调节能力建模

对于具有年调节或季调节能力的梯级水电站，在满足上下游复杂水力关系约束的基础上，通过改变发电水头调节下游调度水库的下泄流量，使其小于上游来水量（由上游水电站下泄流量和区间来水确定），引起水库水位上升，蓄水量增加，从而减少水电站功率输出，满足系统调度要求，反之亦然。

梯级水电站输出功率的一般表达式为

$$P_{\text{H},n,t} = g\eta_n Q_{n,t} H_{n,t} \tag{10-24}$$

式中，$P_{\text{H},n,t}$ 为 t 时刻节点 n 的水电机组发电功率；g 为重力加速度，$g = 9.81\text{m/s}^2$；η_n 为节点 n 的水电机组综合出力效率；$Q_{n,t}$ 为 t 时刻节点 n 的水电机组发电流量；$H_{n,t}$ 为 t 时刻节点 n 的水电机组发电水头。

梯级水电站出力主要取决于发电水头与发电流量，二者之间关系的表达式可描述为

$$
\begin{cases}
Q_{n,t} = kG_n\sqrt{H_{n,t}} \\
H_{n,t} = H_{n,0} - H_{n,t}^{\text{loss}} \\
H_{n,t}^{\text{loss}} = f_n G_n^2 H_{n,t}
\end{cases}
\tag{10-25}
$$

式中，G_n 为节点 n 的水电机组导叶开度；k 为比例系数；$H_{n,0}$ 为初始水头；$H_{n,t}^{\text{loss}}$ 为 t 时刻的损耗水头；f_n 为管道摩擦引起的损耗系数。

一般情况下，参与系统调节的机组在调度期内水头变化较大，而水头变化对机组发电效率的影响显著。将式（10-25）代入式（10-24），得到随水头变化的梯级水电站输出功率 $P_{\text{H},n,t}$ 为

$$
P_{\text{H},n,t} = \left[kg\eta_n G_n H_{n,0} \big/ \left(1 + f_n G_n^2\right)\right] H_{n,t}^{0.5}
\tag{10-26}
$$

为简化表达式，令 $K_{\text{H}} = \left(kg\eta_n G_n H_{n,0}\right)\big/\left(1 + f_n G_n^2\right)$，在 $H_{n,t-1}$ 处利用泰勒公式将式（10-26）展开，得到

$$
\begin{aligned}
P_{\text{H},n,t} = {} & P_{\text{H},n,t-1} + 0.5 K_{\text{H}} H_{n,t-1}^{-0.5}\left(H_{n,t} - H_{n,t-1}\right) \\
& - 0.125 K_{\text{H}} H_{n,t-1}^{-1.5}\left(H_{n,t} - H_{n,t-1}\right)^2 + \cdots
\end{aligned}
\tag{10-27}
$$

忽略式（10-27）中 2 次及以上的高次项，得到

$$
P_{\text{H},n,t} - P_{\text{H},n,t-1} = 0.5 K_{\text{H}} H_{n,t-1}^{-0.5}\left(H_{n,t} - H_{n,t-1}\right)
\tag{10-28}
$$

单位时间内梯级水电站功率变化值 $\Delta P_{\text{H},n,t}$ 与发电水头变化值 $\Delta H_{n,t}$ 之间满足：

$$
\Delta P_{\text{H},n,t} = 0.5 K_{\text{H}} H_{n,t-1}^{-0.5} \Delta H_{n,t}
\tag{10-29}
$$

在满足水电机组最大/最小技术出力和上/下爬坡率约束条件下，水电站的上/下调最大功率为当前机组组合下可增加/减少出力的最大值。因此，考虑水头变化的梯级水电站上、下调能力分别为

$$
\begin{cases}
\Delta P_{\text{H},t+\Delta t}^{+} = \sum_{n=1}^{N} \min\left(P_{\text{H},n,\max} - P_{\text{H},n,t}, \Delta P_{t+\Delta t}^{\text{up}}\right) \\
\qquad\quad = \sum_{n=1}^{N} \min\left(P_{\text{H},n,\max} - P_{\text{H},n,t}, 0.5 K_{\text{H}} H_{n,t}^{-0.5} \Delta H_{n,t+\Delta t}^{\text{up}}\right) \\
\Delta P_{\text{H},t+\Delta t}^{-} = -\sum_{n=1}^{N} \min\left(P_{\text{H},n,t} - P_{\text{H},n,\min}, \Delta P_{t+\Delta t}^{\text{dw}}\right) \\
\qquad\quad = -\sum_{n=1}^{N} \min\left(P_{\text{H},n,t} - P_{\text{H},n,\min}, 0.5 K_{\text{H}} H_{n,t}^{-0.5} \Delta H_{n,t+\Delta t}^{\text{dw}}\right)
\end{cases}
\tag{10-30}
$$

式中，$\Delta P_{\mathrm{H},t+\Delta t}^{+}$、$\Delta P_{\mathrm{H},t+\Delta t}^{-}$ 分别为 t 到 $t+\Delta t$ 时刻的梯级水电站上、下调功率；$P_{\mathrm{H},n,\max}$、$P_{\mathrm{H},n,\min}$ 分别为节点 n 的水电机组最大、最小出力限值；$\Delta P_{t+\Delta t}^{\mathrm{up}}$、$\Delta P_{t+\Delta t}^{\mathrm{dw}}$ 分别为 t 到 $t+\Delta t$ 时刻节点 n 的水电机组最大上、下调功率变化值，由 t 到 $t+\Delta t$ 时刻的最大上、下调水头变化值 $\Delta H_{n,t+\Delta t}^{\mathrm{up}}$、$\Delta H_{n,t+\Delta t}^{\mathrm{dw}}$ 决定；N 为系统总节点数。

2）水-风-光联合系统运行策略

在高比例风-光接入的电力系统中，可调度电源在出力可调节范围内提供系统上/下调功率，以保证发电和用电功率的瞬时平衡。定义系统净负荷为负荷功率与风-光联合出力之差，表达式为

$$P_{\mathrm{L},t}^{\mathrm{re}} = P_{\mathrm{L},t} - \left(P_{\mathrm{W},t} + P_{\mathrm{P},t} \right) = P_{\mathrm{L},t} - P_{\mathrm{WP},t} \tag{10-31}$$

式中，$P_{\mathrm{L},t}^{\mathrm{re}}$ 为 t 时刻的净负荷功率；$P_{\mathrm{L},t}$ 为 t 时刻的负荷功率；$P_{\mathrm{W},t}$ 为 t 时刻的风电出力；$P_{\mathrm{P},t}$ 为 t 时刻的光伏出力；$P_{\mathrm{WP},t}$ 为 t 时刻的风-光联合出力。当负荷功率 $P_{\mathrm{L},t}$ 不变时，净负荷功率 $P_{\mathrm{L},t}^{\mathrm{re}}$ 越小，风-光消纳量越大。

电力系统需保证发电和用电功率实时平衡，即

$$P_{\mathrm{L},t}^{\mathrm{re}} = P_{\mathrm{G},t} + P_{\mathrm{H},t} \tag{10-32}$$

式中，$P_{\mathrm{G},t}$ 为 t 时刻的火电机组出力；$P_{\mathrm{H},t}$ 为 t 时刻的梯级水电站出力。

为更大限度地接入风-光资源，在满足系统安全运行情况下，需尽可能减少常规机组出力。在梯级水电功率不变情况下，当火电机组减少至最小技术出力，无法完全平抑风-光出力增量引起的净负荷功率波动时，火电参与调节后系统弃风弃光量 $P_{\mathrm{WP},t+\Delta t}^{\mathrm{abon1}}$ 为

$$P_{\mathrm{WP},t+\Delta t}^{\mathrm{abon1}} = P_{\mathrm{G},\min} + P_{\mathrm{H},t} - P_{\mathrm{L},t+\Delta t}^{\mathrm{re}} \tag{10-33}$$

式中，$P_{\mathrm{G},\min}$ 为火电机组最小技术出力；$P_{\mathrm{L},t+\Delta t}^{\mathrm{re}}$ 为 $t+\Delta t$ 时刻的净负荷功率，Δt 为调度时间间隔。

进一步地，考虑水电机组功率参与净负荷功率波动的调节控制时，由式（10-33）得水电参与调节后系统弃风弃光量为

$$P_{\mathrm{WP},t+\Delta t}^{\mathrm{abon2}} = P_{\mathrm{WP},t+\Delta t}^{\mathrm{abon1}} + \Delta P_{\mathrm{H},t+\Delta t} = P_{\mathrm{G},\min} + P_{\mathrm{H},t} - P_{\mathrm{L},t+\Delta t}^{\mathrm{re}} + \Delta P_{\mathrm{H},t+\Delta t} \tag{10-34}$$

式中，$\Delta P_{\mathrm{H},t+\Delta t}$ 为 t 到 $t+\Delta t$ 时刻的梯级水电站下调功率，$\Delta P_{\mathrm{H},t+\Delta t} = P_{\mathrm{H},t+\Delta t} - P_{\mathrm{H},t} < 0$。

若水电可调度容量大，则 $P_{\mathrm{WP},t+\Delta t}^{\mathrm{abon1}}$ 可由梯级水电站全额消纳，即 $P_{\mathrm{WP},t+\Delta t}^{\mathrm{abon2}} = 0$。若水电机组减少至最小技术出力 $P_{\mathrm{H},\min}$，仍无法完全消纳 $P_{\mathrm{WP},t+\Delta t}^{\mathrm{abon1}}$，则水电参与调节后系统弃风弃光量为

$$P_{\mathrm{WP},t+\Delta t}^{\mathrm{abon2}} = P_{\mathrm{G},\min} + P_{\mathrm{H},\min} - P_{\mathrm{L},t+\Delta t}^{\mathrm{re}} \tag{10-35}$$

同理，净负荷功率向上波动时，火电机组、梯级水电站的调节策略与上文类似，在

此不再赘述。

基于上述分析可知，系统可调节功率的大小是决定风-光并网消纳容量的关键因素。随着梯级水电站可调节功率的增大，系统调能能力可以满足净负荷波动的幅度越大，系统接入的风-光资源越多。因此，详细刻画梯级水电的功率调节能力极为重要。

2. 考虑梯级水电补偿调度的风-光容量优化配置模型

如前所述，梯级水电的调度运行及其调节能力是风-光出力并网的关键，为此，本节构建了考虑梯级水电调节能力的风-光容量配置优化模型，在最大限度消纳风-光的同时，保持系统经济成本最低。

1）基于密度峰值聚类的风-光出力聚类场景

为了更好地表征风-光出力特性，必须生成代表的风-光出力场景，本节采用密度峰值聚类算法来刻画风-光出力的聚类场景，该方法的优势在于它能发现任意形状的类簇，同时检测出离群点，并自动确定聚类数。该算法适用于数目庞大、类簇形状差异大的风-光出力曲线聚类划分。

以历史全年风-光出力曲线数据（时间间隔为 1 h，一条曲线为 24 h 数据）为样本集，选取风-光出力峰谷差、风光出力平均值指标作为聚类特征对样本进行聚类，最终生成典型日风-光出力曲线的聚类分布图。以聚类场景构成的典型日风-光出力场景集 Y 对其随机性建模，表征风-光接入对系统规划运行的综合影响。各典型日风-光出力场景发生的概率为

$$\rho_y = \frac{S_y}{S} \quad y \in Y \tag{10-36}$$

式中，ρ_y 为场景 y 发生的概率；S_y 为场景 y 下典型日风-光出力曲线数；S 为研究周期内典型日风-光出力曲线总数。

2）风-光容量优化配置模型

以水-风-光联合系统经济成本最低为目标，通过优化决策风-光装机容量 $S_{\mathrm{W},n}$ 和 $S_{\mathrm{P},n}$ 建立规划模型，即

$$\min F_1 = C_{\mathrm{CON}} + C_{\mathrm{H}} + C_{\mathrm{G}} + C_{\mathrm{WP}}^{\mathrm{abon}} \tag{10-37}$$

式中，C_{CON}、C_{H}、C_{G} 和 $C_{\mathrm{WP}}^{\mathrm{abon}}$ 分别为风-光电站年投资建设成本、梯级水电站运行成本、常规火电机组运行成本和弃风弃光惩罚成本。各成本具体计算公式如下。

风-光电站年投资建设成本 C_{CON}：

$$C_{\mathrm{CON}} = \sum_{n=1}^{N} \left[\frac{d(1+d)^{D_{\mathrm{T}}}}{(1+d)^{D_{\mathrm{T}}} - 1} \right] \left(c_{\mathrm{W}} S_{\mathrm{W},n} + c_{\mathrm{P}} S_{\mathrm{P},n} \right) \tag{10-38}$$

式中，$S_{\mathrm{W},n}$ 和 $S_{\mathrm{P},n}$ 分别为节点 n 的风电和光伏装机容量；c_{W} 和 c_{P} 分别为风电和光伏的单

位装机容量投资成本；d 为贴现率；D_T 为风-光电站设计运行年限，一般取 15 年。将风-光电站的总建设成本在设计运行年限内按一定贴现率分摊至每年形成年投资建设成本。

梯级水电站运行成本 C_H：

$$C_H = 365 \sum_{y=1}^{Y} \left(\rho_y \sum_{n=1}^{N} \sum_{t=1}^{24} c_H P_{H,n,t} \right) \tag{10-39}$$

式中，c_H 为水电站单位运行成本。

常规火电机组运行成本 C_G：

$$C_G = 365 \sum_{y=1}^{Y} \left[\rho_y \sum_{n=1}^{N} \sum_{t=1}^{24} \left(a_n P_{G,n,t}^2 + b_n P_{G,n,t} + c_n \right) \right] \tag{10-40}$$

式中，a_n、b_n、c_n 为节点 n 的火电机组发电成本系数；$P_{G,n,t}$ 为 t 时刻节点 n 的火电机组发电功率。

弃风弃光惩罚成本 C_{WP}^{abon}：

$$C_{WP}^{abon} = 365 \sum_{y=1}^{Y} \left(\rho_y \sum_{n=1}^{N} \sum_{t=1}^{24} c_{WP}^{abon} P_{WP,n,t+\Delta t}^{abon2} \right) \tag{10-41}$$

式中，c_{WP}^{abon} 为弃风弃光单位惩罚成本。

3）约束条件

功率平衡约束：

$$\sum_{n=1}^{N} P_{H,n,t} + \sum_{n=1}^{N} P_{G,n,t} + \sum_{n=1}^{N} P_{WP,n,t} = \sum_{n=1}^{N} P_{L,n,t} \tag{10-42}$$

线路传输容量约束：

$$\begin{cases} P_{ni,t} < P_{ni}^{max} \\ P_{ni,t} = \left(P_{H,n,t} + P_{G,n,t} + P_{WP,n,t} - P_{L,n,t} - P_{DR,n,t} \right) + \sum_{\substack{j \neq i \\ i,j \in n'}} P_{nj,t} \end{cases} \tag{10-43}$$

式中，$P_{ni,t}$ 为连接节点 n、i 的线路在 t 时刻的传输功率；P_{ni}^{max} 为连接节点 n、i 的线路的传输功率最大值；$P_{nj,t}$ 为连接节点 n、j 的线路在 t 时刻的传输功率；n' 为连接节点 n 的节点集合。

风-光电站装机容量约束：

$$\begin{cases} S_{W,n}^{min} < S_{W,n} < S_{W,n}^{max} \\ S_{P,n}^{min} < S_{P,n} < S_{P,n}^{max} \end{cases} \tag{10-44}$$

式中，$S_{W,n}^{min}$、$S_{W,n}^{max}$ 分别为节点 n 的风电最小、最大装机容量；$S_{P,n}^{min}$、$S_{P,n}^{max}$ 分别为节点 n 的

光伏发电最小、最大装机容量。

风-光电站出力约束：

$$
\begin{cases}
P_{\mathrm{W},n,t} = S_{\mathrm{W},n} p_{\mathrm{W},n,t} \\
P_{\mathrm{P},n,t} = S_{\mathrm{P},n} p_{\mathrm{P},n,t}
\end{cases}
\tag{10-45}
$$

式中，$p_{\mathrm{W},n,t}$、$p_{\mathrm{P},n,t}$ 分别为 t 时刻节点 n 的风、光单位装机容量出力；$P_{\mathrm{W},n,t}$、$P_{\mathrm{P},n,t}$ 分别为时刻 t 节点 n 的风电、光伏发电出力。

梯级水电站上下游水量约束：

$$
\begin{cases}
Q_{n,t}^{\mathrm{in}} = I_{n,t} + Q_{n+1,t-\tau_n} \\
V_{n,t} = V_{n,t-1} + 3600\left(Q_{n,t}^{\mathrm{in}} - Q_{n,t} - S_{n,t}\right)
\end{cases}
\tag{10-46}
$$

式中，$Q_{n,t}^{\mathrm{in}}$ 为 t 时刻节点 n 的水电站入库流量；$I_{n,t}$ 为 t 时刻节点 n 的水电站区间来水；$Q_{n+1,t-\tau_n}$ 为 $t-\tau_n$ 时刻节点 $n+1$ 的水电站发电流量，τ_n 为节点 $n+1$ 到节点 n 的水电站水流时滞，其值与上、下级电站之间的实际距离呈正相关；$V_{n,t}$ 和 $V_{n,t-1}$ 分别为节点 n 的下游水电站在 t 时刻和 $t-1$ 时刻末的蓄水量；$Q_{n,t}$ 为 t 时刻节点 n 的水电机组发电流量；$S_{n,t}$ 为 t 时刻节点 n 的水电站弃水流量。

水库的初库容和末库容约束：

$$
\begin{cases}
V_{n,0} = V_n^{\mathrm{Begin}} \\
V_{n,T} = V_n^{\mathrm{End}}
\end{cases}
\tag{10-47}
$$

式中，$V_{n,0}$、$V_{n,T}$ 分别为节点 n 的水电站在 0 时刻、T 时刻的库容；V_n^{Begin}、V_n^{End} 分别为节点 n 的水电站初、末库容。

水库蓄水容量及水头约束：

$$
\begin{cases}
V_n^{\min} \leqslant V_{n,s,t} \leqslant V_n^{\max} \\
H_n^{\min} \leqslant H_{n,t} \leqslant H_n^{\max}
\end{cases}
\tag{10-48}
$$

式中，$V_n^{\min}$、$V_n^{\max}$ 分别为节点 n 的水电站最小、最大蓄水容量；$H_n^{\min}$、$H_n^{\max}$ 分别为节点 n 的水电站最小、最大发电水头。

火电运行约束：

$$
P_{\mathrm{G},n}^{\min} < P_{\mathrm{G},n,t} < P_{\mathrm{G},n}^{\max}
\tag{10-49}
$$

式中，$P_{\mathrm{G},n}^{\min}$、$P_{\mathrm{G},n}^{\max}$ 分别为节点 n 的火电机组最小、最大技术出力。

4）风-光容量优化配置模型求解

考虑梯级水电调节能力的风-光容量优化配置模型具有复杂的非线性、多约束的特点，传统的进化算法收敛速度快、参数少、易于实现但是易陷入局部最优，考虑采用基于极限学习机的改进粒子群算法（ELM-PSO）对模型进行求解。图 10-14 为基于极限学习机的改进粒子群算法流程，具体说明如下。

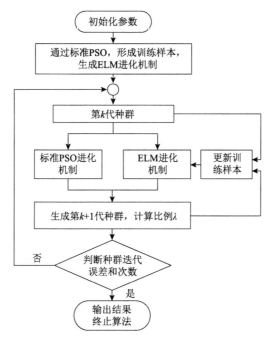

图 10-14　基于极限学习机的改进粒子群算法流程

（1）初始化参数，如 $x_{0,i}$（初始粒子随机生成）、速度 $v_{0,i}$（$i=1,2,\cdots,M$）、M（种群规模）、w_i（最大迭代次数）、$\bar{\varepsilon}$（迭代终止误差）等，其中迭代误差的表达式如下：

$$\varepsilon = \frac{1}{M}\sqrt{\sum_{i=1}^{M}\left(x_{k,i}-x_{k-1,i}\right)^2} \tag{10-50}$$

（2）基于标准 PSO 对种群进行初始进化，选择合适的隔代数 L_M，并获得 ELM 进化机制的训练样本，进而设定最初的分配比例 λ。

（3）根据 λ，从 k 代种群中随机选取 $\lambda \times M$ 个粒子，采用 ELM 进化机制生成 $k+1$ 代粒子；其余粒子通过标准 PSO 生成 $k+1$ 代粒子，继续更新训练样本，得到更好的种群进化机制。

（4）分别计算平均适应度 $f_{k,1}$、$f_{k,2}$，并调整两者的分配比例。

（5）计算迭代误差 ε，若 $\varepsilon < \bar{\varepsilon}$ 或者迭代次数 $k = K_{\max}$，输出结果并终止算法；否则继续步骤（3）。

3. 考虑梯级水电补偿调节的风-光容量优化配置结果分析

选取 IEEE 14 节点系统对湖南某地区进行仿真分析，验证本书所提模型的有效性。

该系统包含：两座容量分别为 300MW、400MW 的火电厂；4 座容量分别为 150MW、270MW、180MW、128MW 的梯级水电站。算例中风电站单位投资成本为 3.36×10^5 元/MW，光伏电站单位投资成本为 2.67×10^5 元/MW，水电运行成本为 55 元/（MW·h）。

1）典型日风-光出力曲线场景划分

基于密度峰值聚类方法，得到 4 个聚类场景的风-光单位出力曲线，如图 10-15 所示（图中，各场景后括号中数据表示相应场景出现的概率，风-光出力均为标幺值，基准容量取 600 MW）。

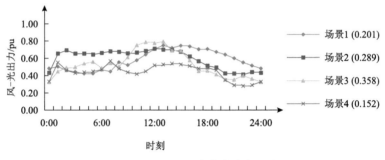

图 10-15　风光出力曲线聚类场景

从图 10-15 可以看出，生成的 4 个聚类场景基本涵盖了风光出力曲线的正调峰（场景 1）、反调峰（场景 2）、峰谷差大（场景 3）、低出力（场景 4）全部特征，但各场景间差异显著。从各场景出现概率看，4 个聚类场景区分较为明确，场景 2 和 3 出现的概率相对较大。场景生成结果能够较好地模拟所在区域的风-光随机性，有利于系统整体规划。

2）不同方案下的配置结果对比分析

采用上述提出的规划模型，求解得到风电和光伏最优机容量分别为 169.2 MW 和 187.9 MW，占总装机容量的 25.01%。为突出所提模型的优越性，设置两种不同方案进行对比分析，具体如下。

方案 1：系统仅考虑梯级水电站参与调节风-光波动。

方案 2：考虑功率调节能力约束的梯级水电站参与调节风-光波动。

表 10-5 给出了两方案下系统经济成本、风光容量配置及弃风弃光量的结果。

表 10-5　不同方案下的优化结果

方案	C_{CON} /元	C_H+C_G /元	C_{WP}^{abon} /元	S_W /MW	S_P /MW	P_{WP}^{abon2} /MW
1	8.252×10^7	3.055×10^8	7.59×10^6	116.4	157.3	23.9
2	1.332×10^8	2.431×10^8	8.678×10^6	169.2	187.9	5.9

在方案 1 中，风电和光伏最优装机容量分别为 116.4 MW 和 157.3 MW。方案 2 中考虑功率调节能力约束的梯级水电参与调节，风、光装机容量比方案 1 分别增加了 52.8 MW、30.6 MW。

在成本方面，方案 1 总成本为 $3.96×10^8$ 元，比方案 2 增加了 $1.06×10^7$ 元。由于方案 2 中的风光装机容量都有所增加，系统年投资建设成本也随之上升。综合来看，方案 2 的总成本比方案 1 高出 2.69%，但风-光总装机容量比方案 1 提高 30.47%。由于方案 2 考虑系统调节能力约束，风-光消纳电量基本与风-光装机容量相等，有效避免了实际运行中风光的过度装机，造成大量的弃风弃光。因此，考虑功率调节能力约束的梯级水电参与调节的方案 2 更具有优势。

从图 10-15 可以看出，场景 4 的风-光出力普遍较低，波动较大，且具有一定的反调峰特性（19:00 至次日 10:00），对系统调节要求较高。因此，研究给出场景 4 下考虑功率调节能力约束的梯级水电主动响应风-光波动的运行结果，如图 10-16 所示。由于水电机组受天然来水、运行经济性、出力大小等限制，在风-光出力发生波动时，系统无法完全平抑波动，导致系统接纳风-光水平较低，通过调节梯级水电站出力，可以有效减少风光波动，增大风光的并网容量。

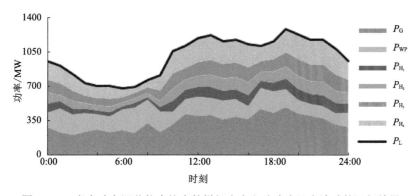

图 10-16　考虑功率调节能力约束的梯级水电主动响应风光波动的运行结果

综上所述，考虑系统调节能力约束的梯级水电站主动响应，以经济成本最小为目标的风-光容量配置方案（方案 2）比其他方案更具优势，证明了研究所提模型的有效性。

10.1.3　计划-市场双轨制下水-风-光清洁能源跨区消纳

1. 计划-市场双轨制下省际-省内相互协调的新能源消纳模式

西南河流源区具有丰富的水-风-光清洁能源且电价较低，但系统电力需求小，电力供大于求，受省际联络线数量少、输电规模小的制约，区域的清洁能源外送能力有限。尤其是随着未来清洁能源装机规模的持续增加，预计到 2025 年水-风-光清洁能源装机占比提高至 57.5%，2050 年水-风-光清洁能源装机占比将高达 79.6%，中国新型电力系统发电装机容量规划如图 10-17 所示，清洁能源的消纳问题会愈加凸显。与此同时，东部、中部地区一次能源匮乏，但系统电力需求大，电力供不应求，且系统网架屡弱，区外来电接纳能力不足，造成夏季、冬季高峰负荷期间拉闸限电现象频发。2020 年冬季，湖南、江西、浙江等省份受低温冰冻天气影响，2021 年 9 月黑龙江、吉林、辽宁、广东、江苏等 10 余省份受煤价高位运行影响，电力供不应求，均采取了不同程度的限电措施，严重影响了大工业用户甚至居民用户的正常用电。

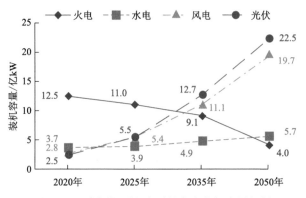

图 10-17　中国新型电力系统发电装机容量规划

为促进西南流域清洁能源在更大范围内消纳，缓解东部、中部局部地区时段性电力供应紧张问题，电力资源的配置范围和输送距离将进一步增大，跨区输电容量将持续增长。我国建设了更大规模的电力系统，以特高压为骨干网架，东部、西部两大电网同步运行，形成以东北地区、蒙西山西、西北地区、西南地区为送端，东中部地区为受端的互联电力系统总体格局。随着新型互联电力系统的建设，"西电东送、北电南送"的电力输送规模将不断扩大。预计到 2025 年、2035 年、2050 年，中国将分别建成特高压直流工程 23 回、37 回、54 回，跨区互联功率交换规模达 2.84 亿 kW、4.48 亿 kW、5.87 亿 kW，如图 10-18 所示。

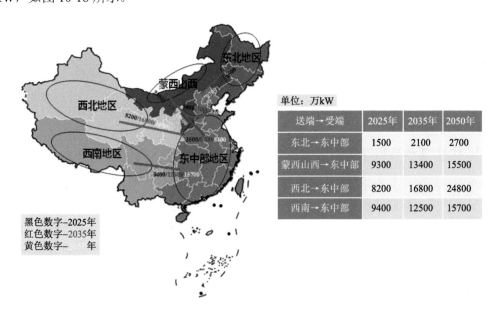

单位：万kW

送端→受端	2025年	2035年	2050年
东北→东中部	1500	2100	2700
蒙西山西→东中部	9300	13400	15500
西北→东中部	8200	16800	24800
西南→东中部	9400	12500	15700

黑色数字–2025年
红色数字–2035年
黄色数字–　　年

图 10-18　中国新型互联电力系统功率交换规模

当进行大规模跨区电力输送时，受端系统电力供需平衡和跨区电力供需平衡面临重大挑战，尤其以新能源为主体的新型电力系统呈现出大峰谷差、高比例清洁能源接入和高比例跨区电力输送等特征，如何通过优化调度实现省际-省内电力供需平衡，同时实现电力系统最优经济调度，成为亟待解决的问题。尤其是在目前的电力系统中，政府计划主导与电力市场并行的体制下，如何通过设计最佳的清洁消纳策略成为最为关键的问题。

在高比例清洁能源接入和高比例区外来电的新型互联电力系统中，通过优化调度实现省际-省内协调购电，保证受端系统电力电量平衡，并促进西南流域清洁能源在更大范围充分消纳。省际-省内调度分为"省际互联交换功率调度—省内水风光火功率调度"两个阶段。首先，省际互联交换功率包括国家指令性计划购电功率和省际市场购电功率，国家指令性计划购电功率以年度合约形式确定，省际市场购电功率以市场化方式确定，送端和受端系统严格执行，并作为受端系统内机组调度的边界条件。其次，省内调度遵循"清洁能源优先消纳"原则，确保水-风-光清洁能源机组"能发尽发、能用尽用"，并通过调度火电机组出力，满足系统负荷需求。基于上述原则，在保证电力系统安全运行前提下，提出计划-市场协调下新型互联电力系统省际-省内双层优化调度模型，如图 10-19 所示。

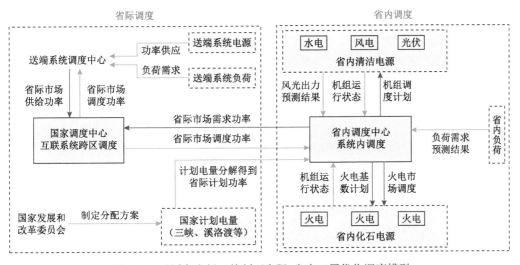

图 10-19　计划-市场双轨制下省际-省内双层优化调度模型

国家指令性计划购电功率是国家为保障互联电力系统用电安全，向部分大型梯级水电站（如三峡、溪洛渡、葛洲坝等）下达的指令性发电任务，将其发电量按一定比例分配给电力供应不足的受端系统，弥补供电缺口。国家指令性计划功率通常以年度合约形式确定，送端系统和受端系统严格按计划完成电量供给与消纳。通过国家指令性计划年度合约的电量"月度-日度-日内"分解，确定省际日计划功率曲线，作为省际市场功率调度边界条件。随后，根据受端系统内风-光机组出力和负荷预测结果，计算系统净负荷需求（负荷功率与风-光出力之差）。在考虑跨区联络线运行和系统备用等约束下，根据净负荷需求和系统内水火机组运行状态，计算受端系统省际互联功率缺额，扣除国家指令性计划购电功率，得到省际市场需求功率，并上报国家调度中心。同时，送端系统根据系统内功率供应和负荷需求情况，考虑省际联络线运行约束向国家调度中心上报跨区市场供给功率。国家调度中心根据送受端系统上报的信息进行优化调度，决策形成省际市场购电功率调度计划。

以省际互联调度功率为边界条件，在满足系统安全运行条件下，考虑清洁能源"能发尽发、能用尽用"优先消纳原则，进行受端系统内水-风-光机组调度。省级调度中心根据省内负荷用电量预测、国家指令性计划购电量、省际市场购电量和省内清洁能源购电量，向省级发改委提交火电基数电量建议值。由省发改委下达火电基数总电量，再由省级调度中心将基数发电计划下达各火电企业。根据负荷需求功率、火电基数计划、火电机组性能等因素，决策出火电市场购电量，并根据火电市场购电量安排机组出力，弥补省际计划-市场调度和省内水-风-光调度不足所产生的电力缺口。

2. 计划-市场双轨制下水-风-光跨区消纳优化调度模型

基于上述省际-省内双层优化调度模式，提出面向西南流域清洁能源跨区消纳的新型互联电力系统优化调度模型，如图 10-20 所示。省际优化调度模型以省际电量购买成本最小为目标，在满足省际联络线功率平衡、省际互联功率与备用水平耦合关系等约束下，优化决策国家指令性计划购电功率和省际市场购电功率；省内优化调度模型以省内电量购买成本最小为目标，以省际互联调度功率作为边界条件，在满足系统功率平衡、省内机组运行、备用容量等约束下，优化决策省内水-风-光-火机组发电计划及备用容量购买计划。通过省际-省内两层优化结果的相互迭代，最终形成省际联络线日调度曲线和省内机组日调度曲线。

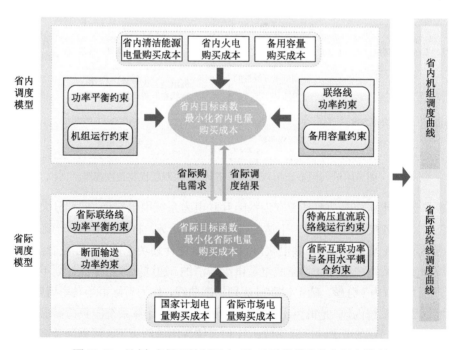

图 10-20　计划-市场双轨制下水-风-光跨区消纳优化调度模型

1）省际优化调度模型

考虑省际联络线功率平衡、省际互联功率与备用水平耦合关系等约束，优化调度国家指令性计划购电功率和省际市场购电功率，以省际购电成本最小构建目标函数，即

$$\min E = E_{\mathrm{I}}^{\mathrm{P}} + E_{\mathrm{I}}^{\mathrm{M}} \tag{10-51}$$

式中，E 为省际购电成本；$E_{\mathrm{I}}^{\mathrm{P}}$ 为国家指令性计划购电成本；$E_{\mathrm{I}}^{\mathrm{M}}$ 为省际市场购电成本。

国家指令性计划购电成本：

$$E_{\mathrm{I}}^{\mathrm{P}} = \sum_{t=1}^{T} \sum_{a=1}^{A} \left(\pi_{\mathrm{I},a} + \pi_{\mathrm{I},a}' \right) P_{\mathrm{I},a,t}^{\mathrm{P}} \tag{10-52}$$

式中，A 为输送国家指令性计划购电功率的联络线数量；$P_{\mathrm{I},a,t}^{\mathrm{P}}$、$\pi_{\mathrm{I},a}$、$\pi_{\mathrm{I},a}'$ 为 t 时刻联络线 a 输送的国家指令性计划购电功率、单位运行成本、联络线输电核定价格。

省际市场购电成本：

$$
\begin{aligned}
E_{\mathrm{I}}^{\mathrm{M}} = \sum_{t=1}^{T} \sum_{b=1}^{B} & \left(\pi_{\mathrm{I},b,\mathrm{G}}^{\mathrm{M}} + \pi_{\mathrm{I},b}'^{\mathrm{M}} \right) P_{\mathrm{I},b,\mathrm{G},t}^{\mathrm{M}} + \left(\pi_{\mathrm{I},b,\mathrm{H}}^{\mathrm{M}} + \pi_{\mathrm{I},b}'^{\mathrm{M}} \right) P_{\mathrm{I},b,\mathrm{H},t}^{\mathrm{M}} \\
& + \left(\pi_{\mathrm{I},b,\mathrm{W}}^{\mathrm{M}} + \pi_{\mathrm{I},b}'^{\mathrm{M}} \right) P_{\mathrm{I},b,\mathrm{W},t}^{\mathrm{M}} + \left(\pi_{\mathrm{I},b,\mathrm{P}}^{\mathrm{M}} + \pi_{\mathrm{I},b}'^{\mathrm{M}} \right) P_{\mathrm{I},b,\mathrm{P},t}^{\mathrm{M}}
\end{aligned} \tag{10-53}
$$

式中，B 为输送省际市场购电功率的联络线数量；$P_{\mathrm{I},b,\mathrm{G},t}^{\mathrm{M}}$、$P_{\mathrm{I},b,\mathrm{H},t}^{\mathrm{M}}$、$P_{\mathrm{I},b,\mathrm{W},t}^{\mathrm{M}}$、$P_{\mathrm{I},b,\mathrm{P},t}^{\mathrm{M}}$ 分别为 t 时刻联络线 b 输送的省际火、水、风、光市场购电功率；$\pi_{\mathrm{I},b,\mathrm{G}}^{\mathrm{M}}$、$\pi_{\mathrm{I},b,\mathrm{H}}^{\mathrm{M}}$、$\pi_{\mathrm{I},b,\mathrm{W}}^{\mathrm{M}}$、$\pi_{\mathrm{I},b,\mathrm{P}}^{\mathrm{M}}$ 和 $\pi_{\mathrm{I},b}'^{\mathrm{M}}$ 分别为 t 时刻联络线 b 输送的省际火、水、风、光市场购电功率单位运行成本和联络线输电核定价格。

省际约束条件具体如下。

（1）省际联络线功率平衡约束：

$$P_{\mathrm{I},t} = \sum_{a=1}^{A} P_{\mathrm{I},a,t}^{\mathrm{P}} + \sum_{b=1}^{B} P_{\mathrm{I},b,t}^{\mathrm{M}} \tag{10-54}$$

式中，$P_{\mathrm{I},t}$ 为省际互联功率。

（2）断面输送功率约束：

$$P_{\alpha}^{\min} \leqslant \sum_{l \in \Phi_{\alpha}} P_l \leqslant P_{\alpha}^{\max} \tag{10-55}$$

式中，Φ_{α} 为断面 α 的支路集合；$P_{\alpha}^{\min}$、$P_{\alpha}^{\max}$ 分别为断面 α 上输电功率最小值、最大值。

（3）省际联络线安全运行约束：

省际联络线输送功率约束：

$$\begin{cases} P_{\mathrm{I},a}^{\min} \leqslant P_{\mathrm{I},a,t} \leqslant P_{\mathrm{I},a}^{\max} \\ P_{\mathrm{I},b}^{\min} \leqslant P_{\mathrm{I},b,t} \leqslant P_{\mathrm{I},b}^{\max} \end{cases} \tag{10-56}$$

式中，$P_{\mathrm{I},a}^{\min}$、$P_{\mathrm{I},a}^{\max}$、$P_{\mathrm{I},b}^{\min}$、$P_{\mathrm{I},b}^{\max}$ 分别为第 a、b 条省际联络线允许的输送功率最小值、最大值。

省际联络线调整速率约束：

跨区联络线运行时，要求相邻时段输送功率变化不得超过联络线最大允许上升/下降速率，即

$$\begin{cases} P_{\mathrm{I},a,t+\Delta t} - P_{\mathrm{I},a,t} \leqslant P_{\mathrm{I},a}^{+}\Delta t; \ P_{\mathrm{I},a,t} - P_{\mathrm{I},a,t+\Delta t} \leqslant P_{\mathrm{I},a}^{-}\Delta t \\ P_{\mathrm{I},b,t+\Delta t} - P_{\mathrm{I},b,t} \leqslant P_{\mathrm{I},b}^{+}\Delta t; \ P_{\mathrm{I},b,t} - P_{\mathrm{I},b,t+\Delta t} \leqslant P_{\mathrm{I},b}^{-}\Delta t \end{cases} \tag{10-57}$$

式中，$P_{\mathrm{I},a}^{+}$、$P_{\mathrm{I},a}^{-}$、$P_{\mathrm{I},b}^{+}$、$P_{\mathrm{I},b}^{-}$ 为第 a、b 条联络线最大允许上升、下降速率。

（4）省际互联功率与备用水平耦合关系：

系统接纳省际互联功率的规模与系统预留备用容量呈正相关，预留备用容量越大，接纳省际互联功率规模越大，二者关系可表示为

$$P_{\mathrm{I},t} = \begin{cases} \leqslant P_{\mathrm{O}}^{1} & 0 \leqslant P_{\mathrm{S},t} < P_{\mathrm{S}}^{1} \\ & \vdots \\ \leqslant P_{\mathrm{O}}^{u} & P_{\mathrm{S}}^{u-1} \leqslant P_{\mathrm{S},t} < P_{\mathrm{S}}^{u} \quad u=[2,3,\cdots,u] \\ & \vdots \\ \leqslant P_{\mathrm{O}}^{U} & P_{\mathrm{S},t} \geqslant P_{\mathrm{S}}^{U} \end{cases} \tag{10-58}$$

式中，P_{O}^{1} 为系统备用容量 $P_{\mathrm{S},t}$ 处于区间 $[0,P_{\mathrm{S}}^{1}]$ 时所允许的最大系统注入功率；P_{O}^{u} 为系统备用容量 $P_{\mathrm{S},t}$ 处于区间 $[P_{\mathrm{S}}^{u-1},P_{\mathrm{S}}^{u}]$ 时所允许的最大系统注入功率；U 为系统安全稳定运行中所规定的备用容量档数。

2）省内优化调度模型

考虑系统功率平衡和省内机组安全运行等约束，在保证清洁能源优先消纳的基础上，优化调度火电功率，以省内购电成本最小为目标建立目标函数，即

$$\min F = F_{\mathrm{G}} + F_{\mathrm{H}} + F_{\mathrm{W}} + F_{\mathrm{P}} + F_{\mathrm{S}} \tag{10-59}$$

式中，F 为省内购电成本；F_{G}、F_{H}、F_{W}、F_{P} 和 F_{S} 分别为省内火、水、风、光电量购买成本和系统备用购买成本。

省内火、水、风、光电量购买成本：

$$\begin{cases} F_{\mathrm{G}} = \sum_{n}^{N}\sum_{t=1}^{T} a_n \cdot P_{\mathrm{G},n,t}^2 + b_n \cdot P_{\mathrm{G},n,t} + c_n \\ F_{\mathrm{H}} = \sum_{n=1}^{N}\sum_{t=1}^{T} \pi_{\mathrm{H},n} P_{\mathrm{H},n,t} = \sum_{n=1}^{N}\sum_{t=1}^{T} \pi_{\mathrm{H},n} A_n Q_{n,t} H_{n,t} \\ F_{\mathrm{W}} = \sum_{n=1}^{N}\sum_{t=1}^{T} \pi_{\mathrm{W},n} P_{\mathrm{W},n,t} \\ F_{\mathrm{P}} = \sum_{n=1}^{N}\sum_{t=1}^{T} \pi_{\mathrm{P},n} P_{\mathrm{P},n,t} \end{cases} \tag{10-60}$$

式中，$P_{G,n,t}$ 为 t 时刻 n 节点火电机组发电功率；a_n、b_n、c_n 为对应的火电机组发电成本系数；$P_{H,n,t}$、A_n、$Q_{n,t}$、$H_{n,t}$ 分别为时刻 t 节点 n 水电机组发电功率、综合出力系数、平均发电流量、平均净水头；$\pi_{H,n}$ 为节点 n 水电机组单位运行成本；$\pi_{W,n}$、$\pi_{P,n}$ 分别为节点 n 的风、光机组单位运行成本；$P_{W,n,t}$、$P_{P,n,t}$ 分别为时刻 t 节点 n 的风、光机组发电功率。

系统备用购买成本：

仅考虑火电机组和梯级水电提供备用容量，其备用购买成本为

$$F_S = \sum_{n=1}^{N} \sum_{t=1}^{T} \left(\pi_{G,n}^S \Delta P_{G,n,t} + \pi_{H,n}^S \Delta P_{H,n,t} \right) \tag{10-61}$$

式中，$\Delta P_{G,n,t}$、$\Delta P_{H,n,t}$ 分别为 t 时刻 n 节点火电、水电机组购买的备用容量；$\pi_{G,n}^S$、$\pi_{H,n}^S$ 分别为 n 节点火电、水电机组单位备用成本。

省内约束条件具体如下。

（1）功率平衡约束：

系统功率平衡约束：

$$\sum_{n=1}^{N} \left(P_{L,n,t} - P_{G,n,t} - P_{H,n,t} - P_{W,n,t} - P_{P,n,t} \right) = P_{I,t} \tag{10-62}$$

式中，$P_{L,n,t}$ 为 t 时刻系统的负荷功率。

线路传输功率约束：

$$-P_l^{max} \leqslant P_{l,t} \leqslant P_l^{max} \tag{10-63}$$

式中，P_l^{max}、$P_{l,t}$ 分别为时刻 t 线路 l 的传输功率限值、实际传输功率。

（2）省内机组运行约束：

机组出力约束、机组爬坡约束为

$$\begin{cases} P_{i,j}^{min} \leqslant P_{i,j,t} \leqslant P_{i,j}^{max} \\ P_{i,j,t+\Delta} - P_{i,j,t} \leqslant r_{i,j}^+ \Delta t \\ P_{i,j,t} - P_{i,j,t+\Delta} \leqslant r_{i,j}^- \Delta t \end{cases} \tag{10-64}$$

式中，下标 i 为机组类型；下标 j 为机组序号；$P_{i,j}^{min}$、$P_{i,j}^{max}$ 为第 j 个 i 型机组的最小、最大技术出力；$r_{i,j}^+$、$r_{i,j}^-$ 为第 j 个 i 型机组的正负爬坡速率。

（3）备用容量约束：

$$P_{S,t} = \sum_{n=1}^{N} \Delta P_{G,n,t} + \Delta P_{H,n,t} \geqslant K_S P_{L,n,t} \tag{10-65}$$

式中，$P_{S,t}$ 为 t 时刻省内预留备用容量；K_S 为省内最小预留备用容量百分数；$P_{L,n,t}$ 为 t

时刻系统的负荷功率。

3）求解算法

省际-省内双层优化调度模型以省际购电成本和省内电量购电最小为目标，综合考虑省际联络线功率平衡、省际互联功率与备用水平耦合关系、系统功率平衡和省内机组安全运行等约束。所提的省际-省内双层优化调度模型本质上是一种考虑电网运行安全的最优潮流计算，即多变量、多约束条件的非线性规划问题，常见的最优潮流计算求解方法有内点法、牛顿法和简化梯度法等。借助 Matlab 工具箱 YALMIP 对上述优化问题进行建模，采用跟踪中心轨迹内点法对模型进行求解。通过优化求解确定受端系统在调度周期内的省际-省内购电量以及购电成本。

3. 水-风-光清洁能源跨区消纳的典型案例

1）参数设置

以我国西南某流域作为送端系统、南方某省作为受端系统进行算例分析。设定火电机组运行参数 $a = 0.012$，$b = 24.5$，$c = 1000$；受端系统水、风、光发电机组单位运行成本分别为 200 元/（MW·h）、220 元/（MW·h）、280 元/（MW·h）；火电、水电单位备用购买成本为 200 元/（MW·h）、80 元/（MW·h）。国家指令性计划购电功率单位运行成本为 259.6 元/（MW·h），国家指令性计划联络线输电核定电价为 10.9 元/（MW·h）；西南流域参与省际市场功率调度的各类机组参数及单位运行成本如表 10-6 所示，省际市场联络线输电核定电价为 53.5 元/（MW·h）。

表 10-6　省际市场各类型机组参数

机组类型	最小调度功率/MW	最大调度功率/MW	单位运行成本/[元/（MW·h）]
火电	0	2000	420
水电	1300	4500	180
风电	0	1200	200
光伏	0	1000	210

2）优化调度结果分析

由于西南流域和受端系统清洁能源发电均以水电为主，且水电出力随季节波动性较大，风-光发电在日调度周期内波动较大，故选取枯水期和丰水期两种场景下的典型日进行数值仿真。不同场景下省际-省内调度功率优化结果如图 10-21 所示。可以看出，省际-省内功率调度曲线均呈现"两峰一腰一谷"特性，与受端系统负荷特性基本一致。

在省内丰水期功率调度方面，水电大发，清洁能源购电量高于火电，发电主力为省内清洁能源。丰水期典型日调度周期内省内清洁能源购电量为 355577 MW·h，占受端系统总购电量（省际总购电量和省内总购电量之和）的 57.9%。在枯水期省内水电来水较少，清洁能源供应能力不足，系统存在功率缺额，尤其是 9:00～13:00 和 19:00～22:00 负荷高峰时段，大幅增加了省内火电功率和省际互联功率，但省际互联功率受省际联络线约束已达最大值，只能进一步增加省内火电功率填补功率缺额。在枯水期典型日调度周期内省内清洁能源总购电量为 233800 MW·h，仅占受端系统总购电量的 36.47%，火电占受端系统总购电量的 42.59%。

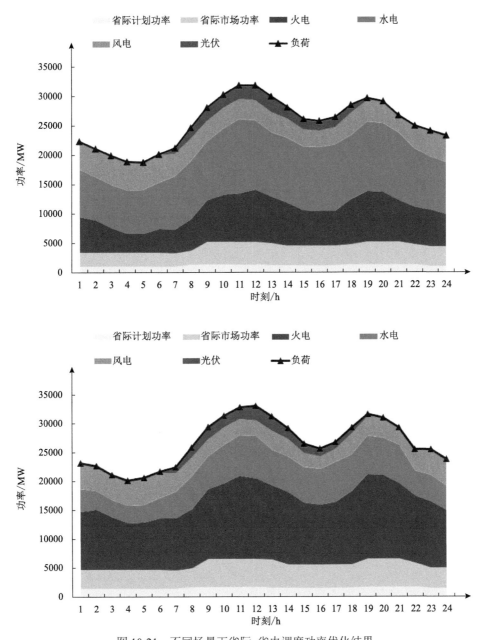

图 10-21　不同场景下省际-省内调度功率优化结果

在省际功率调度方面，通过协调省际计划-市场电量，促进西南流域清洁能源充分消纳，不同场景下省际计划-市场调度功率优化结果如图 10-22 所示。省际互联功率的额度受省际联络线运行约束以及省际互联功率与备用水平耦合约束。

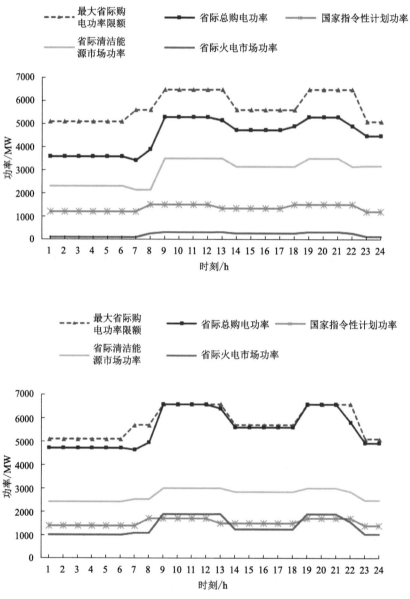

图 10-22　不同场景下省际计划-市场调度功率优化结果

在丰水期，西南流域和受端系统水电大发，受端系统减少了省际电量购买。但通过增加省际清洁能源市场电量和国家指令性计划电量购电在省际输送电量的占比，促进了西南流域清洁能源消纳。在丰水期，典型日调度周期内省际总购电量为 108975 MW·h，占受端系统总购电量的 17.76%，其中，省际输送清洁能源电量（省间清洁能源市场电量和国家指令性计划电量之和）为 104050 MW·h，占省际总购电量的 95.48%。在 9:00~

13:00 和 19:00～22:00 负荷高峰期，省际清洁能源输电功率维持在 5000 MW 左右；在 1:00～7:00 和 22:00～24:00 系统负荷低谷期间，省际火电功率仅维持在 100 MW 左右，省际互联功率基本由清洁能源供应。

在枯水期，受端系统的省际功率缺额较大。由于国家指令性计划功率无法大幅增加，主要通过增加省际市场功率来维持系统功率平衡。尤其在 9:00～13:00 和 19:00～22:00 负荷高峰期，省际互联功率以省际联络线最大允许输送功率运行，其中清洁能源购电功率稳定在 4700 MW 左右。在枯水期典型日调度周期内，省际总购电量为 134200 MW·h，占受端系统总购电量的 20.94%，其中省际输送清洁能源电量为 102650 MW·h，仅占省际总购电量的 76.49%。

在系统备用购买方面，通过协调省内水火机组出力，各场景下系统备用均满足接纳省际互联功率要求的最小备用容量，且预留一定额度，如图 10-23 所示。在丰水期火电出力基本维持在最小技术出力，主要购买低成本水电备用，火电备用作为补充。在枯水期，水电满负荷运行，可提供的备用容量不足。此时，通过购买火电弥补系统备用缺口，以满足大规模省际互联功率输送需求。

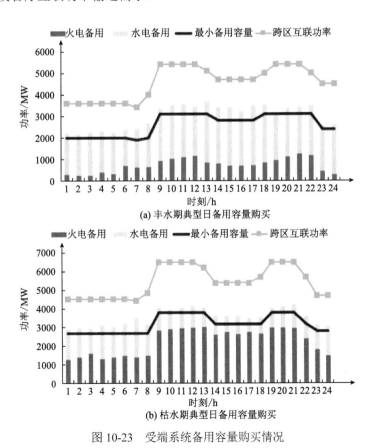

(a) 丰水期典型日备用容量购买

(b) 枯水期典型日备用容量购买

图 10-23　受端系统备用容量购买情况

针对水电来水和不同时段的电力需求情况，决策出不同场景下省际-省内最优购电组合，使省际-省内电量购买成本最小，各场景省际-省内电量购买成本优化结果如表 10-7 所示。在丰水期典型日调度周期内，通过大量购买省际-省内低成本的清洁能源并压低火电出力，受端系统购电总成本为 17169.15 万元，其中省际电量购买成本为 2926.2 万元，占总成本的 17.04%；省内清洁能源电量购买成本为 7482.18 万元，大幅减少了火电购电成本；为保证省际功率的正常消纳，受端系统火电和水电备用购买成本为 792.85 万元。

表 10-7　各场景省际-省内电量购买成本优化结果　（单位：万元）

场景	省际计划	省际市场	火电	水电	风电	光伏	火电备用	水电备用	总成本
丰水期	880.48	2045.72	5967.92	4788.4	2048.27	645.51	356.12	436.73	17169.15
枯水期	1003.56	3241.15	9959.92	3051.8	1850.27	590.99	1090.3	249.33	21037.32

在枯水期典型日调度周期内，通过增加省际购电量和优先消纳省内清洁能源，受端系统购电总成本为 21037.32 万元，其中，省际电量购买成本为 4244.71 万元，占总成本的 20.18%；省内清洁能源电量购买成本 5493.06 万元，实现清洁能源优先消纳。同时，适当增加了火电购电成本，以保障受端系统电力电量平衡；为保证省际功率的正常消纳，受端系统火电和水电备用购买成本为 1339.63 万元。

10.2　缓解梯级水电磷滞留的生态调度技术

重大计划关键科学问题 2 聚焦生源物质循环对梯级水电开发的响应，如第 8 章所述，其中梯级水电开发造成的磷滞留现象非常明显，给库区生态环境带来不利影响，而径流适应性利用正需要通过调控手段来缓解这些不利影响。为此，本节基于 Mass Balance 总磷质量输移模型建立了梯级水电站排磷量和发电量双目标优化调度模型，以阐明梯级水电排磷调度机理，提出缓解梯级水电站磷滞留的生态调度技术。

10.2.1　梯级水电排磷调度机理与调度技术

1. 梯级水电排磷调度模型

1）目标函数
（1）发电量最大。
由于梯级水电站最主要的任务仍然是生产电能并创造经济价值，因此梯级水电站的总发电量仍然是目标之一。由于项目基础资料中提供了各水电站准确的水头-耗水率关系，模型使用水头-耗水率曲线来计算每个水电站的发电量：

$$\eta_{j,t} = f_j\left(h_{j,t}\right) \tag{10-66}$$

$$P_{j,t} = \frac{\mathrm{QG}_{j,t}}{\eta_{j,t}} \times 0.36 \qquad (10\text{-}67)$$

$$\max W = \sum_{t=1}^{T} \sum_{j=1}^{N} P_{j,t} \cdot \Lambda t \qquad (10\text{-}68)$$

式中，j 为水电站从上游到下游的顺序；$\eta_{j,t}$ 为水电站 j 在时段 t 的平均耗水率，它取决于水电站 j 在时段 t 的水头 $h_{j,t}$（m）；f_j 为水电站 j 的耗水率与发电水头间的关系；$P_{j,t}$ 为水电站 j 在时段 t 的平均出力（10^4 kW）；0.36 为单位转换因子；$\mathrm{QG}_{j,t}$ 为水电站 j 在时段 t 的发电流量（m^3/s）；W 为梯级水电站在调度期内的总发电量（10^4 kW·h）；Δt 为调度时间步长（这里为 1 个月）（h）；N 为梯级水电站中的梯级个数；T 为调度期内的总时段数。

（2）排磷量最大：

如前文所述，澜沧江-湄公河流域梯级水电站对磷拦截的问题已经成了一个值得考虑的生态问题，因此本书也采用最大化排磷量作为梯级水电站调度的生态目标，用于缓解梯级水电站对总磷的滞留。由于总磷的输移很大程度上取决于水库的调度（Zmijewski and Wörman，2017），Chen 等（2019）应用 Vollenweider（1975）提出的总磷质量平衡（mass balance）模型模拟了水库中总磷的输移和排磷量。这里也采用同样的方法。

对于每个水电站而言，总磷的质量平衡模型如式（10-69）所示：

$$\frac{\mathrm{d}M_t}{\mathrm{d}t} = L_t - \sigma M_t - \frac{\mathrm{QR}_t}{S_t} M_t \qquad (10\text{-}69)$$

式中，M_t 为 t 时刻水库内的总磷质量（kg）；S_t 为水库在 t 时刻的蓄水量（m^3）；L_t 为时段 t 内流入库区内的总磷负荷（kg/a）；QR_t 为水库在 t 时段内的平均出流量（m^3/s）；σ 为沉积系数（a^{-1}）。

为了计算调度过程中磷相关变量的值（总磷浓度、总磷排量等），将式（10-69）写成式（10-70）的形式：

$$\frac{\mathrm{d}S_t \cdot c_t}{\mathrm{d}t} = L_t - \sigma \cdot S_t \cdot c_t - \mathrm{QR}_t \cdot c_t \qquad (10\text{-}70)$$

式中，c_t 为 t 时段水库的平均磷浓度。

然后将式（10-70）离散化，得到式（10-71）：

$$S_{t+1} \cdot c_{t+1} - S_t \cdot c_t = L_t \cdot \Delta t - \sigma \frac{S_{t+1} \cdot c_{t+1} + S_t \cdot c_t}{2} \cdot \Delta t - \mathrm{QR}_t \cdot \frac{c_t + c_{t+1}}{2} \cdot \Delta t \qquad (10\text{-}71)$$

式中，Δt 为离散时间间隔（这里为 1 个月）。

将 c_{t+1} 从式（10-71）中提取出来就得到了计算各时段水库磷浓度的迭代方程：

$$c_{t+1} = \frac{L_t \cdot \Delta t + S_t \cdot c_t - \dfrac{QR_t + \sigma \cdot S_t}{2} \cdot c_t \cdot \Delta t}{S_{t+1} + \dfrac{QR_t + \sigma \cdot S_{t+1}}{2} \cdot \Delta t} \tag{10-72}$$

通过式（10-72），给定水库水位过程（调度过程）、磷负荷过程及调度期初始磷浓度 c_0，就可以通过迭代计算得到所有时段的库区总磷质量、总磷沉积量及总磷排量。

总排磷量目标的计算如式（10-74）所示：

$$\overline{c_{j,t}} = \frac{c_{j,t} + c_{j,t+1}}{2} \tag{10-73}$$

$$\max TP = \sum_{t=1}^{T} QR_{j,t} \cdot \overline{c_{j,t}} \cdot \Delta t \tag{10-74}$$

式中，j 为梯级水电站中最下级电站的序号；$QR_{j,t}$ 为水库 j 在时段 Δt 的泄流量（m³/s）；$c_{j,t}$ 为水库 j 在 t 时刻的磷浓度（kg/m³）；$\overline{c_{j,t}}$ 为水库 j 在时段 Δt 内的平均磷浓度；TP 为调度期内梯级水电站的总排磷量（kg）。

对于梯级水电站来说，以上模拟过程可以从上游到下游依次进行，其中每个时段每个水库的磷负荷和来水一样，除了包含区间内的磷负荷外，还包括上游电站下泄的磷负荷，且质量平衡模型假定每个水库每月的来磷和来水与库区内的水充分混匀，随后通过迭代模拟就可以得到所有水电站的磷相关变量的值。

对于式（10-69），σ 是决定总磷滞留的关键参数（Zmijewski and Wörman，2017）。由于缺乏观测数据和相关率定，很难准确地评估各个水库的 σ 值。根据 Maavara 等（2015）的研究，从全球水库和大坝模拟中获得的总磷沉积系数 σ 的统计平均值为 0.801 a^{-1}，本书采用此平均值。

2）决策变量与约束条件

由于模型是直接针对调度过程进行优化，故模型的决策变量就是调度期内水库的调度过程。具体的，以小湾和糯扎渡两个调节能力大的梯级水库为实例，为了便于优化，选择两座水库的水位过程作为决策变量。为了排除始末水位变化对调度结果的影响，取各水电站调度期的始末水位相等且固定，因此最终的决策变量为各水电站除始末水位外的所有时段的水位值。

优化调度模型的约束条件主要包括以下内容。

（1）水量平衡约束：

$$S_{j,t+1} = S_{j,t} + \left(QI_{j,t} - QR_{j,t}\right) \cdot \Delta t \tag{10-75}$$

$$QI_{j,t} = QR_{j-1,t} + q_{j,t} \tag{10-76}$$

$$QR_{j,t} = QG_{j,t} + QS_{j,t} \tag{10-77}$$

$$QR_{j,t}, QG_{j,t}, QS_{j,t}, S_{j,t} \geqslant 0 \tag{10-78}$$

式中，$S_{j,t}$ 为水库 j 在 t 时段初的库容（m³）；$S_{j,t+1}$ 为水库 j 在 t 时段末的库容（m³）；$QI_{j,t}$ 为水库 j 在时段 t 的总入流（m³/s）；$q_{j,t}$ 为 t 时段水库 j 和其上级电站间的区间汇入径流量（m³/s）；$QG_{j,t}$ 为水库 j 在时段 t 内通过水轮机的发电流量（m³/s）；$QS_{j,t}$ 为水库 j 在时段 t 内泄流量中不通过水轮机发电而泄下的部分，可以看作是在优化调度后单独为了生态（排磷）而下泄的流量。模型中在水电站的下泄流量没有达到发出装机容量所需要的流量或机组过流能力之前，所有的水都优先通过水轮机发电而泄下。由于模型采用的调度时间步长为月，不考虑梯级水电站间的水流滞时。

（2）库容约束：

$$S_j^{\min} \leqslant S_{j,t} \leqslant S_{j,t}^{\max} \tag{10-79}$$

式中，$S_j^{\min}$ 为水库 j 的死库容；$S_{j,t}^{\max}$ 为水库 j 在 t 时刻的上限。

对于澜沧江-湄公河流域，非汛期为 11 月至次年 5 月，其间 $S_{j,t}^{\max}$ 等于水库正常蓄水位对应的库容；汛期为 6~10 月，其间 $S_{j,t}^{\max}$ 等于汛限水位。

（3）水电站出力约束：

$$0 \leqslant P_{j,t} \leqslant IC_j \tag{10-80}$$

$$P_j^{\min} \leqslant P_{j,t} \tag{10-81}$$

式中，IC_j 和 $P_j^{\min}$ 分别为水库 j 的装机容量和保证出力约束。

（4）流量约束：

$$QR_j^{\min} \leqslant QR_{j,t} \leqslant QR_j^{\max} \tag{10-82}$$

$$QR_j^{\min} \leqslant QG_{j,t} \leqslant MIN\left(QG_j^{\max}, QG_{j,t}^{IC}\right) \tag{10-83}$$

式中，$QR_j^{\min}$ 和 $QR_j^{\max}$ 分别为水库 j 的最小和最大泄流能力；$QG_j^{\max}$ 为水库 j 的机组过流能力；$QG_{j,t}^{IC}$ 为水库 j 在 t 时段满发装机容量时的发电流量（当 $QG_{j,t}^{IC} < QG_j^{\max}$ 时）。

3）求解方法

多目标优化调度模型的预期结果是发电量-排磷量双目标 Pareto 前沿，但是由于决策变量个数较多，传统的多目标优化启发式算法（NSGA-II 等）求解吃力，速度很慢，且精度难以控制。考虑最终目标是得到较为准确的 Pareto 前沿，而对 Pareto 前沿上的解的数量要求不高，模型创新性地采用 DPSA 双目标转单目标的变权重法来进行优化求解。DPSA（动态规划逐次逼近算法）是求解多维问题，尤其是水库调度问题的常用有效方法之一（Larson and Korsak，1970），但它是针对单目标优化问题的求解方法。因此这里使用 DPSA 对两个目标归一化后的加权和进行优化，两个目标的权重比从[0∶1]开始以 0.1 为步长变化至[1∶0]，逐个优化出 11 组权重比下的优化后的目标值，作为 Pareto 前沿上的非支配解，从而获得由 11 个非支配解组成的双目标 Pareto 前沿。设最终被 DPSA 优化的双目标加权和为 D，则

$$D = \omega_1 \cdot W^* + \omega_2 \cdot TP^* \tag{10-84}$$

式中，ω_1 和 ω_2 分别为发电量和排磷量的权重，两者相加等于 1，11 组权重则分别为[0∶1]，[0.1∶0.9]，[0.2∶0.8]，…，[1∶0]；W^* 和 TP^* 分别为发电量和排磷量的归一化值。

以 D 为目标用 DPSA 优化后得到 11 组权重下的发电量和排磷量的归一化之后再进行反归一化，就可以得到 Pareto 前沿上的 11 个发电量-排磷量双目标非支配解，以及每个解对应的调度过程。其中，权重比为[0∶1]和[1∶0]的解分别为以发电量为单目标和以排磷量为单目标时的优化调度结果。

4）模型应用与优化结果

将模型应用于澜沧江梯级电站，且小湾和糯扎渡为澜沧江梯级水电站中的龙头电站，分别占到了总库容的 36%和 58%。在月尺度调度下，其余水电站可以被视为径流式电站，其调蓄能力不会对调度结果产生很大影响。因此，将澜沧江梯级水电站简化为小湾-糯扎渡两级梯级电站。

以澜沧江流域 1978~1987 年 10 年的历史数据为例进行以排磷量最大为生态目标的生态调度优化。调度期内的磷负荷输入由 8.3 节中的 SWAT 模型模拟得出，如图 10-24 所示。

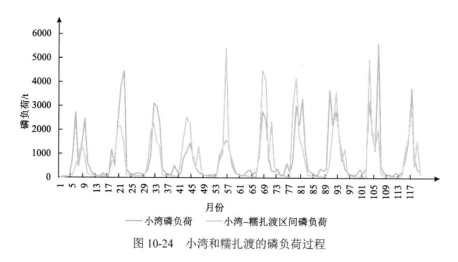

图 10-24 小湾和糯扎渡的磷负荷过程

保证出力约束 $P_j^{\min}$ 下默认水电站在调度期内发电任务不破坏，即所有时段的出力均大于等于保证出力。在所选调度期内，由于存在部分枯水序列，已经无法按照两座水电站原本的保证出力约束进行全时段的正常调度。通过试算，所选调度期可满足的最高保证出力约束为两座水电站的原保证出力约束乘以 0.9。保证出力 $P_j^{\min}$ 是水电站对不均匀来水调节性能的重要参数，为了充分挖掘发电量和排磷量的竞争协同关系以及排磷调度机理，设置了多个保证出力情景进行研究。为小湾和糯扎渡两座水电站设置了 10 组保证出

力约束，每组保证出力为两座水电站的原保证出力乘以一个相同的折减系数。10 组折减系数分别为 0，0.1，0.2，⋯，0.9。小湾的原保证出力为 185.4 万 kW，糯扎渡原保证出力约束为 240.6 万 kW，梯级原总保证出力为 185.4 万 kW+240.6 万 kW=426 万 kW。因此，10 组保证出力约束由以上原保证出力分别乘以 10 组折减系数得到。最终的 10 组梯级总保证出力约束情景从小到大分别为 0 万 kW、42.6 万 kW、85.2 万 kW、127.8 万 kW、170.4 万 kW、213 万 kW、255.6 万 kW、298.2 万 kW、340.8 万 kW 和 383.4 万 kW，分别记为 $S_1 \sim S_{10}$。

经过优化，将 10 组保证出力约束下由发电量-排磷量非支配解构成的发电-排磷 Pareto 前沿绘于图 10-25。

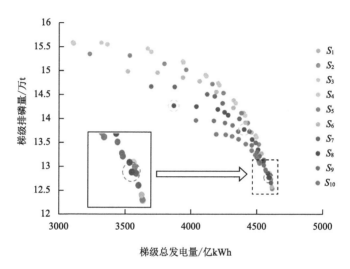

图 10-25　不同保证出力约束情景下的发电量-排磷量的竞争关系

如图 10-25 所示，每条 Pareto 前沿上的解的发电-排磷权重比从左到右分别为[0∶1]，[0.1∶0.9]，[0.2∶0.8]，⋯，[1∶0]。保证出力约束一定的情况下，发电量和排磷量呈明显的竞争关系。随着发电量增大，排磷量逐渐减小，且每单位发电量的增长，带来的排磷量损失越大，表明发电和排磷的竞争关系越强。需要说明的是，情景 S_1、S_2 和 S_3 的 Pareto 前沿是重合的，S_1 和 S_2 的 Pareto 前沿都被 S_3 的 Pareto 前沿所覆盖。接下来，将通过对这些非支配解的调度过程的分析对梯级水电站排磷调度机理和方法进行挖掘，并对图 10-25 中的规律成因进行分析。

2. 梯级水电站排磷调度机理解析

为了解析排磷调度机理以及发电量和排磷量间的竞争关系，本节将从以下两个角度进行分析：泄流过程和磷浓度过程的角度、水位过程的角度。由于不同保证出力约束下的调度结果有着相似特点，因此本节以情景 S_8 为例进行分析。

1）水库泄流过程和磷浓度过程对排磷调度影响分析

图 10-26 展示了保证出力约束方案 S_8 下，水电站对排磷最优的调度方案（图 10-25

中蓝色虚线圆圈出的解）和对发电最优的调度方案（图 10-25 中红色虚线圆圈出的解）中的泄水量过程和磷浓度过程，其中，图（a）和（b）分别对应小湾和糯扎渡水电站的调度过程。从磷浓度和泄流量过程的角度看，泄磷量本质上是库区浓度过程和泄流量过程的内积。由于汛期入流的磷浓度比非汛期大很多，很容易拉高水体中的磷浓度，故汛期整体磷浓度比较高，在磷浓度高的时候多泄水是有利于提升排磷量的，正如图 10-26 蓝色线所示，对排磷最优的泄流量过程和磷浓度过程整体上是呈正相关的，从而形成了汛期泄流量较大，非汛期泄流量较小的流量形态，实际上这与天然径流过程有一定的相似性，但整体上比天然径流过程更加突兀，汛期流量也更加集中。对排磷最优的调度过程几乎每年汛期都会有一个泄流量非常大的时段，其泄流量往往明显高于年内其他时段，将这个时段定义为最优排磷时段，这是因为人们更希望水电站在磷浓度更高的汛期时段尽可能多地泄水，最终导致个别时段的泄量非常集中，而非汛期磷浓度不高的时候会尽可能地保持低流量。

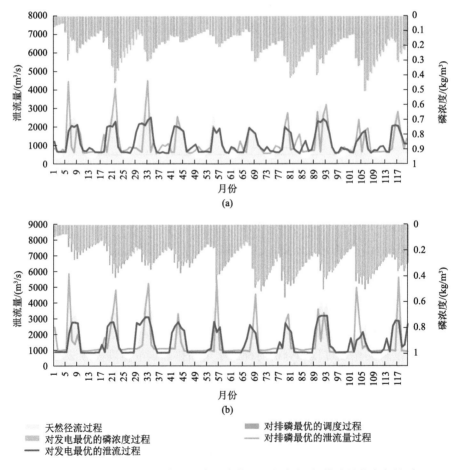

图 10-26　S_8 情景下不同保证出力约束情景下的发电量-排磷量的竞争关系

对发电最优的泄流过程则比天然径流过程更加均化，如图 10-26 中的红色线所示，但是整体上依然是汛期高流量非汛期低流量的泄流形态。原因在于以发电为目标时，电站更倾向于在高水头时泄水发电，非汛期入流量小，水位较低，所以维持低流量利于保持水位，汛期反之。事实上，无论以排磷量为目标还是以发电量为目标，优化结果中非汛期大多数时段都处于尽可能低流量的状态，意味着非汛期的泄流量除了满足保证出力约束或最小下泄流量外，几乎不会再多泄水。

正是对发电最优的泄流过程和对排磷最优的泄流过程间的差异性，导致了两者间的竞争关系。两座电站在不同权重下的泄流过程会在图 10-26 中红线形状和蓝线形状间变化。当发电权重更大时，泄流过程更偏向于红线；当排磷权重更大时，则更偏向于蓝线。为了更直观地展示调度过程随发电-排磷权重比的变化，图 10-27 展示了发电-排磷权重比分别为[0：1]、[0.5：0.5]和[1：0]的泄流过程。

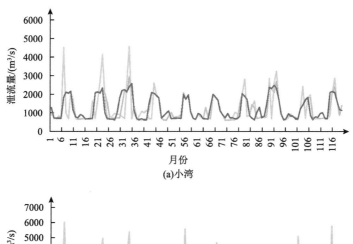

(a)小湾

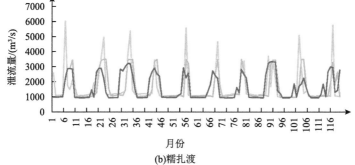

(b)糯扎渡

——对排磷最优的泄流量过程　——发电：排磷=0.5：0.5　——对发电最优的泄流量过程

图 10-27　S_8 情景下对排磷最优、发电最优和等权重下的泄流量过程

梯级电站生态调度的最终目标是下游的糯扎渡排磷量最大而不是上游的小湾排磷量最大，但是小湾和糯扎渡的优化调度结果还是非常相似的。因为从宏观的角度上讲，小湾泄到糯扎渡的磷越多，糯扎渡能够排出的磷也越多，也越能减少整个梯级水电系统的磷拦截。

值得注意的是，水电站下泄流量包括两部分：发电流量和非发电流量（或净生态流量），同样以最小出力约束方案 S_8 的情况为例，当发电量和排磷量权重比例为 0：1 时，小湾和糯扎渡的流量过程构成如图 10-28 所示。可见，两座电站在部分时段（尤其是汛期）有不同程度的非发电流量泄出，这部分水对于排磷来说是生态流量，但对于发电来说就是弃水。而当发电量和排磷量权重比例为 1：0 时，即图 10-26 中的红色线，小湾和糯扎渡的泄流过程是都没有非发电流量的，即下泄流量完全等于发电流量，因为这种情况下相当于以发电量为单目标进行的优化，所有的水必须参与发电，将弃水降至最低。

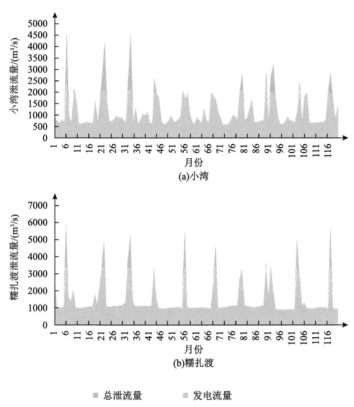

图 10-28 S_8 情景下对排磷最优的泄流量构成

综上所述，在实际调度中，考虑排磷量的水电站生态优化调度可以按照一定的规律进行调度。首先，在非汛期保持较小的流量，使其能够满足最小出力约束所需流量和最小下泄流量即可。其次，水库水位应尽量维持在较低的水平，使其能够刚好满足其后各时段的最小出力约束、最小下泄流量约束的用水需求，以及最优排磷时段的泄水需求。最后，通过对面临时刻的实际水磷情势以及对来磷来水的预测和优化，得到最优排磷时段在汛期的所处位置，并在该时段大量泄水，以达到最大限度的泄磷，减少水库对磷的拦截率的目的。

2）水库水位过程对排磷调度影响分析

图 10-29 展示了 S_8 情景下对排磷最优的水位过程（$\omega_1:\omega_2=0:1$）、对发电最优的水位过程（$\omega_1:\omega_2=1:0$）以及两个目标权重相等时的水位过程（$\omega_1:\omega_2=0.5:0.5$）。可见当以（$\omega_1:\omega_2=0:1$）时，两座水库的水位过程都是整体偏低的。事实上，对排磷最

优的调度过程会在不打破约束的情况下尽可能地维持低水位。一方面，这是因为低水位时库区内水量少，相应地总磷量也少，由式（10-69）可知，一个时段的磷沉积量等于这个时段库区总磷量乘以沉积系数，因此维持低水位能够有效减少沉积。另一方面，由于一个时段的排磷量等于这个时段的磷浓度乘以这个时段的泄水量，那么磷浓度高一点是有利于排磷的（尤其是汛期），汛前保持较低的水位可以使得库区内的磷浓度对汛期高磷浓度的来水更加敏感，即与等量的高磷浓度的来水混匀，较低的水位可以使混匀后的库区磷浓度更高，更有助于汛期排磷，这一点在图 10-26 中也有体现（对排磷最优的磷浓度过程普遍要高于对发电最优的磷浓度过程）。而对发电最优的调度过程与之恰好相反，会尽可能地维持高水位。因为水轮机组特性决定了高水头的发电效率要高于低水头。

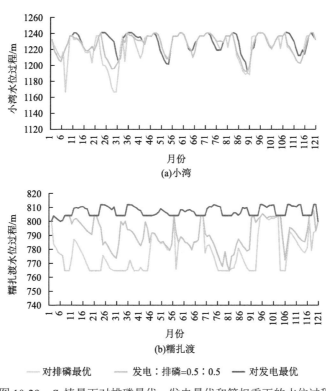

图 10-29　S_8 情景下对排磷最优、发电最优和等权重下的水位过程

10.2.2　梯级水电站保证出力约束对排磷调度的影响

梯级水电站保证出力约束可能会限制排磷调度可操作的空间，进而影响梯级水电站的排磷量和发电量。图 10-25 显示了不同保证出力约束下发电-排磷 Pareto 前沿，其中前沿的左侧端点表示非支配解集中侧重排磷目标的解（$\omega_1 : \omega_2 = 0 : 1$），而右侧端点则表示侧重发电目标的解（$\omega_1 : \omega_2 = 1 : 0$），其余解则为两个目标不同权重下的折中。由于各条 Pareto 前沿的形态都较为相似，两个端点具有一定代表性，为此，研究也重点关注这两

个端点对应的情况，具体如下。

1）Pareto 前沿上最左侧的点（发电权重：排磷权重 = $\omega_1 : \omega_2 = 0 : 1$，给定某一保证出力）

首先，将不同保证出力约束下 Pareto 最左侧的点的调度过程（包括水位过程和泄流量过程）进行对比，本节以 S_6（213 万 kW）、S_8（298.2 万 kW）和 S_{10}（383.4 万 kW）三个情景为例进行说明，如图 10-30 所示。由图 10-25 可知，Pareto 两端的解对应的小湾和糯扎渡的调度过程十分相似，有着很高的协同性，因此本节只展示糯扎渡的调度过程。在这三个保证出力情景下，对排磷最优的糯扎渡泄流量过程[图 10-30（a）]正如前文提到的，最优排磷时段的泄流量非常集中，其中很多时段已经超过了糯扎渡自身的机组过流能力或满发装机容量需要的流量，也就是说，这些时段会有很多非发电用水泄出，也就是弃水（如图 10-28 中的蓝色部分），这等于放弃了很多的发电效益。同时，结合前文分析可知，这些调度过程在非汛期几乎会维持在一个很低（尽可能低）的流量，仅仅是刚好满足保证出力约束。因此保证出力越大，非汛期的泄流量就越大，则相应地汛期集中的泄流量就会减少，从而因汛期流量集中而导致的大量弃水也会减少，更多的水会通过水轮机发电而泄出。所以在对排磷最优的解中，发电量会随着保证出力约束的增大而增大。在图 10-25 中体现在随着保证出力约束增大，Pareto 上最左侧的点会逐渐向右（下）侧移动。

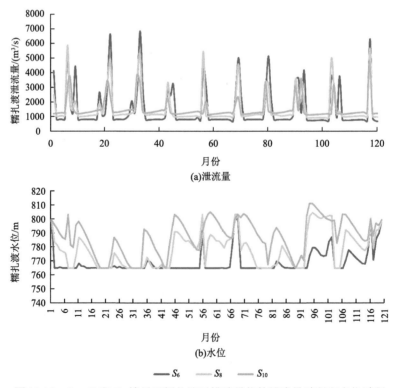

图 10-30 S_6、S_8 和 S_{10} 情景下糯扎渡对排磷最优的泄流量过程和水位过程

在对排磷最优的调度过程中，随着保证出力约束的增大，非汛期的泄流量无可避免地增加。这意味着水库在汛期末必须为了下一个非汛期的发电任务存蓄更多的水量，而不能一味地维持低水位。如图 10-30（b）所示，随着保证出力约束的增大，对排磷最优的水位过程整体上会呈现越来越高的趋势。整体水位的升高一方面会导致整体发电水头、发电效率的提高，有利于发电。这也是对排磷最优的调度过程的发电量会随保证出力约束增大而增大的另一个原因。另一方面，较高的水位导致整体水力滞留时间增长，汛期末的高水位是汛期拦蓄大量高磷浓度来水的结果，这给了库区内的磷充足的沉积条件，对排磷效益起到很大的负面影响。此外，由于非汛期整体磷浓度较低，非汛期流量加大导致本可用于汛期高磷浓度时段的排磷用水在非汛期被泄掉，造成排磷效益受损。所以在对排磷最优的解中，随着保证出力约束增加，排磷量呈现逐渐减小的趋势，在图 10-25 中体现随着保证出力约束增大，Pareto 前沿中最左侧的点逐渐向（右）下方移动。

2）Pareto 前沿上最右侧的点（发电权重：排磷权重=$\omega_1 : \omega_2 = 1 : 0$，给定某一保证出力）

Pareto 前沿上最右侧的点为对发电最优的解，这些解在图 10-25 中的位置相距都很近，彼此相差都不大，但是放大观察后还是可以发现严格的规律。在对发电最优的解中，保证出力约束的增大导致了非汛期泄流量的增大，从而导致非汛期水位下降的速度和程度均有所有增大[图 10-31（b）]，造成调度过程整体水位偏低。而低水位下发电耗水率高，发电效率低，因此保证出力约束的增大会使对发电最优的解的发电量变小。

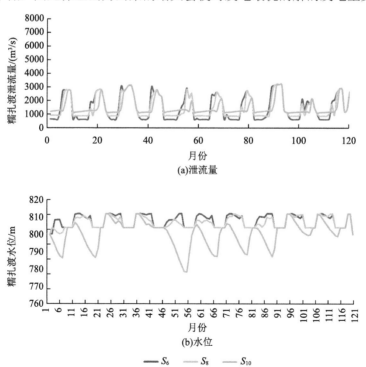

图 10-31　S_6、S_8 和 S_{10} 情景下糯扎渡对发电最优的水位过程和泄流量过程

对发电最优的解的排磷量随保证出力约束的变化原因则比较复杂。由前文分析可知，低水位虽然不利于发电，但是却利于排磷，因此保证出力约束的增大对发电最优的解的排磷量会起到一定的提升作用。同时，在对发电最优的调度过程中，汛期的泄流量整体也是高于非汛期的，尽管没有对排磷最优的调度过程那样集中[图 10-31（a）]。虽然这里非汛期的流量增大也会导致原本在汛期高磷浓度时段泄出的流量被迫在非汛期泄掉，但是由于对发电最优的泄流量过程比对排磷最优的泄流量过程更为均化，被非汛期流量增大所挤占的汛期时段也不一定是最优排磷时段，可能是汛期一个磷浓度并不很高的时段，因此非汛期流量增大带来的排磷效益损失在这里并不是十分显著，从结果上看至少没有水位降低带来的排磷效益提升来得显著，故对发电最优的解的排磷量最终还是随着保证出力约束的增大而增大。因此在图 10-25 中，随着保证出力约束增加，对发电最优的解会逐渐向左上方移动。

3）保证出力约束情景 S_1、S_2 和 S_3 下的 Pareto 重合

在保证出力约束情景中，保证出力最小的三个情景 S_1（0 万 kW）、S_2（42.6 万 kW）、和 S_3（85.2 万 kW）下的发电量-排磷量 Pareto 是完全重合的。其原因在于当保证出力约束很小的时候，最小下泄流量能够在所有时段满足保证出力所需的泄水量时，保证出力约束此时已经在模型中已不起作用。故最小出力约束为 S_1（0 万 kW）、S_2（42.6 万 kW）和 S_3（85.2 万 kW）的情况下的优化结果与无保证出力约束（0 万 kW）重合。

10.2.3 缓解梯级水电磷滞留的生态调度技术适用性分析

在传统的水库生态调度中，控制水文情势是应用最广泛的一个目标，其核心思想是尽可能还原河道内的天然径流过程。水文改变指标（indicators of hydrologic alteration，IHA）是最常见的一个水文情势指标，但是该指标需要长系列的流量过程数据进行统计得到，难以作为生态目标被优化。因此在生态优化调度中，IHA 的应用价值并不大。而于洋等（2017）提出了以天然情况和调度后各月径流改变率的均方根表示生态改变程度的方法，该方法可在中、短期调度中快速地评价河流相对于天然条件下的生态水文改变度，并将其定义为生态水文改变系数（hydrological alteration coefficient，HAC）。为了评估缓解磷滞留的生态调度技术与传统的以水文指标为目标的生态调度技术的差异，本节通过将 10.2.1 节中模型里的生态目标排磷量替换为简化后的 HAC，建立梯级水电站发电量-水文改变度双目标生态优化调度模型，在不同条件下进行优化调度，挖掘两种生态目标的差异和适用条件。

使用各时段流量改变度的均方根作为生态水文改变系数，当河流有多个梯级电站的时候，采用各段生态改变系数的平均值作为河段最终的生态改变系数。对于有 k 座水库，n 个时段的生态调度问题有

$$N_{j,t} = \left| \frac{QR_{j,t} - QN_{j,t}}{QN_{j,t}} \right|$$

$$\varepsilon_j = \sqrt{\frac{1}{n} \times \sum_{t=1}^{n} N_{j,t}^2} \tag{10-85}$$

$$\min \varepsilon = \sum_{j=1}^{k} \mu_j \varepsilon_j$$

式中，$N_{j,t}$ 为水库 j 在时段 t 的泄流量和坝址天然径流量的相对差；$QN_{j,t}$ 为时段 t 水库 j 坝址的天然径流量（m³/s）；ε_j 为水库 j 的生态改变系数；ε 为河段内整体的 HAC；μ_j 为水库 j 的下游河段 HAC 的权重，这里假设它们权重都相等。也就是说，ε 值越小，水库的泄流量过程和天然径流过程越相近，水文改变度越小，生态效益越好。

将 HAC 作为生态目标替换掉 10.2.1 节模型中的排磷量 TP，就得到了以简化的 HAC 为生态目标的优化调度模型。

通过 10.2.1 节中的模型细节和排磷机理分析可知，排磷主要受到沉积系数、水库蓄水和水力滞留时间的影响，而水库蓄水和滞留时间是受水库规模控制的。因此，这里讨论沉积系数和水库规模对两种生态调度方法的影响。

1）不同沉积系数的影响

以 1985 年为例，改变沉积系数从 10.2.1 节中的基准值 0.801 以 2 为步长增加到 10.801，分别以最大排磷量和最小 HAC 为目标在这些沉积系数下对调度过程进行优化，可见两种生态目标下最优调度过程的排磷量都呈现随沉积系数的增大递减趋势，而排磷量的相对差异却逐渐增加，如图 10-32 所示。结果表明，沉积系数越小的水库，两种优化方法下排磷量的差距越小，此时磷的输移已经不是主要的矛盾。所以在沉积系数较小的水库，在进行生态优化调度时两种方法可以互相替代或者仅考虑水文情势的还原即可；而沉积系数越大，HAC 目标下的排磷量会明显小于排磷量目标，水库对磷的拦截作用不可忽略，故在进行生态优化调度中不能仅以还原水文情势为目标，排磷量是更好的选择。因此，在生态调度中，应根据水库的实际情况选择方法，或根据观测数据率定水库的沉积系数后再进行选择。

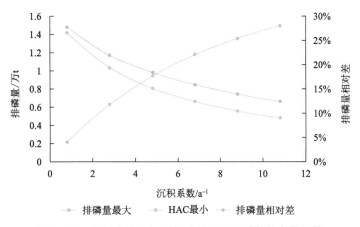

图 10-32 不同生态目标下排磷量随沉积系数的变化规律

2) 不同水库规模的影响

为了比较水库规模对两种生态调度方法带来的差异性，选取了小湾水电站及澜沧江的漫湾电站（库容大小仅为小湾的 6.1%）进行对比分析。分别以最大排磷量和最小 HAC 为目标对小湾和漫湾两座电站进行生态优化调度。为避免始末时刻的磷浓度差不同带来的不利影响，再次将调度期设置为 1978～1987 年（10 年），以得到更准确的规律。最终得到对排磷最优和对生态水文改变度最优的两种情况下的排磷量、HAC 以及对磷的拦截率，结果如表 10-8 所示。

表 10-8 小湾和漫湾电站

水电站名称	指标	使排磷量最大	使 HAC 最小
小湾 （150 亿 m³）	HAC	0.77	0.00
	排磷量/万 t	9.27	7.99
	总磷拦截率%	9.91	22.36
漫湾 （9.2 亿 m³）	HAC	0.05	0.00
	排磷量/万 t	10.55	10.53
	总磷拦截率%	0.17	0.38

由于两座水库的库容差异巨大，漫湾的调蓄能力也远弱于小湾，即使漫湾电站以排磷量最大为目标进行优化，其调度过程的 HAC 依旧只有 0.05，可见调节能力低的电站对水文情势的改变能力有限。此外，由于库容小、水力滞留时间也很短，磷的沉积量较少，利于水体中生源物质的运输，所以漫湾电站对磷的拦截率也比小湾小得多。所以在选择生态目标的时候要考虑水电站的规模，这里的电站规模大小相对于所在河流的径流量而言，可以用长期调度下平均库容 $\bar{v}$ 除以河流的平均流量 $\bar{Q}$ 来衡量，本质上就是水电站长期平均的水力滞留时间。总的来说，电站越小，无论采用哪一种生态目标进行优化调度，其结果中的排磷量和 HAC 与天然的差距都越小，且两种方法下各目标值的差距都不大，在进行生态调度时越可以互相替代；而电站越大，两种生态优化调度方法的结果中各目标间的差距越大，两个目标间的竞争越强，进行生态优化调度时就越有必要进行取舍，但是考虑现今大型梯级电站的开发会将河道几乎全部挤占，上下级电站间剩余的天然河道很少，此时即使还原水文情势也对河道内的生态改善十分有限，不如将重点放在生源物质输移规律的还原上更有意义。

10.3 澜沧江-湄公河流域多利益主体的跨境合作博弈

西南源区涉及多条跨境河流，由于跨境河流覆盖多个国家，各国用水目标不同，且受国际政治、地缘关系、文化宗教等多重因素影响，其水资源开发利用中的冲突与矛盾历来是全球水安全和地缘政治合作中最敏感和复杂的问题。全流域范围内的合作是解决跨境冲突的有效途径，且成为流域各国的普遍共识。然而第 9 章的研究结果表明澜沧江梯级水电给下游国家的农业补水会显著改变发电的调度过程，带来一定的经济损失，因此，必须要考虑水资源合作后的效益分配问题。同时，澜沧江-湄公河流域是典型的"水-能-粮"系统，水资源合作是一项牵一发而动全身的工作，"水-能-粮"之间的关联关系既给跨境合作带来新的挑战，也给其带来新的机遇。为此，本节以澜沧江-湄公河为研究对象，首先分析流域合作历史及演进过程。然后，采用清晰联盟和模糊联盟相结合的合作博弈方式，对合作效果进行合理有效分配。最后，将跨境合作博弈拓展至更大范围的流域"水-能-粮"合作展开探讨，为构建流域命运共同体提供科学支撑。

10.3.1　澜沧江-湄公河流域合作历史及演进过程

自 20 世纪 80 年代以来，澜沧江-湄公河流域（简称澜湄流域）的水资源冲突一直备受关注。在流域内，两个代表性的利益相关群组是中国和其他四个湄公河下游国家组成的湄公河委员会（MRC），它们可以分别代表跨境流域博弈中典型的上游 S_1 和下游 S_2。80 年代以前，作为上游利益相关者的中国还没有开发澜沧江流域，整个流域几乎没有合作增量收益，流域博弈处于阶段 I。80 年代中后期以来，中国开始在澜沧江上游开发水能资源，计划在澜沧江中下游建设八座梯级水电站，其中六座已经建成投产。这些已经建成的水电站，尤其是小湾、糯扎渡和景洪水库等一些大型水库，在运行调度后确实在一定程度上改变了下游水文站的径流情势，受到了下游利益相关者的关注（Li et al.，2017）。径流情势的变化对下游生态系统产生一定的影响，尤其是渔业生产和生态保护方面。然而，中国水库发挥的防洪和补水的积极作用也很重要。水库的合理调度可为下游利益相关者带来旱季灌溉的额外效益，有利于整个流域系统的经济利益（Li et al.，2019）。这些发展使澜湄流域进入博弈的阶段 II，"囚徒困境"效应所带来的跨境流域冲突是这一时期的主要现象。

从 20 世纪 90 年代开始，大湄公河次区域经济合作（GMS）、MRC 和东盟湄公河流域发展合作（AMBDC）等组织相继成立，流域博弈向阶段III迈进，如表 10-9 所示。尽管长期以来在澜湄流域的合作很少，但在 21 世纪还是出现了一些成功的案例。例如，据 *Basin Development Strategy 2016-2020*，2016 年旱季，湄公河流域发生旱灾，中国利用澜沧江梯级水库紧急放水，累计补水超 120 亿 m^3，显著缓解了湄公河流域越南等地区的旱情（MRC，2016）。实际上，这种合作事件已经证明了跨境流域博弈从阶段 II 进入到了阶段III，双方在长期重复博弈中认识到了合作的好处，形成了合理的补偿机制，摆脱了"囚徒困境"所带来的冲突。

表 10-9　澜湄流域国际合作组织发展历程

成立时间	国际合作组织名称	参与国家
1957 年	下湄公河流域调查协调委员会	越南、老挝、柬埔寨、泰国
1978 年	下湄公河流域调查协调临时委员会	泰国、老挝、越南

续表

成立时间	国际合作组织名称	参与国家
1992 年	大湄公河次区域经济合作	中国、泰国、缅甸、越南、老挝、柬埔寨
1993 年	黄金四角经济合作（QEC）	中国、泰国、老挝、缅甸
1995 年	湄公河委员会	越南、老挝、柬埔寨、泰国
1996 年	东盟湄公河流域发展合作	中国、泰国、缅甸、越南、老挝、柬埔寨等 11 个国家
2015 年	澜沧江-湄公河合作（LMC）	中国、泰国、缅甸、越南、老挝、柬埔寨

注：根据屠酥（2016）整理。

表 10-10 总结了近年来预示着澜湄流域合作进一步演化的重要标志性事件。伴随着 2016 年澜沧江-湄公河合作首次领导人会议上《三亚宣言》的发表，由中国主导的"澜沧江-湄公河合作"体系正式构建起来。流域六国之间的合作关系也由前一阶段较为单一的应急合作事件进展成如今"共饮一江水，命运紧相连"的综合合作机制，涉及贸易、航运、农业、能源等众多领域（Liu and Liang，2019；Middleton and Allouche，2016）。随着湄公河下游国家和中国的经济合作及外交关系日益紧密，澜湄流域合作正从阶段Ⅲ的初始合作阶段向阶段Ⅳ的深度合作阶段迈进。

表 10-10 澜湄流域博弈向合作演化的重要标志性事件

时间	重要标志性事件	合作成果
2014 年 11 月	第十七次中国-东盟领导人会议	中方率先倡议建立澜湄对话合作机制
2015 年 11 月	澜沧江-湄公河合作首次外长会	首次对澜湄合作框架的概念达成共识
2016 年 3 月	澜沧江-湄公河合作首次领导人会议	《三亚宣言》发表，澜湄合作机制启动
2016 年 12 月	澜沧江-湄公河合作第二次外长会	制定澜湄合作的各项成果落实时间表
2017 年 12 月	澜沧江-湄公河合作第三次外长会	审议通过《澜湄合作五年行动计划（2018—2022）》
2018 年 1 月	澜沧江-湄公河合作第二次领导人会议	通过《金边宣言》，制定面向未来的《澜湄水资源合作五年行动计划》
2018 年 11 月	首届澜湄水资源合作论坛	通过《昆明倡议》，深化澜湄合作机制
2018 年 12 月	澜沧江-湄公河合作第四次外长会	研究设立澜湄流域经济带，推进澜湄经济一体化进程
2020 年 8 月	澜沧江-湄公河合作第三次领导人会议	《万象宣言》发表，倡导流域各国进一步加强澜湄伙伴关系

注：根据澜沧江-湄公河合作官网整理。

近年来，一系列丰硕成果正积极推进澜湄全流域合作，成为澜湄流域博弈阶段Ⅳ的重要标志。围绕流域六国发展的共同利益，澜湄合作未来将带来更大的流域系统增量效益。特别是在 2018 年 1 月澜湄合作第二次领导人会议上，澜湄"3+5+X"合作框架被正式提出，表明以互联互通、产能、跨境经济、水资源、农业和减贫为代表的五个领域将是未来澜湄合作的重点，也是阶段Ⅳ重要的合作支撑。

10.3.2　澜沧江-湄公河跨境水资源合作博弈

水资源合作为全流域带来积极效果的同时，合作实施过程中最为核心的环节是合作效益在各国之间的补偿和分配。为此，本节利用经济学中合作博弈理论对合作效益分配进行了探讨，采用清晰夏普利值和模糊夏普利值对分配结果进行了具体量化，以确保流域水资源公平合理利用，推动各国积极参与合作以达到共赢目标。

1. 澜沧江-湄公河跨境水资源合作博弈模型

1）基本符号、变量与假设

为简化模型的描述，流域内各国作为水资源分配的参与者记为 i，$i = 1, 2, 3, 4, 5, 6$，分别代表该流域上下游的中国、缅甸、老挝、泰国、柬埔寨和越南。其余符号和变量及其含义如表 10-11 所示。

表 10-11　基本符号和变量的定义

名称	符号、变量含义	名称	符号、变量含义
$u_{i,m}$	第 m 月国家 i 的农业用水需求量	$D(S_f)$	模糊联盟 S_f 农业用水需求量
$x_{i,m}$	第 m 月分配给国家 i 的农业用水量	$O(S_f)$	模糊联盟 S_f 每单位农业水的净效益系数
Inf_m	第 m 月中国境内澜沧江的河道最小生态需求	$R(S_f)$	模糊联盟 S_f 获得的农业水量
Dn_m	第 m 月中国云南段及下游国家的城市和工业用水需求量	$p(i, S_f)$	模糊联盟 S_f 中国家 i 的参与率
W_m	第 m 月中国景洪水库下泄流量	$v(S_c)$	清晰联盟 S_c 效益
S_c	清晰联盟	$v(S_f)$	模糊联盟 S_f 效益
S_f	模糊联盟	$v(i, S_f)$	模糊联盟 S_f 中国家 i 单独行动产生的效益
$t(i)$	国家 i 的初始分配农业水量	$v\left(\dfrac{S_f}{t}, S_f\right)$	没有国家 i 参与的模糊联盟 S_f 的效益
$r(S_c)$	清晰联盟获得的总农业水量	$\phi(i)$	清晰联盟 S_c 中国家 i 的清晰夏普利值
$d(i)$	国家 i 的农业用水需求量	$\varphi(i, S_f)$	模糊联盟 S_f 中国家 i 的模糊夏普利值
$o(i)$	国家 i 每单位水的净效益系数	$G_{\text{sh}}(i)$	模型 III 中国家 i 的总模糊夏普利值
$q(i)$	模型 II 再分配给国家 i 的农业水量	$T_{\text{sh}}(i)$	国家 i 最终取得的效益

假设 1：景洪电站的泄水流量主要用于澜沧江的河道生态需求和各国用水需求。

中国境内有三座大型水电站会对澜湄流域的水能资源产生最重大的直接影响，其中景洪电站离出境断面较近，其泄流直接决定了下游流量（于洋等，2017），对下游有直接影响。景洪水电站位于中国云南省西双版纳傣族自治州景洪市，该州水稻种植面积占据了澜沧江位于中国流域的最大份额，高达 59.2%（顾世祥等，2010）。根据景洪水库的运行情况、河道生态要求和航运用水需求，假设景洪电站的下泄流量将优先满足中国境内澜沧江的最小生态流量要求，再依次满足云南段及下游国家的城市、工业、农业用水等需求。

假设 2：清盛水文站的多年平均流量的 10%为澜沧江的最小生态需求。

将离中国最近的境外水文站，即清盛水文站监测获得的年平均流量 10%作为澜沧江最小生态流量，并优先满足。

假设 3：下游流域各国以农业灌溉用水作为基本用水需求。

澜湄流域国际水资源分配涉及农业灌溉、航运、发电、生态用水、防洪、城市用水等多方面的需求。考虑澜湄流域下游东南亚各国的社会经济发展水平较低，流经国家和地区以水稻种植业等为主，以流域各国农业灌溉用水作为基本需求，在此基础上进一步考虑上下游国家在"澜湄合作框架"下的特殊需求。

2）澜沧江-湄公河国际水资源分配的合作博弈模型

为了实现流域水资源的公平合理分配，使分配方案得到流域各国支持，以合作博弈夏普利值的个人理性 $\varphi(i) \geqslant v(i)$ 与集体理性 $\sum_{i \in N} \varphi(i) = v(N)$ 为主线，采取三个步骤：第一，以国际衡平法准则进行初始分配，使分配结果公平化。第二，以上游国家为中心，采用清晰博弈来求得上下游六国形成合作时产生的边际贡献值，最大限度弥补上游国家因水量减少而分摊到的损失效益。第三，在清晰联盟所得水量的基础上，下游国家以共享水域为基础形成模糊联盟，使合作联盟总净效益最大化，再分配效益，从而加强下游国家之间的合作意愿。通过这些步骤，可以在无法完全满足各国用水需求的前提下，基于各国在合作过程中产生的经济效益来合理分配水量及净效益，使下游国家最终获得的净效益高于单独行动可获得的净效益，从而缓解上下游国家的用水紧张局势。

为此，本节在 Sadegh 等的跨区域优化水分配合作博弈模型的基础上，考虑上下游国家地理差异等因素影响，建立澜沧江-湄公河国际水资源分配的模糊合作博弈模型，该模型包括模型 I——初始水资源配置模型、模型 II——清晰联盟再分配模型和模型III——模糊联盟净效益最大化模型三部分。模型 I 主要是基于衡平法准则，默认各国需求皆平等，在满足澜沧江-湄公河河道生态需求及六国城市工业用水需求后，在相关约束条件下，求得各国农业用水的初始分配量。模型 II 是以流域六国形成的清晰大联盟及子联盟为主体，用清晰夏普利值法再分配各国的净效益和水资源份额。模型III是以六个模糊联盟为主体，用模糊夏普利值法再分配各国家的水资源份额，使国家的净效益最大化。由于各国湄公河取水绝大部分用于农业灌溉，因此模型以农业灌溉用水量作为代表。具体应用过程如图 10-33 所示。

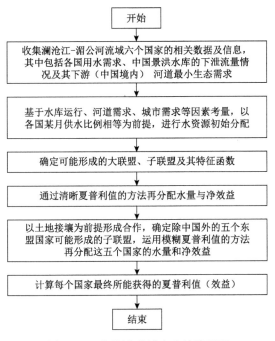

图 10-33　澜湄合作博弈方法流程图

（1）初始水资源配置模型。

根据《国际水法》公平合理利用基本原则，以各国的用水需求为基础来初始分配水量，使分配后各国所获得水量与其需求相匹配，即最小化分配量与需求量之间的差值，使预分配结果更精准。为确保每月分配给各国的农业用水量达成，暂不考虑经济效益，构建目标函数：

$$\text{Minimize } \varepsilon = \sum_{i=1}^{n} \sum_{m=1}^{12} (u_{i,m} - x_{i,m})^2 \qquad i = 1, 2, \cdots, n \qquad （10\text{-}86）$$

根据假设 1，考虑景洪电站每月下泄流量分配时优先满足澜沧江河道生态需求，再将各国城市和工业用水作为一个整体次优满足，剩余水量最后按各国农业用水需求量分配。这三部分水量总和将不大于景洪下泄流量，即

$$\sum_{i=1}^{n} x_{i,m} + \text{Inf}_m + \text{Dn}_m \leqslant W_m \qquad \forall m \qquad （10\text{-}87）$$

根据国际衡平法准则，为了达到公平公正，使各国农业用水需求平等，不因其上下游的地理差异而分先后，认为各国的所获水量与需求量比例均相等，即

$$\frac{x_{1,m}}{u_{1,m}} = \frac{x_{2,m}}{u_{2,m}} = \ldots = \frac{x_{n,m}}{u_{n,m}} \qquad （10\text{-}88）$$

以式（10-86）为目标函数，式（10-87）和式（10-88）为约束条件，可求得各国初

始分配水量 $x_{i,m}$，该结果将作为模型 Ⅱ——清晰联盟再分配模型的输入值。

（2）清晰联盟再分配模型。

在清晰联盟中，国家以自己的全部资源参与联盟，并通过清晰夏普利值分配来获得效益。因此，各国家以初始分配水量来参与大联盟或子联盟，该联盟可获水量为

$$r(S_c) = \sum_{i \in S_c} t(i) = \sum_{i \in S_c} \sum_{m=1}^{12} x_{i,m} \qquad （10\text{-}89）$$

由于大联盟和各个子联盟的效益取决于联盟中各国家的水净效益系数及再分配水量，因此联盟效益函数为

$$v(S_c) = \sum_{i \in S_c} o(i) \times q(i) \qquad （10\text{-}90）$$

不妨设流域六国集合 $N = \{1,2,3,4,5,6\}$。根据式（10-90）可得各个联盟的效益 $v(S_c)$，对这一效益采用清晰夏普利值进行分配，从而求得国家 i 参与联盟所获得效益，这部分效益将与国家 i 对联盟所产生的边际贡献 $[v(S_c) - v(S_c / i)]$ 相对应，即

$$\phi(i) = \sum_{i \in S_c \subseteq N} \frac{(|S_c| - 1)!(|N| - |S_c|)!}{|N|!} [v(S_c) - v(S_c / i)] \qquad （10\text{-}91）$$

考虑澜湄流域的实际情况，设定以下三条规则。

第一，上游国家优先规则。中国处于上游，其景洪电站泄流对下游起着决定性作用，因此在中国与其他国家形成清晰联盟时，该联盟的总水量若不大于云南段的需求量，则优先分配给云南段；直到该水量在满足云南段后仍有剩余才满足联盟中的其他国家。

第二，净效益系数悬殊者次优规则。根据式（10-90）可以认为当几个国家的再分配水量 $q(i)$ 相近时，净效益系数越高的国家越能给联盟带来更高的效益，尤其是净效益系数悬殊者。例如，柬埔寨的水净效益系数是下游其他四个国家的 2～10 倍，因此柬埔寨对联盟所能贡献的边际效益决定了其成为次优满足的国家。

第三，地理第三优与特殊处理规则。除柬埔寨外其他下游四个国家以上下游地理位置为基础，优先分配上游，再分配下游；但如果两个国家是以湄公河为界河时，则认为其处于平行状态，属于特殊情况，需要特殊处理。特殊处理将以净效益系数作为分配依据，即联盟总水量优先分配给净效益系数最大的国家，有剩余时再满足净效益系数第二大的国家，以此类推。

根据以上规则，若分配给国家 i 的水量恰好满足其需求时，则 $q(i) = d(i)$，式（10-90）为 $v(S_c) = \sum_{i \in S_c} o(i) \times d(i)$；否则 $q(i)$ 为上述提及的联盟剩余水量，此时，设 j 为最后满足的国家，则 $v(S_c) = o(i) \times d(i) + \sum o(i) \times d(i), i, j \in S_c$。当 $d(1) < d(2) < d(3) < d(4) < d(5) < d(6)$ 时，具体流程如图 10-34 所示。

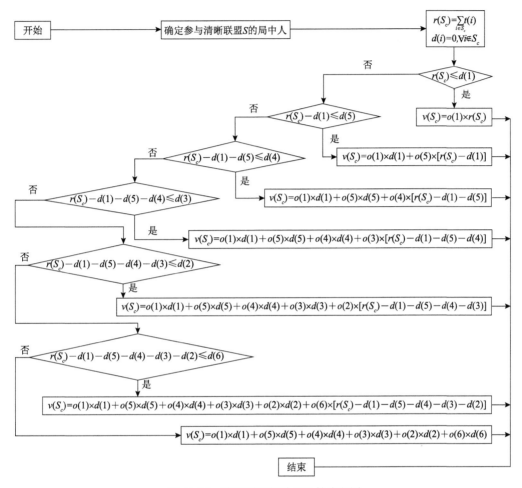

图 10-34　清晰联盟的效益计算流程图

根据夏普利值的有效性，即 $\sum_{i \in S_c} \phi(i) = v(S_c)$，可知根据分配方案分配给各国的效益之

和恰等于这些国家合作所得。这部分计算得到的再分配水量和效益作为模型Ⅲ的输入值。

（3）模糊联盟净效益最大化模型。

理性联盟的合作博弈能够帮助各国获得更多效益，这种联盟有清晰联盟与模糊联盟两种形式。与清晰联盟不同的是，模糊联盟允许各国只投入一部分资源，即以不同或相同比例的资源同时参与多个联盟。这种资源比例称为国家 i 的参与率，用 $p(i, S_f)$ 表示。国家 i 在所有模糊联盟的参与率之和等于 1，且在各联盟的参与率属于[0,1]，即

$$\sum_{s_f} p(i, s_f) = 1 \tag{10-92}$$

$$0 \leqslant p(i, s_f) \leqslant 1 \tag{10-93}$$

模糊联盟 S_f 的水量取决于国家在模型Ⅱ中所获得的再分配水量及其参与该联盟的

参与率,该联盟所能消耗的最大水量视为该联盟所有国家参与率均为 1 时能得到的水量:

$$R(s_f) = \sum_i p(i, s_f) \times q(i) \qquad \forall s_f \qquad (10\text{-}94)$$

模糊联盟 S_f 的效益由联盟的水净效益系数及水量决定,即

$$v(s_f) = \begin{cases} O(s_f) \times R(s_f) & R(s_f) \leqslant D(s_f) \\ O(s_f) \times D(s_f) \end{cases} \qquad (10\text{-}95)$$

参与模糊联盟 S_f 的国家 i 以其投入联盟中的资源单独行动时所能获得的效益,用函数表示为

$$v(i, s_f) = o(i) \times p(i, s_f) \times q(i) \qquad (10\text{-}96)$$

根据 Li 和 Zhang(2009)提出的广义模糊夏普利值,参与模糊联盟 S_f 的国家 i 的模糊夏普利值函数为

$$\varphi_i(v) = \sum_{i \in s_f \subseteq N} \frac{(|s_f| - 1)!(|N| - |s_f|)!}{|N|!} \left[v\left(\sum_{j \in s_f} x_j e^j \right) - v\left(\sum_{j \in s_f/i} x_j e^j \right) \right] \qquad (10\text{-}97)$$

式中,国家 i 的参与水平 $x_j = p(i, S_f)$;国家是否参与联盟中用 e^j 来表示,当 $e^j = 0$ 表示不参与, $e^j = 1$ 则参与。式(10-97)表示为当 $S_f = (x_1, x_2, \cdots, x_n)$ 时,国家 i 对联盟 S_f 的加权平均边际贡献。

各模糊联盟中分配给各国的总效益最大化函数为

$$\text{Maximize } Y = \sum_{s_f} \sum_i \varphi(i, s) \qquad (10\text{-}98)$$

以式(10-98)为目标函数,式(10-92)~式(10-97)为约束条件,可求得第三次分配给各模糊联盟及各国的净效益及水量,从而最后求得国家 i 的总模糊夏普利值,即

$$G_{sh}(i) = \sum_{s_f} \varphi(i, s_f), \quad \forall i \qquad (10\text{-}99)$$

(4)各国的总夏普利值计算方法。

通过模型Ⅱ和模型Ⅲ,可求得两种夏普利值。由于模型Ⅱ包含了再分配水量的固有价值,因此当这部分水量投入模型Ⅲ后第三次分配时,需要将其固有价值从清晰夏普利值中减去。因此,国家 i 的最终夏普利值函数可表示为

$$T_{sh}(i) = \left[\phi_i - o(i) \times q(i) \right] + G_{sh}(i) \qquad (10\text{-}100)$$

式中, $o(i) \times q(i)$ 为上述提及所需减去的水量固有价值。

2. 跨境水资源合作增量的最优分配方案

综合考虑上游景洪电站的多年泄流情况、澜沧江（景洪−清盛）的河道生态需求以及流域各国的城市、工业及农业用水需求量等因素，在各国公平合理利用的基本原则下，进行国际流域水资源合作，确保多个国家能获得更大效益，从而激励各国积极参与合作以达到共赢。

1）初始水资源分配方案

研究涉及的下游国家各月农业需水量主要参照其农业各月需求比例来分配（于洋等，2017），其中中国云南地区采用具有代表性的主要农作物的各月平均需水量之和，因此，流域六国农业各月取水量比例如表 10-12 所示。

表 10-12　澜沧江-湄公河流域农业取水量各月分配比例　　（单位：%）

国家或地区	1 月	2 月	3 月	4 月	5 月	6 月	7 月	8 月	9 月	10 月	11 月	12 月
中国云南	2	2	5	11	15	16	16	16	9	3	3	2
缅甸	8	8	5	13	17	13	8	5	5	5	5	8
老挝	16	12	11	6	3	2	9	1	4	10	9	17
泰国	7	7	6	2	8	6	11	10	10	16	11	6
柬埔寨	14	13	10	7	5	9	8	4	5	6	8	11
越南	16	15	12	15	9	5	5	3	3	2	3	12

资料来源：于洋等（2017）；傅豪和杨小柳（2014）。

根据以上资料，通过对模型I进行非线性约束优化进行求解，得到各国（地区）农业的初始水量，如图 10-35 所示。泰国、越南的初始分配水量总和最高，而缅甸、老挝、柬埔寨的相对较少。其中，越南在旱季（12月至次年5月）的农业用水需求量最大，因此这段时间的初始分配量也远高于其他月份。

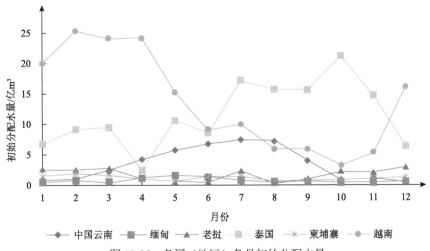

图 10-35　各国（地区）各月初始分配水量

2）清晰联盟再分配方案

通过表 10-13 各国农业的用水需求 $d(i)$ 及其净效益系数 $o(i)$，以及模型I初始分配的水量 $q(i)$，运用式（10-91）清晰夏普利值法将流域六国形成的大联盟效益分配给各国。

表 10-13   各国农业用水量及净效益系数

项目	中国云南 $i=1$	缅甸 $i=2$	老挝 $i=3$	泰国 $i=4$	柬埔寨 $i=5$	越南 $i=6$
净效益系数/（m³/s）	1.79	0.57	0.70	0.83	2.14	0.26
用水量/m³	46.17	11.17	25.65	157.04	16.76	201.55

注：水净效益系数暂无统一计算公式，为统一计量及模拟的准确性，采用"各国农业增加值×流域面积占比÷水量"的结果作为模型中各国水净效益系数。

中国云南（以下称中国）各月所获清晰夏普利值如图 10-36 所示。结合图 10-35 的初始分配情况，当云南得到更多初始分配水量时，其清晰夏普利值也随之相应增加；但当这部分水量减少时，其夏普利值却没有以相同速率减少，即夏普利值的下降幅度始终不高于水量的下降幅度。根据流域实际现状考虑了中国优先规则，因此在分配水资源的过程中，中国会优先得到联盟中其他国家一部分水量，以及一部分它贡献给联盟的边际效益。

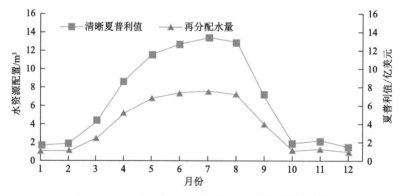

图 10-36   中国云南各月再分配水量及清晰夏普利值

通过参与清晰联盟，中国每月所得夏普利值（即净效益）要普遍高于各月以初始水量进行单独行动所获效益，全年平均高 5.72%。如图 10-35 所示，在任意一个有中国参与的联盟中，只要中国农业用水需求量高于联盟所得水量，它就能获得该联盟全部水量，换而言之，即中国在参与各种联盟时都能得到比初始分配更高的水量。

从图 10-36 可以看到，中国得到的净效益比自身用水需求效益约少 3.57%。这是因为在模型I中流域六国得到的总初始分配水量比总需求量约少 68.06 亿 m³，这部分因水量减少而损失的效益在将大联盟效益分配给各国的过程中，也隐性分摊给了各国。由于分摊到中国的损失值大于清晰夏普利值，因此中国所得净效益系数会低于需求效益。

3）模糊联盟再分配方案

澜沧江-湄公河的水资源为流域六国共同所有，各国对在其境内的部分拥有使用权，因此各国主要是以这部分水资源来参与各种联盟。本部分中每个国家以模型 II 再分配水量的不同或相同比例来参与模糊联盟。由于中国处于上游，其景洪水库的重要作用会让下游各国更愿意选择与中国合作，而非那些中国不参与的联盟，因此为了解决这个问题，在模糊联盟中暂不考虑中国的参与，即只在下游五个国家中确定可能形成的联盟。基于下游五个国家所共享流域和国土接壤情况，并以两两合作为前提，从而确定六种组合方案，分别为缅甸与老挝、老挝与泰国、缅甸与泰国、泰国与柬埔寨、老挝与柬埔寨、柬埔寨与越南，记为 {2,3}、{3,4}、{2,4}、{4,5}、{3,5}、{5,6}，分别用 S_1,S_2,S_3,S_4,S_5,S_6 表示。由于各国农业灌溉独立，因此其组成的模糊联盟对农业用水需求视为联盟中各国的需求总和。模糊联盟的农业用水需求及水净效益系数如表 10-14 所示。

表 10-14　各模糊联盟的用水需求及水净效益系数

模糊联盟	缅甸与老挝	老挝与泰国	缅甸与泰国	泰国与柬埔寨	老挝与柬埔寨	柬埔寨与越南
净效益系数/（m³/s）	0.68	0.83	0.83	1.39	0.98	0.44
用水量/m³	36.82	168.21	182.69	42.41	173.79	218.31

基于上述分析确定的每个模糊联盟仅有两个国家。设 $S_f = \{i,j\}$，$w(S_f) = \dfrac{(|S_f|-1)!(|N|-|S_f|)!}{|N|!}$，则 $N=2$，求得 $\varphi_i(v) = \dfrac{1}{2}v(\{i\}) + \dfrac{1}{2}\big[v(\{i,j\}) - v(\{j\})\big]$。具体过程如表 10-15 所示。

表 10-15　模糊联盟的夏普利值联盟成员

S_f	$\{i\}$	$\{i,j\}$
$v(S_f)$	$v(\{i\})$	$v(\{i,j\})$
$v(S_f/i)$	0	$v(\{j\})$
$v(S_f) - v(S_f/i)$	$v(\{i\})$	$v(\{i,j\}) - v(\{j\})$
$|N|$	1	2
$w(S_f)$	$1/2$	$1/2$
$\varphi_i(v)$	$\dfrac{1}{2}v(\{i\})$	$\dfrac{1}{2}\big[v(\{i,j\}) - v(\{j\})\big]$

因此，式（10-97）可简化为

$$\begin{aligned}
\varphi(i,s_f) &= \frac{1}{2}v(i,\{i,j\}) + \frac{1}{2}\big[v(\{i,j\}) - v(j,\{i,j\})\big] \\
&= \frac{1}{2}\big[O(s) + o(i)\big] \times p(i,s) \times q(i) + \frac{1}{2}\big[O(s) - o(j)\big] \times p(j,s) \times q(j), \forall s,i
\end{aligned}$$

（10-101）

模型 II 中计算出的各国各月所得水量转化为全年水量，作为模型 III 输入值，并通过对模型Ⅲ进行非线性约束优化求解，求得各国的参与率，如表 10-16 所示。各国将模型 Ⅱ中分得的水资源全部贡献给了某个联盟，即通过参加一个联盟来提高整体和自身净效益，从而使所有联盟的总效益大于联盟前各国以清晰联盟分配所得水量 $q(i)$ 进行单独行动的效益之和，即 $\sum_{s=6}^{6}\sum_{i=2}^{6}\varphi(i,s) \geqslant \sum_{i=2}^{6}v(i)$，满足合作博弈夏普利值个体理性。

表 10-16 模糊联盟中澜沧江-湄公河流域各国的合作参与率

流域各国	缅甸与老挝	老挝与泰国	缅甸与泰国	泰国与柬埔寨	老挝与柬埔寨	柬埔寨与越南
缅甸	0.00%	100.00%	—	—	—	—
老挝	0.00%	—	100.00%	100.00%	—	—
泰国	—	0.00%	0.00%	—	100.00%	—
柬埔寨	—	—	—	100.00%	0.00%	0.00%
越南	—	—	—	—	—	100.00%

然而，该优化模型分配给模糊联盟 S_1 和 S_3 的水量均为 0。考虑现实中，各国形成合作联盟以每个联盟至少有一个国家贡献出一定比例水资源为最佳，即每个模糊联盟最终都能分配到一部分水资源。这种方式不仅促进双方加强合作，同时促进各方积极主动创造更高效益，尤其在用水需求目标不一致的情况下，更需要各国相互协调与配合。因此，在保持联盟总效益始终高于联盟前各国所得效益之和的前提下，增加"各个模糊联盟中至少有一国有参与率"作为约束条件之一，再次通过模型运算，求得结果，如表 10-17 所示。

表 10-17 增加新约束下模糊联盟中澜沧江-湄公河流域各国的合作参与率

流域各国	缅甸与老挝	老挝与泰国	缅甸与泰国	泰国与柬埔寨	老挝与柬埔寨	柬埔寨与越南
缅甸	45.08%	54.92%	—	—	—	—
老挝	0.00%	—	18.77%	81.23%	—	—
泰国	—	0.00%	0.00%	—	100.00%	—
柬埔寨	—	—	—	87.03%	12.97%	0.00%
越南	—	—	—	—	—	100.00%

4）各种分配方案的夏普利值对比和模糊联盟下水量分配

根据模型Ⅲ-增加约束条件求得各国总模糊夏普利值 $G_{sh}(i)$ 后，运用式（10-100）计算出各国的最终夏普利值 $T_{sh}(i)$，并将其与初始分配水资源效益、清晰夏普利值和自身需求效益进行比较，如表 10-18 所示，可得以下结论。

表 10-18 流域各国（地区）不同分配方案的夏普利值对比

项目	中国云南	缅甸	老挝	泰国	柬埔寨	越南
对比初始分配水效益	5.72%	40.92%	28.27%	15.19%	89.99%	44.03%
对比清晰夏普利值	0.00%	16.37%	13.76%	9.19%	69.53%	23.31%
对比自身需求净效益	-3.57%	20.09%	4.82%	1.40%	59.46%	18.15%

通过清晰与模糊联盟，流域六国（地区）所创造的最终效益为 358.32 亿美元，比各国不联盟且以初始分配水量单独行动的净效益高 26.17%，比清晰博弈总净效益高 16.13%，比各国总需求净效益高 9.81%。因此，各国之间的合作对提高流域整体净效益是非常有优势的。

经过模糊联盟后，除中国外的其他五个国家能得到更高的效益，表现为缅甸、老挝、泰国、柬埔寨、越南最终得到的总净效益都要高于以初始分配水量单独行动产生的效益，高于模型Ⅱ——清晰夏普利值，高于自身需求效益，说明下游五国合作达到了共赢。

由于柬埔寨净效益系数是其他国家的 2～10 倍，在对其进行次优分配时，会将一部分上游国家的水资源分配给它，因此，柬埔寨需要分享一部分效益给上游国家，分享效益可考虑用所获总净效益的增加值予以支付。

通过各种联盟，最终分配给下游五国的水量如图 10-37 所示，会存在低于初始分配水量的情况。针对出现这种情况的国家，首先通过模糊夏普利值的再分配效益对该国进行一定补偿，这部分补偿不小于该国单独行动时的净效益与总净效益之差。其次，也可通过外交等手段来达成双方一致同意的补偿方案。据此，得到以下结论。

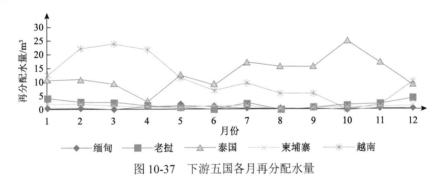

图 10-37 下游五国各月再分配水量

各国在参与再分配净效益和水量之后，其获得的水量并不会与其总净效益相匹配。因此，在各国水量无法及时且稳定满足需求时，仍有激励能使其参与联盟，尤其是当下游国家的联盟意愿比上游国家更加强烈时。

10.3.3 澜沧江-湄公河多利益主体的跨境"水-能-粮"合作模式

澜沧江-湄公河流域（简称澜湄流域）呈现出典型的水-能-粮交织耦合的关联特征，跨境水资源合作也影响到与水密切相关的粮食、能源和生态等方面。为此，本节构建了基于"水-能-粮"关系的澜沧江-湄公河流域多利益主体合作量化模型，并纳入了生态评价模块，将其放置历史情景和长期变化环境下考量，可以使流域决策更全面地关注到与"水"相关的关键资源效益变化，为跨境流域管理提供科学参考。

1. 澜湄流域多利益主体"水-能-粮"合作效益量化模型

基于澜湄流域的关键目标变量选取，建立基于"水-能-粮"关系的澜湄流域多利益主体合作量化模型。耦合模型包括四个计算模块：①水库调度模块；②水文平衡模块；③水稻效益模块；④综合生态评价模块。首先，水库调度模块计算中国水力发电效益，并将中国最下游景洪水库的下泄流量作为湄公河流域 260 个 0.5°网格的初始入流，进入水文平衡模块。其次，在网格内进行水文平衡计算，与水稻效益模块进行耦合模拟。最后，综合生态评价模块在模拟完成后评估流域关键断面的生态指标变化。耦合模型设置的总体流程如图 10-38 所示，运行概念及网格编号如图 10-39 所示。

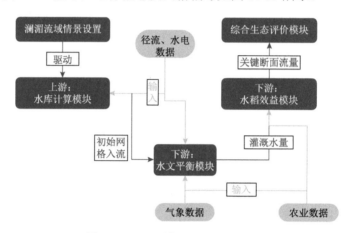

图 10-38　耦合模型设置的总体流程

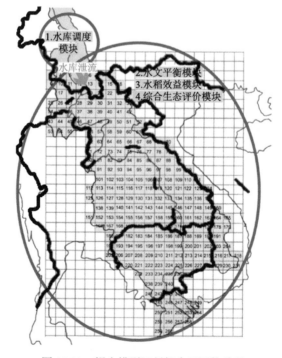

图 10-39　耦合模型运行概念及网格编号

2. 历史不同合作阶段的情景设定与分析

澜湄流域"水-能-粮"关系模型将通过各个计算模块的耦合优化，显性表达流域关键目标变量之间的定量关系。但不可忽视的是，澜湄跨境流域涉及 6 个国家利益主体，其流域管理决策往往会直接影响定量关系的结果。因此，基于历史设置三种情景：一个天然状况的历史情景和两个不同流域管理决策的历史情景（全流域非合作/合作）。三种情景对应不同的模型目标函数和模型约束，进行总体的经济利益优化，以比较不同流域管理决策下的关键资源效益变化，历史情景的具体设置如表 10-19 所示。

表 10-19　历史情景的具体设置

情景设定	中国水库	模型目标函数设置
天然状况：情景 0	无	$\text{Max } V_缅 \to \text{Max } V_老 \to \text{Max } V_泰 \to \text{Max } V_柬 \to \text{Max } V_越$
全流域非合作：情景 1	有	$\text{Max } V_中 \to \text{Max } V_缅 \to \text{Max } V_老 \to \text{Max } V_泰 \to \text{Max } V_柬 \to \text{Max } V_越$
全流域合作：情景 2	有	$\text{Max}\left(V_中 + V_缅 + V_老 + V_泰 + V_柬 + V_越\right)$

注：V 代表国家经济利益，下标中、缅、老、泰、柬、越依次代表中国、缅甸、老挝、泰国、柬埔寨、越南。对于中国，经济利益为水力发电，对于其他五国，经济利益为灌溉水稻生产。

其中，天然状况的历史情景 0 表示澜湄流域尚无任何水利工程设施开发的自然情况。优化计算基于历史数据（2004~2014 年），按照湄公河国家的地理位置顺序进行模拟优化。但是，2010 年后景洪站的径流数据已经受到水库调度的影响，因此采用现有研究中模拟的景洪站天然径流作为输入（Gao et al.，2021），其余所有数据采用历史原始数据。全流域非合作的历史情景 1 增设上游中国水库的建设与调度，将中国水库的发电效益计算参与到国家顺序优化中。这个情景代表了最广泛的现实情况，即中国水库建成后，澜湄流域各国以自身利益最大化为目标进行管理决策。而全流域合作的历史情景 2 以流域整体利益最大化为目标进行优化，假定澜湄六国签订合作协议，积极参与全流域合作，不优先考虑自身利益的理想情况。2015 年澜湄合作机制的提出就是要推动澜湄国家向全流域合作的理想情况迈进，使合作成为未来流域管理决策的主导（屠酥，2016）。

在上述澜湄流域历史情景设置的基础上进行了分析。表 10-20 列出了澜湄流域在天然状况、全流域非合作和全流域合作情景下，中国水电、湄公河灌溉水稻和关键断面综合生态指标的利益变化值。从经济利益来看，对比情景 1 与情景 0，中国水库的建设和调度提高了湄公河下游的灌溉水稻效益，特别是在枯水年份提升效果显著。对比情景 2 与情景 1 发现，全流域合作后，湄公河下游灌溉水稻效益的提升进一步扩大，比全流域非合作时年均提升 6.7%，在枯水年提升 13.0%。虽然中国水电效益在合作后有所下降（-4.5%），但澜湄流域产生了流域系统合作增量收益（53.5+73.4>56.0+68.8，单位：亿美元），全流域合作对流域整体发展有利。从综合生态评价来看，对比三个情景发现，中国水库对湄公河流域的生态影响十分有限，即使在合作后，渔业和泥沙影响程度也不超过 4%，对生态流量无影响，反而在航运方面对下游发展更为有利。

表 10-20 不同历史情景下澜湄流域"经济-生态"利益变化值 （单位：亿美元）

项目		天然状况情景 0	全流域非合作情景 1	全流域合作情景 2
中国水电 [a]		—	56.0	53.5（−4.5%）[d]
灌溉水稻 [b]	全 11 年	65.4	68.8	73.4（+6.7%）[d]
	枯水年 [c]	54.7	63.1	71.3（+13.0%）[d]
综合生态评价 [c]	生态流量	−0.4%	0.0%	0.0%
	渔业	0.0%	−0.9%	−2.6%
	泥沙	0.0%	−1.0%	−3.4%
	航运	0.0%	+2.1%	+2.8%

a：中国水电效益为上游小湾、糯扎渡和景洪三座水库效益和的 11 年年均值。

b：灌溉水稻效益包含下游湄公河五个国家 260 个网格全部灌溉水稻效益 11 年年均值和枯水年单年值。

c：综合生态评价选取代表性的水文断面：生态流量、渔业和泥沙均为枯井站（柬埔寨），航运为景洪站。

d：（）内代表此效益在全局合作时比在全局非合作时的变化百分比。

　　全流域合作不仅对灌溉水稻的多年平均效益带来了积极影响，其年际变化也是如此，如图 10-40 所示。在全流域非合作情景下，灌溉水稻效益随径流量的年际变化波动较大，特别是在枯水年，粮食安全生产受到重大威胁。然而，在全流域合作情景下，灌溉水稻效益的年际变化较为稳定，在枯水年也都保证其效益超过了 70 亿美元。可见，全流域合作对于保持澜湄流域粮食安全的长期稳定发挥着重要作用。

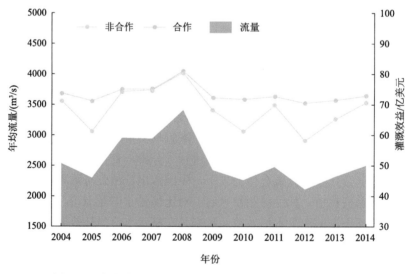

图 10-40　全流域非合作与合作情景下灌溉水稻效益的年际变化

　　表 10-21 列出了全流域合作与非合作情景下湄公河国家的灌溉水稻效益。结果表明，合作对泰国和越南两个水稻生产大国的提升最为显著。进一步地，图 10-41 显示了不同历史情景下灌溉水稻效益和综合生态评价相较于天然状况[情景 0]的空间变化。对于灌溉

水稻效益的空间分布而言，中国水库的建设和调度主要使干流沿线和湄公河三角洲的灌溉水稻效益增加。特别地，全流域合作可以使泰国东北地区和湄公河三角洲地区的灌溉水稻效益增加更为显著。这两个地区是下游湄公河水稻的主要产区，全流域合作的管理决策将使其水稻生产得到更强的保障。

表 10-21　合作与非合作情景下湄公河国家的灌溉水稻效益 　（单位：亿美元）

情景	泰国	越南	柬埔寨	老挝	缅甸
全流域非合作（情景 1）	32.32	23.31	6.31	5.58	1.30
全流域合作（情景 2）	34.10 (+5.5%)	25.58 (+9.7%)	6.59 (+4.4%)	5.82 (+4.3%)	1.32 (+1.5%)

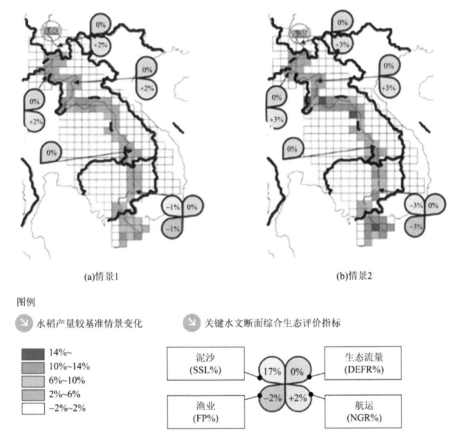

(a)情景1　　　　　　　　　(b)情景2

图 10-41　不同历史情景下灌溉水稻效益和综合生态评价相较于天然状况的空间变化
SSL：悬移质输沙率；DEFR：生态流量需求赤字率；FP：渔业产量；NGR：年航运保证流量

另外，对于综合生态评价的空间分布而言，不同流域管理决策整体上对湄公河流域的生态影响都十分有限，对景洪-清盛-琅勃拉邦航段的航道运输反而有利，使航运保证率有所提升，这是中国水库的建设和调度提升了下游的旱季径流所致。

综上可知，中国水库的建设和调度对下游湄公河流域的水稻效益有积极影响、对生态环境友好，并且这种效果在全流域合作之后更为显著。值得注意的是，全流域合作虽然会产生流域系统的增量收益，但使中国的水力发电效益承受一定损失，需要获得补偿。因此，如何建立有效的合作机制，对系统合作增量收益进行合理分配将是澜湄流域未来的重大挑战。这样的利益分配往往涉及上下游之间的博弈，并受多重合作要素的影响，将会在后续章节进行分析。

3. 长期变化环境下的澜湄流域发展路径

1）人类活动发展情景

澜湄流域的可持续发展管理要基于未来环境，评估潜在的变化要素对流域经济利益和生态环境的双重影响。在变化环境范畴中，人类活动是重要的影响因素，包括基础设施修建、土地利用改变等诸多方面（Liu et al., 2007）。根据 *State of the Basin Report 2010* 澜湄流域已确定的发展规划的大体时间顺序，研究分别叠加设定三个人类活动发展阶段：①泰国调水工程建设；②湄公河干流水库建设与调度；③湄公河水稻灌溉面积扩张。三个阶段代表未来的人类活动发展情景，以期探讨未来不同发展阶段对澜湄流域资源效益的影响。

（1）泰国调水工程建设。

泰国政府的湄公河调水计划最早可追溯到 20 世纪 80 年代，其目的就是将湄公河主干流和支流栖河（Chi river）、蒙河（Mun river）的水引入泰国东北部进行大面积农业灌溉，以增加农业产量。但该计划由于流域内各方阻力和国内政治权力的更替几近停滞，直到 2008 年泰国新内阁上台决定重启该计划，增加了支流黎河（Loei river）的调水计划，并正式命名为"湄-黎-栖-蒙"（Mekong-Loei-Chi-Mun）调水工程（董耀华等，2016）。泰国调水工程的建设将惠及近 17 万 km^2 的东北部地区（约占 1/3 的泰国国土面积），预计在 2020~2030 年正式完工（屠酥，2016）。

设置泰国调水工程作为第一阶段的未来人类活动发展情景（情景 3），定量评估其对湄公河国家灌溉水稻效益的影响。模型设置中，将流经泰国东北部的网格设置成可以跨界输水到泰国东北部灌溉区域的网格内，忽略调水损失和距离时滞，表征泰国调水可用量与灌溉水稻生产之间的直接关系。

（2）湄公河干流水库建设与调度。

进入 21 世纪以来，湄公河下游国家开始利用湄公河干流的水能资源来满足国内日益增加的能源需求。根据 *Assessment of Basin-wide Development Scenarios*，到 2030 年前，下游湄公河干流将新增 11 座水库，主要用于水力发电，如表 10-22 所示。干流的水库建设与调度将深刻改变湄公河的径流情势，对生态环境造成影响。因此，本书在泰国调水工程建设的基础上，将湄公河干流水库的建设与调度作为第二阶段的未来人类活动发展情景（情景 4），在水库所在的网格之间增加水库调度模块。

表 10-22　模型中湄公河干流水库的主要参数

序号	水库名称	隶属国家	装机容量/MW	死库容/MCM	总库容/MCM
4	北本	老挝	912	957	1737
5	琅勃拉邦	老挝	1200	856	1590
6	沙耶武里	老挝	1285	909	1300
7	巴莱	老挝	1320	1034	1351
8	萨纳坎	老挝	700	150	282
9	桑通-帕孔	泰国、老挝	1079	289	1097
10	班库	泰国、老挝	1872	1458	2110
11	拉苏阿	老挝	800	1000	1530
12	东萨宏	老挝	256	476	591
13	上丁	柬埔寨	980	1479	1549
14	松博	柬埔寨	2600	3794	4259

注：水库序号在中国水库 1 小湾、2 糯扎渡、3 景洪后编号。MCM（million cubic meters）表示 $10^6 m^3$。

（3）湄公河水稻灌溉面积扩张。

据 *State of the Basin Report 2010*，农业灌溉是湄公河流域国家重要的生产活动，近 80%的灌溉面积用于水稻生产。随着湄公河国家对粮食安全的日益重视和水利工程的不断建设，各国正致力于将以雨水灌溉为主的种植方式转型为更大面积的灌溉农业，特别是对于水稻生产。灌溉面积的扩张将直接影响湄公河灌溉水稻效益，同时使农业生产更加依赖于河道内的径流情势。基于此，采用 ISIMIP2b 框架下湄湄流域未来灌溉面积变化的网格数据，代表澜湄流域 2040 年前后的灌溉面积水平（图 10-42），作为澜湄流域第三阶段的未来人类活动发展情景（情景 5）。

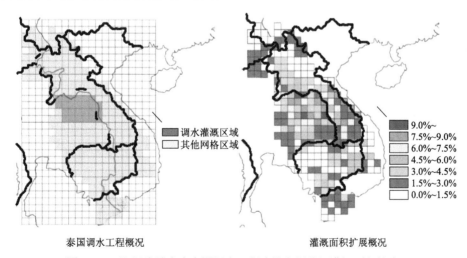

泰国调水工程概况　　　　　　　　　　灌溉面积扩展概况

图 10-42　澜湄流域未来泰国调水工程建设和湄公河灌溉面积扩张

综上，澜湄流域的未来人类活动发展情景设置如表 10-23 所示。通过叠加设定情景

3 泰国调水工程建设、情景 4 湄公河干流水库建设与调度和情景 5 湄公河水稻灌溉面积扩张三个发展阶段代表未来澜湄流域的人类活动发展，并假定前两个阶段受现实情况制约，不会出现全流域合作的状态，在发展时期末期（第三阶段）全流域合作状态才成为可能（情景 6）。这三个阶段基本可以代表可预见性的澜湄流域未来工程规划，为澜湄流域的未来资源变化提供重要参考。

表 10-23　澜湄流域未来人类活动发展情景设置

情景序号	发展阶段	设置项目
3	第一阶段（约 2025 年前）	泰国调水
4	第二阶段（约 2030 年前）	泰国调水、湄公河水库
5、6	第三阶段（约 2040 年前后）	泰国调水、湄公河水库、灌溉面积扩张

注：情景序号在表 10-20 的情景 0、情景 1 和情景 2 后编号。情景 5 为全流域非合作状态，情景 6 为全流域合作状态。

2）未来气候变化情景

在全球变化的大背景下，澜湄流域气候变化是未来变化环境中不可忽视的关键因子。跨部门影响模型比较项目（ISIMIP，www.isimip.org）被认为是预估不同情景下未来气候变化趋势的有效数据集，并在澜湄流域得到了较好的降水变化评估效果（运晓博等，2020）。ISIMIP2b 框架提供的全球气候模式输出数据，其数据经过了基于观测数据的 EWEMBI 数据集的偏差校正。选取气候变化模式下较低碳排放代表性浓度路径（RCP2.6）与较高碳排放代表性浓度路径（RCP6.0）两个情景进行分析，以考虑未来澜湄流域气候变化的不确定性。其中，RCP2.6 代表全球各国采取一定应对气候变化政策的情景，辐射强迫在未来相对较低；而 RCP6.0 代表全球各国较少采取任何应对气候变化政策的情景，辐射强迫在未来相对较高。未来气候变化的研究时间覆盖范围为 2041~2060 年，时间尺度为日尺度。

在确定完气候变化情景的基础上，利用 CREST（the coupled routing and excess storage）水文模型评估气候变化对流域径流情势产生的影响，并计算得出关键水文断面的径流量和澜湄流域上游水库的水文入库序列。CREST 模型是基于网格的分布式水文模型，输入参数较少，界面环境友好，是目前较为主流的流域径流模拟工具（Khan et al.，2011）。目前，已经有研究在澜湄流域应用 CREST 模型评估水文状况，取得了很好的径流模拟效果，证实了该模型在澜湄流域具有良好的表现，径流模拟结果可以表征澜湄流域的天然径流量（Gao et al.，2021；Han et al.，2020；Li et al.，2019）。

图 10-43 对比了未来气候变化情景下 CREST 水文模型模拟的径流规律（2041~2060 年）与历史径流规律（2004~2014 年）。比较的水文断面选取澜湄流域上下游交界处的水文站清盛站，其具有一定的澜湄流域水文特征代表性（Li et al.，2017）。结果表明，在较长的水文时间序列里，未来气候变化提升了多年平均径流量，RCP6.0 比 RCP2.6 的提升效果更为显著，但水文年内分布基本与历史情况保持一致。未来气候变化使雨季极值流量有所增强，旱季极值流量基本与历史一致。总体而言，未来气候变化情景下澜湄流域的水资源会更为充沛，径流量在雨季提升明显，在旱季提升不明显。

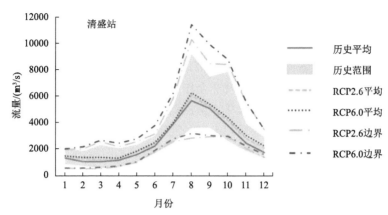

图 10-43　基于未来（2041～2060 年）气候变化情景的模拟径流均值
与历史（2004～2014 年）径流比较

3）澜湄流域发展情景路径

澜湄流域发展是在长期变化环境下的驱动过程，而变化环境取决于人类活动与自然条件的复杂耦合。物理模型的情景设置贴合澜湄流域的实际发展情况，才能更好地评估澜湄流域在变化环境下的资源效益变化规律。基于历史情景设置、未来人类活动发展情景设置和未来气候变化情景设置，考虑全流域合作与非合作的流域管理决策，结合 10.3.1 节给出的跨境流域长期博弈演化范式，总结提炼了基于长期发展的澜湄流域情景路径，如图 10-44 所示。情景路径表明，从流域开发角度上看，澜湄流域发展主要分四个时期，即自然时期、历史时期、发展时期和未来时期，包含情景 0～情景 10。

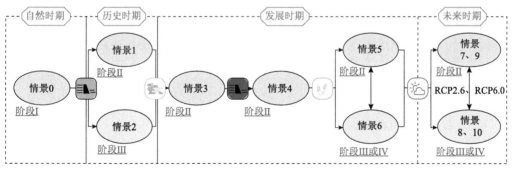

图 10-44　基于长期发展的澜湄流域情景路径示意图

澜湄流域四个时期的情景设置涵盖了澜湄长期发展的基本特点，符合 10.3.1 节提出的跨境流域长期博弈演化范式的特点。其中，自然时期（情景 0）和历史时期（情景 1、情景 2）的设置已经在 10.3.3 节 "2.历史不同合作阶段的情景设定与分析" 中进行了详细介绍：自然时期代表流域尚未开发、没有任何水利工程设施的天然状况，对应跨境流域长期博弈范式的阶段Ⅰ；历史时期代表已存在中国上游水库的修建与调度，流域管理决策有非合作和合作两种可能，分别对应跨境流域长期博弈演化范式的阶段Ⅱ和Ⅲ。此外，发展时期（情景3～情景6）和未来时期（情景7～情景10）的设置也已经在前两小节进行了介绍。基于现实情况，假设全流域非合作的管理决策始终贯穿在发展时期和未来时期中（情景3～情景5、情景7、情景9），对应跨境流域长期博弈演化范式的阶段Ⅱ。但随着澜湄合作推进，在发展时期末期和未来时期也会出现全流域合作的管理决策（情景6、情景8、情景10），对应跨境流域长期博弈演化范式的阶段Ⅲ或Ⅳ。这是现有研究中首次将澜湄流域发展特点与"水-能-粮"关系模型的情景设置相结合，为分析流域未来可持续发展提供了重要依据。

综上，四个时期的情景对应模型中的具体设置如表 10-24 所示。

表 10-24　澜湄流域不同情景的具体模型设置

阶段	情景序号	中国水库	全流域合作	泰国调水工程	湄公河干流水库	灌溉面积扩张	气候变化
自然	0	—	—	—	—	—	—
历史	1	✓	—	—	—	—	—
	2	✓	✓	—	—	—	—
发展	3	✓	—	✓	—	—	—
	4	✓	—	✓	✓	—	—
	5	✓	—	✓	✓	✓	—
	6	✓	✓	✓	✓	✓	—
未来	7	✓	—	✓	✓	✓	RCP2.6
	8	✓	✓	✓	✓	✓	RCP2.6
	9	✓	—	✓	✓	✓	RCP6.0
	10	✓	✓	✓	✓	✓	RCP6.0

注：✓表示该情景有对应的要素设置；—表示没有对应的要素设置。特别地，对于全流域合作，—表示该情景设置为全流域非合作。

4. 未来情景下的各利益主体效益变化

表 10-25 列出了澜湄流域在历史与未来不同情景（情景0～情景10）下"经济-生态"的利益变化值。首先，对于发展时期：情景3表明，泰国调水工程将使湄公河流域整体的灌溉水稻效益年均减少 5.9 亿美元，并且对流域生态系统影响严重，使枯井站生态流量赤字率为 1.5%，渔业损失和泥沙损失扩大为 9.7%和 7.4%；情景4表明，湄公河干流水库的建设与调度加重了对流域生态系统的负面影响，使渔业损失和泥沙损失持续扩大为 15.8%和 19.3%，但可以使湄公河国家获得高额的水电效益（年均 54.9 亿美元），灌溉水稻效益也年均小幅度提升约 0.9 亿美元；情景5表明，湄公河流域的灌溉面积扩张也对流域生态系统不利，使渔业损失和泥沙损失继续扩大为 16.6%和 20.9%，湄公河国家的水电效益基本不变（年均 54.8 亿美元），灌溉水稻效益继续年均小幅度提升约 1.5 亿美元。总体而言，对于下游湄公河国家，未来只靠自身的水利基础设施建设来提升灌溉水

稻效益的机会十分有限，增长潜力不高。

表 10-25　不同情景（情景 0～情景 10）下澜湄流域"经济-生态"利益值变化　（单位：亿美元）

情景序号	情景描述	水电效益[a]		灌溉水稻效益[b]		综合生态评价[c]			
		中国	湄五国	全 11 年	枯水年	生态流量	渔业	泥沙	航运
0	天然状况（2004～2014 年）	—	—	65.4	54.6	−0.4%	0.0%	0.0%	0.0%
1	情景 0+中国水库调度	56.0	—	68.8	63.1	0.0%	−0.9%	−1.0%	+2.1%
2	情景 1+上下游合作	53.5 (−4.5%)[d]	—	73.4 (+6.7%)[d]	71.3 (+13.0%)[d]	0.0%	−2.6%	−3.4%	+2.8%
3	情景 1+泰国调水工程	56.0	—	67.5	60.4	−1.5%	−9.7%	−7.4%	+2.1%
4	情景 3+湄公河水库	56.0	54.9	68.4	62.2	0.0%	−15.8%	−19.3%	+2.1%
5	情景 4+灌溉面积扩张	56.0	54.8	70.9	65.1	0.0%	−16.6%	−20.9%	+2.1%
6	情景 5+上下游合作	51.2 (−8.6%)[d]	57.7 (+5.3%)[d]	81.3 (+14.7%)[d]	79.3 (+21.8%)[d]	0.0%	−15.4%	−18.1%	+2.9%
7	情景 5+气候变化 RCP2.6	56.2	55.0	73.8	65.4	0.0%	−15.0%	−17.8%	+3.1%
8	情景 6+气候变化 RCP2.6	51.7 (−8%)[d]	58.7 (+6.7%)[d]	83.1 (+12.6%)[d]	81.1 (+24.0%)[d]	0.0%	−14.4%	−16.1%	+3.5%
9	情景 5+气候变化 RCP6.0	56.5	55.8	74.6	66.1	0.0%	−14.0%	−17.1%	+3.5%
10	情景 6+气候变化 RCP6.0	52.1 (−7.8%)[d]	59.6 (−6.8%)[d]	84.0 (+12.6%)[d]	81.7 (+23.6%)[d]	0.0%	−13.4%	−15.5%	+3.5%

　　a：中国水电效益为上游小湾、糯扎渡和景洪三座水库效益和的 11 年年均值。澜湄五国水电效益为下游 11 座规划水库效益和的 11 年年均值。

　　b：灌溉水稻效益包含湄公河下游五个国家 260 个网格全部灌溉水稻效益 11 年年均值和枯水年值。其中，枯水年为径流 FDC 超越概率 $P=0.75$ 的典型水文年，FDC（flow duration curve），即流量历时曲线，表示径流情势的年际差异。

　　c：综合生态评价选取具代表性的水文断面：生态流量、渔业和泥沙均为枯井站，航运为景洪站。

　　d：（）内代表此效益在全流域合作时比在全流域非合作时的变化百分比。

　　然而，中国参与合作后，将大幅提升湄公河下游流域的灌溉水稻效益。情景 6 表明，在未来合作中，中国水库年均牺牲 8.6%的发电效益，可以使下游灌溉水稻效益年均提升 14.7%，在枯水年更为显著，年均提升 21.8%。此外，上游中国不仅用较低的水电损失成本换来了湄公河下游较高的灌溉水稻效益提升，也使湄公河下游国家的水电效益年均提升 5.3%，并小幅缓解了泥沙和渔业的生态系统损失成本，使航运保证率提升率增加 2.9%。综上，如果在发展时期能推动全流域合作，澜湄流域可以获得十分可观的整体经济利益增量，对生态环境也有一定的积极作用。但合作后中国的水电效益损失需要获得补偿，流域各国需要靠建立"有效合作机制"进行合作后的利益分配。

　　其次，对于未来时期：总体来看，在未来任何流域管理决策下，气候变化都可以小幅提升水电和水稻的经济效益，减小流域生态系统的泥沙和渔业损失，这可能是未来气候变化带来的澜湄流域径流量增加所导致的。此外，未来气候变化下 RCP6.0 比 RCP2.6 情景对澜湄流域"经济-生态"的影响更加显著（以多年平均为例，中国水电效益非合作下 56.5>56.2，合作下 52.1>51.7；湄公河水电效益非合作下 55.8>55.0，合作下 59.6>58.7；灌溉水稻效益非合作下 74.6>73.8，合作下 84.0>83.1，单位：亿美元）。未来，全流域合作仍是澜湄流域的最优选择，尤其在枯水年（灌溉水稻效益提升超 20%以上）。

　　基于未来时期的气候变化对澜湄流域"经济-生态"的影响不明显，图 10-45 着重展示了历史时期和发展时期（情景 1～情景 6）下澜湄流域"经济-生态"相较于天然情景 0

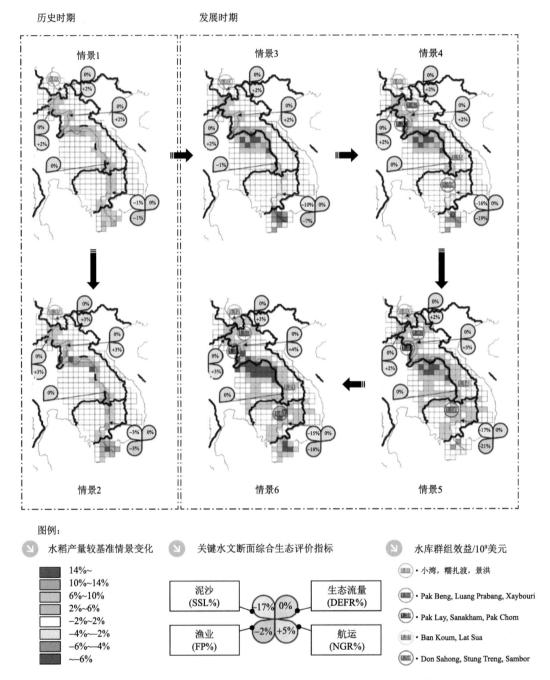

图 10-45　情景 1～情景 6 下澜湄流域"经济-生态"相较于天然状况的空间变化

的空间变化。同样历史时期的情景 1、情景 2 已经在 10.3.3 节 "2. 历史不同合作阶段的情景设定与分析"进行了详细分析，此处展示是为了与其他情景进行对比。以灌溉水稻效益的空间分布为例进行分析，对于发展时期：情景 3 表明，泰国调水工程将大幅度增加该国东北地区的灌溉水稻效益，但对下游柬埔寨和越南的灌溉水稻效益十分不利，使两国出现负增长；情景 4 表明，湄公河干流水库的建设与调度小幅缓解了下游国家因泰国调水工程导致的灌溉水稻效益损失；情景 5 表明，湄公河流域的灌溉面积扩张进一步缓解了下游国家的灌溉水稻效益损失，但湄公河三角洲地区的灌溉水稻效益依然维持负增长；情景 6 表明，未来中国参与全流域合作后，全流域的灌溉水稻效益得到显著提升，特别是对于泰国和湄公河三角洲地区。这再次证明了全流域合作对未来灌溉水稻效益的空间均衡具有积极作用，中国参与合作对澜湄流域的经济发展至关重要。

5. "人类-自然"协调可持续发展合作阈值

根据不同情景下的澜湄流域"经济-生态"的利益变化结果可得，未来生态系统中的渔业和泥沙仍将受到较大影响。因此，以未来气候变化 RCP2.6 情景为例，设定不同渔业和泥沙的约束组合来优化不同生态状况下的经济利益，以期寻求改善流域生态状况的可持续发展合作阈值，如图 10-46 所示。结果表明，在流域范围内，经济利益随着生态状况的改善而减少。这意味着，如果流域决策者想要使生态环境接近自然状态，需要牺牲一定的经济利益。但值得注意的是，未来合作却能带来一定的经济和生态补偿：竖看，在相同的经济利益下，合作带来的生态改善要比非合作的更好；横看，在相同的生态状况下，合作带来的经济利益也要比非合作的更高。这样的新结论说明未来全流域合作的管理决策仍然至关重要，对流域"经济-生态"两个方面的发展均为有利。

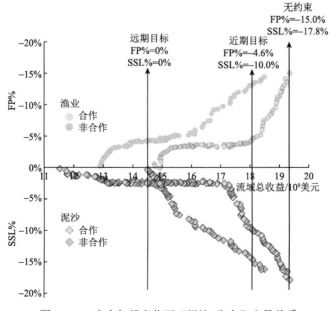

图 10-46　未来气候变化下"经济-生态"定量关系

　　拟设置三个不同程度合作阈值下的可持续发展目标：无约束、近期目标和远期目标。其中，无约束为追求经济利益最大化、不考虑任何生态状况的目标（FP%=−15.0%；SSL%=−17.8%）；近期目标为考虑当经济利益减少不能大幅改变生态状况的拐点时的目标（FP%=−4.6%；SSL%=−10%）；远期目标为考虑经济利益发展对生态系统完全没有影响的目标（FP%=−0%；SSL%=−0%）。研究计算出了在三个可持续发展目标下的澜湄各国经济利益变化，如图10-47所示。结果表明，改善生态状况后各国均需要付出经济代价，特别是越南从无约束到远期目标，要损失近60%的经济利益。但是，全流域合作对维持不同可持续发展目标的湄公河国家经济利益均有所补偿，因为从图10-47可以看出，在相同可持续发展目标下，湄公河国家的经济利益在合作下的绿色柱状图均高于非合作下的红色柱状图。

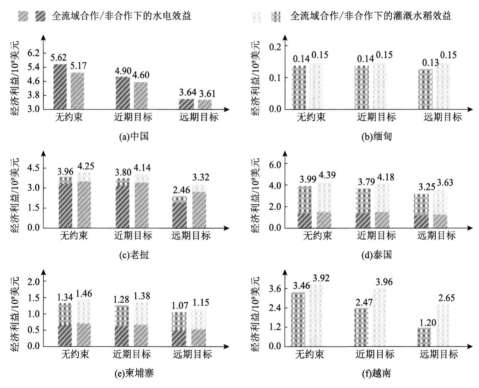

图10-47　不同可持续发展目标下澜湄各国经济利益变化

　　全流域合作对于湄公河国家的经济利益补偿，可以结合图10-46和图10-47的具体数值进一步分析。结果表明，尽管改善生态状况需要付出经济代价，但全流域合作在近期目标和远期目标能分别弥补年均约17亿美元和27亿美元的流域总体经济利益。其中，越南的灌溉水稻效益（在近期目标年均弥补约12亿美元；在远期目标年均弥补约14亿美元）、老挝的水电效益（在近期目标年均弥补约2亿美元；在远期目标年均弥补约8亿美元）以及泰国的灌溉水稻效益（在近期目标年均弥补3亿美元；在远期目标年均弥补 3 亿美元）均受益于全流域合作的管理决策。此外，全流域合作可避免在与非合作的相同经济利益时，生态环境系统遭受更多不必要损失。例如，在近期目标，合作决策使渔业损失从 13.6%大幅降低至 4.6%，使泥沙损失从 15.1%大幅降低至 10.0%；在远期目标，合作决策使渔业损失从 4.9%降低至 0.0%，使泥沙损失从 2.5%降低至 0.0%，此时的生态系统完全接近自然条件。这些结论进一步强调了开展全流域合作以减少经济利益损失和生态环境系统损失的重要性，符合澜湄"经济-生态"协调可持续发展的要求。

值得注意的是，全流域合作以牺牲中国水库发电为代价，提升了流域整体的经济利益。尽管这种代价随着生态环境改善而减弱（近期目标年均牺牲约 3 亿美元；远期目标年均牺牲约 0.2 亿美元），但中国依然需要获得一定的补偿。未来，有中国参与的全流域合作对澜湄流域"经济-生态"的可持续发展仍起着积极作用。同时，如何促进合作增量收益的有效分配，对中国和湄公河国家产生参与合作的激励，是维持澜湄全流域合作的关键前提，需要依靠一定的合作规则去实现。

6. 澜湄流域未来可持续发展合作规则

合作阈值分析表明，全流域合作可以改善流域系统层面和国家层面的经济和生态效益，实现"经济-生态"协调可持续发展。为了实现这种全流域合作，流域管理必须设计两个可行的合作规则。第一个合作规则是，澜湄各国应充分而合理地分配合作后产生的系统增量收益，具体取决于各国可以讨价还价的利益谈判空间。由于缅甸在流域内的经济利益较小，此处暂不考虑缅甸。基于合作博弈理论，表 10-26 列出了澜湄流域未来可能存在的联盟利益总量，这将作为计算"核"范围的约束条件，进而确定澜湄各国的谈判空间。

表 10-26　不同可持续发展目标下的合作联盟利益总量　　（单位：亿美元）

澜湄流域可能联盟	无生态约束	近期目标	远期目标
全联盟合作	191.9	179.9	143.6
局部联盟（老泰合作）	74.3	76.9	58.1
局部联盟（MRC 合作）	128.0	118.3	83.5
局部联盟（老柬越合作）	82.0	78.8	49.7

表 10-27 列出了不同可持续发展目标下的合作利益谈判空间。其中，下限反映了合作谈判中一个国家的利益底线，如果低于该线，此国家将从合作中获得负利益，依照理性原则不会参与合作；而上限反映了一个国家参与合作后可获得的最大利益。上下限的范围代表了澜湄流域国家进行讨价还价的谈判空间。结果表明，在无约束目标下，未来的利益谈判空间对流域各国分别为：中国 7.7 亿美元，老挝 8.2 亿美元，泰国 13.8 亿美元，柬埔寨 13.4 亿美元，越南 13.4 亿美元。然而，在使生态系统完全改善的远期目标下，各国的利益谈判空间将增加近一倍或以上，预示着未来澜湄流域有进行全流域合作的巨大利益动机，且合作将使整个流域系统的经济利益增量十分可观。

表 10-27　不同可持续发展目标下的合作利益谈判空间　（单位：亿美元）

国家	无约束			近期目标			远期目标		
	下限	上限	空间	下限	上限	空间	下限	上限	空间
中国	56.2	63.9	7.7	49.0	61.6	12.6	36.4	60.1	23.7
老挝	39.6	47.8	8.2	38.0	55.5	17.5	24.6	52.0	27.4
泰国	39.9	53.7	13.8	37.9	52.1	14.2	32.5	57.5	25.0
柬埔寨	13.4	26.8	13.4	12.8	29.3	16.5	10.7	37.1	26.4
越南	34.6	48.0	13.4	24.7	41.2	16.5	12.0	38.4	26.4
增量收益	—	8.5	—	—	17.7	—	—	27.7	—

　　第二个合作规则是，澜湄各国在合作后应协调管理关键水文断面的径流情势，以确定其水库运行调度规则和水资源时空分配规则。图 10-48 显示了未来典型枯水年内，澜湄流域五个关键水文断面满足不同可持续发展目标的设计流量，以期同时满足流域人类活动需求和有价值的生态系统功能。相比远期目标与无约束的合作规则，关键水文断面的设计流量预计将在旱季降低 13%～41%，在雨季升高 14%～36%。其中，未来合作原本使景洪水库在枯水年旱季维持较高下泄流量，在雨季维持较低下泄流量，以满足下游湄公河旱季的灌溉水稻需求。但考虑远期目标时，景洪水库的下泄流量在未来枯水年旱季应降低，在雨季应提升。特别是在 4 月应降至 770 m³/s、在 8 月应达到顶峰 2752 m³/s，

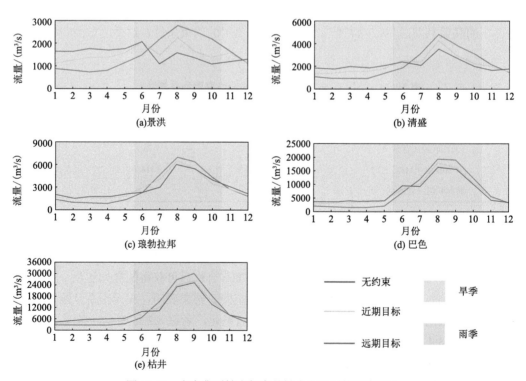

图 10-48　未来典型枯水年内关键水文断面的径流设计

进而使湄公河下游雨季维持高流量，使泥沙和渔业状况得到改善。这种关键断面的流量设计规则强调了应将灵活性调度纳入流域现有计划的水利工程适应性管理，并根据实际需要指导流域决策者实现兼顾"经济-生态"的可持续发展目标。

综上所述，通过设计两个合作规则，为澜湄流域未来可持续合作提供了可操作性的关键断面水量调度规划和可量化的利益谈判空间，为实现兼顾"经济-生态"协调发展的澜湄合作方案提供了可行路径，具有一定的科学参考价值。

10.4　小　　结

本章在西南河流源区供水-发电-环境系统关联关系分析的基础上，面向国家能源需求和"双碳"目标、生态环境保护需求和澜湄跨境合作需求，主要创新了三项西南河流源区径流适应性利用技术，具体包括：

（1）水-风-光清洁能源联合调度技术。基于 Copula 函数开展流域水-风-光资源时空相关性和互补性的准确量化表征，并充分利用水-风-光的互补特性以及水电的调节能力对风-光容量进行优化配置，促进西南地区风-光资源互补一体化开发，助力国家实现节能减排和"双碳"目标。同时，为促进西南流域水-风-光清洁能源消纳，提出了计划-市场双轨制下西南河流源区清洁能源跨区域消纳模式，实现跨区-省内、供给端-受端协同优化。

（2）缓解梯级水电磷滞留的生态调度技术。在传统发电量最大、发电保证率最高的调度目标基础上，加入生源物质调控目标，构建了水库发电-总磷输出双目标生态优化调度模型，揭示了梯级水电的排磷调度机理。在此基础上，进行生态调度技术创新，弥补了传统生态水文指标无法体现生态环境系统真实需求的缺陷，实现了水库生态调度指标体系由"水量"到"水质"的突破。该技术协调了水电-水质平衡，理论上可在一定范围内实现梯级水库的"营养盐调整"，且较于传统生态水文指标方法，该技术在水库规模大、沉积系数大的区域适用性更好。

（3）澜湄跨境多利益主体合作博弈策略。将博弈论引入流域合作管理，实现了水资源与管理学科的交叉，科学论证了澜湄流域合作演化进程，指出无论是历史时期还是未来长期变化环境下，推动全流域合作可获得显著的经济效益和积极的生态环境影响。基于当前澜湄流域全流域合作的普遍共识，量化结果表明：仅聚焦水资源合作时，流域六国合作所创造的最终效益比不合作时的净效益高 26.17%；当拓展到流域"水-能-粮"系统时，跨境合作会带来更大的合作效益。在此基础上，还确定了考虑澜湄流域未来社会经济发展、水利工程建设以及气候变化等情景下流域可持续发展管理需遵循的合作规则、可操作性的关键断面水量调度规划和可量化的利益谈判空间，以为国际谈判提供理论依据。

参 考 文 献

丁杰, 周海. 2016. 风力发电和光伏发电预测技术. 北京: 中国水利水电出版社.

董耀华, 姜凤海, 戴明龙. 2016. 泰国湄公河调水工程研讨与初步咨询. 水利水电快报, 37(8): 41-43.

傅豪, 杨小柳. 2014. 基于供需比和蓄水系数的云南农业干旱分析. 水利学报, 45(8): 991-996.

顾世祥, 何大明, 崔远来, 等. 2010. 近 50 多年来澜沧江流域农业灌溉需水的时空变化. 地理学报, 65(11): 1355-1362.

任洲洋. 2014. 光伏时空概率模型及其在电力系统概率分析中的应用. 重庆: 重庆大学.

屠酥. 2016. 澜沧江—湄公河水资源开发中的合作与争端(1957—2016). 武汉: 武汉大学.

于洋, 韩宇, 李栋楠, 等. 2017. 澜沧江-湄公河流域跨境水量-水能-生态互馈关系模拟. 水利学报, 48(6): 720-729.

运晓博, 汤秋鸿, 徐锡蒙, 等. 2020. 气候变化对澜湄流域上下游水资源合作潜力的影响. 气候变化研究进展, 16(5): 555-563.

赵书安. 2011. 太阳能光伏发电及应用技术. 南京: 东南大学出版社.

Chen X, Xu B, Zheng Y, et al. 2019. Nexus of water, energy and ecosystems in the upper Mekong River: A system analysis of phosphorus transport through cascade reservoirs. Science of the Total Environment, 671: 1179-1191.

Gao J, Zhao J, Wang H. 2021. Dam-impacted water-energy-food nexus in Lancang-Mekong River Basin. Journal of Water Resources Planning and Management, 147(4): 04021010.

Han Z, Long D, Huang Q, et al. 2020. Improving reservoir outflow estimation for ungauged basins using satellite observations and a hydrological model. Water Resources Research, 56: e2020WR027590.

Hofert M. 2008. Sampling Archimedean copulas. Computational Statistics & Data Analysis, 52(12): 5163-5174.

Khan S I, Adhikari P, Hong Y, et al. 2011. Hydroclimatology of Lake Victoria region using hydrologic model and satellite remote sensing data. Hydrology and Earth System Sciences, 15(1): 107-117.

Larson R E, Korsak A J. 1970. A dynamic programming successive approximations technique with convergence proofs. Automatica, 6(2): 253-260.

Li D, Long D, Zhao J, et al. 2017. Observed changes in flow regimes in the Mekong River basin. Journal of Hydrology, 551: 217-232.

Li D, Zhao J, Govindaraju R S. 2019. Water benefits sharing under transboundary cooperation in the Lancang-Mekong River Basin. Journal of Hydrology, 577: 123989.

Liu H, Liang S. 2019. The nexus between energy consumption, biodiversity, and economic growth in Lancang-Mekong Cooperation (LMC): Evidence from cointegration and granger causality tests. Int J Environ Res Public Health, 16(18): 3269.

Liu J, Dietz T, Carpenter S R, et al. 2007. Complexity of coupled human and natural systems. Science, 317(5844): 1513-1516.

Maavara T, Parsons C T, Ridenour C, et al. 2015. Global phosphorus retention by river damming. Proceedings of the National Academy of Sciences, 112(51): 15603-15608.

Middleton C, Allouche J. 2016. Watershed or powershed? Critical hydropolitics, China and the 'Lancang-

Mekong Cooperation Framework'. The International Spectator, 51(3): 100-117.

Vollenweider R A. 1975. Input-output models with special reference to the phosphorus loading concept in limnology. Schweiz Z Hydrol, 37(1): 53-84.

Zmijewski N, Wörman A. 2017. Trade-offs between phosphorous discharge and hydropower production using reservoir regulation. Journal of Water Resources Planning and Management, 143(9): 4017052.

第11章

西南河流源区空中水资源利用技术

气候变化不可避免地改变了水循环状况，导致全球各流域的水文情势发生深刻改变，由此给未来水安全带来极大的不确定性，且随着城市化和社会经济发展，水资源短缺正在成为我国社会经济发展的瓶颈，非常规水资源利用正成为解决这一问题的途径之一。青藏高原作为"亚洲水塔"，其空中水资源是湖泊蓄水、冰川存储、地表径流及地下水的重要来源，对以青藏高原为代表的西南河流源区的空中水资源进行合理利用，进一步发挥高原"水塔"功能，能够增加西南河流源区乃至其广大下游地区可利用的潜在水资源量。从空中水资源利用的潜力角度，在青藏高原/西南河流源区开展空中水资源利用系统需把握青藏高原/西南河流源区空中水物质（如云滴、雨滴等液态水，雪、霰等固态水及以水汽为代表的气态水）的分布、迁移和转化特征等，目前在空中水物质的迁移转化特征、空中水物质的降水转化热力及动力学条件、空中水物质与降水关联机制等方面的有限认知限制了对青藏高原/西南河流源区空中水资源利用潜力的系统评估工作的开展。从空中水资源利用技术角度，长期使用基于碘化银等化学制剂的传统人工影响天气技术，将给青藏高原/西南河流源区脆弱的生态系统带来环境风险，空中水资源大规模安全利用亟须发展低成本、无催化剂、简单可靠的新型人工影响天气技术。

鉴于此，围绕西南河流源区空中水资源利用潜力评估和利用技术两方面所面临的关键科学问题和技术难题开展了系统的研究，打通了空中水资源高效利用基础规律—关键技术—示范应用—效果检验全链条，解决了空中水资源如何形成、如何计算、如何利用、如何评估开发效果等实现空中水资源高效利用所需回答的关键问题，为构建西南河流源区空中水资源利用体系提供了核心支撑。本章系统梳理了西南河流源区空中水资源利用的最新研究成果，11.1 节提出了基于降水形成力学本质的空中水资源基本概念和空中水资源利用潜力评估方法，11.2 节对空中水资源利用核心技术原理和设备参数优选方案进行了介绍，11.3 节给出西南河流源区空中水资源利用野外试验的开展情况及试验效果评价。

11.1　空中水资源利用潜力评估方法

11.1.1　空中水资源形成机理

降水是天气动力与云物理过程相互作用的结果，大气中锋面、热带或亚热带气旋、切变线等现象可看作是这种相互作用的宏观表现。尽管其出现频率和时空尺度有所不同，但这些天气现象具有两个共同点：一方面，天气动力学过程是其启动与发展的动力，即其产生与动力或热力状态（密度、速度、温度、压力、湿度等）不同的气团相互触碰有关；另一方面，云和降水过程是其形成的表现与产物，即上述天气现象通常伴随水汽由不饱和到饱和进而凝结降水的过程。据此可以从流体流动的角度建立云和降水动力过程的统一力学模型。基于此，从流体力学角度通过抽象与云和降水物理过程密切联系的天气现象的力学本质，提出空中水资源的基本概念以及空中水资源富集区概念，给出富集区控制方程，揭示空中水资源形成、迁移及转化规律，基于此提出空中水资源富集区提取方法（Wang et al.，2018），并揭示全球空中水迁移转化的基本格局（Zhang Y et al.，2020）。

1. 空中水资源基本概念

大气流动中存在着流动状态不连续的区域，因而形成特殊的自由边界层流动，当两个性质不同的气团相遇时，它们之间的接触面的法向特征几何尺度远小于大气环流的几何尺度，在垂直于接触面的方向必然会存在非常大的流场梯度。因此，从流体流动的力学抽象看，空中水资源富集区的力学实质是在对流层中具有不同动力学、热力学特征的气团相遇所发展而成的特殊边界层，该特殊边界层使得大气中水物质为其特殊的边界层动力学和热力学机制形成的次生环流所锁定，且具备使得其中的水汽发生相变转化为云和降水的动力学和热力学条件，因而此特殊边界层中水汽的降水潜力更大。基于传统水资源定义中有效性及可控性两个基准，将此特殊边界中具备凝结产生降水能力的水物质定义为空中水资源，而此特殊边界则为空中水资源富集区。

当用数学方程来描述接触面时，空中水资源富集区被抽象为在大气环流中以波的形式传播的不连续面，即特征面，因此，可基于偏微分方程建立关于大气动力学方程的特征曲面描述方程，从而来定义空中水资源富集区。

2. 空中水资源富集区力学描述

1）考虑源项记忆效应的大气多相流方程

大气流动是典型的多相流，大气流动中的物质可以分为连续相（由空气和水汽构成）和离散相（包括液滴和冰晶等），大气流动作为一个多组分、多相的复杂系统，会显著地受到相间差异、相变以及与之对应的动力学、热力学过程的影响，在描述大气流动时，每一相的流动状态变量可以表示为 $U_k = (\rho_k, u_k, p_k, E_k)$，其中，$\rho_k$、$u_k$、$p_k$、$E_k$ 为各相流体的相密度、速度、压强、能量（包括动能和内能）；k 为各相，那么描述多相流流动的控制方程可写为（Drew and Passman，2006）

$$A_k \frac{\partial U_k}{\partial t} + \mathbb{B}_k \nabla_X U_k = F_k \tag{11-1}$$

式中，A_k 与 $\mathbb{B}_k = (B_{kx}, B_{ky}, B_{kz})$ 为系数；$\nabla_X = (\partial/\partial x, \partial/\partial y, \partial/\partial z)$ 为梯度算子；F_k 为源项，源项是状态变量 U_k 的函数，雅可比矩阵 $\partial F_k/\partial U_k$ 存在并且可逆。式（11-1）将大气环流中的耗散过程包括在源项之中，当考虑多相的地球物理流体时，源项所包含的物理过程会影响大尺度的环流，并且对流动造成长时间的记忆效应。例如，Coriolis 效应是罗斯贝波形成的关键性因素（Holton and Hakim，2012），水汽凝结等相变会在暴雨过程中释放大量的潜热从而影响整个系统的发展。

对式（11-1）求时间导数，可以得到

$$A_k \frac{\partial^2 U_k}{\partial t^2} + \mathbb{B}_k \nabla_X \frac{\partial U_k}{\partial t} = \frac{\partial F_k}{\partial t} - \frac{\partial A_k}{\partial t} \frac{\partial U_k}{\partial t} - \frac{\partial \mathbb{B}_k}{\partial t} \nabla_X U_k \tag{11-2}$$

对式（11-1）求空间导数，可以得到

$$A_k \nabla_X \frac{\partial U_k}{\partial t} + \mathcal{B}_k \nabla_X^2 U_k = \nabla_X F_k - \nabla_X A_k \frac{\partial U_k}{\partial t} - \nabla_X \mathcal{B}_k \nabla_X U_k \tag{11-3}$$

结合式（11-2）与式（11-3），将大气的多相流控制方程经过一系列的变换，可以得到如下表达式：

$$\frac{\partial U_k}{\partial t} + \mathcal{C}_k \nabla_X U_k = \mathcal{J}_k^{-1} \left(\frac{\partial^2}{\partial t^2} - \left(\mathcal{E}_k \nabla_X \right)^2 \right) U_k + \mathcal{N}_k \tag{11-4}$$

式中，$\mathcal{C}_k = -\mathcal{J}_k^{-1} \mathcal{E}_k \mathcal{J}_k$；$\mathcal{J}_k = A_k^{-1} \nabla_{U_k} F_k$；$\mathcal{E}_k = A_k^{-1} \mathcal{B}_k$；$\mathcal{N}_k$ 为非线性项，具体为

$$\mathcal{N} = \mathcal{J}_k^{-1} A_k^{-1} \left(\frac{\partial A_k}{\partial t} \frac{\partial U_k}{\partial t} + \frac{\partial \mathcal{B}_k}{\partial t} \nabla_X U_k \right) - \mathcal{J}_k^{-1} A_k^{-1} B_k A_k \left(\nabla_X A_k \frac{\partial U_k}{\partial t} + \nabla_X \mathcal{B}_k \nabla_X U_k \right) \tag{11-5}$$

多相流动的控制方程在经过数学变换之后，可以得到如式（11-4）所示的一组二阶偏微分方程，其中新加入了源项的导数，从而使得式（11-4）能够考虑由源项所引发的记忆效应。

2）空中水资源富集区特征曲面

偏微分方程系统的特征曲面是一个超曲面，该超曲面的特征是在其上状态变量的导数不存在（Hilbert and Courant，1989），这一特征与空中水资源富集区的力学抽象是一致的，即两个不同气团接触时所发展而成的流场梯度极大的不连续面，因此一旦识别出大气流动中的特征曲面，就能得到空中水资源富集区的数学描述。

若认为 $\varPhi = \varPhi(X,t)$ 为不同性质气团相遇形成的边界面，即令 $\partial/\partial t = (\partial \varPhi/\partial t) \cdot (\partial/\partial \varPhi)$ 和 $\nabla_X = \nabla_x \varPhi \nabla_\varPhi$，描述大气流动的控制方程可以写成如下形式：

$$\mathcal{C}\left[\varPhi\right] \nabla_\varPhi U_k = \mathcal{E}\left[\varPhi\right] \nabla_\varPhi^2 U_k + \mathcal{N}\left[\varPhi\right] \tag{11-6}$$

$$\mathcal{C}\left[\varPhi\right] = \frac{\partial \varPhi}{\partial t} + \mathcal{C}_k \nabla_X \varPhi \tag{11-7}$$

$$\mathcal{E}\left[\varPhi\right] = \mathcal{J}_k^{-1} \left[\left(\frac{\partial \varPhi}{\partial t} \right)^2 - \left(\mathcal{E}_k \nabla_X \varPhi \right)^2 \right] \tag{11-8}$$

式中，$\nabla_\varPhi U_k$ 为垂直于特征曲面 $\varPhi = \varPhi(X,t)$ 的导数。该方程说明了接触面上的流动主要由 $\mathcal{C}\left[\varPhi\right]$ 所代表的波动传播和 $\mathcal{E}\left[\varPhi\right]$ 所代表的扩散效应这两种不同的机制所控制。

如果将研究的关注点放在大气运动中的大尺度过程，大气流动的特征尺度远大于两个不同气团接触时产生边界层的特征尺度，那么耗散项可以忽略。在这种情况下，两个不同气团的接触面是一个法向导数不存在的特征曲面，根据特征理论可以得到（Hilbert and Courant，1989）：

$$F\left(\Phi_t, \nabla_X \Phi\right) = \left|\mathcal{C}\left[\Phi\right]\right| = \left|\frac{\partial \Phi}{\partial t} + \mathcal{C}_k \nabla_X \Phi\right| = 0 \tag{11-9}$$

式（11-9）是式（11-6）的特征函数，描述了特征曲面随时间和空间的演化规律。由式（11-9）可知 $F\left(\Phi_t, \nabla_X \Phi\right)$ 是一阶微分方程。利用一阶偏微分方程的特征方法，可得到：

$$\begin{cases} \dfrac{\mathrm{d}X}{\mathrm{d}t} = \dfrac{\partial F}{\partial n} \\[2mm] \dfrac{\mathrm{d}n}{\mathrm{d}t} = -\dfrac{\partial F}{\partial X} - n\dfrac{\partial F}{\partial \Phi} \\[2mm] \dfrac{\mathrm{d}\Phi}{\mathrm{d}t} = n \cdot \dfrac{\partial F}{\partial n} \end{cases} \tag{11-10}$$

式中，$n = \nabla_X \Phi$。式（11-9）和式（11-10）给出了空中水资源富集区随时间和空间演化的系统描述，基于偏微分方程的特征理论，可以将空中水资源富集区视为大气流动中的一种波，同时再次印证了空中水资源富集区是自然界中一种特殊的边界层流动。

3）空中水资源富集区控制方程

为了研究式（11-9）所描述的波动，将式（11-4）的右端高阶项做波前展开（Whitham，1974），即令

$$\frac{\partial}{\partial t} \approx -\mathcal{C}_k \nabla_X \tag{11-11}$$

并代入式（11-4）的右端项，在波前可以得到如下公式：

$$\frac{\partial U_k}{\partial t} + \mathcal{C}_k \nabla_X U_k = \mathbb{D}_k \nabla_X^2 U_k + \mathbb{N}_k \tag{11-12}$$

式（11-12）中右边的扩散算子可定义为

$$\mathbb{D}_k \nabla_X^2 = \mathbb{J}_k^{-1}\left[\left(\mathcal{C}_k \nabla_X\right)^2 - \left(\mathbb{E}_k \nabla_X\right)^2\right] \tag{11-13}$$

式（11-13）则为边界层流动特征曲面的控制方程，即空中水资源富集区的控制方程，这是一个典型的对流扩散方程，从式（11-12）和式（11-13）可以看出对流项被表达式 $\mathcal{C}_k = -\mathbb{J}_k^{-1}\mathbb{E}_k\mathbb{J}_k$ 所定义的相间交换显著影响，而相比于对流项，耗散则是高阶的波动（如声波）传播所导致的。

3. 空中水资源形成机理

1）大气流动的浅水模型

为更清晰直观地对式（11-9）和式（11-10）进行数学描述，建立了可以阐释空中水资源富集区机制的大气流动浅水模型。研究主要以大气流动中的水汽传输过程为着眼点，首先建立大气中水汽的质量守恒公式：

$$\frac{\partial \alpha h}{\partial t} + \nabla_H \cdot \alpha h u_a = 0 \tag{11-14}$$

式中，α 为空气水汽含量；h 为大气层高度；u_a 为大气的运动速度；∇_H 为水平方向微分算子。

大气流动浅水模型中，水汽动量守恒公式如下，其不考虑相变对动量交换的影响：

$$\frac{\partial \alpha h u_a}{\partial t} + \nabla_H \cdot \alpha h u_a u_a + g\nabla_H \frac{1}{2}\alpha h^2 + \alpha h f k \times u_a = 0 \tag{11-15}$$

式中，f 为科里奥利系数；g 为重力加速度。

2）空中水资源富集区浅水模型

根据式（11-13）～式（11-15）可以转化为矩阵形式，定义 $U = (h, u_\alpha, v_\alpha)^\mathrm{T}$，$F = (-\Omega, fv_\alpha, -fu_\alpha)^\mathrm{T}$，其中，$\Omega = \alpha^{-1}h\mathrm{d}\alpha/\mathrm{d}t$ 为相变率。则对流/扩散算子可得出

$$
\mathbb{C}_\alpha \nabla_H =
\begin{pmatrix}
-u_\alpha + \dfrac{g\Omega_v}{f} & \dfrac{g\Omega_u\Omega_v}{f\Omega_h} & \dfrac{-f^2h + g\Omega_v^2}{f\Omega_h} \\[2mm]
0 & -u_\alpha & 0 \\[2mm]
-\dfrac{g\Omega_h}{f} & -\dfrac{g\Omega_u}{f} & -u_\alpha - \dfrac{g\Omega_v}{f}
\end{pmatrix}
$$

$$
+ \frac{\partial}{\partial x}
\begin{pmatrix}
-v_\alpha - \dfrac{g\Omega_u}{f} & \dfrac{f^2h - g\Omega_u^2}{f\Omega_h} & -\dfrac{g\Omega_u\Omega_v}{f\Omega_h} \\[2mm]
\dfrac{g\Omega_h}{f} & -v_\alpha + \dfrac{g\Omega_u}{f} & \dfrac{g\Omega_v}{f} \\[2mm]
0 & 0 & -v_\alpha
\end{pmatrix}
\frac{\partial}{\partial y}
\tag{11-16}
$$

$$
\mathbb{D}_\alpha \nabla_X =
\begin{pmatrix}
\dfrac{g\left(2u_\alpha\Omega_h^2\Omega_u - M_1\right)}{f^2\Omega_h^2} & \dfrac{gh\Omega_h^2\Omega_u - 2u_\alpha\Omega_h G_1 + g\Omega_u\left(f^2h - \Omega_v H_1\right)}{f^2\Omega_h^2} & \dfrac{g\Omega_h\Omega_u L_1 + G_2 H_1}{f^2\Omega_h^2} \\[3mm]
-\dfrac{g\left(2u_\alpha\Omega_h + g\Omega_u\right)}{f^2} & -\dfrac{g\left(h\Omega_h + 2u_\alpha\Omega_u\right)}{f^2} & -\dfrac{gL_1}{f^2} \\[3mm]
\dfrac{g\left(-2fu_\alpha + g\Omega_v\right)}{f^2} & \dfrac{g\left(-fh\Omega_h + g\Omega_u\Omega_v\right)}{f^2\Omega_h} & \dfrac{-gG_2}{f^2\Omega_h}
\end{pmatrix}
\frac{\partial^2}{\partial x^2}
$$

$$
+
\begin{pmatrix}
\dfrac{g\left(2v_\alpha\Omega_h^2\Omega_v - M_1\right)}{f^2\Omega_h^2} & \dfrac{g\Omega_h\Omega_v L_2 + G_1 H_2}{f^2\Omega_h^2} & \dfrac{gh\Omega_h^2\Omega_v - 2v_\alpha\Omega_h G_2 + g\Omega_v\left(f^2h - \Omega_u H_2\right)}{f^2\Omega_h^2} \\[3mm]
\dfrac{g\left(2fv_\alpha + g\Omega_u\right)}{f^2} & \dfrac{-gG_1}{f^2\Omega_h} & \dfrac{g\left(fh\Omega_h + g\Omega_u\Omega_v\right)}{f^2\Omega_h} \\[3mm]
-\dfrac{g\left(2v_\alpha\Omega_h + g\Omega_v\right)}{f^2} & -\dfrac{gL_2}{f^2} & -\dfrac{g\left(h\Omega_h + 2v_\alpha\Omega_v\right)}{f^2}
\end{pmatrix}
\frac{\partial^2}{\partial y^2}
\tag{11-17}
$$

式中各变量的表达式为

$$M_1 = fg\Omega_u\Omega_v - g\Omega_h\left(\Omega_u^2 - \Omega_v^2\right)$$

$$G_1 = f^2 h - g\Omega_u^2, \quad G_2 = f^2 h - g\Omega_v^2$$

$$H_1 = 2fu_\alpha + g\Omega_v, \quad H_2 = -2fv_\alpha + g\Omega_u \tag{11-18}$$

$$L_1 = fh + 2u_\alpha\Omega_v, \quad L_2 = -fh + 2v_\alpha\Omega_u$$

$$\Omega_h = \frac{\partial \Omega}{\partial h}, \quad \Omega_u = \partial \Omega / \partial u_\alpha, \quad \Omega_v = \partial \Omega / \partial v_\alpha$$

3）空中水资源富集机理

在计算扩散算子的过程中，为了简化运算，忽略在 x 和 y 方向的交叉导数项。相应地，浅水模式下的空中水资源富集区特征系统公式为

$$F\left(\Phi_t, \nabla_X\Phi\right) = \left|\frac{\partial \Phi}{\partial t} + \mathbb{C}_\alpha\nabla_h\Phi\right|$$

$$= \left(\frac{\partial \Phi}{\partial t} + u_\alpha\frac{\partial \Phi}{\partial x} + v_\alpha\frac{\partial \Phi}{\partial y}\right)\left[\left(\frac{\partial \Phi}{\partial t} + u_\alpha\frac{\partial \Phi}{\partial x} + v_\alpha\frac{\partial \Phi}{\partial y}\right)^2 - gh\left[\left(\frac{\partial \Phi}{\partial x}\right)^2 + \left(\frac{\partial \Phi}{\partial y}\right)^2\right]\right] \tag{11-19}$$

上式表明，在应用大气流动的浅水模式推导空中水资源富集区特征系统时，特征曲面会退化为特征线。进一步来讲，基于偏微分方程的特征理论，扰动效应将会以蒙日锥形式传播，其速度为 $\sqrt{gh}$ （Hilbert and Courant，1989），表明当采用大气流动浅水模型描述时，空中水资源富集区是一种特殊形式的重力波。

由于特征曲面上的边界层流动的特殊动力学机制，特征曲面（如空中水资源富集区）将随扩散算子 $\mathbb{D}_\alpha\nabla_h^2\left(=\mathbb{J}_\alpha^{-1}\left[\left(\mathbb{C}_\alpha\nabla_h\right)^2 - \left(\mathbb{E}_\alpha\nabla_h\right)^2\right]\right)$ 的变化而表现出沿程耗散或增强的效应。当 $\mathbb{D}_\alpha\nabla_h^2$ 为正定时，空中水资源富集区的传播会表现出沿程扩散；当 $\mathbb{D}_\alpha\nabla_h^2$ 为负定时，特征曲面上的波动会增强，空中水资源富集区的传播会沿程增强。因此，$\mathbb{D}_\alpha\nabla_h^2$ 可以作为大气流动中扰动是否通过重力波形式发展为空中水资源富集区的评判指标。

理想情况下，假设忽略所有的非线性项，流动为稳态发展的，即 $u_\alpha = 0$，边界层流动的控制方程可简化为

$$\frac{\partial \tilde{h}}{\partial t} + \mathbb{C}_\alpha\nabla_H\tilde{h} = \mathbb{D}_\alpha\nabla_H^2\tilde{h} \tag{11-20}$$

式中，$\tilde{h}$ 为关于大气层高度的扰动项。

$$\mathbb{C}_\alpha\nabla_H = \frac{g\Omega_v}{f}\frac{\partial}{\partial x} - \frac{g\Omega_u}{f}\frac{\partial}{\partial y} \tag{11-21}$$

$$\mathbb{D}_\alpha \nabla_H^2 = -\frac{g^2 \left[f\varOmega_u \varOmega_v - \varOmega_h \left(\varOmega_u^2 - \varOmega_v^2 \right) \right]}{f^2 \varOmega_h^2} \left(\frac{\partial^2}{\partial x^2} - \frac{\partial^2}{\partial y^2} \right) \tag{11-22}$$

式（11-20）表明对于水汽富集区而言，其厚度的扰动发展受到相变和科氏力的共同作用。由式（11-22）可知，在静态情况下，大气层高度的扰动在一个方向上耗散时，必然会在垂直方向上反耗散，即点扰动会发展为条带扰动。该结论是空中水资源富集区发展的主要原因，即正向耗散从一个方向扩散质量的同时，其垂直方向质量反耗散增强，从而形成条带结构。

4. 空中水资源富集区识别

1）空中水资源富集区识别方法

空中水资源富集机理表明，点扰动在不同方向的耗散与反耗散将会发展为条带扰动，最终形成空中水资源富集的特殊边界层，因此可通过定位大气运动中的条带扰动实现空中水资源富集区的识别，从而简化对于空中水资源富集区特征曲面和控制方程的求解过程。具体而言，通过捕捉空中水资源富集区发展的特殊边界层上的水汽辐合抬升，可以定位出条带扰动的具体位置，形成如下所述的空中水资源富集区识别方法。

单位面积上整层大气柱中水汽质量守恒方程可表示为

$$\frac{\partial W}{\partial t} + \nabla_H \cdot \vec{J} = -P + E \tag{11-23}$$

式中，W 为整层大气的总水汽量（以下简称总水汽量）；$\vec{J}$ 为整层大气的水汽通量（以下简称总水汽通量）；P 为降水强度；E 为蒸发强度。根据 Helmholz 分解定理，水汽通量 $\vec{J}$ 可以分解为一个有旋无散场（$\nabla_H \varPsi$）和一个有散无旋场（$\nabla_H \varPhi$）：

$$\vec{J} = -\nabla_H \varPhi + \vec{k} \times \nabla_H \varPsi \tag{11-24}$$

式中，$\varPhi$、$\varPsi$ 分别为水汽通量的势函数、流函数；$-\nabla_H = \frac{\partial}{\partial x}\vec{i} + \frac{\partial}{\partial y}\vec{j}$ 为水平梯度算子，$\vec{i}$、$\vec{j}$、$\vec{k}$ 为水平面（x 和 y 方向）、垂直于地面方向上的单位向量，用 ∇_H 对上式进行梯度运算，可得

$$\nabla_H^2 \varPhi = -\nabla_H \vec{J} \tag{11-25}$$

将上式代入式（11-23），可得

$$\frac{\partial W}{\partial t} - \nabla_H^2 \varPhi = -P + E \tag{11-26}$$

从长时间序列来看，$\partial W / \partial t$ 相对于式（11-26）中的其他项较小，即水汽场的时变项对整层水汽量变化的贡献小于水汽平流、降水和蒸发。因此，可以认为式（11-25）和

式（11-26）显示了 Φ、$\vec{J}$ 与 $(-P+E)$ 之间的密切关系：当 $\nabla_H\vec{J}<0$ 时，整层水汽辐合，水汽势函数 Φ 处于低值区，同时降水大于蒸发；反之，当 $\nabla_H\vec{J}>0$ 时，整层水汽辐散，水汽势函数 Φ 处于高值区，同时降水小于蒸发。如果将水汽通量的势函数 Φ 看作反映空中驱动水汽流动的高低不平的"高程"，则势能高处水汽降水转化潜力高，与上述空中水资源富集区的特性对应。基于此，将 $\nabla_H\vec{J}<0$ 作为空中水资源富集区出现的信号 S，以识别富集区。

$$S=\begin{cases}1, & \nabla_H\vec{J}<0 \\ 0, & \nabla_H\vec{J}>0\end{cases} \tag{11-27}$$

此外，富集区的高度也将影响其能够被用于空中水资源利用的难易程度。对于单位面积上方单层（高度层 Z_1–Z_2）气块上的水汽，其质量守恒方程可表示为

$$\frac{\partial\alpha h_{z_1-z_2}}{\partial t}+\nabla_H\cdot\overrightarrow{J_{z_1-z_2}}=Q_{z_1-z_2} \tag{11-28}$$

式中，α 为水物质的质量百分数；$h_{z_1-z_2}$、$J_{z_1-z_2}$、$Q_{z_1-z_2}$ 为单层气柱（Z_1–Z_2）的气柱高度、水汽通量、水汽收支，水汽通量 J_z 又可以分解为

$$\overrightarrow{J_{z_1-z_2}}=-\nabla_H\phi_{z_1-z_2}+\vec{K}\times\nabla_H\varphi_{z_1-z_2} \tag{11-29}$$

式中，$\phi_{z_1-z_2}$ 和 $\varphi_{z_1-z_2}$ 分别为势函数和流函数，则有

$$\nabla_H^2\phi_{z_1-z_2}=-\nabla_H\overrightarrow{J_{z_1-z_2}} \tag{11-30}$$

当 $\nabla_H\overrightarrow{J_{z_1-z_2}}<0$ 时，单层水汽处于辐合状态，水汽通量的势函数 $\phi_{z_1-z_2}$ 具有极小值；反之，当 $\nabla_H\overrightarrow{J_{z_1-z_2}}>0$ 时，水汽处于辐散状态，水汽通量的势函数 $\phi_{z_1-z_2}$ 具有极大值。同理，将水汽通量的势函数 $\phi_{z_1-z_2}$ 看作反映大气中每一高度层上驱动流动的高低不平的"高程"的话，则可以以之为基础提取空中水资源富集区出现信号，即水汽辐合区，并计算空中水资源富集区出现频率及其高度：

$$E_{z_1-z_2}=\begin{cases}1, & \nabla_H\overrightarrow{J_{z_1-z_2}}<0 \\ 0, & \nabla_H\overrightarrow{J_{z_1-z_2}}>0\end{cases} \tag{11-31}$$

$$F_{z_1-z_2}=\frac{\int_{t_1}^{t_2}E_{z_1-z_2}\mathrm{d}t}{t_2-t_1} \tag{11-32}$$

$$H=-\frac{1}{g}\int_{p_z}^{p_0}pE_{z_1-z_2}\mathrm{d}p \tag{11-33}$$

式中，$E_{z_1-z_2}$ 为单层气柱 z_1-z_2 上空中水资源富集区出现信号；$F_{z_1-z_2}$ 为 t_2-t_1 时间段内单层气柱 z_1-z_2 上空中水资源富集区频率，当 z_1 和 z_2 分别为大气层顶和地表时，得到整层空中水资源富集区信号 E 及其频率 F；H 为单位面积上空中水资源富集区平均分布高度，高度越接近地面，辐合凝结形成的降水到达地面的路径越短，蒸发量越小，则越有利于形成降水。

2）空中水资源富集区识别案例分析

2016 年 6 月 30 日，我国青藏高原东南缘、长江中下游至华东地区 10 省区市遭遇了一次强降水过程。现以空中水资源富集区识别的角度对其形成过程进行分析。

图 11-1 显示了 2016 年 6 月 30 日整层大气东亚和南亚地区水汽输送场，水汽在孟加拉湾强输送带以及长江中下游强输送带持续进行输运。

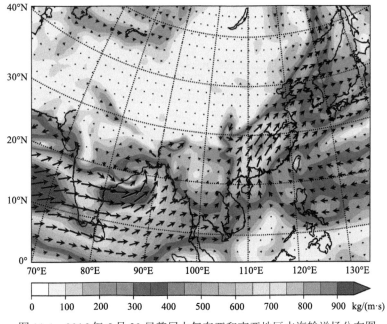

图 11-1　2016 年 6 月 30 日整层大气东亚和南亚地区水汽输送场分布图

图 11-2 显示了 2016 年 6 月 30 日整层大气东亚和南亚地区空中水汽量分布。受水汽传输的影响，孟加拉湾地区与长江中下游地区可降水量呈现高值。青藏高原东南缘并未显示出水汽富集的趋势。

对该日水汽输运做 Helmholz 分解可得到水汽势函数（Rosen et al.，1979）。然后将该辐合过程与地表的水流动过程类比，则水汽通量的势函数类似地表的"高程"，水汽沿着高水汽势地区向低水汽势地区汇聚，水汽辐合区即为空中水资源富集区。应用水文学中的水文分析方法，以水汽通量的势函数作为"DEM"，基于"DEM"利用最陡坡降法计算"流向"，基于"流向"提取出空中水资源富集区。图 11-3 显示了 2016 年 6 月 30 日整层大气东亚和南亚地区水汽输送驱动势函数分布。青藏高原东南缘和长江中下游地区水汽势明显低于周围区域，使得水汽向这两个区域富集。

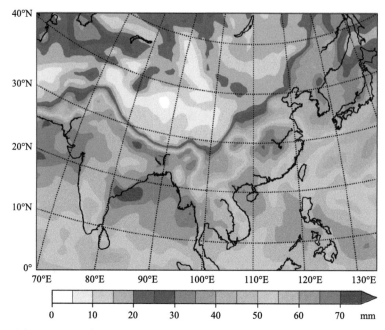

图 11-2   2016 年 6 月 30 日整层大气东亚和南亚地区空中水汽量分布图

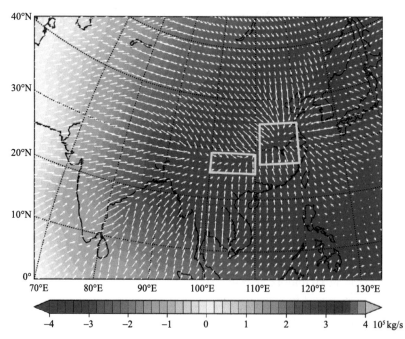

图 11-3   2016 年 6 月 30 日整层大气东亚和南亚地区水汽输送驱动势函数分布图

矩形框为水汽势函数低值区位置

图 11-4 显示了 2016 年 6 月 30 日整层大气东亚和南亚地区降水带与空中水资源富集

区分布，我国青藏高原东南缘、长江中下游至华东地区降水量呈显著高值，降水带与空中水资源富集区高度重合。

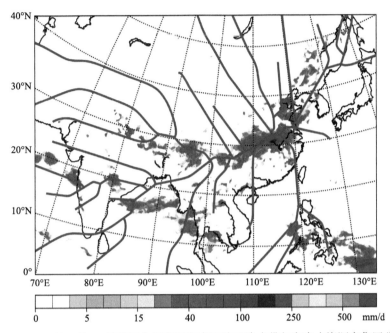

图 11-4　2016 年 6 月 30 日整层大气东亚和南亚地区降水带与空中水资源富集区分布图

图 11-5 和图 11-6 显示了 2016 年 6 月 30 日整层大气全球降水富集区分布、水汽驱动函数分布与水汽富集区识别。全球空中水资源富集区与降水富集区高度重合。从全球水汽势来看，青藏高原东南缘与长江中下游地区为全球水汽势的最低处，全球水汽受水汽势的推动汇向这两个地区，使其成为水汽汇聚中心，导致了 2016 年 6 月 30 日的极端降水。

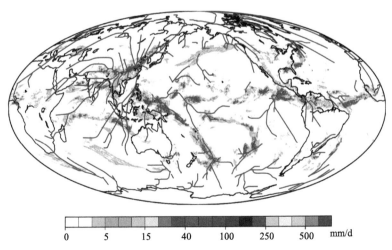

图 11-5　2016 年 6 月 30 日整层大气全球降水富集区分布与水汽富集区识别

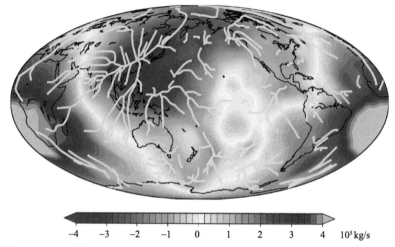

图11-6 2016年6月30日整层大气全球水汽驱动函数分布与水汽富集区识别

综上，传统的水汽输送及水汽含量分析无法直观揭示特定地区的降水机理，而基于空中水资源富集区识别方法，能够直观显示出水汽汇聚中心和汇聚方向，从而明确降水带的水汽辐合特征和动力结构，为分析空中水资源的形成及降水提供更简洁的分析工具。为进一步验证空中水资源富集区与降水间的关系，计算得到1979～2016年全球空中水资源富集区数据集（空间分辨率：0.75°×0.75°），据此统计出各个网格单元各年的空中水资源富集区发生频率，并同全球降水空间分布进行对比，结果显示：①由各季节对比可知，春季空中水资源富集区频率全球分布与降水分布空间相关系数为0.42，夏季为0.47，秋季为0.51，冬季为0.49；②由全年结果对比可知，空中水资源富集区频率全球分布与降水分布空间相关系数为0.47。计算结果验证了空中水资源富集区与高值降水带的符合特征，进一步确定了空中水资源富集区与降水的紧密联系，确保了基于富集区的空中水资源定义的合理性。

5. 空中流域基本概念及识别

空中水资源富集区的空间分布表明，富集区具有有限的空间尺度以及特定的连接模式，由此表明空中水循环也具有潜在的特定空间分布格局，目前已有报道尚缺少对这种格局的明确界定。这种格局的重要性在于，空中水循环能够为不同地区的蒸发和降水建立起"桥梁"，成为地表流域之间的纽带（Sorí et al.，2018；Wang-Erlandsson et al.，2018；Weng et al.，2018），即将不同的区域陆地水循环关联起来，从陆地-大气的角度真正将水循环闭合。因此，深入理解空中水资源富集区的空间特征、明确"纽带"关系的空间边界，将从空-地耦合的角度进一步提升人们对全球水循环的认识。

为此，从全球视角下的水汽迁移与转化关系出发，从复杂网络角度将栅格视作网络节点，将空中水资源迁移与转化关系（即具有降水转化能力的空中水汽的源-汇关系）视作网络的边，据此构建全球水汽网络。基于复杂网络研究中常用的社区发现技术提取全球水汽网络中的特征水汽转移结构，计算各结构的水汽自循环强度，将水汽自循环率较高的水汽转移结构定义为空中流域，据此确定空中水资源迁移、转化的基本空间格局（Zhang et al.，2020）。本节主要对空中流域的基本内涵和提取方法进行介绍，并对全球的空中流域，对空中流域内部的水汽自循环和流域间的水汽交换进行定量分析，明确空中流域框架下的全球空中水循环结构和空间边界。

1）空中流域提取方法

全球范围内栅格尺度的具有降水转化能力的空中水汽的源-汇关系是全球水汽网络建立的基础。为平衡计算效率和计算精度，选取 WAM-2layers 模型（water accounting model，2-layers version；van der Ent et al.，2014）进行日降水的水汽源追踪。为了平衡计算精度和计算成本，选择在 1.5°×1.5°的全球网格上运行模型，但在 3°×3°的全球网格上处理水汽源-汇关系（经度范围：180°W～180°E；纬度范围：70°S～70°N），最终得到全球 3°×3°栅格之间的水汽源-汇关系。这些特定栅格的水汽源-汇关系是特定时间尺度下与该栅格降水相关的所有水汽输送情景的累积结果。由此可假设，具有较大时间尺度（如季节尺度）的水汽源-汇关系是静态的，只包含空间信息。由此即可构建一个静态有向加权复杂网络，该网络的节点由 3°×3°栅格表示，该网络的边由特定时间尺度的水汽源-汇关系表示。对于一个全球水汽网络，可构造邻接矩阵 $W=\{w_{ij}\}$（$i, j=1, 2, \cdots, n$；n 为栅格总数），其中，w_{ij} 代表从节点 i 到节点 j 的边的权重，即在节点 i 蒸发进入大气并在节点 j 转化为降水的水汽量。全球水汽网络的邻接矩阵可以描述水汽在不同节点之间的转移过程，采用能够刻画这种转移过程的社区发现（community detection）算法能够提取得到水汽网络中的流动型社区（flow-based community）。有向网络中的流动型社区是指一组具有一定连接模式的节点，迫使已经进入该社区的随机游走者更可能停留在社区内部，而不是跳出社区。换言之，流动型社区有利于社区内的运动，而抑制社区间的运动。就水汽网络而言，在某一流动型社区中，被标记了某一节点蒸发量的水汽团将主要在社区内移动和释放水汽，即携带的大部分水汽将在社区内循环。在 Map 方程（Rosvall and Bergstrom，2008）框架下，研究者开发了一种基于随机游走的社区发现算法 InfoMap（Bohlin et al.，2014），用于识别有向网络中的流动型社区。InfoMap 将寻找一个有向加权网络的最佳社区分区转化为寻找使得用于描述该网络上随机游走编码长度最小的社区划分方案。

在提取得到全球水汽网络的流动型社区后，需定义用于研究各社区的水汽自循环和社区间水汽交换特征的指标。对于社区尺度而言，可量化社区间水汽交换量及其与社区降水/蒸发总量的比例。具体来说，社区 I 处蒸发并转化为社区 J 的降水的水汽量 M_{IJ} 为

$$M_{IJ} = \sum_{m,n} w_{mn} \delta(C_m, I) \delta(C_n, J) \tag{11-34}$$

式中，w_{mn} 为节点 m 为 n 提供的水汽量；C_m 和 C_n 为节点 m 和 n 所属的社区，可以用两个克罗内克函数的乘积来选出从 I 中节点开始、到达 J 中节点的所有边，对 I 而言 M_{IJ} 可以看作是 I 的水汽输出，也可以看作是 J 的水汽输入，则 M_{IJ} 与 J 的降水总量的比值可写为

$$R_{IJ}^{P} = \frac{M_{IJ}}{\sum\limits_{m,n} w_{mn}\delta(C_{n},J)} \tag{11-35}$$

式中，R_{IJ}^{P} 为 J 内降水中来自 I 的比例；$\sum\limits_{m,n} w_{mn}\delta(C_{n},J)$ 为 J 的降水总量。同样地，可计算出 M_{IJ} 与 I 的蒸发总量的比值 R_{IJ}^{E}。当 $I=J$ 时，M_{II} 代表 I 的水汽自循环量，且 R_{II}^{P}（R_{II}^{E}）代表 I 的社区尺度的降水（蒸发）自循环率，当 R_{II}^{P}（R_{II}^{E}）超过 50% 时意味着当前处于 I 中的正向（反向）水汽团的下一步转移的优先选择是留在 I 中。由此，可将空中流域定义为全球水汽网络中社区尺度降水自循环率或蒸发自循环率超过 50% 的社区。

2）全球空中流域的基本空间分布

通过研究气候态情景下季节尺度全球空中流域基本特征，可以揭示全球空中水循环的基本格局。采用 1980～2017 年作为气候态情景的时间段，按季节对所有季节尺度 3°×3° 全球水汽网络的邻接矩阵进行多年平均，得到气候态情景下的冬季、春季、夏季和秋季全球水汽网络。通过分析结果发现，春季和秋季可被分别视作社区分布由冬季向夏季和由夏季向冬季转换的过渡季节，而冬季和夏季的社区划分结果具有显著差异，根据社区占据的地理位置对冬季和夏季的部分社区进行命名，如图 11-7 所示。

3）全球空中流域水汽自循环和交换结构

计算气候态情景下冬季和夏季各社区的社区尺度的水汽自循环量、水汽自循环率及社区间的水汽交换量，并将各社区的空间位置进行概化，将各社区的水汽自循环和水汽交换结构绘制成网络结构图，结果如图 11-8 所示。

结果表明，一般而言，海洋性社区（如北大西洋社区、南大西洋社区等）的水汽自循环量基本均超过 $3.0\times10^{12}\,\mathrm{m}^{3}$，水汽自循环量高于大陆性社区（如印度-青藏高原社区、亚欧大陆社区等）。更进一步，占据印度洋和热带太平洋的社区具有极强的水汽自循环，如夏季北印度洋社区、冬季热带太平洋中东部社区的水汽自循环量超过 $7.0\times10^{12}\,\mathrm{m}^{3}$。对多数社区而言，水汽自循环在社区的降水和蒸发中占主导地位（如图 11-8 图注所述，占主导地位是指该社区的水汽自循环量大于任何一个该社区的水汽输入量和水汽输出量），但对以下社区的蒸发或降水而言为例外：夏季时，占据非洲北端的社区的降水和蒸发，占据中美洲地区的社区的降水；冬季时，占据非洲北端社区的降水，南印度洋社区的蒸发，占据北美洲东北端的社区的蒸发，占据南美洲亚热带西部地区的社区的降水。

除水汽自循环特征外，多数社区之间具有不可忽视的水汽交换（大于 $0.1\times10^{12}\,\mathrm{m}^{3}$）。一般而言，社区内的水汽产生（蒸发）和水汽消耗（降水）并不平衡，这种不平衡将使社区内出现水汽盈余（不足），引起不同社区间的水汽交换，以平衡社区的水汽状况。夏季时，位于亚洲夏季风和热带太平洋地区的社区（印度-青藏高原社区、北印度洋社区、西北太平洋社区、热带太平洋南部社区和热带太平洋中东部社区）之间存在强烈的水汽交换：北印度洋社区能够分别为印度-青藏高原社区和西北太平洋社区提供 $2.0\times10^{12}\,\mathrm{m}^{3}$ 和 $2.1\times10^{12}\,\mathrm{m}^{3}$ 的水汽，热带太平洋中东部社区和热带太平洋南部社区能够分别为西北太

平洋社区提供 $2.1 \times 10^{12} \mathrm{m}^3$ 和 $1.6 \times 10^{12} \mathrm{m}^3$ 的水汽。显然,西北太平洋社区是一个显著的降水"收集中枢",其从北印度洋社区、热带太平洋中东部社区和热带太平洋南部社区能够接收 $5.8 \times 10^{12} \mathrm{m}^3$ 水汽,占到其总降水量的 49%。冬季时,太平洋地区的社区之间也具有较为显著的水汽交换:热带太平洋中东部社区能够分别为热带太平洋西部社区和南太平洋中部社区提供 $1.2 \times 10^{12} \mathrm{m}^3$ 和 $1.6 \times 10^{12} \mathrm{m}^3$ 水汽,而东南太平洋社区能够为南太平洋中部社区提供 $1.8 \times 10^{12} \mathrm{m}^3$ 水汽。

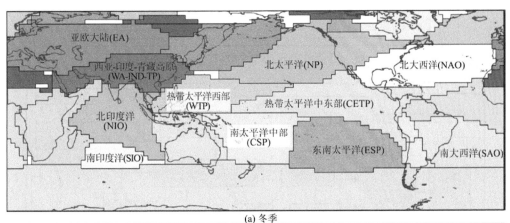

(a) 冬季

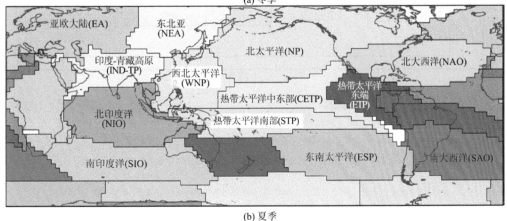

(b) 夏季

图 11-7　气候态情景下冬季和夏季社区命名

命名主要参考各个社区的地理位置。冬季:亚欧大陆(EA)社区;西亚-印度-青藏高原(WA-IND-TP)社区;北印度洋(NIO)社区;南印度洋(SIO)社区;热带太平洋西部(WTP)社区;热带太平洋中东部(CETP)社区;南太平洋中部(CSP)社区;东南太平洋(ESP)社区;北太平洋(NP)社区;北大西洋(NAO)社区;南大西洋(SAO)社区。夏季,仅给出命名不同的社区名字:印度-青藏高原(IND-TP)社区;西北太平洋(WNP)社区;东北亚(NEA)社区;热带太平洋南部(STP)社区;热带太平洋东端(ETP)社区。须注意的是,冬季和夏季名字相同的社区仅表明二者的地理位置相近,并不意味着二者是同一个社区。后文中将视情况使用被命名社区的中文名称或英文缩写

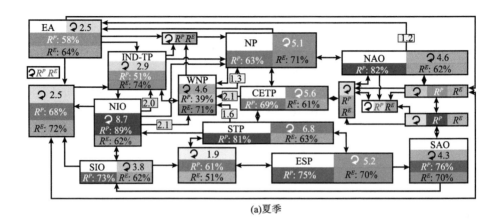

(a)夏季

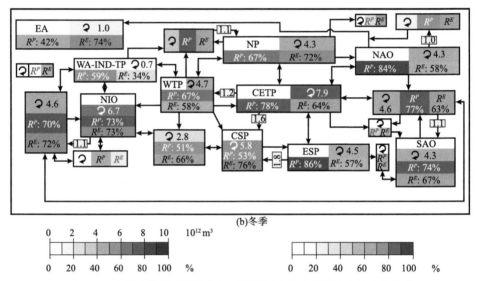

(b)冬季

图 11-8　气候态情景下夏季和冬季各社区水汽自循环和水汽交换结构

社区用矩形框表示，其地理位置与图 11-7 中的社区的实际位置基本一致。每个矩形框由 3 个或 4 个要素组成：社区名称（夏季和冬季结果中 9 个和 6 个被命名的社区）、社区内的水汽自循环总量（用圆形顺时针箭头和其相邻的数字表示，同时用白蓝配色方案显示其大小；单位：$10^{12}\,\mathrm{m}^3$/季）、降水自循环率（用 R^P 和相邻数字表示，同时用白蓝配色方案显示其大小；单位：%）、蒸发自循环率（用 R^E 和相邻数字表示，同时用白橙配色方案显示其大小；单位：%）。大于 $0.1\times10^{12}\,\mathrm{m}^3$/季的水汽交换用箭头表示，并标注出大于 $1.0\times10^{12}\,\mathrm{m}^3$/季的水汽交换，用白蓝配色方案显示其大小；单位：$10^{12}\,\mathrm{m}^3$/季。如果一个社区的水汽自循环量小于其任意的水汽输入或输出量，则相应的 R^P 或 R^E 用红色粗体字标出

　　根据对空中流域的定义及图 11-8 所示结果，除夏季时占据非洲最北端的社区外，夏季和冬季社区的降水或蒸发循环率均超过 50%，满足空中流域的定义。对于被命名的空中流域而言，海洋性空中流域（如两个季节的北大西洋空中流域、南大西洋空中流域、东南太平洋空中流域、热带太平洋中东部空中流域和北太平洋空中流域，夏季时的北印度洋空中流域、南印度洋空中流域和西北太平洋空中流域，以及冬季时的热带太平洋西部空中流域和南太平洋中部空中流域等）的蒸发和降水总量都大于陆地性空中流域（两个季节时的亚欧大陆空中流域以及夏季时的印度–青藏高原空中流域和东北亚空中流

域），基本超过 $5 \times 10^{12} \, m^3$。在这些海洋性空中流域中，夏季时北印度洋空中流域能够产生 $14.0 \times 10^{12} \, m^3$ 的水汽，消耗 $9.8 \times 10^{12} \, m^3$，水汽的显著盈余使得北印度洋空中流域成为夏季最大的水汽供给空中流域，能够为周边空中流域和社区提供 $5.3 \times 10^{12} \, m^3$ 的水汽。相反地，夏季时西北太平洋空中流域消耗了 $11.8 \times 10^{12} \, m^3$ 的水汽，但只能产生 $6.5 \times 10^{12} \, m^3$，须从邻近流域获得 $7.2 \times 10^{12} \, m^3$ 的水汽以支持其降水，是最大的水汽接收流域，与其降水"收集中枢"的角色相符。冬季和夏季的热带太平洋中东部空中流域的水汽生成和消耗量也十分可观，也是重要的水汽供给空中流域之一，在夏季和冬季能分别为其相邻空中流域提供 $3.5 \times 10^{12} \, m^3$ 和 $4.4 \times 10^{12} \, m^3$ 水汽。三个稳定的反气旋空中流域（两个季节的北大西洋空中流域、南大西洋空中流域和东南太平洋空中流域）的水汽生成和消耗也较为显著。对陆地性空中流域而言，其内部的水汽生成和消耗量相对较低，但值得注意的是，夏季时印度-青藏高原空中流域可从北印度洋空中流域获得 $2.0 \times 10^{12} \, m^3$ 水汽，能够占到流域总降水量的 35%。从北印度洋空中流域到印度-青藏高原空中流域的强烈水汽交换表明，在南亚和中国西南部降水主要受空中流域水汽自循环控制的前提下，作为南亚夏季风区的重要组成部分的印度洋地区也能够深刻影响这些地区的降水过程。

11.1.2　西南河流源区空中水资源利用潜力评估

基于空中水资源形成、迁移和转化规律及空中水资源富集区识别方法提出了空中水资源利用潜力评估方法，其目的在于提出有效水汽及其降水效率和降水潜力的关键概念和计算方法，对区域可利用空中水资源量、降水潜力及有效降水转化效率进行评估分析。

1. 空中水资源利用潜力评估

空中水资源利用潜力评估方法的基本思路是，首先基于空中水资源基本概念，将大气中由特殊的边界层形成的次生环流锁定且具备发生相变转化为云和降水潜力的水物质定义为有效水汽，然后基于水汽辐合区开发有效水汽识别算法，并对区域可利用空中水资源（即有效水汽）的总量和空中水资源降水潜力进行评估，具体技术方案如下。

1）评估区域空中水资源（即有效水汽）的总量并分析其空间分布规律

（1）评估区域总空中水物质量，即整层大气总水汽量（以下简称总水汽量）是评估区域总空中水物质量的核心指标，其计算公式为

$$\text{IWV} = -\frac{1}{\rho g} \int_{p_s}^{p_0} q \, \mathrm{d}p \tag{11-36}$$

式中，IWV（the vertically integrated water vapor）为单位面积上整层大气的总水汽量转换为等效液态水柱的高度（mm），由于总水汽量是一个瞬时状态量，可取每日总水汽量均值来表示；p、p_0、p_s 分别为等压面气压、气柱顶气压、地表气压（hPa），由于 100 hPa 以上的水汽含量很少，因此取 $p_0 = 100$ hPa；q 为比湿（kg/kg）；g 为重力加速度（m/s²）；

ρ 为液态水的密度（kg/m³）。

（2）识别有效水汽，评估区域可利用空中水资源量。评估区域可利用空中水资源量的核心指标为有效水汽量。总水汽量中具备转化形成降水条件的部分为有效水汽（valid IWV，简称 IWV$_v$），其余部分为无效水汽（invalid IWV，简称 IWV$_i$）。由于水汽辐合是大规模水汽凝结形成降水的必要条件，将整层大气的水汽通量散度视为水汽辐合区出现的信号 S，并通过将有效水汽定义为信号 $S=1$ 处的水汽垂直积分对其进行识别：

$$S = \begin{cases} 1, \nabla_H \vec{J} < 0 \\ 0, \nabla_H \vec{J} > 0 \end{cases} \quad （11\text{-}37）$$

$$\text{IWV}_v = -\frac{1}{\rho g} \int_{p_s}^{p_0} q \cdot S \mathrm{d}p \quad （11\text{-}38）$$

式中，IWV$_v$ 为单位面积上整层大气的有效水汽转换为等效液态水柱的高度（mm），也是一个状态量，取日均值来表示。

2）评估区域空中水资源降水潜力与有效降水转化效率

计算有效水汽与总水汽量的比值以评估空中水资源的降水潜力（precipitation potential，PP）；计算降水量（P）与有效水汽（IWV$_v$）之间的比值明确评估区域有效降水转化效率（E_v）：

$$\text{PP} = \frac{\text{IWV}_v}{\text{IWV}} \quad （11\text{-}39）$$

$$E_v = \frac{P}{\text{IWV}_v} \quad （11\text{-}40）$$

3）空中水资源可利用量计算

在空中水资源富集区进行适宜作业区评分以判定开展空中水资源利用作业的难易程度和效果。计算未来空中水资源富集区实施作业可供水量时，根据空中水资源富集区作业适宜区评分，将其归一化到 0～1 为 S_P 值，计算该区域有效水汽量和有效降水转化率，考虑人工增雨措施的可增加降雨效率为 ΔCE，即可得到空中水资源富集区实施增雨作业的理论可增加降雨量 ΔP：

$$\Delta P = \text{IWV}_v \cdot E_v \cdot S_P \cdot \Delta \text{CE} \quad （11\text{-}41）$$

增雨作业试验的实际情况表明增雨百分比大约为 9%，即 ΔCE 取为 9%。理论可增加降水量形成的地表径流称为可增加径流量，假设新增降水量不改变区域的产汇流条件，则可根据产流系数得到径流可增量，即最终可利用的空中水资源量。

空中水资源评估方法流程如图 11-9 所示。

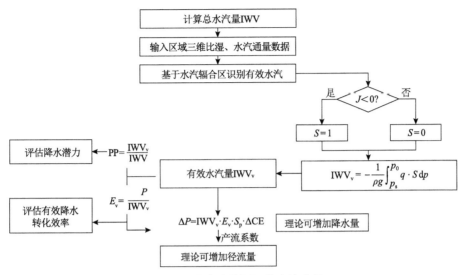

图 11-9　空中水资源评估方法流程

2. 历史条件下青藏高原空中水资源量化及潜力评估

1）青藏高原空中水资源量分布演化规律及与降水的关系

图 11-10 为青藏高原 1979~2017 年多年平均空中水资源季节累计值空间分布图，图 11-11 为青藏高原多年平均降水量季节累计值空间分布图，区域总量见表 11-1。多年平均而言，青藏高原空中水资源年累计值为 $4.17×10^{12}$ m³，占总水汽量的 88.03%，其中 23.05% 转化为降水，年降水量为 $0.96×10^{12}$ m³。整体来看，空中水资源与降水均具有由东南向西北逐渐递减的空间分布规律，并呈现出夏季充沛，冬季匮乏，春秋居中的季节变化特点。

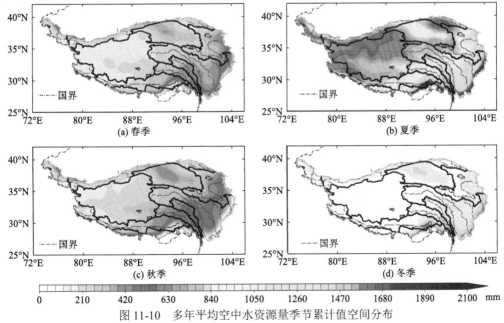

图 11-10　多年平均空中水资源量季节累计值空间分布

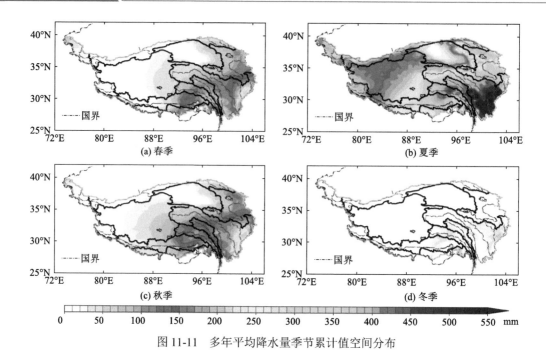

图 11-11 多年平均降水量季节累计值空间分布

表 11-1 青藏高原总水汽量、空中水资源量和降水量统计表（*标记数值未通过 95% 显著性检验）

季节	多年平均/10^8 m^3			与降水的空间相关系数	
	总水汽量	空中水资源量	降水量	总水汽量	空中水资源量
春季	8720.93	7419.56	1434.70	0.736	0.717
夏季	23527.57	21467.17	6070.47	0.582	0.587
秋季	10852.10	9295.66	1861.28	0.718	0.731
冬季	3646.54	2970.04	249.30	0.517	0.479
全年	47396.40	41723.99	9615.75	0.651	0.652
季节	10 年增量/10^8 m^3			与降水的时间相关系数	
	总水汽量	空中水资源量	降水量	总水汽量	空中水资源量
春季	63.94*	75.46	98.25	0.143	0.246
夏季	681.77	761.12	222.32	0.535	0.597
秋季	277.33	262.06	8.35*	0.217	0.309
冬季	9.81*	10.02*	−16.65	0.132	0.150
全年	1047.19	1124.06	312.27	0.545	0.596

　　春季，青藏高原空中水资源多年平均总量约 $0.74×10^{12}$ m^3，占总水汽量的 85.08%，其中 19.34% 转化为降水，总降水量为 $0.14×10^{12}$ m^3。春季空中水资源高值区出现于藏南地区、云南北端和四川东缘，最高可达 840~1000 mm；此区域同时也是降水峰值区，最大降水可达 240~260 mm。雅江大峡谷上空存在一条空中水资源富集带，两者较为一致的平面走势说明了大峡谷对空中水资源的导流作用，大峡谷内丰沛的降水验证了空中

水资源的转化潜力。雅江下游、怒江下游、柴达木盆地及塔里木盆地南源空中水资源为 420~630 mm，为空中水资源中值区，覆盖范围较广；与之对应的，雅江、怒江流域降水较多，为 110~154 mm，然而柴达木盆地及塔里木盆地降水较少，这可能是由于盆地上方深厚的气柱储存了丰富的空中水容源，然而其离地高度较大，水汽辐合抬升凝结成雨后难以落地形成降水。而广袤的羌塘高原则为空中水资源低值区，大部分区域的季节累计值小于 210 mm，空中水资源匮乏；由于空中水资源是具备形成降水的水汽物质，羌塘高原降水量也较少，几乎在 44~66 mm 以下。

进入夏季，青藏高原空中水资源多年平均总量增至 $2.15×10^{12}$ m³，占总水汽量的 91.24%，其中 28.28%转化为降水，总降水量为 $0.61×10^{12}$ m³。各地区空中水资源量明显高于春季，由东南向西北递减的空间分布特征更加明显。最高值沿高原东南缘分布，最大值达到 2100 mm。次高值区由高原东南缘向内部延伸至覆盖雅江下游、怒江下游、澜沧江下游、黄河源、长江源和其他藏南诸河的大部分地区，季节累计值为 1260~1680 mm。在夏季，雅江大峡谷及其南侧上空的空中水资源富集条带更为明显且长度更长，高值更加明显。同时，还出现了三条几乎平行于雅江、怒江、澜沧江，并向西北方向延伸的富集带。这些富集带的覆盖区域及衰减方向说明了空中水资源经由高原东南诸河谷的导流作用汇集，并自此向西北输送。类似地，上述地区夏季降水量大，为 440~550 mm，并同样呈现越往西北地区降水量越少的空间分布特征。此外，柴达木盆地和塔里木盆地南端的空中水资源量也达到 840 mm 左右，但降水量却小于 22 mm，这可能是由该地区气柱深厚但空中水资源富集区离地较高决定的。夏季，羌塘高原地区空中水资源为 420~630 mm，降水量为 132~198 mm。

到秋季，青藏高原空中水资源多年平均总量降低为 $0.93×10^{12}$ m³，占总水汽量的 85.66%，其中 20.02%转化为降水，总降水量为 $0.19×10^{12}$ m³。秋季高原空中水资源及降水空间分布与春季相似，但澜沧江流域及四川省中部相比春季更高，含量接近于雅江下游，空中水资源量及降水量分别约为 630 mm 和 220 mm。

冬季高原空中水资源量大幅缩减，青藏高原空中水资源多年平均总量只有 $0.30×10^{12}$ m³，占总水汽量的 81.45%，其中 8.39%转化为降水，总降水量为 $0.02×10^{12}$ m³。除雅江下游和四川省中部及东部（空中水资源量和降水量分别约为 420 mm 和 22 mm）以外，大部分地区空中水资源量小于 100 mm，降水量小于 10 mm，上述空中水资源富集带也几乎不可见。

对比空中水资源和降水空间分布，降水与空中水资源累计值的空间分布具有良好的相关性，均呈现了东南向西北递减的总体分布规律。夏、秋季及全年的降水与空中水资源空间相关系数大于同期降水与总水汽量的空间相关系数。其中，降水与空中水资源量的空间相关系数秋季最大，达到 0.731，春夏次之，分别为 0.717 和 0.587，年累计值的空间相关系数为 0.652。这说明以空中水资源为基础评定区域降水增量具有其合理性及科学性。

2）青藏高原空中水资源转化能力及利用潜力评估

图 11-12 为 1979~2017 年多年平均青藏高原空中水资源量季节转化率空间分布，区域平均值见表 11-2。整体而言，历史条件下空中水资源转化率呈现东多西少、南多北少

的空间分布和夏季最高、春秋次之、冬季最低的季节差异。春季，青藏高原区域转化率为19.34%，雅江和澜沧江流域转化率分别为22.68%和24.74%。最高值位于雅江中游、大渡河下游和雅砻江下游，最值可达44%～48%；除羌塘高原及柴达木盆地以外，大部分地区空中水资源转化率介于14%～36%。夏季，青藏高原区域转化率增至28.28%，雅江和澜沧江流域转化率分别为28.86%和40.77%。这个季节，转化率高值区由东南边缘向内部延伸，高原西南诸河的空中水资源转化率均达到50%及以上，而柴达木盆地空中水资源转化率仍然较低（小于12%）。夏季空中转化率还有两个特点与其他季节不同：一是河西地区也出现一转化率高值区（转化率超过50%）；二是羌塘高原不再是转化率最小值区域，转化率为18%～26%。秋季空中水资源转化率空间分布转化率与春季大致类似，不同的是，秋季转化率最值偏小而中值覆盖区范围更大，青藏高原区域平均转化率为20.02%，雅江和澜沧江流域转化率分别为20.77%和28.91%。到冬季，雅江、怒江、澜沧江、雅砻江等河流中游转化率最高，为26%～34%，羌塘高原及柴达木盆地转化率只有2%及以下，其余地区转化率为6%～14%。

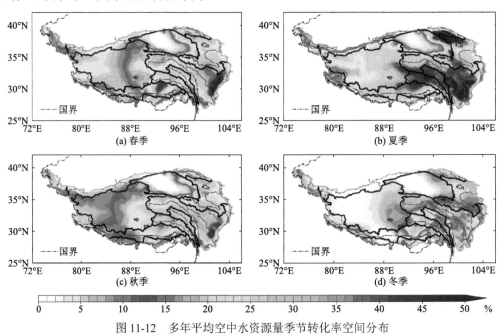

图 11-12 多年平均空中水资源量季节转化率空间分布

表 11-2 历史情况下青藏高原及典型流域空中水资源转化能力及利用潜力统计表

地区		空中水资源转化率/%	理想可增加降水量/10^8 m^3	理想可增加降水量占比/%	理想可增加径流量/10^8 m^3	理想可增加径流量占比/%	理想空中水资源转化率增量/%
青藏高原	春季	19.34	77.05	5.37	35.92	4.90	1.04
	夏季	28.28	363.22	5.98	138.19	5.51	1.69
	秋季	20.02	91.91	4.94	79.94	4.93	0.99
	冬季	8.39	8.35	3.35	12.02	3.42	0.28
	全年	23.05	540.53	5.62	266.07	5.11	1.30

续表

地区		空中水资源转化率/%	理想可增加降水量/$10^8 m^3$	理想可增加降水量占比/%	理想可增加径流量/$10^8 m^3$	理想可增加径流量占比/%	理想空中水资源转化率增量/%
雅江	春季	22.68	11.04	4.06	10.46	3.39	0.92
	夏季	28.86	52.31	5.42	35.99	4.82	1.56
	秋季	20.77	13.60	4.44	17.60	4.41	0.92
	冬季	11.44	1.55	3.02	2.78	3.10	0.35
	全年	24.32	78.49	4.92	66.83	4.33	1.20
澜沧江	春季	24.74	4.70	5.13	1.39	5.14	1.27
	夏季	40.77	23.99	5.85	9.18	5.83	2.38
	秋季	28.91	6.49	4.59	5.30	4.61	1.33
	冬季	13.97	0.56	3.03	0.93	3.01	0.42
	全年	32.67	35.73	5.40	16.80	5.08	1.76

图 11-13 为 1979~2017 年青藏高原多年平均理想可增加降水量季节累计值空间分布，区域及典型流域总量见表 11-2。理想可增加降水量与降水量空间分布规律类似。青藏高原全区域年理想可增加降水量约为 $540.53×10^8 m^3$，占年总降水量的 5.62%，空中水资源转化率可提高 1.30%；其中，夏季理想可增加降水最多且年际增幅最大，累计值达到 $363.22×10^8 m^3$，10 年增量为 $23.3×10^8 m^3/10a$。雅江流域年理想可增加降水量约为 $78.49×10^8 m^3$，占年总降水量的 4.92%，空中水资源转化率可提高 1.20%；澜沧江年理想可增加降水量约为 $35.73×10^8 m^3$，占年总降水量的 5.40%，空中水资源转化率可提高 1.76%。

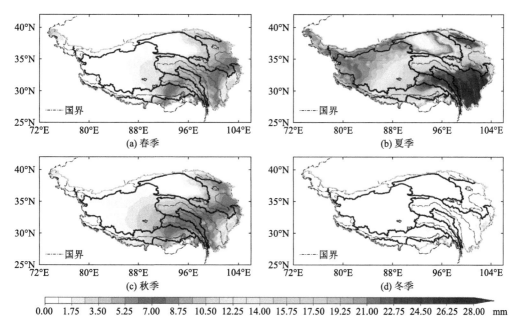

图 11-13　多年平均理想可增加降水量季节累计值空间分布

图 11-14 为 1979~2017 年青藏高原多年平均理想可增加径流量季节累计值空间分布，区域及典型流域总量见表 11-2。青藏高原全区域年理想可增加径流量约为 $266.07 \times 10^8 \, m^3$，占年总径流量的 5.11%；其中，夏季理想可增加径流最多且年际增幅最大，累计值达到 $138.19 \times 10^8 \, m^3$，10 年增量为 $7.3 \times 10^8 \, m^3/10a$。雅江流域年理想可增加径流量约为 $66.83 \times 10^8 \, m^3$，占年总降水量的 4.33%；澜沧江年理想可增加径流量约为 $16.80 \times 10^8 \, m^3$，占年总径流量的 5.08%。

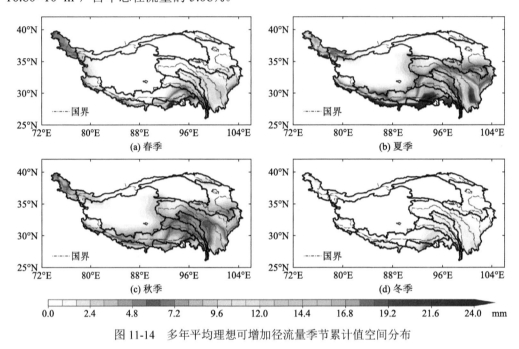

图 11-14 多年平均理想可增加径流量季节累计值空间分布

如图 11-14 所示，青藏高原夏秋两季理想可增加径流量较大且分布较广，昆仑山脉西侧叶尔羌河、雅江中下游、雅砻江下游及高原南部其他小河为理想可增加径流高值区，季节累计值达 20~24 mm（夏）和 15~19 mm（秋），这说明在夏、秋两季于上述区域进行空中水资源利用潜力最大，效率最高，为最适宜作业区。此外，夏秋两季高原东南部大部分区域理想可增加径流量均达到 7 mm 以上，空中水资源利用潜力较大。

3. 未来情景下青藏高原空中水资源量化及潜力评估

用于分析未来情景下青藏高原空中水资源的数据为第五次耦合模式比较计划（CMIP5）中的新一代典型浓度排放路径情景（RCP）的输出数据。四类 RCP 中（用单位面积辐射强度强迫来表示未来百年稳定浓度的新情景，包括 RCP2.6、RCP4.5、RCP6.0 和 RCP8.5），RCP4.5 模式提交数据最多、对应的气候变化最具代表性、在未来发生可能性最大，因此选取 RCP4.5 情景下对青藏高原水文要素模拟能力较好的 9 个模式输出的数据，具体信息见表 11-3。下载数据包括：大气层中 17 个等压面（100 hPa、200 hPa、300 hPa、350 hPa、400 hPa、450 hPa、500 hPa、550 hPa、600 hPa、650 hPa、700 hPa、

750 hPa、800 hPa、850 hPa、900 hPa、950 hPa 和 1000 hPa）上的纬向风 u、经向风 v、垂直速度 w、比湿 q，时间跨度为 1980~2080 年，空间分辨率如表 11-3 所示，使用时统一为 0.5°×0.5°；地表气压 P_s 和总降水量 P，时间跨度为 1980~2080 年，空间分辨率如表 11-3 所示，使用时统一为 0.5°×0.5°。为降低模式输出数据误差，采用等距离累计概率函数映射法（EDCDFm，Li et al.，2010）对 CMIP5-RCP4.5 数据进行偏差校正，其主要思想是相同位分数上未来与历史时段中模型与实测数据的偏差不变。

表 11-3　CMIP5 中 RCP4.5 情景下 9 个气候模式信息

编号	模式名称	所属国家	所属机构简称	大气资料水平分辨率（经向×纬向）
1	ACCESS1.0	澳大利亚	CSIRO-BOM	1.25°×1.25°
2	bcc-csm1-1	中国	BCC	2.8125°×2.8125°
3	CanESM2	加拿大	CCCma	2.8125°×2.8125°
4	CSIRO-Mk3.6.0	澳大利亚	CSIRO-QCCCE	1.25°×1.25°
5	FGOALS-g2	中国	LASG-CESS	2.8125°×3.0°
6	GFDL-ESM2M	美国	NOAA GFDL	2.5°×2.0°
7	HadGEM2-ES	英国	MOHC	1.25°×1.25°
8	IPSL-CM5A-MR	法国	IPSL	2.5°×1.25°
9	MIROC-ESM-CHEM	日本	MIROC	2.8125°×2.8125°

气候模式之间存在动力框架、物理过程、生物地区化学过程、参数化方案以及时空分辨率等差别，导致对相同条件下的响应不同，具体表现为相同数值试验的模式结果之间存在分歧。如图 11-15 所示，在 RCP4.5 情景下，所有模式模拟的 2020~2080 年青藏高原空中水资源量及降水均呈现上升趋势，空中水资源转化率则呈微弱上升趋势。虽然

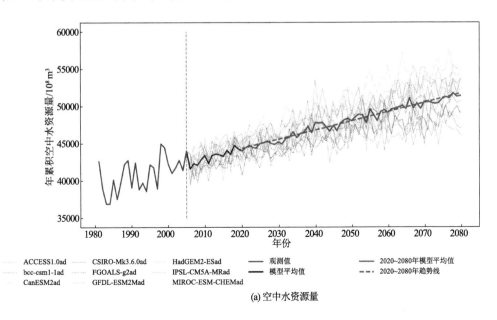

(a) 空中水资源量

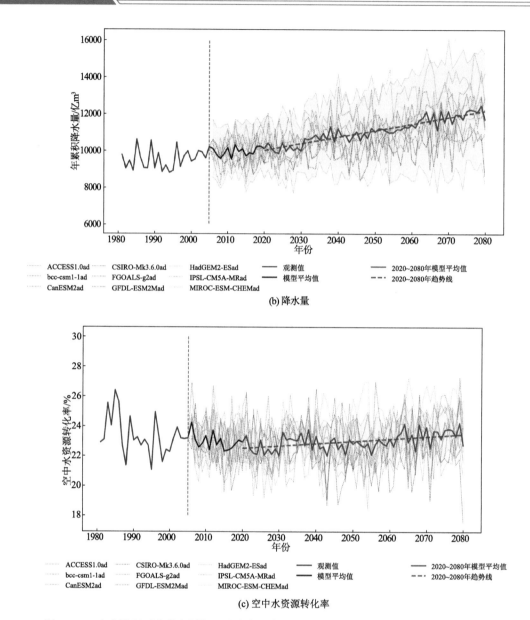

(b) 降水量

(c) 空中水资源转化率

图 11-15　未来情况下青藏高原年累计空中水资源量、降水量及空中水资源转化率年际变化

阴影区域为模式结果间的正负一倍标准差范围

不同模式的输出结果体现的上升幅度不尽相同，但大多数结果都分布在多模式集合平均附近。空中水资源及其转化率的多模式逐年标准差基本稳定，降水量的多模式逐年标准差有随时间增加而放大的现象，但相比于上升幅度本身仍然是一个小量，这表明青藏高原的空中水资源量及降水量的上升趋势及空中水资源转化率的微弱上升趋势较为显著，在各模式中具有较好的一致性。从量级及线性趋势来看，青藏高原的空中水资源量、降水量及空中水资源转化率的模式等权重集合平均结果要优于大多数单个模式的模拟性能，因此采用等权重平均结果进行 RCP4.5 情景下的空中水资源状况计算及潜力分析。

2020～2080 年空中水资源及其转化率的空间分布规律与 1979～2017 年平均情况差别不大（图略），主要时空演化特点仍为：①东多西少、南多北少的空间分布特征；②夏季最多、春秋次之、冬季最少的季节差异。全区及典型流域的年及季节累计总量见表 11-4。

表 11-4　未来情况下青藏高原空中水资源转化能力及潜力评估

地区		总水汽量 /10^8 m^3	空中水资源/10^8 m^3	降水量 /10^8 m^3	空中水资源转化率/%	理想可增加降水 /10^8 m^3	理想可增加径流 /10^8 m^3	理想降水增加占比/%	理想径流增加占比/%
青藏高原	春季	10314.55	8436.02	1761.66	20.88	62.67	39.03	3.56	4.31
	夏季	27209.14	22733.55	6491.52	28.55	455.93	223.65	7.02	8.06
	秋季	12901.93	10651.46	2122.17	19.92	69.96	63.98	3.30	3.27
	冬季	4357.39	3537.35	395.45	11.18	5.70	5.50	1.44	1.00
	全年	54783.00	45988.36	10770.81	23.42	594.26	332.15	5.52	4.97
雅江	春季	1543.47	1365.58	298.34	21.85	18.03	26.19	6.04	7.74
	夏季	4073.94	3642.52	1058.95	29.07	84.09	73.09	7.94	8.64
	秋季	2008.13	1716.86	354.91	20.67	13.92	18.46	3.92	3.78
	冬季	637.06	528.45	60.18	11.39	1.06	1.74	1.76	1.21
	全年	8262.59	7354.14	1772.38	24.10	117.09	119.47	6.61	6.58
澜沧江	春季	452.98	384.52	108.40	28.19	8.12	2.43	7.49	7.38
	夏季	1185.25	1039.09	433.20	41.69	40.25	15.94	9.29	9.32
	秋季	609.89	534.65	156.13	29.20	9.84	8.06	6.30	6.11
	冬季	179.00	144.99	24.16	16.66	0.63	1.25	2.62	3.01
	全年	2427.12	2132.46	721.88	33.85	58.85	27.67	8.15	7.34

2020～2080 年青藏高原年平均空中水资源为 $4.60×10^{12}$ m^3，占总水汽量的 83.95%，其中，23.42%转化为降水量，年降水量约为 $1.08×10^{12}$ m^3。2020～2080 年雅江和澜沧江年平均空中水资源分别为 $0.74×10^{12}$ m^3 和 $0.21×10^{12}$ m^3，分别占总水汽量的 89.01%和 87.86%，空中水资源转化率分别为 24.10%和 33.85%，年降水量分别为 $0.18×10^{12}$ m^3 和 $0.07×10^{12}$ m^3。

图 11-16 为 2020～2080 年青藏高原理想可增加降水[（a）和（b）]及理想可增加径流量季节累计值[（c）和（d）]的多年平均空间分布图和年际时间序列图，区域及典型流域总量见表 11-4。2020～2080 年青藏高原全区域年理想可增加降水量为 $594.26×10^8$ m^3/a，占年总降水量的 5.52%；年理想可增加径流量约为 $332.15×10^8$ m^3/a，占年总径流量的 4.97%。其中，夏季理想可增加降水和理想可增加径流最多且年际增幅最大，季节累计值分别为 $455.93×10^8$ m^3/a 和 $223.65×10^8$ m^3/a，10 年增量分别为 $19.2×10^8$ m^3 和 $11.9×10^8$ m^3。2020～2080 年，青藏高原理想可增加降水高值区位于雅江、怒江、澜沧江、雅砻江及大渡河中下游；最大理想可增加径流量出现在雅江大峡谷及云南北端，为空中水资源利用最适宜作业区。

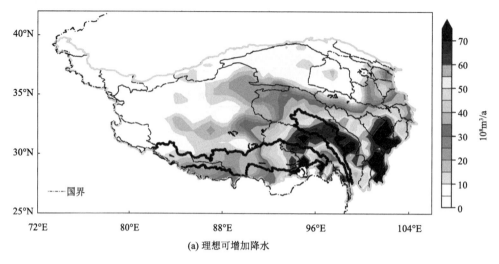

(a) 理想可增加降水

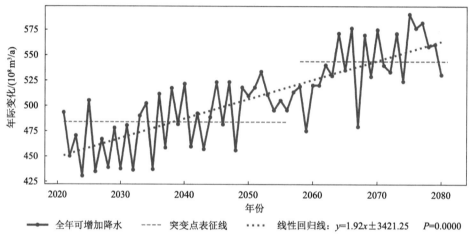

(b) 理想可增加降水年际变化

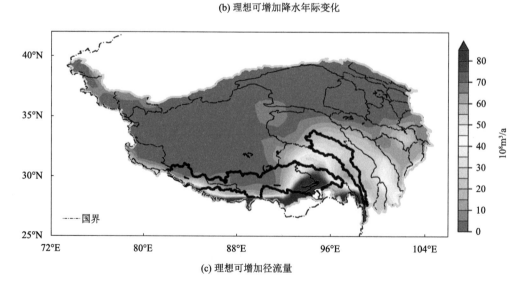

(c) 理想可增加径流量

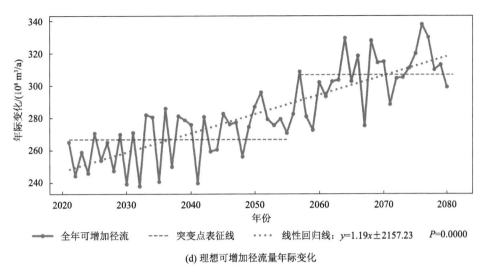

—■— 全年可增加径流　　---- 突变点表征线　　····· 线性回归线：$y=1.19x\pm2157.23$　　$P=0.0000$

(d) 理想可增加径流量年际变化

图 11-16　2020～2080 年多年平均理想可增加降水和理想可增加径流量季节累计值

11.2　新型空中水资源利用技术与装备

在明确青藏高原空中水资源基本情况的基础上，如何在对自然生态环境影响尽可能小的前提下系统、高效地利用青藏高原空中水资源，是西南河流源区空中水资源利用所需解决的关键技术问题。传统的人工增雨手段主要是以碘化银、干冰、吸湿性盐等作为催化粒子的高射炮或机载作业播云技术，但播云作业的适用条件苛刻，效果检验困难，且作业成本较高（Wei et al.，2021），长期使用冷云、暖云催化剂等化学制剂会对我国西部（尤其是在大江大河源头众多的西南河流源区）脆弱的生态系统带来环境风险，空中水资源大规模安全利用亟须发展低成本、无催化剂、简单可靠的新型人工影响天气技术。

低频强声波是一种能量密度较高、清洁、相对易得、适合于远距离传输的能量形式，高强度的声波能通过同向团聚效应、声波尾流、声致凝聚效应等关键机理，引起声场内空气窄幅振荡和扰动，从而产生更强的紊流，增加云雾中的水滴、冰晶之间产生碰撞的机会，加速空气中水汽的凝聚，进而促发降水。这一过程是物理变化，不依赖任何化学催化剂，且可通过控制声波特性对影响范围和作用程度进行精准的调控。经过近年来的研究发现，与大功率激光技术、带电粒子催化等技术相比，低频强声波增雨技术被认为是最有潜力的低成本、无催化剂、可精准控制、规模化发展的人工影响天气新技术（Wei et al.，2021）。

目前，声致凝聚机理研究在颗粒的团聚效率和声场的最优频率、声强特性等方面取得了进展（Zu et al.，2017；Kilikeviciene et al.，2020），但由于具体的试验工况，如颗粒特性、声场特性和边界条件等设置不同，关于最优声场条件的结论也不尽相同。目前绝大多数的声致凝聚实验研究及实际应用主要针对固体细颗粒，对于如雾滴、云滴、雨滴等液相微小液滴的实验研究及技术应用较少，对微液滴声致凝聚效果的起效声波频率和声强的认识尚不统一（Luo et al.，2017；Zhang G et al.，2020）。此外，缺乏能将大功率强声波辐射到云端的可控声源装置也是低频强声波天气干预技术从试验走向应用的主要瓶颈。在声波增雨技术的应用探索中，因云中的颗粒粒径范围分布较广，通常从零到数百微米不等，而不同粒径的颗粒在声场条件下的运动表现不同，因此基于室内试验从微观角度模拟分析声场对于云层内颗粒运动的声致团聚效应，并进一步对声波作用下以雾滴、云滴和雨滴为代表的微液滴的运动规律、凝聚机理和声致凝聚现象参数优选开展系统研究，这不仅能够为声波增雨技术及设备研发提供科学指导，同时也能指导外场实验。

11.2.1 声致云滴凝聚机理

声致凝聚现象是声波增雨的主导机制。在声致凝聚过程中，声源体发出声音，借助空气向远处传播，引起空气的振动和扰动，产生气流的碰撞，从而加速空气中水汽的凝结，增加云朵中冰晶的数量，促发降水，如图 11-17 所示。

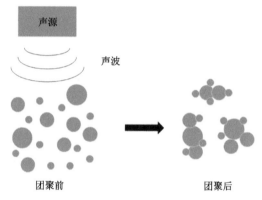

图 11-17　声致凝聚过程示意图

水滴在声场内经过碰撞、黏附、团聚后的分布变化过程可用气溶胶动力学方程描述分析。假设水滴颗粒为球形，不考虑水滴破碎的影响，其离散的 Smoluchowski 方程可由下式描述（Smoluchowski，1916）：

$$\frac{\mathrm{d}n_k}{\mathrm{d}t} = \frac{1}{2}\sum_{i+j=k}K_{ij}n_in_j - n_k\sum_{i=1}^{m}K_{ik}n_i \tag{11-42}$$

式中，K_{ij} 为团聚核函数，主要与各种团聚机理有关；n_i、n_j、n_k 分别为水滴 i、j、k 的数目浓度。方程的关键在于团聚核函数，其与团聚机理相关。声致凝聚效应中最主要的作用机理为同向团聚机理和流体力学作用。

同向团聚机理基于声波对水滴的挟带作用，其核函数 K_{ij} 的表达式为

$$K_{ij} = \frac{1}{2}u_0\left(d_i+d_j\right)^2\frac{\omega\left|\tau_i-\tau_j\right|}{\sqrt{\left[1+\left(\omega\tau_i\right)^2\right]\left[1+\left(\omega\tau_j\right)^2\right]}} \tag{11-43}$$

式中，d_i 和 d_j 分别为水滴 i 和 j 的粒径；u_0 为流体介质的振幅；ω 为声波角频率；τ_i 和 τ_j 分别为水滴 i 和 j 的弛豫时间，由式（11-44）表达：

$$\tau = \frac{\rho_p d^2}{18\mu_g} \tag{11-44}$$

式中，ρ_p 为水滴密度；d 为水滴粒径；μ_g 为气体动力黏性。

流体力学作用主要由共辐射压作用和声波尾流构成。

共辐射压作用基于伯努利定律，其团聚核函数 K_{ij}^H 表达式为

$$K_{ij}^H = \frac{1}{4}\pi\left(d_i + d_j\right)^2 u_{ij} \tag{11-45}$$

式中，u_{ij} 为两水滴间的相对速度。

声波尾流作用基于 Oseen 流动条件下水滴周围流场的不对称性，其团聚核函数 K_{ij}^{Aw} 为

$$K_{ij}^{\mathrm{Aw}} = \left[\sqrt{1 + \frac{6u_0\left(d_i m_i + d_j m_j\right)T_f}{\pi L_{ij}^2}\frac{T_f}{2}} - 1\right]K_{ij} \tag{11-46}$$

式中，T_f 为声波周期；m_i 和 m_j 分别为 Oseen 流中水滴 i 和 j 的滑移系数；L_{ij} 为同向团聚机理中的相对团聚体积长度。

基于水滴的 Smoluchowski 方程可以建立声波作用下降水粒子生成过程模型，分析环境（温度、湿度等）和声波（声压级、声波频率、声波类型等）的特性对降水粒子生成过程的影响，确定强声降水的最佳参数。

11.2.2　声波增雨技术机理模拟与实验

1. 声波作用下云滴动力学数值模拟

强声波到底能不能促进云滴聚合？这个问题的肯定回答是发展声波增雨技术最重要的前提。以下从声波作用下单云滴动力学行为与响应机制、双云滴碰撞规律和云滴群碰并动力学分析三方面重点论证声波加剧云滴凝聚的可靠性。

1）声波作用下单云滴动力学行为与响应机制

本节利用点粒子的运动方程，对云滴在从地面向空中发射的声波行波场作用下的运动情况进行理论分析，研究雷声级声波作用下云滴的动力学响应问题。

（1）声波作用下云滴的启动期和稳定振动期。

单个云滴在声波产生的声场作用下，运动过程主要经历两个阶段，即不稳定的起动期和速度振幅保持不变的稳定振荡期。起动时间会随着粒径的增加而增加，如图 11-18 所示。而由图 11-19 可以看出，起动时间的长短不随声压级（sound pressure level，SPL）的变化而变化。与声压级一样，图 11-20 表明起动期时长也不随频率的变化而变化。所模拟的最大粒径为 100μm 的云滴，在经过约 0.3s 的过渡期后，粒子的速度基本保持在稳

定的振荡状态。说明云滴对声波作用的反应比较灵敏。不考虑重力，或是在水平声波的作用下，有研究表明颗粒的速度在零值上下振荡。而在重力作用下，过渡段之后云滴速度振荡的平衡位置一般大于零，因此所有情形下，云滴向下的位移都会随时间增加而增加。起动期只存在于云滴运动的初始阶段，故以下研究均针对规律性较强的稳定振荡期展开。

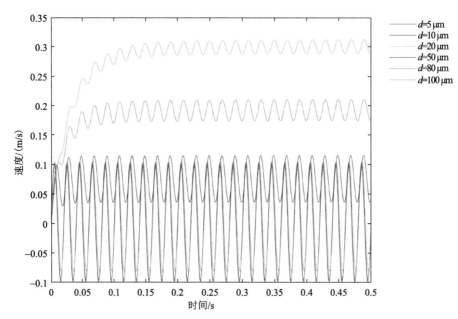

图 11-18　f=50Hz，SPL=123.4dB 过渡段时间变化与粒径（d）关系图

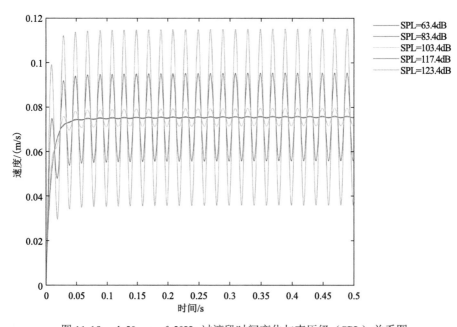

图 11-19　d=50μm，f=50Hz 过渡段时间变化与声压级（SPL）关系图

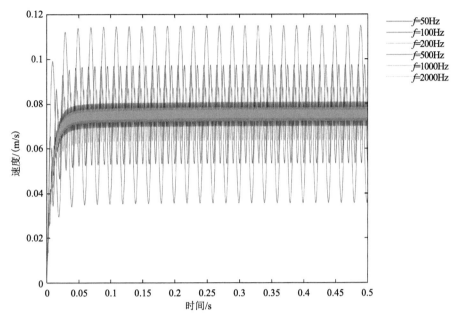

图 11-20　d=50μm，SPL=123.4dB 过渡段时间变化与频率（f）关系图

（2）云滴在声波作用下的典型动力学响应。

根据单个云滴在声场作用下的动力学分析，结合图 11-18～图 11-20 可以得到以下认识：云滴粒径的大小对运动过程的影响显著，粒径越大，下落速度越快，但振幅越小，声波的扰动作用越微弱；频率越小，声压级越大，声波的作用效果越明显；声波的作用主要表现在造成速度和位移的波动上，同时还会在一定程度上促进云滴的位移，增加云滴有效聚集长度，进而增加云滴碰撞概率。

假设云滴粒径为 50μm，在声波频率为 50Hz、声压级为 123.4dB 时，云滴速度和位移以及各项力引起的加速度随时间变化的曲线如图 11-21 所示。在行波场中，云滴的速度和加速度最终都会达到稳定振荡状态，其中，速度和斯托克斯力会平衡在一个非零的位置，而巴塞特力、压力梯度力和附加质量力则在零值附近上下波动。云滴的位移则展现出波动上升的趋势。由于云滴在声波作用下发生强迫振动，云滴运动频率和声波相同，而振荡幅值与云滴质量、声波强度、当地空气密度及压强相关。

2）声波作用下双云滴碰撞规律

本节结合大气云层微物理参数建立力学模型，分析声波作用下云层中两个云滴在垂直下落过程中的碰撞问题，主要研究不同的粒径和声场特性对粒子运动和碰并的影响，试图解析雷声级声波对云滴的动力学影响，从而在微观角度为声波降水技术提供支持。

（1）垂直下落双云滴碰撞模型。

云层中云滴的数密度范围为 $5×10^7～10^9$ 个/m³。假设云层中云滴均匀分布，按照云滴数密度为 10^9 个/m³ 计算，两粒子间平均间距为 1000μm，即 1mm。由前述模拟结果可知，粒径越大，颗粒的平均下落速度越快，故只有处于声场上部的颗粒直径大于下部的颗粒直径时，初始速度为零的两云滴才能碰撞。实际上，大气中云滴碰并增长过程也是大云滴在下落过程中与其扫过路径中的小云滴凝并。

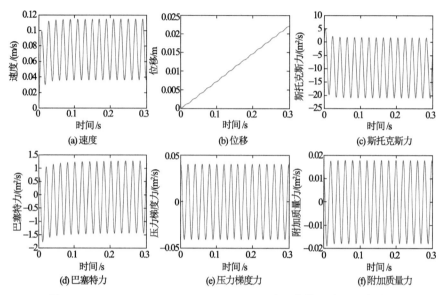

图 11-21　d=50μm，f=50Hz，SPL=123.4dB 时云滴的运动和受力情况

假设处于声场较高位置处的颗粒粒径为 d_2，其圆心所在位置为原点；处在声场较低位置处的颗粒粒径为 d_1，其圆心所处位置为 x=1mm。垂直下落双云滴碰撞模型如图 11-22 所示。

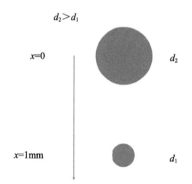

图 11-22　垂直下落双云滴碰撞模型

（2）声波频率对云滴碰撞的影响。

定义碰撞时间变化率为有声波作用与无声波作用时垂直下落的双云滴发生碰撞所需的时间变率。正值表示发生碰撞所需时间变长，负值表示发生碰撞所需时间缩短。不同粒径组合下，两云滴碰撞的时间变化与声波频率的关系曲线如图 11-23 所示。可以看出，两云滴的碰撞时间随频率呈现复杂多变的规律。这主要是由频率变化引起的颗粒位移振荡大小和相位变化共同导致的。

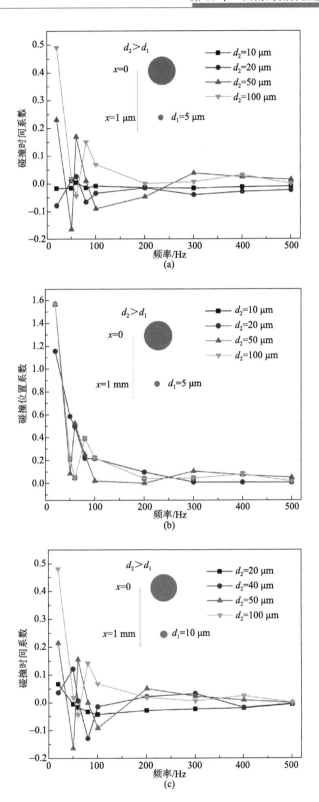

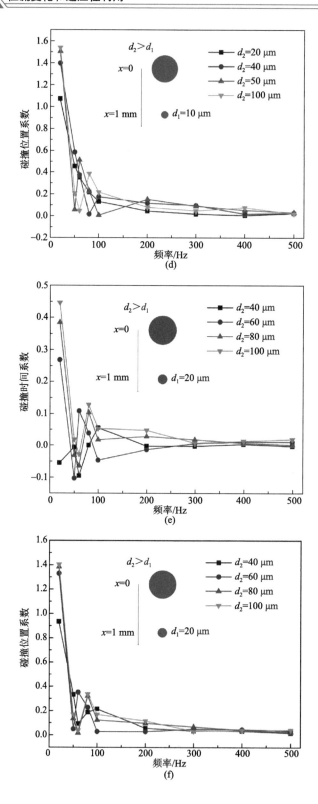

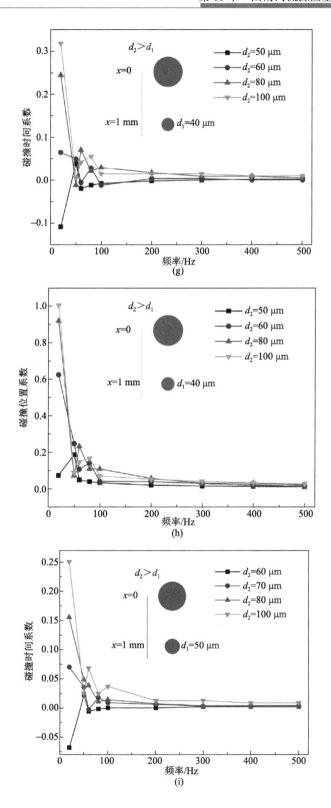

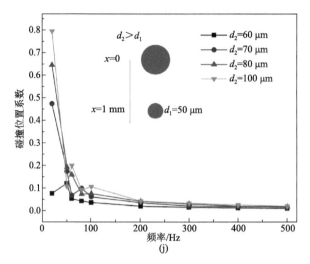

图 11-23　声压级为 123.4dB 时，不同粒径组合下两云滴碰撞的时间变化与声波频率的关系曲线

$d_1=5\mu m$，$d_2=10\mu m$、20μm、50μm、100μm 时云滴碰撞时间（a）和位移（b）的变化率与频率的关系；

$d_1=10\mu m$，$d_2=20\mu m$、40μm、50μm、100μm 时云滴碰撞时间（c）和位移（d）的变化率与频率的关系；

$d_1=20\mu m$，$d_2=40\mu m$、60μm、80μm、100μm 时云滴碰撞时间（e）和位移（f）的变化率与频率的关系；

$d_1=40\mu m$，$d_2=50\mu m$、60μm、80μm、100μm 时云滴碰撞时间（g）和位移（h）的变化率与频率的关系；

$d_1=50\mu m$，$d_2=60\mu m$、70μm、80μm、100μm 时云滴碰撞时间（i）和位移（j）的变化率与频率的关系

定义碰撞位置变化率为有声波作用下与不考虑声波作用下发生碰撞的位置变率，即粒径为 d_2 的云滴的位移变化率。不同粒径组合下，两云滴发生碰撞的位置与频率的关系如图 11-23 所示。由图可知，不论碰撞时间增加还是减少，所有情形下碰撞的位移变化率都不小于零，即位移不会小于无声波作用的情况。碰撞位置变率越大，意味着云滴在碰撞前潜在的自由程越长，与其他液滴发生碰撞的概率也越大。位移的变化趋势与时间基本一致，即碰撞所需时间越长，发生碰撞时的位移也越大。随着频率的增加，位移变率趋向于零。同时，随着 d_1 的增加，时间和位移的变化幅度都越来越小。在一定的声波作用下，多分散云滴发生碰撞的过程在空间和时间尺度上都会被拉长，雨滴碰并发生概率增加。

云滴粒径组合为 $d_1=5\mu m$、$d_2=50\mu m$，声波频率分别为 20Hz、50Hz、60Hz、100Hz 时，碰撞前两云滴接近过程的位置变化曲线如图 11-24 所示。图中，蓝线和红线分别表示有无声波作用下 d_1、d_2 的位置变化过程。当频率为 20Hz、60Hz 时，两条蓝线波动明显，并相交于 d_1 位移曲线波峰附近。两条蓝线的交点出现在红线交点之后，即碰撞时间延长，碰撞时所经位移增加。而当频率为 50Hz、100Hz 时，两条曲线相交于波谷位置处，碰撞时间相对提前。频率造成的运动周期变化以及两颗粒位移波动幅度的差异，造成了碰撞位置和碰撞时间的不规则变化，碰撞可能在任一相位下发生。

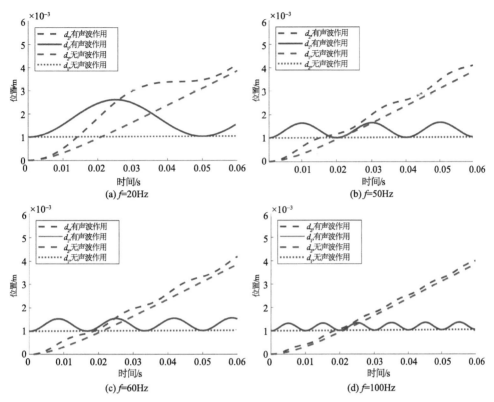

图 11-24　d_1=5μm，d_2=50μm，SPL=123.4dB 时，两云滴颗粒在有无声波作用下位置随时间变化关系

（3）声压级对云滴碰撞的影响。

当声波频率 f=50Hz 时，不同声压级和粒径组合下两云滴的碰撞时间变率如图 11-25 所示。可将声压级对云滴碰并的影响分为三个阶段：①当声压级较小时，声场对两种尺寸的云滴的运动影响都不大，碰撞时间与无声波作用时相比几乎没有变化；②随着声压级的增加，声波先是引起小颗粒云滴的大幅振动，其位移的增加大于大尺寸云滴，故碰撞时间增加；③当声压级足够大时，大尺寸云滴加速追上小云滴，碰撞时间迅速缩短。

对于不同的粒径组合，这三个阶段的表现不同。当云滴粒径较小且相差不大时，由于两种粒径对声压级的响应相差不大，第二阶段基本不可见，如图 11-25（a）中 d_1 为 5μm、d_2 为 10μm 时的情况。当 d_2 较大时，在模拟的声压级范围内，声波只引起了较小云滴的位移增量，而无法对大粒径云滴造成显著影响，故观察不到第三阶段，如 d_2 为 100μm 时的情况。当云滴尺寸较大且相差也较大时，声波对 d_1 的促进作用相对 d_2 液滴的下落过程并不显著，只能观察到由大尺寸云滴的加速运动导致的碰撞时间的衰减，如图 11-25（c）中 d_1 为 10μm、d_2 为 50μm 时的情况。只有当粒径较大且差值在一定范围内时，才能同时明显观察到三个阶段。

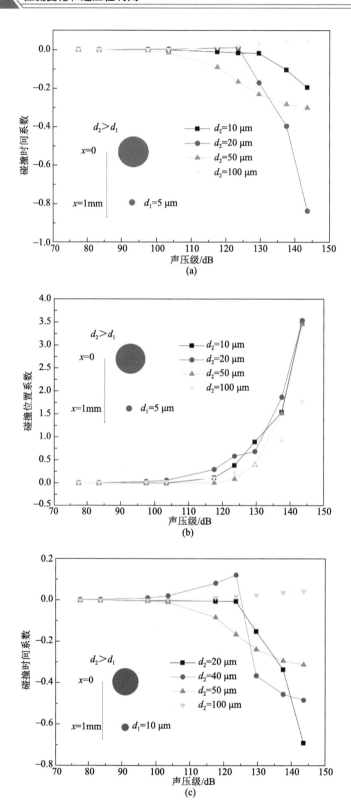

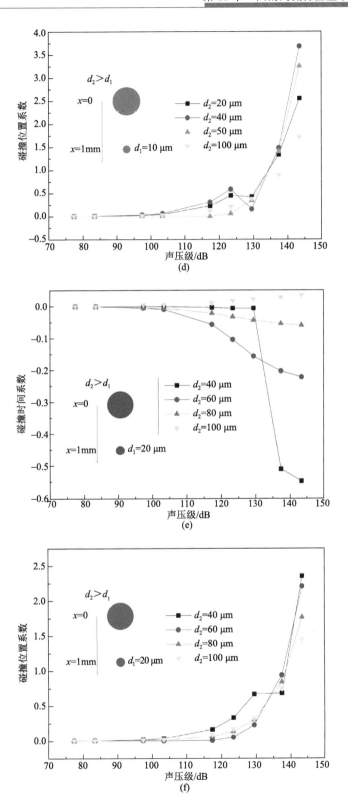

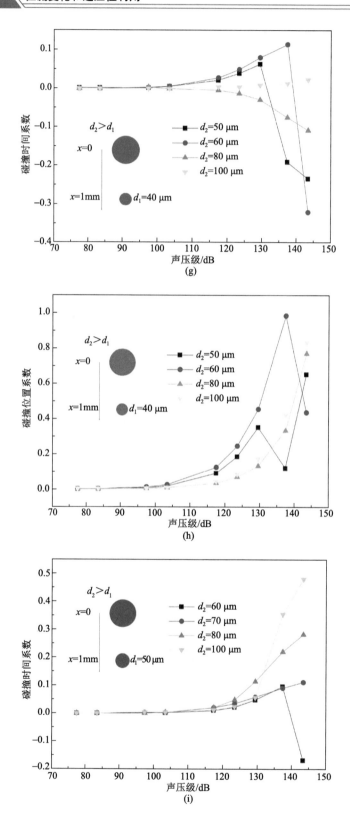

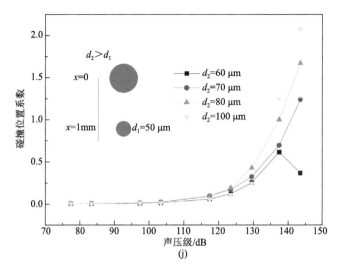

图 11-25 声波频率 f=50Hz 时，不同声压级和粒径组合下两云滴的碰撞时间变率

d_1=5μm，d_2=10μm、20μm、50μm、100μm 时云滴碰撞时间（a）和位移（b）的变化率与声压级的关系；

d_1=10μm，d_2=20μm、40μm、50μm、100μm 时云滴碰撞时间（c）和位移（d）的变化率与声压级的关系；

d_1=20μm，d_2=40μm、60μm、80μm、100μm 时云滴碰撞时间（e）和位移（f）的变化率与声压级的关系；

d_1=40μm，d_2=50μm、60μm、80μm、100μm 时云滴碰撞时间（g）和位移（h）的变化率与声压级的关系；

d_1=50μm，d_2=60μm、70μm、80μm、100μm 时云滴碰撞时间（i）和位移（j）的变化率与声压级的关系

当声波频率为 f = 50Hz 时，不同声压级和粒径组合下两云滴的碰撞位置变率如图 11-25（b）、（d）、（f）、（h）、（j）所示。相对于碰撞时间变率，碰撞位移变率十分显著，最高可达 3.7 左右。不同于声波频率，声压级影响下的碰撞时间和位移的变化趋势并不同步。总体来说，声压级越大，发生碰撞所需时间越短，发生碰撞的累计位移越大。声压级较大时，可同时实现云滴碰撞时间的显著减小及碰撞位移的显著增加。

图 11-26 展示了 d_1=40μm，d_2=50μm，f=50Hz 时，两云滴在有无声波作用下，位移随时间的变化与声压级的关系。由图可知，声压级对碰撞的影响主要表现在位移振动强度不同而导致的碰撞时间和碰撞位置的变化。当声压级较小时，声波所含的能量小，不足以带动颗粒产生明显的波动。随着声压级的增大，颗粒的振荡特性更加显著。从图中还可看出，位移的剧烈波动会导致两条蓝线的交点位置逐渐提前，即发生碰撞所需的时间缩短。在四个声压级下，碰撞位移均增大。

无声波作用时，大云滴在重力作用下下落并与沿途其他小云滴碰撞被认为是云滴成长为雨滴的一个重要机制。当频率小于 100Hz，声压级大于 123.4dB 时，声波导致的碰并对重力碰并的影响显著。

双云滴垂直下落碰撞过程分析结果表明：①声波引起的云滴位移周期与波动幅度的变化会使碰撞时间出现时增时减的不稳定变化，但颗粒发生碰撞时累积的位移总是增加的；②随着频率的增大，声波的影响减弱，对云滴碰并影响显著的频率范围集中在 100Hz 以下的低频区；③随着声压级的增大，碰撞时间出现显著变化；④当 SPL=143.4dB，f=50Hz 时，碰撞时间的变化范围为–84%～48%，位移增幅可达 3.7。

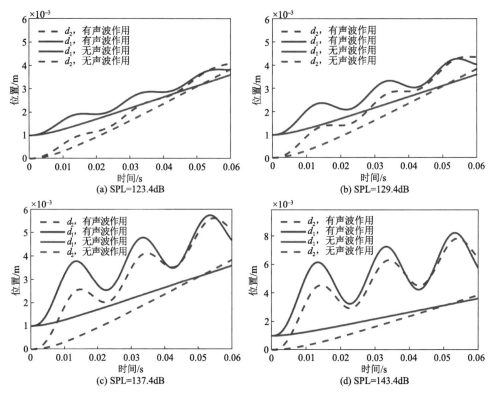

图 11-26　d_1=40μm，d_2=50μm，f=50Hz 时，两云滴位移在有无声波作用下的位置随时间的变化关系

3）声波作用下云滴群碰并动力学分析

声波作用产生空气扰动，局部空气的振荡会带动云层中微米级云滴发生裹挟运动。声波作用下云滴与空气的相互作用是典型的两相流问题，可通过计算流体动力学和离散元法耦合（CFD-DEM）进行数值求解。

（1）云滴群碰并聚合行为 CFD-DEM 模型。

雷声作用下的云滴凝聚过程可视为一个两相流系统。雷声是一种声波，声波作用引起压强变化，从而引起空气发生振荡流动，被视为流体相；云滴是悬浮于云中的一个个液滴，类似于小颗粒，被视为颗粒相。雷声和云滴在同一空间存在，雷声对云滴运动产生影响，同时云滴运动反作用于流场，两者耦合形成两相流系统。对雷声作用下的云滴行为进行模拟，核心是求解该两相流系统。

采用基于 CFD-DEM 的欧拉-拉格朗日模型。di Felice（1994）利用经验拟合方法对颗粒系统进行了研究，考虑流体运动和颗粒空隙率，提出了直径为 d_{pi} 的颗粒所受的拖曳力模型：

$$f_{di} = \frac{1}{2} C_{Di} \rho_f \frac{\pi d_{pi}^2}{4} \varepsilon_j^2 \left| u_j - v_i \right| (u_j - v_i) \varepsilon_j^{-(\chi+1)} \tag{11-47}$$

$$\chi = 3.7 - 0.65 \exp \left[-\frac{(1.5 - \lg \mathrm{Re}_{pi})^2}{2} \right] \tag{11-48}$$

$$C_{Di} = \left[0.63 + \frac{4.8}{Re_{pi}^{0.5}} \right]^2 \tag{11-49}$$

$$Re_{pi} = \frac{\rho_f d_{pi} \varepsilon_i |u - v|}{\mu_s} \tag{11-50}$$

式中，u_i 为流体速度；v_i 为颗粒速度；空隙率函数 $\varepsilon_j^{-(\chi+1)}$ 校正了其他颗粒的影响，指数 χ 考虑了不同流态的影响，下标 j 表示第 i 个颗粒所处的流体网格；C_{Di} 为不考虑阻力的拖曳力系数；Re_{pi} 为雷诺数；ρ_f 为流体密度；μ_s 为动力黏度。

悬浮状态下云滴在水平方向上主要受到风的作用，竖直方向受到重力和气流托举力的作用。在雷声作用下云滴受力不再平衡，开始运动。对云滴的主要关注点在于下落产生降水，因此模型仅考虑竖直方向的振动。由于初始重力和气流托举力平衡，建模时不引入这两个力。

雷声的作用效果等效于声波作用引起的空气物理场的周期性变化，可以通过箱体振动引起的空气流场周期性变化进行模拟，即利用箱体的上下振动来模拟声波在竖直方向的传递。箱体内为空气介质，上下边界均只能单向流出空气，左右边界不能流出气体。箱体向上运动时，下边界流体不能流出，附近气体被压缩，压强发生变化，反之亦然。随着箱体的往复运动，内部压强不断变化，产生周期性流场，从而模拟雷声的作用效果。

模型中将云滴简化为不同粒径的球形颗粒。云滴在实际凝聚过程中会发生形变，由多个小粒径的颗粒凝聚成一个大粒径颗粒，模型中利用颗粒碰撞黏结形成的多聚体来模拟小云滴碰撞凝聚后形成的大云滴，用多聚体的计算平均粒径代表凝聚后云滴的等效粒径。进行上述简化后，对云滴采用黏性球形刚体模型进行模拟。图 11-27 为模型示意图。

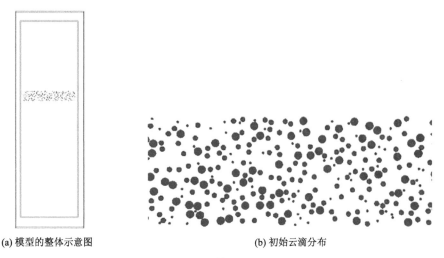

(a) 模型的整体示意图　　　　　　　　　　　(b) 初始云滴分布

图 11-27　模型示意图

紫色代表粒径为 10μm 的颗粒，褐色代表粒径为 20μm 的颗粒，蓝色代表粒径为 30μm 的颗粒。所有颗粒在生成域内随机生成且互不重合

（2）数值模拟再现声致云滴凝聚现象。

建立 CFD-DEM 数值模型模拟雷声作用下云滴群的团聚行为，对比模拟开始前、模拟中和模拟结束时三个时刻的粒子群图像，发现颗粒在模拟过程中发生团聚，形成多聚体。图 11-28 直观地展示了声波作用下，颗粒发生团聚的过程及不同频率的声波的作用效果。

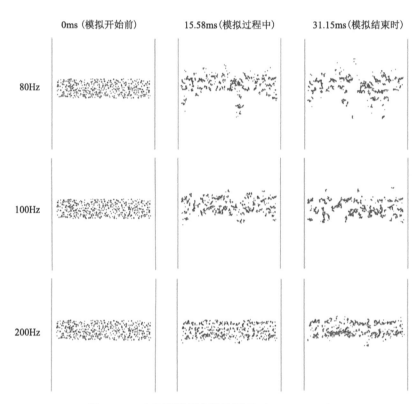

图 11-28　声致凝聚现象数值再现（SPL=100dB）

（3）声波频率对云滴群碰并凝聚的影响。

为探究不同频率对云滴颗粒运动的影响，应控制声压级不变，改变频率的大小。选择声压级为 100dB、频率为 60～1000Hz 的声波进行模拟。程序运行后，获得不同频率对应的计算平均粒径的变化情况，如图 11-29 所示。

在声压级保持基本不变时，云滴的凝聚情况与声波频率相关。随着颗粒团聚的演化，颗粒数目不断减少，计算平均粒径不断增大。在声压级恒定时，随着频率的减小，颗粒数目减小的速度加快，颗粒凝聚加速，模拟结束时的计算平均粒径增大。在模拟采用的频率范围内，声波频率与声波对云滴颗粒凝聚的促进作用呈明显负相关关系，频率越大促进效果越不明显。

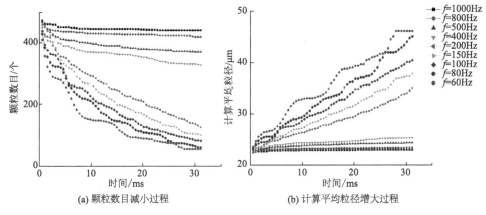

(a) 颗粒数目减小过程　　　　　(b) 计算平均粒径增大过程

图 11-29　声波作用下云滴颗粒团聚演化过程（SPL=100dB）

（4）声压级对云滴群碰并凝聚的影响。

为探究不同声压级对云滴颗粒运动的影响，应控制频率不变，改变声压级的大小。雷声频率覆盖范围广，在进行模拟时需选择特定频率进行研究。先前研究表明低频对于颗粒团聚有更加明显的促进作用。雷声属低频声波，信号能量主要分布在 100～200Hz 以下。模拟时，选定 60Hz 和 80Hz 两个较低频率分别进行声波团聚模拟。

首先观察颗粒数目的变化，然后利用颗粒数求得各时间点的计算平均粒径。二者的变化情况如图 11-30 所示。

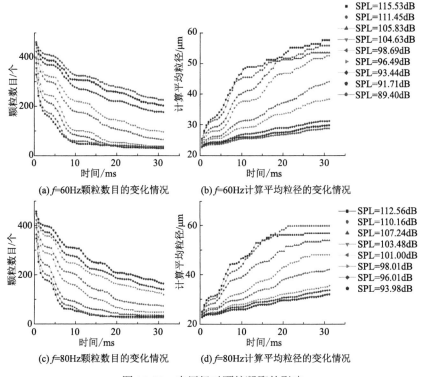

(a) f=60Hz颗粒数目的变化情况　　　(b) f=60Hz计算平均粒径的变化情况

(c) f=80Hz颗粒数目的变化情况　　　(d) f=80Hz计算平均粒径的变化情况

图 11-30　声压级对颗粒凝聚的影响

频率为 60Hz 和 80Hz 的声波对云滴凝聚产生的影响规律一致。模拟过程中，颗粒数目不断减少，计算平均粒径不断增大。声波频率不变的条件下，随着声压级的增大，模拟过程中颗粒数目减小的速度加快，同时计算平均粒径增长的速度加快。但观察图 11-30 (d) 可以发现，频率为 80Hz 时，声压级为 112.56dB 的声波模拟结束时所得的计算平均粒径要小于声压级为 110.16dB 时的结果。这可能是由于在模拟结束阶段颗粒数目急剧减少，碰撞很大程度上受偶然因素影响。由此判定，声波声压级与声波对云滴颗粒凝聚的促进效果呈正相关关系，声压级越大促进效果越明显。

研究结论：①当声压级不变，改变频率时，低频声波对云滴的凝聚有明显的促进作用；随着声压级的增大促进作用更加显著，且低频声波作用易形成较大的多聚体。通过绘制平均凝聚时间和声波频率关系曲线，发现两者呈正相关关系，即低频声波对于液滴凝聚的促进效果优于高频声波。②当频率不变，改变声压级时，声波的促凝效果整体随着声压级的增大而增强，平均凝聚时间和声波的声压级呈负相关关系。③初始颗粒间距显著影响模拟结果；随着颗粒初始间距的增大，计算平均粒径增长的速度快速衰减，平均凝聚时间显著延长。

2. 声波促进云滴沉降的显微实验

通过设计一系列反映声波作用下云雾滴生长过程的显微实验，直观呈现强声波作用下云雾滴的生长过程，提出粒径分布、面积加权平均粒径、相对生长速度、相对生长因子等刻画云雾滴生长过程的量化指标，探究不同声压级和不同频率的声波对云雾滴生长速率的影响。实验分析表明，存在声波频率、声强的明显起效阈值区域，即低频强声波对云雾滴的生长有明显的促进作用。

1）声波促进云滴沉降实验设计

（1）实验装置。

为直观呈现声波作用下云雾滴的生长过程，设计一套云雾滴声致凝聚现象显微观测系统，其由微液滴发生装置、声波发生装置、声波测量装置及显微观测装置四部分构成，如图 11-31 所示。

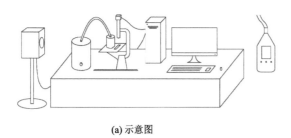

(a) 示意图 　　　　　　　　　　　　　　(b) 实物图

图 11-31　实验装置图

（2）实验流程。

为减小环境影响，实验过程中保持环境温度恒定。每次实验开始前，对载玻片进行预处理，具体包括酒精浸泡、蒸馏水清洗、干燥等操作，保证载玻片表面的洁净，避免表面杂质影响液滴的浸润性，干扰实验结果；并用气泵向微云室泵入空气，排出残留水汽，保证微云室内的初始环境一致。完成载玻片和微云室的预处理和架设后，调节显微镜焦距，开始实验。启动微液滴发生装置，尽量维持喷雾流量、液滴初始扩散速度以及空腔内液滴微粒浓度稳定；同时启动声波发生装置，产生特定频率和声强的声场；用显微观测装置观测、记录整个实验过程中载玻片上微液滴的生长过程。根据预实验结果，设定整个实验持续 120s。

（3）图像处理方法。

云雾滴声致凝聚现象显微观测装置可获取微液滴在载玻片上凝聚过程的图像，从而直观呈现特定声波作用下微液滴的生长过程。微云室内的微液滴受声波作用加速凝聚后沉降在载玻片上。由于水对玻璃的浸润性，载玻片上的微液滴会塌落形成平面面积远大于厚度的塌落体，因此本实验直接观测载玻片上微液滴的面积，并用此表征液滴凝聚后的凝聚体大小。

为了对实验结果进行定量分析、提取显微图像的有效信息，对原始图像进行二值化、填充空隙、平滑边缘及去除不完整液滴等处理（图 11-32）。处理后的图像中，可提取完整的单个液滴面积、单位载玻片面积上的液滴个数等量化信息。

原始图像　　二值化处理　　填充空隙　　平滑边缘　　去除不完整液滴

图 11-32　图像处理过程

（4）液滴生长指标。

实验过程中不断有液滴沉降在载玻片上，而本实验重点关注早期沉降在载玻片上的液滴的生长过程，认为大液滴来源于实验早期的沉降，生长较为充分，因此赋予面积大的液滴较大的权重，定义面积加权平均粒径，来定量表征云雾滴群整体的生长状况，如下式所示：

$$D^t = \frac{\sum_{i=1}^{N^t} d_i^t \times s_i^t}{S^t} \tag{11-51}$$

式中，D^t 为 t 时刻显微图像中的云雾滴群的面积加权平均粒径（μm）；d_i^t 为 t 时刻显微图像中的第 i 个液滴的等效直径（μm），即等面积的圆所对应的直径；s_i^t 为 t 时刻显微图像中的第 i 个液滴的面积（μm^2）；S^t 为 t 时刻显微图像中所有液滴的总面积（μm^2）；N^t 为 t 时刻显微图像中的云雾液滴的总个数。

为表征沉降过程中不同大小液滴的分布情况，定义不同粒径范围的液滴面积占比 Π，即粒径在某一范围内的液滴面积总和与此时所有液滴面积总和之比，如式（11-52）所示：

$$\Pi^t = \frac{\sum_{i=1}^{n^t} s_i^t \big|_{d_i \in (d_p, d_q]}}{S^t} \tag{11-52}$$

式中，(d_p, d_q) 为粒径区间；Π^t 为 t 时刻粒径 $d \in (d_p, d_q]$ 的微液滴面积占比；n^t 为 t 时刻等效粒径 $d \in (d_p, d_q]$ 的云雾滴的总个数。与个数占比相比，面积占比放大了粒径较大的液滴所占比例，更好地反映经历了较长生长时间的较大液滴的性质。

随着沉降过程的进行，实验中载玻片上的液滴面积加权平均粒径呈线性增长，其线性拟合方程的斜率可被定义为微液滴群的平均生长速度。为表征声波对云雾滴群生长速度的影响，定义声波作用下的平均生长速度与无声波作用下的平均生长速度之比为该声波作用下微液滴群的相对生长速度 ν，如下式所示：

$$\nu = \frac{k_s}{k_0} \tag{11-53}$$

式中，k_s、k_0 分别为声波作用下、自然条件下（无声波作用）液滴面积加权平均粒径的增长斜率，即微液滴群的平均生长速度。微液滴群的相对生长速度 ν 越大，液滴群整体生长越快。

除表征微液滴群生长快慢的相对生长速度外，还定义了相对生长因子 Γ，用以表征声波作用下液滴生长的最终结果，即历经相同的时间，声波作用与无声波作用时云雾滴群的面积加权平均粒径之比，如式（11-54）所示：

$$\Gamma = \frac{D_s^t}{D_0^t} \tag{11-54}$$

式中，D_s^t、D_0^t 分别为 t 时刻声波作用下、自然条件下（无声波作用）的液滴面积加权平均粒径。取实验结束时刻（120s）的相对生长因子来表征液滴生长的最终结果。相对生长因子越大，说明实验结束时液滴群的整体粒径越大。

2）实验结果

（1）声波促进云滴沉降现象。

由显微观测系统可以得到不同声波作用下不同时刻载玻片上云雾滴群的显微图像，图 11-33 为自然条件下（无声波作用）和不同性质声波作用下，在实验结束（120s）时五组平行实验中云雾滴群的显微图像。

由图 11-33 可以看出，五组平行实验同一时刻的显微图像一致性较好，说明实验过程稳定，这是研究不同性质声波作用规律的基础。此外，还可以看出，声波对于液滴凝聚有促进作用，且不同频率、不同声压级的声波对云雾滴凝聚的作用效果不同。对比 70dB、200Hz 和 90dB、200Hz 的声波作用效果，可以看出，同一频率时，声压级越高作用效果越好；而对比 90dB、31.5Hz 和 90dB、200Hz 的声波作用效果，可以看出，同一声压级时，频率越低作用效果越好。

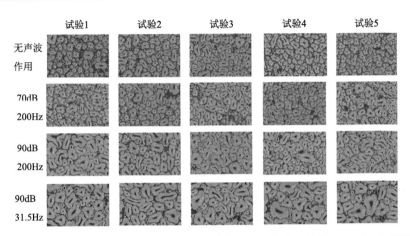

图 11-33　自然条件下（无声波作用）和不同性质声波作用下，在实验结束（120s）时五组平行实验中云雾滴群的显微图像（图中标尺表示 100μm）

图 11-33 中，在 SPL=90dB，f=31.5Hz 的声波作用下，液滴群的生长过程最为明显，声致凝聚效果最为显著，统计该声波作用下，20s（实验初期）、70s（实验中期）和 120s（实验结束）时，云雾滴群中不同粒径范围液滴的面积占比情况，如图 11-34 所示。

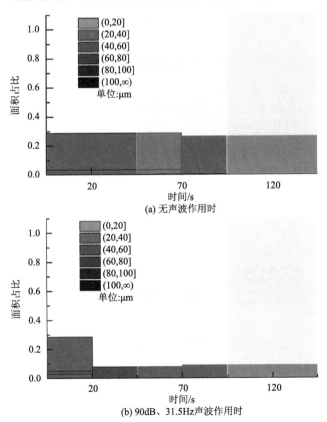

图 11-34　SPL=90dB，f=31.5Hz 的声波作用下，不同时期五组平行实验不同粒径范围的微液滴面积占比的平均值及标准差

观察图 11-34 可以发现，无论是否有声波作用，随着实验的进行，小液滴所占面积比例越来越小，大液滴所占面积比例显著增大。20s 时，液滴都聚集在小于 40μm 的范围，此时声波还没有发挥明显的作用，两图的粒径分布没有明显差别。70s 时，声波作用对图像产生了明显的影响。在无声波作用时，液滴面积占比的分布呈现关于 60μm 大致对称的状态，20~80μm 液滴面积比例最大；在有声波作用时，液滴粒径主要分布在大于60μm 的区域，且大于 100μm 的液滴面积占比明显大于无声波作用。在 120s 时，有声波作用条件下，大于 100μm 的液滴面积占比也大于无声波作用时的面积占比。由此可以得出结论，90dB、31.5Hz 的声波作用对液滴凝聚起到了加速作用。这与图 11-33 所反映的信息是一致的。

（2）声波作用对液滴生长指标的影响。

为了探究不同声波频率和声压级对液滴凝聚产生影响的规律，绘制不同声波条件下液滴粒径变化趋势图（图 11-35）。图中每一个点是由五组平行实验所得结果的算术平均值，虚线是线性拟合趋势线，线性拟合的 R^2 值均在 0.94 以上，可靠性较高。

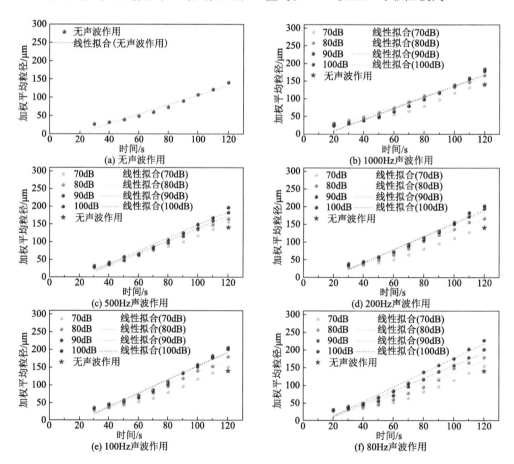

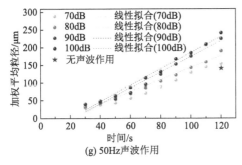

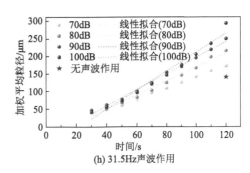

图 11-35　不同声波条件下液滴粒径变化趋势图

图 11-35 中趋势线的斜率可以用来衡量液滴增长速率，可定义为平均生长速度。为了分析声波作用对液滴生长速率的影响，定义声波作用下的平均生长速度与无声波作用下的平均生长速度的比值为相对生长速度，简称生长速度。无声波作用时生长速度为 1，不同声波作用下的生长速度见表 11-5。

表 11-5　生长速度

SPL	31.5Hz	50Hz	80Hz	100Hz	200Hz	500Hz	1000Hz
70dB	1.23	1.18	1.09	1.07	1.04	1.09	0.96
80dB	1.58	1.36	1.33	1.33	1.28	1.25	1.14
90dB	1.82	1.74	1.49	1.46	1.44	1.37	1.32
100dB	2.12	1.82	1.70	1.52	1.48	1.43	1.33

分析表 11-5 可以发现，除 70dB、1000Hz 的声波外，其他声波作用下的生长速度均大于 1，基本呈现随着声压级的增大、频率的减小而增大的趋势，在表中表现为从右上角向左下角增大的趋势。

除了趋势线的斜率，实验结束时的图像性质也能够衡量声波对液滴凝聚的作用效果。定义声波作用下实验结束（120s）时的面积加权平均粒径与无声波作用实验结束（120s）时的面积加权平均粒径的比值为相对生长因子，简称生长因子。不同声波作用时的生长因子见表 11-6。

表 11-6　生长因子

SPL	31.5Hz	50Hz	80Hz	100Hz	200Hz	500Hz	1000Hz
70dB	1.23	1.10	1.10	1.08	1.03	1.11	1.03
80dB	1.54	1.36	1.28	1.28	1.19	1.18	1.19
90dB	1.79	1.61	1.43	1.44	1.38	1.30	1.27
100dB	2.10	1.73	1.62	1.47	1.44	1.40	1.31

分析表 11-6 可以发现，声波作用下的生长因子均大于 1，基本呈现随着声压级的增大、频率的减小而增大的趋势，在表中表现为从右上角向左下角增大的趋势。

绘制生长速度和生长因子变化图，如图 11-36 所示。

819

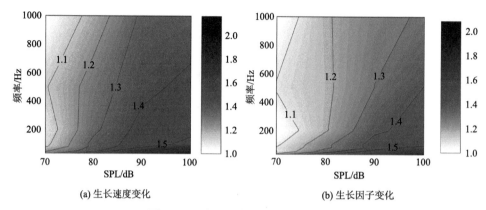

图 11-36　生长速度和生长因子示意图

通过定义生长速度和生长因子两个参数，来综合描述声波对于液滴凝并的作用效果。结合图 11-36 可以发现，生长速度和生长因子的整体变化趋势是一致的。这是由于在计算生长速度时，采用了线性拟合的方法，因此生长速度和生长因子的相关性很高。

在实验所采用的声压级范围内，声压级越大，对液滴凝并的促进效果越明显；频率越高，对液滴凝并的促进效果越不明显。同一频率下，声波的声压级越大，生长速度和生长因子越大。同一声压级下，当声波的频率在 31.5～80Hz 时，生长速度和生长因子随频率的增大有明显降低趋势，而声波频率大于 200Hz 时，生长速度和生长因子的变化趋势不明显。

由实验结果可以推断，声压级越高，声波促进液滴凝并的效果越好；（低于 200Hz 时）频率越低，声波促进液滴凝并的效果越好。

3. 云滴粒径声调控云雾室实验

声波能够通过带动空气振动，加速云滴的凝聚结合使其变大，最终促进降水的形成。为验证这一设想，搭设了一套云雾室实验装置模拟暖云条件下声波对云雾滴粒径的作用，以特征粒径为主要指标，研究不同频率、不同声压级声波对云雾室内云雾滴粒径谱的作用规律，揭示常温时，不同声波频率下云雾室内云雾滴粒径谱受声波影响的阈值声压级特性参数，研究结果能够为开发新型的基于声波干预的人工降水技术提供重要参考。

1）实验装置及方法

（1）声波云雾室粒径声调制实验装置。

声波云雾室实验装置主要由微液滴生成系统、声波发生系统、云雾室系统、粒度测量装置组成，实验装置示意图如图 11-37（a）所示，实物图如图 11-37（b）所示。

云雾室主体由外径为 0.6m、管壁厚为 5mm、长为 2m 的 1 根有机玻璃管组成。在距离云雾室底部 30cm 处留有激光束穿过孔，并在云雾室中部和顶部管壁侧面预留开孔，以满足云雾滴的输送和监测要求，云雾室底部设有凝结水出流口。

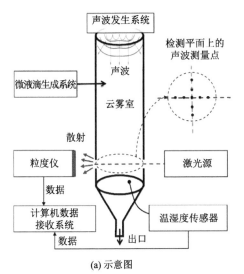
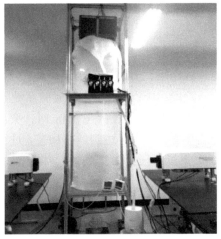

(a) 示意图　　　　　　　　　　　　　(b) 实物图

图 11-37　声波云雾室

　　微液滴生成系统采用超声雾化器，额定容量为 5L，造雾能力为 280～380mL/h，喷出的雾滴粒径，经激光粒度仪测量，V_{10} 约 8μm，V_{50} 约 12μm，V_{90} 约 17μm，属于云雾滴典型的粒径范围（V_{10}、V_{50}、V_{90} 表示按粒径从小到大的顺序统计液滴体积，体积占比分别达到 10%、50% 和 90% 时，对应的粒径值）。

　　声波发生系统采用编程生成低频音频，经 4 个最高放大 50 倍的功放放大，经电脑外接高保真音响播放，产生低频声波。

　　粒度测量装置采用 winner319A 分体式激光粒度仪测量喷雾的粒度分布，激光发射端和接收端采用分离式，粒径测量量程为 1～500μm，测量距离最大为 10m，采用波长为 532nm 的绿色激光，每隔 1s 输出一组粒径数据。

　　采用 BSWA308 声级计测量声压级，温湿度记录系统采用的是独立外置的温度和湿度传感器，温度测量范围为–20～600℃，精度为 ±0.1℃，湿度测量范围为 0%RH～100%RH，精度为 ±1.5% RH。

　　（2）实验流程。

　　一次完整的云雾声调控实验步骤如下：①准备工作。打开激光粒度仪，预热 11～15min 后，进行背景测试，背景测试正常后，开启粒度仪能谱测试，往云雾室内通入云雾滴，当粒度仪显示云雾滴粒径分布稳定，且云雾室内温湿度记录仪显示相对湿度到达 99.9% 之后，云雾室内云雾滴粒径谱达到稳定状态。②云雾滴状态达到稳定后，开启粒度仪自动存储数据功能。③开始实验。记录下粒度仪显示的时间，作为实验开始的时间，6min 后，实验的第一阶段完成。④第一阶段完成后，立即打开声波装置，6min 后，关闭声波发生器，实验第二阶段完成。⑤撤除声波作用 6min 后，记录此时粒度仪上显示的时间，实验第三阶段完成。⑥保存粒度仪数据，一次完整的实验完成。⑦相同频率、声压级的声波实验重复进行 5 次。⑧改变所需的声波频率和声压级，重复步骤②～⑦直至实验结束。

（3）数据处理方法。

本实验选择 V_{10} 和 V_{50} 作为代表性特征粒径进行研究。实验过程分为三个阶段，分别为无声波作用、有声波作用及声波作用撤销，每个阶段持续 6min（360s）。

第一阶段：由于云雾状态和实验系统都已经达到稳定状态，所以特征粒径比较平稳，均值记为 D_1。第二阶段：在 360s 时，突然施加声波作用，假设声致凝聚起效，特征粒径就会逐步变大，直至达到新的稳态，过渡段时间记为 Δt_1，新稳定状态的平均特征粒径记为 D_2。第三阶段：在 720s 时，将声波关闭，按假设则声致凝聚作用会慢慢消失，特征粒径将逐渐变小，直到回到新的稳定状态，此过渡段时间记为 Δt_2，此阶段新的稳定状态平均特征粒径记为 D_3（图 11-38）。

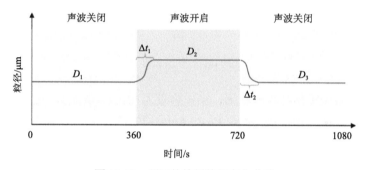

图 11-38　预测的特征粒径变化曲线

由于第一和第三阶段，均没有声波作用，且其他实验条件都没有发生变化，因此可以预测 $D_1 = D_3$。如果实验结果和预测不符合，则可以推测此实验结果可能受到了其他因素干扰，需要重新调试。

声波作用下特征粒径的稳态增率定义为

$$r = \frac{D_2 - D_1}{D_1} \times 100\% \qquad (11\text{-}55)$$

声波作用下特征粒径的稳态增率既可用于量化声致凝聚的效果，也可用于判断阈值声压级的大小。

（4）声调控起效判据。

当声压级 S 满足下面两个条件时，认为 S 为云雾滴粒径受声波调控的起效声压级：①在声压级为 S 的声波作用下，即 SPL=S dB 时，云雾滴特征粒径的稳态增率 $0<r<1\%$。本条件确保在起效声压级时云雾滴特征粒径有轻微增量。②在声压级为 S-1 和 S-2 的声波作用下，即 SPL=（S-1）dB 和 SPL=（S-2）dB 时，云雾滴特征粒径的稳态增率 $r=0$；本条件确保当声强低于起效声压级时云雾滴特征粒径没有增加。

（5）实验参数设计。

为了遍历低频强声条件下不同声波参数组合的实验，在 30～100Hz 选择了 13 个频率点，分别为 30Hz、35Hz、40Hz、45Hz、50Hz、55Hz、60Hz、65Hz、70Hz、75Hz、80Hz、85Hz、100Hz；在 112～128dB 共选择 15 个声压级水平，分别为 112dB、113dB、114dB、115dB、116dB、117dB、118dB、119dB、120dB、121dB、122dB、123dB、124dB、126dB、128dB。有选择性地组合上述频率和声压级，共形成 50 组实验。为了保证数据的可靠性，每组试验重复 5 次，共计 250 次实验。

2）结果与讨论

（1）云滴粒径的声调控现象。

实验观察到打开声波后，激光粒度仪测量的云雾滴粒径分布会逐渐发生较明显的变化，粒径向更大的方向移动，如图 11-39 所示。图 11-39（a）为加声波之前的粒径谱分布，粒径小于 10μm 的云滴占总云滴体积的 35%左右；声波作用一段时间后，如图 11-39（b）所示，粒径小于 10μm 的云滴占总云滴体积比下降到约 25%。这种声波作用下大粒径的云滴比例增加的现象，可称为云滴的声调控现象。

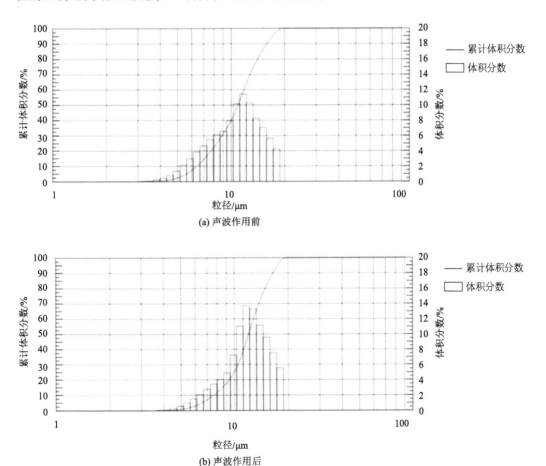

图 11-39　云滴粒径的声调控现象

（2）各频率点的阈值声压级分布。

将 250 次试验结果与声调控起效判据进行比对，确定各频率点上的阈值声压级，如图 11-40 所示。声波频率低于 100 Hz 时，云雾室内云雾滴出现声致凝聚效应的声压级不会高于 121 dB；声波频率高于 35Hz 时，出现声致凝聚效应的声压级不会低于 114 dB，即声波频率在 35～100 Hz 时，声致云雾滴凝聚效应的阈值声压级在 114～121 dB；随着声波频率的增加，阈值声压级逐步提升；云雾滴的凝聚效应对低频声波更为敏感。

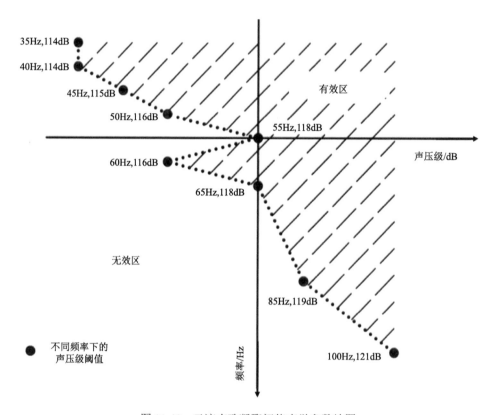

图 11-40　云滴声致凝聚阈值声学参数地图

根据常温下云室内云雾滴粒径谱受声波调制的阈值特性参数，在频率和声压级张成的参数空间上，划分了声致云滴凝聚的有效区和无效区。这张云滴声致凝聚阈值声学参数地图将为强声增雨、强声消雾等技术的研发提供重要的指导。

声波云室实验揭示了在特定参数声波作用下云滴粒径的增长现象，这种增长会在声波撤销后恢复，即云滴的声调控现象。在频率一定的条件下，声压级越高云雾滴的声致凝聚效应越明显，表现为粒径谱在声波作用时的跃变幅度变大；在声压级相同的情况下，声波频率在 50～65 Hz 时，云雾滴声致凝聚效应最为明显；当声波频率在 35～100 Hz 时，声致云雾滴凝聚效应的阈值声压级在 114～121 dB；随着声波频率的增加，阈值声压级逐步提升，云雾滴的凝聚效应对低频声波更为敏感。

云室实验对常温云室中云滴的声致粒径增长效应进行了深入分析，提供了声波促进暖云云滴凝聚的证据，揭示了声致云滴凝聚的规律，为基于强声波的空中水资源利用等大气干预技术的发展提供了重要参考。

4. 基于 PIV 技术的声波影响粒子运动实验

云中的颗粒粒径分布较广，范围通常从零到数百微米不等，而不同粒径的颗粒在声场条件下的运动表现不同。目前，微颗粒（$PM_{2.5}$）在声场中的运动模式多基于理论推导，缺乏实验数据支撑。据此，建立一套基于粒子图像测速技术（particle image velocimetry，PIV）的声场条件下粒子运动可视化研究系统，探究声场条件下微颗粒的运动模式，并与理论推导的结果进行比较，探讨 Brandt-Freund-Hiedemann（BFH）公式对微颗粒的适用性，可以丰富对声场中微颗粒运动的认识，为声波干扰颗粒运动的数值建模分析提供实验数据支撑。

1）实验装置及方法

实验装置示意图如图 11-41 所示。主要包括声波发生装置、管道、PIV 系统和测量系统四个部分。声波发生装置包括喇叭、功率放大器和频率发生器，可用于产生特定频率和声强的声波。管道尺寸为 5500 mm（长）×400 mm（宽）×500 mm（高），管壁顶部材料采用可拆卸有机玻璃板，便于观测装置的安装；管壁侧端和底部由玻璃构成，以保证 PIV 激光测量系统的精度。PIV 系统包含气溶胶发生器、激光发射器和 CCD 相机，主要用于产生微颗粒并观测其在流场中的运动轨迹，从而研究声波对粒子运动的影响。测量系统包含温湿度计、声级计和粒度分析仪等，主要用于监测管道内的温湿度、声强和示踪粒子的粒径分布。

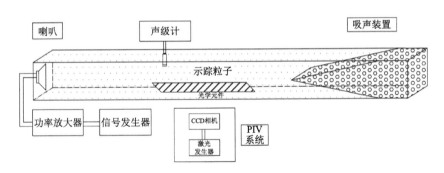

图 11-41　实验装置示意图

根据实验功能，将管道划分为 3 个区域：第一个区域也就是初始区域，为声波初始传播区，是从喇叭发射端开始的 1.5m 长管道。由声源产生的高阶波通过该区域时会逐渐衰减，形成平面波声场。第二个区域为 PIV 观测区，总长为 2m。PIV 系统中的激光发射束通过光学元件的反射，在该区域内形成一个纵向光截面，CCD 相机可观测到通过该截面的粒子运动轨迹。第三个区域位于管道尾端 2m，布置有楔形吸声装置以减小声波反射，确保实验管道内声场的稳定性。

实验初始阶段，利用气溶胶发生器将示踪粒子团扩散至管道中，然后封闭管道，等待约 10min，使管道中少量的大颗粒沉积在管壁，同时利用 PIV 系统监测管道内的背景流场，等待其恢复稳态。当管道内流场稳定后，打开声波发生装置，利用声级计监测 PIV 观测区域的声压级。利用 PIV 系统记录粒子的运动轨迹，以分析不同频率和声强的声波对粒子运动的影响。管道内的温湿度和气压采用温湿度计监测，整个试验过程中，管道内温度约为 23℃，压力约为 105 Pa，示踪粒子的粒径分布采用粒度分析仪测量，实验采用较稳定的油微液滴作为示踪粒子，典型的粒径为 0.2～5 μm，颗粒粒径的中间值约为 1 μm，密度大小为 0.912 g/cm³。

由于示踪粒子较小，为保证相机的图像分辨率，相机曝光时间设置为 3 ms。考虑实验的观测精度和野外声波降水的需求，实验频率设为 40～120 Hz，声压级为 113～120 dB。相机拍摄的每帧间隔设为 3.2～4.8 ms，每组连续拍摄照片的数量为 30～50 张。

2）结果与讨论

（1）理论分析计算。

在线性声场条件下，空气介质沿声波传递方向振动，其振动速度可表述为

$$v_a = \frac{P_S}{\rho_a c} \sin\omega t \tag{11-56}$$

式中，v_a 为空气介质的速度；P_S 为有效声压；ρ_a 为空气密度；c 为声速；ω 为声场角频率。

悬浮在空气中的颗粒会被空气流动所裹挟，携带系数与声场特性和颗粒的密度、大小等因素有关。当颗粒直径较小时，黏滞力可视为主要作用力，因此悬浮颗粒在声场中的运动通常可由 BFH 公式（Brandt et al.，1937）来描述：

$$H = \frac{U_p}{U_a} = \frac{1}{\sqrt{1 + \omega^2 \tau_d^2}} \tag{11-57}$$

式中，H 为颗粒挟带系数；U_p 为颗粒的运动速度；U_a 为空气速度；τ_d 为松弛时间，可以由以下公式计算：

$$\tau_d = \frac{\rho_p d^2}{18\mu_a} \tag{11-58}$$

式中，ρ_p 为颗粒密度；d 为颗粒直径；μ_a 为空气介质的动力黏滞系数。

本书中，颗粒直径小于 5 μm，其运动公式可表述为

$$U_p = \frac{P_S}{\rho_a c \sqrt{1 + \omega^2 \tau_d^2}} \sin\omega t \tag{11-59}$$

实验中的粒子运动速度场是通过相邻两张照片相减所得的，因此，计算所得的颗粒速度是每帧间隔时间内速度的平均值，而非瞬时速度。为与实验数据做比较，将上式修正为

$$U_{\mathrm{m}} = \frac{\displaystyle\int_{t}^{t+t_{\mathrm{f}}} \frac{P_{\mathrm{S}}}{\rho_{\mathrm{a}}c\sqrt{1+\omega^{2}\tau_{\mathrm{d}}^{2}}}\sin\omega t\,\mathrm{d}t}{t_{\mathrm{f}}} \qquad (11\text{-}60)$$

式中，U_{m} 为颗粒平均速度；t_{f} 为每帧时间间隔。

（2）声场特性对粒子运动的影响。

图 11-42 给出了不同频率下粒子的速度变化曲线，颗粒呈现简谐运动趋势且其振动周期与声场周期一致。悬浮颗粒的运动主要受到重力、惯性力和黏性力的影响。在本次实验研究中，由于示踪粒子的粒径小，密度低，重力对粒子的影响可以忽略不计。由于粒子雷诺数远小于 1，惯性力的影响也可以忽略。因此粒子速度的变化主要是由黏性力引起的。在声场中，由于声波在传播过程中的压力变化，空气振动遵循简谐运动模式。实验中的悬浮颗粒被气流所完全裹挟夹带，粒子以与声波频率相同的频率振动。

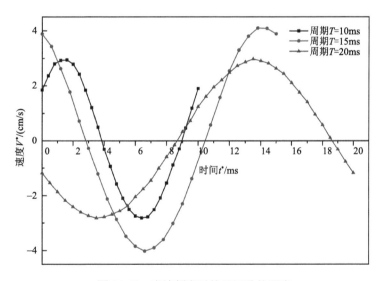

图 11-42　声波频率对粒子运动的影响

图 11-43 给出了声压级对粒子运动的影响。声压级分别为 114 dB、116 dB 和 118 dB 时，粒子速度变化的幅值分别为 3.4 cm/s、4.2 cm/s 和 5.3 cm/s。可以看出速度幅值与声压级呈非线性正相关关系。声压级是声压的测量指标，而有效声压 P_{S} 与声压级呈指数相关。因此，在声频恒定的情况下，速度幅值随着声压的增大而增大。随着声压级的增长，粒子会发生剧烈的振动，尤其是在声压级值较高的情况下。

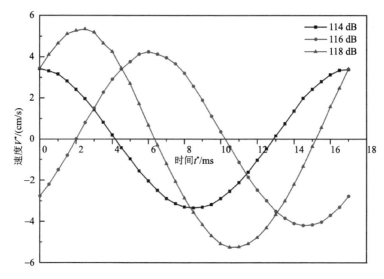

图 11-43　声压级对粒子运动的影响

（3）实验数据与理论值的比较。

实验声场的角频率为 273～698 rad/s。粒径直径分布为 0.2～5 μm，采用不易挥发的橄榄油颗粒作示踪粒子，其密度为 0.912 g/cm³。整个实验过程中管道内的温度约为 23℃，气压约为 105 Pa，空气的动力黏滞系数取为 $18.3×11^{-6}$ Pa·s。松弛系数 τ_d 可由式（11-58）计算所得，因其数值较小，挟带系数 H 值近似等于 1。因此，颗粒的速度 U_p 可近似由空气的速度 U_a 代替。

将不同声场条件下粒子速度变化幅值的理论值与实验值之比定义为 ϵ，图 11-44 给出了不同声频和声压级情况下，比值 ϵ 的变化情况。可以看出，在大多数工况下，ϵ 的值介于 0.85～1.15，这个微小的偏差可能是由颗粒的随机布朗运动和仪器的观测误差导致的。然而，在某些特定的声频段，ϵ 的值小于 0.8，曲线在频率为 52.6 Hz 和 92.6 Hz 时达到最低点，在 50～55.6 Hz 和 87～97 Hz 有明显的下降趋势。这个现象可能是由实验管道的共振引起的。当激励频率等于或接近其固有频率时，实验装置结构就会发生共振。共振带的长度因结构而异。由图可知，本实验装置中，共振窗口的大小近似等于最低频率的 12%。在这些频率下，部分声场的能量被结构共振所消耗，导致粒子的运动幅值减小。在实际野外实验中，避免声波发生器腔体的共振也有利于降低能量损失，从而使声波的影响距离更远。总的来看，BFH 公式可以较好地模拟微颗粒（PM$_{2.5}$）在低频声场中的运动情况。

通过 PIV 系统观测低频声场中微粒子（PM$_{2.5}$）运动的新实验方法，发现在平面声波场中，平均粒径在 1μm 左右的微颗粒的振动频率与气流振动频率一致。粒子振动速度变化幅值与声压级呈非线性正相关关系。在低频声场的实验条件中，大多数频率下微颗粒的运动可用 BFH 方程来描述。然而，当声场频率等于或接近结构共振频率时，粒子的振动速度变化幅值急剧下降，在最低点接近理论值的 60%。考虑正向团聚是颗粒团聚的主要物理机制，在低频声场的粒子团聚相关技术运用中避免结构共振是至关重要的。

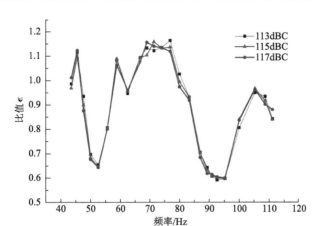

图 11-44　实验值与理论值的比值 ϵ 随声频的变化

11.2.3　低频强声增雨设备研发及其声学特性

1. 低频强声增雨设备研发情况

从强声信号调制、集束发射、强声阵列、远程控制等技术层面开展攻关研究，构建了强声波发射的多代次技术体系。创新性地将活塞式发动机气门设计思想和关键技术应用于射流调制音圈的驱动设计，提出了用凸轮驱动构型替代音圈电磁驱动模式，攻克了低频强声波发生器运行可靠性的难题（图 11-45 所示第一代技术）；提出了大口径双反射型集束声波号筒构型，提升了低频声波集束发射能力，研发了集束号筒旋笛式低频强声发射单元体技术（图 11-45 所示第二代技术）；研发了旋笛声阵列技术，相比第一代技术，在提高声压级的同时使研制成本降低了一个数量级（图 11-45 所示第三代技术）；研发了完全自主知识产权的脉冲式强声技术（图 11-45 所示第四代技术）。在历次技术研发中，不断继承优秀设计，实现新的技术创新，构建了声波增雨全链条技术体系。

在脉冲式强声技术的研发过程中，突破了双金属无油轴承技术、高压比气体高速流场优化技术、低频强声集束发射技术等一系列关键技术，最终成功研发了发射水平世界领先的强声低频声源设备。该设备的核心是脉冲式低频强声发射器。经过中国计量科学研究院权威声学测试，脉冲式低频强声源出口 1m 处低频声压级达 160dB，超过美国陆军研究实验室强声装置 MOAS（152dB）和欧洲最强声设施 LEAF（155dB）的低频声波发射能力，低频强声性能处于世界领先水平。脉冲式低频强声增雨增雪技术已经申请了一系列国家发明专利，构建了完全自主知识产权体系，其中，脉冲强声发射单元和环焦双反射型强声号筒的设计及加工工艺已完成定型，具备了标准化、规模化生产条件。

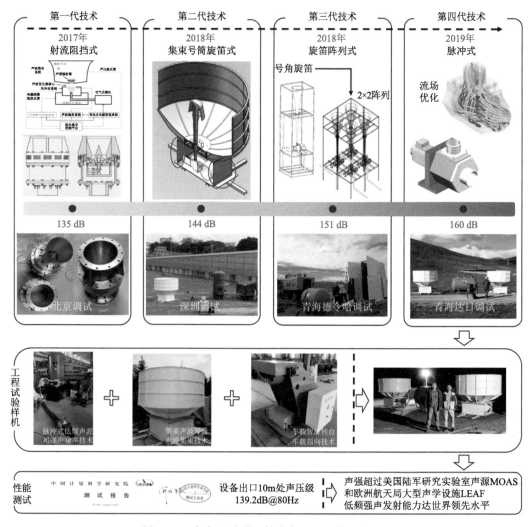

图 11-45 低频强声增雨技术发展及设备研发历程

2. 增雨设备声学特性野外实验与数值模拟

基于声致凝聚原理的空中水资源利用技术需要进行充分的现场试验以探究野外实际大气中的声波衰减规律及其对可降水云层的影响。基于此，在西藏林芝朱拉河流域设计开展了室外大气声波衰减试验，得到了在 500m 高度内不同位置的声压级数据。通过构建数值模型拟合实验结果，得到了大气声波衰减的基本规律，并且通过进一步构建类比模型探讨了影响大气声波衰减的因素以及基于不同模型的具体调控机制。

考虑试验区开阔、降水充足、远离村庄、不影响居民生活等因素，选择西藏林芝朱拉河地区作为试验区。如图 11-46（a）所示，用于现场实验的低频声音系统的内部结构是：两台空气压缩机通过三通管道连接到低频发生器，以提供空气。柴油发电机为交流变频器和微型雨水雷达供电。声波发生器的基频在 80～100Hz，出口截面处最大声压级可达到 149dB，总声功率达到 1.39kW。

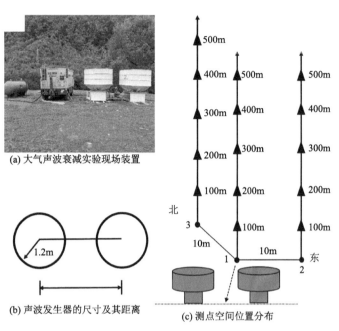

(a) 大气声波衰减实验现场装置

(b) 声波发生器的尺寸及其距离

(c) 测点空间位置分布

图 11-46　实验装置示意图

如图 11-46（b）和（c）所示，两台相同的声波发生器放置在相同的水平面上。两台声波发生器的中心距离为 3.4m，每台声波发生器的出口截面直径为 1.2m。以两台发生器的连线中点作为中心点，在中心点位置、中心点以东 10m 位置和中心点以北 10m 位置处分别设置了三个基准点。测量设备采用 I 级声级计（BSWA308），测量范围为 6.3～20000Hz。选用"三分之一倍频程"模式进行测量，测量时将声级计固定在无人机（大疆 M600Pro）的底座上做垂直起降，根据无人机遥控器指示确定无人机的飞行高度，当飞行高度达到测点位置时，悬停在测点位置上并记录无人机飞行时间以确定声级计测量数据的位置。这里，为了探究近地面位置的声波衰减特性，对 100m 以内区域进行了加密测量（10m、20m、40m、50m、80m）。

数值模拟采用了 COMSOL Multiphysics 5.6 有限元软件。通过将仿真得到的点 1、2、3 垂直向上 10～500 m 的声压级衰减曲线的趋势与实验中声级计的测量结果进行比较，验证了该模型。模拟中使用的材料是空气。由于有两个独立的声源，实验中不会发生干扰。为消除相位差的影响，建立单声源模型，根据单双声源的统计关系进行后处理输出仿真结果。该几何结构由一个半径为 5 m 的半球和一个与实际设备具有相同结构、尺寸的集束声源设备组成。声源几何被 PML（完全匹配层）完全封装在一个开放且无反射的无限扩展域中，并求解了相关的控制方程。声波以平面波辐射形式从集束声源底部发射，经过两次反射后进入大气空间。利用压力声学模块下的大气衰减模块结合外场计算，可以进行大气声波衰减的全过程模拟。

上述基于 COMSOL Multiphysics 5.6 的数值模拟选取 2020 年 7 月 22 日的实测声压级数据进行对照，选用的气象数据为地表气象站数据（T=289.15 K，P_A= 67 kPa）。为了使计算空间尽可能小且效率最高，选择 500 m 的声压级数据进行效率评估，分析发现实际贡献范围频段不超过 630 Hz，并且进一步通过声功率数值分析锁定实际有效作用的声波频段为 160～630 Hz。因此，取 160～630 Hz 频段内各频率的声压级，根据下式计算出总声压级：

$$SPL_t = 10\log10\left(\sum_{j=1}^{N}10^{\frac{SPL_j}{10}} - 10^{\frac{SPL_0}{10}}\right) \qquad (11\text{-}61)$$

式中，SPL_t 为总声压级；SPL_0 为背景噪声作用声压级；N 为频段个数，此处 N=7。

如图 11-47 所示，中心位置同时也是两个声源组合叠加声场分布的对称中心，实测值与模拟值拟合度很高，整体衰减趋势较为平滑。中心以东 10m 位置的声场是非对称的，实测值与模拟值整体上大约有 2.5dB 的误差。模拟曲线显示前期在 10～100m 处的声压级有先上升后下降再上升的现象，这主要是双声源叠加声场在非对称位置产生了干涉导致的，声压级上升和下降主要取决于该位置所处的是干涉增强区还是干涉减弱区。在中心以北 10m 处的叠加声场是单侧对称分布的，因此理论模拟的衰减情况趋近于中心位置的衰减规律，同样呈现出前期衰减快后期衰减慢的趋势。整体而言，本模型可以较好地模拟大气中声波衰减的变化规律及特征。

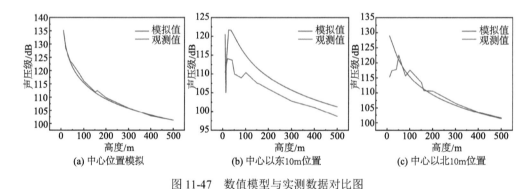

图 11-47　数值模型与实测数据对比图

3. 点声源与集束声源效果对比分析

野外试验所选用的是一种声波集束辐射器装置，其优点是：出口处声波辐射角相对较小，因此声波能量集中，传播距离远。整个喇叭尺寸相对较小，可以作为可移动强声广播装置。为探究其实际作用效果，控制初始发声功率不变，对点声源和集束装置声源的单声源单频模型进行数值分析。

根据野外实际条件设置气象参数，频率选择单频 160Hz 来构建集束声源和点声源的数值模型。如图 11-48（a）所示，可以看到集束声源有强烈的技术效果，声波经过底部抛物线反射面较为整齐地垂直反射进入大气中，实现了声波的定向传播，未在集束范围的声波迅速衰减。由图 11-48（b）可知，点声源作用的声波向四周均匀发射，以平面波的形式向四周进行衰减。

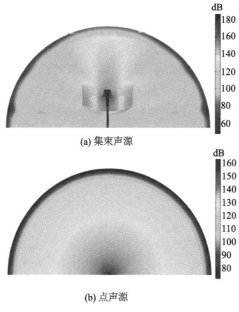

(a) 集束声源

(b) 点声源

图 11-48　声压级图

为了探究集束声源和点声源在高空的衰减效果，选取了目标云层云底高度位置 500m 处 4km^2 范围内的 SPL 分布图。如图 11-49 所示，点声源在 500m 范围内的 SPL 分布较均匀，其最大值 85dB 略小于集束声源的 90dB。然而，集束声源表现出了显著的分层，距离中心 0.75km 处声波干涉减弱区的 SPL 只有 45dB。除此之外，其他外置的 SPL 值都相对较高，这表明集束声源对于时间换声波衰减具有优势。

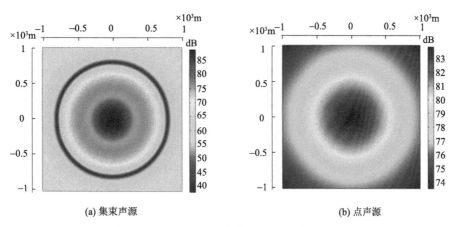

(a) 集束声源

(b) 点声源

图 11-49　500m 高度中心 1km 范围声压级图

为了更加清楚地说明集束声源的集束效果，引入有效面积和影响面积的概念来解释说明大气声波衰减的特征实质。如图 11-50 所示，选取 100m、300m、500m、1000m、2000m 五个高度界面进行探测，将选取面积不断放大后若特征 SPL 值的面积不再增加，就称此时的选取面积为该 SPL 值在当前高度的影响面积。并且，不大于该 SPL 值所占当前影响面积的部分称为该 SPL 值在当前高度的有效面积。如图 11-50 所示，可以发现点声源的声波衰减十分剧烈，在 1000m 高度所有特征 SPL 均接近于 0，而集束声源作用下在 1000m 位置大气中仍存在 80dB、90dB 的成分。整体而言，有效面积和影响面积具有相同的变化趋势。

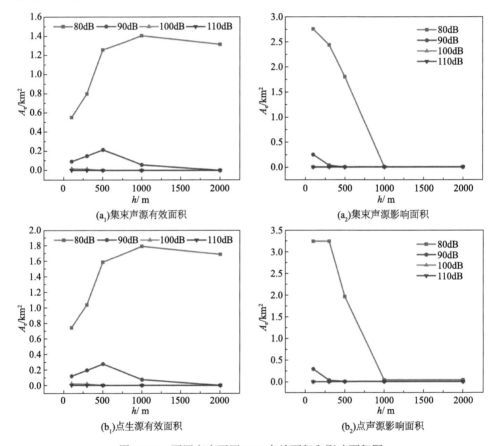

图 11-50　不同高度不同 SPL 有效面积和影响面积图

强声增雨设备野外试验和数值模拟结果表明，随着频率增加，大气声波衰减将会变快，环境温度以及压强在试验条件下，其影响可以忽略不计，声源间距也不能明显影响大气声波衰减速度，而声源个数的增加可以有效减缓大气声波的衰减；在有限的大气空间内，集束声源的声波会被包络在集束几何范畴内进行定向传播，而点声源则没有这种现象；提出的有效面积和影响面积概念可用于声波增雨的声学影响效率评估。在空中水资源利用实地作业中，可以调整集束装置的几何以及个数来进一步优化大气声波衰减的速度及方向，以实现声波的定量定向传递，也可通过有效面积和影响面积的概念进一步与声致气溶胶团聚理论结合，进一步完善声波增雨评估体系。

11.3　低频强声波增雨野外试验

基于野外实地对实际大气中的声波衰减规律及其对于可降水云层的影响展升研究是将声波增雨技术进行系统应用的关键所在。为此，基于已有理论、技术和设备，在西南河流源区开展了大量声波增雨雪外场试验，建立空中水资源利用外场试验基地 6 个，开展声波增雨雪外场试验约 700 台次，持续开展外场试验 5 年，累计参与试验超过 3000人次，积累了青藏高原/西南河流源区自然条件下声波增雨雪技术探索的首批外场试验数据（图 11-51）。

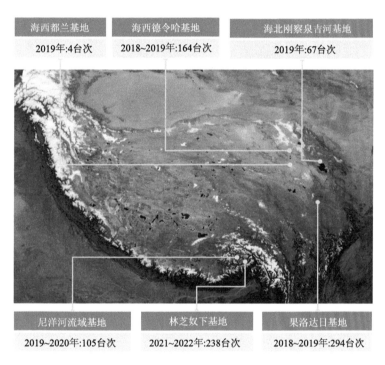

图 11-51　青藏高原/西南河流源区低频强声增雨雪外场试验情况

本节选择黄河源区和雅江支流尼洋河流域作为青藏高原腹地及南缘的典型代表区域，详细介绍这两个基地的声波增雨外场试验方案、过程和结果，从多个角度论证增雨效果，从而实现了声波增雨空中水资源开发研究从基础规律、关键技术、示范应用到效果检验全链条的闭环。

11.3.1　黄河源区声波增雨野外试验研究

在黄河源区开展的声波增雨外场实验，通过设置结构化的声波增雨方案，从降雨的时间结构上对降雨效果进行评估，在声波增雨效果论证上从多个角度获得了增雨效果的若干证据。

1. 声波增雨野外试验简介

声波增雨外场试验作业地点为青海省果洛藏族自治州（简称果洛州）达日县窝赛乡（99.65°E，33.75°N），海拔 4200 m 左右。声波增雨试验从 2018 年 9 月 14 日持续至 10 月 4 日，有效试验场次为 26 场，总计试验时长 26×80=2080 min。低频强声波设备如图 11-52 所示，发射频率在 20～60Hz 的声波，设备出口声压级高达 145dB。

图 11-52 声波发生装置实物图

声波增雨试验采用结构化方案。根据云层对声波的响应速度，每场声波增雨试验的时长固定为 80 min；前 40 min 开启声波设备，为声波作业试验组；后 40 min 关闭声波设备，为声波撤销后的试验对照组。采用 Ka/Ku 双频双极化气象雷达监测云层，当具备降水条件时，启动声波增雨试验。

声波增雨试验期间，在声波发射设备周围 5 km 范围内布设 17 个雨量监测点，形成地面两个正交维度上的雨量监测。雨量筒布置及试验场地高程如图 11-53 所示。

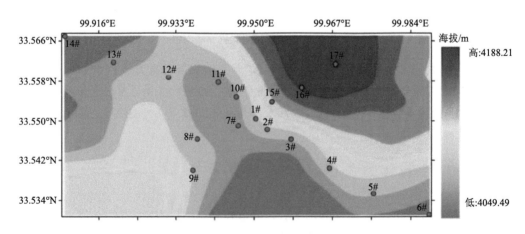

图 11-53 雨量筒布置及试验场地高程

在达日县窝赛乡持续 20d 的外场声波增雨试验中，共完成 26 场结构化试验，每场试验有17个位置点的雨量监测数据，雨量筒每隔2min获取1条雨量数据，共收集到17680条降雨数据。

2. 雨量分析方法

1）雨量数据结构化

声波增雨试验方案的结构化设计决定了雨量数据的结构化。除标准雨量筒电池更换期间的数据缺失外，雨量监测设备全天候不间断获取降水数据，降水数据连续性强，包含自然降水数据、声波作业期降水数据以及无降水过程时的零值数据。主要关注声波作业前后降水序列时间结构特征，以每场作业声波关闭时刻为时间节点，向前截取 40 min 时段即为本试验场次的声波开启阶段，向后截取 40 min 时段即为本试验场次的声波关闭阶段。雨量监测设备每 2min 采集一个雨量数据，即对于每一个雨量监测点来说，每场次都会有 41 个降水数据。因此，26 场次声波增雨试验后，17 个雨量监测点的数据可以整理成 26×17×41 的三维结构化数组，数据结构化过程示意如图 11-54 所示。雨量数据求导即可得到相应时段的雨强数据，试验期间的雨强数据也可呈现为 26×17×41 的三维结构化数据矩阵。

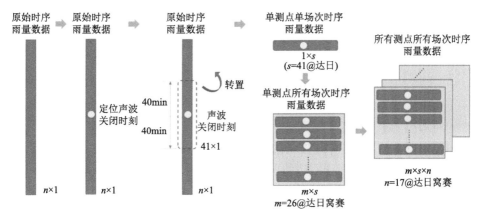

图 11-54　声波增雨外场试验雨量数据结构化过程示意图

2）降雨序列的时间结构分解

根据声波增雨试验方案的结构化设计，将 80 min 的场次降雨序列数据进行两段式分解、四段式分解和最小时间分辨率分解。

以声波设备关闭时间点为基准，80 min 的降雨序列数据可以分成前后两段，前 40 min 为声波作用下的降雨序列数据，后 40 min 为声波撤销后的自然降雨序列数据，此种分解方法称为两段式分解。同一地点同一个云系在紧邻的前后两段时间的降雨过程是最自然的两个天气试验样本。前一个天气样本施加声波影响，后一个天气样本撤销声波影响，通过前后两段降雨序列的比较，就可以检验声波对降雨是否存在影响。当然，降雨序列数据的两段式分解检验起效的前提假设是前后两个天气样本的降雨量没有统计性差异。

在场次降雨数据两段式分解的基础上，继续进行分解，将前 40 min（声波作用）降雨序列平均分为前后两个时段，再将后 40 min（声波撤销）自然降雨序列数据也平均分为前后两个时段，即分解后获得 4 个 20 min 的天气样本，此种分解方法称为四段式分解。四段式分解可以获得 3 对相邻的天气样本，通过对比声波作业阶段的两个天气样本，可以检验声波影响的起效过程具有快速响应特征或滞后响应特征。对比声波关闭前后的两个 20 min 天气样本，也可以检验声波对降雨是否存在影响。分析声波关闭后两个 20 min 天气样本，可以检验声波影响撤销后是否存在一个从声波影响状态恢复为自然降雨状态的中间过程。

若将场次降雨数据按雨量筒的最小时间分辨率（2 min）进行分解，即将场次试验中的天气过程分解为 40 个天气样本，每个天气样本持续 2 min，每个天气样本的降雨用一条雨量筒的数据进行量化，这就是最小时间分辨率分解方法。通过这种方法，可以获得场次试验过程中降雨的精细时间结构。

3）数据统计方法

相关性采用皮尔逊相关系数 r，其取值范围为[–1,+1]。其中，+1 表示完全正相关，–1 表示完全负相关，0 表示不相关：

$$r = \frac{\sum_{i=1}^{n}\left(X_i - \bar{X}\right)\left(Y_i - \bar{Y}\right)}{\sqrt{\sum_{i=1}^{n}\left(X_i - \bar{X}\right)^2}\sqrt{\sum_{i=1}^{n}\left(Y_i - \bar{Y}\right)^2}} \tag{11-62}$$

式中，n 为样本的数量；X、Y 分别为两个不同的样本；$\bar{X}$、$\bar{Y}$ 分别为两个样本的均值。

偏度也称为偏态、偏态系数，是统计数据分布偏斜方向和程度的度量，是统计数据分布非对称程度的数字特征。正态分布的偏度为 0，两侧尾部长度对称。若以 b_s 表示偏度，$b_s<0$ 称分布具有负偏离，也称左偏态，此时数据位于均值左边的比位于右边的少，直观表现为左边的尾部相对于右边的尾部要长，因为有少数变量值很小，使曲线左侧尾部拖得很长；$b_s>0$ 称分布具有正偏离，也称右偏态，此时数据位于均值右边的比位于左边的少，直观表现为右边的尾部相对于左边的尾部要长，因为有少数变量值很大，使曲线右侧尾部拖得很长；而 b_s 接近 0 则可认为分布是对称的。偏度计算公式为

$$\text{skew}(X) = E\left[\left(\frac{X - \mu}{\sigma}\right)^3\right] = \frac{k_3}{\sigma^3} = \frac{k_3}{k_2^{3/2}} \tag{11-63}$$

式中，k_2、k_3 分别表示二阶、三阶中心矩。

4）不同雨强等级频次

降雨强度是指在某一历时内的平均降落量，用单位时间内的降雨深度表示。按照我国气象部门采用的降水强度标准进行降雨强度的划分，即小雨小于 0.42 mm/h、中雨 0.42～1.04 mm/h、大雨 1.04～2.08 mm/h、暴雨 2.08～4.16 mm/h、大暴雨 4.16～10.42 mm/h、特大暴雨大于 10.42mm/h。本次外场声波增雨试验共获得 17680 条降雨数据，在降雨序列

数据两段式分解、四段式分解和最小时间分辨率分解后，在每一个分解时间段内，统计不同雨强等级降雨发生的频次。

3. 试验效果评价

1）声波增雨效果场次整体评估

通过对降雨序列进行两段式分解，对每场次两个阶段的降水强度分别取均值，可以得到 1 对有/无声波作用下的雨强数据，每对数据都代表两个相邻天气样本的降雨值。26 场次试验中 17 个雨量筒共可以得到 442 对有/无声波作用下的雨强数据。在代表有/无声波作用的一对正交的雨强分布轴构成的空间，一个数据点代表一对雨量数据，全部 442 对雨量数据的分布情况如图 11-55（a）所示。

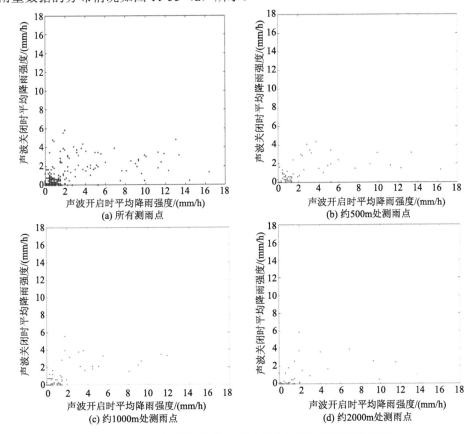

图 11-55　不同位置处的有/无声波作用组合的雨强散点图

假设声波对降雨的影响很小，那么根据相邻天气样本降雨的连续性，这些数据应该呈现出较强的相关性，反之则反。通过皮尔逊相关系数计算雨强数据在有/无声波作用下的相关性，相关系数为 0.585，即有/无声波作用下的雨强数据相关性较弱，可以推测声波对降雨可能存在一定的影响，干扰了连续天气样本之间的降雨相关性。当然，若要得出更加确定的关于声波作用效果的结论，需要知道自然状态下连续天气样本之间的降雨相关性系数水平，这还需要更多的试验数据的支持。

假设声波对降雨的影响很小，那么同样根据相邻天气样本的连续性，有声波作用时的降雨分布偏度和无声波作用时的降雨分布偏度应该比较接近，即偏度比接近 1，反之则出现偏度比偏离 1 的情况。计算降雨分布的偏度值后发现，不管有无声波作用，降雨偏度均大于 0，即均为右偏态，这符合降雨的自然特征。对本次试验的所有降雨数据进行计算，声波影响下的降雨偏度值和无声波作用下的降雨偏度值之比为 1.384。这表明声波作用下的降雨偏度值较大，右偏置态更明显，在图 11-55（a）中表现出数据点整体向声波作用轴偏转的特点。从偏度分析可以推测，由于声波影响的存在，不同等级降雨的降雨量均有所增加，特别是大雨出现的概率增加，使得降雨分布的右偏态增强。与无声波作用下的降雨偏度值相比，在声波影响下，偏度值增加了 38.4%，这在一定程度上体现了声波的增雨效果。

在试验中布置的 17 个雨量筒中，有的雨量筒离声波增雨装置比较近，有的则比较远。根据声波的扩散衰减规律，离声源越远，声波衰减得越厉害。如果声波增雨的确有效，那么增雨的效果必然会随着与声源距离的增加而衰减。提取离声源 500 m、1000 m 和 2000 m 处的测雨点数据进行研究，数据见图 11-55（b）～（d），并用有/无声波作用下雨量数据分布的偏度比来衡量增雨效果，偏度比越大，代表增雨效果越强。结果发现，半径 500 m 处的测雨点，有/无声波作用下雨量分布偏度比最大，为 1.514；半径 1000 m 处测雨点，雨量分布偏度比与测算所有测雨点的偏度比持平，为 1.376；而半径 2000 m 处测雨点，其偏度比最低，降为 1.127。实测雨量数据证明，越靠近声波作用原点增雨效果越强，声波增雨有效性得到确认。

2）基于雨强序列评估声波增雨效果

不同场次降雨下，所有 17 个测雨点对应的 442 条雨强时序曲线及其最大值包络线、最小值包络线和均值线如图 11-56 所示。

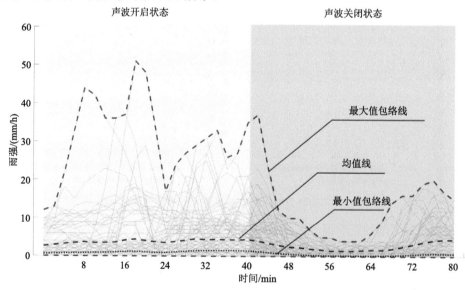

图 11-56　所有 17 个测雨点对应的 442 条雨强时序曲线（绿色实线）及其最大值包络线（红色虚线）、最小值包络线（蓝色点线）和均值线图（黑色虚线）

从单条降雨时间序列来看，雨强过程并不平稳，较强的降雨基本发生在声波开启阶段，但具体发生时段不是很确定。当把所有降雨时间序列绘制在一起后，不管是从曲线簇的最大值包络线、均值线还是最小值包络线，均可以发现声波开启状态雨强明显偏大，声波关闭状态雨强相对较小。声波开启后的一小段时间内，雨强呈现出逐渐增加的响应趋势，然后整体上达到一个较高的降雨水平，这可能体现了声波触发更强降雨的起效过程。而声波关闭后的一小段时间内，雨强呈现出逐渐减小的响应趋势，这可能反映声波增雨效果的撤销过程。此外，在声波关闭的后期，雨强又出现一次增大过程，这是声波撤销过程导致的或为自然降雨的波动，值得继续深入研究。

分别研究了距声波原点小于 500 m、等于 1000 m、等于 2000 m 和大于 3000 m 测雨点的雨强时序曲线，如图 11-57 所示。不同距离处的雨强序列均出现了声波开启状态雨强偏大、声波关闭状态雨强偏小的特点，与所有降雨序列的整体规律一致。此外，声波撤销后期雨强增大的现象在不同位置均有出现。

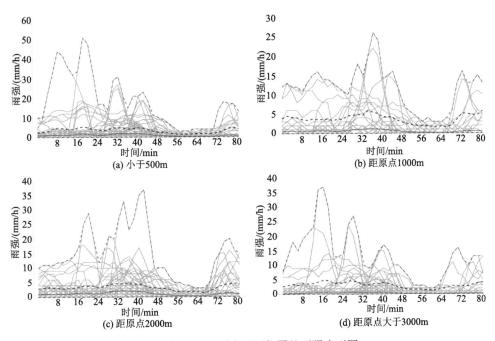

图 11-57　距原点不同位置处雨强序列图

不同位置处降雨序列特点的一致性，更加明确了声波开启状态雨强偏大、声波关闭状态雨强偏小的规律，也预示着如果要找到声波增雨有效的空间边界，就需要增加雨量筒布置范围。

3）基于雨强频次评估声波增雨效果

声波开启和关闭时段，按不同的雨强等级来统计所有测雨点测量到相应雨强的频次。因声波开启和关闭时段长度一致，作为两个连续的天气样本，如果没有外界干扰，各类雨强的发生频次理论上应该相等，即发生频率各占 50%。然而，从实际的降雨数据发现，声波开启后，仅在小雨情况下，频次占比为 48%，比较接近 50% 的理论预测值。当统计的雨强变大时，声波开启时的频次占比越来越大，如表 11-7 所示。由于声波关闭时段的雨强等级频次占比与开启时段之和为 1，因此不再赘述。从统计的结果来看，随着雨强的增加，声波开启阶段的频次占比从 48% 逐步增加到占绝对优势的 77%。随着统计雨强的增大，声波开启阶段发生响应降雨的频次占比单调增加。

表 11-7　声波开启时段雨强等级发生频率统计表

雨强/（mm/h）	声波开启频次占比/%
[0, 0.42)	48
[0.42, 1.04)	54
[1.04, 2.08)	61
[2.08, 4.16)	63
[4.16, 10.42)	68
[10.42, +∞)	77

细化数据统计时间间隔，将每场试验时间平均分为 4 小阶段，即按四段式分解方法对不同雨强发生频次进行统计，统计数据如下所示。

在声波开启后的第二个 20 min 时段内，随着统计雨强越来越大，相应降雨频次占比（红色部分）有增加趋势（图 11-58）。特别是在 4.16～10.42 mm/h 的大暴雨区间，此 20 min 时段的大暴雨发生频次占比达到 48.84%，也就是说，整个试验中有近一半的大暴雨发生在声波开启后的第二个 20 min 时段内。

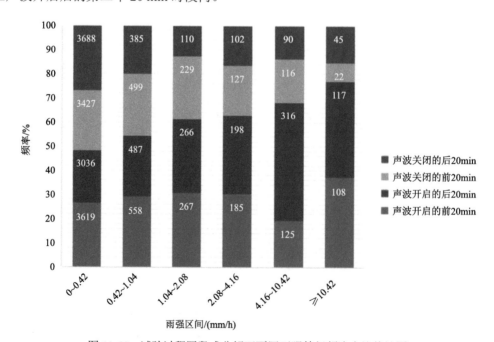

图 11-58　试验过程四段式分解下不同雨强等级频次占比统计图

总体来说，在声波开启后的第一个 20 min 和第二个 20 min 内，随着统计雨强的增加，相应雨强的发生频次占比大体呈现增加趋势，其中在声波开启后的第二个 20 min 内，这种增加趋势尤其明显。然而，在声波关闭后的第一个 20 min 和第二个 20 min 内，随着统计雨强的增加，相应雨强的发生频次占比大体呈现减小趋势。

雨强时间序列的变化规律表明有声波作用的降雨强度相较无声波作用更大，不同降雨等级下的频次统计分析更加增强了声波增雨有效性的证据，同时也预示着声波增雨技术会使较大等级的降雨较多地发生，也可以推测出声波增雨很可能在声波开启 20 min 后才能达到较强效果。

对结构化声波增雨试验，按最小降雨测量时间分辨率（2 min）进行精细时段划分，对每个 2 min 时段的不同雨强进行频次统计，可以得到不同雨强发生频次的精细时间结构，如图 11-59 所示。

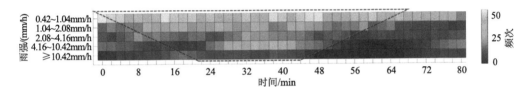

图 11-59　不同雨强发生频次的精细时间结构（黄色代表频次多，蓝色代表频次少）

从不同雨强发生频次的精细时间结构上，可以看到一个较明显的高频次区，如图 11-59 中红色虚线所示。高频次区呈现为倒梯形状，大部分处于声波开启状态，有小部分处于声波关闭状态。

但并非所有的声波开启状态都对应着降雨高频次区。如果把降雨频次区认为是声波增雨起效的区间，那么就可以从高频次区的左边界得到声波增雨起效的信息，而且可以从右边界得到声波撤销后增雨效果消退的信息。从左边界可知，声波开启起效延迟时间为 0~15 min，越强的降雨需要越长的起效时间。从右边界可知，声波撤销后增雨效果消退延迟时间也为 0~15 min，越强的降雨，其声波增雨效果消退得越快。

具体而言，图 11-59 虚线框标出的是降雨频次较大的区域。声波开启一段时间，约 15 min，较大的雨强出现的频次变大；声波开启 20~40 min，大雨强出现的频次明显较其他时间段高；声波关闭后，这种高频次情况并非立马消失，还会保留一段时间，慢慢消失；声波作业 40~55 min，除了 ≥10.42 mm/h 的雨强频次迅速减小到背景水平外，其他较大的雨强出现的频次还相对较高。以上分析充分体现了声波对降水的影响具有延迟特征，这种延迟包括声波设备开启初期的雨强增大延迟和声波设备关闭后雨强减小延迟。

4. 试验小结

基于青海省果洛州达日县窝赛乡历时 20d 共 26 场的声波增雨地面雨量数据，基本构建了基于降雨时间结构分析声波增雨外场试验效果评价方案，提出了外场增雨试验雨量数据的结构化方法和降雨时间序列两段式分解、四段式分解及最小时间分辨率分解等时间结构分析方法，完成了声波增雨效果的多场次评估，并深入研究基于不同雨强等级降雨频次的统计特征，得到了一系列声波增雨效果的证据和声波增雨的延迟特性。重要的结论如下。

（1）雨强数据在有/无声波作用下的相关性较弱，相关系数为 0.585，声波作用可能干扰了连续天气样本之间的降雨相关性。声波影响下的降雨偏度值和无声波作用下的降雨偏度值之比为 1.384，这表明声波作用下的降雨偏度值较大，右偏置态更明显，在声波影响下，偏度值增加 38.4%。相关性和偏度比分析在一定程度上体现了声波的增雨效果。

（2）降雨时间序列分析发现存在声波开启状态下雨强偏大，声波关闭状态下雨强相对较小的规律。这在所有测雨点雨量数据以及距声波原点小于 500 m、等于 1000 m、等于 2000 m 和大于 3000 m 测雨点的雨量数据中均被确认，是验证声波增雨效果的又一个证据。

（3）不同时间分解下，不同雨强等级降雨频次统计研究发现：声波开启时，较大雨强的降雨频次远大于声波关闭状态；同时也预示着声波增雨技术会使较大等级的降雨较多地发生；声波对降水的影响具有延迟特征，这种延迟包括声波设备开启初期的雨强增大延迟和声波设备关闭后雨强减小延迟。

人工增雨效果的评估是世界性难题，声波增雨技术因为其固有的特点，具备科学评估增雨效果的可能，但也充满挑战。通过设置结构化的声波增雨方案，试图从降雨的时间结构上对降雨效果进行评估，在评估方法上取得了重要的进展，在声波增雨效果论证上从多个角度获得了增雨有效的证据。鉴于外场试验的强随机性，若要充分论证声波增雨的效果，尚需更多的重复性试验和更精心设计的时空对比性试验。在一定降雨条件下实施随机性作业试验被认为是最有潜力得出科学性统计结论的方法。

11.3.2　林芝巴河试验区声波增雨野外试验研究评价

由于云降水物理过程受到风速、温度、云层条件等多种因素影响，动力学特性较为复杂，自然降雨过程存在较大的不确定性。传统的人工播种降雨技术具有作业面积大、影响范围广的特点。由于地形和大气环流的影响，实际影响范围的边界可能距离初始播种地点几十千米远（Maki et al.，2018）。因此，传统的人工增雨效果评价主要是基于多年的长序列历史降水资料回归分析，以对比作业区域内的累积降水总量变化。

然而，声波增雨技术与云播种技术存在较大的不同。由于声波在空气传播中迅速衰减，声波增雨技术的空间影响范围相对较小，在野外增雨作业中，提升了机动性，作业成本明显降低（Wei et al.，2021）。同时由于声波对云降水过程的影响主要体现在提高云滴粒子碰撞团聚效率上，降雨响应时间缩短，使得声波增雨技术的影响范围通常集中在以作业点为中心的数千米范围内（Shi et al.，2021），因而可以采用短序列、小样本量的降雨数据进行人工增雨效应评价。

迄今为止，由于声波增雨技术的野外试验较少，其降水增强效果评价的研究尚未系统开展。为此，分别于 2019 年和 2020 年在西藏林芝建立了试验研究基地，在先后两次声波增雨野外试验的基础上，统计分析了低频声波对降雨强度的影响，综合评估了声波增雨技术的影响。

1. 试验区概况

林芝市位于 $26°52'N \sim 30°40'N$，$92°09'E \sim 98°47'E$，东西长 646.7 km，南北宽 353.2 km，边境线长约 1000 km，面积 11.7 万 km^2。林芝是西藏自治区下辖地级市，位于西藏东南部，雅江中下游，平均海拔约 3100 m，属于亚热带湿润和半湿润气候，年降水量为 650 mm 左右，年均温度 8.7℃。

试验开展前期，先后在 2019 年和 2020 年前往林芝考察选址并开展声波增雨试验基地建设工作。试验示范区选址遵循"场地开阔、降水条件良好、远离村庄"的原则，最终选择并建立两处声波增雨试验示范区。其中，2019 年建设的朱拉河试验基地位于西藏自治区林芝市工布江达县巴河镇北 15 km 处，基地中心坐标为（93.69°E，29.97°N），海拔 3273 m。试验时间为 2019 年 10～11 月。2020 年建设的巴河试验基地位于西藏自治区林芝市工布江达县巴河镇东北方向 30 km 处，基地中心坐标为（93.49°E，29.58°N），海拔 3390 m。两个试验基地相距 15 km。试验时间为 2020 年 5～7 月。试验基地区位如图 11-60 所示。

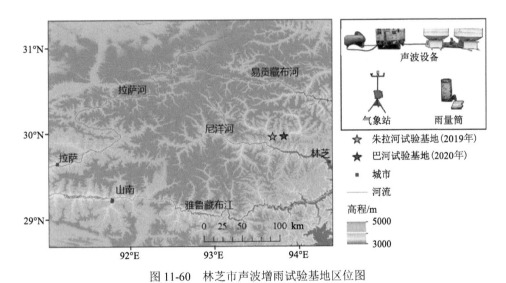

图 11-60　林芝市声波增雨试验基地区位图

2. 试验设备与方案

1）朱拉河试验基地

朱拉河试验基地占地约 100 m^2。基地内有 1 套低频声波发射系统、1 台微雨雷达、21 台自计式雨量计和储存物资的帐篷。将声波发生器位置定义为原点，雨量筒随机沿峡谷纵向布置，最远位置距离原点 3 km，共布置 21 个雨量筒，如图 11-61 所示。

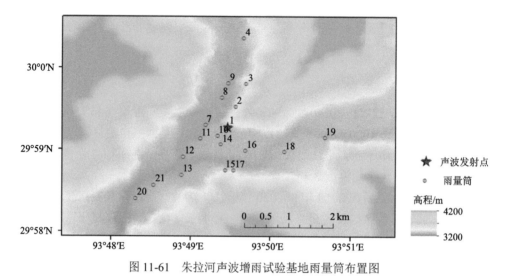

图 11-61　朱拉河声波增雨试验基地雨量筒布置图

朱拉河试验基地于 2019 年 10 月 9 日建成，具备声波增雨试验条件。2019 年 10 月 15 日进行第一次声波增雨试验。截至 2019 年 11 月 11 日，朱拉河试验基地共进行 10 次声波增雨试验，累计开启声波设备 1190 min，约 20 h。

考虑进入 10 月后林芝地区的降水量明显减少，每天日间在有降雨条件下都进行了声波增雨试验。通过气象预报，结合微雨雷达等数据资料进行降水评估，预测试验区域上空是否具备降雨天气条件，及时做好试验准备。当试验区域上空具备降雨天气条件时，开启声波设备进行声波增雨试验，直至没有降雨发生再关闭声波设备，监测仪器及设备在降雨发生前中后期一直保持开启状态。

声波设备运行情况：试验仪器为两台压力 0.8 MPa、流量 9.2 m³/min 的空气压缩机，两台柴油发电机，1 套低频声波发射系统。两台空压机正常工作气压均为 0.72 MPa。声波发声器出口中心处声压级可达到 140 dB（按 Z 权重计算），发声器基频介于 80～100 Hz，并伴有高频谐波噪声。

监测设备运行情况：监测设备为雨量筒和微雨雷达，雨量筒为自计翻斗式，每 0.2 mm 降水深翻斗一次，每 2 min 记录一次 2 min 内的翻斗次数。微雨雷达设置距离分辨率为 120 m，可探测高度为 3720 m。每 10 s 储存一组数据。可测量垂直不同高度层雨滴的雷达反射率、液态水含量、雨滴下落速度和雨强等参数。放置在距离声波发射点 7 m 处位置。

2）巴河声波增雨试验基地

巴河试验基地占地约 200 m²。试验基地内有 1 套低频声波发射系统，30 个自计翻斗式雨量筒。另外，新增多种先进试验设备：①X 雷达 1 台，YLD1-C 型轻小型 X 波段多普勒天气雷达；②360°全景摄像机 1 台；③便携式气象站 1 个，能够监测风速、风向、雨量、空气温度、空气湿度、光照强度、土壤温度、土壤湿度、蒸发量、大气压力等气象要素。雨量筒随机沿峡谷横向布置，最远距离原点 3 km，共布置 30 个雨量筒，如图 11-62 所示。

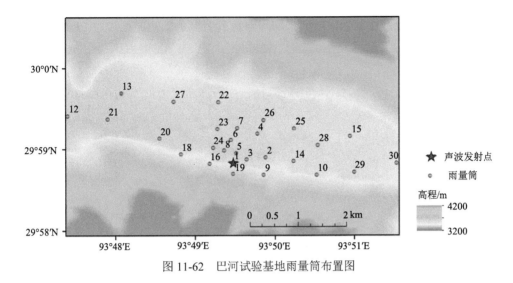

图 11-62 巴河试验基地雨量筒布置图

巴河试验基地于 2020 年 5 月 19 日建成，具备声波增雨试验条件。2020 年 5 月 25 日进行第一次声波增雨试验。2020 年 5 月 19 日~7 月 21 日，开展了为期两个月共 43 场声波增雨作业实验，声波开启时间收集到降雨数据约 84 h。

试验方案分为隔天试验和每天试验两种方式，其中，2020 年 5 月 19 日~6 月 19 日为隔日试验，采取每周"一、三、五开机作业，二、四、六、日不作业"的对比试验固定规则，晚上 9 点后不作业。2020 年 6 月 20 日~2020 年 7 月 21 日为每天作业，白天有试验条件即作业，晚上 9 点后不作业。

本次试验共布置雨量筒 30 个，实际收集到数据的雨量筒有 26 个。共收集数据约 90 万条，因野外试验条件限制，部分雨量筒垃圾堵塞、人为破坏或倾倒等，部分时段数据异常或丢失。各站点雨量筒数据完整度的时间分布不均匀，仅基于原始数据的降雨时空分布分析存在一定误差。因此，对各站点的雨量筒数据进一步修正。首先，根据各站点在作业中的实际观测情况和与相邻站点的数据比较，排除相关站点部分时段的异常数据。再针对部分站点某些时段的数据缺失情况，根据其相邻站点的完整数据，利用插值法对该站点数据进行拟合以增补缺失时段的降雨数据。

3. 试验效果评价

1）朱拉河声波增雨试验

2019 年 10~11 月，共开展了 10 次声波增雨试验。图 11-63 给出了作业时段累计降雨分布。试验时期区域内的总平均降水量为 13.5 mm。以声波装置作为原点，降雨量最大值出现在原点以北 500m，为 16 mm；最小值出现在西南 3000 m，为 11.4 mm。降雨分布呈东北到西南逐步递减的趋势。原点东、南、西方向 500 m 内降雨量小于原点，但北方向降雨量多于原点，且多个场次北 500 m 的降雨量为该场次降水过程的峰值区域。在北 500 m 到北 1 km 范围存在比较明显的降水中心，考虑当地的风向特点，东北地区降水量偏高的特点可能是声波作用的结果。因此，按照北 500 m 处的最大降雨量计算，初步估计声波影响范围比其他区域的平均降雨量多 18%, 影响面积约为 1 km²。

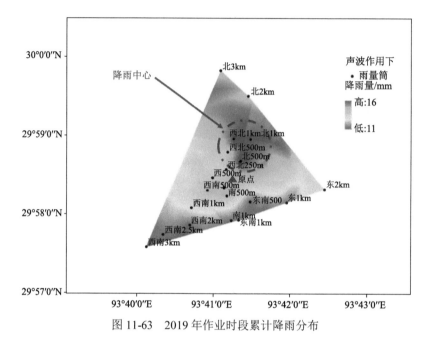

图 11-63 2019 年作业时段累计降雨分布

为进一步分析考虑各作业场次降水情况,避免统计分析误差,选择第 2、第 4 两个场次的降雨分布进行单独分析,评估各个场次的声波影响范围及增雨比例。这两场降雨持续时间长,累积降雨量较多,可减少由小雨强或者短历时降雨的时空分布不均所引起的误差。第 2 和第 4 场次试验作业期间的累计降雨分布如图 11-64 所示。

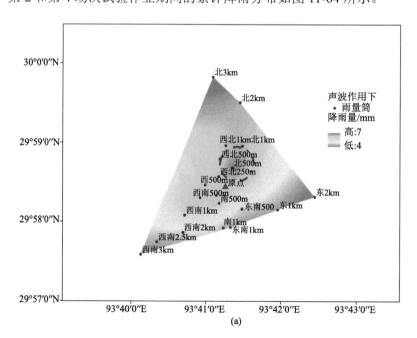

(a)

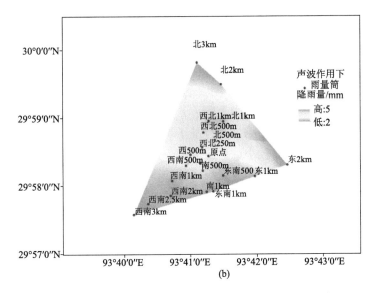

图 11-64 第 2 和第 4 场次试验作业期间的累计降雨分布

从上述降雨分布来看,声波作用点以北 500～1000 m 存在比较显著的暴雨中心。考虑将降雨中心点作为声波影响的区域,去除降雨极值点;然后利用线性插值法,重新计算降雨量分布,并将高值区域前后的降雨量的比值作为增雨效果,按照此方法计算分别计算得到第 2、第 4 场次的增雨效果分别为 14%、11%,降雨的影响区域均约为 1 km^2。

通过对 2019 年林芝朱拉河基地的声波作业试验总累计降雨和部分试验独立场次降雨的分析比较,可以初步归纳出声波增雨具有明显的增雨效果。以声波装置为原点,降雨分布呈东北到西南逐步递减的趋势。这可能是受地形和峡谷风的影响,降雨多的区域主要集中在原点北部的狭长山谷中,声波作用下原点北部降雨量多的区域明显增加。

本次试验持续时间较短,作业场次较少,声波对降雨的影响效果仍需要进一步通过更多场次的野外试验数据来进行分析探究。同时,试验结果显示降雨存在空间分布不均的现象,在未来的研究中应考虑不同的地形、气象条件对声波增雨效果的影响,增加相应的气象监测设备,制定更有效的作业方案和声波增雨评估准则。

2)巴河声波增雨试验

(1)试验阶段累计降水量分布。

试验分为两个阶段:前一阶段是随机试验(即采用隔天作业的机制);后一阶段为连续每天作业(有条件即开机作业)。因此,为了评估作业的整体影响效果,选择随机作业阶段进行对比分析。同时,考虑林芝市下午的降雨和傍晚的降雨有明显不同的特征,因此按照下午 1～5 点和 5～9 点两个时间段进行划分。

随机试验阶段为 2020 年 6 月 2～19 日，图 11-65（a）显示的是下午 1～5 点的自然降雨累计分布，图 11-65（b）显示的是下午 5～9 点的自然降雨累计分布。同理，图 11-66 显示的为声波作业情况下两个时间段对应的降雨累计分布。对比可以发现，随机试验中的下午 1～5 点的作业原点周围出现了明显的"减雨"效果。这是由于该时段内的降雨多为过云雨降雨，历时较短，降雨潜力有限，云层中大颗粒含量较少。而声波作用扰动对短历时降雨可能造成负效应的影响，其打乱了雨滴碰并增长的过程，加速了云层中较大颗粒的增长并降落至地面，而较小的颗粒因失去大颗粒作为团聚核，无法持续形成水滴降落，反映在直观上的效果即为作业区周边的减雨效果。

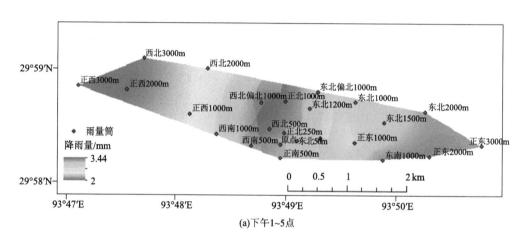

(a) 下午 1～5 点

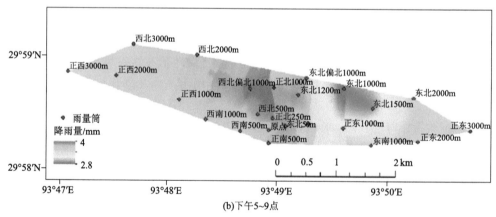

(b) 下午 5～9 点

图 11-65　6 月 2～19 日下午 1～5 点和下午 5～9 点随机试验阶段自然降雨的降雨分布

而对于下午 5～9 点，从分布图对比可见作业区周边的降雨要大于较远位置的降水。这是因为该时段的降雨多为连续性降雨，历时较长，云层降雨潜力大，蕴含的大颗粒水滴较多，声波扰动促进了云中液滴的碰并生长，从而增大了作业区周围的降雨。同时由于试验区风向多为东风，雨强整体呈现为从西向东由大变小的趋势。

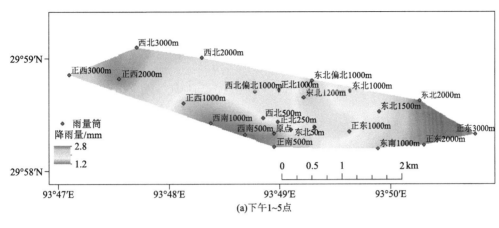

(a)下午1~5点

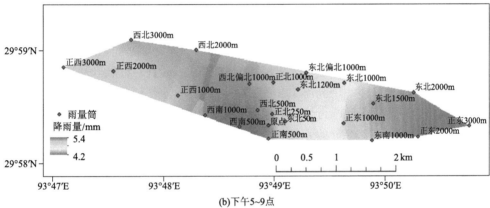

(b)下午5~9点

图 11-66　6 月 2~19 日下午 1~5 点和下午 5~9 点随机试验阶段作业时段的降雨累计分布

（2）长历时降雨的声波影响特征。

通过之前的整体分析可知，声波对连续性降雨过程的影响较大，整体呈现出增雨效果，因而选择几场长历时的连续性降雨进行对比分析。选择 7 月 20 日和 21 日的作业时段降雨作为代表，降雨过程曲线如图 11-67 所示。

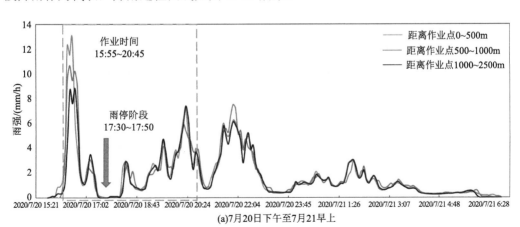

(a)7月20日下午至7月21早上

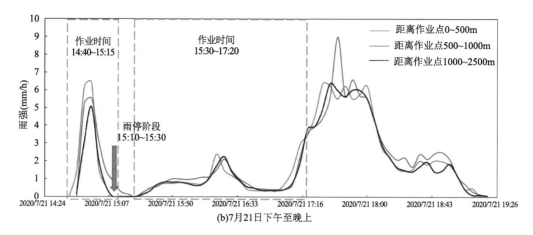

图 11-67　7月20日和21日声波作业条件下降雨过程曲线

对比分析可以发现，声波作用下的降雨历程具有显著特征。通常声波装置开启 5～10min 后即出现降雨，雨强快速增大出现第一个峰值，该阶段持续一段时间后，出现了一个短暂的雨停阶段；在 30 min～1 h 后出现了第二次连续降雨，此时降雨的持续时间较长。在第一阶段降雨中，靠近作业区的雨强大于较远位置的平均雨强。而第二阶段的降雨不同位置的雨强则无明显的差异。这个规律符合声波作业的特征：声波开启后，靠近地面位置的声强较大，在设备开启初期，由于云层中大颗粒云滴储存的位置较低，受声波影响扰动，加速了雨滴形成和降落的过程，从而导致了雨强的快速增大，形成了一个降雨峰值，在距离作业区较远的区域，声场扰动较小，因而作业区附近的雨强更大。但该过程加速了降雨形成的自然历程，导致云层初始储存的大颗粒云滴降落后，新的大颗粒云滴尚未形成，因此第一段降雨历时较短，并出现了第一个雨停现象，该阶段为声波增雨的即时效应。在距离地面较高的位置，声波设备同时会对云层中的小粒径云滴产生影响，加速其碰并过程，但其成长到足够降落的雨滴需要一个较长的过程，在声波作用持续一段时间后，大云滴开始出现，从而出现第二阶段降雨，但在云滴成长的过程中，由于气流本身的影响，降雨无明显的空间分布差异，该阶段为声波增雨的延迟效应。

（3）试验阶段降雨平均雨强分布。

为了进一步分析声波增雨技术的影响效果，统计各独立降雨事件的平均雨强分布情况，独立降雨事件定义为：单一场次降雨中，每个雨量筒的两次相邻的非零数据时间间隔不超过 30min。根据该原则，试验阶段共发生了 181 次独立的降雨事件，其中有声波作用的降雨场次共 39 场，分类为试验组。无声波作用的降雨场次共 142 场，分类为对照组。

将每场独立降雨事件的平均雨强作为分析变量，根据中国气象局的降水量等级分类标准，列出不同等级降雨雨强的发生频率，如表 11-8 所示。可以发现，中小雨等级的降雨占总降雨事件的 64%，这与青藏高原地区的降雨特征是一致的（Chang and Guo，2016）；由于该地区的高海拔地形影响，在高度方向上，较短的距离尺度内，云层中的颗粒粒径分布存在显著差异，导致青藏高原地区的降雨存在强度低、持续时间短等特点（Fu et al., 2020）。随着降雨等级的增加，试验组的占比总体呈现增长趋势，这一现象表明，声波作用可能对降雨强度的增加有积极作用。试验组在大暴雨等级的占比为 0%，这主要是因为该等级的降雨发生率很低，整个试验时期仅为 1%。

表 11-8 统计不同雨量等级的发生频率

降雨等级	雨强/（mm/h）	总计		试验组		对照组	
		数量/场	频率/%	数量/场	占比/%	数量/场	占比/%
小雨	[0,0.42)	70	39	13	19	57	81
中雨	[0.42,1.04)	46	25	8	17	38	83
大雨	[1.04,2.08)	37	20	9	24	28	76
暴雨	[2.08,4.16)	26	14	9	35	17	65
大暴雨	[4.16,10.42)	2	1	0	0	2	100
总计	—	181	100	39	22	142	78

注：表中个别数据因数值修约，略有误差。

考虑安全等因素，声波作业的降雨时间大多发生在白天。图 11-68 为白天和夜间对照组自然降雨平均雨强的分布情况。总体而言，与白天的降雨相比，夜间降雨强度分布范围更广，但两组之间的平均值差异较小。为进一步证实观察结果，将白天和夜间降雨分为两组，对两组的平均雨强进行 t 检验，见表 11-9。结果表明，昼夜降雨的平均雨强无显著差异，因而实验组和对照组的雨强差异不是由昼夜降雨强度不同引起的。

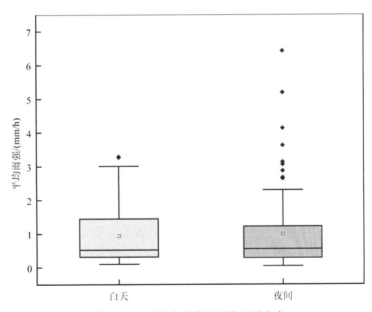

图 11-68 昼夜自然降雨平均雨强分布

表 11-9　昼夜自然降雨平均雨强 t 检验

分组	降雨场次/场	最小值/（mm/h）	最大值/（mm/h）	平均值/（mm/h）	方差/（mm/h）	t 值	显著性（双尾）
白天	44	0.1	3.29	0.94	0.78	-0.25	0.80
夜晚	95	0.04	6.42	0.99	1.26		

由于自然降雨的空间分布不均匀性和自计式雨量筒的最小分辨率为 0.2 mm 等局限性，低强度降雨的持续时间难以准确估计。因此，为了更精确地评估声波的影响效果，在后续的统计分析中删除了单场次累计降雨量小于 0.6 mm 的样本。图 11-69 为剔除小雨强降雨后对照组和试验组的降雨强度概率分布和正态拟合曲线，可以看出两组降雨特征存在较为显著的差异，试验组的正态拟合度较高，这表明由于声波的影响，平均雨强的频率分布发生了较大的改变。

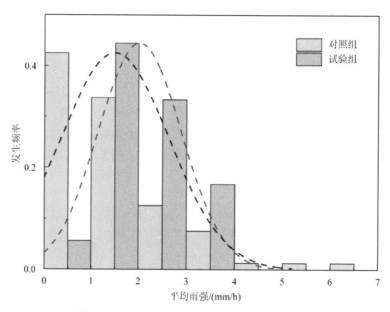

图 11-69　试验组和对照组的平均雨强概率分布

（4）最小二乘法评估声波对平均雨强的影响。

由于降雨特性容易受到周边环境和地形等因素的影响，采用最小二乘法（ordinary least square，OLS）来评估独立降雨事件中平均雨强与降雨时段的气象条件的相关性。以平均雨强作为因变量，将声波装置是否开启设为虚拟变量（A），开启时设为 1，不开启则为 0。选择该虚拟变量以及降雨持续时间（D）、温度均值（T）、气压均值（P）、相对湿度均值（RH）、风速均值（W）等变量作为自变量。其中，温度等气象数据主要由便携式气象台监测获得。考虑数据的完整性，经过筛选后共有 64 场降雨事件有相应的气象数据。这些变量描述性统计如表 11-10 所示。为进行比较，进行了平均雨强与虚拟变量（A）的单变量线性回归分析。表 11-11 给出了 OLS 回归分析结果。

表 11-10　变量描述性统计

变量	最小值	最大值	平均值	标准差
平均雨强/（mm/h）	0.32	4.66	1.15	0.94
声波虚拟变量 A	0.00	1.00	0.27	0.45
降雨持续时间 D/h	0.33	12.00	3.16	3.10
温度均值 T/℃	7.32	18.74	12.71	2.14
相对湿度均值 RH	0.58	1.00	0.92	0.10
气压均值 P/kPa	66.97	67.76	67.40	0.17
风速均值 W/（m/s）	0.02	4.66	1.15	0.94

表 11-11　OLS 回归分析结果

变量	A（所有变量）		B（单变量）	
	系数	T 值	系数	T 值
常数	24.698	0.469	1.437***	10.520
声波虚拟变量 A	0.889***	3.182	0.620**	2.339
降雨持续时间 D/h	−0.046	−1.122		
温度均值 T/℃	−0.309***	−3.444		
相对湿度均值 RH	−3.082	−1.398		
气压均值 P/kPa	−0.245	−0.317		
风速均值 W/（m/s）	0.107	0.716		
R^2	0.279***		0.081**	
样本量	64		64	

***、** 分别代表显著性水平为 1%、5%。

由分析结果可知，对于描述声波设备开启状态的虚拟变量（A），两种分析方法的系数均为正值。说明声波装置开启对平均雨强具有正向的影响效应。同时，兼顾考虑降雨持续时间、温度等环境变量的 OLS 分析结果的显著性水平要高于仅考虑虚拟变量（A）的线性回归的显著性。说明 OLS 分析的结果相对更可靠。除虚拟变量（A）以外，其他 5 个预测变量中，仅温度均值（T）的系数符合显著性要求标准，这说明温度变化对平均雨强也有较大的影响。这个结论与之前学者的研究结论一致：青藏高原地区的降雨存在较强的日变化，而该地区的昼夜温差变化也很显著（Fu et al.，2020）。

（5）方差分析法评估声波对平均雨强的影响。

为了定量评价声波对平均雨强的影响，将场次累计降雨不少于 0.6 mm 的所有降雨时间分为 A 组，然后根据降雨持续时间将 A 组分为两个部分：持续时间小于 2 h 的为 B 组，持续时间不小于 2 h 的分为 C 组。图 11-70 给出了这三组降雨事件的平均雨强分布。将前文定义的描述声波装置开启状态的虚拟变量（A）作为预测变量，各组的平均雨强作为因变量，对三个样本组采用方差分析（analysis of variance model，ANOVA）法评估声波对平均雨强的影响效果。表 11-12 分别给出了三个样本组的 ANOVA 分析结果。

表 11-12　ANOVA 回归分析结果

变量	A 组		B 组		C 组	
	系数	t 值	系数	t 值	系数	t 值
常数	1.495***	12.206	1.705***	7.713	1.354***	9.980
声波虚拟变量 A	0.516*	1.806	0.127	0.300	1.013**	2.489
R^2	0.033*		0.002		0.106**	
样本量	98		44		54	

***、**、* 分别代表显著性水平为 1%、5%、10%。

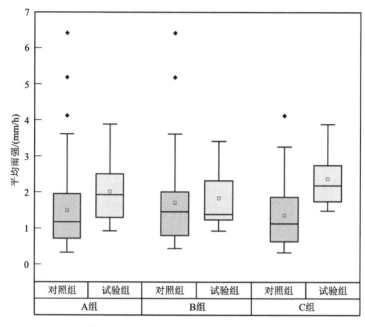

图 11-70　A、B、C 组平均雨强分布图

由 A 组的分析结果可知，试验期间对照组自然降水的平均雨强为 1.495 mm/h，而受声波影响的试验组平均雨强相比对照组增加了 0.516 mm/h。因此，对于累计降雨不少于 0.6 mm 的降雨事件，平均雨强提高了约 35%，该微分截距系数的显著性水平为 10%。

对比 B 组和 C 组的分析结果，当降雨历时超过 2h，ANOVA 模型的 R^2 和声波影响系数的显著性水平得到了较大的提升。在 C 组中，受声波影响的试验组平均雨强和对照组自然降雨的平均雨强分别为 2.367 mm/h 和 1.354 mm/h。所以声波增雨技术对 C 组的平均雨强提升了约 75%。总的来说，声波增雨技术在长历时的降雨中更有效，可能有以下两个原因：首先，持续时间较长的降雨相对短历时降雨来说可能具有更大的降雨量。因此降雨云中存在更多的大颗粒团聚核，有利于声波增雨技术的应用。其次是声波增雨技术的延迟效应，声波的强度随着传播距离的增加而显著减小，因此声波对云滴聚集的影响只对适中大小的云滴有效。在声波影响下团聚形成的大颗粒云滴尚不足以形成雨滴降落到地面，需要时间吸收更多的微液滴以成长到足够大的雨滴（Rosenfeld et al.，2008；Wei et al.，2021）。因此，声波影响对于那些降水持续时间较长的云更有效。

3）结果与结论

声波增雨技术作为一种新兴的人工降雨技术，由于其灵活性高和成本低等特性，具有巨大的发展潜力。然而，由于该技术的物理机制与传统的云播种方法不同，其实际应用规范和降雨增强效率评估方法都需要进一步完善。通过对 2020 年林芝巴河声波增雨试验数据进行统计分析比较，可以归纳出以下结论。

在声波增雨技术的影响下，试验区的累积降雨量和独立降雨事件的平均雨强总体呈现增长趋势，且在长历时降雨中影响效果更为显著。声波影响的长历时降雨具有显著的分段式特征。为进一步分析降雨平均雨强的影响因素，采用 OLS，选择声波装置开闭状态、降雨持续时间、温度均值、气压均值、相对湿度均值、风速均值等 6 个参数作为自变量，独立降雨事件的平均雨强作为因变量，分析不同因素对降雨的影响。结果表明，只有声波和温度与平均雨强呈显著相关，且声波对降雨有积极影响。将降雨事件根据降雨持续时间分类，对不同样本量的降雨分组进行 ANOVA 法分析，结果表明声波对降雨增强的积极影响在持续 2 h 以上的降雨中更为显著。由于历时较长的降雨通常具有较宽的水滴粒径分布和较大的降水潜力，这些特定的云环境更有利于声致团聚过程的发生。

11.4　小　　结

本章系统介绍了西南河流源区空中水资源潜力评估、增雨技术设备研发与试验、外场增雨试验三方面的最新成果，解决了空中水资源如何计算、如何利用、如何评估利用效果等空中水资源高效利用面临的关键问题，主要进展和结论如下。

（1）通过抽象与云和降水物理过程密切联系的天气现象的力学本质提出空中水资源的基本概念，即被大气流动中流动状态不连续的特殊边界层锁定、具备发生相变转化为云和降水的动力学和热力学条件的空中水物质，发展了基于空中流域新概念的空中水资源富集区分布与演化控制方程和空中水资源富集区识别方法，揭示了空中水资源富集区与降水的紧密联系，并提出了能够表征空中水资源富集区空间界限和连接模式的空中流域概念和识别方法，明确了空中水资源的迁移转化规律与特征。

（2）基于空中水资源富集区概念和识别方法发展了空中水资源的资源量、源解析和转化率计算方法，系统提出了空中水资源利用潜力评估方法，计算得到青藏高原及其典型流域的空中水资源、降水转化率、理想可增加降水量、理想可增加径流量及理想可增加径流占比等，明确了青藏高原空中水资源的最大理论可利用量。

（3）声波作用下的云滴动力学模拟、云滴显微及云室调控实验和声波影响粒子运动实验结果表明，随着声波频率的增加，阈值声压级逐步提升。云雾滴的凝聚效应对低频声波更为敏感，低频声波（低于 200 Hz 时）在声压级增大情况下对云滴的促凝作用显著，且频率越低，声波促凝效果越好；粒子振动速度变化幅值与声波声压级呈非线性正相关关系，当声场频率等于或接近结构共振频率时，粒子振动速度变化幅值急剧下降，在低频声场的粒子团聚相关技术运用中需避免结构共振。

（4）综合室内声波实验验证结果，以高声强、低频率、强指向性为主要技术目标，自主设计并研发了低频高强声波发射装置，在声源出口 1m 处低频声压级已达 160 dB，低频强声性能指标达到世界领先水平，为强声增雨雪技术大规模应用奠定了技术基础。低频强声增雨设备声学特性野外试验表明，在空中水资源利用实地作业中可通过调整集束装置的几何布置以及个数来优化大气声波衰减的速度以及方向，以实现声波的定量定向传递。

（5）综合已有方法、技术和设备，在西南河流源区开展了大量声波增雨雪外场试验，以黄河源区和林芝两地开展的声波增雨外场试验为例，详细阐述了试验方案、过程和效果评估手段，试验结果一定程度上体现了低频声波的增雨效果。

参 考 文 献

Bohlin L, Edler D, Lancichinetti A, et al. 2014. Community detection and visualization of networks with the map equation framework//Ding Y, Rousseau R, Wolfram D. Measuring Scholarly Impact. Cham: Springer International Publishing.

Brandt O, Freund H, Hiedemann E. 1937. Schwebstoffe im Schallfeld. Zeitschrift für Physik, 104(7-8): 511-533.

Chang Y, Guo X. 2016. Characteristics of convective cloud and precipitation during summer time at Naqu over Tibetan Plateau . Chinese Science Bulletin, 61(15): 1706-1720.

di Felice R. 1994. The voidage function for fluid-particle interaction systems. International Journal of Multiphase Flow, 20(1): 153-159.

Drew D A, Passman S L. 2006. Theory of Multicomponent Fluids. Berlin: Springer Science & Business Media.

Fu Y, Ma Y, Zhong L, et al. 2020. Land-surface processes and summer-cloud-precipitation characteristics in the Tibetan Plateau and their effects on downstream weather: a review and perspective. National Science Review, 7(3): 500-515.

Hilbert R, Courant D. 1989. Method of Mathematical Physics. New York: John Wiley.

Holton J R, Hakim G J. 2012. An Introduction to Dynamic Meteorology. Waltham: Academic Press.

Kilikeviciene K, Kacianauskas R, Kilikevicius A, et al. 2020. Experimental investigation of acoustic agglomeration of diesel engine exhaust particles using new created acoustic chamber. Powder Technology, 360: 421-429.

Li H, Sheffield J, Wood E F, 2010. Bias correction of monthly precipitation and temperature fields from Intergovernmental Panel on Climate Change AR4 models using equidistant quantile matching. Journal of Geophysical Research: Atmospheres, 115(D10): D10101.

Luo Z, Chen H, Wang T, et al. 2017. Agglomeration and capture of fine particles in the coupling effect of pulsed corona discharge and acoustic wave enhanced by spray droplets. Powder Technology, 312: 21-28.

Maki T, Nishiyama K, Morita O, et al. 2018. Artificial rainfall experiment involving seeding of liquid carbon dioxide at Karatsu in Saga. Journal of Agricultural Meteorology, 74(1): 45-53.

Rosen R D, Salstein D A, Peixoto J P. 1979. Streamfunction analysis of interamtual variability in large-scale water vapor flux. Monthly Weather Review, 107: 1682-1684.

Rosenfeld D, Woodley W L, Lerner A, et al. 2008. Satellite detection of severe convective storms by their retrieved vertical profiles of cloud particle effective radius and thermodynamic phase. Journal of Geophysical Research: Atmospheres, 113(D4): 1-22.

Rosvall M, Bergstrom C T. 2008. Maps of random walks on complex networks reveal community structure. Proceedings of the National Academy of Sciences, 105(4): 1118-1123.

Shi Y, Wei J, Li Q, et al. 2021. Investigation of vertical microphysical characteristics of precipitation under the action of low-frequency acoustic waves. Atmospheric Research, 249: 105283.

Smoluchowski M. 1916. Drei vortrage uber diffusion, brownsche bewegung und koagulation von kolloidteilchen. Zeitschrift fur Physik, 17: 557-585.

Sorí R, Marengo J, Nieto R, et al. 2018. The atmospheric branch of the hydrological cycle over the Negro and Madeira river basins in the Amazon region. Water, 10(6): 738.

van der Ent R J, Wang-Erlandsson L, Keys P W, et al. 2014. Contrasting roles of interception and transpiration in the hydrological cycle - Part 2: Moisture recycling. Earth System Dynamics, 5(1): 281-326.

Wang G, Zhong D, Li T, et al. 2018. Study on sky rivers: Concept, theory, and implications. Journal of Hydro Environment Research, 21: 109-117.

Wang-Erlandsson L, Fetzer I, Keys P W, et al. 2018. Remote land use impacts on river flows through atmospheric teleconnections. Hydrology and Earth System Sciences, 22(8): 4311-4328.

Wei J, Qiu J, Li T, et al. 2021. Cloud and precipitation interference by strong low-frequency sound wave. Science China Technological Sciences, 64: 261-272.

Weng W, Luedeke M K B, Zemp D C, et al. 2018. Aerial and surface rivers: downwind impacts on water availability from land use changes in Amazonia. Hydrology and Earth System Sciences, 22(1): 911-927.

Whitham G B. 1974. Linear and Nonlinear Waves. New York: John Wiley & Sons.

Zhang G, Ma Z, Wu L, et al. 2020. Experimental study on acoustic agglomeration of fine droplet aerosol. Proceedings of the Chinese Society of Electrical Engineering, 40: 608-614.

Zhang Y, Huang W, Zhang M, et al. 2020. Atmospheric basins: Identification of quasi-independent spatial patterns in the global atmospheric hydrological cycle via a complex network approach. Journal of Geophysical Research: Atmospheres, 125(22): e2020JD032796: 1-24.

Zu K, Yao Y, Cai M, et al. 2017. Modeling and experimental study on acoustic agglomeration for dust particle removal. Journal of Aerosol Science, 114: 62-76.